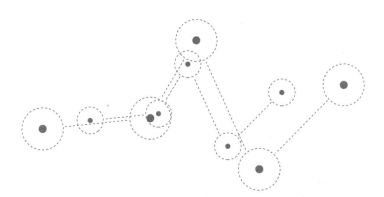

密封剂原材料手册

曹寿德　主　编

周军辉　吴松华　副主编

张德恒　主　审

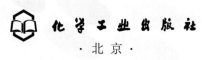

化学工业出版社

·北京·

该书运用大量的表格对密封剂的基体材料、补强填料、特种功能成分（如导电、导热、阻蚀、防霉、流变、硫化、促进、稳定、增黏、着色、发泡、轻质化、防老化、阻燃、黏度调节、活性官能团的封闭剂、耐热等化合物）等进行了详细介绍。针对每一个具体材料，主要对中文名称、别名、简称、分子式与化学结构式、物理、化学特性、产品的牌号或型号及质量指标、用途等进行论述。

　　该书内容全面、具体，可作为从事密封剂、胶黏剂生产的技术人员的案头工具书。

图书在版编目（CIP）数据

密封剂原材料手册/曹寿德主编. —北京：化学
工业出版社，2017.3
ISBN 978-7-122-27011-5

Ⅰ.①密… Ⅱ.①曹… Ⅲ.①密封-原材料-手册
Ⅳ.①TB42-62

中国版本图书馆 CIP 数据核字（2016）第 095452 号

责任编辑：赵卫娟　　　　　　　　　　　装帧设计：王晓宇
责任校对：宋　夏

出版发行：化学工业出版社（北京市东城区青年湖南街 13 号　邮政编码 100011）
印　　刷：中煤（北京）印务有限公司
装　　订：中煤（北京）印务有限公司
787mm×1092mm　1/16　印张 32½　字数 869 千字　　2017 年 3 月北京第 1 版第 1 次印刷

购书咨询：010-64518888（传真：010-64519686）　　售后服务：010-64518899
网　　址：http://www.cip.com.cn
凡购买本书，如有缺损质量问题，本社销售中心负责调换。

定　　价：128.00 元　　　　　　　　　　　　　　　　版权所有　违者必究

编委会名单

编委会主任：张德恒

编委会副主任：刘　嘉

编　　　委（按姓氏笔画排序）：

孔军仕　邢凤群　刘　刚　刘　嘉　李　利

杨亚飞　杨希仁　杨潇珂　吴松华　宋英红

张　敏　张荣荣　张燕红　张燕青　张德恒

周军辉　胡生祥　柳　莹　秦蓬勃　袁培峰

崔　洪　曹寿德　蔺艳琴　潘广萍

序

    历经 50 多年，我国建立起了现代航空、航天、航海、公路、轨道交通以及车辆、桥梁设施、机场、楼厅建筑、油库、冷库、水利工程系统结构密封工艺技术和门类众多的密封剂材料体系。该体系是以聚硅氧烷为基础的液体有机硅室温硫化密封剂、聚硫聚合物为基础的液体聚硫室温硫化密封剂、聚氨酯预聚体为基础的液体聚氨酯室温硫化密封剂等三大支柱为骨干材料，还配置了以三大支柱为基础的派生材料和有奇特性能的有机、无机高分子为基体的密封剂，即液体氟硅类密封剂、液体有机氟及氟醚类密封剂、液体聚硫代醚类密封剂、液体聚硫聚氨酯类密封剂、改性聚硫密封剂、液体丁腈密封剂、液体烷基丙烯酸酯类厌氧密封粘接剂、水玻璃高温密封剂、丁基及异丁烯、丁二烯、有机硅、聚硫橡胶不干性密封剂等几十个类别，成为军民两用的重要功能材料。

    改革开放后，国民经济得到了高速持续的发展，密封剂材料的需求量达到万吨级以上，并大量出口至发展中国家，因而密封剂生产厂遍布全国各地。由于各种原因导致各地生产的密封剂产品质量时有波动且品质参差不齐，明显地影响了各类相关产品的质量，不良影响波及到许多工业制造部门。其中一个重要原因就是对制造密封剂的原材料性质缺乏全面认识，生产过程中缺乏或没有进行质量控制或选择不当。至今尚无一书对密封剂原材料的品种、规格、技术指标、质量控制和应用范围等进行全面、系统的阐述和技术指导。

    本书作者在从事长达 50 多年的航空、建筑及防水用密封剂研制、生产与下厂推广应用实践活动的基础上，汇集了国内外已有的多达 17 个类别、数百种密封剂的基体原材料和补强、粘接、硫化、催化、稳定、阻蚀、防霉、阻燃、流变、导热、导电与绝缘、耐热、防护、着色、黏度调节及稀释、超轻化（泡沫、空心）等配合剂体系原材料，详尽地给出了它们的化学结构、物理化学特性、质量标准和主体用途，并融入了有机化合物（特别是高分子）、无机化合物有关的理论知识，详解了密封剂配方结构原理和原材料的合理选用，供各工业系统从事密封剂材料研制、生产及使用的工程技术人员以及高等学校、中等专业学校化工专业师生参考，以期为提高我国密封剂材料产品技术质量水平，加速我国军民两用密封剂材料产品的发展、应用为并走向世界做出贡献！

中国科学院院士

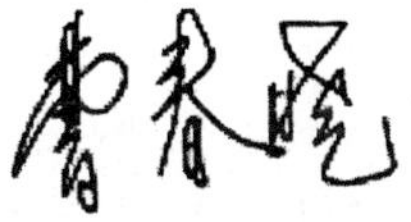

李春晓

2016 年 10 月于北京

前言

　　20 世纪 50 年代后期由于我国航空工业的建立，带动了飞行器结构密封剂的发展，为我国密封剂的研究和应用打下了良好的基础。20 世纪 80 年代以来在改革开放政策的推动下，我国国民经济各个领域均获得了高速的发展，大型建筑，如高楼大厦、体育场馆、机场、道路、桥梁如雨后春笋般不断地涌现，军事工业如飞机、导弹、卫星、潜艇、坦克、车辆等也获得了突飞猛进的发展，大大地促进和推动了密封剂行业的应用和发展。密封剂从单一品种逐步发展成多品种、多规格和系列配套化；性能上也逐步发展成不同档次，满足耐不同温度等级，耐不同介质和不同使用要求的系列化产品；密封剂的原材料也从依靠进口逐步发展成立足国内和品种规格多样化的格局；密封剂生产厂家也星罗棋布般发展起来，基本上满足了我国国民经济发展的需求。但目前存在的问题是：不少厂家的产品质量不够稳定，原材料质量控制不严或选材不当，为降低成本盲目过量使用低质原材料，生产工艺不规范，产品品种和规格还需要进一步完善，新产品开发也还需要进一步开拓。编写本手册旨在为密封剂的研制和生产厂家提供一些专业技术指导，帮助他们拓展视野、合理选材、合理控制原材料质量，以达到稳定和提高产品质量的目的。

　　本手册按密封剂的主要成分，对基体材料、补强填料、特种功能成分（如导电、导热、阻蚀、防霉、流变、硫化、促进、稳定、增黏、着色、发泡、轻质化、防老化、阻燃、黏度调节、活性官能团的封闭剂、耐热等化合物）等进行了介绍。针对每一种具体材料，对其中文名称、别名、简称、分子式与化学结构式、物理化学特性、产品的牌号或型号及质量指标、用途等进行了论述。在最后一章中阐述了各类型密封剂配方成分所起作用的原理，提供了指导性的密封剂典型配方。

　　密封剂在我国诞生、发展的过程中，原材料的信息主要来源于学术报告及学术论文、专业科技图书和大量的 GB 标准、行业标准等技术参考资料。目前尚未见到有作者编写和出版过全面系统的密封剂原材料手册，本书是第一次集合密封剂行业所用原材料的尝试，除参考了上述各类技术资料外，还有一部分是参考了国内外各研究、学术机构和生产单位公布在互联网上的信息。收集的原材料大多数是国内现行生产的、成熟的，用量大和价格低廉的材料；也包括经相关技术领导部门组织鉴定并小批量投产的新产品；还包括某些性能十分优异、具有良好发展前景的新材料，以利于推广和选用。

　　本手册编写的特点如下。

　　(1) 给出了每种材料的类别，容易了解其通性；给出了每种材料的宏观特性，也给出了其微观结构；每类材料都给出了其物理与化学特性和主要的化学反应原理，使读者有选择的思路和依据。

　　(2) 大部分材料都曾被应用或进行过大型的应用试验研究，有成熟的产品，也有在技术上属当前领先且具有发展前景的新材料，以利于导向和开发。

　　(3) 为了让读者有依据、可对比地选择原料，尽可能地包含了材料的国家标准（GB；GB/T）、部颁标准、行业标准、地方标准和企业标准。

　　(4) 每种材料尽可能地给出了别名，便于读者识别和查找，由于篇幅的限制，取消了英文名称。本手册在内容上尽力做到系统化、翔实、实用、新颖、科学。

　　本书在编写过程中得到了北京航空材料研究院第十一研究所许多工程技术人员的支持；郑州市思兰德密封胶公司（郑州市中原区技术开发有限公司）对本手册进行了技术审核；得到了北京化工大学 齐士成 博士（教授、博导）的帮助；得到了锦州化工集团研发部靖勇副主任、中国石化集团资产经营管理有限公司天津石化分公司聚醚部杜新蕾、中国石化集团资产经营管理有限公司上海高桥分公司的沈亚平经理和宋虹霞、杭州久灵化工有限公司张林经理、北京安特普纳科贸有限公司曹智总经理以及北京市东直门中学郭丽卫老师的大力支持。在此向他们表示衷心的感谢！特别应怀念的是主编的夫人张秀玲女士，重病卧床不起，自本手册起草之日起，一直从精神上极大地鼓励和支持手册的编写工作，直到她的离世，从未因她的疾病而影响手册的编写。

　　由于水平有限，书中疏漏之处，敬请读者批评指正。

编者

2016 年 10 月

目录

第1章

密封剂基体材料

1.1 聚异丁烯

（1）聚异丁烯（PIB）化学结构式

$$H_3C-C\begin{bmatrix} CH_3 \\ | \\ C \\ | \\ CH_3 \end{bmatrix}\begin{bmatrix} CH_3 \\ | \\ C-CH_2 \\ | \\ CH_3 \end{bmatrix}_n CH_2-C\begin{matrix} CH_3 \\ | \\ = CH_2 \end{matrix} \quad 或 \quad H_3C-C\begin{bmatrix} CH_3 \\ | \\ C \\ | \\ CH_3 \end{bmatrix}\begin{bmatrix} CH_3 \\ | \\ C-CH_2 \\ | \\ CH_3 \end{bmatrix}_n CH=C\begin{matrix} CH_3 \\ | \\ CH_3 \end{matrix}$$

（2）聚异丁烯物理、化学特性　聚异丁烯是一种无色、无味、无毒、半透明、黏稠的液体或半固体的高纯度异构直链烷烃，与高分子材料的相容性好，具有良好的耐热、耐氧、耐臭氧、耐化学品及耐候、耐紫外线、耐酸、耐碱性能，其体积电阻率高，膨胀系数小，不含电解质等有害物质，电绝缘性优良，裂解无残炭等特性。

（3）聚异丁烯产品品种和牌号、质量指标

① 中分子量聚异丁烯（工业级）产品规格及质量指标见表1-1。

表 1-1　中分子量聚异丁烯（工业级）产品规格及质量指标

指标名称	SDG-8350	SDG-8450	SDG-8550	SDG-8650
挥发分/%	≤1.0	≤1.0	≤1.0	≤1.0
斯陶丁格指数/(cm³/g)	21.5～26.0	26.5～31.0	31.5～36.0	33.5～39.0
分子量($\overline{M}_v$)	35000±5000	45000±5000	55000±5000	65000±5000
抗氧化剂	无	无	无	无

② 韩国大林企业标准规定的聚丁烯产品牌号和质量指标见表1-2。

表 1-2　聚丁烯产品牌号和质量指标

指标名称		PB450	PB700M	PB680	PB730	PB900
分子量($\overline{M}_n$)		450	—	680	730	920
黏度（100℃)/(mm²/s)		14±2	50±5	80±6	100±6	210±10
引火点/℃	≥	150	140	170	180	190
流动点/℃		−13±5	−13±5	−13±5	−13±5	−9±5
相对密度（25℃/25℃)		0.850	0.874	0.874	0.880	0.887
色度(Hazen,铂-钴色号)	≤	50	50	50	50	50
蒸发减量/%	≤	2.0	1.7	1.5	1.0	0.65
酸值/(mgKOH/g)	≤	0.01	0.01	0.01	0.01	0.01

续表

指标名称		PB450	PB700M	PB680	PB730	PB900
硫黄总计/(mg/kg)	≤	1	1	1	1	1
功率因数(80℃)/%	≤	—	—	0.01	0.01	0.01
体积电阻率(80℃)/Ω·cm	≥	—	—	1×10^{15}	1×10^{15}	2×10^{15}
介电常数(80℃)	≥	—	—	2.16	2.16	2.18
工频介电强度(2.5mm)/kV	≥	—	—	40	40	40
分子量($\overline{M}_n$)		1020	1320	1420	2450	950
黏度(100℃)/(mm²/s)		285±20	645±40	810±50	4700±200	230±20
引火点/℃	≥	200	220	220	240	190
流动点/℃		−5±5	3±5	5±5	17±5	−9±5
相对密度(25℃/25℃)		0.888	0.890	0.896	0.899	0.905
色度(Hazen,铂-钴色号)	≤	50	50	50	50	50
蒸发减量/%	≤	0.65	0.50	0.20	0.20	0.20
酸值/(mgKOH/g)	≤	0.01	0.01	0.01	0.01	0.01
硫黄总计/(mg/kg)	≤	1	1	1	1	1
功率因数(80℃)/%	≤	0.01	0.01	0.005	0.005	0.005
体积电阻率(80℃)/Ω·cm	≥	2×10^{15}	2×10^{15}	2×10^{15}	2×10^{15}	2×10^{15}
介电常数(80℃)	≥	2.18	2.18	2.18	2.19	2.20
工频介电强度(2.5mm)/kV	≥	40	40	50	50	50

③ 日本石油化学公司产各牌号聚丁烯、性能指标见表1-3。

表 1-3　日本石油化学公司聚丁烯牌号、质量指标典型值

指标名称		3T	4T	5T	6T
外观		透明无异物			
分子量($\overline{M}_r$)		30000	40000	50000	60000
相对密度(15℃/4℃)		9.23			
折射率		1.507	1.507	1.508	1.508
闪点(COC)/℃		248			
蒸发减量(2mmHg,230℃,30min)/%		0.0			
低聚物含量/%		0.5			
流动点/℃		67.5	77.5	97.5	112.5
针入度(25℃)/(1/10mm)	150g×5s	219	168	139	121
	100g×5s	217	143	115	100
异丁烯结合单位/%		100			
黏度特性	黏度(200℃)/(mm²/s)	6500	16500	30500	50500
	黏度(160℃)/(mm²/s)	20000	55000	97000	157000
凝胶渗透色谱法(GPC)测定	$\overline{M}_w$	66000	88000	107000	129000
	$(\overline{M}_w/\overline{M}_n)$	11.1	17.1	19.5	10.4
	分子量分布 S-F(高度/半宽度)	6.0	6.0	6.3	6.2
介电特性	介电损耗角正切(80℃,50Hz)	0.00001			
	体积电阻率(80℃)/Ω·cm	50×10^{18}			
	介电常数(80℃)	2.0			

　　注：COC是一个有关进出口货物清关证书的缩写，很多国家都要求该证书，例如出口沙特、伊朗等中东地区的货物，进口国海关需要进口商提供经承认的国际认证公司对该批货物出具的符合性证书（COC，certificate of conformity），其中SASO规定，进口货物必须要有COC清关证书。

　　④ 法国INEOS（英力士）公司企标规定的各牌号聚异丁烯产品质量指标见表1-4～表1-7。

表 1-4　各牌号聚异丁烯产品质量指标（一）

指 标 名 称		L-3	L-6	L-8	指 标 名 称		L-3	L-6	L-8
运动黏度	最小/(mm²/s)	—	5.8	13.5	外观		透明澄清		
	最大/(mm²/s)	—	7.2	16.5	浊度	<	4	4	4
	温度/℃	20	40	40	酸值/(mgKOH/g)	<	0.05	0.05	0.05
色度(Hazen,铂-钴色号)		≤50	≤50	≤50	分子量($\overline{M}_n$)		220	280	320
闪点(开杯)/℃		55	82	82	折射率		1.452	1.461	1.467
分布指数($\overline{M}_w/\overline{M}_n$)		—	1.10	1.65	总硫量/(mg/kg)	<	5	5	5
溴值/(g/100g)		83	64	57	密度/(g/cm³)		0.803	0.824	0.835
金属含量 <	Na/(mg/kg)	1	1	1	倾点/℃	<	−60	−60	−60
	K/(mg/kg)	1	1	1	黏度/s		40.6	47.1	76.5
	Fe/(mg/kg)	1	1	1	温度/℃		20	40	40

表 1-5　各牌号聚异丁烯产品质量指标（二）

指标名称		L-14	H-25	H-50	指标名称		L-14	H-25	H-50
运动黏度	最小/(mm²/s)	24.0	48.5	100	黏度指数		60	87	98
	最大/(mm²/s)	30	55.5	115	倾点/℃		−51	−23	−13
	温度/℃	100	100	100	黏度[4]/s		—	241	500
色度[1](Hazen,铂-钴色号)		≤50	≤50	≤50	温度[5]/℃		100	100	100
闪点(开杯)[2]/℃		138	150	190	折射率		1.474	1.486	1.490
外观		透明澄清			总硫量/(mg/kg)	<	5	5	5
分子量($\overline{M}_n$)		370	635	800	密度/(g/cm³)		0.839	0.869	0.884
溴值[3]/(g/100g)		52	27	20	分布指数($\overline{M}_w/\overline{M}_n$)		1.30	2.10	1.60
氯含量/(mg/kg)		60	50	50	闪点(闭环)[6]/℃	>	115	125	135
金属含量 <	Na/(mg/kg)	1	1	1	浊度	<	4	4	4
	K/(mg/kg)	1	1	1	酸值/(mgKOH/g)	<	0.05	0.05	0.05
	Fe/(mg/kg)	1	1	1	玻璃化温度(T_g)/℃		−90.5	—	—

注：1. 色度（或称颜色）测试法按：mod. D1209。

2. 闪点指克利氟兰开杯闪点（D93 号）。

3. 溴值单位为 g(Br₂)/(100g 聚异丁烯)。

4. 黏度指赛波特通用黏度。

5. 温度指赛波特通用黏度测定温度。

6. 闪点指克利弗兰开杯闪点（D92 号）。

表 1-6　各牌号聚异丁烯产品质量指标（三）

指 标 名 称		H-100	H-300	H-1200
运动黏度	最小/(mm²/s)	200	605	2300
	最大/(mm²/s)	235	655	2700
	温度/℃	100	100	100
色度(Hazen,铂-钴色号)		≤50	≤50	≤50
克利弗兰开杯闪点(D93 号)/℃		155	160	165
外观		透明澄清		
分子量($\overline{M}_n$)		910	1300	2100
分子量分布指数($\overline{M}_w/\overline{M}_n$)		1.60	1.65	1.80
克利弗兰开杯闪点(D92 号)/℃		>210	>240	>250
浊度		<4	<4	<4
酸值/(mgKOH/g)		<0.05	<0.05	<0.05
溴值/[g(Br₂)/(100g 聚异丁烯)]		16.5	12	9
氯含量/(mg/kg)		50	60	130

指 标 名 称		H-100	H-300	H-1200
金属含量	Na/(mg/kg)	<1	<1	<1
	K/(mg/kg)	<1	<1	<1
	Fe/(mg/kg)	<1	<1	<1
相对密度(25℃/4℃)		0.893	0.904	0.906
黏度指数 212°F(100℃)		121	173	242
倾点/℃		−7	3	15
玻璃化转变温度(T_g)/℃		−69.6	−69.9	—
赛波特通用黏度/s		1025	2950	11650
赛波特通用黏度测定温度/℃		100	100	100
折射率		1.494	1.497	1.502
总硫量/(mg/kg)		<5	<5	<5

表 1-7　各牌号聚异丁烯产品质量指标 （四）

指 标 名 称		H-2100	H-6000	H-1800
运动黏度	最小/cSt	3900	11100	36000
	最大/cSt	4600	13300	45000
	温度/℃	100	100	100
色度(Hazen,铂-钴色号)		≤50	≤100	≤100
克利弗兰开杯闪点(D93 号)/℃		170	175	80
外观			透明澄清	
分子量($\overline{M}_n$)		2500	4200	6000
分子量分布指数($\overline{M}_w/\overline{M}_n$)		1.85	1.80	1.70
克利弗兰开杯闪点(D92 号)/℃		>270	>275	>280
浊度		<4	<4	<4
酸值/(mgKOH/g)		<0.05	<0.05	<0.05
溴值/[g(Br$_2$)/(100g 聚异丁烯)]		6.5	4	3
氯含量/(mg/kg)		—	—	—
金属含量	Na/(mg/kg)	<1	<1	<1
	K/(mg/kg)	<1	<1	<1
	Fe/(mg/kg)	<1	<1	<1
相对密度(25℃/4℃)		0.912	0.918	0.921
黏度指数 212°F(100℃)		267	306	378
倾点/℃		21	35	50
玻璃化转变温度(T_g)/℃		—	—	—
赛波特通用黏度/s		19800	56800	188500
赛波特通用黏度测定温度/℃		100	100	100
折射率		1.504	1.505	1.508
总硫量/(mg/kg)		<5	<5	<5

注：1cSt=1mm^2/s。

（4）聚异丁烯用途　聚异丁烯密封腻子用于双道密封中空玻璃和黏合剂，以便提高橡胶基胶黏剂如丁基橡胶、丁苯橡胶、三元乙丙橡胶，天然橡胶等的粘接能力。

1.2　沥青

（1）沥青（别名：柏油）化学结构[1]原油加工后残渣即为石油沥青，地域不同的原油，加工后残渣的成分完全不同且极为复杂。可以说，石油沥青同石油一样，是复杂的有机混合物，没有固定的化学成分和物理常数，当然就没有固定的化学结构。对各地产出的石油沥青分析归类后，可认为大致包括饱和分、芳香分、胶质、沥青质四个部分。尽管没有固定的化学结构，研究者还是进行了有效的研究，在一定程度上解开了它们的化学结构的秘密。饱和分、芳香分化合物的化学结构在本书有关章节讲述，此处不再赘述。胶质的化学组成与结构介于沥青质和油分之间，但是更接近沥青质，现介绍石油沥青质的化学结构，以此来了解石油沥青的主貌。

沥青质的基本结构单元模型如下：

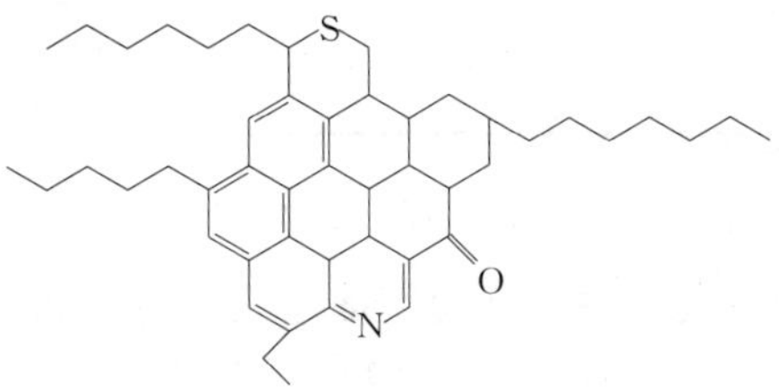

（2）沥青物理、化学特性

① 煤焦沥青由煤和木材干馏所得焦油制得。它是一种棕黑色有机胶凝状物质，含有难挥发的蒽、菲、芘等化合物结构，即焦油蒸馏后残留在蒸馏釜内的黑色物质。不溶于含有少量 S、O、N 的烃类化合物的正戊烷。有高沸点，挥发物挥发温度在 260～400℃，有毒性，对人体健康是有害的。

② 石油沥青是原油加工过程的一种产品，在常温下是黑色或黑褐色的黏稠液体、半固体或固体，含有可溶于三氯乙烯的烃类及非烃类衍生物，不溶于含有少量 S、O、N 的烃类化合物的正戊烷。其性质和组成随原油来源和生产方法的不同而变化，是复杂的有机混合物，没有固定的化学成分和物理常数。

③ 天然沥青源自石油沥青，一般已不含有任何毒素，其主要成分是分子量高达 10000 以上的沥青质，是一种天然的化学综合改性剂。

（3）产品品种和牌号、质量指标

① 建筑石油沥青按针入度不同分为 10 号、30 号和 40 号三个牌号，其质量指标见表 1-8。

表 1-8　建筑石油沥青牌号、质量指标、试验方法（执行标准号：GB/T 494—2010）

指标名称		指标			试验方法
		10 号	30 号	40 号	
针入度(25℃,100g,5s)/(1/10mm)		10～25	26～35	36～50	GB/T 4509
针入度(0℃,200g,5s)/(1/10mm)		3	6	6	
延度(25℃,5cm/min)/cm	≥	1.5	2.5	3.5	GB/T 4508
软化点(环球法)/℃	≥	95	75	60	GB/T 4507
溶解度(三氯乙烯)/%	≥	99.0	99.0	99.0	GB/T 11148
蒸发后质量变化(163℃,5h)/%	≤	1	1	1	GB/T 11964
蒸发后 25℃针入度比/%	≥	65	65	65	GB/T 4509
闪点(开口)/℃	≥	260	260	260	GB/T 267

注：测定蒸发损失后样品的针入度与原针入度之比乘以 100 后，所得的百分比，称为蒸发后针入度比。

② 防水石油沥青牌号、质量指标见表 1-9。

表 1-9　防水石油沥青牌号 3 号、4 号、5 号、6 号的质量指标

指标名称		质量指标				试验方法
		3 号	4 号	5 号	6 号	
软化点/℃	≥	85	90	100	95	GB/T 4507
针入度/(1/10mm)		25～45	20～40	20～40	30～50	GB/T 4509
针入度指数	≥	3	4	5	6	—
蒸发损失/%	≤	1	1	1	1	GB/T 11964
闪点(开口)/℃	≥	250	270	270	270	GB/T 267
溶解度/%	≥	98	98	95	92	GB/T 11148
脆点/℃		−5	−10	−15	−20	GB/T 4510
垂度/mm	≤	—	—	8	10	SH/T 0424
加热安定性/℃	≤	5	5	5	5	

③ 道路石油沥青牌号、质量指标见表 1-10。

表 1-10　道路石油沥青 30 号、50 号、70 号、90 号、110 号、130 号、160 号的质量指标

（执行标准：JTGF 40—2004）

指标名称	等级	沥青标号														
		160 号	130 号	110 号	90 号					70 号					50 号	30 号
1#/0.1mm		140～200	120～140	100～120	80～100					60～80					40～60	20～40
2#		[1]		2-1	2-2	3-2	1-1	1-2	1-3	2-2	2-3	1-3	1-4	2-2	2-3	2-4	1-4	[1]
3#	A	−1.5～+1.0														
	B	−1.8～+1.0														
4#/℃ ≥	A	38	40	43	45		44		46		45		49	55
	B	36	39	42	43		42		44		43		46	53
	C	35	37	41	42				43				45	50
5#/Pa·s ≥	A	—	60	120	160		140		180		160		200	260
6#/cm ≥	A	50	50	40	45	30	20	30	20	20	15	25	20	15	15	10
	B	30	30	30	30	20	15	20	15	15	10	20	15	10	10	8
7#/cm ≥	A	100													80	50
	B	100													80	50
	C	80	80	60	50				40				30	20
8#/%	A	≤2.2														
	B	≤3.0														
	C	≤4.5														
9#/℃	—	≥230			≥245					≥260						
10#/%	—	≥99.5														
11#/(g/cm³)	—	实测记录(15℃)														
12#/%	—	≤±0.8														
13#/% ≥	A	48	54	55	57				61				63	65
	B	45	50	52	54				58				60	62
	C	40	45	48	50				54				58	60
14#/cm ≥	A	12	12	10	8				6				4	—
	B	10	10	8	6				4				2	—
15#/cm ≥	C	40	35	30	20				15				10	—

注：1. 30 号沥青仅用于沥青稳定基层。130 号和 160 号沥青除寒冷地区可直接在中低级公路上直接应用外，通常用作乳化沥青、稀释沥青、改性沥青的基质沥青。

2. 经建设单位同意，PI 值、60℃动力黏度、10℃延度可作为选择性指标，也可不作为施工质量检验指标。

3. 70 号沥青可根据需要要求供应商提供针入度范围为 0～60 或 70～80 的沥青，50 号沥青可要求提供针入度范围为 40～50 或 50～60 的沥青。

4. 用于仲裁试验求取 PI 时的 5 个温度的针入度关系式的相关系数不得小于 0.997。

表 1-10 道路石油沥青质量指标栏目中"指标名称"与代号及试验方法对照。

表 1-11　表 1-10 中各指标代号及试验方法对照

代号	指标名称	试验方法	代号	指标名称	试验方法
1#	针入度(25℃,5s,100g)	T0604	9#	闪点	T0611
2#	适用的气候分区	—	10#	溶解度	T0607
3#	针入度指数 PI	T0604	11#	密度(15℃)	T0603
4#	软化点	T0606	12#	质量变化	—
5#	60℃动力黏度	T0620	13#	残留针入度比(25℃)	T0604
6#	10℃延度	T0605	14#	残留延度(10℃)	T0605
7#	15℃延度	—	15#	残留延度(15℃)	T0605
8#	蜡含量(蒸馏法)	T0615			

④ 沥青及矿质橡胶的牌号、质量指标。橡胶与密封剂用沥青牌号有按原石油部标准 SYB 1666—65S 要求的牌号 1、2 和按橡胶工业控制的牌号 1#、2#、3# 和软沥青的质量指标见表 1-12，其中高软化点的沥青也称"矿质橡胶"，即为精制石油沥青。

表 1-12　沥青及矿质橡胶的质量指标

指标名称		1	2	1#	2#	3#	软沥青
相对密度		1.0～1.15					
软化点/℃		65～80	125～135	70～90	90～110	110～140	36～41
针入度(25℃,100g,5s)/(1/10mm)		—	15～25	—	—	—	—
溶解度(苯)/%	≥	99	99.5	—	—	—	—
机械杂质/%	≤	—	—	0.5	0.5	0.5	1.0
蒸发损失(160℃,5h)/%	≤	—	1	—	—	—	—
挥发分/%	≤	—	—	0.1	0.1	0.1	未定
闪点(开杯)/℃	≥	230	230	—	—	—	—
水分/%	≤	—	痕迹	—	—	—	—
水溶性酸及碱		无					
灰分/%	≤	0.5	0.3	—	—	—	1.0

（4）用途　建筑、道路、防水及矿质橡胶沥青等均源自石油沥青，其产品被广泛用于工业、农业、养殖、建筑防水渗漏密封、交通运输、采矿。其本身可直接作为不固化型嵌缝密封剂或作为非固化型密封剂的组分使用。

1.3　液体聚丁二烯

（1）化学结构式　端基液体聚丁二烯（简称：LPB）化学结构式　按一个分子链的聚丁二烯聚合物主链远程结构[2]（即二级结构）分，可有四种不同的有规立构体结构式。

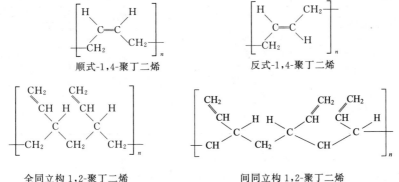

顺式-1,4-聚丁二烯　　　　反式-1,4-聚丁二烯

全同立构 1,2-聚丁二烯　　　间同立构 1,2-聚丁二烯

（2）物理、化学特性

① 无官能团低分子聚丁二烯橡胶的物理、化学特性　以苯为溶剂合成的无官能团液体聚丁二烯生胶黏性和成膜性较差，合成中对操作人员毒性较大。以汽油为溶剂、环烷酸稀土为催化剂聚合的无官能团液体聚丁二烯聚合物，黏性和成膜性好，毒性小，能够满足作为不硫化密封剂的基体材料的要求。以本体聚合法合成的无官能团、低分子聚丁二烯橡胶为无色或浅黄色透明产品，不含溶剂，挥发性小，黏均分子量稳定。

② 羧基液体聚丁二烯物理、化学特性　采用戊二酸过氧化物$[HOOC—(CH_2)_3—COO]_2$作引发剂，使丁二烯进行自由基溶液聚合，可制得无规端羧基液体聚丁二烯橡胶，又称丁羧，其微观结构（实质是聚丁二烯的结构）为：1,4结构占75%～80%；1,2结构占20%～25%，$\overline{M}_w/\overline{M}_n=1.3$，为浅黄色或棕黄色黏稠液体；分子量1000～5200；黏度（25℃）为2.5～30Pa·s；具有优良的耐寒性和弹性、良好的粘接性、耐水性和介电性；由于聚合物分子两端带有羧基，因而该聚合物是沿羧基进行结构化，网络分布整齐且无自由末端，力学性能优异。

③ 羟端基液体聚丁二烯物理、化学特性　采用H_2O_2-Fe^{2+}氧化还原体系引发氯丁二烯进行自由基乳液聚合，可制得端羟基聚丁二烯。羟端基液体聚丁二烯是遥爪液体橡胶的一种，透明度好、黏度低、耐油、耐老化、低温性能和加工性能好；它与扩链剂、交联剂在室温或高温下反应以生成三维网状结构的固化物，该固化物具有优异的力学性能，良好的耐油和耐水性能，特别是耐酸耐碱、耐磨、低温和电绝缘性能好。

④ 溴端基聚丁二烯物理、化学特性　在$K_2S_2O_8$引发的丁二烯自由基乳液聚合中，用CBr_4作链转移剂，可制得溴端基聚丁二烯，为淡黄色至琥珀色黏稠液体；分子量4000～6720；缠结分子量大于4750；黏度大于3.5Pa·s；特性黏数$[\eta]$大于0.29；烯丙基溴含量1.61%～2.7%；总溴含量（以每个分子链有四个Br原子计算）：在4.76%～7.02%以上；官能度1.24～1.54；1,2加成物含量28.6%左右；硫化特性：多元胺可使溴端基聚丁二烯交联。

⑤ 巯端基聚丁二烯物理、化学特性　为透明黏稠液体，带有挥发性硫的臭味；在金属氧化物（二氧化锰、氧化铅等）的作用下可室温硫化为弹性体。

⑥ 氨端基聚丁二烯物理、化学特性　采用阴离子合成法合成了羟端基聚丁二烯，通过端基转化法将羟基转化为氨基，从而合成了氨端基聚丁二烯。氨端基聚丁二烯为液体状，1,4-结构质量分数占94.8%；氨端基比羟基活性更高，在与异氰酸酯、酸酐、羟基反应时有更高的反应速率；根据需要可有不同的聚合度产品，具体特性见表1-13。

表 1-13　氨端基聚丁二烯部分物理特性[3]

性能名称	典型值		
外观	液体		
分子量	4096	3123	1956
羟值/(mmol/g)	0.4896	0.6312	1.0040
胺值/(mmol/g)	0.4802	0.6271	0.9897
官能度	1.96	1.96	1.93
转化率/%	99.8	99.3	99.6

（3）聚丁二烯产品品种和质量指标

① 企标规定的无官能团低分子聚丁二烯橡胶质量指标见表1-14。

表 1-14　牌号 LBR-系列的低分子聚丁二烯橡胶质量指标

指标名称	LBR-1	LBR-2	LBR-3	LBR-15
颜色	无色或浅黄色	无色或浅黄色	无色或浅黄色	无色或浅黄色
分子量($\overline{M}_v$)	1～2	4～6	11～13	13～15
凝胶含量/%	<0.5	<0.5	<0.5	<0.5
挥发分/%	<0.5	<0.5	<0.5	<0.5

② 企标规定的羧基液体聚丁二烯质产品品种和牌号、质量指标见表 1-15。

表 1-15　两个型别的羧基液体聚丁二烯橡胶质量指标

指 标 名 称	型　别	
	Ⅰ型(溶液法)	Ⅱ型(乳液法)
羧基值/(mol/100g 胶)	0.03～0.07	0.040～0.055
分子量 $\overline{M}_n$	≤4500	≥2800
黏度(40℃)/Pa·s	5～30	≤8
水含量/%	≤0.05	≤0.05
铁(Fe)/%	—	≤0.03

③ 端羟基液体聚丁二烯产品质量指标见表 1-16。

表 1-16　山东淄博企标规定的四种规格羟端基液体聚丁二烯产品质量指标

指标名称		Ⅰ型		Ⅱ型	
		指标	实测值	指标	实测值
外观		25℃下为无色透明或浅黄色透明液体			
羟值/(mmol/g)	≥	1.00	1.2971(1106-15 批)	0.80～1.00	—
黏度(40℃)/mPa·s	≤	2000	1280 (1106-15 批)	3000	—
分子量($\overline{M}_n$)	≤	2300	1542(1106-15 批)	2300～2800	—
水分/%	≤	0.10	397mg/kg(1106-15 批)	0.10	—
过氧化物(以 H_2O_2 计)/%	≤	0.05	426mg/kg(1106-15 批)	0.05	—
指标名称		Ⅲ型		Ⅳ型	
		指标	实测值	指标	实测值
外观		25℃下为无色透明或浅黄色透明液体			
羟值/(mmol/g)	≥	0.65～0.80	0.7955(1105-62 批)	0.55～0.65	0.6282(DH1105-02 批)
黏度(40℃)/mPa·s	≤	5000	2840(1105-62 批)	9000	5540(DH1105-02 批)
分子量($\overline{M}_n$)		2800～3500	251(1105-62 批)	3500～4500	318(DH1105-02 批)
水分/%	≤	0.10	283mg/kg(1105-62 批)	0.10	205mg/kg(DH1105-02 批)
过氧化物(以 H_2O_2 计)/%	≤	0.05	423.9mg/kg(1105-62 批)	0.05	234.3mg/kg(DH1105-02 批)

④ 溴端基液体聚丁二烯产品质量指标见表 1-17。

表 1-17　企标规定的溴端基液体聚丁二烯质量指标

指 标 名 称	指　标
本体黏度/Pa·s	3.5
特性黏数[η]/(dL/g)	0.29
溴含量/%	3.45

（4）用途　无官能团低分子聚丁二烯橡胶用于配制不硫化密封剂的骨架材料，还可用作橡胶的增黏剂及增塑剂、橡塑共混料的改性剂等。羟端基、羧端基、巯端基、溴端基、氨端基等聚丁二烯可用作耐水浸泡密封剂、黏合剂的基体材料。

1.4　丁基橡胶

（1）丁基橡胶（IIR）化学结构式

异戊二烯含量（摩尔分数）为 0.5%～3.3%

（2）物理、化学特性　丁基橡胶是以异丁烯为主体和少量戊二烯首尾结合的线型高分子，其不饱和度较低，仅有 0.5%～3.3%（摩尔分数），大约是天然橡胶的 1/50。丁基橡胶为黄白色弹性固体，有冷流性；分子量 400～700；门尼黏度［ML(1+8)100℃］：45±5，65±5，75±5；体积电阻率：不小于 10^{16} Ω·cm（比一般橡胶高 10～100 倍）；介电常数（1000Hz）：2～3；功率因数（100Hz）：0.0026；灰分 0.3%～0.5%；挥发分 0.1%～0.3%；稳定剂含量 0.1%～0.25%；在酒精中溶胀甚微，在脂肪族溶剂中膨胀较快；透气系数 $Q_0=4.9\times10^{18}$ m^2/(Pa·s)，丁基橡胶分子链中侧甲基排列密集，限制了聚合物分子的热运动，因此透气率低，气密性好（天然橡胶的 $Q=7～20Q_0$；顺丁橡胶的 $Q=30～59Q_0$；丁苯橡胶的 $Q=8Q_0$；乙丙橡胶的 $Q=13～58Q_0$；相对密度 0.92；在 −30～−50℃ 的温度范围内，丁基橡胶的回弹特性都不大于 20%（80% 的震动被吸收）；在 −70℃（丁基橡胶的玻璃化转变温度）仍有屈挠性；与天然及通用合成橡胶相容性较差；耐热性：120℃×144h 热空气老化后拉伸性能可保持原有的 70%，170℃×144h 热空气老化后拉伸性能可保持原有的 50%；极限耐热温度可达 200℃。丁基橡胶属于热氧老化降解型，老化趋向为软化；耐气候性：抗臭氧性能是天然橡胶的 10 倍以上；除氧化性强的浓硫酸、浓硝酸、浓盐酸外，对酒精、酸、碱及氧化还原溶液有极好的耐受性，能耐受中等浓度的硫酸和硝酸的腐蚀；丁基橡胶的不饱和键具有和多种物质发生很有实用价值的化学反应的特性。丁基橡胶耐受气体和水蒸气透过性优异，详见表 1-18。

表 1-18　丁基橡胶与其他密封剂基体橡胶对气体和水蒸气透过性的比较

单位：10^4 cm^2/(s·kPa)

气体种类	气体或水蒸气对各类橡胶的透过率 Q				
	丁基橡胶	二元乙丙橡胶	丁苯橡胶	天然橡胶	聚丁二烯橡胶
氢气(90℃)	116.0	271.0	220.0	223.0	—
氧气(90℃)	35.8	242.0	106.0	132.1	—
氮气(90℃)	17.8	120.3	69.5	132.1	—
水蒸气(100℃)	112×10^6	638×10^6	944×10^6	1237×10^6	2118×10^6

按硫化橡胶或热塑性橡胶透气性的测定方法标准 GB/T 7755—2003/ISO 2782：1995 测试透气率结果如表 1-19、表 1-20。

表 1-19　中空玻璃密封胶水蒸气透气率　　单位：10^7 cm^2/(s·MPa)

品　　种	丁基密封胶	聚硫密封胶	聚硅氧烷密封胶	聚氨酯密封胶
水蒸气透气率	0.2	2.4	18	23.4

表 1-20　十一种密封剂基体橡胶材料在不同温度下的空气透气率比较

单位：$10^7 \text{cm}^2/(\text{s} \cdot \text{MPa})$

密封剂基体橡胶品种	各温度点透气性 ρ				密封剂基体橡胶品种	各温度点透气性 ρ			
	24℃	80℃	121℃	177℃		24℃	80℃	121℃	177℃
聚硫橡胶	0.02	0.37	1.6	—	丁苯橡胶	0.25	2.90	4.7	15.4
丁基橡胶	0.02	0.39	1.6	5.8	天然橡胶	0.49	4.40	7.1	20.7
聚氨酯橡胶	0.05	0.97	3.1	7.1	氯磺化聚乙烯橡胶	0.72	0.73	2.3	6.2
氯丁橡胶	0.10	1.30	2.8	7.3	氟橡胶	—	0.88	3.6	14.6
丁腈橡胶	0.13	0.80	2.2	6.6	硅橡胶	11.3	41.00	—	69~113
丙烯酸橡胶	0.19	1.80	4.8	9.4	—	—	—	—	—

丁基橡胶的力学性能依赖于它的不饱和度，具体见表 1-21。

表 1-21　丁基橡胶的力学性能

丁基橡胶的不饱和度/%		0.6	1.1~1.5	1.6~2.0	2.1~2.5	2.6~3.3
拉伸强度/MPa	>	18.0	17.5	17.0	16.0	15.5
拉断伸长率/%	>	700	650	550	500	450
400%定伸应力/MPa		4.5~6.3	6.3~7.9	7.9~9.6	9.6~11.2	11.2~12.0

（3）产品品种和质量指标　丁基橡胶产品质量指标见表 1-22。

表 1-22　美国 EXXON 公司的丁基橡胶质量指标典型值

指标名称		065	077	165	265	268	365
门尼黏度	ML[(1+8)100℃]	41~49	—	41~49	41~49	—	41~49
	ML[(1+8)125℃]	—	43~53	—	—	47~57	—
灰分/%		0.5	0.5	0.5	0.5	0.5	0.5
水分/%		0.3	0.3	0.3	0.3	0.3	0.3
稳定剂(非污染性)/%		0.05~0.20	0.01~0.10	0.05~0.20	0.05~0.20	0.05~0.20	0.05~0.20
相对密度		0.92	0.92	0.92	0.92	0.92	0.92
不饱和度/%		0.8	0.8	1.2	1.5	1.5	2.0
分子量/($\overline{M}_v$)/$\times 10^4$		35	42.5	35	35	45	35

注：丁基 065、268 两个牌号不仅美国生产，日本及法国也生产。加拿大 POLYSAR 公司、俄罗斯产牌号 IIR BK-1675N、燕山石化通用型 IIR1715 的质量指标大致同于美国。

（4）用途　它是制备非硫化型、半硫化型和硫化型结构嵌缝密封剂的基体材料以及中空玻璃的密封腻子的基体材料，也可用于阻尼密封剂的原料。

1.5　氟烃及氟醚聚合物

（1）化学结构

① 氟烯烃类聚合物化学结构

a. 偏氟乙烯-三氟氯乙烯共聚物结构式：

$$CH_2{=}CF_2 + CF_2{=}C(Cl){-}F \longrightarrow \text{-}(CH_2{-}CF_2)_x \text{-}[CF_2{-}\overset{Cl}{\underset{}{C}}(F)]_y\text{-}$$

式中，x 和 y 比例为 1:1 或 1:2（美国商品牌号为 Kel-F5500、Kel-F3700；俄罗斯商品牌号为 CKФ-32-11、CKФ-32-12；中国商品牌号为氟橡胶-23-11、氟橡胶-23-21）。

b. 偏氟乙烯-六氟丙烯共聚物结构式：

$$CH_2{=}CF_2 + CF_2{=}CF{-}CF_3 \longrightarrow X{\sim}[\text{-}CH_2CF_2\text{-}]_n[\text{-}CF_2\overset{CF_3}{\underset{}{C}}F\text{-}]_m{\sim}X$$

式中，X 可为—COOH、—CN、—COOCH$_3$、Br 等。式中 n 和 m 比例为 1:1 或 1:2

（美国商品牌号为 VitonA、VitonA-HV、VitonA-35、VitonE60C；俄罗斯商品牌号为 CKФ-26；中国商品牌号为氟橡胶-26）。

c. 偏氟乙烯-六氟丙烯-四氟乙烯三元共聚物结构式：

$$CH_2=CF_2+CF_2=CF-CF_3+CF_2=CF_2 \longrightarrow -(CH_2-CF_2)_x-[CF_2-CF(CF_3)]_y-(CF_2-CF_2)_z-$$

美国商品牌号为 VitonB、VitonB-50、VitonB-910；中国商品牌号为氟橡胶-246。

d. 四氟乙烯-丙烯共聚物结构式：

$$CF_2=CF_2+CH_2=CH-CH_3 \longrightarrow -[(CF_2-CF_2)_{0.52}[CH_2-CH(CH_3)]_{0.48}]_n$$

该类聚合物又称四丙氟聚合物（日本商品牌号为 Aflas100、150；中国商品牌号为 SinoflasTP-1 及 TP-2）。

② 亚硝基氟烷-烯烃类聚合物化学结构

a. 亚硝基三氟甲烷-四氟乙烯二元共聚物结构式：

$$nCF_2=CF_2+O_2(UV) \longrightarrow -(CF_2-CF_2-O)_a-(CF_2-O)_b-$$

b. 亚硝基三氟甲烷-四氟乙烯-亚硝基羧基六氟丙烷三元共聚物结构式：

$$CF_3-N=O+CF_2=CF_2+(HOOC)-(CF_2)_3-N=O \longrightarrow -(N-O-CF_2-CF_2)_{99}-(N-O-CF_2-CF_2)_1-$$

其中甲基为 CF_3，羧基支链为 $(CF_2)_3-COOH$。

③ 主链含磷氮、碳氟基团聚合物化学结构

a. 氟化磷腈结构式：

$$-(P=N)_n-$$

支链为 $O-CH_2CF_3$ 及 $O-CH_2(CF_2)_3-CF_2H$。

b. 全氟三嗪聚合物结构式：

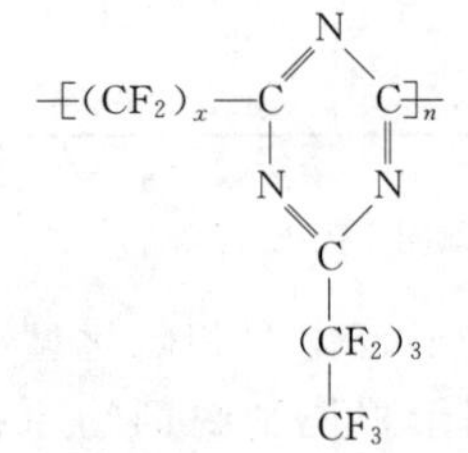

$$-[(CF_2)_x-C(N)C]_n-$$

支链为 $(CF_2)_3-CF_3$。

④ 氟醚类聚合物化学结构[4]

a. 六氟环氧丙烷（HFPO）在 CsF 催化作用下通过聚合形成的一系列聚合物，代表性结构式：

$$CF_3-CF_2-CF_2-O-(CF-CF_2-O)_n-CF-C-F$$

带支链 CF_3，末端含 CF_3 及 O。

b. 由六氟丙烯（HFP）在紫外光的作用下通过光氧化而形成的聚合物代表性结构式：

$$CF_3-O-(CF_2-CF_2-CF_3-O)_m-(CF_2-O)_n-CF_3$$

c. 由四氟氧杂环丁烷的聚合物直接氟化得到，其结构式：

$$CF_3-CF_2-CF_2-O-(CF_2-CF_2-CF_2-O)_m-CF_2-CF_3$$

d. 偏氟乙烯与全氟甲氧基乙烯共聚物结构式：

$$CH_2=CF_2+CF_2=CF(O-CF_3) \longrightarrow \sim[CH_2-CF_2]_n[CF_2-CF(O-CF_3)]_m$$

式中聚合物为俄罗斯 A-1301（即 CKФ-260，亦即美国 VitonGLT）氟醚橡胶。

e. 四氟乙烯（TFE）由紫外光照射下进行光氧化聚合的全氟醚聚合物化学结构式：

$$n\,CF_2 \!=\! CF_2 + O_2\,(UV) \longrightarrow \ (\!CF_2\!-\!CF_2\!-\!O\!)_a(\!CF_2\!-\!O\!)_b$$

式中　$a/b = 0.2 \sim 25$

f. β-全氟甲氧基乙烯-四氟乙烯二元光氧化共聚所得全氟醚聚合物化学结构式：

$$m\,CF_2 \!=\! CF\!-\!(O\!-\!CF_3)\ + n\,CF_2 \!=\! CF_2 \xrightarrow{\ O_2,\ 180\sim300nmUV,\ -100\sim25℃,\ 0.5\sim10atm\ }$$

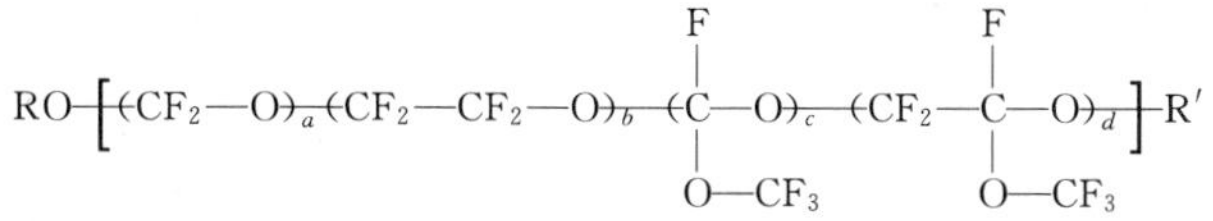

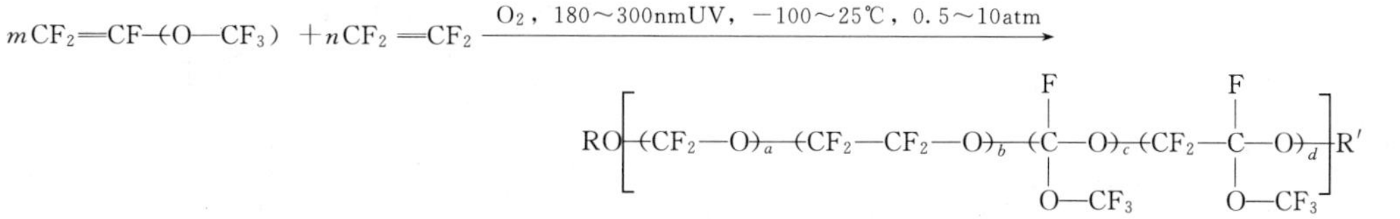

式中 R，R' 可以是：$-CF_2\,COOCH_3$，$-CF_2\,CH_2\,OH$，$-CH_2\!-\!O\!-\!CH_2\!-\!CH \!=\! CH_2$。
$1atm = 101325Pa$。

g. 双（2-碘四氟乙基）醚，在汞催化下用紫外光辐射获得的全氟醚聚合物化学结构式：

$$n\,I\!-\!CF_2\!-\!CF_2\!-\!O\!-\!CF_2\!-\!CF_2\!-\!I \xrightarrow{\ Hg,\ UV\ } \ (\!CF_2\!-\!CF_2\!-\!CF_2\!-\!CF_2\!-\!O\!)_n$$

h. 聚环氧乙烷在氦（He）气保护下由氟（F_2）直接取代氢获得的全氟醚聚合物化学结构式：

$$(\!CH_2\!-\!CH_2\!-\!O\!)_n + F_2 \xrightarrow{\ He\ 保护\ } (\!CF_2\!-\!CF_2\!-\!O\!)_n + HF$$

i. 偕胺肟端基氟醚聚合物Ⅰ（也是一种氟密封剂的单体）化学结构式：

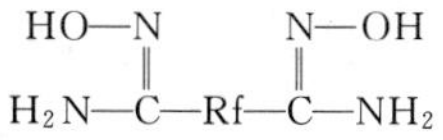

式中 Rf 为氟醚聚合物主链。

j. 端氰基氟醚聚合物Ⅱ（也是一种氟密封剂的单体）化学结构式：

$$N\!\equiv\!C\!-\!Rf\!-\!C\!\equiv\!N$$

上几式中 Rf 由下式表达：

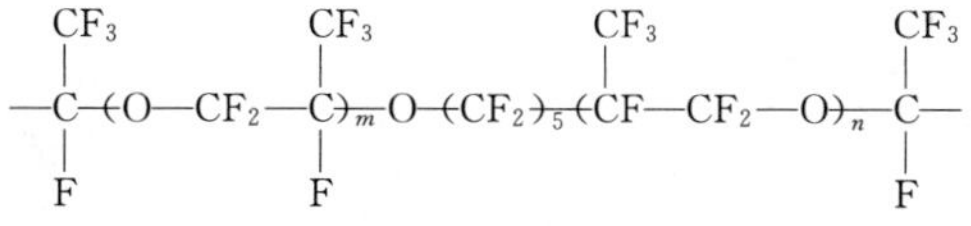

式中 $m+n=6$。

k. 可采购到的氟烃、氟醚聚合物牌号及结构式见表 1-23。

表 1-23　中国、俄罗斯、美国氟烃、氟醚聚合物牌号及结构式

产品名称、牌号及特征	氟烃、氟醚聚合物成分结构式
液体氟橡胶-26(中)、СКФ-26(俄)	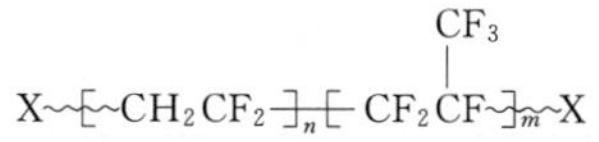
Viton GLT（改善了低温性能）（美）；A-1301(俄)；СКФ-260(俄)	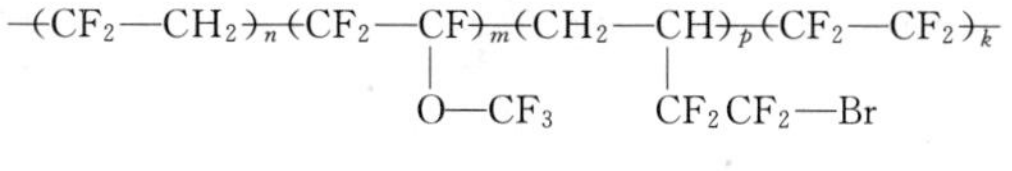

产品名称、牌号及特征	氟烃、氟醚聚合物成分结构式
Kalrez[改善耐化学介质性能（全氟醚结构）]（美）	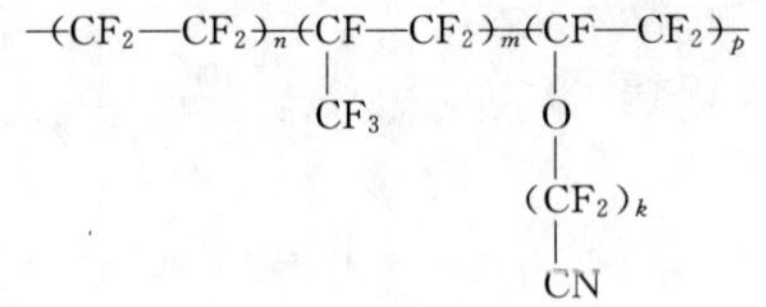 $-(CF_2-CF_2)_n(CF-CF_2)_m(CF-CF_2)_p-$ 其中支链 CF_3 及 $O-(CF_2)_k-CN$
全氟三嗪聚合物（美）	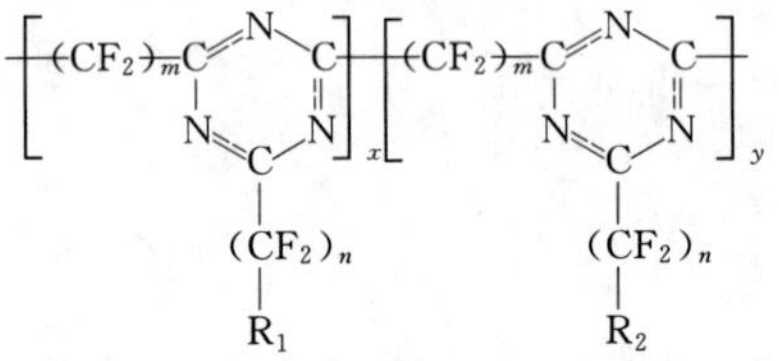 $\left[(CF_2)_m \begin{matrix} N=C \\ \| \quad \| \\ N \quad N \\ \backslash C / \end{matrix}\right]_x \left[(CF_2)_m \begin{matrix} N=C \\ \| \quad \| \\ N \quad N \\ \backslash C / \end{matrix}\right]_y$ 支链分别为 $(CF_2)_n-R_1$ 及 $(CF_2)_n-R_2$ 式中 $m=6$ 或 8，$n=3$ 或 4，R_1 为 H 或 F，R_2 为 —CN 或 —COOH
CKΦ-460H（HEOΦTOH）（改善耐化学介质性能（全氟醚结构））（俄）	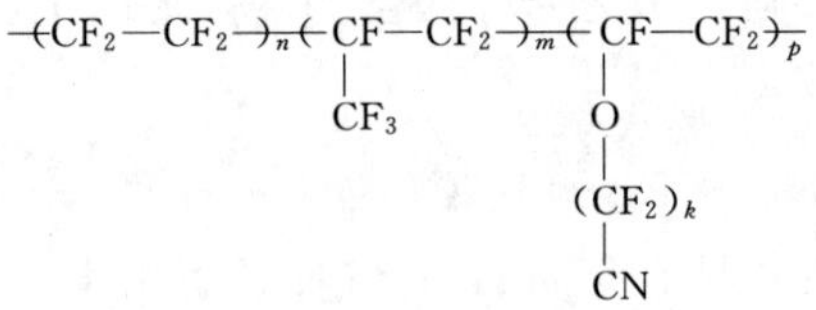 $-(CF_2-CF_2)_n(CF-CF_2)_m(CF-CF_2)_p-$ 支链 CF_3 及 $O-(CF_2)_k-CN$
CKΦ-260（A-1300）（改善了低温性能）（俄）	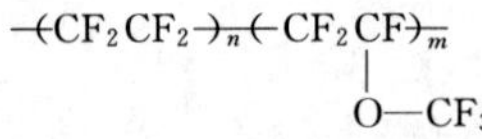 $-(CF_2CF_2)_n(CF_2CF)_m-$ 支链 $O-CF_3$
CKΦ-260BPT（A-1301）（改善了低温性能）（俄）	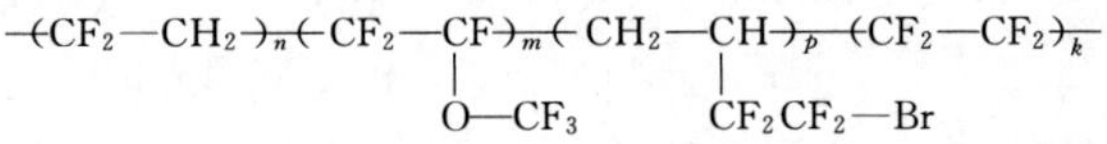 $-(CF_2-CH_2)_n(CF_2-CF)_m(CH_2-CH)_p(CF_2-CF_2)_k-$ 支链 $O-CF_3$ 及 CF_2CF_2-Br
CKΦ-260MΠAH（A-1532）（改善耐化学介质性能（全氟醚聚合物））（俄）	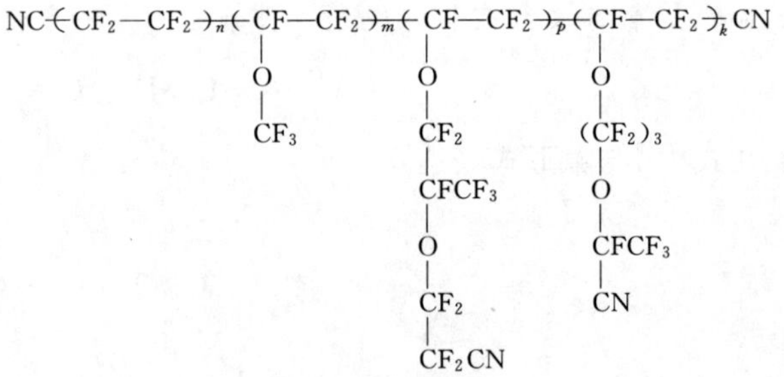 $NC(CF_2-CF_2)_n(CF-CF_2)_m(CF-CF_2)_p(CF-CF_2)_k CN$ 支链依次为 $O-CF_3$；$O-CF_2-CFCF_3-O-CF_2-CF_2CN$；$O-(CF_2)_3-CFCF_3-CN$
低分子全氟醚聚合物 A-1044、A-1054（俄）	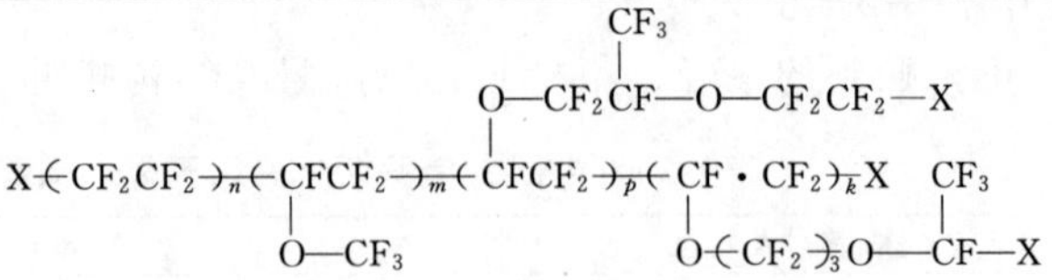 $X(CF_2CF_2)_n(CFCF_2)_m(CFCF_2)_p(CF\cdot CF_2)_k X$ 支链及基团 $O-CF_3$；$O-CF_2CF-O-CF_2CF_2-X$（带 CF_3）；$O(CF_2)_3O-CF-X$（带 CF_3） 式中 X 可为 —CN、$-\overset{O}{\underset{\|}{C}}-O-CH_3$、Br 等基团
低分子氟醚聚合物 A-1027-A（俄）	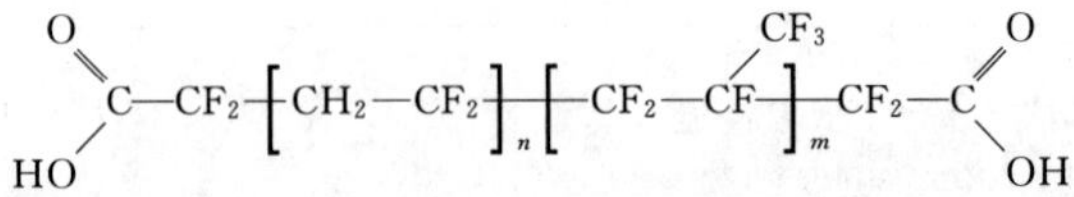 $HO-\overset{O}{\underset{\|}{C}}-CF_2[CH_2-CF_2]_n[CF_2-CF]_m CF_2-\overset{O}{\underset{\|}{C}}-OH$ 中间 CF 带支链 CF_3

（2）物理化学特性

① 通用物理化学特性

a. 耐热性　氟烃及氟醚以及全氟醚聚合物是耐热很好的聚合物，纯聚合物失重起始温度都接近 400℃，失重 30% 的温度大约在 450℃。以其为基体材料配制的可硫化密封弹性体在 300℃ 时仅有很少的质量损失，当然耐热性与其他配合剂有极大关系，例如：硫化体系不同时，耐热性会有明显的差别。

b. 耐寒性　密封剂应工作在高弹态温度区域，氟烃密封剂一般在 −45℃ 以上，而氟醚密封剂在 −75℃ 以上。

c. 耐介质性　氟烃及氟醚以及全氟醚聚合物有极好的耐介质性能，对燃料、液压油、润滑油、稀硝酸、浓硝酸、硫酸、盐酸、高浓度过氧化氢有极好的抵抗能力。对过热水和水蒸气有极好的抵御力。

d. 耐阳光照射、耐臭氧性　氟烃聚合物试样预拉伸 25%，在 10^{-4} 高臭氧浓度空气中，经受 45d 作用后，不会出现裂纹，在日光暴晒 2 年和经 10 年自然老化后，物理及力学性能变化很小。

e. 阻燃性　氟烃及氟醚以及全氟醚聚合物含有大量氟元素，虽然在明火引燃的情况下会燃烧，但脱离引燃火焰后就自动熄灭，热裂解出的低分子氟碳仅有低毒性。

f. 电气性能　大量极性氟元素使氟烃及氟醚以及全氟醚聚合物电绝缘性明显下降，不适合用作高温条件下的绝缘材料，仅适合于低频低电压。

g. 抗辐射性　氟烃聚合物仅有耐中等剂量辐射的能力，一般为 $(5 \sim 10) \times (10^4 \sim 10^5)$ Gy（$1 \mathrm{Gy} = 1 \mathrm{J/kg}$）。

h. 抗真空性　在 $10^{-9} \sim 10^{-10}$ atm（$1 \mathrm{atm} = 98066.5 \mathrm{Pa}$）高真空条件下，气体在氟烃聚合物内部扩散速率极小，氟烃聚合物中没有可挥发的物质，极适合在高度真空条件下工作。

i. 氟烃及氟醚以及全氟醚聚合物的交联能力　氟烃聚合物分子结构中含有偏氟乙烯基团（$-\mathrm{CH_2-CF_2-}$），由于氟原子的强电负性，电子云强烈移向氟原子一方，与氟原子相连的碳原子就表现出强的正电性，此时电负性很强的氟原子成为一个亲核基团，与氢原子相连的碳原子上的电子云偏向于与氟原子相连的碳原子，与氢原子相连的碳原子相对就会显示电正性，与其相连的氢原子的电子云自然移向与其相连的碳原子，此时的氢原子更接近成为一个质子，极易与氟原子结合形成氟化氢脱离出来，两个相邻的碳原子便以双键相连，与双键相连的碳原子易被亲核试剂攻占如胺类，采用二胺即可使氟烃发生链增长（按离子型反应进行链增长）形成 C—N 交联键。历经再次脱出氟化氢，形成 C＝N 键，其上碳原子可进一步被亲核试剂胺类攻占，即形成体型交联：

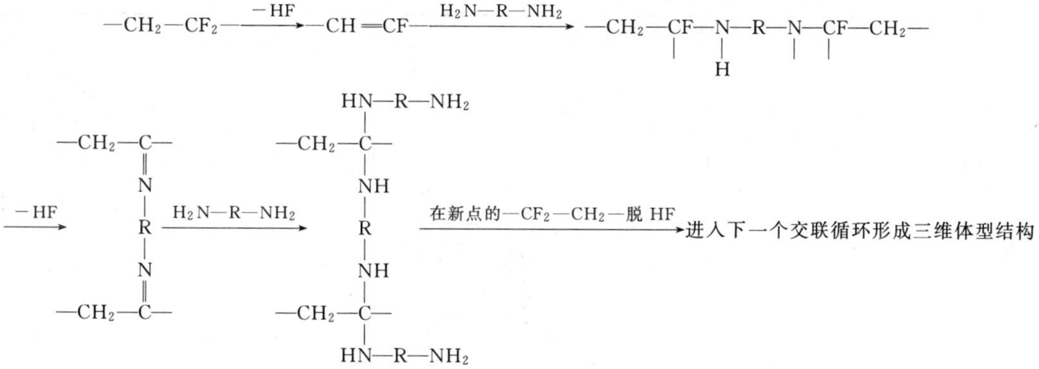

按离子型交联的交联剂还有双酚 AF、苄基三苯基氯化磷、氢醌、四丁基氢氧化铵。

氟醚聚合物的交联靠封端的官能端基如二偕胺肟基和二氰基反应形成三嗪环并以其为交

联点成为三维结构，见交联反应式：

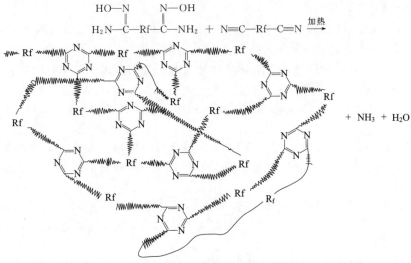

② 具体各牌号氟烃、氟醚以及全氟醚聚合物物理化学特性
a. 氟烃和氟醚聚合物物理化学特性　见表1-24～表1-26。

表1-24　氟烃和氟醚聚合物物理、化学特性

性能名称	偏氟乙烯-六氟丙烯二元共聚氟烃			全氟醚聚合物	
	氟橡胶-26	Viton LM（结构同 Viton A）	Viton C-10	A-1042	A-1044
外观	软糖状	液体	膏状	黏稠体	
密度/(g/cm³)	—	1.72	1.82	—	
门尼黏度/ML[(5+4)100℃]	—		10		
黏度/Pa·s	—	1.4～3.1(100℃)	—	100～200	
分子量($\overline{M}_n$)/×10⁴	6.0	3.6	2.5	—	
端基类型	HO—；—CN；—COOCH₃；—Br	—		HO—；—CN；—COOCH₃；—Br	
玻璃化温度/℃		—		−100	
热分解温度/℃ ≥		320			
使用温度范围/℃		−55～315		−80～250（短期300）	−80～300（短期350）

表1-25　适合制作高温耐燃料密封剂氟烃和氟醚聚合物物化特性

指标名称	全氟醚聚合物		氟醚聚合物		
	A-1046	A-1054（结构同于 A-1044）	A-1207A		
			低黏度	中黏度	高黏度
外观	黏稠体	深铁灰色液体	液体	黏稠液体	极黏稠液体
黏度/Pa·s	100～200	150(25℃)	140(50℃)	1040(50℃)	4200(50℃)
分子量($\overline{M}_n$)/×10⁴	—	—	0.24±0.02	0.38±0.04	0.90±0.1
端基类型	—	—COOH；COOCH₃；—CN；—Br	—COOH	—COOH	—COOH
端基含量/%	—	—	3.6	2.2	1.1
官能度	—	—	1.9±0.2	1.9±0.3	2.2±0.4
玻璃化温度/℃	−100	−75	—	—	—
官能团单体含量/%	—	2.5	—	—	—
使用温度范围/℃	−80～250	−70～350	—	—	—

表 1-26　氟烃和氟醚聚合物物化特性

性 能 名 称	A-1207A	性 能 名 称	A-1207A
外观	淡黄色液体	聚合物的玻璃化温度/℃	-10 左右
黏度(50℃)/Pa·s	5000~6000	官能团单体含量(摩尔分数)/%	2.5
分子量($\overline{M}_n$)	3000~5000	质量损失 5%的温度/℃	50 左右
氟含量/%	≥60	官能度($\overline{M}_n/N$)	2.0
端基类型	—COOH	端基含量/%	5.0

注：北京化工大学合成类似 A-1207A 结构。

b. 氟醚聚合物在各种介质中的溶胀性　见表 1-27。

表 1-27　A-104 系列等三个牌号的氟醚聚合物在各种介质中的溶胀性

介质名称	作用时间/h	作用温度/℃	硫化弹性体的溶胀性(质量分数,最大)/%		
			A-1046	A-1042	A-1044
航空燃料	250	300	—	2.5	—
航空燃料	500	300	—	—	2.5
40%氢氟酸溶液(HF)	500	20	1.5	3.5	2.5
浓硝酸(HNO₃)	500	20	5.5	9.0	3.0
盐酸(37%HCl 溶液)	500	20	1.0	2.5	2.0
盐酸(37%HCl 溶液)	24	85	3.5	8.5	—
98%浓硫酸(H₂SO₄)	500	20	1.0	1.0	1.5
98%浓硫酸(H₂SO₄)	7	150	—	—	1.8
98%浓硫酸(H₂SO₄)	24	125	0.6	3.0	3.1
98%浓硫酸(H₂SO₄)	24	115	0.0	0.0	—
50%氢氧化钾溶液(KOH)	500	20	-0.2	-0.2	-0.1
环己烷	168	20	2.0	2.0	2.0
甲苯	168	20	4.0	4.0	4.0
甲醇	168	20	5.0	3.5	4.0
乙醇	168	20	4.0	3.5	3.5
四氯化碳	168	20	8.5	8.5	8.0
环己酮	168	20	15.0	15.0	15.0

c. 各类氟烃橡胶的耐热可工作温度　见表 1-28。

表 1-28　各类氟橡胶的耐热可工作温度

氟橡胶类型	耐热温度/℃	氟橡胶类型	耐热温度/℃
氟橡胶 23 型(CKФ-23、kelf-5500)	200	Viton E-60C	285
氟橡胶 26 型(CKФ-26、Viton A)	290	全氟三嗪橡胶	345
全氟醚橡胶(ECD-006、CKФ-460)	315		

d. 氟烃与氟硅、硅氧烷聚合物硫化弹性体的力学性能对比　见表 1-29[17]。

表 1-29　氟烃与氟硅、硅氧烷聚合物硫化弹性体在 25℃和 200℃下的力学性能对比

橡胶	温度/℃	50%定伸应力/MPa	拉伸强度/MPa	拉断伸长率/%	撕裂强度/(kN/m)
Viton E-60C 硫化胶	25	2.4	12.4	350	23
	200	1.7	2.8	90	5
Viton GLT 硫化胶	25	2.2	15.8	350	23
	200	1.6	3.6	90	3
氟硅橡胶硫化胶	25	1.2	8.3	415	46
	200	0.7	3.7	300	8
有机硅橡胶	22	—	7	300	—
	204	—	3.3	100	—

（3）产品品种和质量指标　见表 1-30～表 1-37。

表 1-30　适合制作高温耐燃料密封剂的"偏氟乙烯-六氟丙烯二元共聚氟烃"——氟橡胶-26 的质量指标

名　称	指　标	名　称	指　标
外观	软糖状	分子量（$\overline{M}_n$）	6.0×10^4
密度/(g/cm³)	—	端基类型	HO—；—CN；—COOCH₃；—Br
热分解温度/℃　≥	320	使用温度范围/℃	$-55 \sim 315$

耐受油料：4109 双酯油、RP-1 油、含卤素航空汽油

表 1-31　适合制作高温耐燃料密封剂的"偏氟乙烯-六氟丙烯二元共聚氟烃"——Viton LM（结构同 Viton A）

名　称	指　标	名　称	指　标
外观	液体	分子量（$\overline{M}_n$）	3.6×10^4
密度/(g/cm³)	1.72	热分解温度/℃　≥	320
黏度/Pa·s	1.4～3.1(100℃)	使用温度范围/℃	$-55 \sim 315$

耐受油料：4109 双酯油、RP-1 油、含卤素航空汽油

表 1-32　适合制作高温耐燃料密封剂的"偏氟乙烯-六氟丙烯二元共聚氟烃"—Viton C-10

指标名称	指　标	指标名称	指　标
外观	膏状	分子量（$\overline{M}_n$）	2.5×10^4
密度/(g/cm³)	1.82	热分解温度/℃　≥	320
门尼黏度[ML(5+4)100℃]	10	使用温度/℃	$-55 \sim 315$

耐受油料：4109 双酯油、RP-1 油、含卤素航空汽油

表 1-33　适合制作高温耐燃料密封剂的全氟醚聚合物 A-1042 及 A-1044

指标名称	A-1042	A-1044	指标名称	A-1042/A-1044
拉伸强度/MPa	1.0～3.5		外观	黏稠体
拉断伸长率/%	40～100		玻璃化温度/℃	-100
黏度/Pa·s	100～200		质量损失 5% 的温度/℃	300
使用温度范围/℃	$-80 \sim 250$（短期 300）	$-80 \sim 300$（短期 350）	对钢、铝扯离强度/MPa	3.5(100% 内聚破坏)

端基类型：HO—；—CN；—COOCH₃；—Br

表 1-34　适合制作高温耐燃料密封剂氟烃和氟醚聚合物——全氟醚聚合物 A-1046 质量指标

名　称	指　标	名　称	指　标
外观	黏稠体	玻璃化温度/℃	-100
黏度/Pa·s	100～200	质量损失 5% 的温度/℃	300
拉伸强度/MPa	1.0～3.5	使用温度/℃	$-80 \sim 250$
拉断伸长率/%	40～100	对钢和铝粘接扯离强度/MPa	3.5(内聚破坏)

表 1-35　适合制作高温耐燃料密封剂的氟烃和氟醚聚合物
——全氟醚聚合物 A-1054（结构同于 A-1044）质量指标

名　称	指　标	名　称	指　标
玻璃化温度/℃	-75	外观	深铁灰色液体
官能团单体含量（摩尔分数）/%	2.5	黏度/Pa·s	150(25℃)
质量损失 5% 的温度/℃	360	拉伸强度/MPa	1～3
使用温度范围/℃	$-70 \sim 350$	拉断伸长率/%	40～100

端基类型：—COOH；COOCH₃；—CN；—Br

表 1-36   适合制作高温耐燃料密封剂的氟烃和氟醚聚合物——氟醚聚合物 A-1207A 质量指标

指 标 名 称	低黏度	中黏度	高黏度
外观	液体	黏稠液体	极黏稠液体
黏度/Pa·s	140(50℃)	1040(50℃)	4200(50℃)
分子量($\overline{M}_n$)/$\times 10^4$	0.24±0.02	0.38±0.04	0.90±0.1
分子量中间值(N)	0.125	0.205	0.409
端基类型	—COOH	—COOH	—COOH
端基含量/%	3.6	2.2	1.1
官能度($\overline{M}_n/N$)	1.9±0.2	1.9±0.3	2.2±0.4
拉伸强度/MPa	3～9	—	—
拉断伸长率/%	100～200	—	—
热老化性(250℃×5h)	耐受	—	—
耐正己烷中浸泡(20℃×30d,体积膨胀)/%	0.5～1.0	—	—

表 1-37   适合制作高温耐燃料密封剂氟烃和氟醚聚合物质量指标

指 标 名 称	A-1207A	指 标 名 称	A-1207A
外观	淡黄色液体	聚合物玻璃化温度/℃	−10 左右
黏度(50℃)/Pa·s	5000～6000	官能团单体 MⅢ含量(摩尔分数)/%	2.5
分子量($\overline{M}_n$)	3000～5000	质量损失 5%的温度/℃	50 左右
分子量中间值(N)	4000	使用温度/℃	180～200
氟含量/%	≥60	拉伸强度/MPa	4
端基类型	—COOH	拉断伸长率/%	150
端基含量/%	5.0	热老化性(200℃×5h)	可经受
常温耐受航空煤油(下浸泡一年)	体积未膨胀	官能度($\overline{M}_n/N$)	2.0

注：北京化工大学齐士成合成类似 A-1207A 结构。

（4）用途

① 制作密封腻子，用于高温耐喷气燃料和含卤素烷烃汽油容器沟槽结构注射密封。

② 制作室温硫化型高温耐油密封剂，用于金属结构贴合面、表面及填角密封；用于汽车钣金接缝嵌缝防腐密封。

③ 制作涂料，用于车辆、油轮燃料容器内表面防腐顶涂保护密封；用于化工反应容器（氯气、碱液、三大浓强酸、乙酸、二氯乙烷、二甲苯等）的防漏密封及内表面防腐表涂。

1.6   氯丁橡胶

（1）化学结构

通用型分为 G 和 W 两个型别。G-硫黄调节型（用秋兰姆作为稳定剂的称为硫黄调节型）；W-非硫黄调节型（不用秋兰姆作为稳定剂的称为非硫黄调节型，而是由硫醇作调节剂）。

W（含 A、B、C、D、F 五个类别）型氯丁橡胶的化学结构式：

$$CH_3-C=CH-CH_2 \left(CH_2-C=CH-CH_2\right)_n CH_2-CH=C-CH_3$$
$$\qquad\quad | \qquad\qquad\qquad\quad | \qquad\qquad\qquad\qquad |$$
$$\qquad\quad Cl \qquad\qquad\qquad\quad Cl \qquad\qquad\qquad\qquad Cl$$

（2）物理化学特性

① 氯丁橡胶（别称：氯丁二烯橡胶）的强度   氯丁橡胶的拉伸性能与天然橡胶相似，其生胶具有很高的拉伸强度和拉断伸长率，属于自补强型橡胶。

② 优良的耐老化性能   氯丁橡胶分子链的双键上连接有氯原子，使得双键和氯原子都变得不活泼，因此其硫化胶的稳定性良好，不易受大气中的热、氧、光的作用，具有优良的

耐老化（耐候、耐臭氧以及耐热等）性能。其耐老化性能特别是耐候、耐臭氧性能，在通用橡胶中仅次于乙丙橡胶和丁基橡胶，远优于天然橡胶。耐热性优于天然橡胶和丁苯橡胶，和丁腈橡胶近似，能在 150℃下短期使用，在 90～100℃下使用 4 个月之久。使用温度每提高 5～10℃，寿命相应降低 50%。

③ 优异的耐燃性　氯丁橡胶的耐燃性是通用橡胶中最好的，它具有不自燃的特点，接触火焰可以燃烧，但隔离火焰后即自行熄灭。这是因为氯丁橡胶燃烧时，在高温的作用下，可分解出氯化氢气体从而隔绝了氧气而使火熄灭。

④ 优良的耐油、耐溶剂性能　氯丁橡胶的耐石油基燃油、滑油性仅次于丁腈橡胶而优于其他通用橡胶。这是因为氯丁橡胶的分子含有极性氯原子，增加了分子的极性。根据相似相溶的原理，一般烃类化合物没有极性或极性很小，所以很难使氯丁橡胶溶胀或溶解。氯丁橡胶的耐化学腐蚀性也很好，除强氧化性酸外，其他酸、碱对其几乎没有影响。

⑤ 电性能　氯丁橡胶因分子中含有极性氯原子，所以电绝缘性不好，比天然橡胶、丁苯橡胶、丁基橡胶低，其介电常数为 5～8，功率因数 0.01～0.04，击穿强度为 20MV/m，因此仅适于 600V 以下的低电压使用。

⑥ 耐水性、透气性　氯丁橡胶的耐水性比其他合成橡胶好，如加入耐水性物质，则耐水性更好。氯丁橡胶的气密性仅次于丁腈橡胶。

⑦ 耐寒性　氯丁橡胶分子由于结构的规整性和有极性，内聚力较大，限制了分子的热运动，特别是在低温下，热运动更困难，在拉伸变形后难于恢复原状，即产生结晶，使橡胶失去弹性，甚至发生脆折断裂现象，因此耐寒性不好。结晶范围为 −35～32℃，脆折温度为 −35～−40℃。

⑧ 结晶性　氯丁橡胶比天然橡胶、丁苯橡胶、丁基橡胶等的结晶倾向性大。这是因为氯丁橡胶的分子结构是以反式-1,4 加成结构为主体造成的。反式-1,4 加成结构增多，使之和天然古塔波橡胶一样，结晶性增大。氯丁橡胶及其未硫化胶料和硫化胶，经长期放置后，便会缓慢硬化，丧失黏着性，即产生了结晶。降低温度，结晶速度加快。硫化胶在 −5～21℃产生结晶，在 0℃时会很快产生结晶。结晶后橡胶变硬，硬度和定伸应力增大，但脆性温度并不上升。结晶和熔晶是可逆过程，通过加热即可熔晶，当温度升至 100℃左右，已结晶的橡胶又完全恢复原状，可承受反复屈挠作用，不会像天然橡胶等那样造成强度的降低。

⑨ 良好的黏合性　氯丁橡胶黏合性较好，因而被广泛用作胶黏剂。氯丁橡胶系统胶黏剂占合成橡胶类胶黏剂的 80%，其特点是黏合强度高，适用范围广，耐老化、耐油、耐化学腐蚀，具有弹性，使用简便，一般无需硫化。

⑩ 密度　密度在 1.15～1.25g/cm³ 之间，一般为 1.23g/cm³。因此在使用相同体积密封剂时，其用量比密度小的要大。

⑪ 分子量　分子量为 $1×10^5$。

⑫ 折射率　通用型氯丁橡胶的折射率为 1.55～1.65。

⑬ 软化温度　通用型氯丁橡胶的软化温度为 80℃。

⑭ 热分解温度　通用型氯丁橡胶的热分解温度为 233～258℃。

⑮ 耐热性　通用型氯丁橡胶的耐热温度为 100～150℃。

⑯ 脆性温度　通用型氯丁橡胶的脆性温度为 −38℃。

(3) 产品牌号和质量指标

① 牌号　氯丁橡胶牌号极多，统计见表 1-38。

表 1-38　氯丁橡胶牌号及生产国

规格型号	产地	规格型号	产地	规格型号	产地
CR322		CR3211		PM40	
CR3222		CR3212		PS40A	
CR3223		CR3221		DCR40A	
CR2321		CR1231		DCR34	
CR2322		CR1232		ES70	
CR2323		CR2461		PM40NS	
CR1211		CR2462		SRP-66	
CR1212		CR2481		A-90	
CR1213	国产	CR2342	国产	A-30	日本
CR2441		CR2343		M-43	
CR2442		CR2322		M-40	
CR2443		CR2323		S40V	
CR2342		CR248		DCR36	
CR1221		CR2482		DCR66	
CR1222		CR2483		DCR30	
CR1223		CR2484			
CR2321		CR234		GW	美国
		CR2341			

② 通用型氯丁橡胶的质量指标　见表 1-39。

表 1-39　中国符合 GB/T 15267—1994 通用及杜邦 GW 型通用氯丁橡胶及质量指标

指标名称	GB	GW	指标名称	GB	GW
密度/(g/cm³)	1.23	1.23	颜色	米黄色	浅琥珀色
门尼黏度	25~60	37~54	气味	—	温和气味
贮存性	—	低温贮存	结晶速率	—	慢
500%定伸应力/MPa	1~5	—	拉伸强度/MPa	20~26	—
焦烧时间/min	15~25	—	拉断伸长率/%	750~800	—
挥发分/%	1.3~1.5	—	盐酸含量/%	≤0.35	
灰分/%	1.3~1.5	—			

注：密度的试验方法采用标准 ASTM D792—1966；门尼黏度的单位为 ML[(1+8)100℃]，其试验方法为 ASTM D1646—1981。

（4）用途　主要用作耐石油基燃油、滑油，耐化学腐蚀的黏合剂、密封剂的基体材料。作为橡胶材料主要用于耐老化制品，如电线、电缆外皮等；耐热、耐燃制品，如耐热运输带、胶管等。

1.7　聚硫橡胶

（1）化学结构

① 巯端基液体聚硫聚合物的化学结构

a. 巯端基三官能团液体聚硫分子化学结构式：

$$\text{HS} + \text{R—S—S} \xrightarrow{}_{a} \text{CH}_2\text{—CH—CH}_2 + \text{S—S—R} \xrightarrow{}_{b} \text{SH}$$
$$|$$
$$(\text{S—S—R})_c\text{—SH}$$

b. 巯端基双官能团液体聚硫分子化学结构式：

$$HS\text{-}(R\text{—}SS)_n R\text{—}SH$$

$a+b+c=n$；n 是聚合度；—SS—是双硫基团。R 的结构有很多种，主要的结构见表 1-40。俄罗斯制造聚硫密封剂常用的液体聚硫聚合物是由二氯乙基缩甲醛、多硫化钠或二硫化钠、1，2，3-三氯丙烷三种主要单体经缩聚而成，其分子化学结构中 R 为 $(CH_2)_2\text{—}O\text{—}CH_2O\text{—}(CH_2)_2$。

表 1-40 R 的结构特性

R 的名称	R 的化学结构式	玻璃化温度/℃
聚乙烯基二硫化物	$\text{-}[S\text{—}CH_2\text{—}CH_2\text{—}S]_n\text{-}$	−27
聚乙烯基四硫化物	$\text{-}[SS\text{—}CH_2\text{—}CH_2\text{—}SS]_n\text{-}$	−24
聚乙烯基醚四硫化物	$\text{-}[SS\text{—}CH_2\text{—}O\text{—}CH_2\text{—}SS]_n\text{-}$	−40
聚乙烯基醚二硫化物	$\text{-}[S\text{—}CH_2\text{—}O\text{—}CH_2\text{—}S]_n\text{-}$	−53
聚乙烯基缩甲醛二硫化物	$\text{-}[S\text{—}CH_2\text{—}CH_2\text{—}O\text{—}CH_2\text{—}O\text{—}CH_2\text{—}CH_2\text{—}S]_n\text{-}$	−59
聚戊亚甲基二硫化物	$\text{-}[S\text{—}(CH_2)_5\text{—}S]_n\text{-}$	−72
聚己亚甲基二硫化物	$\text{-}[S\text{—}(CH_2)_6\text{—}S]_n\text{-}$	−74
聚丁基缩甲醛二硫化物	$\text{-}[S\text{—}(CH_2)_4\text{—}O\text{—}CH_2\text{—}O\text{—}(CH_2)_4\text{—}S]_n\text{-}$	−76
聚丁基醚二硫化物	$\text{-}[S\text{—}(CH_2)_4\text{—}O\text{—}(CH_2)_4\text{—}S]_n\text{-}$	−76
聚 12 亚甲基二硫化物	$\text{-}[S\text{—}(CH_2)_{12}\text{—}S]_n\text{-}$	−82

② 硅烷-硫基团封端液体聚硫生胶的化学结构

a. 双官能团硅烷—硫基团封端液体聚硫生胶的化学结构式：

$$(CH_3)_3Si\text{—}S\text{-}(R\text{—}SS)_n R\text{—}S\text{—}Si(CH_3)_3$$

b. 三官能团硅烷—硫基团封端液体聚硫生胶的化学结构式：

$$(CH_3)_3Si\text{—}S\text{-}(R\text{—}SS)_a CH_2\text{—}CH\text{—}CH_2\text{-}(SS\text{—}R)_b S\text{—}Si(CH_3)_3$$
$$|$$
$$(SS\text{—}R)_c S\text{—}Si(CH_3)_3$$

$a+b+c=n$；n 是聚合度；—SS—是双硫基团；R 的结构同上。

(2) 物理化学特性

① 巯端基聚硫聚合物物理化学特性

a. 巯端基液体聚硫聚合物分子量、分布及黏温特性　巯端基液体聚硫聚合物是由聚合度不等的分子混合而成，其分子量一般在 $1\times10^3\sim6\times10^3$ 范围内，具有一定的高分子物质的特性，但不典型，属准高分子物质。与其他高分子或准高分子物质的远程结构有特殊的不同处，分子量分布特性不同，一般来说，由于合成配方与合成条件的不同，会有不同的分布，分布一旦形成，不再变化。巯端基液体聚硫聚合物则不同，最初，巯端基液体聚硫聚合物可能有各种不同的分子量分布状态，但最终仅有相同的一种正态分布，图 1-1 中试验样品是牌号为 JLY121、分子量为 121 的液体聚硫与牌号为 JLY125、分子量为 5771 的液体聚硫，按 0.637：1 的质量比掺混在一起，搅拌均匀，其新的分子量 M_n 按下式计算：

$$M_n=1/[a/M_{n1}+(1-a)/M_{n2}]$$

式中　M_{n1}——第一种聚硫聚合物的数均分子量；

M_{n2}——第二种聚硫聚合物的数均分子量；

a——第一种聚硫聚合物占参于掺和的聚硫聚合物总质量的分数；

$(1-a)$——第二种聚硫聚合物占参于掺和的聚硫聚合物总质量的分数。

经计算 $M_n=2345$。将其分成四份，分别隔绝空气贮存至规定时间测定其 DPG 图，分别为曲线 1、2、3、4。1、2、3、4 四种分子量分布状态（曲线号与状态号相同）：1—刚混好的样品的 DPG 图；2—室温下贮存 8 个月后的 DPG 图；3—室温下贮存 19 个月后的 DPG 图；4—室温下贮存 4 年后的 DPG 图。这种特性是由于巯端基液体聚硫聚合物分子间不断进行着的内交换反应，会导致黏度下降，直到一个最低值并稳定不再变化，分子量分布也出现一个不再变化的正态分布，这一变化会为密封剂带来黏度、应力松弛和工艺

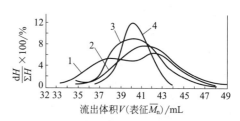

图 1-1　液体聚硫分子量分布由始态到终态 的变化过程（DPG）

性能的稳定。表 1-41 显示出聚硫聚合物及其硫化后的弹性体物理性能随分子量大小呈规律性的变化。

表 1-41　巯端基液体聚硫聚合物硫化后在 100℃ 航空煤油中浸泡 100h 后的各种性能

性能＼分子量	1019	1551	2099	2664	3254	3850	4471	5123	5776
聚合物黏度(25℃)/Pa·s	10	40	150	300	550	950	1400	1700	—
拉伸强度/MPa	1.9	2.1	2.0	2.9	4.0	4.8	4.9	4.7	4.8
拉断伸长率/%	30	50	80	150	320	400	420	390	400
邵尔 A 型硬度	78	71	64	55	54	51	49	49	49
质量变化/%	25	−19	−15	−12	−6	−3.4	−1.5	−1.5	−1.0
拉断永久变形/%	1.0	1.0	1.7	2.5	3.7	4.0	4.1	4.0	4.0
线膨胀率/%	9.0	9.0	7.4	4.0	1.0	0.2	0.1	0.1	0.1

b. 巯基的化学特性　巯基中的氢元素是活泼氢，双硫键键能很低，可以发生如下化学反应。

与异氰酸根反应的化学式：

$$2OCN—R—NCO+HS—R'—SH \longrightarrow OCN—R—NH—CO—S—R—S—CO—NH—R—NCO$$

与环氧基团反应的化学式：

$$CH_2—CH—R''—CH—CH_2 +2HS—R'—SH \longrightarrow HS—R'—S—CH_2—CH—R''—CH—CH_2—S—R'—SH$$
$$\qquad\qquad OH \qquad\quad OH$$

与含氧酸反应的化学式：

$$H_2SO_4+2HS—R'—SH \longrightarrow HS—R'—SS—R'—SH+H_2SO_3+H_2O$$

与氧化物反应的化学式：

$$MnO_2+ 2HS—R'—SH \longrightarrow HS—R'—SS—R'—SH+MnO+H_2O$$

与强碱反应的化学式：$2OH^-+2HS—R'—SH \longrightarrow HS—R'—SS—R'—SH+2H_2O$

与过氧化物在有水的条件下发生下述反应：

$$BaO_2+2HS—R'—SH \longrightarrow Ba(OH)_2+HS—R'—SS—R'—SH$$

上述六类反应的共同原因仍是由于巯基含有一个活泼氢，可成为聚硫密封剂室温硫化和化学改性的基础，借鉴它们的原理可设计新型聚合物分子及密封剂配方的硫化系统。

双巯基化合物通过聚硫分子的双硫键进行内交换反应：

$$HS—R'—SS—R''—SH+HS—R'—SS—R—SH \longrightarrow$$
$$HS—R'—SS—R—SH+HS—R'—SS—R''—SH$$

此反应的发生是由于聚硫分子链上的 S—S 键能低，在常温下即可随机地断开，此分子的一部分与另一分子的一部分结合成新的聚硫分子即发生了分子重组，该反应是巯端基液体聚硫聚合物具有独特的分子量分布特性的化学基础。利用内交换反应可以对聚硫

分子进行改造，如与端二巯基烷烃（如 $HS—CH_2—CH_2—SH$ 及 $HS—(CH_2)_6—SHP$）、端二巯基烷基醚（如 $HS—CH_2—CH_2—O—CH_2—CH_2—SH$）、端二巯基烷基硫醚（如 $HS—CH_2—CH_2—S—CH_2—CH_2—SH$）、1,8-二巯基,3,6-二氧取代（亚甲基）辛烷（$HS—CH_2—CH_2—O—CH_2—CH_2—O—CH_2—CH_2—SH$）等巯基化合物反应，可形成具有新特性的材料，是十分有意义的一类反应。

② 硅烷-巯基团端基液体聚硫聚合物的物理化学特性　硅烷-巯基团端基液体聚硫聚合物的端基是一个与硫原子相连的硅原子，该硅原子与烷基组成烷基硅基的结构 $\sim\!S—SiR_3$，$S—SiR_3$ 基团遇水易水解成 $R_3Si—OH$ 和 $\sim\!SH$，其反应式如下：

$$R_3Si—S\sim\!R—S—S—R\sim\!S—SiR_3 \ +2H_2O \longrightarrow \ HS\sim\!R—S—S—R\sim\!SH \ +2R_3SiOH$$

被还原回来的巯端基液体聚硫聚合物 $HS\sim\!SH$ 有与普通的巯端基液体聚硫聚合物完全一致的化学特性，但硅烷端基液体聚硫聚合物 $R_3Si—S\sim\!S—SiR_3$ 的端基结构明显成为普通的巯端基液体聚硫聚合物 $HS\sim\!SH$ 的屏蔽体，使得普通巯端基液体聚硫聚合物 $HS\sim\!SH$ 不能一起混合贮存的 MnO_2、PbO、环氧基化合物等变得可以一起混合贮存了。这是材料制造工程中极有意义的特性。

③ 其他基团封端聚硫聚合物的化学结构　除巯基外，还可有羟基和异氰酸根封端的聚硫聚合物，其结构式如下：

$$HO{\Large[}CH_2CH_2—O—CH_2—O—CH_2CH_2—SS{\Large]}_n CH_2CH_2—O—CH_2—O—CH_2CH_2—OH$$

$$OCN—R—NH—\underset{\underset{O}{\|}}{C}—S{\Large[}CH_2CH_2—O—CH_2—O—CH_2CH_2—SS{\Large]}_n CH_2CH_2—O—CH_2—O—CH_2CH_2—S—\underset{\underset{O}{\|}}{C}—NH—R—NCO$$

$$H{\Large[}CH_2CH_2—O—CH_2—O—CH_2CH_2—SS{\Large]}_n CH_2CH_2—O—CH_2—O—CH_2CH_3$$

他们可以是液体状也可以是固体状。除硫化方法不同于巯基封端的聚合物外，双硫键进行内交换的反应特性依然存在，即使是固体状橡胶制成零件后，也容易发生应力松弛，使聚硫弹性体失去密封性能。

（3）产品牌号及质量指标

a. 无活性端基固体聚硫橡胶产品牌号及质量指标　见表 1-42。

表 1-42　四种国产固体聚硫橡胶的牌号及质量指标

指标名称		G-1(A)	G-2	G-3	G-4(Да)
硫指数		4	4	4	4
相对密度		1.60	—	—	1.34
含硫量/%		84	84	51	47
相应分子结构成分	主单体	二氯乙烷	甲醛	二氯乙基缩甲醛	二氯二乙醚
	三氯丙烷	无	无	无	无
	活性端基	无	无	无	无

b. 活性端基固体聚硫橡胶产品牌号及质量指标　见表 1-43。

表 1-43　国产活性端基固体聚硫橡胶牌号及质量指标

牌号	分子结构成分			指标		
	主单体	三氯丙烷（摩尔分数）/%	活性端基	硫指数	相对密度	含硫量/%
G-5(FA)	二氯二乙醚,二氯乙基缩甲醛,二氯乙烷	无	HO—	2	1.38	47
G-6	二氯乙基缩甲醛	0.5	HS—	2	1.27	37
G-7	二氯乙基缩甲醛	1	HS—	2	1.27	37
ST	二氯乙基缩甲醛	2	HS—	2.2	1.27	37
PR-1	二氯乙基缩甲醛,二氯乙烷	2	HS—	1.9	1.33	50

c. 巯端基液体聚硫聚合物产品牌号及质量指标　　见表 1-44～表 1-48。

表 1-44　国产 JLY-系列液态聚硫橡胶的质量指标

企标代号 指标名称 牌号	Q/JHY001—2000 JLY-121	Q/JHY002—2000 JLY-124	Q/JHY003—2000 JLY-115	Q/JHY004—2000 JLY-155	Q/JHY005—2000 JLY-215
巯基含量/%	5.9～7.7	1.47～1.89	1.2～1.47	1.1～1.65	1.16～1.47
交联剂含量*/%	2.0	2.0	1.0	0.5	1.0
水分/%	≤0.1	≤0.1	0.1	≤0.1	≤0.1
pH 值	6～8	6～8	6～8	6～8	6～8
杂质/%	≤0.5	≤0.3	≤0.3	≤0.3	≤0.3
游离硫含量/%	≤0.1	≤0.1	≤0.1	≤0.1	≤0.1
黏度(25℃)/Pa·s	<5	50～120	—	70～150	80～200
硫化后 拉伸强度/MPa	≥3	≥3	≥3.0	≥4.0	≥5.0
拉断伸长率/%	≥350	≥350	≥500	≥600	≥600
拉断永久变形/%	≤10	≤10	≤15	≤25	≤25

注：＊ 指三氯丙烷与二氯乙基缩甲醛的质量的比值，以下均同。

表 1-45　俄罗斯喀山合成橡胶厂的液体聚硫橡胶型号及质量指标

指标名称	НВБ-2 НВБ-2-1	НВБ-2-2	I	I c	II	32	ТСД
分子量($\overline{M}_n$)	1650～2200	2000～2500	2500～3000		2800～3800		
黏度(25℃)/Pa·s	7.5～11.5	10.0～15.0	15.0～30.0		30.0～50.0	40.0～50.0	12.1～20.0
总硫的质量分数/%	≤40						—
水的质量分数/%	≤0.2						≤0.3
—SH 的质量分数/%	3.0～4.0	3.0～4.0	2.2～3.3	2.2～3.4	1.7～2.6	1.7～2.6	—
交联剂含量/%	2.0					0.5	—
密度(25℃±0.2℃)/(g/cm³)	≤1.28		≤1.30				
外观	无机械杂质、暗绿或暗褐色均匀黏稠体						
甲苯中不溶物杂质/%	≤0.6						
质量损失/%	≤0.1						
铁含量/%	≤0.015						

注：НВБ-2 的英文名称为 NVB-2。

表 1-46　德国艾科化学公司及日本东丽聚硫株式会社企标规定的液体聚硫橡胶类型
和质量指标（Akcros Chemicals AKZO NOBEL）

牌号(德/日)	指标名称及质量指标					
	颜色(TM)/%	黏度/Pa·s 25℃	65℃	密度/(g/cm³)	挥发分/%	水分/%
G1/LP-2	≥30	41～52	—/6.5	≤1.29	≤1.3	≤0.3
G4/LP-3	≥50	≤1.3	—/0.15	≤1.27	≤1.3	≤0.3
G12/LP-12	≥30	38～50	—/6.5	≤1.29	≤0.3	≤0.3
G13/LP-55	≥30	38～50	—/6.5	≤1.29	≤0.3	≤0.3
G21/LP-23	≥45	10～20	—/1.5	≤1.28	≤0.5	≤0.3
G22/无	≥45	10～20	—/—	1.285	≤0.5	≤0.3
G112/无	≥30	38～50	—/—	1.285	≤0.3	≤0.3
G131/LP-31	≥30	80～145	—/14.0	≤1.31	≤0.3	≤0.3
无/LP-33	—/—	1.5～2.0	—/—	≤1.27	—/—	—/—
无/LP-56	—/—	14.0～21.0	—/4.0	≤1.28	—/—	—/—
无/LP-32	—/—	41.0～48.0	—/6.5	≤1.29	—/—	—/—
无/LP-980	—/—	10.0～12.5	—/—	≤1.29	—/—	—/—

表 1-47　德国艾科化学公司的液体聚硫橡胶类型和质量指标（Akcros Chemicals AKZO NOBEL）

牌号	指标名称及质量指标					
	结合硫含量/%	游离硫含量/%	玻璃化温度/℃	闪点/℃	比热容/(kJ/kg·K)	燃烧热/(kJ/kg·K)
G1	37~38	≤0.1	接近−60	>230	1.26	24.075
G4	37~38	≤0.1	接近−60	>230	1.26	24.075
G12	37~38	≤0.1	接近−60	>230	1.26	24.075
G13	37~38	≤0.1	接近−60	>230	1.26	24.075
G21	37~38	≤0.1	接近−60	>230	1.26	24.075
G22	37~38	≤0.1	接近−60	>230	1.26	24.075
G112	37~38	≤0.1	接近−60	>230	1.26	24.075
G131	37~38	≤0.1	接近−60	>230	1.26	24.075

表 1-48　德国艾科化学公司与日本东丽株式会社的液体聚硫橡胶类型和质量指标
（Akcros Chemicals AKZO NOBEL）

牌号（德/日）	指标名称及质量指标			
	聚合度 n	分子量 $\overline{M}_n$	巯基含量/%	交联剂含量/%
G1/LP-2	19~21	3300~4000	1.8~2.0	2.0
G4/LP-3	<7	<1100	>5.9	2.0
G10/无	—/—	4000/无	—/—	0.0/—
G12/LP-12	23~26	3900~4400	1.5~2.0	0.2
G13/LP-55	23~26	4200~4700	1.4~2.0	0.05
G21/ LP-23	12~15	2100~2600	2.5~3.1	2.0
G22/ 无	14~18/—	2400~4000/—	1.5~2.7/—	0.5/—
G40/无	—/—	1000/—	—/—	0.0/—
G44/LP-33	—/—	900~1100	5.0~6.5	0.5
G112/接近 LP-32	23~25	3900~4300	1.5~1.7	0.5
G131/LP-31	30~38	5000~7500	0.8~1.5	0.5
G217/无	—/无	2500/无	—/无	2.5/无
无/LP-980	无/—	无/2500	无/2.5~3.5	无/0.5
无/LP-56	无/—	无/3000	无/2.0~2.5	无/0.05

（4）用途　固体聚硫橡胶主要用于制造不硫化型密封腻子，与其他合成橡胶如丁腈橡胶并用制造耐油橡胶零件。巯端基液体聚硫聚合物早期用于火箭燃料黏合剂，长期以来用于制造室温硫化密封剂，用于飞机结构密封、建筑结构密封、中空玻璃密封。年用量已达万吨以上。

1.8　端巯基液体改性聚硫橡胶一

（1）端巯基液体改性聚硫橡胶（国外名称：Permapol P-2-端巯基聚氨酯液体橡胶）化学结构

$$\text{HSR}_4\!-\!\text{O}\!-\!\overset{\text{O}}{\underset{\|}{\text{C}}}\!-\!\overset{\text{H}}{\underset{|}{\text{N}}}\!-\!\text{R}_1\!-\!\overset{\text{H}}{\underset{|}{\text{N}}}\!-\!\overset{\text{O}}{\underset{\|}{\text{C}}}\!-\!\text{O}\!-\!\overset{\text{H}}{\underset{\underset{\text{CH}_3}{|}}{\text{C}}}\!-\!\text{CH}_2\!-\!(\text{O}\!-\!\text{CH}_2\!-\!\underset{\underset{\text{CH}_3}{|}}{\text{CH}})_n\!\!-\!\text{O}\!-\!\text{CH}_2\!-\!\underset{\underset{\text{CH}_3}{|}}{\text{CH}}\!-\!\text{O}\!-\!\overset{\text{O}}{\underset{\|}{\text{C}}}\!-\!\text{NH}\!-\!\text{R}_2\!-\!\text{NH}\!-\!\overset{\text{O}}{\underset{\|}{\text{C}}}\!-\!\text{O}\!-\!\text{R}_3\!-\!\text{SH}$$

式中，R_1，R_2 为 (苯环上带 CH_3) ，R_3，R_4 为 $-(CH_2)_2-O-(CH_2)_2-$ 的二价有机基团。

（2）物理化学特性　巯基封端，主链是由聚氨酯预聚体组成的分子，除巯基中的硫元素外，分子中再无硫元素，这种改性聚硫仅仅在硫化过程中才产生硫元素聚集即形成双硫基团。其典型结构式中 R_1、R_2、R_3、R_4 是脂肪族或芳族烃基，该种聚合物和传统的巯端基液体聚硫聚合物一样，可与异氰酸根、环氧基、含氧酸、金属氧化物、过氧化物等反应，由于氨酯基团的存在，巯端基更活泼，这些反应更易发生。硫化后的弹性体能有良好的耐受石油基燃料、耐酸水浸泡、耐大气老化的能力。硫化后的弹性体结构中有一定数量的—S—S—基团存在，因此内部链段间仍会发生内交换反应，也会像硫化后的液体聚硫橡胶一样发生应力松弛现象，但要轻得多。

（3）产品品种和质量指标　日本ワイ・エス・ケー株式会社（前美国 PRC）Permapol P-2 有三个类别代号：P-965，P-500，P780，质量指标见表 1-49。

表 1-49　Permapol P-2 质量指标

指　标　名　称	P-965	P-500	P780
外观	无色透明黏稠液体		
巯基当量（即指每摩尔的 Permapol P-2 中有多少克的巯基）/(g/mol)	6.000～10.000	6.000～10.000	1.800～2.500
不挥发分含量/%	98.0	98.0	100
密度/(g/cm^3)	1.1	1.1	1.1
黏度（25℃）/Pa・s	200	70～200	140

国内河北徐水恒星防腐材料厂已工业化生产的牌号有 HXM-300、HXM-400、HXM-518，其质量指标见表 1-50。

表 1-50　HXM-系列产品质量指标

指标名称	HXM-300,官能度 $k=2.7$	HXM-400,官能度 $k=2.0$	HXM-518,官能度 $k=2.1$
外观	淡黄色透明黏稠液体		
巯基含量（—SH）/%	≥1.8	≥1.10	≥0.90

（4）端巯基聚氨酯液体橡胶用途　主要用作密封剂的基体成分，也是环氧塑料和黏合剂的增韧剂，HXM-300 适用于制造中空玻璃密封剂，HXM-400 可与 HXM-300 配套降低硬度，HXM-518 适用于制造低模量高伸长防水密封剂。

1.9　端巯基液体改性聚硫橡胶二

（1）端巯基液体改性聚硫橡胶二（国外名称：Permapol P-5）化学结构

$$HS{-}[{(C_2H_4{-}O{-}CH_2{-}O{-}C_2H_4{-}S{-}S)_n}{-}(C_2H_4{-}S{-}C_2H_4)_m]_x{-}SH$$

（2）物理化学特性　端巯基液体改性聚硫橡胶是指采用分子中含有单硫基团的低分子化合物作为改性剂，改性后液体聚硫橡胶的特性（如表 1-51～表 1-54 所示[5]）。根据聚硫橡胶特有的内交换反应原理，与液体聚硫橡胶反应，改性剂的分子结构嵌入聚硫橡胶主链上，由于仅具有单硫基团链段的加入而减少了双硫基团的百分含量，从而提高了新聚合物的耐热性，可以在 120℃的高温下长期使用，在 180℃的温度下短期使用。

表 1-51　改性剂双巯乙基硫醚（DMDS）及改性聚硫橡胶部分特性

名　称	参　数	名　称	参　数
改性剂分子量	154.32	巯基改性聚硫当量	664
改性剂密度（25℃）/(g/cm^3)	1.183	改性聚硫黏度/Pa・s	3.13
改性剂沸点（10mmHg）/℃	135～136	改性聚硫硫化后的硬度	45
改性剂折射率 n_D^{20}	1.5961	改性剂闪点/℃	90.55
改性剂英文名称	Dimercapto Diethylsulfide		
改性剂结构式	HS—CH$_2$—CH$_2$—S—CH$_2$—CH$_2$—SH		

表 1-52　改性剂 1,8-双巯基，3,6-二氧代辛烷（DMDO）及改性聚硫橡胶部分特性

名　称	参　数	名　称	参　数
改性剂分子量	182	改性聚硫黏度/Pa·s	2.60
巯基改性聚硫当量/(g/mol)	669	改性聚硫硫化后的硬度	46
改性剂英文名称	1,8-Dimercapto,3,6-Dioxa Octane		
改性剂结构式	HS—CH$_2$—CH$_2$—O—CH$_2$—CH$_2$—O—CH$_2$—CH$_2$—SH		

表 1-53　改性剂 1,2-二巯基乙烷（ED）及改性聚硫橡胶部分特性

名　称	参　数	名　称	参　数
改性剂分子量	94	改性聚硫黏度/Pa·s	2.65
巯基改性聚硫当量/(g/mol)	647	改性聚硫硫化后的硬度	48
改性剂结构式：HS—CH$_2$—CH$_2$—SH；改性剂英文名称：Ethane Dithiol			

表 1-54　改性聚硫橡胶部分特性

改性剂代号	DH 又称 HD	DMDE	DPDM	ECDM
改性剂中文名称	1,6-二巯基己烷	双巯端基二乙基醚	双巯端基二戊烯	双巯端基乙基环己基
改性剂英文名称	1,6-dimercapto hexane 又称：Hexane Dithiol	Dimercapto Diethyl Ether	Dipentene dimercaptan	Ethyl cyclohexyl dimercaptan
改性剂结构式	HS—CH$_2$—CH$_2$—CH$_2$ HS—CH$_2$—CH$_2$—CH$_2$	HS—CH$_2$—CH$_2$—O HS—CH$_2$—CH$_2$	CH$_2$—CH—CH$_2$—CH$_2$ HS—CH—CH$_2$—CH SH—CH$_2$—CH CH$_3$	HS—CH$_2$—CH$_2$—⬡—SH
改性剂分子量	118	138	204.24	1706.21
巯基改性聚硫当量	760	766	759	768
改性聚硫黏度/Pa·s	3.10	4.22	5.18	3.80
改性聚硫硫化后的硬度	45	54	43	41

　　端巯基液体改性聚硫橡胶外观、气味极相似于普通的巯端基液体聚硫橡胶，可以说是液体聚硫橡胶的一类品种，可按端巯基液体聚硫橡胶硫化方式进行室温硫化，硫化后具有端巯基液体聚硫橡胶硫化后形成的弹性体的一切物理化学性能，突出的地方是有比端巯基液体聚硫橡胶密封剂更高的耐热性。在 150℃ 下可长期工作。

　　（3）端巯基液体改性聚硫橡胶牌号和质量指标　见表 1-55。

表 1-55　各牌号及质量指标

名　称		MPS-101-1		MPS-101-2		MPS-101-3	
		指标	典型值	指标	典型值	指标	典型值
巯基含量/%		2.5～3.5	3.1	2.0～3.0	2.3	1.5～2.5	1.8
水分/%	≤	0.5	0.3	0.5	0.3	0.5	0.3
pH 值		6.0～8.0	7.0	6.0～8.0	7.0	6.0～8.0	7.0
杂质/%	≤	0.6	0.4	0.5	0.3	0.5	0.3
动力黏度(25℃)/Pa·s		5～15	9	20～30	25	45～55	50
硫化后	拉伸强度/MPa	1.8	3.4	1.8	3.0	1.8	2.8
	拉断伸长率/%	250	310	250	340	250	350
外观		棕褐色均匀黏稠状液态					

　　注：液体改性聚硫橡胶产品的牌号有 MPS-101-1、MPS-101-2、MPS-101-3，其中，MPS-101-1 为二巯基二乙基硫醚与 G131 液态聚硫橡胶的比例为 2：1 得到的改性聚硫橡胶产品；MPS-101-2 为二巯基二乙基硫醚与 G131 液态聚硫橡胶的比例为 1：1 得到的改性聚硫橡胶产品；MPS-101-3 为二巯基二乙基硫醚与 G131 液态聚硫橡胶的比例为 1：2 得到的改性聚硫橡胶产品。

液体改性聚硫橡胶产品的检验配方见表 1-56 和表 1-57。

表 1-56　液体改性聚硫橡胶硫化后力学性能检验配方——基膏配方

材　料　名　称	用量/质量份
液体改性聚硫橡胶	100
活性碳酸钙	30
二氧化钛	10

表 1-57　液体改性聚硫橡胶硫化后力学性能检验配方——硫化膏配方

材　料　名　称	用量/质量份	材　料　名　称	用量/质量份
活性二氧化锰	100	促进剂 D	5
邻苯二甲酸二丁酯	100	硬脂酸	2

检验配方比例：100 质量份基膏配 10 质量份硫化膏。

（4）用途　用作制备耐温高达 150℃ 以上的耐喷气燃料飞机结构密封剂的基体材料。

1.10　端巯基液体改性聚硫橡胶三

（1）端巯基液体聚硫代醚橡胶三（国外名称：Permapol P-3）的化学结构

$$HS-(CH_2CH_2SCH_2CH_2O)_m-[CH(CH_3)CH_2SCH_2CH_2O]_n-SH$$

由前文可知，液体聚硫和改性聚硫橡胶分子链中存在着双硫键 S—S、硫碳键 S—C、碳氧键 C—O 和硫氢键 S—H，其中最弱键为双硫键 S—S；由以上结构式可以看出，聚硫代醚与改性聚硫最大的区别在于：聚硫代醚分子链中的硫原子都是以单硫键的形式存在，没有双硫键 S—S，这样就大幅提高了聚硫代醚分子的抗热裂解能力。

同液体聚硫和改性聚硫橡胶一样，液体聚硫代醚橡胶的分子链中也含有大量的硫原子，增强了分子的极性，因而聚硫代醚也有优良的耐航空燃料性能。

（2）端巯基液体聚硫代醚橡胶物理化学特性　液体聚硫代醚橡胶室温是透明浅棕色的黏稠液体，有挥发性硫臭味，类似液体聚硫橡胶。可有不同的端基，常用的是端巯基液体聚硫代醚橡胶。由于端基的化学特性不同，具体见以下叙述。

① 巯基（—SH）封端　这一类聚硫代醚是应用最广泛的，通常与氧化剂、环氧基反应形成交联弹性体，如采用二氧化锰为硫化剂；在配制低温快速硫化密封剂时，采用环氧树脂为硫化剂。

② 环氧基团封端　环氧基团封端聚硫代醚就是一种特殊的环氧树脂，具有环氧树脂的化学反应特性，通常与含有活泼氢的化合物反应可形成带有羟基的交联弹性体，例如：低分子二硫醇等。

③ 异氰酸根（ —C—N═O ）封端　异氰酸根封端聚硫代醚非常活泼，可以和含有活泼氢的化合物发生反应，形成交联弹性体，如用二元醇或多元胺。这类聚硫代醚还可以配制湿气硫化的单组分聚硫代醚-聚氨酯相间链段为主链的室温硫化密封剂、黏合剂。

④ 惰性基团（—CH₃）封端　甲基封端的聚硫代醚性能非常稳定，可以配制耐 150℃ 高温的不硫化腻子，如果降低分子量，还可以用作聚硫代醚密封剂的耐高温增塑剂。

⑤ 羟基（—OH）封端　羟基封端聚硫代醚可与环氧基、异氰酸根发生交联反应生成坚硬的或弹性的交联体。

（3）端巯基液体聚硫代醚橡胶的牌号和质量指标　见表 1-58，力学性能指标见表 1-59。

表 1-58 锦西化工研究院企标规定的液态聚硫代醚橡胶的牌号和质量指标

指 标 名 称	JLM-Ⅰ	JLM-Ⅱ	JLM-Ⅲ
外观	浅棕色透明黏稠液体		
密度/(g/cm³)	1.15±0.05		
分子量($\overline{M}_n$)	800~1200	3500~4500	4000~5000
黏度/Pa·s	—	30~70	30~70
pH 值	6~8		
挥发分含量(160℃×3h)/%	≤1.5	≤1	≤1
巯基含量/%	10±0.5	2.5±0.3	2.0±0.1
官能度	2.7±0.3	2.7±0.3	2.2±0.1

表 1-59 液态聚硫代醚橡胶检验配方力学性能指标

项 目	拉伸强度/MPa	拉断伸长率/%
50℃×48h 硫化后	≥2.7	≥300
180℃×8h 空气老化	≥1.8	≥150
60℃×14d 耐燃油	≥2.5	≥250

（4）用途 用作制备耐温高达 180℃的耐喷气燃料飞机结构密封剂的基体材料。

1.11 端巯基聚醚聚合物

（1）化学结构式

双官能分子化学结构式：

$$HS-(O-CH-CH_2)_n\ O-CH_2-CH-O-(CH_2-CH-O)_n\ SH$$
$$\quad\quad\ \ \ CH_3\quad\quad\quad\quad\quad\ CH_3\quad\quad\ \ CH_3$$

三官能分子化学结构式：

$$CH_2-O-(CH_2-CH-O)_n\ SH$$
$$\quad\quad\quad\quad\quad\quad\quad CH_3$$
$$CH_3-CH_2-C-CH_2-O-(CH_2-CH-O)_m\ SH$$
$$\quad\quad\quad\quad\quad\quad\quad\quad\quad\quad\ \ CH_3$$
$$CH_2-O-(CH_2-CH-O)_l\ SH$$
$$\quad\quad\quad\quad\quad\quad\quad CH_3$$

（2）物理化学特性 巯端基聚醚聚合物是由上两式代表的两种聚合物的物理混合物组成，其物理化学特性见表 1-60。

表 1-60 巯端基聚醚聚合物的物理化学特性

性 能 名 称		典 型 参 数	性 能 名 称		典 型 参 数
外观(15℃)		橙色可流动液体	分子量($\overline{M}_n$)		5000
120℃经 24h 热老化后	σ/MPa	由 2.38 升到 2.67	巯基官能度		2.2~2.8
	ε/%	由 130 升到 182	黏度(25℃)/Pa·s		20~30
	H	由 64 降到 53	硫化后	σ/MPa	2.5
150℃经 24h 热老化后	σ/MPa	由 2.38 降到 1.78		ε/%	110~120
	ε/%	由 176 升到 284		H	65
	H	由 62 降到 42		Δ/%	由 2 升到 4
在水中常温浸泡 30d	H	由 64 降到 60	在水中常温浸泡 30d	σ/MPa	由 2.38 降到 2.22
	Δ/%	由 2 升到 4		ε/%	由 134 降到 124

（3）巯基聚醚聚合物质量指标 见表 1-61。

表 1-61　河北保定市徐水区恒星防腐材料厂研制成功的巯基聚醚聚合物质量指标

名　称	指　标	名　称	指　标
外观(15℃)	橙色可流动液体	巯基官能度	2.2～2.8
分子量	5000±500	黏度(25℃)/Pa·s	20～30

（4）用途　耐液体燃料、耐水、耐热老化密封剂的基体材料。

1.12　硅氧烷聚合物

（1）硅氧烷聚合物化学结构　硅氧烷聚合物是以硅氧键单元为主链，以有机基为侧基的线型聚合物。它是典型的半无机半有机物，既具有无机高分子的耐热性，又具有有机高分子的柔顺性。硅氧烷聚合物的化学结构通式为：

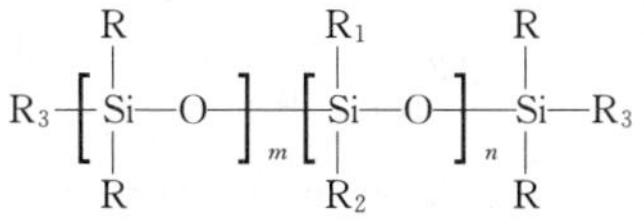

$$R_3 \left[\overset{R}{\underset{R}{Si}}-O \right]_m \left[\overset{R_1}{\underset{R_2}{Si}}-O \right]_n \overset{R}{\underset{R}{Si}}-R_3$$

通式中 R，R_1，R_2，R_3 代表烷基或烃基（脂肪族、芳香族）、氟烷基，也可以是其他基团，如苯基、亚苯基、亚苯醚基、碳硼十烷基、环二硅氮烷基可使硅氧烷聚合物主链避免发生环化降解，引入后的分子化学结构式如下。

引入环二硅氮烷进主链的硅氧烷聚合物的化学结构通式：

$$\left[\overset{R_1}{\underset{R_1}{Si}}-N \overset{\overset{CH_3}{\underset{}{\overset{|}{Si}}}\underset{CH_3}{\overset{|}{Si}}}{} N-\overset{R_1}{\underset{R_1}{Si}}-O-Si \left< \right> \overset{R}{\underset{R}{Si}}-O \right]_n \Big]_m$$

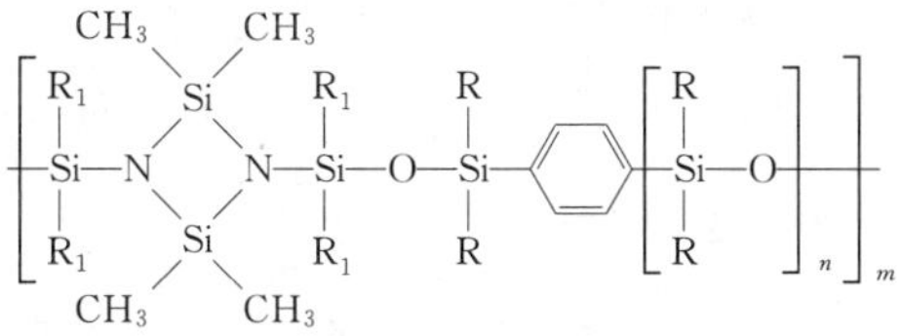

引入大体积亚苯基的硅氧烷聚合物的化学结构通式：

$$HO \left[\overset{CH_3}{\underset{CH_3}{Si}} \left< \right> \overset{CH_3}{\underset{CH_3}{Si}}-O \right] H$$

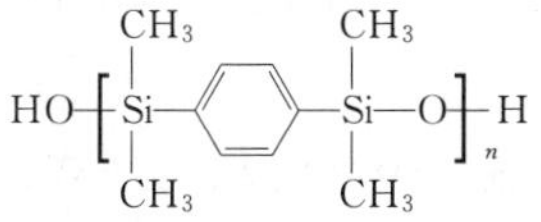

引入大体积苯基进侧链的硅氧烷聚合物的化学结构式：

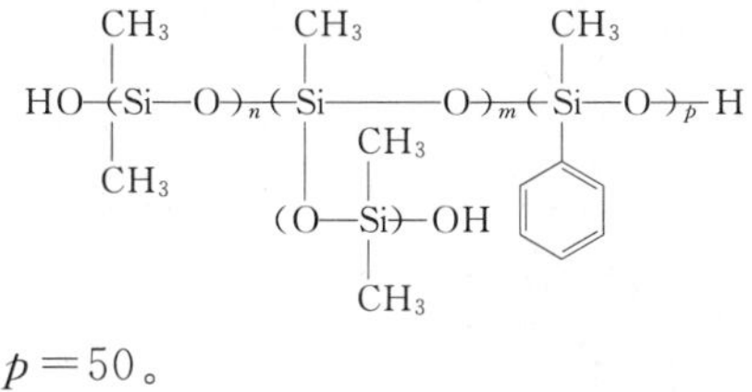

$$HO-(\overset{CH_3}{\underset{CH_3}{Si}}-O)_n-\overset{CH_3}{\underset{(O-\overset{|}{\underset{CH_3}{Si}}-OH)}{Si}}-O)_m-\overset{CH_3}{\underset{}{Si}}-O)_p H$$

式中，$n=49.9$；$m=0.03$；$p=50$。

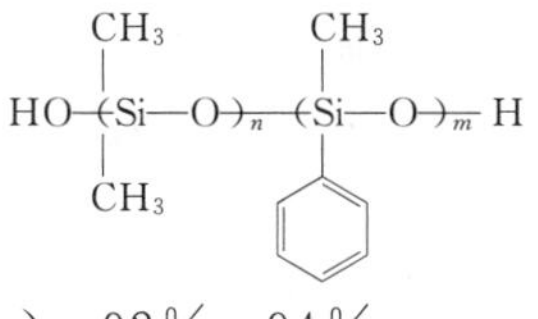

$$HO-(\overset{CH_3}{\underset{CH_3}{Si}}-O)_n-(\overset{CH_3}{\underset{}{Si}}-O)_m H$$

式中　$n+m=200～400$，$n/(n+m)=92\%～94\%$

引入大体积碳十硼烷基的硅氧烷聚合物亦称硼硅聚合物（下简称碳十硼烷）。其化学结构通式：

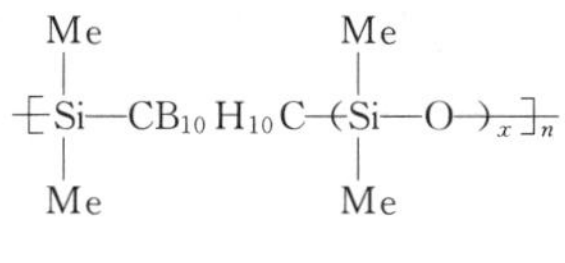

$$\left[\overset{Me}{\underset{Me}{Si}}-CB_{10}H_{10}C-\overset{Me}{\underset{Me}{Si}}-O \right]_x \Big]_n$$

引入大体积环二硅氮烷基的硅氧烷聚合物的化学结构通式：

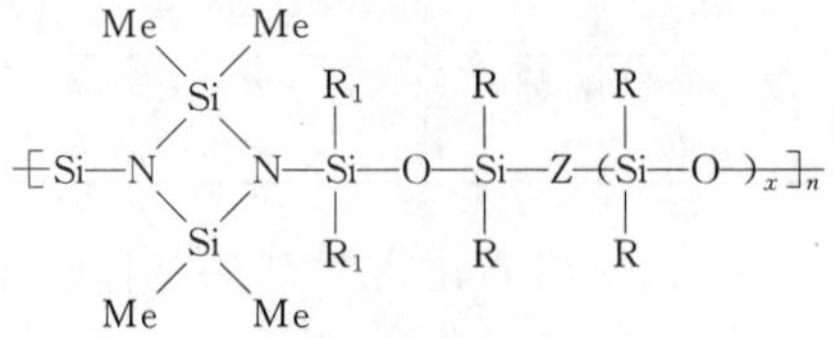

式中，R 为甲基、R_1 可为甲基、苯基；Z 为亚苯基、亚苯醚基；$x=1，2，3，\cdots$。

引入磷氮钛元素的硅树脂聚合物的化学结构通式：

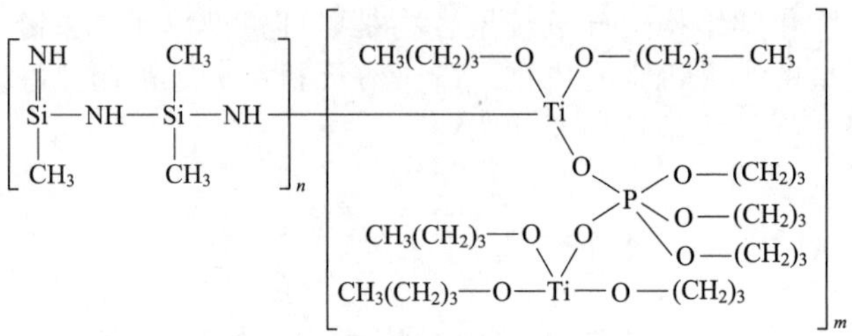

式中，$n/m=2.5/6$

使主链形成六面体笼形倍半结构的硅氧烷聚合物（简称：POSS）[6~8,10]结构通式：

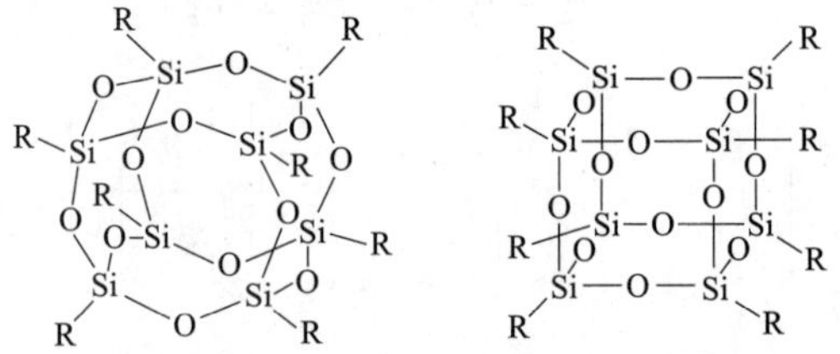

$(RSiO_{3/2})_n$，氧硅比即 $O:Si=3:2$；R 可为 —O—CH_3、—O—CH_2CH_3、—O—C_6H_5、—O—$CH=CH_2$。

使主链形成含梯形结构[6]的硅氧烷聚合物结构通式：

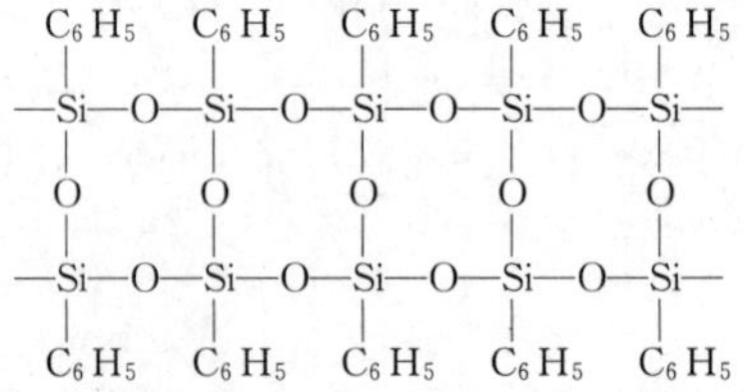

引入氰基的硅氧烷聚合物结构通式：

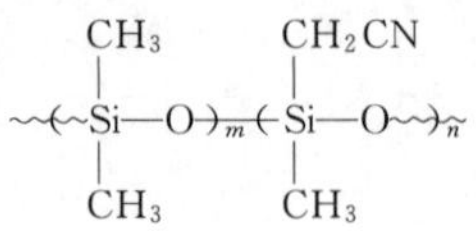

硅氧烷聚合物的典型结构是聚二甲基硅氧烷，具有螺旋形分子构象，当螺旋形分子中硅原子上的甲基一半被 γ—三氟丙基取代后分子的螺旋形构象不变，如图 1-2 所示。

（2）硅氧烷聚合物物理化学特性　硅氧烷聚合物聚合度 m，n 可以在很宽的范围内变化，液体硅氧烷聚合物一般 $m+n=100\sim2000$，分子量（$\overline{M}_n$）为 10000~80000，黏度（25℃）为 0.2~15Pa·s。分子量（$\overline{M}_n$）大于 1000000 就逐渐由极为黏稠体过渡到固体状态，1000000 左右手可捻动，仍呈塑性，4000000~13000000 是典型固体硅氧烷弹性体聚合

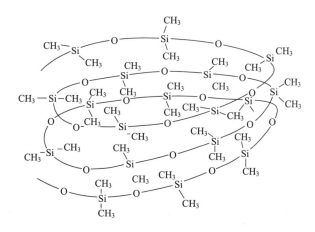

图 1-2　二甲基硅橡胶的螺旋形分子构象（每层环上有 6 个以上硅烷基团）

物。硅氧烷聚合物的化学结构通式中 R 通常是甲基，R_1，R_2 通常是甲基、乙基、苯基、乙烯基等，R_3 通常是甲基、羟基、乙烯基等。根据引入侧基的不同，可以改善和提高硅氧烷聚合物的某些性能。例如用苯基取代一部分甲基，可以改进聚合物的低温性能和耐辐射性能；引入少量乙烯基可以改善聚合物的硫化（或固化）特性和压缩永久变形；在聚合物的硅氧烷主链中引入一定量的亚苯基后，可将拉伸强度从 11MPa 提高到 $17\sim18$MPa，耐热性能也有所提高。为了进一步说明硅氧烷聚合物的化学结构对其性能的影响，表 1-62 给出了键长和键角的近似值。表 1-63 列出了一些原子同硅原子键接时的键能及这些原子同碳原子键接时的键能。从表中可以看出，Si—O 键能比 C—C 键能高得多，因而硅氧烷聚合物（橡胶）与通用橡胶状聚合物相比具有更高的稳定性，如耐热性、耐气候老化性、电绝缘性和化学稳定性。在描述 Si—X 键的性质时，除了键能外，离子特性和供化学键合的硅右旋轨道的存在也是重要的因素。表 1-64 对某些 Si—X 的离子特性百分率作了比较。同时，表中还列出了电负性值（Pauling 标度），以及硅同其他元素之间的电负性差值（ΔE_1）。电负性值说明，与碳比较，硅的正电性高得多，因此在对碳的亲电子攻击或对硅的亲核攻击作用下，Si—C 键按 Si^+C^- 的方向断裂。Si—O 键具有 50% 的离子特性，容易异裂，它直接影响着硅氧键的热稳定性。分子链比较柔顺，链间作用力较小，因而具有良好的回弹性、可压缩性及优异的耐寒性。侧甲基的自由旋转赋予硅氧烷聚合物独特的表面特性，如憎水性及表面防粘性。一些特殊结构的硅氧烷聚合物还具有优异的耐油性、耐辐射性及能在超高、低温下使用等化学结构。

表 1-62　硅键的键长和键角

键类型	键长/Å	键角/(°)	键类型	键长/Å	键角/(°)
SiO	1.64	—	O—Si—O	—	110
SiC	1.88	—	C—Si—C	—	110
Si—O—Si	—	145			

注：1Å=10^{-10}m。

表 1-63　Si 键和 C 键的键能　　　　　　单位：kJ/mol

Si 键类型	键能	C 键	键能	Si 键类型	键能	C 键	键能
Si—Si	222	C—Si	318	Si—F	564	C—F	485
Si—C	318	C—C	345	Si—Cl	380	C—Cl	339
Si—H	318	C—H	413	Si—Br	309	C—Br	284
Si—O	451	C—O	357	Si—I	234	C—I	213
Si—N	—	C—N	304				

表 1-64   Si—X 键的电负性和离子特性

X 元素	电负性(E_1)	ΔE_1	百分率	X 元素	电负性(E_1)	ΔE_1	百分率
Si	1.8	—	—	F	4.0	2.2	70
O	3.5	1.7	50	Cl	3.0	1.2	22
C	2.5	0.7	12	Br	2.8	1.0	22
H	2.1	0.3	2				

注：百分率指 Si—X 键中离子特性的百分率，单位是%。

硅氧烷聚合物具体物理化学特性如下论述。

① 耐热性[9,10]

a. 聚有机硅氧烷的主链为梯形结构时，耐热性能和耐辐射性能突出，特别是结构为笼形六面体时，其每个面上均由 4 个硅原子和 4 个氧原子构成，Si—O—Si 组成六面体无机内核，无机内核具有优良的耐热稳定性，外围被有机基团 R 包围，可改善笼形六面体与有机物质之间的相容性，它有望成为耐高温有机硅密封剂的优良补强填料，并提高无机与有机之间的界面结合力。

b. 碳十硼烷聚硅氧烷主链中的碳十硼烷为笼状结构，具有高度缺电子性及超芳香性，超芳香性即指碳十硼烷共用电子很多，形成大派键，有共价键和离子键特性。上文中碳十硼烷结构式中的 $x=1$ 时，称它为 SiB-1，SiB 后面的数字表示聚合物内硅氧链节重复单元的数目，SiB-1 呈树脂状，SiB-2 以上均为弹性体，SiB-2 的碳十硼烷核间隔最紧密，能起能量槽的作用（即有很强的使能量被笼状结构储存起来的能力），笼状结构的碳硼十烷体积大，对临近基团起一定的屏蔽作用，保证附近基团的稳定性，因此耐热性最好。硅硼聚合物开始降解的温度高出聚二甲基硅氧烷 $100\sim150℃$，其中硫化胶在 $300℃$ 左右可长期使用；在 $350℃$ 以上的氧化介质中可短期使用（约几小时），在 $482℃$ 老化 24h 仍具有弹性。

c. 硅氧烷聚合物：由于聚硅氧烷分子化学结构，赋予聚合物宽广的服务温度范围，一般为 $-80\sim+300℃$，短期内可耐受到 $350℃$ 高温。既耐寒冷又耐炎热，在常规的温度范围内，其力学性能不及诸如天然橡胶、丁苯橡胶、丁腈橡胶等，在很低温度下或在很高温度下其他聚合物材料不是变硬就是降解发黏失去工作能力，而硅氧烷聚合物仍可正常工作，聚合度为 2 时耐热性最好。

d. 硅氮橡胶：由于主链中环二硅氮烷基的影响，它在 $430\sim480℃$ 时仍不分解，有的甚至能耐 $500℃$ 以上高温，用亚硅芳基改性的硅氮橡胶在空气中加热到 $425℃$ 仍不失重，$570℃$ 时失重仅为 10%，且具有较高的水解稳定性，因此曾有人预测，硅氮橡胶将是最有希望的耐高温橡胶和密封材料的基体材料。

e. 氟硅聚合物：三氟丙基比甲基容易热分解，三氟丙基取代部分甲基，降低了甲基的含量，因此氟硅聚合物耐热性有所降低，在 $288℃$ 就分解放出有毒的氟化物。

f. 亚苯基硅氧烷聚合物：一般耐热可达 $250℃$，无定形亚苯基聚硅氧烷交替共聚物耐热可达 $400℃$，有硅亚苯基硅氧烷聚合物耐热可达 $500℃$。

g. 羟基或羟端基以及水的存在使聚有机硅氧烷在高温下有如下所示两类降解结果，上式降解为 D_3 环体，下式降解为分子量不同、结构相似的聚有机硅物质。

降解为D₃单体

降解为两部分大小不同、结构类似的聚硅氧烷为防止高温降解，在单组分有机硅密封剂的制备技术中，通常加入羟基清除剂以清除多余的羟基；并在物料配伍前彻底除水干燥。常用的羟基清除剂有硅氮烷[(CH₃)₃Si—(NH—SiH₂—)NH—Si(CH₃)₃]。高活性羟基清除剂有：三异丙烯氧基和三甲氧基封端亚乙基硅烷{[CH₂=C(CH₃)—O—]₃Si—CH₂—CH₂—Si(—O—CH₃)₃}、三甲基乙酸乙酯基硅烷{(CH₃)₃Si[—CH₂—COO(C₂H₅)]}、β-丁内酯-二己胺配合体及 ε-己内酯-二己胺配合体、甲基二甲氧基（甲基乙基酮肟基）硅烷{(—CH₃)(—O—CH₃)₂Si[—ON=C[(—CH₃)(—C₂H₅)]]}、硅氮烷、酰氨基。

② 耐寒性[11]　高分子橡胶型聚合物具有高弹性，但在低温下由于聚合物分子热运动减弱，分子链段及分子链被冻结，就会逐渐失去弹性。影响橡胶型聚合物耐寒性的两个重要过程是玻璃化转变和结晶转变。橡胶型硅氧烷聚合物硫化后的耐寒性与玻璃化过程和结晶过程有关。对于玻璃化转变温度（T_c），聚二甲基硅氧烷橡胶、聚甲基乙烯基硅氧烷橡胶为 $-130 \sim -125\,^{\circ}\mathrm{C}$；聚甲基苯基乙烯基硅氧烷橡胶为 $-115 \sim -110\,^{\circ}\mathrm{C}$；聚甲基乙基硅氧烷橡胶为 $-125\,^{\circ}\mathrm{C}$。虽然聚二甲基硅氧烷橡胶和聚甲基乙烯硅氧烷橡胶的玻璃化温度很低，但其硫化后的弹性体在 $-50\,^{\circ}\mathrm{C}$ 下放置后，由于强烈结晶而失去弹性，因此它在低温下的长时间工作能力受到了限制。用乙基或苯基取代甲基，可以破坏聚二甲基硅氧烷分子链的规整性，极大地降低了聚合物的结晶温度和结晶度。含 5%、8% 和 10%（摩尔分数）乙基硅氧烷链节的硅橡胶在 $-78\,^{\circ}\mathrm{C}$ 下的结晶半周期为 20min、550min、870min，含 30% 乙基硅氧烷链节时不出现结晶。含 8%~10%（摩尔分数）甲基苯基硅氧烷链节的低苯基聚硅氧烷橡胶的玻璃化温度 T_c 为 $-115\,^{\circ}\mathrm{C}$，脆性温度 T_{xp} 为 $-110\,^{\circ}\mathrm{C}$，它在 $-78\,^{\circ}\mathrm{C}$ 时的结晶半周期为 4000min，而含 20%（摩尔分数）甲基苯基硅氧烷或 15%（摩尔分数）二苯基硅氧烷链节的硅橡胶在 $-78\,^{\circ}\mathrm{C}$ 下不结晶。

③ 耐老化性[9]　聚硅氧烷硅橡胶具有优异的耐气候老化性。液体聚硫橡胶、聚氨酯橡胶等为基体的密封剂在电晕放电产生的臭氧作用下，会迅速降解、裂纹，而硅橡胶不受它的影响。此外，即使长时间在紫外线和其他气候条件下，其物理机械性能也仅有微小的变化。在不同地点放置的聚硅氧烷橡胶试样拉伸强度和拉断伸长率损失到原始性能 50% 的时间都大于 10 年以上，表 1-65 列举了聚硅氧烷固体橡胶的耐候性。表 1-66 列举了聚硅氧烷液体橡胶的耐候性。

表 1-65　聚硅氧烷固体橡胶的耐候性

老化试验地点	老化时间/年	拉伸强度保持率/%	老化试验地点	老化时间/年	拉断伸长率保持率/%
巴拿马(阳光照射)	5	90	巴拿马(阳光照射)	3.5	90
	7	75		7.5	75
	>10	50		>10	50
巴拿马(雨淋)	2.5	90	巴拿马(雨淋)	7.5	10
	6.5	75		9.5	75
	>10	50		>10	50
冰岛(阳光照射)	7	90	冰岛(阳光照射)	9.5	90
	>10	50		>10	75
冰岛(自然老化挂架)	6	90	冰岛(自然老化挂架)	5.5	90
	>10	75		>10	75
阿拉斯加州(阳光照射)	>10	90	阿拉斯加州(阳光照射)	>10	90
空气老化 204℃	<1d	90	空气老化 204℃	>14d	90
	1d	75		—	—
	>1d	50		—	—

表 1-66 聚硅氧烷液体橡胶的空气老化性

羟端基聚二甲基硅氧烷液体橡胶为基体的密封剂			羟端基亚苯基侧 3,3,3-三氟丙基甲基聚硅氧烷液体橡胶为基体的密封剂		
拉伸强度/MPa	拉断伸长率/%	邵尔 A 型硬度	拉伸强度/MPa	拉断伸长率/%	邵尔 A 型硬度
热空气(200℃,50h)			热空气(230℃,50h)		
2.4	457	40	2.8	170	39
热空气(250℃,200h)			—	—	—
4.1	321	55	—	—	—
热空气(300℃,200h)			—	—	—
—	69	73	—	—	—

④ 耐辐射性　聚甲基乙烯基硅氧烷橡胶具有中等的耐辐照性能。在侧链或主链中引入苯基后，耐辐射性能明显提高。表 1-67 中列出聚硅氧烷固体橡胶的耐辐射性能。

表 1-67 聚硅氧烷固体橡胶的耐辐照性能

辐照剂量 /Gy(1Gy=1J/kg)	聚甲基乙烯基硅氧烷橡胶		聚甲基乙烯基苯基硅氧烷橡胶		主链含亚苯基聚硅氧烷橡胶	
	拉伸强度/MPa	拉断伸长率/%	拉伸强度/MPa	拉断伸长率/%	拉伸强度/MPa	拉断伸长率/%
辐照前	8.3	200	8.3	600	3.68	94
5×10^4	6.9	130	7.6	450	—	—
5×10^5	6.2	50	6.2	225	—	—
1×10^6	4.1	20	5.9	75	—	—
5×10^6	—	—	—	—	5.9	125
1×10^7	—	—	—	—	4.3	56
2×10^7	—	—	—	—	1.3	20

⑤ 电性能　聚硅氧烷橡胶具有很高的体积电阻率（$10^{14} \sim 10^{16} \Omega \cdot cm$），且在很宽的温度范围内其阻值保持稳定，其电绝缘性能很少受到水分的影响，同时聚硅氧烷橡胶对高压放电和电弧放电有很好的抵抗能力。

（3）产品牌号和质量指标　按 GB 5577 合成橡胶牌号规定，聚硅氧烷橡胶的牌号、质量指标见表 1-68。

表 1-68 硅氧烷聚合物的牌号、质量指标

牌 号	质 量 指 标	
	分子量 $\overline{M}_n(\times 10^5)$/黏度/状态	官能团含量/%
甲基硅橡胶,101	(40～70)/—/固体	—
甲基乙烯基硅橡胶,110-1	(50～80)/—/固体	乙烯基:0.07～0.12
甲基乙烯基硅橡胶,110-2	(45～70)/—/固体	乙烯基:0.13～0.22
甲基乙烯基硅橡胶,110-3	(60～85)/—/固体	乙烯基:0.13～0.22
甲基苯基乙烯基硅橡胶,120-1	(45～80)/—/固体	苯基:7～8
甲基苯基乙烯基硅橡胶,120-2	(40～80)/—/固体	苯基:20～25
腈硅橡胶,130-2	(>50)/—/固体	β-氰乙基:20～25
俄罗斯:液体羟端基甲基苯基硅橡胶	15685～31371/6～40s(50mL,Φ5.4mm 漏嘴杯式黏度计,20℃±2℃)/液体	羟基:0.2～0.1
液体羟端基甲基硅橡胶,107	0.1～0.8(聚合度为 100～2000)/0.21/液体	羟基:0.34～0.42
俄罗斯:N、P、Ti 硅树脂(聚硅氧烷泡沫密封剂增黏催化剂)	4462.07(含硅氮部分聚合度为 2.5;含 P、Ti 部分聚合度为 6)/—/黏稠液体	氨基:0.0252;钛-丁氧基:0.3926;钛-丙氧基:0.07934;磷-丙氧基:0.238
俄罗斯:三甲基硅烷基封端聚甲基氢基硅氧烷聚合物(发泡剂)	0.10637～0.13482/(10～80CGt)/液体	活泼氢:1.5～1.8

续表

牌　号	质　量　指　标	
	分子量 $\overline{M}_n$($\times 10^5$)/黏度/状态	官能团含量/%
俄罗斯:甲基苯基硅氧烷—二甲基硅氧烷两段共聚液体聚合物,СКТНФ	(1.581/1.556~3.162/3.113)[二甲基硅氧烷段聚合度为 n,甲基苯基硅氧烷段聚合度为 m,$n+m=200\sim400$/—/液体 $n=(n+m)$(0.92~0.94)]	羟基:0.22~0.11
俄罗斯:二甲基硅氧烷-甲基、二甲基羟基甲硅氧基硅氧烷-甲基、苯基硅氧烷三段共聚液体羟基封端聚合物,СКТСФН-50	4~8(耐热性:-60~350℃,短期 400℃)/—/液体	羟基:0.08627~0.04313;甲基:75;苯基:25
俄罗斯:液体二甲基硅氧烷聚合物,СКТС	5.93~7.04(聚合度为 800~950)/—/液体	羟基:0.057~0.048
俄罗斯:二甲基硅氧烷-二乙基硅氧烷两段共聚聚合物,СКТНЭ-20(耐热-130~250℃,短期 300℃)	0.8268(二甲基硅氧烷段聚合度 $n\leqslant70$;二乙基硅氧烷段聚合度 $m\leqslant30$)/—/液体	羟基:$\leqslant$0.197
俄罗斯:甲基、三乙酰氧基硅烷,К-10с(低分子聚硅氧烷硫化剂)	188.09/—/液体	三乙酰氧基:80.4

（4）用途　液体聚硅氧烷分别用作制备各自具有高耐热、抗辐射等性能的室温硫化密封剂及泡沫密封剂的基体材料。高黏度和固体聚硅氧烷主要用于不硫化型密封腻子的基体材料。

1.13　氟硅聚合物

（1）化学结构式

① 威海产牌号 NFS8000 系列、上海产牌号 FE2811 的端羟基 3,3,3-三氟丙基-甲基硅氧烷低聚物的化学结构式:

$$HO\left[\begin{array}{c}CH_2CH_2CF_3\\|\\Si-O\\|\\CH_3\end{array}\right]_n H \qquad n=100\sim1000$$

② 俄罗斯牌号 СКТФТ-50、СКТФТ-100 以及美国牌号 Silastik-LS-53、Silastik-LS-63 端羟基液体氟硅橡胶的化学结构通式:

$$HO\left(\begin{array}{c}CH_2CH_2CF_3\\|\\Si-O\\|\\CH_3\end{array}\right)_n\left(\begin{array}{c}CH_3\\|\\Si-O\\|\\CH_3\end{array}\right)_m\left(\begin{array}{c}CH_3\\|\\Si-O\\|\\CH=CH_2\end{array}\right)_p H$$

$n=99.7$，$m=0$，$p=0.3$ 为 СКТФТ-100；$n=49.8$，$m=49.8$，$p=0.4$ 为 СКТФТ-50。

③ 上海有机氟研究所产大体积亚苯基和三氟丙基同时引入硅氧烷聚合物的化学结构通式:

$$HO\left[\begin{array}{c}CH_3\\|\\Si\\|\\Rf\end{array}\right]\!\!\!-\!\!\!\left[\begin{array}{c}\\ \end{array}\right]\!\!\!-\!\!\!\left[\begin{array}{c}CH_3\\|\\Si-O\\|\\Rf\end{array}\right]_m\left[\begin{array}{c}CH_3\\|\\Si-O\\|\\Rf\end{array}\right]_{3n} H$$

$n=32.98\sim41.23$；$m=65.97\sim82.46$，$Rf=CH_2CH_2CF_3$。

④ 端乙烯基氟硅聚合物的化学结构式:

$$CH_2\!\!=\!\!CH\left[\begin{array}{c}CH_2CH_2CF_3\\|\\Si-O\\|\\CH_3\end{array}\right]_n CH\!\!=\!\!CH_2$$

式中，n 为聚合度，约为 $100\sim1000$。黏度为 $1\sim15Pa\cdot s$，是一种无色、无臭、透明、有黏性的液体。

（2）氟硅聚合物的物理化学特性[10]

① 耐燃料和其他油品、酸碱性能 硅氧烷聚合物一般都不能有效地抵御烷烃燃料的浸泡，不是明显溶胀就是溶解，很快会失去密封能力，γ-三氟丙基及亚苯基引入硅氧烷侧基位置后，硅氧烷聚合物分子的极性更会明显增大[12]，具有很好的耐受燃料的能力，但仍不能耐受由二溴乙烷烃和四乙基铅混合物（俗称乙基液）作防爆剂的航空汽油的浸泡，如牌号为 RH-95/130、RH-100/130 的轻负荷低速活塞发动机飞机、中负荷及重负荷高速活塞发动机飞机用航空汽油，可使氟硅密封剂溶胀直到溶解。聚甲基乙烯基硅氧烷橡胶可耐受乙醇、丙酮和食用油的浸泡，只引起很小的膨胀，力学性能基本不降低。对低浓度的酸、碱、盐的耐受性也较好，如在 10% 的硫酸中常温浸渍 7d，体积和质量变化都小于 1%，力学性能具有很高的保持率。

② 端基的化学反应性 羟基封端氟硅低聚物可与异氰酸根（ —C—N≡O ）、正硅酸乙酯、酰氧基硅烷、烷氧基硅烷、酮肟基硅烷、含氢硅油、氨基硅烷、酰氨基硅烷和异丙烯氧基硅烷等发生反应，在室温下，它们中大多数反应必须借助适当的催化剂才能有效地进行，通常催化剂分为有机锡类和钛酸酯类。与有机硅密封剂一样，羟基封端氟硅低聚物硫化后的性能也受硫化剂类型的明显影响。

羟基封端氟硅亚苯基低聚物[13]与羟基封端氟硅低聚物基本相似，也可使用双异氰酸酯、正硅酸乙酯、酰氧基硅烷、烷氧基硅烷、酮肟基硅烷、含氢硅油、氨基硅烷、酰氨基硅烷和异丙烯氧基硅烷等作硫化剂，使用有机锡类和钛酸酯类作催化剂，较成熟的硫化剂-催化剂系统是正硅酸乙酯-二月桂酸二正辛基锡或甲基丙烯氧基三甲氧基硅烷（开放系统用）、甲基氢基氨基硅烷（环体)-二月桂酸二正丁基锡（密闭系统用）。

乙烯基封端氟硅低聚物在铂催化剂存在下，与含氢硅油可在室温条件发生加成反应并最终成为弹性体。

③ 氟硅聚合物耐温范围 氟硅聚合物耐温性，比起硅氧烷聚合物有所减弱，相比较其使用温度范围仍很宽广，乙烯基封端氟硅聚合物为 $-50\sim250℃$。羟基封端氟硅亚苯基低聚物中亚苯基含量在 $40\%\sim45\%$ 范围内，聚合物的玻璃化转变温度为 $-48\sim-44℃$，热失重 25% 时的温度为 $480\sim485℃$。

（3）氟硅聚合物的牌号和质量指标 美国 Dow Corning 公司有高、中、低三种分子量的 Silastic LS 型的氟硅聚合物，其中 LS-420 被广泛使用。

我国上海有机氟研究所和俄罗斯列别捷夫合成橡胶研究院研制并生产的氟硅聚合物质量指标见表 1-69。

表 1-69 氟硅聚合物牌号及质量指标

牌号或名称		原牌号	黏度/Pa·s	分子量(M_n)	官能团及氟含量/%
上海有机氟研究所	MFVQ1401	SF-1	固体	$40\times10^5\sim60\times10^5$	乙烯基链:0.3~0.5
	MFVQ1402	SF-2	固体	$60\times10^5\sim90\times10$	乙烯基链:0.3~0.5
	MFVQ1403	SF-3	固体	$90\times10^5\sim130\times10$	乙烯基链:0.3~0.5
	FE2811	FE2811	100~400	$3.9\times10^4\sim5.0\times10^4$	羟基含量:0.082~0.064
					氟含量:33.7~32.9
HФC-100 Silastik-LS-63			黏稠液体	15600~156000	羟基含量:0.02~0.22
					氟含量:36.517
CKTHФ-50 Silastik-LS-53			黏稠液体	11497.4	羟基含量:0.296
					氟含量:24.7
羟基封端氟硅亚苯基低聚物		羟基封端氟硅苯撑低聚物	黏稠液体	15600	羟基含量:0.022%~0.22%
				156000	氟含量:36.517%

威海产 NFS8000 系列室温硫化型氟硅橡胶牌号及质量指标见表 1-70。

表 1-70　NFS8000 系列室温硫化型氟硅橡胶牌号及质量指标

指标名称	NFS8001	NFS8002	NFS8003
外观	无色或淡黄色透明液体		
黏度(25℃)/Pa·s	1～50	50～100	100～200
挥发分(180℃,3h)/%	＜3	＜3	＜3

注：可根据用户要求提供其他黏度的产品。

（4）用途　固态含氟硅氧烷聚合物可作为耐烷烃燃料密封腻子的基体材料，液体含氟硅氧烷聚合物是制备室温硫化密封剂的基体材料，可是多组分、双组分和单组分氟硅密封剂，用于密封整体结构油箱（表面密封、填角密封、嵌缝密封等），氟硅橡胶密封垫片、胶圈的黏结固定，还适用于有机硅、氟硅橡胶的黏结及化学工程和一般工业上耐燃料油、耐溶剂部位的黏结与密封。

1.14　端异氰酸基液体聚氨酯密封剂预聚体的原料[14～16]

（1）异氰酸酯
① 多异氰酸酯化学结构式　多异氰酸酯的结构式见表 1-71。

表 1-71　制备聚氨酯预聚体基本原料——多异氰酸酯结构式

名称/代号		异氰酸酯结构式
通用芳香族多氰酸酯		
2,4-甲苯二异氰酸酯/2,4-TDI 或称 TDI-100		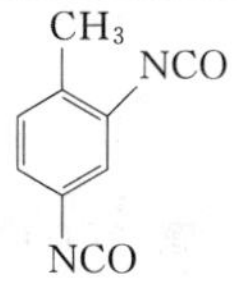
2,6-甲苯二异氰酸酯/2,6-TDI		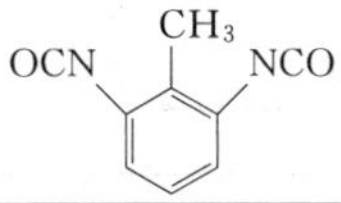
2,4-甲苯二异氰酸酯与 2,6-甲苯二异氰酸酯的 65:35 混合体/TDI-65		占 35% 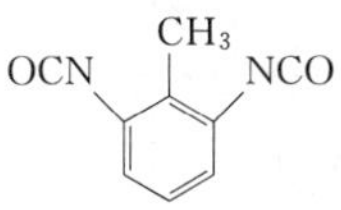　　;占 65% 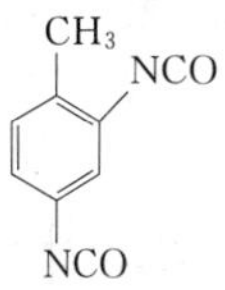
二苯基甲烷二异氰酸酯/MDI	4,4'-MDI	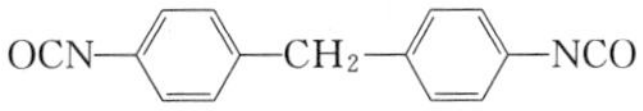
	2,4'-MDI	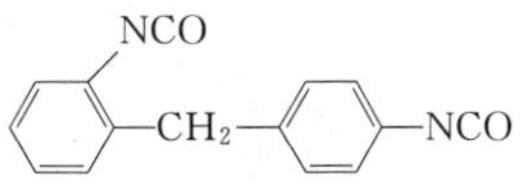
	2,2'-MDI	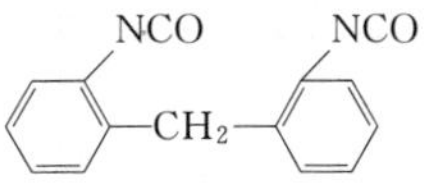
自缩聚形成含碳化二亚胺结构的液化改性 MDI		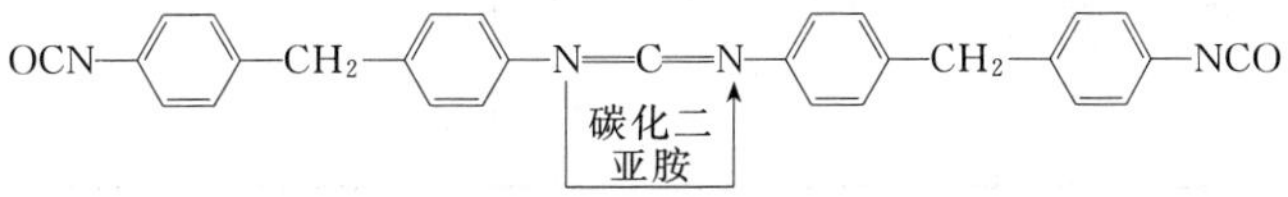

续表

名称/代号	异氰酸酯结构式
含有脲酮亚胺改性液化 MDI	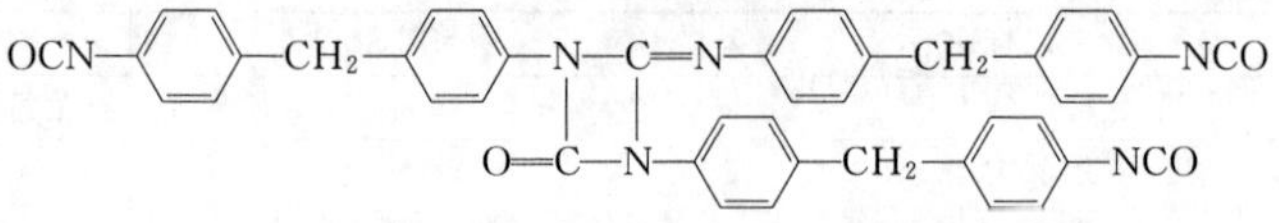
1,5-萘二异氰酸酯/NDI	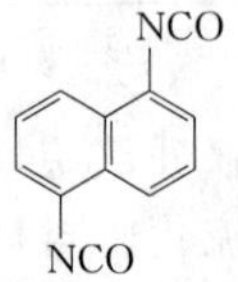
多亚甲基多苯基多异氰酸酯/PAPI（粗 MDI）	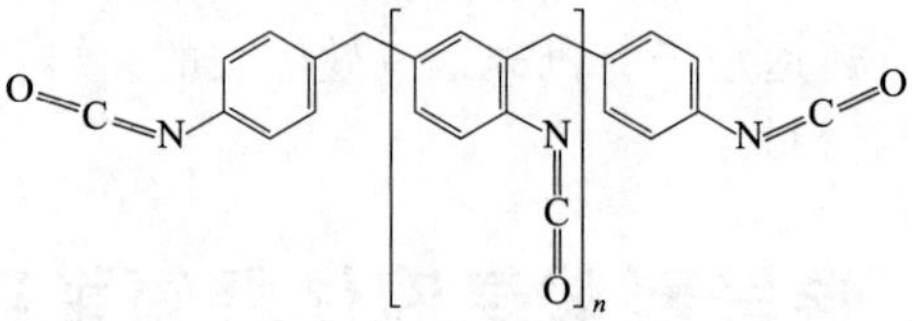 式中，$n=0,1,2,3$ $n=1,\overline{M}_1=381; n=2,\overline{M}_2=512; n=3,\overline{M}_3=661$
4,4′,4″-三苯基甲烷三异氰酸酯/TTI	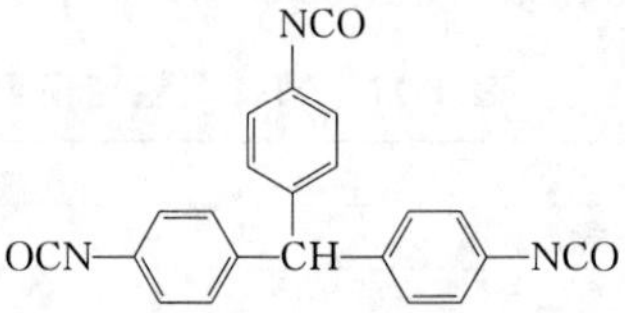
3,3′-二甲基 4,4′-二苯基二异氰酸酯/TODI	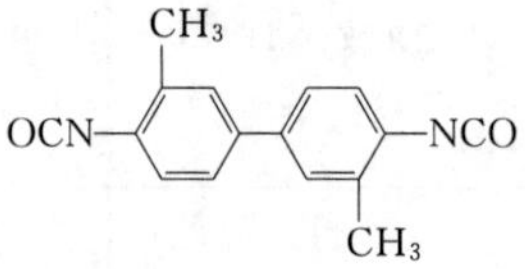
非通用芳香族多氰酸酯	
对苯亚基二异氰酸酯/PPDI	
对位或间位苯二亚甲基二异氰酸酯/XDI　p-XDI(对位)	
对位或间位苯二亚甲基二异氰酸酯/XDI　m-XDI(间位)	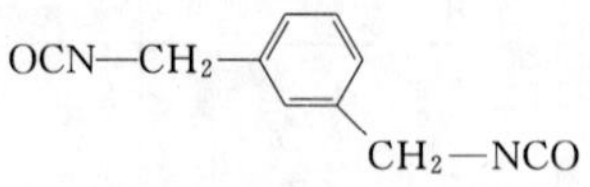
对位或间位四甲基苯基二亚甲基二异氰酸酯/TMXDI　p-TMXDI(对位)	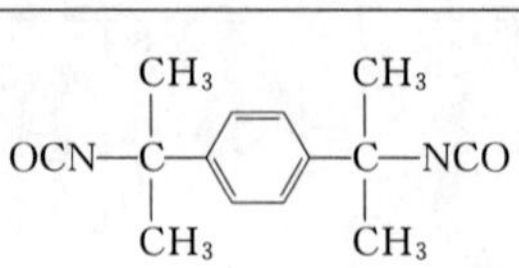
对位或间位四甲基苯基二亚甲基二异氰酸酯/TMXDI　m-TMXDI(间位)	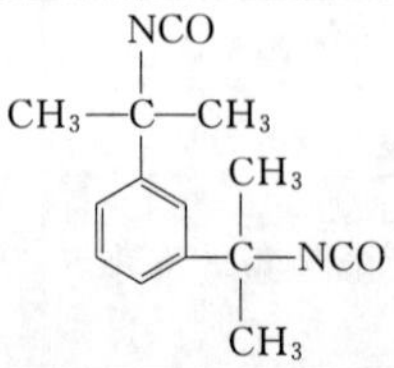

续表

名称/代号	异氰酸酯结构式
常用脂肪族多异氰酸酯	
六亚甲基二异氰酸酯/HDI	$C_8H_{12}O_2N_2$ OCN—$(CH_2)_6$—NCO
常用脂环族多异氰酸酯	
异佛尔酮二异氰酸酯/IPDI	$C_{12}H_{18}O_2N_2$ 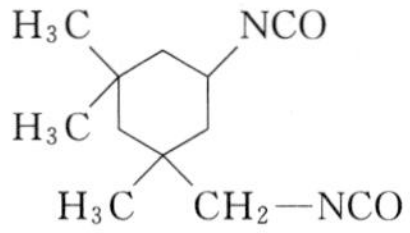
二环己基二异氰酸酯(也称氢化 MDI)/HMDI 或写为 H12MDI	$C_{15}H_{22}O_2N_2$ 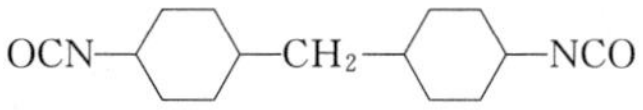
环己基-1,3-二亚甲基二异氰酸酯(也称氢化 XDI)/HXDI	$C_{10}H_{12}O_2N_2$ 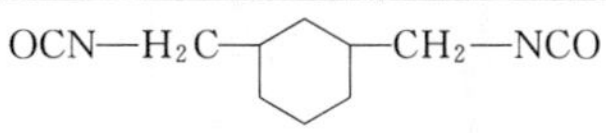
独特的多异氰酸酯	
异氰脲酸酯/2,6-甲苯二异氰酸酯三聚体	分子式：$C_{27}H_{18}O_6N_6$ 化学结构式： 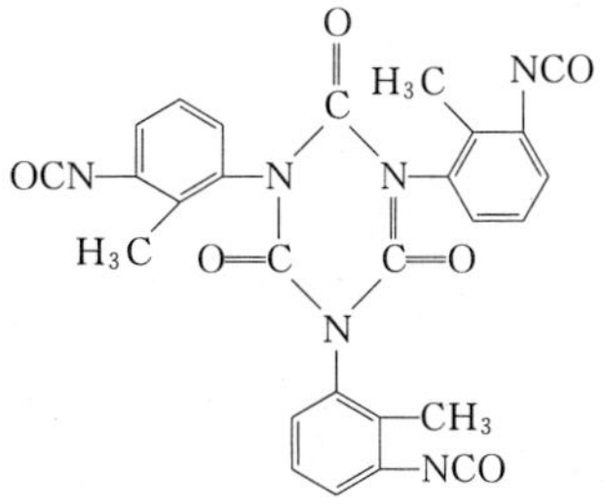
异氰酸酯三聚化衍生物/2,6-甲苯二异氰酸酯三聚体进一步自聚物	分子式：$C_{45}H_{24}O_{10}N_{10}$ 化学结构式： 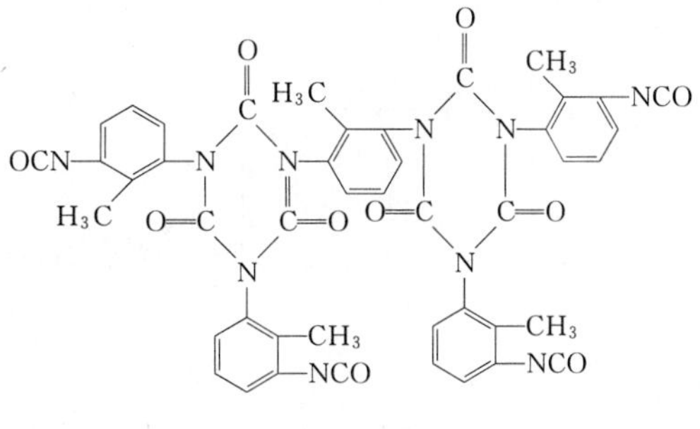
第一种隐蔽异氰酸酯——封闭型异氰酸酯衍生物	
被含活泼羟基化合物封闭的异氰酸酯[R_1 可为苯酚基(解封温度 180℃)、对氯苯酚(解封温度 130℃)、间硝基苯酚基(解封温度 130℃)、邻甲氧基苯酚基、对苯基苯酚基、对羟基苯甲酸酯基;酮肟类:丙酮肟基、甲乙酮肟基、环己酮肟基(解封温度 160℃)、甲基环己酮肟基、二苯甲酮肟基]	分子式：$C_2H_2O_4N_2R(R_1)_2$；R 和 R_1 可为烷基、芳基 化学结构式： NCO—R—NCO + R_1—OH $\rightleftharpoons$ (二异氰酸酯)　(封闭剂) (可解封为原二异氰酸酯的封闭物)

续表

名称/代号	异氰酸酯结构式
苯酚封闭甲苯二异氰酸酯	分子式：$C_{21}H_{18}O_4N_2$ 化学结构式： 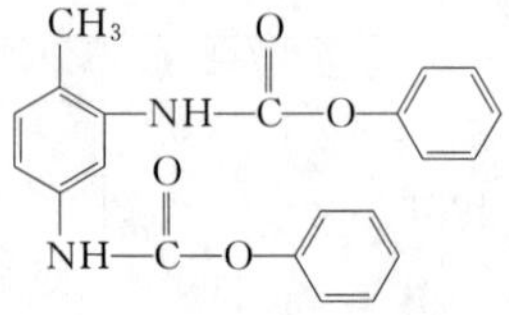
被含仲氨基化合物封闭的异氰酸酯（己内酰胺、苯并咪唑类、苯并三唑类） 苯并咪唑为解封剂	分子式：$C_{23}H_{16}O_2N_6$ 化学结构式： 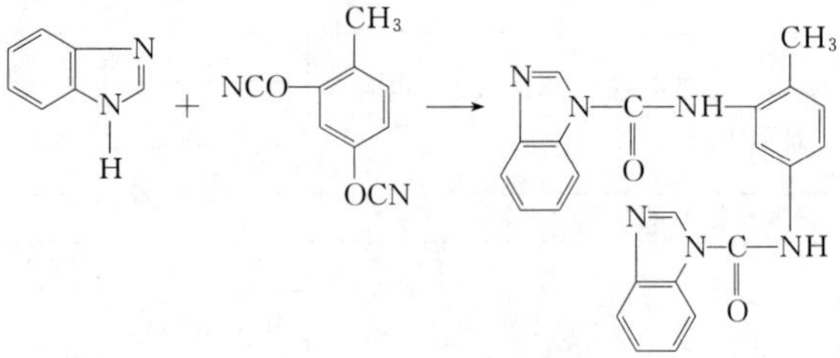 （可解封为原甲苯二异氰酸酯）
5-甲基苯并咪唑为解封剂	分子式：$C_{25}H_{22}O_2N_6$ 化学结构式： 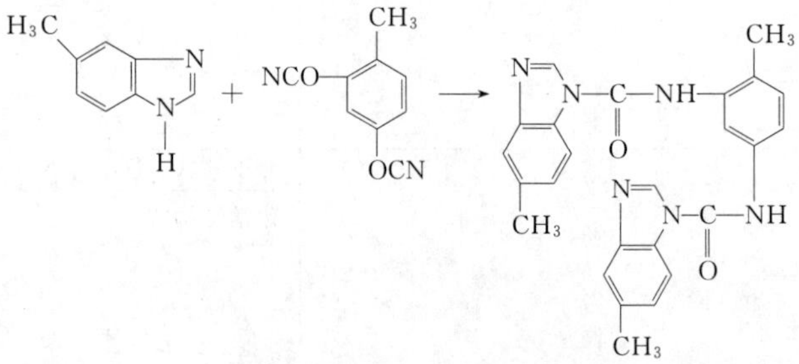 （可解封为原甲苯二异氰酸酯）
苯并三唑为解封剂	分子式：$C_{20}H_{22}O_2N_8$ 化学结构式： 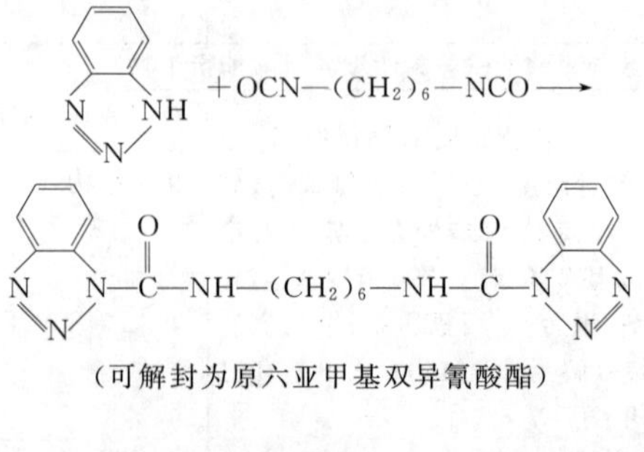 （可解封为原六亚甲基双异氰酸酯）

续表

名称/代号		异氰酸酯结构式
被含仲氨基化合物封闭的异氰酸酯(己内酰胺、苯并咪唑类、苯并三唑类)	己内酰胺为封闭剂（解封温度160℃）	脲基化合物分子式：$C_{14}H_{22}O_4N_4R$ R：可为烷烃、芳烃 化学结构式： 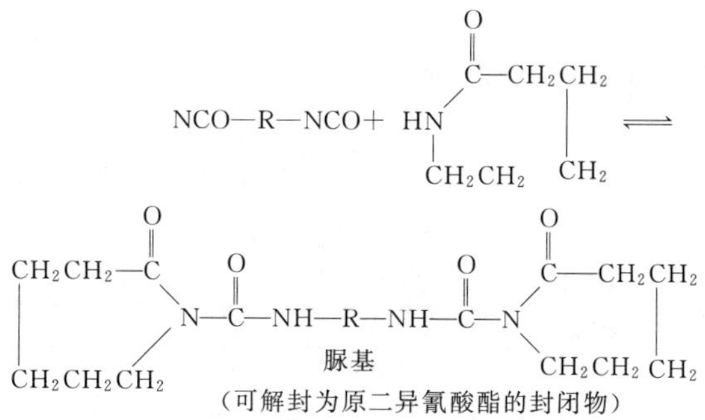 （可解封为原二异氰酸酯的封闭物）
被含亚甲基化合物封闭的异氰酸酯[丙二酸二乙酯（解封温度140℃）、乙酰乙酸乙酯、氰基乙酸乙酯、乙酰丙酮（解封温度150℃）]		酰胺分子式：$C_4H_4O_2N_2(R_1)_2(R_2)_2R$ R 为烷基、芳基、烯基；R_1、R_2 为烷基、芳基、烯基、羧基等 化学结构式： 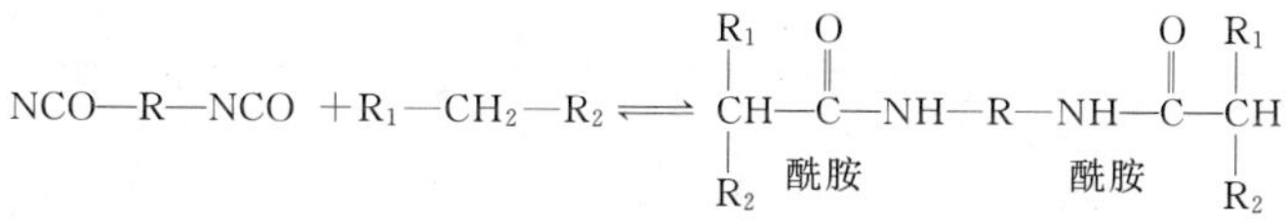 （可解封为原二异氰酸酯的封闭物）
含活泼氢的无机物[氢氰酸、亚硫酸钠水溶液（解封温度50℃）]封闭的异氰酸酯		酐类分子式：$C_2H_2O_8N_2RS_2Na_2$ R：为烷基、芳基 化学结构式： 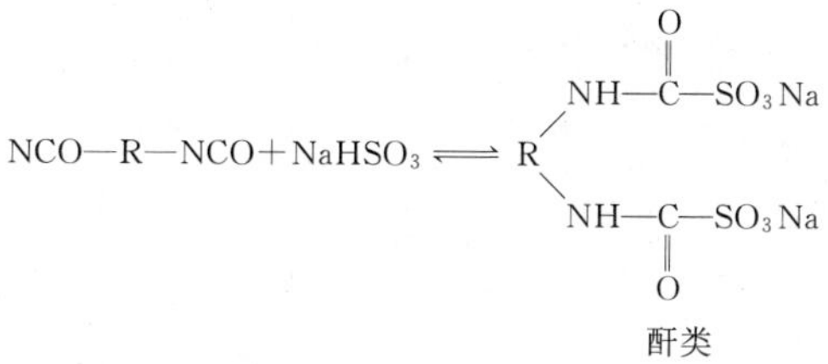 （可解封为原二异氰酸酯的封闭物）
第二种隐蔽异氰酸酯——潜伏型异氰酸酯		
(1,1-二甲基-1-(2-羟丙基氨基)-(3′-甲基)-丙烯酰亚胺(DHA)		分子式：$C_9H_{18}O_2N_2$ 化学结构式： 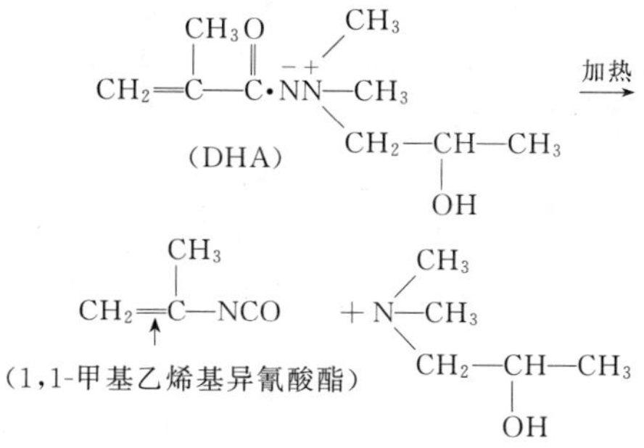

续表

名称/代号	异氰酸酯结构式
碳酸己二腈(常温下可自行发泡)(ADNC)	分子式:C$_8$H$_8$O$_4$N$_2$ 化学结构式: 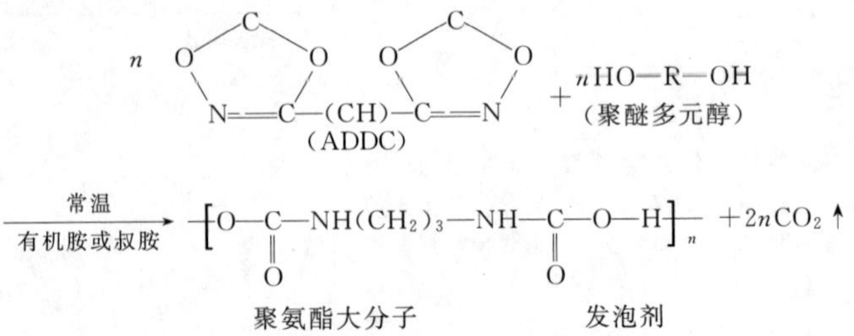
第三种隐蔽异氰酸酯——凝胶异氰酸酯	
异丙烯苯基-二甲基-甲烷单异氰酸酯(TMI)	分子式:C$_{13}$H$_{15}$ON 化学结构式: 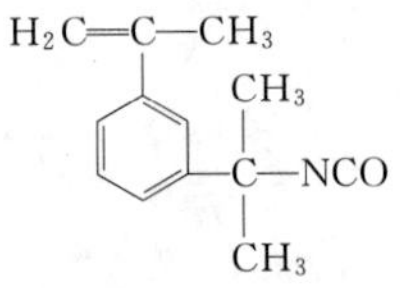
烯酮结构二异氰酸酯(乙烯键可先行反应如辐射硫化,然后—NCO提供交联,作湿气固化双组分密封剂和涂料)	分子式:C$_{14}$H$_{18}$O$_4$N$_2$ 化学结构式: 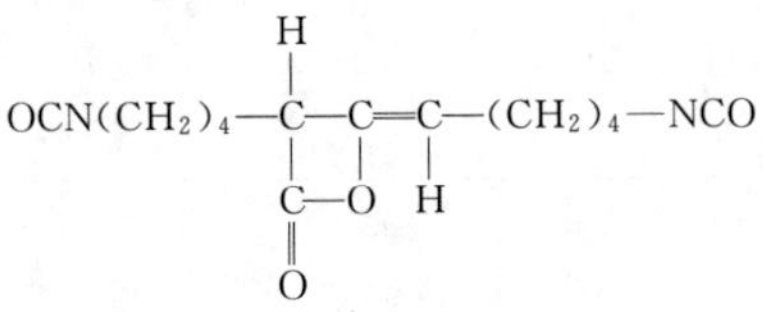
呋喃二异氰酸酯(低挥发液体、毒性小,作浇注料)	分子式:C$_{11}$H$_6$O$_4$N$_2$ 化学结构式: 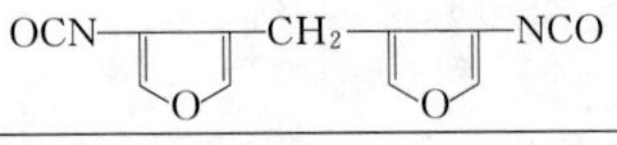
元素型异氰酸酯(Si,Sn,Cl,Br,F,P等元素)	
单溴化甲苯二异氰酸酯	分子式:C$_9$H$_3$O$_2$N$_2$Br$_3$ 化学结构式: 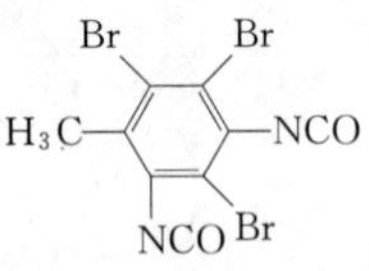
亚丁基双次磺酸二异氰酸酯	分子式:C$_6$H$_8$O$_6$N$_2$S$_2$ 化学结构式: OCN—SO$_2$(CH$_2$)$_4$SO$_2$—NCO
1,5-萘次磺酸二异氰酸酯	分子式:C$_{12}$H$_6$O$_6$N$_2$S$_2$ 化学结构式: 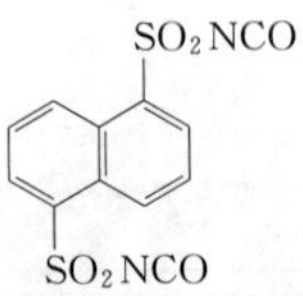

续表

名称/代号	异氰酸酯结构式
锡四异氰酸酯	分子式：$SnN_4C_4O_4$
	化学结构式：$Sn(NCO)_4$
含氟双脂环二异氰酸酯	分子式：$C_{13}HO_2N_2F_2$
	化学结构式： OCN—⬡—F F—⬡—NCO
含硅氧链苯基二异氰酸酯	分子式：$C_{46}H_{104}O_{17}N_2Si_{16}$
	化学结构式： $(CH_3)_3Si-O-\left[\begin{smallmatrix}CH_3\\ \|\\ Si\\ \|\\ \end{smallmatrix}\right]_2 O-\left[\begin{smallmatrix}CH_3\\ \|\\ Si\\ \|\\ CH_3\end{smallmatrix}\right]_{12} O-Si(CH_3)_3$
含氯甲苯二异氰酸酯	分子式：$C_9H_{(6-n)}O_2N_2Cl_n$
	化学结构式： 苯环结构 CH_3、NCO、NCO、Cl_n，$n=1,2,3$
异氰酸含溴甲苯二酯	分子式：$C_9H_{(6-n)}O_2N_2Br_n$
	化学结构式： 苯环结构 CH_3、NCO、Br_n、NCO，$n=1,2,3$

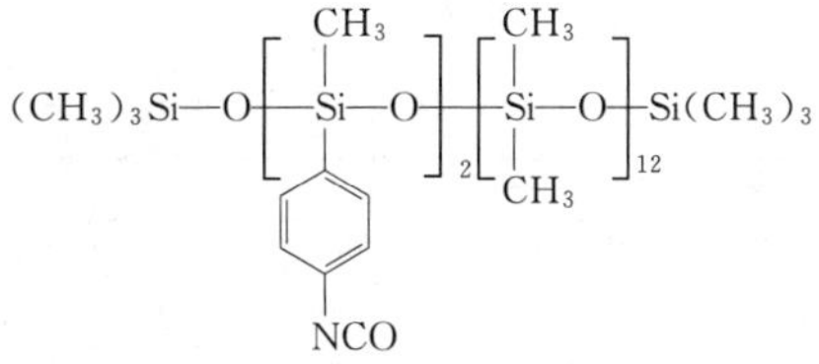

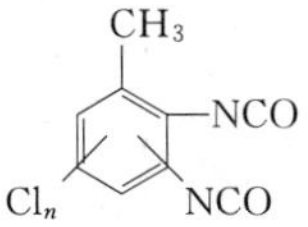

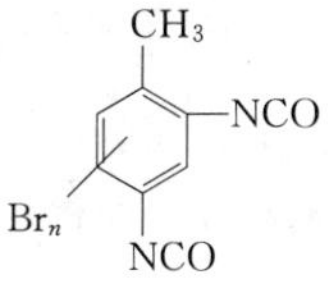

表 1-71 中有 2 官能团、3 官能团、4 官能团、5 官能团，其化学结构特性非常突出，具体如下：高度不饱和的异氰酸根化学结构和化学反应活性[14~16] 的研究，为聚氨酯的创建和发展奠定了理论基础。其核心内容是异氰酸酯类的异氰酸根的化学结构所确定的反应特性，因为异氰酸根的高度不饱和性，构成异氰酸根的电子振动结构式如下所示。

$$\overline{R}-\overset{\cdot\cdot}{\underset{\cdot\cdot}{N}}-\overset{\oplus}{C}=\overset{\cdot\cdot}{O}\rightleftharpoons R-\overset{\cdot\cdot}{N}=C=\overset{\cdot\cdot}{O}\rightleftharpoons R-\overset{\cdot\cdot}{N}=\overset{\oplus}{C}-\overset{\overline{\cdot\cdot}}{O}:$$

⊕表示其下的原子显示正电性
—表示其下的原子显示负电性

电子振动结构式中 N、C、O 三个原子周围的电子云密度显著不同，O 原子周围的电子云密度最高，显示了最强的电负性；N 原子周围的电子云密度仅次于 O 原子，显示了次强的电负性；C 原子周围的电子云密度最低，显示了最强的正电性。电负性差别明显的 N、C、O 三个原子组合的异氰酸根孕育了可同时接纳"外来的"正电性的氢原子和与该氢原子化学结合的另一部分带负电性的基团，形成的异氰酸根基团中有两个活性中心。所谓"外来的"是指含有活泼氢的化合物如羟端基化合物、巯端基化合物、伯仲胺基化合物、亚硫酸氢钠、水等。活泼氢原子上的电子云会自然转移到与这个氢原子直接相连的原子或原子团上，该原子或原子团周围的电子云密度必然增大，变成一亲正电中心，活泼氢自身成为一个亲负电中心。"外来的"的两个中心与异氰酸根基团中的两个中心相匹配，就会导致异氰酸根与含有活泼氢的化合物之间发生加成反应或发生脱出 CO_2 的缩聚反应。这就是异氰酸根与含活泼氢化合物反应生成聚氨酯过程的机理，也就是异氰酸酯的亲核加成反应的机理。

② 异氰酸酯的通用物理化学特性　异氰酸酯有液体状和结晶状固体，有比较强烈的刺激味，会伤及眼睛、皮肤和呼吸道，液体接触皮肤会引起皮炎，液体与眼接触会造成永久性损伤，吸入高浓度异氰酸酯气体可引起支气管炎和肺炎、肺水肿并导致慢性支气管炎，或能引起气喘，伴喘鸣、呼吸困难和咳嗽。

③ 各类异氰酸酯的质量指标　表 1-71 中前 14 种异氰酸酯用途比较多，对其产品的质量指标详细介绍于表 1-72～表 1-75。

表 1-72　甲苯二异氰酸酯（代号：TDI）

1,2,3:甲苯二异氰酸酯(代号:TDI)				
日本 CoronateT、厄普姜株式会社；德国 Bayer 公司 Desmodur 符合下述技术要求				
指 标 名 称		典 型 值	指 标 名 称	典 型 值
分子式		$C_9H_6N_2O_2$	闪点(闭杯)/℃	127～132
纯度/%		＞99.5	分子量	174.16
—NCO 含量/%		48.2	相对密度(20/4℃)	1.22±0.01
水解氯/%		0.002～0.01	黏度(25℃)/mPa・s	约为 3
总氯量/%		0.01～0.2	相对蒸气密度(空气=1)	6.0
酸度/%		0.002～0.01	蒸气压(20℃)/kPa	0.13
色度(APHA,铂-钴色号)		20～50	蒸气与空气混合物可燃极限/%	0.9～9.5
凝固点/℃	−65	3.5～8.0	纯度/%	≥99.5
	−80	11.5～14.0	熔程/℃	12.5～13.5
	−10	19.5～21.5	沸点(10mmHg)/℃	118
水分/%		≤0.1	沸点(常压)/℃	247～251
外观：无色透明或淡黄色液体,遇光颜色变深				
溶解性：不溶于水,溶于丙酮、乙酸乙酯、乙醚和甲苯等				
毒性：具有强烈的刺激性气味,在人体中具有积聚性和潜伏性,吸入高浓度的 TDI 蒸气或长期接触会引起急性及慢性支气管炎、支气管肺炎和肺水肿；TDI 液体与皮肤接触可引起皮炎,与眼睛接触可引起严重的刺激作用,如果不加以治疗,可能导致永久性损伤。对 TDI 过敏者,可能引起气喘、伴气喘、呼吸困难和咳嗽				
其他性质：本品含有异氰酸酯基(—N═C═O),容易与含有活泼氢原子的化合物即胺、水、醇、酸、碱发生反应,特别是与氢氧化钠和叔胺发生难以控制的反应,并放出大量热。与水反应生成二氧化碳。在常温下聚合反应速率很慢,但加热至 45℃ 以上或催化剂存在下能自聚生成二聚物。能与强氧化剂发生反应。遇热、明火、火花会着火。加热分解放出氰化物和氮氧化物				

4:4,4′-二苯基甲烷二异氰酸酯(代号:MDI)				
名　称		指　标	名　称	指　标
纯度/%		＞99.5	分子量	250.26
分子式		$C_{15}H_{10}N_2O_2$	适合密封剂的官能度/个	2.0～2.5
闪点/℃		202(＞110)	密度(50℃)/(g/cm³)	1.197
总氯含量/%		＜0.1	水解氯含量/%	＜0.05
沸点/℃	0.667kPa	190	2,4′-异构体含量/%	1.6～2.5
	0.67kPa	200	酸度(以 HCl 计)/%	0.02～0.002
	20kPa	215～217	外观	白色或浅黄色固体
—NCO 含量/%		32	蒸气压(175℃)/kPa	0.13
熔点/℃		36～39	蒸气压(100℃)/kPa	0.013
毒性及使用缺点：本品蒸气有毒,刺激眼睛、黏膜,空气中允许浓度为 $0.02×10^{-6}$；使用前需加热熔融,浪费能源,易形成不溶性二聚体				
成分：含有一定比例纯 MDI 与多苯基多亚甲基多异氰酸酯的混合物				
溶解性：溶于苯、甲苯、氯苯、硝基苯、丙酮、乙醚、乙酸乙酯、二噁烷				

名　称	指　标	名　称	指　标
其他性质：本品含有异氰酸酯基(—N＝C＝O)，在合成树脂或涂料过程中，与涂料或树脂中的羟基起反应而固化，室温下易自聚为不溶性二聚体，为防止发生自聚需在 0～5℃运输和保存			

5：碳化二亚胺改性液化 MDI

名　称	指　标	名　称	指　标
外观	浅黄色液体	密度(25℃)/(g/cm³)	1.21～1.23
分子式	$C_{29}H_{20}O_2N_4$	黏度(25℃)/mPa·s	≤60
分子量	456	—NCO 含量/%	28.0～30.0
熔点(凝固点)/℃	≤15	酸度/%	≤0.04
毒性及特殊化学结构：毒性很小，比较安全，因而逐步代替 TDI；主链上有碳化二亚胺或/和脲酮亚胺，可吸收能显著加速聚氨酯水解蔓延的羧基，从而阻止水解的蔓延＊＊			

6：日本聚氨酯工业株式会社产碳化二亚胺、脲酮亚胺改性液化 MDI

MillonateMTL 质量指标

名　称	指　标	名　称	指　标
外观	棕黄色液体	黏度(25℃)/mPa·s	＜100
—NCO 含量/%	28.0～30.0		

Coronate69 质量指标

名　称	指　标	名　称	指　标
外观	浅黄色液体	黏度(25℃)/mPa·s	＜80
—NCO 含量/%	27.5～29.5		

6-1：烟台万华产碳化二亚胺、脲酮亚胺改性液化 MDI

MDI-100LL 质量指标

名　称	指　标	名　称	指　标
外观	浅黄色液体	黏度(25℃)/mPa·s	≤60
—NCO 含量/%	28.0～30.0		

MDI-100HL 质量指标

名　称	指　标	名　称	指　标
外观	浅黄色液体	黏度(25℃)/mPa·s	≤60
—NCO 含量/%	28.0～30.0		

7：1,5-奈二异氰酸酯(NDI)

指标名称	指　标	指标名称	指　标
外观	白色固体	密度(20℃)/(g/cm³)	1.42～1.45
分子式	$C_{12}H_6O_2N_2$	闪点/℃	155 或 192
分子量	210.2	蒸气压(20℃)/Pa	≤ 0.001
熔点(凝固点)/℃	126～130	NCO 质量分数/%	40.8±1.0
沸点(5×133.3Pa)/℃	167	折射率(130℃)	1.4253
沸点(10×133.3Pa)/℃	183	纯度/%	99.0
比热容(25℃固态)/[J/(g·K)]	1.064		

8：多亚甲基多苯基多异氰酸酯或称粗 MDI[代号：PAPI(最早由美国联合碳化公司即 UCC 公司命名)]

名　称		指　标	名　称		指　标
黏度①/mPa·s	PM-100	150～250	平均官能度/个		约为 2.7
	PM-130	100～150	—NCO 含量/%		30.0～32.0
	PM-200	150～250	黏度③/mPa·s	PAPI-901	80
	PM-300	250～350		Isonate580	580
	PM-400	350～700	黏度④/mPa·s	44V10	110～150
黏度②/mPa·s	MR-100	100～250		44V20	160～240
	MR-200	100～250		44V40	350～450
	MR-300	120～300	黏度⑤/mPa·s	M10	60
	MR-400	400～700		M20	200
黏度③/mPa·s	PAPI	250		M205	200
	PAPI-135	200		M200	2000
分子式：$C_{8(n+15)}H_{(5n+10)}N_{(n+2)}O_{(n+2)}$；式中，$n=0,1,2,3$					

名　称	指　标	名　称	指　标
外观：浅黄色至褐色黏稠液体，有刺激性气味			
成分：由 50％MDI 与 50％官能度 3 以上的多异氰酸酯组成的混合物			
①青岛烟台万华产品 25℃黏度；②日本 Millionate 产品 25℃黏度；③日本 Upjohn，25℃产品黏度；④BayerAG Desmodur 产品 25℃黏度；⑤BASFWyandotte Co. Lupranate 黏度(25℃)			

9：4,4′,4″-三苯基甲烷三异氰酸酯(TTI)

名　称	指　标	名　称	指　标
分子式	$C_{22}H_{13}N_3O_3$	熔点/℃	89
分子量	367.16		
外观：工业品为紫红色略带蓝色液体，纯品为紫红色固体			
溶解性：溶于氯苯(或二氯甲烷)，20％氯苯(或二氯甲烷)溶液俗称列克纳胶			

10：TODI(3,3′-二甲氧基 4,4′-联苯基二异氰酸酯，通用名称　邻联甲苯二异氰酸酯)

名　称	指　标	名　称	指　标
熔点/℃	70～72	沸点(667Pa)/℃	195～197
分子量	264.29	密度(80℃)/(g/cm³)	1.197
含量/%	≥99.0	反应活性	比 TDI 和 MDI 小
闪点(COC 开杯)/℃	218	外观	常温下为白色固状颗粒
分子式	$C_{16}H_{12}N_2O_2$		
水溶性：不溶于水，可与水缓慢地反应			
有机溶剂溶解性：溶于丙酮、四氯化碳、煤油、苯、氯苯等			

表 1-73　三种非通用芳香族多氰酸酯的产品质量指标

11：对苯亚基二异氰酸酯(PPDI)

名　称		指　标	名　称	指　标
分子式		$C_8H_4N_2O_2$	分子量	160.13
沸点/℃	0.67kPa	200	熔点/℃	37
	3.3kPa	110～112	闪点/℃	>110
	101kPa	260	含量/%	≥99.0
黏度/mPa·s	100℃	1.17	密度(100℃)/(g/cm³)	1.17
	110℃	1.16	密度(常温)/(g/cm³)	1.197
外观：白色到浅黄色熔融固体或液体				
有机溶剂溶解性：溶于丙酮、苯、煤油和硝基苯				

12：XDI(苯二亚甲基二异氰酸酯)

名　称		指　标	名　称	指　标
外观		无色透明液体	分子量	188.19
含量/%		≥99.5	水解氯/%	≤0.03
异构体比例/%	m-XDI(间位)	30～25	分子式	$C_{10}H_8N_2O_2$
	p-XDI(对位)	70～75	折射率 n_D^{20}	1.429
沸点/℃	6×133.32Pa	151	密度(20℃)/g/cm³	1.202
	10×133.32Pa	161	黏度(20℃)/mPa·s	4
	12×133.32Pa	167	表面张力(30℃)/(10⁻³N/m)	37.4
熔点/℃		10～12	闪点/℃	185
凝固点/℃		5.6		
有机溶剂溶解性：易溶于苯、甲苯、醋酸乙酯、丙酮、氯仿、四氯化碳、乙醚，难溶于环己烷、正己烷、石油醚；反应活性：XDI 的蒸气压较低，反应活性较高				
变色特性：因在苯环和异氰酸酯基之间引进了烷基 $+CH_2+$，故 XDI 具有使聚氨酯制品不变黄的特点				

13：对位(间位)四甲基苯基二亚甲基二异氰酸酯(p-TMXDI 及 m-TMXDI)

名　称	指　标	名　称	指　标
分子式	$C_{14}H_{16}N_2O_2$	熔点/℃	−10
分子量	244	沸点(0.4kPa)/℃	150
—NCO 基含量/%	34.4		

表 1-74 一种常用脂肪族多异氰酸酯质量指标

14：HDI(不变黄)六亚甲基二异氰酸酯；1,6-亚己基二异氰酸酯；1,6-二异氰基己烷

名　称		指　标	名　称	指　标
纯度/%		＞99.6	分子量	168.19
沸点/℃	0.67kPa	112	黏度(25℃)/mPa·s	3
	1.33kPa	120～125	NCO 含量/%	49.7～49.9
	2.67kPa	140～142	密度/(g/cm³)	1.05
	101kPa	255	熔点(凝固点)/℃	−67
闪点(开杯)/℃		130～135	水解氯/%	＜0.03
蒸气压(85℃)/Pa		66.7	总氯含量/%	＜0.1
蒸气压(112℃)/Pa		667	折射率(20℃)	1.4501～1.4530
蒸气压(20℃)/Pa		1.3～1.5	毒性 LD_{50}/(mg/kg)	710
比热容(25℃)/[J/(g·K)]		1.75	分子式	$C_8H_{12}O_2N_2$
外观：有不愉快气味的液体				

表 1-75 三种常用脂环族多异氰酸酯的质量指标

15：异佛尔酮二异氰酸酯；简称 IPDI；以化学结构命名为：3-亚甲基异氰酸酯-3,5,5-三甲基环己烷基异氰酸酯

名　称		指　标	名　称		指　标
分子式		$C_{12}H_{18}N_2O_2$	分子量		222.29
含量/%		≥99.5	相对密度(水=1)		1.0615
—NCO 基含量/%		≥37.5	闪点(闭杯)/℃		155
—NCO 基当量/(g/mol)		111.1	自燃温度/℃		430
熔点/℃		−60	总氯量/(mg/kg)		100～400
折射率/℃		1.484	水解氯量/(mg/kg)		80～200
沸点(15mmHg)/℃		158	色度(APHA,铂-钴色号)		＜30
闪点/℃		110	水溶性(25℃)/(g/100mL)		＜0.1
蒸气压(20℃)/Pa		0.04	蒸气压(50℃)/Pa		0.9
黏度/mPa·s	−20℃	150	黏度/mPa·s	0℃	37
	−10℃	78		20℃	15
溶解性：可混溶于酯、酮、醚、烃类；反应活性：比芳香族异氰酸酯低					
外观与性状：无色至微黄色液体；毒性：易燃，并形成有毒气体；如一氧化碳、二氧化碳、氮氧化物、氰化氢，对环境有危害，对水体可造成污染，对人体具强刺激性(皮肤、眼睛、呼吸道、胃体)，如接触，先用大量流动清水或生理盐水彻底冲洗，然后就医。食入应饮足量温水催吐，就医					

16：二环己基二异氰酸酯[HMDI 或写为 H12MDI(不变黄)]，也称氢化 MDI

名　称		指　标	名　称	指　标
外观		无色液体	纯度/%	≥99.5
分子量		262.35	分子式	$C_{15}H_{22}N_2O_2$
异氰酸根质量分数/%		31.8～32.0	熔点/℃	43.5(25)
胺当量(均值)/(g/mol)		131	黏度(25℃)/mPa·s	30
闪点(COC 开杯)/℃		201	水解氯/(mg/kg)	≤10
颜色(Hazen)/铂-钴色号		≤30	总氯/(mg/kg)	≤1000
沸点/℃	106.7Pa	160～165	酸度/(mg/kg)	≤10
	1.3kPa	206	密度(25℃)/(g/cm³)	1.07
蒸气压/Pa	25℃	0.002	凝固点/℃	10～15
	150℃	53	NCO 含量/%	31.8～32.1
注：胺当量指在生成相应的脲时，1mol 的胺消耗的异氰酸酯的克数				

17：HXDI(环己基-1,3-二亚甲基二异氰酸酯)

名　称	指　标	名　称	指　标
分子式	$C_{10}H_{14}O_2N_2$	熔点/℃	＜50
分子量	194	沸点(5mmHg)/℃	110
—NCO 含量/%	43.2		

　　注：TDI-65(2,4-TDI 占 65%±2%，2,6-TDI 占 35%±2%)；TDI-80(2,4-TDI 占 80%±2%，2,6-TDI 占 20%±2%)；TDI-100(2,4-TDI 占 95%以上)。

④ 用途

a. 甲苯二异氰酸酯是用途最为广泛的品种：聚氨酯橡胶、塑料、黏合剂、密封剂都不可缺少。它也常与三官能团的异氰酸酯搭配用于黏合剂和密封剂，以确定所需要的官能团数。

b. 4,4′-二苯基甲烷二异氰酸酯（代号：MDI），用于黏合剂、密封剂。

c. 含碳化二亚胺的改性液化 MDI 二异氰酸酯适合制备耐水、耐羧酸的黏合剂、密封剂。

d. 含酮亚胺的改性液化 MDI 二异氰酸酯适合制备耐水、耐羧酸的黏合剂、密封剂。

e. 1,5-萘二异氰酸酯（NDI）用于制造耐热性优良的聚氨酯胶黏剂、密封剂。

f. 多亚甲基多苯基多异氰酸酯或称粗 MDI，用于制造聚氨酯胶黏剂、密封剂。也可直接加入橡胶胶黏剂中，改善橡胶与尼龙或聚酯线的粘接性能。

g. 4,4′,4″-三苯基甲烷三异氰酸酯（代号：TTI），主要用作双组分聚氨酯胶黏剂的固化剂，改性氯丁胶的增强固化剂或单独作为黏结剂使用。应用于橡胶与金属、橡胶与塑料、橡胶与纤维的黏结。

h. TODI(3,3′-二甲氧基 4,4′-联苯基二异氰酸酯，用 TODI、低聚物多元醇、MOCA 制备的聚氨酯弹性体有优异的耐热性、耐水解性和力学性能。用 TODI、低聚物多元醇制的预聚体可稳定贮存一年。

i. 对苯亚基二异氰酸酯（PPDI）用于制备耐热性的聚氨酯黏合剂密封剂。

j. XDI（苯二亚甲基二异氰酸酯），用于制备黏合剂、涂料、密封剂。

k. 对位（间位）四甲基苯基二亚甲基二异氰酸酯（p-TMXDI 及 m-TMXDI），p-TMXDI 用于制备弹性体，m-TMXDI 用于制备黏合剂、密封剂。

l. 六亚甲基二异氰酸酯，[HDI（不变黄）]，主要用于制泡沫塑料、合成纤维、涂料和固体弹性物等。

m. 异佛尔酮二异氰酸酯，简称 IPDI，用于生产涂料、弹性体、特种纤维、黏合剂、密封剂等，也用于有机合成。

n. 二环己基二异氰酸酯 [HMDI 或写为 H12MDI（不变黄）]，也称氢化 MDI，适合于生产具有优异光稳定性、耐候性和力学性能的聚氨酯材料，特别适合于生产聚氨酯弹性体、水性聚氨酯、织物涂层和辐射固化聚氨酯-丙烯酸酯涂料，除了优异的力学性能，HMDI 还赋予制品杰出的耐水解性和耐化学品性能。

o. HXDI（环己基-1,3-二亚甲基二异氰酸酯），用于制备黏合剂、涂料、密封剂。

p. 表 1-71 中序号 18～35 等十几个品种可制作潜伏性可硫化聚氨酯密封剂。

（2）含活泼氢物质

① 含活泼氢物质的化学结构 对于密封剂意义最大的是聚醚多元醇类，他们的化学结构详见表 1-76。

表 1-76 聚醚类多元醇种类及结构式

聚醚类多元醇 (PPG)	起始剂	合成用的催化剂	聚醚类多元醇的结构式
聚醚二元醇	1,2-丙二醇	氢氧化钾	$H(-O-CH-CH_2)_nO-CH_2-CH-O-(CH_2-CH-O)_n H$ $\quad\quad CH_3 \quad\quad\quad CH_3 \quad\quad\quad CH_3$
	乙二醇	—	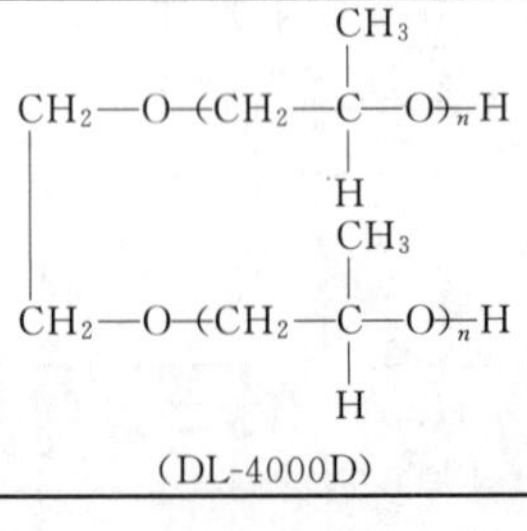 $CH_2-O-(CH_2-\underset{H}{\overset{CH_3}{C}}-O)_n H$ $CH_2-O-(CH_2-\underset{H}{\overset{CH_3}{C}}-O)_n H$ (DL-4000D)

续表

聚醚类多元醇 (PPG)	起始剂	合成用的催化剂	聚醚类多元醇的结构式
聚氧四亚甲基二醇	1,4-丁二醇	路易斯酸〔(成分为 $FeCl_3$、$AlCl_3$、$SnCl_4$、BF_3-乙醚络合物) 属阳离子催化剂〕	$H{-}[O{-}(CH_2)_4]_{n+2}OH$ 聚氧四亚甲基二醇 (PIG、PTMEG、PTMG、PTMO)
聚醚三元醇	丙三醇	氢氧化钾	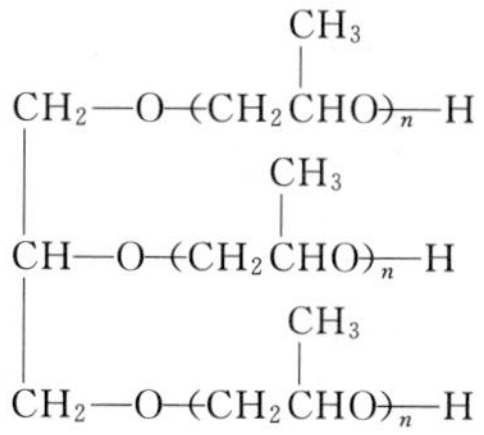 $CH_2{-}O{-}(CH_2CHO)_n{-}H$ 其中含 CH_3；$CH{-}O{-}(CH_2CHO)_n{-}H$ 含 CH_3；$CH_2{-}O{-}(CH_2CHO)_n{-}H$ 含 CH_3 （TMN-3050）
	丙三醇		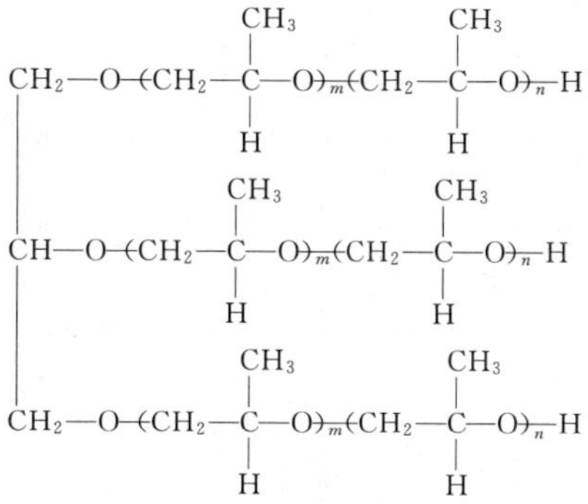 $CH_2{-}O{-}(CH_2{-}\overset{CH_3}{\underset{H}{C}}{-}O)_m(CH_2{-}\overset{CH_3}{\underset{H}{C}}{-}O)_n H$ （三链结构，EP-330NG）
三元醇	三羟甲基丙烷	—	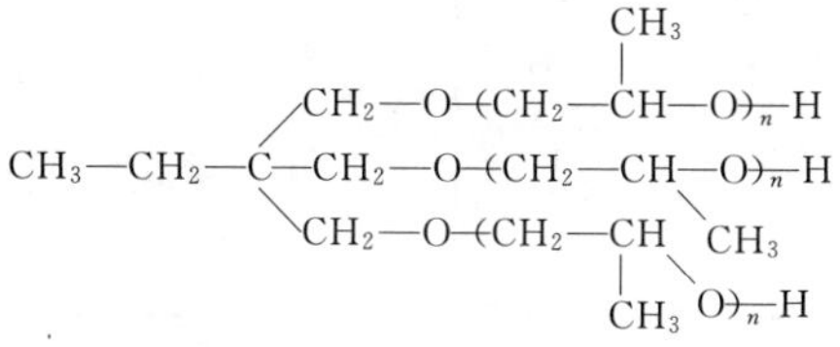 $CH_3{-}CH_2{-}C$ 连接三条 $CH_2{-}O{-}(CH_2{-}\overset{CH_3}{CH}{-}O)_n{-}H$ 链
聚醚四元醇	乙二胺	氢氧化钾	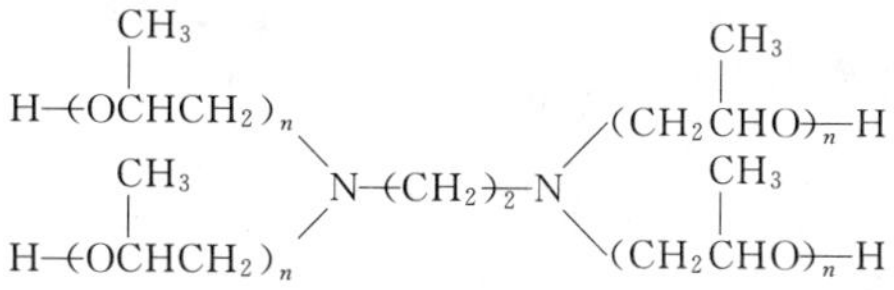 $H{-}(OCHCH_2)_n$ 含 CH_3 等，与 $N{-}(CH_2)_2{-}N$ 连接，$(CH_2CHO)_n{-}H$ 含 CH_3
	季戊四醇	氢氧化钾	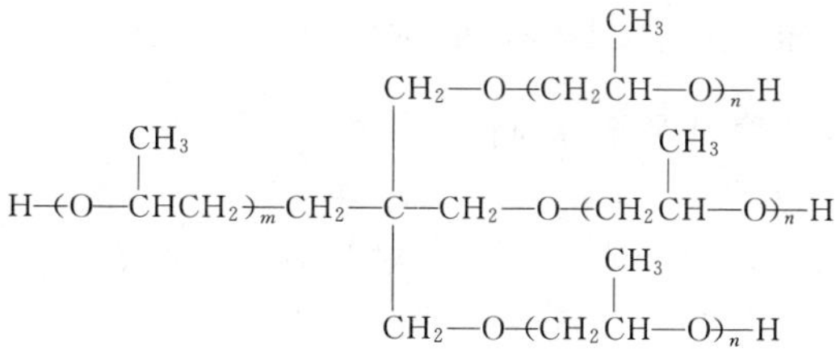 $H{-}(O{-}CHCH_2)_m{-}CH_2{-}\overset{CH_3}{\underset{}{C}}{-}CH_2{-}O{-}(CH_2CH{-}O)_n{-}H$ 等，含多个 CH_3 及 $CH_2{-}O{-}(CH_2CH{-}O)_n{-}H$ 支链

聚醚类多元醇（PPG）	起始剂	合成用的催化剂	聚醚类多元醇的结构式
聚醚五元醇	木糖醇	—	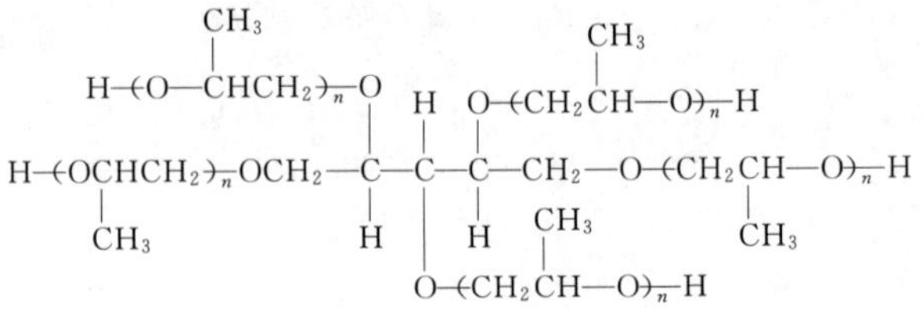 $H \leftarrow O-CHCH_2 \rightarrow_n O H$ 等（木糖醇引发聚醚结构式）
	二乙烯三胺	—	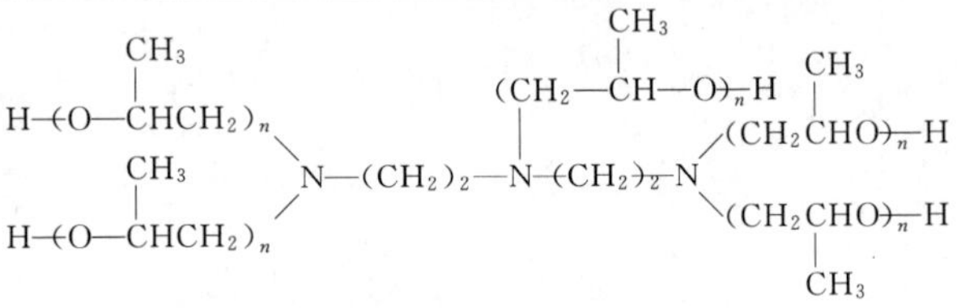 （二乙烯三胺引发聚醚结构式）
聚醚八元醇	蔗糖	氢氧化钾	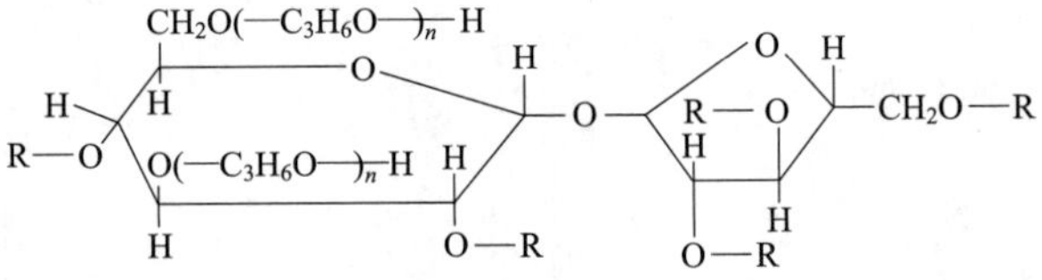 $CH_2O(-C_3H_6O-)_n H$ 等（蔗糖引发聚醚结构式）
芳基聚醚二元醇	双酚A	—	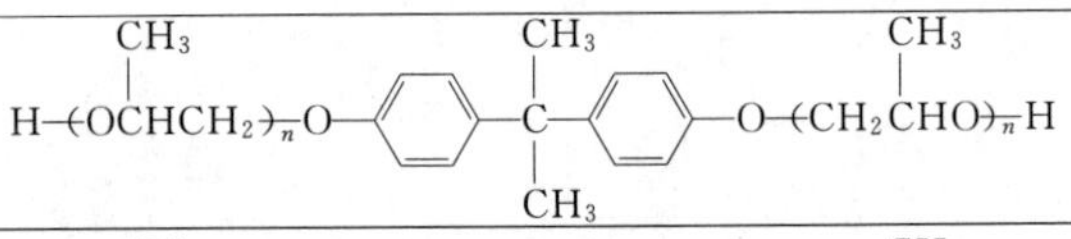 $H \leftarrow OCHCH_2 \rightarrow_n O \cdots O \leftarrow CH_2CHO \rightarrow_n H$（双酚A结构式）
	双酚S	—	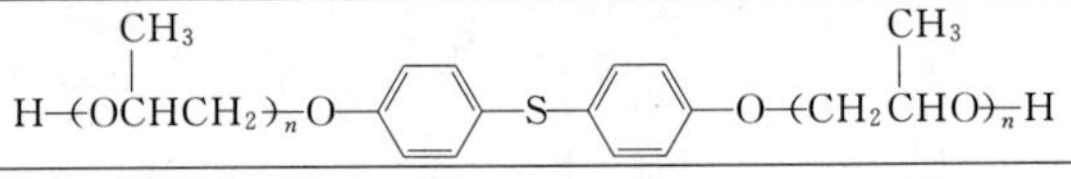 $H \leftarrow OCHCH_2 \rightarrow_n O \cdots S \cdots O \leftarrow CH_2CHO \rightarrow_n H$（双酚S结构式）
脲基聚醚三元醇	三（2-羟乙基）异氰脲酸酯	—	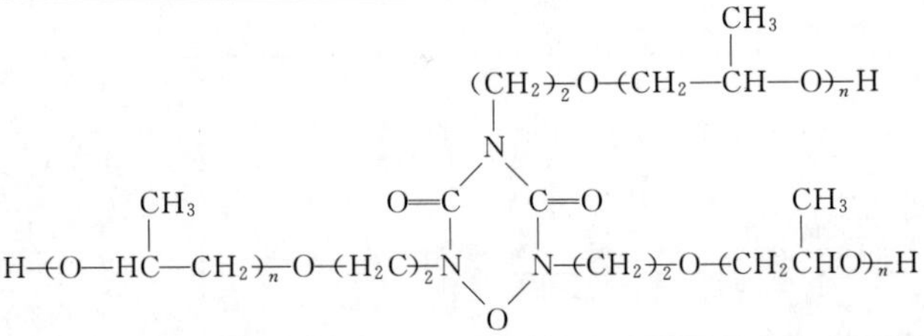 （三（2-羟乙基）异氰脲酸酯引发聚醚结构式）
芳基聚醚四元醇	苯甲二胺	—	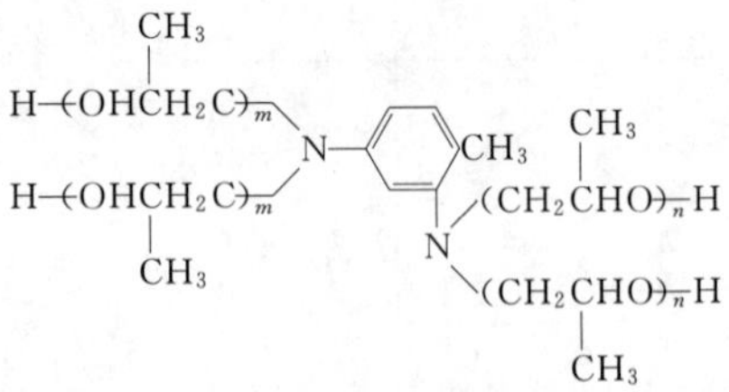 （苯甲二胺引发聚醚结构式）

注：氧化烯烃是合成聚醚多元醇的基本原料，是构成聚醚多元醇主链的结构成分，表中大都列举了氧化丙烯结构的聚醚多元醇，也可以由氧化乙烯（环氧乙烷）和四氢呋喃代替，所不同的仅是形成的醚单元烃链中碳原子个数不同。

② 聚醚多元醇的物理化学特性　聚醚多元醇[14~16]是主链含有醚键（—R—O—R—），端基或侧基含有大于2个羟基（—OH）的低聚物。聚醚多元醇（简称聚醚）是由起始剂（低分子量多元醇、多元胺或含活性氢基团的化合物）与环氧乙烷（EO）（即氧化乙烯）、环氧丙烷（PO）（即环氧丙烷）、环氧丁烷（BO）等在催化剂存在下，通过改变PO和EO的加料方式（混合加或分开加）、加量比、加料次序等条件的变化，经加聚反应形成各种通用

的聚醚多元醇聚合物。聚醚中用量最大的是以甘油（丙三醇）作起始剂和环氧化物（一般是PO 与 EO 并用）为链的主体加聚形成的聚醚多元醇聚合物，它们的沸点≥200℃，闪点≥110℃，20℃蒸气压≤0.3mmHg，蒸气密度≥1（与空气比）。适于密封剂、黏合密封剂用的丙二醇聚醚及三羟甲基丙烷聚醚和端羟基的聚四氢呋喃的分子量分别为 800～2000 及400～4000。常温下为无色至棕色黏稠液体，有吸湿性。几乎不溶于水但可溶于多样酮、醇、酯、芳烃、卤代烃、等有机溶剂中。聚醚多元醇末端基为羟基，具有活泼氢，能跟多异氰酸酯反应生成聚氨酯聚合物。多元醇摄入口腔或与皮肤、眼睛、黏膜接触的毒性可以忽略，故使用中不必有个人的特别防护措施。氨基聚醚多元醇因其碱性会刺激皮肤和眼睛，故操作时要戴安全镜和手套等防护用品。

③ 多元醇的产品品种和或牌号、质量指标

a. 辽宁葫芦岛市方大锦化化工科技股份有限公司聚醚多元醇牌号、质量指标见表 1-77～表 1-80。

表 1-77　软质聚醚多元醇牌号、质量指标

牌　号	羟值/(mgKOH/g)	酸值/(mgKOH/g) ≤	水分/% ≤	pH 值	黏度(25℃)/mPa·s	K^+、Na^+/(mg/kg) ≤	不饱和度/(mmol/g) ≤	起始剂	官能度	色度(APHA,铂-钴色号) ≤
JH-3031	54～58	0.05	0.05	5.0～8.0	400～600	5	0.01	甘油	3	50
JH-3034B	56～50	0.08	0.05	5.5～7.5	500～660	5	0.01	甘油	3	80
JH-820	32～36	0.06	0.06	5.5～7.5	700～1000	5	0.01	甘油	3	80

表 1-78　聚合物多元醇牌号、质量指标

牌　号	外　观	羟值/(mgKOH/g)	水分/% ≤	pH 值
JH-2043	白色不透明液体	30～34	0.08	6.0～9.0
JH-3630	乳白至白色不透明液体	24～26	0.07	6.0～9.0
JH-H45	白色不透明液体	20～22	0.08	6.0～9.0

牌　号	黏度(25℃)/mPa·s ≤	固含量/%	起始剂	官能度
JH-2043	5500	42～44	甘油	3
JH-3630	3500	29～31	甘油	3
JH-H45	8000	40～42	甘油	3

表 1-79　CASE 聚醚多元醇牌号、质量指标（一）

牌　号	羟值/(mgKOH/g)	酸值/(mgKOH/g) ≤	水分/% ≤	pH 值	动力黏度(25℃)/mPa·s
JH-1020	107～117	0.05	0.05	5.0～8.0	100～250
JH-2020	54～58	0.05	0.05	5.0～8.0	200～400
JH-3020	33～37	0.05	0.05	5.0～8.0	400～800
JH-3030D	54～58	0.05	0.05	5.5～7.5	500～700

牌　号	K^+、Na^+/(mg/kg) ≤	不饱和度/(mmol/g) ≤	起始剂	官能度	色度(APHA,铂-钴色号) ≤
JH-1020	5	0.005	二丙二醇	2	50
JH-2020	5	0.007	二丙二醇	2	50
JH-3020	5	0.007	二丙二醇	2	50
JH-3030D	—	0.01	二丙二醇	2	50

表 1-80　交联剂聚醚多元醇牌号、质量指标

牌　号	羟值/(mgKOH/g)	酸值/(mgKOH/g) ≤	水分/% ≤	pH 值	动力黏度(25℃)/mPa·s
JH-303	450～500	0.10	0.05	5.0～8.0	350～550
JH-305	320～350	0.10	0.05	5.0～8.0	250～350
JH-204	260～300	0.10	0.05	5.0～8.0	100～360

续表

牌　　号	K⁺、Na⁺ /(mg/kg) ≤	不饱和度 /(mmol/g) ≤	起始剂	官能度	色度（APHA, 铂-钴色号）≤
JH-303	5	0.01	甘油	3	50
JH-305	5	0.01	甘油	3	50
JH-204	5	0.01	二丙二醇	2	80

b. 中石化上海产聚醚多元醇牌号及质量指标见表 1-81。

表 1-81　CASE（用于衣物涂层、黏合剂、密封剂以及弹性体的多元醇，简称 CASE）
用聚醚多元醇牌号及质量指标

指标名称		GE-206	GE-210	GE-220	GE-204
		起始剂：丙二醇			
羟值/(mgKOH/g)		165～175	107～117	54.5～57.5	265～295
酸值/(mgKOH/g)	≤	0.10	0.08	0.08	0.08
官能度		2	2	2	2
pH 值		—	5～7	5～7	—
水分/%	≤	0.08	0.05	0.05	0.08
色度（Hazen,铂-钴色号）	≤	50	50	50	50
K⁺、Na⁺/(mg/kg)		≤5（仅 K⁺）	5	5	5

指标名称		GE-303	GE-305	GE-310	GEN-3050
		起始剂：甘油			
羟值/(mgKOH/g)		445～515	300～360	163～173	54.5～57.5
酸值/(mgKOH/g)		0.10	0.10	0.08	0.05
黏度（25℃)/mPa·s		—	—	220～300	400～600
官能度		3	3	3	3
pH 值		—	—	—	5～7
水分/%		0.15	0.08	0.10	0.05
色度（Hazen,铂-钴色号）	≤	200	50	200	50
K⁺/(mg/kg)	≤	5	5	10	3

指标名称		GEP-330N	GEN-3050A	GED-28	GE-220E
		起始剂：甘油	起始剂：甘油	起始剂：丙二醇	起始剂：丙二醇
羟值/(mgKOH/g)		33.5～36.5	54.0～58.0	26.5～29.5	54.5～57.5
酸值/(mgKOH/g)		0.05	0.05	0.05	0.08
黏度（25℃)/mPa·s		750～950	—	700～1000	280～420
官能度		3	3	2	2
pH 值		5～7	5～7	5～7	5～7
水分/%		0.05	0.05	0.05	0.05
色度（Hazen,铂-钴色号）	≤	50	50	50	50
K⁺/(mg/kg)	≤	3	—	5	5
C═C(不饱和度)/(mmol/g)	≤	—	0.015	—	—
用途		用作合成密封剂用液体橡胶	黏合剂、密封剂	密封剂	用作合成密封剂用液体橡胶

指标名称		GSE-2028	GE-220A	GE-304	GED-30	GSE-3018
		起始剂：丙二醇		起始剂：甘油		
羟值/(mgKOH/g)		26.5～29.5	54.5～57.5	380～420	26.0～30.0	15.5～18.5
酸值/(mgKOH/g)		0.05	0.05	0.10	0.08	0.05
黏度（25℃)/mPa·s		—	—	330～410	750～1050	—
官能度		2	2	3	3	3
pH 值		—	—	—	5～7	5～7
水分/%	≤	0.05	0.05	0.05	0.08	0.05
色度（Hazen,铂-钴色号）	≤	50	50	50	80	50
K⁺/(mg/kg)	≤	—	—	5	5	—
C═C(不饱和度)/(mmol/g)	≤	0.01	—	—	—	—

续表

指标名称	GE-220A	GSE-2014	GSE-2028	GSE-2038
	起始剂:丙二醇			
羟值/(mgKOH/g)	54.0～58.0	12.5～15.5	26.5～29.5	35.0～39.0
酸值/(mgKOH/g)	0.05	0.05	0.05	0.05
官能度	2	2	2	2
pH 值	—	5～7	—	—
水分/% ≤	0.05	0.05	0.05	0.05
色度(Hazen,铂-钴色号) ≤	50	50	50	50
K^+/(mg/kg) ≤	—	—	—	5
C＝C(不饱和度)/(mmol/g) ≤	0.01	—	0.01	—

c. 中国石化天津产聚醚多元醇牌号及质量指标见表 1-82～表 1-84。

表 1-82　聚醚二元醇牌号及质量指标（一）

指 标 名 称	TDi01-1000	TDi01-2000	TDi01-3000	TDB-2000	TDB-3000
	起始剂:丙二醇				
外观(25℃)	无色至微黄色黏稠液体				
羟值/(mgKOH/g)	109～115	54.5～7.5	35.5～38.5	54.5～57.5	36～39
酸值/(mgKOH/g)	≤0.05	≤0.05	≤0.05	≤0.035	≤0.035
黏度(40℃)/mPa·s	100～300	270～370	460～600	550	750
官能度	2	2	2	2	2
pH 值	5.0～7.0	5.0～7.0	5.5～7.5	6～8	6～8
水分/% ≤	≤0.05	≤0.05	≤0.05	≤0.05	≤0.05
色度(APHA,铂-钴色号)	≤50	≤50	≤50	≤30	≤30
K^+、Na^+/(mg/kg)	≤3(仅 K^+)	≤3(仅 K^+)	≤3(仅 K^+)	—	—
C＝C(不饱和度)/(mmol/g)	≤0.04	≤0.04	≤0.07	≤0.006	≤0.006
闪点/℃	>200	>200	>200	—	—
爆炸性	无				
毒性	几乎无毒,对皮肤无刺激				
吸湿性	有吸湿性				

表 1-83　聚醚二元醇牌号及质量指标（二）

指 标 名 称	TDB-6000	TDB-8000	TED-28	TED-2817	TED-37A
	起始剂:丙二醇				
外观(25℃)	无色至微黄色黏稠液体				
羟值/(mgKOH/g)	17.0～20.0	12.5～15.5	26.5～29.5	26～30	35.5～38.5
酸值/(mgKOH/g)	≤0.035	≤0.035	≤0.05	≤0.05	≤0.05
黏度(40℃)/mPa·s	2500	4500	700～1000	700～1000	460～600
官能度	2	2	2	2	2
pH 值	6～8	6～8	5～7	5～7	5.5～7.5
水分/%(最大) ≤	≤0.05	≤0.05	≤0.05	≤0.05	≤0.05
色度(APHA,铂-钴色号)	≤30	≤30	≤50	≤50	≤50
K^+、Na^+/(mg/kg)	—	—	—	≤3	≤3
C＝C(不饱和度)/(mmol/g)	≤0.006	≤0.006	≤0.08	≤0.08	≤0.07
用途	制备弹性体、黏合剂、自结皮泡沫、反应注射模塑、密封剂				

表 1-84　聚醚多元醇牌号及质量指标

指 标 名 称	TMN-500	TMN-700	TMN-1000	TEP-330N
	起始剂:丙三醇			
外观(25℃)	无色至微黄色黏稠液体			
羟值/(mgKOH/g)	320～340	230～250	160～170	33.5～36.5
酸值/(mgKOH/g)	≤0.10	≤0.10	≤0.05	≤0.05

指 标 名 称	TMN-500	TMN-700	TMN-1000	TEP-330N
	起始剂:丙三醇			
黏度(40℃)/ mPa·s	200～500	200～500	300～500	800～1000
官能度	3	3	3	3
pH 值	5～8	5～7	5～7	5～7
水分(最大)/% ≤	≤0.10	≤0.10	≤0.08	≤0.05
色度(APHA,铂-钴色号)	≤100	≤100	≤50	≤50
K^+/(mg/kg)	≤8	≤8(仅 K^+)	≤3(仅 K^+)	≤3(仅 K^+)
C＝C(不饱和度)/(mmol/g)	—	—	—	≤0.06
用途	硬质泡沫、半硬质泡沫、合成材料、夹芯板、涂料、黏合剂、密封剂	黏合剂、密封剂	硬质泡沫、半硬质泡沫、合成材料、夹芯板、涂料、弹性体、密封剂	液体聚氨酯预聚体、弹性体、黏合剂、密封剂

注：分子量＝官能度×1000×56.1/羟值指标值。

1.15 丁腈橡胶

(1) 丁腈聚合物的化学结构

① 固体丁腈聚合物的化学结构式 在丁二烯链段中有反式1,4、顺式1,4 和1,2 加成方式，所以丁腈共聚物分子是一种无规排列的结构，固体丁腈聚合物的结构式如下：

$$-(CH_2-CH=CH-CH_2-CH_2-\overset{\overset{\textstyle CN}{|}}{CH})_n-$$

式中，$n=6542$，固体丁腈聚合物的 $\overline{M}_n=700000$。

不同丙烯腈含量的结构式：

$$-(CH_2-CH=CH-CH_2)_m-(CH_2-\overset{\overset{\textstyle |}{C=N}}{CH})_n-$$

羧基丁腈聚合物：由丁二烯、丙烯腈和少量的丙烯酸或甲基丙烯酸三种单体在酸性乳液中共聚形成羧基丁腈聚合物，其分子结构式如下：

$$\begin{bmatrix}CH-CH_2\\|\\COOH\end{bmatrix}_m\begin{bmatrix}CH_2-CH=CH-CH_2\end{bmatrix}_n\begin{bmatrix}CH-CH_2\\|\\CN\end{bmatrix}_\beta\begin{bmatrix}CH_2-CH\\|\\COOH\end{bmatrix}_\alpha$$

聚合物主链每100～200 个碳原子上含一个羧基。

② 氢化丁腈聚合物（简称 HNBR） HNBR 的结构式：

$$-(CH_2CH=CHCH_2)_x-(CH_2-CH_2-CH_2-CH_2)_y-(CH_2-\overset{\overset{\textstyle |}{\underset{\textstyle CH_3}{CH_2}}}{CH})_z-(CH_2-\overset{\overset{\textstyle |}{CN}}{CH})_n-$$

③ 液体丁腈聚合物的化学结构

a. 羟基封端液体丁腈羟遥爪聚合物的化学结构式：

$$HO-\begin{bmatrix}(CH_2-CH=CH-CH_2)_m-(CH_2-\overset{\overset{\textstyle |}{C=N}}{CH})_n\end{bmatrix}_x-OH$$

b. 巯基封端液体丁腈羟的化学结构式：

$$HS-\begin{bmatrix}(CH_2-CH=CH-CH_2)_m-(CH_2-\overset{\overset{\textstyle |}{C=N}}{CH})_n\end{bmatrix}_x-SH$$

式中，$m=3$；$n=1$；$x=8$；$\overline{M}_n=1712$；丙烯腈含量为 24.7%；巯基含量为 3.9%。

c. 羧基封端液体丁腈羟的化学结构式：

$$HOOC\left[(CH_2-CH=CH-CH_2)_m-(CH_2-CH)_n\right]_x COOH$$
$$\underset{\underset{C\equiv N}{|}}{}$$

式中，$m=5$；$n=1$；$x=10$；$\overline{M}_n=3320$；丙烯腈含量为 15.96%；羧基含量为 2.71%。

（2）丁腈聚合物物理化学特性

① 固体丁腈聚合物物理化学特性

丙烯腈基及其含量的变化使丁腈聚合物有独特的物理与化学特性[17,18]。

a. 有很好的力学性能，随丙烯腈含量的提高，力学性能有所提高。

b. 有很好的耐多种有机溶剂的能力，特别能耐受飞机及车用燃料、液压油、润滑油、水的长期浸泡，表 1-85、表 1-86 表明丙烯腈含量越高耐受能力越好的特点。

表 1-85　不同丙烯腈含量的丁腈硫化胶在参考燃料内体积变化（22℃×72h 浸泡后）

燃　料	丙烯腈含量/%				
	20	28	33	40	50
参考燃料 A（异辛烷）	19	7	3	1	0.3
参考燃料 B（异辛烷和甲苯混合物,体积比 7∶3）	82	53	41	28	15
参考燃料 C（异辛烷和甲苯混合物,体积比 5∶5）	141	96	76	49	38
二异丁烯	42	23	7	2	0.3
二异丁烯、苯、甲苯和二甲苯混合物（体积比为 60∶5∶20∶15）	—	134	61	42	23

表 1-86　丁腈橡胶在 ASTM 油类中体积变化百分比

试验油料名称	苯胺点（±1）/℃	丙烯腈含量/%			
		17～23	24～30	31～34	34～51
ASTM-1 号	121	4	3	1	1
ASTM-2 号	93	24	16	8	3
ASTM-3 号	69.5	49	32	17	10

c. 有较好的耐热、耐寒、耐大气老化的能力，随丙烯腈含量的提高，服务温度范围向高温方向移动，反之服务温度范围向低温方向移动，表 1-87 表明移动特点，表 1-88 表明丙烯腈含量越高耐臭氧老化能力越强，比天然及丁苯橡胶耐受力更强，但不及丁基和氯丁橡胶。

表 1-87　不同丙烯腈含量的丁腈橡胶低温性能

橡胶牌号 （丙烯腈含量/%）	玻璃化温度 /℃	脆性温度 /℃	压缩耐寒系数		
			−15℃	−25℃	−35℃
CKH-18（17%～20%）	−51～−56	−58～−60	0.55～0.65	0.35～0.45	0.15～0.25
CKH-26（27%～30%）	−40～−42	−48～−50	0.35～0.45	0.15～0.25	—
CKH-40（36%～40%）	−25～−30	−23～−25	0.08～0.10	0.02～0.05	—
CKH-50（46%～50%）	−7～−10	高于−8	0.035	—	—

表 1-88　各种橡胶的臭氧龟裂扩展速度

胶　种	龟裂扩展速率 /(mm/min)	胶　种	龟裂扩展速率 /(mm/min)
丁腈-40（CKH-40）硫化胶	0.04	丁苯-30 硫化胶	0.37
丁腈-26（CKH-26）硫化胶	0.055	丁基橡胶硫化胶	0.02
丁腈-18（CKH-18）硫化胶	0.22	氯丁橡胶硫化胶	0.01
天然橡胶硫化胶	0.22		

d. 有良好的耐透气性，表 1-89 表明丁腈橡胶比其他橡胶有更好的耐透气性，随丙烯腈含量增加耐透气性降低。

表 1-89　透气系数　　　　　　　　　　单位：$10^9 cm^2/s \cdot MPa$

聚合物类别	温度/℃	氦气(He)	氢气(H_2)	氮气(N_2)	氧气(O_2)	二氧化碳(CO_2)
丁腈橡胶(18%丙烯腈)	25	5.4①	9.1①	1.9	2.6①	48.0
	50	—	—	7.0	—	120.0
丁腈橡胶(27%丙烯腈)	25	9.3	12.1	0.8	2.9	23.5
	50	23.4	33.7	3.6	10.5	67.9
丁腈橡胶(39%丙烯腈)	25	5.2	5.4	0.2	0.7	5.7
	50	14.2	17.0	1.1	3.5	22.4
天然橡胶	25	23.7	37.4	6.1	17.7	99.6
	50	52.3	90.8	19.4	47.0	221.0
丁苯橡胶	25	17.5	30.5	4.8	13.0	94.0
	50	42.0	74.0	14.5	34.5	195.0
氯丁橡胶	25	23.7	10.3	0.9	3.0	19.5
	50	52.3	28.5	3.6	10.1	56.5
丁基橡胶	25	17.5	5.5	0.2	1.0	3.9
	50	42.0	17.2	1.2	4.0	14.3
聚二甲基硅氧烷橡胶	25	—	—	200	400	1600
	50	—	570	280	500	1550
氟橡胶	30	—	—	0.3	—	14.5
	60	—	—	2.9	—	116
三元乙丙橡胶	25	—	—	6.4	19.0	82.0

① 在 20℃时。

② 液体丁腈聚合物物理化学特性

a. 丁腈羟聚合物物理化学特性　端羟基聚丁二烯丙烯腈（简称丁腈羟，英文缩写 HTBN）是以丁二烯和丙烯腈两种单体聚合而成并以它们为主链，分子链中引入了氰基，形成分子链端带有羟基的遥爪聚合物。主要是利用端羟基特性与双官能团的分子反应进行链的延伸，进而交联，生成有弹性的长链聚合物。丁腈羟液体橡胶除具有端羟基聚丁二烯的一般特性外，还具有良好的耐油性和粘接性、耐老化性、耐低温性能。产品为无可见机械杂质的浅黄色透明黏稠液体。

b. 丁腈羧聚合物物理化学特性[17]　端羧基聚丁二烯丙烯腈橡胶（简称丁腈羧胶），其代号为 CTBN，其分子结构主链部分与端羟基聚丁二烯丙烯腈聚合物基本一致。和端羟基聚丁二烯丙烯腈聚合物一样，丁腈羧聚合物也具有良好的耐油性、耐老化性、良好的黏着性，与其他橡胶的相容性好，在橡胶中不易被溶剂抽出。活泼的端羧基可与环氧树脂发生化学反应进行良好的化学键合，可提高环氧树脂韧性。另外，在丁腈橡胶分子中引入羧基可以改善拉伸强度和耐磨性，特别是可显著改善硫化胶高温下的拉伸性能。

c. 巯端基液体丁腈聚合物物理化学特性[17]　端巯基液体丁腈橡胶（Mercapta—terminated liquid nitrilerubber）是链端含有巯基的液体聚合物，简称 MTBN，在 100℃下耐热氧化性能良好。与 CTBN 相比，耐油性更好，但不耐丁酮一类溶剂的侵蚀。环氧树脂可使 MTBN 交联固化。可与环氧树脂-胺、聚酰胺-环氧、叔丁基过苯甲酰、氯化铁、二氧化铅、二氧化锰、过氧化锌等过氧化物反应发生交联为弹性体。EmL-24 可促进 MTBN 与环氧树脂的交联，具有优良的耐水性。

美国 Goodrich Chemical Co. 的 Hycar-MTBN 端巯基液体丁腈橡胶硫化后，拉伸强度为 6.54MPa，拉断伸长率为 140%，邵尔 A 硬度为 44。

　　d. 氨端基液体丁腈橡胶物理、化学特性　氨端基液体丁腈橡胶为淡黄色透明略带氨气味的黏稠液体，可溶于酮类溶剂中，不溶于汽油、煤油、柴油及石油基的滑油、卤代烷烃、苯系等有机溶剂。

　　(3) 丁腈聚合物的牌号和质量指标

　　① 固体丁腈聚合物的牌号和质量指标[20]　至今已有 300 多个品种牌号，性能取决于丙烯腈含量，据此列出低、中、高丙烯腈含量的固体丁腈聚合物质量指标，详见表 1-90。

表 1-90　低、中、高丙烯腈含量的固体丁腈聚合物质量指标

指 标 名 称		低丙烯腈含量 NBR1704	中丙烯腈含量 NBR2707	高丙烯腈含量 NBR3604
外观		浅褐色带状弹性体,稍有丙烯腈气味		
结合丙烯腈含量/%		17～20	27～30	36～40
挥发分/%	≤	1.0	1.0	1.0
灰分/%	≤	1.5	1.5	1.5
防老剂丁/%	≥	1.0	1.0	1.0
门尼黏度[ML(1+4)100℃]		40～65	70～120	40～65
拉伸强度/MPa	≥	—	27.5	29.4
拉断伸长率/%		450	600	550
永久变形/%		17	28	30
溶胀率(汽油:苯=7:3)/%		70	38	20

　　注：基本配方为生胶 100 份；硬脂酸 1.5 份；促进剂 M1.5 份；氧化锌 5.0 份；槽法瓦斯炭黑 50.0 份；硫黄 2.0 份。

　　② 河北衡水产液体丁腈橡胶（LNBR）牌号、质量指标　见表 1-91。

表 1-91　液体丁腈橡胶（LNBR）质量指标

牌　　号	外　　观	分子量 $\overline{M}_n$	黏度/Pa·s	丙烯腈含量/%
26	黏性液体橡胶;呈微黄色,透明,无味	3000～3500	350(23℃)	26
34		3800～4500	450(23℃)	34
40		6000～8000	850(23℃)	40

　　③ 淄博产羟端基液体丁腈羟聚合物（HTBN）牌号、质量指标　见表 1-92。

表 1-92　液体丁腈羟聚合物质量指标

项　　目	型　　号			
	Ⅰ型	Ⅱ型	Ⅲ型	Ⅳ型
分子量 $\overline{M}_n$	≥2000	≥2000	≥2000	≥2500
黏度(40℃)/Pa·s	≤20.0	≤25.0	≤30.0	≤15.0
羟值/(mmol/g)	≥0.50	≥0.45	≥0.4	0.55～0.7
氰含量/%	10±2.0	15±2.0	20±2.0	5.0±2.0
水分/%	≤0.05	≤0.05	≤0.05	≤0.05
过氧化物(以 H₂O₂ 计)/%	≤0.05	≤0.05	≤0.05	≤0.05

　　④ 端羧基液体丁腈聚合物牌号、质量指标

　　a. 兰州石化产端羧基液体丁腈聚合物牌号、质量指标见表 1-93。

表 1-93　端羧基液体丁腈聚合物产品牌号、质量指标

指 标 名 称	丁腈-18	丁腈-40
结合丙烯腈/%	19.4	30～35
灰分/%	—	≤1
挥发分/%	—	≤1
B 型黏度(27℃)/mPa·s	—	40000～650000

续表

指 标 名 称	丁腈-18	丁腈-40
羧基含量/(mol/100g)	0.33	0.055~0.110
分子量($\overline{M}_n$)	2732	—
拉伸强度/MPa	10.9	—
拉断伸长率/%	400	—

注：拉伸性能是指与环氧树脂-胺、缩聚树脂、氧化锌、偶氮亚胺及碳化二亚胺反应成为弹性体的拉伸性能。

　　b. 兰州产 CTBN 的质量指标见表 1-94。

表 1-94　兰州产 CTBN 的质量指标[19]

项　　目	Ⅰ型	Ⅱ型	Ⅲ型
分子量($\overline{M}_n$)	2500~3300	2500~4000	2700~4500
黏度(40℃)/Pa·s	≤15.0	≤30.0	≤60.0(70℃)
—COOH 含量/(mol/100g)	0.055~0.072	0.050~0.065	0.04
氰基(CN)含量/%	10±2.0	15±2.0	26±2.0
分子量分布系数	1.6~1.9	1.8~2.0	1.8~2.0
水分/% ≤	0.05	0.05	0.05
灰分/% ≤	0.05	0.05	0.05

　　c. 淄博产 CTBN 质量指标见表 1-95。

表 1-95　淄博产 CTBN 质量指标

指 标 名 称	Ⅰ型	Ⅱ型
外观	琥珀色透明黏稠液体	
氰基含量/%	12~20	24±2
分子量$\overline{M}_n$	2500~3500	≥1400
羧基含量/(mmol/g)	≥0.45	≥0.40
黏度(70℃)/Pa·s	≤30	≤60(70℃)
水分/%	≤0.05	≤0.05

　　d. 各国相关公司产端羧基液体丁腈聚合物 CTBN 质量指标见表 1-96~表 1-98。

表 1-96　CTBN 质量指标

指 标 名 称	美国 Emerald 旗下 CVC 特种化学品公司牌号		
	CTBN1300×8	CTBN1300×13	CTBN1300×18
丙烯腈含量/%	18	26	21.5
酸值/(mgKOH/g)	29	32	39
羧基值/(mol/100g 胶)	0.052	0.057	0.070
黏度(25℃)/(mm²/s) ≤	135000	500000	350000
溶解参数/$\sqrt{cal/cm^3}$	8.82	9.15	8.99
相对密度(25℃)	0.948	0.960	0.961
官能度	1.8	1.8	2.4
分子量$\overline{M}_n$	3550	3150	3400
T_g/℃	—52	—39	—46

指 标 名 称	美国 Emerald 旗下 CVC 特种化学品公司牌号	
	CTBN1300×31	CTBN1300×9
丙烯腈含量/%	10	18
酸值/(mgKOH/g)	28	38
羧基值/(mol/100g 胶)	—	—
黏度(25℃)/(mm²/s) ≤	60000	160000
溶解参数/$\sqrt{cal/cm^3}$	—	—
相对密度(25℃)	0.924	0.955

续表

指 标 名 称	美国 Emerald 旗下 CVC 特种化学品公司牌号	
	CTBN1300×31	CTBN1300×9
官能度	1.9	2.4
分子量($\overline{M}_n$)	3800	3600
T_g/℃	−66	−52

表 1-97　聚合单体为丁二烯的端羧基液体丁腈聚合物（CTBN）质量指标

指 标 名 称	Thickol 公司	Coodrich 公司	通用轮胎公司	飞利浦公司
	HC-434	HycarCTB	Telag en	Butarez
黏度(25℃)/Pa·s	23.5	39.5	22.5	29.0
分子量($\overline{M}_n$)	3800	4800	5800	6400
羧基官能度	1.9～2.25	≤2	—	—

表 1-98　牌号为 Hycar-CTBN 系列的端羧基液体丁腈橡胶的质量指标

指 标 名 称		美国牌号		
		Hycar-CTBN 1300×15	Hycar-CTBN 1300×8	Hycar-CTBN 1300×13
黏度(27℃)/mPa·s	≤	5000	135000	625000
分子量($\overline{M}_n$)	≥	3600	3550	3150
羧基官能度		1.90	1.85	1.80
羧基物质的量/(mol/100g)		0.051	0.055	0.055
丙烯腈含量/%		10	18	28
酸值/(mgKOH/g)		—	29	32
颜色		琥珀色	琥珀色	琥珀色
密度(25℃)/(g/cm³)		—	0.948	0.960
热失重(130℃/2h)/%	≤	1.0	1.0	1.0
T_g(DTA 测)/℃		—	−52	−39
指 标 名 称		美国牌号		
		Hycar-CTBN 1300×9	Hycar-CTBN 1300×31	
黏度(27℃)/mPa·s	≤	160000	60,000	
分子量($\overline{M}_n$)	≥	3600	3800	
羧基官能度		2.4	1.9	
羧基物质的量/(mol/100g)		0.077	—	
丙烯腈含量/%		18	10	
酸值/(mgKOH/g)		38	28	
颜色		琥珀色	琥珀色	
密度(25℃)/(g/cm³)		0.955	0.924	
热失重(130℃/2h)/%	≤	1.0	—	
T_g(DTA 测)/℃		−52	−66	

⑤ 端乙烯基液体丁腈橡胶质量指标　美国 Emerald 旗下 CVC 特种化学品公司产牌号为 VTBN1300-33 及 VTBN1300-43 质量指标见表 1-99。

表 1-99　VTBN1300-33 及 VTBN1300-43 质量指标

指标名称		牌　号		指标名称		牌　号	
		−33	−43			−33	−43
		指标				指标	
固含量/%		100	100	相对密度(25℃)		0.967	0.981
黏度(25℃)/Pa·s		250	425	溶解度参数/$\sqrt{cal/cm^3}$		8.898	9.091
酸值/%	≤	5	5	T_g/℃		−49	−45

⑥ 端环氧基丁腈橡胶 ETBN 质量指标　美国 Emerald 旗下 CVC 特种化学品公司产 ETBN 质量指标见表 1-100。

表 1-100　ETBN 质量指标

指 标 名 称		ETBN1300×40	ETBN1300×68	ETBN1300×63	ETB2000×174
固含量/%		50	100	100	100
黏度(27℃)/Pa·s		1.45(25℃)	135~250	500~800	40~80
酸度值/%	≤	1.5	0.1	0.1	0.1
环氧当量/(g/mol)		50	2300~2800	1900~2300	2200~2700
溶解度参数/ $\sqrt{cal/cm^3}$		NA	NA	NA	NA
T_g/℃		NA	NA	NA	NA

⑦ 端氨基液体丁腈橡胶 ATBN 质量指标　见表 1-101。

表 1-101　端氨基液体丁腈橡胶 ATBN 质量指标

厂　　家	牌　　号	丙烯腈含量/%	氨基当量 AEW	胺值/(mgKOH/g)	黏度/Pa·s	相对密度	T_g/℃
BFGoodrich 公司	1300*21	10	—	47	—	—	—
	1300*16	18	—	62	—	—	—
	1300*45	18	—	25	—	—	—
	1300*35	26	—	80	—	—	—
美国 Emerald 旗下 CVC 特种化学品公司	ATBN1300×21	10	1200	47	180	0.938	−65
	ATBN1300×16	18	900	62	200	0.956	−51
	ATBN1300×35	26	700	80	500	0.978	−38
	ATBN1300×42	18	450	125	100	0.942	−59

⑧ 巯端基液体丁腈聚合物的产品品种和（或）牌号、质量指标　见表 1-102。

表 1-102　巯端基液体丁腈聚合物的质量指标

指 标 名 称	华南理工大学[21,22]	美国 Goodrich Chemical CO.牌号:Hycar-MTBN
外观	透明黏稠液体	—
分子量($\overline{M}_n$)	1546~2500	1712
丙烯腈含量/%	24.0	24.7
巯基含量/%	4.38	3.9
黏度(42℃)/Pa·s		42

（4）用途　液体丁腈聚合物[21,22]可制备耐油、耐老化密封涂料，用于机械设备整体结构油箱内部表面保护密封，如民航客机整体结构油箱、汽车燃油箱内部表面防腐密封。可用于固体火箭发动机的药柱包覆层或绝热层，力学性能良好；用 HTBN 可制胶黏剂，用来粘接橡胶、聚酯、金属，其特点是不使用溶剂和常温固化；可以制作适用酸性环境使用的耐腐涂料；用于环氧树脂的增韧剂，进行环氧树脂的改性潜力很大，可提高其耐老化性能。可制成耐受含卤代烷烃-四乙基铅航空汽油浸泡的整体油箱用密封剂。

1.16　液体三元乙丙聚合物

（1）化学结构

① 亚乙基降冰片烯（ENB）为第三单体的液体三元乙丙聚合物结构式：

$$\left[(CH_2\!-\!CH_2)_x\ (CH_2\!-\!CH)_y\ (CH\!-\!CH)_z \right]_n$$

$$CH_3$$

$$CH_2\!-\!CH_3$$

② 双环戊二烯[23]（DCPD）为第三单体的液体三元乙丙聚合物结构式：

$$-[(CH_2-CH_2)_x-(CH_2-CH)_y-(CH-CH)_z]_n$$
$$\qquad\qquad\qquad CH_3$$

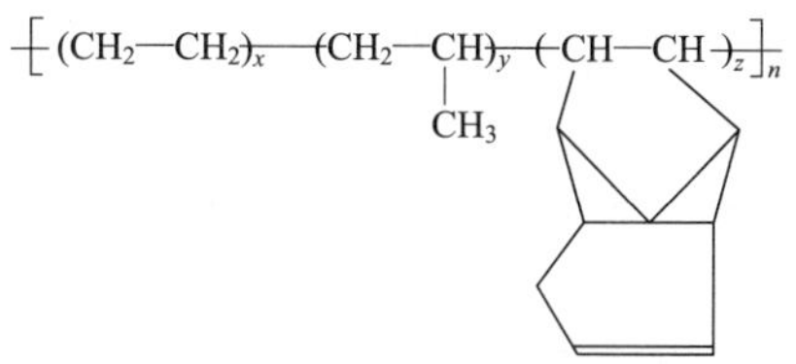

③ 1,4-己二烯（HD）为第三单体的液体三元乙丙聚合物结构式：

$$-[(CH_2-CH_2)_x-(CH_2-CH)_y-(CH_2-CH)_z]_n$$
$$\qquad\qquad\qquad CH_3$$
$$CH_3-CH=CH-CH_2$$

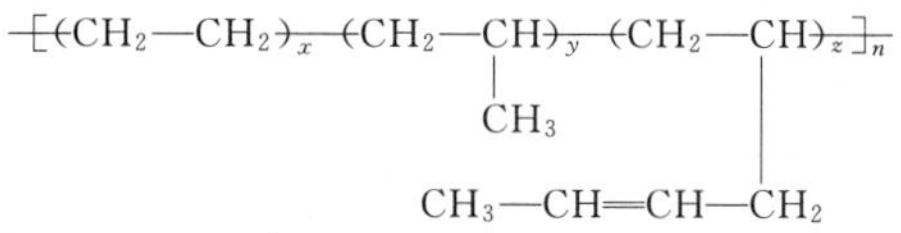

（2）物理化学特性　液体三元乙丙聚合物聚合度低、黏度小，为液体状态，会有良好的加工工艺性及良好的使用工艺性。由于有双键的第三单体存在，可以用过氧化物、硫黄和树脂交联体系进行硫化，使其成为弹性体。由于其分子结构中仅有的双键经硫化后已消耗殆尽，整个交联体是饱和状态，因此有极好的耐老化性。

（3）产品品种和（或）牌号、质量指标

① 北京信诚泰化工科技发展有限公司产 T65 型液体三元乙丙橡胶的质量指标见表1-103。

表 1-103　**T65 型液体三元乙丙橡胶（DCPD 为第三单体）的质量指标**

指 标 名 称	指标典型值	指 标 名 称	指标典型值
外观	室温下呈浅黄色液体	黏度(100℃)/Pa·s	0.177
密度/(g/cm³)	0.86	双键含量/%	10.5
分子量($\overline{M}_v$)	7000	乙烯/丙烯	50/50
黏度(60℃)/Pa·s	1900		

② 衡水产液体乙烯-丙烯共聚物或乙烯-丙烯-共轭二烯三元共聚物牌号、质量指标见表1-104。

表 1-104　**液体乙烯-丙烯共聚物或乙烯-丙烯-共轭二烯三元共聚物牌号、质量指标**

指 标 名 称		56	65	66	67	CP80	4038
		第三单体					
		DCPD	DCPD	ENB	ENB	无	无
颜色		淡黄	淡黄	淡黄	淡黄	淡黄	淡黄
不饱和度/%		13	9.5	4.5	9	无	无
乙烯/丙烯比		49/51	48/52	45/55	46/54	13/57	45/55
密度/(g/cm³)		0.84	0.84	0.84	0.84	0.84	0.84
灰分/%	≤	0.1	0.1	0.1	0.1	0.1	0.1
挥发分(100℃)/%	≤	0.5	0.5	0.5	0.5	0.5	0.5
闪点/℃	≥	121	149	204	204	260	304
分子量($\overline{M}_n$)		5200	7000	8000	7500	7200	3300
动力黏度(60℃)/Pa·s	≥	1900	—	—	—	—	—
动力黏度(100℃)/Pa·s	≥	0.177	—	—	—	—	—

③ 国外商品牌号、质量指标见表1-105。

表 1-105   美国德士古公司生产型号为 EPM6616 的液体三元乙丙聚合物质量指标

指 标 名 称		指 标	指 标 名 称	指 标
外观		半透明液体	闪点(开口)/℃	204
动力黏度(100℃)/mPa·s		1070.6	运动黏度(100℃)/(mm²/s)	910
剪切指数	超声波	4.59	稠化能力/(mm²/s)	2.329
剪切稳定性系数,(SSI)/%	柴油喷嘴	8.3	倾点/℃	−33
低温黏度(−15℃)/MPa·s		3420	边界泵送温度/℃ ≤	−20

(4) 用途   可制备室温硫化膜片、室温硫化密封剂。

1.17 氯磺化聚乙烯

别名：海泊隆 (hypalon)，简称：CSP、CSPE；CSM。

(1) 化学结构式   有如下两种。

$$\left[(CH_2)_{n_1} - \overset{\overset{\displaystyle H}{|}}{\underset{\underset{\displaystyle Cl}{|}}{C}} - (CH_2)_{n_2} \right]_{m_1} \left[\overset{\overset{\displaystyle H}{|}}{\underset{\underset{\displaystyle Cl}{|}}{\overset{\displaystyle O=S=O}{C}}} \right]_{m_2} \qquad \left[(CH_2-CH_2)_x - (CH_2-\underset{\underset{\displaystyle Cl}{|}}{CH})_y - (CH_2-\underset{\underset{\displaystyle SO_2Cl}{|}}{CH})_z \right]_n$$

(2) 物理化学特性   它是一种以聚乙烯为主链的饱和弹性体，分子量 ($\overline{M}_n$) 30000～120000。其中 CSM2910 为 30000、CSM4010 为 40000、CSM3304 为 120000、CSM2305 为 100000。氯磺化聚乙烯为白色或乳白色片状或粒状固体，相对密度 1.07～1.28，门尼黏度 30～90。脆性温度−56～−40℃。CSM 的化学结构是完全饱和的，具有优异的耐臭氧性、耐候性、耐热性、难燃性、耐水性、耐化学药品性、耐油性、耐磨性等。CSM 的溶解度参数 $\delta = 8.9\sqrt{cal/cm^3}$，溶于芳香烃及卤代烃，在酮、酯、醚中仅溶胀而不溶解，不溶于脂肪烃和醇。CSM 的化学结构中含氯基的链段，使聚合物具有了耐油性（饱和脂肪烃类）、耐化学药品性以及阻燃性，CSM 的化学结构中含氯磺化基团 —(ClSO₂)— 的存在使聚合物具有化学反应活性，为其交联固化寻找方法打下了结构性基础，氯磺化基团在二苯胍、乙烯基硫脲的催化下，在室温下可同环氧基进行开环加成反应；含羧基的松香酸也是氯磺化聚乙烯的硫化剂。

(3) 产品牌号和质量指标   由上两个结构式中 n_1，n_2，m_1，m_2 四个链段聚合度不同已形成表 1-106 所示 CSM 牌号。

表 1-106   由链段聚合度确定的氯磺化聚乙烯牌号[23]

国外牌号编法	n_1	n_2	m_1	m_2	国外牌号编法	n_1	n_2	m_1	m_2
CSM2910	2	3	17	19	CSM4008	1	1	37	4855
CSM4010	1	1	37	2528	CSM2305	3	5	21	4055
CSM3305	2	2	30	3840	—				

a. 表 1-106 所列国外牌号编法的五个牌号的 CSM 质量指标见表 1-107。

表 1-107   吉林产的氯磺化聚乙烯质量指标

指 标 名 称		CSM2910	CSM4010	CSM3305	CSM4008	CSM2300
外观、臭味		淡白色微带溶剂味				
氯含量/%		29～33	40～45	33～37	40～45	23～27
硫含量/%		1.3～1.7	0.8～1.2	0.8～1.2	0.8～1.2	0.8～1.2
铁含量/%	≤	0.01	0.01	0.01	0.01	0.01
挥发分/%	≤	2.0	2.0	2.0	2.0	2.0
灰分/%	≤	0.1	0.1	1.0	—	1.0
分子量($\overline{M}_n$)		30000	40000	120000		100000

续表

指　标　名　称		CSM2910	CSM4010	CSM3305	CSM4008	CSM2300
硫化胶性能要求						
门尼黏度[ML(1+4)100℃]		37～43	≥50	30～45	80～90	40～50
拉伸强度/MPa	≥	17.65	25.48	24.5	25.0	29.4
拉断伸长率/%	≥	310	350	500	500	600
拉断永久变形/%	≤	30	30	30	30	30
热老化系数 K(150℃×24h)	≤	0.30	0.54	0.6	—	0.6
脆性温度/℃		−60	−60	−60	−60	−60
邵尔 A 硬度		80	70	59	70	55
介电常数		8.5	—	—	—	—
体积电阻率/Ω·cm		$1×10^3$	—	—	—	—
原料聚乙烯类型		低密度	低密度	高密度	高密度	高密度

b. 中国石油吉林产氯磺化聚乙烯牌号、质量指标见表 1-108。

表 1-108　氯磺化聚乙烯牌号、质量指标（执行标准：Q/SY JH C 103002—2010）

指　标　名　称		CSM30			CSM40			试验方法标准编号
		优等品	一等品	合格品	CSM40H (3306-3308) 优等品	CSM40M (3304-3305) 一等品	CSM40L (3303) 合格品	
外观、臭味		白色或淡白色的片状固体，微带溶剂味						Q/SY JH C 103002
氯含量/%		40～45			33～37			
硫含量/%		0.8～1.2			0.8～1.2			
挥发分/%	≤	1.0	2.0	3.0	1.0	1.5	2.0	
硫化胶性能要求								
门尼黏度[ML(1+4)100℃]		60～90			≥61～90	41～60	30～40	GB/T 1232.1
拉伸强度/MPa	≥	—	—	—	25.0			GB/T 528
拉断伸长率/%	≥	—	—	—	450			

c. 江西产四个牌号（国内牌号编法）氯磺化聚乙烯质量指标见表 1-109。

表 1-109　四个牌号氯磺化聚乙烯质量指标

指　标　名　称		CSM 20 号	CSM 30 号	CSM 40 号	CSM 45 号
外观		淡白色无规则鸡肉片状固体（非指标，产品实际状态）			
挥发分/%	≤	2.0	2.0	2.0	2.0
分子量($\overline{M}_n$)		30000	40000	120000	
氯含量/%		29～33	40～45	33～37	23～27
硫含量/%		1.3～1.7	0.8～1.2	0.8～1.2	0.8～1.2
门尼黏度[ML(1+4)100℃]		30～40	60～90	41～60	25～40
拉伸强度/MPa	≥	25.0	20.0	25.0	20.0
拉断伸长率/%	≥	450	450	450	450

（4）用途　不同型号或牌号的氯磺化聚乙烯有不同的用途，常用于各种汽车胶管、软管、混炼胶、特种胶辊、密封件、电线电缆、防腐密封涂料、防水卷材、特种胶布、黏合剂、汽车零部件、电线电缆、防水密封胶布、胶辊、防水卷材、涂料、建筑、各类橡胶彩色产品等特种橡胶制品。

1.18　聚氯乙烯糊树脂

（1）化学结构式

$$\begin{matrix} & H & Cl \\ & | & | \\ \dagger C & - & C \dagger_n \\ & | & | \\ & H & H \end{matrix}$$

（2）物理化学特性　为白色不流淌的糊状物；密度 1.380g/cm³；玻璃化转变温度 87℃；熔点 212℃；杨氏弹性模量（E）2900～3400MPa；拉伸强度（σ_T）50～80MPa；拉断伸长率 20%～40%；切口试验（Notch test）2～5kJ/m²；热导率（λ）：0.16W/m·K；软化点（Vicat B1）：85℃；热膨胀系数（α）：8×10⁻⁵K⁻¹；热容（c）：0.9kJ/(kg·K)；吸水率（ASTM）：0.04～0.4。

（3）产品的质量指标

① 国家标准 GB 15592—2008 规定聚氯乙烯糊用树脂的级别及质量指标见表 1-110～表 1-113。

表 1-110　GB 15592—2008 规定聚氯乙烯糊用树脂的级别及质量指标第一部分

指标名称	参数		
黏数代码	170	155	140
黏数ᵃ（即比浓黏度）/(mL/g)	＞160	165～145	150～130
K 值ᵇ	＞78.0	79.0～75.0	76.0～71.5
平均聚合度ᶜ	＞1880	1950～1570	1650～1300
指标名称	参数		
黏数代码	125	110	095	080
黏数ᵃ（即比浓黏度）/(mL/g)	135～115	1201～00	105～85	＜90
K 值ᵇ	72.5～67.5	69.0～63.5	65.0～59.0	＜60.5
平均聚合度ᶜ	1350～1100	1150～900	950～720	＜790

注：a、b、c 三项指标是从不同角度度量聚氯乙烯糊用树脂的分子量，可任选一项即可。

表 1-111　GB 15592—2008 规定聚氯乙烯糊用树脂的级别及质量指标第二部分

指标名称	参数				
标准糊黏度代码	1	2	3	4	5
标准糊黏度(B式)/mPa·s	＜4.0	3.0～7.0	6.0～10.0	9.0～13.0	＞13.0

表 1-112　标准糊配方

标准糊类型	PVC 糊树脂/质量份	邻苯二甲酸-(2-乙基)-己酯(DOP)/质量份
A 式	100	60
B 式	100	100

表 1-113　GB 15592—2008 规定聚氯乙烯糊用树脂的级别及质量指标第三部分

指标名称		优等品	一等品	合格品
杂质离子个数/个	≤	12	20	40
挥发物含量(包括水)/%	≤	0.40	0.50	0.50
筛余物　≤　250μm 筛孔/%		0	0.1	0.2
63μm 筛孔/%		0.1	1.0	3.0
糊增稠率①(24h)/%	≤	100	100	—
白度(160℃,10min)/%	≥	80	76	—
水萃取液 pH 值	≤	8.0	9.0	—
醇萃取物含量/%	≤	3.0	4.0	—
刮板细度/μm	≤	100		—
残留氯乙烯含量②/(μg/g)	≤	5	10	10

① 标准糊配比 B 的产品糊增稠率的指标不要求，若用户有要求，供需双方协商。

② 残留氯乙烯单体含量指标强制。

② 石家庄企业标准见表 1-114。

表 1-114　聚氯乙烯糊用树脂质量企业指标

指 标 名 称	P400	P415	P1069	P450
平均聚合度	1450±200	1450±200	1800±300	1000±105
布氏黏度(50r/min)/mPa·s	5000	5000	5000	7000
过筛率(0.063mm 筛孔)/%	99	99	99	99
挥发物/%	0.50	0.50	0.50	0.50
残留氯乙烯含量/(μg/g)	10	10	10	10
指 标 名 称	P455	P460	P510	P550
平均聚合度	850±150	850±150	1450±350	950±200
布氏黏度(50r/min)/mPa·s	3000	3000	11000	10000
过筛率(0.063mm 筛孔)/%	99	99	99	99
挥发物/%	0.50	0.50	0.50	0.50
残留氯乙烯含量/(μg/g)	10	10	10	10

（4）用途　与丙烯酸酯类、自由基反应引发剂等可组成加温固化的汽车结构密封剂。在其他方面如玩具、手套、壁纸、浸塑等行业用量不断增加。

1.19　丙烯酸基单体

1.19.1　单酯单体

（1）甲基丙烯酸环氧丙酯　别名：甲基丙烯酸缩水甘油酯，是单酯，不是双酯，但与甲基丙烯酸反应可成为双酯；简称：GMA。

a. 化学结构式

b. 甲基丙烯酸环氧丙酯物理化学特性　无色液体，对皮肤和黏膜有刺激性，几乎无毒；几乎可溶于所有有机溶剂，水溶性（20℃）：0.5～1.0g/100mL；分子内既含有碳碳双键，又含有环氧基团，既可进行自由基型反应，又可进行离子型反应，因此，具有很高的反应灵活性，可分别进行不同的反应；分子量 142.15；相对密度（d_4^{20}）1.073～1.083；黏度 2.48～2.58mPa·s；闪点 76℃；沸点 189℃；折射率（n_D^{20}）1.449～1.451。

c. 甲基丙烯酸环氧丙酯产品级别及质量指标　见表 1-115。

表 1-115　甲基丙烯酸环氧丙酯质量指标

指 标 名 称		特级	一级	指 标 名 称		特级	一级
酸值/(mgKOH/g)	≤	0.04	0.06	纯度/%	≥	99.0	98.0
阻聚剂含量/(mg/kg)	≤	100	100	水分/%	≤	0.05	0.05

d. 用途　主要用于丙烯酸粉末涂料、乳胶涂料、纺织皮革整理剂、胶黏剂、医药等。与丙烯酸反应可制备丙烯酸环氧双酯，成为厌氧密封剂的单体及活性稀释剂，也可制成感光材料。

（2）丙烯酸

a. 丙烯酸化学结构式

b. 丙烯酸物理化学特性　无色液体，有刺激性气味，酸性较强，有腐蚀性；与水混溶，可混溶于乙醇、乙醚；遇热、光、水分、过氧化物及铁质易聚合而成透明白色粉末，还原时生成丙酸。反应激烈时产生大量热量而引起爆炸。与盐酸加成时生成 2-氯丙酸。丙烯酸可发生羧酸的特征反应，与醇反应也可得到相应的酯类。丙烯酸及其酯类自身或与其他单体混合后，会发生聚合反应生成均聚物或共聚物。通常可与丙烯酸共聚的单体包括酰胺类、丙烯腈、含乙烯基类、苯乙烯和丁二烯等；相对密度（水＝1）为 1.05；相对密度（20℃，4℃）为 1.050；相对密度（25℃，4℃）为 1.044；相对蒸气密度（空气＝1）为 2.45；熔点 14℃；闪点 50℃；沸点 141℃；饱和蒸气压（39.9℃）为 1.33 kPa；黏度（25℃）为 1.149 mPa·s；汽化热 45.6 kJ/mol；熔化热（13℃）为 11.1 kJ/mol；辛醇/水分配系数为 0.36；辛醇/水分配系数的对数值（计算值）0.36。

c. GB/T 17529.1—2008 规定的工业用丙烯酸质量指标　见表 1-116。

表 1-116　工业用丙烯酸质量指标

指 标 名 称		精丙烯酸型	丙烯酸型	
			优等品	一等品
外观		无色透明液体，无悬浮物和机械杂质		
丙烯酸含量/%	≥	99.5	99.2	99.0
色度（Hazen，铂-钴色号）	≤	10	15	20
水含量/%	≤	0.15	0.10	0.20
总醛含量/%	≤	0.001	—	
阻聚剂[4-甲氧基苯酚(MEHQ)]含量/×10^{-6}	≤	200±20，可与用户协商制定		

d. 用途　可用于生产自由基反应型密封剂、各种塑料、涂层、黏合剂、弹性体、地板擦光剂及涂料。

（3）甲基丙烯酸异癸酯　别名：2-甲基-2-丙烯酸异癸酯；异癸基甲基丙烯酸酯；简称：IDMA。

a. IDMA 化学结构式

$$H_2C{=}C\!\!-\!\!O{-}CH_2(CH_2)_5CH_2{-}CH\!\!-\!\!CH_3$$

b. IDMA 物理化学特性　IDMA 属单官能度甲基丙烯酸酯类，是一种无色透明液体；分子量 198.3；密度（20℃）：0.890g/cm³；密度（25℃）：0.878g/cm³；熔点为 -22～-50℃；闪点 95℃；沸点（760mmHg）：218℃；沸点（10mmHg）：126℃；黏度（20℃）：2.40mPa·s；折射率（n_D^{20}）：1.443；溶解度（20℃）：（酯在水中）0.20%，（水在酯中）0.25%。

c. IDMA 产品质量企业指标　见表 1-117。

表 1-117　IDMA 产品质量指标

指 标 名 称	指 标	上海某公司指标
外观	无色液体	无色液体
红外光谱	—	光谱符合结构
酸度（以甲基丙烯酸计）/%	≤0.01	—
水含量/%	≤0.03	—
色度（铂-钴色号）	≤10	—
纯度/%	≥99.5	≥98.0
相对密度（20℃/20℃）	—	0.8760～0.8790
折射率 n_D^{20}	—	1.4420～1.4450
阻聚剂[MEHQ（HPLC 高效液相色谱法）]/(mg/kg)	20±5(可根据客户需求改变阻聚剂含量)	—

d. IDMA 用途　涂料树脂，油品添加剂，辐射固化，纸加工等。自由基反应型粘接密封剂的活性稀释剂。

（4）甲基丙烯酸月桂酯　别名：十二烷基甲基丙烯酸酯，甲基丙烯酸十二酯，2-甲基-2-丙烯酸十二烷基酯；简称：LMA。

a. 甲基丙烯酸月桂酯化学结构式

$$H_3C \overset{\displaystyle O}{\underset{\displaystyle CH_2}{-C-C}}-O-CH_2(CH_2)_{10}CH_3$$

b. 甲基丙烯酸月桂酯物理化学特性　无色透明至淡黄色液体，有良好的疏水性和柔韧性；不溶于水，溶于有机溶剂；光照易聚合，易于发生聚合反应；分子量 254.41；相对密度（25℃）：0.872；熔点 −7℃；闪点：　（开杯）150℃，　（闭杯）107℃；沸点：（0.9378kPa）160℃，（4mmHg）142℃；折射率（n_D^{20}）：1.444～1.447，（25℃）1.455。

c. 甲基丙烯酸月桂酯产品质量指标　见表 1-118。

表 1-118　工业优级品甲基丙烯酸月桂酯质量指标

指　标　名　称		英国、日本、中国台湾指标	上海紫一试剂厂、上海谱振生物科技有限公司指标
外观		—	无色透明至淡黄色液体
含量/%	≥	—	96.0
色度（APHA，铂-钴色号）		≤60	—
分子量		254	—
酸值/(mgKOH/g)	≤	0.5	0.1
红外光谱鉴定		—	和对照品匹配
折射率(25℃)		1.441	1.4440～1.4470
表面张力/(×10⁻³N/m)		28.9	—
相对密度(25℃)		0.86～0.89	0.8720～0.8760
稳定剂 MEHQ 含量/(mg/kg)		900～1100	300～500

d. 用途　用于丙烯酸树脂的单体、除臭剂、润滑油添加剂、皮革和纤维的整理剂、纸张涂饰剂、自由基反应型粘接密封剂、内增塑剂。

（5）2-苯氧乙基甲基丙烯酸酯（简称：PHEMA）

a. 2-苯氧乙基甲基丙烯酸酯化学结构式

$$\text{⟨⟩}-O-CH_2-CH_2-O-\overset{\displaystyle O}{\underset{\displaystyle CH_3}{C-C}}=CH_2$$

b. 2-苯氧乙基甲基丙烯酸酯物理化学特性　为反应性单官能基丙烯酸酯单体，黏度为 10mPa·s；色度（APHA，铂-钴色号）不大于 30；玻璃化转变温度 54℃；高反应性和稀释性佳等优异性能；密度 1.07 g/cm³；折射率 1.5109。

c. 2-苯氧乙基甲基丙烯酸酯产品质量指标　见表 1-119。

表 1-119　杭州丹维产型号为 PHA-011 的 2-苯氧乙基甲基丙烯酸产品质量指标

指　标　名　称	参　数	指　标　名　称	参　数
外观(25℃)	澄清透明液体	相对密度(25℃)	1.10～1.11
黏度(25℃)/mPa·s	5～15	含水率/%	≤0.1
酸值/(mgKOH/g)	≤0.5	抑制剂(MEHQ)/(mg/kg)	200～600
色度(APHA，铂-钴色号)	≤60		

d. 用途　用于自由基反应型丙烯酸基粘接密封剂、丙烯酸基结构胶、丙烯酸基涂料、

丙烯酸基电子密封剂等。

（6）羟乙基甲基丙烯酸酯磷酸酯　别称：2-甲基-2-丙烯酸-2-羟乙基酯磷酸酯；简称：HEMAP PM-2。

a. 羟乙基甲基丙烯酸酯磷酸酯化学结构式

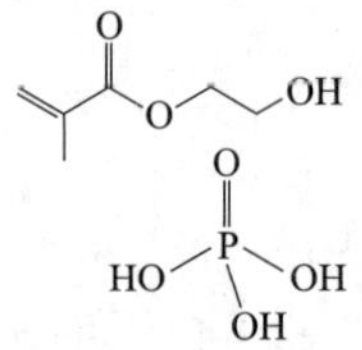

b. 羟乙基甲基丙烯酸酯磷酸酯物理化学特性　属于甲基丙烯酯化的磷酸酯功能单体，淡黄色液体；对多种金属、玻璃、陶瓷、混凝土等无机材料有良好的增加粘接力的作用；分子量228.14；黏度（25℃）为800～1200mPa·s；酸值270～310mgKOH/g；抑制剂含量不大于300mg/kg；色度（APHA，铂-钴色号）不大于2；含水率不大于1.0%。

c. 羟乙基甲基丙烯酸酯磷酸酯质量指标　见表1-120。

表1-120　韩国产羟乙基甲基丙烯酸酯磷酸酯质量指标

指标名称	参数	指标名称	参数
外观	清澈透明	色度(APHA,铂-钴色号)	≤30
酸值/(mgKOH/g)	250～310	含水量/%	≤0.2
抑制剂(即阻聚剂,MEHQ)/(mg/kg)	200～500	磷酸/%	≤4.00
折射率	1.460～1.470	相对密度(水=1)	1.23～1.33
黏度/mPa·s	850～1500		

d. 用途　可用于丙烯酸酯基自由基反应体系中厌氧粘接密封剂的聚合单体、双组分丙烯酸酯基粘接密封剂、涂料、油墨、功能高分子材料的合成与制备等。也可作密封剂的活性稀释剂、增黏剂。

（7）辛基/癸基丙烯酸酯　别名：C8-C10丙烯酸酯；简称：ODA。

a. 辛基/癸基丙烯酸酯化学结构式

$$—(CH_2—\underset{|}{CH}—\overset{\overset{O}{\|}}{C}—O—Rd)_m$$ ；当 $m=1$ 时，结构式为：$$CH_2═CH—\overset{\overset{O}{\|}}{C}—O—Rd$$

Rd代表有8个碳（C8）至10个碳（C10）烃链基团的混合物，该式的分子量随聚合度 m 而变化，$m=1$ 时，$M=212$，是良好的活性稀释剂；m 再大一些进入液体树脂和流平剂性能范围；$m=50$ 时，$M=10600$，进入了消泡剂的性能范围。

b. 辛基/癸基丙烯酸酯物理化学特性　低黏度透明液体；柔韧性、耐冲击强度、耐刮性、耐水性优良；收缩性低，粘接力强，润湿性佳；具有长链疏水结构；酸值0.5mgKOH/g；色度（APHA，铂-钴色号）60；含水率0.20%；折射率1.435。

c. 辛基/癸基丙烯酸酯产品质量指标　见表1-121。

表1-121　辛基/癸基丙烯酸产品质量指标

指标名称	指标	指标名称	指标
外观性状	透明液体	含水率/%	＜0.20
黏度(25℃)/mPa·s	5～10	抑制剂/(mg/kg)	200～500
色度(APHA,铂-钴色号)	＜60	酸值/(mgKOH/g)	＜0.5
相对密度(25℃)	0.86～0.89		

d. 用途　应用于涂料、自由基反应型粘接密封剂的改性剂、活性稀释剂、流平剂、消泡剂以及化学中间体的合成。

（8）异癸基丙烯酸酯

a. 异癸基丙烯酸酯（简称：IDA）与化学结构式

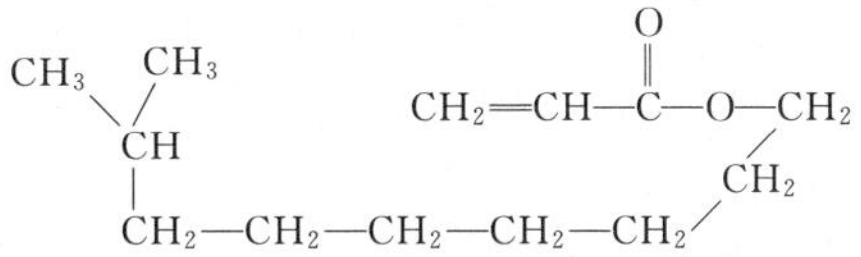

b. 异癸基丙烯酸酯物理化学特性 异癸基丙烯酸酯为透明液体；具有良好的附着力、柔韧性、耐水性、耐候性以及低收缩性、低表面张力；密度（25℃）：$0.85 \sim 0.95 \mathrm{g/cm^3}$；折射率 1.4395；玻璃化温度（$T_g$）：$-60℃$；色度（APHA，铂-钴色号）：60；含水率 0.20%；酸值 0.5mgKOH/g；黏度（25℃）：$2 \sim 8 \mathrm{mPa \cdot s}$。

c. 广州、天津海因茨产异癸基丙烯酸酯产品质量指标 见表 1-122。

表 1-122 异癸基丙烯酸酯产品质量指标

指 标 名 称	参 数	指 标 名 称	参 数
含量/%	≥98	黏度(25℃)/mPa·s	2～8
色度(APHA,铂-钴色号)	≤30	表面张力/(dyn/cm)	≤28.6

d. 用途 应用于涂料、感压胶、油墨、自由基反应型粘接密封剂的改性剂、活性稀释剂。

（9）月桂醇丙烯酸酯 别名：十二烷基丙烯酸酯；2-丙烯酸十二烷基酯；丙烯酸十二酯；简称：LA。

a. 月桂醇丙烯酸酯化学结构式

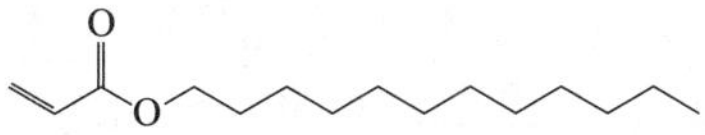

b. 月桂醇丙烯酸酯物理化学特性 透明液体；具有良好的柔韧性、耐水性、耐候性、耐化学性并有低表面张力、低毒性、低收缩和具有很高的化学活性；密度（25℃）：$0.884 \mathrm{g/cm^3}$；闪点 110℃；沸点（1mmHg）120℃；折射率（n_D^{20}）：1.445。

c. 月桂醇丙烯酸酯产品质量指标 见表 1-123。

表 1-123 南通庄园产月桂醇丙烯酸酯产品质量指标

指 标 名 称	参 数	指 标 名 称	参 数
色度(APHA,铂-钴色号)	≤30	密度(25℃)/(g/cm³)	0.875
黏度(25℃)/mPa·s	4～8	酸值/(mgKOH/g)	≤0.3
折射率(25℃)	1.4395	含量/%	≥98
玻璃化温度(T_g)/℃	-60		

d. 用途 常用于自由基反应体系的交联剂、活性稀释剂。如厌氧黏合密封剂、多组分丙烯酸酯基粘接密封剂、光学材料及光固化树脂体系。

（10）异十三烷基甲基丙烯酸酯 别名：甲基丙烯酸十三烷酯；甲基丙烯酸十三烷基酯；异十三烷基甲基丙烯酸酯；2-甲基-2-丙烯酸十三烷酯；甲基丙烯酸十三烷基酯（支链异构体混合物）（含稳定剂 MEHQ）；2-甲基-2-丙烯酸十三烷酯（混有支链异构体）（含稳定剂甲氧基氢醌；简称：TDMA）。

a. 异十三烷基丙烯酸酯化学结构式

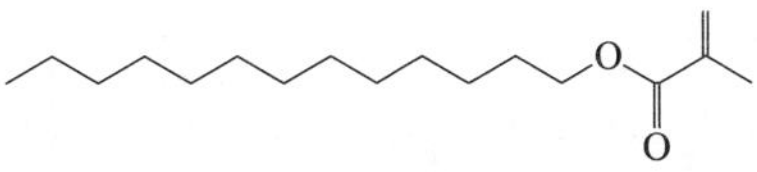

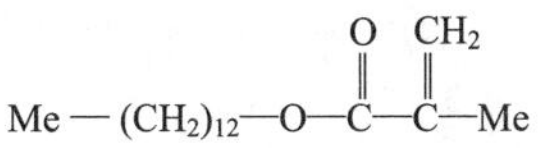

b. 异十三烷基丙烯酸酯物理化学特性　　透明液体；溶解度：（20℃，水溶入单体中）小于 0.07%，（20℃，单体溶入水中）小于 0.01%；分子量 268.44；密度 0.88g/cm³；凝固点 −60℃以下；玻璃化转变温度（T_g）：−46℃；闪点 150℃；沸点：（蒸气压 267hPa）222℃，（蒸气压 67hPa）195℃，（蒸气压 13.3hPa）150℃；（蒸气压 6.7hPa）141℃；黏度（20℃）：5.81mPa·s；比热容 1.8J/g·℃；折射率（n_D^{20}）1.4518。

c. 异十三烷基内烯酸酯质量指标　　见表 1-124。

表 1-124　日本三菱产异十三烷基丙烯酸酯质量指标

名　称	指　标	指标典型值	名　称	指　标	指标典型值
色度（APHA,铂-钴色号）	≤50	≤10	水分（卡尔费歇尔法）/%	≤0.1	0.01
相对密度（20℃/4℃）	0.876~0.882	0.879	阻聚剂（MEHQ）/(mg/kg)	—	1000
游离酸（甲基丙烯酸）/%	≤0.01	0.001	聚合体（T_g）/℃	—	−46
单体量（PSDB 法）/%	≥98.5	99.8			

d. 用途　　润滑油添加剂，纤维处理剂，自由基反应型粘接密封剂，涂料等。

（11）2-苯氧基乙基丙烯酸酯　　别名：丙烯酸-2-苯氧基乙酯；2-酚基乙氧基丙烯酸酯；简称：PHEA。

a. 2-苯氧基乙基丙烯酸酯化学结构式

$$H_2C=CH-C-OCH_2CH_2O-\bigcirc$$

b. 2-苯氧基乙基丙烯酸酯物理化学特性　　无色透明液体；分子量 192.211；密度 1.077~1.104g/cm³；闪点 110.543~113℃；沸点：（760mmHg）275.981℃，（0.2mmHg）84℃；蒸气压（25℃）：0.005mmHg。

c. 2-苯氧基乙基丙烯酸酯质量指标　　见表 1-125。

表 1-125　2-苯氧基乙基丙烯酸酯质量指标

指标名称	参　数	指标名称	参　数
外观	无色液体	纯度/%	≥90.0
红外光谱	与对照物相符	酸值/(mgKOH/g)	≤1.0
相对密度（20℃/20℃）	1.1060~1.1090	氢醌稳定剂/(mg/kg)	100
折射率（n_D^{20}）	1.5180~1.5210		

d. 用途　　应用于网版油墨、厌氧粘接密封剂、多组分丙烯酸酯基粘接密封剂、光聚合物。

（12）（4）乙氧化壬基苯酚丙烯酸酯　　别名：乙氧化（4）壬基苯酚丙烯酸酯；简称：NP4EOA。

a. （4）乙氧化壬基苯酚丙烯酸酯化学结构式：

$$H_2C=CH-C+O-CH_2-CH_2]_n O-\bigcirc-(CH_2)_8 CH_3$$

当乙氧基聚合度 n 为 4 时，即为（4）乙氧化壬基苯酚丙烯酸酯，其化学结构式如下：

$$CH_2=CH-C-(O-CH_2-CH_2)_4-O-\bigcirc-(CH_2)_8 CH_3$$

b. （4）乙氧化壬基苯酚丙烯酸酯物理化学特性　　乙氧化壬基苯酚丙烯酸酯为无色透明液体；具有优秀的粘接力、流动性、流平性、柔韧性，与高分子树脂有良好的相容性；折射率 1.4883；表面张力 33.5dyn/cm；玻璃化转变温度（T_g）：－28℃。

c.（4）乙氧化壬基苯酚丙烯酸酯质量指标　见表 1-126。

表 1-126　（4）乙氧化壬基苯酚丙烯酸酯质量指标

指 标 名 称	参　　数
色度（APHA，铂-钴色号）	≤80
黏度（25℃）/mPa·s	100～200
固含量/%	≥98

d. 用途　可广泛用于自由基反应型丙烯酸酯基粘接密封剂、涂料、油墨、树脂合成等领域。

（13）乙氧基乙氧基乙基丙烯酸酯　别名：2-丙烯酸-2-（2-乙氧基乙氧基）乙酯；丙烯酸-2-（2-乙氧基乙氧基）乙酯；丙烯酸乙氧基乙氧基乙酯；二乙二醇乙醚丙烯酸酯；丙烯酸卡必酯；乙氧基乙氧基乙基丙烯酸酯；2-（2-乙氧基乙氧基）乙基丙烯酸酯；二乙二醇单乙醚丙烯酸酯；简称：EOEOEA。

a. 乙氧基乙氧基乙基丙烯酸酯化学结构式

$$H_2C \begin{array}{c} \\ \end{array} \begin{array}{c} O \\ \parallel \\ C \end{array} O\!\!-\!\!CH_2CH_2\!\!-\!\!O\!\!-\!\!CH_2CH_2\!\!-\!\!O\!\!-\!\!CH_2CH_3$$

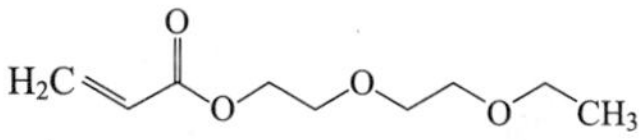

b. 乙氧基乙氧基乙基丙烯酸酯物理化学特性　无色或黄色透明液体；分子量188；密度（25℃）：1.016g/cm³；闪点：不低于 230℉/110℃；沸点（5mmHg）：95℃；折射率（n_D^{20}）：1.439。

c. 乙氧基乙氧基乙基丙烯酸酯质量指标　见表 1-127。

表 1-127　乙氧基乙氧基乙基丙烯酸酯质量指标

指 标 名 称	一般企标	AR 级指标	指 标 名 称	一般企标	AR 级指标
红外光谱鉴别	—	与对照物结构一致	固含量/%	>98	≥98.0
相对密度（20℃/20℃）	—	1.0140～1.0180	黏度（25℃）/mPa·s	3～8	—
折射率（n_D^{20}）	—	1.4360～1.4400	酸值/（mgKOH/g）	<1	—
色度（APHA，铂-钴色号）≤	100	—	稳定剂（MEHQ）/（mg/kg）		1000

指标名称	一般企标	AR 级指标
外观	无色或黄色透明液体	液体

d. 用途　适合自由基反应型粘接密封剂作反应性单体、活性稀释剂、改性剂。本品也应用于油墨、木材、塑料、纸张涂层、阻焊油墨等。

（14）四氢糠基丙烯酸酯　别名：四氢呋喃甲醇基丙烯酸酯；丙烯酸四氢糠酯；2-丙烯酸（四氢-2-呋喃基）甲酯；四氢呋喃甲基丙烯酸酯；简称：THFA。

a. 四氢糠基丙烯酸酯化学结构式

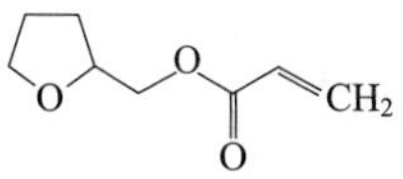

b. 四氢糠基丙烯酸酯物理化学特性　澄清透明液体；分子量156.18；密度（25℃）：1.064g/cm³；闪点98℃；沸点：（760mmHg）249.4℃，（9mmHg）87℃；蒸气压（25℃）：0.023mmHg；折射率（n_D^{20}）1.46。

c. 四氢糠基丙烯酸酯质量指标　见表 1-128。

表 1-128　四氢糠基丙烯酸酯质量指标

指 标 名 称		上海某企业产品	杭州型号 THF-001
外观		—	澄清透明液体
黏度(25℃)/mPa·s		—	5～6
酸值/(mgKOH/g)		—	≤0.5
色度(APHA,铂-钴色号)		—	≤100
纯度/%		≥98.0	—
相对密度	20℃/20℃	1.0650～1.0690	—
	25℃	—	1.06～1.07
折射率	n_D^{20}	1.4560～1.4600	—
	25℃	—	1.4500～1.4600
含水率/%		—	≤0.2
稳定剂	氢醌单甲醚 MEHQ/(mg/kg)	500	≤600
	对苯二酚 HQ/(mg/kg)	500	—

　　d. 用途　在自由基反应体系的密封剂、黏合剂、涂料中起活性稀释剂、增加粘接力的作用。

　　(15) 环三羟甲基丙烷甲缩醛丙烯酸酯

　　a. 环三羟甲基丙烷甲缩醛丙烯酸酯（简称：CTFA）化学结构式

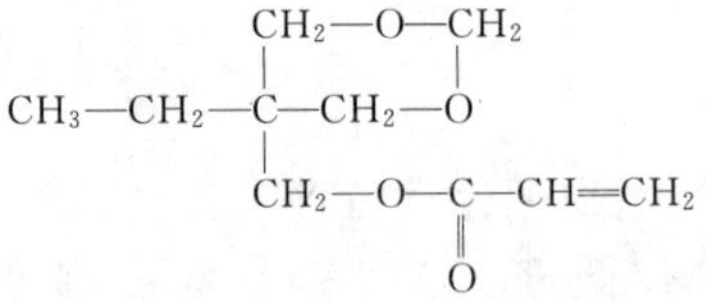

　　b. 环三羟甲基丙烷甲缩醛丙烯酸酯物理化学特性　透明液体至淡黄色液体；低挥发性、耐磨性佳、快速固化、耐化学性良好；分子量 200.23；相对密度（25℃）：1.033～1.090；玻璃化转变温度（T_g）：10℃；闪点 109℃；折射率 1.439～1.4620；表面张力 33.1～35.5dyn/cm。

　　c. 环三羟甲基丙烷甲缩醛丙烯酸酯质量指标　见表 1-129。

表 1-129　环三羟甲基丙烷甲缩醛丙烯酸酯质量指标

指 标 名 称	南通庄园化工有限公司	日本碟理	溧阳市凯信化工原料经营部
外观	—	澄清液体	透明液体
含水量/%	—	≤0.2	≤0.2
色度(APHA,铂-钴色号)	≤30	≤100	≤100
黏度(25℃)/mPa·s	12～20	15～20	15～20
酸值/(mgKOH/g)	≤0.3	≤0.5	≤0.5
阻聚剂(MEHQ)/(mg/kg)	100～300	300～600	300～600

　　d. 用途　在光固化体系中、自由基反应体系中作活性稀释单体，如涂料、油墨、粘接密封剂。建议添加量为总量的 30% 左右。

　　(16) 2-甲氧基乙基丙烯酸酯　别名：乙二醇单甲醚单丙烯酸酯；2-丙烯酸-2-甲氧基乙酯；丙烯酸甲氧基乙酯；简称：MEGA。

　　a. 2-甲氧基乙基丙烯酸酯化学结构式

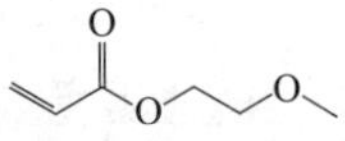

　　b. 2-甲氧基乙基丙烯酸酯物理化学特性　无色或浅黄色液体；分子量 130.1418；密度 0.982g/cm³；闪点 51.8℃；沸点（760mmHg）151.7℃；蒸气压（25℃）3.62mmHg。

　　c. 2-甲氧基乙基丙烯酸酯质量指标　见表 1-130。

表 1-130　成都麦卡希化工有限公司产 2-甲氧基乙基丙烯酸酯质量指标

指 标 名 称	指　标	指 标 名 称	指　标
外观	无色或浅黄色液体	稳定剂(MEHQ)/mg/kg	40～60
红外光谱	与参照物结构一致	纯度/%	≥98.0
折射率(n_D^{20})	1.4250～1.4280	相对密度(20℃/20℃)	1.0110～1.0150

d. 用途　自由基反应型粘接密封剂、涂料等的改性剂、活性稀释剂。

(17) 二环戊二烯甲基丙烯酸酯

a. 二环戊二烯甲基丙烯酸酯（简称：DCPMA）化学结构式[24]

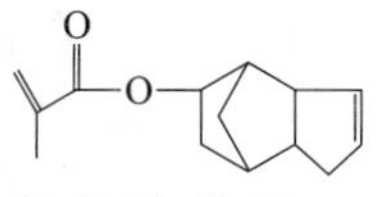

b. 二环戊二烯甲基丙烯酸酯物理化学特性　透明液体；含量不低于 98%；密度 1.100g/cm³；玻璃化转变温度（T_g）：175℃。

c. 二环戊二烯甲基丙烯酸酯质量指标　见表 1-131。

表 1-131　二环戊二烯甲基丙烯酸酯质量指标

指 标 名 称	指　标	指 标 名 称	指　标
色度(Hazen,铂-钴色号)	≤150	黏度(25℃)/mPa·s	12～18

d. 用途　用于自由基反应型粘接密封剂、涂料的改性剂、活性稀释剂。

(18) 甲氧基聚乙二醇甲基丙烯酸酯[25]　别称：α-(2-甲基-2-丙烯酰基)-ω-甲氧基-聚乙二醇，甲氧基聚乙二醇的甲基丙烯酸酯；聚乙二醇甲醚；聚乙二醇甲醚甲基丙烯酸酯；简称：MPEG。

a. 甲氧基聚乙二醇甲基丙烯酸酯化学结构式

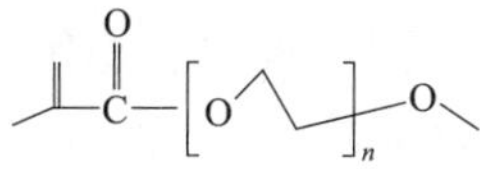

或

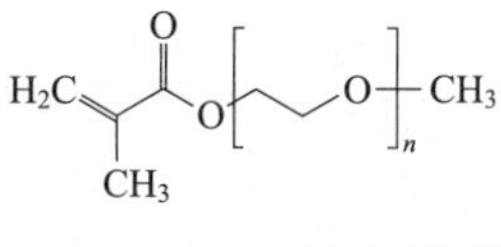

式中乙二醇聚合度 n 范围为：$n=8～33$；理论计算可知：当 $n=8.95$ 时，分子量 $\overline{M}_n$ 为 494，其结构代表的是甲氧基聚乙二醇（350）单甲基丙烯酸酯，简称：MPEG350MA；$n=9$ 时，分子量 $\overline{M}_n$ 为 496，此时产品为"甲氧基聚乙二醇（400）甲基丙烯酸酯，简称：MPEG400MA"。

b. 甲氧基聚乙二醇甲基丙烯酸酯物理化学特性　无色至黄色液体（25℃）；乙二醇聚合度 n：8～33；分子量：$44n+100$；熔点 33～38℃；沸点 54℃；闪点：不低于 110℃；表面张力（20℃）：38.6dyn/cm；折射率（n_D^{20}）：1.496；热分解温度[22]：320℃。

c. 甲氧基聚乙二醇单丙烯酸酯质量指标　见表 1-132。

表 1-132　甲氧基聚乙二醇（350）单丙烯酸酯、甲氧基聚乙二醇（550）单丙烯酸酯质量指标

指 标 名 称	（350）指标	(550)单丙烯酸酯指标
外观(25℃)	无色至黄色液体	无色至黄色液体
黏度(25℃)/mPa·s	22	50
色度(APHA,铂-钴色号)	≤125	≤95

d. 用途　应用于自由基反应型的厌氧胶粘接密封剂、多组分丙烯酸酯基粘接密封剂、

涂料、油墨、树脂、感光材料、乳液、特种聚合物等的制备中以及化学中间体高分子改性。

（19）甲基丙烯酸烯丙酯

a. 甲基丙烯酸烯丙酯化学结构式

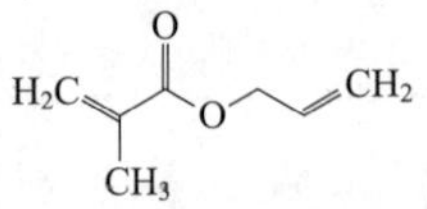

b. 甲基丙烯酸烯丙酯物理化学特性　甲基丙烯酸烯丙酯是一种重要的交联剂，为无色透明液体；可提供第二阶段有效的双功能基交联，具有很好的抗药品性、冲击强度、黏合力、硬度和低缩水性；溶解性（20℃）：（酯在水中的溶解度）0.40%，（水在酯中的溶解度）0.54%；分子量 126.2；密度（20℃）：0.940g/cm³；熔点 −65℃；闪点 34℃；沸点（101.3kPa）：144℃；黏度（20℃）：4.4mPa·s；折射率（RI，20℃）：1.437。

c. 甲基丙烯酸烯丙酯质量指标　见表 1-133。

表 1-133　甲基丙烯酸烯丙酯质量指标

指 标 名 称	指　　标	指 标 名 称	指　　标
纯度/%	≥99.5	色度（Hazen，铂-钴色号）	≤10
酸度（以甲基丙烯酸计）/%	≤0.03	阻聚剂 MEHQ（HPLC）/（mg/kg）	50±5

d. 用途　用作自由基反应的丙烯酸烯酯基粘接密封剂的交联剂，也用于牙科材料、工业涂料，有机硅中间体，抗光剂，光学高分子，弹性体及部分乙烯类、丙烯酸酯类聚合物体系。

（20）甲基丙烯酸十八烷基酯　别名：2-甲基-2-丙烯酸十八烷基酯；异丁烯酸硬脂酸酰；甲基丙烯酸十八酯；甲基丙烯酸硬脂酸酯；硬脂酰基异丁烯酸酯；甲基丙烯酸十八酯 SMA；2-甲基-2-丙烯酸十八烷基酯；甲基丙烯酸硬脂酸酯/甲基丙烯酸十八酯；甲基丙烯酸硬脂酸酯（含稳定剂 MEHQ）；甲基丙烯酸硬脂酸酯（含稳定剂甲氧基氢醌）；甲丙酸硬脂。

a. 甲基丙烯酸十八烷基酯化学结构式

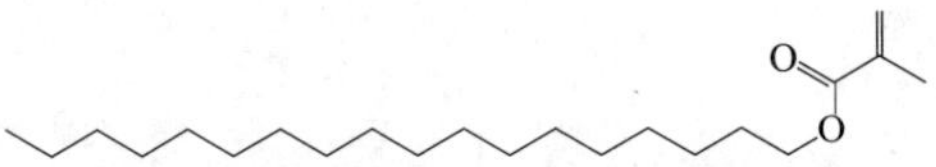

b. 甲基丙烯酸十八烷基酯物理化学特性　透明液体（高于 18℃）或白色固体（低于 20℃）；20℃在水中溶解度 0.08%；分子量 338.58；密度（25℃）：0.864g/cm³；熔点 18～20℃；闪点 190～198℃；沸点（6mmHg）：195℃；折射率 $n_D^{20}=1.451$，$n_D^{25}=1.4503$；T_g 值−100℃；黏度（20℃）：8.21mPa·s。

c. 甲基丙烯酸十八烷基酯质量指标　见表 1-134。

表 1-134　甲基丙烯酸十八烷基酯质量指标

指 标 名 称	参　　数	指 标 名 称	参　　数
外观	透明液体或白色固体	纯度（PSDB 法）/%	≥99.0
酸度（以甲基丙烯酸计）/%	≤0.01	水分/%	≤0.2
阻聚剂（MEHQ）/（mg/kg）	<200	色度（APHA，铂-钴色号）	≤80

d. 用途　可用来制作自由基反应型粘接密封剂，涂料。也作纸张涂层树脂、润滑油添加剂、纺织处理剂等。

（21）甲基丙烯酸缩水甘油酯　别名：甲基丙烯酸失水甘油酯；简称：GMA。

a. 甲基丙烯酸缩水甘油酯化学结构式

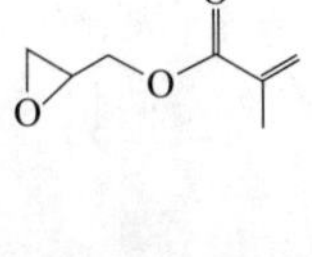

　　b. 甲基丙烯酸缩水甘油酯物理化学特性　　透明液体或白色固体；分子量 142.15；密度 1.095g/cm³；闪点 76.1℃；沸点（760mmHg）：189℃；蒸气压（25℃）：0.582mmHg。

　　c. 甲基丙烯酸缩水甘油酯质量指标　　见表 1-135。

表 1-135　甲基丙烯酸缩水甘油酯质量指标

指 标 名 称	参　　数	指 标 名 称	参　　数
外观	透明液体或白色固体	酸度（以甲基丙烯酸计）/%	≤0.001
纯度（PSDB法）/%	≥99.0	色度（APHA，铂-钴色号）	≤80
水分/%	≤0.2	阻聚剂（MEHQ）/(mg/kg)	<200

　　d. 用途　　用于自由基反应型粘接密封剂的改性，也用于橡胶改性。

　　(22) 甲基丙烯酸异冰片酯　　别名：2-甲基-2-丙烯酸；1,7,7-三甲基二环[2.2.1]庚-2-醇酯；异冰片甲基丙烯酸酯；甲基丙烯酸异冰片酸酯；简称：IBOMA。

　　a. 甲基丙烯酸异冰片酯化学结构式

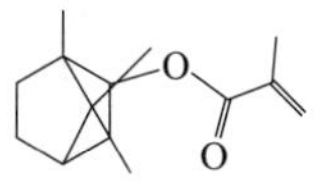

　　b. 甲基丙烯酸异冰片酯物理化学特性　　无色透明液体；不溶于水；分子量 222.3；密度（20℃）：0.980g/cm³；熔点－50℃；闪点 127℃；沸点（0.93kPa）：117℃；黏度（20℃）：8.5mPa·s；折射率（RI，20℃）：1.477。

　　c. 甲基丙烯酸异冰片酯质量指标　　见表 1-136。

表 1-136　甲基丙烯酸异冰片酯质量指标

指 标 名 称	参　　数	指 标 名 称	参　　数
色度（Hazenb，铂-钴色号）	≤30	纯度/%	≥98.5
酸度（以甲基丙烯酸计）/%	≤0.05	水含量/%	≤0.03
阻聚剂 MEHQ（HPLC）/(mg/kg)	50±5		

　　d. 用途　　IBOMA 可作为自由基反应型粘接密封剂的改性剂、活性稀释剂。也适用于制造高 T_g 的热塑性丙烯酸树脂，制造软塑料薄膜涂层。

1.19.2　双酯单体

　　(1) 甲基丙烯酸双酯　　别名：甲基丙烯酸乙酰乙酰氧基乙酯；甲基丙烯酸乙酰乙酸乙二醇双酯；2-[(2-甲基-1-氧基-2-丙烯基)氧]乙基 3-氧基丁酸酯；简称：AAEM。

　　a. AAEM 化学结构式[26]

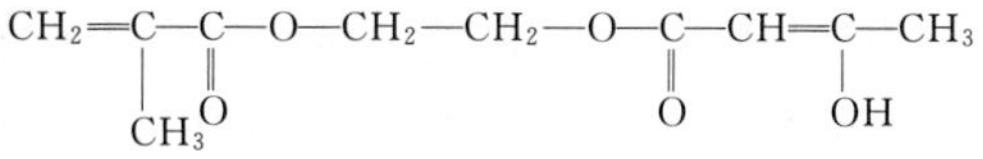

　　b. AAEM 物理化学特性　　浅黄色透明液体；易溶于大部分有机溶剂；分子量 214.22；相对密度（25℃/25℃）：1.12；闪点（开杯）：134℃；抑制剂（BHT）含量 300mg/kg；黏度（25℃）：6.8mPa·s。

　　c. AAEM 产品质量指标　　见表 1-137。

表 1-137　AAEM 产品质量指标

性 能 名 称	参　　数	性 能 名 称	参　　数
外观	浅黄色透明液体	含量/%	≥95.0
色度（Hazen，铂-钴色号）≤	2	甲基丙烯酸含量/%	≤0.5

　　d. 用途　　AAEM 与其改性物均可作厌氧密封剂的单体、活性稀释剂。也可用来合成高

固含量的液体丙烯酸树脂以及低 VOC 工业和建筑涂料用丙烯酸乳液。用作室温固化丙烯酸乳液的单体。

（2）乙二醇二甲基丙烯酸酯　别名：乙二醇二（甲基丙烯酸）酯；甲基丙烯酸乙二醇酯；2-甲基-2-丙烯酸-1,2-乙二醇酯；二甲基丙烯酸乙二醇酯；简称：EDMA。

a. 乙二醇二甲基丙烯酸酯化学结构式

$$\underset{\underset{O}{\|}}{\overset{CH_3}{\underset{|}{}}}\;H_2C \!=\! C-C-O-CH_2-CH_2-O-C-C \!=\! CH_2$$

b. 乙二醇二甲基丙烯酸酯物理化学特性　无色透明至淡黄色液体，可燃；受热分解刺激烟雾；溶于水；分子量 198.22；密度（20℃）：1.051g/cm³；蒸气密度（与空气比）：大于 1；蒸气压（21.1℃）：小于 0.1mmHg；熔点 −40℃；沸点：（0.67kPa）98～100℃，（0.53kPa）97℃；闪点（开杯）：116℃；黏度（25℃）：6mPa·s；折射率：$n_D^{20}=1.4540$，$n_D^{25}=1.4519$；中等毒性，经口大鼠 LD_{50} 为 3300mg/kg，经口小鼠 LD_{50} 为 2000mg/kg。

c. 乙二醇二甲基丙烯酸酯的质量指标　见表 1-138 和表 1-139。

表 1-138　乙二醇二甲基丙烯酸酯的质量指标

指 标 名 称	成都艾科	成都贝斯	烟台
外观	无色透明至淡黄色液体		—
色度（APHA,铂-钴色号）	—	—	≤100
黏度/mPa·s	—	—	6
表面张力/(dyn/cm)	—	—	33.1
纯度/%	≥98.0	≥98.0	≥98
折射率（n_D^{20}）	1.4530～1.4550	1.4530～1.4550	—
相对密度（20℃/20℃）	1.0510～1.0540	1.0510～1.0540	—
酸度（MAA 计）/%	≤0.5	≤0.5	≤0.1
稳定剂（MEHQ）含量/(mg/kg)	90～110	90～110	300±50
红外光谱鉴别	—	和对照品匹配	—
储存条件	密封 4℃避光保存		

表 1-139　溧阳市凯信化工原料经营部及日本产乙二醇二甲基丙烯酸酯的质量指标

指 标 名 称	参 数	指 标 名 称	参 数
外观	—	纯度/%	≥98
色度（APHA,铂-钴色号）	≤100	酸度（MAA 计）/%	≤0.1
黏度（25℃）/mPa·s	6	稳定剂（MEHQ）含量/(mg/kg)	300±50
表面张力/(dyn/cm)	33.1		

d. 用途　用作自由基反应型的丙烯酸基粘接密封剂的单体和单体改性剂、活性稀释剂。也用作油墨、光学聚合物的交联剂、人造大理石、牙科材料、乳液共聚物、造纸、橡胶过氧硬化改性剂等方面。

（3）二缩三丙二醇双丙烯酸酯　别名：二缩三丙二醇双丙烯酸酯；简称：TPGDA。

a. TPGDA 化学结构式

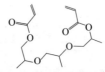

b. TPGDA 物理化学特性　气味型无色或微黄色透明液体；不溶于水，可溶于芳烃溶剂；分子量 300.35；密度 1.03 g/cm³；沸点（760 mmHg）：368.9℃。

c. TPGDA 质量指标　见表 1-140。

表 1-140　TPGDA 质量指标

指 标 名 称	参 数	指 标 名 称	参 数
酯含量/%	＞95	水分/%	＜0.1
密度(25℃)/(g/cm³)	1.030	阻聚剂(MEHQ)/(mg/kg)	200±50
酸值/(mgKOH/g)	＜1	黏度(25℃)/mPa·s	10～20

　　d. 用途　可作为多组分自由基反应型丙烯酸基粘接密封剂及厌氧密封黏结剂的单体、活性稀释剂和改性剂。也作为活性稀释剂用于 UV 及 EB 的辐射交联中。

　　(4) 聚丙二醇二甲基丙烯酸酯

　　a. 化学结构式

$$\underset{\substack{\|\\O}}{\overset{\substack{H_2C\\\|}}{Me-C-C}}\overset{O}{}\Bigl[-O-(C_3H_6)-\Bigr]_n O\overset{\substack{O\ \ CH_2\\\|\ \ \|}}{-C-C-Me}$$

　　b. 聚丙二醇二甲基丙烯酸酯物理化学特性　低黏度透明液体;密度 (25℃):1.01g/cm³;折射率 n_D^{20}:1.452。

　　c. 聚丙二醇二甲基丙烯酸酯质量指标　见表 1-141。

表 1-141　聚丙二醇二甲基丙烯酸酯质量指标

指 标 名 称	参 数
含量/%	≥98
沸点(1mmHg)/℃	≥200
闪点/(℃/℉)	≥110/230

　　d. 用途　用作厌氧密封粘接剂的单体、优良活性稀释剂 (溶剂)、改性剂。

　　(5) 三乙二醇二甲基丙烯酸酯　别名:涤纶色母粒;二缩三乙二醇双甲基丙烯酸酯;甲基丙烯酸二缩乙二醇酯;三甘醇二-2-甲基丙烯酸酯;聚三乙二醇二甲基丙烯酸酯;黑色 PET;黑色涤纶母粒;聚酯树脂;简称:TEGDMA。

　　a. TEGDMA 化学结构式

$$\underset{CH_3}{\overset{O}{\underset{\|}{\overset{\|}{H_2C=C-C-O-CH_2CH_2-O-CH_2CH_2-O-CH_2CH_2-O-C-C}}}}\overset{CH_3}{\underset{}{=CH_2}}$$

　　b. TEGDMA 物理化学特性　无色透明液体;溶于水,水中溶解度 (20℃):2.22%;分子量 286.3;密度 (25℃):1.092g/cm³;熔点-52℃;闪点 167℃;沸点:(5mmHg) 170～172℃,(760mmHg) 335.5℃;酸度 (以甲基丙烯酸计):0.5%;折射率 (n_D^{20}):1.461;阻聚剂 (MEHQ) 含量 200mg/kg;毒性 (LD$_{50}$ 剂量):10800mg/kg;保存条件:常温、密封、避光。

　　c. TEGDMA 的质量指标　见表 1-142。

表 1-142　TEGDMA 的质量指标

指 标 名 称	指 标	指 标 名 称	指 标
外观	液体	相对密度(20℃/20℃)	1.0740～1.0780
红外光谱	符合对照物光谱	折射率(n_D^{20})	1.4600～1.4620
纯度/%	≥95.0		

　　d. TEGDMA 用途　广泛用作厌氧胶的单体、丙烯酸基粘接密封剂的单体、活性稀释剂、改性剂等。也用于塑料改性、涂料、油墨、皮革处理、纸张加工助剂、光学材料、牙科等医用材料等。

　　(6) 聚乙二醇 (200) 二甲基丙烯酸酯 (简称:PEG200DMA)

a. PEG200DMA 化学结构式

b. 物理化学特性 透明液体（高于38℃），低黏度，无腐蚀，低蒸气压，快速固化；分子量（$\overline{M}_n$）384；聚合度 n：5.227；密度（25℃）：1.081g/cm³；熔点 33～38℃；闪点（闭杯）：150℃；沸点：1kPa 下高于 200℃；100kPa 下高于 300℃；折射率（n_D^{25}）：1.4612。

c. 杭州产型号为 PEGM-042、烟台产 PEG200DMA 质量指标 见表 1-143。

表 1-143 PEG200DMA 聚乙二醇（200）二甲基丙烯酸酯产品质量指标

指 标 名 称	丹维指标	烟台指标	指 标 名 称	丹维指标	烟台指标
外观(25℃)	透明液体	—	含水率/%	≤0.2	—
表面张力/(dyn/cm)	—	37.2	色度(APHA,铂-钴色号)	≤60	≤40
黏度(25℃)/mPa·s	30～70	15	折射率 n_D^{25}	—	1.4612
酸值/(mgKOH/g)	≤0.5		酸度(MAA 计)/%		<0.1
密度(25℃)/(g/cm³)	1.07～1.09	—	酯含量/%		≥98
阻聚剂/(mg/kg)	1.07～1.09	300±50			

d. PEG200DMA 用途 用作多组分自由基反应型丙烯酸基粘接密封剂及厌氧粘接密封剂的单体、改性剂、活性稀释剂。

（7）二乙二醇二甲基丙烯酸酯 别称：二甘醇二甲基丙烯酸酯；二甲基丙烯酸二乙醇酯；2-甲基-2-丙烯酸二甘（醇）酯；一缩乙二醇二甲基丙烯酸酯；二乙二醇二甲基丙烯酸酯（含稳定剂甲氧基氢醌）；二甲基丙烯酸二乙二醇酯；二甲基丙烯酸二乙醇酯/二甘醇二甲基丙烯酸酯；简称：DEGDMA。

a. 二乙二醇二甲基丙烯酸酯化学结构式

b. 二乙二醇二甲基丙烯酸酯物理化学特性 无色至黄色液体，属交联型甲基丙烯酸酯类；分子量 242.27；20℃水中的溶解度 0.50%；密度（25℃）：1.064～1.082g/cm³；玻璃化温度 T_g：66℃；闪点（开杯）：145℃；沸点：（2mmHg）134℃，（3.04mmHg）130℃；折射率：（n_D^{25}）1.4568，（n_D^{20}）1.458；黏度 5mPa·s。

c. 二乙二醇二甲基丙烯酸酯质量指标 见表 1-144 和表 1-145。

表 1-144 二乙二醇二甲基丙烯酸酯质量指标（一）

指 标 名 称	成都 AR 级	烟 台
外观	无色至黄色液体	—
色度(APHA,铂-钴色号)	—	<100
黏度/mPa·s	—	8
表面张力/(dyn/cm)	—	34.8
玻璃化温度 T_g/℃	—	66
纯度/%	≥96.0	≥99.0
折射率(n_D^{20})	1.4580～1.4610	—
相对密度(20℃/20℃)	1.0660～1.0690	—
酸度(MAA 计)/%	≤0.5	≤0.1
稳定剂（MEHQ)含量/(mg/kg)	300	100±5
水含量/%	—	≤0.03
红外光谱鉴别	与对照物符合	—
核磁谱鉴别	与对照物符合	—

表 1-145　二乙二醇二甲基丙烯酸酯质量指标（二）

指 标 名 称	东莞远程科技有限公司	南通庄园化工有限公司符合欧盟标准的指标
外观	浅黄色透明液体	—
色度（APHA，铂-钴色号）	—	≤10
黏度/mPa·s	5～10	≤5.0
玻璃化温度 T_g/℃		66
折射率（n_D^{20}）	1.4580～1.4610	1.4607
密度/(g/cm³)	—	1.061
酸值/(mgKOH/g)	≤0.1	≤0.5
稳定剂（MEHQ-对羟基苯甲醚）含量/(mg/kg)	200	300

d. 二乙二醇二甲基丙烯酸酯用途　用作自由基反应型丙烯酸酯基粘接密封剂及厌氧粘接密封剂的单体、交联剂、活性稀释剂、改性剂；橡胶硫化剂；橡胶及合成树脂的改性剂；丙烯酸涂料固化剂、活性稀释剂、改性剂。

（8）三乙二醇二甲基丙烯酸酯　别名：双甲基丙烯酸二缩乙二醇酯；涤纶色母粒；二缩三乙二醇双甲基丙烯酸酯。

a. 三乙二醇二甲基丙烯酸酯化学结构式

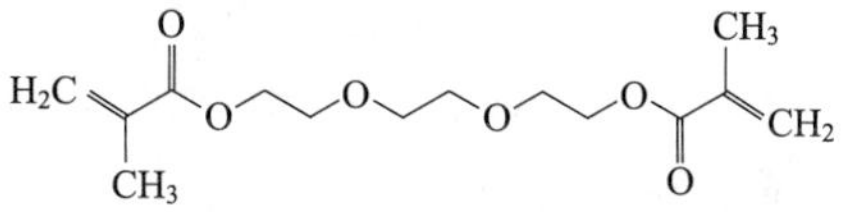

b. 三乙二醇二甲基丙烯酸酯物理化学特性　无色透明液体；20℃在水中溶解度：2.22%；分子量286.33；密度（25℃）：1.092g/cm³；熔点-56℃；闪点：（开杯）164～167℃，（闭杯）59℃；沸点（5mmHg）：170～172℃；黏度（20℃）：10.2mPa·s；蒸气压（162℃）：2.7hPa；表面张力36.5dyn/cm；折射率（n_D^{20}）：1.4600～1.461；毒性（LD_{50}剂量）10800mg/kg；在运输中切忌日光直射。贮存应在洁净、干燥、阴凉的库房2～8℃。

c. 三乙二醇二甲基丙烯酸酯质量指标　见表1-146和表1-147。

表 1-146　成都、上海两地试剂三乙二醇二甲基丙烯酸酯质量指标

指 标 名 称	参 数	指 标 名 称	参 数
外观	液体	相对密度（20℃/20℃）	1.0740～1.0780
红外光谱	一致	折射率（n_D^{20}）	1.4600～1.4620
纯度/%	≥95.0	对苯二酚稳定剂含量/(mg/kg)	60～100

表 1-147　南京产三乙二醇二甲基丙烯酸酯质量指标

指 标 名 称	参 数	指 标 名 称	参 数
酯含量/%	＞98	酸度（以甲基丙烯酸计）/%	＜0.5
水分/%	＜0.3	对苯二酚稳定剂含量/(mg/kg)	200
色度（APHA，铂-钴色号）	＜100		

d. 三乙二醇二甲基丙烯酸酯用途　广泛用作自由基反应型多组分丙烯酸酯基粘接密封剂及厌氧胶的单体、改性剂、活性稀释剂、交联剂等，也用作塑料改性、涂料、油墨、皮革处理、纸张加工助剂、光学材料、牙科等医用材料等。

（9）聚二甲基丙烯酸乙二醇酯　别名：α-(2-甲基-1-氧代-2-丙烯基)-ω-[(2-甲基-1-氧代-2-丙烯基)氧]聚氧-1,2-乙二烷基。

a. 聚乙二醇200双异辛酸酯化学结构式

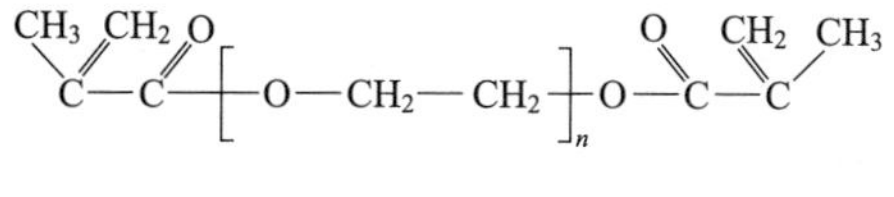

当 $n=6.7727$ 时结构式为:

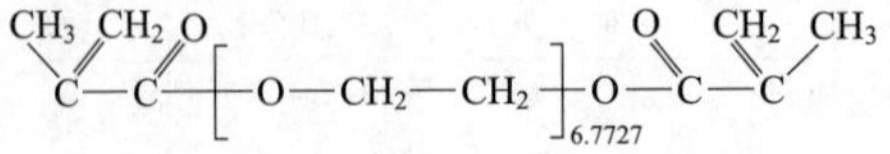

b. 聚乙二醇 200 双异辛酸酯物理化学特性　低黏度液体;聚合度 (n):6.7727;分子量 ($\overline{M}_n$) 452;相对密度 (25℃):1.095;闪点 (闭杯):150℃;沸点 (0.5kPa):不低于200℃;折射率 (n_D^{25}):1.4502;密闭并贮存在阴凉避光处。

c. 聚乙二醇 200 双异辛酸酯产品质量指标　见表 1-148。

表 1-148　烟台云开化工有限责任公司产聚乙二醇 200 双异辛酸酯企业质量指标

指 标 名 称	参 数	指 标 名 称	参 数
酯含量/%	>98	表面张力/(dyn/cm)	39.2
色度(APHA,铂-钴色号)	<150	酸度(MAA 计)/%	<0.1
黏度(25℃)/mPa·s	24	阻聚剂/(mg/kg)	50±10

d. 聚乙二醇 200 双异辛酸酯用途　用作自由基反应型多组分丙烯酸酯基粘接密封剂及厌氧粘接密封剂的活性稀释剂、反应性单体、改性剂、增塑剂。

(10) 二缩三乙二醇二甲基丙烯酸酯　别名:三乙二醇二甲基丙烯酸酯;甲基丙烯酸二缩乙二醇酯;涤纶色母粒;二缩三乙二醇双甲基丙烯酸酯。

a. 二缩三乙二醇二甲基丙烯酸酯化学结构式

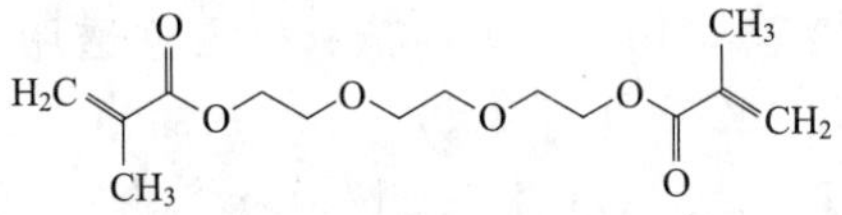

b. 二缩三乙二醇二甲基丙烯酸酯物理化学特性　无色透明液体;分子量 286.32;密度(25℃):1.081g/cm³;熔点 (25℃):−56℃;闪点 (闭杯):59℃;沸点 (0.5kPa):170℃;折射率 (n_D^{25}):1.4600。

c. 二缩三乙二醇二甲基丙烯酸酯产品质量指标　见表 1-149。

表 1-149　二缩三乙二醇二甲基丙烯酸酯产品企业质量指标

指 标 名 称	武汉指标	烟台指标	美国沙多玛(sartomer)型号 SR205NS 指标典型值
色度(APHA)/号	<40	<100	25
黏度(25℃)/mPa·s	11	8	11
表面张力/(dyn/cm)	36.5	34.8	36.5
玻璃化温度 T_g/℃	—	—	−7.6
酯含量/%	≥98.0	>98	
折射率(n_D^{20})	1.4580~1.4610		1.458
酸度(MAA 计)/%	≤0.1	<0.1	
稳定剂 (MEHQ)含量/(mg/kg)	300±50	300±50	—

d. 二缩三乙二醇二甲基丙烯酸酯用途　用作厌氧粘接密封剂、合成丙烯酸树脂的单体、改性剂、活性稀释剂。

(11) 三缩四乙二醇二甲基丙烯酸酯　别名:四乙二醇二甲基丙烯酸酯;四甘醇二-2-甲基丙烯酸酯;二甲基丙烯酸三缩四乙二醇酯;简称:TEGDMA。

a. 三缩四乙二醇二甲基丙烯酸酯化学结构式

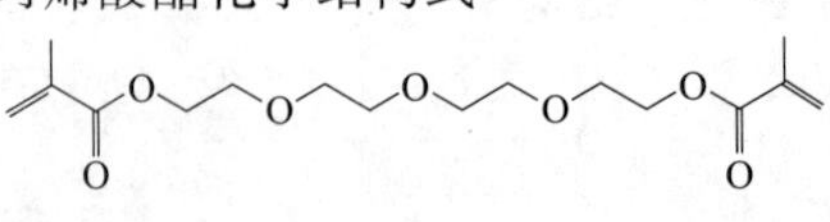

b. 三缩四乙二醇二甲基丙烯酸酯物理化学特性　透明液体；分子量 330.37；密度（25℃）：$1.077\sim1.082g/cm^3$；色度（APHA，铂-钴色号）：30；黏度（25℃）：14mPa·s；玻璃化温度 T_g：$-8.4℃$；沸点 220℃；表面张力 37.8mN/m；酸度（MAA 计）：不大于 0.1%；折射率（n_D^{25}）：$1.4587\sim1.463$。

c. 烟台、上海以及美国沙多玛（Sartomer）产三缩四乙二醇二丙烯酸酯企业质量标准见表 1-150。

表 1-150　三缩四乙二醇二丙烯酸酯企业质量标准

指 标 名 称	指　　标	指 标 名 称	指　　标
酯含量/%	>98	表面张力/(dyn/cm)	37.8
色度(APHA,铂-钴色号)	<60	酸度(MAA 计)/%	<0.1
黏度(25℃)/mPa·s	14	阻聚剂/(mg/kg)	300±50

d. 用途　用作自由基反应型粘接密封剂、丙烯酸涂料的反应性单体、活性稀释剂、改性剂；也用于橡胶制品、电绝缘 PVC、PVC 塑熔密封胶和补齿胶。

（12）1,3-丁二醇二甲基丙烯酸酯

a. 1,3-丁二醇二甲基丙烯酸酯化学结构式

b. 1,3-丁二醇二甲基丙烯酸酯物理化学特性　透明液体；分子量 226.27；密度（25℃）：$1.013\sim1.023g/cm^3$；色度（APHA，铂-钴色号）：30；酸度（MAA 计）：不大于 0.1%；表面张力 37.8mN/m；玻璃化温度 T_g：$-8.4℃$；闪点（开杯）130℃；沸点：（0.1MPa）290℃，（0.4kPa）110℃；黏度（25℃）：14mPa·s；折射率（n_D^{25}）：1.4500。

c. 1,3-丁二醇二甲基丙烯酸酯质量指标　见表 1-151 和表 1-152。

表 1-151　山东西亚产 1,3-丁二醇二甲基丙烯酸酯企业质量指标

指 标 名 称	参　　数	指 标 名 称	参　　数
外观	无色液体	色度(APHA,铂-钴色号)	≤100
水分/%	≤0.1	纯度(酯含量)/%	≥95.0
相对密度	1.0130~1.0150	折射率(n_D^{20})	1.4510~1.4540
红外光谱鉴别	与对照物相符		

表 1-152　烟台产 1,3-丁二醇二甲基丙烯酸酯企业质量指标

指 标 名 称	参　　数	指 标 名 称	参　　数
黏度(25℃)/mPa·s	7	阻聚剂/(mg/kg)	300±50
表面张力/(dyn/cm)	31.5	色度(APHA,铂-钴色号)	<300
酸度(MAA 计)/%	<0.1	纯度(酯含量)/%	>98

d. 用途　用作自由基反应型粘接密封剂的反应性单体、改性剂、活性稀释剂；也用作橡胶、塑料助交联剂；橡胶及合成树脂改性剂；也用于塑溶胶；丙烯酸酯片材黏合剂等方面。

（13）1,4-丁二醇二甲基丙烯酸酯　别名：2-甲基-2-丙烯酸-1,4-丁二醇酯；二甲基丙烯酸 1,4-丁二醇酯。

a. 1,4-丁二醇二甲基丙烯酸酯化学结构式

b. 1,4-丁二醇二甲基丙烯酸酯物理化学特性　清澈，轻微发黄透明液体，有类似酯气

味；分子量 226.27；密度（25℃）：1.023g/cm^3；熔点：-117℃；闪点（闭杯）：不低于 115℃；沸点：（0.76mmHg）不低于 250℃，（760mmHg）284.8℃；蒸气密度（与空气比）：2.09；蒸气压（25℃）：430mmHg；折射率（n_D^{20}）：1.456。

　　c. 烟台产 1,4-丁二醇二甲基丙烯酸酯产品质量指标　见表 1-153。

表 1-153　1,4-丁二醇二甲基丙烯酸酯产品质量指标

指 标 名 称	指　标	指 标 名 称	指　标
酯含量/%	≥98	表面张力/(dyn/cm)	34.1
色度(APHA,铂-钴色号)	≤200	酸度(MAA 计)/%	≤0.1
黏度(25℃)/mPa·s	7	阻聚剂/(mg/kg)	300±50

　　d. 1,4-丁二醇二甲基丙烯酸酯用途　广泛用作自由基反应型丙烯酸酯基粘接密封剂、厌氧粘接密封剂的单体、改性剂、活性稀释剂。还可用于塑料、橡胶，牙科材料，电线电缆涂层。

　　(14) 1,6-己二醇二甲基丙烯酸酯

　　a. 1,6-己二醇二甲基丙烯酸酯化学结构式

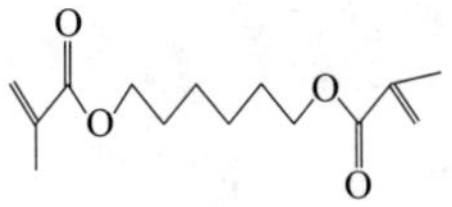

　　b. 1,6-己二醇二甲基丙烯酸酯物理化学特性　透明液体，具有疏水性主链结构；分子量 254；密度（25℃）：0.997g/cm^3；闪点（闭杯）：不低于 110℃；沸点：334.2℃（760mmHg）；折射率（n_D^{25}）：1.459。

　　c. 烟台云开化工有限责任公司产 1,6-己二醇二甲基丙烯酸酯质量指标　见表 1-154。

表 1-154　1,6-己二醇二甲基丙烯酸酯质量指标

指 标 名 称	参　数	指 标 名 称	参　数
酯含量/%	>98	酸度(MAA 计)/%	<0.1
色度(APHA,铂-钴色号)	<100	阻聚剂/(mg/kg)	300±50
黏度(25℃)/mPa·s	8	表面张力/(dyn/cm)	34.3

　　d. 用途　用作自由基反应型丙烯酸粘接密封剂及厌氧粘接密封剂、塑料的单体、改性剂、活性稀释剂，也用于纺织品、橡胶、共性改聚物、注塑件。

　　(15) 新戊二醇二甲基丙烯酸酯

　　a. 新戊二醇二甲基丙烯酸酯化学结构式

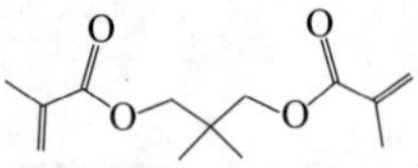

　　b. 新戊二醇二甲基丙烯酸酯物理化学特性　透明液体；分子量 240；密度（25℃）：1.000g/cm^3；闪点（开杯）：125℃；沸点（0.13kPa）：114℃；折射率（n_D^{25}）：1.4514。

　　c. 烟台产新戊二醇二甲基丙烯酸酯质量指标　见表 1-155。

表 1-155　新戊二醇二甲基丙烯酸酯质量指标

指 标 名 称	参　数	指 标 名 称	参　数
酯含量/%	>98	酸度(MAA 计)/%	<0.1
色度(APHA,铂-钴色号)	<100	阻聚剂/(mg/kg)	200±80
黏度(25℃)/mPa·s	8	表面张力/(dyn/cm)	31.9

　　d. 用途　用作自由基反应型丙烯酸类粘接密封剂的单体、改性剂、活性稀释剂，也可

用于合成树脂改性、塑熔胶、涂料、橡胶制品、建筑材料等方面。

（16）1,4-环己烷二甲醇二丙烯酸酯　别名：环己烷二甲醇二丙烯酸酯；简称：CHDM-DA。

a. 1,4-环己烷二甲醇二丙烯酸酯化学结构式

$$CH_2=CH-\overset{\overset{\displaystyle O}{\|}}{C}-O-CH_2-\bigcirc-CH_2-O-\overset{\overset{\displaystyle O}{\|}}{C}-CH=CH_2$$

b. 1,4-环己烷二甲醇二丙烯酸酯物理化学特性　白色固体（25℃）；分子量 252.3；熔点 75～80℃；玻璃化温度（T_g）：110℃。

c. 1,4-环己烷二甲醇二丙烯酸酯质量指标　见表 1-156。

表 1-156　1,4-环己烷二甲醇二丙烯酸酯质量指标

指 标 名 称	参 数
外观	白色固体
纯度/%	≥99
熔点/℃	75～80

d. 用途　自由基反应体系中的丙烯酸酯基粘接密封剂、厌氧性粘接密封剂、涂料等的改性剂。

（17）聚乙二醇二丙烯酸酯　别名：α-(1-氧代-2-丙烯基)-ω-[(1-氧代-2-丙烯基)氧基]聚（氧-1,2-乙二基）；聚乙二醇二丙烯酸酯；聚乙烯醇酯；A-(1-氧代-2-丙烯基)-Ω-[(1-氧代-2-丙烯基)氧基]聚（氧-1,2-乙二基）；聚乙二醇丙烯酸酯（+4℃）；A,Ω-二丙烯酸酯基聚乙二醇；聚乙二醇二丙烯酸酯分子量 1000；聚乙二醇二丙烯酸酯分子量 3400；简称：PEGDA；PEG200DA（$n=4$）；PEG400DA（$n=9$）；PEG600DA（$n=14$）；PEG1000DA（$n=23$）。

a. 聚乙二醇二丙烯酸酯化学结构式

$$H_2C=CH-\overset{\overset{\displaystyle O}{\|}}{C}-(OCH_2CH_2)_n O-\overset{\overset{\displaystyle O}{\|}}{C}-CH=CH_2$$

式中聚合度 n 不同，会有不同的产品，例如：$n=4$ 产品名称为"聚乙二醇（200）二丙烯酸酯"n 与部分产品名称的对应关系详见聚乙二醇二丙烯酸酯物理化学特性。

b. 聚乙二醇二丙烯酸酯物理化学特性　具有水溶性，由液体至白色粉末（分子量为 2000 以上的产品），其物化参数见表 1-157。

表 1-157　聚乙二醇二丙烯酸酯物理化学特性

性 能 名 称	聚乙二醇(200)二丙烯酸酯	聚乙二醇(400)二丙烯酸酯	聚乙二醇(600)二丙烯酸酯	聚乙二醇(1000)二丙烯酸酯
乙二醇链段聚合度 n	$n=4$	$n=9$	$n=14$	$n=23$
分子量	302	522.0	742	1158
熔点/℃	12～17	12～17	12～17	12～17
黏度(25℃)/mPa·s	25	57	90	—
色度(APHA，铂-钴色号)	60	35	100	—
表面张力(20℃)/(dyn/cm)	41.3	42.6	43.7	—
玻璃化温度(T_g)/℃	—	3	—42	—
密度（25℃)/(g/cm³)	—	—	1.12	—
折射率(n_D^{20})	—	—	1.47	—
闪点/°F	—	—	347	—
溶解性	—	—	可溶于水	—

c. 聚乙二醇二丙烯酸酯质量指标　见表 1-158 和表 1-159。

表 1-158　成都、上海产聚乙二醇二丙烯酸酯质量指标

指 标 名 称	聚乙二醇二丙烯酸酯	聚乙二醇(200)二丙烯酸酯	聚乙二醇(400)二丙烯酸酯	聚乙二醇二丙烯酸酯
外观	液体	液体	液体	液体
乙二醇链段聚合度 n	$n=3$	$n=4$	$n=9$	$n=10$
分子量($\overline{M}_n$)	258	302	522.0	575
稳定剂/(mg/kg)	100(MEHQ)	不详	>400(MEHQ)	400~600(MEHQ)
折射率(n_D^{20})	1.463	1.4639	1.4655	1.467
纯度/%	≥98	≥98	≥98	≥98
熔点/℃	12~17			
闪点/℉	347	347	347	200
密度(25℃)/(g/cm³)	1.11	1.12	1.12	1.12
黏度(25℃)/mPa·s	—	15~30	40~70	57
色度(APHA,铂-钴色号)	—	≤30	≤30	—
表面张力/(dyn/cm)	—	41.3	42.6	—
玻璃化转变温度(T_g)/℃	—	23	3	—
水溶性	可溶	可溶	可溶	可溶

表 1-159　聚乙二醇二丙烯酸酯产品质量指标

指 标 名 称	聚乙二醇二丙烯酸酯	聚乙二醇(600)二丙烯酸酯	聚乙二醇(1000)二丙烯酸酯
外观	液体	液体	液体
乙二醇链段聚合度 n	$n=13$	$n=14$	$n=23$
分子量($\overline{M}_n$)	700	742	1158
稳定剂/(mg/kg)	100(MEHQ)及300(BHT)	不详	不详
折射率(n_D^{20})	1.47	—	—
纯度/%	≥98	≥98	≥99
闪点/℉	≥230	—	—
密度(25℃)/(g/cm³)	1.12	—	—
水溶性	可溶	可溶	可溶

另有产地如杭州、南京、江苏、烟台产聚乙二醇（400）二丙烯酸酯产品企标质量指标与表 1-159 基本一致。

d. 用途　可用作自由基反应型粘接密封剂的交联剂、单体、改性剂、活性稀释剂，高分子材料表面改性剂和活性大单体，广泛用于水凝胶材料的制备。

(18) 1,4-丁二醇二丙烯酸酯　别名：丁二醇双丙烯酸酯；1,4-丁二醇二丙烯酸酯；二丙烯酸-1,4-丁二酯；1,4-丁二醇二丙烯酸酯（含稳定剂甲氧基氢醌）；1,4-双（丙烯酰氧基）丁烷（含稳定剂 MEHQ）；简称：BDDA。

a. 1,4-丁二醇二丙烯酸酯化学结构式

b. 1,4-丁二醇二丙烯酸酯物理化学特性　液体；分子量 198.22；密度（25℃）1.051g/cm³；熔点 −7℃；玻璃化转变温度（T_g）：45℃；沸点（0.3mm Hg）：83℃；闪点 110℃；表面张力 36.2dyn/cm；黏度（25℃）：8mPa·s；折射率（n_D^{20}）：1.456。

c. 1,4-丁二醇二丙烯酸质量指标　见表 1-160。

表 1-160　1,4-丁二醇二丙烯酸质量指标

指 标 名 称	参　　数	指 标 名 称	参　　数
外观	透明液体	熔点/℃	−7
色度(APHA,铂-钴色号)	≤50	沸点(0.3mmHg)/℃	83
密度(25℃)/(g/cm³)	1.051	闪点/(℉/℃)	>(230 /110)
折射率(n_D^{20})	1.456		

d. 用途　可作为自由基反应型粘接密封剂的交联剂、单体、改性剂、活性稀释剂，高分子材料表面改性剂和活性大单体，广泛用于水凝胶材料、油墨、涂料、乳胶涂料的制备。

(19) 2-甲基-1,3-丙二醇二丙烯酸酯

a. 2-甲基-1,3-丙二醇二丙烯酸酯（简称：MPODA）化学结构式

$$CH_2=CH-C-O-CH_2-\underset{CH_3}{\overset{}{CH}}-CH_2-O-C-CH=CH_2$$

b. 2-甲基-1,3-丙二醇二丙烯酸酯物理化学特性　2-甲基-1,3—丙二醇二丙烯酸酯（MPODA）是一种低挥发，双官能、低黏度的透明液体状单体，低挥发性、高活性并具有良好的耐候性、耐化学品性、附着力；分子量198 。

c. 江苏产 2-甲基-1,3-丙二醇二丙烯酸酯质量指标　见表 1-161。

表 1-161　2-甲基-1,3-丙二醇二丙烯酸酯质量指标

指 标 名 称	参　　数	指 标 名 称	参　　数
外观	透明液体	密度(25℃)/(g/cm³)	1.04~1.06
水分/%	≤0.2	黏度(25℃)/mPa・s	5~10
酸值/(mgKOH/g)	≤0.5	阻聚剂 MEHQ/(mg/kg)	400
色度(APHA,铂-钴色号)	≤80		

d. 用途　用作 UV 固化的自由基反应型粘接密封剂的单体、活性稀释剂、改性剂、交联剂。

(20) 新戊二醇二丙烯酸酯　别名：二丙烯酸新戊二醇酯；2,2-二甲基-1,3-丙烷二基二丙烯酸酯；2-丙烯酸-2,2-二甲基-1,3-丙二酯；新戊二醇二丙烯酸酯（含稳定剂甲氧基氢醌）；戊二醇双丙烯酸酯；新戊二醇二丙烯酸酯（含稳定剂 MEHQ）；简称：NPGDA。

a. 新戊二醇二丙烯酸酯化学结构式

b. 新戊二醇二丙烯酸酯物理化学特性　新戊二醇二丙烯酸酯常态下为低黏度液体，是双官能度功能单体；易溶于低碳醇、芳香烃等有机溶剂，不溶于水；分子量212.24；密度(25℃)：1.031g/cm³；闪点110℃；与丙烯酸类预聚体有良好的相溶性，具有稀释性强；耐磨性好，耐刻划特点、粘接力高、耐化学品；常温下避光保存。

c. 新戊二醇二丙烯酸酯质量指标　见表 1-162。

表 1-162　新戊二醇二丙烯酸酯质量指标

指 标 名 称	指　标	指 标 名 称	指　标
色度(APHA,铂-钴色号)	≤150	黏度(25℃)/mPa・s	10~15
酯含量/%	≥96	水分/%	≤0.1
酸度(以丙烯酸计)/%	≤0.1	外观:无色或淡黄色透明油状液体	

d. 用途　可作为自由基反应型粘接密封剂的活性稀释剂、单体、改性剂、交联剂。也用于辐射固化涂料、油墨及感光树脂版材。

(21) (2) 丙氧化新戊二醇二丙烯酸酯

a. (2) 丙氧化新戊二醇二丙烯酸酯（简称：NPG2PODA ）化学结构式

$$CH_2\!=\!CH\!-\!\overset{\displaystyle O}{\overset{\displaystyle \|}{C}}\!-\!O\!\!-\!\!(CH_2\!-\!CH_2\!-\!CH_2\!-\!O)_n\!\!-\!CH_2$$

$$CH_2\!=\!CH\!-\!\overset{\displaystyle O}{\overset{\displaystyle \|}{C}}\!-\!O\!\!-\!\!(CH_2\!-\!CH_2\!-\!CH_2\!-\!O)_m\!\!-\!CH_2\!-\!\overset{\displaystyle CH_3}{\overset{\displaystyle |}{\underset{\displaystyle CH_3}{C}}}\!-\!CH_3$$

b. （2）丙氧化新戊二醇二丙烯酸酯物理化学特性　无色透明低黏度液体；为双官能度单体；溶于芳香烃、乙醇等有机溶液，不溶于水；分子量（$\overline{M}_n$）328.0；密度（25℃）：1.005g/cm³；玻璃化温度（T_g）：32℃；表面张力（20℃）：32.0dyn/cm；折射率（25℃）：1.4464；有良好的粘接性，低皮肤刺激性、低收缩性、良好的润湿性和良好的流平性。

c. 广州产牌号为 NPG2PODA（1#）、江苏如东县申玉化工有限公司产牌号为 PO2-NPGDA（2#）的（2）丙氧化新戊二醇二丙烯酸酯质量指标　见表1-163。

表 1-163　（2）丙氧化新戊二醇二丙烯酸酯质量指标

指 标 名 称	1#	2#	指 标 名 称	1#	2#
固含量/%	≥96.0	≥98.5	水分/%	—	≤0.2
色度(Hazen，铂-钴色号)	≤30	≤40	加热减量/%	—	≤1
酸值/(mgKOH/g)	≤0.5	≤1	黏度(25℃)/mPa·s	10～20	10～15
阻聚剂(MEHQ)/(mg/kg)	200～500	≤200	羟值/(mgKOH/g)	—	≤1
甲醇试验(混浊度)	—	透明	外观	无色或淡黄色透明液体	

d. 用途　可作为自由基反应型粘接密封剂的活性稀释剂、单体、改性剂、交联剂。也可用于金属、PVC 板涂料、铭板、平板、木材、纸上光、纺织转印涂料、光阻电子油墨、感压黏着胶、涂料、感光树脂等方面。

（22）1,6-己二醇二丙烯酸酯单体　别名：二丙烯酸-1,6-己二醇酯；1,4-己二醇二丙烯酸酯；1,6-己二醇双丙烯酸酯；1,6-己二醇二丙烯酸盐；1,4-己二醇二丙烯酸酯（含稳定剂甲氧基氢醌）；1,6-双（丙烯酰氧基）己烷（含稳定剂 MEHQ）；1,6-己二醇二丙烯酸酯，99%（活性酯），90PPM 对苯二酚作稳定剂；1,6-己二醇 二丙烯酸酯，99%（reactiveesters）；简称：HDDA；YHH7-HDDA。

a. 1,6-己二醇二丙烯酸酯单体化学结构式

b. 1,6-己二醇二丙烯酸酯单体物理化学特性　1,6-己二醇二丙烯酸酯是一种低黏度、低挥发性、无色或微黄色透明液体，是功能性单体；不溶于水，溶于芳烃有机溶剂；在紫外光自由基聚合中有快速固化反应；分子量 226.27；密度 1.01g/cm³；闪点 110℃；沸点：不低于 315℃；折射率（n_D^{20}）：1.458。

c. 1,6-己二醇二丙烯酸酯单体质量指标　见表1-164。

表 1-164　1,6-己二醇二丙烯酸酯单体质量指标

指 标 名 称	参　数	指 标 名 称	参　数
色度(APHA，铂-钴色号)	≤60	相对密度	1.01～1.03
黏度(25℃)/mPa·s	5～10	酸值/(mgKOH/g)	<1
酯含量/%	≥97	水分/%	≤0.1
外观：无色或微黄色透明液体			

d. 用途　用于自由基反应的粘接密封剂、涂料、油墨、光聚合物，作单体、改性剂、交联剂和活性稀释剂。

（23）乙氧化双酚 A 二丙烯酸酯

a. 乙氧化双酚 A 二丙烯酸酯化学结构式

$$CH_2=CH-\underset{\underset{O}{||}}{C}-(O-CH_2-CH_2)_n-O-\text{〇}-\underset{\underset{CH_3}{|}}{\overset{\overset{CH_3}{|}}{C}}-\text{〇}-O-(O-CH_2-CH_2)_n-\underset{\underset{O}{||}}{C}-CH=CH_2$$

式中 $n=2$ 时，聚合物为："（2）乙氧化双酚 A 二丙烯酸酯"（简称：BPA2EODA）；$n=3$ 时，聚合物为："（3）乙氧化双酚 A 二丙烯酸酯"（简称：BPA3EODA）；$n=4$ 时，聚合物为："（4）乙氧化双酚 A 二丙烯酸酯"（简称：BPA4EODA）；$n=10$ 时，聚合物为："（10）乙氧化双酚 A 二丙烯酸酯"（简称：BPA10EODA）。

b. 乙氧化双酚 A 二丙烯酸酯物理化学特性　乙氧化双酚 A 二丙烯酸酯的物理化学参数见表 1-165 和表 1-166。

表 1-165　乙氧化双酚 A 二丙烯酸酯（乙氧化聚合度 n）物理化学特性

性能名称	1#	2#	3#	性能名称	1#	2#	3#
聚合度 n	2	3	4	折射率	1.542	1.543	—
分子量（$\bar{M}_n$）	417	505	593	表面张力/(dyn/cm)	41	43.6	36.6
黏度/mPa·s	1600	1600	1081	T_g/℃	5.8	67	60
色度（APHA，铂-钴色号）	30	80	130				
性能名称	SR348LNS			SR349		SR601	
特性	快速固化，低挥发性，耐热性			低气味，疏水主链，完全溶于碱液			

表 1-166　美国 Sartomer（沙多玛）乙氧化双酚 A 二丙烯酸酯（乙氧化聚合度 n）物理化学特性

性能名称	2#:SR602	牌号:BP-032
乙氧化聚合度（n）	10	（3EO）
分子量（$\bar{M}_n$）	1121	455
黏度（25℃)/mPa·s	610	150
色度（APHA，铂-钴色号）	80	100
折射率（25℃）	1.514	1.5410
表面张力/(dyn/cm)	37.6	
玻璃化转变温度（T_g）/℃	2	
特性	低气味，疏水主链，完全溶于碱液	高折射率光学树脂单体

注：美国 Sartomer 牌号 SR348LNS 为代号 1#、台北市沅鸿股份有限公司牌号 SR349 为代号 2#，SR601 为代号 3#。

c. 乙氧化双酚 A 二丙烯酸酯质量指标　见表 1-167。

表 1-167　乙氧化双酚 A 二丙烯酸酯（乙氧化聚合度为 n）产品质量指标

指标名称	美国 Sartomer	台北市沅鸿股份有限公司	
	牌号:SR348LNS	牌号:SR349	牌号:SR601
	乙氧化聚合度（n）		
	2	3	4
黏度/mPa·s	1600	1600	1081
色度（APHA，铂-钴色号）	≤30	≤80	≤130
折射率	1.542	1.543	—
表面张力/(dyn/cm)	41	43.6	36.6
玻璃化转变温度（T_g）/℃	≤5.8	≤67	≤60

用途：厌氧黏合密封剂，涂料，弹性体，柔印油墨，丝网油墨，凹印油墨

续表

指标名称	台北市沅鸿股份有限公司	
	牌号：SR602	牌号：BP-032
	乙氧化聚合度（n）	
	10	3（3EO）
黏度（25℃）/mPa·s	610	150
色度（APHA,铂-钴色号）	≤80	≤100
折射率（25℃）	1.514	1.5410
表面张力/(dyn/cm)	37.6	—
玻璃化转变温度（T_g）/℃	≤2	—
用途	厌氧黏合密封剂，涂料，干膜,阻焊油墨,光刻胶	高折射率自由基反应型粘接密封剂及光学聚合物

（24）二乙二醇二丙烯酸酯　别名：二丙烯酸二乙二醇酯；2-丙烯酸氧代二-2,1-亚乙酯；一缩二乙二醇二丙烯酸酯；简称：DEGDA。

a. 二乙二醇二丙烯酸酯化学结构式

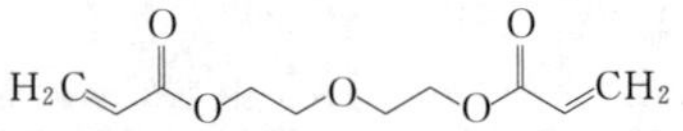

b. 二乙二醇二丙烯酸酯物理化学特性　无色或黄色液体；分子量 214.22；密度（25℃）：1.118g/cm³；闪点 110℃；沸点：（0.2mmHg）94℃，（760mmHg）162℃；折射率（n_D^{20}）：1.463。

c. 二乙二醇二丙烯酸酯质量指标　见表 1-168。

表 1-168　上海等多家公司产二乙二醇二丙烯酸酯质量指标

指标名称	参数	指标名称	参数
外观	无色或黄色液体	纯度/%	≥75
红外光谱	符合标准品光谱	色度（Hazen,铂-钴色号）	≤30
核磁谱	符合标准品核磁谱	官能度	3
酸值/(mg KOH/g)	≤0.5	黏度（25℃）/mPa·s	80～100
阻聚剂(对苯二酚)/(mg/kg)	60～100		

d. 用途　用作自由基反应型粘接密封剂的改性剂、活性稀释剂、交联剂。也用于油墨、涂料等。

（25）二乙二醇二甲基丙烯酸酯　别称：二甘醇二甲基丙烯酸酯；二甲基丙烯酸二乙醇酯；2-甲基-2-丙烯酸二甘（醇）酯；一缩乙二醇二甲基丙烯酸酯。

a. 二乙二醇二甲基丙烯酸酯化学结构式

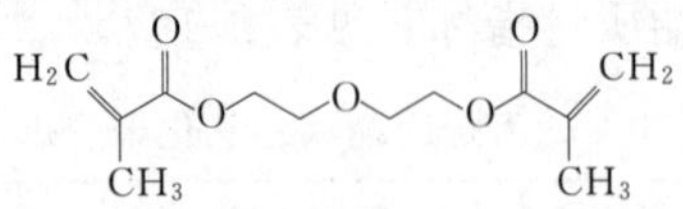

b. 二乙二醇二甲基丙烯酸酯物理化学特性　无色或黄色液体；分子量 214.22；密度（25℃）：1.082g/cm³；闪点 110℃；沸点（2mmHg）：134℃；折射率（n_D^{20}）：1.458。

c. 二乙二醇二甲基丙烯酸酯质量指标　见表 1-169。

表 1-169　成都 AR 级二乙二醇二甲基丙烯酸酯产品质量指标

指标名称	参数	指标名称	参数
外观	无色或黄色液体	阻聚剂/(mg/kg)	300（MEHQ）
红外光谱	符合标准品光谱	纯度/%	≥98.0
核磁谱	符合标准品核磁谱	折射率（n_D^{20}）	1.4580～1.4610
相对密度（20℃/20℃）	1.0660～1.0690		

d. 用途　用作自由基反应型粘接密封剂的单体、改性剂和交联剂。也可用于涂料、油墨、阻焊油墨、光刻胶、光固化树脂等方面。

1.19.3　三酯单体

(1) 三羟甲基丙烷三甲基丙烯酸酯　别名；2-甲基-2-丙烯酸-2-乙基-2-[[(2-甲基-1-氧代-2-丙烯基)氧]甲基]-1,3-丙二醇酯；三(甲基丙烯酸)三羟甲基丙烷酯；三甲基丙烯酸三羟甲基丙酯；原丙酸三甲基丙烯酸酯；1,1,1三甲基丙烯酸甲酯；三甲基丙烯酸丙烷三甲醇酯；三羟基甲基丙烷三甲基丙烯酸甲酯；简称：TMPTMA。

a. 三羟甲基丙烷三甲基丙烯酸酯化学结构式

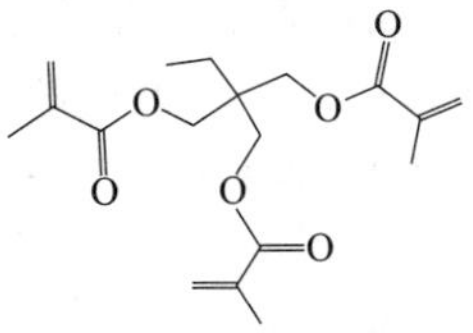

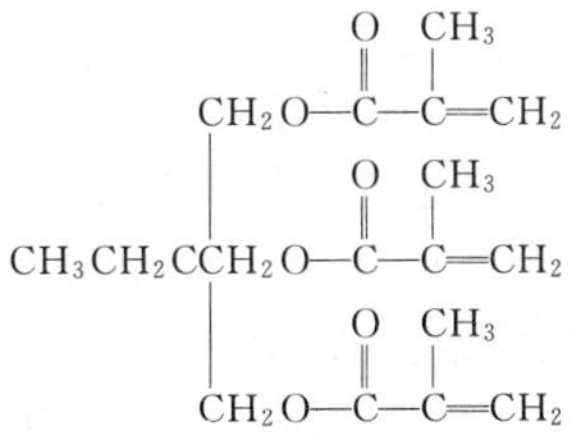

b. 三羟甲基丙烷三甲基丙烯酸酯物理化学特性　无色及淡黄色透明液体；溶于大多数有机溶液，不溶于水、乙醇；分子量 338.41；密度 (25℃)：1.06g/cm³；熔点−25℃；闪点 174℃；沸点 (1mmHg)：不高于 200℃；蒸汽密度 (与空气比)：大于 1；蒸气压 (20℃)：不大于 0.01mmHg；折射率 (n_D^{20})：1.472；毒性 LD 21200mg/kg。

c. 三羟甲基丙烷三甲基丙烯酸酯产品质量指标　见表 1-170。

表 1-170　三羟甲基丙烷三甲基丙烯酸酯产品质量指标

指标名称	国内一般企业	成都	南京
外观	无色至淡黄色透明液体	—	淡黄色透明液体
色度(Hazen,铂-钴色号)	<80	—	≤30
固含量/%	>98	>95	≥95
酸值/(mgKOH/g)	<0.2	<1	≤0.2
密度(25℃)/(g/cm³)	1.060~1.070	1.06	1.060~1.070
折射率(n_D^{25})	1.468~1.478	—	1.4700
水分/%	<0.2	<0.1	≤0.20
黏度(25℃)/mPa·s	35~50	200±40	—
阻聚剂(MEHQ)/(mg/kg)	—	200±50	—

d. 三羟甲基丙烷三甲基丙烯酸酯用途　自由基反应的粘接密封剂的硫化剂、改性剂，也用于橡胶、涂料、塑料。

(2) 丙氧化甘油三丙烯酸酯 (简称：G3POTA)

a. G3POTA 化学结构式

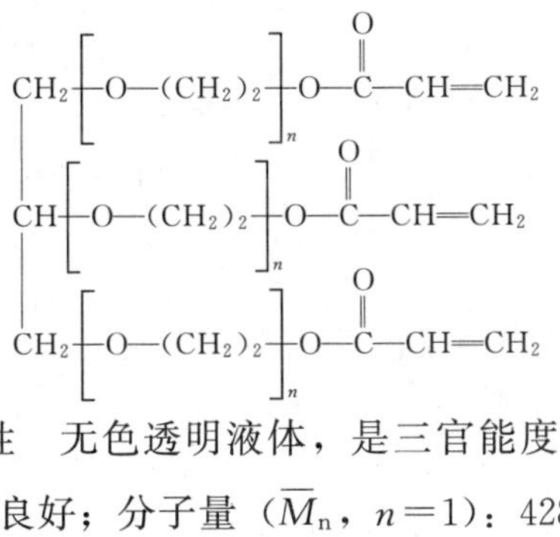

b. G3POTA 物理化学特性　无色透明液体，是三官能度单体；固化反应速度快；耐候性、耐水性、耐化学性、耐磨性良好；分子量 ($\overline{M}_n$，$n=1$)：428；密度 (25℃)：1.089g/cm³；

玻璃化温度（T_g）：18℃；折射率（25℃）：1.4605；黏度（25℃）：95mPa·s；色度（APHA，铂-钴色号）：20；表面张力（20℃）：36.1dyn/cm。

c. G3POTA 产品质量指标　见表 1-171。

表 1-171　广州、台北市沅鸿牌号 SR902 的 G3POTA 产品质量指标

指标名称	广州指标	SR9020 指标
色度(Hazen,铂-钴色号)	≤30	≤20
官能度	3	3
黏度(25℃)/mPa·s	80~100	≤95
酸值/(mgKOH/g)	≤0.5	—
阻聚剂(MEHQ)/(mg/kg)	100~300	—

d. 用途　用作自由基反应型粘接密封剂的单体、改性剂、交联剂。也用于玻璃、金属、木器、光学、纸张和 PVC 地板涂料、油墨、压敏胶、光刻胶、阻焊油墨、感旋光性树脂等。

（3）3 丙氧化三羟甲基丙烷三丙烯酸酯（简称：PO-TMPTA）

a. PO-TMPTA 化学结构式

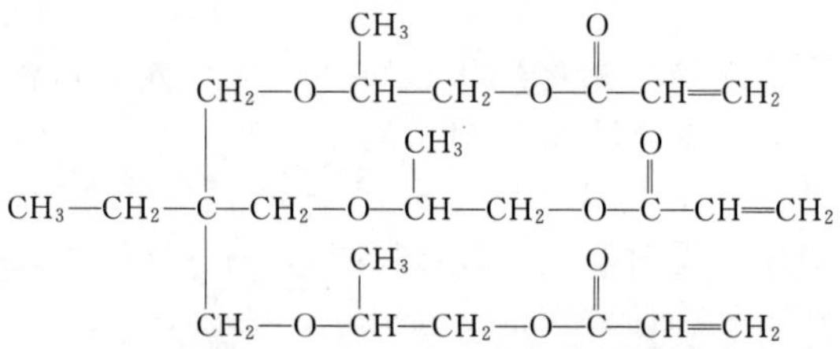

b. PO-TMPTA 物理化学特性　无色或黄色透明低黏度液体；光活性高，固化速率快、可赋予固化膜优良的柔韧性；分子量 470；玻璃化温度（T_g）：−15℃；表面张力（20℃）：34dyn/cm；黏度（25℃）：90mPa·s；色度（APHA，铂-钴色号）：30。

c. PO-TMPTA 产品质量指标　见表 1-172。

表 1-172　PO-TMPTA 产品质量指标

指标名称	国内	SR492	指标名称	国内	SR492
官能度	3	3	色度(APHA,铂-钴色号)	≤80	≤30
固含量/%	≥98	—	黏度(25℃)/mPa·s	50~90	≤90
酸值/(mgKOH/g)	≤1	—			

d. 用途　主要用作自由基反应型粘接密封剂单体、改性剂、交联剂。也用于塑料和 PVC 地板涂料、油墨、光油，具有刺激性低、高反应性、固化速率快、柔韧性佳等方面。

（4）三（2-羟乙基）异氰脲酸三丙烯酸酯[27]

a. 三（2-羟乙基）异氰脲酸三丙烯酸酯化学结构式

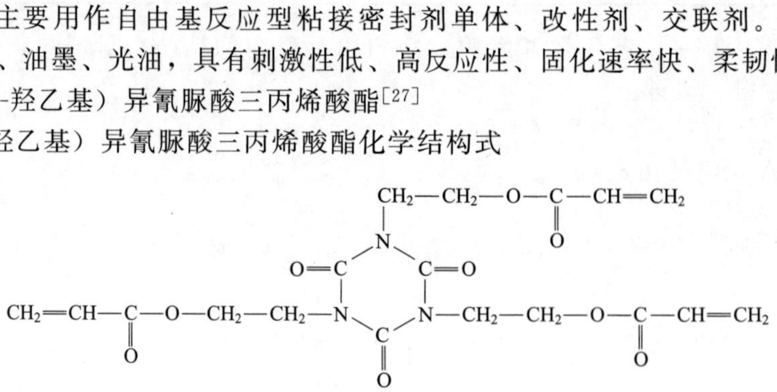

b. 三（2-羟乙基）异氰脲酸三丙烯酸酯物理化学特性　它是一种清澈到半透明的黏稠液体[25]［有资料说：是一种白色固体（25℃）的三嗪类化合物，用于自由基聚合反应］；在三（2-羟乙基）异氰脲酸三丙烯酸酯结构中有三嗪环骨架，有极好的热稳定性、耐候性和阻燃性，其又有 3 个丙烯酸结构链节，具有很快的固化速率；分子量：（牌号 SR368 和 SR368D）423；

玻璃化转变温度（T_g）：（牌号 SR368）272℃；黏度（25℃）：（牌号 SR368D）330mPa·s；色度（APHA/Gardner，铂-钴色号）：SR368D 为 35，SR368 为 1G。

c. 三（2-羟乙基）异氰脲酸三丙烯酸酯产品质量指标　见表 1-173。

表 1-173　三（2-羟乙基）异氰脲酸三丙烯酸酯质量指标

指标名称	优级品	指标名称	优级品
外观	清澈液体	色度（APHA，铂-钴色号）	≤1
含量/%	≥99	酸值/(mgKOH/g)	≤0.5

d. 用途　主要用作自由基反应型粘接密封剂单体、改性剂、交联剂，也用于弹性体、光刻胶、塑料及金属及纸张涂料、丝网油墨等方面。

（5）三羟甲基丙烷三丙烯酸酯　别名：二（2-丙烯酸）-2-乙基-2-(丙烯酰氧甲基)-1,3-丙二醇酯；三甲基丙烷三酰基化物；三羟甲基丙烷三丙烯酸酯；三丙烯酸丙烷三甲醇酯；1,1,1-丙烯酸三甲酯丙烷；三丙烯酸甲酯丙烷；三丙烯酸丙烷三甲醇酯；简称：TMPTA。

a. 三羟甲基丙烷三丙烯酸酯化学结构式

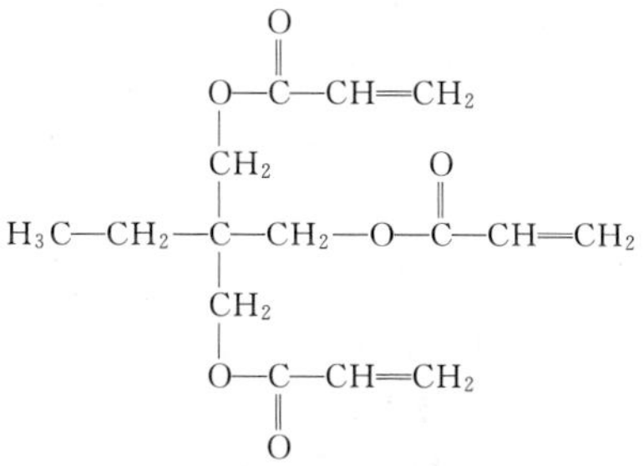

b. 三羟甲基丙烷三丙烯酸酯物理化学特性　低气味型无色或微黄色透明液体；几乎不溶于水，可溶于一般溶剂；快速固化，耐候性、耐水性、耐化学品性、耐磨性、耐热性优良；高活性、低挥发、低黏度特性；与丙烯酸类预聚体有良好的相溶性；分子量 296.4；密度（25℃）：1.1080g/cm³；熔点−66℃；玻璃化温度（T_g）62℃；闪点高于 110℃；沸点高于 200℃；黏度（25℃）：106mPa·s；蒸气相对密度（与空气比）：大于 1；蒸气压（20℃）：小于 0.01mmHg；色度（Hazen）40 号；折射率（n_D^{20}）：1.474；表面张力（20℃）：36.1dyn/cm；毒性：与皮肤直接接触会引起皮肤过敏，导致皮肤发红、糜烂；冰箱冷藏。

c. 南京产三羟甲基丙烷三丙烯酸酯质量指标　见表 1-174。

表 1-174　三羟甲基丙烷三丙烯酸酯质量指标

指标名称	参数	指标名称	参数
黏度(25℃)/mPa·s	70～135	阻聚剂(MEHQ)/(mg/kg)	200±50
密度(25℃)/(g/cm³)	1.1080	储存条件	冰箱冷藏
酯含量/%	≥95	水分/%	<0.1
酸值/(mgKOH/g)	≤1		
外观：低气味型无色或微黄色透明液体			

d. 三羟甲基丙烷三丙烯酸酯用途　用作自由基反应型粘接密封剂的单体、改性剂、活性稀释剂、交联剂。也用于 UV 及 EB 辐射交联，还可以成为交联聚合的组成物，同时还广泛用于光固化油墨、表面涂层、涂料、光刻胶、柔性印刷品、阻焊剂、抗蚀剂、聚合物改性等方面。

（6）季戊四醇三丙烯酸酯　简称：PETA；别名：五醇三丙烯酸。

a. PETA 化学结构式

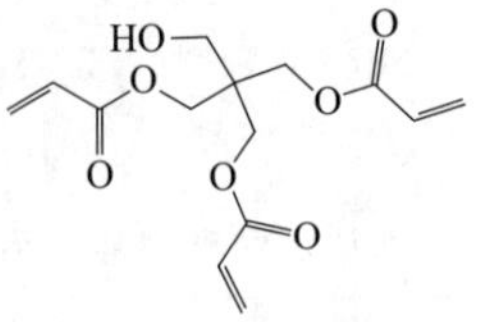

b. PETA 物理化学特性　季戊四醇三丙烯酸酯（PETA）是一种含有一个侧羟基、低挥发、固化快的无色或微黄色透明液体状三官能度单体；溶于芳香烃有机溶剂，不溶于水、乙醇；分子量 298.29；密度（20℃）1.18g/cm³；玻璃化温度 103℃；闪点：不低于 110℃；储存温度 2～8℃；表面张力 34.3～39dyn/cm；色度（APHA，铂-钴色号）50～60；黏度 520mPa·s；水分 0.2％；折射率 1.483。

c. PETA 的质量指标　见表 1-175。

表 1-175　PETA 的质量指标

指标名称	广东指标	成都指标	北京中西远大指标
外观	无色或微黄色透明液体		—
酯含量/%	≥95	≥95	>95
密度(20℃)/(g/cm³)	1.181	1.181	1.181
酸值/(mgKOH/g)	≤1	≤1	<1
黏度(25℃)/mPa·s	(500～700)±200	600±200	600±200
阻聚剂(MEHQ)/(mg/kg)	200±50	200±50	200±50

d. 用途　用作厌氧粘接密封剂的改性剂、单体、交联剂。生产高附着力，耐水煮，高耐磨、高硬度，快速固化型羟基丙烯酸树脂。

（7）SR454（3）乙氧化三羟甲基丙烷三丙烯酸酯　简称：EO3-TMPTA。

a. EO3-TMPTA 化学结构式

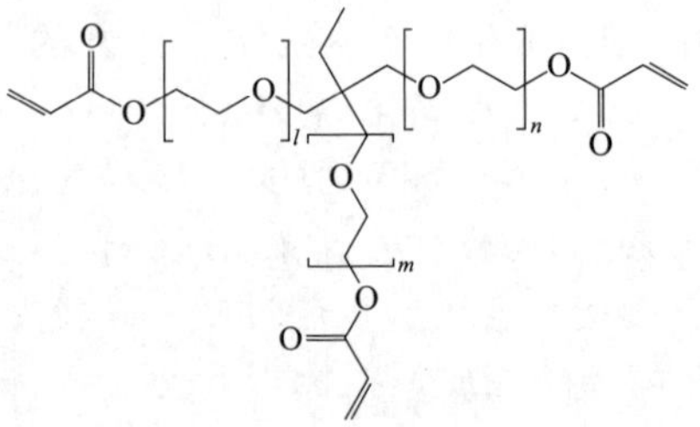

当 $l+m+n=3$ 时且 $l=m=n=1$，聚合物名称为："（3）乙氧化三羟甲基丙烷三丙烯酸酯"，分子式为：$C_{21}H_{32}O_9$。

b. EO3-TMPTA 物理化学特性　无色透明液体状三官能度聚合度为 1 的单体；分子量（$\overline{M}_n$）428；密度（25℃）：1.10～1.15g/cm³；对皮肤刺激性低；固化反应速率快，耐候性、耐水性、耐化学性、耐磨性、柔韧性优秀。

c. EO3-TMPTA 产品质量指标　见表 1-176。

表 1-176　EO3-TMPTA 产品质量指标

指标名称	美国帝斯曼新力美公司(DSM-AGI Corporation)牌号：AgiSyn 2867 的企业指标	美国(Sartomer)公司、台北沅鸿股份有限公司牌号：SR454
外观	清澈液体	—
黏度(25℃)/mPa·s	200～300	60
酸值/(mgKOH/g)	≤0.5	—

续表

指标名称	美国帝斯曼新力美公司(DSM-AGI Corporation) 牌号：AgiSyn 2867 的企业指标	美国(Sartomer)公司、台北沅鸿股份 有限公司牌号：SR454
水分/%	≤0.5	
色度(APHA，铂-钴色号)	≤60	55
阻聚剂(MeHQ)/(mg/kg)	300～700	
折射率		1.469
表面张力(20℃)/(dyn/cm)		39.6
玻璃化温度 T_g/℃		－40

d. 用途　用作自由基反应型及厌氧粘接密封剂的反应性单体、固化剂、改性剂、活性稀释剂。也用在玻璃、油墨、木器、光学、纸张、塑料及 PVC 地板涂料，胶印、丝网、柔印、凹印油墨、压敏胶、光刻胶等方面。

（8）乙氧化三羟甲基丙烷三丙烯酸酯

a. 乙氧化三羟甲基丙烷三丙烯酸酯（简称：TMP3EOTA）化学结构

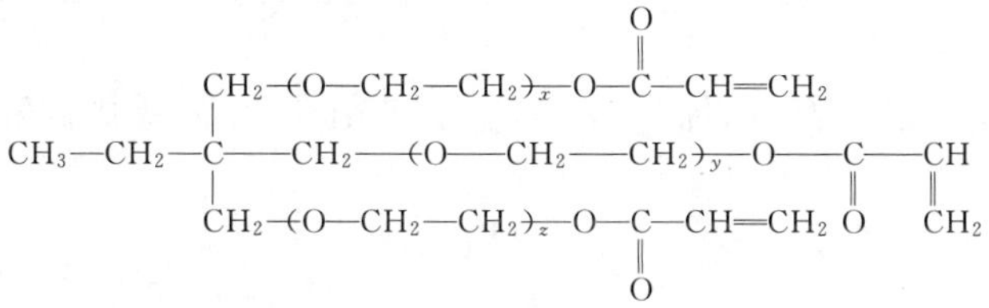

b. 乙氧化三羟甲基丙烷三丙烯酸酯物理化学特性　清澈透明液体状三官能度聚合度为 6.66667 的单体；分子量（$\overline{M}_n$）1176；密度（25℃）：1.10～1.15g/cm³；具有固化快速、耐候性、耐水性、耐化学品性、耐磨性、柔韧性良好的特点。

c. 乙氧化三羟甲基丙烷三丙烯酸酯质量指标　见表 1-177。

表 1-177　乙氧化三羟甲基丙烷三丙烯酸酯质量指标

指标名称	国内产品	日本 M-350	台北市沅鸿股份有限公司			
			SR454	SR454HP	SR499	SR502
			(3)乙氧化 ($x+y+z=3$)	高纯度(3)乙氧化 ($x+y+z=3$)	(6)乙氧化 ($x+y+z=6$)	(9)乙氧化 ($x+y+z=9$)
外观	清澈液体	—	—	—	—	—
黏度(25℃)/mPa·s	200～300	60	60	60	95	130
酸值/(mgKOH/g)	≤0.5	—	—	—	—	—
水分/%	≤0.5	—	—	—	—	—
色度(APHA，铂-钴色号)	≤60	<300	≤55	≤55	≤40	≤140
玻璃化转变温度(T_g)/℃	—	>250	－40	－40	－8	－19
表面张力/(dyn/cm)	—	—	39.6	39.6	38.9	—

d. 乙氧化三羟甲基丙烷三丙烯酸酯用途　用作自由基反应型粘接密封剂的改性剂、交联剂。

1.19.4　四酯单体

（1）季戊四醇四丙烯酸酯

a. 季戊四醇四丙烯酸酯（简称：PETEA）化学结构

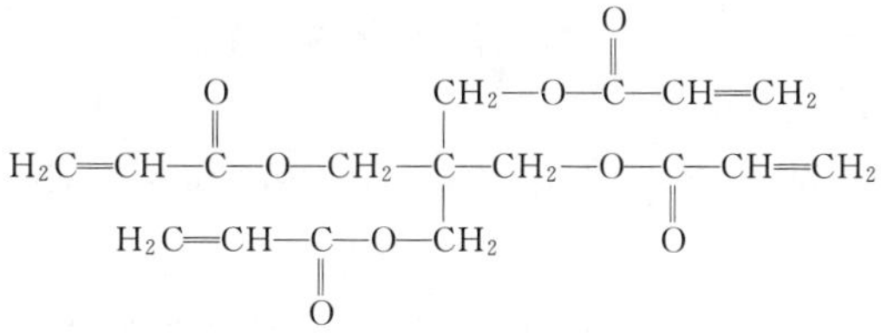

　b. 季戊四醇四丙烯酸酯物理化学特性　季戊四醇四丙烯酸酯具有高交联密度、快速固化、柔韧性佳、低挥发、耐划痕、耐火、耐化学性、附着力强、硬度适度、耐水性好等优点。无色或浅黄色液体；分子量 352.34；密度（25℃）1.19g/cm³；熔点 18℃；闪点 196℃；沸点（760mmHg）：450.3℃；折射率 n_D^{20}：1.487。

　c. 产品质量指标　见表 1-178。

表 1-178　季戊四醇四丙烯酸酯产品质量指标

指标名称	国内产品	SR295（台北）指标	指标名称	国内产品	SR295（台北）指标
表面张力/(dyn/cm)	—	40.1	色度（APHA,铂-钴色号）	≤60	≤35
固含量/%	≥98	—	T_g/℃		103
酸值/(mgKOH/g)	≤2	—	黏度（25℃）/mPa·s	≥2000	342

指标名称	国内指标	台北 SR295 指标
外观	无色或浅黄色液体	—

　d. 用途　用作自由基反应型粘接密封剂的改性剂、交联剂。也用于涂料、油墨、光聚合物等方面。

　（2）（5）乙氧化季戊四醇四丙烯酸酯　别名：乙氧化（5）季戊四醇四丙烯酸酯；简称：AgiSyn™ 2844（PPTTA）。

　a.（5）乙氧化季戊四醇四丙烯酸酯化学结构式

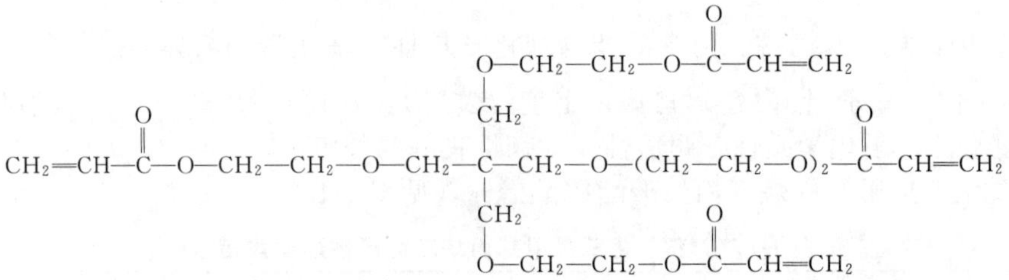

　b.（5）乙氧化季戊四醇四丙烯酸酯物理化学特性　乙氧化季戊四醇四丙烯酸酯为清澈透明液体状四官能度单体；分子量 512；乙氧基个数 5；玻璃化转变温度（T_g）：－33℃；反应后会明显提高 UV 配方生成物的韧性和柔软性。

　c.（5）乙氧化季戊四醇四丙烯酸酯质量指标　见表 1-179。

表 1-179　（5）国内产品、SR494（台北）乙氧化季戊四醇四丙烯酸酯质量指标

指标名称	国内产品	SR494 指标	指标名称	国内指标	SR494 指标
外观	清澈液体	—	酸值/(mgKOH/g)	≤1.0	0.5（典型值）
阻聚剂/(mg/kg)	200～600	100～300	色度（APHA,铂-钴色号）	≤60	<30（典型值；80）
相对密度	1.12～1.16	1.128（典型值）	表面张力 20℃/(dyn/cm)		37.9（典型值）
水分/%	≤0.5	—	T_g/℃		2（典型值）
折射率		1.4711（典型值）	黏度（25℃）/mPa·s	100～200	150（典型值）

　d.（5）乙氧化季戊四醇四丙烯酸酯产品用途　用作自由基反应型粘接密封剂的硫化剂。

1.19.5　五酯单体

　双季戊四醇五丙烯酸酯的别名：二季戊四醇五丙烯酸酯。

　（1）双季戊四醇五丙烯酸酯化学结构。

　（2）双季戊四醇五丙烯酸酯物理化学特性　浅黄色黏稠液体状五官能度单体；分子量 524.52；对光敏感。

　（3）宁波、烟台、溧阳等单位产品企业质量指标　见表 1-180。

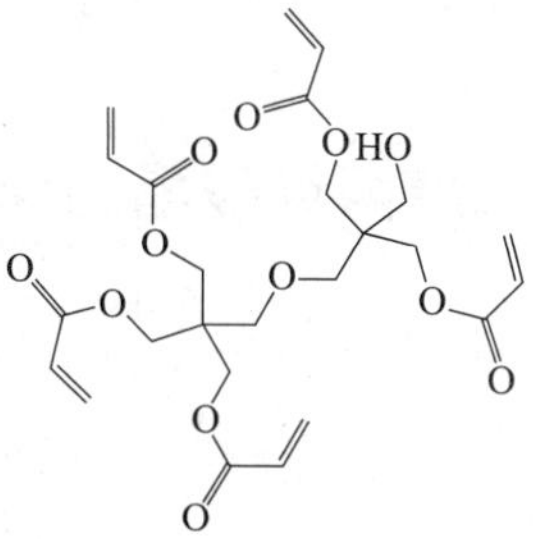

表 1-180　双季戊四醇五丙烯酸酯产品企业质量指标

性能名称	参数	性能名称	参数
酯含量/%	＞98	玻璃化温度(T_g)/℃	90
色度(APHA,铂-钴色号)	＜100	酸度(MAA 计)/%	＜0.1
黏度(25℃)/mPa·s	13000	阻聚剂/(mg/kg)	400±50
表面张力/(dyn/cm)	39.9		

(4) 双季戊四醇五丙烯酸酯用途　用作自由基反应型粘接密封剂的反应性单体、改性剂、固化剂。也用作橡胶硫化剂、耐磨涂料固化剂。

1.19.6　六酯单体

(1) 双季戊四醇六丙烯酸酯（简称：DPHA）化学结构式

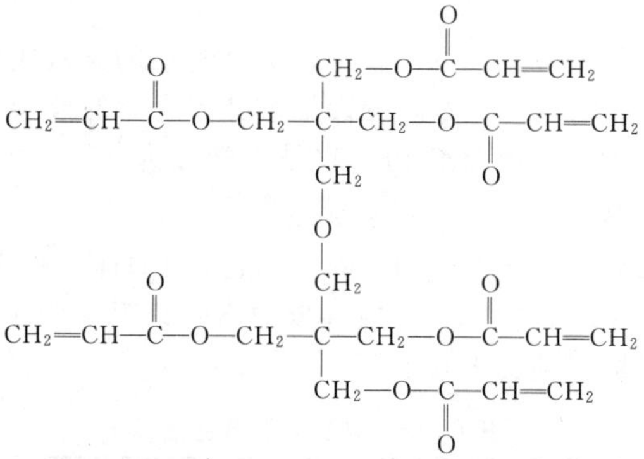

(2) 双季戊四醇六丙烯酸酯物理化学特性　具有快速固化特性；浅黄色黏稠液体状六官能度单体；分子量 578；表面张力 42dyn/cm；玻璃化温度（T_g）90℃；需常温下避光保存。

(3) 双季戊四醇六丙烯酸酯产品质量指标　见表 1-181。

表 1-181　双季戊四醇六丙烯酸酯产品质量指标

性能名称	双季戊四醇六丙烯酸酯标准指标	双季戊四醇六丙烯酸酯(DPHA)牌号		
		M-400	M-402	M-404
		指标		
外观	浅黄色黏稠液体	浅黄色黏稠液体		
色度(APHA,铂-钴色号)	＜50	＜200	＜100	＜100
酯含量/%	＞98	—	—	—
酸度(MAA 计)/%	＜0.1	—	—	—
黏度(25℃)/mPa·s	6000～7000	5900	5250	6500
官能度	6(理论值)	5～6	5～6	5～6
阻聚剂/(mg/kg)	350～600	—	—	—
玻璃化转变温度(T_g)/℃	90	＞250	＞250	＞250

（4）用途　用作自由基反应型粘接密封剂的固化剂，橡胶的硫化剂；耐磨涂料的单体和固化剂。

1.19.7　环氧丙烯酸酯与聚二醇丙烯酸酯的混合物

这里介绍二缩三丙二醇二丙烯酸酯与苯酚甲醛环氧树脂（F-44）的丙烯酸酯混合后的聚合物。

（1）化学结构

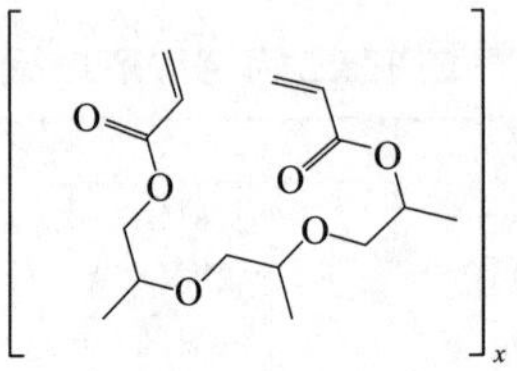

与

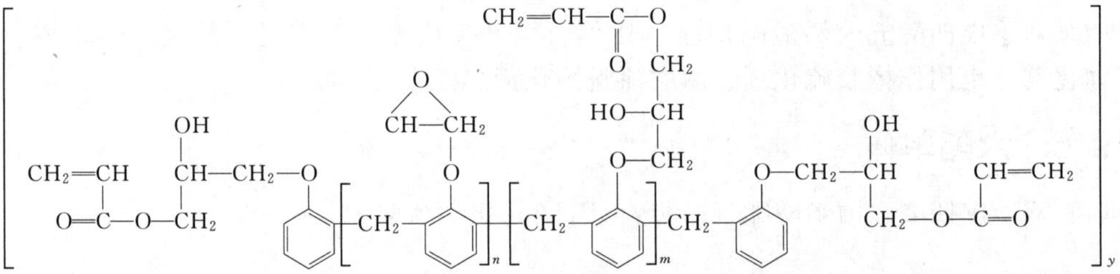

以 $x\,mol:y\,mol$ 的比例混合，当 $m=0$ 时，聚合度 y 的结构式代表的即为二缩三丙二醇二丙烯酸酯与苯酚甲醛环氧树脂（F-44）的丙烯酸酯混合后的聚合物，以下简称"混合物"。类似的产品有台北市的 CN120A80 聚合物，它是由牌号为 SR306 的二缩三丙二醇二丙烯酸酯与环氧丙烯酸酯混合而成。

（2）混合物物理化学特性　稍微黏稠浅颜色可流动液体；分子量（$\overline{M}n$）30035；黏度（25℃）：36100mPa·s；折射率1.5342；有高反应活性，耐化学性、耐磨性良好。

（3）混合物的质量指标　见表1-182。

表 1-182　混合物的质量指标

性能名称	参数	性能名称	参数
酸值/（mg KOH/g）	≤2	官能团数	2
玻璃化温度（T_g）/℃	≤56	色度（APHA/Gardner,铂-钴色号）	≤1G
外观:稍微黏稠可流动液体			

（4）用途　用作厌氧粘接密封剂的单体、结构黏合剂的基体聚合物、压敏黏合剂的基体聚合物，也用于玻璃。

1.20　无机基体材料——硅酸钠

别称：水玻璃；泡花碱。

（1）$n=1$ 时无结晶水化学结构

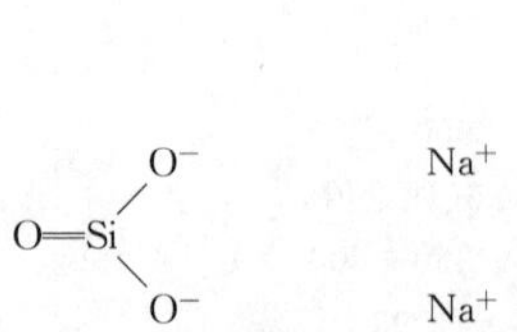

$n=1$ 时有 5 个结晶水化学结构：

$$H_2O$$
$$H_2O \quad O \quad H_2O$$
$$Na^+ \parallel Na^+$$
$$Si$$
$$-O^- \quad O^-$$
$$H_2O \quad H_2O$$

（2）硅酸钠的物理化学特性　硅酸钠是石英砂（二氧化硅）与碱（氢氧化钠）按二氧化硅与氧化钠不同比例，在 $1300\sim1400℃$ 的高温反射炉中煅烧进行反应生成液体硅酸钠，从炉出料口流出、制块或水淬成颗粒。前述比值 n（称为硅酸钠的模数）决定了硅酸钠的确切成分组成和有不同的物理化学性能，若再在高温或高温高压水中溶解，就可制得性能各异的水玻璃或叫泡花碱。模数 n 一般在 $1.5\sim3.5$ 之间。模数越大，固体硅酸钠越难溶于水，n 为 1 时常温水即能溶解，n 加大时需热水才能溶解，n 大于 3 时需 4 个大气压以上的蒸汽才能溶解。硅酸钠模数 n 越大，氧化硅含量越多，硅酸钠黏度增大，易于分解硬化，黏结力增大，因此不同模数的硅酸钠有着不同的用处。市场上可供应的有无水、五水、七水、九水硅酸钠晶体产品。

无水硅酸钠（亦称零水硅酸钠）：为白色颗粒，相对密度 $1.0\sim1.3$，熔点 $1089℃$。无毒、无味、无公害，具有强碱性，去污力能力强，缓冲能力大，易溶于水，具有良好的分散性和乳化性，不溶于乙醇，能够吸收空气中的水分和二氧化碳发生潮解。可中和酸性污物，使脂肪和油类乳化，对无机物有反絮凝作用，对金属有防腐蚀作用。

五水硅酸钠：为白色晶体颗粒和粉末或为无色透明单斜柱晶体，含 Na_2SiO_3 57.55%，结合水 42.45%。在空气中很快失去透明性，熔点 $72.2℃$，浓度 20% 的溶液其 pH 值为 12.4。相对密度 $0.8\sim1.0$，易溶于水及稀碱液；不溶于醇和酸。水溶液呈碱性。露置空气中易吸湿潮解。具有去污、乳化、分散、湿润、渗透性及 pH 缓冲能力。较浓溶液对织物及皮肤有腐蚀作用。

九水偏硅酸钠：是无色正交双锥结晶或白色至灰白色块状物或粉末。分子量 122.054，能风化。在 $100℃$ 时失去 6 分子结晶水。易溶于水，溶于稀氢氧化钠溶液，不溶于乙醇和酸。熔点 $40\sim48℃$。低毒，半数致死量（大鼠，经口）$1280mg/kg$（无结晶水）。国际市场没有九水硅酸钠，因为其性能低下，如熔点太低。当 $n=1$ 时，化学式为 Na_2SiO_3，分子量 122.00，这就是无水偏硅酸钠。当 $n=0.5$ 时，化学式为 Na_4SiO_4，分子量为 184.04，呈无色晶体，熔点 1291K（$1088℃$），但不多见，这就是无水正硅酸钠，也称原硅酸钠，是一种无毒、无味、无公害的白色颗粒，易溶于水，不溶于醇和酸，水溶液呈碱性，碱性比偏硅酸钠强，置于空气中易吸湿潮解。无论是偏硅酸盐还是正硅酸盐，在其分子中，硅（Si）原子一律为正四价，氧原子（O）一律为负二价，钠原子（Na）一律为正一价，偏硅酸钠或是正硅酸钠一律包含在硅酸钠名下，其准确的化学分子式为：$Na_2O \cdot nSiO_2 \cdot mH_2O$。

（3）硅酸钠的质量指标

① GB/T 4029—2008 规定的工业硅酸钠的质量指标　见表 1-183 和表 1-184。

表 1-183　GB/T 4029—2008 对液体工业硅酸钠的质量指标规定

指标名称		液-1			液-2		
		优级品	一级品	合格品	优级品	一级品	合格品
外观		无色或略带色透明或半透明黏稠状液体					
铁/%	≤	0.02	0.05	—	0.02	0.05	—
水不溶物/%	≤	0.10	0.40	0.50	0.10	0.40	0.50
密度/(g/cm³)		1.336~1.362			1.368~1.334		
氧化钠/%	≥	7.5			8.2		
二氧化硅/%	≥	25.0			26.0		
模数		3.41~3.60			3.10~3.40		

续表

指标名称		液-3			液-4		
		优级品	一级品	合格品	优级品	一级品	合格品
外观		无色或略带色透明或半透明黏稠状液体					
铁/%	≤	0.02	0.05	—	0.02	0.05	—
水不溶物/%	≤	0.20	0.60	0.80	0.20	0.80	1.00
密度/(g/cm³)		1.436~1.465			1.526~1.559		
氧化钠/%	≥	10.2			12.8		
二氧化硅/%	≥	25.7			29.2		
模数		2.60~2.90			2.20~2.50		

表 1-184　GB/T 4029—2008 对固体工业硅酸钠的质量指标规定

指标名称		固-1			固-2		
		优级品	一级品	合格品	优级品	一级品	合格品
外观		无色或略带色透明或半透明玻璃块状体					
可溶固体/%	≥	99.0	98.0	95.0	99.0	98.0	95.0
铁/%	≤	0.12	0.12	0.12	0.10		
氧化铝/%	≤	0.30	—	—	0.25	—	—
模数		3.41~3.60			3.10~3.40		

指标名称		固-3	
		一级品	合格品
外观		无色或略带色透明或半透明玻璃块状体	
可溶固体/%	≥	98.0	95.0
铁/%	≤	0.10	—
模数		2.20~2.50	

②　企业规定的不同模数的硅酸钠的质量指标　企业规定的技术指标见表 1-185。

表 1-185　企业规定的不同模数的液体硅酸钠的质量指标

指标名称		LGY501	LGY502	LGTY403	LGY401	LGY402
外观		黏稠液体				
模数		2.2~2.5	2.3~2.5	3.2~3.4	3.2~3.4	3.2~3.4
波美度(20℃)/°Be		50~51	50~51	39.2~40.2	39~40	39~40
Na₂O 含量/%	≥	12.80	12.80	8.30	8.20	8.20
SiO₂ 含量/%	≥	29.40	29.40	26.50	26.00	26.00
水不溶物/%	≤	0.20	0.80	—	0.20	0.80

③　速溶粉状二模硅酸钠 SSP20 质量指标　见表 1-186。

表 1-186　速溶粉状二模硅酸钠 SSP20 质量指标

指标名称		参数	指标名称		参数
氧化钠含量/%	≥	25	外观		洁白,呈均匀粉状
二氧化硅含量/%	≥	49.2	模数		1.90~2.10
堆积密度/(g/cm³)	≥	0.4	可溶性硅酸盐含量/%	≥	76
白度/%	≥	80	溶解速度(60℃,1%)/s	≤	60

④　速溶粉状三模硅酸钠 SSP30 质量指标　见表 1-187。

表 1-187　速溶粉状三模硅酸钠 SSP30 质量指标

指标名称		参数	指标名称		参数
氧化钠含量/%	≥	19	外观		洁白,呈均匀粉状
二氧化硅含量/%	≥	57	模数		2.90~3.10

续表

指标名称		参数	指标名称		参数
堆积密度/(g/cm³)	≥	0.45	可溶性硅酸盐含量/%	≥	79
白度/%	≥	80			

⑤ 透明液体硅酸钠 T3401 质量指标　见表 1-188。

表 1-188　透明液体硅酸钠 T3401 质量指标

指标名称		参数	指标名称	参数
氧化钠含量/%	≥	8.3	外观	澄清透明液体
二氧化硅含量/%	≥	26.5	模数	3.20～3.40
透明度/%	≥	82	波美度(20℃)/°Be	39.2～40.2
铁含量/%	≤	0.015		

（4）水玻璃的用途　与滑石粉等配合可制备发动机机匣结构密封剂的基体材料，也是无机黏合剂（修补砖墙裂缝）、无机涂料（涂刷墙体、石材表面，提高其抗风化及防火能力）的基体材料。也可用作建筑材料的防渗防冻融剂（以密度为 1.35g/cm³ 的水玻璃浸渍或涂刷黏土砖、水泥混凝土、硅酸盐混凝土、石材等多孔材料，可提高材料的密实度、强度、抗渗性、抗冻性及耐水性等），可用来制作耐酸胶泥，用于炉窑类的内衬。广泛应用于普通铸造、精密铸造、造纸、陶瓷、黏土、选矿、高岭土、洗涤等众多领域。

参 考 文 献

[1]　刘越君，郭福君，姜贵，李少庆，郑国华．石油沥青质的化学结构研究进展．内蒙古石油化工，2008，(4)：11-15.

[2]　卢军．间同 1,2-聚丁二烯的结构和结晶动力学研究 [D]．沈阳：东北大学理学院，2000.

[3]　柏海见，陈继明，齐永新，潘广勤，易建军，鲁在君．端氨基聚丁二烯的合成与表征．弹性体．2011，21（3）：35-38.

[4]　赵明强，李辉，张炉青，蒋圣俊，张书香．全氟聚醚的研究进展．山东化工．2009，38（4）：25-27.

[5]　Hakam Singh（Products Research & Chemical Corp. A new class of high performance polysulfide polymers. Rubbrr World，1987，(8)：32-36.

[6]　王成，胡晓允，周应山，张宏伟，黄驰，陈东志．多面体低聚倍半硅氧烷的合成研究进展．有机硅材料．2014，28（3）：218-226.

[7]　刘涛，马凤国．多面低聚倍半硅氧烷的合成及其对硅橡胶改性的研究进展．合成橡胶工业．2014，37（3）：230-237.

[8]　XIE P，ZHANG R. B. Functionalization and application of ladder-like polysilsesquioxanes [J]．Polymers for Advanced Technologies，1997，(11) 8：649-656.

[9]　WAGN J-W，HE C-B，LIN Y-H，CHUN T. S. Studies on the thermal stability of F- and non-F-containing ladder polyepoxysilsesquioxanes by TGA-FTIR [J]．Thermochimica Acta. 2002，381（1）：83-92.

[10]　RILOWSKIE，MARSMANN H C C. cage-rearrangement of silsesquioxanes [J]．Polyhedron，1997，16（19）：3357-3361.

[11]　HONGYAO XU，SHIAO-WEI KUO，JUH-SHYONG LEE，Feng-chih. CHANG. Glass transition temperatures of poly（hydroxystyrene-co-vinylpyrrilidone-co-isobutylstytyl polyhedral oligometricsilses-quioxanes）（POSS）[J]．Polymer，2002，43（19）：5117-5124.

[12]　晨光化工研究院有机硅编写组编编．有机硅单体及聚合物．北京：化学工业出版社，1986：289.

[13]　Shoude Cao，Liqiong Miao．The influence on crosslinkage of polysi-loxanes introducing fluor atoms：Sino-Russian symposiμm on aero material and manufacturing technology：Chinese Aeronautical Establishmant，1993.10.

[14]　徐培林，张淑琴编著．聚氨酯材料手册．北京：化学工业出版社，2002.

[15]　李绍雄，朱吕民编著．聚氨酯树脂．南京：江苏科学技术出版社，1992.

[16]　安孟学，刘厚均，郁为民，宫涛等（山西省化工研究所）编写．聚氨酯弹性体手册．北京：化学工业出版社，2001.

[17]　刘嘉主编．航空橡胶与密封材料．北京：国防工业出版社，2011：65.

［18］ 李俊．高耐热抗老化丁腈橡胶的研究：［D］．武汉：武汉理工大学，2009．

［19］ 梁滔，魏绪玲，龚光碧．液体橡胶的研究进展Ⅲ．液体丁腈橡胶、液体丁苯橡胶和液体异戊二烯橡胶．合成橡胶工业．2011.34（5）：398-404．

［20］ 《中国化工产品大全》编委会．中国化工产品大全：上卷．北京：化学工业出版社，1994；1279-1280．

［21］ 罗延龄．端官能团液体橡胶合成及应用研究．弹性体．1998，8（2）：48-55．

［22］ 沈诗继，王孟钟．巯基遥爪丁腈共聚物的研制及其反应机理的探讨．合成橡胶工业．1983，7（4）：287-291．

［23］ 《中国化工产品大全》编委会．中国化工产品大全：下卷．北京：化学工业出版社，1994．

［24］ 候彩英，马国章，吴建兵，袁丽平．双环戊二烯甲基丙烯酸酯的合成及其紫外光固化性能研究．精细与专用化学品．2010，18（12）：33．

［25］ 陆悦，周静，施和平，陈强，吴石山．甲氧基聚乙二醇单醚丙烯酸酯的合成及共聚物的热稳定性．高分子材料科学与工程．2011，27（12）：1-4．

［26］ 夏宇正，焦书科．甲基丙烯酸乙酰乙酸乙二醇双酯的制备和鉴定．北京化工大学学报（自然科学版）1990，17（2）：67．

［27］ 候有军，苏章湃．三（2-羟乙基）异氰脲酸三丙烯酸酯．化工新型材料．2011，39（3）：3，50-53．

第2章

补强剂与填料

2.1 炭黑

（1）炭黑化学结构 炭黑最基本的粒子被称为"初级粒子"，初级粒子近似球形，初级粒子粒径介于 $10\sim500\mu m$ 间，初级粒子是由"石墨化微晶"组成的。由初级粒子相互融合组成"聚结体"，聚结体是不可分割的单元体，由许多聚结体堆积成聚集体，聚集体代表未分散的细粒子物质，见图 2-1。炭黑的结构取决于聚结体尺寸（大小）及分布以及聚结体内的孔隙体积，聚结体越大，其形状越不规则，内部孔隙体积越大，炭黑的结构越高。

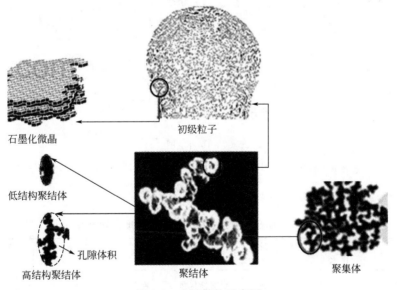

图 2-1 炭黑结构示意图

通常，炭黑的结构用 DBP（dibutyl phthalate，邻苯二甲酸二丁酯）的吸油值表示。炭黑在 170MPa 下压缩 4 次后的 DBP 值，习惯上称为压缩吸油值或 24M4DBP 值。压缩吸油值更真实地反映了炭黑聚集体在胶料中的状态。

（2）补强炭黑的物理化学特性[1~6] 炭黑的物理化学特性与组成其初级粒子的石墨化层状微晶表面上的多种官能团密切相关，图 2-2 为六角形碳环聚集的石墨层状微晶表面上的多种官能团的立体图和六角形碳环聚集的石墨化层状微晶表面连于碳环上的各种官能团的平面图。

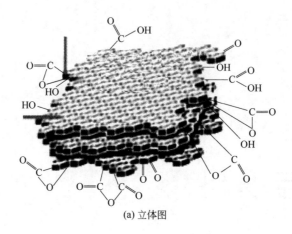

(a) 立体图

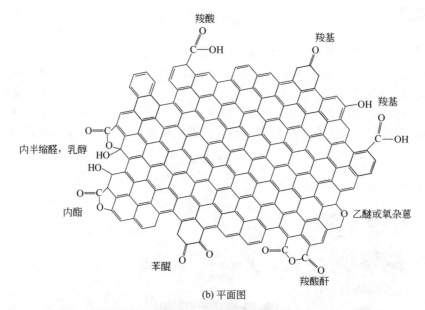

(b) 平面图

图 2-2　炭黑粒子表面的六角形碳环聚集的大分子及各种官能团

（3）适合密封剂补强用炭黑的物理化学特性　见表 2-1。

表 2-1　适合密封剂补强用炭黑的物理化学特性

炭黑名称及简称	炭黑牌号	平均粒径/μm	特性	表面积（BET 法）/$(10^3 m^2/kg)$
超耐磨炉黑（SAF）	N110	14～26	耐磨性优越、补强效果高、难于分散、生热大	143（高拉伸强度、高耐磨用）
中超耐磨炉黑（ISAF）	N220	19～30	具有较高的结构性，其耐磨性介于超耐磨炉黑和高耐磨黑之间。属硬质填充炭黑，能给胶料较高的拉伸强度和抗撕裂强度，并有一定的导电性，但生热和硬度较高	119（耐磨，机场嵌缝）
新工艺高结构中超耐磨炉黑（ISAF-HS-NT）	N234	19～30	吸碘吸油性强，色度高，分子结构空间大，拉断力大，定伸应力小，属硬质填充炭黑	126（耐磨，机场嵌缝）

续表

炭黑名称及简称	炭黑牌号	平均粒径/μm	特性	表面积（BET法）/($10^3 m^2$/kg)
低结构高耐磨炉黑（HAF-LS）	N326	26～40	耐磨性优越、补强效果高、易分散	84（工艺性好，耐磨，机场嵌缝）
高耐磨炉黑（HAF）	N330	26～45	介于硬质炭黑和软质炭黑之间的品种，可称通用炭黑，既有良好的耐磨性、中等的滞后性，又有一定的着色度和分散性	83（耐磨，机场嵌缝）
低结构半补强炉黑（SRF-LS）	N754	59～160	弹性高、生热低、定伸应力高、柔性好、抗撕裂、耐曲挠龟裂好	—（弹性好，伸长大，工艺性好）
非污染高定伸半补强炉黑（SRF-HMNS）	N774	59～160	属于软质炭黑或半补强炭黑品种，透光性高。结构性好，溶剂抽出物低，填充量高，硫化胶弹性好，生热低，动态性能好	29（弹性好，伸长大，工艺性好）

（4）密封剂常用补强炭黑产品品种和（或）牌号、质量指标　符合国家标准 GB 3778—2003 规定的适合密封剂常用各类补强炭黑质量指标见表 2-2。

表 2-2　GB 3778—2003 规定的适合密封剂常用各类补强炭黑质量指标

指标名称	N110	N220	N234	N326	N330	N754	N774
外观				应无杂质			
吸碘值/(g/kg)	145±8	121±7	120±7	82±6	82±6	24±5	29±5
DBP 吸收值/($10^5 m^3$/kg)	113±6	114±6	125±7	72±6	102±6	58±5	80±5
压缩样 DBP 吸收值/($10^5 m^3$/kg)	91～103	92～103	96～108	62～74	82～94	52～62	65～75
着色强度/%	115～131	111～121	115～131	103～119	96～112	—	—
CTAB 吸附比表面积/(m²/g)	112～128	105～117	109～125	74～86	73～85	21～33	29～41
外表面积/($10^3 m^2$/kg)	107～123	99～113	112～126	7082	69～81	19～29	27～37
总表面积/($10^3 m^2$/kg)	120～134	107～121	112～126	72～84	72～84	20～30	27～37
加热减量/%	≤3.0	≤2.5	≤2.5	≤2.0	≤2.0	1.5	≤1.5
300% 定伸应力/MPa	-3.1±1.5	-1.9±1.5	0.0±1.5	-3.5±1.5	-0.5±1.5	-6.5±1.5	-4.1±1.5
倾注密度/(kg/m³)	345±40	355±40	320±40	455±40	380±40	—	440±40
灰分/% ≤				0.5			
杂质/%				无			
45μm 筛余物/% ≤				0.10			
500μm 筛余物/% ≤				0.0010			

注：300%定伸应力为负值的原因是300%定伸应力、拉伸强度、拉断伸长率等拉伸力学性能测试时，是按GB/T 528和GB/T 3780.18执行的，即应在相同的试验条件下与标准参比炭黑（SRB3#）的差值，因此会出现负值。参比炭黑（SRB3#）300%定伸应力、拉伸强度、拉断伸长率等拉伸力学性能标准值见GB 3778—2003附录A标准参比炭黑标准值表表 A.1。以下各表同理。

（5）炭黑用途　N110、N220、N234、N326、N330、N754、N774 用作密封剂的补强剂。

2.2　碳酸钙

（1）碳酸钙（别名：石灰石）分子结构式

$$\begin{array}{c} O \\ \parallel \\ C \\ ^-O \qquad O^- \\ Ca^{+2} \end{array}$$

（2）碳酸钙粉体料的物理化学特性　见表 2-3。

表 2-3　碳酸钙粉体料的物理化学特性

性能名称	重质碳酸钙	轻质碳酸钙	活性碳酸钙
制法	天然石灰石经干法或湿法研磨而成	石灰石煅烧后加水、二氧化碳而制得	用沉淀法生产的超细粒子经表面处理剂处理后活化制成的
外观、特性	呈白色或淡黄色,粒子为片状或不定形,无刺激性,无气味。补强效果很差,主要用作填充剂降低生产成本	粉体粒子形状为纺锤形或柱状,无刺激性,无气味。有一定的补强效果,大量使用对密封剂的力学性能影响不大,可以作为黏度调节剂	呈白色或淡黄色粉状,随处理剂的不同,有不同的气味。碳酸钙粒子表面带有特殊基团如氨基、巯基、烷氧基等,与密封剂的基体材料可发生化学交联,补强效果明显,部分活性碳酸钙的补强效果与沉淀法二氧化硅相当
碳酸钙含量/%	90～97	97～98.5	—
Fe_2O_3 含量/%	0.3 左右	—	—
水分含量/%	0.5 左右	—	—
粒径或细度/(nm/目)	—/200、320、400	—/—	30～80/—
折射率	—	1.49～1.66	—
密度/(g/cm³)	—	2.70～2.95	—
白度/%	74～78	—	—
吸油值/(cm³/g)	0.28	0.55	—
表面积/(m²/g)	—	—	22～50
水溶性	极难溶于水	极难溶于水	极难溶于水

（3）碳酸钙产品品种和（或）牌号、质量指标

① 工业沉淀碳酸钙（即轻质碳酸钙）质量指标　见表 2-4[7]。

表 2-4　行业标准 HG/T 2226—2010 规定的工业沉淀碳酸钙品级及质量指标

指标名称			橡胶、塑料用		涂料用		造纸用	
			优等品	一等品	优等品	一等品	优等品	一等品
外观			白色或灰白色粉末					
碳酸钙(以 $CaCO_3$ 计)含量/%		≥	98.0	97.0	98.0	97.0	98.0	97.0
pH 值(10%悬浮液)			9.0～10.0	9.0～10.5	9.0～10.0	9.0～10.5	9.0～10.0	9.0～10.5
105℃下挥发物含量/%		≤	0.4	0.5	0.4	0.6	1.0	1.0
盐酸不溶物/%		≤	0.10	0.20	0.10	0.20	0.10	0.20
沉降体积/(mL/g)		≥	2.8	2.4	2.8	2.6	2.8	2.6
锰(Mn)含量/%		≤	0.005	0.008	0.006	0.008	0.006	0.008
铁(Fe)含量/%		≤	0.05	0.08	0.05	0.08	0.05	0.08
细度(筛余物)	125μm/%	≤	全通过	0.005	全通过	0.005	全通过	0.005
	45μm/%	≤	0.2	0.4	0.2	0.4	0.2	0.4
白度/%		≥	94.0	92.0	95.0	93.0	94.0	92.0
吸油值/(g/100g)		≤	80	100	—	—	—	—
黑点/(个/g)		≤	5					
铅[1](Pb)含量/%		≤	0.0010					
铬[1](Cr)含量/%		≤	0.0005					
汞[1](Hg)含量/%		≤	0.0002					
镉[1](Cd)含量/%		≤	0.0002					
砷[1](As)含量/%		≤	0.0003					

[1] 使用在食品包装纸、儿童玩具、电子产品填料生产上时,需要控制的指标。

② 国际标准轻质碳酸钙质量指标　见表 2-5。

表 2-5　国际标准 ISO 3262—1975 规定的轻质碳酸钙质量指标[7]

指标名称		A 级	B 级	指标名称		A 级	B 级
筛余物	125μm/% ≤	0.1	0.1	水分/% ≤		1.0	1.0
	63μm/% ≤	0.25	0.25	pH 值		8～10.5	8～10.5
	45μm/% ≤	0.5	0.5	水溶物/% ≤		0.3	0.3
灼烧失重/% ≤		43.5～44.5	43.5～44.5	碳酸钙含量/%		97～100	97～100
粒度	<20000nm/%	90	—	粒度	<5000nm/%	40	70
	<10000nm/%	70	90		<2000nm/%	—	20

③ 新余市产纳米活性碳酸钙（又称超细活性碳酸钙）质量指标　见表 2-6。

表 2-6　纳米活性碳酸钙（又称超细活性碳酸钙）质量指标

指标名称		HG/T 2776—1996 标准		企业质量标准	
		优等品	一等品	纳米级	亚纳米级
氧化钙(CaO)/%	≥	54.2	52.6	55.5	55
氧化镁(MgO)/%	≤	0.3	0.8	0.1	0.3
盐酸不溶物含量/%	≤	0.1	0.2	0.05	0.08
铁(Fe)/%	≤	0.08	0.10	0.2	0.03
105℃下挥发物含量/%	≤	0.5	0.7	0.3	0.5
pH 值		8.5～9.5	8.5～10.0	9	9.5
白度/%	≥	90	85	95.5	95
比表面积/(m²/g)	≥	26	18	28	20
密度/(g/cm³)		2.50～2.60		2.55	2.6
平均粒径/(nm)	≤	40	80	30	70
吸油量/(mL/100g)		28	60	30	50
灼烧减量/%		43.0～45.5		43.5	

④ 新余市产亚纳米优质碳酸钙（又称微细轻质碳酸钙）企标质量指标　见表 2-7。

表 2-7　亚纳米优质碳酸钙（又称微细轻质碳酸钙）质量指标

指标名称		标准指标		企业质量标准指标	
		一等品	合格品	超细	微细
氧化钙(CaO)/%	≥	54.3	53.8	58.5	57.5
氧化镁(MgO)/%	≤	0.8	1.0	0.5	0.7
pH 值		8.5～10		9	9.5
105℃下挥发物含量/%	≤	0.7	1.0	0.3	0.5
盐酸不溶物含量/%	≤	0.2	0.3	0.03	0.05
铁(Fe)/%	≤	0.10	1.10	0.01	0.02
平均粒径/nm	≤	200～500		200	300
比表面积/(m²/g)	≥	8～10		10	8
密度/(g/cm³)		2.55～2.65		2.55	2.6
白度/%	≥	90	—	95.5	95

⑤ 常州产微细活性碳酸钙企标 Q/320421NJH001-1992 质量指标　见表 2-8。

表 2-8　微细活性碳酸钙质量指标

指标名称	指标	指标名称	指标
碳酸钙(以干基计)/%	≥96.0	pH 值,10%悬浮液	8.0～10.0
水分/%	≤0.50	活化率/%	≥96
筛余物/%	≤0.005	白度/%	≥90
盐酸不溶物/%	≤0.20	吸油值/(mL/100g)	85～110
铁(以 Fe 计)/%	≤0.10	平均粒径/nm	≤1000
锰(以 Mn 计)/%	≤0.006		

⑥ 新余市产轻质碳酸钙（又称工业沉淀碳酸钙）质量指标　见表2-9。

表2-9　轻质碳酸钙（又称工业沉淀碳酸钙）质量指标

指标名称			HG/T 2226—2000 标准			企业质量标准		
			优等品	一等品	合格品	超细	微细	优质
碳酸钙(CaCO₃)/%		≥	98	97	96	98.7	98.5	98
pH 值			9～10	9～10.5	9～11	9.5	10.0	10.5
105℃下挥发物含量/%		≤	0.4	0.7	1.0	0.2	0.3	0.4
盐酸不溶物含量/%		≤	0.1	0.2	0.3	0.03	0.05	0.07
沉降体积/(mL/g)		≥	2.8	2.6	2.4	3	2.8	2.5
铁(Fe)/%		≤	0.08	0.10	0.12	0.01	0.02	0.03
锰(Mn)/%		≤	0.006	0.008	0.01	0.001	0.002	0.003
筛余物	125μm 试验筛/%	≤	0.005	0.01	0.015	0.001	0.003	0.005
	45μm 试验筛/%	≤	0.3	0.4	0.5	0.1	0.3	0.5
白度/%		≥	90	90	—	96.5	96	95.5
水溶物/%		≤	0.2	—	—	0.1	0.2	—
平均粒径/(nm/目)		≤	—	—	—	3000	3500	4000

⑦ 白燕华CC（又称微细轻质活性碳酸钙）企标 QB/T 2002-02-X1 质量指标　见表2-10。

表2-10　白燕华CC（又称微细轻质活性碳酸钙）质量指标

指标名称	参数	指标名称	参数
CaCO₃ 含量/%	≥98	锰(Mn)/%	≤0.005
pH 值	9.0～10.5	筛余 400 目筛/%	≤0.001
105℃下挥发分含量/%	≤0.3	沉降体积/(mL/g)	≥2.5
盐酸不溶物/%	≤0.1	白度/%	≥96
吸油值/(g/100g)	≥65	活化度/%	≥96
Fe/%	≤0.05		

⑧ 常州产超细活性碳酸钙企标质量指标　见表2-11。

表2-11　超细活性碳酸钙质量指标

指标名称		CG-401	CG-402	CG-403
晶型		针状	球状	锁链状
平均粒径/nm		20～40	30～50	40～60
BET 比表面积/(m²/g)	≥	51	34	28
堆密度/(g/cm³)	≤	0.40	0.50	0.60
白度/%	≥	92	34	92
水分/%	≤	0.50	0.50	0.50
碳酸钙(以干基计)/%	≥	96.0	96.0	96.0
盐酸不溶物/%	≤	0.10	0.10	0.10
铁(以 Fe 计)/%	≤	0.10	0.10	0.10
活化率/%	≥	96.0	96.0	96.0
灼烧失重/%	≥	45.0	45.0	45.0
脂肪酸含量/%		1.0±0.5	1.0±0.5	1.0±0.5

⑨ 淄博产活性碳酸钙（胶质）企标质量指标　见表2-12。

表2-12　活性碳酸钙（胶质）质量指标（参考执行标准：HG/T 2567—2006）

指标名称	参数	指标名称	参数
外观	白色粉末	白度/%	≥94
CaCO₃ 含量/%	97	吸油值(DOP)/(mL/100g)	≤30

续表

指标名称		参数	指标名称	参数
pH 值(10%悬浮液)		8～10	活化率/%	≥99
盐酸不溶物含量/%		≤0.3	铁(Fe)含量/%	≤0.01
比表面积/(cm²/g)		50000～55000	锰(Mn)含量/%	≤0.006
筛余物	125μm 试验筛/%	≤0	平均粒径/nm	1000～1500
	45μm 试验筛/%	≤0	水分含量/%	≤0.3

⑩ 重质碳酸钙质量指标

a. 橡胶工业用重质碳酸钙　行业标准 HG/T 3249.4—2008 规定型号及质量指标见表 2-13。

表 2-13　橡胶工业用重质碳酸钙型号及质量指标

指标名称			Ⅰ型 2000 目	Ⅱ型 1500 目	Ⅲ型 1000 目	Ⅳ型 800 目	Ⅴ型 600 目	Ⅵ型 400 目
外观			白色或灰白色粉末					
碳酸钙含量(以干基计)/%		≥	95.0	95.0	95.0	95.0	95.0	95.0
白度/%		≥	95.0	94.5	94.5	94.0	94.0	93.0
细度/μm ≤	D_{90}		5	8	11	13	20	—
	D_{50}		1.9	2.5	3.5	4.5	5.5	—
	通过率/%		—	—	—	—	97	97
比表面积/(cm²/g)		≥	17500	16000	12500	11500	10000	
活化度/%		≥	95			90		
吸油值/(mL/100g)		≤	25	22	20	20	18	18
盐酸不溶物/%		≤	0.25			0.5		
105℃挥发物/%		≤	0.5					
①铅(Pb)含量/%		≤	0.0010					
①六价铬(Cr⁶⁺)含量/%		≤	0.0005					
①汞(Hg)含量/%		≤	0.0001					
①砷(As)含量/%		≤	0.0002					
①镉(Cd)含量/%		≤	0.0002					

① 适用于制造高压锅或电气密封圈用的碳酸钙。

b. 重质碳酸钙　工业上常称重质碳酸钙为四飞粉，即单飞粉、双飞粉、三飞粉和四飞粉。企标质量指标见表 2-14。

表 2-14　单飞粉、双飞粉、三飞粉和四飞粉质量指标[7]

指标名称		单飞粉	双飞粉	三飞粉	四飞粉
细度/目		200	325	325	400
相应目数通过率/%	≥	95	99	99.9	99.95
碳酸钙含量/%	≥	95	95	95	95
三氧化二铁/%	≤	0.1	0.1	0.1	0.1
盐酸不溶物/%	≤	0.5	0.5	0.5	0.5

c. 新余市产重质碳酸钙企标质量指标　见表 2-15。

表 2-15　重质碳酸钙性能指标

指标名称			GR-400	GR-800	GR-1250	GR-1500	GR-2000	GR-2500	GR-3000
碳酸钙含量/%		≥	98	98	98	98.8	98.8	98.8	98.8
三氧化二铁/%		≤	0.02	0.02	0.02	0.02	0.02	0.02	0.02
二氧化硅/%		≤	0.3	0.3	0.3	0.3	0.3	0.3	0.3
粒径/nm ≤	D_{50}		13000	6000	4000	3000	2500	1500	1000
	D_{97}		45000	16000	10000	8000	6000	4500	4000

续表

指标名称		GR-400	GR-800	GR-1250	GR-1500	GR-2000	GR-2500	GR-3000
325 目残量/%	≤	2	0.15	0.05	0.001	—	—	—
白度/%	≥	95	95	95	95	96	96	96
水分/%	≤	0.3	0.3	0.3	0.3	0.3	0.3	0.3
烧失量(LOS)/%	≤	43.5	43.5	43.5	43.5	43.5	43.5	43.5
真密度/(g/cm³)		2.7	2.7	2.7	2.7	2.7	2.7	2.7
假密度/(g/cm³)		0.8～1.35						
pH 值		9±0.5						

d. 新余市产超细活性重质碳酸钙（又称活性天然碳酸钙）企标质量指标　见表 2-16。

表 2-16　超细活性重质碳酸钙（又称活性天然碳酸钙）质量指标

指标名称		产品规格			
		GR-1500	GR-2000	GR-2500	GR-3000
CaCO₃ 含量/%	≥	98	98	98	98
Fe₂O₃ 含量/%	≤	0.2	0.2	0.2	0.2
SiO₂ 含量/%	≤	0.3	0.3	0.3	0.3
pH 值		8～9	8～9	8～9	8～9
粒径/nm ≤ D_{50}		6500	5500	4000	3000
D_{97}		12000	11000	9000	5000
比表面积/(cm²/g)	≥	4.65	5.75	6.88	7.33
325 目残量/%	≤	0.015	0.001	—	—
白度/%	≥	95	95	96	96
水分/%	≤	0.3	0.3	0.3	0.3
真密度/(g/cm³)		2.7	2.7	2.7	2.7
假密度/(g/cm³)		0.51	0.43	0.38	0.35

（4）碳酸钙用途　全部可用作密封剂、橡胶、涂料的填料和补强剂，但其对密封剂、橡胶、涂料性能的影响因素要掌握好，影响因素有用量比例、粒径、粒子表面处理后包覆层的化学结构（具有什么样的活性基团如羟基、氨基、烷氧基、巯基、羧基等）、密封剂等的混合工艺水平等都是十分重要的因素，使用时目的性要十分清楚。

2.3　二氧化钛

（1）二氧化钛化学结构　自然界中的二氧化钛以三种粉状晶体形式存在，第一：金红石型（rutile）晶体粉；第二：锐钛型（anatase）晶体粉，两者均为四方晶体；第三：板钛晶体粉，为正交晶体。锐钛型和优化金红石型晶体二氧化钛四方晶体见图 2-3 和图 2-4。

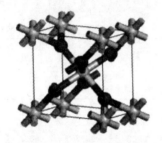

图 2-3　锐钛型和优化后金红石型 TiO₂
晶体结构（灰色为 Ti；黑色为 O）

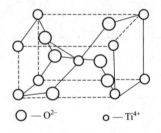

○ —O²⁻　　o —Ti⁴⁺

图 2-4　锐钛型和优化后金红石型 TiO₂
晶体结构（小圈为 Ti；大圈为 O）

（2）二氧化钛物理化学特性　白色不透明粉末；不溶于水、盐酸、硝酸、稀硫酸和有机溶剂；能缓慢的溶解于氢氟酸和浓硫酸，它几乎不溶于碱性溶液；二氧化钛含量：（锐钛）≥92％，（金红石）≥90％；分子量 79.9；相对密度 3.7～4.2；熔点 1830～1850℃；沸点 2500～3000℃；折射率（锐钛）2.55，（金红石）2.70；pH 值：（锐钛）6.0～8.5，（金红石）6.0～8.0；介电常数（均值）：（锐钛）48，（金红石）114；金红石型在高能（较短波长）吸收辐射能较锐钛型大，因此金红石型钛白粉的耐候性要比锐钛型好；毒性：无毒。

（3）二氧化钛表面特性　二氧化钛表面经图 2-5 所示无机物改性处理再经图 2-6 所示有机物改性处理后，作为白色填料的性能会有明显改善，如分散性、耐候性、吸油量、光泽、遮盖力、表面积、等电点、流变性、贮存稳定性、补强性等。

无机物改性处理二氧化钛颗粒的表面：颜料二氧化钛颗粒的表面用氧化物包覆；有机物改性处理二氧化钛颗粒的表面：颜料二氧化钛粒子的表面用适当的有机物包覆，颜料粒子的有机物包核可能是阳离子、阴离子或非离子型，在颜料表面吸收的分子可能是扁平型或脉冲状。

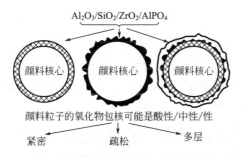

图 2-5　无机氧化物处理的颜料二氧化钛颗粒示意图

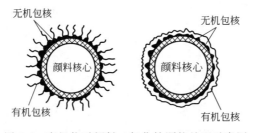

图 2-6　有机物对颜料二氧化钛颗粒处理示意图

无机改性处理剂有：三氧化二铝、二氧化硅、三氧化二铝-二氧化硅联合、氧化锆。还有氧化锰、氧化铈、氧化钼，但不常用。

有机改性处理剂有：季戊四醇、三羟甲基丙烷、三羟甲基乙烷、三乙醇胺、二异丙醇胺、单异丙醇胺、辛戊二醇等，三乙醇胺效果最好。按上述原理对仅用作密封剂补强的非颜料型二氧化钛也可进行无机和有机表面处理，以便提高其补强效果。

（4）杂质的影响　杂质使金红石型、锐钛型、晶体粉、板钛晶体粉四种物质变得模糊发暗，为防止此坏的作用发生，对二氧化钛中存在的杂质限量要求如表 2-17 所示。

表 2-17　二氧化钛中存在的杂质及其相关限量要求

名称		美国 JECFA(2006)	美国 FCC(2003)	日本(2000)
氧化铝/二氧化硅/%	≤	2	2	—
酸溶性物质/%	≤	0.5	0.5	0.5
水溶性物质/%	≤	0.5	0.3	0.25

续表

名称		美国 JECFA(2006)	美国 FCC(2003)	日本(2000)
锑/(mg/kg)	≤	2	1	10
砷/(mg/kg)	≤	1	2	$1.3(As_2O_3)$
镉/(mg/kg)	≤	1	—	10
铅/(mg/kg)	≤	10	10	10
汞/(mg/kg)	≤	1	1	10

（5）国内、外二氧化钛产品类别和质量指标

① 表面不同处理状态的二氧化钛的质量指标　见表 2-18。

表 2-18　不同表面处理状态的二氧化钛质量指标

指标名称		Ⅰ	Ⅱ	Ⅲ	Ⅳa	Ⅳb
二氧化钛含量/%	≤	97	93	92	91	82
密度/(g/cm³)		4.20	4.05	4.05	4.00	3.70
表面积/(m²/g)	≥	6.6~7.7	12.0~12.8	11.0~18.0	17.7	28.8
吸油值/(g/100g)	≥	15	19	15-19	24	30
含水/(g/100g)	≤	40	30	30	35	55
分散性		高	中等	中等	高	低
包覆(铝/硅)/%		无	3.5	3.6	4.9	13.0

② 锦州市产牌号为 PR 系列的金红石型二氧化钛企标规定的质量指标（全部按 GB 1706—2006 要求）　见表 2-19～表 2-26。

表 2-19　PR 系列金红石型二氧化钛质量指标（一）

指标名称	PR-501 通用型指标	PR-511 油漆用型指标	PR-521 涂料用型指标
二氧化钛含量/%	≥95	≥95	≥95
白度(与标样比)/%	≥100	≥100	≥100
消色力(与标样比)/%	≥100	≥100	≥100
105℃挥发分(质量分数)/%	≤0.3	≤0.3	≤0.3
水溶物(质量分数)/%	≤0.2	≤0.2	≤0.2
水悬浮液 pH 值	6.5~8	6.5~8.5	6.5~8.5
吸油量/(g/100g)	≤22	≤17	≤22
筛余物(320 目筛孔)/%	≤0.1	≤0.1	≤0.1
遮盖力(与标样比)/%	≥100	≥100	≥100
水萃取液电阻率/Ω·m	≥50	≥50	≥50
表面处理	有机材料处理	有机材料处理	有机亲水材料处理
毒性	AD1 不作限制性规定(FAO/WHO,1985)；LD_{50}(小鼠,经口)≥12000mg/kg		

表 2-20　PR 系列金红石型二氧化钛质量指标（二）

指标名称	PR-531 塑料专用型指标	PR-541 油墨专用型指标	PR-551"绿色"涂料专用型指标
二氧化钛含量/%	≥95	≥95	≥95
白度(与标样比)/%	≥100	≥100	≥100
消色力(与标样比)/%	≥100	≥100	≥100
105℃挥发分(质量分数)/%	≤0.3	≤0.3	≤0.3
水溶物(质量分数)/%	≤0.2	≤0.2	≤0.2
水悬浮液 pH 值	6.5~8.5	6.5~8.5	6.5~8.5
吸油量/(g/100g)	≤20	≤17	≤19
筛余物(320 目筛孔)/%	≤0.1	≤0.1	≤0.1
遮盖力(与标样比)/%	≥100	≥100	≥100
水萃取液电阻率/Ω·m	≥50	≥50	≥50
重金属含量/%	—	—	≥国标

续表

指标名称	PR-531 塑料专用型指标	PR-541 油墨专用型指标	PR-551 "绿色"涂料专用型指标
表面处理	有机超强分散材料处理	有机亲油材料处理	有机材料处理
毒性	AD1 不作限制性规定(FAO/WHO,1985);LD$_{50}$(小鼠,经口)≥12000mg/kg		

表 2-21 PR 系列金红石型二氧化钛质量指标 (三)

指标名称	PR-561 耐高温专用型指标	PR-601 高纯级指标	PR-911 玻璃专用型指标
二氧化钛含量/%	≥95	≥99	≥99
白度(与标样比)/%	≥100	—	—
全铁含量/(mg/kg)	—	≥30	≥50
其他元素含量/%	—	根据客户要求	根据客户要求
消色力(与标样比)/%	≥100	—	—
平均粒径/μm	—	根据客户要求	≤0.1
105℃挥发分(质量分数)/%	≤0.3	≤0.1	根据客户要求
水溶物(质量分数)/%	≤0.2	—	—
水悬浮液 pH 值	6.5~8.5	6~8.5	6~8.5
吸油量/(g/100g)	≤20	≤23	≤23
筛余物(320 目筛孔)/%	≤0.1	—	—
遮盖力(与标样比)/%	≥100	≥95	≥95
水萃取液电阻率/Ω·m	≥50	≥50	≥50
表面处理	—		
毒性	—	AD1 不作限制性规定(FAO/WHO,1985);LD$_{50}$(小鼠,经口)≥12000mg/kg	

表 2-22 PR 系列金红石型二氧化钛质量指标 (四)

指标名称	PR-571 造纸专用型指标	PR-991 纳米级金红石型指标	PR-981 细级金红石型指标
二氧化钛含量/%	≥95	≥95	≥95
其他元素含量/%	—	根据客户要求	根据客户要求
白度(与标样比)/%	≥100	—	—
消色力(与标样比)/%	≥100	—	—
105℃挥发分(质量分数)/%	≤0.3	≤0.1	≤0.1
平均粒径/μm	—	≤60	0.2
水溶物(质量分数)/%	≤0.2	—	—
水悬浮液 pH 值	6.5~8.5	6~8.5	6~8.5
吸油量/(g/100g)	≤22	≤23	≤23
筛余物(320 目筛孔)/%	≤0.1	—	—
遮盖力(与标样比)/%	≥100	≥95	≥95
水萃取液电阻率/Ω·m	≥50	≥50	≥50
磷/%			
硫/%			
表面处理	有机材料处理		
毒性		AD1 不作限制性规定(FAO/WHO,1985);LD$_{50}$(小鼠,经口)≥12000mg/kg	

表 2-23 PR 系列金红石型二氧化钛质量指标 (五)

指标名称	PR-931 化纤级指标	R-951 高纯级金红石型指标	PR-961 高纯级金红石型指标
二氧化钛含量/%	≥98	≥99.5	≥99.9
含铁量/(mg/kg)	—	≥20	≥10
其他元素含量/%	—	根据客户要求	根据客户要求
白度(与标样比)/%	≥100	—	—
消色力(与标样比)/%	≥98	—	—

续表

指标名称	PR-931 化纤级指标	R-951 高纯级金红石型指标	PR-961 高纯级金红石型指标
105℃挥发分(质量分数)/%	≤0.1	≤0.1	≤0.1
平均粒径/μm	0.5~2.5	根据客户要求	根据客户要求
水悬浮液 pH 值	6~8.5	6~8.5	6~8.5
吸油量/(g/100g)	≤23	≤23	≤23
消光力(与标样比)/%	≥98	—	—
遮盖力(与标样比)/%	≥95	≥95	≥95
热稳定性/min	≤17	—	—
Fe_2O_3/%	≤0.002	—	—
水萃取液电阻率/Ω·m	≥50	≥50	≥50
毒性	AD1 不作限制性规定(FAO/WHO,1985);LD_{50}(小鼠,经口)≥12000mg/kg		
用途	适用于化学纤维等产品,也适用于密封剂白色着色	适用于 PTC 热敏电阻、压敏电阻、半导体电容器、晶界层陶瓷电容器、多层陶瓷电容器等高性能陶瓷介质材料、光学玻璃及微波介质材料等产品以及密封剂白色着色	

表 2-24　PR 系列金红石型二氧化钛质量指标 (六)

指标名称	PR-971	指标名称	PR-971
二氧化钛含量/%	≥99	105℃挥发物(质量分数)/%	≤0.1
其他元素含量/%	根据客户要求	水悬浮液 pH 值	6~8.5
平均粒径/nm	根据客户要求	吸油量/(g/100g)	≤23
遮盖力(与标样比)/%	≥95	磷/%	≥0.05
水萃取液电阻率/Ω·m	≥50	硫/%	≥0.03
毒性:AD1 不作限制性规定(FAO/WHO,1985);LD_{50}(小鼠,经口)≥12000mg/kg			

表 2-25　PR 系列金红石型二氧化钛质量指标

指标名称		PR-591	指标名称	PR-591	
0.5mol/L HCl 中可溶物	砷/(mg/kg)	≤3	含量/(TiO₂)/%	≥99	≥95
	铅/(mg/kg)	≤10	干燥失重/%	≤0.5	
	汞/(mg/kg)	≤1	灼烧失重/%	≤1.0	
	锑/(mg/kg)	≤50	水溶性物质/%	≤0.5	
	锌/(mg/kg)	≤50	氧化铝和二氧化硅总量/%	≤2	
毒性:AD1 不作限制性规定(FAO/WHO,1985);LD_{50}(小鼠,经口)≥12000mg/kg					

③ 上海产经表面处理过的通用金红石型钛白粉企标规定质量指标　见表 2-26。

表 2-26　R1930 型经表面处理的通用金红石型钛白粉质量指标

指标名称		参数	指标名称		参数
二氧化钛含量/%	≥	93	水溶物含量/%	≤	0.3
白度(与标样比较)/%		近似	分散性/μm	≤	15
消色力(与标样比较)/%	≥	100	电阻率/Ω·m	≥	30
水悬浮液 pH 值		6.5~8.0	亮度/%	≥	94
筛余物(0.045μm 筛孔)/%	≤	0.1	吸油量/(g/100g)	≤	22

注:国外生产金红石型氧化钛主要有美国杜邦的 R706、R902、R900、R960、TS6200、R101、R102、R103、R104、R105、R108 和 R350,澳洲有 RCL69 和 R595,R-575、R-535,乌克兰钛系列有 R-02、R-03,日本石原有 R-930、R-980、R-550 系列金红石型二氧化钛。

④ 日本石原 R930　它是我国使用较多的牌号,是由三氧化二铝和二氧化硅为处理剂制成的有低表面能和低吸油量金红石型二氧化钛产品,其质量指标见表 2-27。

表 2-27　日本石原 R930 质量指标（ASTM/D-476，TYPE Ⅳ 及 B.S./1851，R2）

指标名称		参数	指标名称		参数
二氧化钛含量/%	≥	93	水可溶物/%	≤	0.3
三氧化二铝含量/%	≤	2.5	挥发物(105℃)/%	≤	0.75
二氧化硅含量/%	≤	3.0	着色力/%	≥	180
筛余物/%	≤	0.01	白度/%	≥	99.0
相对密度	≤	4.2	消色力/%		180
粒径/μm	≤	0.25	分散性		12
吸油量/(g/100g)	≤	19	电阻(30℃)/Ω		10000
电导率/(μS/cm)	≤	100	堆积密度/(L/kg)		0.25
水悬浮液 pH 值		6.5～8.0	耐久性		优良
耐久性		耐久性最好	—		—

表面特性：有极高的光泽度、超凡的遮盖力和着色力且易分散

注：μS/cm 为微西门子每厘米，相当于 0.1mS/m（毫西门子每米），和电阻率 MΩ·cm（兆欧·厘米）成反比。

⑤ 牌号为 RA01 系列的锐钛晶型二氧化钛企业标准规定质量指标　见表 2-28。

表 2-28　RA01 系列锐钛晶型二氧化钛的质量指标（符合国家标准 GB 1706—2006 规定）

指标名称	RA01-01		
	优等品	一等品	合格品
二氧化钛含量(质量分数)/%	≥98.0	≥98.0	≥98.0
颜色(与标准样比)	近似	不低于	微差于
着色力(与标准样比)/%	≥100	≥100	≥90
105℃挥发分(质量分数)/%	≤0.5	≤0.5	≤0.5
经(23±2)℃及相对湿度(50±5)%预处理 23h 后,105℃挥发分(质量分数)/%	≤0.5	≤0.5	≤0.5
水可溶物(质量分数)/%	≤0.4	≤0.5	≤0.6
水悬浮液 pH 值	6.5～8.0	6.5～8.0	6.5～8.5
吸油量/(g/100g)	≤22	≤26	≤28
筛余物(45μm 筛孔)/%	≤0.05	≤0.10	≤0.30
水萃取液电阻率/Ω·m	≤30	≤20	≤16

指标名称	RA01-02		
	优等品	一等品	合格品
二氧化钛含量(质量分数)/%	≥92.0	≥92.0	≥92.0
颜色(与标准样比)	近似	不低于	微差于
着色力(与标准样比)/%	≥100	≥100	≥90
105℃挥发分(质量分数)/%	≤0.8	≤0.8	≤0.8
经(23±2)℃及相对湿度(50±5)%预处理 23h 后,105℃挥发分(质量分数)/%	≤0.8	≤0.8	≤0.8
水可溶物(质量分数)/%	≤0.3	≤0.3	≤05
水悬浮液 pH 值	6.5～8.0	6.5～8.0	6.5～8.5
吸油量/(g/100g)	≤22	≤26	≤28
筛余物(45μm 筛孔)/%	≤0.05	≤0.10	≤0.30
水萃取液电阻率/Ω·m	≤100	≤50	≤50

指标名称	RA01-03		
	优等品	一等品	合格品
二氧化钛含量(质量分数)/%	≥90.0	≥90.0	≥90.0
颜色(与标准样比)	近似	不低于	微差于
着色力(与标准样比)/%	≥100	≥100	≥90
105℃挥发分(质量分数)/%	≤1.0	≤1.0	≤1.0
经(23±2)℃及相对湿度(50±5)%预处理 23h 后,105℃挥发分(质量分数)/%	≤1.5	≤1.5	≤1.5
水可溶物(质量分数)/%	≤0.3	≤0.3	≤0.5
水悬浮液 pH 值	6.5～8.0	6.5～8.0	6.5～8.5
吸油量/(g/100g)	≤20	≤23	≤26
筛余物(45μm 筛孔)/%	≤0.05	≤0.10	≤0.30
水萃取液电阻率/Ω·m	≤100	≤50	≤50

⑥ 国外商品名　国外二氧化钛主要有美国杜邦的 R706、R902、R900、R960、TS6200、R101、R102、R103、R104、R105、R108 和 R350，澳洲美礼联的 RCL69 和 R595，日本石原的 R930、A100 等。

（6）二氧化钛用途　密封剂、橡胶、塑料、涂料的白色填料、补强剂和着色剂。

2.4　硅藻土

别名：硅藻土粉；精制硅藻土；硅藻土助滤剂；硅藻土吸附剂。

（1）化学结构　硅藻土的主成分是二氧化硅，掺有少量的 Al_2O_3、Fe_2O_3、CaO、MgO 等和有机杂质，其化学结构式与二氧化硅的相同。硅藻土和水泥颗粒大小大致一样。电子显微镜显示，其粒子表面具有无数微小的孔穴，孔隙率 90% 以上，比表面积高达 65m^2/g。有突出的内部多孔结构，硅藻土微观结构见图 2-7。

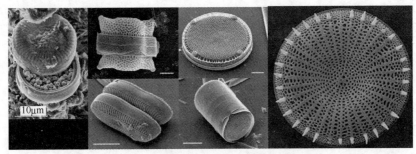

图 2-7　天然硅藻土具有的特殊多孔性构造

（有笼状、圆筛状、靠枕状、向日葵状、杯状和钱包状，最大轮廓尺寸为 10μm）

（2）硅藻土的物理化学特性　白色粉末，单体为无色无味透明体；含量不低于 70%；密度 1.9～2.3g/cm^3；堆密度 0.34～0.65g/cm^3；比表面积 40～65m^2/g；孔体积 0.45～0.98m^3；吸水体积膨胀率 200%～400%；熔点 1650～1750℃；含有少量 Fe_2O_3、CaO、MgO、Al_2O_3 及有机杂质。

硅藻土是由单细胞水生植物硅藻的遗骸经过 1 万～2 万年左右沉积所形成，这种硅藻的独特性能在于能吸收水中的游离硅形成其骨骸，当其生命结束后沉积，在一定的地质条件下形成硅藻土矿床。

（3）硅藻土产品品种和（或）牌号、质量指标

① 品种　硅藻土按粒径可以分为两类：A 类按粒径分为小于 0.25mm、小于 0.15mm、小于 0.106mm、小于 0.075mm、小于 0.045mm 等五种规格；B 类的粒径大于 0.25mm。

② 牌号　硅藻土的牌号一般用字母加数字表示。如 DA-2-150，其中 DA 表示硅藻土 A 类产品，2 表示二级品，150 表示粒径小于 0.150mm。

③ 质量指标

a. 云南、吉林长白硅藻土矿区产品的企标见表 2-29。

表 2-29　硅藻土产品的质量指标

指标名称		DA-1	DA-2	DA-3	DB-1	DB-2	DB-3
外观要求		白色,松散,无外来夹杂物					
化学成分指标							
SiO_2/%	≥	86.00	75.00	60.00	85.00	75.00	60.00
Fe_2O_3/%	≤	1.50	2.50	4.50	2.00	3.00	5.00
Al_2O_3/%	≤	3.50	8.00	18.00	5.00	10.00	18.00

续表

指标名称		DA-1	DA-2	DA-3	DB-1	DB-2	DB-3
CaO/%	≤	1.00	1.50	2.00	1.00	1.50	2.00
MgO/%	≤	1.00	1.50	1.50	1.00	1.50	1.50
物理性能指标							
烧失量/%	≤	5.00	8.00	10.00	5.00	8.00	12.00
水分/%	≤	10.0	10.0	15.0	20.0	—	—
松散密度/(g/cm³)	≤	0.30	0.40	0.55	0.30	0.40	0.55
筛余/%	≤	5.00	8.00	12.00	—	—	—
pH 值		6.00～8.00	—	—	—	—	—
比表面积/(m²/g)		15.0～70.0	—	—	—	—	—

b. 美国世界矿产公司的赛力特（Celite）牌号的硅藻土企标见表 2-30。

表 2-30　赛力特主要牌号产品的质量指标

牌号	325 目筛余/%	粒径中值/μm	白度/%	吸油率/%
Celite281	1.5	11.3	92	140
CeliteKC281	2.0	15.0	94	150
Celite400	0.5	11.0	90	200
DiaFil525	0.7	12.0	82	120
DiaFil530	0.3	11.0	82	120
DiaFil588	0.5	10.0	85	120
Celite499	0.1	9.0	92	140

（4）硅藻土用途　可作有机硅密封剂的补强剂和聚硫密封剂的触变剂，由于硅藻土粒径较大，因此补强效果较差，一般用作填料使用以降低成本。

2.5　二氧化硅

别名：白炭黑；硅石。

（1）二氧化硅化学结构　二氧化硅结晶完美时就是水晶；二氧化硅胶化脱水后就是玛瑙；二氧化硅含水的胶体凝固后就成为蛋白石；二氧化硅晶粒小于几微米时，就组成玉髓、燧石、次生石英岩。石英的规则晶体结构见图 2-8（a），水合白炭黑分子化学结构式见图 2-8（b）。

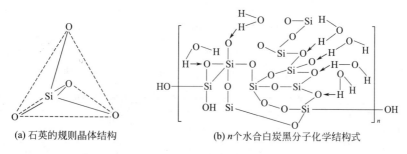

(a) 石英的规则晶体结构　　(b) n 个水合白炭黑分子化学结构式

图 2-8　二氧化硅的化学结构式

图 2-8（a）中虚线构成三角形多面体，氧原子占据在角上，硅原子处在三角形四面体的中心，四根实线将硅原子与四个氧原子相连，四面体的每一个三角形面都与另一个四面体的三角形相重叠，如此形成三角形四面体的规则堆积。

（2）人工合成二氧化硅物理化学特性　微细粉末状或超细粒，具有多孔性，耐高温、不燃、无味、无嗅、具有很好的电绝缘性，更小粒子的人工合成的二氧化硅可成气凝胶状[8]；能溶于苛性碱和氢氟酸，不溶于水、溶剂和酸（氢氟酸除外）；粒径 20～60nm；化学纯度 99.8%；密度 2.319～2.653g/cm³；比表面积大；分散性好；熔点 1750℃。

（3）二氧化硅牌号、质量指标

① 沉淀法二氧化硅牌号、质量指标

a. HG/T 3061—1999 行标规定的"橡胶配合剂沉淀水合二氧化硅质量指标"见表 2-31 和表 2-32。

表 2-31　沉淀水合二氧化硅质量指标

指标名称	A 类	B 类	C 类	D 类	E 类	F 类
外观	白色粉末或颗粒状					
比表面积/(m²/g)	≥191	161～190	136～160	106～135	71～105	≥70

表 2-32　二氧化硅质量指标

指标名称	参数	指标名称	参数
二氧化硅含量/%	≥90	总锰含量/(mg/kg)	≤50
颜色	优于、等于标样	总铁含量/(mg/kg)	≤1000①
45μm 筛孔筛余物/%	≤0.5	DBP 吸收值/(m³/g)	2.00～3.50②
加热减量/%	4.0～8.0	500%定伸应力/MPa	≥6.3③
灼烧减量（干品）/%	≤7.0	拉伸强度/MPa	≥17.0③
pH 值	5.0～8.0	拉断伸长率/%	≥675③
总铜含量/(mg/kg)	≤30	—	—

① ISO 5794—1：1994 附录 E 规定总铁含量不超过 500mg/kg。

② ISO 5794—1：1994 无此项规定。

③ ISO 5794—1：1994 规定按供需双方共同商定。

注：1. 颜色比较用标样供需双方商定。

2. 500%定伸应力、拉伸强度、拉断伸长率采用 GB/T 528 中规定的 I 型哑铃型裁刀，选用正硫化点试片裁样测试。

b. 上海产沉淀白炭黑 UNA-350 的企标规定的质量指标见表 2-33。

表 2-33　沉淀白炭黑 UNA-350 质量指标

指标名称	参数	指标名称	参数
形态	超细微粉状	BET 比表面积/(m²/g)	170～230
加热减量(105℃×2h)/%	4.0～7.0	DBP 吸收值/(cm³/g)	2.5～4
灼烧减量(1000℃)/%	≤7.0	SiO₂/%	≥96
45μm 筛余物/%	≤0.05	Na₂SiO₄/%	≤0.8
pH 值	6.6	—	—

c. Tokusil 923、Tokusil 928 沉淀法白炭黑企标规定的质量指标见表 2-34。

表 2-34　Tokusil 923、Tokusil 928 沉淀法白炭黑质量指标

指标名称	指标	
	Tokusil 923	Tokusil 928
SiO₂ 含量/%	≥94	≥94
加热减量/%	≤0.8	≤0.8
pH 值(4%悬浮液)	6.0～7.0	6.0～8.0
导电性	≤250	≤150
堆积密度/(g/cm³)	0.15～0.22	0.15～0.22
BET 比表面积/(m²/g)	190～230	180～220
DBP 吸油值/(mL/g)	2.5～2.7	2.35～2.55

续表

指标名称	指标	
	Tokusil 923	Tokusil 928
Al₂O₃ 含量/%	0.25～0.4	0.25～0.40
Fe₂O₃ 含量/%	—	≤0.04
45μm 筛余物/%	≤0.5	≤0.5
平均一次粒子直径/nm	11～15	11～15

d. 德国迪高沙公司产沉淀法二氧化硅公司企标规定的质量指标见表 2-35。

表 2-35　德国迪高沙公司产橡胶用沉淀法二氧化硅公司标准所定的质量指标

指标名称		指标				
		VN3	VN2	AS9	AS7	calail
二氧化硅含量/%	≥	88	87	72	72	72
氧化铝含量/%	≤	0.3	0.3	8	8	0.3
氧化钙含量/%	≤	—	—	0.2	0.2	10
105℃烘干减量/%	≤	6	6	6	6	6
1000℃灼烧减量/%	≤	11	12	12	12	15
相对密度	≤	2.0	2.0	2.2	2.2	2.2
容积密度/(g/L)	≤	175	155	120	140	255
松密度/(g/L)	≤	90	85	75	90	75
pH 值		6	7	11	11	10
原生粒子/nm	≤	22	28	30	35	40
比表面积(BET)/(m²/g)	≥	240	150	130	55	40
吸油值(DBP)/(mL/100g)	≥	270	200	130	90	70

　　沉淀法白炭黑生产厂商目前在南昌、苏州、通化、内蒙古、广州、广东、安徽、湖北、浙江、四川、福建以及台湾地区均有专业工厂批量生产。国外有法国罗地亚、韩国罗地亚、乌克兰卡路什化学公司、德国-德固赛公司以及日本等，各生产厂有自己的品牌和质量标准，但主要指标是一致的，此处不再一一列举。

　　② 气相二氧化硅产品品种和（或）牌号、质量指标

　　a. GB/T 20020—2005 规定的气相二氧化硅（fumed silica）产品牌号及质量指标见表 2-36～表 2-44。

表 2-36　气相二氧化硅产品牌号及质量指标（一）

指标名称	A50	A70	A90	A110	A150
外观	蓬松的白色粉末				
氮气吸附表面积/(m²/g)	40～59	60～79	80～99	100～125	126～175

表 2-37　牌号为 A50、A70、A90、A110、A150 的气相二氧化硅产品牌号及质量指标

指标名称	参数	指标名称		参数
45μm 筛余物/%	0.05	三氧化二铝含量/(mg/kg)	≤	500
悬浮液 pH 值	3.6～4.5	二氧化钛含量/(mg/kg)	≤	300
105℃挥发分/%	3	三氧化二铁含量/(mg/kg)	≤	30
灼烧减量/%	2.5	碳含量①/%	≤	0.2
二氧化硅含量/% ≥	99.8	氯化物含量/%	≤	0.025

表 2-38　气相二氧化硅产品牌号及质量指标（二）

指标名称	A200	A250	A300	A380
外观	蓬松的白色粉末			
氮气吸附表面积/(m²/g)	176～225	226～275	276～335	336～405

表 2-39   A200、A250、A300、A380 气相二氧化硅产品牌号及质量指标

指标名称		参数	指标名称		参数
45μm 筛余物/%		0.05	三氧化二铝含量/(mg/kg)	≤	500
悬浮液 pH 值		3.6～4.5	二氧化钛含量/(mg/kg)	≤	300
105℃挥发分/%		3	三氧化二铁含量/(mg/kg)	≤	30
灼烧减量/%		2.5	碳含量①/%	≤	0.2
二氧化硅含量/%	≥	99.8	氯化物含量/%	≤	0.025

表 2-40   B50 气相二氧化硅产品牌号及质量指标

指标名称		参数	指标名称		参数
45μm 筛余物/%		—	三氧化二铝含量/(mg/kg)	≤	500
悬浮液 pH 值		3.4～8	二氧化钛含量/(mg/kg)	≤	300
105℃挥发分/%		1	三氧化二铁含量/(mg/kg)	≤	30
灼烧减量/%		10.0	碳含量/%	≤	0.3
二氧化硅含量/%	≥	99.8	氯化物含量/%	≤	0.02

表 2-41   气相二氧化硅产品牌号及质量指标（三）

指标名称	B50	B70	B90	B110	B150	B200
外观	蓬松的白色粉末					
氮气吸附表面积/(m²/g)	40～59	60～79	80～99	100～125	126～175	176～225

表 2-42   B70、B90、B110、B150、B200 气相二氧化硅产品牌号及质量指标

指标名称		参数	指标名称		参数
45μm 筛余物/%		—	三氧化二铝含量/(mg/kg)	≤	500
悬浮液 pH 值		3.4～8	二氧化钛含量/(mg/kg)	≤	300
105℃挥发分/%		1	三氧化二铁含量/(mg/kg)	≤	30
灼烧减量/%		10.0	碳含量/%	≤	0.3
二氧化硅含量/%	≥	99.8	氯化物含量/%	≤	0.02

表 2-43   气相二氧化硅产品牌号及质量指标（四）

指标名称	B250	B300	B380
外观	蓬松的白色粉末		
氮气吸附表面积/(m²/g)	60～79	80～99	100～125

表 2-44   B250、B300、B380 气相二氧化硅产品牌号及质量指标

指标名称		参数	指标名称		参数
45μm 筛余物/%		—	三氧化二铝含量/(mg/kg)	≤	500
悬浮液 pH 值		3.4～8②	二氧化钛含量/(mg/kg)	≤	300
105℃挥发分/%		1	三氧化二铁含量/(mg/kg)	≤	30
灼烧减量/%		10.0	碳含量①/%	≤	0.3
二氧化硅含量/%	≥	99.8	氯化物含量/%	≤	0.02

① 碳含量可以是灼烧减量的一部分。

② 用 1+1 的甲醇水溶液。

b. 上海产气相二氧化硅 QS-L150 企标规定的质量指标见表 2-45。

表 2-45   气相二氧化硅 QS-L150 质量指标

指标名称	QS-L150	QS-L200	QS-L300	QS-L380
BET 比表面积/(m²/g)	130～180	170～230	270～330	380～410
pH 值	3.6～4.5	3.6～4.5	3.6～4.5	3.6～4.5

指标名称	QS-L150	QS-L200	QS-L300	QS-L380
灼烧减量（1000℃）/%	≤2.5	≤2.5	≤2.5	≤2.5
加热减量（105℃）/%	≤1.5	≤1.5	≤1.5	≤1.5
表观密度/(g/L)	25～60	25～60	25～60	25～60
平均粒径/nm	≤40	≤40	≤40	≤40
45μm 水洗筛余物/%	≤0.05	≤0.05	≤0.05	≤0.05
二氧化硅含量/%	≥99.8	≥99.8	≥99.8	≥99.8
三氧化二铝含量/%	≤0.05	≤0.05	≤0.05	≤0.05
三氧化二钛含量/%	≤0.03	≤0.03	≤0.03	≤0.03
三氧化二铁含量/%	≤0.003	≤0.003	≤0.003	≤0.003

外观特性：白色无定形粉末和颗粒。可溶于苛性碱和氢氟酸，不溶于其他酸类、水及各种溶剂，耐高温，不燃烧，电绝缘性好，分散性好

c. 德国-德固萨 AEROSIL R972、R974 气相白炭黑企标规定的质量指标见表 2-46。

表 2-46　R972、R974 气相白炭黑质量指标

质量指标	R972	R974	质量指标	R972	R974
外观	蓬松白色粉末		原生粒子粒径/nm	16	12
BET 比表面积/(m²/g)	110±25	170±20	标准密度/(g/L)	约50	约50
pH 值（水溶液中）	3.6～4.3	3.6～4.3	经压实后密度/(g/L)	约90	约90
SiO₂ 含量/%	≥99.8	≥99.8	水（105℃，2h）/% ≤	0.5	0.5
Fe₂O₃ 含量/%	≤0.01	≤0.01	表面特性	疏水型	
Al₂O₃ 含量/%	≤0.05	≤0.05	SbO₂ 含量/% ≤	0.03	0.03
灼烧损失（1000℃，2h）/%	≤2	≤2	氯化氢含量/% ≤	0.1	0.1

d. 乌克兰卡路什化学公司（Orisil）Orisil 380、Orisil 300 等系列气相白炭黑企标规定的质量指标见表 2-47。

表 2-47　Orisil 系列气相白炭黑质量指标

指标名称	380	300	200	175	150
表面积（BET法）/(m²/g)	380±25	300±25	200±25	175±25	150±25
pH 值（4%悬浮液）	3.6～4.3	3.6～4.3	3.6～4.3	3.6～4.3	3.6～4.3
加热减量（2h，105℃）/% ≤	<1.5	<1.5	<1.5	<1.5	<1.5
灼烧减量（1h，1000℃）/% ≤	1	1	1	1	1
堆积密度/(g/cm³)	40～60	40～60	40～60	40～60	40～60
SiO₂ 含量/% ≤	99.99	99.99	99.99	99.99	99.99
Al₂O₃ 含量/% ≤	0.03	0.03	0.03	0.03	0.03
Fe₂O₃ 含量/% ≤	0.05	0.05	0.05	0.05	0.05
TiO₂ 含量/% ≤	0.03	0.03	0.03	0.03	0.03

（4）二氧化硅用途　气相法和沉淀法二氧化硅（白炭黑）大量用于有机硅、聚硫、聚硫聚氨酯等许多密封剂的配合剂，如补强、填充、触变、防止稠化、结块等，在其他领域有极为广泛的用途。

2.6　硅灰石粉

（1）硅灰石化学结构式　理论化学成分为 CaO48.3%，SiO₂ 51.7%，其中的 Ca 常被 Fe、Mg、Mn、Ti、Sr 等的离子置换，形成类质同象体，故自然界纯净的硅灰石较为罕见。硅灰石有三种同质多象变体：两种低温象变体（即三斜晶系硅灰石和单斜晶系副硅灰石），一种高温象变体（通称假硅灰石）。自然界常见的硅灰石主要是低温三斜硅灰石，其他两种

象变体很少见。低温三斜晶系硅灰石为链状结构，晶体常沿 Y 轴延伸成板状、杆状和针状；集合体呈放射状、纤维状块体，甚至微小的颗粒仍保持纤维状的习性。图 2-9 为低温三斜硅灰石原矿石及其微观结构图形。

(a) 三斜硅灰石原矿石　　　(b) 超细硅灰石粉　　　(c) 显微镜下斜硅灰石粉的针状结构

图 2-9　三斜硅灰石

纯硅灰石化学结构式：

(2) 硅灰石物理化学特性　硅灰石由 48.3％的 CaO 和 51.7％ SiO$_2$ 组成；在 25℃的中性水中溶解度为 0.0095g/100mL；呈白色纤维状或针状晶状粉体；有良好的介电性能和较高的耐热性；密度 2.78～2.91g/cm^3；莫氏硬度 4.5～5.0；熔点 1544℃；热膨胀系数 6.5×10^{-6}/℃；吸湿性小于 4；吸油性 20～26mL/100g；电导率低，绝缘性较好〔单位：西门子/米(S/m)〕；含 0.02％～0.1％锰的硅灰石，在阴极射线照射下可以发出强的黄色荧光；一般情况下耐酸、耐碱、耐化学腐蚀，但在浓盐酸中发生分解，形成絮状物；在焙烧条件下的化学反应性：可与高岭石、叶蜡石、伊利石、滑石等矿物发生固相反应。

(3) 硅灰石产品品种和（或）牌号、质量指标

① 行业标准 JC/T 535—2007 规定的硅灰石的级别及质量指标　见表 2-48。

表 2-48　JC/T 535—2007 规定的硅灰石的级别及质量指标

指标名称		一级品	二级品	三级品	四级品
粒径及外观	块粒/mm	1～250；不允许夹杂木屑、铁屑、杂草，不被其他杂物污染			
	普通粉/μm	＜1000；不得有肉眼可见杂质			
	细粉/μm	＜38；不得有肉眼可见杂质			
	超细粉/μm	＜10；不得有肉眼可见杂质			
长径比	针状粉	≥8∶1；不得有肉眼可见杂质			
细度≤	块、粒、普通粉筛余量/%	1.0			
	细粉、超细粉、大干粒径含量/%	8.0			
硅灰石含量/%　　　　　　　　　≥		90	80	60	40
SiO$_2$ 含量/%　　　　　　　　　≥		48～52	46～54	41～59	≥40
CaO 含量/%　　　　　　　　　　≥		45～48	42～50	38～50	≥30
Fe$_2$O$_3$ 含量/%　　　　　　　　≤		0.5	1.0	1.5	—
烧失量/%　　　　　　　　　　　≤		2.5	4.0	9.0	—
白度/%　　　　　　　　　　　　≥		90	85	75	—
吸油量/%	粒径大于 5μm	18～30			
	粒径小于 5μm	18～35			
水萃取液酸碱度/%　　　　　　　≤		46			
105℃挥发分含量/%　　　　　　　≤		0.5			

② 国内硅灰石商品有多个单位生产，其企业标准规定的质量指标　详见表 2-49、表 2-50。

表 2-49　新余市产品企标质量指标

指标名称		参数			指标名称		参数		
SiO_2 含量/%	≥	50	50	50	细度/目		600～700	800～1000	1250
CaO 含量/%	≥	45	45	45	MgO 含量/%	≤	0.8	0.8	0.8
Fe_2O_3 含量/%	≤	0.2	0.2	0.2	Al_2O_3 含量/%	≤	0.8	0.8	0.8
损失/%	≤	1.8	1.8	1.8	白度/%	≥	93	93	93

表 2-50　新余市产品企标质量指标

指标名称		指标					
细度/目		100	200	325	600	1000	1250
晶状		针状粉					
SiO_2 含量/%	≥	51	51	51	51	51	51
CaO 含量/%	≥	46	46	46	46	46	46
Fe_2O_3 含量/%	≤	0.2	0.2	0.2	0.2	0.2	0.2
白度/%	≥	93	93	93	93	93	93

指标名称	指标					
细度/目	100	200	325	600	1000	1250
长径比 L/D	(15∶1)～(20∶1)	(15∶1)～(20∶1)	(15∶1)～(20∶1)	(15∶1)～(20∶1)	10∶1	15∶1

（4）硅灰石用途　橡胶、密封剂、涂料均可采用它作为耐磨配合剂，改善颜色、提高耐磨性、提高抗风化性和耐老化性等。

2.7　滑石粉

别名：水合硅酸镁超细粉；一水硅酸镁。

（1）滑石粉的化学结构式　滑石粉主要成分是滑石含水的硅酸镁，分子式为 $Mg_3(Si_4O_{10})(OH)_2$ 或 $H_2Mg_3O_{12}Si_4$。滑石属单斜晶系。晶体呈假六方或菱形的片状。通常成致密的块状、叶片状、放射状、纤维状集合体。

其结构式如下：

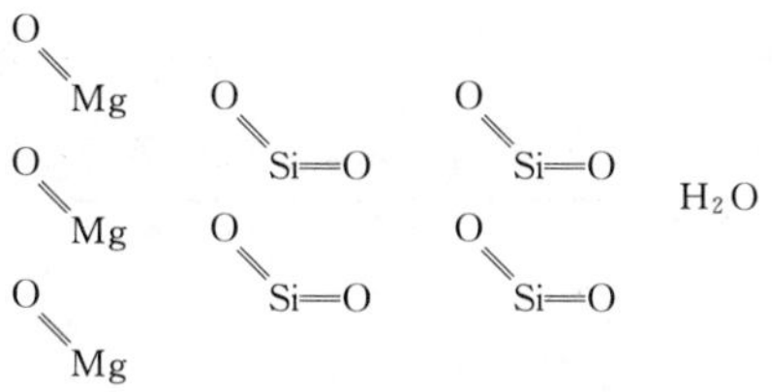

（2）滑石粉物理化学特性　无色透明或白色，并且会因含有其他杂质而带各种颜色，如呈银白色、浅绿、淡黄色、浅棕甚至浅红色粉末，解理面上呈珍珠光泽。有滑腻感，质地柔软的片状或鳞片状，由小片连成大片；不溶于水；分子量 379.22；密度 2.7～2.8g/cm³；化学性质不活泼。

（3）滑石粉牌号、质量指标

① 国标 GB/T 15342—2012 规定的各种领域用滑石粉（talc powder）的品级和质量指标

a. 防水材料用滑石粉的质量指标　见表 2-51。

表 2-51　GB/T 15342—2012 防水材料用（代号：FS）滑石粉的质量指标

指标名称		二级品	三级品
白度/%	≥	75.0	60.0
细度(75μm 筛通过率)/%	≥	98.0	95.0
水分/%	≤	0.50	1.00
二氧化硅＋氧化镁/%	≥	77.0	65.0
烧失量(1000℃)/%	≤	15.0	18.0
水萃取液 pH 值	≤	10.0	—

　b. 通用滑石粉质量指标　见表 2-52。

表 2-52　GB/T 15342—2012 通用（代号：TY）滑石粉质量指标

指标名称		一级品	二级品	三级品
白度/%	≥	90.0	85.0	75.0
细度≥	磨细滑石粉(明示粒径相应试验筛通过率)/%		98.0	
	微细和超细滑石粉(其量小于明示粒径的含量)		90.0	
水分/%	≤	0.50	1.0	1.0
二氧化硅(SiO_2)＋氧化镁(MgO)含量/%	≥	90.0	80.0	65.0
全铁(以 Fe_2O_3 计)/%	≤	1.50	2.00	—
三氧化二铝(Al_2O_3)含量/%	≤	1.50	3.00	—
氧化钙(CaO)含量/%	≤	1.00	1.80	—
烧失量(1000℃)/%	≤	7.00	10.00	20.0

　② 国内各公司（企业）产各型号滑石粉企标规定质量指标
　a. 大连十年矿业产各型号滑石粉企标规定质量指标　见表 2-53。

表 2-53　大连滑石粉质量指标

型号	主要指标			成分指标/%					共性
	细度/目≥	粒径/μm≤	白度/%≥	SiO_2	MgO	Al_2O_3	Fe_2O_3	水分	
HS02-A3	6250	2	93	≤60	≤30	<1.2	≤0.2	≤0.3	
HS05-A3	2500	5	93	≤60	≤30	<1.2	≤0.2	≤0.3	白色粉末,不
HS06-A3	2000	6	93	≤60	≤30	<1.2	≤0.2	≤0.3	溶于水,微溶于
HS08-A3	1600	8	93	≤60	≤30	<1.2	≤0.2	≤0.3	酸。有滑感、化
HS10-A3	1250	10	≥92	≤60	≤30	<1.2	≤0.2	≤0.3	学稳定性、绝缘
HS15-A3	800	15	≥91	≤60	≤30	<1.2	≤0.2	≤0.3	性好
HS20-A3	625	20	≥90	≤60	≤30	<1.2	≤0.2	≤0.3	
HS25-A3	500	25	≥90	≤60	≤30	<1.2	≤0.2	≤0.3	

　b. 海城市产密封剂、塑料、橡胶用滑石粉企标规定质量指标　见表 2-54。

表 2-54　海城市产密封剂、塑料、橡胶用滑石粉质量指标

牌号	白度/%≥	粒径/μm≥	松散密度/(g/cm³)≤	45μm 残余量/%≤	150μm 残余量/%≤	水分/%≤
SD-100A	94.0	13.0	0.45	2.0	0	0.30
SD-100B	92.0	13.0	0.45	2.0	0	0.40
SD-100C	90.0	13.0	0.45	2.0	0	0.50
SD-400A	95.0	6.5	0.24	0.01	0	0.30
SD-400B	92.0	6.5	0.24	0.01	0	0.40
SD-400C	90.0	6.5	0.24	0.01	0	0.50
SD-600A	96.0	5.5	0.18	0.002	0	0.30
SD-600B	93.0	5.5	0.18	0.002	0	0.40
SD-600C	91.0	5.5	0.18	0.002	0	0.50
SD-700A	96.0	4.5	0.16	0.001	0	0.30
SD-700B	93.0	4.5	0.16	0.001	0	0.40
SD-700C	91.0	4.5	0.16	0.001	0	0.50

续表

牌号	成分				质量指标	
	MgO/%≥	CaO/%≤	Fe₂O₃/%≤	Al₂O₃/%≤	损耗/%≤	pH 值
SD-100A	30.0	0.5	0.30	0.30	7.0	8～9.5
SD-100B	30.0	0.7	0.40	0.40	9.0	8～9.5
SD-100C	30.0	1.0	0.50	0.50	12.0	8～9.5
SD-400A	30.0	0.5	0.30	0.30	7.0	8～9.5
SD-400B	30.0	0.7	0.40	0.40	9.0	8～9.5
SD-400C	30.0	1.0	0.50	0.50	12.0	8～9.5
SD-600A	30.0	0.40	0.30	0.30	7.0	8～9.5
SD-600B	30.0	0.60	0.40	0.40	9.0	8～9.5
SD-600C	30.0	0.80	0.50	0.50	12.0	8～9.5
SD-700A	30.0	0.40	0.30	0.30	7.0	8～9.5
SD-700B	30.0	0.60	0.40	0.40	9.0	8～9.5
SD-700C	30.0	0.80	0.50	0.50	12.0	8～9.5

c. 上海产滑石粉企标规定质量指标　见表 2-55。

表 2-55　上海产滑石粉质量指标

指标名称		参数	指标名称		参数
外观		白色粉末	吸油量/(mL/100g)		35～50
平均粒径/μm		2.5～5	氧化钙/%	≤	0.5
白度/%		92～95	三氧化二铁/%		0.2～0.3
二氧化硅含量/%	≥	60	密度/(g/cm³)		2.78
氧化镁/%	≥	30	水分/%	≤	0.5
pH 值		8.5～10.0			

（4）滑石粉用途　用于密封剂、橡胶、塑料、涂料、密封腻子、染料、陶瓷等产品行业中作为强化改质填充剂。

2.8　云母粉

（1）云母的化学结构　三种工业应用价值最大的云母的结构式[9]。

① 优质云母粉的结构式　天然细粒绢云母粉，是层状结构的硅酸盐，结构由两层硅氧四面体夹着一层铝氧八面体构成的复式硅氧层。解理完全，可劈成极薄的片状，片厚可达 1μm 以下（理论上可削成 0.001μm），径厚比大；结构式如下：

$$\begin{bmatrix} K & & Na \\ & O & O \\ K & & Na \end{bmatrix}_{9\%\sim11\%} \quad \begin{bmatrix} Al & & Al \\ O & O & O \end{bmatrix}_{27\%\sim37\%} \quad \begin{bmatrix} & O \\ Si & \\ & O \end{bmatrix}_{43\%\sim49\%}$$

$$\begin{bmatrix} H & \\ O & \\ H \end{bmatrix}_{4\%\sim6\%} \quad \begin{bmatrix} Fe & & Fe \\ O & O & O \end{bmatrix}_{0.9\%\sim1.2\%} \quad [Mg\!=\!O]_{0.1\%\sim0.2\%}$$

② 白云母的结构式　白云母多为单斜晶系，呈叠板状或书册状晶形，发育完整的为具有六个晶体面的菱形或六边形，有时形成假六方柱状晶体。白云母结构式如下：

$$\begin{bmatrix} K \\ O \\ K \end{bmatrix}_{9\%\sim11\%} \quad \begin{bmatrix} Al & & Al \\ O & O & O \end{bmatrix}_{20\%\sim33\%} \quad \begin{bmatrix} Na \\ O \\ Na \end{bmatrix}_{0.95\%\sim1.8\%} \quad \begin{bmatrix} & O \\ Si & \\ & O \end{bmatrix}_{44\%\sim50\%}$$

$$\begin{bmatrix} H & \\ O & \\ H \end{bmatrix}_{0.13\%} \quad \begin{bmatrix} Fe & & Fe \\ O & O & O \end{bmatrix}_{2\%\sim6\%} \quad [P+S]_{0.02\%\sim0.05\%}$$

③ 金云母结构　呈假六方板状、短柱状或角锥状。柱面具有清晰平行横条纹。常见依云母律形成的双晶。集合体呈叶片状和鳞片状形态。金云母的结构式如下：

$$\begin{bmatrix} K \\ O \\ K \end{bmatrix}_{7\%\sim10\%} \quad \begin{bmatrix} Al \quad Al \\ O \quad O \quad O \end{bmatrix}_{1\%\sim17\%} \quad 2(HOF)$$

$$\begin{bmatrix} O \\ Si \\ O \end{bmatrix}_{36\%\sim45\%} \quad \begin{bmatrix} H \\ O \\ H \end{bmatrix}_{>1\%} \quad [Mg{=\!=}O]_{19\%\sim27\%}$$

（2）云母粉的物理化学特性　硬度 2～3，相对密度 2.70～3.20。云母的折射率随铁的含量增高而相应增高，可由低正突起至中正突起。不含铁的变种，薄片中无色，含铁越高时，颜色越深，同时多色性和吸收性增强。云母粉具有独特的耐酸、耐碱、化学稳定性能，还具有良好的绝缘和耐热性、不燃性、防腐性。

（3）云母粉产品品种、规格或牌号、质量指标

① 灵寿县玛琳矿产白云母粉质量指标　见表 2-56。

表 2-56　玛琳矿产白云母粉质量指标

指标名称	白云母粉细度/目					
	−20+40	−40+60	−60+100	−100+200	−200+325	−325
含砂量/%	≤1	≤1	≤1	≤1.5	≤1	≤1
通过率/%	≥95	≥95	≥95	≥95	≥95	≥95
容重/(g/cm³)	≤2.80	≤2.80	≤2.80	≤2.80	≤2.80	≤2.80
游离铁含量/(mg/kg)	≤600	≤800	≤800	≤1000	≤1000	≤1000
含水量/%	≤1	≤1	≤1	≤1	≤1	≤1

用途：珠光密封剂、珠光油漆、电绝缘抗电弧耐电晕密封剂优良填料、隔热密封剂优良填料、电绝缘抗电弧耐电晕特种橡胶和塑料材料的填料

注：规格中目数表达方式如：−20+40 目表示白云母粉的细度为 20 目到 40 目，无"−"或"+"之意。

② 绢云母产品质量指标

a. 有色金属行业标准 YS/T 467—2004 对绢云母粉规定的质量指标　见表 2-57。

表 2-57　有色金属行业标准 YS/T 467—2004 对绢云母粉规定的质量指标

指标名称			MCA-1	MCA-2	MCA-3
外观			呈粉末状	呈粉末状	呈粉末状
主化学成分含量	Al_2O_3/%	≥	23.00	20.00	18.00
	SiO_2/%	≥	48.00	55.00	55.00
	K_2O/%	≥	6.00	5.00	5.00
杂质成分含量	Cu/%	≤	0.020	0.020	0.020
	S/%	≤	0.4	0.6	0.8
倾注密度/(g/cm³)		≤	0.29	0.33	0.37
加热减量/%		≤	1.0	1.0	1.0
水分/%		≤	1.0	1.0	1.0
45μm 筛筛余物/%		≤	0.5	1.0	1.0
pH 值			6.0～8.0	6.0～8.0	6.0～8.0

b. 建材行业标准 JC/T 595—1995 对干磨云母粉（包含绢云母粉）规定的质量指标　见表 2-58 和表 2-59。

表 2-58　JC/T 595—1995 对干磨云母粉（包含绢云母粉）规定的质量指标（一）

规格	粒度分布					含铁量/×10⁻⁶≤
900μm(20 目)	μm	+900	+450	+300	−300	—
	%	<2	65±5	25±5	<10	—
	—	—	—	—	—	400
450μm(40 目)	μm	+450	+300	+150	−150	—
	%	<2	45±5	45±5	<10	—
300μm(60 目)	μm	+300	+150	+75	−75	—
	%	<2	50±5	40±5	<10	—
	—	—	—	—	—	800
150μm(100 目)	μm	+150	+75	+45	−45	—
	%	<2	40±5	30±5	<30	—
75μm(200 目)	μm	+75				—
	%	<2				—
	—	—	—	—	400	1.0
45μm(325 目)	μm	+45	—	—	—	—
	%	<2				—

表 2-59　JC/T 595—1995 对干磨云母粉（包含绢云母粉）规定的质量指标（二）

含砂量/% ≤	松散密度/(g/cm³)	含水量/% ≤	白度/% ≥	含砂量/% ≤	松散密度/(g/cm³)	含水量/% ≤	白度/% ≥
1.0	—	—	45	1.5	—	1.0	—
—	0.36			0.34			

c. 绢云母产品质量指标　见表 2-60。

表 2-60　绢云母产品质量指标

选矿法	粒度/目	各成分含量/%				理化性能			
		SiO₂	Al₂O₃	Fe₂O₃	K₂O	pH 值	水分/%	白度/%	吸油量
干法原矿	100～200	70～76	13～16	0.9～1.4	4.0～4.5	6～7	1	68	—
	250～325	68～74	14～17	1.5～2.0	4.5～5.0	6～7	1	70	—
干法精选	400～600	70～60	15～18	1.2～1.8	5～6	6.8	1	72	22～28
	800～1500	55～60	18～22	1.6～2.2	6～7	6.8	1	75	30～35
湿法水选	400～800	68～60	16～20	1.2～1.8	5～6	6.8	1	75	22～28
	1250～2000	55～60	20～25	1.6～2.2	6～7	6.8	1	78	30～35
品级	粒度/目	各成分含量/%						理化性能	
		SiO₂	Al₂O₃	K₂O	Pbw(B)10⁻⁶	Asw(B)10⁻⁹	Hgw(B)10⁻⁹	白度/%	
化妆级	400～800	55～58	25～30	7～9	13～15	1	28～30	78	
	1250～2000	50～55	26～32	7～9	10～12	0.8	25～28	80	

d. 建辉金云母粉厂产金云母粉规格　20 目、40 目、60 目、80 目、100 目、200 目、325 目、400 目、500 目、600 目、800 目、1000 目、1250 目、2500 目等。部分规格金云母粉化学成分见表 2-61。金云母质量指标见表 2-62。

表 2-61　部分规格金云母粉化学成分

化学成分	SiO₂	Al₂O₃	K₂O	Na₂O	MgO	Fe₂O₃	P、S	H₂O
各成分含量指标/%	44～50	20～33	9～11	0.95～1.8	1.3～2	2～6	0.02～0.05	0.13

表 2-62　部分规格金云母粉质量指标

指标名称	参数					
规格/目	20～40	40～60	60～100	100～200	200～325	≥325

续表

指标名称	参数					
指标含砂量/%	1	1	1	1.5	1	1
通过率/%	95	95	95	95	95	95
容重比/(g/cm³)	≤2.80	≤2.80	≤2.80	≤2.80	≤2.80	≤2.80
游离铁含量/(mg/kg)	600	800	800	1000	1000	1000
含水量/%	1	1	1	1	1	1

(4) 云母粉用途　云母粉作密封剂电绝缘补强填料，可提高其机械强度，增强韧性、附着力、抗老化并具有极高的电绝缘性、抗酸碱腐蚀、弹性、韧性和滑动性、耐热隔声性。

2.9　立德粉

(1) 分子式　立德粉（别名：锌钡白）由 $BaSO_4$ 和 ZnS 两种组分组成。其中 $BaSO_4$ 具有菱形晶体结构，ZnS 具有立方体或六边形晶体结构。化学组成为：ZnS(30%)/$BaSO_4$(70%)或 ZnS(60%)/$BaSO_4$(40%)。

(2) 立德粉物理化学特性　白色粉末，无毒；不溶于水；相对密度4.2；遮盖力：仅次于钛白粉；折射率2；吸油性 10～12；pH 值 8～9.5；耐热性良好；耐久性和抗粉化性较差；与酸作用分解放出硫化氢，与硫化氢和碱不起作用。

(3) 立德粉牌号、质量指标　GB/T 1707—2012 规定的立德粉质量指标见表2-63。

表 2-63　立德粉质量指标（执行标准：GB/T 1707—2012）

指标名称		C201	B301			B302		
			优等品	一等品	合格品	优等品	一等品	合格品
以硫化锌计的总锌和硫酸钡的总和(质量分数)/%	≥	99	99			99		
总锌量(以硫化锌计,质量分数)/%	≥	20	30			30		
氧化锌(质量分数)/%	≤	—	0.6	0.8	1	0.3	0.3	0.5
105℃挥发分(质量分数)/%	≤	—	0.3	0.3	0.5	0.3	0.3	0.5
水溶物(质量分数)/%	≤	—	0.4	0.5	0.5	0.4	0.5	0.5
筛余物(63μm 筛孔,质量分数)/%	≤	—	0.1	0.1	0.1	0.1	0.1	0.1
颜色(与标样比)		与商定的参照颜料相近						
水萃取液碱度		与商定的参照颜料相近						
吸油量/(g/100g)	≤	商定						
消色力(与标准样比)/%	≥	商定						
遮盖力(对比率)/%		商定						

指标名称		B311			B312		
		优等品	一等品	合格品	优等品	一等品	合格品
以硫化锌计的总锌和硫酸钡的总和(质量分数)/%	≥	99			99		
总锌量(以硫化锌计,质量分数)/%	≥	30			30		
氧化锌(质量分数)/%	≤	0.3	0.3	0.5	0.2	0.2	0.4
105℃挥发分(质量分数)/%	≤	0.3	0.3	0.5	0.3	0.3	0.5
水溶物(质量分数)/%	≤	0.3	0.4	0.5	0.3	0.4	0.5
筛余物(63μm 筛孔,质量分数)/%	≤	0.1	0.1	0.1	0.05	0.05	0.05
颜色(与标样比)		与商定的参照颜料相近					
水萃取液碱度		与商定的参照颜料相近					
吸油量/(g/100g)	≤	商定					
消色力(与标准样比)/%	≥	商定					
遮盖力(对比率)/%		商定					

（4）立德粉用途　巯端基液体聚合物为基体的自流平密封剂常用来做补强和着色剂。在其他行业中用途也很大很广，其对颜色的遮盖力仅次于钛白粉，但价格要比钛白粉低得多。

2.10　空心微珠粉[10]

2.10.1　高性能空心玻璃微珠粉

（1）空心玻璃微珠粉　几何结构见图 2-10。

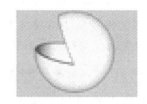

(a) 空心玻璃微珠显微镜下呈五彩缤纷状态的肥皂泡，左侧为在水中漂珠，右侧为在空气中空心玻璃微珠

(b) 单个玻璃微珠成空心状态的示意图

图 2-10　空心玻璃微珠显微镜下状态

（2）空心玻璃微珠物理化学特性　中空的，内含气体的微小球状玻璃质材料。它是一种性能独特而稳定的中空微粒，小球内部是二氧化碳气体或氮气。具有重量轻体积大、热导率低、分散性、流动性、稳定性好的优点。另外，还具有绝缘、自润滑、隔声隔热、不吸水、耐腐蚀、防辐射、无毒等优异性能；真密度 $0.15\sim0.70\mathrm{g/cm^3}$；粒径 $5\sim150\mu\mathrm{m}$。

（3）空心玻璃微珠质量指标

a. 唐山市产 SL 系列空心玻璃微珠企标　见表 2-64。

表 2-64　SL 系列空心玻璃微珠质量指标

指标名称	SL15	SL20	SL25	SL32	SL40	SL50
堆积密度/(g/cm³)	0.08	0.11	0.12	0.17	0.19	0.25
真密度/(g/cm³)	0.15	0.20	0.25	0.32	0.40	0.50
破碎强度/MPa	2	3	3.5	5	13	19
漂浮率/%	90	90	90	90	90	90
pH 值	9～10	9～10	9～10	9～10	9～10	9～10
粒径范围/μm	5～150	5～100	5～90	5～80	5～65	5～65
软化点/℃	600	600	600	600	600	600
热导率/(W/m·K)	0.03～0.10					
吸油值/(g 油/100cm³)	—	—	—	25	—	—

b. 上海产 PW 系列空心玻璃微珠企标　见表 2-65。

表 2-65　PW 系列空心玻璃微珠质量指标

指标名称	PW1	PW2	PW3
粒径范围/μm	10～250	10～100	10～30
壁厚/μm	1～2	1～2	1～2
堆积密度/(g/cm³)	0.14～0.16	0.20～0.25	0.08～0.14
破碎强度/MPa	2～4	3～5	3～5

续表

指标名称		PW1	PW2	PW3
软化点/℃		615	615	615
膨胀系数(60~440℃)/10⁻⁵℃⁻¹		8.8~10	8.8~10	8.8~10
介电常数(MHz)		1.2~8.6	1.2~8.6	1.2~8.6
漂浮率/%		≥93	≥95	≥95
含水量/%		≤0.5	≤0.5	≤0.5
含碱量/%		≤4	≤4	≤4
pH值		7~9	7~9	7~9
化学元素	SiO_2/%	60~80		
	Al_2O_3/%	2~2.5		
	CaO/%	6~12		
	MgO/%	3~8		
	Na_2O/%	5~16		

c. 上海推广的进口空心玻璃微珠（与美国 3M 的 K1、VS5500、美国波特的 5020FPS 等空心玻璃微珠性能类似）的质量指标　见表 2-66。

表 2-66　进口空心玻璃微珠企业质量指标

指标名称	5019N	6520	4038H	5014
主要成分	硼硅酸盐类	硼硅酸盐类	硼硅酸盐类	硼硅酸盐类
颜色	白色	白色	白色	白色
抗压强度/psi	≥410	≥500	≥5500	≥310
真实密度/(g/cm³)	≤0.19	≤0.20	≤0.38	≤0.14
平均粒径/μm	≤50	≤65	≤40	≤50
粒径分布/μm	20~100	30~120	15~85	25~90
用法	因为微粒壁薄，抗剪切力低，为了完全发挥其空心特性，建议采取后添加到涂料中，也就是放到最后添加，采用尽量低速度低剪切的搅拌设备分散，因为球形流动性好，之间摩擦力也不大，所以分散很容易。短时间内就可以润湿完全，稍延长搅拌时间达到均匀分散即可			

注：1psi=6.895kPa。

（4）高性能空心玻璃微珠的用途　用于低密度密封剂的轻质填料。

2.10.2　粉煤灰空心微珠粉

（1）粉煤灰空心微珠粉体的几何结构　几何结构同玻璃空心微珠。

（2）粉煤灰空心微珠的理化特性　见表 2-67。

表 2-67　粉煤灰空心微珠的理化特性

性能名称		参数	性能名称	参数
主成分/%	二氧化硅	50~65	莫氏硬度/级	6~7
	三氧化二铝	25~35	静压强/MPa	70~140
熔点/℃	二氧化硅	1725	粒径/μm	1~250
	三氧化二铝	2050	比表面积/(cm²/g)	300~360
耐火度/℃		1600~1700		
外观特性：质轻、粉煤灰空心微珠壁薄，空腔内为半真空，只有极微量的气体（氢气或氢气和二氧化碳），热传导极慢极微，保温隔热优秀。硬度大、强度高，缘于粉煤灰空心微珠是以硅、铝氧化物相（石英和莫来石）形成的坚硬玻璃体				

（3）邢台市产粉煤灰空心微珠的企业质量指标　见表 2-68。

表 2-68　粉煤灰空心微珠的质量指标

指标名称	参数	指标名称	参数
外观	浅灰白色高流动性球状粉体	电阻率/Ω·cm	10¹⁰~10¹³

续表

指标名称		参数	指标名称		参数
真密度/(g/cm³)		0.5~0.8	莫氏硬度/级		6~7
堆积密度/(g/cm³)		0.3~0.5	pH 值(水分散系中)		6
耐火度/℃		1750	熔点/℃		≥400
导温系数/(m²/h)		0.000903~0.0015	热导率/[W/(m·K)]		0.054~0.095
抗压强度/MPa		≥30	折射率		1.54
粒径/μm		10~400			
化学 成分	SiO_2/%	56~62	化学 成分	CaO/%	0.2~0.4
	Al_2O_3/%	33~38		MgO/%	0.8~1.2
	Fe_2O_3/%	24		K_2O/%	0.5~1.1
	SO_3/%	0.1~0.2		Na_2O/%	0.3~0.9

（4）粉煤灰空心微珠的用途　用作耐热防水密封剂；航空低密度结构密封剂；黏合剂、汽车密封腻子、原子灰填料等。在密封剂、黏合剂行业可完全代替碳酸钙。

2.10.3　陶瓷空心微珠粉

（1）陶瓷空心微珠粉体的几何结构　陶瓷空心微珠是由粉煤灰为原料采用湿法分选出来的空心薄壁小球，其成分与陶瓷成分相似，也与前述粉煤灰空心微珠没有本质区别。几何结构同于粉煤灰空心微珠。

（2）陶瓷空心微珠理化特性　外观为灰白或白色，松散，流动性好。在显微镜下观察为具有银白色光泽的球体，中空，有坚硬的外壳，壳内为 N_2 或 CO_2 惰性气体。壁厚为其直径的 10%~20%。其有如下一般特性。

a. 薄壁空心球体，颗粒直径 15~300μm 的中空圆形微球，其流动性极好，是填充材料的首选。

b. 漂珠具有低的堆积密度，约为水的 1/3，作为聚合物填充材料，较其他矿物性填料用量少得多，填充重量小，节省聚合物用量，因此可降低产品成本。

c. 低价格。基于漂珠的很小的堆积密度，与其他填充材料相比，同样质量填充于聚合物中，生产成本更低，较人工玻璃珠便宜至少三倍。

d. 漂珠颗粒强度高。由于其坚硬的外壳，可承受更高的压缩力。

e. 低的热传导系数。空心微珠是作保温隔热涂料和保温砂浆的首选填料，可应用绝热设备，也可用于隔声设备。

f. 耐酸碱。漂珠的主要成分是 SiO_2 和 Al_2O_3，在各种溶剂、酸，以及弱碱中性质稳定。

g. 电绝缘性优良。作为填充材料适用于各种电气开关设备。

h. 阻燃。漂珠为无机金属氧化物，熔点大于 1450℃，高温下不分解，不易变形，作为聚合物填充材料，可提高聚合物的阻燃特性，适用于建筑材料和涂料行业中。

i. 收缩率低。漂珠是当今可满足填充材料行业需要的少数几个低收缩率填料之一，当大比例填充于聚合物中时，收缩率的问题尤为重要。

j. 吸油量低。漂珠的吸油量大大低于碳酸钙，可降低整个树脂体系的黏度，填充量潜力大，降低成本的效果更显著。

（3）陶瓷空心微珠质量指标

a. 上海产陶瓷空心微珠（漂珠）企业质量指标见表 2-69。

表 2-69   陶瓷空心微珠（漂珠）质量指标

指标名称		参数	指标名称		参数
粒子直径/μm		15～300	熔点/℃		约 1450
堆积密度/(g/cm³)		0.35～0.45	形状		球形
相对密度		0.6～0.8	颜色		灰白
抗压强度/0.1MPa		100～350	水分/%		≤1
热导率/(kcal/m·℃)		0.05～0.1	表面电阻率/Ω·cm		10^{11}～10^{13}
化学组成	SiO$_2$/%	55～65	化学组成	MgO/%	1～2
	Al$_2$O$_3$/%	26～35		Na$_2$O,K$_2$O/%	0.5～4.0
	Fe$_2$O$_3$/%	0.2～1		C/%	0.01～2
	CaO/%	0.2～0.6		TiO$_2$/%	0.5～2

注：1. 漂珠指可漂浮在水中的空心微珠。

2. 1cal＝4.1868J。

b. 成都产轻质与重质空心玻璃陶瓷微珠企业质量指标见表 2-70 和表 2-71。

表 2-70   轻质与重质空心玻璃陶瓷微珠的质量指标

分类	粒径/μm	堆积密度/(g/cm³)	抗压强度/0.1MPa	热导率/[W/(m·K)]
轻质	10～100	0.2～0.45	100～350	0.05～0.1
重质	5～100	0.9～1.2	4000～7000	0.05～0.1
化学组成	SiO$_2$/%	Al$_2$O$_3$/%	Fe$_2$O$_3$/%	CaO/%
	65～75	15～25	0.2～1	0.2～0.6

分类	表面电阻率/Ω·cm	熔点/℃	形状	颜色	水分/%
轻质	10^{11}～10^{12}	1450	球形	白	≤1
重质	10^{11}～10^{13}	1450	球形	灰/白	≤1
化学组成	MgO/%	Na$_2$O,K$_2$O/%		C/%	TiO$_2$/%
	1～2	0.5～4.0		0.01～2	0.5～2

表 2-71   各型号空心玻璃陶瓷微珠企业的具体质量指标

类	型号	颜色	粒径/μm	粒径/目	密度/(g/cm³)
轻质	HB200(高档)	白色	50～75	200	0.2～0.4
	PB300	白色	35～65	300	0.8～1.0
	PB1250	白色	10～15	1250	0.6～0.8
重质	SD800	白色	7～10	2500	1.6～1.8
	KH325	灰色	45～50	325	1.8～2.2
	KH800	灰色	20～40	800	1.8～2.2
	KH1250	灰色	12～15	1250	1.8～2.2
	KH2500	灰色	7～10	2500	1.8～2.2

（4）空心玻璃陶瓷微珠粉用途   在密封剂、黏合剂、涂料行业内空心玻璃陶瓷微珠粉可完全替代碳酸钙，可制备各类低密度结构密封剂，在飞机制造业中有极广泛的用途。还可在许多方面得到应用。

参 考 文 献

[1]   ASTMD 6556-01 Standard Test Method for Carbon Black-Total and External Surface Area by Nitrogen Adsorption.

[2]   李贻锹. 多点氮吸附法测定炭黑的总表面积和外表面积. 2004 年橡胶信息发布和技贸交流会论文集. 2004.

[3]   李炳炎. 炭黑生产与应用手册. 北京：化学工业出版社，2000.

[4]   代传银译. ASTM D6556-00a 炭黑总表面积和外表面积的标准测定方法——氮吸附法. 炭黑工业，2002，2：8-13.

[5]   NOVA 2000e Feature& Specification.

[6]   聂素青. 浅谈炭黑比表面积的测定原理及理论模型. 炭黑工业，2002 (2)；14-17.

［7］ 《中国化工产品大全》编委会．中国化工产品大全：上卷．北京：化学工业出版社，1994：87-89.

［8］ 张志华，王文琴，祖国庆，等．SiO_2 气凝胶材料的制备、性能及其低温保温隔热应用．航空材料学报，2015，35（1）.

［9］ 袁楚雄，田中凯，刘奇．云母及其深加工．国外金属选矿，1996，（4）：42.

［10］ 李云凯，王勇，高勇，等．空心微珠简介．兵器材料科学与工程，2002，25（3）：51-54.

　　注：文献［1~6］汇集在第四届全国石油和化学工业仪表及自动化技术交流研讨会论文集中。

第**3**章

流变性助剂

3.1 气相二氧化硅

别名：气相白炭黑。作为流变性助剂具体内容详见第 2 章。

3.2 硅藻土

别名：硅藻土粉；精制硅藻土；硅藻土助滤剂；硅藻土吸附剂。作为流变性助剂具体内容详见第 2 章。

3.3 硬脂酸钙

别名：十八酸钙盐。

（1）化学结构式

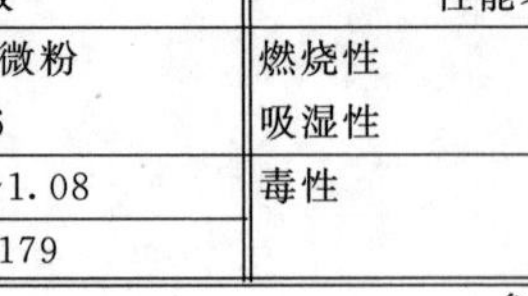

$$CH_3-(CH_2)_{16}-C \begin{matrix} O \\ \\ O \end{matrix} Ca$$
$$CH_3-(CH_2)_{16}-C \begin{matrix} O \\ \\ O \end{matrix}$$

（2）硬脂酸钙物理化学特性[1]　见表 3-1。

表 3-1　硬脂酸钙物理化学特性

性能名称	参数	性能名称	参数
外观	白色细微粉	燃烧性	可燃
分子量	606	吸湿性	有吸湿性
密度/(g/cm³)	1.035～1.08	毒性	无毒
熔点/℃	175～179		

性能名称	参数
化学反应性	遇强酸分解为硬脂酸和相应的钙盐
热稳定性	加热至 400℃时缓缓分解
溶解性	溶于甲苯、乙醇、苯和其他有机溶剂，不溶于水、冷的乙醇和乙醚，溶于热苯、苯和松节油等有机溶剂。微溶于热的乙醇和乙醚

（3）硬脂酸钙产品品种和质量指标　山东高密市、石家庄、河南产硬脂酸钙质量指标符合原化学工业部标准 HG/T 2424—93 要求，详见表 3-2。

表 3-2　硬脂酸钙质量指标

指标名称	优等品	一等品	合格品
外观	白色粉末	白色粉末	白色粉末
Ca 含量/%	6.5±0.5	6.5±0.5	6.5±0.5
游离酸(以硬脂酸计)/%	≤0.5	≤0.5	≤1
水分/%	≤2	≤3	≤3
熔点/℃	150~155	≥140	≥130
细度(75μm 筛通过,即 200 目通过)/%	99.5	99	99
堆积密度/(g/cm³)	≤0.2	—	—
加热减量/%	≤2.0	≤3.0	≤3.0

注：200 目筛每孔理论边长为 71μm，相当于 75μm 筛。

（4）硬脂酸钙用途　硬脂酸在聚硫密封剂中主要被用作触变剂。

3.4　硬脂酸铝

别名：三（十八酸）铝；十八酸铝；三硬脂酸铝。

（1）化学结构式

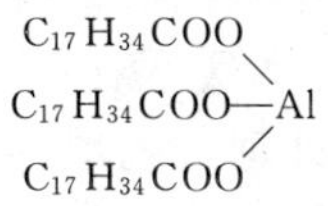

$$
\begin{array}{l}
C_{17}H_{34}COO \\
C_{17}H_{34}COO-Al \\
C_{17}H_{34}COO
\end{array}
$$

（2）硬脂酸铝物理、化学特性　见表 3-3。

表 3-3　硬脂酸铝物理、化学特性

性能名称	参数
外观	白色细微粉末,有明显的腊味,手捻动有明显的滑腻感
分子量	873
硬脂酸铝含量/%	99.5
熔点/℃	≥150
溶解性	不溶于水,微溶于乙醇,溶于石油醚、碱水溶液和松节油等
特性	中性化合物,可使液体聚合物稠化并产生流变特性,即触变性

（3）硬脂酸铝品种和质量指标　见表 3-4。

表 3-4　硬脂酸铝质量指标

指标名称	邵阳		山东高密
	一等品	合格品	
外观	—	—	白色或微黄色粉末
硬脂酸铝含量/%	≥99.5	≥99.5	
铝含量(以 Al₂O₃ 计)/%			4.0~5.2
游离酸(以硬脂酸计)/%	≤4.0	≤4.0	≤5
水分/%	≤2.0	≤3.0	≤1.5
熔点/℃	≥150	≥150	≥150
水溶性盐/%	—	—	≥1.5
细度(150 目通过)/%	≥99.5	≥99.0	—
细度(80 目通过)/%	—	—	≥99

（4）硬脂酸铝用途　用作密封剂的触变剂，一般用量不大，不超过硫化剂总量的 5%。也可作为聚氯乙烯密封腻子的热稳定剂。

3.5 膨润土[2~5]

别名：膨土岩；皂土；斑脱岩。

(1) 化学结构式

$$\left[\begin{array}{c} Al \quad Al \\ O \quad O \quad O \end{array}\right]_{6.54\%} \quad \left[\begin{array}{c} Fe \quad Fe \\ O \quad O \quad O \end{array}\right]_{1.63\%} \quad \left[\begin{array}{c} K \\ O \\ K \end{array}\right]_{0.47\%}$$

$$[Fe{=}O]_{0.26\%}$$

$$\left[\begin{array}{c} Si \\ O \quad O \end{array}\right]_{50.95\%} \quad \begin{array}{c} [Mg{=}O]_{4.65\%} \\ [Ca{=}O]_{2.26\%} \end{array} \quad \left[\begin{array}{c} H \\ O \\ H \end{array}\right]_{23.29\%}$$

(2) 膨润土物理化学特性　膨润土的主要矿物成分是蒙脱石矿物，含量在 $85\%\sim90\%$，主要化学成分是二氧化硅、三氧化二铝和水，还含有铁、镁、钙、钠、钾等元素；Na_2O 和 CaO 含量对膨润土的物理化学性质和工艺技术性能影响颇大。化学组成为：$(Na,Ca)_{0.33}(Al,Mg,Fe)_2[(Si,Al)_4O_{10}](OH)_2 \cdot nH_2O$（蒙脱石）；分析值：$Al_2O_3$ 为 6.54%；FeO 为 0.26%；SiO_2 为 50.95%；Fe_2O_3 为 1.36%；MgO 为 4.65%；CaO 为 2.26%；K_2O 为 0.47%；H_2O 为 23.29%。膨润土具有很强的吸湿性，能吸附相当于自身体积 $8\sim20$ 倍的水而膨胀至 30 倍；在水介质中能分散呈胶体悬浮液，并具有一定的黏滞性、触变性和润滑性，触变性产生的物理原理是：当被活性剂处理过的填料表面分子通过离子键结合在膨润土表面上时，表面活性剂分子（如二甲基十八烷基季铵盐，硬脂酸等）平伏于表面上，被极性物质（醇类、酯类等）活化后，在低剪切力作用下，彼此之间形成凝胶网络。在较高剪切力作用下，网络结构被破坏，密封剂、涂料呈良好的流动性和流平性；当剪切作用消除后，体系内部又逐渐恢复疏松的凝胶网络，这一过程见图 3-1。

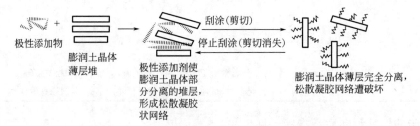

图 3-1　有机膨润土形成触变性结构的过程

它和泥沙等的掺合物具有可塑性和粘接性，有较强的阳离子交换能力和吸附能力。

(3) 膨润土产品品种、类别和质量指标

① 膨润土品种　根据膨润土的层间的正离子而确定品种如下。

a. 层间阳离子为有机阳离子时，就是有机膨润土；

b. 层间阳离子为 Li^+，就是锂基膨润土（碱性土）；

c. 层间阳离子为 Na^+ 时，就是钠基膨润土；

d. 层间阳离子为 Ca^{2+} 时，就是钙基膨润土；

e. 层间阳离子为 H^+ 就是氢基膨润土，活性白土、高效活性白土、天然漂白土（酸性土或酸性白土）就属于氢基膨润土，其中钙基膨润土又包括钙钠基和钙镁基等，闭孔珍珠岩与膨润土的成分类似。具体品种质量指标见下述各表。

② 膨润土的类别和质量指标

a. 钙基和钠基膨润土　河南产钙基和钠基膨润土质量指标见表 3-5。

表 3-5　钙基和钠基膨润土质量指标

指标名称	钙基	钠基	指标名称	钙基	钠基
湿压强度/kPa	≥50	>50	吸蓝量/(g/100g)	≥35	>35
吸水率(2h)/%	≤120	≤150	粒度200目/%	≥95	>95
膨胀容/(mL/g)	9～12	12～15	胶质价/(mL/15g)	55～70	>90
耐火度/℃	1200～1300	≥1350	pH 值	7.8	9.0～9.5
黏度/Pa·s	≥30	>30	造浆率/(m³/t)	2.5～8.7	>8.7
热湿拉强度/kPa	0.8～1.0	1.5～2.0	滤失量/mL	≤15.0	≤13
水分/%	≤12	≤12			

注：黏度指悬浮体在 600r/min 时的性能；滤失量指 30min 的滤失量。

b. 锂基膨润土　黑山县产锂基膨润土质量指标见表 3-6。

表 3-6　锂基膨润土质量指标

指标名称	参数	指标名称		参数
外观	白色	胶体率/%	≥	98
过筛率(0.075mm 筛)/% ≥	98	水分/%	≤	12
表观黏度/mPa·s ≥	20			

c. 氢基膨润土

（a）高效活性白土质量指标　河南企业标准高效活性白土质量指标见表 3-7。

表 3-7　高效活性白土（efficient activated clay）质量指标

指标名称	参数	指标名称	参数
脱色率(煤油-沥青)/%	≥95	粒度/目	200
脱色力(食用油)	≥150	水分/%	≤9
活性度/(0.1N NaOH/100g)	180～210	机械杂质	无
游离酸(硫酸)/%	≤0.2		

注：* "0.1mol/L NaOH/100g" 的含义是：100g 活性白土与浓度为 0.1mol/L 乙酸钠水溶液反应，活性白土分子上的氢离子被乙酸钠分子上的钠离子置换出来，生成乙酸，再用 0.1N NaOH 水溶液来中和生成的乙酸（乙酸量越大，活性白土分子中的氢离子越多，其交换的能力越大，也就是活性度越大），用中和乙酸所消耗的氢氧化钠量来衡量活性白土的活性度的大小，活性度越大，白土的质量越好。活性度的单位可有许多形式：mmol/kg；mol/kg；mL/100g；0.1mol/L NaOH/100g 等。

（b）活性白土质量指标　行业标准 HG/T 2569—2007 对活性白土质量指标的规定见表 3-8。

表 3-8　活性白土 HG/T 2569—2007 质量指标

指标名称		Ⅰ类				Ⅱ类	
		H 型(高活性度)		T 型(高脱色率)		一等品	合格品
		一等品	合格品	一等品	合格品		
脱色率/%	≥	70	60	85	75	80	80
活性度(H⁺)/(mmol/kg)	≥	220	200	140		100	
游离酸/%	≤	0.20				0.50	
水分/%	≤	8.0		10.0		12.0	
粒度/%	≥	90				95	
过滤速度/(mL/min)	≥	5.0	—	5.0	—	5.0	—
堆积密度/(g/cm³)		0.7～1.1					
外观		粉末状固体，无机械杂质					

注：游离酸含量以 H_2SO_4 计；粒度指通过 75mm 筛网的百分数。

d. 闭孔珍珠岩质量指标　见表 3-9。

表 3-9   闭孔珍珠岩（closed cell perlite）性能指标

指标名称	信阳市辉煌保温材料厂	信阳市中远珍珠岩保温材料厂	传统珍珠岩产品
粒度/mm	0.5～1.5	0.1～1.5	0.15～3
容重/(kg/m³)	80～130	100～200	70～250
热导率/[W/(m·K)]	0.032～0.045	0.047～0.054	0.047～0.054
漂浮率/%	≥98	—	—
表面玻化率/%	≥95	50～85	360～480
吸水率(真空抽滤法测定)/%	20～50	—	—
1MPa 压力的体积损失率/%	38～46	—	—
耐火度/℃	1280～1360	1280～1360	1250～1300
使用温度/℃	1000 以下	—	—
成球率/%	—	70～90	0
闭孔率/%	—	≥95	0
筒压强度(1MPa 压力的体积损失率)/%	—	38～46	76～83

（4）膨润土用途　膨润土可作密封剂及黏结剂的流变性助剂（触变剂）、干燥脱水剂、膨胀剂，闭孔珍珠岩可用于制备低密度密封剂。

3.6　改性脲及非离子型、低溶剂、疏水改性聚氨酯流变改性剂

（1）化学结构式　该类物质的整体结构未公开，是含有脲基团的非离子水溶性聚氨酯，脲基团结构式：

（2）流变改性剂物理化学特性

a. Rheolagent BK-840N 是非离子型、溶剂量低、疏水改性聚氨酯型流变改性剂，与纤维素类增稠剂和碱溶胀型增稠剂有极好的配伍相容性，并有如下优点：良好的抗密封剂下垂、抗涂料流挂性、漆膜丰满度、抗飞溅性、耐水性和抗分水性。

b. BK-261 聚氨酯型流变改性剂可与其他各种类型的天然和复合型增稠剂配伍，具有优异的增稠流平性能，抗飞溅性，光泽展现性好，能有效改善中、低剪切黏度，并有适合的增稠倍率，高触变性和高屈服值。

上述特性在密封剂中具有相同效能原理，可起到强触变性效果，产生抗下垂性。

c. BYK-410 及 BYK-E410 是溶剂型和无溶剂液体。他的主体成分是改性脲。混入体系后，可建立起假塑性。易添加也可后添加，添加时无需特殊温度控制。BYK-410 最适用于中等极性体系，不适用于含芳烃和脂肪烃碳氢化合物溶剂的非极性基料体系。BYK-410 含N-甲基吡咯烷酮。BYK-E410 是它的无 NMP（N-甲基吡咯烷酮）而采用 N-乙基吡咯烷酮品种。与之匹配的极性溶剂有丁醇、二丙酮醇、丙二醇单甲醚、乙二醇丁醚或二乙二醇丁醚；合适的非极性溶剂包括芳羟、脂肪羟和醋酸丁酯。成功的例子为二甲苯：正丁醇＝80：20；或醋酸丁酯：丙二醇单甲醚＝75：25；这两种溶剂与 BYK-410 及 BYK-E410 相配合时，都形成清澈透明的胶冻状而不分层，不起粒状。

（3）流变改性剂牌号、质量指标

① Rheolagen BK-840N 的质量指标见表 3-10。

表 3-10　Rheolagent BK-840N 的质量指标

指标名称	参数	指标名称	参数
外观	乳白色黏稠液体	pH 值	7.0
溶剂	乙二醇单丁醚/水＝30/30	不挥发分/%	40
布氏黏度(25℃)/mPa·s	1000～2000	化学成分特性	非离子

用途和使用方法：

　　Rheolagent BK-840N 可对聚氨酯密封剂、涂料起到提高防下垂和防流挂的作用,总量添加 0.2%～0.3%(成品形式),具体用量应以实验为准;Rheolagent BK-840N 先用乙二醇(或丙二醇)按 1∶2 稀释,再加入 2 份水稀释搅拌均匀,在低速搅拌下缓慢加入即可

　　② Rheolagent BK-261 的质量指标见表 3-11。

表 3-11　Rheolagent BK-261 的质量指标

指标名称	参数	指标名称	参数
外观	黏稠液体	固含量[水/乙二醇丁醚中(60/40)]/%	45±1
pH 值(20℃)	6.0～8.0	黏度(RVT20℃,20r/min)/mPa·s	≤3000
密度(20℃)/(g/cm³)	大约 1.040		

化学成分:非离子水溶性聚氨酯

　　③ 牌号为 BYK-410 的液态流变改性剂质量指标见表 3-12。

表 3-12　BYK-410 的液态流变改性剂质量指标

指标名称	典型值	指标名称	典型值
密度(20℃)/(g/cm³)	1.13	闪点/℃	91
不挥发分/%	52.0	溶剂	N-甲基吡咯烷酮

　　④ 牌号为 BYK-E410 的液态流变改性剂质量指标见表 3-13。

表 3-13　BYK-E410 的液态流变改性剂质量指标

指标名称	典型值	指标名称	典型值
密度(20℃)/(g/cm³)	1.10	闪点/℃	99
不挥发分/%	52.0	溶剂	N-乙基吡咯烷酮

　　(4) 流变改性剂用途　用作聚氨酯密封剂的防下垂触变剂,用量为总配方量的 0.5%～1.0%,并在配方中作最后的组分均匀加入,防止形成胶粒,加入体系中后 2～4h 可测定密封剂或黏合剂或涂料的流变性,48h 后物料黏度方可确定。

参 考 文 献

[1] 《中国化工产品大全》编委会.中国化工产品大全:上卷.北京:化学工业出版社,1994:549.
[2] 王伟东,王春伟.一种重防腐涂料用复合流变剂的制备及性能研究.广东化工,2010,37 (4):77,90.
[3] 曹玉红.碱性钙基膨润土的制备及应用研究 [D].南宁:广西大学,2004.
[4] 雷东升.膨润土有机凝胶的制备与特性的研究 [D].武汉:武汉理工大学,2006.
[5] 余丽秀,孙亚光,赵留喜.高附加值膨润土深加工及应用研究.中国矿业,2010,19 (10):97-100.

第4章

阻硫稳定剂

4.1 有机酸阻硫稳定剂

4.1.1 硬脂酸

别名：十八碳酸；十八酸；十八（烷）酸；十八碳烷酸；硬脂酸（十八烷酸）。

(1) 化学结构式

$$CH_3—(CH_2)_{16}—\overset{\overset{\text{O}}{\|}}{C}—OH$$

(2) 硬脂酸的物理化学特性　见表 4-1。

表 4-1　硬脂酸的一般物理、化学特性

性能名称	参数	性能名称	参数
碘值/(g/100g)	10	水中溶解性(20℃时)/(g/100mL 水)	0.00029
熔点/℃	69.6	冷乙醇水溶解性	稍溶
沸点(2.0kPa)/℃	232	密度/(g/cm³)	0.9408
沸点/℃	220.6	折射率	1.4299
闪点/℃	220	分解温度/℃	360
自燃点/℃	444.3	毒性	无毒

性能名称	参数
优良有机溶剂	丙酮、苯、乙醚、氯仿、四氯化碳、二氧化硫、三氯甲烷、热乙醇、甲苯、醋酸戊酯
挥发性	在 90～100℃下慢慢挥发
其他性能	具有一般有机羧酸的化学通性
外观	一级和二级硬脂酸是带有光泽或含有晶粒的白色蜡状固体。三级硬脂酸是淡黄色蜡状固体，略带脂肪气味
组成	45％硬脂酸与 55％软脂酸的混合物并含有少量油酸

注：工业品分一级（旧称三压，经过三次压榨）、二级（旧称二压，经过二次压榨）和三级（旧称一压，经过一次压榨或不经过压榨）。

(3) 硬脂酸产品品种及质量指标　工业硬脂酸型别及质量指标见表 4-2。

表 4-2　工业硬脂酸型别及质量指标

指标名称		200 型	400 型	800 型
外观		可呈块状、片状、粉状、粒状		
碘值/(gI₂/100g)	≤	2.0	4.0	8.0
皂化值/(mgKOH/g)		206～211	203～214	193～220
酸值/(mgKOH/g)		205～210	202～212	192～218
色泽(Hazen,铂-钴色号)	≤	200	400	400①
凝固点/℃		54～57	≥54	≥52
水分/%	≤	0.2	0.2	0.3
无机酸/%	≤	0.001	0.001	0.001

①样品配制成 15% 无水乙醇溶液。

（4）硬脂酸用途　用于聚硫密封剂基膏中来延缓聚硫密封剂本身的反应速率，延长密封剂基膏的贮存期，用于聚硫密封剂硫化剂中来调节活性期，满足不同活性期级别密封剂的要求。一般在基膏中用量不超过生胶用量的 1%，硫化剂中不超过 5%。

4.1.2　油酸

（1）化学结构式

$$CH_3—(CH_2)_7—CH=CH—(CH_2)_7—C{\overset{O}{\parallel}}—OH$$

（2）油酸物理化学特性　见表 4-3。

表 4-3　油酸物理、化学特性[1]

性能名称	典型值	性能名称	典型值
反式结构油酸的熔点/℃	44～45	水溶性	不溶于水
沸点(100mmHg 即 13.3kPa 下)/℃	223～286	折射率	1.4582
相对密度(d_4^{20})	0.8905～0.8935	闪点/℃	372
熔点/℃	16.3	冻点/℃	13.4
有机溶剂中溶解性：易溶于乙醇、乙醚、氯仿、苯			
主成分：含 18 个碳原子和 1 个双键的十八碳-顺-9-烯酸或称顺式-9-十八(碳)烯酸，以甘油酯的形式存在于一切动、植物油脂中，油酸在脂肪酸中约占 40%～50%，商品油酸中，一般含 7%～12% 的饱和脂肪酸，如软脂酸和硬脂酸等			
外观：油酸分动物油酸及植物油酸，纯品为无色透明液体，在空气中颜色逐渐变深。工业品在常温下均为浅黄色到红色油状液体，有猪油气味			
化学反应性：油酸易燃，遇碱易皂化，凝固后生成白色柔软固体。在高热下极易氧化、聚合或分解，油酸与硝酸作用，则异构化为反式异构体；氢化则得硬脂酸；用高锰酸钾氧化则得正壬酸和壬二酸的混合物。油酸由于含有双键，在空气中长期放置时能发生自氧化作用，局部转变成含羰基的物质，有腐败的哈喇味			

（3）油酸品种和质量指标　轻工行业标准 QB/T 2153—95 规定的工业油酸型号和质量指标见表 4-4。

表 4-4　QB/T 2153—95 规定的工业油酸型号和质量指标

指标名称		Y-4 型	Y-8 型	Y-10 型
外观		淡黄色或棕黄色透明油状液体，暴露在空气中，随时间延长，颜色逐渐变深		
凝固点/℃	≤	4.0	8.0	10.0
碘值/(gI₂/100g)		80～95	80～100	80～100
皂化值/(mgKOH/g)		190～205	190～205	185～205
酸值/(mgKOH/g)		190～203	190～203	185～203
水分/%	≤	0.5		
色泽(Hazen,铂-钴色号)	≤	400		

（4）油酸用途　用于延长聚硫密封剂基膏的贮存期。用于聚硫密封剂硫化剂中调节活性

期，满足不同活性期级别密封剂的要求。由于油酸本身含有一个双键，长期暴露在空气中不稳定，容易氧化变质，影响使用效果。

4.2 有机硅密封剂用结构控制剂

4.2.1 二苯基硅二醇[2]

别名：二苯基二羟基硅烷；二苯基硅烷二醇；二羟基二苯基硅烷。

（1）化学结构式

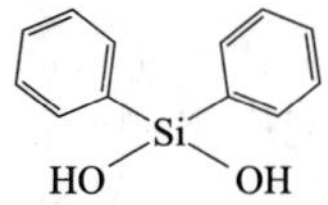

（2）二苯基硅二醇物理化学特性   见表 4-5。

表 4-5   二苯基硅二醇物理化学特性

性能名称	参数	性能名称	参数
外观	白色针状结晶	相对密度（25℃/4℃）	0.87
熔点（失水分解）/℃	140～141	相对蒸气密度（空气＝1）	＞1
沸点（常压）/℃	353	闪点/℃	53

（3）二苯基硅二醇品种和质量指标   见表 4-6。

表 4-6   上海华之润化工有限公司企标规定的二苯基硅二醇的质量指标

指标名称	参数	指标名称		参数
外观	白色粉末	热失重（100℃）/%	≤	2
纯度/% ≥	98	熔点/℃		137～141

（4）二苯基硅二醇用途   用于有机硅密封剂及有机硅橡胶结构控制剂。也是苯甲基硅油、高温润滑油、高温润滑脂的生产原料。

4.2.2 羟基硅油

（1）化学结构式

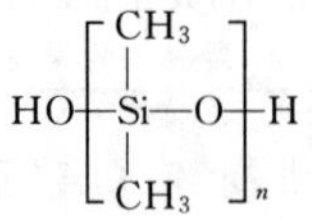

（2）羟基硅油物理化学特性   它是一种羟端基的短链聚硅氧烷，为无味无色透明液体，羟基含量高，黏度低，在液体有机硅橡胶与白炭黑混合的体系中可优先与白炭黑粒子表面的活性羟基发生反应，保护了液体有机硅橡胶的端羟基，免除了液体有机硅橡胶与白炭黑混合的体系黏度的增高。

（3）羟基硅油产品质量指标   见表 4-7。

表 4-7   上海华之润化工有限公司企标规定的羟基硅油的质量指标

指标名称	参数	指标名称		参数
外观	无色透明液体	羟基含量/% ≥		8
黏度（25℃）/（mm²/s） ≤	30			

（4）羟基硅油用途   有机硅密封剂的结构控制剂。

4.2.3　α,ω-二羟基聚二甲基硅氧烷

（1）化学结构式

$$HO-\underset{\underset{CH_3}{|}}{\overset{\overset{CH_3}{|}}{Si}}-O-\left[\underset{\underset{CH_3}{|}}{\overset{\overset{CH_3}{|}}{Si}}-O\right]_n\underset{\underset{CH_3}{|}}{\overset{\overset{CH_3}{|}}{Si}}-OH$$

（2）α,ω-二羟基聚二甲基硅氧烷[3]（硅油）物理化学特性　α,ω-二羟基聚二甲基硅氧烷（硅油）为无色透明流动液体，在催化剂存在下，在室温下与交联剂可发生交联反应，能在−60～200℃温度范围内长期保持弹性，具有优良的电性能和化学稳定性，能耐水、耐臭氧、耐气候老化。

（3）α,ω-二羟基聚二甲基硅氧烷（硅油）牌号及质量指标

① 吉林化学公司研究院有机硅研究所开发的 GY-21A-系列 α,ω-二羟基聚二甲基硅氧烷（硅油）质量指标　见表 4-8 和表 4-9。

表 4-8　GY-21A-系列 α,ω-二羟基聚二甲基硅氧烷（硅油）质量指标

指标名称		GY-21A-25	GY-21A-40	GY-21A-100	GY-21A-500
黏度(25℃)/(mm²/s)		25±5	40±10	100±10	500±50
羟基含量/%	≥	6.0	3.5	1.0	0.6
密度(25℃)/(g/cm³)		0.93	0.93	0.94	0.95
折射率		1.1000～1.1060	1.4000～1.4060	1.4000～1.4060	1.4060～1.4070
指标名称		GY-21A-800	GY-21A-1000	GY-21A-2000	GY-21A-3500
黏度(25℃)/(mm²/s)		800±80	1000±100	2000±200	3500±350
羟基含量/%	≥	0.4	0.3	—	—
密度(25℃)/(g/cm³)		0.95	0.95	0.96	0.96
折射率		1.4060～1.4100	1.4060～1.4100	1.4060～1.4200	1.4060～1.4200

② 上海企标规定 α,ω-二羟基聚二甲基硅氧烷（硅油）的质量指标　见表 4-9。

表 4-9　α,ω-二羟基聚二甲基硅氧烷（硅油）的质量指标

指标名称	参数	指标名称	参数
外观	无色透明流动液体	表面硫化时间/h	≤2
黏度(25℃)/mPa·s	2000～400000	挥发分/%	≤2.0

（4）α,ω-二羟基聚二甲基硅氧烷（硅油）用途　用作有机硅密封剂、有机硅橡胶胶料的添加式结构控制剂。用量为密封剂基体材料（有机硅聚合物）的 3%～8%。

4.2.4　八甲基环四硅氧烷

别名：八甲基硅油；简称：OMCTS；代号：D_4。

（1）D_4 化学结构式

$$\begin{array}{c}
\underset{\underset{O}{|}}{\overset{\overset{CH_3}{|}}{CH_3-Si}}-O-\underset{\underset{O}{|}}{\overset{\overset{CH_3}{|}}{Si-CH_3}}\\
\overset{\overset{CH_3}{|}}{CH_3-Si}-O-\underset{\underset{CH_3}{|}}{\overset{\overset{CH_3}{|}}{Si-CH_3}}
\end{array}$$

（2）D_4 物理化学特性　见表 4-10。

表 4-10   D₄ 物理化学特性

性能名称	参数	性能名称	参数
外观	无色透明或乳白色液体	折射率	1.395～1.397
密度/(g/cm³)	0.956	闪点/℃	56
熔点/℃	17～18	溶解性	不溶于水
沸点/℃	175～176(有资料为170～172)	燃烧性	可燃且无异味

（3） D_4 物理化学特性产品质量指标   见表 4-11。

表 4-11   GB/T 20435—2006 D₄ 规定的质量指标

指标名称	参数	指标名称	参数
外观	无色透明油状液体	色度（Hazen,铂-钴色号）	≤10
折射率	1.3960～1.3970	D₄ 质量分数/%	99.0

注：生产工厂为美国道康宁、日本东芝、日本信越、南京中旭化工有限公司、浙江。

（4） D_4 用途   有机硅密封剂、补强剂，二氧化硅表面处理剂，是密封剂和橡胶胶料的间接结构控制剂。

4.2.5   八苯基环四硅氧烷

代号：D_4^{ph}；别名：八苯基环丙四硅氧烷；辛基苯基环四硅氧烷；辛基苯基环四硅氧烷，98＋%；八苯基环四硅氧烷，98＋%。

（1）化学结构式

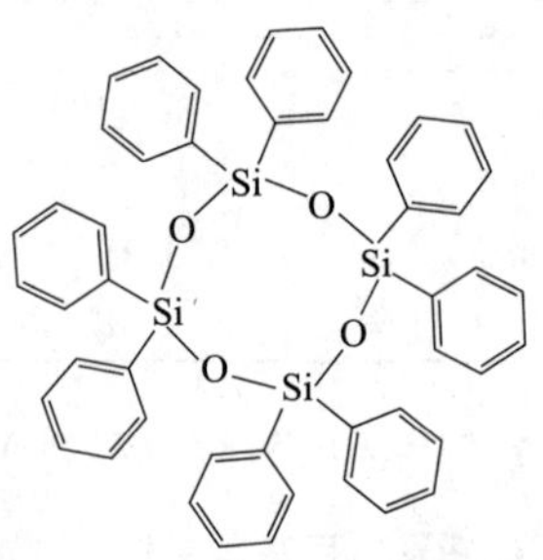

（2） D_4^{ph} 物理化学特性   见表 4-12。

表 4-12   D₄ᵖʰ 物理化学特性

性能名称	参数	性能名称	参数
外观	白色粉末状晶体	折射率	1.395～1.397
密度/(g/cm³)	0.956	闪点/℃	200
熔点/℃	196～200	燃烧性	可燃且无异味
沸点/℃	334	溶解性	不溶于水,溶于一般的化学溶剂

化学结构：在微量硅醇钠、硅醇钾作用下，分子内 Si—O—Si 键断裂重排，生成直接聚硅氧烷和环状硅氧烷的混合物。与过量的氢氧化钠甲醇溶液反应，生成二苯基硅二醇钠

（3） D_4^{ph} 产品牌号及质量指标   见表 4-13。

表 4-13   八苯基环四硅氧烷质量指标

指标名称	参数	指标名称	参数
外观	白色粉末状晶体	热失重/%	≤2
纯度（120℃）/%	≥98	熔点/℃	200

（4） D_4^{ph} 用途   它是用二氧化硅为补强剂的有机硅密封剂的间接结构控制剂。

4.2.6　四甲基四乙烯基环四硅氧烷（D_4^{vi}）

（1）化学结构式

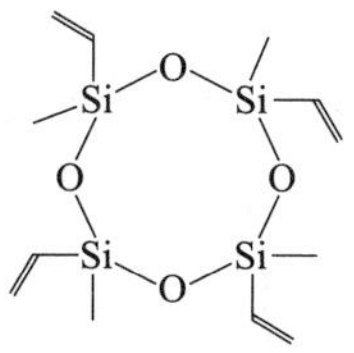

（2）D_4^{vi}物理化学特性　见表 4-14。

表 4-14　D_4^{vi}物理化学特性

性能名称	参数	性能名称	参数
外观	无色透明液体	沸点/℃	224～224.5
密度/(g/cm³)	0.9875～0.997	折射率	1.4342
熔点/℃	−44	闪点/(℃/℉)	100/210

（3）深圳市企标规定 D_4^{vi}的质量指标　见表 4-15。

表 4-15　D_4^{vi}的质量指标

指标名称	合格品（普环）	优级品	特级品	顶级品
纯度/%	≥99.0	≥99.0	≥99.0	≥99.5
四环体（V4）含量/%	≥70.0	≥85.0	≥95.0	≥99.0
乙烯基（Vi）含量/%	≥29.3	≥29.8	≥30.0	≥30.3
三环体（V3）含量/%	<0.50	<0.30	<0.25	<0.20

（4）D_4^{vi}用途　它是用二氧化硅为补强剂的有机硅密封剂的间接结构控制剂。

4.2.7　六甲基二硅胺烷

别称：六甲基二硅氮（胺）烷；六甲基二硅亚胺；1,1,1,3,3,3-六甲基二硅氮烷；六甲基二硅胺烷；HMDS。

（1）六甲基二硅胺烷化学结构式

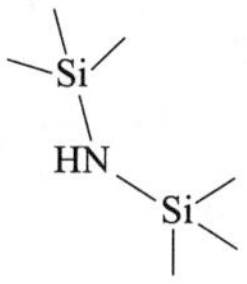

（2）六甲基二硅胺烷物理化学特性　见表 4-16。

表 4-16　六甲基二硅胺烷物理化学特性

性能名称	参数	性能名称	参数
分子量	161.39	外观	略带氨味的无色透明液体
毒性	无毒	贮存温度/℃	−50～45
其他贮存条件：贮存时，不准接触明火，应保持通风、干燥，防止阳光照射			
运输条件：运输时，应避免碰撞，防雨淋、日晒			

（3）六甲基二硅胺烷产品质量指标　见表 4-17。

表 4-17　六甲基二硅胺烷产品质量指标

指标名称	特级品	常规品
六甲基二硅氮烷含量/%	≥99.5	≥99.0
六甲基二硅氧烷含量/%	≤0.7	≤0.7
三甲基硅醇含量/%	≤0.3	≤0.3
密度(25℃)/(g/cm³)	0.770～0.780	0.770～0.780
折射率(n_D^{20})	1.408±0.002	1.408±0.002
闪点/℃	27	27
沸点/℃	126	126
色度(Hazen,铂-钴色号)	≤10	≤10

（4）六甲基二硅胺烷用途　用作有机硅密封剂的结构控制剂（可作为配合剂直接添加使用，也可对硅藻土、白炭黑、钛白粉等粉末的表面处理成为间接结构控制剂）。也作特种有机合成。阿米卡星、盘尼西林、头孢霉素、氟尿嘧啶及各种青霉素衍生物等合成过程中的甲硅烷基化。

4.2.8　六甲基环三硅氮烷

属环状三硅氮烷类。别称：D3；2,2,4,4,6,6-六甲基环丙硅烷；2,2,4,4,6,6-六甲基环三硅氮烷；1,1,3,3,5,5-六甲基环三氮硅烷；2,2,4,4,6,6-六甲基环状三硅氮烷；1,1,3,3,5,5-六甲基环三硅氮烷。

（1）化学结构式

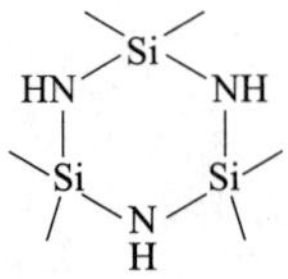

（2）六甲基环三硅氮烷物理化学特性　它为无色透明液体，可同羟基、羧基发生反应起到封闭和钝化作用。

（3）六甲基环三硅氮烷的质量指标　见表 4-18。

表 4-18　六甲基环三硅氮烷产品的质量指标

指标名称	参数	指标名称	参数
沸点(756mmHg)/℃	188	含量/%	≥97.0
折射率(n_D^{20})	1.444～1.446	密度(25℃)/(g/cm³)	0.92
闪点/℃	59～60.6	熔点/℃	—10

（4）六甲基环三硅氮烷用途　用作二氧化硅表面处理剂，封闭其表面上的羟基，从而消除有机硅密封剂存放期间的结构化现象的发生，是有机硅密封剂的间接结构控制剂。

4.2.9　其他品种结构控制剂

除上述 8 种较常用的结构控制剂外，羧基甲基硅油、四甲基二硅烷二醇、烷氧基含量较高的硅树脂等也曾被用作有机硅密封剂的结构控制剂，但不够普遍，极少有报道。

4.3　自由基反应密封粘接剂用酚、醌类稳定剂（即阻硫剂）

4.3.1　对苯二酚[4,5]

简称：HQ；别名：氢醌；几奴尼；鸡纳酚；1,4-二羟基苯；1,4-苯二酚。

（1）对苯二酚化学结构式

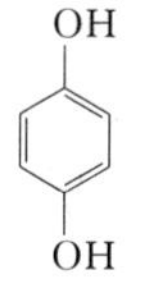

（2）对苯二酚物理化学特性　见表 4-19。

表 4-19　对苯二酚物理化学特性

性能名称	参数	性能名称	参数
外观	白色结晶	沸点/℃	285～287
分子量	110.11	熔点/℃	172～175
蒸气密度（与空气比）	3.81	闪点/℃	165
蒸气压（132℃）/mmHg	1	密度/(g/cm³)	1.328
水中溶解度（20℃）/(g/L)	70		

溶解性：易溶于热水、乙醇及乙醚，微溶于苯

毒性：有毒，成人误服 1g，即可出现头痛、头晕、耳鸣、面色苍白等症状

燃烧性：遇明火、高热可燃，燃烧分解为一氧化碳、二氧化碳

化学反应性：与强氧化剂接触可发生化学反应。受高热分解放出有毒的气体

（3）对苯二酚产品质量指标　见表 4-20。

表 4-20　对苯二酚产品质量指标

指标名称	工业用对苯二酚产品级别		潍坊通润化工有限公司企标
	优级品	合格品	
	GB/T 23959—2009 指标		
外观	白色或近白色固体	白色或浅色固体	白色结晶粉末
对苯二酚含量/% ≥	98.0～100.5	98.0～100.5	99.0
邻苯二酚含量/% ≤	0.05	0.05	—
终熔点/℃	171～175	171～175	171～175
灼烧残渣含量/% ≤	0.10	0.30	0.05
重金属含量（以 Pb 计）/% ≤	0.002	—	0.002
铁含量（以 Fe 计）/% ≤	0.002	—	0.002
溶解性实验	通过试验	—	—

（4）对苯二酚用途[5]　用作自由基反应型粘接密封剂常温条件下自由基固化反应体系的稳定剂（即阻聚剂），用量为总量的 0～0.5%。也作异氰酸酯的封闭剂，橡胶材料的防老剂、抗氧剂。

4.3.2　对苯醌

别名：苯醌；1,4-苯醌；简称：PBQ。

（1）对苯醌化学结构式

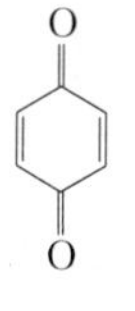

（2）对苯醌物理化学特性　见表 4-21。

表 4-21 对苯醌物理化学特性

性能名称	参数	性能名称	参数
分子量	108.09	沸点	升华(能随水汽蒸馏)
蒸气压(25℃)/kPa	0.01	溶解性	溶于热水、乙醇、乙醚、碱液中
相对密度(水=1)	1.32	熔点/℃	115~117
密度(20℃)/(g/cm³)	1.318	外观特性	金黄色柱状棱晶,有刺激性气味
		结构特性	具有恢复成苯环结构的强烈趋势

化学反应特性:具较强氧化性,能从碘化钾的酸性溶液中夺取碘,本身还原成对苯二酚;碳碳双键的加成:对苯醌和溴发生加成反应,可生成二溴化物或四溴化物

共轭双键的 1,4-加成:醌分子中含有共轭双键,可发生 1,4-加成。如维生素 k3 与亚硫酸氢钠的加成

毒性:高毒类(致癌,人经皮:2%,轻度刺激,5%,重度刺激);$LD_{50}=103mg/kg$(大鼠经口)

燃烧性:遇明火、高热可燃。受高热升华产生有毒气体(一氧化碳、二氧化碳)

(3) 对苯醌产品质量指标　见表 4-22。

表 4-22 对苯醌产品质量指标

指标名称	GB/T 23675—2009 规定等级		山东潍坊	成都贝斯特	
	优等品	一等品		优级纯(AR)	化学纯(CP)
	GB/T 23675—2009 指标				
外观	黄色粉末(贮存时颜色允许加深)		黄色结晶粉末	黄色至绿色粉末	—
对苯醌质量分数/%	≥99.00	≥98.50	≥99.0	99.00+	≥98.0
初熔点/℃	≥112.0	≥112.0	112.0~116.0	112.0~116.0	112.0~116.0
灼烧残渣质量分数(以硫酸盐计)/%	≤0.05	≤0.10	≤0.05	—	≤0.05
水分的质量分数/%	≤0.50	≤1.00	≤0.5	<0.5	≤0.05
铁含/(mg/kg)	≤30	≤50	—	—	—
红外光谱鉴别	—	—	—	符合	—

(4) 对苯醌用途　用作自由基反应型粘接密封剂在缺氧条件下自由基固化反应体系的稳定剂(即阻聚剂)。用量为总量的 0~0.5%。

4.3.3　对甲氧基苯酚

简称:阻聚剂 MEHQ;别名:4-甲氧基酚;对苯二酚单甲醚;氢醌单甲醚;对苯二酚甲基醚;对羟基苯甲醚;氢醌-甲基醚;4-甲氧基苯酚。

(1) 化学结构式

(2) 对甲氧基苯酚物理化学特性　见表 4-23。

表 4-23 对甲氧基苯酚物理化学特性

性能名称	参数	性能名称	参数
熔点/℃	56	蒸气密度(与空气比)	4.3
沸点/℃	243	蒸气压(20℃)/mmHg	<0.01
闪点/℉	≥230	水溶解性(25℃)/(g/L)	40
密度/(g/cm³)	1.55	毒性	中等毒性

外观:白色片状或蜡状结晶体

溶解性:易溶于乙醇、醚、丙酮、苯和乙酸乙酯,微溶于水

稳定性:易燃,火场释放辛辣刺激烟雾。同卤素化合物、氧化剂不相容

注:1mmHg=133.322Pa。

（3）对甲氧基苯酚产品质量指标 见表 4-24。

表 4-24 对甲氧基苯酚产品质量指标

指标名称	日企[①]	法企[②]	指标名称	日企[①]	法企[②]
外观	白色结晶		对甲氧基苯酚含量/%	≥99.5	≥99.5
熔点/℃	54～56.5	55～57	对苯二酚含量/%	≤0.05	≤0.05
干燥失重/%	≤0.3	≤0.3	重金属含量(Pb)/%	≤0.001	≤0.001
对苯二酚二甲基醚含量/%	不得检出		灼烧残渣含量/%	≤0.01	≤0.01
			色度（APHA，铂-钴色号）	≤10	≤10

① 日企指标与 Q/320211NCM02—2002 全同。
② 法国罗地亚企业指标。

（4）对甲氧基苯酚用途 主要用于生产丙烯腈、丙烯酸及其酯、甲基丙烯酸及其酯等烯基单体基密封黏结剂的阻聚剂。用作乙烯基型塑料单体基密封腻子的阻聚剂、紫外线抑制剂。也用作聚氨酯密封剂中异氰酸酯的封闭剂。

4.3.4 2,6-二叔丁基对甲酚

别名：防老剂 264；BHT；2,6-二叔丁基-4-甲基苯酚。

（1）2,6-二叔丁基对甲酚化学结构式

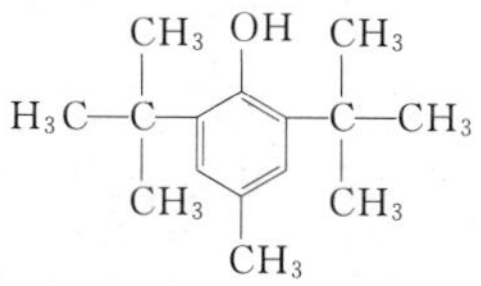

（2）2,6-二叔丁基对甲酚物理化学特性 见表 4-25。

表 4-25 2,6-二叔丁基对甲酚物理化学特性

性能名称		参数	性能名称		参数
分子量		220.36	外观性状		白色结晶体，无臭、无味
相对密度(20℃/4℃)		1.048	稳定性		具有良好的热稳定性
折射率(75℃)		1.4859	熔点/℃		71
溶解度	甲醇/%	25	溶解度	丙酮/%	40
	乙醇/%	26		石油醚/%	50
	异丙醇/%	30		苯/%	40
性能名称		参数			
溶解性		不溶于水、甘油、丙二醇；甲醇中 25%			

（3）连云港产 2,6-二叔丁基对甲酚产品企业质量指标 见表 4-26。

表 4-26 2,6-二叔丁基对甲酚产品质量指标

指标名称	等级		试验方法
	一等品	合格品	
	企业指标		
外观	白色晶体	白色晶体	目测
初熔点/℃	69.5～70.5	69.0～70.5	GB/T 617
游离甲酚/% ≤	0.012	0.02	SH0015
灰分/% ≤	0.010	0.02	GB/T 508
水分/% ≤	0.05	0.06	GB/T 606

（4）二叔丁基对甲酚用途 自由基反应型粘接密封剂的储存稳定剂。本品是聚乙烯、聚氯乙烯（用量 0.01%～0.1%）基密封剂的有效稳定剂，在一些高分子材料中是有效的抗氧剂，是聚丙烯的热稳定剂，是常用的丁苯橡胶、顺丁橡胶、乙丙橡胶、氯丁橡胶等胶种的防老剂。

4.3.5　苯酚[6,7]

别名：石炭酸。

（1）苯酚化学结构式

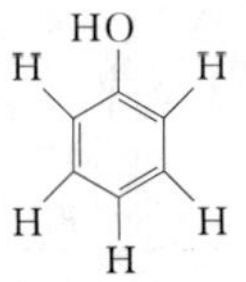

（2）苯酚的理化特性　见表 4-27。

表 4-27　苯酚的理化特性

性能名称	参数	性能名称	参数
相对密度（水＝1）	1.07	折射率	1.5418
相对蒸气密度（空气＝1）	3.24	闪点/℃	79.5
饱和蒸气压（40.1℃）/kPa	0.13	分子量	94.11
燃烧热/kJ/mol	3050.6	沸点/℃	181.9
临界温度/℃	419.2	熔点/℃	40.6
临界压力/MPa	6.13	爆炸上限（体积分数）/%	8.6
辛醇/水分配系数的对数值	1.46	爆炸下限（体积分数）/%	1.7
		引燃温度/℃	715
外观特性：白色结晶，有特殊气味			
溶解性：可混溶于醚、氯仿、甘油、二硫化碳、凡士林、挥发油、强碱水溶液。室温时稍溶于水，与大约 8% 水混合可液化，65℃以上能与水混溶，极稀的溶液有甜味，几乎不溶于石油醚			
空气中吸收性：可吸收空气中水分并液化			
化学反应性：反应能力强，与醛、酮反应生成酚醛树脂、双酚 A，与醋酐、与水杨酸反应生成醋酸苯酯、水杨酸酯。还可进行卤代、加氢、氧化、烷基化、羧基化、酯化、醚化等反应。苯酚在通常温度下是固体，与钠不能顺利发生反应，如果采用加热熔化苯酚，再加入金属钠的方法进行反应，苯酚易被还原。苯酚溶解在乙醚中，苯酚与钠的反应得以顺利进行，可以用氯化铁溶液检验苯酚，将氯化铁溶液加入到苯酚中，可观察到溶液变成紫色，证明苯酚的存在。另一方法是将苯酚与溴水反应，生成三溴苯酚白色沉淀证明苯酚的存在。 苯酚酚羟基氧上的带孤对电子的 p 轨道可以与苯环大 π 键共轭，共 8 个 π 电子形成共轭效应			
毒性与腐蚀性：有毒，LD₅₀＝530mg/kg，有强腐蚀性			
苯酚结构特性：苯酚结构中含有一个苯环，羟基与苯环直接相连。苯酚中所有原子不一定在同一平面内。从化学环境中看，苯酚中有 4 种氢，分别是酚羟基中的氢，以及苯环中酚羟基的邻、间、对位的 3 个氢。这些氢在核磁共振图谱中有自己的特征峰			

（3）合成苯酚产品质量指标　见表 4-28。

表 4-28　合成苯酚质量指标（执行标准：GB/T 339—2001）

指标名称		优等品	一等品	合格品
结晶点/℃	≥	40.6	40.5	40.2
溶解试验[（1：20）吸光度]	≤	0.03	0.04	0.14
水分（质量分数）/%	≤	0.10	—	—

（4）苯酚用途　用作聚氨酯密封剂预聚体的封闭阻硫稳定剂。

4.3.6　对甲酚[7]

别名：4-甲酚；4-甲基苯酚，对甲苯酚，对克勒梭尔，对甲基苯酚。

（1）对甲酚的结构式

（2）对甲酚物理化学特性　　见表 4-29。

表 4-29　对甲酚物理化学特性

性能名称	参数		性能名称	参数
熔点/℃	34.69		相对密度(20℃/4℃)	1.0178(1.0341)
燃烧性	可燃		闪点(闭杯)/℃	86.1
自燃点/℃	559	水中溶解度/%	(40℃)	2.3
沸点/℃	201.8～202.5		(100℃)	5
折射率	1.5312～1.5395			
外观：为无色结晶块状物，能随水蒸气挥发，有苯酚气味				
溶解性：溶于苛性碱液、乙醇、乙醚				

（3）对甲酚产品质量指标　　见表 4-30。

表 4-30　南京产对甲酚质量指标

指标名称		合格品	一等品	优等品
外观		无色或微黄色透明液体；结晶体为无色针状或白色，可允许略带黄色		
结晶点/℃	≥	33.0	33.5	34.0
水分/%	≤	0.2	0.15	0.10
色度(Hazen，铂-钴色号)	≤	100	90	80
对甲酚/%	≥	97.8	98.5	99.0
苯酚/%	≤	0.2	0.1	0.1
邻甲酚/%	≤	0.3	0.2	0.1
间甲酚/%	≤	1.1	0.9	0.8
2,4-二甲酚/%	≤	1.0	0.5	0.2

　　注：通常甲酚是三种异构体，即对甲酚、间甲酚和邻甲酚的混合物。经精制后可分为对甲酚、间甲酚和邻甲酚三种产品。当对甲酚占 40%，间甲酚占 60%，或颠倒过来的混合物，均称“间对甲酚”，市场上有其独立的产品。间甲酚是三种异构体中含量最大的。

（4）对甲酚用途　　用作聚氨酯密封剂预聚体的封闭阻硫稳定剂。

4.3.7　邻甲酚

　　别名：2-甲酚；2-甲基苯酚；甲酚皂；邻甲苯酚；邻甲基苯酚；邻克勒梭尔；邻蒸木油酸。
（1）邻甲酚化学结构式

（2）邻甲酚物理化学特性　　见表 4-31。

表 4-31　邻甲酚物理化学特性

性能名称	参数		性能名称	参数
沸点/℃	190.8		蒸气密度(与空气比)	3.72
熔点/℃	30～34		蒸气压(20℃)/mm Hg	0.3
闪点(闭杯)/℃	81.1		折射率	1.5361
自燃点/℃	598.9		毒性	有毒
密度(25℃)/(g/cm³)	1.048			
外观特性：白色或略带淡红色或棕色结晶，有特殊气味				
溶解性：溶于约 40 倍的水(水中溶解度 20℃时达 20g/L，40℃时达 3%，100℃时达 5.3%)。溶于苛性碱液及几乎全部常用有机溶剂				
腐蚀性：有腐蚀性，属有机腐蚀物品				
稳定性：稳定，但是对光和空气敏感、易燃、与氧化剂和碱不能放在一起				

（3）邻甲酚产品质量指标　见表 4-32。

表 4-32　邻甲酚质量指标

指标名称		GB/T 2279—2008 指标		哈尔滨依兰中太化工有限公司
		优等品	一等品	
外观		白色至浅黄褐色结晶		—
水分含量/%	≤	0.3	0.5	0.1
中性油试验（浊度法）/试样比浊液的编号♯	≤	2	—	—
苯酚含量	≤	—	2.0	0.5
邻甲酚含量	≥	99.0	96.0	99.0
2,6-二甲酚含量	≤	—	2.0	微量

注：♯是中性油试验（浊度法）的单位"号"的符号

（4）邻甲酚用途　用作聚氨酯密封剂预聚体的封闭阻硫稳定剂。

4.3.8　间甲酚

（1）间甲酚化学结构式

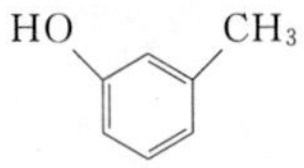

HO⎯⎯CH₃（苯环结构式）

（2）间甲酚物理化学特性　见表 4-33。

表 4-33　间甲酚物理化学特性

性能名称	参数	性能名称	参数
沸点/℃	202.8	相对密度（水＝1）	1.03
熔点/℃	≥10.9	蒸气密度（与空气比）	3.72
闪点/℃	86	爆炸下限（150℃）（体积分数）/%	1.1
引燃温度/℃	558	爆炸上限（150℃）（体积分数）/%	1.3
毒性	有毒	饱和蒸气压（52℃）/kPa	0.13
临界温度/℃	432	稳定性	稳定
临界压力/MPa	4.56	折射率	1.5361
禁配物	强氧化剂、碱类	分解产物	一氧化碳、二氧化碳

外观特性：无色透明液体，有芳香气味；腐蚀性：有腐蚀性，属有机腐蚀物品
溶解性：微溶于水，可混溶于乙醇、乙醚、氢氧化钠水溶液等
避免接触的条件：光照、空气；聚合危害：聚合燃烧

（3）间甲酚产品质量指标　见表 4-34。

表 4-34　间甲酚质量指标

指标名称	指标	指标名称	指标
纯度/%	≥99.8	自燃点/℃	559
熔点/℃	≥12.22	凝固点/℃	≥11.0
沸点/℃	≥202.2	色泽（铂-钴色号）	≤30
相对密度（d_4^{20}）	1.034	水分（质量分数）/%	≤0.10
折射率（n_D^{20}）	1.5438	对甲酚含量（质量分数）/%	≤0.20
闪点/℃	81		

外观特性：无色至粉红色的可燃液体

（4）间甲酚用途　它是自由基反应型密封粘接剂的稳定剂、异氰酸基的封闭剂。也用作分析试剂和有机合成。

4.3.9　间对甲苯酚

（1）间对甲酚化学结构式

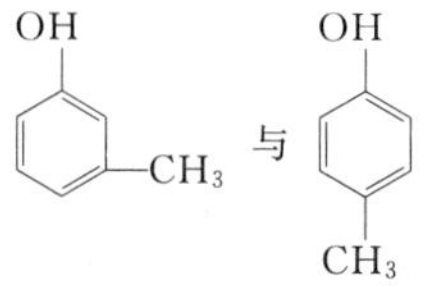

（2）间对甲酚物理化学特性　高于 35℃为无色至淡黄色透明液体，低于 34.6℃为无色结晶块状物。是间甲酚与对甲酚的混合物，溶解性类似于间甲酚和对甲酚。溶于苛性碱液和常用有机溶剂。能随水蒸气挥发；有苯酚气味，可燃。熔点 34.69℃。沸程 195～210℃的馏出物占 95%，在 1.33kPa 压力下沸点为 85.7℃。相对密度（20℃/4℃）1.02，折射率 1.5312（1.5395），闪点 86.1℃（闭杯），自燃点 559℃。水中溶解度 40℃时达 2.3%，100℃时达 5%。

（3）间对甲酚产品质量指标　见表 4-35。

表 4-35　间对甲酚产品质量指标

指标名称		GB/T 2279—2008 指标		寿光市天成精细化工厂指标	
		优等品	一等品	一级品	二级品
外观		无色至褐色透明液体		无色至淡黄色透明液体	无色至褐色透明液体
密度(20℃)/(g/cm³)		1.030～1.040		1.03～1.04	
蒸馏试验 * 间对甲酚含量馏出物含量/%	≥	—	—	98	99
中性油含量/%	≤	—	—	0.5	0.5
间甲酚含量/%	≥	50	45	55	62
水分/%	≤	—	—	0.5	0.5
水分含量①/%	≤	0.3	0.5	—	—
中性油试验(浊度法)/%	≤	10	10	—	—
苯酚含量/%	≤	5	5	—	—

① 间对甲酚蒸馏试验条件为：760mmHg（1mmHg=133.322Pa）大气压力，取 195～205℃馏出物。

（4）间对甲酚用途　用作聚氨酯密封剂预聚体的封闭阻硫稳定剂。

4.3.10　工业甲酚

（1）化学结构式

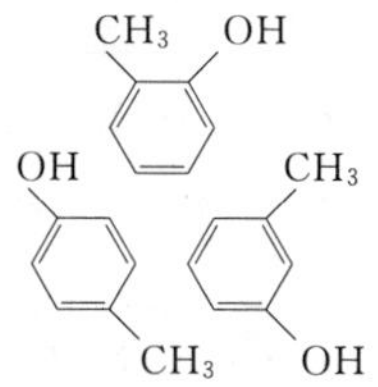

（2）工业甲酚物理化学特性　见表 4-36。

表 4-36　工业甲酚物理化学特性

性能名称	参数	性能名称	参数
熔点/℃	11～35	密度(20℃)/(g/cm³)	1.030～1.047
沸点/℃	191～203		

溶解性：溶于水、稀碱溶液、乙醇、乙醚、乙二醇等
外观：为无色或淡黄色至红棕色液体，有酚味
成分：是邻甲酚、间甲酚、对甲酚三种同分异构体的混合物，其中以间甲酚为主
腐蚀性和毒性：有腐蚀性和毒性，空气中最高允许浓度 5mg/kg，吸入蒸气能使人窒息

（3）工业甲酚产品质量指标　见表 4-37。

表 4-37　工业甲酚质量指标（执行标准：GB/T 2279—2008）

指标名称		指标		指标名称		优等、一等品相同指标
		优等品	一等品			
间甲酚含量/%	≥	41	34	密度(20℃)/(g/cm³)		1.03~1.06
水分含量/%	≤	1.0	1.0	三甲酚类含量/%	≤	5
中性油试验(浊度法)/%	≤	10	10	甲酚类、十二甲酚类含量/%	≥	60
外观:无色至棕褐色透明液体						

（4）工业甲酚用途　用作聚氨酯密封剂预聚体的封闭阻硫稳定剂。是制备邻甲酚、对甲酚、间甲酚、对间甲酚的原料，也用于消毒剂、涂料、农药等。

4.3.11　焦酚

别名：焦性没食子酸；连苯三酚；焦棓酚。

（1）焦酚化学结构式

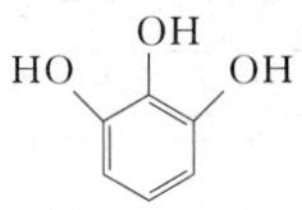

（2）焦酚物理化学特性　见表 4-38。

表 4-38　焦酚物理化学特性

性能名称	参数	性能名称	参数
熔点/℃	131~133	燃烧热/(cal/kg)	638.7
沸点/℃	309	吸氧量/(cm³O₂/g)	245~246
相对密度(4℃/4℃)	1.453	毒性	有毒
外观:白色有光泽的结晶粉末。在空气和光照下颜色变深			
溶解性:易溶于水、乙醇、乙醚,微溶于苯和氯仿以及二硫化碳			
化学反应性:本品的水溶液在碱性条件下,能迅速自氧化,释放出氧气 ,生成带色的中间产物。反应开始后溶液先变成黄棕色,几分钟后逐渐转绿,几小时后又转变成黄棕色至深褐色;本品中的羟基能形成亲电的氢键,当加入到自由基比较活泼的单体中时,使单体聚合速率降为零;本品是很强的还原剂,它可以把感光后的卤化银还原成金属银,也能与锑、铋、铈、金、铁、钼、钛、钽等生成络合物沉淀或发生显色反应。本品上的酚羟基,很易进行甲基化			
热稳定性:逐渐加热时能升华而不分解			

（3）焦酚产品质量指标　见表 4-39。

表 4-39　焦酚质量指标

指标名称	参数	指标名称	参数
熔点范围/℃	131~135	氯化物(Cl)/%	≤0.002
溶解度符合	符合	硫酸盐(SO₄)/%	≤0.010
灼烧残渣/%	≤0.05		

注：符合美国"化学试剂标准"罗森 V 版和日本国家标准 K8780 试剂规格。

（4）焦酚用途　用作聚氨酯密封剂预聚体的封闭阻硫稳定剂。

4.3.12　对亚硝基苯酚[8]

别名：对亚硝基酚；4-亚硝基苯酚；对苯醌肟；醌肟。

（1）化学结构式

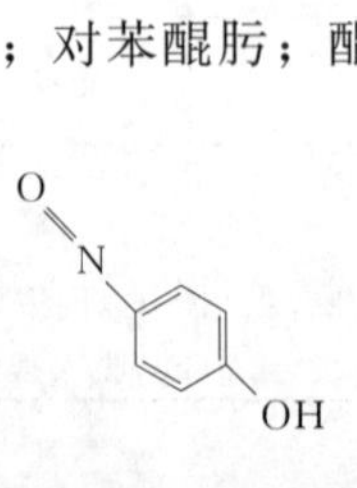

（2）对亚硝基苯酚物理化学特性　见表 4-40。

表 4-40　亚硝基苯酚物理化学特性

性能名称	参数	性能名称	参数
熔点/℃	126～128	外观	淡黄色针状结晶,126℃变为棕色
相对密度(4℃/4℃)	1.236	分解点/℃	144
溶解性:溶于乙醇、乙醚、丙酮,略溶于水。溶于碱液呈棕色,稀释后成绿色			
安定性:若混有杂质或接触酸碱或遇明火会引起燃烧或爆炸			

（3）对亚硝基苯酚产品质量指标　见表 4-41。

表 4-41　京恒业中远化工有限公司产分析纯对亚硝基苯酚质量指标

指标名称	指标
含量/%	≥99.0

（4）对亚硝基苯酚用途　它是自由基反应型密封粘接剂的稳定剂,也可用于异氰酸基的封闭剂。

4.3.13　间甲氧基苯酚

别名:3-羟基苯甲醚、间羟基苯甲醚、3-甲氧基苯酚。

（1）间甲氧基苯酚化学结构式

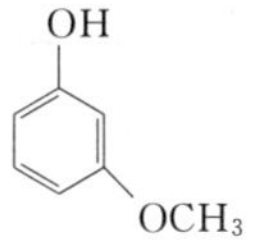

（2）间甲氧基苯酚物理化学特性　见表 4-42。

表 4-42　间甲氧基苯酚物理化学特性

性能名称	参数	性能名称	参数
外观	无色透明到淡黄色液体	沸点/℃	244
熔点/℃	−17	折射率	1.551～1.553
密度/(g/cm³)	1.131	溶解性	微溶于水

（3）间甲氧基苯酚产品质量指标　见表 4-43。

表 4-43　间甲氧基苯酚质量指标（执行标准:新乡三合企业标准）

指标名称	指标	指标名称	指标
外观	无色澄清到琥珀色液体	密度/(g/cm³)	1.131～1.145
沸点/℃	243～246	含量/%	≥97
折射率(20℃)	1.552		

（4）间甲氧基苯酚用途　用作聚氨酯密封剂预聚体的封闭阻硫稳定剂。

4.3.14　对氯苯酚[1,7]

别名:对氯酚、4-氯苯酚、4-氯-1-羟基苯、对氯羟基苯。

（1）对氯苯酚分子式与结构式

（2）对氯苯酚物理化学特性　见表4-44。

表4-44　对氯苯酚物理化学特性

性能名称	参数	性能名称	参数
酸碱性	1%溶液使石蕊显酸性	闪点/℃	121
沸点/℃	219.7(217,220)	燃烧性	易燃
熔点/℃	43～44(43.2～43.7;43)	折射率 n_D^{40}	1.5579
挥发性	蒸气易挥发	相对密度(40℃/4℃)	1.2651
外观:纯品是无色晶体,工业品是黄色或粉红色,有不愉快的刺激气味			
溶解性:微溶于水,水中溶解度(20℃)27.1g/L,溶于苯、乙醇、乙醚、甘油、氯仿、固定油和挥发油			

（3）对氯苯酚产品质量指标　见表4-45。

表4-45　对氯苯酚质量指标（执行标准：HG/T 2544—93）

指标名称		优等品	一等品	合格品
外观		白色或微黄色结晶		
对氯苯酚含量/%	≥	99.0	98.0	97.0
结晶点/℃	≥	42.5	39.5	—
水分/%	≤	0.20	0.30	0.40

（4）对氯苯酚用途　用作聚氨酯密封剂预聚体的封闭阻硫稳定剂。

4.3.15　2-二甲氨基甲基苯酚

别名：2-二甲氨基甲基苯酚（含苯酚）。

（1）2-二甲氨基甲基苯酚结构式

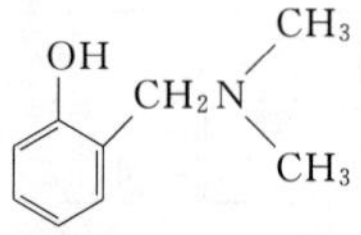

（2）2-二甲氨基甲基苯酚物理化学特性　见表4-46。

表4-46　2-二甲氨基甲基苯酚物理化学特性

性能名称	参数	性能名称	参数
密度/(g/cm³)	1.02	须避免接触的物质	氧化剂、强碱
稳定性	一般情况下稳定	避免接触的条件	光敏
外观(20℃):无色或红黄色透明液体			
危险的分解产物:一氧化碳、二氧化碳、氮氧化物(NO_x)			
化学反应性:与HDI异氰酸酯可发生封闭反应,形成铵盐水分散体			

（3）2-二甲氨基甲基苯酚产品质量指标　见表4-47。

表4-47　上海榕柏产2-二甲氨基甲基苯酚质量指标

指标名称	指标	指标名称		指标
相对密度(20℃/20℃)	1.0220～1.0260	纯度(含量)/%	≥	70.0
折射率(n_D^{20})	1.5300～1.5340			

（4）2-二甲氨基甲基苯酚用途　用于聚氨酯密封剂预聚体的封闭阻硫稳定剂。

4.4 肟类稳定剂

4.4.1 甲乙酮肟[9]

别名：丁酮肟；甲乙酮肟；2-丁酮肟。

(1) 甲乙酮肟化学结构式

$$H_3C-C(CH_3)=N-OH$$

(2) 甲乙酮肟物理化学特性 见表 4-48。

表 4-48 甲乙酮肟物理化学特性

性能名称	参数	性能名称		参数
外观	无色油状透明液体	pH 值		7～8
沸程(760mmHg)/℃	152～153	熔点/℃		−29.5
相对密度(水＝1)	0.78	折射率		1.4410
相对蒸气密度(空气＝1)	3.0	沸点	(常压)/℃	152～153
相对密度(20℃/4℃)	0.9232		(2kPa)/℃	59～60
化学反应性：与金属离子有较强的络合作用，易挥发，与盐酸、硫酸能反应，并放出丁酮				
溶解性：溶于 10 份水中，溶于乙醇、醚、松香水、甲醇等有机溶剂				

(3) 甲乙酮肟产品质量指标 见表 4-49。

表 4-49 甲乙酮肟质量指标（执行标准：企业标准）

指标名称		江山市泰格化工有限公司			湖北仙粼化工有限公司		
		优等品	一等品	合格品	优等品	一等品	合格品
外观		—	—	—	无色清澈透明液体		
甲乙酮肟含量/%	≥	99.9	99.7	99.5	99.9	99.7	99.5
含水量/%	≤	0.04	0.10	0.15	0.03	0.08	0.12
酸值(以 KOH 计)/(mgKOH/g)	≤	0.05	0.10	0.20	—	—	—
酸度(以乙酸计)/%	≤	—	—	—	0.05	0.1	0.2
色度(铂-钴色号)	≤	2	8	10	1	3	8

(4) 甲乙酮肟用途 本品是醇酸腻子、环氧腻子、聚氨酯密封剂的稳定阻硫剂，也可用作聚氨酯密封剂预聚体的封闭阻硫稳定剂。建议用量：0.1%～0.5%。用甲乙酮肟作为原料可以生产甲基三丁酮肟基硅烷、乙烯基三丁酮肟基硅烷、四丁酮肟基硅烷等。前两种主要用作在电子、建筑等领域使用广泛的室温硫化有机硅密封剂的无毒、无腐蚀硫化剂。

4.4.2 丙酮肟

别名：二甲基酮肟；简称 DMKO。

(1) 丙酮肟化学结构式

(2) 丙酮肟物理化学特性 见表 4-50。

表 4-50 丙酮肟物理化学特性

性能名称	参数	性能名称	参数
外观	白色针状结晶	相对密度(62℃/4℃)	0.9113

续表

性能名称		参数	性能名称	参数
沸点	（常压）/℃	136	折射率	1.4156
	（97.1kPa）/℃	134.8	熔点/℃	61
	（2.67kPa）/℃	61	燃烧性	明火可燃
毒性		有中等毒性		

溶解性：易溶于水、乙醇、乙醚及丙酮，能溶于酸、碱，水溶液饱和溶解度为25%（质量分数），其水溶液呈中性；热稳定性：高热分解放出氮氧化物气体

化学反应性：在稀酸中易水解。在空气中挥发得很快。在常温下能使高锰酸钾褪色。丙酮肟具有较强的还原性，很容易与水中的氧反应，降低水中的溶解氧含量，反应式如下：

$$2(CH_3)_2C=N\text{-}OH+O_2 \longrightarrow 2(CH_3)_2C=O+N_2O+H_2O$$

$$4(CH_3)_2C=N\text{-}OH+O_2 \longrightarrow 4(CH_3)_2C=O+2N_2+H_2O$$

同时，丙酮肟也同金属发生钝化反应，反应式如下：

$$2(CH_3)_2C=N\text{-}OH+6Fe_2O_3 \longrightarrow 2(CH_3)_2C=O+N_2O+4Fe_3O_4+H_2O$$

酮肟的分解产物主要为氮气和水，少量生成甲酸、乙酸及氮的氧化物等；丙酮肟可降低水中的含铁量，防止钢铁容器（如锅炉）因形成氧化铁沉积物而引起金属管过热和腐蚀损坏

（3）丙酮肟产品质量指标　见表4-51。

表 4-51　安徽产丙酮肟质量指标

指标名称		参数		指标名称		参数	
		优级品	合格品			优级品	合格品
外观		白色晶体	白色晶体	含量/%	≥	99.9	99
水分/%		余量	余量	炽灼残渣/%	≤	0.03	0.03
Cl/%	≥	无	AgNO₃检（无）				

（4）丙酮肟用途　可用作聚氨酯密封剂预聚体的封闭阻硫稳定剂。

4.5　乙酰苯胺

别名：N-苯（基）乙酰胺；商品名：退热冰；α-苯乙酰胺。

（1）乙酰苯胺化学结构式

（2）乙酰苯胺物理化学特性　见表4-52。

表 4-52　乙酰苯胺物理、化学特性

性能名称	参数	性能名称	参数
熔点/℃	114.3	折射率	1.5860
沸点/℃	304	稳定性	在空气中稳定
闪点/℃	173.9	酸碱性	呈中性或极弱碱性
自燃点/℃	546	相对密度（15℃/4℃）	1.2190

化学反应性：遇酸或碱性水溶液易分解成苯胺及乙酸

外观特性：白色有光泽片状结晶或白色结晶粉末，在水中再结晶析出呈正交晶片状。无臭或略有苯胺及乙酸气味，可燃，遇明火、高热可燃。受高热分解，产生有毒的氮氧化物

100g 水中溶解度：微溶于冷水，溶于热水：0.46g（20℃）、0.56g（25℃）、0.84g（50℃）、5.5g（100℃）

100mL 有机溶剂中的溶解性：乙醇36.9g（20℃），甲醇69.5g（20℃），氯仿3.6g（20℃），不溶于石油醚

毒性：有毒性，吸入对上呼吸道有刺激性。高剂量摄入可引起高铁血红蛋白血症和骨髓增生。反复接触可发生紫绀。对皮肤有刺激性，可致皮炎。能抑制中枢神经系统和心血管系统，大量接触会引起头昏和面色苍白等症

（3）乙酰苯胺产品质量指标　见表 4-53。

表 4-53　石家庄圣泰产乙酰苯胺质量指标

指标名称	规格	指标名称	规格
外观	白色结晶	含量/%	99

（4）乙酰苯胺用途　用作聚氨酯型密封剂预聚体的封闭阻硫稳定剂。

4.6　胺类稳定剂

4.6.1　N-甲基苯胺

别名：甲基替苯胺；甲基苯胺；甲苯胺（混合物）。

（1）N-甲基苯胺化学结构式

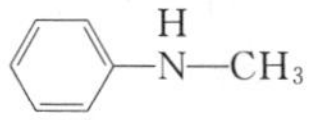

苯环—N(H)—CH₃

（2）N-甲基苯胺物理化学特性　见表 4-54。

表 4-54　N-甲基苯胺物理化学特性

性能名称	参数	性能名称	参数
外观特性	浅黄色或红棕色液体，遇空气颜色变深。遇明火、高热或与氧化剂接触，易燃烧爆炸	溶解度	溶于醇、醚、氯仿等，微溶于水
分子量	107.15	毒性	有毒
沸点/℃	194～197	熔点/℃	−57

（3）N-甲基苯胺产品质量指标　见表 4-55。

表 4-55　N-甲基苯胺质量指标

指标名称	HG/T 3409—2001 指标		
	优等品	一等品	合格品
外观	浅黄色到红棕色液体		
相对密度（15℃/4℃）	0.987～0.994		
N-甲基苯胺含量/% ≥	99.30	99.00	98.50
N,N-二甲基苯胺含量/% ≤	0.50	0.70	0.90
苯胺含量/% ≤	0.10	0.20	0.30
水分含量/% ≤	0.10	0.10	0.30

（4）N-甲基苯胺用途　该产品主要用作聚氨酯密封剂预聚体的封闭阻硫稳定剂。

4.6.2　二环己胺

别名：二环己胺（DCHA）；二环己基胺；N-环己基环己胺；十二氢二苯胺；十二氢联苯胺；全氢化二苯基胺；N-环己基环己胺。

（1）二环己胺化学结构式

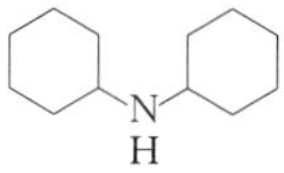

（两个环己基）—N(H)

（2）二环己胺物理化学特性　无色透明油状液体，有刺激性氨味，易燃、高毒。凝固点：−2℃，与有机溶剂混溶，微溶于水。呈强碱性。沸点：117～120℃（10mmHg）；密度：0.912g/cm³；折射率 n_D^{20}：1.484；闪点：96℃；熔点：−2℃。

（3）二环己胺产品质量指标　见表 4-56。

表 4-56　二环己胺质量指标（无企业外的标准）

指标名称	参数	指标名称	参数
外观	无色透明至淡黄色液体	纯度(GC)/%	＞99.0
红外光谱鉴定	和对照品匹配	水分/%	＜0.3
折射率(n_D^{20})	1.4830～1.4860	相对密度(20℃/20℃)	0.9120～0.9150

（4）二环己胺用途　该产品主要用作聚氨酯密封剂预聚体的封闭阻硫稳定剂。

参 考 文 献

[1]　《中国化工产品大全》编委会. 中国化工产品大全：上卷. 北京：化学工业出版社，1994：523，525-526.
[2]　陈玉仙，张定军，刘正堂，等. 二苯基硅二醇简单而经济的合成方法. 应用化工，2010，39（7）：1040.
[3]　杨才平. α,ω-二羟基聚二甲基硅氧烷合成新工艺及应用研究. 有机硅材料及应用，1994，(4)：25-27.
[4]　姜亚娟，董云会，王波，等. 对苯二酚的合成与应用研究进展. 化工生产与技术，2011，18（1）：50-53.
[5]　刘迎新，李新学，魏雄辉. 对苯二酚的合成方法的研究进展. 化学通报，2004，12：869-875.
[6]　张寒露，杨雪，王源升. 苯酚与PAPI封闭反应条件的研究. 聚氨酯工业，2005，20（5）：25-27.
[7]　岳彦山. 取代酚封闭异氰酸酯的研究 [D]. 哈尔滨：东北林业大学，2010，26，25，10.
[8]　俞继华. 正交法合成对亚硝基苯酚. 化学与粘合，2001，(1)：12-13.
[9]　张艳，周传秀，王光新. 甲乙酮肟的合成与应用. 化工文摘，2007，(1)：44，46.

第5章

黏度调节剂

5.1 非活性黏度调节剂

5.1.1 邻苯二甲酸二丁酯[1]

又称：邻酞酸二丁酯；简称 DBP。

（1）化学结构式

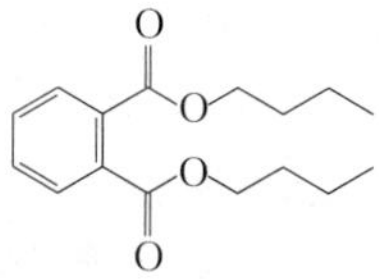

（2）邻苯二甲酸二丁酯物理化学特性 见表 5-1。

表 5-1 邻苯二甲酸二丁酯物理化学特性[1]

性能名称		参数	性能名称	参数
燃点/℃		399	密度/(g/cm³)	1.042～1.048
熔点/℃		−35	汽化热/J/(g・℃)	284.7
沸点/℃		340	比热容/(J/g・℃)	1.79
蒸气压	200℃/kPa	1.58	黏度(25℃)/mPa・s	16.3
蒸气压	150℃/kPa	0.147	闪点/℃	171.4
折射率(n_D^{20})		1.4926	水在本品中溶解度/%	0.04
水中溶解度(25℃)/%		0.03		

外观与性状：无色油状液体，有芳香气味

挥发性：由于其较低的蒸气压，它们的挥发损失是很小的，或者几乎没有挥发损失

溶解性：不溶于水，溶于醇、醚、丙酮等多数有机溶剂

危害性：能引起中枢神经和周围神经系统的功能性变化，然后进一步引起它们组织上的改变，有趋肝性，可引起轻度致敏作用，具有中等程度的蓄积作用和轻度刺激作用

（3）邻苯二甲酸二丁酯质量指标 GB/T 11405—2006 规定的工业邻苯二甲酸二丁酯的级别及质量指标见表 5-2。

表 5-2 工业邻苯二甲酸二丁酯的级别及质量指标

指标名称		优级品	一级品	合格品
外观		透明、无可见杂质的油状液体		
色泽(APHA,铂-钴色号)	≤	20	25	60

续表

指标名称		优级品	一级品	合格品
纯度/%	≥	99.5	99.0	98.0
密度(20℃)/(g/cm³)		1.044～1.048		
酸值(以 KOH 计)/(mg/g)		0.07	0.12	0.20
闪点(开杯法)/℃	≥	160	160	160
水分/%		0.10	0.15	0.20

（4）邻苯二甲酸二丁酯用途　聚硫密封剂的增塑剂和黏度调节剂。PVC 糊树脂增塑稀释剂。

5.1.2　邻苯二甲酸二辛酯[1,2]

简称 DOP，又称邻酞酸二辛酯、邻苯二甲酸二（α-乙基己）酯、酞酸双（2-乙基己基）酯、二辛基酞酸酯、邻苯二甲酸二（2-乙基己基）酯。

（1）化学结构式

$$
\begin{array}{c}
\text{结构式} \quad 或 \quad
\begin{array}{l}
COOCH_2CH(CH_2)_3CH_3 \\
\quad\quad\quad\quad | \\
\quad\quad\quad\quad C_2H_5 \\
COOCH_2CH(CH_2)_3CH_3 \\
\quad\quad\quad\quad | \\
\quad\quad\quad\quad C_2H_5
\end{array}
\end{array}
$$

（2）邻苯二甲酸二辛酯的物理化学特性　见表 5-3。

表 5-3　邻苯二甲酸二辛酯的物理化学特性[3]

性能名称	参数	性能名称	参数
分子量	390.5	折射率(n_D^{25})	1.482
熔点/℃	−55	黏度(30℃)/mPa·s	24.5
凝固点/℃	−25	蒸气压(200℃)/Pa	93.3
沸点(常压)/℃	370	相对密度(20℃/20℃)	0.9861
沸点(0.53kPa)/℃	220	着火点/℃	249
闪点/℃	219	相对密度(d_4^{20})	0.978
沸程(4mmHg)	227～237	表面张力(20℃)/(dyn/cm)	3.2
体膨胀系数	0.00073		

外观与性状：无色油状液体，有芳香气味

溶解性：不溶于水，溶于醇、醚矿物油，微溶于甘油、乙二醇等大多数有机溶剂，与聚氯乙烯、氯乙烯-醋酸乙烯共聚物、醋酸丁酸纤维素、硝酸纤维素、乙基纤维素、甲基丙烯酸甲酯树脂、聚苯乙烯等有相容性，与聚醋酸乙烯酯、醋酸纤维素不相容

危害性：吸入和食入后会引起呼吸急促和心率的加快，如大量被吸收后可能引起中枢神经系统的紊乱和肠胃不适，如长期接触，男性将对自身生理产生影响，女性则对后代特别是男婴，产生性畸形

（3）邻苯二甲酸二辛酯质量指标　GB/T 11406—2001 规定的工业邻苯二甲酸二辛酯级别及质量指标见表 5-4。

表 5-4　工业邻苯二甲酸二辛酯级别及质量指标

指标名称		优级品	一级品	合格品
外观		透明、无可见杂质的油状液体		
色度(铂-钴色号)	≤	30	40	60
纯度/%	≥	99.5	99.0	99.0
密度(20℃)/(g/cm³)		0.982～0.988	0.982～0.988	0.982～0.988
酸度(以苯二甲酸计)/%	≤	0.010	0.015	0.030
水分/%	≤	0.1	0.15	0.15
闪点/℃	≥	196	192	192
体积电阻率/×10⁹Ω·m	≥	1.0	供需双方协商，可增加电阻率指标	—

（4）工业邻苯二甲酸二辛酯用途　聚硫密封剂增塑剂和黏度调节剂，PVC 糊树脂增塑稀释剂。

5.1.3　对苯二甲酸二辛酯[1]

简称：DOTP，产品别名：邻苯二甲酸二(2-乙基己)酯；酞酸二辛酯。

（1）化学结构式

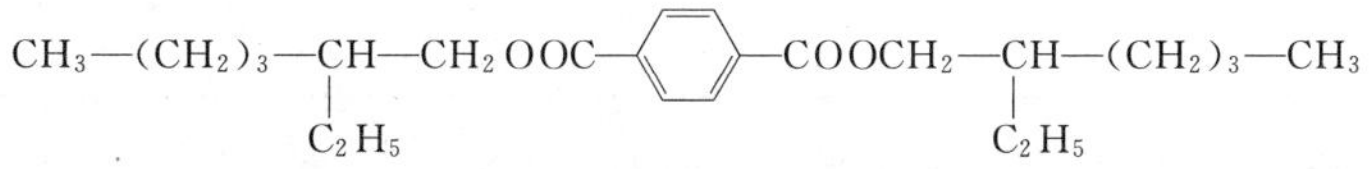

$$CH_3-(CH_2)_3-CH-CH_2OOC-\!\!\bigcirc\!\!-COOCH_2-CH-(CH_2)_3-CH_3$$
$$\quad\quad\quad\quad\quad | \quad\quad\quad\quad\quad\quad\quad\quad\quad\quad\quad | $$
$$\quad\quad\quad\quad C_2H_5 \quad\quad\quad\quad\quad\quad\quad\quad\quad C_2H_5$$

（2）对苯二甲酸二辛酯物理化学特性　有突出的耐电性能（DOTP 的体积电阻率为 DOP 的 20 倍）、耐热、低挥发性、低的玻璃化转变温度等性能。

（3）对苯二甲酸二辛酯质量指标　HG/T 2423—2008 规定的工业对苯二甲酸二辛酯的级别及质量指标见表 5-5。

表 5-5　工业对苯二甲酸二辛酯的级别及质量指标

指标名称		优级品	一级品	合格品
外观		透明、无可见杂质的油状液体		
色度(铂-钴色号)	≤	30	50	100
纯度/%	≥	99.5	99.0	98.5
密度(20℃)/(g/cm³)		0.981~0.985		
酸值/(mgKOH/g)	≤	0.02	0.03	0.04
水分/%	≤	0.03	0.05	0.10
闪点(开口杯法)/℃	≥	210	210	205
体积电阻率/×10¹⁰Ω·cm	≥	2	1	0.5

（4）对苯二甲酸二辛酯用途　用于聚硫、改性聚硫、聚氨酯密封剂的黏度调节和增塑；用于高绝缘（70~90℃）的各类电缆料的增塑；用于人造革、地板革、水管、胶袋、鞋材料等软性 PVC 制品中。

5.1.4　邻苯二甲酸丁苄酯[1]

简称：BBP；别称：为酞酸苄基丁酯，邻苯二甲酸丁基苄基酯。

（1）邻苯二甲酸丁苄酯化学结构式

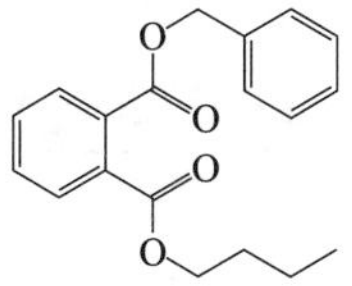

（2）邻苯二甲酸丁苄酯物理化学特性　见表 5-6。

表 5-6　邻苯二甲酸丁苄酯的物理化学特性

性能名称		参数	性能名称	参数
分子量		312.4	折射率	1.5336~1.5376
水中溶解度(30℃)/%		0.0003	密度(20℃)/(g/cm³)	1.111~1.119
沸点(760mmHg)/℃		370	熔点/℃	−35
闪点(开口)/℃		200	密度/(g/cm³)	1.23
自燃点或引燃温度/℃		240	水溶性/(g/100mL)	324.5
黏度/mPa·s	20℃	65	外观与性状	无色油状液体，
	25℃	41.5		微具芳香味
溶解性：可溶入多种有机溶剂，与聚氯乙烯、聚苯乙烯、聚乙酸乙烯、硝酸纤维相容性好，溶剂化能力较强				

（3）邻苯二甲酸丁苄酯质量指标　见表5-7。

表5-7　各企标规定的工业邻苯二甲酸丁苄酯质量指标

指标名称		天津、长沙、无锡	武汉旭增博源指标	指标名称		天津、长沙、无锡	武汉旭增博源指标
皂化值/(mgKOH/g)		355±5	355±5	含氯量/%	≤	—	0.1
闪点(开杯)/℃	≥	180~182	182	相对密度(d_4^{20})		1.120±0.002	—
色度(铂-钴色号)	≤	100~200	30	酸值/(mgKOH/g)	≤	0.35~0.5	0.3
加热减量/%		0.4~0.7					

（4）邻苯二甲酸丁苄酯用途　聚硫密封剂增塑剂和黏度调节剂。PVC糊树脂增塑稀释剂。

5.1.5　邻苯二甲酸二甲酯[1]

别称：邻酞酸二乙酯；简称：DMP。

（1）邻苯二甲酸二甲酯化学结构式

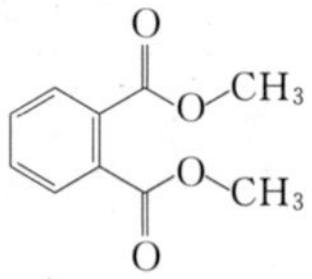

（2）邻苯二甲酸二甲酯的物理化学特性　见表5-8。

表5-8　邻苯二甲酸二甲酯物理化学特性

性能名称	参数	性能名称	参数
熔点/℃	0~2	外观与性状	无色透明液体，微具芳香味
分子量	194.2		
沸点/℃	282	闪点/℃	151
相对密度(d_4^{20})	1.192	引燃温度/℃	555
蒸气压(25℃)/Pa	1.33	折射率(n_D^{20})	1.5155
相对蒸气密度(空气=1)	6.69	黏度(20℃)/mPa·s	22
爆炸上限(体积分数)/%	8.03	饱和蒸气压/kPa	0.13
爆炸下限(体积分数)/%	0.94	燃烧热/(kJ/mol)	4680.3
溶解性：与乙醇、乙醚混溶，不溶于水和矿物油。溶于苯、丙酮等多种溶剂			
危害性：吸入邻苯二甲酸二甲酯对呼吸道有刺激，口服本品口腔有灼烧感，可致呕吐、腹泻			

（3）邻苯二甲酸二甲酯质量指标　见表5-9。

表5-9　山东企标规定的DMP质量指标

指标名称		优级品	一级品	合格品
外观		透明，无可见杂质的油状液体		
酯含量/%	≥	99.5	99.0	99.0
密度(20℃)/(g/cm³)		1.044~1.048		
酸度(以邻苯二甲酸计)/%	≤	0.010	0.015	0.030
闪点/℃	≥	140		
色度(铂-钴色号)	≤	20	25	60
加减热量/%	≤	0.3	0.5	0.7
热处理后色度(铂-钴色号)	≤	100	—	—

（4）邻苯二甲酸二甲酯用途　聚硫密封剂增塑剂和黏度调节剂。

5.1.6　邻苯二甲酸二乙酯[1]

别称：邻酞酸二乙酯；简称：DEP。

（1）邻苯二甲酸二乙酯化学结构式

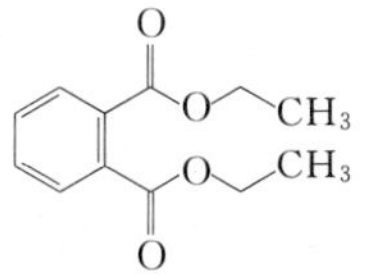

（2）邻苯二甲酸二乙酯的物理化学特性　见表 5-10。

表 5-10　邻苯二甲酸二乙酯的物理化学特性

性能名称	参数	性能名称	参数
分子量	222.2	闪点（开杯）/℃	153
熔点/℃	−40.5	折射率（n_D^{25}）	1.499
沸点/℃	298	黏度（20℃）/mPa·s	13
相对密度（d_4^{20}）	1.118	蒸气压（163℃）/kPa	1.867
相对蒸气密度（空气=1）	7.66	爆炸下限（体积分数）/%	0.75
饱和蒸气压（100℃）/kPa	0.13		

外观与性状：无色或淡黄色油状液体，微有芳香味

溶解性：不溶于水，与乙醇、乙醚混溶，溶于丙酮等多数有机溶剂

危害性：吸入、摄入或经皮肤吸收后对身体有害，本品对皮肤、眼睛有刺激作用，其蒸气或雾对眼睛、黏膜和上呼吸道有刺激作用，接触后可引起头痛、头晕和呕吐

（3）邻苯二甲酸二乙酯质量指标

a. 成都企标规定的试剂邻苯二甲酸二乙酯级别及质量指标见表 5-11。

表 5-11　试剂邻苯二甲酸二乙酯（DEP）级别及质量指标

指标名称		分析纯（AR）指标	化学纯（CP）指标
DEP 含量/%	≥	99.5	99.0
密度（20℃）/（g/cm³）		1.116~1.122	1.116~1.122
折射率		1.500~1.502	1.500~1.502
灼烧残渣（以硫酸盐计）/%	≤	0.02	0.05
酸度/%	≤	0.02	0.05
水分/%	≤	0.05	—

b. 国内某企业企标规定的邻苯二甲酸二乙酯（DEP）质量指标见表 5-12。

表 5-12　邻苯二甲酸二乙酯质量指标

指标名称		一级品	二级品	指标名称		一级品	二级品
外观		透明液体，无悬浮杂质		酸度（mgKOH/g）/%	≤	0.10	0.20
酯含量/%	≥	99.0	98.5	色度（铂-钴）/号	≤	35	80
闪点/℃	≥	130	130	相对密度（d_{20}^{20}）		1.118~1.122	

（4）邻苯二甲酸二乙酯用途　聚硫密封剂增塑剂和黏度调节剂。

5.1.7　邻苯二甲酸二烯丙酯[1]

简称：DAP。

（1）邻苯二甲酸二烯丙酯化学结构式

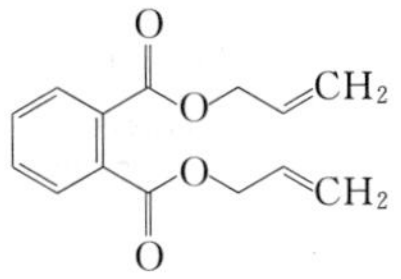

（2）邻苯二甲酸二烯丙酯的物理化学特性　见表 5-13。

表 5-13　邻苯二甲酸二烯丙酯的物理化学特性

性能名称		参数	性能名称	参数
分子量		246.25	沸点(4mmHg)/℃	160
相对密度(d_{20}^{20})		1.120	闪点(开口)/℃	165.5
凝固点/℃		−70	折射率(n_D^{25})	1.520
黏度/mPa·s	25℃	13	沸点(0.53kPa)/℃	158
	20℃	12		

外观与性状:无色或微黄色油状液体,气味温和、挥发性低,有催泪性

溶解性:DAP 单体能溶于多数的有机溶剂,如:乙醇、丙酮、醋酸乙酯、苯、甲苯和二甲基亚砜等;微溶于汽油、乙二醇、甘油及胺;不溶于水

化学反应性:可不加阻燃剂在室温下保存,但受引发剂或高温引发,DAP 单体中 2 个不饱和烯基具有较大的反应活性,按自由基型聚合,生成线型的聚合物

（3）邻苯二甲酸二丙烯酯质量指标　见表 5-14。

表 5-14　邻苯二甲酸二丙烯酯质量指标

指标名称		寿光一级品	上虞
外观		无色或淡黄色透明液体	
色度(铂-钴)/号	≤	50	100
酸值/(mgKOH/g)	≤	0.10	0.10
密度(20℃)/(g/cm³)		1.120±0.003	1.120±0.003
酯含量/%	≥	99.0	99.0
折射率(25℃)		1.5174±0.0004	1.518±0.01
碘值/(gI₂/100g)	≥	200	185～205
黏度/mPa·s		—	12～14
沸点(4mmHg)/℃		—	157～165
凝固点/℃		—	−70
水分/%	≤	—	0.5
自燃点/℃		—	435
热膨胀系数(20～40℃)		—	0.00076
闪点(开杯)/℃		—	160
表面张力(20℃)/(dyn/cm²)		—	39

（4）邻苯二甲酸二丙烯酯用途　聚硫密封剂的黏度调节、增塑剂。

5.1.8　52%氯化石蜡[1,2]

（1）52%氯化石蜡的化学结构式

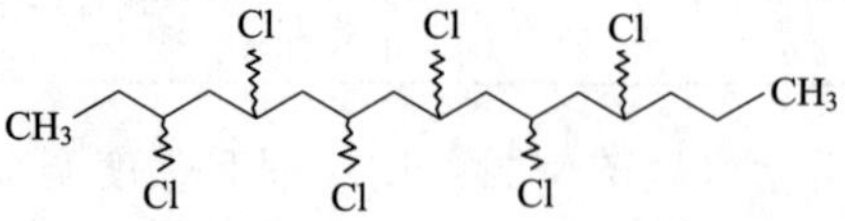

（2）52%氯化石蜡物理化学特性　见表 5-15。

表 5-15　52%氯化石蜡物理、化学特性[1,2]

性能名称	参数	性能名称	参数
分子量	433	外观	无色或淡黄色黏稠液体
凝固点/℃	<−20	溶解性	溶于苯、醚,微溶于醇
相对密度	1.22～1.26	黏度(25℃)/Pa·s	0.7～1.5

（3）52%氯化石蜡产品质量指标　HG 2092—1991（2009）规定 52%氯化石蜡产品质量指标见表 5-16。

表 5-16　52%氯化石蜡产品质量指标[2]

指标名称		优等品	一等品	合格品
外观		水白色或黄色黏稠液体		
色泽（APHA）/号	≤	100	250	600
密度（50℃）/（g/cm³）		1.23～1.25	1.23～1.27	1.22～1.27
氯含量/%		51～53	50～54	50～54
黏度（50℃）/mPa·s		150～250	≤300	—
折射率（n_D^{20}）		1.510～1.513	1.505～1.513	—
加热减量（130℃加热 2h）/%	≤	0.3	0.5	0.8
热稳定指数①/%	≤	0.10	0.15	0.20

① 热稳定指数测试条件为：在 10L/h 氮气气氛条件下，记录试样经历 4h×175℃的加热作用后，分解出的 HCl 占全部试样的百分数，至少半年检验一次。

（4）52%氯化石蜡用途　用作聚硫密封剂的黏度调节、增塑剂、防霉剂、阻燃剂，不仅降低了生产成本，提高机械强度和使用寿命，而且使制品具有阻燃性、电绝缘性、憎水性，耐化学品性及抗氧化性能，提高对热和光的稳定性和对树脂的良好混溶性。

5.1.9　氯化石蜡-42[1,2]

又称：氯蜡-42 及 42 型氯化石蜡；简称：CP-42。

（1）氯化石蜡-42 化学结构式

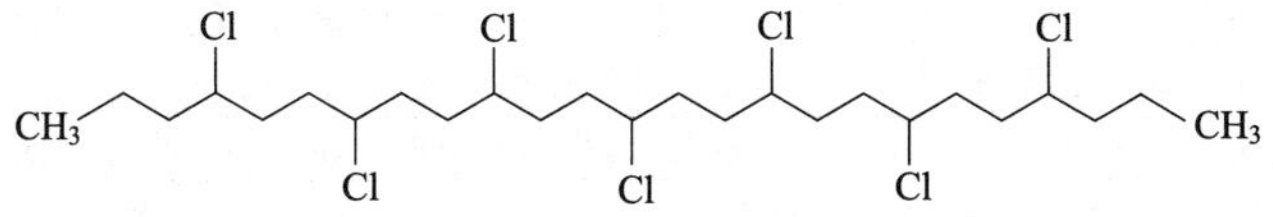

（2）氯化石蜡-42 物理化学特性　见表 5-17。

表 5-17　氯化石蜡-42 物理化学特性

性能名称	参数	性能名称	参数
相对密度（d_{25}^{25}）	1.16	挥发性	低
黏度（25℃）/Pa·s	2.4	毒性	无毒
凝固点/℃	-30	燃烧性	不燃、不爆
		外观	淡黄色黏稠液体
溶解性：溶于大部分有机溶剂和矿物油，如甲苯、氯代烃、丙酮、环己酮、醋酸乙酯等，不溶于水和乙醇			
热稳定性：加热 120℃以上自行缓慢分解，放出 HCl，铁和锌等金属化合物会促进分解			
成分：是一种分子链大小不等的一个分散性的混合物			
与橡胶的相容性：与天然橡胶、氯丁橡胶、聚酯等相容			

（3）氯化石蜡-42 产品质量指标　HG2-1381-80 规定氯化石蜡-42 产品质量指标见表 5-18。

表 5-18　氯化石蜡-42 产品质量指标（执行标准：HG2-1381—80）

指标名称	优级品	一级品	二级品
外观	黄色或橙色黏稠液体，无明显机械杂质		
色泽（APHA，铂-钴色号）	≤10	≤25	≤35
氯含量/%	41～43	40～44	40～44
酸值/（mgKOH/g）	≤0.1	≤0.1	≤0.1
相对密度（d_4^{20}）	≥1.160	≥1.160	≥1.160
热分解温度/℃	≥130	≥120	≥115

（4）氯化石蜡-42 用途　用作氯丁橡胶、丁腈橡胶、SBS 胶黏剂和密封剂的黏度调节、

增塑剂。也用作中空玻璃聚硫密封胶的辅助增塑剂。还可用作阻燃剂。

5.1.10　磷酸三丁酯[1]

（1）化学结构式

$$
\begin{array}{l}
CH_3{-}CH_2{-}CH_2{-}CH_2{-}O \\
CH_3{-}CH_2{-}CH_2{-}CH_2{-}O{-}P{=}O \\
CH_3{-}CH_2{-}CH_2{-}CH_2{-}O
\end{array}
$$

（2）磷酸三丁酯的物理化学特性　见表5-19。

表 5-19　磷酸三丁酯的物理化学特性

性能名称	参数	性能名称	参数
相对密度(d_4^{25})	0.9727	水中溶解度(25℃)/%	0.1
表面张力(20℃)/(dyn/cm)	27.79	水在其中溶解度(25℃)/%	7
蒸气压(20℃)/kPa	2.67	闪点/℃	146
熔点/℃	小于-80	折射率(n_D^{25})	1.4224
沸点(3.6kPa)/℃	177~178	汽化热/(J/g)	230.7
沸点(常压)/℃	289(在沸点温度下分解)		
外观与性状	无色、有轻微刺激性气味的液体,易燃		
有机溶剂中溶解性:溶于大多数有机溶剂、烃类和水,不溶或微溶于甘油、己二醇及胺类			
化学性质:具有酯的通性,在碱性条件下水解,在室温下通入干燥的氯化氢,生成氯代丁烷,在三氟化硼存在下,与苯反应生成仲丁基苯和1,4-二仲丁基苯,用苯胺和稀氢氧化钠溶液处理,生成二丁苯胺			
毒性:本品体外对人红细胞、血浆中胆碱酯酶有轻度抑制作用,人经口约100mL,可引起呼吸困难、抽搐、麻痹、昏睡等症状,对皮肤有刺激作用,蒸气和雾对眼睛、黏膜和上呼吸道有刺激作用			
危险特性:遇高热、明火或与氧化剂接触,有引起燃烧的危险,受热分解产生剧毒的氧化磷烟气			
燃烧(分解)产物:一氧化碳、二氧化碳、氧化磷、磷烷			

（3）磷酸三丁酯产品质量指标　GB/T 15354—2011规定的化学试剂——磷酸三丁酯级别及质量指标见表5-20。

表 5-20　化学试剂——磷酸三丁酯级别及质量指标

指标名称	分析纯	化学纯	指标名称	分析纯	化学纯
外观	无色液体		含量/% ≥	98.5	97.0
水分/% ≤	0.1	0.3	酸度(以 H+ 计)/(mmol/g) ≤	0.002	0.01
			密度(20℃)/(g/cm³)	0.974~0.980	

洛阳市等全国有12家生产和供应商产磷酸三丁酯质量指标见表5-21。

表 5-21　磷酸三丁酯（TBP）质量指标

指标名称	出口级	特定一级	分析纯	工业级	工业消泡级
含量/%	≥99.0	≥98.5	≥98.5	≥98.0	—
密度(20℃)/(g/cm³)	0.97~0.980	0.974~0.980	0.974~0.980	0.973~0.980	0.820~0.900
折射率(n_D^{25})	1.42~1.425	1.423~1.425	—	1.414~1.425	1.404~1.425
酸度(以磷酸计)/%	≤0.2	≤0.2	≤0.2	≤1.2	≤2.0
水分(H_2O)/%	≤0.12	≤0.13	≤0.1	≤0.35	—

（4）磷酸三丁酯用途　聚硫密封剂阻燃性增塑剂和黏度调节剂。

5.1.11　乙醇[1]

别称：酒精。

（1）化学结构式

$$CH_3{-}CH_2{-}OH$$

（2）乙醇的物理化学特性　见表 5-22。

表 5-22　乙醇物理化学特性

	性能名称	参数		性能名称	参数
工业乙醇	折射率(n_D^{15})	1.3651	无水乙醇	相对密度(d_4^{20})	0.7893
	蒸气压(20℃)/kPa	5.732		熔点/℃	−117.3
	比热容(23℃)/[J/(g·℃)]	2.58		沸点/℃	78.5
	闪点/℃	12.8		折射率(n_D^{20})	1.3611
	沸点/℃	78.15		闪点(闭杯)/℃	13
	相对密度(d_4^{25})	0.816	工业乙醇	自燃点/℃	793
	爆炸极限(体积)/%	4.3~19.0		凝固点/℃	−114
				黏度(20℃)/mPa·s	1.41

外观与特性：无色透明、有酒香味、易燃、易挥发液体，对破损皮肤有强烈的刺激性，具有吸湿性

溶解性：与水、甲醇无限混溶，与水能形成共沸混合物，溶于乙醚、氯仿及其他许多有机化合物和无机化合物

有机溶剂中的溶解性：可混溶于甲醇、乙醚、氯仿、甘油等多数有机溶剂

化学性质：含有活泼氢，可与多种基团反应

毒性：吸入、食入、经皮吸收，对中枢神经系统有抑制作用，首先引起兴奋，随后抑制。急性中毒可致人死亡；慢性影响：在生产中长期接触高浓度本品可引起鼻、眼、黏膜刺激症状，以及头痛、头晕、疲乏、易激动、震颤、恶心等，长期酗酒可引起多发性神经病、慢性胃炎、脂肪肝、肝硬化、心肌损害及器质性精神病等，皮肤长期接触可引起干燥、脱屑、皲裂和皮炎

危险特性：遇高热、明火或与氧化剂接触，有引起燃烧的危险

燃烧产物：二氧化碳、水

注：工业乙醇含乙醇 95%。

（3）乙醇质量指标

a. 工业酒精质量指标见表 5-23。

表 5-23　GB/T 394.1—2008 对工业酒精规定的质量指标

指标名称		优级	一级	二级	粗酒精
外观性状		无色透明液体，酒香味			淡黄色液体，酒香味
色度(铂-钴色号)	≤	10			—
乙醇含量(20℃，体积分数)/%	≥	96.0	95.5	95.0	95.0
硫酸试验色度(铂-钴色号)	≤	10	80	—	—
氧化时间/min	≥	30	15	5	—
醛(以乙醛计)/(mg/L)	≤	5	30	—	—
异丁醇＋异戊醇/(mg/L)	≤	10	80	400	—
甲醇/(mg/L)	≤	800	1200	2000	8000
酸(以乙酸计)/(mg/L)	≤	10	20	20	—
酯(以乙酸乙酯计)/(mg/L)	≤	30	40	—	—
不挥发物/(mg/L)	≤	20	25	25	—

b. 国家标准 GB 678—2002 对无水乙醇规定的质量指标见表 5-24。

表 5-24　无水乙醇质量指标（执行标准：GB 678—2002）

指标名称		优级品	分析纯	化学纯
含量(体积分数)/%	≥	95	95	95
不挥发物/%	≤	0.0005	0.001	0.001
游离酸(以醋酸计)/%	≤	0.002	0.003	0.006
游离碱(以 NH₃ 计)/%	≤	0.0001	0.0002	0.0005
丙酮和异丙醇/%	≤	0.0005	0.0005	0.001
杂醇油		符合试验规定		
甲醇/%	≤	0.02	0.05	0.20
水分/%	≤	0.2	0.3	0.5

续表

指标名称	优级品	分析纯	化学纯
还原高锰酸钾物质		符合试验规定	
与水混合试验		符合试验规定	
硫酸试验		符合试验规定	

（4）乙醇用途　在密封剂、黏合剂中用作黏度调节。也可作泡沫密封剂、泡沫塑料的物理性发泡剂。

5.1.12　丙酮[1]

别名：二甲基甲酮、阿西通、醋酮、2-丙酮；简称：ACE。

（1）化学结构式

$$CH_3-\underset{\underset{O}{\|}}{C}-CH_3$$

（2）丙酮的物理、化学特性　见表 5-25。

表 5-25　丙酮的物理、化学特性

性能名称	参数	性能名称	参数
熔点/℃	$-95.35\sim-94.0$	折射率(n_D^{20})	1.3588
沸点/℃	$56.2\sim56.48$	闪点(闭杯)/℃	-17.78
饱和蒸气压(39.5℃)/kPa	53.32	闪点(开杯)/℃	-16
自燃点/℃	$465\sim538$	黏度(25℃)/mPa·s	0.316
爆炸极限/%	$2.15\sim13.0$	蒸气压(39.5℃)/kPa	53.33
产生最大爆炸压力浓度/%	6.3	最大爆炸压力/(N/cm²)	87.3
最小引燃能量(当4.97%浓度时)/mJ	1.15	最易引燃浓度/%	4.5
燃烧热值(液体,25℃)/(kJ/mol)	1792	相对密度(d_4^{20})	0.7899
外观、气味：是一种无色透明、易挥发、易燃的液体，有特殊的辛辣气味			
溶解性：能与水、甲醇、乙醇、乙醚、氯仿、吡啶等有机溶剂混溶，能溶解油、脂肪、树脂和橡胶			
化学活动性：易燃、易挥发，化学性质较活泼			

注：自燃点是指在规定的条件下，可燃物质产生自燃的最低温度。

（3）丙酮品种和质量指标

a. 工业丙酮产品品种和质量指标　GB/T 6026—2013 规定的工业丙酮质量指标见表 5-26。

表 5-26　GB/T 6026—2013 规定的工业丙酮的级别及质量指标

指标名称		优等品	一等品	合格品
外观		透明液体		
色度(Hazen,铂-钴色号)	≤	5	5	10
密度(20℃)/(g/cm³)		$0.789\sim0.791$	$0.789\sim0.792$	$0.789\sim0.793$
沸程(0℃,101.3kPa)(包括56.1℃)/℃	≤	0.7	1.0	2.0
蒸发残渣/%	≤	0.002	0.003	0.005
酸度(以乙酸计)/%	≤	0.002	0.003	0.005
高锰酸钾时间试验(25℃)/min	≥	120	80	35
水混溶性		合格	合格	合格
水分/%	≤	0.30	0.40	0.60
醇含量/%	≤	0.2	0.3	1.0
纯度/%	≥	99.5	99.0	98.5

b. 广东等所有国内供应商提供的试剂丙酮质量指标见表 5-27。

表 5-27　GB/T 686—2008 规定的化学试剂丙酮的级别及质量指标

指标名称		分析纯	化学纯	指标名称		分析纯	化学纯
外观		为无色透明液体		沸点/℃		56±1	56±1
丙酮含量/%	≥	99.5	99.0	水分/%	≤	0.30	0.50
与水混合试验		合格	合格	甲醇/%	≤	0.05	0.1
蒸发残渣/%	≤	0.001	0.001	乙醇(质量)/%	≤	0.05	0.1
酸度(以 H^+ 计)/(mmol/g)	≤	0.0005	0.0008	醛(HCHO 计)/%	≤	0.002	0.005
碱度(以 HO^- 计)/(mmol/g)	≤	0.0005	0.0008	还原高锰酸钾物质		合格	合格

（4）用途　在密封剂中用作溶剂、稀释剂和脱水剂。也可作泡沫密封剂、泡沫塑料的物理性发泡剂。

5.1.13　甲苯[1]

别名：甲基苯，苯基甲烷。

（1）化学结构式

$$CH_3-\!\!\bigcirc$$

（2）甲苯的物理化学特性　见表 5-28。

表 5-28　甲苯的物理、化学特性

性能名称	参数	性能名称		参数
相对密度(d_4^{20})	0.866	折射率(n_D^{25})		1.4961
相对密度(空气=1)	3.14	闪点(闭杯)/℃		4.44
熔点/℃	−95	自燃点/℃		536.1
沸点/℃	110.6～110.8	稳定性		稳定
与醋酸形成的恒沸点混合物的沸点/℃	104～104.2	爆炸极限(体积)/%		1.27～7.0
与醋酸形成的恒沸点混合物的熔点/℃	−9.5	饱和蒸气压/Pa	0℃	907
蒸气压(30℃)/kPa	4.89		20℃	2800
			40℃	8100
密度(25℃)/(g/cm³)	0.866		100℃	76000
外观、气味	在常温下是无色液体,易挥发的,有类似苯的气味			
溶解性	不溶于水,溶于乙醇、乙醚、苯、乙醚和丙酮			
化学活动性:甲苯容易发生氯化,生成苯-氯甲烷或苯三氯甲烷;它还容易硝化,生成对硝基甲苯或邻硝基甲苯,一份甲苯和三份硝酸硝化,可得到三硝基甲苯(俗名 TNT);它还容易磺化,生成邻甲苯磺酸或对甲苯磺酸;甲苯可燃,甲苯的蒸气与空气混合形成爆炸性物质				
毒性:但其蒸气有毒,可以通过呼吸道对人体造成危害,使用和生产时要防止它进入呼吸器官,属中等毒性				

（3）甲苯品种和质量指标

① 试剂类甲苯质量指标　见表 5-29。

表 5-29　试剂类甲苯的质量指标

指标名称		分析纯(AR)		化学纯(CP)	
		GB/T 684 指标	格雷西亚企业指标	GB/T 684 指标	格雷西亚企业指标
含量($C_6H_5CH_3$)/%	≥	99.5	99.5	98.5	98.9
密度(20℃)/(g/cm³)		0.865～0.869	0.865～0.869	0.865～0.869	0.865～0.869
蒸发残渣/%	≤	0.001	—	0.002	—
酸度(以 H^+ 计)/(mmol/100g)	≤	0.001	—	0.002	—
碱度(以 HO^- 计)/(mmol/100g)	≤	0.01	—	0.06	—
易碳化物		合格	—	合格	—
硫化合物(以 SO_4 计)/%	≤	0.0005	0.0005	0.001	0.001
噻吩		合格	合格	合格	合格

续表

指标名称		分析纯（AR）		化学纯（CP）	
		GB/T 684 指标	格雷西亚企业指标	GB/T 684 指标	格雷西亚企业指标
不饱和化合物	≤	0.005	0.005	0.03	0.03
水分(H$_2$O)/%	≤	0.03	0.02	0.05	0.03
硫酸试验		—	合格	—	合格
水溶液反应		—	合格	—	合格
不挥发物	≤		0.001		0.002

② 石油甲苯质量指标　石油甲苯指的是石油级的甲苯，它是从石油里提炼加工得来的。石油级的要比焦化级的好很多。而且石油级的是不含硫的。现在基本上 70％的工业生产都是用石油级的。国内许多化工企业生产的石油甲苯的质量指标见表 5-30。

表 5-30　GB 3406—90 规定的石油甲苯级别及质量指标

指标名称		优级品	一级品
外观[①]		透明液体,无不溶水及机械杂质	
色度(Hazen,铂-钴色号)	≤	20	
密度(20℃)/(kg/m^3)		865～868	
烃类杂质含量	苯含量/% ≤	0.05	0.10
	C$_8$ 芳烃含量/% ≤	0.05	0.10
	非芳烃含量/% ≤	0.20	0.25
酸洗比色		酸层颜色不深于 1000mL 稀酸中含 0.2g 重铬酸钾的标准溶液	
总硫含量[②]/(mg/kg)	≤	2	
蒸发残余物/(mg/100mL)	≤	5	
博士试验		通过	—
中性试验		中性	

① (20±3)℃下目测。对机械杂质有争议时，用 GB/T 511 方法进行测定，应为无。
② 允许用 SH/T 0252 方法测定，有争议时以 SH/T 0253 方法为准。

③ 焦化甲苯质量指标　焦化（级）甲苯则是指从煤焦油提炼出来的。从本质上来说就是甲苯，但其纯度不及石油甲苯好。我国江西、山西、济南、上海、杭州等许多化工有限公司生产并供应的焦化甲苯质量指标见表 5-31。

表 5-31　GB/T 2284—2009 规定的焦化甲苯的级别及质量指标

指标名称		优级品	一级品	合格品
外观		透明液体,无沉淀及悬浮物		
色度(Hazen,铂-钴色号)	≤	20		
密度(20℃)/(kg/m^3)		864～868		0.861～0.870
馏程(101325Pa,110.6℃)/℃	≤	—	1.0	2.0
酸洗比色(按标准比色液)	≤	0.15	0.20	0.25
烃类杂质含量	苯含量(质量分数)/% ≤	0.1	—	—
	C$_8$ 芳烃含量(质量分数)/% ≤	0.1	—	—
	非芳烃含量(质量分数)/% ≤	1.2	—	—
总硫含量/(mg/kg)	≤	2	150	—
溴值/(g/100mL)	≤	—	—	0.2
水分:室温(18～25℃)下目测无可见不溶解的水				

（4）甲苯用途　用作密封剂的黏度调节和干燥剂。也可作泡沫密封剂、泡沫塑料的物理性发泡剂。甲苯大量用作溶剂和高辛烷值汽油添加剂，也是有机化工的重要原料。

5.1.14　乙酸乙酯[1]

简称：EA；别名：醋酸乙酯；醋酸乙酯。

（1）乙酸乙酯化学结构式

$$CH_3—\underset{\underset{O}{\|}}{C}—O—CH_2—CH_3$$

（2）乙酸乙酯的物理化学特性　　见表 5-32。

表 5-32　乙酸乙酯的物理、化学特性

性能名称		参数	性能名称	参数
相对密度		0.9003	爆炸极限(体积)/%	2.13～11.4
蒸气压(27℃)/kPa		13.33	相对密度(空气=1)	3.04
蒸气压(20℃)/kPa		9.7	沸点/℃	77.1
比热容/[J/(g・℃)]		1.92	汽化热/(J/g)	366.5
闪点	闭杯/℃	−4	稳定性	稳定
	开杯/℃	7.2	折射率(n_D^{20})	1.3723
			熔点/℃	−83.6

外观特性：无色澄清液体，有水果香气味，易挥发易燃

溶解性：微溶于水，与醇、酮、乙醚、氯仿、苯等多数有机溶剂混溶

化学活动性：在强酸溶液环境中水解为乙酸和乙醇；在强碱溶液中水解为乙酸钠和乙醇

毒性：属低毒类，长期接触本品有时可致角膜混浊、继发性贫血、白细胞增多等

危险特性：易燃，其蒸气与空气可形成爆炸性混合物，遇明火、高热能引起燃烧爆炸，与氧化剂接触会猛烈反应，在火场中，受热的容器有爆炸危险，其蒸气比空气重，能在较低处扩散到相当远的地方，遇明火会引着回燃。燃烧(分解)产物：一氧化碳、二氧化碳

（3）乙酸乙酯质量指标

a. 化学试剂乙酸乙酯质量指标见表 5-33。

表 5-33　GB/T 12589—2007 规定的化学试剂乙酸乙酯的级别及质量指标

指标名称		分析纯	化学纯
含量(以 $CH_3COOC_2H_5$ 计)/%	≥	99.5	98.5
密度(20℃)/(g/cm³)		0.899～0.901	0.897～0.901
色度(铂-钴色号)	≤	10	20
蒸发残渣/%	≤	0.0005	0.002
水分(以 H_2O 计)/%	≤	0.1	0.4
酸度(以 H^+)/(mmol/g)	≤	0.0008	0.0008
甲醇(以 CH_3OH 计)/%	≤	0.1	0.2
乙醇(以 CH_3CH_2OH 计)/%	≤	0.1	0.5
乙酸甲酯(以 CH_3COOCH_3 计)/%	≤	0.1	0.3
易碳化物质		合格	合格

外观性状：无色透明液体，具有挥发性，易燃，有水果香味，水分能使其缓慢分解而呈酸性，能与三氯甲烷、醇、丙酮及醚混合，能溶于水

b. 国内供应商提供的工业级乙酸乙酯质量指标见表 5-34。

表 5-34　工业级乙酸乙酯质量指标

指标名称		优级品	一级品	合格品
乙酸乙酯含量(以 $CH_3COOC_2H_5$ 计)/%	≥	99.7	99.5	99.0
乙醇含量(以 CH_3CH_2OH 计)/%	≤	0.10	0.20	0.50
水(以 H_2O 计)/%	≤	0.05	0.10	
酸的质量分数(以 CH_3COOH 计)/%	≤	0.004	0.005	
色度(铂-钴色号)	≤	10		
密度(20℃)/(kg/m³)		0.897～0.902		
蒸发残渣的质量分数/%	≤	0.001	0.005	
气味		符合特征气味，无异味，无残留气味		

（4）用途　用于黏合剂、密封剂、乙基纤维素、涂料、人造革、油毡着色剂、人造纤维等产品中的黏度调节或溶剂。

5.1.15　正丁醇[1]

（1）正丁醇的化学结构式

$$CH_3—CH_2—CH_2—CH_2—OH$$

（2）正丁醇的物理化学特性　见表5-35。

表 5-35　正丁醇的物理、化学特性

性能名称	参数	性能名称	参数
外观、气味	无色澄清液体,有酒的气味	水在正丁醇中的溶解度(质量)/%	20.1
色度(Hazen,铂-钴色号)	10	自燃点/℃	365
水分/%	0.1	沸点/℃	117.7
蒸馏范围/℃	117.0~118.5	蒸气压(27℃)/kPa	13.33
相对密度(d_{20}^{20})	0.8109	稳定性	稳定
酸度/%	0.005	闪点/℃	35~35.5
不挥发物/%	5	爆炸极限(体积分数)/%	1.45~11.25
折射率(n_D^{20})	1.3993	凝固点/℃	−89.0
熔点/℃	−90.2		
溶解性:微溶于水,20℃时在水中的溶解度为7.7%,乙醇、酮、乙醚、氯仿、苯等多数有机溶剂混溶			
化学活动性:在强酸溶液环境中水解为乙酸和乙醇。在强碱溶液中水解为乙酸钠和乙醇			
毒性:属低毒类,人吸入606mg/m³×10年,红细胞数减少,偶见眼刺激症状;人吸入150~780mg/m³×10年,眼有灼痛感,全身不适,角膜炎			

（3）正丁醇质量指标

① 分析纯正丁醇质量指标见表5-36。

表 5-36　GB/T 12590—2008 规定的分析纯正丁醇质量指标

名称	分析纯	化学纯
含量[$CH_3(CH_2)_2CH_2OH$](质量分数)/%	≥99.5	≥98.0
色度(Hazen,铂-钴色号)	≤10	≤15
密度(20℃)/(g/cm³)	0.808~0.811	0.808~0.811
蒸发残渣(质量分数)/%	≤0.001	≤0.005
水分(H_2O)(质量分数)/%	≤0.2	—
酸度(以 H^+ 计)/(mmol/g)	≤0.0005	≤0.0015
羰基化合物(以 CO 计)(质量分数)/%	≤0.02	≤0.04
酯(以 $CH_3COOC_4H_8$ 计)(质量分数)/%	≤0.1	≤0.3
不饱和化合物(以 Br 计)(质量分数)/%	≤0.005	≤0.05
铁(Fe)(质量分数)/%	≤0.00005	≤0.0001
易炭化物质	合格	合格

② 山东淄博产正丁醇质量指标见表5-37。

表 5-37　正丁醇质量指标

指标名称	参数	指标名称	参数
外观	无色透明液体	水分/%	<0.1
密度/(g/cm³)	0.8098	混合丁醇含量/%	>97.6
酸度/%	<1.0		
蒸发残渣/% ≤	0.005		

（4）正丁醇用途　主要用作聚氨酯密封剂中异氰酸基的封闭剂,泡沫密封剂、泡沫塑料

的物理性发泡剂。特种密封剂色料的溶剂。

5.1.16　环己酮[1]

（1）环己酮的化学结构式

$$\begin{array}{c} CH_2 - CH_2 \\ CH_2 \qquad \qquad C=O \\ CH_2 - CH_2 \end{array}$$

（2）环己酮的物理化学特性　见表 5-38。

表 5-38　环己酮的物理化学特性

性能名称	参数	性能名称	参数
相对密度（n_D^{20}）	0.9478	蒸气压（47℃）/kPa	2
分子量	98.14	黏度（25℃）/mPa·s	2.2
折射率（n_D^{20}）	1.4507	稳定性	稳定
熔点/℃	−16.4	爆炸极限（体积）/%	3.2~9.0
凝固点/℃	−32.1	闪点（开杯）/℃	54
自燃点/℃	520~580	蒸气压 47℃/kPa	2
沸点/℃	155.6	蒸气压 38.7℃/kPa	1.33

外观特性：无色透明油状液体，带有丙酮和泥土气息，含有痕迹量的酚时，则带有薄荷味。不纯物为浅黄色，随着存放时间生成杂质而显色，呈水白色到灰黄色，具有强烈的刺鼻臭味

溶解性：微溶于水，较易溶于醇、乙醚，在水中溶解度（10℃）10.5%，水在环己酮中溶解度（12℃）5.6%，易溶于乙醇和乙醚

化学活动性：与开链饱和酮相同。环己酮在催化剂存在下用空气、氧或硝酸氧化均能生成己二酸 $HOOC(CH_2)_4COOH$。环己酮肟在酸作用下重排生成己内酰胺。它们分别为制尼龙 66 和尼龙 6 的原料。环己酮在碱存在下容易发生自身缩合反应；也容易与乙炔反应。环己酮最早由干馏庚二酸钙获得

毒性：高浓度的环己酮蒸气有麻醉性，对中枢神经系统有抑制作用，对皮肤和黏膜有刺激作用，高浓度的环己酮发生中毒时会损害血管，引起心肌、肺、肝、脾、肾及脑病变，发生大块凝固性坏死，通过皮肤吸收引起震颤麻醉、降低体温、终致死亡，在 25mL/kL 的气氛下刺激性小，但在 50mL/kL 以上时，就无法忍受，工作场所环己酮的最高容许浓度为 200mg/m³，生产设备应密闭，应防止跑、冒、滴、漏，操作人员穿戴好防护用具

（3）环己酮质量指标　宜兴市辉煌化学试剂厂产环己酮质量指标见表 5-39。

表 5-39　环己酮质量指标（HG/T 3455—2000）

指标名称		分析纯	化学纯	指标名称	分析纯	化学纯
含量/%	≥	99.5	99.0	蒸发残渣含量/%	0.05	0.05
折射率（n_D^{20}）		1.4500	1.4510	与水混合试验	合格	合格

（4）用途　用作丁腈聚合物密封剂的溶剂和黏度调节。

5.1.17　甲乙酮[1]

别称：丁酮、甲基乙基（甲）酮、2-丁酮。

（1）化学结构式

$$CH_3 - CH_2 - \underset{\underset{O}{\|}}{C} - CH_3$$

（2）甲乙酮的物理化学特性　见表 5-40。

表 5-40　甲乙酮的物理化学特性

性能名称	参数	性能名称	参数
相对密度（水=1）（20℃/4℃）	0.8061	临界温度/℃	260
相对密度（空气=1）	2.42	临界压力/MPa	4.40

续表

性能名称	参数	性能名称	参数
冰点/℃	−86.4	燃烧热/(kJ/mol)	2441.8
熔点/℃	−85.9	稳定性	稳定
闪点/℃	−9	爆炸极限(体积分数)/%	2.0~12.0
引燃温度/℃	404	沸点/℃	79.6
蒸气压(20℃)/kPa	9.49		

溶解性:溶于水、乙醇、乙醚,可与油类混溶	
外观特性:无色透明液体,带有丙酮气息	
危险特性:易燃,其蒸气与空气可形成爆炸性混合物,遇明火、高热或与氧化剂接触,有引起燃烧爆炸的危险,其蒸气比空气重,能在较低处扩散到相当远的地方,遇明火会引着回燃,燃烧(分解)产物为一氧化碳、二氧化碳	
毒性:属低毒类,侵入途径有吸入、食入、经皮吸收,对眼、鼻、喉、黏膜有刺激性,长期接触可致皮炎	

（3）质量指标　岳阳等多地产或供应的工业用甲乙酮质量指标见表 5-41。

表 5-41　SH/T 1755—2006 规定的甲乙酮级别及质量指标

指标名称		通用级	氨酯级
外观		无色透明液体,无机械杂质	
纯度(质量分数)/%		≥99.5	≥99.7
水分(质量分数)/%		≤0.1	≤0.05
沸程/℃	初馏点	≥78.5	≥78.5
	干点	≤81.0	≤81.0
色度(Hazen,铂-钴色号)		≤10	≤10
密度(20℃)/(g/cm³)		0.804~0.806	0.804~0.806
不挥发物/(mg/100mL)		≤5	≤5
酸度(以乙酸质量分计)/%		≤0.005	≤0.003
醇含量(以丁醇计)/%		—	0.3

（4）用途　用作固态丁腈橡胶制备飞机整体油箱内密封涂料的关键溶剂和黏度调节剂。

5.1.18　溶剂油[3]

别称：溶剂石脑油、溶剂汽油。

（1）溶剂油化学结构式

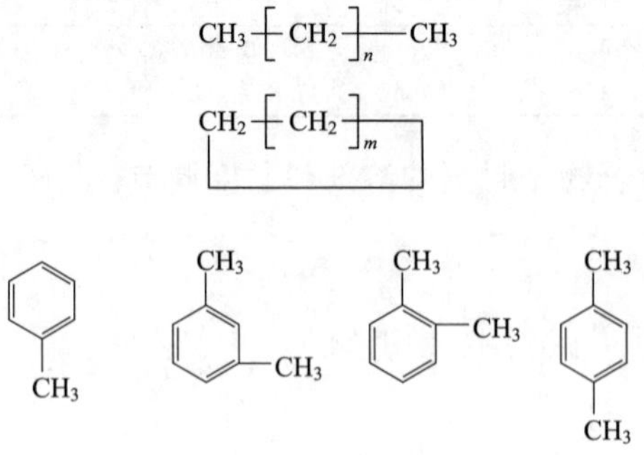

$$CH_3 \left[CH_2 \right]_n CH_3$$

$$CH_2 \left[CH_2 \right]_m$$

式中，$n=2\sim10$；$m=3\sim11$。

（2）溶剂油的分类及物理化学特性

① 分类

a. 按沸程溶剂油可分为三类　低沸点溶剂油，如 6 号抽提溶剂油，沸程为 60~90℃；中沸点溶剂油，如橡胶溶剂油，沸程为 80~120℃；高沸点溶剂油，如涂料溶剂油，沸程为 140~200℃，近年来广泛使用的油墨溶剂油，其干点可高达 300℃。一般情况下，60~90℃

称为抽提溶剂油，即人们常说的 6 号溶剂油；80～120℃称为橡胶溶剂油，即人们常说的 120 号溶剂油；140～200℃称为涂料溶剂油，即 200 号溶剂油，此外，还有干洗溶剂油等。有时，各个企业对馏程的切割也会有所不同，例如，6 号溶剂油，有的厂家的馏程范围是 60～75℃，通常我们称之为窄 6 号溶剂油，以示区别。根据生产实际，120 号溶剂油的馏程往往会控制在 90～120℃之间。

b. 按化学结构溶剂油分三种　链烷烃、环烷烃和芳香烃。实际上除乙烷，甲苯和二甲苯等少数几种纯烃化合物溶剂油外，溶剂油都是各种结构烃类的混合物。从化学构成上，可以分为链烷烃、环烷烃和芳香烃等。通常所说的 6 号、120 号、200 号溶剂油，就是链烷烃。芳香烃指苯、甲苯、二甲苯等。

c. 按用途分　通常可以分为主要用在抽出大豆油、菜籽油、花生油和骨油等动植物油脂的抽提溶剂油；用于橡胶、鞋胶、轮胎等领域的橡胶溶剂油；用于涂料工业的涂料溶剂油，等等。此外，还有洗涤溶剂油、油墨溶剂油等。根据国家标准 GB 1922，即按其 98% 馏出温度或干点划分溶剂油，常见的牌号有：70 号香花溶剂油，90 号石油醚，120 号橡胶溶剂油，190 号洗涤剂油，200 号涂料溶剂油，260 号特种煤油型溶剂，此外还有 6 号抽提溶剂油，航空洗涤汽油，310 号彩色油墨溶剂油，农用灭蝗溶剂油等。

② 物化特性

a. 70 号溶剂汽油（又称：70 号香花溶剂油；英文名称：solvent naptha 70）的物理、化学特性

70 号溶剂汽油是天然石油或人造经分馏而得的轻质石脑油，无色透明液体，含正己烷 95% 以上，沸点 60～70℃。无臭、无味、易燃、无毒。

b. 120 号溶剂汽油（别名：120 号橡胶溶剂汽油；英文名：120 号 petrol）的物理、化学特性　见表 5-42。

表 5-42　120 号溶剂汽油的物理化学特性

性能名称		参数	性能名称	参数
熔点/℃		<-60	爆炸上限(体积分数)/%	1.3
相对密度(水=1)		0.7～0.79	爆炸下限(体积分数)/%	6.0
相对密度(空气=1)		3.5	引燃温度/℃	415～530
闪点/℃		-50	沸点/℃	40～200
建规火险分级	稳定性	稳定	接触限值(MAC)/(mg/m^3)	300
	聚合危害	不能出现	燃烧性	易燃
禁忌物:强氧化剂;燃烧分解物:一氧化碳、二氧化碳				
成分:C$_4$～C$_{12}$ 的脂肪烃和环烃;侵害人的途径:吸入、食入、经皮吸收				
外观与性状:无色或淡黄色易挥发液体,具有特殊臭味				
溶解性:不溶于水,易溶于醇、苯、二硫化碳等				
灭火方法:泡沫、二氧化碳、干粉、沙土。用水灭火无效				
毒性:LD$_{50}$(小鼠经口)为 67000mg/kg;LD$_{50}$(小鼠吸入 2h)为 103000mg/kg				
健康危害:主要作用于中枢神经系统。急性中毒症状有头昏、头胀、头痛、恶心、呕吐、步态不稳、共济失调。液体吸入呼吸道导致吸入性肺炎。进入眼睛,可致角膜溃疡,甚至失明。皮肤接触致急性接触性皮炎或过敏性皮炎。急性经口中毒引起急性胃肠炎;重者出现类似急性吸入中毒症状。慢性中毒:神经衰弱综合征,周围神经病,皮肤损害				
危险特性:其蒸气与空气形成爆炸性混合物,遇明火、高热极易燃烧爆炸。与氧化剂能发生强烈反应。其蒸气比空气重,能在较低处扩散到相当远的地方,遇明火引起着火回燃				

c. 180 号溶剂油的理化性能　沸程：40～180℃；密度：0.776kg/m^3；外观：无色透明；中闪点；易燃液体；其精制程度较深。

d. 200 号溶剂油的理化性能　外观为无色透明液体，由 140～200℃的石油馏分组成。具有适当的挥发速率，芳烃含量≤3%，挥发速度适中，无机械杂质和水。对干性油、树脂

的溶解能力强。

e. 6号溶剂油的物理化学特性　具有无毒、无色、无味、芳香烃含量低、溶解力强、易挥发、无残留、无腐蚀等优点。

③ 溶剂油质量指标

a. 70号溶剂油的质量指标见表5-43。

表5-43　70号溶剂油的质量指标（执行标准：GB 1922）

指标名称		参数	指标名称	参数
外观		无色透明	碘值/(gI$_2$/100g)	≤0.5
馏程	初馏点/℃	≥60	硫含量/%	≤0.05
	98%馏出温度/℃	≤70	油渍试验	合格

b. 天津产120号溶剂油的质量指标见表5-44。

表5-44　120号溶剂油（橡胶工业用溶剂油）**质量指标**（执行指标：SH 0004）

指标名称			优级品	一级品	合格品	试验方法
相对密度(d_4^{20})			700	730	—	GB/T 1884
馏程	初馏点/℃	≥	80	80	80	GB 6536
	110℃馏出量/%	≥	98	93	—	
	20℃馏出量/%	≥	—	98	98	
	残留量/%	≤	1.0	1.5	—	
溴值/(gBr$_2$/100g)		≤	0.12	0.14	0.31	SH/T 0236
芳香烃含量/%		≤	1.5	3.0	3.0	SH/T 0166
硫含量/%		≤	0.018	0.020	0.050	GB 380
博士试验			通过		—	SH/T 0174
水溶性酸或碱			无			GB 259
机械杂质及水分			无			目测
油渍试验			合格			目测

注：博士实验是在升华硫存在下，用亚铅酸钠和轻质石油产品作用，以检查油中硫醇或硫化氢的试验。

c. 180号溶剂油（也称航空洗涤油）产品质量指标见表5-45。

表5-45　180号溶剂油产品质量指标（执行标准：暂无）

名称		指标	实测
外观		无色透明	无色透明
相对密度(d_4^{20})/(g/cm³)		0.74~0.78	0.773
馏程	初馏点/℃	≥130	141
	干点/℃	≤180	180
芳烃/[%(m/m)]		≤15	0.5
硫含量/[%(m/m)]		≤0.05	0.005
腐蚀(铜片,50℃,3h)		合格	合格
机械杂质及水分/%		无	无
水溶性酸及碱/%		无	无

d. 200号溶剂油产品质量指标见表5-46。

表5-46　SH0005规定的200号溶剂油产品质量指标

指标名称	一级品	合格品
外观	透明,无悬浮物和机械杂质及不溶于水	
闪点(闭口)/℃	≥33	≥33
色度(Hazen,铂-钴色号)	≥+25	
芳烃含量/%	≤15	≤15

续表

指标名称		一级品	合格品
贝壳松脂丁醇值		报告	
溴值/(gBr/100g)		≤5	
博士试验2		通过	
馏程	初馏点/℃	≥140	≥140
	98%馏出温度/℃	≤200	≤200
铜片腐蚀	(100℃,3h)/级	≤1	
	(−50℃,3h)/级	≤−1	
相对密度(d_4^{20})		750~816	≤790

注：将油样注入 100mL 玻璃筒中，于室温（20℃±5℃）观察，必须透明，没有悬浮和沉降的机械杂质和不溶解水。

e. 植物油抽提溶剂油产品质量指标　见表 5-47。

表 5-47　GB 16629—2008 规定的植物油抽提溶剂油的质量指标

项目			指标	试验方法
馏程	初馏点/℃	≥	61	GB/T 6536
	干点/℃	≤	76	
苯含量(质量分数)/%		≤	0.1	GB/T 17474
密度(20℃)/(kg/m³)			655~680	GB/T 1884 和 GB/T 1885 SH/T 0604[①]
溴指数		≤	100	GB/T 11136
色度(Hazen,铂-钴色号)		≥	+30	GB/T 3555
不挥发物/(mg/100mL)		≤	1.0	GB/T 3209
硫含量(质量分数)/%		≤	0.0005	SH/T 0253[②] SH/T 0689
机械杂质及水分			无	目测[③]
铜片腐蚀(50℃,3h)/级		≤	1	GB/T 5096

① 有争议时，以 GB/T 1884 和 GB/T 1885 为仲裁试验方法。

② 有争议时，以 SH/T 0253 为仲裁试验方法。

③ 将试验注入 100mL 的玻璃量筒中，室温下观察，试样应透明、无悬浮及沉降物。

（3）用途　用作密封剂的稀释剂或溶剂。作泡沫密封剂、泡沫塑料的物理性发泡剂。在涂料、鞋胶领域也被大量用作溶剂。

5.1.19　正辛烷溶剂油

别称：辛烷。

（1）正辛烷化学结构式

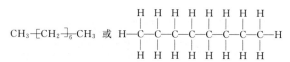

（2）正辛烷物理化学特性　见表 5-48。

表 5-48　正辛烷物理化学特性

性能名称	参数	性能名称	参数
相对密度(d_4^{20})	0.6986	苯胺点/℃	70.6
相对蒸气密度(空气=1)	3.86	临界密度/(g/cm³)	0.232
沸点(常压)/℃	125.8	临界体积/(cm³/mol)	492
折射率(n_D^{25})	1.39505	临界压缩因子	0.259
自燃点或引燃温度/℃	206	偏心因子	0.369

续表

性能名称		参数	性能名称	参数
饱和蒸气压(19.2℃)/kPa		1.33	溶解度参数/(J·cm⁻³)⁰·⁵	15.360
临界温度/℃		296	临界压力/kPa	2.49
Van Der Waals 面积/(cm²/mol)		$1.234×10^{10}$	Van Der Waals 体积/(cm³/mol)	88.720
油水(辛醇/水)分配系数的对数值		4.00~5.18	气相标准燃烧热(焓)/(kJ/mol)	88.720
Lennard-Jones 参数(K)		314.25	闪点/℃	15
Lennard-Jones 参数(A)		7.3491	熔点/℃	−56.5
生成热(液体)/(kJ/mol)		−250.12	气相标准熵/[J/(mol·K)]	467.35
生成热(气体)/(kJ/mol)		−208.59		
液相标准燃烧热(焓)/(kJ/mol)		−5470.50	气相标准热熔/[J/(mol·K)]	187.78
黏度/mPa·s	20℃	0.5466	液相标准熵/[J/(mol·K)]	361.12
	25℃	0.5151	临界压力/MPa	2.50
燃点/℃		218	液相标准热熔/[J/(mol·K)]	255.68
蒸发热/(kJ/mol)	25℃	41.512	临界温度/℃	296
	沸点	34.390	爆炸上限(体积分数)/%	3.2
燃烧总发热量/(kJ/mol)		5474.36	爆炸下限(体积分数)/%	0.8
燃烧最低发热量/(kJ/mol)		2077.96	熔化热/(kJ/mol)	20.754
比热容(理想液体,25℃,定压)/[kJ/(kg·K)]		1.65	体积膨胀系数(15.6℃)/×10⁻⁴K⁻¹	11.16
比热容(液体,25℃,101.3kPa)/[kJ/(kg·K)]		2.23	液相标准生成自由能/(kJ/mol)	6.32
热导率/[W/(m·K)]	20℃	131.047	气相标准生成自由能/(kJ/mol)	16.6
	30℃	128.250		
气相标准生成热(焓)/(kJ/mol)		−5512.0	液相标准生成热(焓)/(kJ/mol)	−250.04

外观特性:无色透明易挥发可燃性液体,具有特殊臭味

溶解性:不溶于水,微溶于乙醇,溶于乙醚、苯、丙酮;禁忌:禁与强氧化剂接触

高浓度状态特性:有麻醉作用;常温常压下化学性质:稳定,与酸、碱不发生反应

热分解特性:在三氯化铝以及氯化氢的催化下,在450℃发生分解和异构化,生成异丁烷和烯烃

(3) 正辛烷质量指标　见表5-49和表5-50。

表 5-49　正辛烷质量指标（一）

指标名称	纯度≥96.0%(GC)	纯度>99.0%(GC)
外观	无色透明液体	无色透明液体
相对密度(d_{20}^{20})	0.7020~0.7060	0.7040~0.7090
折射率(n_D^{20})	1.3970~1.4010	1.3960~1.3990

表 5-50　正辛烷质量指标（二）

性能名称	色谱纯>99.0%(GC)	化学纯指标(CP)
外观	无色透明液体	无色透明液体
不饱和烃含量/%	—	≤0.03
沸程/℃	—	124.5~126.5
相对密度(d_{20}^{20})	0.7030~0.7050	0.702~0.705
折射率(n_D^{20})	1.3960~1.3990	1.3966~1.3986

(4) 用途　橡胶、涂料、氯丁黏合剂、有机硅密封剂优良溶剂、黏度调节剂、色谱分析标准物质,也用于有机合成、泡沫密封剂、泡沫塑料的物理性发泡剂。

5.2 活性黏度调节剂

5.2.1 烯烃氧化物

（1）环氧大豆油[4]

① 分子量及化学结构式　各成分的分子式及分子量见表 5-51。

表 5-51　环氧大豆油各成分分子式、分子量

环氧大豆油的组成	分子式	分子量	环氧大豆油的组成	分子式	分子量
环氧化油酸甲酯	$C_{19}H_{36}O_3$	310	棕榈酸甲酯	$C_{17}H_{34}O_2$	268
环氧化亚油酸甲酯	$C_{19}H_{34}O_4$	324	硬脂酸甲酯	$C_{19}H_{38}O_2$	296
环氧化亚麻酸甲酯	$C_{19}H_{32}O_5$	341	花生酸甲酯	$C_{21}H_{42}O_2$	326
环氧大豆油的总分子量＝950～1000					

环氧大豆油的化学结构式：

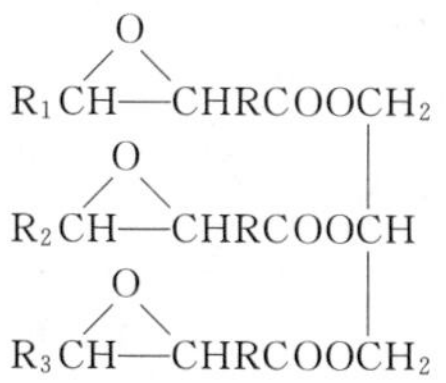

$$
\begin{array}{c}
\quad\quad\;\; O \\
R_1CH\!-\!CHRCOOCH_2 \\
\quad\;\; O \\
R_2CH\!-\!CHRCOOCH \\
\quad\;\; O \\
R_3CH\!-\!CHRCOOCH_2
\end{array}
$$

从实际意义上说，并没有一个表达大豆油环氧化的唯一结构式，只能用棕榈酸甲酯、硬脂酸甲酯、亚油酸甲酯、亚麻酸甲酯环氧化后的各自的结构准确表达，见表 5-52。

表 5-52　环氧大豆油的组成及结构式

组成成分		所占百分比/%	结　构　式
饱和成分未氧化	棕榈酸甲酯	7～10	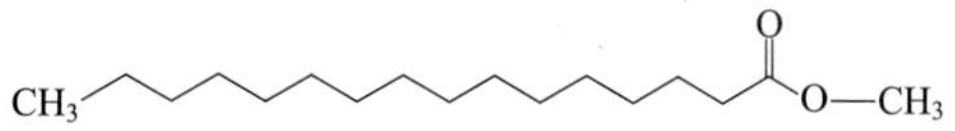
	硬脂酸甲酯	2～5	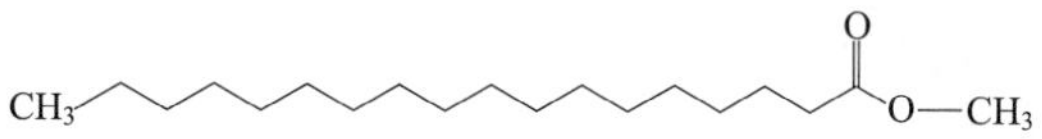
	花生酸甲酯	1～3	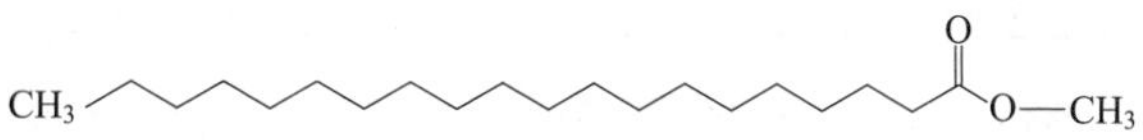
不饱和成分被氧化	氧化油酸甲酯	22～30	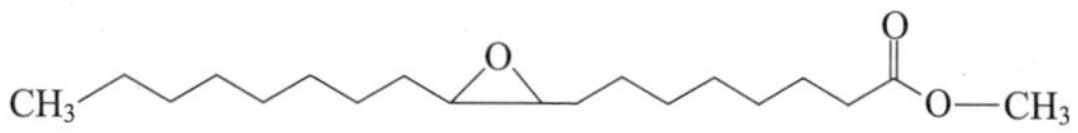
	氧化亚油酸甲酯	50～60	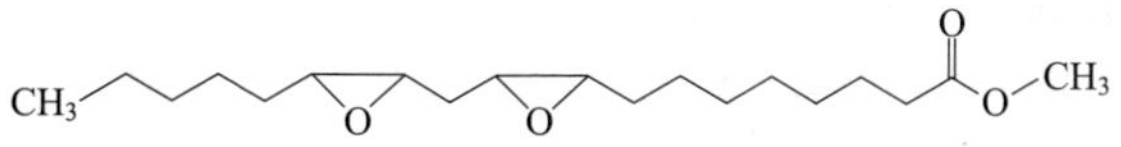
	氧化亚麻酸甲酯	5～9	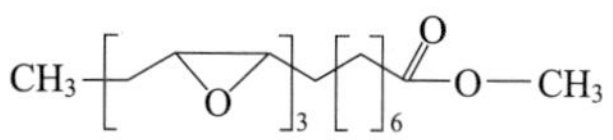

② 环氧大豆油的物理化学特性　见表 5-53。

表 5-53　环氧大豆油物理、化学特性

性能名称	参数	性能名称	参数
耐水性	良好	沸点（0.5kPa）/℃	150
耐油性	良好	黏度/mPa·s	325
毒性	无毒	折射率（25℃）	1.472
流动点/℃	−3	在水中的溶解度（25℃）/%　<	0.01
外观：在常温下为浅黄色黏稠油状液体；热稳定性和光稳定性优良			
有机溶剂中溶解性：溶于烃类、酮类、酯类、高级醇等有机溶剂，微溶于乙醇			

③ 环氧大豆油产品品种和（或）牌号、质量指标

a. 山东环氧大豆油质量指标见表 5-54。

表 5-54　环氧大豆油质量指标（执行标准：Q/THG 001）

指标名称	一级品	合格品
色泽（Hazen）/号	≤150	≤200
酸值/(mgKOH/g)	≤0.50	≤0.60
闪点（开杯）/℃	≥280	≥270
碘值/(gI$_2$/100g)	≥6.0	≥8.0
环氧氧含量（质量分数）/%	≥6.0	≥5.5
环氧值/(mol/100g)	0.140	0.128
密度（20℃）/(g/cm^3)	0.985~0.995	—
加热减量/%	≤0.30	≤0.50
热稳定性（177℃×3h）/%	95	90
非指标性性能		
分子量（$\overline{M}_n$）	1000	
沸点（0.5kPa）/℃	150	
流动点/℃	−1	
着火点/℃	310	
黏度（25℃）/mPa·s	325	
折射率（25℃）	1.472	
在水中的溶解度（25℃）/%	<0.01	
水在本品中的溶解度（25℃）/%	0.55	
有机溶剂中溶解性	溶于烃类、酮类、酯类、高级醇等有机溶剂，微溶于乙醇	
热、光、耐水、稳定性及电性能	优良	
毒性	无毒	
耐油性	佳	
耐候性、制品的机械强度	良好	

b. 淄博产环氧大豆油（ESO）系列产品质量指标见表 5-55。

表 5-55　环氧大豆油（ESO）系列产品质量指标

指标名称	KL01	KL03	KL05	KL09
色泽（Hazen）/号	120	160	180	140
酸值/(mgKOH/g)	≤0.50	≤0.80	≤1	≤1.0
闪点（开杯）/℃	≥280	≥260	—	—
加热减量/%	≤0.50	≤0.50	—	—
碘值/(gI$_2$/100g)	≤6.0	8.0	≤6	≤10
环氧氧含量（质量分数）/%	≥6.1	≥5.5	3.5~4.5	3.0~3.5
环氧值/(mol/100g)	≥0.142	≥0.128	0.081~0.1.5	0.070~0.081
水分/%	—	—	≤0.5	—
相对密度（20℃）	—	—	0.85~0.87	0.90~0.92
凝固点/℃			≤5	—

④ 环氧大豆油用途　环氧大豆油是密封剂的活性稀释剂，可提高黏结强度，降低黏度，降低成本。

（2）环氧化聚丁二烯环氧树脂[5]　型号为 D-17，别名：环氧化聚丁二烯树脂；曾用牌号为 2000 号环氧树脂及 6200 号环氧树脂。

① 化学结构式

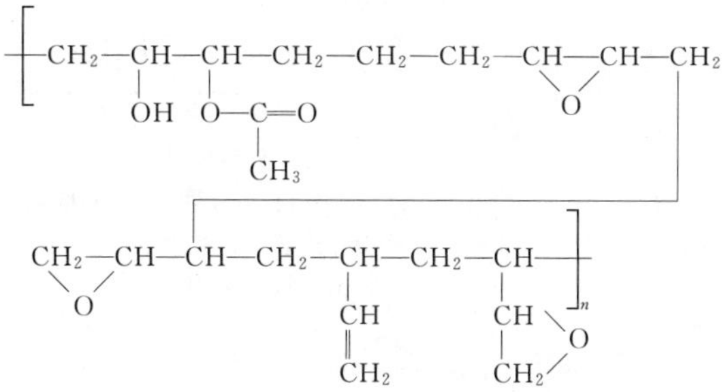

结构式中 n 为 2 时，分子量为 786，聚合物黏度很低。n 为 4 时，分子量为 1572，聚合物黏度较高。分子结构中有环氧基、双键、羟基和酯基侧链。

② 环氧化聚丁二烯环氧树脂的物理化学特性　见表 5-56。

表 5-56　环氧化聚丁二烯环氧树脂的物理化学特性

性能名称	参　数
外观	黏稠液体
官能基	环氧基、双键、羟基、酯基等多种官能基
溶解性	易溶于苯、甲苯和丙酮中
化学反应性	易与酸酐发生固化反应，也能与胺类发生固化反应

③ D-17 产品质量指标　见表 5-57。

表 5-57　D-17 产品质量指标

指标名称	参数	指标名称	参数
分子量($\overline{M}_n$)	800～2000	环氧氧含量(质量分数)/%	7～8
密度/(g/cm³)	0.9012	羟基(质量分数)/%	2～3
环氧值/(mol/100g)	0.4～0.5	碘值/(gI₂/100g)	180
外观：浅黄色到琥珀色黏稠液体			

④ 用途　可用作密封剂的助硫化剂和黏度调节剂，用作环氧树脂胶黏剂的稀释剂，也用于配制环氧树脂胶黏剂，以 5%～30% 的 D-17，95%～70% 的 E-51 环氧树脂、低分子聚酰胺、改性胺固化剂等可配成室温固化耐化学品及耐水胶黏剂，粘接钢板，室温/24h 固化后剪切强度 21MPa；100℃/1h 固化后剪切强度 39MPa，80℃浸水 3d 和 7d，剪切强度分别为 29.5MPa 和 31MPa。

5.2.2　缩水甘油醚类活性黏度调节剂

（1）二环氧丙烷乙基醚　牌号：669；又称：乙二醇二缩水甘油醚。

① 化学结构式

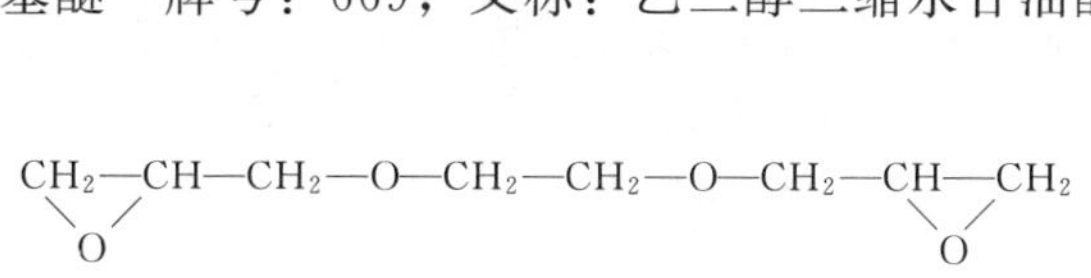

② 物理化学特性　见表 5-58。

表 5-58　669 物理化学特性

性能名称	参数	性能名称	参数
相对密度	1.08	溶解性	溶于水和大多数有机溶剂
分子量	174	毒害性	对皮肤有腐蚀性
稀释性：稀释效果与单缩水甘油醚相当			

③ 669 产品质量指标　武汉产的乙二醇二缩水甘油醚（669）理化质量指标见表 5-59。

表 5-59　乙二醇二缩水甘油醚（669）质量指标

指标名称	参数	指标名称	参数
结构式		黏度（25℃）/mPa·s	15～25
相对密度	1.08	环氧值（分子量＝174）/(mol/100g)	≥0.65
分子量	174	有机氯/(mol/100g)	≤0.02
沸点（20mmHg）/℃	118～120	无机氯/(mol/100g)	≤0.005
色度（APHA,铂-钴色号）	≤100	水分/%	≤0.1
溶解性	溶于水和大多数有机溶剂		
外观	无色至浅黄色透明液体		
毒害性	对皮肤有腐蚀性		
稀释性	稀释效果与单缩水甘油醚相当		

④ 669 产品用途　669 可用作各种灌封密封料、特种涂料、胶黏剂、密封剂等的环氧黏合剂的活性黏度调节剂，也是 PVC 密封腻子、氯化石蜡等高氯化合物的理想热稳定剂。

（2）聚乙二醇二缩水甘油醚　牌号：YF-DH1502。

① YF-DH1502 化学结构式

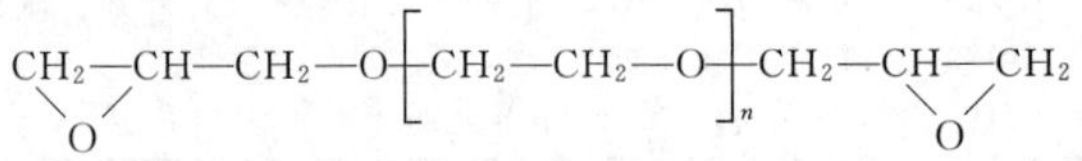

$$CH_2-CH-CH_2-O-[CH_2-CH_2-O]_n-CH_2-CH-CH_2$$

② YF-DH1502 物理化学特性　YF-DH1502 是 669 的聚合体，为无色至淡黄色透明液体，双官能团环氧树脂活性稀释剂，柔韧性好，赋予双酚 A 型树脂柔性和提高伸长率及冲击强度。

③ YF-DH1502 产品质量指标　见表 5-60。

表 5-60　YF-DH1502 产品质量指标

指标名称	参数	指标名称	参数
色度（APHA,铂-钴色号）	≤100	有机氯/(mol/100g)	≤0.02
黏度（25℃）/mPa·s	50～70	无机氯/(mol/100g)	≤0.001
环氧值/(mol/100g)	0.30～0.38	水分/%	≤0.1

④ YF-DH1502 用途　用作密封剂、涂料、黏合剂、各种环氧树脂浇注料配方中环氧树脂增韧剂及活性黏度调节剂。

（3）622 环氧树脂　别名：1,4-丁二醇二缩水甘油醚；环氧树脂活性稀释剂 XY622。

① 622 环氧树脂化学结构式

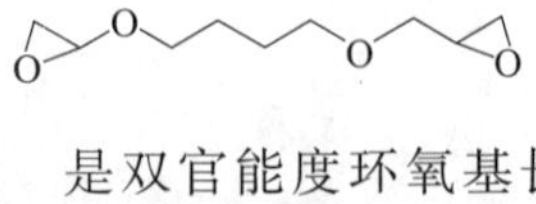

② 622 环氧树脂物理化学特性　是双官能度环氧基长链型无色透明液体环氧树脂，溶于水，无刺激性气味。分子内的两个环氧基团固化时参与反应，形成链状及网状结构。固化后树脂的抗张强度、抗弯曲强度、抗压强度、抗冲击强度等力学性能以及适应期均优于单环氧基缩水甘油醚固化的树脂。

③ 622 环氧树脂产品质量指标　见表 5-61。

表 5-61　622 环氧树脂质量指标

指标名称	参数	指标名称	参数
相对密度(d_{20}^{20})	$1.0670 \sim 1.0710$	纯度(GC)/%	$\geqslant 90.0$
折射率(n_{D}^{20})	$1.4510 \sim 1.4550$		
参考性能			
闪点/℃	140	沸点/℃	160

④ 622 环氧树脂用途　622 为双官能度环氧基长链型环氧树脂,是聚硫密封剂的活性黏度调节剂和硫化剂,也是环氧树脂的增韧性稀释剂。

(4) 聚丙二醇二缩水甘油醚　牌号:环氧稀释剂 D-1217。

① D-1217 化学结构式

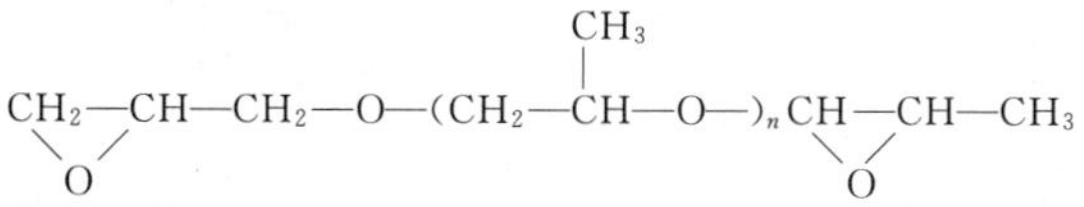

$$CH_2-CH-CH_2-O-(CH_2-CH-O-)_n CH-CH-CH_3$$

(结构式中含 CH_3 及 O 环氧基)

② D-1217 物理化学特性　聚丙二醇二缩水甘油醚(环氧稀释剂 D-1217),是由聚丙二醇与环氧氯丙烷脱水反应而成,可与环氧树脂混溶,在常温下黏度低、沸点高、不挥发、无毒无刺激性,操作使用安全;参与环氧树脂固化反应,分子结构中有可挠性脂肪长链,可以自由旋转而富有弹性,添加于环氧树脂配方中可极大地提高其抗冲击强度和抗冷热冲击性能,改善环氧固化物的脆裂缺陷。

③ D-1217 产品质量指标　见表 5-62。

表 5-62　D-1217 质量指标

指标名称	参数	指标名称	参数
外观	淡黄色透明液体	环氧当量/[(g 环氧树脂)/(mol 环氧基)]	$278\sim360$
黏度(25℃)/mPa·s	$50\sim100$	环氧值/(mol/100g)	$0.28\sim0.36$

④ D-1217 用途　用作聚硫密封剂的黏度调节、增加粘接力和硫化剂。还用作环氧树脂的柔性增韧剂,也用在无溶剂涂料、层压材料中。一般用量为环氧树脂的 15%～20%(质量比)。

(5) 甲基丙烯酸缩水甘油酯　简称:GMA;别称:甲基丙烯酸-2,3-环氧丙基酯。

① GMA 化学结构式

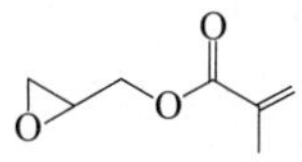

② GMA 物理化学特性　见表 5-63。

表 5-63　GMA 物理化学特性

性能名称		参数	性能名称	参数
外观		无色透明液体	分子量	142.15
沸点	常压/℃	189	折射率	1.4494
	(4.53×10^3Pa)/℃	100	闪点/℃	76
	(1.333×10^3Pa)/℃	75	熔点/℃	-50 以下
溶解性:不溶于水,几乎可溶于所有有机溶剂				
毒性:对皮肤和黏膜有刺激性,几乎无毒(大鼠经口 LD_{50} 为 1020mg/kg)				
化学反应性:由于其分子内既含有碳碳双键,又含有环氧基团,既可进行自由基型反应,又可进行离子型反应,因此,具有很高的反应灵活性,可分别进行不同的反应。在与液体聚硫聚合物相混合后,环氧基可与巯基反应。碳碳双键在较高的温度下并有催化剂的参与下,可与巯基的活泼氢反应,可弥补高温降解带来的损伤				

③ GMA 产品质量指标　见表 5-64。

表 5-64 GMA 产品质量指标

指标名称	参数	指标名称	参数
纯度/%	≥99.5	黏度(20℃)/mPa·s	2.53±0.05
色度(APHA,铂-钴色号)	30±5	水分/%	≤0.05
密度(20℃)/(g/cm³)	10.73~1.083	酸值/(mgKOH/g)	0.05±0.01
阻聚剂含量(MEHQ)/(mg/kg)	≤100	折射率(n_D^{25})	1.448

④ GMA 用途　用作聚硫密封剂的改性剂和黏度调节剂，所得制品有优良的防紫外、耐水耐热等特点。也广泛应用于医药、感光材料、有机合成及聚合物改性等众多领域。

(6) 间苯二酚双缩水甘油醚环氧树脂类活性调节剂[6]

① 间苯二酚双缩水甘油醚环氧树脂化学结构式

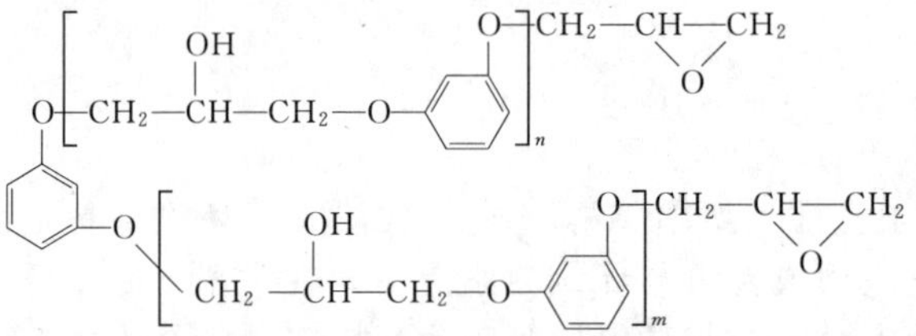

当聚合度 n 和 m 为 0 时，即为间苯二酚二缩水甘油醚环氧树脂 [别名：间双（3-环氧丙基）苯；1,3-苯二酚二缩水甘油醚；牌号有：680 号、HY694 或 XY694]。

680 号、HY694 或 XY694 的化学结构式：

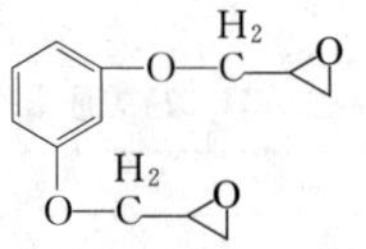

② HY694 的物理化学特性　见表 5-65。

表 5-65　HY694 的物理化学特性

性能名称	参数	性能名称	参数
分子量	222.24	外观	黄色至红棕色黏稠液体
相对密度	1.21	熔点/℃	−50 以下
沸点(7Pa)/℃	150~160	化学反应性	反应活性较高,固化快,交联密度高

③ 国产 680 号及 HY694 或 XY694 产品质量指标　见表 5-66。

表 5-66　间苯二酚二缩水甘油醚环氧树脂质量指标

指标名称	XY694(安徽)	680 号(上海)
色度(APHA,铂-钴色号)	≤100	—
黏度(25℃)/mPa·s	20~30	0.2~0.6
环氧值/(mol/100g)	0.75~0.85	0.78~0.85
有机氯/(mol/100g)	≤0.02	
无机氯/(mol/100g)	≤0.001	
水分/%	≤0.1	—

④ 间苯二酚二缩水甘油醚环氧树脂用途　环氧树脂的活性稀释剂，黏合剂、涂料、密封剂的稀释剂和硫化、硬化剂。

(7) 丁二烯双环氧　简称：BD；别称：二环氧丁二烯、1,2：3,4-二环氧丁烷；双环氧化丁二烯；双环氧丁烷、联环氧乙烷；去水赤藻糖醇。

① BD 化学结构式

② BD 物理化学特性　见表 5-67。

表 5-67　BD 物理化学特性

性能名称		参数	性能名称	参数
外观		浅黄液体	密度(25℃)/(g/cm³)	1.113
分子量		86	蒸气压(56℃)/mmHg	25
环氧值/(mol/100g)		2.3	熔点/℃	2~4
沸点	常压/℃	138	折射率(n_D^{20})	1.434
	25mmHg/℃	56~58	闪点/℉	114
毒性 LD_{50}/(mg/kg)		毒性最大,88	储存条件/℃	0~6

③ BD 产品质量指标　BD 纯度 98%。

④ BD 用途　用作密封剂、涂料、黏合剂、环氧树脂的活性黏度调节剂。

(8) 氧化烯烃环氧稀释剂　二甲基二氧化乙烯基环己烷　牌号：6269 号；别称：二戊烯二环氧化物、萜烯双环氧。

① 6269 号化学结构式

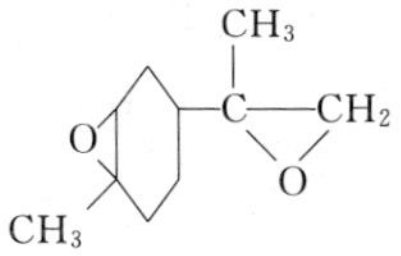

② 6269 号的物理化学特性　呈无色透明液体，每个分子自己有两个环氧基，具有高环氧值、低黏度的特性，既是耐热性优良的环氧树脂，又是一个性能优异的环氧树脂稀释剂。由于结构特殊，其制备过程复杂、技术难度较大，国内尚不能大量生产。

③ 6269 号产品质量指标　见表 5-68。

表 5-68　6269 号产品质量指标

指标名称	指标	指标名称	指标
密度/(g/cm³)	1.0326	沸点/℃	242
环氧值/(mol/100g)	0.9~1.0	黏度(20℃)/mPa·s	8~15

④ 6269 号用途　用作密封剂、环氧树脂、黏合剂的活性黏度调节剂，参考用量 5%~10%。可作聚硫密封剂的硫化剂。

(9) 脂环族环氧树脂　牌号：CER-170。

① CER-170 化学结构式　化学结构中为含有二个环氧基的饱和脂环结构，不含苯环结构，分子结构中含缩水甘油醚键等极性键和羟基等结构，可用类似的结构式示意：

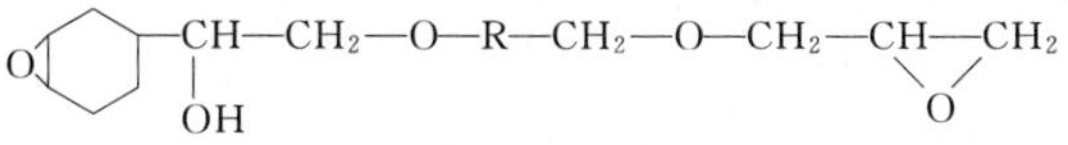

② CER-170 物理化学特性　见表 5-69。

表 5-69　CER-170 物理化学特性

性能名称	参数	性能名称	参数
毒性	对皮肤无刺激	化学反应性	反应活性较高
		密度/(g/cm³)	1.169

外观:无色或淡黄色透明油状液体,无异味
溶解性:能与苯、甲苯、丙酮等有机溶剂互溶
耐大气老化性:具有优良的耐紫外线、耐辐射性能

③ 山东产 CER-170 产品质量指标　见表 5-70。

表 5-70　CER-170 质量指标（执行标准：Q/1700WSM 001—2011）

指标名称	指标	指标名称	指标
环氧值/(mol/100g)	0.45~0.60	黏度(25℃)/mPa·s	10~60
有机氯/(mol/100g)	≤0.001	挥发分(质量分数)/%	≤0.5
无机氯/(mol/100g)	≤0.0005		

④ CER-170 用途　可用于对耐紫外线、耐辐射性能要求较高的领域的粘接与密封剂的活性黏度调节剂以及可用于聚氯乙烯、聚碳酸酯的稳定剂。

（10）1,3-二缩水甘油基-5,5-二甲基海因　别称：5,5-二甲基海因环氧树脂。

① 化学结构式

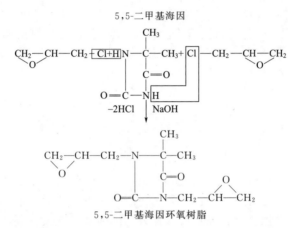

5,5-二甲基海因环氧树脂

② 5,5-二甲基海因环氧树脂物理化学特性　本产品属于海因型环氧树脂，结构中含乙内酰脲结构。本产品为 1,3-二缩水甘油基-5,5-二甲基海因。对填料、纤维材料润湿性好，粘接力强，填料用量可达 70% 以上。固化物耐紫外线和耐电弧性优良。热变形温度 110℃，拉伸强度 89.6MPa，弯曲强度 172.4MPa。

③ 5,5-二甲基海因环氧树脂产品质量指标　见表 5-71。

表 5-71　5,5-二甲基海因环氧树脂质量指标

指标名称	指标	指标名称	指标
外观	淡黄色透明液体	黏度(25℃)/Pa·s	≤1.25
环氧当量[①]	≤155(理论值:120)		

① 实测环氧当量高于理论值时，说明产品纯度低。

④ 5,5-二甲基海因环氧树脂用途　浅色聚硫密封剂的硫化剂、黏度调节剂。

（11）缩水甘油醚类双酚 A 型环氧树脂　它相当于 Giba-Geigy 公司的牌号 6010，也相当于 Shell 公司的牌号 828，也相当于国产牌号 128。

① 国产牌号 128 及 YD-128 化学结构式

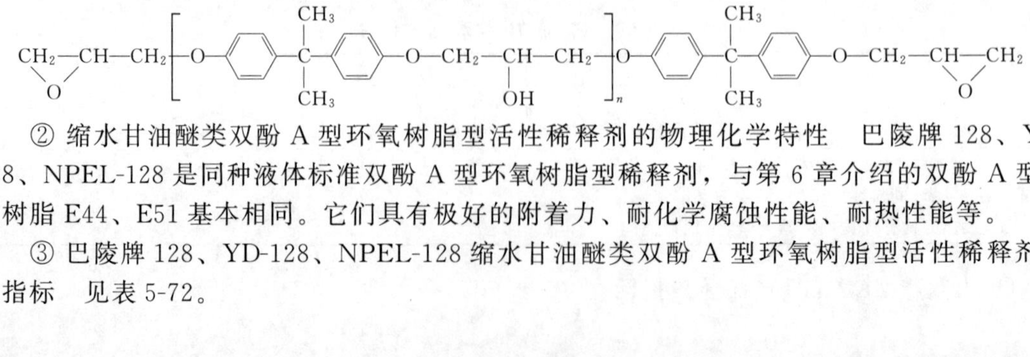

② 缩水甘油醚类双酚 A 型环氧树脂型活性稀释剂的物理化学特性　巴陵牌 128、YD-128、NPEL-128 是同种液体标准双酚 A 型环氧树脂型稀释剂，与第 6 章介绍的双酚 A 型环氧树脂 E44、E51 基本相同。它们具有极好的附着力、耐化学腐蚀性能、耐热性能等。

③ 巴陵牌 128、YD-128、NPEL-128 缩水甘油醚类双酚 A 型环氧树脂型活性稀释剂质量指标　见表 5-72。

表 5-72　巴陵牌 128、YD-128、NPEL-128 质量指标

性能名称	巴陵牌 128	YD-128	NPEL-128
外观	无机械杂质，液体		
固体含量/%	100	100	100
色度(Gardner,铂-钴色号) ≤	3	0.05	1.0
挥发分/% ≤	1.0	0	—
黏度(25℃)/10³mPa·s	6.0~10.0	11.5~13.5	12.0~15.0
溶剂	—	0	0
可水解氯/(mg/kg) ≤	200	200	1000
易皂化氯/% ≤	0.5	0.5	—
闪点/℃	—	—	150
密度(25℃)/(g/cm³)	—	—	1.16
热变形温度/℃	150		
软化点/℃	15~23		
环氧当量/(g/mol)	210~244	184~190	180~190
环氧值/(mol/100g) ≥	0.543~0.515	0.51	

④ 巴陵牌 128、7YD-128、NPEL-128 用途　可作聚硫密封剂、环氧密封剂、黏合剂、涂料的增塑剂、黏度调节剂、硫化剂。

5.3　环氧脂肪酸甲酯

商品名：J102 增塑剂。

（1）J102 增塑剂化学结构式

$$R_1-CH\overset{\displaystyle O}{\diagdown\!\!\!\diagup}CH-R_2-\overset{\displaystyle O}{\overset{\|}{C}}-O-CH_3$$

式中，R_1 及 R_2 之和为 C_{14}~C_{15} 的脂肪链；R_1 为 H，此时 R_2 为 $(CH_2)_{15}$，正是 J102 增塑剂分子结构。

（2）J102 增塑型环氧脂肪酸甲酯物理化学特性　见表 5-73。

表 5-73　J102 增塑型环氧脂肪酸甲酯物理化学特性

性能名称	参数	性能名称	参数
外观	常温下为浅黄色液体	加热减量/%	≤0.5
密度(20℃)/(g/cm³)	0.915~0.925	挥发性	挥发性低
稳定性	对光和热有良好的稳定作用	与脂的相容性	相容性好

（3）J102 增塑型环氧脂肪酸甲酯质量指标　见表 5-74。

表 5-74　J102 增塑型环氧脂肪酸甲酯的质量指标

指标名称	企标 Q/J AHG006		一般工业指标	厦门指标
	一级品	合格品	一级品	一级品
外观	微浅黄透明液体			
色度(Hazen,铂-钴色号) ≤	150	300	150	120
酸值/(mgKOH/g) ≤	0.3	0.5	0.5	0.8
环氧值/% ≥	4	3.5	3.5	3.5
碘值/(gI₂/100g) ≤	4	7	8.0	6.0
加热减量/% ≤	—	—	0.5	0.5
闪点(开杯)/℃ ≥	170	160	170	170
密度(20℃)/(g/cm³)	—	—	0.915~0.925	0.91~0.93

（4）J102 环氧脂肪酸甲酯用途　J102 增塑型环氧脂肪酸甲酯能有效地替代邻苯二甲酸二辛酯（DOP），用于密封剂调节黏度和增塑。

5.4　多元醇苯甲酸酯

（1）多元醇苯甲酸酯　简称：DEGDB 或 DEDB，化学结构式：

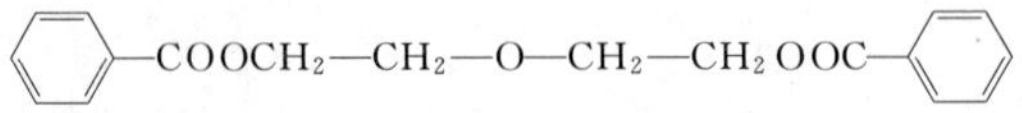

（2）DEGDB 物理化学特性　见表 5-75。

表 5-75　DEGDB 物理、化学特性

性能名称	参数	性能名称	参数
外观	无色透明液体,无味	燃烧性	可燃
相对密度	1.178	热稳定性	稳定性优良
凝固点/℃	28(16)	耐水性	耐水性良好
沸点(0.67kPa)/℃	240	毒性	无毒
折射率	1.5424	闪点(开杯)/℃	232
黏度(28℃)/mPa·s	110	溶解度参数/$\sqrt{cal/cm^3}$	10.1
分子量	314.34		
耐大气老化性:耐寒、氧化、耐光、耐热性良好			
溶解性:溶于多种有机溶剂,不溶于水			

（3）DEGDB 质量能指标　见表 5-76。

表 5-76　濮阳县亿丰新型增塑剂有限公司的 DEGDB 质量指标

指标名称		一等品	二等品
外观		白色无味透明液体	
色度(APHA,铂-钴色号)	≤	20	60
酯含量/%	≥	99.5	90
酸度(以苯二甲酸计)/%	≤	0.01	0.06
闪点(开杯法)/℃	≥	195	160
加热减量(125℃,2h)/%	≤	0.3	0.5
热处理后色度(APHA,铂-钴色号)		80	160

（4）DEGDB 用途　用作密封剂、胶黏剂的增塑剂和黏度调节剂，可替代邻苯二甲酸二丁酯、邻苯二甲酸二辛酯。

5.5　缩水甘油胺类环氧树脂类黏度调节剂

（1）四缩水甘油胺化合物

① 四缩水甘油二氨基二苯甲烷　又称：四缩水甘油基 4,4'-二苯氨基甲烷；简称：TGDDM。

a. TGDDM 化学结构式

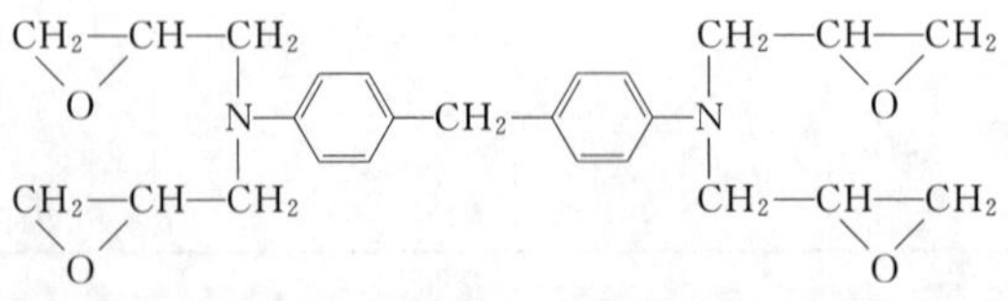

b. TGDDM 物理化学特性　见表 5-77。

表 5-77　TGDDM 物理化学特性

性能名称	参数	性能名称	参数
外观	红棕色至琥珀色黏稠液体	耐湿热性	较差
环氧当量/(g/mol)	115～133	黏度(50℃)/Pa·s	6～20
环氧值/(mol/100g)	0.7518～0.8696	官能度	3～3.5
化学反应活性:活性高,是双酚 A 型环氧的 10 倍			

c. 牌号 AG-80、牌号 SKE-3 四缩水甘油二氨基二苯甲烷产品的质量指标　见表 5-78。

表 5-78　四缩水甘油二氨基二苯甲烷产品质量指标

性能名称	AG-80	SKE-3
外观	琥珀色-红棕色液体	琥珀-红棕色透明黏性液体
色度(Gardner,铂-钴色号)	—	≤12
黏度/Pa·s	700～400	3.5～5.5(50℃)
环氧值/(mol/100g)	0.75～0.85	≥0.8
环氧当量/(g/mol)	133.3～117.6	—
有机氯值/(mol/100g)	≤0.05	—
无机氯值/(mol/100g)	≤0.01	—
挥发分/%	≤2	—
适用的固化剂	芳香胺,酸酐,二氰二氨基咪唑类	—
官能度	3～3.5	—
T_g(DDS)/℃	—	246
$T_d^{①}$(DDS^{②})/℃	—	10

① T_d 是指聚合物的成型温度, 如:挤出成型温度、注塑成型温度等。
② DDS 是 4,4'-二氨基二苯砜的英文缩写, 是环氧树脂的固化剂。

d. 四缩水甘油二氨基二苯甲烷用途　可作聚硫密封剂、环氧密封剂、黏合剂、涂料的增塑剂、黏度调节剂、硫化剂, 用作高性能复合材料的基体树脂的活性稀释剂。

② 四缩水甘油间二甲苯二胺　简称:tert-GDDM;别称:四缩水甘油基二氨基二亚甲基苯。

a. tert-GDDM 化学结构式

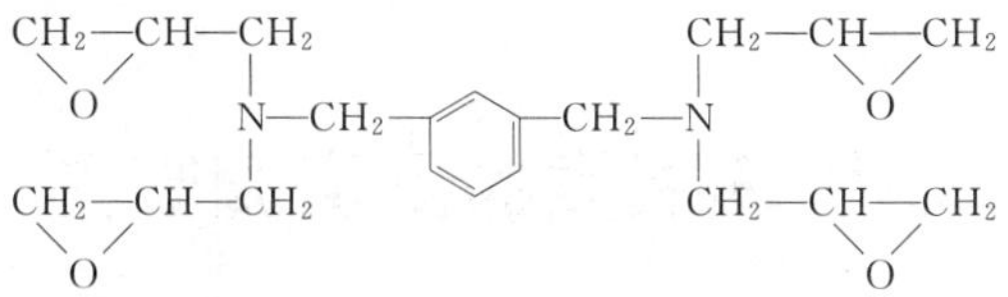

b. tert-GDDM 物理化学特性　见表 5-79。

表 5-79　tert-GDDM 物理、化学特性

性能名称	参数	性能名称	参数
外观	浅黄色透明液体	黏度(25℃)/Pa·s	0.8～1.4
热变形温度/℃	190	冲击强度/(kJ/m²)	6.2～10.2
弯曲强度/MPa	124.5～155	拉伸模量/MPa	3.72

注:经酸酐或芳胺固化获得的力学性能。

c. tert-GDDM 质量指标　见表 5-80。

表 5-80　tert-GDDM 质量指标

指标名称	参数	指标名称		参数
黏度(25℃)/Pa·s	1~1.4	热变形温度/℃	≥	199
环氧当量/(g/mol)	93~102	弯曲强度/MPa	≥	124
环氧值/(mol/100g)	1.075~1.020			

d. 四缩水甘油间二甲苯二胺用途　可作聚硫密封剂、环氧密封剂、黏合剂、涂料的增塑剂、黏度调节剂、硫化剂。

(2) AFG-90　别称：二缩水甘油基氨基-对缩水甘油醚基苯酚环氧树脂；对氨基苯酚环氧树脂、N,N-二缩水甘油对氨基苯酚缩水甘油醚；相当于美国的牌号 ERL-0500、ERL-0510（UCC 公司），俄罗斯的牌号 уⅡ610。

① AFG-90 化学结构式

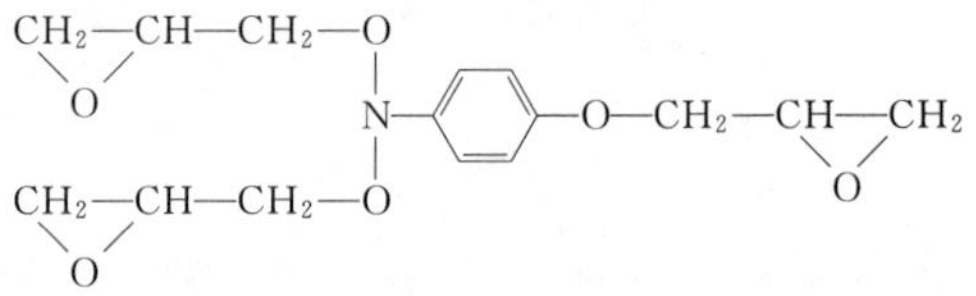

② AFG-90 物理化学特性　AFG-90 环氧树脂黏度很小且活性较大，与酸酐类固化剂反应活性约为双酚 A 型环氧树脂的 10 倍。也可用双氰胺或三级胺的衍生物作为固化剂，所得的固化产物交联密度较大，耐热性高。AFG-90 环氧树脂适用期长，室温固化 7d 后拉伸强度为 65.7MPa，杨氏模量 3.3MPa，伸长率 3.4%，热变形温度 234℃，体积电阻率 $3×10^{16}Ω·cm$，介电常数 3.3~3.5。低黏度、高活性奠定了 AFG-90 在密封剂、黏合剂中的应用地位。

③ AFG-90 质量指标　见表 5-81。

表 5-81　AFG-90 质量指标

性能名称	参数	性能名称	参数
外观	红棕色液体	有机氯值/(mol/100g)	≤0.05
黏度/Pa·s	≤2.5	无机氯值/(mol/100g)	≤0.01
环氧值/(mol/100g)	≥0.85	挥发分/%	≤3.0
环氧当量/(g/1mol)	≤117.6	官能度	3~3.5
适用的固化剂：芳香胺、酸酐、二氰二氨基咪唑类			

④ AFG-90 环氧树脂用途　可作聚硫密封剂、环氧密封剂、黏合剂、涂料的增塑剂、黏度调节剂、硫化剂。

5.6　国外公司产活性环氧类的黏度调节剂

(1) 瑞士 Giba-Geigy 公司的双酚 A 型环氧树脂　见表 5-82。

表 5-82　Giba-Geigy 公司的双酚 A 型环氧树脂技术指标

牌号	环氧当量/(g/mol)	环氧值/(mol/100g)	黏度(25℃)/mPa·s
6004	185	0.54	5000~6000
6005	182~189	0.55~0.53	7000~10000
6010	185~196	0.54~0.51	12000~16000
6020	196~208	0.51~0.48	16000~20000
6030	196~222	0.51~0.45	25000~32000

(2) 荷兰 Shell 公司的双酚 A 型环氧树脂（EPON 商标）　见表 5-83。

表 5-83　双酚 A 型环氧树脂技术指标

牌号	环氧当量/(g/mol)	环氧值/(mol/100g)	黏度(25℃)/mPa·s
826	180～188	0.556～0.532	6500～9500
828	185～192	0.540～0.520	10000～16000
830	190～210	0.526～0.476	15000～22500

（3）美国联合碳化公司（UCC）的脂环族环氧树脂名称、牌号、化学结构式　见表 5-84。

表 5-84　脂环族环氧树脂名称、牌号、分子式及结构式

脂环族环氧树脂名称及牌号	化学结构式
双(2,3-环氧基环戊基)醚； 牌号:ERR-0300	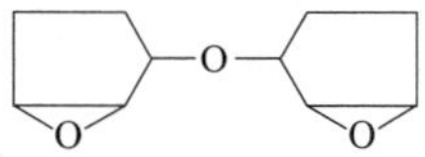
双(2,3-环氧基环戊基)醚； 牌号:ERLA-0400	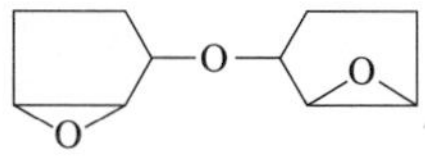
3,4-环氧基-6 甲基环己基甲酸-3′,4′-环氧基-6′-甲基环己基甲酯； 牌号:ERL-4201	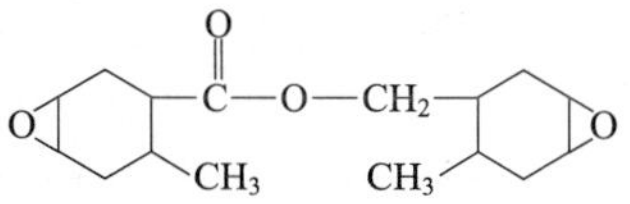
乙烯基环己烯二环氧化物； 牌号:ERL-4206	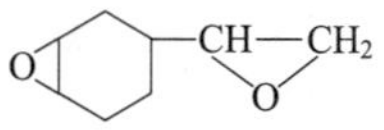
3,4-环氧基环己基甲酸-3′,4′-环氧基环己基甲酯； 牌号:ERL-4221	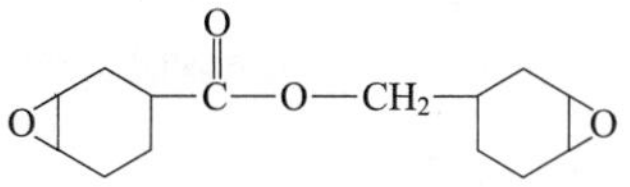
二异戊二烯二环氧化物； 牌号:ERL-4269	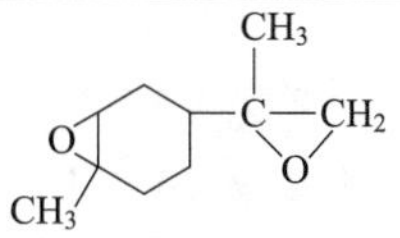
己二酸二(3,4-环氧基-6-甲基环己基甲酯)； 牌号:ERL-4289	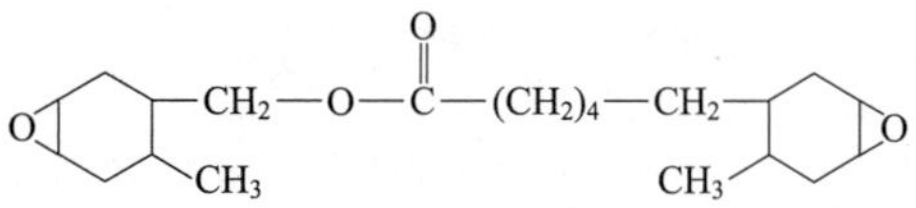
二环戊二烯二环氧化物； 牌号:EP-207	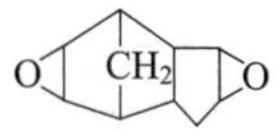

美国联合碳化公司（UCC）的脂环族环氧树脂技术指标（商标 BAKELITE）见表 5-85。

表 5-85　美国联合碳化公司（UCC）的脂环族环氧树脂技术指标

树脂名称	牌号(型号)	环氧当量/(g/mol)	环氧值/(mol/100g)	黏度(25℃)/mPa·s
1#	ERLA-0400	90～95	1.11～1.052	30～50
2#	ERL-4201	145～156	0.69～0.641	1600～2000
3#	ERL-4206	70～74	1.43～1.351	≤15
4#	ERL-4221	131～143	0.763～0.70	350～450

续表

树脂名称	牌号(型号)	环氧当量/(g/mol)	环氧值/(mol/100g)	黏度(25℃)/mPa·s
5#	ERL-4269	85	1.176	8
6#	ERL-4289	205~216	0.488~0.463	500~1000
7#	EP-207	82	1.220	—

注：1#代表：双（2,3-环氧基环戊基）醚；2#代表：3,4-环氧基-6甲基环己基甲酸-3',4'-环氧基-6'-甲基环己基甲酯；3#代表：乙烯基环己烯二环氧化物；4#代表：3,4-环氧基环己基甲酸-3',4'-环氧基环己基甲酯；5#代表：二异戊二烯二环氧化物；6#代表：己二酸二（3,4-环氧基-6-甲基环己基甲酯）；7#代表：二环戊二烯二环氧化物。

（4）用途　国外所有产品黏度都很低，全可用作环氧树脂的活性稀释剂，多数密封剂的黏度调节剂和改性剂。

5.7 苯乙烯

（1）苯乙烯　别称：乙烯基苯、乙烯苯、苏合香烯、斯替林，简称：ST；化学结构式

（2）苯乙烯的物理化学特性　见表 5-86。

表 5-86　苯乙烯的物理、化学特性

性能名称	参数	性能名称	参数
分子量	104.14	相对密度(空气=1)	3.6
凝固点/℃	−30.63	熔点	−33
沸点/℃	145.2	黏度(20℃)/mPa·s	0.762
相对密度(d_{25}^{25})	0.9045	饱和蒸气压(30.8℃)/kPa	1.33
相对密度(d_4^{20})/℃	0.9059	燃烧热/(kJ/mol)	4376.9
闪点(开杯)/℃	31.11	临界温度/℃	369
引燃温度(自燃点)/℃	490	临界压力/MPa	3.81
折射率(n_D^{20})	1.5467	爆炸上限(体积分数)/%	6.1
		爆炸下限(体积分数)/%	1.1

外观、气味：无色、有特殊香气的油状液体

稳定性：苯乙烯在室温下即能缓慢聚合，要加阻聚剂[对苯二酚或叔丁基邻苯二酚(0.0002%~0.002%)作稳定剂，以延缓其聚合]才能贮存

溶解性：不溶于水(<1%)，能与乙醇、乙醚等有机溶剂混溶

化学活动性：苯乙烯自聚生成聚苯乙烯树脂，它还能与其他的不饱和化合物共聚，生成合成橡胶和树脂等多种产物；当加热或暴露日光下或在过氧化物存在下容易聚合，并释放热量，并能引起爆炸

禁配物：强氧化剂、酸类

危险特性：其蒸气与空气可形成爆炸性混合物，遇明火、高热或与氧化剂接触，有引起燃烧爆炸的危险。遇酸性催化剂如路易斯催化剂、齐格勒催化剂、硫酸、氯化铁、氯化铝等都能产生猛烈聚合，放出大量热量。其蒸气比空气重，能在较低处扩散到相当远的地方，遇火源会着火回燃。
有害燃烧产物：一氧化碳、二氧化碳

毒性：对眼和上呼吸道黏膜有刺激和麻醉作用。中等毒性：高浓度时，立即引起眼及上呼吸道黏膜的刺激，出现眼痛、流泪、流涕、喷嚏、咽痛、咳嗽等，继之头痛、头晕、恶心、呕吐、全身乏力等；严重者可有眩晕、步态蹒跚。眼部受苯乙烯液体污染时，可致灼伤。慢性影响：常见神经衰弱综合征，有头痛、乏力、恶心、食欲减退、腹胀、忧郁、健忘、指颤等。对呼吸道有刺激作用，长期接触有时引起阻塞性肺部病变。皮肤粗糙、皲裂和增厚

对环境的污染：该物质对环境有严重危害，应特别注意对地表水、土壤、大气和饮用水的污染，对水生生物应给予特别注意。由于其挥发性强，在大气中易被光解，也可被生物降解和化学降解，既能被特异的菌丛所破坏，亦能被空气中的氧氧化成苯甲醛、甲醛及少量苯乙醇

（3）苯乙烯产品质量指标　广州产工业用苯乙烯级别及质量指标　见表5-87。

表 5-87　广州产工业用苯乙烯级别及质量指标

指标名称	优等品	一等品	合格品	试验方法
外观	清晰透明无机械杂质和游离水			目测
纯度/%	≥99.7	≥99.5	≥99.3	GB/T 12688.1 GB/T 12688.2
聚合物/(mg/kg)	≤10	≤10	≤50	GB/T 12688.3
过氧化物(以过氧化氢计)/(mg/kg)	≤100	≤100	≤100	GB/T 12688.4
总醛(以苯甲醛计)/%	≤0.01	≤0.02	≤0.02	GB/T 12688.5
色度(铂-钴)/号	≤10	≤15	≤30	GB/T 605
阻聚剂(TBC)/(mg/kg)	10～15			GB/T 12688.8

注：目测是指将试样置于100mL的比色管中，其液层高于50～60mm，在日光或在日光灯透射下目测。

（4）苯乙烯的用途　苯乙烯主要用于生产聚苯乙烯、ABS 树脂、SAN 树脂、不饱和聚酯树脂、丁苯橡胶、丁苯胶乳不干性密封腻子布以及苯乙烯系热塑性弹性体密封剂的活性黏度调节剂等。

参 考 文 献

[1]　《中国化工产品大全》编委会.中国化工产品大全：上卷.北京：化学工业出版社，1994.
[2]　《合成材料助剂手册》编写组编.合成材料助剂手册.北京：石油化学工业出版社，1977.
[3]　闫慧，孟邱，丛玉凤，黄玮.C9 芳烃溶剂油的制备.精细化工中间体.2012，42（1）：60-63.
[4]　张和，王娟.环氧大豆油的合成［研究报告］.宁夏：宁夏大学化学化工学院应用化学（2）班，2012.
[5]　胡玉明.环氧化聚丁二烯树脂.热固性树脂.2000，15（3）：21-24.
[6]　彭小平.间苯二酚二缩水甘油醚的制备.中国环氧树脂应用技术学会"第十五次全国环氧树脂应用技术学术交流会"（华中分会第十三次年会）论文集.岳阳：2011.

第6章

增黏剂

6.1 各类酚醛树脂

6.1.1 线型酚醛树脂即热塑性酚醛树脂

（1）苯酚甲醛线型酚醛树脂化学结构式

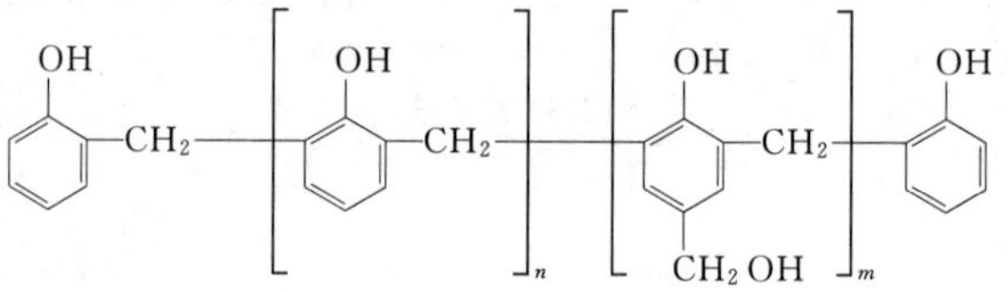

$n=4\sim10$；$m=2\sim5$

（2）苯酚甲醛线型酚醛树脂的物理化学特性 见表6-1。

表 6-1 苯酚甲醛线型酚醛树脂类的物理、化学通性

性能名称	参　数
密度/(g/cm³)	1.18～1.22
外观:常温下是一种白色或淡黄色的半透明固体粉末	
聚合催化特征:酸性催化(盐酸、磷酸、草酸等,甲醛与苯酚摩尔比大于1)	
稳定性:由于游离酚的存在,而且在空气中易吸收水分,所以存放时间长易变成棕红色的块状物	

（3）苯酚甲醛线型酚醛树脂品种、牌号的质量指标 四种热塑性酚醛树脂质量指标见表6-2～表6-5。

表 6-2 牌号 217 热塑性醇溶酚醛树脂（代 K-18）质量指标

指标名称	参数	指标名称	参数
游离酚/%	≤7	聚合时间(150℃)/s	50～70
软化点(环球法)/℃	≥75	黏度(20℃,50%酒精溶液)/Pa·s	≥0.125
外观:黄色及橘黄色固体			

表 6-3 牌号 2121 热塑性液态酚醛树脂质量指标

指标名称	参数	指标名称	参数
外观	棕色透明液体	条件黏度(涂4杯,25℃)/s	45～65
游离酚/%	≤10	固含量/%	50～55

表 6-4　牌号 2123 热塑性粉状酚醛树脂质量指标

指标名称	参数	指标名称	参数
游离酚/%	4.5～6	软化点(环球法)/℃	95～110
挥发分/%	≤1	聚合时间(150℃)/s	130～180
溶解质	95%的乙醇中全溶解		
外观:棕色透明或半透明固体或粉状			

表 6-5　牌号 2132 高纯度酚醛树脂质量指标

指标名称	参数	指标名称	参数
外观	黄色或黄棕色透明固体	软化点(环球法)/℃	80～90
游离酚/%	≤0.5	Cl^- 含量/(mg/kg)	≤5
挥发分/%	≤1.0	Na^+ 含量/(mg/kg)	≤5

（4）热塑性酚醛树脂用途　217 用于聚硫、改性聚硫密封剂增黏剂；2121 主要用于密封剂、黏合剂等；2123 主要用于密封剂黏合剂；2132 主要用于密封剂的增黏剂以及与环氧树脂配合制作封装材料。

6.1.2　热固性酚醛树脂

（1）热固性酚醛树脂的化学结构式

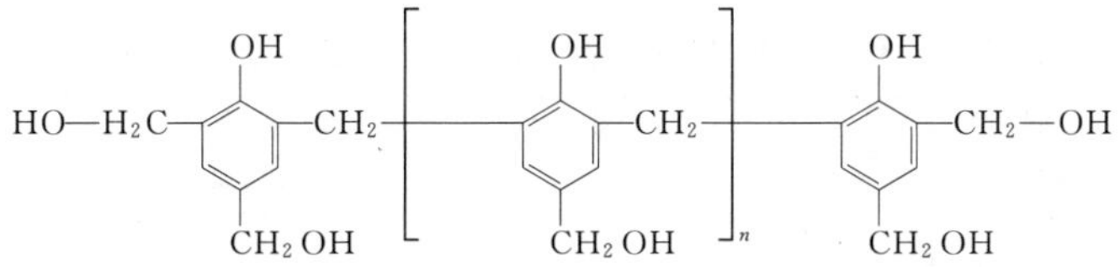

（2）热固性酚醛树脂物理化学特性

① 苯酚甲醛线型酚醛树脂类的物理化学特性见表 6-6。

表 6-6　苯酚甲醛线型酚醛树脂类的物理、化学通性

性能名称	参　数
外观	由于合成用催化剂不同,其产品在常温下可是淡黄至褐色透明固体粉末或是棕色黏稠液体;热固性酚醛树脂具有很强的浸润能力、成型性能好、体积密度大、气孔率低,酚醛树脂制品的优点主要是尺寸稳定、耐热、阻燃、电绝缘性能好、耐酸性强。该树脂在 15～20℃下可保持三个月
聚合催化特征	碱性催化(采用 NH_4OH、NaOH 或 Na_2CO_3 等碱性催化剂,甲醛与苯酚摩尔比大于 1)
溶解性	大都能溶于乙醇、丙酮及碱的水溶液中
稳定性	由于游离酚的存在,而且在空气中易吸收水分,所以存放时间长易变成棕红色的块状物

② 各牌号热固性酚醛树脂物理化学特性见表 6-7～表 6-12。

表 6-7　牌号 2124 热固性红棕色均匀黏稠液体酚醛树脂物理化学特性

性能名称	参数	性能名称	参数
溶解性	溶解于酒精	黏度(涂 4 杯,25℃)/s	15～40
游离酚/%	10～20	固体含量/%	50±2

表 6-8　牌号 2126 热固性红棕色均匀黏稠液体酚醛树脂物理化学特性

性能名称	参数	性能名称	参数
游离酚/%	≤10	条件黏度(涂 4 杯,25℃)/s	12～20
固体含量/%	40±1		
溶解性:易溶于醇类及丙酮溶剂中			

表 6-9 牌号 2127 热固性红棕色均匀黏稠液体酚醛树脂物理化学特性

性能名称	参数	性能名称	参数
游离酚/%	14～21	条件黏度(涂 4 杯,25℃)/s	120～250
固体含量/%	75±3	溶解性	易溶于醇类及丙酮溶剂
固化能力:能直接加热固化,也能在室温固化			

表 6-10 牌号 2130 热固性红棕色均匀黏稠液体酚醛树脂物理化学特性

性能名称	参数	性能名称	参数
固体含量/%	75±3	条件黏度(涂 4 杯,25℃)/s	1000～2000
溶解性:易溶于醇类及丙酮溶剂中			

表 6-11 牌号 2176 热固性红棕色均匀黏稠液体酚醛树脂物理化学特性

性能名称	参数	性能名称	参数
固体含量/%	≥78	条件黏度(涂 4 杯,25℃)/s	600～1000
		凝胶时间(25℃,V_n=12NL 固化剂)/min	≤60
溶解性:易溶于醇类及丙酮溶剂中			

固化能力:可常温固化,也可加热、加压固化,用苯磺酰氯或对甲苯磺酸作固化剂常温固化,用量一般为 8%～15%,特殊情况也可用磷酸、稀硫酸作固化剂

注:2402 号树脂也是热固性酚醛树脂但也是油溶性树脂,将放在油溶性树脂中介绍。

表 6-12 热固性红棕色均匀黏稠液态 2130 号酚醛树脂常温下的耐蚀性

介质	耐蚀性	介质	耐蚀性	介质	耐蚀性
硫酸≤70%	耐	尿素	尚耐	氢氧化铵≤30%	不耐
盐酸≤31%	耐	氯化铵	尚耐	碳酸铵≤10%	尚耐
硝酸≤10%	尚耐	硝酸铵	尚耐	氨水	不耐
醋酸≤20%	尚耐	硫酸铵	尚耐	汽油	耐
铬酸≤30%	耐	丙酮	不耐	苯	耐
氢氟酸≤30%	耐	乙醇	耐	5%硫酸和 5%氢氧化钠交替作用	不耐

(3) 热固性酚醛树脂品种、牌号的质量指标　见表 6-13。

表 6-13 五个牌号热固性淡黄至红棕色透明黏稠液态酚醛树脂质量指标

指标名称	2124	2126	2127	2176	2130
条件黏度/s	15～30	16±4	185±65	800±200	≥100
固化速率	16h/30℃	—	—	—	—
游离酚/%	10～14	≤10	15～21	—	≤12
凝胶时间/min	—	—	—	≥60	—
固体含量/%	50±5	40±1	≥75	≥78	≥70
溶解性	易溶于醇类及丙酮溶剂中				
水分/%			16～20		≤20
聚合时间(30℃)/h	≤16	—	—	—	—

注:黏度采用涂 4 杯测试;凝胶时间在 25℃,采用 V_n=12NL 固化剂测试凝胶时间。

(4) 热固性酚醛树脂用途　主要应用于丁腈型顶涂密封保护涂料(即丁腈密封剂)、胶黏剂、聚硫及改性聚硫密封剂。

6.1.3　油溶性酚醛树脂

(1) 对叔辛基苯酚甲醛树脂　别称:WS 树脂;202 树脂。

① 对叔辛基苯酚甲醛树脂化学结构式

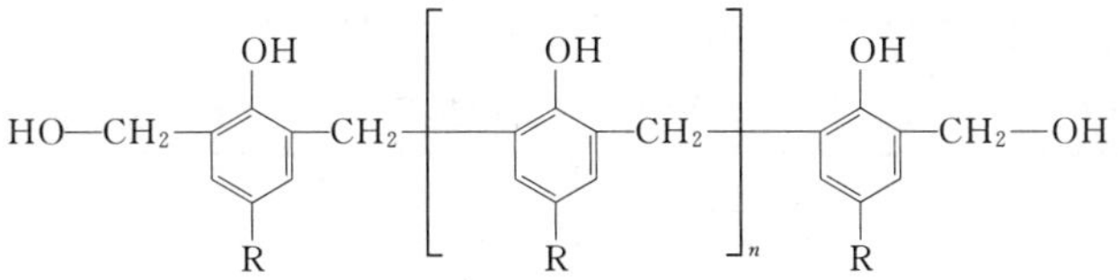

式中　R 结构式为：

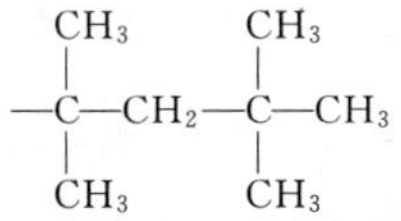

② 对叔辛基苯酚甲醛树脂物理化学特性　见表 6-14。

表 6-14　对叔辛基苯酚甲醛树脂物理化学特性

性能名称	参数	性能名称	参数
分子量($\overline{M}_n$)	900~1200	相对密度	1.04
外观:黄色至琥珀色脆性块状颗粒固体			
溶解性:溶于苯、甲苯、丙酮、乙酸乙酯、乙醚、松节油、溶剂汽油、煤油、硅油等,不溶于水			

③ 对叔辛基苯酚甲醛树脂品种、牌号的质量指标　见表 6-15。

表 6-15　牌号 202 对叔辛基苯酚甲醛树脂的质量指标

性能名称	参数	性能名称	参数
固体含量/%	72~75	加热减量(650℃)/%	≤1.0
软化点/℃	80~100	条件黏度(涂 4 杯,25℃)/s	100~180
酸值/(mgKOH/g)	≤4.2	羟甲基含量/%	≤1.0
水分/%	≤0.5	游离酚/%	≤4
灰分/%	≤0.3		
外观:淡黄色至褐色透明块状或片状固体			
溶解性(树脂:溶剂=1:4):在甲苯、乙酸乙酯、乙醇、溶剂汽油中全溶			

　　注:202 对叔辛基苯酚甲醛树脂的性能相当于 Arnberot+ST、137（美国 Rohm and Hass）、7502（法国）、Rl7152（英国）、Hitanol 2501（日本日立化成）、феНОфор（俄罗斯）。

　　④ 对叔辛基苯酚甲醛树脂用途　用作聚硫密封剂的增黏剂。该树脂作为增黏剂参考用量为 2~10 份。

　　(2) 纯油溶性酚醛树脂 2402 树脂　别名：101 树脂、204 树脂、纯酚醛树脂、油溶性酚醛树脂；对叔丁酚甲醛树脂。

　　① 2402 树脂的化学结构式

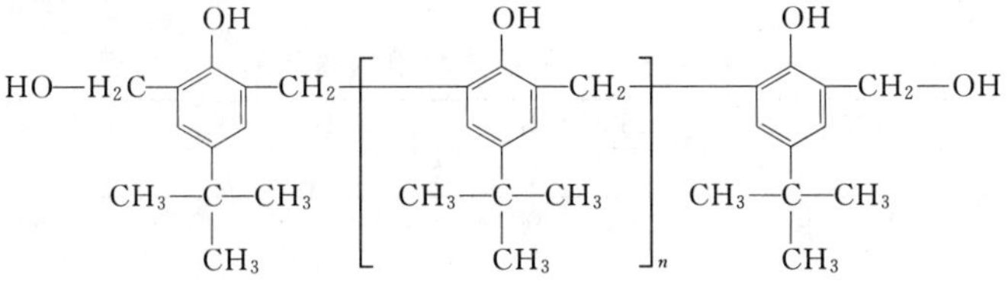

　　② 2402 树脂物理化学特性　见表 6-16。

表 6-16　2402 树脂物理、化学特性

性能名称	参数	性能名称	参数
分子量($\overline{M}_n$)	500~1000	酸值/(mgKOH/g)	6.0
羟甲基含量/%	7~10	游离酚/% ≤	2.0
外观特性:黄色至橘黄色不规则透明块状固体,属热固性,在出料前加入草酸还原,产品为浅色的树脂			
溶解性:油溶性好,溶于苯、甲苯、环己烷、醋酸乙酯、溶剂油等有机溶剂和植物油,不溶于乙醇和水			

③ 2402 树脂品种、牌号的质量指标　见表 6-17。

表 6-17　上海、天津、江西、重庆等地区产 2402 树脂质量指标

指标名称	参数	指标名称	参数
熔点/℃	80～100	游离酚/%	1.0～3
羟甲基含量/%	8～15	油溶性，树脂：桐油＝1：2,240℃	全溶
水分/%	1.0～3	灰分/% ≤	0.3
软化点(环球法)/℃	80～120	游离甲醛/% ≤	1.0
电导率/(S/cm)×10⁴	1.5～1.6		

溶解性(1：1)：溶于烷烃、芳烃、卤代烃、酯、酮、植物油，不溶于乙醇和水
外观：浅到蛋黄色透明块状

国外牌号有 SP-154，SP-154H，SP-553，SP-560（美国）；Durez 26799，27276（美国）；7522E（法国）；Tamanol 526，582（日本）；R7522E，R7529E（美国）。

④ 2402 树脂用途　作丁腈密封剂的增黏剂和硫化剂。最为成功的是用作氯丁胶黏剂的增黏树脂。

（3）邻苯基苯酚甲醛油溶性纯酚醛树脂

① 邻苯基苯酚甲醛油溶性纯酚醛树脂化学结构式

$$\text{HO}-\left[\text{CH}_2 \underset{\overset{\displaystyle|}{R}}{\text{HO}}\text{CH}_2\right]_n-\text{OH}$$

式中，R 代表苯基。

② 邻苯基苯酚甲醛油溶性纯酚醛树脂物理化学特性　见表 6-18。

表 6-18　邻苯基苯酚甲醛油溶性纯酚醛树脂物理、化学特性

性能名称	参　　　数
外观属性	热固性淡黄色固体树脂
溶解性	油溶性，易溶于苯、二甲苯、乙醇、乙醚，不溶于水
结构特性	具有端羟甲基，因而有反应能力
耐水性	极具耐受潮湿阴冷海水浸泡的能力

注：邻苯基苯酚甲醛油溶性纯酚醛树脂有热塑性和热固性两类，采用碱催化合成，得到油溶性良好的热固性酚醛树脂。采用酸催化合成，则得到红棕色黏稠液体或棕黄固体的邻苯基苯酚甲醛树脂，油溶性下降，醇溶性增大。当前以油溶性的产品为主。

③ 邻苯基苯酚甲醛油溶性纯酚醛树脂牌号和质量指标　PPMR 系列产品 2008 年开始小批量试制，至今尚未正式投产，已有 PPMR-G1、PPMR-S1、PPMR-S2、PPMR-S3 四个牌号的液体树脂和 PPMR-S4 固体树脂。其质量指标尚不齐全，已有如表 6-19 所示的少数数据供参考。

表 6-19　5 个牌号的邻苯基苯酚甲醛树脂的质量指标

性能名称		PPMR-G1	PPMR-S1	PPMR-S2	PPMR-S3	PPMR-S4
外观		液态				固体
黏度/mPa·s		300～600	300～1000	50000～65000	90000～98000	—
软化点/℃		—	—	—	—	65～80
pH 值		6.5～7.5				
水分/‰	≤	5	5	3	1	1
灰分/‰	≤	5	3	3	3	3

④ 邻苯基苯酚甲醛油溶性纯酚醛树脂的用途　主要用作丁腈密封剂的增黏剂和硫化剂。

（4）松香改性酚醛树脂

① 松香改性酚醛树脂的化学结构式　松香改性酚醛树脂的化学结构式是建立在这些与松香进行改性反应前的酚醛树脂的分子结构以及化学结构更为复杂的松香化学结构基础上

的，松香主要由松香酸（也称枞酸型树脂酸，包括枞酸、长叶枞酸、新枞酸、左旋海松酸，枞酸型树脂酸占松香的 85％以上，它有一个三元环菲骨架，含有两个双键和一个羧基）和胡椒酸（10％～15％）组成。由此得到改性后的酚醛树脂化学结构式。

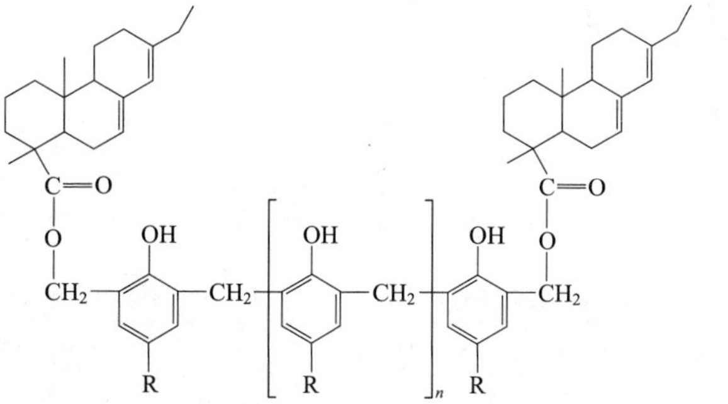

n 取适当整数值，R 可为苯基、叔丁基、叔辛基等后，可形成由松香改性的苯基、叔丁基、叔辛基苯酚与甲醛缩聚而成的酚醛树脂。

② 松香改性酚醛树脂的物理化学特性　见表 6-20。

表 6-20　松香改性酚醛树脂的物理化学特性

性能名称	参　数
（1∶2 亚油中,35℃）黏度/mPa・s	1500～4500(可调)
外观:浅黄色透明块状或粒状固体	
溶解性:油溶性。在煤焦系、酯类溶剂、松节油、植物油中完全溶解,不溶于醇类溶剂,在石油系溶剂中部分溶解	

③ 松香改性酚醛树脂产品牌号、质量指标　见表 6-21 和表 6-22。

表 6-21　各牌号松香改性酚醛透明块状树脂质量指标

牌号	软化点(环球法)/℃	酸值/(mgKOH/g)	色度(Gardner,铂-钴色号)	溶解性
210 号	135～150	≤20	≤12	
210 号	135～145	15～20	8～11	
F-210	135～150	12～20	≤12	
F-2210	135～150	≤20	≤10	
F-2116	151～162	≤18	≤12	
F-2118	157～165	≤20	≤12	
F-2134	≥170	≤20	≤12	溶于煤焦油、苯、酯类及松节油等溶剂中,不溶于醇类
F-2135	≥165	≤22	≤10	
F-2136	160～180	17～21	≤12	
F-2138	≥165	≤20	≤12	
F-2139	165～180	17～23	≤12	
F-2944	≥160	≤25	≤12	
F-105	95～105	15～25	≤10	
F-120	115～125	10～20	≤10	
F-130	125～135	15～25	≤10	
F-310	104～116	≤16	≤10	

表 6-22　各牌号松香改性酚醛树脂质量指标

牌号	黏度(35℃)/mPa・s	正庚烷值(25℃)/(mL/g)	牌号	黏度(35℃)/mPa・s	正庚烷值(25℃)/(mL/g)
F-2116	1200～2000	≥2.5	F-2136	3500～4500	≥4.5
F-2118	1500～3000	4～8	F-2138	4000～6000	10～15
F-2134	1800～2800	6～8	F-2139	≥5500	≥8
F-2135	2000～3500	≥3.8	F-2944	6800～9000	—

④ 松香改性酚醛树脂用途　主要用作聚硫密封剂、丁腈密封剂增黏剂和固化剂。也用于油墨、黏合剂的配制。

6.2　各类环氧树脂[1]

环氧树脂类别见图 6-1。

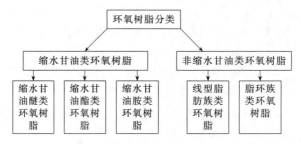

图 6-1　环氧树脂的分类图

环氧树脂化学结构式：

$$\underset{\displaystyle O}{CH_2-CH}-CH_2-O-R-O-CH_2-\underset{\displaystyle O}{CH}-CH_2 \quad 及 \quad CH_2-\underset{\displaystyle O}{CH}-CH_2-O-R'-O-CH_2-\underset{\displaystyle O}{CH}-CH_2$$

R 及 R′可为烷烃链、烯烃链、双酚基团、脂肪族链、脂环族链、酰亚氨基、苯酚型酚醛基、邻甲酚型酚醛及其他双酚型酚醛基等类型。

6.2.1　缩水甘油类环氧树脂

6.2.1.1　缩水甘油醚类环氧树脂

（1）双酚型系列缩水甘油醚　它是带有缩水甘油醚基：$O=(CH_2-CH)-CH_2-O-C\equiv$的类环氧树脂。

① 化学结构式

式中，A 可是氢基、甲基，B 与 A 配套为：A 为氢基时，B 可为十二烷基或己基；A 为甲基时，B 可为甲基、乙基、丁基。

② 双酚型系列缩水甘油醚类环氧树脂的物理化学特性　双酚型系列缩水甘油醚类环氧树脂为遥爪型双官能缩水甘油醚类环氧树脂，涵盖面很广，类别很多，物理化学特性各异，大致情况是，目前最常用的环氧树脂 85％以上是双酚 A 型二缩水甘油醚，包括双酚 A 型二缩水甘油醚在内的双酚型二缩水甘油醚系列环氧树脂，它们的物化特性凝聚在黏度、环氧当量、羟基值、分子量和分子量分布、熔点、固化树脂的热变形温度、主链结构等七个参数中。

双酚 A 型环氧树脂是由二酚基丙烷与环氧氯丙烷在催化剂 NaOH 的作用下，缩聚而成的缩水甘油醚类环氧树脂。式中 A、B 均为氢基，称为双酚 F 型环氧树脂，又称双酚 F 二缩水甘油醚，简称 BPF，它有很低的黏度，低分子量的双酚 A 型环氧树脂黏度为 13Pa·s，而双酚 F 型环氧树脂仅为 3Pa·s，因此它可为密封剂带来良好的工艺性。双酚 A 型环氧树脂冬季易发生结晶使工艺性变坏，而双酚 F 型环氧树脂没有这个缺点。当双酚 A 化学结构式中与苯环连接的二甲基叔碳基变为 O=S=O 时的化学结构式就是双酚 S 型环氧树脂,高分子量双酚。

氢化双酚 A 型环氧树脂又称双酚 H 型缩水甘油醚,在结构上与双酚 A 型环氧树脂的差别是氢化后双酚基的苯环变为环六烷基。其特点是黏度(25℃)低,而与双酚 F 环氧树脂相当,但凝胶时间长,约为双酚 A 型环氧树脂的 2 倍多。氢化双酚 A 环氧树脂固化物的耐候性优异,耐电弧性、耐漏电痕迹性很好。

③ 双酚型环氧树脂品种和(或)牌号的质量指标

a.国内、外厂家产双酚 A 型缩水甘油醚类环氧树脂品种和(或)牌号的质量指标　见表 6-23 和表 6-24。

表 6-23　双酚 A 型缩水甘油醚类液体环氧树脂质量指标(无锡企业标准)

指标名称	E-54(616)	E-52D	E-51(618)	E-44(6101)	E-42(634)
外观	淡黄色至琥珀色透明黏稠液体	淡黄色至琥珀色透明黏稠液体	淡黄色至黄色透明黏稠液体	淡黄色至棕黄色透明黏稠液体	淡黄色至棕黄色透明黏稠液体
环氧值/(mol/100g)	0.52~0.56	0.51~0.54	0.48~0.54	0.41~0.47	0.38~0.45
环氧当量/(g/mol)	192.3~178.6	196.1~185.2	208.3~185.2	243.9~212.8	263.2~222.2
软化点/℃	—	—	—	12~20	21~27
无机氯值/(mol/100g)	≤0.001	≤0.001	≤0.001	≤0.001	≤0.001
有机氯值/(mol/100g)	≤0.02	≤0.01	≤0.02	≤0.02	≤0.02
挥发分/%	≤1.5	≤1	≤2	≤1	≤1
色度(铂-钴色号)	≤2	≤2	≤2	≤2	≤2
黏度(25℃)/mPa·s	5000~10000	11000~14000	≤2500(40℃)	—	—
特性	低黏度	高纯度	通用树脂	通用树脂	通用树脂

表 6-24　双酚 A 型缩水甘油醚类液体环氧树脂牌号、质量指标

指标名称	HG 2-741-72 标准		无锡企业标准		
	E-20(601)	E-12(604)	E-35(637)	E-31(638)	E-14(603)
外观	淡黄色至棕黄色透明固体	淡黄色至棕黄色透明固体	淡黄至琥珀色透明高黏稠液体	淡黄至琥珀色透明高黏稠液体	淡黄色至琥珀色透明固体
环氧值/(mol/100g)	0.18~0.22	0.09~0.14	0.26~0.40	0.23~0.38	0.10~0.18
环氧当量/(g/mol)	555.56~454.54	1111.11~714.28	384.6~250	434.78~263.16	1000~555.56
有机氯值/(g/100g)	0.02	0.02	0.02	0.03	0.02
无机氯值/(g/100g)	0.001	0.001	0.001	0.001	0.001
软化点/℃	64~76	85~95	28~40	40~45	76~85
挥发分(110℃,3h)/%	1	1	1	1	1
色度(铂-钴色号)	8	8	8	8	8

指标名称	无锡企业标准			
	E-10(605)	E-06(607)	E-51(618)	E-39-D
外观	淡黄色至琥珀色透明固体	淡黄色至琥珀色透明固体	淡黄色透明液体	透明黏稠液体至无色或淡黄色透明固体
环氧值/(mol/100g)	0.18~0.22	0.04~0.07	0.48~0.54	0.38~0.41
环氧当量/(g/mol)	555.6~454.5	2500~1428.6	208.3~185.2	263.2~243.9
有机氯值/(g/100g)	≤0.02	—	≤0.02	≤0.01
无机氯值/(g/100g)	≤0.001	—	≤0.001	≤0.001
软化点/℃	—	110~135	—	24~28
挥发分(110℃,3h)/%	≤1	—	≤2	≤0.5
色度(铂-钴色号)	8	8	—	—

续表

指标名称	无锡企业标准	
	E-03(609)	E-01(665)
外观	淡黄色至琥珀色透明固体	液体
环氧值/(mol/100g)	0.02～0.04	0.01～0.03
环氧当量/(g/mol)	5000～2500	10000～3333
有机氯值/(g/100g)	—	—
无机氯值/(g/100g)	—	—
软化点/℃	135～155	—
挥发分(110℃,3h)/%	—	—
色度(铂-钴色号)	—	—

指标名称	国外 Giba-Geigy 公司企业标准		
	6040	6060	6070
环氧值/(mol/100g)	0.43～0.36	0.26～0.20	0.24～0.18
环氧当量/(g/mol)	233～278	385～500	425～550
有机氯值/(g/100g)	—	—	—
无机氯值/(g/100g)	—	—	—
软化点/℃	20～28	60～75	—
挥发分(110℃,3h)/%	—	—	—
色度(铂-钴色号)	—	—	—

指标名称	国外 Giba-Geigy 公司企业标准		
	6075	6084	6097
环氧值/(mol/100g)	0.177～0.130	0.121～0.098	0.05～0.04
环氧当量/(g/mol)	565～770	825～1025	2000～2500
有机氯值/(g/100g)	—	—	—
无机氯值/(g/100g)	—	—	—
软化点/℃	85～95	95～105	125～135
挥发分(110℃,3h)/%	—	—	—
色度(铂-钴色号)	—	—	—

指标名称	国外 Giba-Geigy 公司企业标准		
	6099	7065	7071
环氧值/(mol/100g)	0.04～0.025	0.222～0.200	0.222～0.189
环氧当量/(g/mol)	2500～4000	455～500	450～530
有机氯值/(g/100g)	—	—	—
无机氯值/(g/100g)	—	—	—
软化点/℃	145～155	68～78	67～75
挥发分(110℃,3h)/%	—	—	—
色度(铂-钴色号)	—	—	—

指标名称	国外 Giba-Geigy 公司企业标准		
	7072	7097	7098
环氧值/(mol/100g)	0.182～0.143	0.061～0.050	0.061～0.050
环氧当量/(g/mol)	550～700	1650～2000	1650～2000
有机氯值/(g/100g)	—	—	—
无机氯值/(g/100g)	—	—	—
软化点/℃	75～85	113～123	—
挥发分(110℃,3h)/%	—	—	—
色度(铂-钴色号)	—	—	—

指标名称	荷兰 Shell 公司企业标准		
	834	836	840
环氧值/(mol/100g)	0.435～0.357	0.345～0.298	0.303～0.263
环氧当量/(g/mol)	230～280	290～335	330～380
有机氯值/(g/100g)	—	—	—

续表

指标名称	荷兰 Shell 公司企业标准		
	834	836	840
无机氯值/(g/100g)	—	—	—
软化点/℃	35～40	40～45	55～68
挥发分(110℃,3h)/%	—	—	—
色度(铂-钴色号)	—	—	—

指标名称	荷兰 Shell 公司企业标准		
	1001	1002	1004
环氧值/(mol/100g)	0.22～20.182	0.1667～0.143	0.114～0.098
环氧当量/(g/mol)	450～550	600～700	873～1025
有机氯值/(g/100g)	—	—	—
无机氯值/(g/100g)	—	—	—
软化点/℃	65～75	75～85	95～105
挥发分(110℃,3h)/%	—	—	—
色度(铂-钴色号)	—	—	—

指标名称	荷兰 Shell 公司企业标准		
	1007	1009	1010
环氧值/(mol/100g)	0.050～0.040	0.040～0.025	0.025～0.0167
环氧当量/(g/mol)	2000～2500	2500～4000	4000～6000
有机氯值/(g/100g)	—	—	—
无机氯值/(g/100g)	—	—	—
软化点/℃	125～135	145～155	155～165
挥发分(110℃,3h)/%	—	—	—
色度(铂-钴色号)	—	—	—

注：1. 环氧值单位确切含义是：每 100g 树脂中含有的环氧基的摩尔数；

2. 环氧当量单位确切含义是：含有一摩尔环氧基的环氧树脂克数；环氧值与环氧当量互为倒数；

3. 无机氯值单位确切含义是：100g 树脂中含有的无机氯的摩尔数；

4. 有机氯值单位确切含义是：100g 树脂中含有的有机氯的摩尔数，全书同。

b. 双酚 F 型缩水甘油醚类环氧树脂（BPF）牌号和质量指标　见表 6-25。

表 6-25　双酚 F 型缩水甘油醚类环氧树脂（BPF）牌号和质量指标

指标名称	日本 *	指标名称	日本[①]
环氧当量/(g/mol)	180	相对密度(d_4^{25})	1.18
黏度(25℃)/mPa·s	3000	折射率(n_D^{20})	1.576

① 为日本エピクロン产 BPF830 型。

c. 双酚 S 型缩水甘油醚类环氧树脂牌号和质量指标　见表 6-26。

表 6-26　双酚 S 型缩水甘油醚类环氧树脂牌号和质量指标

指标名称		低分子量	高分子量
环氧当量/(g/mol)		185～195	300
软化点(杜氏)/℃		165～168	91
热失重	(260℃,200h)/%	≤5	
	(200℃,2000h)/%	≤2	
黏度(25℃)/mPa·s		略高于双酚 A 型缩水甘油醚类环氧树脂	

d. 双酚 H 型缩水甘油醚类环氧树脂　国产牌号有：AL-3040（烟台奥利福）、NPST-3000、NPST-5100（台湾南亚）、JET-300、JET-300s、JET-3000（常熟佳发）、I.ZY-40（上海理亿）等；国外牌号有：Epon X1510（Resolution）、ST-1000、ST-3000、ST-5080、5100（东都化成）、ADK EP-4080、EP-4081、EP-4085（旭电化）、HBPA（新门本化学）、

VE2025（德国），其质量指标见表 6-27。

表 6-27   双酚 H 型缩水甘油醚类环氧树脂的质量指标

指标名称	参数	指标名称	参数
软化点/℃	78～105	环氧当量/(g/mol)	250～222
黏度(25℃)/mPa·s	1000～4000	环氧值/(mol/100g)	0.40～0.45
外观:淡黄色透明液体			

e. 其他双酚 A 型环氧树脂的变种

（a）双酚 AD 型环氧树脂（双酚 A 型环氧树脂结构式中二甲基叔碳基中一个甲基被氢置换），其特点是黏度低，非结晶性；

（b）有机硅改性双酚 A 型环氧树脂，能大大改善环氧树脂的耐热性、耐水性、韧性、耐候性较差的缺点；

（c）钛酸正丁酯改性双酚 A 型环氧树脂，显著提高其防潮性、介电性、耐热老化性能，大幅度减少了高温下介电损耗角正切且热稳定性有很大的提高；

（d）醇溶性尼龙 6/66 与双酚 A 型环氧树脂接枝共聚，可提高强度和韧性；

（e）氟化双酚型缩水甘油醚环氧树脂，特点是疏水性、耐湿性、热稳定性、耐老化性、阻燃性、韧性、介电性好，摩擦系数小，表面张力小，浸润性好，黏结强度高，与双酚 A 型环氧树脂的相溶性好，可与之共混改性。

④ 双酚型环氧树脂用途   双酚 A 型环氧树脂可用于制备密封腻子、聚硫密封剂、改性聚硫密封剂、聚硫代醚密封剂、羟基封端聚氨酯预聚体密封剂的增黏剂、活性稀释剂和硫化剂。在涂料、黏合剂领域有很大的用途。

双酚 F 型环氧树脂可作密封剂的活性稀释剂和增黏剂。双酚 S 型环氧树脂用作密封剂的耐热增黏剂。双酚 H 型环氧树脂可用作耐久性户外使用的密封剂的活性稀释剂和增黏剂。氟化双酚 A 型环氧树脂价格昂贵，目前仅应用于航天太阳能电池板、光导纤维等的黏结与密封。

（2）酚醛型缩水甘油醚类环氧树脂——苯酚甲醛型缩水甘油醚类环氧树脂

① 线型苯酚甲醛型缩水甘油醚类环氧树脂

a. 化学结构式

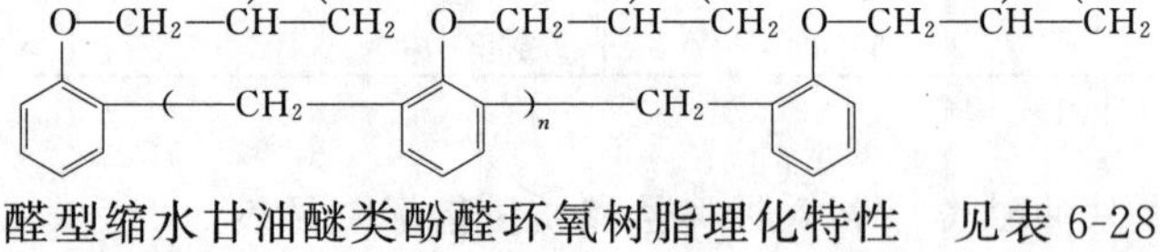

b. 线型苯酚甲醛型缩水甘油醚类酚醛环氧树脂理化特性   见表 6-28。

表 6-28   线型苯酚甲醛型缩水甘油醚类酚醛环氧树脂理化特性

性能名称	参数	性能名称	参数
聚合度 n	1.6 左右	官能度	3.6 左右
分子量($\overline{M}_n$)	600	黏度(66℃)/mPa·s	5000
相对密度	1.220	固化体热变形温度/℃	299
外观:棕色高黏度透明液体			
优劣性:与双酚 A 型环氧树脂比较,由于分子结构中含有 2 个以上的环氧基,固化后交联密度高,产品的耐热性、耐溶剂性、耐化学药品性及尺寸稳定性,都会相对提高。但是,产品脆性会增大,与铜箔的黏合性有所降低			

苯酚甲醛型酚醛环氧树脂与双酚 A 型环氧树脂相比，苯酚甲醛缩水甘油醚类环氧树脂由于分子结构中含有 2 个以上的环氧基，所以归属于多官能团环氧树脂。

c. 苯酚甲醛型缩水甘油醚类酚醛环氧树脂牌号、质量指标   见表 6-29。

表 6-29　苯酚甲醛型缩水甘油醚类环氧树脂牌号、质量指标

牌号	无锡企业标准指标						
	外观	软化点/℃	环氧值/(mol/100g)	有机氯/(mol/100g)	无机氯/(mol/100g)	挥发物(110℃,3h)/%	色度(铂-钴色号)
F-44(644)	棕黄色透明	≤40	≥0.40	0.05	0.005	≤1 或≤2	—
F-51	高黏度液体	≤28	≥0.50	0.02	0.005	≤1 或≤2	—
F-48	棕黄色透明固体	70	≥0.44	0.08	0.005	≤1 或≤2	—
F-46(648)	黄至琥珀色透明黏稠液体或半固体	40～60	≥0.46	≤1	300μg/g	≤2	—
	无锡蓝星石油化工有限责任公司企业标准指标						
牌号	外观	软化点/℃	环氧值/(mol/100g)	有机氯/(mol/100g)	无机氯/(mol/100g)	挥发物(110℃,3h)/%	色度(铂-钴色号)
0226	—	20～30	0.588～0.50	—	—	—	≤4
0230	—	28～35	0.588～0.50	—	—	—	≤4
0235	—	33～39	0.588～0.526	—	≤1300	—	≤2
0235E	—	33～39	0.588～0.526	—	≤300	—	≤2
0235L	—	32～38	0.595～0.532	—	≤1300	—	≤2
0235C	—	28～40	0.588～0.476	—	—	—	≤5
0235-80T			0.588～0.526	—	≤1300	—	≤2
0248		40～60		—	—	—	≤5

d. 苯酚甲醛型缩水甘油醚类酚醛环氧树脂用途　除表 6-29 所列 0226 等 8 个牌号的一般用途外，均可为环氧类密封剂、聚硫型密封剂、改性聚硫型密封剂、聚硫代醚密封剂、聚氨酯密封剂的增黏剂、硫化剂和改性剂。

② 邻甲酚甲醛型缩水甘油醚类酚醛环氧树脂　简称：ECN 树脂；牌号：644 或称：F44。

a. 化学结构式

b. 邻甲酚型酚醛环氧树脂（ECN 树脂）理化特性[2]　见表 6-30。

表 6-30　邻甲酚型酚醛环氧树脂（ECN 树脂）理化特性

性能名称	参数	性能名称	参数
外观	黄至琥珀色固体	可水解氯/(mg/kg)	43～73
环氧当量/(g/mol)	217～219	玻璃化转变温度 T_g/℃	>180
总氯含量/%	0.103～0.118	固化物热变形温度/℃	>180
溶解性	能溶于丙酮、甲苯	耐酸、碱性	良好
交联密度	是双酚 A 型环氧树脂的 2 倍	耐热、防化学腐蚀、耐湿、电绝缘性	良好[2]

c. 邻甲酚醛缩水甘油醚类环氧树脂（ECN 树脂）牌号、质量指标　见表 6-31、表 6-32。

表 6-31　国内外邻甲酚醛缩水甘油醚环氧树脂指标

性能名称	国外产品	国内产品
外观	无色透明固体	黄色透明固体
环氧当量/(g/mol)	190～195	200～230
易皂化氯质量比/(μg/g)	≤100	≤500

性能名称	国外产品	国内产品
无机氯质量比/(μg/g)	$\leqslant 1$	$\leqslant 5$
钠离子质量比/(μg/g)	$\leqslant 1$	$\leqslant 5$
软化点/℃	70~80	70~80
挥发分/%	微量	$\leqslant 0.5$
色度(铂-钴色号)	$\leqslant 1$	$\leqslant 3$

表 6-32   湖南嘉盛德材料科技有限公司邻甲酚醛环氧树脂指标

性能名称	树脂型号				
	EOCN6650	EOCN6700	EOCN6800	EOCN6900	EOCN6950
环氧当量/(g/mol)	200~210	200~230	200~240	200~240	200~250
软化点/℃	60~70	65~75	75~85	85~95	90~100
黏度(150℃)/mPa·s	200~400	350~550	1000~1600	1700~2700	2400~3400
特性	高耐热,低熔融黏度		高耐热,高软化点,相对高黏度		

d. 邻甲酚甲醛型缩水甘油醚类酚醛环氧树脂用途　聚硫型密封剂、改性聚硫型密封剂、聚硫代醚密封剂、聚氨酯密封剂的增黏剂和改性剂。

③ BNE 双酚 A 型缩水甘油醚-单-邻甲酚酚醛混合结构酚醛环氧树脂　别称：BNE 双酚 A 型（单）邻甲酚酚醛缩水甘油醚类环氧树脂。

a. 化学结构式

b. BNE 双酚 A 型（单）邻甲酚酚醛缩水甘油醚类环氧树脂物理化学特性　BNE 是浅黄色或无色透明液体，固化后具有良好的力学性能、高的耐化学性能和优越的耐高温性能，常在热固性应用中达到高 T_g 和高黏结强度等性能，同时由于分子结构中存在—C(CH$_3$)$_2$—而具有更好的韧性。

c. BNE 双酚 A 型（单）邻甲酚酚醛缩水甘油醚类环氧树脂质量指标　见表 6-33。

表 6-33   BNE 双酚 A 型（单）邻甲酚酚醛缩水甘油醚类环氧树脂质量指标

指标名称	Shin-A T&C（韩国）	科隆实业公司		
	SEB-400M80	KEB-3165	KEB-3170	KEB-3180
固含量/%	$\geqslant 80$	—	—	—
环氧当量/(g/mol)	195~245	190~235	190~235	190~235
水解氯含量/(mg/kg)	—	$\leqslant 500$	$\leqslant 500$	$\leqslant 500$
软化点/℃	—	65±5	70±5	80±5
不挥发分/%	79~81	—	—	—
色度(Gardner,铂-钴色号)	$\leqslant 6.0$	$\leqslant 6$	$\leqslant 6$	$\leqslant 6$
黏度(25℃)/mPa·s	$\leqslant 3000$	—	—	—
溶剂	甲基乙基酮	—	—	—

　　d. BNE 双酚 A 型（单）邻甲酚酚醛缩水甘油醚类环氧树脂用途　主要用作聚硫型密封剂的硫化剂，也应用于电子灌封胶、环氧模塑料、环氧覆铜板和高性能复合材料等。

6.2.1.2　缩水甘油酯类环氧树脂

　　含有羧基缩水甘油酯基（ $CH_2\!-\!CH\!-\!CH_2\!-\!O\!-\!\overset{\displaystyle O}{\overset{\|}{C}}\!-$ ）的环氧树脂为缩水甘油酯类环氧树脂。

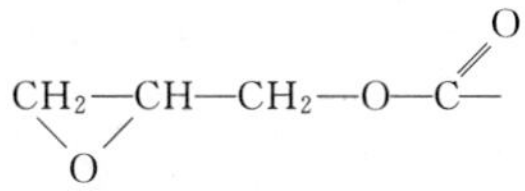

　　（1）7 种苯二甲酸基二缩水甘油酯

　　① 7 种苯二甲酸基二缩水甘油酯化学结构式

　　a. 邻苯二甲酸二缩水甘油酯化学结构式

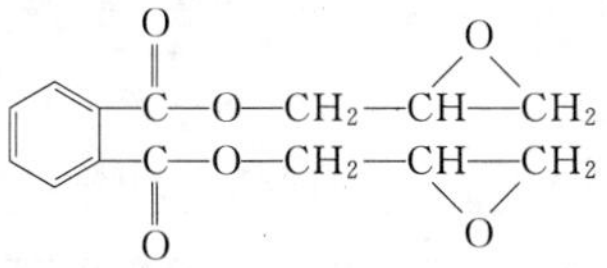

　　b. 间苯二甲酸二缩水甘油酯化学结构式

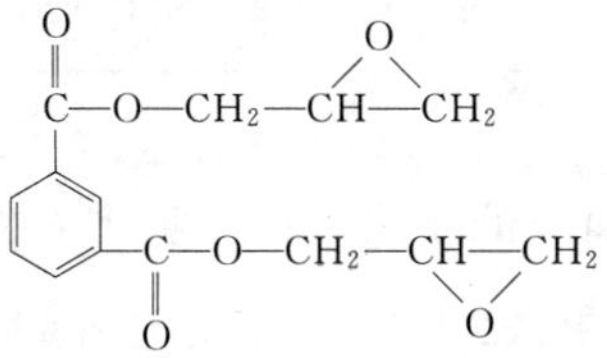

　　c. 对苯二甲酸二缩水甘油酯化学结构式

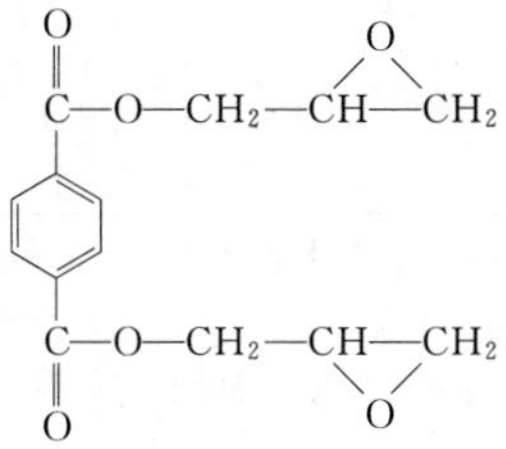

　　d. 四氢苯二甲酸二缩水甘油酯化学结构式

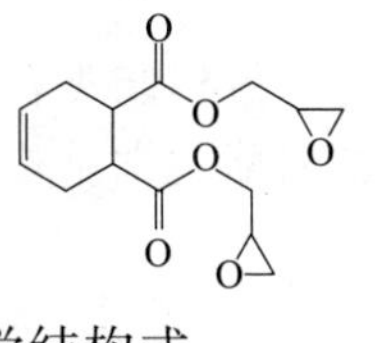

　　e. 六氢苯二甲酸二缩水甘油酯化学结构式

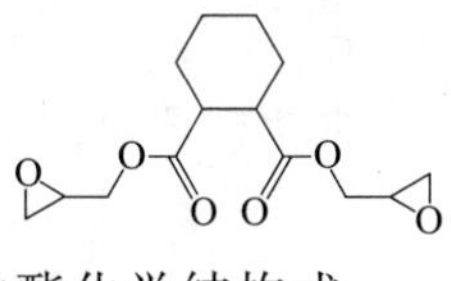

　　f. 甲基四氢苯二甲酸二缩水甘油酯化学结构式

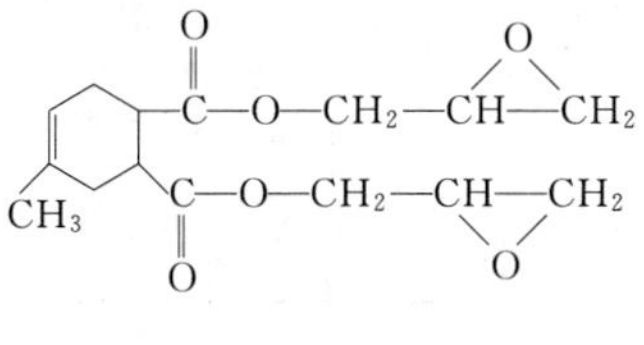

g. 甲基内亚甲基四氢苯二甲酸二缩水甘油酯化学结构式

② 苯二甲酸二缩水甘油酯物理化学特性　见表 6-34。

表 6-34　苯二甲酸二缩水甘油酯物理化学特性

性能名称	参数	性能名称	参数
临界温度/℃	544.8	亨利定律常数	10.89
临界压力/bar	22.63	油水分配系数(LogP)	0.2
临界摩尔体积/(cm³/mol)	745.55	沸点/℃	444.78
吉布斯自由能/(kJ/mol)	−557.78	熔点/℃	151.62
密度/(g/cm³)	1.309	摩尔体积(MR)/(cm³/mol)	68.8

外观特性:除间苯二甲酸二缩水甘油酯和对苯二甲酸二缩水甘油酯常温下是固体外,其余大都是低黏度液体,采用脂肪胺和聚酰胺可获得室温下快速的固化能力,采用芳胺和酸酐可获得有长适用期的中温固化能力,固化物有比双酚 A 型环氧树脂更好的力学性能、耐漏电痕迹性和耐候性。耐酸碱性不及双酚 A 型环氧树脂

注:1bar＝10^5Pa。

③ 7 种苯二甲酸基二缩水甘油酯的质量指标　见表 6-35。

表 6-35　7 种苯二甲酸基二缩水甘油酯的质量指标

指标名称	001	002	003	004	005	006	007
软化点/℃	—	60~63	100~109	—	—	—	—
环氧值/(mol/100g)	0.60~0.65	0.60~0.63	0.62~0.72	—	—	0.54~0.55	0.57
环氧当量/(g/mol)	—	—	—	175	151~167	—	—
黏度/mPa·s	800(25℃)	—	—	900(20℃)	450~550(25℃)	—	1160(25℃)

＊二缩水甘油酯代号含义:001—邻苯二甲酸基二缩水甘油酯;002—间苯二甲酸基二缩水甘油酯;003—对苯二甲酸基二缩水甘油酯;004—六氢苯二甲酸基二缩水甘油酯;005—四氢苯二甲酸基二缩水甘油酯;006—甲基四氢苯二甲酸二缩水甘油酯;007—甲基内亚甲基四氢苯二甲酸二缩水甘油酯。

④ 7 种苯二甲酸基二缩水甘油酯用途　主要应用于涂料,复合材料,粘接密封剂,电子行业浸渍、浇铸、注射等。

(2) 缩水甘油酯基-脂环环氧基联合环氧树脂类:4,5-环己烷-1,2-二甲酸二缩水甘油酯

① 4,5-环己烷-1,2-二甲酸二缩水甘油酯化学结构式

② 4,5-环己烷-1,2-二甲酸二缩水甘油酯物理化学特性　4,5-环己烷-1,2-二甲酸二缩水甘油酯的物理化学特性见表 6-36。

表 6-36　4,5-环己烷-1,2-二甲酸二缩水甘油酯的物理化学特性

特性名称	特性参数	特性名称	特性参数
黏度(25℃)/mPa·s	13557	折射率	1.487
分子量	298.29	沸点/℃	200~205
环氧当量/(g/mol)	117.9	密度/(g/cm³)	1.22
外观	浅黄色透明黏稠液体		

续表

特性名称	特性参数	特性名称	特性参数
特性	缩水甘油酯基-脂环环氧基环氧树脂分子既含有缩水甘油酯基,又有脂环环氧基,因此既具有脂环族环氧化合物的耐高温和耐候性,又具有缩水甘油酯环氧化合物的高强度和高黏结性,是一类具有双重特性的新结构环氧树脂		

③ 南京产 4,5-环己烷-1,2-二甲酸二缩水甘油酯的质量指标　见表 6-37。

表 6-37　4,5-环己烷-1,2-二甲酸二缩水甘油酯的质量指标

特性名称	指标	特性名称	指标
外观	浅黄色透明黏稠液体	黏度(25℃)/mPa·s	≤13557
环氧当量/(g/mol)	≥117.9		

④ 4,5-环己烷-1,2-二甲酸二缩水甘油酯用途　主要应用于聚硫密封剂的增黏剂和硫化剂以及涂料、复合材料、粘接剂、电子行业等。

6.2.1.3　缩水甘油胺类环氧树脂

缩水甘油胺型环氧树脂是用伯胺或仲胺与环氧氯丙烷合成的含有两个或两个以上缩水甘油氨基（$\begin{matrix} CH_2{-}CH{-}CH_2 \\ CH_2{-}CH{-}CH_2 \end{matrix} N{-}$）的化合物的环氧树脂,优点是多官能度、环氧当量小,交联密度大,耐热性显著提高。

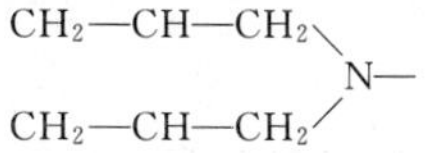

（1）三缩水甘油基-p-氨基苯酚（tri-PAP）　别称:二缩水甘油叔氨基一缩水甘油醚基苯。

① 化学结构式

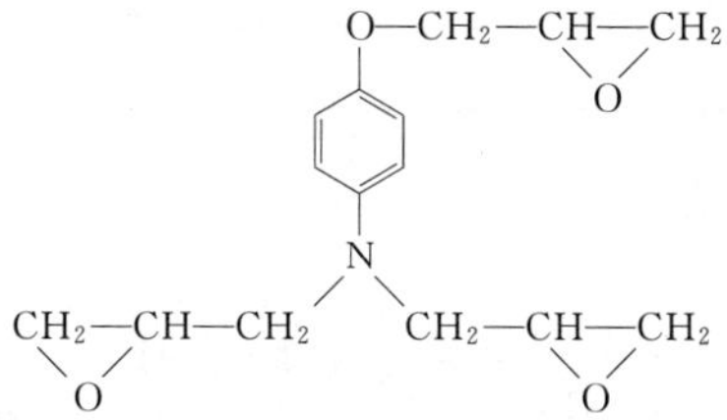

② 三缩水三甘油基对氨基苯酚物理化学特性　见表 6-38。

表 6-38　三缩水三甘油基对氨基苯酚物理化学特性

性能名称	参数	性能名称	参数
密度(25℃)/(g/cm³)	1.22	外观	红棕色黏稠状液体
闪点/℃(℉)	111(230)	折射率(n_D^{20})	1.567

③ 三缩水三甘油基对氨基苯酚产品的质量指标　见表 6-39。

表 6-39　三缩水三甘油基对氨基苯酚质量指标

指标名称	指标	指标名称	指标
红外光谱	符合标准图谱	外观	无色至黄棕色液体
纯度(GC)/%	≥90.0	环氧当量/(g/mol)	95～106
黏度(25℃)/mPa·s	550～950		

④ 三缩水三甘油基对氨基苯酚产品的用途　聚硫密封剂、羟基封端聚氨酯预聚体的增黏剂和硫化剂。

（2）异氰尿酸三缩水甘油酯　别名:三缩水甘油基三异氰酸酯（tri-GIC）;三缩水甘油氨基环三甲酮;三（环氧丙基）异氰尿酸酯;异氰酸三甘油酯二聚物;1,3,5-三缩水甘油-

S-三嗪三酮。

① 化学结构式

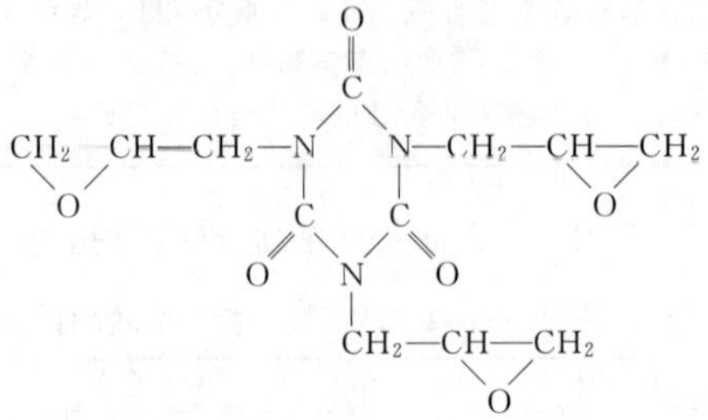

② 异氰尿酸三缩水甘油酯物化特性　见表6-40。

表6-40　异氰尿酸三缩水甘油酯物理化学特性

性能名称	参数	性能名称	参数
外观	白色粒状固体	总氯量/(mol/100g)	<0.04
粒径/mm	3～5	挥发分/%	<1.0
熔点/℃	90～125	环氧值/(mol/100g)	90～110

性能名称	参数
环氧氯丙烷残留量/(mg/kg)	≤50

③ 异氰尿酸三缩水甘油酯质量指标　见表6-41。

表6-41　成都产异氰尿酸三缩水甘油酯质量指标

指标名称	参数	指标名称	参数
外观	白色粉末	红外光谱鉴别	符合标准图谱
纯度(GC)/%	≥98.0	纯度(中和后滴定)/%	≥98.0

④ 异氰尿酸三缩水甘油酯用途　聚硫密封剂、羟基封端聚氨酯预聚体的增黏剂和硫化剂。

（3）四缩水甘油基对二甲氨基苯　别名：四缩水甘油基-4,4'-二氨基二苯甲烷；简称：TGDDM，在第5章黏度调节剂中有详述。

（4）缩水甘油基-1,3-双氨基甲基环己烷　别称：四缩水甘油基氢化间苯二甲胺；简称：tert-GBAMCH。

① 四缩水甘油基-1,3-双氨基甲基环己烷化学结构式

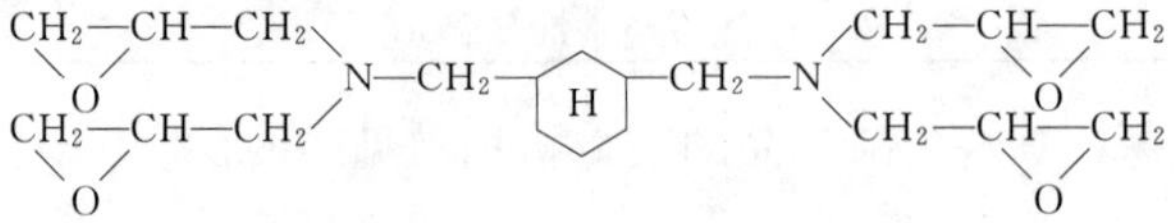

② 四缩水甘油基-1,3-双氨基甲基环己烷物化特性　见表6-42。

表6-42　四缩水甘油基-1,3-双氨基甲基环己烷物化特性

性能名称	参数	性能名称	参数
外观	浅黄色透明液体	环氧当量/(g/mol)	93～102
黏度(25℃)/Pa·s	0.8～1.4		
溶解性	可溶于苯、甲苯、二甲苯，不溶于正己烷		
综合性能	固化物具有良好的耐热性、耐候性、耐电弧性和力学性能		

③ 四缩水甘油基-1,3-双氨基甲基环己烷质量指标典型值　见表6-43。

表 6-43　四缩水甘油基-1,3-双氨基甲基环己烷质量指标典型值

指标名称	典型值	指标名称	典型值
分子量	252.3	环氧值/(mol/100g)	0.79
环氧当量/(g/mol)	126.15		

④ 四缩水甘油基-1,3-双氨基甲基环己烷用途　主要用作复合材料、绝缘材料、耐热涂料和普通环氧树脂、聚硫密封剂的增黏剂、硫化剂、稀释剂等。

6.2.1.4　特殊多环氧基官能团缩水甘油醚环氧树脂[3]

（1）四酚基乙烷型环氧树脂　别名：四缩水甘油醚基四苯基乙烷；四酚基乙烷四缩水甘油醚；简称：t-PGEE。

① 化学结构式

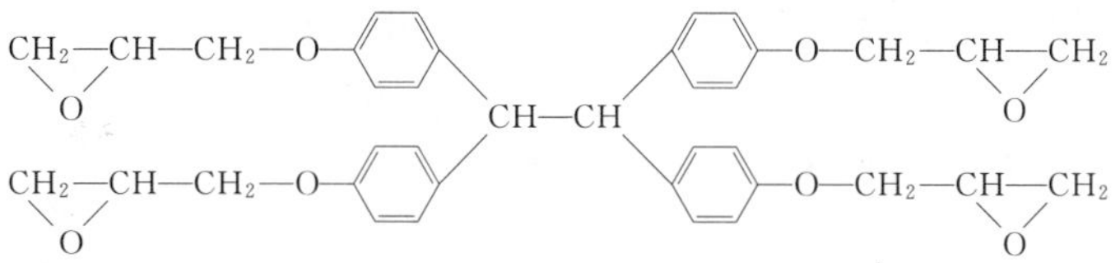

② 四酚基乙烷型环氧树脂物化特性　室温下为固体，最大特点是有高强韧性对称结构骨架，耐热性高，用均苯四甲酸二酐（PMDA）固化后，剪切强度在室温下是 17.5MPa，在 316℃ 时尚有 1.8MPa。以酚醛树脂固化的固化物热变形温度达 203℃。DDS 为固化剂的固化物的热变形温度达 235℃，250℃时剪切强度达 10MPa。

③ 四酚基乙烷型环氧树脂质量指标　见表 6-44。

表 6-44　美国 Epon 1031、日本 YDG-414 四酚基乙烷型环氧树脂质量指标

指标名称	参数	指标名称	参数
外观	室温下为固体	软化点/℃	75~80
环氧值/(mol/100g)	0.45~0.50	平均官能度	3.2~3.5

④ 四酚基乙烷型环氧树脂用途　密封剂高温增黏剂。

（2）三羟苯基甲烷型环氧树脂　别名：三缩水甘油醚基三苯基甲烷；三酚基甲烷三缩水甘油醚。

① 化学结构式

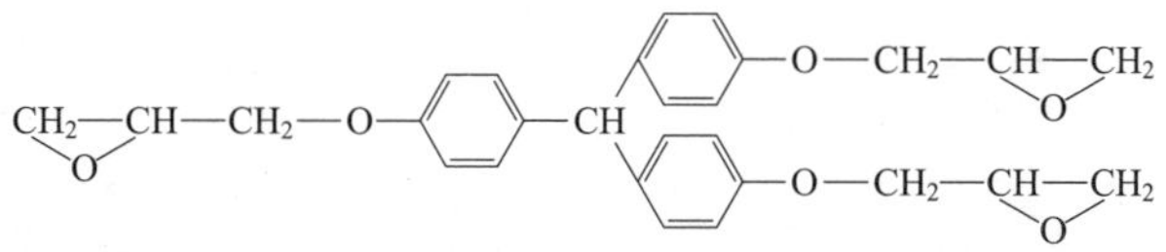

② 三羟苯基甲烷型环氧树脂物理化学特性　该化合物是一种耐高温环氧树脂，固化物热变形温度高达 209~260℃，有良好的韧性和耐湿热性及长期耐热性。

③ 三羟苯基甲烷型环氧树脂质量指标　见表 6-45。

表 6-45　三羟苯基甲烷型环氧树脂质量指标

指标名称	参数	指标名称	参数
外观	固体	软化点/℃	53~88
环氧当量/(g/mol)	198		

国外三羟苯基甲烷型环氧树脂：日本横滨橡胶公司（株式会社）牌号为 Tactix742；日本化药公司牌号为 EPPN-502；美国道化学公司牌号为 XD-7342；美国壳牌化学公司牌号为 XD7432。

④ 三羟苯基甲烷型环氧树脂用途　可用作耐热密封剂增黏剂、胶黏剂、复合材料、封

装料、模塑料、粉末涂料等。

6.2.1.5 脂环族多元醇-环氧氯丙烷反应缩水甘油醚环氧树脂[4]

脂环族多元醇-环氧氯丙烷反应缩水甘油醚环氧树脂形成反应过程及分子结构式如下：

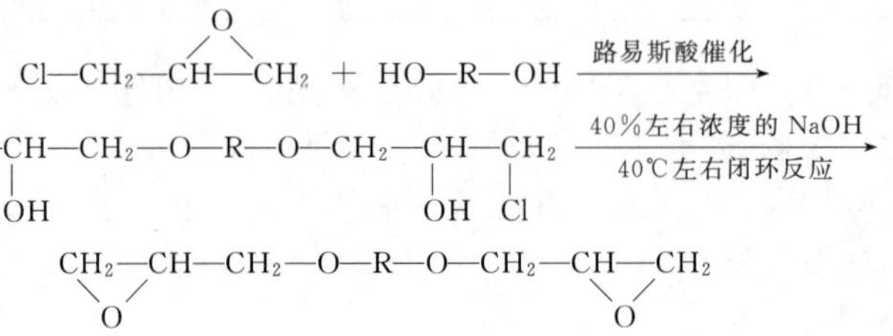

式中　R= 　，HO—⬡—CH₂—⬡—OH ， HO—⬡—C(CH₃)(CH₃)—⬡—OH

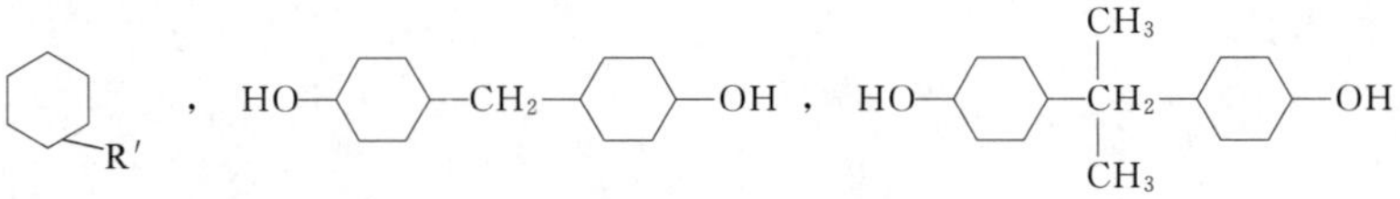

（1）1,2-环己烷二醇二缩水甘油醚环氧树脂[5]

① 化学结构式

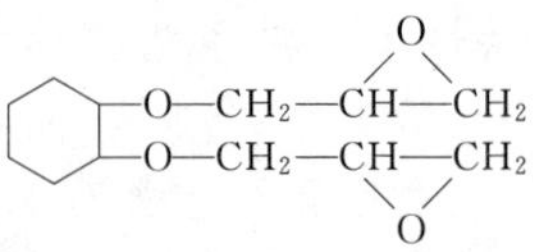

② 1,2-环己烷二醇二缩水甘油醚环氧树脂物理化学特性　它是一种可用于户外的高档环氧树脂的活性稀释剂，其黏度低，色泽好并透明，无气味，反应活性高于常规脂环族环氧树脂，对固化剂的选择性很宽，既可用酸酐固化，也可用胺类固化，固化物强度高，它可使环氧树脂的强度成倍地提高，且柔韧性好，性能稳定，不易老化变色，有很好的抗紫外光的能力，耐湿热老化、耐冷热冲击、耐电弧。

③ 1,2-环己烷二醇二缩水甘油醚环氧树脂质量指标　见表6-46。

表 6-46　岳阳研发的 1,2-环己烷二醇二缩水甘油醚环氧树脂质量指标

指标名称	生产规模 1L	生产规模 2L	生产规模 2000L
外观	无气味，无色透明液体		
环氧值/(mol/100g)	0.573	0.564	0.561
黏度(25℃)/mPa·s	240	245	247
色度(铂-钴色号)	0.5	0.5	0.3
挥发分/%	1.13	1.05	1.11
有机氯值/(mol/100g)	2.5×10^{-4}	2.6×10^{-3}	3.3×10^{-3}
无机氯值/(mol/100g)	1.2×10^{-5}	2.8×10^{-5}	2.4×10^{-5}

④ 1,2-环己烷二醇二缩水甘油醚环氧树脂用途　它广泛用于密封剂、灌封密封料涂料、黏合剂的活性黏度调节剂、增塑剂。

（2）氢化双酚 A 环氧树脂[6]　别名：1,2-环己烷二醇二缩水甘油醚；简称：HBPA。

① 氢化双酚 A 环氧树脂及其改性物的化学结构式

a. 牌号为 Jew-0120（常熟）及牌号 AL-3040、AL-3020、AL-3010（烟台）等的氢化双酚 A 环氧树脂化学结构式：

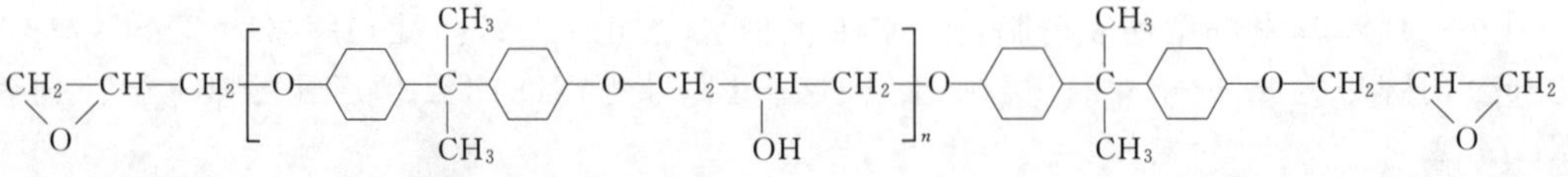

b. 常熟对氢化双酚 A 环氧树脂再改性的 Jew-0121、Jew-0122、Jew-0123 化学结构式：

式中，R 为改性剂，烟台采用甲基六氢苯酐为氢化双酚 A 环氧树脂的再改性剂。

② 氢化双酚 A 环氧树脂及其改性物物理化学特性[7]　有低黏度、高透明性、长期不变色、六元环的存在是不变的结构单元的特点；用胺类或改性胺作固化剂时可在室温条件下固化；一般环氧树脂固化剂基本上都可以使用；固化物具有良好的耐紫外线性能；固化物有长期耐老化性；固化物具有非常好的透明性；耐热性比较好，酸酐固化时，玻璃化温度可达80℃左右；固化物有良好的柔软性、黏结性和耐水性；固化物具有良好的耐酸、碱性、耐化学腐蚀性和电性能（特别是 TRUCKING 和低介电常数）。

③ Jew 系列氢化双酚 A 环氧树脂及其改性物环氧树脂质量指标　见表 6-47。

表 6-47　常熟佳发化学有限责任公司产 Jew 系列氢化双酚 A 环氧树脂
及其改性物环氧树脂的质量指标

牌号	环氧值 /(mol/100g)	有机氯 /(mol/100g)	无机氯 /(mol/100g)	挥发性 /%	黏度(25℃) /mPa·s	色度 /号
Jew-0110	0.55～0.60	≤0.02	≤0.0003	≤2.0	40～60	≤2
Jew-0111	0.54～0.55	≤0.01	≤0.0003	≤2.0	200～300	≤2
Jew-0112	0.53～0.54	≤0.01	≤0.0003	≤1.0	500～600	≤2
Jew-0113	0.52～0.53	≤0.01	≤0.0003	≤1.0	1700～2000	≤2
Jew-0114	0.47～0.50	≤0.01	≤0.0003	≤1.0	500～1000	≤2
Jew-0120	0.40～0.45	≤0.01	≤0.0001	≤1.0	2000～4000	≤1
Jew-0121	0.48～0.50	≤0.01	≤0.0001	≤1.0	1000～2000	≤1
Jew-0122	0.50～0.56	≤0.01	≤0.0001	≤1.0	500～1000	≤1
Jew-0123	0.53～0.56	≤0.01	≤0.0001	≤1.0	300～500	≤1
Jew-0124	0.50～0.54	≤0.01	≤0.0001	≤1.0	300～600	≤1
Jew-0132	0.55～0.65	≤0.01	≤0.0001	≤1.0	100～200	≤1

④ 氢化双酚 A 环氧树脂用途　Jew-0110 用作环氧树脂、液体聚硫橡胶、聚氨酯预聚体的活性稀释剂、硫化剂；Jew-0132 用作密封剂的活性稀释剂、硫化剂；其余用作耐候及韧性灌注密封料、绝缘浇注料。

6.2.2　非缩水甘油基脂环族二环氧树脂[8]

（1）脂环族二环氧化物[6]　牌号：unox201。

① 脂环族二环氧化物化学结构式

a. 3,4-环氧环己基 6-甲基，1-甲基 3′,4′-环氧环己基 6′-甲基甲酸酯化学结构式：

b. 乙烯基环己烯二氧化物[6]　别称：4-乙烯基-1-环己烯二氧化物；3,4-环氧环己基 1-环氧基环氧化物；牌号：Unox206；Chissonox206；Araldite RD-4。化学结构式：

c. 二环戊二烯环氧化物　牌号：Unox207；Chissonox207。化学结构式：

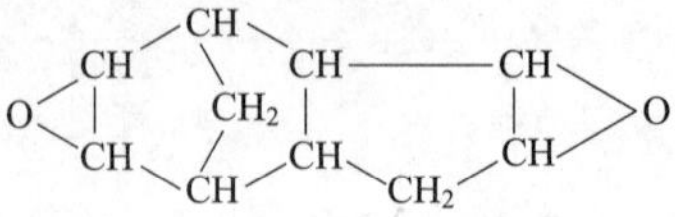

或

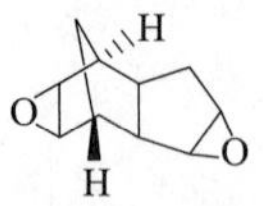

d. 3,4-环氧环己基叔碳甲基环氧化物　牌号：Unox269；Chissonox269。化学结构式：

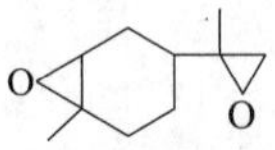

e. 3,4-环氧环己基甲基 3,4-环氧环己基甲酸酯[7]　牌号：Araldite CY179；Unox221；Chissonox221；yπ-632；ERL-4221。化学结构式：

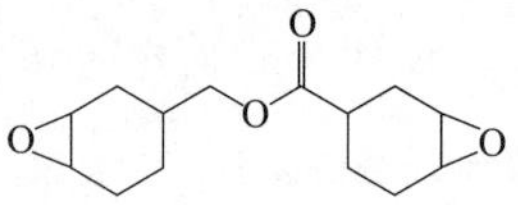

f. 双 （3,4-环氧环己基 6-甲基） 己二酸酯　牌号：Unox289；Chissonox289，Araldite CY178。化学结构式：

g. 双 ［(3,4-环氧环己基) 甲基］ 己二酸酯　牌号：TTA26 ；yπ-639。化学结构式：

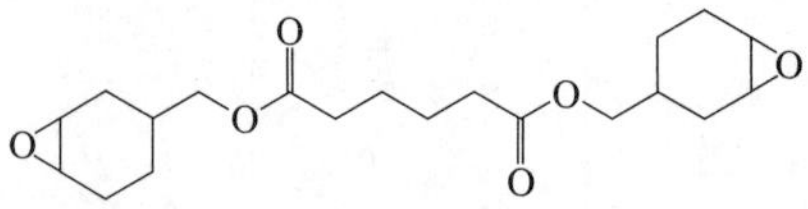

h. 双 （2,3-环氧基环戊基） 醚[6]　中国国家统一牌号：W-95；旧牌号：6400；6300；ERR-0300 （即 300 号结构） ERLA-0400 （即 400 号结构）。化学结构式：

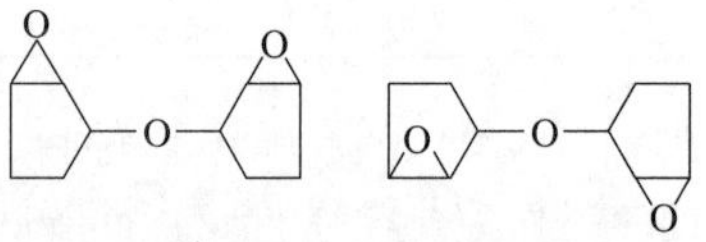

300 号结构　　及　　400 号结构

② 脂环族二环氧化物物理化学特性　该类产品的黏度低，环氧当量较大，固化交联密度大，固化物热变形温度较高，耐电弧性、耐漏电痕迹性和耐紫外光性好。

③ 脂环族二环氧化物质量指标

a. 牌号 Unox 系列及型号 W-95 （含牌号 ERR-0300、ERLA-040）、yπ-639 脂环族二环氧化物质量指标见表 6-48 和表 6-49。

表 6-48　各牌号脂环族二环氧化物质量指标 （典型值） （一）

指标名称	各牌号指标			
	Unox201	Unox206	Unox207	Unox269
黏度/mPa·s	1810(25℃)	7.77(20℃)	—	8.4(20℃)
熔点/℃	—	—	184	—
沸点(10mmHg)/℃	—	—	120	—
闪点(10mmHg)/℃	—	—	120	—
环氧值/(mol/100g)	0.65～0.641	1.351～1.282	1.220	1.19～1.163
环氧当量/(g/mol)	152～156	74～78	81.967	84～86
密度/(g/cm³)	1.121	1.0986	1.330	1.0326

表 6-49　各牌号脂环族二环氧化物质量指标（典型值）（二）

指标名称	各牌号指标				
	Unox221	Unox289	yπ-639	W-95	
				ERR-0300	ERLA-0400
黏度/mPa·s	450~600(25℃)	850~950(25℃)	400~800(20℃)	—	30~50(25℃)
软化点/℃	—	—	—	60	—
环氧值/(mol/100g)	0.746~0.714	0.463~0.450	5.263~4.762	1.111~1.053	1.111~1.053
环氧当量/(g/mol)	134~140	216~222	19~21	90~95	90~95
密度/(g/cm³)	1.173	1.124	—	—	—

b. 江苏产牌号为 TTA21 系列的 3,4-环氧环己基甲基 3′,4′-环氧环己基甲酸酯脂环氧树脂（相当于 Unox221）的三个子牌号（TTA21S、TTA21L、TTA21P）及牌号为 W-95 的双（2,3-环氧基环戊基）醚的质量指标见表 6-50。

表 6-50　TTA21S、TTA21L、TTA21P 及 W-95 的质量指标

指标名称		指标			
		TTA21S[1]	TTA21L	TTA21P[2]	W-95[3]
外观		浅黄色至无色透明液体			琥珀色液体
含量/%	≥	90	95	97	
环氧当量/(g/mol)		128~145	126~135	126~135	≤105.3
色度(APHA,铂-钴色号)	≤	100	50	50	
黏度(25℃)/mPa·s		180~450	220~450	220~450	0.03~0.05
水分/%	≤	0.05	0.05	0.05	
酸值/%		0.1			
总氯/(mg/kg)	≤	—	—	100	
密度/(g/cm³)		1.150~1.180			≥1.153

① TTA21S 相当于 UVR6110、ERL4221E、CY179；

② TTA21P 相当于 UVR6105、CEL2021P；

③ W-95 环氧树脂溶于乙醇、异丙醇、丙酮和苯等，可用酸酐和胺类固化，是一种耐高温胶，具有优良的柔韧性、热老化性和耐化学介质性。固化条件：85℃，6h；160℃，6h。

c. 国外企业产牌号相当于 Unox221 的 3,4-环氧环己基甲基 3′,4′-环氧环己基甲酸酯及江苏产牌号为 TTA26 的双 [(3,4-环氧环己基) 甲基] 己二酸酯质量指标见表 6-51。

表 6-51　3,4-环氧环己基甲基 3′,4′-环氧环己基甲酸酯质量指标

指标名称	相当于 Unox221 牌号的国外企业指标	TTA26[1] 企业指标
外观	无色黏稠液体	浅黄色透明液体
黏度/mPa·s	350~450	400~750
环氧当量/(g/mol)	134~140	190~210
环氧值/(mol/100g)	0.746~0.714	0.526~0.476
密度/(g/cm³)	1.17	—
色度(APHA)/号	—	≤250
水分/%	—	≤0.1
折射率	1.498	
熔点/℃	−37	
红外光谱	符合标准图谱	

① 江苏产牌号为 TTA26 的双 [(3,4-环氧环己基) 甲基] 己二酸酯（等同于 UVR6128，ERL4299，yπ-639）。

d. 脂环族二环氧化物用途：Unox207 主要应用于光学胶黏密封剂。

（2）非缩水甘油醚类脂环族多环氧树脂　牌号：TTA3150；别名：聚[(2-环氧乙烷基)-1,2-环己二醇]2-乙基-2-(羟甲基)-1,3-丙二醇醚。

① TTA3150 系列化学结构式：

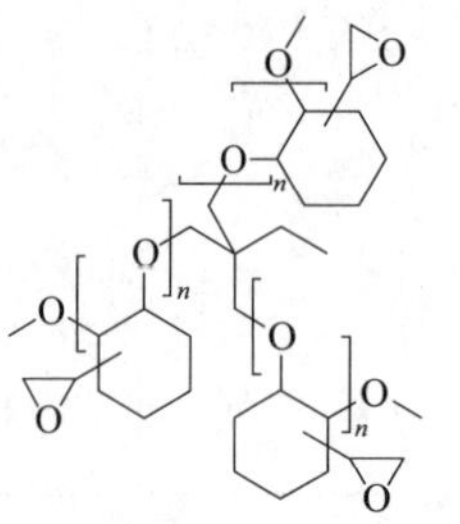

或

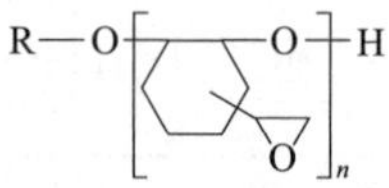

式中，R 为甲基或氢。

② TTA3150 系列物理化学特性　TTA3150 是多官能脂环族非缩水甘油醚类多环氧树脂，物理化学特性如下。

a. 基本不含氯离子及氯离子盐类物质；

b. 末端含环氧基团，与聚醚多元醇缩水甘油醚型环氧树脂有近似的反应性，与酸酐、苯酚、胺、阳离子固化剂等各种固化剂都可以有效固化；

c. 固化树脂的 T_g 值高（高于 2021P），耐热性更优异；

d. 耐候性优异、透明性优异、优良的电气性能（耐电弧、耐电痕性等）。

③ TTA3150 系列质量指标典型值　见表 6-52。

表 6-52　脂环族环氧树脂 TTA3150 族[①] 的质量指标典型值

指标名称	3150	3150CE	指标名称	3150	3150CE
软化点/℃	75	—	黏度(25℃)/mPa·s	—	50000
环氧当量/(g/mol)	177	151	色度(APHA[②]，铂-钴色号)	20	60

指标名称	3150	3150CE
外观	透明片状固体	淡黄色透明液体

① 3150 族系指江苏泰特尔化工有限公司产牌号 TTA3150 及日本大赛璐产脂环族环氧树脂牌号 EHPE3150E，它们是等同的。

② 色度指 25% 的丙酮溶液的色度值。

④ TTA3150 系列用途　适用于聚硫、聚硫代醚、改性聚硫、卷纸等多种密封剂的硫化及增黏。

（3）非缩水甘油基类脂肪族环氧树脂——环氧化烯烃类环氧树脂

环氧化烯烃类环氧树脂分子结构里不仅无苯核，也无脂环结构。仅有脂肪链，环氧基的两端与脂肪链相连，它们是由不饱和烯烃类经氧化烯键转变为环氧基的。它们包括：环氧化聚丁二烯、环氧大豆油。

① 环氧化烯烃类环氧树脂化学结构式　见表 6-53。

表 6-53　氧化烯烃环氧树脂的结构与成分

国家统一牌号	旧牌号	类别	结构与成分
H-71	6201	脂肪族直链	低黏度环氧化聚丁二烯 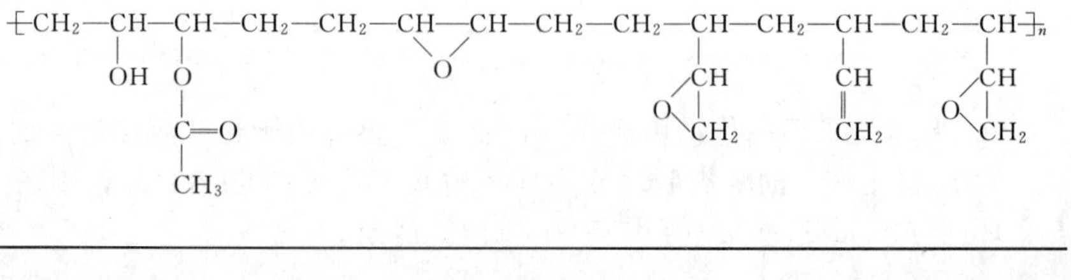

续表

国家统一牌号	旧牌号	类别	结构与成分
YJ-118	6269	脂肪族直链	萜烯双环氧 $CH_2-CH-C-CH_2$ （环氧结构）
D-17	62000	脂肪族直链	（由 1,3-丁烯为原料,金属钠为催化剂。在苯溶剂中聚合得到液体聚丁二烯再用过氧化醋酸氧化而成）：（长链聚丁二烯环氧化结构式）

② 环氧化烯烃类环氧树脂的理化特性　该类结构的环氧化合物固化后一般是强度、韧性、粘接性、耐正负温度性能都良好。

③ 环氧化烯烃类环氧树脂品种和（或）牌号的质量指标　详见表 6-54～表 6-56。

表 6-54　烯烃类环氧树脂牌号质量指标（一）

国家统一牌号	旧牌号	外观	环氧值/(mol/100g)	分子量	相对密度(20℃)
H-71[①]	6201	淡黄色液体	0.62～0.67	—	1.121
YJ-118	6269	液体	1.16～1.19		1.0326
D-17[②]	62000;2000	琥珀色黏性液体	0.162～0.186	700～800(低黏度); 1500～2000(高黏度)	0.9012
2000#[③]	—	浅黄色黏稠液体	环氧氧含量 (7%～8%)	2000 左右	0.9012g/cm³

表 6-55　烯烃类环氧树脂牌号质量指标（二）

国家统一牌号	旧牌号	熔点/℃	黏度(20℃)/mPa·s	沸点/℃	折射率(20℃)
H-71[①]	6201		<2000	185(400Pa)	—
YJ-118	6269	—	8.4	242	1.4682
D-17[②]	6200	—	800～2000	—	—
2000#[③]			25℃下 4 号转子, 黏度为 114Pa·s		

表 6-56　烯烃类环氧树脂牌号质量指标（三）

国家统一牌号	旧牌号	碘值/(gI₂/100g)	羟基含量/%	不挥发分(非指标)/%	环氧当量(非指标)/(g/mol)	固化物热变形温度(非指标)/℃
D-17[②]	62000	180	2～3	99	77	250
2000#	—	180	2～3			

① 6201（H-71）是以丁二烯为原料制备的低黏度液体环氧树脂，对于芳香胺和咪唑的活性很低。通常采用酸酐类固化，但由于 H-71 环氧树脂分子结构中没有羟基，用六氢苯二甲酸酐固化时，需加 1%～2%乙二醇或其他含羟基物质，使酸酐开环，可使凝胶化时间缩短一倍左右。

② D-17 碘值＝180；羟基含量＝2%～3%；D-17 在分子结构中，既有环氧基，也有双键、羟基和酯基侧链。D-17 易溶于苯、甲苯和丙酮中，易与酸酐固化反应，也能与胺类固化，由于树脂分子具有较长的碳链，因此树脂可以用来改善双酚 A 的脆性，具有十分优异的韧性。对于橡胶制品与玻璃钢的胶接优于通常的环氧树脂胶。固化条件为：100℃，2h；150℃，4h；180℃，4h。旧牌号除 62000 外还有 2000、国外称 Oxiron 2000、国内湖北远成药业有限公司产称 2000# 环氧树脂。

③ 2000# 为聚丁二烯环氧树脂；又称：环氧化聚丁二烯树脂。

④ 环氧化烯烃类环氧树脂用途　用于密封剂改性、增黏、提高强度、耐水性、耐热性并用作硫化剂等。

6.3　石油树脂

（1）各类石油树脂化学结构式

① 碳五脂族类石油树脂　型号：C_5 alphatic（脂族类），化学结构式：

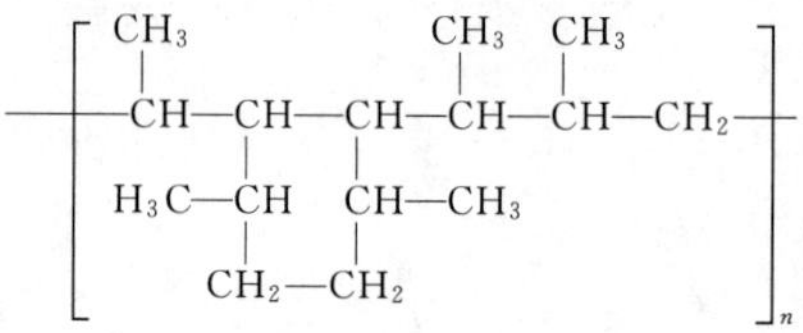

② 碳九芳香族石油树脂　型号：C_9 aromatic，化学结构式：

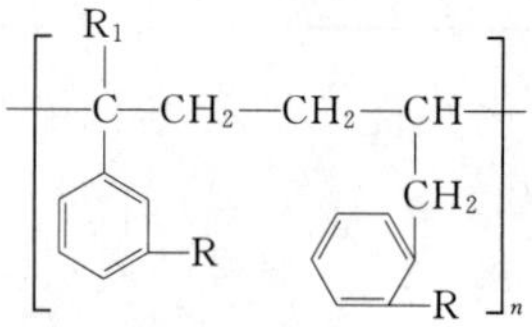

式中，R_1、R 为脂肪族或芳香族烃类化合物。

③ C_5/C_9 共聚型石油树脂　化学结构式：

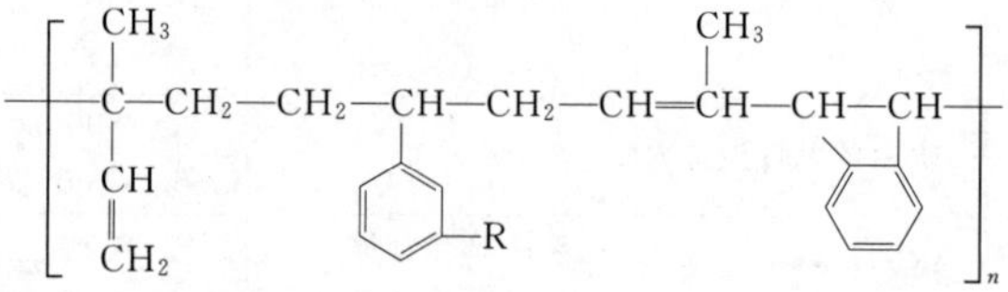

式中，R 为脂肪族或芳香族烃类化合物。

④ DCPD 环脂二烯类石油树脂　化学结构式：

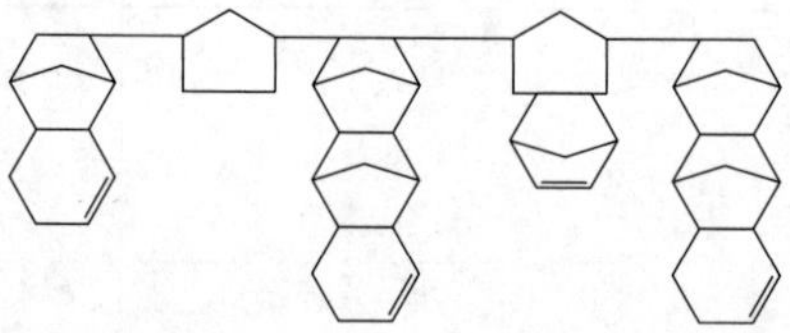

⑤ 氢化 C_5 石油树脂　化学结构式：

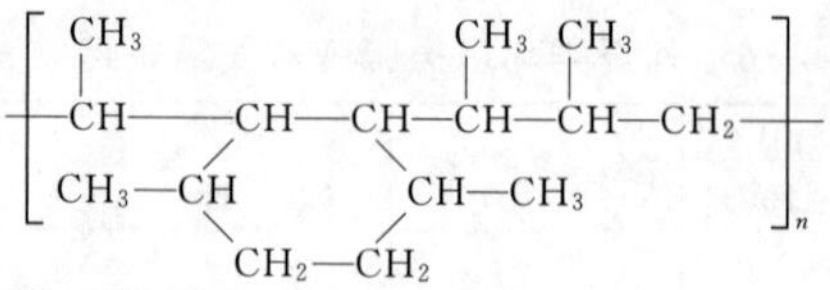

⑥ 氢化 C_9 石油树脂　化学结构式：

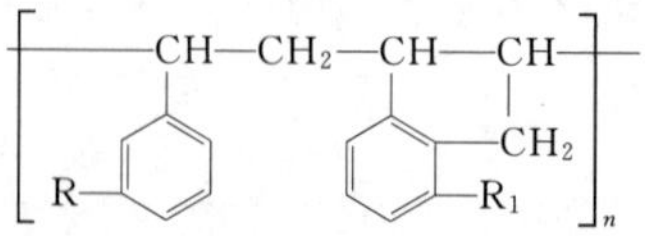

式中，R、R_1 代表—H 或—CH_3 等烷基。

（2）石油树脂物理化学特性　石油树脂是使用石油中 C_5、C_9 馏分作原料生产的，包括 C_5（为脂肪族）、C_9（为芳香族）、C_5/C_9 共聚、DCPD（为脂环族）、氢化 C_5/C_9 共聚、氢化 C_5、氢化 C_9 石油树脂。他们的物理化学特性见表 6-57～表 6-63。

表 6-57　石油树脂物理化学特性（一）

性能名称	C₅ 参数	性能名称	C₅ 参数
分子量 $\overline{M}_n$	1000～2500	粘接性能	良好
密度/(g/cm³)	0.97～1.07	绝缘性	优良
软化点/℃	70～140	可燃性	可燃
折射率	1.512	毒性	无毒
耐酸碱	优良	热稳定性	良好
耐水性	稳定	导热通用性	良好

性能名称	C₅ 参数
外观	淡黄色或浅棕色片状或粒状固体
溶解性	溶于丙酮、甲乙酮、醋酸乙酯、三氯乙烷、环己烷、甲苯、溶剂汽油等
相容性	与酚醛树脂、萜烯树脂、古马隆树脂、天然橡胶、合成橡胶等相容性好，尤其是与丁苯橡胶（SBR）相容性优

表 6-58　石油树脂物理化学特性（二）

性能名称	C₉（热聚）参数	性能名称	C₉（热聚）参数
分子量 $\overline{M}_n$	2000～5000	折射率	1.512
密度/(g/cm³)	0.97～1.04	闪点/℃	260
软化点/℃	80～140	酸值/(mgKOH/g)	0.1～1.0
玻璃化温度/℃	81	碘值/(gI₂/100g)	30～120
耐酸碱性	良好	极性	较大
耐化学药品性	良好	可燃性	可燃
耐水性	良好	毒性	无毒
粘接性能	较差	热稳定性	良好
耐老化性	不佳		

性能名称	C₉（热聚）参数
外观	淡黄色至浅褐色片状、粒状或块状固体，透明而有光泽
溶解性	溶于丙酮、甲乙酮、环己烷、二氯乙烷、醋酸乙酯、甲苯、汽油等。不溶于乙醇和水
化学活性	分子结构中不含极性或功能性基团，没有化学活性
相容性	与酚醛树脂、古马隆树脂、萜烯树脂、SBR、SIS 相容性好；与非极性聚合物相容性较差

表 6-59　石油树脂物理化学特性（三）

性能名称	C₅/C₉ 参数	性能名称	C₅/C₉ 参数
分子量 $\overline{M}_n$	300～3000	耐候性	良好
密度/(g/cm³)	0.96～1.02	耐光老化性	良好
自燃点/℃	503	耐酸碱	良好
酸值/(mgKOH/g)	<1.0	耐水性	良好
极性	无	粘接性能	良好
可燃性	着火点高于260℃	耐老化性	良好
耐化学药品性	良好	软化点/℃	90～120

外观:淡黄色至棕黄色片状或粒状固体
溶解性:石油溶剂中,有良好的溶解性
相容性:同其他树脂的相溶性很好

表 6-60　环脂二烯类（DCPD）石油树脂物理化学特性

性能名称	DCPD 参数	性能名称	DCPD 参数
闪点/℃	26	分子量 $\overline{M}_n$	132.2
沸点/℃	170	熔点/℃	33.6

溶解性:溶于醇、醚和四氯化碳,不溶于水
外观:无色至微黄色透明液体或白色晶体,有类似樟脑气味

表 6-61　石油树脂物理化学特性（四）

性能名称	氢化 C_5 参数	性能名称	氢化 C_5 参数
自燃点/℃	200	相容性	良好
软化点/℃	96～150	耐光老化性	良好
黏度/mPa·s	300(190℃)	粘接性能	良好
闪点/℃	170	毒性	无毒
酸值/(mgKOH/g)	0.5	热稳定性	良好
灰分/%	0.002		

外观:颗粒状固体,外观呈白色或黄色,易碎,易生成粉尘

溶解性:易溶于苯、二甲苯、各型号溶剂油,不溶于水

表 6-62　石油树脂物理化学特性（五）

性能名称	氢化 C_9 参数	性能名称	氢化 C_9 参数
分子量 $\overline{M}_n$	700～1600	闪点/℃	230～280
软化点/℃	110～120	酸值/(mgKOH/g)	0.02
雾点/℃	75	灰分/%	0.02
黏度/mPa·s	5500～8000	色度/号	1

外观:无色透明固体,无异味

表 6-63　石油树脂物理化学特性（六）

性能名称	古马隆参数	性能名称	古马隆参数
密度/(g/cm³)	1.07～1.135	耐酸碱	良好
软化点/℃	80～100	耐水性	良好
玻璃化温度/℃	56	绝缘性	良好
折射率	1.628～1.640	可燃性	可燃
耐光老化性	差	毒性	无毒

外观:浅黄色至深褐色的黏稠状半流动体或固体

溶解性:溶于氯代烃、酯类、酮类、醚类、硝基苯和苯胺等有机溶剂。不溶于水及低级醇

（3）石油树脂牌号、质量指标

① C_5 石油树脂牌号、质量指标

a. 浙江产 C_5 系列石油树脂牌号、质量指标见表 6-64～表 6-70。

表 6-64　C_5 系列石油树脂牌号、质量指标（一）

指标名称		YH-1288	指标名称		YH-1288
软化点/℃		98～105	酸值/(mgKOH/mg)	≤	0.6
色度(铂-钴色号)	≤	5	苯中不溶物/%		0.05
灰分/%	≤	0.08	苯中溶解性/%		30

外观:透明、淡黄色固体颗粒

表 6-65　C_5 系列石油树脂牌号、质量指标（二）

指标名称		YH-1288S	指标名称		YH-1288S
软化点/℃		98～105	苯中不溶物/%		0.05
酸值/(mgKOH/mg)	≤	0.6～1.6	苯中溶解性/%		30
熔融黏度(200℃)/mPa·s	≤	250	色度(铂-钴色号)	≤	5
热稳定性(200℃,3h)	≤	8	灰分/%	≤	0.08

外观:透明、淡黄色固体颗粒

表 6-66　C_5 系列石油树脂牌号、质量指标（三）

指标名称	YH-2315	指标名称		YH-2315
软化点/℃	89-96	色度(铂-钴色号)	≤	6
苯中溶解性/%	30	外观		透明、淡黄色固体颗粒

表 6-67　**C₅ 系列石油树脂牌号、质量指标（四）**

指标名称		HH-1212	指标名称	HH-1212
软化点/℃		96～104	外观	透明、淡黄色固体颗粒
色度(铂-钴色号)	≤	6	苯中溶解性/%	30

表 6-68　**C₅ 系列石油树脂牌号、质量指标（五）**

指标名称		YH-1308	指标名称	YH-1308
软化点/℃		91～97	苯中溶解性/%	30
色度(铂-钴色号)	≤	6	外观	透明、淡黄色固体颗粒

表 6-69　**C₅ 系列石油树脂牌号、质量指标（六）**

指标名称		C₅-F(A123)指标	指标名称	C₅-F(A123)指标
软化点/℃		95～105	苯中溶解性/%	30
色度(铂-钴色号)	≤	8	碘值/(mgI₂/100mg)	150±25
灰分/%	≤	0.08		

外观：透明、淡黄色固体颗粒

表 6-70　**C₅ 系列石油树脂牌号、质量指标（七）**

指标名称		YH-1211	指标名称	YH-1211
软化点/℃		115～123	外观	透明、淡黄色固体颗粒
色度(铂-钴色号)	≤	6	苯中不溶物/%	0.05
蜡雾点/℃	≤	95	苯中溶解性/%	30

注：蜡雾点测试的对象组成是 EVA：石油树脂：微晶蜡＝20：40：40。

b. 濮阳市利健产 C₅ 系列石油树脂品种和（或）牌号、质量指标见表 6-71。

表 6-71　**C₅ 系列石油树脂牌号的质量指标**

指标名称		PR1-90	PR1-100	PR1-110	试验方法
外观		颗粒	颗粒	颗粒	目测
软化点/℃		80～90	91～100	101～110	环球法 GB/T 4507
色度(Gardner,铂-钴色号)	≤		5		ASTMD-1544
酸值/(mgKOH/g)	≤		0.5		GB 2895
溴值/(gBr₂/100g)			检测		—
熔融黏度/mPa·s					ASTMD-3236
闪点/℃			根据用户要求检测		GB 261;GB 3536
灰分/%	≤		0.1		GB 2295
指标名称		PR1-120	PR1-130	PR1-140	试验方法
外观			颗粒		目测
软化点/℃		110～120	120～130	130～140	环球法 GB/T 4507
色度(Gardner,铂-钴色号)	≤		5		ASTMD-1544
酸值/(mgKOH/g)	≤		0.5		GB 2895
溴值/(gBr/100g)			检测		—
熔融黏度/mPa·s					ASTMD-3236
闪点/℃			根据用户要求检测		GB 261;GB 3536
灰分/%	≤		0.1		GB 2295

　　C₅ 石油树脂国外牌号有 Escorez 1102（美国）、Resinall 711（美国），R-100（日本）、Wingtack 95（美国）、Eastotac（美国）。

　　② C₉ 石油树脂品种和（或）牌号、质量指标

　　a. 山东胜亚产 C₉ 石油树脂牌号和质量指标见表 6-72。

表 6-72　C$_9$ 石油树脂牌号及质量指标

指标名称	C$_9$-90	C$_9$-100	C$_9$-110	C$_9$-120	C$_9$-130	C$_9$-140	C$_9$-150	C$_9$-160
外观		淡黄色颗粒状固体						
软化点/℃	80～90	90～100	100～110	110～120	120～130	130～140	140～150	150～160
色度(铂-钴色号)	≤5	≤6	≤7	≤8	≤9	≤10	≤11	≤12
溴值/(gBr$_2$/100g)	50～110							
熔融黏度/mPa·s	400～800							
用途	可用于密封胶、压敏胶、热熔胶的增黏剂							

注：颜色指树脂：甲苯＝1：1 的颜色，方法为 Gardner 法。熔融黏度为 200℃时测定。

b. 韩国可隆油化公司产 C$_9$ 石油树脂牌号的质量指标见表 6-73。

表 6-73　C$_9$ 石油树脂的质量指标

牌(型)号	外观	软化点/℃	色度(APHA,铂-钴色号)≤	溴值/(gBr$_2$/100g)≤	酸值/(mgKOH/g)≤	特点与用途
			指标			
DP-100	浅黄	100±5	9	30	0.1	石炭酸改进树脂
P-90	浅黄	95±5	9	30	0.1	低软化点
P-90S	浅黄	95±5	8	30	0.1	低软化点淡色
P-90HS	浅黄	100±5	8	30	0.1	—
P-110S	浅黄	110±3	8	30	0.1	
P-120	浅黄	120±5	8	30	0.1	通用用途
P-120S	浅黄	120±5	7	30	0.1	通用用途,淡色
P-120P	浅黄	120±5	8	30	0.1	石炭酸改性树脂
P-125	浅黄	120±5	7	30	0.1	良好的相容性
P-120HS	浅黄	128±2	7	30	0.1	高软化点
P-140	浅黄	145±5	7	30	0.1	—
P-150	浅黄	155±5	7	30	0.1	—
P-140M	褐黄	130±5	15	—	25～31	酸性改良树脂
P-160	褐黄	163±5	15	—	26～32	酸性改良树脂
C-90	黄色	95±5	12	30	0.5	苯并呋喃茚树脂
C-120	黄色	120±5	12	30	0.5	苯并呋喃茚树脂

③ C$_5$/C$_9$ 共聚型石油树脂的质量指标

a. 濮阳市中德石油树脂有限公司产 C$_5$/C$_9$ 共聚石油树脂的质量指标见表 6-74。

表 6-74　C$_5$/C$_9$ 共聚石油树脂质量指标

指标名称		参　　数			测试方法
软化点/℃		100	110	120	ASTM E28-58
色度(铂-钴色号)		5～11	5～11	5～11	ASTM D-1544
酸值/%		0.3	0.3	0.3	ASTM D-974
灰分/%	≤	0.1	0.1	0.1	ETM-E-99
密度/(g/cm^3)		0.99～1.03			ASTM D71-72A

b. 上海森研产各牌号 C$_5$/C$_9$ 共聚石油树脂的质量指标见表 6-75。

表 6-75　SYC-90～SYC-120 系列各牌号 C$_5$/C$_9$ 共聚石油树脂的质量指标

指标名称	SYC-90	SYC-100	SYC-110	SYC-120	试验方法
外观	颗粒				目测
软化点/℃	90	100	110	120	环球法
色度(Gardner,铂-钴色号)　≤	≤4～7				ASTMD-1544
酸值/(mgKOH/g)	≤0.5				GB-2895

续表

指标名称	SYC-90	SYC-100	SYC-110	SYC-120	试验方法
溴值/(gBr$_2$/100g)					—
熔融黏度/mPa·s		检测			ASTMD-3236
闪点/℃					GB 3536
备注		检测——根据用户要求进行测试			

④ DCPD 高纯双环戊二烯石油树脂质量指标

a. 濮阳市恒泰产 DCPD 石油树脂质量指标见表 6-76。

表 6-76　DCPD 石油树脂质量指标

指标名称		参数	指标名称		参数
外观		浅黄色颗粒	酸值/(mgKOH/g)	≤	1.0
色度(Gardner,铂-钴色号,在 50％的甲苯中)		5～7	相对密度(20℃/20℃)		1.06～1.09
软化点(环球法)/℃		105～120	皂化值/(mgKOH/g)		165～185
灰分/％	≤	0.03	溴值/(gBr$_2$/100g)	≥	50

b. 上海市宝山区产 DCPD 树脂质量指标见表 6-77。

表 6-77　产品 DCPD 树脂质量指标

指标名称		参数	指标名称		参数
外观		浅黄色颗粒	灰分/％	≤	0.03
色度(Gardner,铂-钴色号)	≤	6	溴值/(gBr$_2$/100g)	≥	50
软化点(环球法)/℃		95～125	酸值/(mgKOH/g)	≤	1.0
皂化值/(mgKOH/g)		165～185	相对密度(20℃/20℃)		1.06～1.09

注：按 Gardner 法测定 DCPD 树脂的色度，是在 50％的树脂甲苯溶液中进行的。

⑤ 氢化 C$_5$ 石油树脂品种和（或）牌号的质量指标

a. 日本出光 S100、P100 产 C$_5$ 加氢石油树脂的质量指标见表 6-78。

表 6-78　C$_5$ 加氢石油树脂牌号、质量指标

指标名称	S-90	S-100	S-110	S-125	S-140	P-90
软化点/℃	90	100	110	125	140	90
分子量 $\overline{M}_n$	600	700	710	850	950	590
密度/(g/cm^3)	1.05	1.05	1.05	1.05	1.05	1.03
色度(铂-钴色号)	20	25	30	40	150	10
酸值/(mgKOH/g)			<0.01			
灰分/％			<0.01			
引火点/℃	210	212	226	239	250	210
指标名称	P-100	P-115	P-125	P-130	P-140	试验方法
软化点/℃	100	115	125	130	140	JLS K2207
分子量 $\overline{M}_n$	650	720	880	640	930	VPO
密度/(g/cm^3)	1.03	1.03	1.03	1.05	1.03	JLS K0061
色度(铂-钴色号)	15	25	40	15	40	JLS K6901
酸值/(mgKOH/g)			<0.01			JLS K0070
灰分/％			<0.01			JLS K2272
引火点/℃	214	218	234	240	250	—

b. 美国伊斯曼埃克森产 C$_5$ 加氢石油树脂的质量指标见表 6-79。

表 6-79　各牌号 C_5 加氢石油树脂的质量指标

牌号	物理状态	软化点/℃	黄色指数 ≤	色度(Gardner,铂-钴色号) ≤	黏度(190℃)/mPa·s ≤
LH90-0	粒状	85-95	3.5	—	200
LH90-1	粒状	85-95	9.49	—	200
LH90-2	粒状	85-95	—	2.0	200
LH90-3	粒状	85-95	—	3.0	200
LH90-4	粒状	85-95	—	4.0	200
LH90-5	粒状	85-95	—	5.0	200
LH100-0	粒状	96-105	3.5	—	300
LH100-1	粒状	96-105	9.49	—	300
LH100-2	粒状	96-105	—	2.0	300
LH100-3	粒状	96-105	—	3.0	300
LH100-4	粒状	96-105	—	4.0	300
LH100-5	粒状	96-105	—	5.0	300
LH110-0	粒状	106-115	3.5	—	400
LH110-1	粒状	106-115	9.49	—	400
LH110-2	粒状	106-115	—	2.0	400
LH110-3	粒状	106-115	—	3.0	400
LH110-4	粒状	106-115	—	4.0	400
LH110-5	粒状	106-115	—	5.0	400

牌号	溴值/(gBr/100g) ≤	酸值/(mgKOH/g) ≤	闪点/℃ ≥	燃点/℃ ≥	灰分/% ≤
LH90-0	1	0.5	170	200	0.002
LH90-1	2	0.5	170	200	0.002
LH90-2	3	0.5	170	200	0.002
LH90-3	4	0.5	170	200	0.002
LH90-4	—	0.5	170	200	0.002
LH90-5	—	0.5	170	200	0.002
LH100-0	1	0.5	170	200	0.002
LH100-1	2	0.5	170	200	0.002
LH100-2	3	0.5	170	200	0.002
LH100-3	4	0.5	170	200	0.002
LH100-4	—	0.5	170	200	0.002
LH100-5	—	0.5	170	200	0.002
LH110-0	1	0.5	170	200	0.002
LH110-1	2	0.5	170	200	0.002
LH110-2	3	0.5	170	200	0.002
LH110-3	4	0.5	170	200	0.002
LH110-4		0.5	170	200	0.002
LH110-5		0.5	170	200	0.002
用途	黏合剂、密封剂的增黏树脂				

⑥ 氢化 C_9 石油树脂质量指标　韩国产水白 C_9 石油树脂 SU-系列（属氢化 C_9）的质量指标见表 6-80。

表 6-80　SU-系列氢化 C_9 石油树脂

指标名称	SU-100	SU-110	SU-120	SU-130	SU-140	试验方法
软化点/℃	105	115	120	130	100	ASTM E28
外观	水白色					
色度(APHA,铂-钴色号) ≤	50					ASTM D1209
热稳定性/% ≤	2					180℃×5h
酸值/(mgKOH/g) ≤	0.5					ASTM D974
灰分/% ≤	0.1					200℃×1.5h
闪点/℃	230~240					AS

(4) 石油树脂用途 密封剂、黏合剂、涂料的增黏树脂，也可用于塑料、压敏胶、热熔压敏胶、橡胶型胶黏剂等许多行业。

6.4 松香类树脂

6.4.1 松香

别称：焦油松香；枞酸型树脂酸。

(1) 松香的化学结构式松香主要由松香酸（也称枞酸型树脂酸，包括枞酸、长叶枞酸、新枞酸、左旋海松酸，占松香的70%～85%）组成，其中由一个三元环菲骨架，含有两个双键和一个羧基，和胡椒酸（10%～15%）组成。松香含有几个百分点的不皂化碳水化合物；为了清除松香助焊剂，必须加入皂化剂（把水皂化的一种碱性化学物），松香最主要的成分枞酸的结构式见式(6-1)；胡椒酸化学结构式见式(6-2)，两者混合物的化学结构即松香的化学结构。

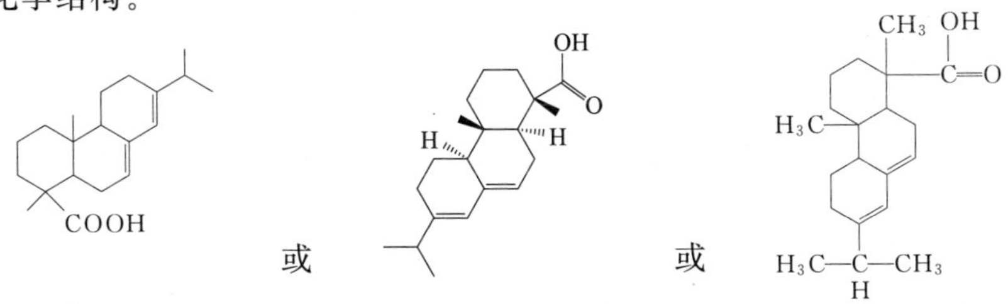

$$\tag{6-1}$$

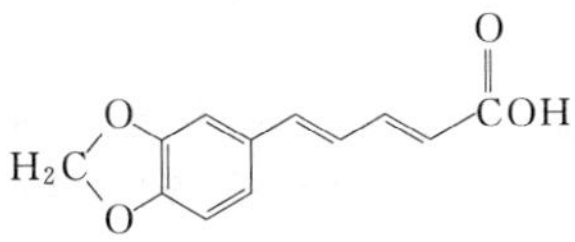

$$\tag{6-2}$$

(2) 松香的物理化学特性 见表 6-81。

表 6-81 松香的物理化学特性

性能名称	参数	性能名称	参数
软化点/℃	70～90	体积电阻率/Ω·cm	5×10^{16}
密度/(g/cm³)	1.070～1.085	闪点/℃	216
溶解热/(kcal/kg)	15.8	结晶临界温度/℃	100
热容/[kcal/(kg·℃)]	0.54	结晶松香熔点/℃	110～135
热导率/[kcal/(m·℃)]	0.11		
外观：微黄至黄红色的透明固体,松香还具有结晶特性,容易产生结晶现象,在丙酮等有机溶剂中会有结晶趋势			
比旋值：0°～15°(最佳点+7°)即为无结晶现象和结晶趋势最低的松香			

注：1cal=4.1868J。

(3) 松香质量指标

a. 天津市北辰区庆辉林化产品有限公司的松香质量指标见表 6-82。

表 6-82 松香质量指标

指标名称		特级	一级	二级	三级	四级	五级
外观		透明硬脆固体					
颜色		微黄	浅黄	黄色	深黄	黄棕	黄红
软化点(环球法)/℃	≥	76	76	75	75	74	74
酸值/(mgKOH/g)	≥	166	165	165	165	164	164
乙醇不溶物/%	≤	0.03	0.03	0.03	0.03	0.04	0.04
不皂化物含量/%	≤	5	5	5	6	7	7
灰分/%	≤	0.02	0.02	0.03	0.03	0.04	0.04

注：颜色应符合松香色级玻璃标准色块的要求。

b. 天津市北辰区产红松香质量指标见表 6-83。

表 6-83 红松香质量指标

指标名称		特级	一级	二级	三级	四级
外观		透明硬脆固体				
颜色		微黄	淡黄	黄色	深黄	黄棕
软化点(环球法)/℃	≥	76.0	76.0	75.0	75.0	74.0
酸值/(mgKOH/g)	≥	166.0	166.0	165.0	165.0	164.0
乙醇不溶物/%	≤	0.03	0.03	0.03	0.03	0.04
不皂化物含量/%	≤	5	5	5	5	6
灰分/%	≤	0.02	0.02	0.03	0.03	—

注：颜色应符合松香色级玻璃标准色块的要求。

（4）松香用途 用于密封腻子、密封剂、热熔压敏黏合剂的增黏剂。

6.4.2 氢化松香

（1）氢化松香的化学结构式

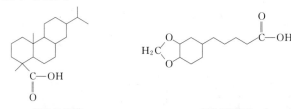

氢化松香酸   氢化胡椒酸

（2）氢化松香的物理化学特性 松香分子结构中的树脂酸中含有共轭双键，故反应性高，不稳定性高，易氧化。为提高其耐氧化性能，可将松香氢化改性得到饱和结构的松香。从而使氢化松香具有较高的抗氧化性能，在空气和光照下不被氧化和不变色，无结晶趋势，脆性小，黏结性强，能长期保持弹性和色浅等优点。

（3）氢化松香质量指标 见表 6-84 和表 6-85。

表 6-84 氢化松香质量指标（执行标准：一般企业标准）

指标名称			特级	一级	二级
外观			透明		
颜色	玻璃色块比色		符合松香色级玻璃标准色块的要求		
	罗维邦号 ≤	黄/色号	12	20	30
		红/色号	1.4	2.1	2.5
酸值/(mgKOH/g)		≥	162.0	160.0	158.0
软化点(环球法)/℃		≥	72.0	71.0	70.0
乙醇不溶物/%		≤	0.020	0.030	0.040
不皂化物/%		≤	7.0	8.0	9.0
枞酸/%		≤	2.00	2.50	3.00
脱氢枞酸/%		≤	10.0	10.0	15.0
氧吸收量/%		≤	0.20	0.20	0.30

表 6-85 天津市庆辉林化氢化松香质量指标

性能名称			HXB	HXA	HX1	HX2
外观			透明体			
颜色			玻璃块比色	玻璃块比色	玻璃块比色	玻璃块比色
罗维邦号 ≤		黄	4	8	10	12
		红	0.7	1.0	1.3	1.7

续表

性能名称		HXB	HXA	HX1	HX2
酸值/(mgKOH/g)	≥		166		
软化点(环球法)/℃	≥		76		
乙醇不溶物/%	≤		0.02		
不皂化物含量/%	≤		7.0		
枞酸含量/%	≤		2.0		
去氢枞酸/%	≤		8.0		

（4）氢化松香用途　主要用于密封剂、胶黏剂、涂料、耐热增黏剂。氢化松香还可作天然或合成橡胶极好的软化剂和抗老化剂；助焊性能好，焊接可靠性高，不会产生有毒气体，对电子元器件无腐蚀性，耐湿热和霉菌的电子工业用助焊剂。

6.4.3　聚合松香

（1）聚合松香的化学结构式

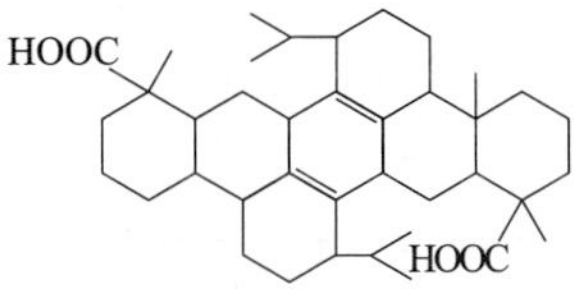

（2）聚合松香的物理化学特性　聚合松香是一种浅色的热塑性树脂，其主要特性是较高的软化点，优良的抗氧性，在有机溶剂中有更高的黏度，不结晶，酸值低，可以直接应用，也可以再加工成酯或盐类应用。

（3）聚合松香质量指标　聚合松香的质量指标见表 6-86～表 6-89。

表 6-86　感官要求（GB 10287—2012）

项目	要　　求	检验方法
外观	黄色透明、无明显肉眼可见杂质	GB/T 8146—2003 的 3.3
状态	常温下固体	取适量试样，置于清洁、干燥的白磁盘中，在自然光线下目视观察状态

表 6-87　理化指标（GB 10287—2012）

项　　目		指　　标		检验方法
		松香甘油酯	氢化松香甘油酯	
溶解性		通过试验		附录 A 中 A.3
酸值/(mg/g)	≤	9.0		GB/T 8146—2003 第 5 章
软化点(环球法)/℃		80.0～90.0	78.0～90.0	GB/T 8146—2003 第 4 章
总砷(以 As 计)/(mg/kg)	≤	1.0		GB/T 5009.11
重金属(以 Pb 计)/(mg/kg)	≤	10.0		GB/T 5009.74
灰分/(g/100g)	≤	0.10		GB/T 8146—2003 第 8 章
相对密度(d_{20}^{25})		1.060～1.090		附录 A 中 A.4
色度(Gardner,铁-钴色号)		8		GB/T 1722—1992 第 3 章

表 6-88   聚合松香一般企业标准

指标名称		A-115	B-115	C-115	A-140	B-140	C-140
外观		透明					
颜色	玻璃色块(浅于或等于)/级	三	四	三	三	四	三
	Gardner,铂-钴色号	≤9	≤10	≤9	≤9	≤10	≤9
软化点(环球法)/℃		110.0~120.0			135.0~145.0		
酸值/(mgKOH/g) ≥		145.0			140.0		
乙醇不溶物/% ≤		0.050	0.030	0.030	0.050	0.030	0.030
热水溶物/% ≤		0.20			0.20		

注: 1. A—以硫酸为催化剂，汽油为溶剂的聚合工艺。

2. B—以硫酸-氯化锌为催化剂，汽油为溶剂的聚合工艺。

3. C—以硫酸为催化剂，三氯甲烷为溶剂的聚合工艺。

表 6-89   聚合松香某企业标准

指标名称	No. 95	No. 115	No. 140
外观	透明	透明	透明
色度(铁-钴色号)	8~9	8~9	约7
软化点(环球法)/℃	90~100	110~120	135~145
酸值/(mgKOH/g)	≥150.0	≥145.0	≥140.0
乙醇不溶物/%	≤0.03	≤0.03	≤0.03
热水溶物/%	≤0.20	≤0.20	≤0.20

（4）聚合松香用途   主要用作密封剂、胶黏剂，热熔涂料和热熔胶的增黏剂。

6.4.4   歧化松香

（1）歧化松香的化学结构式   歧化松香是二氢松香酸、四氢松香酸（即全氢松香酸）、脱氢松香酸的混合物，其结构式如下：

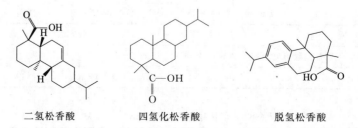

二氢松香酸　　　　　四氢化松香酸　　　　　脱氢松香酸

（2）歧化松香的物理化学特性   歧化反应实质是自身氧化还原过程，歧化松香是在催化剂的存在下，借无机酸和热的作用，使松香的一部分被氧化，另一部分被还原，即发生了歧化反应所得的产物。歧化松香是脱氢松香酸（$C_{19}H_{27}COOH$）、二氢松香酸（$C_{19}H_{31}COOH$）和四氢松香酸（$C_{19}H_{33}COOH$）的混合物。具体物化特性见表 6-90。

表 6-90   歧化松香的物理、化学特性

性能名称	参数	性能名称	参数
分子量 $\overline{M}_n$	304	沸点(2kPa)/℃	265
密度/(g/cm³)	1.067	折射率	1.5400
软化点/℃	≥75	闪点/℃	210
外观:微黄色脆性固体;溶解性:溶于甲苯、汽油等有机溶剂			

（3）歧化松香质量指标   见表 6-91。

表 6-91　广西梧州松脂股份有限公司产歧化松香品种的质量指标（执行标准：LY/T 1357—2008）

指标名称		特级品	一级品
色度（罗维邦法）　≤	黄	20	40
	红	2.1	3.4
枞酸含量/%	≤	0.1	0.5
脱氢枞酸含量/%	≥	52.0	45.0
软化点（环球法）/℃	≥	75.0	75.0
酸值/（mgKOH/g）	≥	155.0	150.0
不皂化物含量/%	≤	10.0	12.0

（4）歧化松香用途　用作氯磺化聚乙烯密封腻子的增黏剂和硫化剂。也用作丁苯橡胶，氯丁橡胶、丁腈胶及其乳胶，ABS 等高分子聚合的乳化剂，还大量用于制造水溶性压敏胶黏剂。

6.5　古马隆树脂

别称：苯并呋喃-茚树脂。

（1）古马隆树脂化学结构式

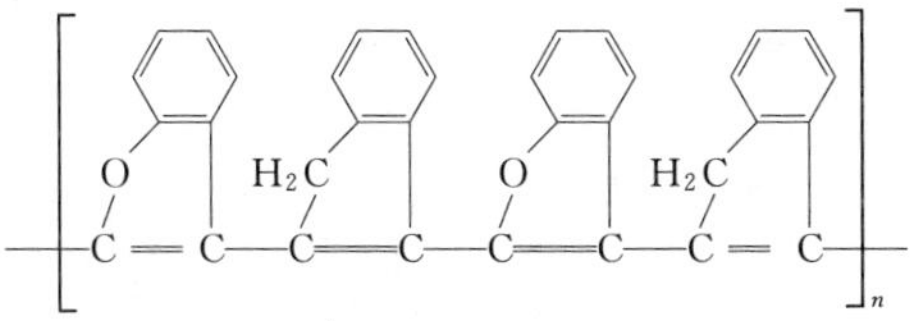

（2）古马隆树脂物理化学特性　见表 6-92。

表 6-92　古马隆树脂物理化学特性

性能名称	参数	性能名称	参数
外观	黏稠液体或是固体像松香	碘值/（gI$_2$/100g）	23～39
		耐酸碱性	优良
密度/（g/cm³）	1.05～1.15	耐水性	优良
液体相对密度	1.05～1.07	电绝缘性	良好
软化点/℃	75～135	耐老化性	良好
玻璃化温度/℃	56	耐热性	良好
折射率	1.60～1.65	耐腐蚀性	良好
燃烧性	可燃	耐光性	较差
		毒性	无毒
性能名称	参数		
溶解性	溶于氯代烃、酯类、酮类、醚类、烃类、多数树脂油、硝基苯、苯胺类，不溶于水及低级醇		

（3）古马隆树脂的牌号及质量指标　见表 6-93。

表 6-93　古马隆树脂的牌号及质量指标

指标名称	CYC80	CYC90	CYC100	CYC110	CYC120	CYC130	CYC140
外观	颗粒或块状片状						
软化点/℃	70～80	80～90	90～100	100～110	110～120	120～130	130～140
色号（Gardner,铂-钴色号）	15～18						
酸值/（mgKOH/g）	≥1.00						
碘值/（gI$_2$/100g）	80～160						
密度/（g/cm³）	1.02～1.12						
熔融黏度/mPa·s	根据客户需要测定						
灰分/%	≤0.1						

（4）用途　丁腈、氯丁密封剂的增黏剂和补强剂。

6.6　硅烷类化合物

（1）各类硅烷偶联型化合物　化学结构见表 6-94。

表 6-94　常用硅烷偶联型化合物化学结构式

序号	产品化学名称（牌号）	化学结构式
1	γ-氨丙基三乙氧基硅烷（牌号：KH550、WD-50、联碳 A-1100、A-M-9、道康宁 Z-6011、位越 KBM-903）	
2	γ-缩水甘油醚氧丙基三甲氧基硅烷；或称：γ-[（2,3）-环氧丙氧]丙基三甲氧基硅烷（牌号：KH560、WD-60、A-187、KBM-403、Y-4087、Z-6040、SH6040、G6720、GLYMO）	
3	γ-(甲基丙烯酰氧)丙基三甲氧基硅烷（牌号：KH-570、WD-70、A-174、KBE-503、西德华克 GF-3、Z-60301、MEMO、E-6030）	
4	N-β-(氨乙基)-γ-氨丙基甲基二甲氧基硅烷（牌号：KH-602、A-2120、KBM-602）	
5	N-(β-氨乙基)-γ-氨丙基三乙氧基硅烷（牌号：WD-52、YDH-791、KH-791、Si-910）	
6	乙烯基三乙氧基硅烷（牌号：KH-151、WD-20、VTEO Q-9-6300、A-151、V4910）	
7	乙烯基三甲氧基硅烷（牌号：KH-171、WD-21、KMM-1003、A-171、V4917、VT-MO、Y-4302）	
8	γ-巯丙基三乙氧基硅烷（牌号：KH-580、KBM-803、WD-81）	
9	γ-巯丙基三甲氧基硅烷（牌号：WD-80、A-189）	
10	N-(2-氨乙基)-3-氨丙基甲基二甲氧基硅烷[牌号：WD-53N 也称 WD-53；KBM-602(日本信越化学工业株式会社)；A-2120]	

续表

序号	产品化学名称（牌号）	化学结构式
11	乙烯基三（β-甲氧基乙氧基）硅烷（牌号：WD-72、A-172、KBC-1003、Z-6075)	
12	三氨基硅烷或称乙氨基乙氨基丙氨基三甲氧基硅烷（牌号：A-1130；Y-5162)	
13	γ-脲基丙基三乙氧基硅烷或称 3-脲基丙基三乙氧基硅烷（牌号：A-1160；Y-5650)	
14	双［(γ-三乙氧基硅)丙基］四硫化物［牌号：WD-40(Si-69)、Y-6194]	
15	N-β-（氨乙基）-γ-氨丙基三甲氧基硅烷［牌号：A-1120（碳）、SH6020；A-0700、YDH-792、KH-792、Z-6020（道康宁公司）、KBM-603（日本信越公司）]	
16	3-氨丙基三甲氧基硅烷（牌号：WD-56、A-1110)	$NH_2-CH_2-CH_2-CH_2-Si$—OCH_3（OCH_3、OCH_3)
17	γ-氯丙基三甲氧基硅烷（牌号：KBM-703)	$Cl-CH_2-CH_2-CH_2-Si$—OCH_3（OCH_3、OCH_3)
18	γ-（甲基丙烯酰氧）丙基三甲氧基硅烷（牌号：KH-570、WD-70、南大-NS、A-174、KBM-503)	
19	3-氨丙基甲基二甲氧基硅烷；3-（二甲氧基甲基甲硅烷基)-1-丙胺（牌号：WD-54)	
20	β-（3,4-环氧环己基乙基）三甲氧基硅烷（牌号：A-186、Y-4086、KBM-303)	

序号	产品化学名称（牌号）	化学结构式
21	二乙氨基甲基三乙氧基硅烷（牌号：ND-22）	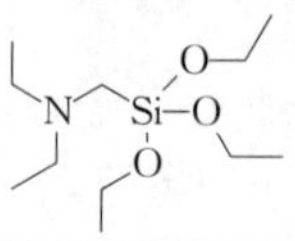 $(C_2H_5)_2N-CH_2-Si(OC_2H_5)_3$
22	长链烷基三甲氧基硅烷（牌号：WD-10；又称：十二烷基三甲氧基硅烷；正十二烷基三甲氧基硅烷）	$CH_3-CH_2-(CH_2)_{10}-Si(OCH_3)_3$
23	γ-氯丙基三乙氧基硅烷（牌号：WD-30、CG-53）	$Cl-CH_2-CH_2-CH_2-Si(OC_2H_5)_3$
24	苯胺甲基三乙氧基硅烷（牌号：WD-42；ND-42）	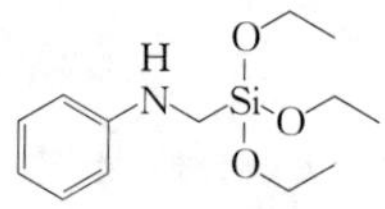 $C_6H_5-NH-CH_2-Si(OC_2H_5)_3$
25	二氯甲基三乙氧基硅烷（牌号：ND-43、UP-43）	$Cl_2CH-Si(O-CH_2-CH_3)_3$
26	二乙氨基代甲基三乙氧基硅烷（牌号：ND-22 即南大-22）	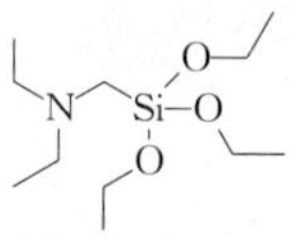 $(C_2H_5)_2N-CH_2-Si(OC_2H_5)_3$
27	己二氨基甲基三乙氧基硅烷（牌号：UP-24）	$NH_2-(CH_2)_6-NH-Si(O-CH_2-CH_3)_3$
28	苯胺甲基三甲氧基硅烷（牌号：ND-73）	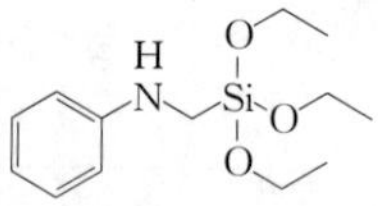 $C_6H_5-NH-CH_2-Si(OC_2H_5)_3$
29	甲基三乙酰氧基硅烷[9]（牌号：WD-922）	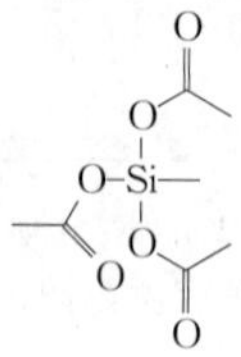 $CH_3-Si(O-CO-CH_3)_3$
30	乙烯基三乙酰氧基硅烷[10]［牌号：A-188（美国联碳公司）；NQ-188（南京万达硅业有限公司）］	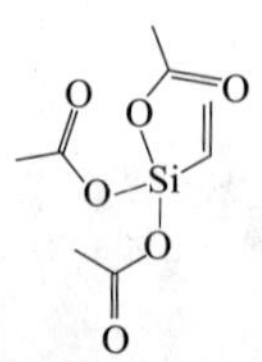 $CH_2=CH-Si(O-CO-CH_3)_3$

续表

序号	产品化学名称(牌号)	化学结构式
31	乙烯基三叔丁基过氧硅烷〔牌号：VTPS；(国外牌号有 Y-4310、Y-43021)；AC-70[方舟(佛冈)化学材料有限公司]、OSI201(哈尔滨市奥斯化工研究所)〕	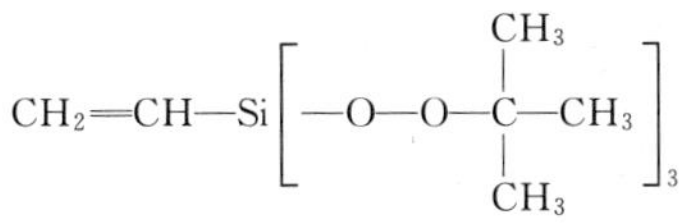 $CH_2{=}CH{-}Si\left[-O-O-C\begin{smallmatrix}CH_3\\CH_3\\CH_3\end{smallmatrix}\right]_3$
32	1,2-双三甲氧基硅基乙烷(牌号：KH-175)	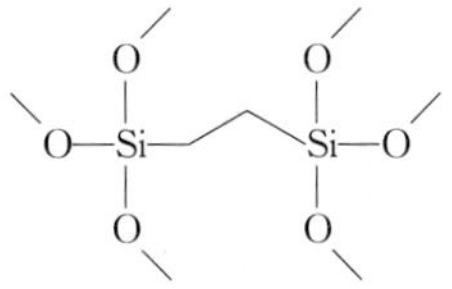
33	γ-氯丙基三甲氧基硅烷[又称：3-氯丙基三甲氧硅烷；(3-氯丙基)三甲氧基硅烷；氯丙基三甲氧基硅烷；硅烷偶联剂 NQ-54；3-氯丙基三甲氧基硅烷](牌号：CG-54、A-143、SH-6076)	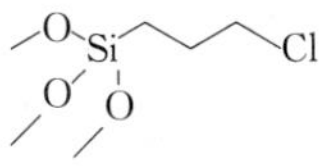
34	β-(3,4-环氧环己基)乙基三甲氧基硅烷[牌号：AC-67(国内)、A-168；又称：三甲氧基[2-(7-氧杂二环[4.1.0]庚-3-基]乙基]硅烷；2-(3,4-环氧环乙烷)乙基三甲氧基硅烷]	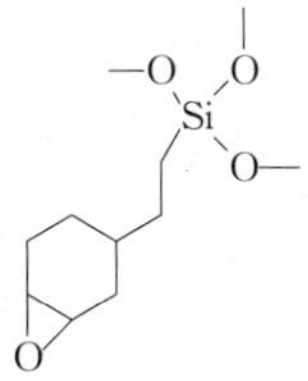

（2）各类烷氧基硅烷　物理化学特性见表 6-95～表 6-128。

表 6-95　KH550；γ-氨丙基三乙氧基硅烷物理化学特性

性能名称	参数	性能名称	参数
外观	浅黄色液体	折射率 n_D^{20}	1.420
沸点/℃	217	闪点/℃	92
密度/(g/cm³)	0.946	熔点/℃	<-50
毒性	吸入有毒		
溶解性:溶于苯、乙酸乙酯,与水反应			
水解性:易水解,放出乙醇,生成相应的硅醇缩合物			
化学反应性:分子中的 C—NH₂ 键内氨基可与酸、羧酸酯、醛、酮、卤代烃、酰胺和腈等进行反应			

表 6-96　KH560；γ-缩水甘油醚氧丙基三甲氧基硅烷或称
γ-[(2,3)-环氧丙氧]丙基三甲氧基硅烷物理化学特性

性能名称	参数	性能名称	参数
外观	浅黄色液体	熔点/℃	<-50
沸点/℃	217	密度/(g/cm³)	0.946
折射率(n_D^{25})	1.420	毒性	吸入有毒
闪点/℃	92		
溶解性:溶于苯、乙酸乙酯,与水反应			
水解性:易水解,放出乙醇,生成相应的硅醇缩合物			
化学反应性:分子中的 C—NH₂ 键内氨基可与酸、羧酸酯、醛、酮、卤代烃、酰胺和腈等进行反应			

表 6-97 KH-570；γ-(甲基丙烯酰氧) 丙基三甲氧基硅烷物理化学特性

性能名称	参数	性能名称	参数
外观	无色透明液体	溶解性	易溶于多种有机溶剂
毒性	吸入有毒	—	

反应性:过热、光照、过氧化物存在下易聚合

水解性:易水解,放出醋酸,生成相应的聚硅氧烷缩合物

表 6-98 KH-602；N-β-(氨乙基)-γ-氨丙基甲基二甲氧基硅烷物理化学特性

性能名称	参数	性能名称	参数
沸点/℃	265	折射率(n_D^{25})	1.445
溶解性	溶于苯、乙酸乙酯	闪点/℃	93
毒性	吸入有毒	化学反应性	与水反应
		密度(20℃)/(g/cm³)	0.970~0.980

外观:无色或微黄色透明液体

水解性:易水解,放出硅醇,生成相应的硅醇缩合物

表 6-99 WD-52；N-(β-氨乙基)-γ-氨丙基三乙氧基硅烷物理化学特性

性能名称	参数	性能名称	参数
密度(20℃)/(g/cm³)	1.050	沸点(13.3Pa)/℃	115
毒性	吸入有毒	折射率(n_D^{25})	1.436

外观:无色至棕黄色透明液体

溶解性:溶于苯、乙酸乙酯,不溶于水

表 6-100 KH-151；乙烯基三乙氧基硅烷物理化学特性

性能名称	参数	性能名称	参数
外观	无色透明液体	相对密度	0.9027
沸点(2.666kPa)/℃	62.5~63	毒性	吸入有毒
折射率(n_D^{25})	1.3960		

溶解性:溶于苯、乙酸乙酯,不溶于水

反应性:易水解,放出乙醇,生成乙烯基硅三醇的缩合物。与有机金属化合物反应,分子内 Si—OC$_2$H$_5$ 键中的乙氧基可被相应的有机基取代。在有机过氧化物的作用下,Si—CH＝CH$_2$ 键可进行自由基聚合反应。在铂催化剂作用下,Si—CH＝CH$_2$ 键可与含 Si—H 键的化合物发生加成反应。可由乙烯基三氯硅烷与无水乙醇反应来制取,也可由四乙氧基硅烷与乙烯基溴化镁反应来制取

表 6-101 KH-171；乙烯基三甲氧基硅烷物理化学特性

性能名称	参数	性能名称	参数
相对密度(水＝1)	0.960~0.980	闪点/℃	28
pH 值	6~7	相对密度(空气＝1)	5.1
沸点/℃	123	爆炸极限(体积分数)/%	1.1
折射率(n_D^{25})	1.3920~1.3940	毒性	吸入有毒

外观:无色透明液体,具有酯的气味

溶解性:不溶于水,可混溶于醇、醚、苯,可在酸性水溶液中水解

表 6-102 KH-580；WD-81；γ-巯丙基三乙氧基硅烷物理化学特性

性能名称	参数	性能名称	参数
外观	无色透明液体	闪点/℃	88
折射率(n_D^{25})	1.4330±0.0050	纯度/%	≥98.0
密度(20℃)/(g/cm³)	0.9850±0.0050	沸点/℃	210

溶解性:溶于丙酮、苯、乙酸乙酯、四氯化碳,不溶于水。在酸、碱性溶液中水解

表 6-103 WD-80；γ-巯丙基三甲氧基硅烷物理化学特性

性能名称	参数	性能名称	参数
外观	淡黄色至黄色透明液体	沸点/℃	212
折射率(n_D^{25})	1.4420±0.005	主含量/%	≥95.0
密度(20℃)/(g/cm³)	1.0450±0.01	闪点/℃	88
溶解性:不溶于水,但溶于醇,会与水慢慢发生反应			

表 6-104 WD-53N；N-(2-氨乙基)-3-氨丙基甲基二甲氧基硅烷物理化学特性

性能名称	参数	性能名称	参数
敏感性	对空气和水分敏感	沸点(760mmHg)/℃	234
沸点/℃	139	闪点/℃	104.4～126
折射率(n_D^{25})	1.4400～1.4500	密度(25℃)/(g/cm³)	0.97～0.98
		主含量/%	≥97.0
外观:无色或微黄色透明液体			
溶解性:溶于苯、乙酸乙酯,与水反应			

表 6-105 A-172；乙烯基三(β-甲氧基乙氧基)硅烷物理化学特性

性能名称	参数	性能名称	参数
外观	无色透明液体	外观	无色透明液体
分子量	280.4	主含量(气相色谱法)/%	≥98.5
沸点/℃	285	溶解性	溶于有机溶剂
闪点/℃	104.4～126	折射率(n_D^{25})	1.4270
		相对密度(d_4^{20})	1.035

表 6-106 A-1130；三氨基硅烷或称乙氨基乙氨基丙氨基三甲氧基硅烷物理化学特性

性能名称	参数	性能名称	参数
外观	琥珀色透明液体	折射率(n_D^{25})	1.463
		相对密度(d_{25}^{25})	1.03
溶解性:可溶于甲醇、乙醇、异丙醇和水(至少可达到5%)			

表 6-107 A-1160；γ-脲基丙基三乙氧基硅烷或称 3-脲基丙基三乙氧基硅烷物理化学特性

性能名称	参数	性能名称	参数
外观	无色透明液体	色度(铂-钴色号)	≤35
组成	50%甲醇溶液	折射率(n_D^{25})	1.4380～1.4480
		密度(20℃)/(g/cm³)	0.915～0.925
溶解性:可溶于甲醇、乙醇、异丙醇和水(至少可达到5%)			

表 6-108 WD-40；双[(γ-三乙氧基硅)丙基]四硫化物物理化学特性

性能名称	参数	性能名称	参数
密度/(g/cm³)	1.08	折射率(n_D^{25})	201.49
外观:略带乙醇气味的淡黄色透明液体			
溶解性:溶于低级醇、酮、苯、甲苯、卤代烃等,不溶于水			

表 6-109 KH-792，A-1120；Z-6020；KBM-603；N-(β-氨乙基)-γ-氨丙基三甲氧基硅烷物理化学特性

性能名称	参数	性能名称	参数
沸点/℃	259	密度(20℃)/(g/cm³)	1.010～1.030
闪点(闭杯)/(℃/℉)	130.7/280	折射率(n_D^{25})	1.4425～1.4460
外观:无色或微黄色透明液体			
溶解性:能溶于乙醚、苯中,与丙酮、四氯化碳、与水反应			

注:闪点,闭杯按 ASTM D93 规定测试,下同。

表 6-110　A-1110；3-氨丙基三甲氧基硅烷；WD-56；A-1110，
γ-氨丙基三甲氧基硅烷物理化学特性

性能名称	参数	性能名称	参数
外观	无色透明液体	密度(20℃)/(g/cm³)	0.9160±0.0005
分子量	179.29	沸点(15mmHg)/℃	88
折射率(n_D^{25})	1.4183±0.0050	闪点(闭杯)/℃	130.7(280℉)

表 6-111　KBM-703；γ-氯丙基三甲氧基硅烷物理化学特性

性能名称	参数	性能名称	参数
外观	无色透明液体	折射率(n_D^{25})	1.4139±0.005
沸点(5.33kPa)/℃	100	密度(20℃)/(g/cm³)	1.0770±0.005
溶解性：可溶于多种有机溶剂中，遇水会水解			

表 6-112　WD-70；γ-(甲基丙烯酰氧) 丙基三甲氧基硅烷物理化学特性

性能名称	参数	性能名称	参数
外观	无色透明液体	闪点/℃	92
沸点/℃	190	熔点/℃	<−50
折射率(n_D^{25})	1.43~1.432	密度(25℃)/(g/cm³)	1.045
溶解性：易溶于多种溶剂，水解固化后形成不溶的聚硅氧烷			

表 6-113　WD-54；3-氨丙基甲基二甲氧基硅烷；3-(二甲氧基甲基甲硅烷基)-1-丙胺物理化学特性

性能名称	参数	性能名称	参数
沸点(760mmHg)/℃	≥200	折射率(n_D^{25})	1.4200
密度/(g/cm³)	0.945	闪点/℃	69

表 6-114　A-186；β-(3,4-环氧环己基乙基) 三甲氧基硅烷物理化学特性

性能名称	参数	性能名称	参数
外观	无色透明液体	沸点/℃	310
分子量	246	密度/(g/cm³)	1.07
溶解性：溶于许多有机溶剂。不溶于水，调制水溶液时采用水和乙醇的混合溶剂			

表 6-115　南大-22；二乙氨基甲基三乙氧基硅烷物理化学特性

性能名称	参数	性能名称	参数
分子量	246	闪点/℃	53
		密度/(g/cm³)	1.07
沸程(5mmHg)/℃	95~110	含量/%	95.00
		酸碱性	碱性
外观：无色至淡黄色透明液体			
溶解性：可溶于乙醇、丙酮、甲苯、乙酸乙酯、汽油等大部分有机溶剂，溶于水			

表 6-116　WD-10；长链烷基三甲氧基硅烷 (即十二烷基三甲氧基硅烷) 物理化学特性

性能名称	参数	性能名称	参数
外观	无色透明液体	敏感性	对湿气敏感
沸点(760mmHg)/℃	234.9	熔点(5mmHg)/℃	135
熔点/℃	−40	沸点/℃	273
闪点/℃	108.6	折射率(n_D^{25})	1.438
密度/(g/cm³)	0.877	密度/(g/cm³)	0.97
含量/%	95.00	闪点/℃	123
稳定性	常温常压稳定		

表 6-117　WD-30；γ-氯丙基三乙氧基硅烷理化特性

性能名称	参数	性能名称	参数
外观	无色透明液体	酸碱性	呈酸性
分子量	240.49	遇水稳定性	易水解
沸点/℃	220	熔点/℃	<－50
折射率(n_D^{25})	1.4200±0.005	闪点/℃	92
密度(20℃)/(g/cm³)	1.0020±0.005		

表 6-118　WD-42；ND-42；KH-42；苯胺甲基三乙氧基硅烷理化特性

性能名称	参数	性能名称	参数
外观	淡黄色油状液体	折射率(n_D^{25})	1.4875
含量/%	≥95	密度(25℃)/(g/cm³)	1.0210
沸点(0.67kPa)/℃	135～150		
溶解性	能溶于醇、酮、酯、烃等有机溶剂,不溶于水		

表 6-119　南大-43；UP-43；苯胺甲基三甲氧基硅烷理化特性

性能名称	参数	性能名称	参数
熔点/℃	－17	反应性	遇水水解
沸程(4mmHg)/℃	115～125	氯含量/(mg/kg)	<10
密度(ρ_{20})/(g/cm³)	1.095	闪点/℃	110
折射率(n_D^{25})	1.4857～1.4900		

外观:淡黄色油状透明液体

溶解性:可溶于醇、酮、醛、酯、烃等大部分溶剂

表 6-120　南大-22；二乙氨基代甲基三乙氧基硅烷理化特性

性能名称	参数	性能名称	参数
沸程(5mmHg)/℃	95～110	酸碱性	碱性
折射率(n_D^{25})	1.4660～1.4670	含量/%	95.00
密度(20℃)/(g/cm³)	1.01～1.02	闪点/℃	53
外观	无色至淡黄色透明液体		
溶解性:	可溶于乙醇、丙酮、甲苯、乙酸乙酯、汽油等大部分有机溶剂,溶于水		

表 6-121　P-24；己二氨基甲基-三乙氧基硅烷理化特性

性能名称	参数	性能名称	参数
沸程(3mmHg)/℃	160～180	含量/%	90.00
折射率(n_D^{25})	1.4660～1.4670	闪点/℃	53
密度(20℃)/(g/cm³)	1.01～1.02		

外观:无色至淡黄色透明液体

溶解性:可溶于乙醇、丙酮、酯、醚、烃等大部分有机溶剂,不溶于水

表 6-122　南大-73；苯胺甲基三甲氧基硅烷理化特性

性能名称	参数	性能名称	参数
沸程(4mmHg)/℃	115～125	氯含量/(mg/kg)	<10
密度(ρ_{20})/(g/cm³)	1.16～1.17	反应性	遇水水解
折射率(n_D^{25})	1.4857～1.4900		

外观:淡黄色油状透明液体

溶解性:可溶于醇、酮、醛、酯、烃等大部分溶剂

表 6-123　WD-922；YZ301；甲基三乙酰氧基硅烷物理化学特性

性能名称	参数	性能名称	参数
沸程(17mmHg)/℃	110～112	熔点/℃	40.5
折射率(n_D^{25})	1.4045～1.4055	密度(ρ_{20})/(g/cm³)	1.16～1.17
溶解性	可溶于醋酸酐		

外观:无色至淡黄色透明液体,纯品在较低温度下为白色晶体,有较浓的醋酸气味

反应性:遇水会交联,并产生醋酸

表 6-124　A-188（美国联碳公司）；NQ-188（南京万达硅业有限公司）；乙烯基三乙酰氧基硅烷物理化学特性

性能名称	参数	性能名称	参数
沸点(13mmHg)/℃	112	含量/%	97
密度(ρ_{20})/(g/cm³)	1.17	分子量	232.25
折射率(n_D^{25})	1.4152		

外观:无色至淡黄色透明液体,较低温度下为白色晶体

表 6-125　AC-70（VTPS）；乙烯基三叔丁基过氧硅烷物理化学特性

性能名称	参数	性能名称	参数
折射率(n_D^{25})	1.4575±0.0075	活性氧含量/%	≥6
密度(25℃)/(g/cm³)	0.905±0.005		

外观:无色或淡黄色透明液体

溶解性:可溶于苯、甲苯等有机溶剂

表 6-126　KH-175；1,2-双三甲氧基硅基乙烷物理化学特性

性能名称	参数	性能名称	参数
含量/%	≥97	沸点(5mmHg)/℃	103～104
分子量	270.43	折射率(n_D^{25})	1.409
闪点/℃	65	密度/(g/cm³)	1.073

外观:无色至浅黄色液体

表 6-127　A-143；NQ-54（中国）；γ-氯丙基三甲氧基硅烷物理化学特性

性能名称	参数	性能名称	参数
含量/%	≥98.5	沸点/℃	192
分子量	198.72	密度(ρ_{20})/(g/cm³)	1.0770±0.0050
		折射率(n_D^{25})	1.4183±0.0050

外观:无色透明液体

溶解性:可溶于苯等多种有机溶剂,遇水会水解

表 6-128　A-168；β-(3,4-环氧环己基)乙基三甲氧基硅烷物理化学特性

性能名称	参数	性能名称	参数
含量/%	≥98	闪点/℃	146
沸点/℃	310	密度(20℃)/(g/cm³)	1.0650±0.0050
		折射率(n_D^{25})	1.4510±0.0050

外观:无色透明液体

溶解性:可溶于苯等多种有机溶剂,遇水会水解

(3) 各类烷氧基硅烷质量指标

① 国内、外产 γ-氨丙基三乙氧基硅烷质量指标见表 6-129。

表 6-129　KH550；A-1100（联碳）；A-M-9；WD-50；Z-6011（道康宁）；
KBM-903（信越）等牌号的 γ-氨丙基三乙氧基硅烷质量指标

指标名称	参数	指标名称	参数
外观	无色透明液体	折射率（n_D^{20}）	1.420
密度（25℃）/（g/cm³）	0.946	闪点/℃	96
沸点/℃	217		
溶解性	溶于苯,乙酸乙酯,可溶于水,但与水反应即水解,呈碱性		

② 牌号为 KH-560、A-187、KBM-403、Y-4087、Z-6040、WD-60、SH6040、G6720、GLYMO 的 γ-缩水甘油醚氧丙基三甲氧基硅烷质量指标见表 6-130。

表 6-130　γ-缩水甘油醚氧丙基三甲氧基硅烷偶联剂质量指标

指标名称	参数	指标名称	参数
外观	无色透明液体	沸点/℃	290
密度（25℃）/（g/cm³）	1.065～1.072	折射率（n_D^{20}）	1.4260～1.4280
溶解性	溶于水,同时发生水解反应,水解反应释放甲醇。溶于醇、丙酮和溶于大多数脂肪族酯（在5%以下的正常使用）		

③ 牌号为 KH-570、A-174、KBE-503、WD-70、西德华克 GF-3、Z-60301、MEMO 的 γ-甲基丙烯酰氧基-丙基三甲氧基硅烷质量指标见表 6-131。

表 6-131　γ-甲基丙烯酰氧基-丙基三甲氧基硅烷质量指标

指标名称	参数	指标名称	参数
外观	无色透明液体	闪点/℃	88
密度（25℃）/（g/cm³）	1.045	折射率（n_D^{20}）	1.429
沸点/℃	255		
溶解性	溶于丙酮,苯,乙醚,四氯化碳,与水反应		

④ 牌号为 KH-602、A-2120、KBM-602 的 N-(β-氨乙基)-γ-氨丙基甲基二甲氧基硅烷（双氨基型官能团硅烷）质量指标见表 6-132。

表 6-132　N-(β-氨乙基)-γ-氨丙基甲基二甲氧基硅烷（双氨基型官能团硅烷）偶联剂质量指标

指标名称	参数	指标名称	参数
外观	无色透明液体	闪点/℃	93
密度/（g/cm³）	0.970	折射率（n_D^{20}）	1.445
沸点/℃	232		
溶解性:能溶于乙醇、乙醚、丙酮、甲苯、二甲苯等溶剂,受潮易水解			

⑤ 牌号为 WD-52 也称 WD-52 N 的 N-(β-氨乙基)-γ-氨丙基三乙氧基硅烷（双氨基型官能团硅烷）偶联剂质量指标见表 6-133。

表 6-133　WD-52 硅烷偶联剂质量指标

指标名称	参数	指标名称	参数
外观	淡黄色透明液体	含量/%	≥95.0
沸点（0.1mmHg）/℃	115	闪点/℃	138
折射率（n_D^{20}）	1.4360±0.0005	密度/（g/cm³）	0.950～0.970

⑥ 牌号为 KH-151 的乙烯基三乙氧基硅烷偶联剂质量指标见表 6-134。

表 6-134　KH-151 硅烷偶联剂质量指标

指标名称	参数	指标名称	参数
外观	无色透明液体	沸点/℃	160.5
含量/%	≥95	闪点/℃	138
密度/(g/cm³)	0.904	折射率(n_D^{20})	1.395
溶解性:能溶于苯、乙醚,与丙酮、四氯化碳、水反应			

⑦ 牌号为 KH-171 的乙烯基三甲氧基硅烷质量指标见表 6-135。

表 6-135　KH-171 硅烷质量指标

指标名称	参数	指标名称	参数
含量/%	≥95	折射率(n_D^{20})	1.390
密度/(g/cm³)	0.967	闪点/℃	28
沸点/℃	122		
外观:无色或淡黄色透明液体			
溶解性:能溶于苯、乙醚中,与丙酮、四氯化碳、水反应			

⑧ 牌号为 KH-580、WD-81 的巯丙基三乙氧基硅烷偶联剂质量指标见表 6-136。

表 6-136　KH-580 偶联剂质量指标

指标名称	参数	指标名称	参数
外观	无色至淡黄色透明液体	沸点(101.3kPa)/℃	210
密度(20℃)/(g/cm³)	0.9930±0.0050	闪点/℃	28
折射率(n_D^{20})	1.4331±0.0050	含量/%	≥98
溶解性	能溶于苯、乙醚中,与丙酮、四氯化碳、水反应		

⑨ 牌号为 WD-80 的巯丙基三甲氧基硅烷偶联剂质量指标见表 6-137。

表 6-137　WD-80 偶联剂质量指标（A-189）

指标名称	参数	指标名称	参数
外观	淡黄色透明液体	沸点(5.3kPa)/℃	93
密度(20℃)/(g/cm³)	1.040±0.005	黏度/(mm²/s)	2
折射率(n_D^{20})	1.4400±0.0005	含量/%	≥95.0

⑩ 牌号为 WD-53 N 的 N-(2-氨乙基)-3-氨丙基甲基二甲氧基硅烷偶联剂质量指标见表 6-138。

表 6-138　WD-53 N 偶联剂质量指标

[KBM-602（日本信越化学工业株式会社）]

指标名称	参数	指标名称	参数
密度/(g/cm³)	0.960±0.005	外观	无色至浅黄色透明液体
含量/%	≥95	沸点/℃	265
折射率(n_D^{20})	1.445±0.005		

⑪ 牌号为 A-172（道康宁）、KBC-1003（信越）、[乙烯基三（β-甲氧基乙氧基）硅烷] 硅烷偶联剂质量指标见表 6-139。

表 6-139　A-172 偶联剂质量指标

指标名称	参数	指标名称	参数
外观	无色透明液体	折射率(n_D^{20})	1.4200~1.4450
含量/%	≥98.0	沸点/℃	285
密度(ρ_{20})/(g/cm³)	1.0120~1.0240	闪点/℃	115

⑫ 牌号为 A-1130 的三氨基硅烷或称乙氨基乙氨基丙氨基三甲氧基硅烷偶联剂质量指标见表 6-140。

表 6-140　A-1130 偶联剂质量指标

指标名称	参数	指标名称	参数
外观	琥珀色透明液体	折射率(n_D^{20})	1.463
相对密度(d_{25}^{25})	1.03		
溶解性	可溶于甲醇、乙醇、异丙醇和水(至少可达到 5%)		

⑬ 牌号为 A-1160 的 3-脲基丙基三乙氧基硅烷或称 γ-脲基丙基三乙氧基硅烷偶联剂质量指标见表 6-141。

表 6-141　A-1160 偶联剂质量指标

指标名称	参数	指标名称	参数
外观	无色透明液体	折射率(n_D^{20})	1.4430±0.0050
密度(20℃)/(g/cm³)	0.9200±0.0050		
溶解性	可溶于甲醇、乙醇、异丙醇和水(至少可达到 5%)		

⑭ 牌号为 WD-40 的 {双[(γ-三乙氧基硅)丙基]四硫化物} 硅烷偶联剂质量指标见表 6-142。

表 6-142　WD-40 偶联剂质量指标

指标名称	参数	指标名称	参数
密度(20℃)/(g/cm³)	1.089±0.005	运动黏度/(mm²/s)	11.2
折射率(n_D^{20})	1.4850±0.0005	含硫量/%	≥22.0
外观:略带乙醇气味的浅黄色至黄色透明液体			
溶解性:溶于乙醇、酮类、苯、乙腈、二甲基甲酰胺、二甲亚砜、氯化烃,不溶于水			

⑮ 牌号为 A-1120 的 N-(β-氨乙基)-γ-氨丙基三甲氧基硅烷偶联剂质量指标见表 6-143。

表 6-143　A-1120 偶联剂质量指标

指标名称	参数	指标名称	参数
密度(20℃)/(g/cm³)	1.0350~1.0450	含硫量/%	≥22.0
折射率(n_D^{20})	1.4435±0.0050	分子量	222.36
沸点(2mmHg)/℃	114~118		
外观:无色或微黄色透明液体			
溶解性:溶于苯、乙酸乙酯,与水反应			

⑯ 牌号为 WD-56 的 3-氨丙基三甲氧基硅烷偶联剂质量指标见表 6-144。

表 6-144　WD-56 硅烷偶联剂质量指标

指标名称	参数	指标名称	参数
外观	无色透明液体	沸点(1.07kPa)/℃	80
密度(20℃)/(g/cm³)	1.027±0.005	含量/%	≥95.0
折射率(n_D^{20})	1.4240±0.0005		

⑰ 牌号为 KBM-703（γ-氯丙基三甲氧基硅烷）硅烷偶联剂质量指标见表 6-145。

表 6-145　KBM-703 偶联剂质量指标

指标名称	参数	指标名称	参数
外观	无色透明液体	沸点(5.33kPa)/℃	100
密度(20℃)/(g/cm³)	1.027±0.005	含量/%	≥95.0
折射率(n_D^{20})	1.4183±0.0050		
溶解性	可溶于多种有机溶剂中,遇水会水解		

⑱ 牌号为 WD-70、KH-570、A-174、KBM-503 的 [γ-(甲基丙烯酰氧）丙基三甲氧基] 硅烷偶联剂质量指标见表 6-146。

表 6-146 WD-70 偶联剂质量指标

指标名称	参数	指标名称	参数
外观	无色透明液体	运动黏度/(mm²/s)	2
密度(20℃)/(g/cm³)	1.0450±0.005	沸点(0.13kPa)/℃	78～81
折射率(n_D^{20})	1.4290±0.0005	含量/%	≥95.0
溶解性：易溶于多种有机溶剂中，易水解，缩合形成聚硅氧烷，过热，光照，过氧化物存在下易聚合

⑲ 牌号为 WD-54 的 3-氨丙基甲基二甲氧基硅烷，又称 3-(二甲氧基甲基硅烷)-1-丙胺或 3-氨丙基甲基二甲氧基硅烷或 [3-(二甲氧基甲基甲硅烷基)-1-丙胺] 硅烷偶联剂质量指标见表 6-147。

表 6-147 WD-54 偶联剂质量指标

指标名称	参数	指标名称	参数
外观	无色透明液体	闪点/℃	69
含量/%	≥95.0	运动黏度/(mm²/s)	2
密度(20℃)/(g/cm³)	0.945	折射率(n_D^{20})	1.4200
沸点(760mmHg)/℃	≥200		
溶解性：可溶于多种有机溶剂，遇水会水解

⑳ 牌号为 A-186，Y-4086，KBM-303 的 [β-(3,4-环氧环己基乙基）三甲氧基硅烷] 硅烷偶联剂质量指标见表 6-148。

表 6-148 A-186 偶联剂质量指标

指标名称	参数	指标名称	参数
外观	无色透明液体	相对密度	1.07
沸点(760mmHg)/℃	310	密度(20℃)/(g/cm³)	0.945
溶解性：可溶于多种有机溶剂，不溶于水，调制水溶液时采用水和乙醇的混合溶剂

㉑ 牌号为南大-22 的二乙氨基甲基三乙氧基硅烷偶联剂质量指标见表 6-149。

表 6-149 南大-22 偶联剂质量指标

指标名称	参数	指标名称	参数
沸点(5mmHg)/℃	110～130	外观	无色透明液体
折射率(n_D^{20})	1.4142	密度/(g/cm³)	0.933

㉒ 牌号为 WD-10 的长链烷基三甲氧基硅烷（即十二烷基三甲氧基硅烷）偶联剂质量指标见表 6-150。

表 6-150 WD-10 偶联剂质量指标（Y-4086；KBM-303）

指标名称	参数	指标名称	参数
折射率(n_D^{20})	1.4270±0.005	含量/%	≥96
密度(20℃)/(g/cm³)	0.8900±0.005	外观	无色透明液体

㉓ 牌号为 WD-30 的（γ-氯丙基三乙氧基硅烷）硅烷偶联剂质量指标见表 6-151。

表 6-151 WD-30 偶联剂质量指标

指标名称	参数	指标名称	参数
外观	无色或浅透明液体	沸点/℃	220
密度(20℃)/(g/cm³)	1.0020±0.005	折射率(n_D^{20})	1.4200±0.005

㉔ 牌号为 WD-42、ND-42 的苯胺甲基三乙氧基硅烷偶联剂质量指标见表 6-152。

表 6-152　WD-42 偶联剂质量指标

指标名称	参数	指标名称	参数
密度(25℃)/(g/cm³)	1.020~1.025	含氯量/(mg/kg)	0~10
折射率(n_D^{20})	1.480~1.490	沸点(4mmHg)/℃	132
外观:淡黄色油状透明液体			
溶解性:溶于醇、酮、醚、酯、烃等大部分溶剂,不溶于水			

㉕ 牌号为 ND-43 即南大-43;UP-43 的二氯甲基三乙氧基硅烷偶联剂质量指标见表 6-153。

表 6-153　ND-43 偶联剂质量指标

指标名称	参数	指标名称	参数
密度(20℃)/(g/cm³)	1.01~1.02	外观	无色透明液体
折射率(n_D^{20})	1.4660~1.4670	闪点/℃	138
沸程(10mmHg)/℃	75~95		
溶解性	能溶于醇、醚等溶剂,不溶于水		

㉖ 牌号为 ND-22(即南大-22)的二乙氨基代甲基三乙氧基硅烷偶联剂质量指标见表 6-154。

表 6-154　ND-22 偶联剂质量指标

指标名称	参数	指标名称	参数
外观	淡黄色透明液体	沸程(5mmHg)/℃	100~35
溶解性	能溶于醇、丙酮等有机溶剂,在水中不稳定,易水解		

㉗ 牌号为 UP-24 的己二氨基甲基三乙氧基硅烷偶联剂质量指标见表 6-155。

表 6-155　UP-24 偶联剂质量指标

指标名称	参数	指标名称	参数
外观	无色或淡黄色透明液体	含量/%	≥90.00
		沸程(3mmHg)/℃	160~180
溶解性:能溶于醇、酮、酯、醚、烃等有机溶剂,不溶于水			

㉘ 牌号为 ND-73 即南大-73 的苯胺甲基三甲氧基硅烷偶联剂质量指标见表 6-156。

表 6-156　ND-73 即南大-73 偶联剂质量指标

指标名称	参数	指标名称	参数
沸点(1.07kPa)/℃	135~137	毒性	吸入有毒
外观:淡黄色透明液体,见光颜色变深			
溶解性:能溶于醇、酯、醚、烃等有机溶剂,易水解放出甲醇,生成相应的硅醇缩合物			

㉙ 牌号为 WD-922 的甲基三乙酰氧基硅烷偶联剂质量指标见表 6-157。

表 6-157　WD-922 偶联剂质量指标[8]

指标名称	参数	指标名称	参数
沸程(17mmHg)/℃	110~112	熔点/℃	40.5
折射率(n_D^{20})	1.4045~1.4055	密度(20℃)/(g/cm³)	1.16~1.17
外观:无色或淡黄色透明液体,纯品在较低温度下为白色结晶体,有较浓的醋酸气味			
溶解性:可溶于无水乙醇、醋酸酐,遇水会交联,并产生醋酸			

㉚ 牌号为 A-188、NQ-188(曲阜万达)的乙烯基三乙酰氧基硅烷偶联剂质量指标见表

6-158。

表 6-158　A-188 偶联剂质量指标[9]

指标名称	参数	指标名称	参数
分子量	232.25	密度(20℃)/(g/cm³)	1.17
含量/%	≥98	沸点(13mmHg)/℃	112
熔点(13mmHg)/℃	40.5	折射率(n_D^{20})	1.4152
外观：无色或淡黄色透明液体,纯品在较低温度下为白色结晶体			
溶解性：可溶于无水乙醇、醋酸酐,遇水会交联,并产生醋酸			

㉛ 牌号为 VTPS、Y-4310、Y-43021、AC-70 的乙烯基三叔丁基过氧硅烷偶联剂质量指标见表 6-159。

表 6-159　VTPS 偶联剂质量指标

指标名称	参数	指标名称	参数
分子量	298	熔点(13mmHg)/℃	40.5
含量/%	≥97	相对密度(d_4^{20})	0.9576
分解温度/℃	147.5(爆炸)	沸点(0.13kPa)/℃	78
表面张力/(mN/m)	25.96	折射率(n_D^{20})	1.4237
外观：无色或淡黄色透明液体,纯品在较低温度下为白色结晶体			
稳定性：易分解,是一种不稳定的过氧硅烷,使用时不得单独加热到100℃以上,遇水易分解			

㉜ 牌号为 KH-175、BTMSE 的 1,2-双三甲氧基硅基乙烷偶联剂质量指标见表 6-160。

表 6-160　KH-175 偶联剂质量指标

指标名称	参数	指标名称	参数
分子量	270.43	密度(25℃)/(g/cm³)	1.073
熔点/℃	≤0	外观	无色或淡黄色透明液体
闪点/℃	109	折射率(n_D^{20})	1.409
含量/%	≥99	沸点(5mmHg)/℃	103～104
溶解性：溶于有机溶剂,易水解、醇解			
毒性：不要吸入蒸气,穿戴合适的防护服和手套,属极高毒性物品			

㉝ 牌号为 SH-6076、A-143 的 γ-氯丙基三甲氧基硅烷偶联剂质量指标见表 6-161。

表 6-161　SH-6076 偶联剂质量指标

指标名称	参数	指标名称	参数
外观	无色透明液体	分子量	198
沸点(5mmHg)/℃	196	折射率(n_D^{20})	1.42
闪点/℃	88	溶解性	溶于有机溶剂
相对密度(25℃)	1.08		
水解性：在 pH 值为 4.0～4.5 的水溶液中经搅拌可完全水解			

㉞ 牌号为 A-168 的 β-(3,4-环氧环己基) 乙基三甲氧基硅烷 [方舟(佛冈) 化学材料有限公司] 偶联剂质量指标见表 6-162。

表 6-162　A-168 偶联剂质量指标

指标名称	参数	指标名称	参数
分子量	246.3755	闪点/℃	89.7
沸点(760mmHg)/℃	263.5	密度/(g/cm³)	1.034

(4) 各类烷氧基硅烷用途　上述各类烷氧基硅烷偶联剂均可用作密封剂、黏合剂和涂料的增黏剂,能提高它们的粘接强度、耐水、耐气候等性能。硅烷偶联剂的应用一般有三种方

法：一是作为骨架材料的表面处理剂；二是加入到密封剂、粘接剂中，三是单独或几种偶联剂复合溶入无水乙醇、汽油等有机溶剂中作为粘接底涂使用。

6.7　钛酸酯类化合物

（1）各类钛酸酯化学结构式　见表 6-163 中各式。

表 6-163　各类钛酸酯的化学结构式

产品化学名称(牌号)	化学结构式
异丙基钛酸酯(牌号:TC-F)	 $\underset{\displaystyle CH_3CHOTi(OC\!-\!R)_3}{\overset{\displaystyle CH_3\quad\quad\quad O}{\ }}$
TC-F 系列：异丙基三(硬脂酰基)钛酸酯(牌号:KHT-101；NDZ-130)	异丙基钛酸酯结构式中 R 是 "—$(CH_2)_{16}$—CH_3" 时： 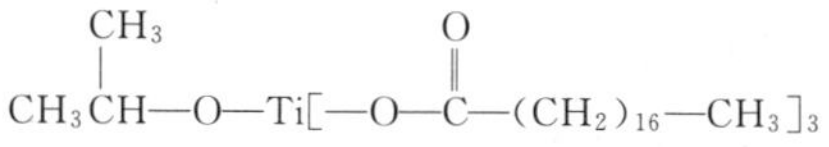 $CH_3CH\!-\!O\!-\!Ti[\!-\!O\!-\!C\!-\!(CH_2)_{16}\!-\!CH_3]_3$
TC-F 系列：异丙基三(甲基丙烯酰基)钛酸酯(牌号：KHT-104)	异丙基钛酸酯结构式中 R 是 "—C=CH_2" 时： $CH_3CH\!-\!O\!-\!Ti(\!-\!C\!=\!CH_2)_3$ 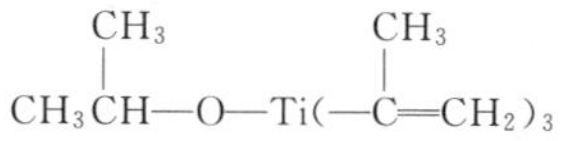
异丙基磷酸酯型钛酸酯(牌号:TC-2)	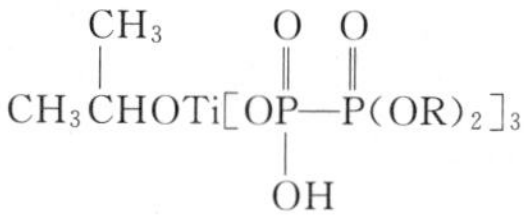 $CH_3CHOTi[OP\!-\!P(OR)_2]_3$，$OH$
异丙基三(二异辛基磷酰氧基)钛酸酯(牌号:KHT-202；NDZ-102；TTOP-12)	异丙基钛酸酯结构式中 R 为异辛基时： 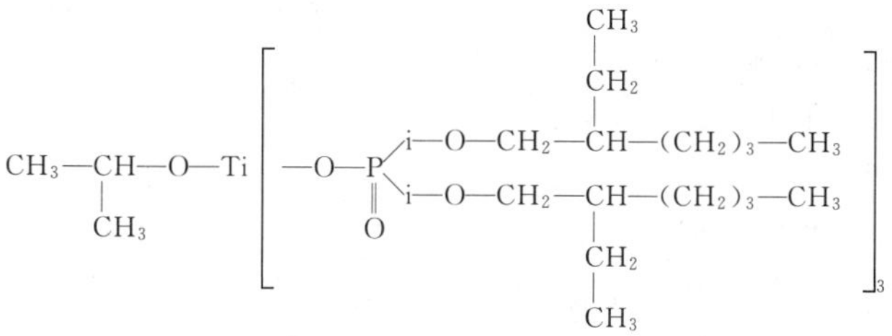 $CH_3\!-\!CH\!-\!O\!-\!Ti[\!-\!O\!-\!P(i\!-\!O\!-\!CH_2\!-\!CH\!-\!(CH_2)_3\!-\!CH_3)_2]_3$ 或 $CH_3\!-\!CH\!-\!O\!-\!Ti[\!-\!O\!-\!P(O\!-\!C_8H_{17})_2]_3$ 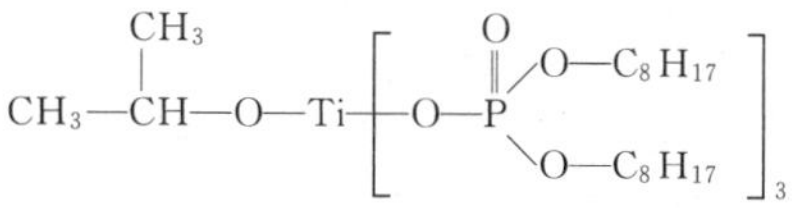
异丙基磷酸酯型钛酸酯偶联剂(牌号:TC-114)	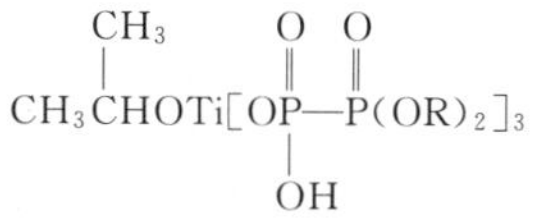 $CH_3CHOTi[OP\!-\!P(OR)_2]_3$，$OH$
钛酸酯偶联剂(牌号:TC-WT)	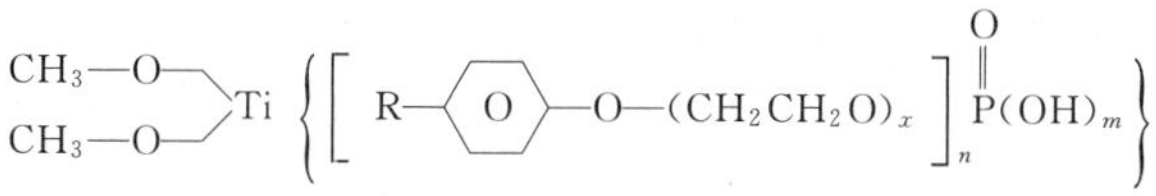 $\underset{CH_3\!-\!O}{\overset{CH_3\!-\!O}{\ }}Ti\{[R\!-\!\bigcirc\!-\!O\!-\!(CH_2CH_2O)_x]_n\ P(OH)_m\}$

产品化学名称（牌号）	化学结构式
TC-F 系列：异丙基三油酸酰氧基钛酸酯（植物酸型单烷氧基类钛酸酯）（牌号：TC-101；NDZ-105；Y-105）	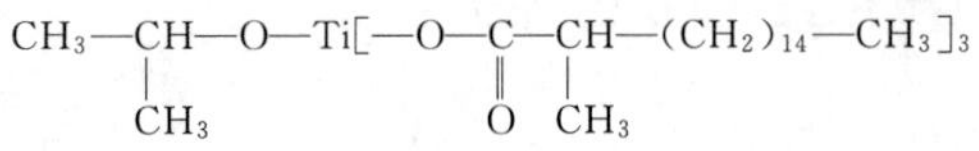 $CH_3-CH-O-Ti[-O-C-CH-(CH_2)_{14}-CH_3]_3$（CH₃侧基，C=O，CH₃）
异丙基三（二辛基焦磷酸酰氧基）钛酸酯[牌号：TC-201；NDZ201（南京曙光）]	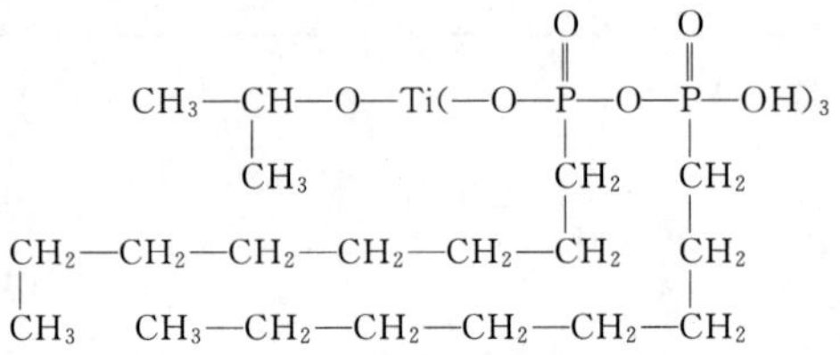 $CH_3-CH-O-Ti(-O-P-O-P-OH)_3$（CH₃；两个O=P基团，辛基链 $CH_2-CH_2-CH_2-CH_2-CH_2-CH_2-CH_2$，$CH_3-CH_2-CH_2-CH_2-CH_2-CH_2$，CH₃）
异丙基二油酸酰氧基（二辛基磷酸酰氧基）钛酸酯[牌号：NDZ-101（南京曙光化工集团有限公司命名）；（UP-101）]	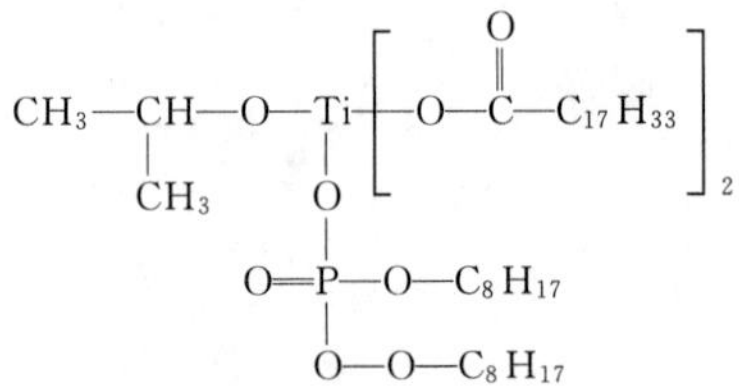 $CH_3-CH-O-Ti[-O-C-C_{17}H_{33}]_2$（CH₃，O；$O=P-O-C_8H_{17}$，$O-O-C_8H_{17}$）
多活性基团的螯合型磷酸酯钛偶联剂-[双（二辛氧基焦磷酸酯基）乙撑钛酸酯]（牌号：NDZ-311）	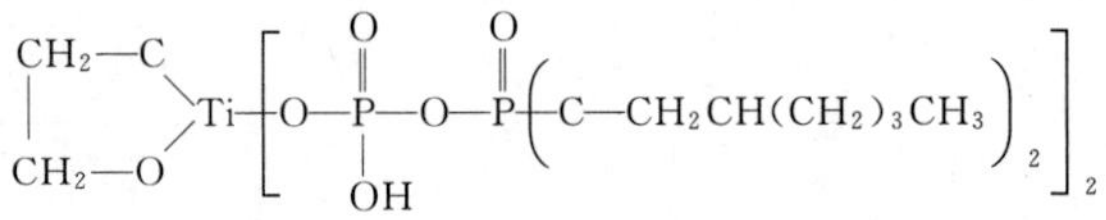 $\begin{array}{c}CH_2-C\\CH_2-O\end{array}Ti[O-P-O-P(-C-CH_2CH(CH_2)_3CH_3)_2]_2$（O=，O=，OH）
钛酸四异丙酯又称：四异丙氧基钛（南京曙光牌号：SG-TPT；美国杜邦公司牌号：Tyzor TPT）	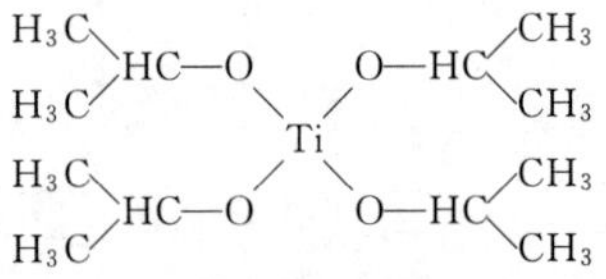 $(H_3C)_2CH-O-Ti(-O-CH(CH_3)_2)$ 四个异丙氧基连接于Ti
正钛酸四丁酯（南京曙光牌号：SG-TnBT；美国杜邦公司牌号：Tyzor TnBT）	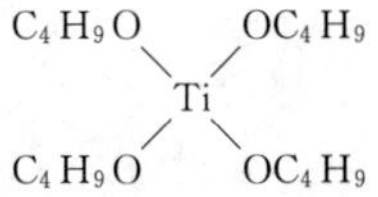 $C_4H_9O-Ti(OC_4H_9)$，四个丁氧基：C_4H_9O，OC_4H_9，C_4H_9O，OC_4H_9
TC-F 系列：异丙基三（硬脂酰基）钛酸酯（牌号：TC-101；KR-TTS；OL-T999；又称：异丙基二羧酚基钛酸酯）	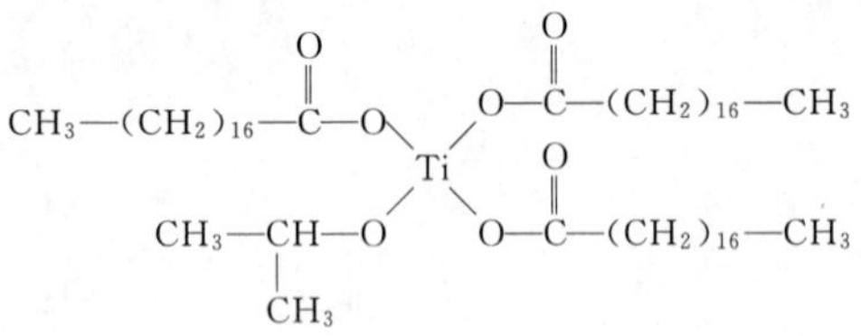 $CH_3-(CH_2)_{16}-C-O-Ti(-O-C-(CH_2)_{16}-CH_3)$（O=，O=，$CH_3-CH_2-O$，CH₃，$O-C-(CH_2)_{16}-CH_3$，O=）
TC-F 系列：异丙基三（异辛酰基）钛酸酯（牌号：KHT-107）	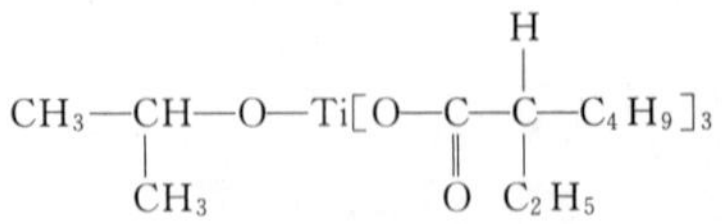 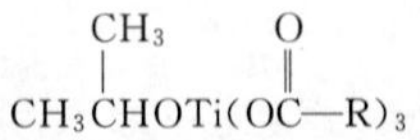 $CH_3-CH-O-Ti[O-C-C-C_4H_9]_3$（CH₃，O，H，$C_2H_5$）；$CH_3CHOTi(OC-R)_3$（CH₃，O） 式中 R 为—（H—C—C₂H₅）—C₄H₉ 基团时，钛酸酯偶联剂 TC-F 即与 KHT-107 是同一种产品

产品化学名称(牌号)	化学结构式
TC-F 系列：KHT-108；异丙基三(癸酰基)钛酸酯	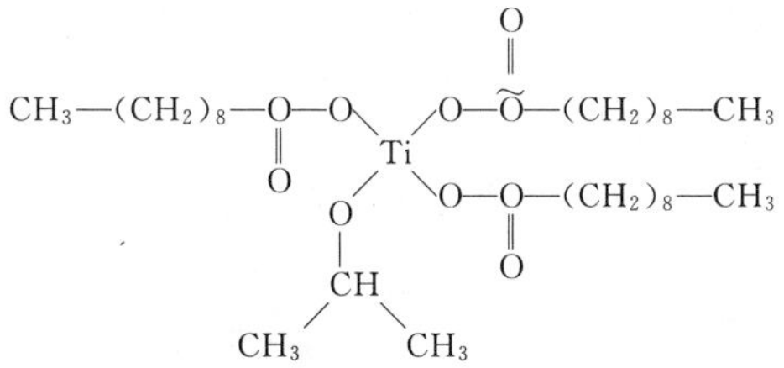 CH₃—(CH₂)₈—O—O—Ti(...)O—O—(CH₂)₈—CH₃ 等结构式（钛酸酯结构图）
TC-F 系列：异丙基三油酰氧基钛酸酯(牌号：KR-TTS；TC-101；NDZ-105；KHT-101)	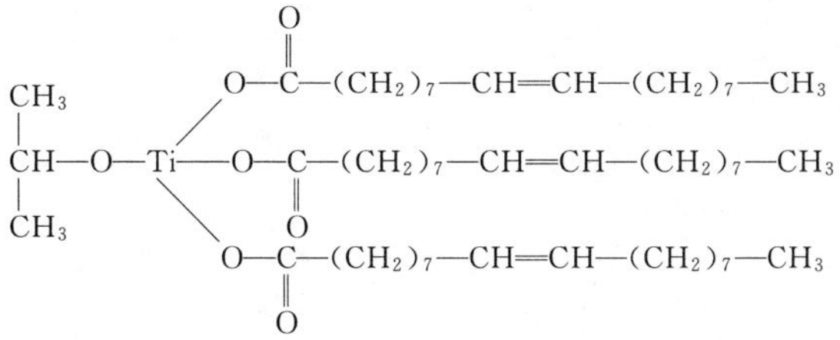 异丙基三油酰氧基钛酸酯结构式
异丙基三(十二烷基苯磺酰基)钛酸酯(牌号：DN-109，YB-104，TTB S-9，KR-9S)	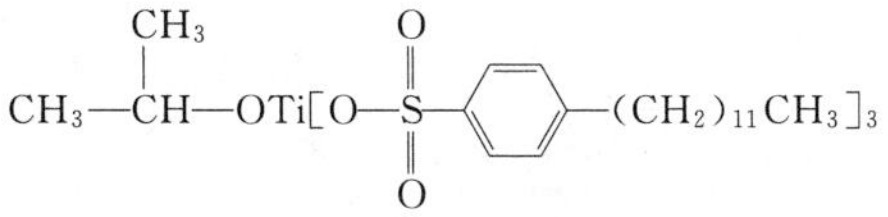 CH₃—CH—OTi[O—S(O)(O)—⟨苯环⟩—(CH₂)₁₁CH₃]₃（CH₃）
异丙基三(二异辛基磷酸酰氧基)钛酸酯(牌号：NDZ-102)	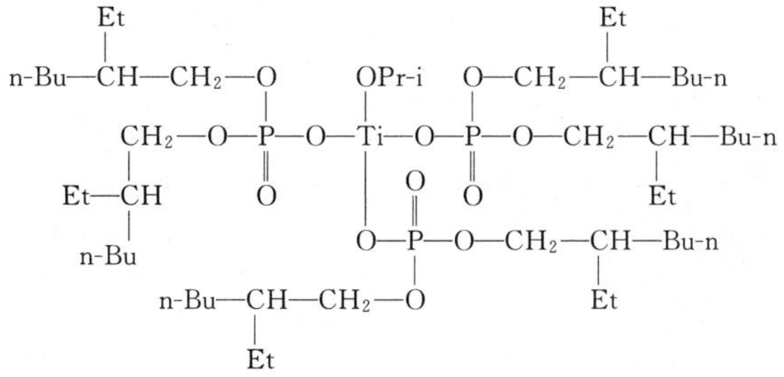 异丙基三(二异辛基磷酸酰氧基)钛酸酯结构式
异丙基二(甲基丙烯酰基)异硬脂酰基钛酸酯	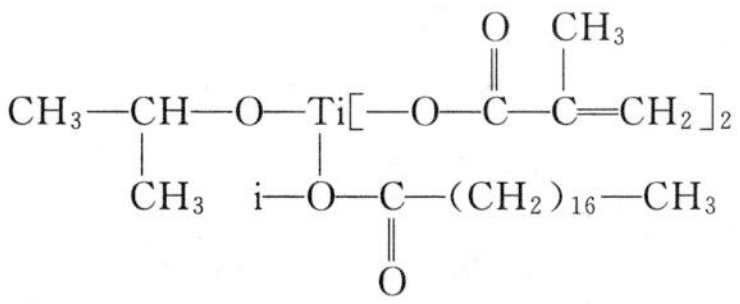 CH₃—CH—O—Ti[—O—C(O)—C(CH₃)=CH₂]₂，i—O—C(O)—(CH₂)₁₆—CH₃（CH₃）

（2）各类钛酸酯偶联剂物理化学特性　见表 6-164。

表 6-164　各类钛酸酯偶联剂物理化学特性

牌号；钛酸酯名称	物理化学特性
TC-F；钛酸酯偶联剂异丙基钛酸酯	浅红棕色液体。密度为 $\geqslant 0.915 \text{g/cm}^3$。黏度(25℃)$\geqslant 40 \text{mm}^2/\text{s}$。闪点(开杯)$\geqslant$45℃。折射率为 1.47±0.01。pH 值为(试纸)3.5±0.5。分解温度>240℃
TC-F 系列：KHT-101；异丙基三(硬脂酰基)钛酸酯	棕色至深棕色油状液体，遇冷析出固体，温热即可熔化。相对密度 0.94～0.96。溶于石油醚、丙酮，对水十分敏感。分解温度 204℃。黏度 0.16Pa·s。熔点－20.6℃。闪点 179℃
TC-F 系列：KHT-104；异丙基三(甲基丙烯酰基)钛酸酯	棕色黏稠液体，分解温度 193℃。流动点－1℃。溶于石油醚、丙酮，不溶于水。闪点 130℃。相对密度 1.032

牌号;钛酸酯名称	物理化学特性
TC-2;异丙基磷酸酯型钛酸酯	无色至淡黄色黏稠液体,属磷酸型单烷氧基类钛酸酯,类似美国 Kenrich 公司 KR-12。是目前国内市场磷酸型的改性换代品,色浅、稳定、黏度小,分散性更好。既适用于塑料,也适用于涂料及橡胶,是颜料、填料的表面活性剂,具有优良的分散效果
KHT-202;异丙基三(二异辛基磷酰基)钛酸酯[11]	无色或红棕色液体,相对密度 0.99,黏度 30～250mm²/s,闪点(开杯)＞25℃。热稳定性和水解稳定性良好,有一定的阻燃效果。LD₅₀ 为 70000mg/kg
TC-114(类似美国 KR-38S);异丙基磷酸酯型钛酸酯	属焦磷酸型单烷氧基类钛酸酯,为近似无色至微黄色黏稠液体,类似美国 KR-38S。是一种颜料、填料的表面活性剂,具有优良的分散效果和对有机与无机的偶联作用。具有优良的分散效果和阻燃功效
TC-WT;钛酸酯偶联剂	黏度大(尤其是冬季),可溶于液体石蜡(即白油)、溶剂油、机油、异丙醇、乙醇、水,可与水以任何比例混溶
TC-F 系列;TC-101;KR-TTS;NDZ-105;Y-105;异丙基三油酰氧基钛酸酯偶联剂(植物酸型单烷氧基类钛酸酯)	本品为单烷氧基不饱和脂肪酸钛酸酯,呈浅红棕色液体。密度 200.934g/cm³,可溶于异丙醇、苯、甲苯等有机溶剂,遇水水解
TC-201;NDZ201;异丙基三(二辛基焦磷酸酰氧基)钛酸酯	为黄色至琥珀色半透明黏稠液体,相对密度(ρ_{20}):1.095g/cm³;折射率:1.466;分解温度:210℃;闪点:150℃。溶解性:可溶于异丙醇、二甲苯、矿物油,与 DOP 反应,不溶于水,遇水分解
NDZ-101;UP-101;异丙基二油酸酰氧基(二辛基磷酸酰氧基)钛酸酯	本品为无毒无腐蚀性液体,外观为酒红色黏稠液体。NDZ-101 与弱极性材料兼容性好,因此适用于非极性或弱极性聚合物,如:PE、PP 等,以提高复合材料的机械强度及其他性能。可溶于有机溶剂(如:异丙醇、二甲苯、甲苯、DOP、矿物油),遇水水解
NDZ-311;双(二辛氧基焦磷酸酯基)亚乙基钛酸酯	NDZ-311 是多活性基团的螯合型磷酸酯钛酸偶联剂,为微黄色至棕黄色透明黏稠液体,可溶于异丙醇、甲苯、二甲苯、白油、DOP 等有机溶剂,不溶于水,对水稳定,可在水中乳化,与半极性、极性材料兼容性好,特别适用于含水填料的处理或聚合物水溶液。本品为螯合型焦磷酸钛酸酯偶联剂。国外对应牌号为:KR-238S(美国 Kenrich 公司)。与半极性、极性材料兼容性好,特别适用于含水填料的处理或聚合物水溶液
SG-TPT(杜邦公司);Tyzor TPT;钛酸四异丙酯	浅黄色液体。在潮湿空气中发烟。沸点 102～104℃(1333Pa)。凝固点 14.8℃。相对密度(20℃/4℃)0.9711。折射率 1.46。黏度 2.11mPa·s(25℃),在水中迅速分解,溶于多种有机溶剂。用以制取金属与橡胶、金属与塑料的黏合剂,也可作催化剂。以四氯化钛、异丙醇、液氨为原料在甲苯存在下酯化再蒸馏
SG-TnBT(南京曙光);Tyzor TnBT(杜邦公司);正钛酸四丁酯	该产品极易跟 NH₃、—OH、—COOH、—CONH₂ 等极性基团反应,特别是极易跟水发生水解反应,应密封避水存放。除酮类外溶于多种有机溶剂。浅黄色油状液体,易燃,低毒,低于−55℃时为玻璃状固体,遇水分解。相对密度 0.996,沸点 310～314℃,闪点 170°F,折射率 1.486
TC-F 系列;TC-101;KR-TTS;OL-T999;异丙基三(硬脂酰基)钛酸酯(又称异丙基三羧酚基钛酸酯)	棕色至深棕色油状液体,遇冷析出固体,温热即可熔化。相对密度 0.94～0.96。溶于石油醚、丙酮,对水十分敏感。分解温度 204℃。黏度 0.16Pa·s。熔点−20.6℃。闪点 179℃
C-F 系列;KHT-107;异丙基三(异辛酰基)钛酸酯	红棕色液体。相对密度 0.98～0.99。闪点 176℃。黏度 0.053Pa·s(25℃)。分解温度 271℃。可溶于丙酮、石油醚、汽油内
C-F 系列;KHT-108;异丙基三(癸酰基)钛酸酯	红棕色液体。相对密度 0.98～0.99。闪点 176℃。分解温度 250℃。可溶于丙酮、石油醚内

续表

牌号；钛酸酯名称	物理化学特性
C-F 系列；KHT-101；KR-TTS；TC-101；NDZ-105；异丙基三油酰氧基钛酸酯	红棕色液体。相对密度 0.895。闪点 197℃。黏度 0.396Pa·s
DN-109；异丙基三（十二烷基苯磺酰基）钛酸酯	红棕色液体。水解稳定性和热稳定性好，但易发生酯交换反应。溶于异丙醇、甲苯、矿物油。遇水水解。相对密度 1.09。闪点 93℃。分解温度 177℃
NDZ-102，异丙基三（二辛基磷酸酰氧基）钛酸酯	本品为米黄色黏稠液体，密度 1.01g/cm³，可溶于异丙醇、苯、甲苯、二甲苯等有机溶剂，易水解
异丙基二（甲基丙烯酰基）异硬脂酰基钛酸酯	棕色黏稠液体，分解温度 193℃。流动点−1℃。溶于石油醚、丙酮，不溶于水。闪点 130℃。相对密度 1.032

（3）各类钛酸酯质量指标

① 牌号为 TC-F 的钛酸酯产品质量指标见表 6-165。

表 6-165　TC-F 钛酸酯产品质量指标

指标名称	参数	指标名称	参数
外观	浅红棕色液体	黏度(25℃)/(mm²/s)	≥40
密度(25℃)/(g/cm³)	≥0.915	pH 值(试纸)	3.5±0.5
折射率(n_D^{25})	1.47±0.01		
闪点(开杯)/℃	≥45	分解温度/℃	>240

② TC-F 系列牌号为 KHT-101 的异丙基三（硬脂酰基）钛酸酯产品质量指标见表 6-166。

表 6-166　TC-F 系列-KHT-101 产品质量指标

指标名称	参数	指标名称	参数
外观	红棕色油状液体	相对密度	0.94~0.96
闪点(开杯)/℃	≥70	流动点/℃	−20.6
黏度(25℃)/(mm²/s)	≥40	分解温度/℃	>3.5±0.5
pH 值(试纸)	1.47±0.01		

③ TC-F 系列牌号为 KHT-104 的异丙基三（甲基丙烯酰基）钛酸酯的产品质量指标见表 6-167。

表 6-167　KHT-104 产品质量指标

指标名称	参数	指标名称	参数
外观	棕色黏稠液体	闪点/℃	130
相对密度	1.032	分解点/℃	193
流动点/℃	−1.0	黏度/Pa·s	1.9

④ 牌号为 TC-2 的异丙基磷酸酯钛酸酯产品质量指标见表 6-168。

表 6-168　TC-2 产品质量指标

指标名称	参数	指标名称	参数
密度(25℃)/(g/cm³)	≥1.000	pH 值	约 2
黏度/(mm²/s)	25130±3769.5	分解点/℃	>280
闪点(开杯)/℃	≥65	黏度/Pa·s	1.9

折射率(n_D^{25})：约 1.44±0.005(试纸)

外观：无色至淡黄色黏稠体

⑤ 牌号为 KHT-202 的异丙基三（二异辛基磷酰氧基）钛酸酯偶联剂产品质量指标见表 6-169。

表 6-169　KHT-202 钛酸酯偶联剂产品质量指标

指标名称	参数	指标名称	参数
外观	无色至红棕色液体	pH 值	3
折射率(n_D^{25})	1.44～1.50	密度/(g/cm³)	0.99～1.0

⑥ 牌号为 TC-114（类似美国 KR-38S）的异丙基磷酸酯型钛酸酯产品质量指标见表 6-170。

表 6-170　TC-114 钛酸酯偶联剂产品质量指标

指标名称	参数	指标名称	参数
密度(25℃)/(g/cm³)	≥1.050	pH 值(试纸)	2 左右
黏度(25℃)/(mm²/s)	400±60	闪点(开杯)/℃	≥70
折射率(n_D^{25})	约 1.461		
外观:近无色至微黄黏稠液体			

⑦ 牌号为 TC-WT 的钛酸酯偶联剂产品质量指标见表 6-171。

表 6-171　TC-WT 产品质量指标

指标名称	参数	指标名称	参数
外观	棕色黏稠液体	折射率	1.487±0.002
密度(25℃)/(g/cm³)	≥1.008	pH 值(试纸)	7±0.5
黏度(25℃)/(mm²/s)	1450±290	水溶性	≥1:3
闪点(开杯)/℃	≥100		

⑧ TC-F 系列 牌号为 TC-101 的异丙基三油酸酰氧基钛酸酯产品质量指标见表 6-172。

表 6-172　TC-101 钛酸酯偶联剂产品质量指标

指标名称	参数	指标名称	参数
外观	浅红棕色液体	闪点(开口)/℃	≥45
密度(25℃)/(g/cm³)	≥0.915	pH 值(试纸)	3.5±0.5
黏度(25℃)/(mm²/s)	≥40	分解温度/℃	≥240
折射率(n_D^{25})	1.47±0.01		

⑨ 牌号为 TC-201、KR-38S 美国 kenrich 公司、NDZ201（南京曙光）的异丙基三（二辛基焦磷酸酰氧基）钛酸酯产品质量指标见表 6-173。

表 6-173　TC-201 等产品质量指标典型值

指标名称	参数	指标名称	参数
相对密度(ρ_{20})	1.095	分解温度/℃	210
折射率	1.466	闪点/℃	150
外观:黄色至琥珀色半透明黏稠液体			
溶解性:可溶于异丙醇、二甲苯、甲苯、矿物油,与 DOP 反应,不溶于水,遇水分解			

⑩ 牌号为 TCA-101、UP-101、NDZ-101、LT-101 的异丙基二油酸酰氧基（二辛基磷酸酰氧基）钛酸酯的产品质量指标见表 6-174。

表 6-174　TCA-10 等产品质量指标

指标名称	UP-101(南京优普产)	NDZ-101(广州市鸿羽有机硅材料公司产)	LT-101(苏州帕特纳产)	TCA-101(能德产)
	指标	典型值		
外观	酒红色黏稠液体	浅红棕色透明液体	酒红色黏稠液体	酒红色黏稠液体
毒性	无毒无腐蚀性	—	—	—
密度(25℃)/(g/cm³)	≥0.950	0.976(20℃)	0.915	0.976
黏度/(mm²/s)	90±13.5	—	—	—
折射率	1.478±0.005	1.477	1.470	1.477
闪点/℃	≥65(开杯)	178	75(开杯)	178
pH 值	4.5±0.5	3.5～4	—	—
分解温度/℃	≥240	260	250	260
兼容性	与弱极性材料兼容性好			
溶解性	可溶于异丙醇、二甲苯、甲苯、DOP、矿物油等有机溶剂,遇水水解			

注：与 NDZ-101 对应的国外牌号为美国肯瑞奇公司 KR-TTS,广州市鸿羽有机硅材料公司在网上公布的 NDZ-101 分子式为 $C_{55}H_{107}O_5PTi$,分子量为 936。根据结构式可知 NDZ-101 分子式为 $C_{55}H_{107}O_{10}PTi$;分子量为 1005.87。

⑪ 牌号为 NDZ-311 的双（二辛氧基焦磷酸酯基）亚乙基钛酸酯（多活性基团的螯合型磷酸酯钛偶联剂）产品质量指标见表 6-175。

表 6-175　NDZ-311 产品质量指标

指标名称	参数	指标名称	参数
折射率(25℃)	1.470	折射率(n_D^{25})	1.460～1.475
pH 值	3～5	密度(20℃)/(g/cm³)	1.08(1.020～1.130)
分解温度/℃	210	闪点/℃	70
外观:黄色透明黏稠液体			

⑫ 牌号为 SG-TPT（杜邦公司）、TyzorTPT 的钛酸四异丙酯产品质量指标见表 6-176。

表 6-176　SG-TPT 产品质量指标

指标名称	参数	指标名称	参数
TiO₂ 含量/%	≥26.7	异丙氧基含量/%	≥82.00
密度(20℃)/(g/cm³)	0.940～0.960	凝固点	11～13
折射率(n_D^{25})/℃	1.460～1.480	含钛量/%	≥16.75
外观:均匀透明,无悬浮物和沉淀物的淡黄色液体			

⑬ 牌号为 SG-TnBT（南京曙光）、Tyzor TnBT（杜邦公司）、正钛酸四丁酯产品质量指标见表 6-177。

表 6-177　SG-TnBT 等产品质量指标 （Q/320282NHA001—2002）

指标名称	参数	指标名称	参数
钛含量/%	14.0±0.1	相对密度(d_4^{20})	0.995～1.01
折射率(n_D^{25})	1.490～1.495		
外观	浅黄色至浅棕色透明液体,无机械杂质		

⑭ TC-F 系列牌号为 TC-101、KR-TTS、OL-T999 的异丙基三（硬脂酰基）钛酸酯产品质量指标见表 6-178。

表 6-178　TC-101 等钛酸酯的产品质量指标

指标名称	参数	指标名称	参数
外观	红棕色油状液体	流动点/℃	−20.6
相对密度	0.94～0.96	闪点(开杯)/℃	≥70
黏度(25℃)/(mm²/s)	≥40	分解温度/℃	≥204
pH 值(试纸)	1.47±0.01		

⑮ TC-F 系列牌号为 KHT-107 的异丙基三（异辛酰基）钛酸酯产品质量指标见表 6-179。

表 6-179　KHT-107 钛酸酯的产品质量指标

指标名称	参数	指标名称	参数
外观	红棕色液体	相对密度	0.98～0.99
黏度(25℃)/Pa·s	≥0.053	闪点(开杯)/℃	≥176
pH 值(试纸)	1.47±0.01	分解温度/℃	≥271

⑯ 牌号为 KHT-108 的异丙基三（癸酰基）钛酸酯产品质量指标见表 6-180。

表 6-180　KHT-108 产品质量指标

指标名称	参数	指标名称	参数
外观	红棕色液体	溶解性	溶于石油醚、丙酮
分解温度/℃	250	密度/(g/cm³)	0.98～0.99
—	—	闪点/℃	176

⑰ 牌号为 KHT-101、KR-TTS、TC-101、NDZ-105 的异丙基三油酰氧基钛酸酯产品质量指标见表 6-181。

表 6-181　KHT-101 产品质量指标

指标名称	参数	指标名称	参数
外观	酒红色黏稠液体	密度(20℃)/(g/cm³)	0.934
分解温度/℃	255	折射率	1.420
闪点/℃	100		
溶解性：可溶于异丙醇、二甲苯、甲苯、矿物油，与增塑剂 DOP 反应，不溶于水，较易水解			

⑱ 牌号为 DN-109 的异丙基三（十二烷基苯磺酰基）钛酸酯产品质量指标见表 6-182。

表 6-182　DN-109 产品质量指标

指标名称	参数	指标名称	参数
分解温度/℃	177	密度(20℃)/(g/cm³)	1.07～1.09
闪点/℃	93		
溶解性：可溶于异丙醇、甲苯、矿物油，较易水解			
外观：红棕色液体或红色至琥珀色的黏稠液体			

⑲ 牌号为 NDZ-102 的异丙基三（二辛基磷酸酰氧基）钛酸酯产品质量指标见表 6-183。

表 6-183　NDZ-102 产品质量指标

指标名称	参数	指标名称	参数
密度(20℃)/(g/cm³)	1.031	闪点/℃	105
折射率(n_D^{20})	1.465	分解温度/℃	260
外观：黄色透明黏稠液体；溶解性：可溶于异丙醇、二甲苯、甲苯、矿物油			

反应性：与水反应水解沉淀；毒性：本品属于无毒无腐液体[白鼠的口服中毒量为 LD_{50} 30g/kg(参考值：食盐 LD_{50} 3.8g/kg)]；相容性：与半极性材料有相容性

⑳ 异丙基二（甲基丙烯酰基）异硬脂酰基钛酸酯质量指标见表 6-184。

表 6-184　异丙基二（甲基丙烯酰基）异硬脂酰基钛酸酯质量指标

指标名称	参数	指标名称	参数
相对密度	1.032	外观	棕色黏稠液体
流动点/℃	−1.0	分解点/℃	193
闪点/℃	130	黏度/Pa·s	1.9

㉑ 牌号为 TM-A9（具体成分不明）的粉体钛酸酯质量指标见表 6-185。

表 6-185　TM-A9 产品质量指标（符合有关欧洲 ROHS 标准）

指标名称	参数	指标名称	参数
外观	白色粉末	分解温度/℃	＞300
熔融温度/℃	38	TiO_2 含量/%	≥6.8

㉒ 牌号为 TM-12（类似美国 Cornish 公司 KR-12）de1（磷酸型单烷氧基类钛酸酯）偶联剂质量指标见表 6-186。

表 6-186　TM-12 产品质量指标

指标名称	参数	指标名称	参数
密度(25℃)/(g/cm³)	≥1.010	外观	浅黄近无色澄清液体
折射率(n_D^{25})	1.456	黏度/(mm²/s)	180
闪点(开杯)/℃	≥65	pH 值	2

㉓ 牌号为 TM-200S 的多活性基团的螯合型磷酸酯钛酯质量指标见表 6-187。

表 6-187　TM-200S 产品质量指标

指标名称	参数	指标名称	参数
外观	棕色黏稠液体	闪点(开杯)/℃	≥100
密度(25℃)/(g/cm³)	≥1.008	pH 值	7±0.5
黏度(25℃)/(mm²/s)	1450±290	水溶性	≥1:3
折射率(n_D^{25})	1.487±0.002		

㉔ 牌号为 TM-27 的复合磷酸型单烷氧基类钛酸酯质量指标见表 6-188。

表 6-188　TM-27 产品质量指标

指标名称	参数	指标名称	参数
外观	淡棕色黏稠液体	密度(25℃)/(g/cm³)	≥1.055
折射率(n_D^{25})	1.472±0.002	黏度(25℃)/(mm²/s)	≥600
闪点(开杯)/℃	≥105	pH 值(试纸)	2.5±0.5

㉕ 牌号为 TM-114、KR-38S（美国）的焦磷酸型单烷氧基类钛酸酯质量指标见表 6-189。

表 6-189　TM-114 产品质量指标

指标名称	参数	指标名称	参数
外观	微黄色澄清液体	折射率(n_D^{25})	1.454
密度(25℃)/(g/cm³)	≥1.026	闪点(开杯)/℃	≥55
黏度(25℃)/(mm²/s)	300±60	pH 值试纸	4

㉖ 牌号为 TM-48、KR-38S（美国 Kenrich 公司）的焦磷酸型单烷氧基类钛酸酯质量指标见表 6-190。

表 6-190　TM-48 产品质量指标

指标名称	参数	指标名称	参数
外观	淡黄色黏稠液体	折射率(n_D^{25})	1.455
密度(25℃)/(g/cm³)	≥1.055	闪点(开杯)/℃	>100
黏度(25℃)/(mm²/s)	≥500	pH 值	2

㉗ 牌号为 TM-38s、KR-38S（美国）的焦磷酸型单烷氧基类钛酸酯质量指标见表 6-191。

表 6-191　TM-38s 等产品质量指标

指标名称	参数	指标名称	参数
外观	微黄色澄清液体	折射率(n_D^{25})	1.454
密度(25℃)/(g/cm³)	≥1.026	闪点(开杯)/℃	≥55
黏度(25℃)/(mm²/s)	300±60	pH 值	4

㉘ 牌号为 TM-37 的复合磷酸型单烷氧基类钛酸酯（含多种活性基团，结构较为复杂）质量指标见表 6-192。

表 6-192　TM-37 钛酸酯偶联剂产品质量指标

指标名称	参数	指标名称	参数
外观	淡黄色黏稠液体	pH 值	3.0±0.5
闪点(开杯)/℃	≥130	密度(25℃)/(g/cm³)	≥1.060
折射率(n_D^{25})	1.461±0.002	黏度(25℃)/(mm²/s)	1000

㉙ 牌号为 TM-27B 的磷酸型单烷氧基类钛酸酯质量指标见表 6-193。

表 6-193　TM-27B 产品质量指标

指标名称	参数	指标名称	参数
外观	淡黄色黏稠液体	pH 值	约2
密度(25℃)/(g/cm³)	≥1.055	闪点(开杯)/℃	>100
黏度(25℃)/(mm²/s)	≥500	折射率(n_D^{25})	1.455

㉚ 牌号为 TM-2S 的复合型单烷氧基类高浓度钛酸酯质量指标见表 6-194。

表 6-194　TM-2S 产品质量指标

指标名称	参数	指标名称	参数
外观	浅红棕色液体	折射率(n_D^{25})	1.37±0.01
密度(25℃)/(g/cm³)	≥0.918	pH 值	4.5±0.5
黏度(25℃)/(mm²/s)	≥50	水溶性	≥1:3
闪点(开杯)/℃	≥45	分解温度①/℃	>240

① 与填料作用后可提高到300℃以上。

㉛ 牌号为 TM-931 的复合型单烷氧基类钛酸酯质量指标见表 6-195。

表 6-195　TM-931 产品质量指标

指标名称	参数	指标名称	参数
外观	浅红棕色液体	闪点(开杯)/℃	≥65
黏度(25℃)/(mm²/s)	90±13.5	pH 值	4.5 ± 0.5
折射率(n_D^{25})	1.478±0.005	密度(25℃)/(g/cm³)	≥0.95
指标名称	参数		
分解温度/℃	>240(与填料处理后分解温度300℃以上)		

㉜ 牌号为 TM-P 的磷酸型单烷氧基类钛酸酯质量指标见表 6-196。

表 6-196 TM-P 产品质量指标

指标名称	参数	指标名称	参数
外观	近无色澄清液体	pH 值	约 2(试纸)
密度(25℃)/(g/cm³)	≥1.00	水溶性	≥1:3
黏度(25℃)/(mm²/s)	150	透光率/%	≥80
折射率(n_D^{25})	1.44	分解温度①/℃	>280
闪点(开杯)/℃	≥65		

① 与填料作用后可提高到300℃以上。

用量：为填料总量的 0.5%～3.0%，推荐用量为 1.0%～1.5%，最佳使用量请通过实验确定。

㉝ 牌号为 TM-2P 的磷酸型单烷氧基类钛酸酯质量指标见表 6-197。

表 6-197 TM-2P 产品质量指标

指标名称	参数	指标名称	参数
外观	近无色澄清液体	闪点(开杯)/℃	≥100
密度(25℃)/(g/cm³)	≥1.00	pH 值	约 2(试纸)
黏度(25℃)/(mm²/s)	25150	透光率/%	≥80
折射率(n_D^{25})	约 1.44	分解温度①/℃	>280

① 与填料作用后可提高到300℃以上。

(4) 钛酸酯用途 33 个钛酸酯偶联剂各有特点、用途各异且涉及使用面很广，在密封剂方面都可直接用于密封剂配料中，也可间接服务于密封剂的质量提高方面，例如直接用作轻、重质碳酸钙、陶土、硅灰石、氢氧化铝、白炭黑、钛白粉、铁红等大多数无机粉体填料及颜料表面处理，用量为填料的 0.4%～1.0%，改善与密封剂基体成分的相容性，可显著提高密封剂的耐水性和黏结力。也可配制成具有选择性和针对性的黏结底涂，与密封剂配套使用。

6.8 硅烷类偶联剂与钛酸酯偶联剂在使用中的比较

① 硅烷类偶联剂仅对含硅元素的填料有效，而钛酸酯偶联剂则对多种填料均适用，同时所适用的树脂范围也广，而且它的作用并不限于使复合材料的强度提高，还能赋予一定程度的屈挠性，详情见表 6-198。

表 6-198 硅烷与钛系适用性的比较

适用对象	钛酸酯	硅烷
对树脂的适用性	热固性和热塑性树脂	只适用于热固性树脂
对无机填料的适用性	适用范围广	适用范围有限
性能上的重要性	不增加强度	增加强度
其他	赋予屈挠性，主要在加工工艺性能方面发挥作用	赋予刚性，优、缺点很明显

② 硅烷和钛酸酯的化学结构特性比较见表 6-199。

表 6-199 硅烷和钛酸酯的化学结构特性的比较

功能	钛酸酯 $R_1-O-Ti-(O-X_1-R_2-Y)_n$	硅烷 $(R_1-O)_2-Si-R_2-Y$
R—O 烷氧基	1 个	3 个
烷氧基螯合功能	有	不稳定
需要时消除即时的醇副产物	能	不能

功能	钛酸酯 $R_1\text{-}O\text{-}Ti\text{-}(O\text{-}X_1\text{-}R_2\text{-}Y)_n$	硅烷 $(R_1\text{-}O)_2\text{-}Si\text{-}R_2\text{-}Y$
形成单分子层	能	不能
水解能	低	中等～高
与 $CaCO_3$ 的反应	能	不能
过量时的不良影响	常有	偶尔有
—C 酯基转移反应—X—键合聚酯	能	不能
不借助于不饱和结构实现 X—键合	能	不能
X_1 邻接基团功能	有	无
必要时产生热稳定性	能	不能
磺酰基—触变性	能	不能
磷酸酯—阻燃性	能	不能
亚磷酸酯—防老化作用	能	不能
R_2 基团的长度	长～短	短
降低黏度的作用	明显	无到中等
改进热塑性塑料抗冲击性能的作用	极佳	无到中等
闪点	高～中等	低
Y 官能团	3 个	1 个
n 三官能度	有	单官能度
水解稳定性	良～优	良～差

③ 硅烷偶联剂和钛酸酯偶联剂应用于填料处理效果的比较见表 6-200。

表 6-200　偶联剂应用于填料效果的比较

效果	硅烷偶联剂处理的填料	钛酸酯偶联剂处理的填料
具有优良效果的	二氧化硅、玻璃	碳酸钙、硫酸钡、氢氧化铝、二氧化硅等大部分无机填料
具有一定效果的	滑石粉、铁粉、氧化铝、氢氧化铝	氧化镁、氧化钙、云母、二氧化硅、玻璃等
效果较小的	石棉、氧化铁、二氧化钛、氧化锌	滑石粉、炭黑、木粉
无效的	碳酸钙、硫酸钙、硫酸钡、石墨、硼	石墨

④ 硅烷偶联剂和钛酸酯偶联剂应用于密封剂、黏合剂的选择性。不同基体材料的密封剂对金属及塑料的粘接力和稳定性差别很大，为了提高粘接力和稳定粘接力，选用偶联剂是可靠有效的途径，经验证明树脂类如环氧、酚醛类效果都不很理想，含烷氧基的有机硅化合物以及钛酸酯类比较理想，但有明显的选择性，主要是取决于被粘体的性质，例如铝合金（如 LY12）、不锈钢（如 1Cr18Ni9Ti）、钛合金、高强度合金刚（如 30CrMnSiNi2A），塑料如聚氯乙烯、聚丙烯、聚乙烯、尼龙 6、尼龙 66、聚酯塑料等，都会表现出各自需求与自己相容的偶联剂，否则密封剂对他们的粘接力满足不了要求，以钛酸酯为基体制成的粘接底涂粘接 30CrMnSiNi2A 很可靠，烷氧基有机硅化合物偶联剂则效果不良。甲基三乙酰氧基硅烷同时适合聚硫密封剂、有机硅密封剂对阳极化的铝合金的粘接。符合粘接原理有助于选材，针对被粘体的性质通过实验进行选择是最有效选的选材办法。

综合上面的比较，以及国内、国外的应用情况，目前广泛应用的多为钛系偶联剂，其主要特点如下：a. 使用范围广（塑料、橡胶、涂料、黏合剂、密封剂、油墨、磁材料、颜料、填充料）；b. 品种多（美国肯利奇 Kenrich 公司公布的有近六十个牌号，国内目前也有数十个牌号）。

参 考 文 献

[1]　陈平，刘胜平编著. 环氧树脂. 北京：化学工业出版社，1999：11.
[2]　董庚蛟，朱雄，陈明，裴丽英，王凤珍. 邻甲酚醛环氧树脂. 热固性树脂，（4）1995. 15～2.

[3]　彭红星. 四酚基乙烷四缩水甘油醚环氧树脂的合成 [D]. 湘潭市：湘潭大学化工系，2007.

[4]　梁平辉，邓卫东，芮丽娟，邱鹤年. 脂环族缩水甘油醚型环氧树脂的研制、性能与应用. 绝缘材料通讯. 2000，(2)：8～11.

[5]　蒋卫和，屈铠甲，唐召兰. 1,2-环己二醇二缩水甘油醚的合成. 热固性树脂. 2004，19（4）：8～12.

[6]　张小华. 新型脂环族环氧树脂的合成与无机纳米粒子对脂环族环氧树脂增韧改性的研究：[博士学位论文]. 长沙市. 湖南大学应用化学专业，2006.

[7]　王新伟，李菲菲，任妮，王多书，钟彦. 氢化双酚 A 型环氧树脂及其复合材料光固化研究. 兰州交通大学学报. 2012，31（3）：171～176.

[8]　潘钇安，余剑英，艾平松. 聚硅氧烷—氢化双酚 A 环氧树脂的制备与表征. 高分子材料科学与工程. 2012，28（3）：126～129.

[9]　卜志扬，范宏，谭军，李伯耿，邵月刚，任不凡. 低氯含量甲基三乙酰氧基硅烷的合成与表征. 科技通报. 2007，23（5）：715～770.

[10]　何胜刚. 乙烯基三乙酰氧基硅烷偶联剂的合成及应用. 有机硅材料及应用. 1991，(2)：26～28.

[11]　鲁开娟，沈慧苗，王天用. 钛酸酯偶联剂的合成及应用. 高分子通报. 1993（2）：108～112.

第**7**章

阻蚀剂

7.1 常用的重铬酸盐——重铬酸钠与重铬酸钾

别称：红矾钠（含有两个结晶水）与红矾钾。

（1）化学结构式　重铬酸钠化学结构式：

重铬酸钾化学结构式：

（2）重铬酸钠与重铬酸钾的物理化学特性　见表 7-1。

表 7-1　重铬酸钠与重铬酸钾物理化学特性

性 能 名 称		重铬酸钠	重铬酸钾
外观属性		红色至橘红色结晶，略有吸湿性，易潮解，粉化	橙红色三斜晶系板状结晶体，有苦味及金属性味，不吸湿潮解，不生成水合物
失结晶水温度/℃		100	
开始分解温度/℃		约 400	
结晶转变温度/℃		—	241.6(三斜晶系转变为单斜晶系)
分解温度/℃		—	约 500(分解为三氧化铬和铬酸钾)
溶解性		易溶于水，不溶于乙醇	稍溶于冷水，20℃可溶 12g，易溶于热水，不溶于乙醇
水溶液 pH	1%水溶液	4	水溶液呈酸性
	10%水溶液	3.5	

续表

性 能 名 称	重铬酸钠	重铬酸钾
相对密度	2.348	密度(25℃)2.676g/cm³
熔点(无水品)/℃	356.7	398
沸点(无水品)/℃	400	500
化学特性	有强氧化性,容易被还原成三价铬。与有机物摩擦或撞击能引起燃烧	遇浓硫酸有红色针状晶体铬酸酐析出,对其加热则分解放出氧气,生成硫酸铬,使溶液的颜色由橙色变成绿色,属强氧化剂,有机物接触摩擦、撞击能引起燃烧。在盐酸中冷时不起作用,热时则产生氯气。与还原剂反应生成三价铬离子
毒性	中等毒,半数致死量(大鼠,经口)50mg/kg(无水品),对人有潜在致癌危险性	有毒,空气中最高容许浓度 0.01mg/m³,六价铬毒性大于三价铬。铬还是一种致敏源,六价铬有刺激性和腐蚀性,对人有潜在致癌危险性

（3）二水合重铬酸钠与重铬酸钾产品多种标准规定的质量指标

① 二水合重铬酸钠产品国家与行业标准规定的质量指标　见表 7-2。

表 7-2　二水合重铬酸钠产品国家与行业标准规定的质量指标

指 标 名 称		GB 1611—2014 指标			HG/T 3439—2014 指标	
		优等品	一等品	合格品	分析纯(AR)	化学纯(CP)
(Na₂Cr₂O₇·2H₂O)/%	≥	99.3	98.3	98.0	99.5	99.0
硫酸盐(SO₄²⁻)/%	≤	0.20	0.30	0.40	0.02	0.05
氯化物(以 Cl 计)/%	≤	0.10	0.10	0.20	0.005	0.02
水中不溶物/%	≤	—	—	—	0.003	0.01
铝/%	≤	—	—	—	0.002	0.005
钙/%	≤	—	—	—	0.005	0.02
铁/%	≤	—	—	—	0.0005	0.001

② 重铬酸钾产品国内、外产品质量指标　见表 7-3。

表 7-3　HG 2324—2005 工业重铬酸钾产品质量指标

指 标 名 称		指 标		
		优等品	一等品	合格品
外观		鲜艳橙红色针状或小粒状晶体		
重铬酸钾(K₂Cr₂O₇)质量分数/%	≥	99.7	99.5	99.0
硫酸盐(以 SO₄ 计)质量分数/%	≤	0.02	0.05	0.05
氯化物(以 Cl 计)质量分数/%	≤	0.05	0.05	0.08
钠(Na)质量分数/%	≤	0.5	1.0	1.5
水分/%	≤	0.03	0.05	0.05
水不溶物质量分数/%	≤	0.02	0.02	0.05

（4）用途

① 重铬酸钠的用途　在密封剂中用作阻蚀剂,也大量用于染料合成工业的原料、印染工业、医药工业、制革工业、电镀工业、玻璃工业中。

② 重铬酸钾的用途　在密封剂中用作阻蚀剂,也大量用于水性胶黏剂的水性交联剂,能与 PVA 交联形成轻度网状结构,提高耐水性。还用于化学合成、工业火柴工业、搪瓷工业、玻璃工业、印染工业、香料工业。它还是测试水体化学耗氧量（COD）的重要试剂之一。

7.2　常用的铬酸盐——铬酸钠与铬酸钾

别称：四水铬酸钠；铬酸钠四水合物与铬酸二钾。

（1）化学结构式

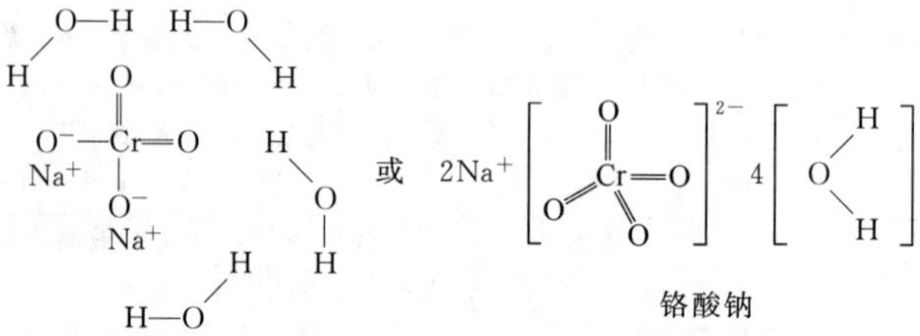

铬酸钠

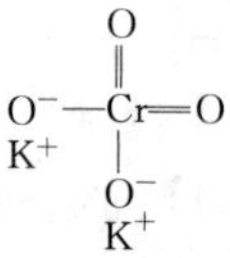

铬酸钾

（2）铬酸钠与铬酸钾的物理化学特性　见表7-4。

表7-4　铬酸钠与铬酸钾的物理化学特性

性能名称	铬酸钠参数	铬酸钾参数
外观特性 失去结晶水温度/℃ 分子量 熔点/℃ 密度/(g/cm³)	黄色半透明三斜结晶或结晶性粉末，易吸湿 68 234.03 201~205 2.73	黄色斜方晶体 — 194.20 975 2.732
溶解性	易溶于水，纯水溶液在4℃时可以密闭保存超过1个月，加热后分解。溶于酒精溶液。溶于氯化钠等渗水溶液。微溶于无水甲醇。不溶于非极性有机溶剂，如丙酮、苯、氯仿、酯类及其他有机溶剂	溶于水（溶于1.6份冷水或1.2份热水），不溶于乙醇。水溶液显碱性
氧化性	强氧化剂，还原Cr^{+6}常得到蓝绿色的Cr^{-3}	氧化剂，还原Cr^{+6}常得到蓝绿色的Cr^{+3}
离子特性	水溶液中，铬酸根离子（黄色）与重铬酸根离子（橙色）处于平衡中。加酸促进重铬酸根离子的生成，使溶液呈红色；加碱则使平衡左移，溶液呈黄色，反应平衡式见下式： $$2CrO_4^{2-} + 2H^+ \longrightarrow Cr_2O_7^{2-} + H_2O$$	
重金属、镧系元素、碱土金属、碱金属的铬酸盐特性	大多微溶或难溶于水；碱金属铬酸盐的溶解度相对较大	
毒性	有毒	

（3）铬酸钠、铬酸钾产品质量指标

① 铬酸钠、铬酸钾产品企业标准　见表7-5。

表7-5　铬酸钠、铬酸钾产品质量指标（执行标准：Q72983621-6.02—2007[②]）

指标名称		铬酸钠			铬酸钾		
		优等品	一等品[①]	合格品	优等品	一等品	合格品
外观		黄色半透明四水化合物结晶			黄色斜方晶体		
含量	$Na_2CrO_4 \cdot 4H_2O$/% ≥	99.00	98.0	95.0	—	—	—
	K_2CrO_4/% ≥	—	—	—	99.50	99.00	98.50
氯化物(Cl)/% ≤		0.10	0.20	0.20	0.10	0.20	0.20
硫酸盐(SO_4^{2-})/% ≤		0.20	0.60		0.10	0.30	0.50
铅/%					0.001	0.002	0.002

① 一等品略高于工业级。

② Q72983621-6.02—2007 为天津砚桥化工销售有限公司企业标准。

② 工业铬酸钠、铬酸钾产品行业标准　见表 7-6。

表 7-6　工业铬酸钠、铬酸钾产品行业标准

指　标　名　称		工业铬酸钠 HG/T 4312—2012		工业铬酸钾 HG/T 4313—2012	
		一等品	合格品	一等品	合格品
铬酸钠($Na_2CrO_4 \cdot 4H_2O$)含量/%	≥	98.5	98.0	—	—
铬酸钾(K_2CrO_4)含量/%	≥	—	—	99.5	98.5
氯化物含量(以 Cl^- 计)/%	≤	0.20	0.30	0.10	0.20
硫酸盐含量(以 SO_4^{2-} 计)/%	≤	0.30	0.40	0.20	0.30
水不溶物含量/%	≤	0.02	0.03	0.02	0.03

（4）铬酸钠、铬酸钾用途　用作密封剂的阻蚀剂和硫化剂；用于防止金属腐蚀及增强涂料的黏合力；用于测定水体中的化学需氧量（COD）。

7.3　常用的钼酸盐 [1,2]

（1）常用的钼酸盐的名称、化学结构式　见表 7-7。

表 7-7　常用的钼酸盐的名称、化学结构式

钼酸盐名称	分子式	化学结构式
钼酸锌	$ZnMoO_4 \cdot H_2O$	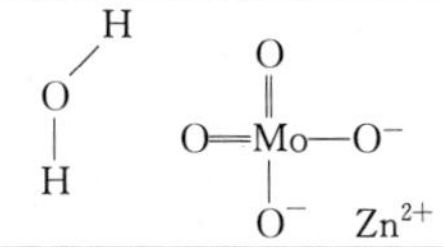
钼酸钙	$CaMoO_4$	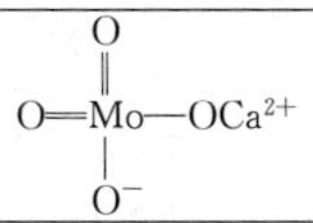
钼酸钠	$Na_2MoO_4 \cdot 2H_2O$	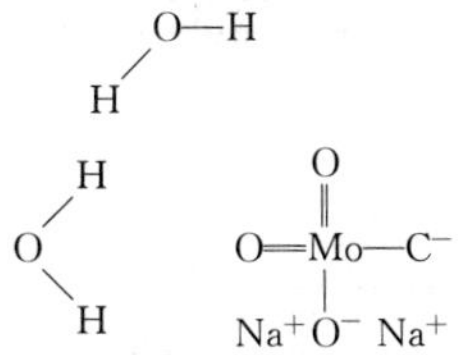

（2）常用的钼酸盐的物理化学特性　见表 7-8。

表 7-8　常用的钼酸盐的物理化学特性

性　能　名　称		钼酸锌	钼酸钙	钼酸钠
外观		浅黄色或白色粉末	白色粉末状结晶	白色菱形结晶
分子量		225.33	200.02	241.95
熔点/℃	>	700	965	687
密度(25℃)/(g/cm³)		4.3	4.35	3.28

钼酸锌的溶解性:难溶于水,易溶于酸,可溶于氨水

钼酸钙的溶解性:溶于无机酸。不溶于乙醇、乙醚,难溶于水(水中溶解度:每 20℃的 100mL 水中的溶解克数为 4.099×10^{-3}g)

钼酸钠的溶解性:溶于 1.7 份冷水和约 0.9 份沸水,5%水溶液在 25℃时 pH 为 9.0～10.0,不溶于丙酮

钼酸锌化学反应特性:能与金属氧化物发生钼酸根交换反应。如分别与氧化镉、氧化镁反应生成钼酸镉、钼酸镁。遇酸性环境能释放出钼酸离子在钢铁表面形成复合的不溶物,有防腐的作用

钼酸锌毒性分级:通常对水体稍微有害,不要将未稀释或大量该产品接触地下水、水道或污水系统,未经政府许可勿将材料排入周围环境

钼酸钙毒性分级:中等毒性

钼酸钠毒性分级:有毒[半数致死量(小鼠,腹腔)344mg/kg],有刺激性

性　能　名　称		钼酸锌	钼酸钙	钼酸钠
失去分子结晶水的温度/℃		—	—	100

（3）常用的钼酸盐产品的质量指标　见表 7-9～表 7-11。

表 7-9　钼酸钠、钼酸锌、钼酸钙产品质量指标（一）

指标名称		科林尔化工产钼酸钠	指标名称		科林尔化工产钼酸钠
外观		白色结晶	Mo/%	$\geqslant$	39.5
$Na_2MoO_4 \cdot 2H_2O$ 含量/%	$\geqslant$	99.9	Ni/(mg/kg)	$\leqslant$	—
Pb/%	$\leqslant$	0.001	Fe/%	$\leqslant$	0.001
SO_4^{2-}/%		0.01	Cl/%	$\leqslant$	0.03
水不溶物含量/%	$\leqslant$	0.03	Cu/%	$\leqslant$	0.001
失结晶水温度/℃		100	NH_4^+/%	$\leqslant$	0.005

溶解性：微溶于水，不溶于丙酮

表 7-10　钼酸钠、钼酸锌、钼酸钙产品质量指标（二）

指标名称		钼酸锌		指标名称		钼酸锌	
		郑州产	中山产			郑州产	中山产
外观		白色菱形结晶	白色粉末	干燥失重(110℃)/%	$\leqslant$	1	—
平均粒度		1～1.5nm	1200目	$ZnMoO_4 \cdot H_2O$ 含量/%		99.8	99.9
Mo/%	$\geqslant$	39	—	相对密度		3.28	—
Fe/%	$\leqslant$	20	<0.01	水分/%		—	0.02
Cl/%	$\leqslant$	0.1	—	水溶物/%		2	—
Zn/%	$\geqslant$	27	—	MoO_3/%	<	—	0.01
SiO_2/%	<	—	0.02	CuO/%		—	0.03
Co/(mg/kg)	$\leqslant$	10		Ni/(mg/kg)		20	—

郑州产 T3 铜片，100℃，3h 腐蚀试验：通过试验

郑州产钢铁表面腐蚀试验：能释放出钼酸根离子在钢铁表面形成的复合不溶物，有防锈蚀作用

郑州产溶解性：微溶于水，不溶于丙酮

表 7-11　（前苏联）标准 UMTY-4523-65ROC 钼酸钙产品质量指标

指标名称		参数		指标名称		参数	
		МДК-1	МДК-2			МДК-1	МДК-2
Mo/%	$\geqslant$	44	40	P/%	$\leqslant$	0.1	0.2
Ca/%	$\geqslant$	22	24	S/%	$\leqslant$	0.2	0.3

（4）常用钼酸盐用途　用作密封剂的缓蚀剂。也用于涂料、油墨、化肥、颜料、镀锌、磨光剂及化学试剂制造等工业。

7.4　磷酸及其衍生物

（1）磷酸或正磷酸

① 磷酸的化学结构　磷酸的化学结构为以磷为中心、四个氧环绕其周围，其中包括一个双键氧和三个羟基。三个可解离的氢原子分别与三个氧原子结合。化学结构式如下所示。

② 磷酸的物理化学特性

a. 磷酸物理特性　磷酸易溶于水。多磷酸是正磷酸和不同聚合度的聚磷酸的混合水溶液。聚磷酸包括焦磷酸（$H_4P_2O_7$）、三磷酸（$H_5P_3O_{10}$）和长链聚磷酸。聚磷酸的代表式为 $H_6P_4O_{13}$。商品正磷酸的浓度一般为 52%～54%，市售磷酸试剂是黏稠的、不挥发的浓溶液，磷酸含量 83%～98%。磷酸的其他物理特性见表 7-12。

表 7-12　磷酸物理特性

性 能 名 称	参　数	性 能 名 称	参　数
密度(液)/(g/cm³)	1.685	分子量	98.0
熔点/℃(K)	42.35(316)	沸点(分解)/℃(K)	158(431)
外观:纯净的磷酸是无色晶体或者无色黏稠液体			

b. 磷酸化学性质　磷酸不易挥发,不易分解,几乎没有氧化性。具有酸的通性,其酸性较硫酸、盐酸、硝酸为弱,但比醋酸、硼酸等强。加热到 213℃时失去部分水转变为焦磷酸;加热到 300℃时失去一分子水,进一步转变为偏磷酸(HPO_3)。有吸湿性,能吸收空气中的水分。对皮肤有腐蚀性,空气中最高容许浓度 $1mg/m^3$。纯净的磷酸是无色晶体,为高沸点酸,易溶于水和乙醇。市售磷酸试剂是黏稠的、不挥发的浓溶液,磷酸含量83%～98%。

③ 磷酸产品质量指标　磷酸产品品种和质量指标见表 7-13。

表 7-13　磷酸产品和质量指标（执行标准：GB/T 2091—2008）

指 标 名 称	制药级	一级	二级
外观	无色或略微着色的黏性液体,无悬浮物		
色度(铂-钴)/号	≤20	≤30	≤40
磷酸含量(H_3PO_4)/%	≥85.5	≥85.5	≥85.5
氯化物(以 Cl^- 计)/%	≤0.0005	≤0.0005	≤0.001
硫酸盐(以 SO_4^{2-} 计)/%	≤0.005	≤0.005	≤0.01
铁(Fe)/%	≤0.002	≤0.002	≤0.005
砷(As)/%	≤0.0001	≤0.008	≤0.01
重金属(以 Pb 计)/%	≤0.001	≤0.001	≤0.05
相对密度(18℃)	1.834	—	—
熔点/℃	42.35	—	—
沸点(失去 $0.5H_2O$ 时)/℃	213	—	—
水溶性	易溶		

④ 磷酸用途　用作聚硫密封剂的阻蚀剂及贮存稳定剂。也用于制药、食品、肥料、肥皂、洗涤剂、金属表面处理、饲料添加、水处理剂等方面。

(2) 磷酸盐（磷酸衍生物）

① 各个磷酸盐的名称、分子式、化学结构式　见表 7-14。

表 7-14　各个磷酸盐的名称、分子式、化学结构式

名　称	分子式	化学结构式
磷酸钠(别名:磷酸三钠)	Na_3PO_4	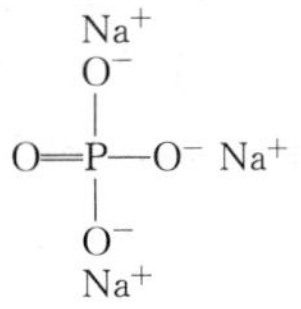
植酸	$C_6H_{18}O_{24}P_6$	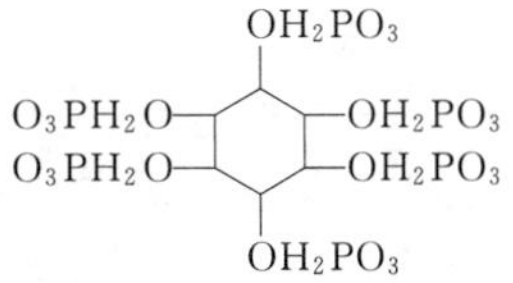
六偏磷酸钠(别称:磷酸钠玻璃)	$(NaPO_3)_6$	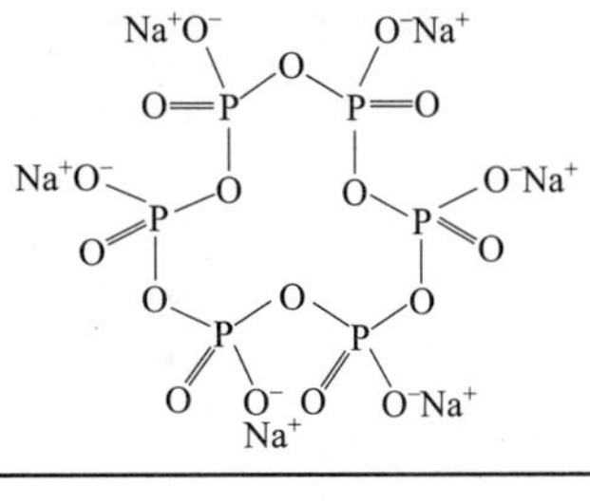

续表

名　称	分子式	化学结构式
磷酸二氢锌	$Zn(H_2PO_4)_2 \cdot 2H_2O$	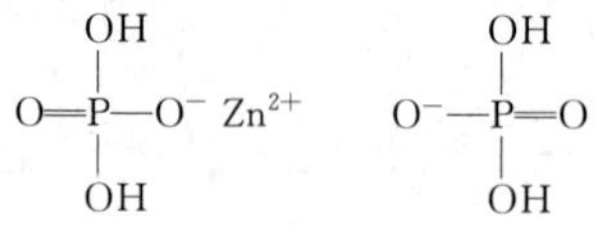 $O{=}P(OH)_2{-}O^- \; Zn^{2+} \; O^-{-}P(OH)_2{=}O$
磷酸脲	$H_3PO_4 \cdot CO(NH_2)_2$ 或 $CO(NH_2)_2 \cdot H_3PO_4$	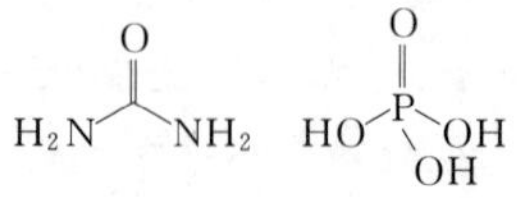 $H_2N{-}CO{-}NH_2$　$HO{-}P(OH)(OH){=}O$

② 磷酸盐的物理化学特性　见表 7-15。

表 7-15　磷酸盐的物理化学特性

性能名称	参数				
	磷酸钠	植酸	六偏磷酸钠	磷酸二氢锌	磷酸脲
外观特性	无色或白色结晶,在干燥空气中易风化	淡黄色至淡褐色浆状液体,常以钙、镁的复盐存在于植物种芽、米糠中	玻璃状固体是偏磷酸钠的六聚合体,有较强的吸湿性能,在温水、酸或碱溶液中易水解为正磷酸盐	白色三斜晶体或白色凝固状物,有腐蚀性、潮解性	无色透明棱柱状晶体
相对密度(20℃) 熔点/℃ 失去结晶水温度/℃ 失去全部结晶水温度/℃	1.62 73.3~76.7(分解) 100 212	— — — —	2.5 616(分解) — —	— 100(开始分解) — —	— 117.3 — —
溶解性	溶于水,其水溶液呈强碱性。不溶于乙醇、二硫化碳	易溶于水、乙醇和丙酮,几乎不溶于乙醚、苯和氯仿	溶于水,不溶于有机溶剂	溶于水也分解。溶于盐酸和碱	易溶于水并呈酸性,不溶于醚类、甲苯、四氯化碳和二噁烷中
毒性	水溶液对皮肤有一定侵蚀作用	—	—	—	—
1%的水溶液的 pH 值	—	—	—	—	1.89

③ 磷酸盐产品品种和质量指标

a. 磷酸钠产品品种和质量指标　见表 7-16。

表 7-16　磷酸钠质量指标（执行标准：GB 1607—1979）

质量名称	工业级指标		
	一级品	二级品	三级品
外观	白色结晶	白色或微黄色结晶	
磷酸三钠含量($Na_3PO_4 \cdot 12H_2O$)/%	≥98	≥95	≥92
硫酸盐(以 SO_4^{2-} 计)/%	≤0.5	≤0.8	≤1.2
氯化物(以 Cl^- 计)/%	≤0.3	≤0.5	≤0.6
水不溶物/%	≤0.1	≤0.1	≤0.3
甲基橙碱度(以 Na_2O 计,Na_2O)/%	16~19	15.5~19	15~19
相对密度(20℃)	1.62		
熔点(也是分解温度)/℃	73.3~76.7		
对温度的敏感性	100℃时失去 11 个结晶水,成为一水物;212℃以上时,成为无水磷酸三钠		

b. 植酸产品的质量指标　见表 7-17。

表 7-17 植酸的质量指标（执行标准：Q/20249671-0.1—2004）

指 标 名 称	PA1	PA2	指 标 名 称	PA1 与 PA2 同
植酸含量/%	≥50	≥70	氯化物(以 Cl⁻ 计)/%	≤0.02
无机磷/%	≤1.0	≤2.0	盐类(以 Ca²⁺ 计)/%	≤0.02
外观颜色	浅黄至淡褐色液体		重金属(以 Pb 计)/%	≤0.001
硫酸盐/%	≤0.02		砷/%	≤0.0002
毒性试验	LD₅₀ 4.793g/kg			

云南、湖南、陕西汉阳县等地生产的植酸产品品种的质量指标见表 7-18。

表 7-18 植酸质量指标

指 标 名 称	优级品	一级品	指 标 名 称	优级品与一级品同指标
外观	浅黄色浆状液体		盐类(以 Ca²⁺ 计)/%	≤0.02
植酸含量/%	≥70.0	≥50.0	氯化物(以 Cl⁻ 计)/%	≤0.02
无机磷(以 P 计)/%	≤0.02	≤0.10	硫酸根(以 SO₄²⁻ 计)/%	≤0.01

c. 符合国家标准国产六偏磷酸钠产品品种的质量指标　见表 7-19。

表 7-19 工业六偏磷酸钠产品品种的质量指标（执行标准：GB 1624—1979）

性 能 名 称	一级	二级	三级
外观	无色透明玻璃片状或粒状		
磷酸盐(以 P₂O₅计)/%	≥68.0	≥66.0	≥65.0
活性物(以 P₂O₅计)/%	—	—	—
非活性物(以 P₂O₅计)/%	≤7.5	≤8.0	≤10.0
铁(以 Fe 计)/%	≤0.05	≤0.10	≤0.20
水不溶物/%	≤0.06	≤0.10	≤0.15
pH 值(1%水溶液)	5.8~6.5	5.5~7.0	5.5~7.0

符合美国军用标准的工业六偏磷酸钠产品的质量指标见表 7-20。

表 7-20 工业六偏磷酸钠产品的质量指标［执行标准：MIL-S-51078C（1984 年）］

指 标 名 称	参　数	指 标 名 称	参　数
灼烧失重/%	≤1.0	六偏磷酸钠含量(以 P₂O₅计)/%	≥67.0
水不溶物/%	≤0.05	重金属(以 Pb 计)/%	≤0.001
添加物(起泡剂)/%	负	pH 值(1%水溶液,25℃)	6.7~7.2
砷(以 As₂O₃计)/%	≤0.001		

指 标 名 称		参　数		
状态		粉状	粒状	小球状
各状态下的粒度含量	未通过 4 号筛的/%	—	—	≤1.0
	通过 8 号筛的/%	—	≥98.0	≤4.0
	通过 20 号筛的/%	≥98.0	≥50.0	≤20.0
	通过 100 号筛的/%	≥50.0	≤20.0	—

d. 我国沈阳、杭州、哈尔滨、上海、成都、天津、重庆、济宁等 11 个城市均能批量生产磷酸二氢锌产品，其质量标准见表 7-21。

表 7-21 磷酸二氢锌工业级产品质量标准

性 能 名 称	参　数	性 能 名 称	参　数
氧化锌含量/%	≥20.2	重金属(Pb)含量/%	≤0.05
五氧化二磷含量/%	48~52	氯化物(Cl⁻)含量/%	≤0.05
Fe₂O₃含量/%	≤0.05	硫酸盐(SO₄²⁻)含量/%	≤0.1

e. 内蒙古乌海市化工厂、张家口市化工研究所产磷酸脲产品质量指标见表 7-22。

表 7-22　磷酸脲产品质量性能指标

性 能 名 称	参　　数	性 能 名 称	参　　数
五氧化二磷(P_2O_5)含量/%	44.10	总氮(N)含量/%	17.88
氧化铁(Fe_2O_3)含量/%	0.25	砷(As)含量/%	0.001
氧化镁(MgO)含量/%	0.05	氟(F)含量/%	0.12
重金属(以 Pb 计)含量/%	0.002	氧化铝(Al_2O_3)含量/%	0.29

④ 磷酸盐类用途　上述磷酸衍生物均可作密封剂的阻蚀剂或防锈剂。在其他方面还有广阔的用途。

7.5　其他有机化合物

除上述各条无机阻蚀剂和有机物植酸外，还发现其他一些有机化合物也有明显的阻蚀能力，例如 MBT（巯基苯并噻唑）及 BTZ（苯并三唑），在密封剂中已获得应用，证明有效地提高了密封剂对金属的腐蚀防护能力。

（1）MBT（巯基苯并噻唑）　别名：2-巯基-1,3-硫氮茚；克肟活性酯；MBT；M；预分散 MBT-80；预分散 M-80；母胶粒 MBT-80；母胶粒 M-80；药胶 MBT-80；药胶 M-80；促进剂 MBT；2-硫醇巯基苯并噻唑；促进剂 M；2-MBT；促进剂 MBT（M）；Z-MBT。

① MBT（巯基苯并噻唑）化学结构式

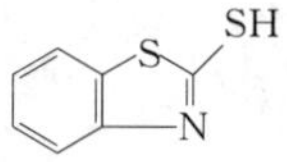

② MBT（巯基苯并噻唑）物理化学特性　MBT（巯基苯并噻唑）为棕黄色透明液体，是一种对铜和铜合金特别有效的缓蚀剂；能与铜金属表面的铜离子结合成十分稳定的络合物，能修补铜金属表面的氧化亚铜保护膜；对氯和氯胺很敏感，容易被氧化而破坏。

③ MBT（巯基苯并噻唑）产品的质量指标　见表 7-23。

表 7-23　MBT（巯基苯并噻唑）的质量指标

指标名称	参　　数	指标名称	参　　数
外观	黄色或黄绿色透明液体	固体含量/%	≥25.0
pH 值(1%水溶液)	9.01~1.0	密度(20℃)/(g/cm³)	1.20

④ MBT-巯基苯并噻唑用途　MBT 可用于密封剂的阻蚀剂。也可用作各种循环冷却系统铜设备的专用缓蚀剂，使用浓度为 2.0~5.0mg/L，用量为 0.05~0.10g/L。也可作增塑剂。

（2）BTZ（苯并三唑）　别名：苯并三氮唑；苯并三氮杂茂；连三氮杂茚；苯三唑；1,2,3-苯并三唑；1,2,3-苯并三氮唑；1,2,3-苯并三氮唑；防锈剂 T706；防锈剂 706；T406；苯三唑脂肪胺盐；多效油性剂 T406；苯三唑十八胺盐；T406 石油添加剂；BAT。

① BTZ（苯并三唑）化学结构式

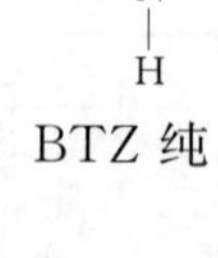

② BTZ（苯并三唑）物理化学特性　BTZ 纯品系白色针状晶体，微溶于水，溶于醇、苯、甲苯、氯仿等有机溶剂。

③ BTZ（苯并三唑）产品质量指标　见表 7-24。

表 7-24　**BTZ（苯并三唑）产品的质量指标**（执行标准：HG/T 3824—2006）

指标名称	参数	指标名称	参数
纯度/%	≥99.5	醇溶性	澄清透明、无可见机械杂质
熔点/℃	96~99	灰分/%	≤0.05
水分/%	≤0.1	pH 值	5.3~6.3
外观：微黄色至白色晶体或片状、粒状、针状、粉状			

④ BTZ（苯并三唑）用途　本品广泛用于密封剂、防锈油（酯）类产品中，成为对金属（如银、铜、铅、镍、锌等）的防锈剂与缓蚀剂，还用于铜及铜合金的气相缓蚀剂、高分子稳定剂、紫外线吸收剂、循环水处理剂、汽车防冻液等许多方面。

7.6　锌粉

（1）化学结构　锌粉为紧密堆积六方晶系单质金属结构，电沉积[4]的锌仅有几个微米，呈羽毛状或棒状，见图 7-1。

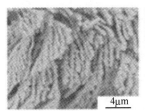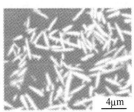

(a) 沉积时无添加剂　　(b) 沉积时添加了 PVP-K 30添加剂　　(c) 沉积时添加了 EDTA添加剂　　(d) 沉积时添加了复合添加剂

图 7-1　电沉积的锌紧密堆积六方晶系单质金属结构形貌[3]

（2）锌粉物理化学特性　见表 7-25。

表 7-25　**锌粉的物理化学特性**

性能名称	参数	性能名称	参数
密度/(g/cm³)	7.14	在室温下脆性	较脆
熔点/℃	419.5	变软温度/℃	100~150
沸点/℃	906	高温变脆温度/℃	超过200
莫氏硬度	2.5		
外观特性：白色略带蓝灰色或浅灰色过渡金属，具有金属光泽，在自然界中多以硫化物状态存在。属化学元素周期表第Ⅱ族副族元素，是六种基本金属之一			
化学反应性：锌的化学性质活泼，当温度达到225℃后，锌氧化激烈。锌在常温下不会被干燥空气、不含二氧化碳的空气或干燥的氧所氧化。但在与湿空气接触时，其表面会逐渐被氧化，生成一层灰白色致密的碱性碳酸锌包裹其表面，保护内部不再被侵蚀			
溶解性：纯锌不溶于纯硫酸或盐酸，但锌中若有少量杂质存在则会被酸所溶解。因此，一般的商品锌极易被酸所溶解，亦可溶于碱中。不溶于水			

（3）锌粉产品的质量指标　见表 7-26。

表 7-26　**锌粉产品的质量指标**

指标名称	参数	指标名称	参数	指标名称	参数
全锌/%	≥98	铁(Fe)/%	≤0.1	铅(Pb)/%	≤0.3
金属锌/%	≥85	镉(Cd)/%	≤0.1	酸不溶物/%	≤0.2

（4）锌粉用途　主要用于密封剂的阻蚀填料。也用于黏合剂、涂料、防锈漆、染料、冶金化工及制药等工业。

参 考 文 献

[1]《中国化工产品大全》编委会．中国化工产品大全：上卷．北京：化学工业出版社，1994：330-331（Bc396，Bc397）．

[2] 张建国．一低价铝酸聚合物在 201x7 树脂上吸附机理的研究．铀矿冶（URANIUMMININGANDMETALLURGY），1988，7（1）：27-32．

[3] 张杰，戴亚堂，张欢，等．添加剂对电沉积锌粉结构和形貌的影响．武汉理工大学学报，2012，34（2）：17-21．

[4] 胡会利，李宁，程瑾宁，高会会，电解法制备超细锌粉的工艺研究、粉末冶金工业（POWER METALLURGY IN-DUSTRY），2007，17（1）：24～29．

第8章

防霉剂[1,2]

8.1　75 号工业防霉剂

别名：10,10'-氧代双吩恶砒；简称：OBPA。

（1）75 号工业防霉剂化学结构式

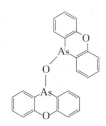

（2）75 号工业防霉剂物理化学特性　见表 8-1。

表 8-1　75 号工业防霉剂物理化学特性

性能名称	参数	性能名称	参数
类别	含砷有机物	外观特性	白色结晶体，杀菌谱广
分子量	502.23	熔点/℃	180～184
毒性	无毒	腐蚀性	不腐蚀金属
热分解温度/℃	300～380	相对密度	1.40～1.42
溶解性：不溶于水，在一般有机溶剂中的溶解度也不大，可溶于甲醇、氯仿、苯甲醛、二甲基甲酰胺，浓度大约 3%			
稳定性：可稳定地存在于弱酸或弱碱中，对紫外光敏感，密闭保存，耐高温，耐老化，耐挥发，耐迁移			

注：佛山市巨龙高科技有限公司提供信息。

（3）75 号工业防霉剂质量指标　见表 8-2。

表 8-2　75 号工业防霉剂产品质量指标

指标名称	参数	指标名称	参数
OBPA 含量/%	≥99	PAA 含量/%	≤0.3
CPA 含量/%	≤0.1	其他杂质含量/%	<0.1
DPE 含量/%	≤0.2	挥发物含量/%	≤0.2

（4）75 号工业防霉剂用途　用作密封剂、PVC 制品、塑料制品、PVC 地板材料、墙面涂料、油墨、纸张等的防霉剂。用量约为 1%。

8.2 苯并异噻唑啉-3-酮[3～5]

别称：1,2-苯并异噻唑基-3(2H)-酮；1,2-苯并异噻唑-3-酮；简称：BIT。

（1）苯并异噻唑啉-3-酮化学结构式

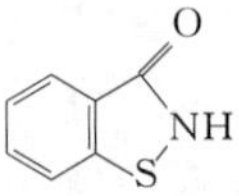

（2）苯并异噻唑啉-3-酮的物理化学特性　见表 8-3。

表 8-3　苯并异噻唑啉-3-酮的物理、化学特性

性能名称	参数	性能名称	参数
外观	白色结晶体粉末	水分/%	15～20
纯度/%	≥99.0	毒性分级	中毒
溶解性	溶于热水和部分有机溶剂	熔点/℃	154～158

（3）苯并异噻唑啉-3-酮产品质量指标　见表 8-4。

表 8-4　路浩牌型号为 BIT85 的苯并异噻唑啉-3-酮质量指标

指标名称	参数	指标名称	参数
外观	白色至浅黄色粉末或晶体	熔点/℃	150～158
纯度/%	≥99.0	水分/%	15～20

（4）苯并异噻唑啉-3-酮用途　用于密封剂、胶黏剂、乳胶制品、水溶性树脂、涂料（乳胶漆）、丙烯酸、聚合物，防止微生物滋生引起密封剂等产品发霉、发酵、变质、破乳、发臭等一系列问题。

8.3 异噻唑啉酮[6]

异噻唑啉酮是一个商品名，它是代号为 CMI（也有称为"CMIT"）以及代号为 MI（也有称为"MIT"）的两种化合物的混合物，混合比不固定，仅给出一个百分比范围，其中 CMI 即 5-氯-2-甲基-4-异噻唑啉-3-酮。

（1）CMI 化学结构式

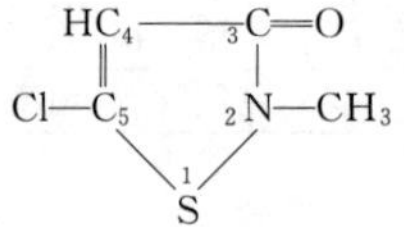

其中，MI 即 2-甲基-4-异噻唑啉-3-酮［英文名：2-methyl-3（2H）-isothiazolone］

　　MI 结构式

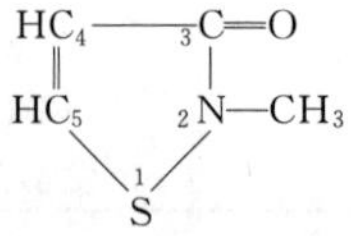

异噻唑啉酮不会有自己独立的化学结构式。

（2）异噻唑啉酮的物理化学特性　商品异噻唑啉酮是由 5-氯-2-甲基-4-异噻唑啉-3-酮

（CMI）和 2-甲基-4-异噻唑啉-3-酮（MI）按一定比例组成并溶于水中的溶液。由于比例不同、浓度不同，商品异噻唑啉酮的物理性质也随之变化。其作用的生理化学特性原理是：异噻唑啉酮是通过断开细菌和藻类蛋白质的键而起杀生作用的。异噻唑啉酮与微生物接触后，能迅速地不可逆地抑制其生长，从而导致微生物细胞的死亡，故对常见细菌、真菌、藻类等具有很强的抑制和杀灭作用。杀生效率高，降解性好，具有不产生残留、操作安全、配伍性好、稳定性强、使用成本低等特点。能与氯及大多数阴、阳离子及非离子表面活性剂相混溶。高剂量时，异噻唑啉酮对生物粘泥剥离有显著效果。完全符合 2001 年 10 月 1 日召开国际外交大会上，通过的《国际控制船舶有害防污底漆系统公约》决议中关于从 2003 年 1 月 1 日起，全球所用船用涂料和船舶制造商禁止生产和使用对海洋生物有较大毒性的、含有机锡等有毒物质的船用防污涂料的硬性要求。

2-甲基-4-异噻唑啉-3-酮（MI）物化特性见表 8-5。

表 8-5　MI 的物化特性

性能名称	参数	性能名称	参数
熔点/℃	254~256	蒸气压（25℃）/mm Hg	<0.1
密度(14%溶液)/(g/cm³)	1.25	分子量	115.1
外观:白色或类白色结晶体粉末;溶解性:溶于热水和部分有机溶剂				

5-氯-2-甲基-4-异噻唑啉-3-酮（CMI）物化特性见表 8-6。

表 8-6　CMI 物化特性

性能名称	参数	性能名称	参数
外观	白色固体	分子量	149.59
摩尔体积/(m³/mol)	98.7	摩尔折射率	35.4
		等张比容(90.2K)	267.2
表面张力/(dyn/cm)	53.6	极化率(×10⁻²⁴)/(C·m²/V)	13.89
溶解性:能与氯及大多数阴阳离子及非离子表面活性剂相混合				

注：分子的平均偶极矩 u 与电场强度 E 的比值为极化率。符号 α；$u=\alpha E$ 它是统计平均值，高斯 CGS 单位相当于 1.11265×10^{-16}C·m²/V。SI 单位为：C·m²/V。

（3）CMI 与 MI 混合后的异噻唑啉酮产品质量指标　见表 8-7。

表 8-7　异噻唑啉酮的质量指标（执行标准：HG/T 3657—1999）

指标名称	1类	2类	指标名称	1类	2类
活性物含量/%	≥14.0	≥1.50	pH 值(原液)	1.0~4.0	2.0~5.0
CMI/MI(质量比)/%	2.5~4.0	2.5~4.0	密度(20℃)/(g/cm³)	≥1.30	≥1.02
1类外观:琥珀色透明液体;2类外观:淡黄或淡绿色透明液体					

（4）异噻唑啉酮用途　用于密封剂、黏合剂、涂料、防止细菌、真菌、藻类等的滋生繁殖和破坏作用。也广泛运用于油田、造纸、农药、切削油、皮革、油墨、染料、制革等行业。

8.4　五氯酚 [7(Dc098)]

（1）五氯酚的化学结构式

（2）五氯酚的物理化学特性　见表 8-8。

表 8-8   五氯酚的物理、化学特性

性能名称	参数	性能名称	参数
沸点(100.525kPa)/℃	309~310(分解)	熔点(一个结晶水)/℃	174
蒸气压(20℃)/mPa	26.7	熔点(无结晶水)/℃	191
挥发性	常温下不易挥发	相对密度(d_4^{22})	1.978
化学反应性:与氢氧化钠反应生成五氯酚钠。在光照下分解,脱出氯化氢,颜色变深			
外观:纯品为白色结晶体,一般为白色粉末或薄片状,特臭			
溶解性:溶于热水和部分有机溶剂			
毒性:可致癌、对皮肤、中枢及周围神经系统、嗅觉和味觉造成伤害			
溶解性:几乎不溶于水、在水中溶解度 20mg/kg(30℃),溶于水时有腐蚀性的盐酸气;溶于稀碱液和大多数有机溶剂,如乙醇、丙酮、乙醚、苯、卡必醇、溶纤素等,微溶于烃类			

（3）五氯酚产品质量指标   见表 8-9。

表 8-9   五氯酚的质量指标（执行标准：天津企标标准）

指标名称	参数	指标名称	参数
五氯酚含量/%	≥90	苯不溶物/%	≤5.5
碱不溶物/%	≤1.0	游离酸/%	≤0.3
冰点/℃	≥185		

（4）五氯酚的用途   有机材料的防霉剂（密封剂、橡胶塑料、纸张、皮革、纺织品、水稻田除草剂）。

8.5   苯酚[7(Dc068)]

别名：石炭酸。

（1）苯酚的化学结构式

（2）苯酚的物理化学特性   见表 8-10。

表 8-10   苯酚的物理、化学特性

性能名称	参数	性能名称	参数
凝固点/℃	41	闪点/℃	78
熔点/℃	43	自燃点/℃	715
相对密度(d_4^{22})	1.0576	沸点/℃	181.7
折射率(n_D^{41})	1.5408(1.5425)		
外观颜色及气味:纯净品无色针状晶体或白色结晶融块,不纯品在阳光和空气有特殊臭味和燃烧味,极稀的溶液有甜味,置露空气中或日光下被氧化逐渐变成粉红色至红色。可吸收空气中水分而液化			
溶解性:大约与 8%的水混合可液化,水温在 65℃ 以上时可与水无限混溶,极稀的溶液有甜味。易溶于乙醇、乙醚、氯仿、甘油、二硫化碳、凡士林、挥发油、固定油、强碱水溶液,几乎不溶于石油醚,1g 苯酚溶于约 15mL 水、12mL 苯			
化学反应性:与醛、酮反应生成酚醛树脂、双酚 A;与醋酐、水杨酸反应生成醋酸苯酯、水杨酸酯。还可进行卤代、加氢、氧化、烷基化、羧基化、酯化、醚化等反应;与金属钠、镁、铝可反应时放出氢气			
毒性:腐蚀性强,有毒,皮肤接触到后应立即用酒精洗涤擦净			

（3）苯酚的质量指标   见表 8-11。

表 8-11　苯酚质量指标

指标名称	工业用合成苯酚（执行标准：GB339—2001）		
	优级品	一级品	合格品
外观	—	—	—
结晶点/℃	≥40.6	≥40.5	≥40.2
中性油/%	—	—	—
水中溶解度（1∶20 吸光度）/%	0.03	0.04	0.14
水分/%	≥0.01	≥0.01	—

（4）苯酚用途　参与密封剂中可杀灭细菌和霉菌。也用于合成纤维、塑料、合成橡胶、医药、农药、香料、染料、涂料和炼油等工业中。可作溶剂和消毒剂。

8.6　叔丁基对苯二酚

（1）叔丁基对苯二酚　别名：叔丁基氢醌；特丁基对苯二酚（TBHQ）；特丁基对苯二酚（TBHQ）；商品名：抗氧剂 TBHQ DBHQ；化学结构式

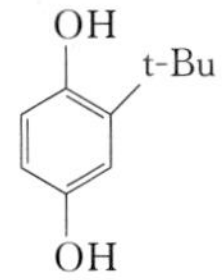

（2）叔丁基对苯二酚物理化学特性　见表 8-12。

表 8-12　叔丁基对苯二酚物理化学特性

性能名称	参数	性能名称	参数
熔点/℃	126.5～128.5	沸点/℃	295～300
外观特性：白色或微红褐色结晶粉末，有一种极淡的特殊香味			
溶解性：几乎不溶于水（约为 5‰或 1g/100mL），溶于乙醇、乙酸、乙酯、乙醚及植物油、猪油等			

（3）叔丁基对苯二酚质量指标　见表 8-13。

表 8-13　叔丁基对苯二酚（抗氧剂 TBHQ）质量指标［执行标准符合美国 FCC（Ⅳ）标准要求］

指标名称	参数	指标名称	参数
含量(按 $C_{10}H_{14}O_2$)/%　≥	99.0	重金属/(mg/kg)　≤	10.0
氢醌/%　≤	0.1	紫外线吸收	合格
2,5 -二叔丁基氢醌/%　≤	0.2	砷/(mg/kg)　≤	3.0
熔点/℃	126.5～128.5	叔丁基对苯醌/%　≤	0.2
甲苯/%　≤	0.0025		

（4）叔丁基对苯二酚用途　用于有机硅、聚硫密封剂、改性聚硫密封剂、顺丁密封剂及其他密封剂抗击枯草芽孢杆菌、金黄色葡萄球菌、大肠杆菌、产气短杆菌等细菌以及黑曲菌、杂色曲霉、黄曲霉等微生物生长。也可防止聚硫密封剂、改性聚硫密封剂、顺丁密封剂、其他密封剂发生热氧老化。也是油脂的抗氧化剂[8]。

8.7　8-羟基喹啉铜

别称：羟基喹啉铜；双（8-羟基喹啉基）铜。

（1）8-羟基喹啉铜的化学结构式

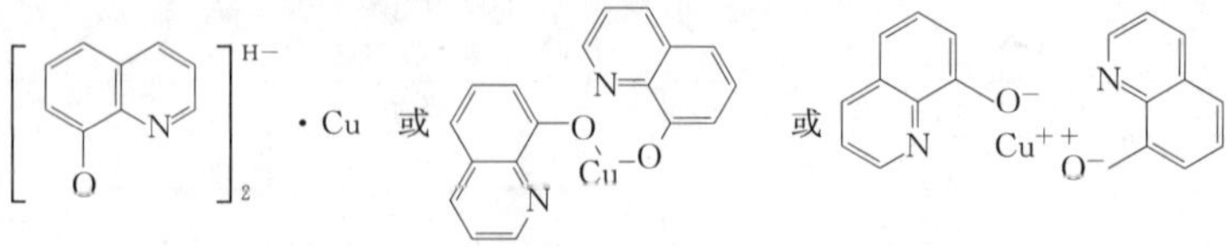

（2）8-羟基喹啉铜物理化学特性　见表8-14。

表 8-14　8-羟基喹啉铜物理化学特性

性能名称	参数	性能名称	参数
挥发性	不挥发	熔点/℃	240
潮解性	不潮解	密度/(g/cm³)	1.68
燃烧性	难燃	分子量	351.84
外观颜色和气味：黄色固体。工业品呈黄绿色或褐色固体，无臭、无味			
溶解性：不溶于水和大多数溶剂，微溶于喹啉、吡啶、冰乙酸、氯仿、弱酸、强酸，遇碱分解，在20倍冰醋酸中全溶			
耐热性：高温下易分解变为黑色			

（3）8-羟基喹啉铜产品品种、牌号的质量指标　见表8-15。

表 8-15　8-羟基喹啉铜产品质量指标

指标名称	参数	指标名称	参数
纯度/%	≥98	硫酸盐/%	≤0.1
干燥失重/%	≤0.5	溶解度	在20倍冰乙酸中全溶
盐酸盐/%	≤0.01		

（4）8-羟基喹啉铜用途　可作有机高分子材料的防霉剂，如聚氨酯密封剂、橡胶、木材、涂料、绳索、线、皮革、乙烯基塑料；可作金属的缓蚀剂。农业上作杀菌剂。

8.8　氯化三乙基锡

别称：氯化三乙基锡。

（1）氯化三乙基锡的化学结构式

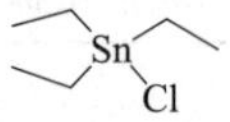

（2）氯化三乙基锡物理化学特性　见表8-16。

表 8-16　氯化三乙基锡物理化学特性

性能名称	参数	性能名称	参数
外观	无色液体	相对密度(水=1)(8℃)	1.43
分子量	242	闪点/℃	56.9
熔点/℃	10(15.5)	稳定性和反应活性(禁配物)	强氧化剂
沸点/℃	210(206)		
溶解性：不溶于水，溶于多数有机溶剂；毒性：有机锡中毒性最高，可严重损坏神经系统			

（3）氯化三乙基锡产品质量指标　该产品仅限于实验室合成，尚未工业化投产，至目前尚未制定标准。少量使用可得到供应。

（4）氯化三乙基锡主要用途　在工业上用作密封剂、黏合剂、电缆、涂料、造纸、木材等的防霉剂。

8.9　氯化三丁基锡

（1）氯化三丁基锡的化学结构式

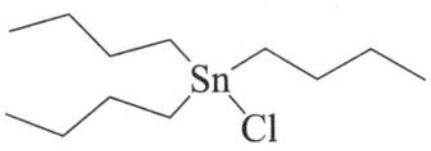

（2）氯化三丁基锡物理化学特性　见表 8-17。

表 8-17　氯化三丁基锡物理化学性质

性能名称	参数	性能名称	参数
分子量	325	折射率（20℃）	1.4903
熔点/℃	−9	闪点/℃	≥112
相对密度（d_4^{25}）	1.2105	自燃点或引燃点/℃	≥110
相对蒸气密度	11.2	储存条件/℃	2～8
蒸气压/kPa（25℃）	0.075	沸点①（25）/℃	171～173

外观：无色或浅黄色澄清液体；水溶解性：不溶于冷水，遇热水水解。溶于乙醇、庚烷、苯和甲苯；毒性：刺激眼睛、皮肤。经口：60mg/（kg 小鼠）；129mg/（kg 大鼠）；30μg/（kg 白兔）可引起急性中毒

① 常压沸点为：145～147℃

（3）氯化三丁基锡产品品种和（或）牌号的质量指标　见表 8-18。

表 8-18　氯化三丁基锡产品的质量指标

指标名称	参数	指标名称	参数
外观	无色或浅黄色透明液体	纯度/%	≥96.0
相对密度（20℃/20℃）	1.1980～1.2100	红外光谱鉴别	应符合要求
折射率（n_D^{20}）	1.4880～1.4930		

（4）氯化三丁基锡用途　用于密封剂、黏合剂、船舶涂料、木材防霉防腐，同时作为医药中间体广泛应用于医药行业。

8.10　52%氯化石蜡

详见第 5 章 5.1.8 节。

8.11　氯化石蜡-42

详见第 5 章 5.1.9 节。

8.12　硫酸铜

（1）硫酸铜的化学结构式

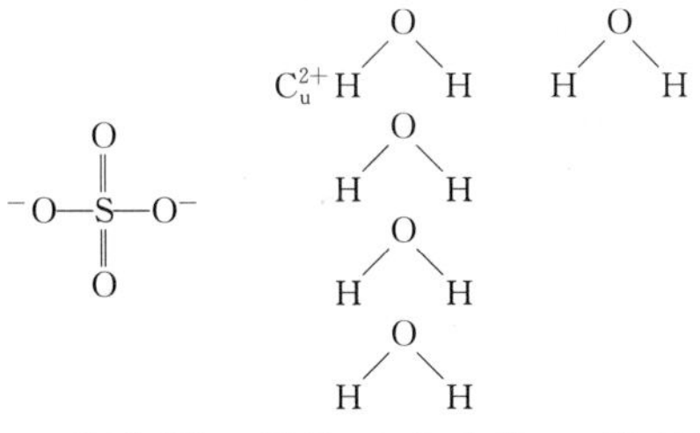

（2）硫酸铜物理化学特性　硫酸铜一般为五水合物，俗名胆矾；蓝色斜方晶体，其物理特性见表 8-19。

表 8-19　硫酸铜物理特性

性能名称	参数	性能名称	参数
熔点/℃	160	分子量	249.68
相对密度(d_4^{25})	2.284	相对密度(水=1)	2.28

外观:无水硫酸铜为白色粉末;有结晶水为天蓝色或略带黄色粒状粉末,也有因不纯而呈淡灰绿色粒状粉末;毒性:有毒,具刺激性。LD_{50}大鼠口服:960mg/kg

溶解性:是水的可溶性铜盐,水溶液呈酸性;溶于稀乙醇,不溶于无水乙醇、乙醚、液氨,其水溶液因水合铜离子的缘故而呈蓝色

稳定性:五水硫酸铜($CuSO_4 \cdot 5H_2O$)常压下很稳定,不潮解,在干燥空气中会逐渐风化,加热至45℃时失去二分子结晶水,110℃时失去四分子结晶水,150℃时失去全部结晶水而成无水物,而无水物又可吸水变回五水硫酸铜;将五水硫酸铜加热至650℃高温,可分解为黑色氧化铜、二氧化硫及氧气

(3) 硫酸铜晶体在各温度下的溶解度　见表 8-20。

表 8-20　硫酸铜晶体在各温度下的溶解度

温度/℃	0	10	20	30	40	60	80	100
溶解度/(溶质 g/100g 溶剂)	23.1	27.5	32.0	37.8	44.6	61.8	83.8	114.0

(4) 硫酸铜产品质量指标　见表 8-21 和表 8-22。

表 8-21　中国国家标准 GB 437—1993 及罗马尼亚国家标准 STAS314—1973 硫酸铜产品质量指标

指标名称	中国指标			罗马尼亚指标	
	农用优等品	农用合格品	非农用合格品	一级	二级
外观	蓝或蓝绿色结晶(若呈现为绿白色粉末,仍有效),无可见外来杂质				
五水硫酸铜含量/%	≥98.0	≥96.0	≥94.0	≥98.5	≥97
粒径/mm	—	—	—	≤5	≤5
水不溶物/%	≤0.2	≤0.2	≤0.4	≤0.1	≤0.1
酸度(以 H_2SO_4 计)/%	≤0.1	≤0.2	≤0.2	≤0.1	≤0.2
铁(Fe)/%	—	—	—	≤0.01	≤0.3

表 8-22　德国标准 DIN50972（1974.2）硫酸铜产品质量指标

指标名称	参数	指标名称	参数
外观	蓝或蓝绿色结晶	锑(Sb)/%	≤0.006
五水硫酸铜含量/%	≥98	砷(As)/%	≤0.006
粒径/mm	—	铅(Pb)/%	≤0.006
水不溶物/%	≤0.02	镍(Ni)/%	≤0.02
游离硫酸(H_2SO_4)/%	—	钴(Co)/%	≤0.02
铁(Fe)/%	≤0.25	锌(Zn)/%	≤0.08
铜(Cu)/%	≥24.9	氯(Cl)/%	≤0.02

(5) 硫酸铜作用与用途　可用于密封剂、涂料的防霉剂。甲基丙烯酸甲酯类厌氧密封剂的阻聚剂。印染工业、农业、养殖业也常用。

8.13　氯化汞

(1) 氯化汞的化学结构式

$$Cl^- \quad Cl^-$$
$$Hg^{2+}$$

（2）氯化汞物理化学特性　见表 8-23。

表 8-23　氯化汞物理化学特性

性能名称	参数	性能名称	参数
挥发性	常温微量挥发	分子量	271.50
相对密度（水＝1）	5.44	熔点/℃	276
蒸气压（136.2℃）/kPa	0.13	沸点/℃	302
毒性	危险标记 13（剧毒品）	稳定性	稳定
外观:无色或白色结晶性粉末			
溶解性:溶于水、乙醇、乙醚、乙酸乙酯,不溶于二硫化碳			

（3）氯化汞产品质量指标　见表 8-24。

表 8-24　氯化汞产品质量指标

指标名称	AR 纯	CP 纯	指标名称	AR 纯	CP 纯
含量（HgCl₂）/%	≥99.5	99.0	水不溶物/%	≤0.01	≤0.03
澄清度试验	合格	合格	灼烧残渣/%	≤0.02	≤0.04
铁（Fe）/%	≤0.0003	≤0.001			
分析纯 AR 与化学纯 CP 外观:无色结晶或白色结晶粉末					

（4）氯化汞用途　用于密封剂防霉菌滋生。也可用于木材和解剖标本的保存、皮革鞣制和钢铁镂蚀，是分析化学的重要试剂，还可作消毒剂和防腐剂。

8.14　邻苯基苯酚[9]

（1）邻苯基苯酚　别名：2-羟基联苯；2-苯基酚；（1,1-二苯基）-2-酚；苯基苯酚；邻苯基酚；邻羟基联苯；邻羟基联苯，2-苯基苯酚；简称：OPP；化学结构式

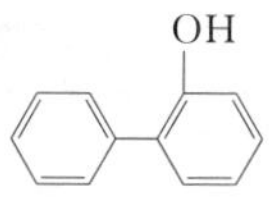

（2）邻苯基苯酚物理化学特性　见表 8-25。

表 8-25　邻苯基苯酚物理化学特性

性能名称	参数	性能名称	参数
分子量	170.21	熔点/℃	55.5～57.5
相对密度（20℃）	1.213	沸点（0.1MPa）/℃	283～286
蒸气压（140℃）/mm Hg	7	闪点/℃	123.9
外观:亮紫色晶体或为白色或浅黄色或淡红色粉末、薄片或块状物,具有微弱的酚味			
溶解性:易溶于甲醇、丙酮、苯、二甲苯、三氯乙烯、二氯苯等有机溶剂,微溶于水(0.01g/100mL 在 20.5℃)			

（3）邻苯基苯酚的质量指标　见表 8-26。

表 8-26　邻苯基苯酚产品质量指标（执行标准：GB/T 26607—2011）

指标名称	优等品	一等品	合格品
邻苯基苯酚含量/%	≥99.7	≥99.5	≥99.0
水分/%	≤0.10	≤0.20	≤0.30
熔点范围/℃	56.0～58.0	56.0～58.0	56.0～58.0
氯化物（以 Cl⁻ 计）/%	≤30	≤30	—

续表

指标名称	优等品	一等品	合格品
硫酸盐(以 SO$_4^{2-}$ 计)/%	≤50	≤50	—
重金属(以 Pb 计)/%	≤10	≤10	—
氢氧化钠溶解试验	澄清透明	—	—
色谱杂质/%	由供需双方协商确定		

（4）邻苯基苯酚产品用途　可用于密封剂、涂料防霉配合剂。

8.15　氟化钠[10]

（1）氟化钠[9]物理化学特性　见表 8-27。

表 8-27　氟化钠物理化学特性

性能名称	参数	性能名称	参数
蒸气压(1077℃)/kPa	0.13	分子量	41.99
沸点(0.1MPa)/℃	1695~1704	熔点/℃	993
新配制的饱和溶液 pH	7.4	相对密度	2.558~2.78

外观:无色六面体(立方或四方)结晶或八面体晶或白色粉末,属四方晶系,是离子键组成的离子晶体;与氢氟酸的反应:溶于氢氟酸而成氟化氢钠

溶解性:水中溶解度(g/100mL)　15℃时 4,25℃时 4.3,100℃时 5;微溶于醇。水溶液部分水解呈碱性反应

腐蚀性:强腐蚀性,其水溶液能使玻璃发毛(即玻璃被腐蚀),但其干燥的结晶或粉末可存放在玻璃瓶内;毒性:中等毒,半数致死量(大鼠,经口)0.18g/kg

（2）氟化钠产品品种和（或）牌号的质量指标　见表 8-28。

表 8-28　氟化钠产品的质量指标

指标名称	一级品	二级品	三级品
氟化钠/%	≥98	≥95	≥84
水不溶物/%	≤0.7	≤3	≤10
硫酸盐(以 SO$_4^{2-}$ 计)/%	≤0.3	≤0.5	≤2.0
氧化硅(SiO$_2$)/%	≤0.5	≤1.0	—
碳酸钠/%	≤0.5	≤1.0	≤2.0
酸度(以 HF 计)/%	≤0.1	≤0.1	≤0.1
水分/%	≤0.5	≤1.0	≤1.5

（3）氟化钠用途　用作密封剂、涂料防霉剂。也在涂装工业中作磷化促进剂。也用于木材防腐剂、农业杀虫剂、酿造业杀菌剂、医药防腐剂、焊接助焊剂、碱性锌酸盐镀锌添加剂及搪瓷、造纸业等。

8.16　苯甲酸

（1）苯甲酸　别称:安息香酸,苯蚁酸,苯酸;化学结构式

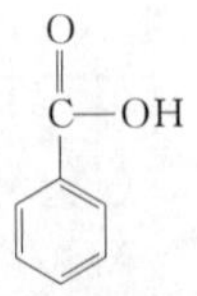

（2）苯甲酸物理化学特性　见表 8-29。

表 8-29　苯甲酸物理、化学特性

性能名称	参数	性能名称	参数
熔点/℃	122.13	外观	无色、片状或针状晶体
沸点/℃	249	闪点(闭杯)/℃	121～123
相对密度(15℃/4℃)	1.2659	升华特性	在 100℃ 时迅速升华
折射率(n_D^{32})	1.504	燃烧特性	易燃
饱和蒸气压(96℃)/kPa	0.13	引燃温度/℃	571
爆炸下限(体积分数)/%	11	酸性	弱酸(比脂肪酸强)

毒性:它的蒸气具有苯或甲醛气味并易挥发,有很强的刺激性,吸入后易引起咳嗽

溶解性:微溶于水,易溶于乙醇、乙醚、氯仿、苯、甲苯、二硫化碳、四氯化碳、松节油等有机溶剂

化学性质:具有酸的通性,能形成盐、酯、酰卤、酰胺、酸酐等,不易被氧化。苯甲酸的苯环上可发生亲电取代反应,主要得到间位取代产品

（3）苯甲酸产品质量指标　见表 8-30。

表 8-30　苯甲酸产品的质量指标

指标名称	分析纯	化学纯	指标名称	分析纯	化学纯
熔点/℃	121～123	121～123	苯甲酸含量/%	≥99.5	≥99.0
铁(按 Fe^{3+} 计)/%	≤0.0005	≤0.001	澄清度试验	合格	合格
重金属,(按 Pb^{2+} 计)/%	≤0.001	≤0.001	氯化物(Cl^-)/%	≤0.01	≤0.02
灼烧残渣/%	≤0.01	≤0.02	易氧化物测定	合格	—
硫化物(按 SO_4^{2-} 计)/%	≤0.003	≤0.005	易碳化物测定	合格	合格

（4）苯甲酸用途　苯甲酸及其钠盐可用作密封剂、黏合剂、涂料、乳胶、牙膏、果酱或其他食品的抑菌剂,也可作染色和印色的媒染剂。也可以用作制药和染料的中间体,用于制取增塑剂和香料等,也作为钢铁设备的防锈剂。

8.17　苯甲酸钠[11]

（1）苯甲酸钠　别称:安息香酸钠;化学结构式

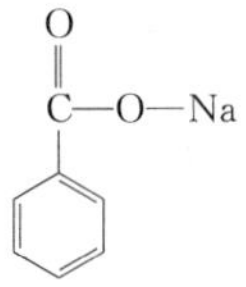

（2）苯甲酸钠物理化学特性　见表 8-31。

表 8-31　苯甲酸钠物理化学特性

性能名称	参数	性能名称	参数
熔点/℃	300	分子量	144
沸点(常压)/℃	249.3		

外观:白色颗粒或结晶性粉末,无臭或微带安息香气味,味微甜,有收敛性

杀菌防腐性:在酸性介质中具有杀菌、抑菌作用;其防腐最佳 pH 是 2.5～4.0

溶解性:溶于热水;也溶于乙醇、氯仿和非挥发性油

毒性:用量过多会对人体肝脏产生危害,甚至致癌

（3）苯甲酸钠产品质量指标　见表 8-32。

表 8-32　苯甲酸钠产品的质量指标

指标名称	工业品	出口品	指标名称	工业品	出口品
苯甲酸钠含量/%	≥99	≥99	砷含量/(mg/kg)	≤5	—
氯化物(Cl⁻)/%	≤0.14	≤0.072	重金属/(mg/kg)	≤5	—
硫酸盐(以 SO₄²⁻ 计)/%	≤0.12	—	干燥失重/%	≤1.5	≤1.5

（4）苯甲酸钠用途　用作密封剂的防霉剂；也用于内服液体药剂及非肉食食品的防腐剂，有防止变质发酸、延长保质期的效果。

参 考 文 献

[1]　辜海彬，陈武勇．皮革防霉及防霉剂的研究进展．中国皮革，2005，34（1）：12-25.

[2]　辜海彬，陈武勇．皮革防霉及防霉剂的研究进展（续）．中国皮革，2005，34（3）：23-24.

[3]　张瀚，张书成，陈愉江，等．杀菌防腐剂 1,2-苯并异噻唑啉-3-酮的合成及应用．精细化工，1990，7（2）：61-64.

[4]　梁爽．苯并噻唑啉酮在水性涂料防腐中的应用．上海涂料，2008，46（10）：32-34.

[5]　童国通，翁建全．抑菌剂 1,2-苯并异噻唑啉-3-酮（BIT）的合成研究．化学世界，2013，（4）：231-236.

[6]　王向辉，贺永宁，盘茂东，杨建新，林强．异噻唑啉酮类衍生物的合成及应用研究进展．海南大学学报自然科学版，2008，26（4）：372-377.

[7]　《中国化工产品大全》编委会．中国化工产品大全：上卷．北京：化学工业出版社，1994.33（Dc098），720（Dc068）

[8]　蔡可迎，翟富民，魏贤勇．叔丁基对苯二酚的合成与应用．四川化工与腐蚀控制，2000，3（4）：18-20.

[9]　李玉华．邻苯基苯酚．精细与专用化学品，2002（16）：8-9.

[10]　许斌，张齐生．丛生竹防霉处理研究．竹子研究汇刊，2006，25（4）：28-31.

[11]　周长江．常用的防霉剂．化工之友，1999.（3）：16-17

第**9**章

阻燃剂

9.1 溴系各类阻燃剂

9.1.1 十溴二苯乙烷

（1）十溴二苯乙烷[1,2]化学结构式

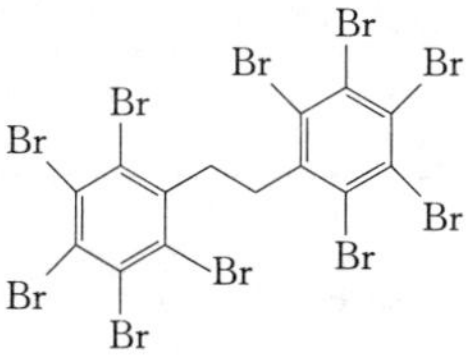

（2）十溴二苯乙烷物理化学特性　十溴二苯乙烷的溴含量高，热稳定性好，抗紫外线性能佳，较其他溴系阻燃剂的渗出性低；热裂解或燃烧时不产生有毒的多溴代二苯并二噁烷（DBDO）及多溴代二苯并呋（DBDF），用它阻燃的材料完全符合欧洲关于二噁英条例的要求，对环境不造成危害。无任何毒性，也不会对生物产生任何致畸性，对水生物如鱼等无副作用，十溴二苯乙烷在使用的体系中相当稳定，用它阻燃的密封腻子、热塑性塑料可以循环使用。对阻燃材料性能的不利影响较传统阻燃剂十溴二苯醚小，且耐光性能好，渗出性低。

（3）十溴二苯乙烷质量指标　见表9-1。

表 9-1　十溴二苯乙烷产品的质量指标

指标名称	参数	指标名称	参数
外观	白色粉末	白度/%	≥83.5
含水量/%	≤0.1	平均粒径/μm	≤5
总溴含量/%	≥82.3	熔点/℃	≥345
游离溴/(mg/kg)	≤20		

（4）十溴二苯乙烷用途　用作密封剂、黏合剂、涂料的阻燃剂。可代替十溴二苯醚在密封腻子、工程塑料中用作阻燃剂。

9.1.2 三溴苯酚

别名：2,4,6-三溴酚；2,4,6-三溴苯酚。

（1）化学结构式

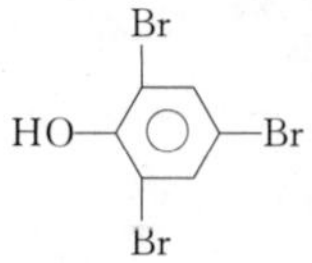

（2）三溴苯酚[3]物理化学特性　见表 9-2。

表 9-2　三溴苯酚物理化学特性

性能名称	参数	性能名称	参数
分子量	330.80	急性毒性 LD_{50}/(mg/kg)	200(大鼠经口)
沸点/℃	240	外观与性状	淡黄色片状或针状晶体
熔点/℃	94～96	稳定性	稳定
相对密度(空气=1)	11.4		
危险特性:受高热分解产生有毒的溴化物气体			
燃烧(分解)产物:一氧化碳、二氧化碳、溴化物			
溶解性:微溶于水,易溶于丙酮、乙醚、乙醇、苯酚			

（3）三溴苯酚产品的质量指标　见表 9-3。

表 9-3　三溴苯酚质量指标

指标名称	1 号指标	2 号指标	指标名称	1 号指标	2 号指标
水分/%	≤0.5	—	含量/%	≥99	≥98.0
醇溶性实验	—	溶液透明	熔点/℃	92～96	92～95
外观	白色结晶或粉末	白色至微棕色粉末	红外光谱鉴定	和对照品匹配	和对照品匹配

注：1 号为济南市鲍山产品；2 号为上海阿拉丁产品。

（4）三溴苯酚用途　用作密封剂、黏合剂、涂料、环氧树脂、聚氨酯等塑料的反应型阻燃剂。

9.1.3　双(三溴苯氧基)乙烷

别名：1,2-双（2,4,6-三溴苯氧基）乙烷；1,2-二（2,4,6-三溴苯氧基）乙烷；又称：阻燃剂 FR-3B。

（1）化学结构式

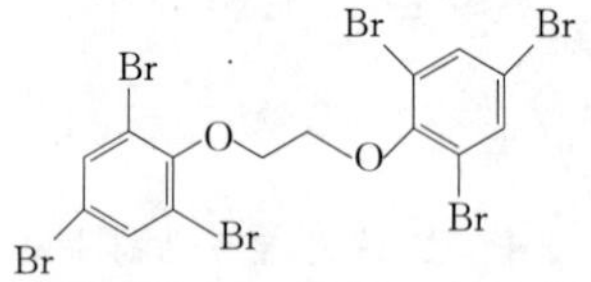

（2）双（三溴苯氧基）乙烷[4]物理化学特性　见表 9-4。

表 9-4　1,2-双（2,4,6-三溴苯氧基）乙烷物理化学特性

性能名称	参数	性能名称	参数
外观	白色结晶粉末	热分解温度(热失重 5%)/℃	＞310
相对密度	2.58	沸点（在 760mmHg)/℃	566.4
密度/(g/cm³)	2.327	蒸气压(在 25℃)/mmHg	$2.91×10^{-12}$
分子量	687.64	溴含量约/%	69.7
闪点/℃	238.8	熔点/℃	223～225
毒性	无毒	LD_{50}/(mg/kg)	10000
溶解性	稍溶于热苯、甲苯、二甲苯,不溶于水、乙醇、丙醇		

（3）1,2-双（2,4,6-三溴苯氧基）乙烷产品的质量指标　见表 9-5。

表 9-5　1,2-双（2,4,6-三溴苯氧基）乙烷产品的质量指标

指标名称	A 指标	B 指标	指标名称	A 指标	B 指标
外观	白色粉末	白色结晶粉末	相对密度	—	2.58
熔点/℃	223～228	223～225	溴含量/%	≥67	≥69.7
损耗温度/℃	≥250	310(分解)	挥发性/%	≤0.3	—
溶解性:稍溶于热苯、甲苯、二甲苯,不溶于水、乙醇、丙醇					

注：A 指标指莆田市的指标；B 指标指浙江黄岩的指标；损耗的温度指干燥损耗 5% 的温度。

（4）1,2-双（2,4,6-三溴苯氧基）乙烷用途　用作密封剂、黏合剂、涂料、聚碳酸酯、热塑性、热固性树脂和织物等的溴类阻燃剂。尤其对于高温环境下对热稳定性要求较高的领域，效果显著。

9.1.4　2,4,6-三溴苯基烯丙基醚[5]

别名：三溴苯烯丙醚；烯丙基三溴苯醚；三溴苯基烯丙基醚；2,4,6-三溴苯基烯丙基醚。

（1）化学结构式

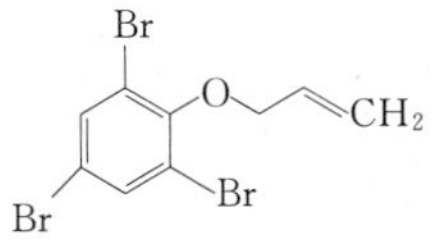

（2）2,4,6-三溴苯基烯丙基醚物理化学特性　见表 9-6。

表 9-6　2,4,6-三溴苯基烯丙基醚物理化学特性

性能名称	参数	性能名称	参数
熔点范围/℃	74～76	分子量	370.86
外观	白色结晶粉末或针状体或针状固体物质		

（3）2,4,6-三溴苯基烯丙基醚产品的质量指标　见表 9-7。

表 9-7　2,4,6-三溴苯基烯丙基醚质量指标

指标名称	参数	指标名称	参数
外观	白色结晶粉末或针状体	溴含量	≥64.5
熔点范围/℃	75～76	挥发分	≤1

（4）2,4,6-三溴苯基烯丙基醚用途　用作密封剂、聚苯乙烯泡沫塑料的反应型阻燃剂，与六溴环十二烷并用时，是一个有效的协效剂。

9.1.5　亚乙基双四溴邻苯二甲酰亚胺

别名：高效阻燃剂 BT-93；1,2-双（四邻苯二甲酰亚胺）乙烷。

（1）化学结构式

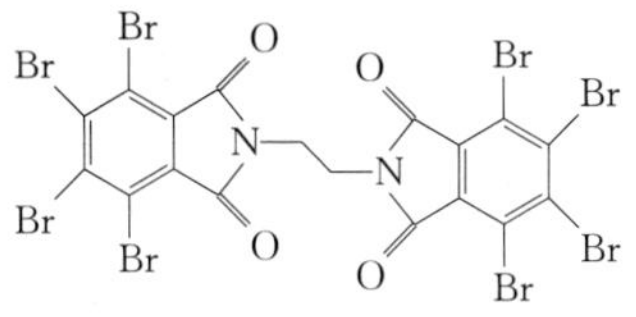

（2）亚乙基双四溴邻苯二甲酰亚胺[6]物理化学特性　见表 9-8。

表 9-8　亚乙基双四溴邻苯二甲酰亚胺物理化学特性

性能名称	参数	性能名称	参数
外观	浅黄色流动性粉末	密度/(g/cm³)	2.732
分子量	951.4674	熔点/℃	446～450
沸点(760mmHg)/℃	827.9	闪点/℃	454.5
溶解度(25℃)/(g/100g)	≤0.05	在水中溶解度/(g/100g)	0.002
在棉籽油中溶解度/(g/100g)	≤0.015	蒸气压(25℃)/mmHg	1.48E-27

注：溶解度（25℃）指在 100g 丙酮、苯、邻二氯苯、二甲苯甲酰胺等溶剂中溶解的克数。

（3）亚乙基双四溴邻苯二甲酰亚胺质量指标　亚乙基双四溴邻苯二甲酰亚胺质量标准是溴含量为 67%。

（4）亚乙基双四溴邻苯二甲酰亚胺用途　用作密封剂、黏合剂、涂料、塑料如 PP、PE、ABS、PBT 等以及橡胶的阻燃剂。

9.1.6　四溴苯酐二醇

别称：四溴邻苯二甲酸二乙二醇丙二醇二/二醇。

（1）化学结构式

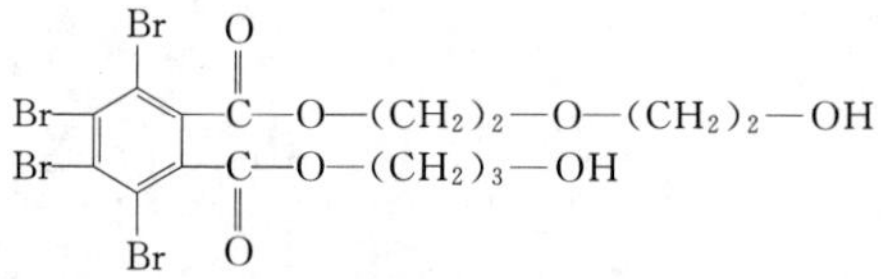

（2）四溴苯酐二醇[7]物理化学特性　见表 9-9。

表 9-9　四溴苯酐二醇物理化学特性

性能名称	参数	性能名称	参数
外观	浅琥珀色黏稠液体	分子量	627.88
溶解性	溶于醇、甲苯、丙酮等,不溶于水		

（3）三家公司产四溴苯酐二醇产品质量指标　见表 9-10。

表 9-10　四溴苯酐二醇产品质量指标

指标名称	武汉指标	南京指标(实测值)
外观	浅琥珀色黏稠液体	琥珀色黏液
溴含量/%	≥44.0	≥44.0(44.6)
酸值/(mgKOH/g)	≤1.0	≤1.0(0.83)
羟值/(mgKOH/g)	130～235	120～200(148.6)
黏度(25℃)/Pa·s	40～60	200～600(45)
相对密度	1.6～1.9	1.6～1.9(—)
水分/%	≤0.2	≤0.2(0.1)
溶解性	溶于醇、甲苯、丙酮等,不溶于水	

（4）四溴苯酐二醇用途　用作密封剂、黏合剂和涂料的反应型阻燃剂。也用于硬质聚氨酯泡沫塑料的阻燃。

9.1.7　四溴双酚 A

别称：四溴双酚 A 双（二溴丙基）醚；八溴醚；八溴双酚 S 醚；四溴双酚 A 双（二溴丙基）醚；四溴双酚 A-双（2,3-二溴丙基醚）；四溴双酚 A-双（2,3-二溴丙基）醚；四溴双酚-A-双-（2,3-二溴丙醚）TBBP-A-BIS；2,2-双［3,5-二溴-4-（2,3-二溴丙氧基）苯基］

丙烷；2,2-双〔4-（2,3-二溴丙氧基）-3,5-二溴苯基〕丙烷；简称：TBBPA。

（1）四溴双酚 A[8] 化学结构式

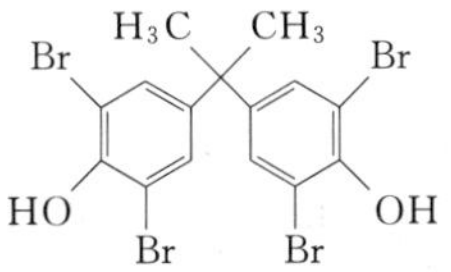

（2）四溴双酚 A 物理化学特性　见表 9-11。

表 9-11　四溴双酚 A 物理化学特性（工业品）

性能名称		参数	性能名称	参数
水含量/%		≤0.1	外观	白色粉末
热质量损失/%	244℃	5	可水解溴化物含量/%	≤60×10⁻⁶
	261℃	10	可离解溴化物含量/%	≤100×10⁻⁶
	301℃	50	堆积密度(密装/松装)/(g/cm³)	1.36/0.96
25℃时的溶解度/(g/100g)	水	<0.1	铁含量/%	≤0.01×10⁻⁶
	丙酮	225	色度(API-IA,丙酮为溶剂,铂-钴色号)	≤100
	甲醇	80	溴含量/%	58
	甲苯	6	真密度/(g/cm³)	2.2
	二氯甲烷	27	熔点/℃	179~182
	甲乙酮	168		
性能名称		参数		
毒性(大鼠,经口)/(mg/kg)		>5000;欧盟对 TBBPA 的危害性评估已经完成,没有发现它对环境及人类健康的危害,无论作为反应型还是添加型阻燃剂使用,均已为欧盟首肯材料		

（3）四溴双酚 A 的质量指标　见表 9-12。

表 9-12　山东产四溴双酚 A 的质量指标

指标名称	参数	指标名称	参数
外观	白色结晶粉末	熔点/℃	≥180
溴含量/%	≥58.5		

（4）四溴双酚 A 用途　用作密封剂、黏合剂、涂料、塑料、橡胶、纺织、纤维和造纸等的阻燃剂，如用于有机硅密封剂、聚氨酯密封剂、环氧、聚碳酸酯、聚酯、酚醛，特别是与 ABS 有良好的相容性，制品表面不会出现渗析，即"喷霜"现象，因此有着广泛的应用。

9.1.8　三种常用四溴双酚 A 醚类衍生物

（1）三种常用四溴双酚 A 醚类衍生物的名称、化学结构通式　见表 9-13。

表 9-13　三种常用四溴双酚 A 醚类衍生物化学结构通式及具体化学结构式

三种常用四溴双酚 A 醚类衍生物化学结构通式：

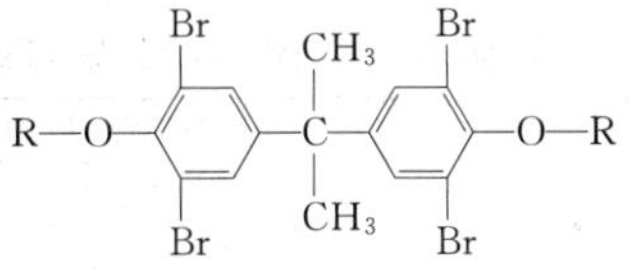

式中　R＝—CH₂—CH＝CH₂ 时，为四溴双酚 A 双(烯丙基)醚；R＝—CH₂—CH₂—OH 时，为四溴双酚 A 双(羟乙基)；R＝—CH₂—CHBr—CH₂Br 时，为四溴双酚 A 双(2,3-二溴丙基)醚

四溴双酚 A 双(烯丙基)醚[9]

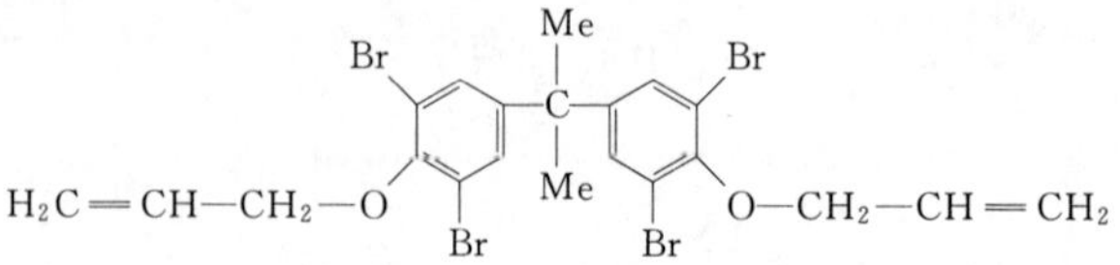

四溴双酚 A 双(羟乙基)醚

四溴双酚 A 双(2,3-二溴丙基) 醚（即八溴醚）

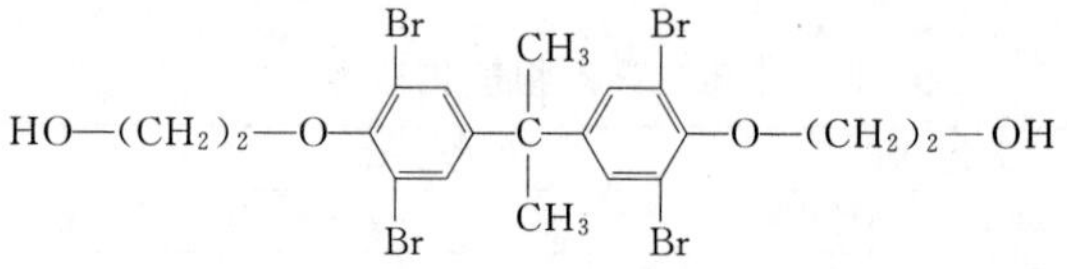

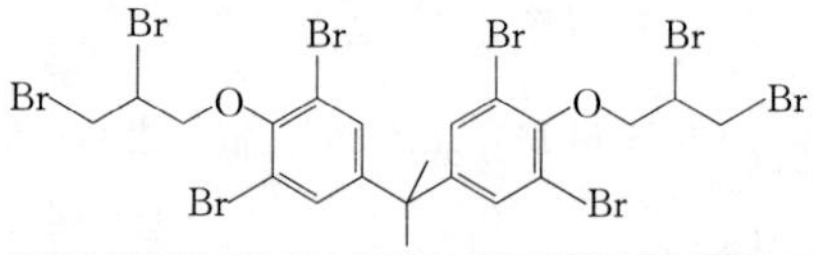

（2）常用的三种四溴双酚 A 醚类衍生物物理化学特性　见表 9-14。

表 9-14　三种四溴双酚 A 醚类衍生物物理化学特性

性能名称		四溴双酚 A 双(烯丙基)醚	四溴双酚 A 双(2,3-二溴丙基)醚	四溴双酚 A 双(羟乙基)醚
外观		白色粉末	灰白色粉末	白色粉末
熔点/℃		115～120	106～120	113～119
真密度/(g/cm³)		1.8	2.2	1.80
堆积密度/(g/cm³)		1.08	1.10	—
密装/(g/cm³)		0.76	0.76	—
溶解度(25℃)/[g/(100g 溶剂)]	二氯甲烷	47	50	48
	甲苯	42	24	—
	甲醇	—	—	62
	水	—	—	0.1
	苯乙烯	33	—	—
	甲乙酮	12	7	80
	三乙二醇	—	—	22
	水及甲醇	<0.1	<0.1	—
	乙酸乙酯	—	—	17
	丙酮	—	10	—
热质量损失温度/%(℃)		5(224),10(238),50(311)	5(305),10(312),50(328)	5(322)
毒性		对眼睛和皮肤有轻微刺激,无致癌性,有生物累积性		不详

（3）三种四溴双酚 A 醚类衍生物产品的质量指标　见表 9-15。

表 9-15　三种四溴双酚 A 醚类衍生物产品质量指标

指标名称	四溴双酚 A 双烯(烯丙基)醚	四溴双酚 A 双(羟乙基)醚	四溴双酚 A-双(2,3-二溴丙基醚)
外观	白色粉末		
溴(Br)含量/%	≥51.0	≤50.577(理论值)	≤67.74(理论值)
纯度/%	—	≥93.0	—
熔点/℃	115～120	113～119	110～115
分解温度/℃	—	—	≥66

指标名称	四溴双酚 A 双烯(烯丙基)醚	四溴双酚 A 双(羟乙基)醚	四溴双酚 A-双(2,3-二溴丙基醚)
相对密度	—		2.2
溶解性试验 /(10g/100mL 氯)	澄清	—	—
溶解性	—	溶入甲醇几乎透明	溶于二氯甲烷、甲苯、丙酮而不溶于水及甲醇
挥发分/%	≤0.5	—	—

（4）三种四溴双酚 A 醚类衍生物的用途　用作聚氨酯密封剂的添加型和反应型阻燃剂和抗紫外线剂。也用于 PBT、PET、PU、PE、PP、聚丁烯和很多烯烃共聚物的阻燃。

9.1.9　二溴新戊二醇

别名：2,2-二（溴甲基)-1,3-丙二醇；二溴新戊醇；简称：DBNPG。

（1）二溴新戊二醇[10,11]化学结构式

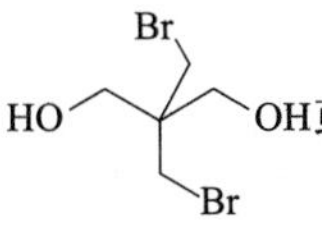

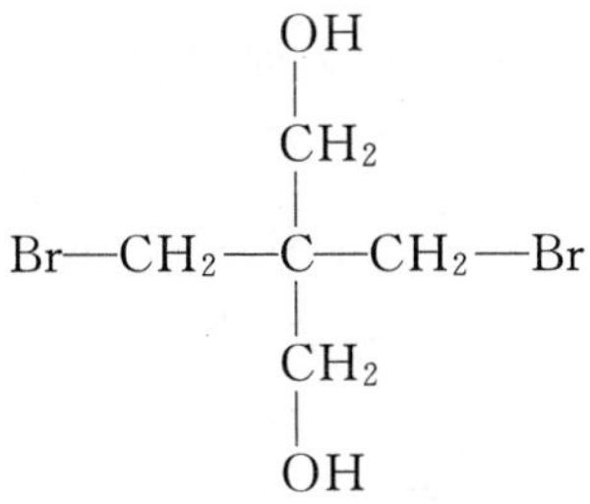

（2）二溴新戊二醇物理化学特性　见表 9-16。

表 9-16　二溴新戊二醇物理、化学特性

性能名称	参数	性能名称	参数
外观	白色结晶粉末	密度/(g/cm³)	1.977
沸点(760mmHg)/℃	370.9	熔点/℃	112~114
蒸气压(25℃)/mmHg	5.16×10^{-7}	闪点/℃	178.1

（3）二溴新戊二醇产品质量指标　见表 9-17。

表 9-17　二溴新戊二醇的质量指标

指标名称	参数	指标名称	参数
外观	白色结晶粉末	熔点/℃	≥109.5
纯度(GC)/%	≥98.5	色度(APHA,铂-钴色号)	≤20
溴含量/%	60		

（4）二溴新戊二醇用途　用作密封剂、黏合剂、涂料的反应型阻燃剂。

9.1.10　三溴新戊醇

（1）三溴新戊醇[12]化学结构式

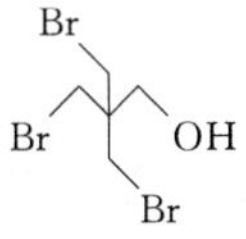

（2）三溴新戊醇（TBNPA）物理化学特性　见表 9-18。

表 9-18　三溴新戊醇物理、化学特性

性能名称	参数	性能名称	参数
外观	白色至类白色结晶粉末	水溶性(在 21.5℃)/	
熔点/℃	64～66	(g/100mL)	<0.1

（3）三溴新戊醇的质量指标　见表 9-19。

表 9-19　三溴新戊醇的质量指标

指标名称	参数	指标名称	参数
外观	白色至类白色结晶粉末	三溴新戊醇含量/%	≥96
溴含量/%	≥72	熔点/℃	≥63.5
密度/(g/cm³)	2.3	水分/%	≤0.1
酸值/(mgKOH/g)	≤0.15	色度(铂-钴色号)	≤70

（4）三溴新戊醇用途　反应型阻燃剂，广泛用于密封剂、橡胶弹性体、涂料和泡沫体。

9.1.11　一缩二二溴新戊二醇

别称：2-双溴甲基丙醇基醚；以色列牌号：FR-1034。

（1）一缩二二溴新戊二醇化学结构式

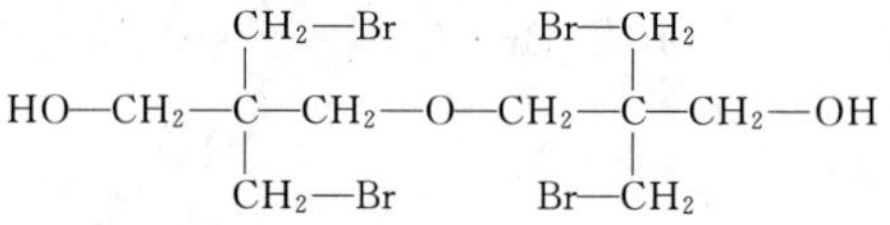

$$HO—CH_2—\underset{\underset{CH_2—Br}{|}}{\overset{\overset{CH_2—Br}{|}}{C}}—CH_2—O—CH_2—\underset{\underset{Br—CH_2}{|}}{\overset{\overset{Br—CH_2}{|}}{C}}—CH_2—OH$$

（2）一缩二二溴新戊二醇物理化学特性　一缩二二溴新戊二醇分子量为 505.84，具有反应性活性端基羟基和溴端基，有良好的抗紫外光的能力。

（3）以色列死海溴化物公司产牌号为 FR-1034 的一缩二二溴新戊二醇的质量指标　见表 9-20。

表 9-20　FR-1034 的质量指标

指标名称	参数	指标名称	参数
纯度/%	100	溴含量/%	63.2

（4）用途　用于密封剂、黏合剂、PUF、UP、涂料、橡胶的阻燃。

9.1.12　溴化聚苯乙烯

（1）溴化聚苯乙烯[13]化学结构式

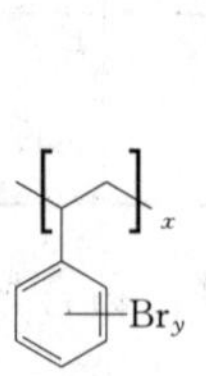

$$\left[\underset{}{}\right]_x \quad —Br_y$$

（2）溴化聚苯乙烯（BPS）的物理、化学特性　见表 9-21。

表 9-21　溴化聚苯乙烯的物理、化学特性

性能名称	参数	性能名称	参数
溴含量/%	60 左右	分子量 $\bar{M}_n$	≥20×10⁴
热分解温度/℃	≥310		

外观:琥珀色或灰白色粉体,有时也呈白色或淡黄色粉末或颗粒,在高聚物中分散性和混溶性好,易于加工、不起霜等,热稳定性好,电器特性优良,低毒

（3）溴化聚苯乙烯质量指标　见表 9-22。

表 9-22　溴化聚苯乙烯质量指标

指标名称	FR-685	BPS	指标名称	FR-685	BPS
溴含量/%	≥68	≥56.0	相对密度	2.1	—
软化点/℃	195	220~240	挥发物/%	≤0.5	≤0.1
分子量	—	≥200000（非指标）	色度（铂-钴色号）	—	<30
指标名称	单位	FR-685			BPS
外观	—	类白色颗粒或粉末			淡黄色粉末（非指标）

注：FR-685 山东昌邑市产溴化聚苯乙烯；BPS 为进口溴化聚苯乙烯。

（4）溴化聚苯乙烯用途　用作密封剂、黏合剂、各种工程塑料如聚酯（PA、PBT、PET、PCT）和聚酰胺（尼龙）等热塑性树脂、涂料的阻燃剂，使用过程中还需要和锑化物配合使用。阻燃聚酯时，添加量在 13%（增强）~17%（非增强）就可以赋予材料 UL94V-0 级（0.8mm），阻燃聚酰胺时，加量在 21% 就可以赋予材料 UL94V-0 级（0.8mm）。

9.1.13　四溴双酚 A 环氧树脂低聚物

别名：溴代环氧低聚物；简称：BEPO。

（1）化学结构式

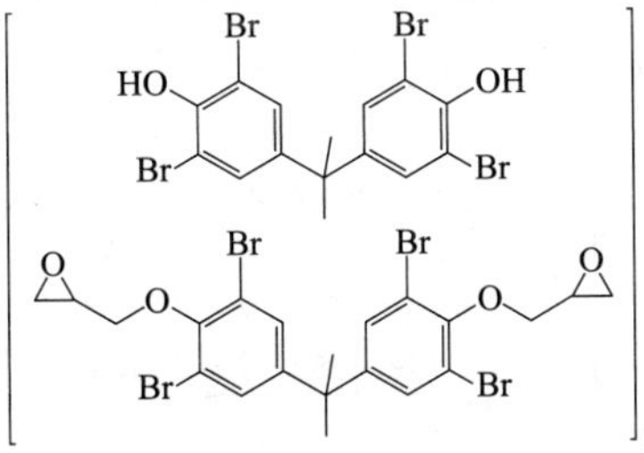

（2）四溴双酚 A 环氧树脂低聚物物理化学特性　牌号为 BEO-1 的四溴双酚 A 环氧树脂低聚物分子量 $\overline{M}_n$ 为 22000，是一种固体粉末。牌号为 BEO-2 的四溴双酚 A 环氧树脂低聚物分子量 $\overline{M}$ 为 25000，是浅黄色颗粒物。均有优良的热稳定性和光稳定性，不易起霜。具有较好的熔体流动速率和较高的阻燃效率。

（3）溴代环氧低聚物牌号及其质量指标　见表 9-23。

表 9-23　BEO-1 及 BEO-2 溴代环氧低聚物的质量指标

指标名称		BEO-1	BEO-2	指标名称		BEO-1	BEO-2
溴含量/%		51~53	52~54	外观		白色或淡黄色粉末	
相对密度		1.8	1.8	软化温度/℃		140~145	145~155
热失重/%	343℃	—	1	热失重/%	365℃	5	—
	350℃	1	—		367℃	10	10
	360℃	2	5				

（4）溴代环氧低聚物用途　主要用于密封剂、黏合剂、橡胶、PBT 和 ABS/PC 高聚物合金的添加型阻燃。

9.1.14　四溴双酚 A 聚碳酸酯低聚物

别名：四溴双酚-A 聚碳酸酯；四溴双酚-A 碳酰氯聚合物。四溴双酚 A 聚碳酸酯低聚物是由四溴双酚 A、双酚 A、二氯甲酰以等摩尔比例组成的混合物。其分子量是四溴双酚 A、

双酚 A、二氯甲酰分子量的和的 n 倍。

（1）化学结构式

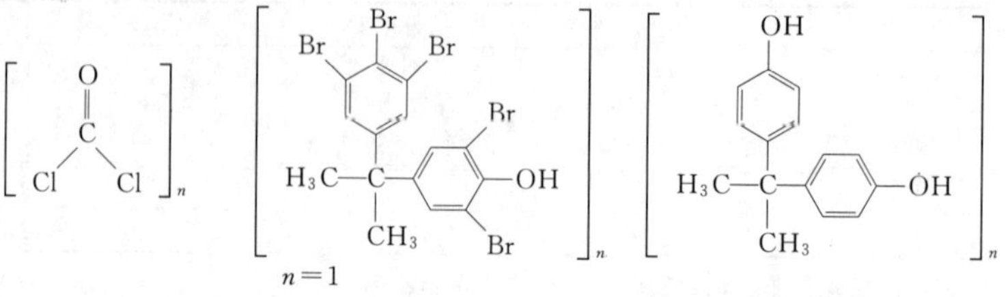

（2）四溴双酚 A 聚碳酸酯低聚物物理化学特性　见表 9-24 和表 9-25。

表 9-24　国内四溴双酚 A 聚碳酸酯低聚物物理化学特性

性能名称	湖北、台州、临海参数	性能名称	湖北、台州、临海参数
外观	白色粉末	分子量 $\bar{M}_n$	$871.073 \times n$
溴含量/%	—	沸点(760mmHg)/℃	417.9
闪点/℃	206.6	闪点(760mmHg)/℃	417.9
毒性	无毒	蒸气压(25℃)/mmHg	1.41×10^{-7}

表 9-25　国外四溴双酚 A 聚碳酸酯低聚物物理化学特性

| 性能名称 | 美国大湖 | | 性能名称 | 美国大湖 | |
	BC-52 参数	BC-58 参数		BC-52 参数	BC-58 参数
溴含量/%	51	58.7	相对密度	2.2	2.2
分子量 $\bar{M}_n$	2500	3500	熔融温度/℃	180～210	200～230
二氯甲烷/(g/100g)	≥170.0	≥170.0	热失重 5%温度/℃	408	380
水/(g/100g)	≤0.1	≤0.1	热失重 10%温度/℃	438	423
甲乙酮/(g/100g)	≥170.0	≥170.0	热失重 50%温度/℃	480	475
甲醇/(g/100g)	≤0.1	≤0.1	熔融温度/℃	180～210	200～230
毒性	无毒				

（3）四溴双酚 A 聚碳酸酯低聚物质量指标　见表 9-26。

表 9-26　山东产的四溴双酚 A 聚碳酸酯低聚物质量指标

指标名称	参数	指标名称	参数
分子量 $\bar{M}_n$	1500～5000	密度/(g/cm³)	2.0
熔点/℃	180～220	溴含量/%	50～60

（4）四溴双酚 A 聚碳酸酯低聚物用途　用作密封剂、涂料、黏合剂、PBT、PET、PBT/PET 共混树脂、聚碳酸酯、ABS、PC/ABS、聚砜树脂、SAN 以及各类层压树脂的添加式阻燃剂。

9.1.15　聚丙烯酸五溴苄酯

简称：PPBBA。

（1）聚丙烯酸五溴苄酯[14]化学结构式

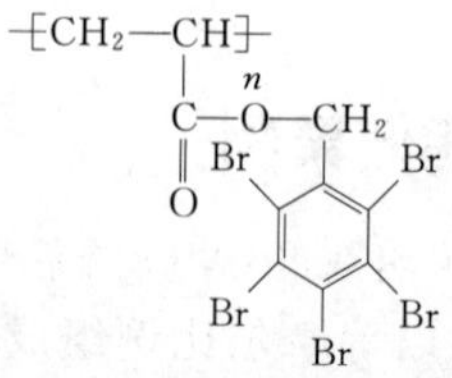

式中，聚合度 $n=1$ 时为聚丙烯酸五溴苄酯单体"丙烯酸五溴苄酯"，其化学结构式为：

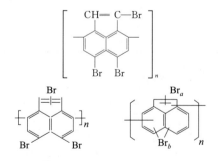

（2）聚丙烯酸五溴苄酯物理化学特性　见表 9-27。

表 9-27　聚合度 $n=1$ 的聚丙烯酸五溴苄酯物理化学特性

性能名称	参数	性能名称		参数
分子量 $\overline{M}_n$	556.69	分析	含碳	22.21（滴定法为：21.25）
理论含溴量/%	71.77	成分	含氢	0.94（滴定法为：0.91）
熔点/℃	120～125	/%	含溴	75.4（滴定法为：71.76）

外观特性：白色粉末；分子量 $\overline{M}_n$ 可高达 50000，其溴含量可达 71.7%，优异的热化学稳定性，良好的加工性能和电气性能，与树脂的相容性好，单体丙烯酸五溴苄酯本身就是一种良好的阻燃剂，其双键部位与高聚物有很好的相容性，使阻燃剂成分在基材中不会迁移，因此就不会喷霜，直接键合在高分子上的溴元素能起到充分的阻燃作用，不仅可大幅提高了氧指数，而且增强了聚丙烯酸五溴苄酯的耐热性和化学稳定性，还有优良的抗紫外光性能

（3）聚丙烯酸五溴苄酯质量指标　以色列死海溴公司（Dead Sea Bromine）（商品牌号为 FR-1025）和美国雅宝公司生产聚丙烯酸五溴苄酯，而国内尚无厂家生产。

（4）聚丙烯酸五溴苄酯用途　用作密封剂、橡胶、塑料、黏合剂、涂料的聚合型阻燃剂。

9.1.16　缩合溴代苊烯——三溴二氢苊缩聚体

商品名为 Con-BACN。

（1）三溴二氢苊缩聚体[15]化学结构式

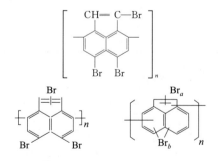

平均缩合度 $\overline{n}=2.4$ 　　$a=0～1；b=1～6；n\geqslant1$

（2）三溴二氢苊缩聚体物理化学特性　它是由苊在有机溶剂中经溴化、缩合及脱溴化氢制得，为低聚物，聚合度 n 为 2～10，橙红色粉末，有低毒性。缩合溴代苊烯与高聚物的相容性好，且与高聚物共熔，在基材中分散均匀，另外还具有极强的抗辐射能力和抗燃烧的能力，它环外具有双键，可以在自由基的作用下，同阻燃母体进行接枝共聚，因此与树脂具有良好的相容性，长期放置也不起霜。

（3）三溴二氢苊缩聚体产品的质量指标　见表 9-28。

表 9-28 日企开发三溴二氢苊缩聚体其它质量指标

指标名称	参数	指标名称	参数
外观	橙红色粉体	堆积密度/(g/cm³)	0.6
含溴量/%	≥62	真密度/(g/cm³)	2.0
熔点/℃	130~160	热分解温度/℃	257
平均粒径/μm	9	经口急性毒性(大白鼠)/(mg/kg)	5000

（4）三溴二氢苊缩聚体用途 用作航空、航天飞行器结构密封材料、黏合剂、涂料的反应型或添加型阻燃剂。也用于阻燃核电站、反应堆等的电线、电缆包覆层和绝缘材料。例如日本将其添加到电缆绝缘料中后，电缆抗辐射剂量可达 200Mrad（1rad＝10^{-2}J/kg）以上，测试辐照到 1000Mrad 后，其绝缘性完好，以电缆外径的 7.5 倍的曲率半径 U 字形弯曲试验可达 10000 次。有卓越的阻燃性：日本[16]将其添加到电缆绝缘料中后，电缆垂直燃烧试验损伤长度为 88cm/(3×5.5)mm²、92cm/(10×5.5)mm²，指标为：≤180cm，火焰残留时间为 0s，指标为：＜60s。

9.1.17 五溴甲苯

（1）五溴甲苯[17]化学结构式

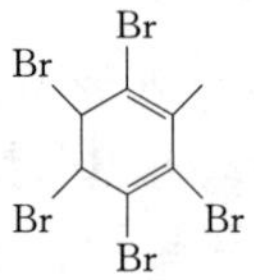

（2）五溴甲苯物理化学特性 见表 9-29。

表 9-29 五溴甲苯物理、化学特性

性能名称	参数	性能名称	参数
分子量	486.6	毒性	无毒,对皮肤无刺激性
理论含溴量/%	82.1	熔点/℃	275~284
开始分解温度/℃	310		
溶解性:不溶于水、醇、丙酮等。溶于热的二甲苯中			
外观特性:白色或浅黄色结晶粉末,无味、耐光、耐水,化学性能稳定			

（3）五溴甲苯产品的质量指标 见表 9-30。

表 9-30 五溴甲苯产品的质量指标

指标名称	参数	指标名称	参数
外观	白色或淡黄色粉末	粒度/目	400
溴含量/%	＞80	游离溴/(mg/kg)	≤100
熔点/℃	275~284	酸值/(mgKOH/g)	≤1.0

（4）五溴甲苯用途 用作密封剂、黏合剂、涂料、橡胶、聚乙烯、聚丙烯、发泡聚氨酯、化纤等材料的高效溴系添加型阻燃剂。

9.1.18 六溴环十二烷

简称：HBCD 或 HBCDD。

（1）六溴环十二烷[18]化学结构式

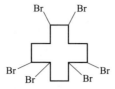

（2）热稳定六溴环十二烷物理化学特性　见表 9-31 和表 9-32。

表 9-31　热稳定六溴环十二烷物理化学特性

性能名称		参数	性能名称		参数
异构体含量 （室温下）	γ/%	72	分子量		641.7
	β/%	13	溴含量/%		66～78
	α/%	9	熔点 /℃	低熔点型	167～168
异构体含量 （160～200℃）	γ/%	78		高熔点型	195～196
	β/%	13	受热脱溴 化氢反应	≥170℃	开始脱溴化氢
	α/%	9		190℃	脱溴化氢变得剧烈
性能名称		参数			
毒性（LD_{50}）/（mg/kg）		40000，对人类和环境会构成潜在的长期的危害			
溶解性：溶于甲醇、乙醇、丙酮、醋酸戊酯，具体溶解数据见表 9-37					
外观特性：白色结晶，其分子结构大，加入热稳定剂后热稳定性能优异，可承受240℃以上加工温度（没有经过热稳定化的HBCD 在150℃附近即开始分解），大幅度提高了六溴环十二烷的热分解温度和阻燃效率，分解均匀，协同效果好，和多种高聚物有良好的相溶性，不迁移，与其他添加剂如抗静电剂不发生副反应，且耐光、耐水、无毒。阻燃性能优异，可以等量代替TBC 阻燃剂，是八溴联苯醚和十溴联苯醚的升级换代产品					

注：三种异构体的熔点不同，但热稳定性基本一样，它们之间可以发生转晶，并存在热平衡，在不同的温度范围内，平衡时三者的含量不同；纯度越高 γ 含量越高，γ 含量越高热稳定性越高、抗紫外光性越好。

表 9-32　六溴环十二烷各牌号产品 25℃ 下在各种溶剂中的溶解数据　单位：g/100g

溶剂名	溶解量	溶剂名	溶解量	溶剂名	溶解量
水	0.1	甲醇	1	苯乙烯	8
甲苯	12	丁酮	18	氯甲烷	4

（3）热稳定六溴环十二烷质量指标　质量指标见表 9-33。

表 9-33　热稳定六溴环十二烷的质量指标

指标名称		潍坊	默锐科	东信	张家港
外观		白色或浅灰白色粉末			
密度/（g/cm³）		—	—	2.36	—
熔点/℃		185～195	≥180	≥180	—
分解温度/℃		≥240	≥230	≥240	≥240
水分/%		—	—	≤0.3	—
溴含量/%		≥72	≥74	—	≥65
粒度	—/目	—	—	600～1000	—
	90%分布/μm	—	—	—	8
挥发分（105℃，2h）		≤0.5	≤0.3	—	≤0.5
色度/号		≤40			

（4）六溴环十二烷用途　用作密封剂、黏合剂、涂料、聚苯乙烯（添加量为 2%）、聚丙烯（添加量为 2%＋三氧化二锑 1%）、高抗冲聚苯乙烯、聚丙烯、ABS、聚乙烯、聚碳酸酯、不饱和聚酯等阻燃剂、合成橡胶的阻燃剂。六溴环十二烷（HBCD）属于挪威 PoHS 管控的物质，同属于欧盟 REACH 管控物质。

9.1.19　三(2,3-二溴丙基) 异三聚氰酸酯 (TBC)

（1）化学结构式

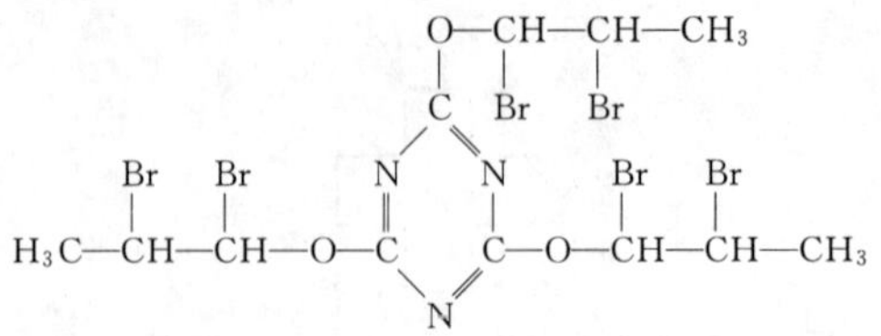

（2）TBC 的物理化学特性　TBC 的物理挥发性低，是耐久、耐光、耐水和无毒的白色粉末或结晶粉末物质。

（3）TBC 质量指标　见表 9-34。

表 9-34　苏州等地企业生产的 TBC 质量指标

指标名称	参数	指标名称	参数
外观	白色粉末或结晶粉末	纯度/%	99
熔点范围/℃	105～115	溴含量/%	≥65
酸值/(mgKOH/g)	≤0.2	游离溴/(mg/kg)	≤25
开始分解温度/℃	≥230	pH 值	6.5～7.5
挥发分(80℃,2h)/%	≤0.3		

（4）TBC 用途用作密封剂、涂料、黏合剂、聚烯烃、PVC、PP、发泡聚氨酯、聚苯乙烯、ABS、不饱和聚酯、多种合成橡胶和合成纤维等的添加型阻燃剂。

9.1.20　1,2-双（二溴降冰片基二碳酰亚胺）乙烷（DEDBFA）

（1）化学结构式

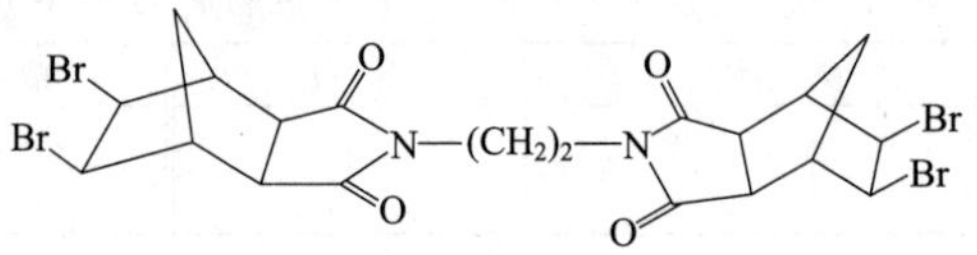

或

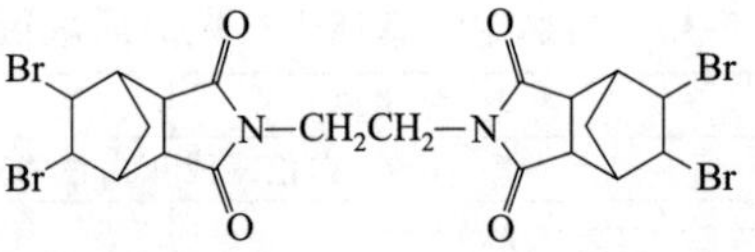

（2）1,2-双（二溴降冰片基二碳酰亚胺）乙烷物理化学特性　见表 9-35。

表 9-35　1,2-双（二溴降冰片基二碳酰亚胺）乙烷物理化学特性

性能名称	参数	性能名称	参数
分子量	671.98	分解温度/℃　≥	294
熔点大于/℃　≥	313		
溶解性:不溶于水、乙醇、丙酮、氯仿、四氯化碳等一般有机溶剂,微溶于 N,N-二甲基甲酰胺、二甲基亚砜			
外观:白色粉末,含脂肪环的化合物,分子内同时含有溴和氮元素,阻燃能力必然强,热稳定性及抗紫外光优异。不迁移。加工过程中没有溴化氢放出			

（3）1,2-双（二溴降冰片基二碳酰亚胺）乙烷质量指标　美国雅宝（Albemarle）公司生产牌号为 Saytex BN-451 的 1,2-双（二溴降冰片基二碳酰亚胺）乙烷在我国尚未产业化，但北京石油化工学院吕九琢就其合成进行了研究并命名为 FR-47B。2009 年广东工业大学硕士研究生张小伟在其导师曹有明的指导下详尽地研究了 1,2-双（二溴降冰片基二碳酰亚胺）乙烷的合成工艺。为国内生产打下了基础。其质量指标尚未制定。

（4）1,2-双（二溴降冰片基二碳酰亚胺）乙烷用途　主要用作密封剂、黏合剂、涂料、PP、PA、PU 弹性体的阻燃剂，是含溴阻燃剂中不可替代的新品种。

9.1.21　1,2-二溴-4-（1′,2′-二溴乙基）环己烷

别称：二溴乙基二溴环己烷。

（1）阻凝剂 FR-2 化学结构式

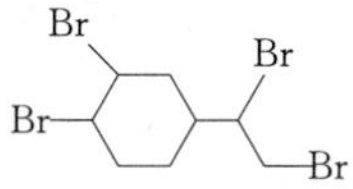

（2）1,2-二溴-4-（1′,2′-二溴乙基）环己烷物理化学特性　见表 9-36。

表 9-36　1,2-二溴-4-（1′,2′-二溴乙基）环己烷的物理化学特性

性能名称	参数	性能名称	参数
密度/(g/cm³)	2.17	闪点/℃	173.3
沸点(760mmHg)/℃	371.2	溴含量/%	74.7
蒸气压(25℃)/mmHg	2.23×10^{-5}		

（3）1，2-二溴-4-（1′，2′-二溴乙基）环己烷质量指标　烟台、上海、Yick-Vic Chemicals & Pharmaceuticals（HK）Ltd（中国）、Albemarle（美国）、Accu Standard Inc（美国）、Alli Chem，LLC（美国）、Honest Joy Holdings Limited（美国）、3B Scientific Corporation（美国）、Boschesci（美国）、Albemarle（美国）、Chempacific（美国）、Carbone Scientific CO.，LTD（英国）等多个国家均能生产 1，2-二溴-4-（1′，2′-二溴乙基）环己烷。美国雅宝（Albemarle）公司生产的牌号为 Saytex BCL-462，其质量指标见表 9-37。

表 9-37　牌号为 Saytex BCL-462 的二溴乙基二溴环己烷质量指标

指标名称	参数	指标名称	参数
外观	白色粉末	溴含量/%	≥70
熔点/℃	≥170	挥发分/%	≤2

（4）1,2-二溴-4-（1′,2′-二溴乙基）环己烷用途　本品主要是用作密封剂、黏合剂、涂料、HIPS、ABS 树脂中及塑料 PVC、PP、EPS、EP 等以及合成橡胶的添加型阻燃剂。可取代被欧盟禁用的十溴二苯醚阻燃剂。

9.1.22　十溴二苯基乙烷(DBDPE)

（1）化学结构式

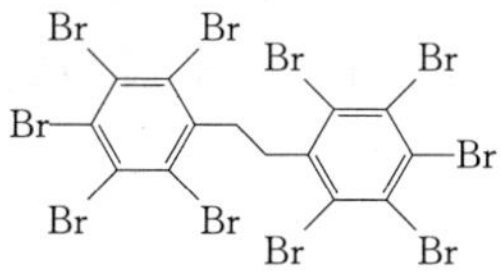

（2）十溴二苯基乙烷物理化学特性　外观为白色或淡黄色粉末，熔点 335～342℃，微溶于醇、醚，几乎不溶于水。

（3）十溴二苯基乙烷质量指标　见表 9-38。

表 9-38　十溴二苯基乙烷质量指标

指标名称		益阳			SLFR-2 阻燃剂指标	东莞 不分级
		特级	一级	二级		
外观		白色微细粉末				—
熔点/℃		300	300	300	345	—
白度(ISO 白度)/%	≥	92	90	85	83	88
溴含量/%	≥	83	82	82	81.5	81.5
挥发性/%	≤	—	—	—	0.1	0.05
粒径/μm	≤	—	—	—	5	5.0
游离溴含量/(mg/kg)	≤	20	50	50	10	—
铁含量/(mg/kg)	≤	10	50	50	—	—

（4）十溴二苯基乙烷用途　用于密封剂、黏合剂、涂料、聚苯乙烯、环氧树脂、酚醛树脂、ABS 树脂、尼龙、聚烯烃、不饱和聚酯、聚苯醚等物质的阻燃。

9.1.23　双(2,3-二溴丙基)反丁烯二酸酯(FR-2)

（1）阻燃剂 FR-2 化学结构式

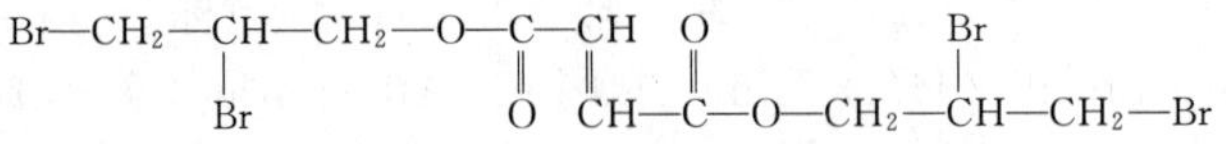

$$Br-CH_2-CH-CH_2-O-C-CH \quad O \qquad\qquad Br$$
$$\qquad\quad Br \qquad\qquad O\quad CH-C-O-CH_2-CH-CH_2-Br$$

（2）双（2,3-二溴丙基）反丁烯二酸酯物理化学特性　见表 9-39。

表 9-39　双（2,3-二溴丙基）反丁烯二酸酯物理化学特性

性能名称	参数	性能名称	参数
外观	白色结晶粉末	分子量	515.84
酸值/(mgKOH/g)	≤7	溴含量/%	>62
失重 5% 热分解温度/℃	220	熔点/℃	63~68
毒性 LD$_{50}$/(mg/kg)	有毒,262.5		
溶解性:易溶于苯、甲苯,可溶于乙醇、丙酮,不溶于水			

（3）双（2,3-二溴丙基）反丁烯二酸酯质量指标　见表 9-40。

表 9-40　双（2,3-二溴丙基）反丁烯二酸酯质量指标

指标名称	参数	指标名称	参数
外观	白色粉末	酸值/(mgKOH/g)	≤7
溴含量/%	>62	分解温度/℃	≥220
熔点/℃	63~68		

（4）双（2,3-二溴丙基）反丁烯二酸酯用途　用作密封剂、黏合剂、涂料、聚丙烯、聚苯乙烯、氯磺化聚乙烯、不饱和聚酯、ABS 的反应型阻燃剂,也可用作添加型阻燃剂。适用于聚丙烯、聚苯乙烯、氯磺化聚乙烯等。

9.1.24　二溴苯基缩水甘油醚

别称：阻燃环氧稀释剂；2,4-二溴苯基缩水甘油醚。

（1）二溴苯基缩水甘油醚的三种同分异构体名称、化学结构式　见表 9-41。

表 9-41　二溴苯基缩水甘油醚的三种同分异构体名称、化学结构式

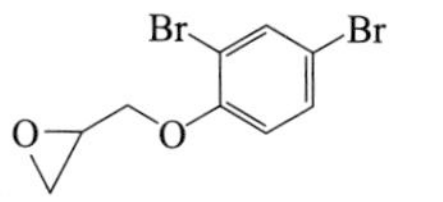 2,4-二溴苯基缩水甘油醚	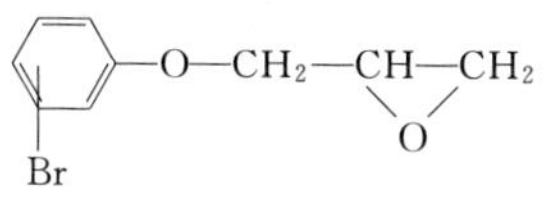 BGE-48 二溴苯基缩水甘油醚	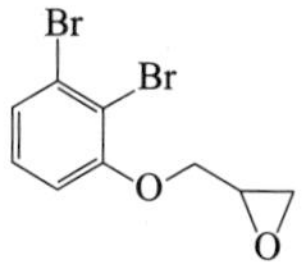 1-二溴苯氧基-2,3-环氧丙烷

（2）2,4-二溴苯基缩水甘油醚的物理、化学特性　　见表 9-42。

表 9-42　2,4-二溴苯基缩水甘油醚的物理、化学特性

性能名称	2,4-二溴苯基缩水甘油醚	BGE-48 二溴苯基缩水甘油醚	1-二溴苯氧基-2,3-环氧丙烷
外观	—	淡黄色透明液体	黄色到棕色透明液体
溴含量/%	—	—	46~52
密度/(g/cm³)	1.854	—	—
相对密度	—	1.76	1.76
黏度(25℃)/Pa·s	—	—	0.15
沸点(760mmHg)/℃	341	—	—
闪点/℃	138.7	—	—
蒸气压(25℃)/mmHg	0.000164	—	—
溶解性	—	溶于丙醇、苯、甲苯,不溶于甲醇、石油醚	溶于丙醇、苯、甲苯,不溶于水、甲苯、石油醚
特性功能	具有活性稀释性和阻燃性		

（3）BGE-48 二溴苯基缩水甘油醚产品的质量指标　　见表 9-43。

表 9-43　BGE-48 二溴苯基缩水甘油醚产品的质量指标

指标名称	参数	指标名称	参数
环氧值/(mol/100g)	0.29±0.03	挥发分/%	<1
黏度(25℃)/mPa·s	150~300	溴含量/%	46~52
有机氯值/(当量数/100g)	<0.02	无机氯值/(当量数/100g)	<0.01
外观:黄色到棕色透明液体			
特性功能:具有活性稀释性和反应性及添加性阻燃能力			

（4）BGE-48 二溴苯基缩水甘油醚用途　　用作密封剂、涂料、环氧树脂、酚醛树脂、聚氨酯泡沫塑料、ABS、聚丙烯、聚苯乙烯、聚酯等的阻燃剂。也可用于制造各种阻燃性绝缘、导电、低密度胶黏剂以及用于制备阻燃性绝缘层压板、阻燃绝缘浸渍涂料、环氧型阻燃玻璃钢和聚酯型阻燃玻璃钢及阻燃型胶黏剂等。

9.2　磷系阻燃剂

9.2.1　有机磷阻燃剂

（1）仅含磷的磷酸酯阻燃剂

① 酚类含磷阻燃剂（低聚磷酸酯阻燃剂）　　低聚磷酸酯类化合物因其分子量高、含磷量

高，与聚合物基体材料相溶性好，不易迁移，不易挥发，阻燃效果持久，是一类很有发展前途的磷系阻燃剂。重要的品种如下。

a. 间苯二酚双（二苯基磷酸酯）　RDP 阻燃剂。

（a）RDP 阻燃剂化学结构式

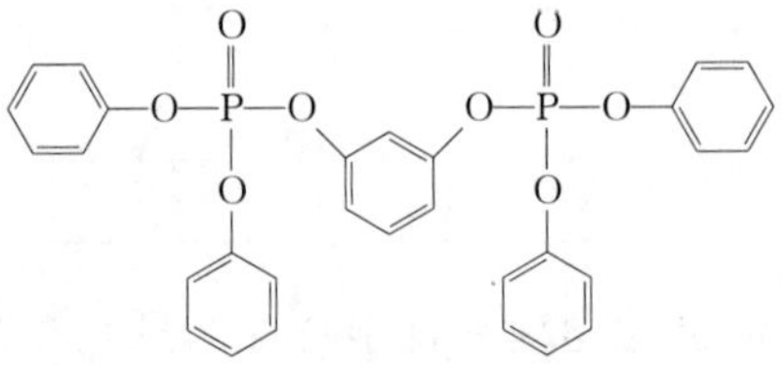

（b）RDP 阻燃剂物理化学特性　本品为无色或浅黄色透明液体，具有低挥发性和高热阻抗性。对呼吸道、皮肤、眼睛有伤害性。

（c）RDP 阻燃剂产品品种和（或）牌号的质量指标　见表 9-44。

表 9-44　RDP 阻燃剂的质量指标

指标名称	深圳指标	营口指标	指标名称	深圳指标	营口指标
外观	无色或浅黄色液体		水分/%	≤0.15	≤0.1
酸值/(mgKOH/g)	≤0.5	≤0.1	磷含量/%	10～12	≥10.5
相对密度(20℃)	1.29～1.3	—	色度(Hazen,铂-钴色号)	≤80	
TPP 含量/%	—	≥5.0	色度(APHA,铂-钴色号)	—	≤100
黏度(25℃)/Pa·s	600～800	500～800	苯酚含量/(mg/kg)	—	≤500

（d）RDP 阻燃剂用途　它通常用于密封剂、黏合剂、涂料、PPE、ABS 和 PET 树脂中作阻燃剂。使用场所要通风良好。接触皮肤后用肥皂水清洗干净。

b. 对苯二酚双（二苯基磷酸酯）　别称：四苯基对苯二酚双磷酸酯。

（a）对苯二酚双（二苯基磷酸酯）阻燃剂化学结构式

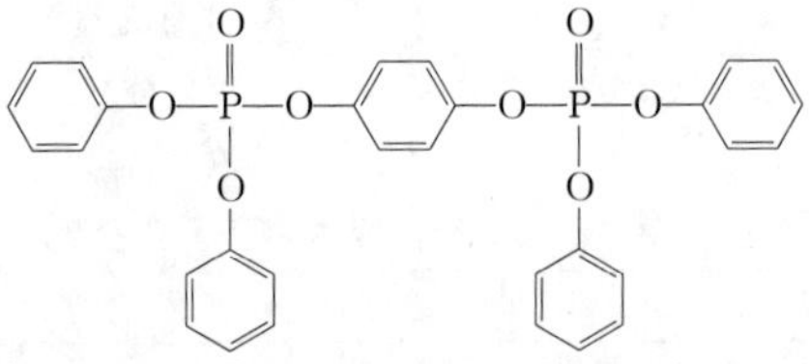

（b）对苯二酚双（二苯基磷酸酯）阻燃剂物理化学特性　与聚合物相容性好，耐迁移、不易挥发、耐辐射、毒性低、耐热性好（251℃时失重 5%，273℃时失重 10%），阻燃效果持久。

（c）对苯二酚双（二苯基磷酸酯）的质量指标　见表 9-45。

表 9-45　对苯二酚双（二苯基磷酸酯）的质量指标

指标名称	参数	指标名称	参数	
外观	淡黄色透明液体	黏度(25℃)/mPa·s	700	650
酸值/(mgKOH/g)	3.5	磷含量/%	11.6	11

（d）对苯二酚双（二苯基磷酸酯）阻燃剂用途　用作密封剂、黏合剂、涂料、聚氨酯（PU）、聚碳酸酯（PC）、丙烯腈-丁二烯-苯乙烯（ABS）、聚对苯酸乙二酯（PET）、苯乙烯-丙烯腈（SAN）、聚丙烯（PP）等材料的添加型阻燃剂。

c. 双酚 A（二苯基磷酸酯）　BDP 阻燃剂。

（a）BDP 阻燃剂化学结构式

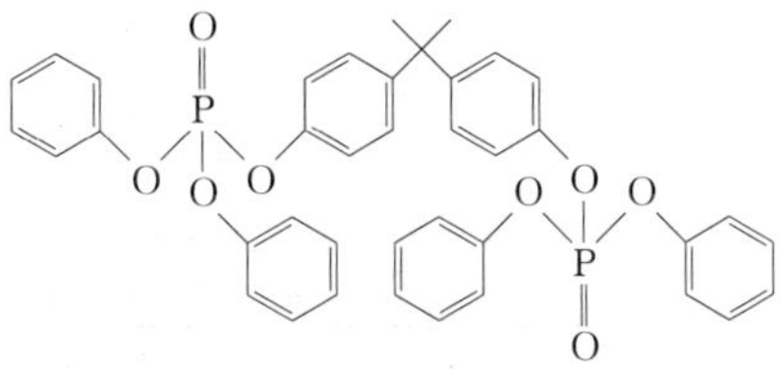

（b）BDP 阻燃剂物理化学特性　见表 9-46。

表 9-46　BDP 阻燃剂物理化学特性

性能名称		参数	性能名称	参数
保留的含量/%		≥95	磷含量/%	>8.8
溶解性 （25℃）/%	水	<0.1	己烷含量/%	0.18
	甲苯	>50	酸值/(mgKOH/g)	<0.1
	丙酮	>50	相对密度（25℃）	1.26
	己烷	>0.18	水分/%	<0.003
质量损失 的温度/℃	1%	261	耐水分解性	好
	5%	378	溶于水的温度/℃	25
	10%	403	色度（APHA，铂-钴色号）	≤70
	50%	458		

外观特性：粉末状或液体状，与 ABS、PC 相容性好，易达到 UL94V-0 标准。燃烧低烟、低毒，不释放出腐蚀性气体。阻燃效率高，用量低，能使火焰很快自熄，且不产生滴落。不产生对人体细胞的诱变物。在聚烯烃中有良好的相容性，不迁移至阻燃材料表面，且不起霜，同时在加工过程中有相当好的稳定性

注：1. 保留的含量指 280℃高温下在物体中能长期保留的 BDP 阻燃剂含量。

2. 热重量分析（热分析仪型号 2950，在 N₂ 气氛下 10℃/min）。

（c）BDP 阻燃剂的质量指标　见表 9-47。

表 9-47　江苏雅克、徐州博通产 BDP 的质量指标

指标名称	参数	指标名称	参数
色度（APHA，铂-钴色号）	<40	磷含量/%	8.9
纯度 N=1 比例	>85	密度（25℃）/(g/cm³)	1.26
酸值/(mg KOH/g)	<0.1	黏度（25℃）/mPa·s	>5000

（d）BDP 阻燃剂用途　本品适用于无卤阻燃密封剂、黏合剂、PVC、酚醛树脂、合成橡胶、环氧树脂、聚酯纤维。常用于工程塑料合金，例如 PPO/HIPS 与 PC/ABS 的合金。建议添加量 15%～20%。

d. 双酚 AP（二苯基磷酸酯）　BAPDP。

（a）BAPDP 阻燃剂化学结构式

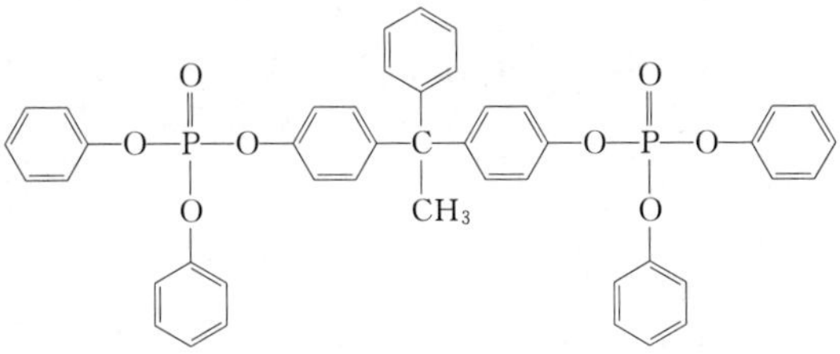

（b）BAPDP 阻燃剂物理化学特性　见表 9-48。

表 9-48   BAPDP 阻燃剂物理化学特性[19]

性能名称	参数	性能名称		参数
外观特性	淡黄色透明液体,分子中含有较多的苯环,增强了分子的刚性,强化了该分子结构的耐热性和阻燃性,芳环中碳与氢比值大,成炭率高,在被阻燃的材料表面形成相互连接的炭层可起到阻止燃烧的作用	密度(25℃)/(g/cm³)		1.22~1.29
		黏度(45℃)/Pa·s		35~40
		耐热性	312℃失重/%	10
			600℃降解残余量/%	36(残余物为炭)

(c) BAPDP 阻燃剂质量指标   国内尚处于研究阶段,至今还没有制定出质量标准。

(d) BAPDP 阻燃剂用途   可用于 PC/ABS (3:1) 材料中阻燃,将其加入到 PC/ABS (3:1) 材料中阻燃性明显提高。该产品也适用于黏合剂和密封剂的阻燃。

② 非酚类只含磷的磷酸酯阻燃剂   四川大学合成了多项有前途的非酚类只含磷的磷酸酯阻燃剂,如 BDSPBP 阻燃剂:

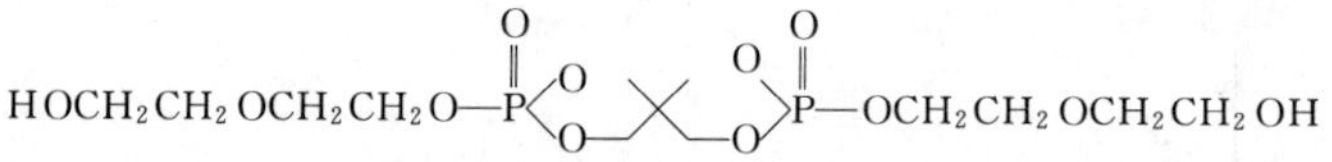

$$HOCH_2CH_2OCH_2CH_2O-P-O\cdots P-OCH_2CH_2OCH_2CH_2OH$$

谢飞、王玉忠合成的新型膨胀型阻燃剂 (CA) 结构是典型的笼形只含磷的磷酸酯:

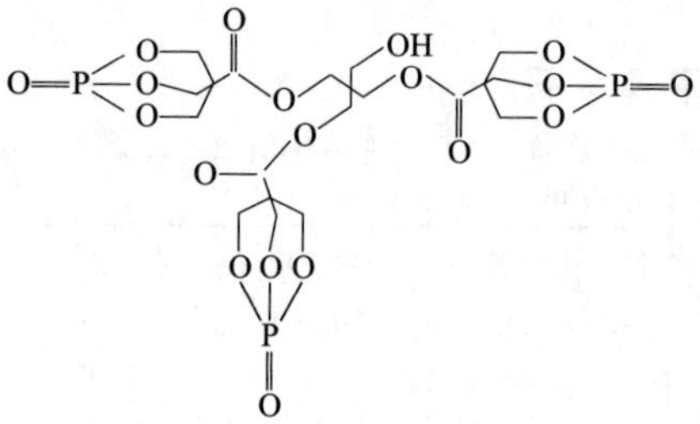

二者都有良好的阻燃性,但还没有工业化生产,仅提请大家注意他们的发展。

(2) 含氮磷酸酯阻燃剂   由于氮、磷两种元素的协同作用而发烟小,基本不产生有毒气体,阻燃效果好且用量少,含氮磷酸酯阻燃剂中氮元素主要来自化合物中的胺、二胺和三聚氰胺,是当前有机磷系阻燃剂的发展趋势,包含下述产品。

三聚氰胺多聚磷酸盐系列如下。

① 季戊四醇双磷酸酯蜜胺盐   别称:蜜胺焦磷酸盐,包括新型膨胀型阻燃剂 CN-329 及 MPP。

a. 季戊四醇双磷酸酯蜜胺盐阻燃剂化学结构式

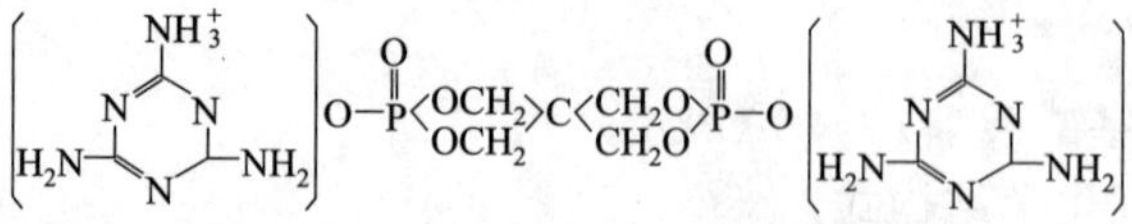

b. 季戊四醇双磷酸酯蜜胺盐阻燃剂物理化学特性   见表 9-49。

表 9-49   季戊四醇双磷酸酯蜜胺盐阻燃剂物理化学特性

性能名称	参数	性能名称	参数
分子量	511.3	熔点/℃	270
含磷/%	12.10	毒性	无毒

溶解性:不溶于醇、酮、醚、酯、烃及卤代烃,微溶于水

外观特性:白色结晶粉末。具有热稳定性高、相容性好、耐久、耐光。以氮、磷素为活性组分,不含卤素和氧化锑,符合当前欧美国家对阻燃剂低烟、无卤的环保要求

c. 新型膨胀型阻燃剂季戊四醇双磷酸酯蜜胺盐阻燃剂 MPP 的质量指标 见表 9-50。

表 9-50 MPP 的质量指标

指标名称	1 指标	2 指标	指标名称	1 指标	2 指标
密度/(g/cm³)	—	1.80	磷含量/%	13～15	>14
水溶性(20℃)/(g/100g 水)	—	<0.15	氮含量/%	40～44	>38
毒性(鼠,经口)/(mg/kg)	—	4000	粒径/μm	≤10	
分解温度/℃	≥380	>300	白度/%	≥96	
pH 值	—	5.0～6.0	水分/%	≤0.1	—
细度/%	—	>99			

注:1 为深圳市安正化工产;2 为山东世安产;pH 值为 20℃,100g 水中溶 1g MPP 的溶液的 pH 值;细度指物料通过 30μm 筛网的通过率。

d. MPP 用途 广泛用于热塑性塑料、热固性塑料、橡胶等制品的阻燃剂,特别运用于高要求的膨胀型阻燃体系和膨胀型防火涂料,也适用于黏合剂、密封剂的阻燃。

② 笼状磷酸酯三聚氰胺盐 别称:双 (1-氧基-4-亚甲基-1-磷杂 2,6,7-三氧杂双环 [2.2.2] 辛烷);磷酸酯三聚氰胺盐。

a. 笼状磷酸酯三聚氰胺盐阻燃剂化学结构式

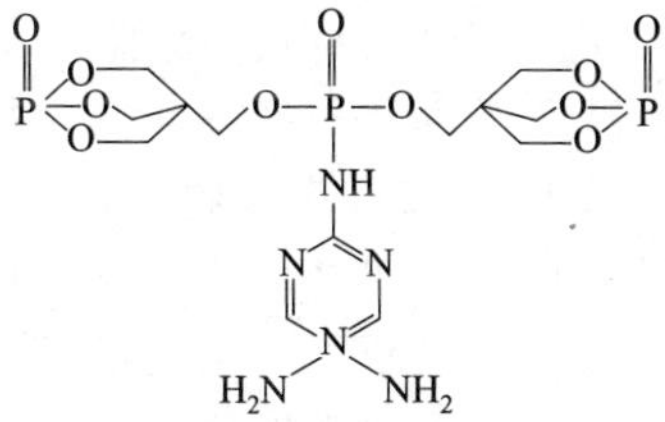

美国 Borg-Warner 化学品公司设计合成了具有下面所示的笼状结构的磷酸酯三聚氰胺盐[20]。

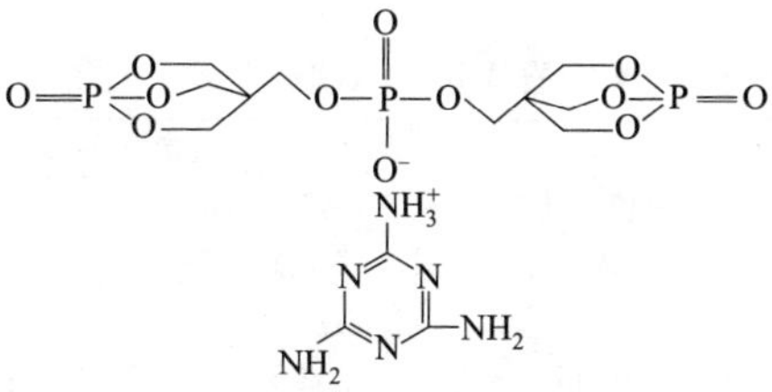

b. 笼状磷酸酯三聚氰胺盐阻燃剂物理化学特性 从其分子结构可见,这种膨胀型阻燃剂具有更丰富的碳源和酸源,改善了碳源和酸源及气源三者的比例。同时,由于磷原子上的羟基受到两个庞大的笼型磷酸酯基的空间效应作用,也明显减少了其吸潮性。但从所见的文献报道得知,由于这种阻燃剂的合成收率较低,制造成本高而至今未见工业化生产的报道。近年来北京理工大学国家阻燃材料专业实验室将其合成的收率提高到了 81.5%。

阻燃剂光谱特征见表 9-51。

表 9-51 阻燃剂光谱特征及元素组成

光谱类别	波数及波长	结构	元素组成	参数
红外光谱特征峰	1285 cm⁻¹	P=O	氮/%	15.87(15.33)
	3600～3700 cm⁻¹	脂肪 C-H	碳/%	28.58(28.47)
紫外光谱λ	220nm	H₂O	氢/%	4.17(4.23)

注:括号内为计算值。

阻燃剂物理参数见表 9-52。

表 9-52　阻燃剂物理参数

性能名称	参数	性能名称	参数
外观	白色粉末	理论磷含量/%	16.95
熔点/℃	≥300		

c. 笼状磷酸酯三聚氰胺盐质量指标　该产品在我国仍处于研发阶段，尚未形成规模化生产，没有形成产品标准。

d. 笼状磷酸酯三聚氰胺盐用途　用作密封剂、黏合剂、涂料、各种合成树脂如聚乙烯、聚丙烯、聚苯乙烯树脂、聚碳酸酯、聚氨酯、EVA、热塑性弹性体，以及环氧、酚醛、氨基和不饱和聚酯等树脂的阻燃。

③ 三聚氰胺氰尿酸盐　别称：三聚氰胺氰尿酸酯；简称：MCA。

a. 化学结构式

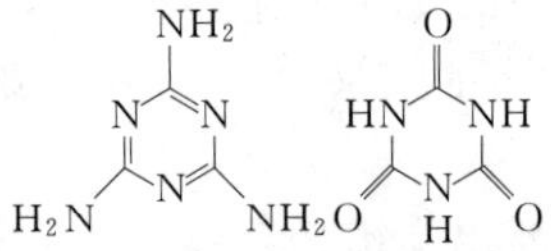

b. 三聚氰胺氰尿酸盐物理化学特性产品为白色微细粉体，该产品具有优异的电性能和机械性能、不变色、低烟、低腐蚀性、低毒，与环境相容性好，良好的热稳定性。其阻燃原理：三聚氰胺氰尿酸盐（MCA）升华吸热降低高聚物表面温度并杜绝空气，可以加速溶滴，从而带走热量和可燃物，改变热氧降解历程使之快速炭化形成不燃炭质，这些炭质因膨胀发泡而覆盖在基材表面，形成一层隔绝层，隔断了与空气的接触，以及可燃物的逸出，从而可有效地阻止材料持续燃烧，同时，分解产生的不燃气体使材料膨胀形成膨胀层，可大大降低热传导性，有利于材料的离火自熄。

c. MCA 的质量指标　见表 9-53。

表 9-53　济南产 MCA 的质量指标（执行标准：QB/YT 06—2006）

指标名称	参数	指标名称	参数
外观	白色粉末	熔点/℃	≥350
分子量	255.2	残余氰尿酸/%	≤0.2
干燥失重/%	≤0.29	白度/%	≥95.0
残余三聚氰胺/%	≤0.001	三聚氰胺氰尿酸盐含量/%	≥99.0
pH 值	5.0～7.0	在水中溶解度(20℃)/(g/100mL)	0.001
升华温度/℃	440	密度/(g/cm³)	1.55±0.05

指标名称		参数	指标名称	参数
粒径	$D50/\mu m$	≤4	堆积密度/(g/cm³)	0.3～0.4
	$D98/\mu m$	≤25	水分/%	≤0.2
挥发分/%		≤0.2		

注：指标名称为非 QB/Y T06—2006 指标。

d. MCA 用途　广泛用于热塑性、热固性树脂，橡胶等制品的阻燃剂，尤其适合于尼龙-6-和尼龙-66 这两种纯尼龙使用。可使它们轻松达到 UL 94 V-0 级的阻燃效果。也适用于涂料、黏合剂、密封剂阻燃。

（3）甲基膦酸二甲酯阻燃剂（DMMP）

① DMMP 化学结构式

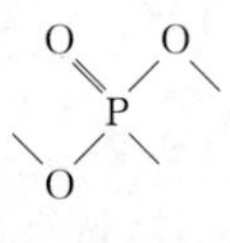

② DMMP 物理化学特性　　DMMP 为无色或淡黄色透明液体。具有含磷量高达 25%，添加量是一般阻燃剂的一半，能与水和多种有机溶剂相混溶、低黏性等特殊优点。

③ DMMP 质量指标　　见表 9-54。

表 9-54　DMMP 的质量指标

指标名称	参数	指标名称	参数
闪点(开杯)/℃	90	凝固点/℃	≤-50
酸度/(mgKOH/g)	≤1.0	色度(APHA,铂-钴色号)	≤10
密度(25℃)/(g/cm³)	1.16±0.005	沸点/℃	180
磷含量(理论值)/%	25	水含量/%	≤0.05
折射率(25℃)	1.411	分解温度/℃	≥180
蒸气压(30℃)/Pa	133.322	黏度(25℃)/mPa·s	1.75
溶解性	与水及有机溶剂混溶		

④ DMMP 用途　　用于密封剂、黏合剂、涂料、聚氨酯泡沫塑料、不饱和聚酯树脂、环氧树脂等高分子材料阻燃，使用本品后，其制品的自熄性、增塑、低温、紫外线稳定性均优于其他阻燃剂。尤其适用于透明或轻淡优美色彩的制品及喷涂方面的应用。

(4) 氧化膦阻燃剂

① 双 (4-羧基苯基) 苯基氧化膦

a. 双 (4-羧基苯基) 苯基氧化膦化学结构式

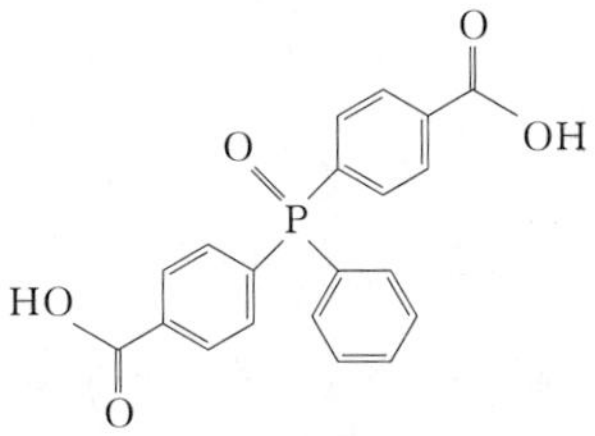

b. 双 (4-羧基苯基) 苯基氧化膦物理化学特性　　见表 9-55。

表 9-55　双 (4-羧基苯基) 苯基氧化膦物理化学特性

性能名称	参数	性能名称	参数
分子量	366.31	折射率	1.667
沸点(760mmHg)/℃	642.9	闪点/℃	342.6
蒸气压(25℃)/mmHg	2.08×10⁻⁷	密度/(g/cm³)	1.42

c. 双 (4-羧基苯基) 苯基氧化膦的质量指标　　见表 9-56。

表 9-56　双 (4-羧基苯基) 苯基氧化膦的质量指标

指标名称	参数	指标名称	参数
纯度/%	≥98	闪点/℃	≥342.6

d. 双 (4-羧基苯基) 苯基氧化膦的用途　　适合用于密封剂、黏合剂、PBT、PET、PC等塑料阻燃。

② 三苯基氧化膦 (TPPO)

a. 化学结构式

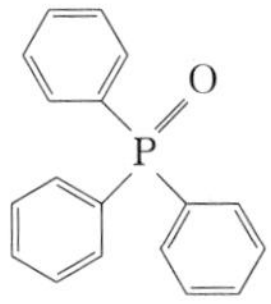

b. 三苯基氧化膦物理化学特性　见表 9-57。

表 9-57　三苯基氧化膦物理化学特性

性能名称	参数	性能名称	参数
分子量	278.28	闪点/℃	180
熔点/℃	154~158	水溶性	略溶于水
沸点/℃	360	毒性	有刺激性
有机溶剂溶解性:能溶于醇、苯和三氯甲烷,微溶于热水			
外观特性:无色或白色粉末晶体。是一种中性配位体,可与稀土离子形成不同配比的配合物			

c. 三苯基氧化膦的质量指标　见表 9-58。

表 9-58　上海产三苯基氧化膦质量指标

指标名称	参数	指标名称	参数
外观	白色至红棕色粉末或薄片	熔点/℃	154.0~159.0
纯度/%	≥99.0		

d. 三苯基氧化膦用途　用作密封剂、涂料、黏合剂、塑料的阻燃剂。

③ 双（对-羧基苯基）氧化膦[21,22]　别称：双（4-羧基苯基）苯基氧化膦；简称：BCPPO 阻燃剂。

a. BCPPO 化学结构式

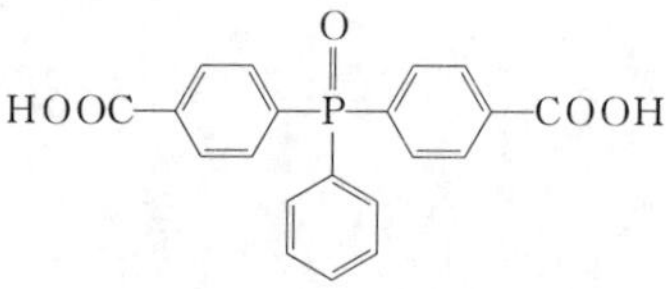

b. BCPPO 物理化学特性　其分子中含有两个羧基和阻燃元素磷，有较高的热稳定性、耐水性，热分解温度在 400℃以上。在 650℃时分解残余量达 40%，具有较高的炭化作用。耐化学的强氧化作用和还原处理。溶于乙醇。

c. BCPPO 质量指标　见表 9-59。

表 9-59　BCPPO 质量指标

指标名称	参数	指标名称	参数
外观	白色粉末	热分解温度/℃	≥400
纯度/%	≥98	含水量/%	≤0.5

d. BCPPO 用途　可用作聚酯、聚酰胺、棉纤维以及其他多种聚合物的反应性阻燃剂。

（5）磷杂环化合物阻燃剂

① 9，10-二氢-9-氧代-10-磷杂菲-10-氧化物　简称：DOPO；别称：6H-二苯并[C，E][1,2]氧代磷酸甘油酯-6-氧化物；9,10-二氢-9-氧杂-10-磷杂菲-10-氧化物；9,10-二氯-9-氧杂-10-磷杂菲-10-氯化物；9,10-二氢-9-氧杂-10-磷杂菲；3,4,5,6-双苯基-1,2-氧；二苯氧磷-6-氧化物；9,10-二氢-9-氧-10-磷菲-10-氧化物；9,10-二氢-9-氧杂-10-磷杂菲-10-氧化物（DOPO 阻燃剂）。

a. DOPO 化学结构式

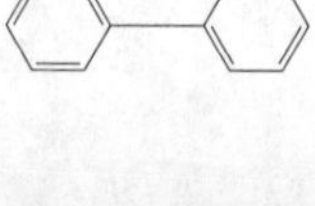

b. DOPO 物理化学特性　DOPO 沸点 200℃（1mmHg），易溶于甲醇、乙醇、氯仿、二甲基甲酰胺、二氧氯环。可溶于苯，不溶于水、己烷。具有较高的热稳定性、耐水性。

c. DOPO 产品质量指标　见表 9-60。

表 9-60　DOPO 产品质量指标

指标名称	指标 1	指标 2	指标名称	指标 1	指标 2
外观	白色粉状或片状固体		色度（APHA,铂-钴色号）	≤50	—
含量/%	≥99.1	≥98	磷含量/%	≥14	—
熔点/℃	116～119		锌离子/(mg/kg)	≤15	—
沸点(1mmHg)/℃	—	200	氯离子/(mg/kg)	≤50	—
水分/%	≤0.20	—			
溶解性:两家产品均易溶于甲醇、乙醇、氯仿、二甲基甲酰胺、二氧氯环。可溶于苯,不溶于水、己烷					

注：指标 1 为泰州市苏宁化工有限公司产 DOPO 产品企业指标；指标 2 为州盛世达科技有限公司与韩国大鹏物产业（株式）会社合作产 DOPO 产品企业指标。

d. DOPO 用途　DOPO 可用于密封剂、线型聚酯、聚酰胺、环氧树脂、聚氨酯、合成纤维、塑料、黏合剂、涂料的阻燃。

② 10-（2,5-二羟基苯基）-10-氢-9-氧杂-10-磷杂菲-10-氧化物　简称：ODOPB；牌号：DOPO-HQ。

a. 化学结构式

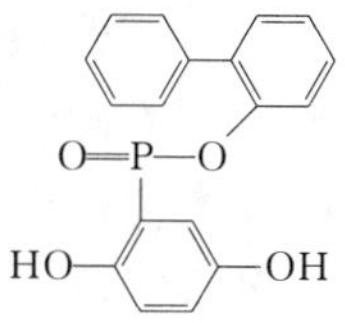

b. ODOPB 物理化学特性　见表 9-61。

表 9-61　ODOPB 物理化学特性

性能名称	参数	性能名称	参数
分子量	325	含量/%	≥98
外观特性:白色粉末。具有较高的热稳定性、抗氧化性和优良的耐水性,是反应型和添加型阻燃剂			

c. ODOPB 产品品种和（或）牌号的质量指标　见表 9-62。

表 9-62　ODOPB 质量指标

指标名称	指标 1	指标 2	指标名称	指标 1	指标 2
纯度/%	≥98	≥99	熔点/℃	245～255	247～253
水分/%	—	≤0.2	磷含量/%	—	≥9.6
羟基值	—	≥162			

指标名称	指标 1	指标 2
外观	象牙白色固体粉末	白色或微黄色

注：指标 1 为武汉鼎立信化工有限公司指标；指标 2 为江苏汇鸿金普化工有限公司指标。

d. ODOPB 用途　用作密封剂、粘接剂、聚酯纤维，聚氨酯泡沫塑料，热固性树脂（如环氧树脂等）阻燃剂。

（6）亚磷酸三苯酯（TPPI）阻燃剂[23,24]

① TPPI 化学结构式

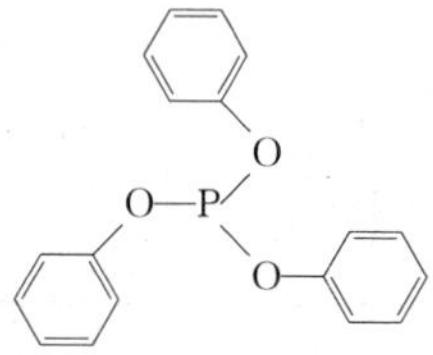

② TPPI 物理、化学特性　无色微有酚臭味，透明油状液体。能溶于醇、苯和丙酮中。

③ TPPI 的质量指标　见表 9-63。

表 9-63　TPPI 的质量指标（执行标准：Q/GHYF011—1992）

指标名称	精制品	工业品	指标名称	精制品	工业品
色度（铂-钴色号）	≤40	≤60	密度/(g/cm³)	1.183～1.190	1.183～1.192
结晶点（凝固点）/℃	20～24	19～24	折射率	1.588～1.590	1.58～1.59
氯化物(Cl⁻)/%	≤0.1	≤0.2			

④ TPPI 用途　可用作密封剂、黏合剂、聚合物（聚氯乙烯、聚丙烯、聚苯乙烯、ABS 树脂等）的阻燃剂。本品还是抗氧剂和稳定剂。与许多酚类抗氧剂有较好的协同作用。亦可作辅助抗氧剂。用于聚氯乙烯制品中作螯合剂。

9.2.2　无机磷阻燃剂

（1）微胶囊化红磷

① 微胶囊化红磷化学结构式

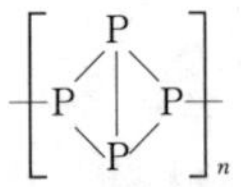

微胶囊化红磷是 P4 的四面体的一个 P-P 键破裂后合起来的长链状结构。

② 微胶囊化红磷物理化学特性　微胶囊化红磷是用化学聚合方法在红磷表面包覆一层有机树脂。经过这层有机树脂的包覆，原始的无机红磷就由亲水性变为亲油性，其与其他树脂的相容性、耐迁移性、吸湿性、耐热性等性能得到大大改善。

红磷含量 98.5%，为红色或紫红色无定形粉末，又名红磷，部分具有金属光泽，无臭、无毒，不溶于水和二氧化碳。密度为 2.20(20℃)g/cm³，熔点为 590℃，着火点 250～270℃，630℃以上即升华为气态。直接金属摩擦或剧烈碰撞、抛扔可能导致着火燃烧。该产品是一种添加型无卤高效阻燃剂。

③ 微胶囊化红磷的质量指标　见表 9-64。

表 9-64　微胶囊包覆红磷的质量指标

指标名称	广州微胶囊化红磷	广州普通未包覆红磷	牌号为 EG-401 微胶囊化红磷
外观	均匀紫红色粉末	—	浅紫色流动性粉末
(细度/粒径)/(目/μm)	(500～1500)/(25～10.5)	粗≤150	1000
筛余物/%	≤6	—	—
磷含量/%	≥90	—	≥83
吸湿量/%	1.2	10.5	—
水分/%	≤0.5	—	—
自燃温度/℃	300～350	210	—
pH 值	6.5～6.8	3.5	—
挥发分/%	—	—	≤0.4
磷化氢释放量（在空气中）/(μg/g)	≤1	18	—
磷化氢释放量（在水中）/(μg/g)	≤12	485	—
磷化氢释放量/(μg/g)	—	—	≤1
迁移或渗出	无渗出	有渗出，且迁移到表面形成油腻状酸性物质	—
制件的尺寸稳定性	好	差（远期效应）	—
贮存稳定性/a	≥2		

④ 微胶囊化红磷的用途　广泛用于电线电缆料，电视电脑机壳、电路板、各种电器塑料件、矿用运输皮带、风筒、塑料网带、塑料风门、塑料管材、塑料锚杆、塑料托带辊等各种塑料橡胶制品以及黏合剂、涂料、密封剂的阻燃。

（2）红磷母粒

① 化学结构式　同微胶囊化红磷。

② 红磷母粒物理化学特性　红磷母粒阻燃剂是以优质赤磷为原料，以尼龙树脂为载体，并添加各种助剂，经双螺杆挤出机造粒而成的高效阻燃母粒。除具有红磷的特性外，还具有下述特点。

a. 它低烟、阻燃效率高，添加量小、操作方便；

b. 无粉尘污染，加工性能优异；

c. 低密度、热稳定性好、制品物理性能下降少；

d. 加工过程中不起霜、不迁移、不腐蚀模具；

e. 制品具有高耐漏电痕迹指数（CTI），在电子电器应用上优势明显。

③ 各牌号红磷阻燃母粒的质量指标　见表 9-65。

表 9-65　各牌号红磷阻燃母粒的质量指标

指标名称	四川产、广州三鑫阻燃新材料				深圳市宏泰基实业有限公司
	FRP-040	FRPL-042	FRPL-044	FRPL-045	
外观	红色颗粒	红色颗粒	红色颗粒	红色颗粒	紫红色颗粒
赤磷含量/%	40	42	44	45	≥40
着火点/℃	≥320	≥320	≥320	≥320	≥320
游离酸含量/%	≤0.4	≤0.4	≤0.4	≤0.4	—
添加量(V-0 级)/%	13~15	12~15	16~20	13~15	12~15

④ 红磷阻燃母粒用途　用于密封剂、黏合剂、涂料、增强尼龙-66（G30）、增强尼龙-6（G30）、增强 PBT/PET、通用塑料、聚烯烃、橡胶等缺少氧元素材料的阻燃，最好与氢氧化镁、氢氧化铝配合使用。

（3）聚磷酸铵　别称：多聚磷酸铵或缩聚磷酸铵；简称：APP。

① 化学结构式

$$NH_4O—\overset{\overset{O}{\|}}{\underset{\underset{ONH_4}{|}}{P}}—O—\left[\overset{\overset{O}{\|}}{\underset{\underset{ONH_4}{|}}{P}}—O\right]_{n-2}\overset{\overset{O}{\|}}{\underset{\underset{ONH_4}{|}}{P}}—ONH_4$$

式中，$n \geq 50$。

② 聚磷酸铵[25]物理化学特性　无毒、无味，不产生腐蚀气体，吸湿性小，热稳定性高，近于中性，产品为结晶Ⅱ型白色粉末状固体，无吸湿性，不可燃和高稳定性，具有高分子量 $\overline{M}_n$（>1000），pH 值呈碱性，水溶性小于 0.1g/100cm³（25℃）。

③ 聚磷酸铵的质量指标　见表 9-66。

表 9-66　聚磷酸铵的质量指标

指标名称	深圳指标	HG/T 2770—2008 指标		
		Ⅰ类		Ⅱ类
		一等品指标	合格品指标	
外观	白色粉末	白色粉末	白色粉末	
P₂O₅含量/%	—	≥69.0	≥68.0	≥71.0
磷/%	31.0~32.0	—	—	—
氮含量/%	14.0~15.0	≥14	≥13	≥14

续表

指标名称	深圳指标	HG/T 2770—2008 指标		
		Ⅰ类		Ⅱ类
		一等品指标	合格品指标	
平均聚合度 n	—	≥50	≥30	≥1000
挥发分/%	≤0.3	—	—	—
热分解温度/℃	≥270	—	—	—
pH 值(10%悬浮液)	5.5～7.0	5.0～7.0 (10%浆液)	5.0～7.0 (10%浆液)	5.5～7.5(10%浆液)
溶解度/(g/100mL 水)	<0.3	—	—	≤0.5
水分/%	—	—	—	≤0.25
粒径 D50 (通过 45μm 试验筛)/μm	≤20.0	≤90	≥90	≥20
堆积密度/(g/mL)	—	—	—	0.5～0.7

④ 聚磷酸铵用途 用于密封剂、塑料、树脂、橡胶、黏合剂的膨胀型阻燃剂（IFR）。可用于高层建筑、船舶、火车、电缆的防火处理。用于木材、胶合板、纤维板、纸张、纤维的阻燃处理。

9.3 其他无机阻燃剂

（1）氢氧化镁阻燃剂

① 化学结构式

$$Mg^{++} \begin{array}{c} {}^-O{-}H \\ {}^-O{-}H \end{array}$$

② 氢氧化镁[26]物理化学特性 见表 9-67。

表 9-67 氢氧化镁物理、化学特性

性能名称	参数	性能名称	参数
密度/(g/cm³)	2.36	在水中的溶解度(18℃)/(g/100g)	0.0009
平均粒径/μm	1.3	分解而成氧化镁和水的温度/℃	350
白度/%	≥95	失去水转变为氧化镁的温度/℃	>500

外观特性:无色立方柱晶体(固体),易吸收空气中的二氧化碳;在碱性溶液中加热到200℃以上时变成六方晶体系结晶
溶解性:氢氧化镁难溶于水和醇,易溶于稀酸和铵盐溶液,属中强碱

③ 氢氧化镁的质量指标 行业标准 HG/T 3607—2007 对工业氢氧化镁质量指标的要求见表 9-68。

表 9-68 行业标准 HG/T 3607—2007《工业氢氧化镁》的质量指标

性能名称		Ⅰ类	Ⅱ		Ⅲ	
			一等品	合格品	一等品	合格品
外观				白色粉末		
氢氧化镁含量/%	≥	97.5	94.0	93.0	93.0	92.0
氧化钙含量/%	≤	0.10	0.05	0.1	0.5	1.0
盐酸不溶物含量/%	≤	0.10	0.2	0.5	2.0	2.5
水分含量/%	≤	0.5	2.0	2.5	2.0	2.5
氯化物含量(以 Cl⁻ 计)/%	≤	0.10	0.4	0.5	0.4	0.5
铁含量/%	≤	0.005	0.02	0.05	0.2	0.3
筛余物含量(通过 75μm 试验筛)/%	≤	—	0.02	0.05	0.5	1.0
激光粒径 D50/μm		0.5～1.5	—	—	—	—
灼烧失量/%	≥	30.0	—	—	—	—
白度/%	≥	95	—	—	—	—

④ 氢氧化镁用途　适用于密封剂、橡胶、尼龙、塑料、涂料、纸张、黏合剂、阻燃。

（2）氢氧化铝阻燃剂

① 化学结构式

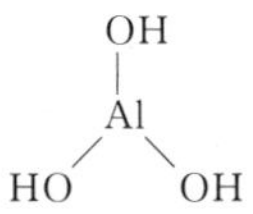

$$
\begin{array}{c}
OH \\
| \\
HO-Al-OH
\end{array}
$$

② 氢氧化铝阻燃剂[27] 物理化学特性　见表 9-69。

表 9-69　$Al(OH)_3$ 物理化学特性

性能名称	参数	性能名称	参数
熔点（失去水）/℃	300	相对密度	2.42
损失 34.6% 的温度/℃	>320	莫氏硬度	3.0
毒性	低毒、抑烟、低腐蚀		

外观特性:白色结晶粉末;也可成白色黏稠的悬浮氢氧化铝凝胶体,静置能析出少量水分

溶解性:不溶于水和醇,能溶于无机酸和氢氧化钠溶液

注:损失 34.6% 的温度指"因失水而损失其质量的 34.6% 的温度"。

③ $Al(OH)_3$ 的质量指标　见表 9-70。

表 9-70　深圳产 $Al(OH)_3$ 的质量指标

指标名称	参数	指标名称	参数	指标名称	参数
Al_2O_3/%	≥64	失水温度/℃	200	Na_2O/%	≤0.3
SiO_2/%	≤0.03	灼减/%	≤34.5	粒度/目	1000~7000
Fe_2O_3/%	≤0.01	白度/%	≥96.0	水分/%	0.5

④ $Al(OH)_3$ 用途　用于密封剂、涂料、黏合剂及建材等行业阻燃。特别适用于加工温度在 200℃ 以下的人造橡胶、热固性树脂及热塑性塑料的阻燃处理。

（3）三氧化二锑　简称：ATO。

① ATO 化学结构式

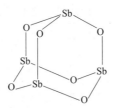

② ATO 物理化学特性　白色立方晶体粉末,分子量 291.50。理论锑含量 83.54%。加热变黄,冷后变白,无气味。高真空时加热至 400℃ 能升华。溶于氢氧化钠溶液、热酒石酸溶液、酒石酸氢盐溶液和硫化钠溶液,微溶于水、乙醇、稀硝酸和稀硫酸。溶于浓硫酸、浓盐酸、浓碱、草酸等。密度 5.2~35.67g/cm³。熔点 655℃。沸点 1425℃。熔化热为 54.4~55.3kJ/mol,蒸发热为 36.3~37.2kJ/mol,标准生成焓为 692.5kJ/mol。半数致死量（大鼠,经口）>20g/kg。有致癌可能性。

③ 三氧化二锑[28] 产品的质量指标　济南产三氧化二锑产品等级及其质量指标见表 9-71。

表 9-71　三氧化二锑产品的质量指标

指标名称			等级			
			Sb₂O₃	Sb₂O₃	Sb₂O₃	Sb₂O₃
			99.80	99.50	99	98
			指标			
化学成分	三氧化二锑 Sb₂O₃/%	≥	99.80	99.50	99	98
	杂质 As₂O₃/%	≤	0.05	0.06	0.08	0.15
	PbO/%	≤	0.08	0.10	0.30	0.35
	Fe₂O₃/%	≤	0.005	0.006	0.01	0.015
	CuO/%	≤	0.001	0.005	0.008	—
	Se/%	≤	0.002	0.002	0.01	—
物理特性	白度/%	≥	97	95	93	92
	平均粒度/μm		0.3~0.6	0.6~1.1	0.3~1.1	0.3~1.1

④ 三氧化二锑用途　三氧化二锑用于密封剂、塑胶、涂料、黏合剂防火体系中，作防火填充料。常和氧化锌，氢氧化钠等作为溴系阻燃剂的协效剂应用。

（4）硼酸锌　别名：低水硼酸锌或水合硼酸锌。

① 化学结构式

② 硼酸锌[29]阻燃剂的物理化学特性　见表 9-72。

表 9-72　硼酸锌阻燃剂的物理化学特性

性能名称	参数	性能名称	参数
分子量	434.62	折射率	1.58~1.59
密度/(g/cm³)	2.8	平均粒径/μm	2~10
外观特性：白色结晶性粉末，热稳定性好			
溶解性：不溶于水和一般有机溶剂，可溶于氨水生成络盐			
毒性：无毒，没有吸入性和接触性毒性，对皮肤和眼睛不产生刺激，也没有腐蚀性			

③ 硼酸锌阻燃剂的质量指标　见表 9-73。

表 9-73　硼酸锌阻燃剂的质量指标

指标名称		Q/ZWW003—2003 指标		深圳指标	济南指标
		优级品	一级品		
外观		—	—	—	白色粉末
白度/%	≥	99	95	93	—
外表水含量/%	≤	0.5	1.0	1.0	1.0
粒径/μm		3~5	3~5	2~10	—
氧化锌含量 ZnO/%		37.0~40.0		37~40	37~40
氧化硼 B₂O₃/%		45.0~48.0		45~49	45~48
灼烧失重/%		13.5~15.5		—	13.5~15.5
细度(325 目/44μm 筛余物)/%	≤	0.1		—	—
细度(320 目/46μm 筛余物)/%	≤	—		—	1.0
密度/(g/cm³)		2.67		—	—
熔点/℃		980		—	—
失结晶水温度/℃	≥	320		300	—
折射率		1.58		—	—

④ 硼酸锌用途 用作密封剂、黏合剂、涂料、橡胶、塑料、电缆、木材，国防军工产品、篷布等行业的添加型阻燃剂，既能阻燃又能消烟，在部分产品中可替代三氧化二锑，也可以同其他无机阻燃剂协同使用，其效果更佳。

参 考 文 献

[1] 张武，卢秀清．含溴阻燃剂—十溴二苯醚．广西化工，1988（3）．

[2] 唐星三，田飞飞．十溴二苯醚乙烷阻燃剂应用研究概述．塑料助剂生产与应用技术、信息交流会论文集．2010.

[3] 吕咏梅．2，4，6-三溴苯酚合成与应用．化工中间体网刊，2002（12）：27-28.

[4] 张增英．新型阻燃剂 FR-3B 通过鉴定．精细化工信息，1986（8）：34.

[5] 周冬香，李立，刘润山．对溴苯基烯丙基醚的催化合成研究．广州化工，2009，37（6）：91-92.

[6] 施来顺．亚乙基双（四溴邻苯二甲酰亚胺）阻燃剂的研究进展．山东化工，1994，（4）：39-41.

[7] 张越，刘海霞，杨牧．四氯苯酐的制备．化学推进剂与高分子材料．1999，（5）：23-24

[8] 李春英．阻燃剂四溴双酚 A 的合成研究．[D] 天津：河北工业大学，2008.

[9] 夏科丹，胡云，张鹏，等．水相合成四溴双酚 A-双烯丙基醚．精细化工中间体，2012，42（5）：66-68.

[10] 叶惠美，曹有名．液相法合成阻燃剂二溴新戊二醇．广东化工，2009，36（1）：13-23.

[11] 贾凤坤．反应型阻燃剂二溴新戊二醇的制备及其应用的研究．河北化工，1997（2）：19-20.

[12] 杨绍斌，穆泊源，董伟，等．复合阻燃剂对聚氨酯注浆材料阻燃和力学性能影响研究．中国塑料．2013，27（12）：52-56.

[13] 王勇，杨利剑，魏兆春．溴代聚苯乙烯的阻燃性能评价．消防科学与技术，2002，（6）：54-59.

[14] 李群．聚丙烯酸五溴苄酯的合成及其在 ABS 中的应用 [D]．青岛：青岛科技大学，2011.

[15] 李松岳，陈宇，等．阻燃材料与技术．2001（1）：1-4.

[16] フアィンケミカル．1989，18（5）：6.

[17] 殷蕴婷．五溴甲苯的合成 [D]．青岛：中国石油大学（华东），2011.

[18] 李丽，杨锦飞．六溴环十二烷的合成工艺研究．全国阻燃学术年会论文集．2004.

[19] 黄东平，顾慧丹，杨锦飞．新型低聚磷酸酯阻燃剂 BAPDP 的合成及其在 PC/ABS 中的应用，精细石油化工，2007，4（2）：30-32.

[20] 彭治汉，欧育湘，连显军．一种笼状磷酸酯三聚氰胺盐的合成新工艺．现代化工，1998（10）：20-22.

[21] 郭振宇，王铮，丁著名．反应型阻燃剂双（对-羧基苯基）苯基氧化膦的合成和应用．聚合物与助剂，2011（3）：7-12.

[22] 宇培森，郭振宇，王红梅，等．阻燃剂双（对-羧基苯基）苯基氧化膦的合成和应用．中国阻燃学术会议论文集．西宁，2010.

[23] 王岩，刘波，曾幸荣．NE/OMMT 纳米复合物与 TPPi 复配阻燃 PP 的制备与性能，塑料工业，2007，35（1）：39

[24] 朱新宝，孙凯．亚磷酸三苯酯的合成．化学工业与工程技术，2004，25（4）：31-33.

[25] 李云东，古思廉．聚磷酸铵阻燃剂的应用．云南化工，2005，32（4）：51-54.

[26] 于伟江，杨孝岐，姜大伟．氢氧化镁阻燃剂的生产与应用．辽宁建材，2011（12）：29-30.

[27] 刘立华，贾俊芳．氢氧化铝阻燃剂．化工科技市场，2008，31（4）：6-9

[28] 鄢东浩．三氧化二锑在阻燃剂中的应用．湖南化工，1989（3）：39-41.

[29] 吴志平，舒万艮，胡云楚，等．超细硼酸锌阻燃剂的制备及其性能研究．中国塑料，2005，19（3）：83-86

第10章

导电剂

10.1 碳素类导电剂

（1）纯导电碳素

① 纯导电炭黑的化学结构　详见第2章2.1节。

② 纯导电炭黑的物理化学特性　纯导电炭黑具有粒径小，比表面积大，一般在150～1635m²/g的大范围内；吸油值高，一般在115～400m³/g范围内；纯导电炭黑结构表面非碳元素如氧、氢、硫很少；微孔多。

a. 符合纯导电炭黑特征的炭黑类别的物理化学特性见表10-1。

表 10-1　纯导电炭黑的物理化学特性

导电炭黑名称	DBP 吸收值/(10^{-5}m³/kg)	表面积(BET 法)/(10^3m²/kg)
导电槽炭黑系列(CC)	115～165	175～420
导电炉炭黑系列(CF)	130	125～200
超导电炉炭黑系列(SCF)	130～160	175～225
特导电炉炭黑系列(XCF,N400)	260(♯114)	225～285(＊145)
乙炔炭黑系列(ACET)	250～350	55～70

注：♯114 指压缩后 DBP 的吸收值，单位为 10^{-5}m³/kg；＊145 指 CTAB 法测定的表面积，单位相同。

b. 天津产四种牌号导电炭黑物理化学特性见表10-2。

表 10-2　四种牌号导电炭黑物理、化学特性

炭黑牌号	高导电性能	高分散性	高纯度
T-80			
T-60	较低负载量即可达到优异的导电性能	易于加工混合,实现材料的电性能/力学性能的均衡,最终制品光洁流畅	独特的生产工艺保证了炭黑产品的纯度,灰分、硫和金属等含量都较低
T-30			
TC1000	主要是以乙烯油、蒽油、天然气为主要原材料,辅以煤焦油制备而成。具有低电阻或高电阻性能特点,能赋予制品导电或防静电作用。其特点为粒径小,比表面积大且粗糙,结构高,表面洁净(化合物少)等		

③ 导电炭黑质量指标

a. 乙炔炭黑的质量指标见表 10-3。

表 10-3　GB/T 3782—2006 规定的乙炔炭黑的品级及质量指标

指标名称		粉状	50％压缩品		75％压缩品
		合格品	优等品	合格品	合格品
视密度/(cm³/g)		30～50	14～17	13～17	9～12
吸碘值/(g/kg)	≥	80	90	80	80
盐酸吸液量/(cm³/g)	≥	3.9	3.9	3.7	2.9
体积电阻率/Ω·m	≤	3.0	2.5	3.5	5.5
pH 值		6～8	6～8	6～8	6～8
加热减量/％	≤	0.4	0.3	0.4	0.4
灰分/％	≤	0.3	0.2	0.3	0.3
粗粒分/％	≤	0.03	0.02	0.03	0.03
杂质		无	无	无	无

注：产品用于无线电元件时才考核 pH 值。

b. 天津产型号 T-80 超导电、T-60 特导电以及天津金秋实化工有限公司产普通导电炭黑 T-30 质量指标见表 10-4。

表 10-4　T-80、T-60、T-30 三个型号导电炭黑企标质量指标

指标名称		超导电炭黑 T-80(高导水平)		特导电炭黑 T-60		普通导电炭黑 T-30	
		指标	测定值	指标	测定值	指标	测定值
加热减量/％	≤	0.3	0.25	0.6	0.4	1.2	—
灰分/％	≤	0.3	0.2	0.4	0.3	1.0	—
pH 值		6～8	8.0	6～8	7.0	6～8	8.5
粗粒分/％	≤	0.02	0.015	0.025	0.02	0.03	—
视密度/(g/cm³)		13～18	16	18～25	21	21	—
DBP 吸油量/(/100g)		—	452	—	385	—	—
盐酸吸液量/(/g)	≥	4.0	4.2	3.0	3.5	—	—
状态		—	粉状	—	粉状	—	—
体积电阻率/Ω·m	≤	1.0	0.6	1.5	1.2	2.5	—
杂质		—	—	—	—	无	—
吸碘值/(g/kg)		—	—	—	—	380	—

c. 武汉产 TC1000 导电炭黑质量指标见表 10-5。

表 10-5　TC1000 导电炭黑企标 2

指标名称		标准品	优等品 (特导水平)	特优品 (高导水平)
视比容/(cm³/g)		3.5～4.0	3.5～4.0	4.0～5.0
吸碘值/(g/kg)	≥	295	550	650
盐酸吸液量/(cm³/g)	≥	4.0	3.0	4
体积电阻率/Ω·m		2.5～3	0.8～1.8	0.7～1.0
pH 值		7～8	7～8	7～8
加热减量/％		1.5～2.0	1.0～1.3	≤0.5
灰分/％		2.0～3.0	1.5～2.0	1.0～1.5
粗粒分/％		≤0.75	0～0.02	0
杂质		无	无	无

d. 天津产 N472（炉黑，XCF，N400 系列）特导电炭黑质量指标见表 10-6。

表 10-6　N472（炉黑，XCF，N400 系列）特导电炭黑质量指标

指标名称	参数	指标名称	参数
DBP 吸收值/(mL/g)	260~280	pH 值	7.5~9
吸碘值/(mg/g)	≥425	筛余物/%	≤0.02
粒径/nm	≤917	灰分/%	≤0.5
加热减量/%	≤0.5	杂质	无
体积电阻率/Ω·m	0.8~1.0		

④ 用途　电阻率低于 1.0Ω·m 的炭黑宜用作导电密封剂的导电填料，电阻率高于 1.0Ω·m 的炭黑宜用作防静电、电磁波屏蔽密封剂的导电填料。

（2）碳素导电母粒、抗静电母粒

① 化学结构　各种牌号的碳素导电母粒、抗静电母粒，其成分均是碳素，并由其他成分如绝缘体的聚合物、硬脂酸类操作剂组成，没有固定的和具有代表性的分子式与化学结构式。

② 碳素导电母粒、抗静电母粒物理化学特性　见表 10-7。

表 10-7　东莞产碳素导电母粒、抗静电母粒物理化学特性

序号	母粒牌号	主要成分及物理化学特性
1	PS-7600	由超导电炭黑、HIPS(high impact polystyrene)耐冲击性聚苯乙烯、增韧剂以及加工助剂精制而成。外观为黑色颗粒状,不掉粉,无晶点,具有永久而稳定的导电性能
2	ABS-7001	由超导电炭黑、树脂以及加工助剂精制而成。外观为黑色颗粒状,不掉粉,无晶点,具有永久而稳定的导电性能
3	PS-7402B	由超导电炭黑、树脂以及加工助剂精制而成。外观为黑色颗粒状
4	PO-3859	
5	PS-7402-8	
6	TPE-1008	由超导电炭黑、TPE 以及加工助剂精制而成。外观为黑色颗粒状,不掉色,无晶点
7	KJD-1073A	抗静电剂,配以助剂及载体树脂,经混炼造粒而成。与树脂有良好的相容性,其分散性能和耐候性能优良。母粒为白色或浅黄色的 3×(3~5)mm 圆柱体颗粒,溶体流动速率范围(5~15)g/10min
8	P-200	高分子型。具有永久抗静电剂,无迁移,可染色,热稳定性好、在低湿度下的效用好、可均匀地分散在被加工的塑料中,由自身携带的高分子导电介质形成网状导电通路,降低塑料电阻率,而不受环境制约

③ 东莞产碳素导电母粒、抗静电母粒产品质量指标　见表 10-8~表 10-10。

表 10-8　碳素导电母粒品种和各牌号质量指标的实验典型值（仅供参考，不作指标）

指标名称		PS-7600	ABS-7001	PS-7402B	PS-7402-8	PO-3859
表面电阻值/Ω		≤150	≤150	≤100	≤150	≤50
密度/(g/cm³)		1.18±0.02	—	—	7.5	—
熔体流动速率/(g/10min)	220℃×10kgf	7.2	10.5	—	—	—
	200℃×20kgf	—	—	7.76	≤0.15	10.8
水分/%		≤0.15	≤0.15	≤0.15	≤0.15	

表 10-9　导电 TPE-1008 质量指标

指标名称	TPE-1008 指标	测试条件
外观(非指标)	黑色颗粒状, 不掉色,无晶点	—
表面电阻/Ω	$10^{4~5}$	—
拉伸强度/MPa	15.6	50mm/min

续表

指标名称	TPE-1008 指标	测试条件
伸长率/%	500	50mm/min
熔体流动速率/(g/10min)	21	190℃/2.16kg
水分/%	0.15	—

表 10-10　碳素抗静电母粒质量指标的实验典型值（仅供参考，不作指标）

指标名称	各牌号指标	
	抗静电母粒 KJD-1073A	永久抗静电剂 P-200
外观	白色或浅黄色的 3×(3~5)mm 圆柱体颗粒	白色或浅黄色圆柱体颗粒
熔体流动速率/(g/10min)	5~15	
表面电阻/Ω	$10^{8~10}$	$\leqslant 10^{10}$（添加量 15%） $\leqslant 10^{9}$（添加量 20%）
防静电性	效果良好	永久抗静电

④ 碳素导电母粒、抗静电母粒用途　可用作导电、防静电、防电磁波密封剂、导电黏合剂、聚苯乙烯系塑料以及注塑制品的导电基质，可直接添加，添加量各有不同，一般可添加 40%~50%，制品表面电阻可达 $10^{3}~10^{5}\Omega$。

（3）石墨

① 石墨的化学结构　见图 10-1 及图 10-2。

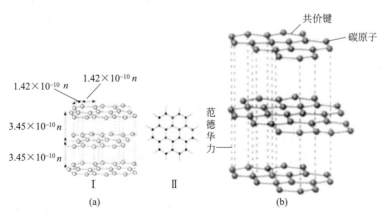

图 10-1　石墨晶体结构

② 石墨的物理化学特性　见表 10-11。

表 10-11　石墨的物理化学特性

性能名称	参数	性能名称	参数
熔点(隔绝氧气)/℃	≥3000	相对密度	1.9~2.3
化学反应性	很灵敏,但常温下比较稳定		
外观特性:石墨粉质软,黑灰色;有油腻感,可污染纸张			
电阻率的稳定性:在不同的环境里面他的电阻率都会变,也就是他的电阻值会变,没一个准确的数;溶解性:不溶于水、稀酸、稀碱和有机溶剂			
硬度:1~2(沿垂直方向随杂质的增加其硬度可增至3~5)			

③ 石墨产品质量指标

a. 青岛产 Oer-F 系列超微细胶体石墨粉质量指标见表 10-12。

图 10-2   高导电、高导热纳米鳞片炭粉（HP&T-015）电镜形貌

表 10-12   青岛产 Oer-F 系列超微细胶体石墨粉质量指标

牌号	固定/%＞	灰分/%＜	水分/%＜	粒度/%＞		检测设备
OER-F00	—	0.5	0.5	1μm	90	
OER-F0	—	1.0	0.5	2μm	90	BT-3000 型
OER-F1	—	1.0	0.5	4μm	90	粒度分布仪
OER-F2	—	1.4	0.5	6μm	90	
OER-F2A	—	2.0	0.5	10μm	90	
OER-F3	90	—	1.0			
OER-F4	88	—	1.0			
OER-F5		5.0	0.5			
OER-F6	—	4.0	0.5	38μm	90	水筛
OER-F7	—	3.0	0.5			
OER-F8	—	2.0	0.5			
OER-F9	—	1.0	0.5			

注：可根据用户要求调整指标。

b. HP&T-015 高纯度导电、导热鳞片状炭粉的质量指标见表 10-13。

表 10-13   HP&T-015 鳞片状炭粉的质量指标

指标名称	参数	指标名称	参数
堆积密度/(g/cm³)	≤0.3	密度/(g/cm³)	≤2.25
粉体电导率/(S/m)	≤12000	热导率/(W/m·K)	≤3000
比表面积/(m²/g)	40~60	拉伸强度/GPa	≤1000
炭粉粒子直径/μm	1~20	杨氏模量/GPa	≤1060
碳含量/%	≥99.5	炭层厚度/nm	5~15

④ 石墨用途   上述各类石墨产品均可用作导电类密封剂、黏合剂的导电质。HP&T-015 鳞片状炭粉也是密封剂优良的导热填料。

10.2   金属粉末导电剂

（1）导电银粉

① 化学结构式   化学结构见图 10-3。

② 导电银粉物理化学特性   见表 10-14。

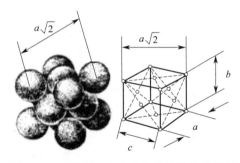

图 10-3　银的面心立方晶胞化学结构示意图

表 10-14　纯银的物理化学特性

性能名称	参数	性能名称	参数
熔点/℃	960.8	密度/(g/cm³)	10.49
沸点/℃	2210	体积电阻率/Ω·m	1.65×10^{-8}
塑性	良好		

外观：纯银为银白色，面心立方晶格，其中含有少量砷（As）、锑（Sb）、铋（Bi）时，就变得很脆

延展性：仅次于金，可以碾压成只有 0.00003cm 厚的透明箔，1g 的银粒就可以拉成约 2km 长的细丝

化学稳定性：常温下不氧化，但在所有贵金属中，银的化学性质最活泼，它能溶于硝酸生成硝酸银；易溶于热的浓硫酸，微溶于热的稀硫酸；在盐酸和"王水"中，表面生成氯化银薄膜；与硫化物接触时，会生成黑色硫化银。此外，银能与任何比例的金或铜形成合金，与铜、锌共熔时极易形成合金，与汞接触可生成银汞齐

③ 银粉产品质量指标　见表 10-15。

表 10-15　深圳产纯银粉产品 LXJ550、LXJ560 质量指标

型号	粒度/μm	松装密度/(g/cm³)	形状	外观颜色	使用电阻/Ω	使用添加量
LXJ550	8	1.5	片状	银白色	0.014	25%～35%
LXJ560	8	1.5	片状	土黄色	0.02	30%～40%

④ 银粉用途　纯银粉 LXJ550 和 LXJ560 广泛应用于电磁屏蔽导电密封剂（有机硅密封剂、聚硫密封剂、导电密封垫片）、导电胶黏剂、导电涂料和导电油墨的填充料。

（2）导电镍粉

① 镍粉微观结构　镍粉微观结构[1]是纳米级刺状晶粒和由纳米级刺状晶粒团聚成的颗粒，颗粒的粒径比晶粒的粒径大约 5 倍，刺状晶粒尺寸为 20～40nm，颗粒尺寸为 100～200nm，如图 10-4 所示。

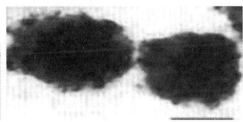

(a) 镍粉刺晶粒　　　　(b) 镍粉颗粒

图 10-4　镍粉刺晶粒及镍粉颗粒结构电镜（TEM）照片

② 导电镍粉物理化学特性　它是一种灰黑色、细腻的珠链状粉末，它有特殊的三维链状超精细颗粒网络，可产生良好的导电网络，其性能偏差非常细微。

③ 导电镍粉的牌号及质量指标　见表 10-16。

表 10-16　深圳产 LXJ2606 导电镍粉的质量指标

指标名称		参数	指标名称		参数
主要成分	Ni/%	99.7	松装密度/(g/cm³)		0.5
	C/%	<0.20	体积电阻率/Ω·cm		1~3
	O/%	<0.15	主要成分	Fe/%	<0.01
	Si/%	<0.001		其他元素/%	微量

④ 导电镍粉用途　用作导电、电磁屏蔽密封剂、黏合剂、橡胶的导电基质材料。

(3) 银包铜粉

① 化学结构　外皮与内心全同图 10-3 银的面心立方晶胞化学结构。

② 银包铜粉物理化学特性　采用无氰化学镀工艺，在超细铜粉表面形成不同厚度的银镀层，与铜表面相比抗氧化性能好，导电性好、电阻率低、具有高分散性和高稳定性；它既克服了铜粉易氧化的缺陷，又解决了银粉价格昂贵、易迁移等问题。具体特性是：镀银后的铜粉末体积电阻率小于 $2 \times 10^{-3} \Omega \cdot cm$，以该粉末为填料制成的导电密封剂、涂料，电导率高（导电填料与树脂的质量比为 75:25 时，体积电阻率为 $5 \times 10^{-3} \Omega \cdot cm$）、抗迁移能力强（比普通银粉导电涂料提高近 100 倍）、导电稳定（经 60℃，相对湿度 100% 湿热试验 1000h，体积电阻率升高小于 20%），是理想的以铜代银高性价比的导电粉末。

③ 银包铜粉产品品种和（或）牌号的质量指标

a. 深圳市利鑫佳产银包铜粉产品牌号、质量指标见表 10-17 及表 10-18。

表 10-17　银包铜粉产品牌号、质量指标

牌号	粒度/μm	松装密度/(g/cm³)	形状	外观颜色	使用表面电阻(10cm)/Ω	金属粉添加比例/%	体积电阻率/Ω·cm
LXJ2205	13	1.03	片状	铜红色	0.34	22~30	<2×10⁻³
LXJ2210	13	1.03	片状	微铜红色	0.3	22~30	<2×10⁻³
LXJ2215	13	0.9	片状	微粉红色	0.28	22~30	<2×10⁻³
LXJ2220	13	0.8	片状	银白红色	0.2	22~30	<2×10⁻³
LXJ2225	13	0.8	片状	银白色	0.16	22~30	<2×10⁻³

注：各牌号的银含量在 5%~30% 之间，客户可根据自己需要选定，也可订购任何银含量的片状镀银铜粉。

表 10-18　鑫佳产品含量（以含银 10% 的产品为例）　　　　　　　　%

银(Ag)	铜(Cu)	铋(bi)	锡(Sn)	铁(Fe)	砷(As)
9.995	89.73050	0.0018	0.0009	0.01352	0.0045
镍(Ni)	锌(Zn)	铅(Pb)	锑(Sb)	—	—
0.02705	0.00361	0.00001	0.0009	—	—

b. 昆明产各种银含量银包铜粉牌号、质量指标[2] 见表 10-19。

表 10-19　各种银含量银包铜粉质量指标

牌号	形状	形状粒径范围/μm	体积电阻率/Ω·cm	松装密度/(g/cm³)	振实密度/(g/cm³)
10%银含量					
PAC-1	片状	30~40	<4.0×10⁻⁴	0.7~0.8	1.54
PAC-2	片状	20~30	<3.0×10⁻⁴	0.6~0.7	1.23
PAC-3	片状	10~20	<2.0×10⁻⁴	0.5~0.6	1.21
PAC-4	片状	1~10	<2.0×10⁻⁴	0.5~0.6	1.12
15%银含量					
PAC-1	片状	30~40	<3.0×10⁻⁴	0.7~0.8	1.95
PAC-2	片状	20~30	<3.0×10⁻⁴	0.7~0.8	1.90
PAC-3	片状	10~20	<2.0×10⁻⁴	0.6~0.7	1.85
PAC-4	片状	1~10	<2.0×10⁻⁴	0.6~0.7	1.80

续表

牌号	形状	形状粒径范围/μm	体积电阻率/$\Omega \cdot cm$	松装密度/(g/cm^3)	振实密度/(g/cm^3)
20%银含量					
PAC-1	片状	30~40	$<1.0 \times 10^{-4}$	0.5~0.6	1.45
PAC-2	片状	20~30	$<1.0 \times 10^{-4}$	0.4~0.6	1.30
PAC-3	片状	10~20	$<1.0 \times 10^{-4}$	0.4~0.6	1.85
PAC-4	片状	1~10	$<1.5 \times 10^{-4}$	0.4~0.5	1.13
25%银含量					
PAC-1	片状	30~40	$<1.1 \times 10^{-4}$	0.4~0.5	1.35
PAC-2	片状	20~40	$<1.1 \times 10^{-4}$	0.4~0.5	1.35
PAC-3	片状	10~20	$<1.2 \times 10^{-4}$	0.4~0.5	1.20
PAC-4	片状	1~10	$<1.2 \times 10^{-4}$	0.4~0.5	1.15
30%银含量					
PAC-1	片状	30~40	$<1.0 \times 10^{-4}$	0.4~0.5	1.35
PAC-2	片状	20~30	$<1.0 \times 10^{-4}$	0.5~0.6	1.30
PAC-3	片状	10~20	$<1.2 \times 10^{-4}$	0.5~0.6	1.25
PAC-4	片状	1~10	$<1.4 \times 10^{-4}$	0.5~0.6	1.22
40%银含量					
PAC-1	片状	30~40	$<0.9 \times 10^{-4}$	0.4~0.5	1.15
PAC-2	片状	20~30	$<0.8 \times 10^{-4}$	0.4~0.5	1.10
PAC-3	片状	10~20	$<1.0 \times 10^{-4}$	0.4~0.5	1.10
PAC-4	片状	1~10	$<1.0 \times 10^{-4}$	0.4~0.5	1.10
50%银含量					
PAC-1	片状	30~40	$<0.8 \times 10^{-4}$	0.3~0.4	1.0
PAC-2	片状	20~30	$<0.8 \times 10^{-4}$	0.3~0.4	0.9
PAC-3	片状	10~20	$<0.8 \times 10^{-4}$	0.3~0.4	0.85
PAC-4	片状	1~10	$<0.8 \times 10^{-4}$	0.3~0.4	0.80

c. 深圳产银包铜粉质量指标见表 10-20～表 10-27。

表 10-20　PA1030 银包铜粉质量指标

指标名称	参数	指标名称	参数
平均粒径/μm	15~18	方阻(20μm)/Ω	$\leqslant 0.02$
松装密度/(g/cm^3)	0.5~0.7	比表面积/(m^2/g)	0.3~0.5
振实密度/(g/cm^3)	0.9~1.3		

表 10-21　PA1030 银铜导电粉化学成分

成分名称	含量	成分名称	含量	成分名称	含量
Ag/%	30	Pb/%	0.03	O/%	0.13
(Ag/Cu)/%	$\geqslant 99.8$	As/%	0.005	Bi/%	0.002
Fe/%	0.02	Sb/%	0.01	Ni/%	0.003

表 10-22　PA1015 银包铜粉产品牌号质量指标

指标名称	参数	指标名称	参数
平均粒径/μm	15~18	方阻(20μm)/Ω	$\leqslant 0.01$
松装密度/(g/cm^3)	0.3~0.7	比表面积/(m^2/g)	0.3~0.5
振实密度/(g/cm^3)	0.9~1.3		

表 10-23　PA1015 银铜导电粉化学成分

成分名称	含量	成分名称	含量	成分名称	含量
Ag/%	15	Pb/%	0.03	O/%	0.13
(Ag/Cu)/%	$\geqslant 99.8$	As/%	0.005	Bi/%	0.002
Fe/%	0.02	Sb/%	0.01	Ni/%	0.003

表 10-24　PA1025 银包铜粉产品牌号质量指标

指标名称	参数	指标名称	参数
平均粒径/μm	15～18	方阻(20μm)/Ω	≤0.005
松装密度/(g/cm³)	0.5～0.7	比表面积/(m²/g)	0.3～0.5
振实密度/(g/cm³)	0.9～1.3		

表 10-25　PA1025 银铜导电粉化学成分

成分名称	含量	成分名称	含量	成分名称	含量
Ag/%	25	Pb/%	0.03	O/%	0.13
(Ag/Cu)/%	≥99.8	As/%	0.005	Bi/%	0.002
Fe/%	0.02	Sb/%	0.01	Ni/%	0.003

表 10-26　PA1010 银包铜粉产品牌号质量指标

指标名称	参数	指标名称	参数
平均粒径/μm	15～18	方阻(20μm)/Ω	≤0.02
松装密度/(g/cm³)	0.5～0.7	比表面积/(m²/g)	0.3～0.5
振实密度/(g/cm³)	0.9～1.3		

表 10-27　PA1010 银铜导电粉化学成分

成分名称	含量	成分名称	含量	成分名称	含量
Ag/%	10	Pb/%	0.03	O/%	0.13
(Ag/Cu)/%	≥99.8	As/%	0.005	Bi/%	0.002
Fe/%	0.02	Sb/%	0.01	Ni/%	0.003

④ 银包铜粉用途　银包铜粉可广泛用于导电密封剂、导电磁屏蔽密封剂、导电黏合剂、导电涂料、导电聚合物浆料及各种有导电、导静电等需要的微电子技术领域、非导电物质表面金属化处理等工业，是一种新型的导电复合粉体。

（4）镍包铜粉

① 化学结构　外皮与内芯全同图 10-3 所示的面心立方晶胞。

② 镍包铜粉物理化学特性[3]　镍包铜粉为黑色粉末，镍含量为 30%，铜含量为 70%，其松装密度是 0.2～3.0g/cm³，粒径是 0.06～60μm，粉末体积电阻＜3Ω·m，填入硅胶后的体积电阻率（60%～70%）＜10Ω·cm；100℃下经历 1000h 后，电阻变化≤0.2%，是理想的电磁屏蔽材料。处于高温时具良好的抗氧化性，各种环境抗腐蚀性强（盐雾试验）和具有相当长的使用寿命。成本上比镀银类产品低，如：比目前的镀银玻璃微珠、镀银铝粉、镀银铜粉和纯银粉等，在成本上具有强劲优势。是未来导电硅橡胶制品（密封剂和弹性体）的主导填充粉末，镀层不好，达不到屏蔽性能的要求。

③ 镍包铜粉的产品品种和（或）牌号的质量指标　见表 10-28 和表 10-29。

表 10-28　超细镍包铜粉质量指标（一）

项目		镍含量/%	铜含量/%	粒度/μm	形状	比表面积/(m²/g)
指标	深圳	30	70	30～60	球型	8～30
	苏州	30	70	0.06～0.6	多面晶体	3～15
	惠州	30	70	20～30	—	—

表 10-29　超细镍包铜粉质量指标（二）

指标名称		100℃×1000h 电阻变化/%	粉末体积电阻率/Ω·m	填入硅胶后的体积电阻率(60%～70%)/Ω·cm	松装密度/(g/cm³)
指标	深圳	—	—	—	0.2～0.3
	苏州	—	—	—	0.2～0.8
	惠州	≤0.2	≤3	≤10	2.5～3.0

注：深圳产纳米镍铜合金粉；苏州产超细镍包铜粉；惠州产腾辉 W-5 镍包铜粉。

④ 镍包铜粉用途　导电、防静电、电磁屏蔽有机硅密封剂及黏合剂以及类似导电、防静电、电磁屏蔽性能的橡胶（特别是硅橡胶）及塑料制品的专用粉体填料。

10.3　金属化非金属粉末导电剂

用于导电橡胶、密封剂和黏合剂的金属粉体及金属粉体镀另一金属形成的新金属粉体外，更具特色的是将空心玻璃镀银、镀镍，粉煤灰空心微珠镀银[4,5,6]、镀镍以及石墨镀镍形成的金属化非金属粉末导电剂系列产品，不仅使橡胶、密封剂、黏合剂获得了所希望的电磁性能，微珠镀金属粉体还使橡胶、密封剂获得了很低的密度，使装机重量明显减低，大大提高了非金属导电材料用于飞机的适航性。

① 镀银空心玻璃微珠

a. 化学结构　见图 10-5。

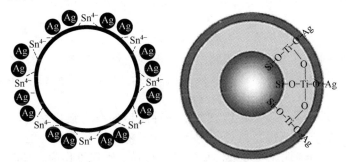

(a) 微珠表面经过粗化、敏化、活化后　　(b) 微珠表面经过偶联剂的偶联作用
银单质沉积在空心玻璃微珠表面　　　黏住沉积在表面上的银单质

图 10-5　空心玻璃微珠表面结构示意图

b. 镀银空心玻璃微珠理化特性　耐酸碱性，有很好的抗氧化性能；可以替换纯银粉，降低成本。

c. JC-15 镀银空心玻璃微珠质量指标见表 10-30。

表 10-30　惠州产 JC-15 镀银空心玻璃微珠质量指标

指标名称	参数	指标名称	参数
体积电阻率/Ω·cm	0.1～0.01	体积粒径/目	≤300
密度/(g/cm³)	≤0.7	比表面积/(m²/g)	≥0.8

d. JC-15 镀银空心玻璃微珠主要用途　主要应用在导电并兼有低密度的有机硅密封剂、超导电硅橡胶、FIP 导电硅橡胶、导电胶环氧黏合剂等方面。

② 镀银空心粉煤灰微珠

a. 化学结构　见图 10-6。

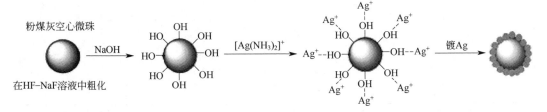

图 10-6　经热碱液活化形成银单质镀层的空心粉煤灰微珠

b. 镀银空心粉煤灰微珠物理化学特性　其理化特性相似于镀银空心粉玻璃微珠。

c. 镀银空心粉煤灰微珠质量指标　见表10-31。

表 10-31　镀银空心粉煤灰微珠质量指标[7]

指标名称		参数	指标名称	参数
耐火度/℃		1650～1700	电阻率/Ω·cm	10^8～10^{11}
荷重软化点/℃		1200	容重/(g/cm³)	0.25～0.4
传热系数/[W/(m²·K)]		1.36～1.72	视密度/(g/cm³)	0.5～0.75
比表面积/(m²/g)		0.35～0.40	粒径/μm	20～300
热导率	常温/[W/(m·K)]	0.081～0.115	壁厚/μm	3～10
	500℃/[W/(m·K)]	0.111～0.126	热导率 1000℃/[W/(m·K)]	0.183～0.195
外观:外表光滑的球形颗粒,壁薄中空,薄壳上有许多空心的球形孔洞,呈银白色				

d. 镀银空心粉煤灰微珠用途　类似镀银空心玻璃微珠在密封剂、黏合剂、橡胶制品、塑料制品的用途。

③ 镀镍石墨

a. 镀镍石墨结构　石墨结构已很清楚,经镀镍后结构有多大的变化,尚不清楚,但其骨架不会有变化,仍为正六环形蜂巢状成片状结构,片与片以范德华力连接,层间距离为0.335nm,相邻两个碳原子间距为0.142nm。

b. 镀镍石墨物理化学特性　镀镍石墨是一种新型的石墨强化材料,采用石墨粉化学镀或者气相沉积的工艺方法获得。通过化学镀在石墨粉末上包覆镍,能明显改善导电、抗蚀性、硬度、润滑性等物理性能,形成优良的复合材料,不仅可作为一种改善的导电材料,还可以作为耐蚀、耐磨涂层、热障和封严涂层、微波吸收材料等,通过气相沉积制备的包覆镍石墨粉末多用于电池工业。

c. 石墨镀镍粉产品牌号质量指标

ⓐ 北京矿冶研究总院开发的石墨镀镍粉产品牌号质量指标见表10-32。

表 10-32　镍包石墨复合粉质量指标

指标名称		LF-239	指标名称	LF-239
外观颜色		银灰色粉末	粒度分布	随要求定
成分	Ni/%	60	松装密度/(g/cm³)	1.4～1.7
	C/%	40	真实密度/(g/cm³)	4.9
粒度/目		−150+325(−100+45μm)	体积电阻率/Ω·cm	≤30(硅橡胶内)

注:−150+325目(−100+45μm)是指镍包石墨复合粉粒子通过了目数(即筛网的方孔数)从150目到325目的筛网,即就是说:镍包石墨复合粉粒子通过了方孔边长从100μm直到45μm的筛网

ⓑ 上海开发的kajet镀镍石墨粉(牌号NC系列)质量指标见表10-33。

表 10-33　牌号 NC 系列镀镍石墨粉质量指标

牌号	镍含量/%	平均粒径/μm	外观	粒度分布			AD(表观密度)/(g/cm³)	TPD(真实密度)/(g/cm³)
				D10	D50	D90		
NC-1	45	325	片状	160	325	625	1.2	3.2
NC-2	60	100	片状	60	100	165	1.25～1.35	4.0
NC-3	60	90	片状	50	90	140	1.2～1.4	—
NC-4	75	80	片状	45	80	131	1.6～1.8	5.1
NC-5	75	50	片状	25	50	90	1.4～1.7	5.0
NC-6	95	35	片状	17	35	60	2.7	7.7
NC-7	60	25	球形	18	25	35	1.5	4.0
NC-8	60	20	球形	14	20	30	1.6	4.0

注:D10意指粒径为Dμm占总数的10%;D50意指粒径为Dμm占总数的50%;D90意指粒径为Dμm占总数的90%。例如牌号为NC-1镀镍石墨粉,其粒度分布为:粒径为160μm的粒子占总粒子数的10%,粒径为325μm的粒子占总粒子数的50%;粒径为625μm的粒子占总粒子数的90%。

d. 镀镍石墨粉用途　用作制备吸波密封剂及电磁屏蔽密封剂的导电填料；还可以作为耐蚀、耐磨涂层、热障和封严涂层的填料，添加量可达 65%～70%。

10.4　导电钛白粉

(1) 导电钛白粉的结构　导电钛白粉 FT-3000 的几何结构见图 10-7。

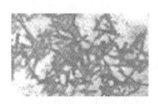

图 10-7　FT-3000 针状二氧化钛晶 TEM 照片[8]

(2) 导电钛白粉的物理化学特性　导电钛白粉无毒无味，耐酸、耐碱、耐盐、耐有机溶剂、耐光，在 800℃ 以下稳定，不氧化、不燃，并具有阻燃作用。几乎适用于任何要求导电、防静电的环境和场合。导电钛白粉对光的吸收少，散射能力大，光泽、白度、消色力、遮盖力等光学性能良好。

(3) 导电钛白粉的质量指标　见表 10-34。

表 10-34　金红石晶型导电钛白粉的质量指标

指标名称		石原产牌号、指标				廊坊产牌号、指标
		CET-N	CET-100	CET-10	CET-F	FT-3000
外观		棕黄粉末	浅白粉末	浅灰粉末	浅白粉末	晶体粉末
耐热性/℃	≥	800	800	800	800	
体积电阻率/Ω·cm	≤	10	100	10	3	针状(晶体长
粒子形状		球状	球状	球状	球状	180nm，直径 30nm)
一次粒径/μm		≤0.04	≤15	0.2～0.4	0.3～5	
粒径/μm		—	—	—	—	0.27
密度/(g/cm³)		4.0～4.2	4.6～4.8	4.4～4.6	4.5～4.7	4.4
比表面积/(m²/g)		30～60	5～10	15～30	10～20	2～8
吸油量/(g/100g)		≤30	15～20	20～30	15～20	50～70
水分/%	≤	2	2	1	1	—
水悬浮液 pH		5.0～7.0	5.0～7.0	5.0～7.0	5.0～7.0	—
325 目筛余物/%	≤	1	1	1	1	—

注：FT-3000 导电钛白粉是以 SnO_2/Sb 导电层涂覆的、底层为金红石针状晶型二氧化钛的产物。

(4) 导电钛白粉用途

① 用途　将其添加于密封剂、密封腻子、黏合剂、涂料、塑料、橡胶、油墨、水泥、纤维、陶瓷中，与其他颜料配合，易调制成近白色等各种颜色的永久性导电、防静电制品。可广泛应用于航空航天、兵器、石油、化工、建材、电子、机电、通讯、汽车、医药、造纸、纺织、包装、印刷、船舶、陶瓷等各个工业部门及人们日常生活的导电、防静电领域。

② 导电钛白粉使用方法建议　导电、防静电材料的导电性能与导电填料、基体树脂、助剂、溶剂及加工制备工艺有关，在密封剂、黏合剂、涂层体系中，还与被涂物件的电性能有关。在通常情况下，当导电钛白粉添加量为 25%（质量分数 PWC）时，密封剂、黏合剂、涂料等制品体积电阻率可达到 $10^5～10^6\,\Omega\cdot cm$。导电钛白粉可单独使用，亦可与其他导电粉末配合使用。

10.5　氮化钛粉体

（1）化学结构　氮化钛[9]具有典型的 NaCl 型结构，属面心立方结构点阵，如图 10-8 所示。

氮化钛属于"间隙原子"，其中钛原子占据面心立方的角顶。氮化钛是非计量化合物，它的组成为 $TiN0.6$-$TiN1.16$。氮的含量可在一定范围内变化而不引起氮化钛的结构发生变化。由于 TiN、TiC、TiO 三者晶格参数接近（分别为 4.23Å，4.238Å，4.15Å），氮原子常被碳原子、氧原子以任意比例取代形成固溶体，氮原子的变化会引起氮化钛的物理性质发生变化，如氮含量减小、碳含量增加、氮化钛的晶格参数增大、显微硬度增大、抗震性降低。

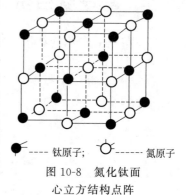

●----- 钛原子；　○------ 氮原子

图 10-8　氮化钛面
心立方结构点阵

（2）氮化钛粉体物理化学特性　见表 10-35。

表 10-35　氮化钛粉体物理化学特性

性能名称		参数	性能名称	参数
类别		TiN	熔点/(℃/K)	2950/3223
		Ti_2N_2（固态晶体）	晶体相对密度（25/4℃）	5.43
		Ti_3N_4	莫氏硬度	8～9
类别总体		TiN0.6-TiN1.16	弹性模量/(kN/mm²)	590
色泽	固态晶体	金黄并有光泽	体积电阻率/$\mu\Omega\cdot cm$	25
	一般粉体	黄褐色	热导率/[W/(m·K)]	29.1
	超细粉体	黑色	热膨胀系数/℃⁻¹	9.35×10^{-6}
TiN0.6-TiN1.16 色泽变化规律:随 N 含量的减少,色泽由金黄逐渐变为古铜色、粉红色等美丽的颜色				
溶解性:不溶于水,微溶于煮沸的王水、硝酸、氢氟酸				
化学反应性:遇到热的氢氧化钠溶液则有氨放出				
特性:耐高温、抗氧化、强度高、硬度高、导热性良好,韧性好,具有优良的耐磨损性能,抗热震性能好,耐化学腐蚀性能好,并具有良好的导电性,以及对钢铁类金属的化学惰性				

（3）氮化钛粉体质量指标　见表 10-36。

表 10-36　氮化钛粉体质量指标

指标名称	1#	2#	3#	指示名称	1#	3#
纯度/%	>99	>97.0	>99.9	N 含量/%	20.5	>21.5
总含氧量/%	<0.8	<1.0		C 含量/%		<0.039
晶型		立方结构		O 含量/%		<0.033
平均粒度/nm	—	14	用户要求	Fe 含量/%		<0.020
比表面积/(m²/g)	43.74	80	—	金属杂质含量/(mg/kg)	350	—
松装密度/(g/cm³)	0.08			D50/nm	60	
外观颜色		黑色				

注：1#—南京艾嘉新材料有限公司产氮化钛粉体。

2#—北京中西远大科技有限公司产型号为"HK15TIN"的氮化钛粉体。

3#—秦皇岛一诺高新材料开发有限公司产"一诺材料即：EnoMaterial"氮化钛粉体。

（4）氮化钛粉体用途　密封剂、黏合剂、橡塑材料的导电、导热填料。

参 考 文 献

[1]　武辉．超细镍粉的制备及结构研究（凝聚态物理）．[D]．广州：中山大学，2005.

[2]　潘君益，朱晓云，郭忠诚，等．电子工业用银包铜粉的制备现状及应用研究．电镀与涂饰．2006.25（6）：49-52.

[3]　冯福山，张国策，赵忠兴，等．基体 Cu 粉粒度对制备镍包铜粉包覆效果的影响．甘肃冶金，2011, 33 (2)：25-27.

[4]　谢虓，严开祺，张敬杰，等．空心玻璃微珠化学镀银研究进展．电镀与涂饰，2011, 30 (11)：28-31.

[5]　黄磊．陶瓷粉体化学镀银的研究 [D]．杭州：浙江大学，2003.

[6]　张辉，孙洁，沈兰萍．空心微珠化学镀银研究．电镀与涂饰，2007, 26 (1)：26-29.

[7]　侯浩波．粉煤灰空心微珠的特性与应用．粉煤灰综合利用，1993 (1)：39-40.

[8]　张艳峰，林玉龙，孙柏林，等．金红石型二氧化钛纳米晶的制备．河北师范大学学报（自然科学版），2002, 26 (4)：384-386.

[9]　李景国，高濂，张青红，等．纳米氮化钛的制备及其影响因素．无机材料学报，2003, 18 (4)：763-771.

第11章

导热电绝缘剂

11.1 导热炭粉体填料

（1）鳞片状碳粉　详见第 10 章 10.1 节。

（2）纤维状炭粉

① 化学结构　见图 11-1。

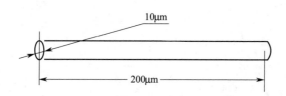

图 11-1　纤维状炭粉的单根纤维体几何尺寸

② 纤维状炭粉物理化学特性　见表 11-1。

表 11-1　纤维状炭粉物理化学特性

性能名称	参数	性能名称	参数	
热导率（沿纤维长度方向)/[W/(m·K)]	400～700	纤维状炭粉几何尺寸	长度/μm	约 200
			直径/μm	约 10
外观特性：炭粉微观状态呈纤维状，可以有效增加导热网络的形成，提高导热性能；该炭粉呈纤维状，故可以设计导热取向，这是区别于以往的炭粉和其他导热材料的最大不同和优势				

③ 纤维状炭粉质量指标　见表 11-2。

表 11-2　上海产牌号为 ML400C.022 粒形纤维状高导热炭粉质量指标

指标名称	典型值	指标名称	典型值
拉伸强度/GPa	1.4	表面积/(m²/g)	0.72
拉伸模量/GPa	160	体积电阻率/μΩ·m	13
密度/(g/cm³)	1.9	热导率/[W/(m·K)]	22（非纤维长度方向）
堆积密度/(g/L)	100～300	纤维长度/μm	400
碳含量/%	≥97	纤维直径/μm	11

④ 纤维状炭粉用途　用作密封剂、黏合剂、橡塑材料的导热、散热而无需电绝缘的填

料。当要求密封剂、黏合剂、橡塑材料绝缘时，则不可使用该材料。也用作 LED 电子电器的散热材料，解决高密度集成电子元器件的散热问题等。

11.2 导热金属氧化物

（1）氧化铍 别名：一氧化铍。

① 化学结构 纯氧化铍属立方晶系。

② 氧化铍[1]的物理化学特性 见表 11-3。

表 11-3 氧化铍的物理化学特性

性能名称		典型值	性能名称	典型值
外观		白色无定形粉末	介质损耗角正切	4×10^{-4}
熔点/℃		2570～2575	耐热性	抗热震很好
沸点/℃		4300	连续使用温度范围/℃	1800～1900
挥发温度/℃		1000～2400	耐浓酸性	差
密度/(g/cm³)		3.01～3.03	耐稀酸性	一般
热导率 λ_{BeO}	J/(cm·s·℃)	2.3	耐碱	一般
	cal/(cm·s·℃)	0.55	耐卤素	一般
	W/(m·K)	270	重金属	微量
化学反应性：有两性，既可以和酸反应，又可以和强碱反应，新制成的氧化铍易与酸、碱和碳酸铵溶液反应生成铍盐或铍酸盐				
溶解性：微溶于水而生成氢氧化铍；毒性：粉末有剧毒性，且使接触伤口难于愈合				

③ 氧化铍的质量指标 见表 11-4。

表 11-4 美国 Goodfellow 公司氧化铍的质量指标

指标名称	参数	指标名称	参数
抗压强度/MPa	1550～1850	拉伸模量/GPa	340～400
体积电阻率(25℃)/Ω·cm	≥1014	介电常数	6.5～7.5
维氏硬度计/(kgf/mm²)	1100～1300	介电强度/(kV/mm)	10～14
吸水率(饱和)/%	0.07	视孔隙度/%	0
剪切强度/MPa	180～250	比热容(25℃)/[J/(K·kg)]	1020～1120
热导率(20℃)/[W/(m·K)]	260～300		

④ 氧化铍用途 密封剂、黏合剂的导热填料，也用作大规模集成电路基板、大功率气体激光管、晶体管的散热片外壳，微波输出窗和中子减速剂等材料。

（2）高纯氧化镁

① 高纯氧化镁（MgO）物理化学特性 高纯氧化镁[2,3]物理化学特性见表 11-5。

表 11-5 高纯氧化镁物理化学特性

性能名称	典型值	性能名称	典型值
热导率/[W/(m·K)]	36	熔点/℃	2852
毒性	无毒	沸点/℃	3600
相对密度(d_4^{25})	3.58		
外观特性：白色无定形粉末，无味、无臭；在空气中易吸潮；一般情况下很容易被酸腐蚀			
溶解性：难溶于水，不溶于醇，溶于酸或铵盐溶液中			
高温灼烧特性：经 1000℃以上高温灼烧，可转化为单晶体。温度升高至 1500℃以上时，则成死烧氧化镁或烧结氧化镁，高温下具有优良的耐酸碱性和电绝缘性，光透过性好，导热性好，热膨胀系数大；化学反应性：遇空气中二氧化碳生成碱式碳酸镁			

② 高纯氧化镁质量指标 见表 11-6。

表 11-6　高纯氧化镁质量指标

指标名称		参数	指标名称	参数
氧化镁(MgO)/%		≥99	锰(Mn)/%	≤0.003
酸不溶物/%		≤0.02	钙(Ca)/%	≤0.05
灼烧失重/%		≤2.0	可溶性物质/%	≤0.3
氯化物/%		≤0.1	筛余物(325 目)/%	≤0.03
堆积密度	轻质/(g/cm³)	≤0.45	钡(Ba)/%	≤0.003
			硫酸盐/%	≤0.05
	重质/(g/cm³)	≥0.6	铁(Fe)/%	≤0.002

③ 高纯氧化镁用途　高纯氧化镁用作导热密封剂、导热黏合剂、涂料等的导热填料。

（3）氧化铝[4,5,8]　别称：铝氧，三氧化二铝；刚玉；白玉；红宝石；蓝宝石；刚玉粉；矾土；铝氧。

① 化学结构式

② 氧化铝物理化学特性　氧化铝物理化学特性见表 11-7。

表 11-7　氧化铝物理化学特性

性能名称		典型值	性能名称	典型值
常见相变体	γ-Al_2O_3/%	40~76	熔点/℃	2030
	α-Al_2O_3(刚玉)/%	24~60	沸点/℃	3077
γ 相转变为 α 相温度/℃		950~1200	相对密度(d_4^{25})	3.97~4.0
松装密度	≥325 目/(g/cm³)	0.85	Al_2O_3 含量/%	99
	120~325 目/(g/cm³)	0.9	热导率/[W/(m·K)]	30
外观：白色固体，无臭，无味				
溶解性：几乎不溶于水及非极性有机溶剂，能溶于无机酸和碱性溶液中				

③ α-Al_2O_3 质量指标　见表 11-8 和表 11-9。

表 11-8　α-Al_2O_3 质量指标（一）　　　　　　　　　　%

牌号	指标名称			
	Al_2O_3	SiO_2	Fe_2O_3	Na_2O
A-C-2	≥99.6	≤0.05	≤0.05	≤0.08
A-C-3	≥99.6	≤0.05	≤0.05	≤0.08

表 11-9　α-Al_2O_3 质量指标（二）

牌号	α-Al_2O_3/%	真密度/(g/cm³)	原晶尺寸/μm	牌号	α-Al_2O_3/%	真密度/(g/cm³)	原晶尺寸/μm
	指标				指标		
A-C-2	≥95	≥3.95	~2	A-C-3	≥95	≥3.95	~3

④ 氧化铝用途　耐高温导热密封剂、黏合剂的导热填料。也广泛用于电子真空管壳、火花塞等电子陶瓷。

（4）氧化锌[6]　别名：C. I. 颜料白 4；锌氧粉；锌白；锌白粉；锌华；亚铅华；母胶粒 ZnO-80；药胶 ZnO-80；活性剂 ZnO；中国白；锌白银；活性氧化锌；一氧化锌；锌白银；纳米氧化锌；水锌矿；氧化锌脱硫剂 T304；氧化锌脱硫剂 T303。

① 氧化锌　物理化学特性　见表 11-10。

表 11-10　氧化锌的物理化学特性

性能名称	典型值	性能名称	典型值
分子量	81.39	密度/(g/cm³)	5.6
热导率/[W/(m·K)]	26	折射率	2.008～2.029
熔点/℃	1975		
溶解性:难溶于水(29 ℃仅溶 1.6mg/L),可溶于酸和强碱及氯化铵			
医学特性:氧化锌纳米粒子的体积小,具有不妨碍细胞活动的优点			
外观特性:白色六方晶系纳米粉末,细腻、无味,在加热时,ZnO 由白、浅黄逐步变为柠檬黄色,当冷却后黄色便褪去			

② 氧化锌型号及其质量指标　见表 11-11 和表 11-12。

表 11-11　型号为 BA01-05 (Ⅰ) 型的氧化锌质量指标

指标名称		优级品	一级品	合格品
氧化锌(以干品计)/%	≥	99.70	99.50	99.40
金属物(以 Zn 计)/%	≤	无	无	0.008
氧化铅(以 Pb 计)/%	≤	0.037	0.05	0.14
锰的氧化物(以 Mn 计)/%	≤	0.0001	0.0001	0.0003
氧化铜(以 Cu 计)/%	≤	0.0002	0.0004	0.0007
盐酸不溶物/%	≤	0.006	0.008	0.05
灼烧减量/%	≤	0.2	0.2	0.2
筛余物/%	≤	0.10	0.15	0.20
水溶物(45μm 网眼)/%	≤	0.10	0.10	0.15
105℃挥发物/%	≤	0.3	0.4	0.5
吸油量/(g/100g)	≤	—	—	—
颜色(与标准样比)/%		—	—	—
消色力(与标准样比)/%	≤	—	—	—

表 11-12　型号为 BA01-05 (Ⅱ) 型氧化锌质量指标

指标名称		优级品	一级品	合格品
氧化锌(以干品计)/%	≥	99.70	99.50	99.40
金属物(以 Zn 计)/%	≤	无	无	0.008
氧化铅(以 Pb 计)/%	≤	—	—	—
锰的氧化物(以 Mn 计)/%	≤	—	—	—
氧化铜(以 Cu 计)/%	≤	—	—	—
盐酸不溶物/%	≤	—	—	—
灼烧减量/%	≤	—	—	—
筛余物/%	≤	0.10	0.15	0.20
水溶物(45μm 网眼)/%	≤	0.10	0.10	0.15
105℃挥发物/%	≤	0.3	0.4	0.5
吸油量/(g/100g)	≤	14	14	14
颜色(与标准样比)/%		近似	微	稍
消色力(与标准样比)/%	≤	100	95	90

③ 氧化锌用途　广泛用作密封剂、黏合剂、橡胶、涂料的导热填料,也用作白色颜料、橡胶硫化活性剂、有机合成催化剂、脱硫剂。还可作氯丁橡胶的硫化剂。

11.3　氮化物

(1) 氮化铝[7,8]　简称:AlN。

① 氮化铝的化学结构式

$$Al \equiv N$$

② 氮化铝物理化学特性　氮化铝是一种具有六方纤锌矿结构的共价晶体，Al 原子与相邻的 N 原子形成歧变的 $[AlN_4]$ 四面体，具体理化特性见表 11-13。

表 11-13　氮化铝物理化学特性

性能名称	典型值	性能名称	典型值
颜色	白色	热导率/$[W/(m \cdot K)]$	$80 \sim 320$
分子量	40.99	热膨胀系数/$10^{-6}K^{-1}$	$3.5 \sim 84$
密度/(g/cm^3)	3.26	体积电阻率	$>10^{14}$
熔点/℃	$\geqslant 2200$	莫氏硬度/级	9
		介电常数	<8.8

水解稳定性：氮化铝吸潮后会与水发生水解反应 $AlN+3H_2O = Al(OH)_3+NH_3$，水解产生的 $Al(OH)_3$ 会使导热通路产生中断，进而影响声子的传递，因此做成制品后热导率偏低

氮化铝被添加后体系黏度变化：单纯使用氮化铝，虽然可以达到较高的热导率，但体系黏度极具上升，严重限制了产品的应用领域

性价比：价格昂贵，可以达到较高的热导率且无毒

注：热导率的理论值为 320W/$(m \cdot K)$；热膨胀系数指在 $25 \sim 600℃$ 范围内的值。

③ 氮化铝产品品种牌号的质量指标

a. 德盛陶瓷产氮化铝的质量指标见表 11-14。

表 11-14　氮化铝的质量指标

指标名称		参数	指标名称		参数
化学成分组成	N/%	$\geqslant 33$	化学成分组成	O/%	$\leqslant 0.1$
	C/(mg/kg)	100		Fe/(mg/kg)	150
纯度/%		$\geqslant 99.9$	粒度/μm		根据客户要求

b. 合肥产亚微米级氮化铝粉体产品质量指标见表 11-15。

表 11-15　亚微米级氮化铝粉体指标

指标名称	AlN 粉体测试指标	
	实测结果	分析测试依据
$D50$(累计为 50% 的粒径尺寸)/μm	0.5	光透沉降法
AlN 含量/%	99	X 射线衍射
O 含量/%	0.8	惰气脉冲红外热导(QB-Q-02-97)
N 含量/%	33.5	惰气脉冲红外热导(QB-Q-02-97)
Fe 含量/(mg/kg)	40	原子吸收(CKS-HI-65)
比表面积/(m^2/g)	13.894	
松装密度/(g/cm^3)	0.13	

④ 氮化铝粉体用途　用作导热密封剂、橡胶、塑胶、涂料、胶黏剂及其他高分子基复合材料以及金属、陶瓷及石墨基复合材料的导热填料。

（2）氮化硼[8,9]

① 氮化硼的化学结构式

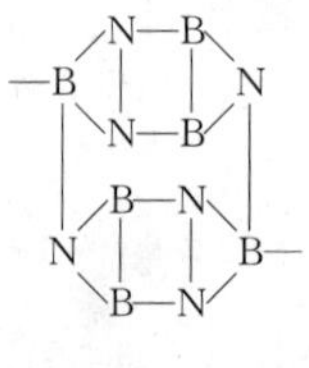

② 六方晶型氮化硼物理化学特性　见表 11-16。

表 11-16　六方晶型氮化硼物理化学特性

性能名称		典型值	性能名称		典型值
熔点/℃		无明显熔点	在 c 轴方向上热膨胀系数/($\times10^{-6}$/℃)		41
介电常数		4	在 d 轴方向上热膨胀系数/($\times10^{-6}$/℃)		2.3
介电损耗(108Hz)		2.5×10^{-4}	击穿电压/(kV/mm)		3
升华条件(温度/压力)/(℃/MPa)		3000/0.1	体积电阻率/Ω·cm		约 10^{14}
在惰性气体中熔点/℃		3000	热导率[2]/[W/(m·K)]		20~30
毒性		无毒	摩擦系数(高温下不增大)		0.16
使用温度	空气中/℃	<1000	使用温度	真空下/℃	≤2000
	氧化气氛/℃	≤900		在惰性气体中/℃	≤3000
在氧气中的稳定性		稳定性较差		中性还原气氛中/℃	≤2000
				氮气和氩中/℃	≤2800

透波性:可透微波、红外线
外观特点:白色松散状、质地柔软有光滑感的粉末,与石墨的性质相似,属六方晶系,片状结构,故有"白色石墨"之称
水溶性:不溶冷水,水煮沸时水解非常缓慢并产生少量的硼酸和氨
与酸碱的反应性:与弱酸和强碱在室温下均不反应,微溶于热酸,用熔融的氢氧化钠、氢氧化钾处理才能分解
耐腐蚀性:六方氮化硼对几乎所有熔融金属都呈化学惰性

注:热导率更高,可达 60W/(m·K),是石英的十倍,与纯铁一样;使用温度指各种物理化学性质基本保持不变的温度。

③ 氮化硼质量指标

a. 青州产氮化硼质量指标见表 11-17。

表 11-17　氮化硼质量指标

牌号	BN 含量/%	B_2O_3含量/%	粒度,$D50/\mu m$	牌号	BN 含量/%	B_2O_3含量/%	粒度,$D50(\mu m)$
H99	≥99	<0.1	3~5	L97	≥97	<0.5	1
L98	≥98	<0.3	1	L95	≥95	<1	0.8

b. 营口产氮化硼的质量指标见表 11-18。

表 11-18　氮化硼的质量指标

规格	BN 含量/%	B_2O_3含量/%	粒度 $D50/\mu m$	规格	BN 含量/%	B_2O_3含量/%	粒度 $D50/\mu m$
B 级	≥98	≤0.5	0.5~1.0	C 级	≥97	≤0.5	0.5~1.0

c. 丹东产六方氮化硼 HC 级的质量指标见表 11-19。

表 11-19　六方氮化硼 HC 级的质量指标

级别	纯度/%	B_2O_3含量/%	水分/%	粒度 $D50/\mu m$	堆密度①/(g/cm³)	比表面积(BET)②/(m²/g)
HC	≥98.5	≤1.0	≤0.5	2~5	0.2~0.4	≤12

①②所列数值为典型值,并非每批检验项目。

d. 上海产纳米氮化硼、超细氮化硼产品品种牌号的质量指标见表 11-20。

表 11-20　氮化硼粉质量指标

产品归类	型号	平均粒径/μm	纯度/%	比表面积/(m²/g)	体积密度/(g/cm³)	晶型	颜色
纳米级	CW-BN-001	50	≥99.9	43.6	0.11	六方	白色
亚微米级	CW-BN-002	600	≥99.9	9.16	2.30	六方	白色

④ 氮化硼用途　用作导热密封剂、塑料、树脂、橡胶、涂料、黏合剂[3]等导热绝缘添加剂和晶体管的热封干燥剂;也用于半导体的固相掺合料、原子反应堆的结构材料、防止中子辐射的包装材料、雷达的传递窗、雷达天线的介质和火箭发动机的组成物等多方面。

11.4　碳化硅

(1) 碳化硅

别名:碳硅石;莫桑石;金刚砂。

碳化硅化学结构式

$$^-C\equiv Si^+$$

（2）碳化硅物理化学特性　SiC 的热导率比其他耐火材料及磨料大得多，约为刚玉的 4 倍，具体理化性能，见表 11-21。

表 11-21　碳化硅物理化学特性

性能名称	参数	性能名称	参数
莫氏硬度	9.2	相对密度	3.20～3.25
威氏（Vickers）显微硬度 10MPa	3000～3300	努普硬度/（kg/mm²）	2670～2815
热导率[1]*/[W/（m·K）]	170～220[2]	显微硬度/（kg/mm²）	2840～3320
外观特性：分为黑色碳化硅和绿色碳化硅两种粉末，均为六方晶体。纯碳化硅为无色晶体			

＊有资料记录碳化硅热导率为：270 W/（m·K）。

（3）碳化硅微粉产品的质量指标

① 安阳产黑碳化硅粉体质量指标　见表 11-22。

表 11-22　三种粒度黑碳化硅质量指标

指标名称		1 号	2 号	3 号	指标名称		1 号	2 号	3 号
SiC/%	≥	97.0	97.0	97.0	Fe₂O₃/%	≤	1.2	1.2	1.2
游离碳/%	≤	0.4	0.4	0.4					

1 号粒度为 150 目，2 号粒度为 200 目，3 号粒度为 325 目。

② 长白山脉、河南、河北石家庄灵寿县拓琳、青海、甘肃、宁夏、四川、贵州、湖北丹江口等地产碳化硅产品品种牌号的质量指标　见表 11-23。

表 11-23　长白山脉、河南等单位产碳化硅质量指标

指标名称		Ⅰ型	Ⅱ型	指标名称		Ⅰ型	Ⅱ型
SiC 含量/%	≥	97	90	F.C 含量/%	≤	0.3	0.5
Fe₂O₃ 含量/%	≤	1.2	1.5	密度/（g/cm³）		3.2	—

③ 郑州产黑碳化硅粉体质量指标　见表 11-24。

表 11-24　黑碳化硅粉体质量指标

化学成分	指标	物理性质	性质
SiC/%	≥98.5	颜色	黑色
F.C/%	≤0.20	熔点/℃	2600
Fe₂O₃/%	≤0.20	硬度	13
真密度/（g/cm³）	3.20～3.25	堆积密度/（g/cm³）	≥1.38

④ 南通产绿碳化硅微粉质量指标　见表 11-25 及表 11-26。

表 11-25　W 系列绿碳化硅微粉质量指标（一）

指标名称	W63-W20	W14-W10	W7-W5	指标名称	W63-W20	W14-W10	W7-W5
Fe₂O₃/%	≤0.70	≤0.70	≤0.70	显微硬度/10MPa	3000	3300	—
SiC/%	≥97.0	≥95.50	≥94.00	颗粒密度/（g/cm³）	≥3.18	≥3.18	≥3.18
F.C/%	≤0.30	≤0.30	≤0.50				

表 11-26　W 系列绿碳化硅微粉质量指标（二）

微粉牌号（数字为粒度）	基本颗粒尺寸范围/μm	精微粉牌号（数字为粒度）	基本颗粒尺寸范围/μm	微粉牌号（数字为粒度）	基本颗粒尺寸范围/μm	精微粉牌号（数字为粒度）	基本颗粒尺寸范围/μm
W63	63～50			W14	14～10	W1.5	1.5～1.0
W50	50～40	W3.5	3.5～2.5	W10	10～7		
W40	40～28			W7	7～5	W1	1.0～0.5
W28	28～20	W2.5	2.5～1.5	W5	5～3.5		
W20	20～14			—	—	—	—

⑤ 临沂产绿碳化硅质量指标　见表 11-27。

表 11-27　绿碳化硅质量指标

指标名称	典型值	指标名称	典型值
密度/(g/cm³)	3.18	SiC 含量/%	98(符合标准:JIS600-JIS1200)
莫氏硬度/级	9.6		97(符合标准:JIS1500-JIS2000)

（4）碳化硅用途　用于导热密封剂、黏合剂、橡胶、塑料的导热填料。

参 考 文 献

[1] 李文芳，黄小忠等．氧化铍陶瓷的应用综述．轻金展，2010 (2)：20-23.
[2] 胡章文等．高纯纳米氧化镁制备工艺研究．矿冶工程，2006，26 (5)：68-71.
[3] 郭小水等．重镁水添加乙醇热解制备高纯氧化镁．有色金展，2009，61 (1)：77-80.
[4] 李冰．氧化铝在导热绝缘高分子复合材料中的应用．塑料助剂，2008 (3)：14-16.
[5] 梁新林．纳米 Al₂O₃/环氧树脂复合导热绝缘胶粘剂的制备与性能研究 [D]．上海：上海大学，2007.
[6] 王亦农．纳米氧化锌对液体硅橡胶导热性能的改进研究．化工新材料，2012，40 (1)：177-118，121.
[7] 周和平等．氮化铝陶瓷的研究与应用．硅酸盐学报，1998，26 (4)：517-522.
[8] 周文英，等．复合绝缘导热胶粘剂的研究．中国胶粘剂，2006，15 (11)：22-25.
[9] 郭胜光等．氮化硼合成及应用的研究，山东机械，2004，(6)：16-19.
[10] 刘明刚．碳化硅陶瓷的无压烧结及性能研究 [D]．西安：西安科技大学，2009.

第12章

防护剂

12.1　防老剂[1,2]

12.1.1　醛-胺反应生成物防老剂

（1）防老剂 AH[3,4]　别名：丁间醇醛-1-萘胺（高分子量树脂状）；简称：AH。

① 防老剂 AH 化学结构式

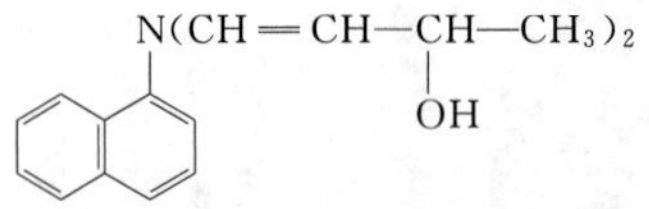

$$N(CH=CH-CH-CH_3)_2$$
$$OH$$

② 防老剂 AH 物理化学特性　淡黄色至深红色脆性玻璃状树脂，遇光颜色变深，具有优良的防护热氧老化的效果，具有钝化铜、铁、锰等重金属离子的作用，污染较严重，制成的硫化胶中有一种难闻的气味；分子量 283.37；相对密度 1.15；熔点 60～80℃；易溶于苯、丙酮、乙酸乙酯、氯甲烷，可溶于四氯化碳、二硫化碳，微溶于乙醇、汽油，不溶于水。

③ 防老剂 AH 的质量指标　见表 12-1。

表 12-1　防老剂 AH 的质量指标（参考其他国家标准）

指标名称	参数	指标名称	参数
熔点/℃	60～80	细度（通过 10 号筛的量）/%	100
水含量/%	≤1.0	机械杂质含量/%	≤0.15
灰分含量/%	≤0.3	外观	淡黄色至深红色树脂状固体

④ 防老剂 AH 用途　用作丁腈密封剂、氯丁密封腻子、顺丁聚合物密封剂及其他以合成聚合物为基体的密封剂的抗氧剂。

（2）防老剂 AP　别名：3-羟基丁醛-α-萘胺[5,6]。

① 防老剂 AP 化学结构式

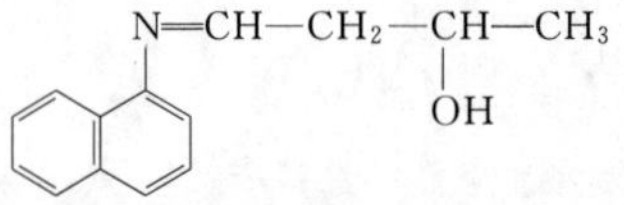

$$N=CH-CH_2-CH-CH_3$$
$$OH$$

② 防老剂 AP 物理化学特性　棕黄色粉末，无臭无味，遇光颜色变深；分子量 213.27；相对密度 0.98；熔点 143～145℃；易溶于苯、丙酮、乙酸乙酯、氯仿，可溶于四氯化碳，难（微）溶于乙醇、汽油，不溶于水。

③ 防老剂 AP 的质量指标　见表 12-2。

表 12-2　防老剂 AP 的质量指标

指标名称	参数	指标名称	参数
熔点/℃	≥145	外观	深黄色至深红色粉末
灰分含量/%	≤0.3	水含量/%	≤1.0
机械杂质含量/%	≤0.15		

④ 防老剂 AP 用途　用作丁腈密封剂、氯丁密封腻子、顺丁聚合物密封剂及其他以合成聚合物为基体的密封剂的抗热氧老化的抗氧剂和耐热助剂。用量 1.0～2.5 份/100 份高分子材料。

（3）防老剂 BA　别名：苯胺（阿尼林油）和丁醛缩合物[7,8,9]；别名：促进剂 808。

① 防老剂 BA 化学结构式

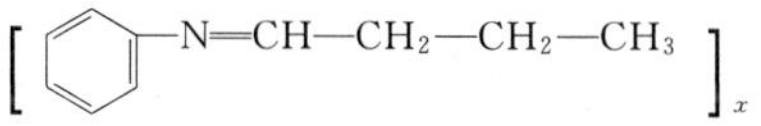

$$\left[\underset{}{\bigcirc}\!\!-\!N\!\!=\!\!CH\!-\!CH_2\!-\!CH_2\!-\!CH_3 \right]_x$$

② 防老剂 BA 物理化学特性　棕红色或琥珀色黏稠液体，气味特殊；溶于苯、乙醇、汽油，不溶于水；隔绝空气保存稳定；闪点 135～150℃；相对密度 0.94～1.04；无毒。

③ 防老剂 BA 质量指标　见表 12-3。

表 12-3　防老剂 BA 质量指标

指标名称	参数	指标名称	参数
外观	棕红色或琥珀色黏稠液体	有效物质含量/%	≥98
水含量/%	≤0.02 或 180℃前馏出物不大于 7 滴	色度（铂-钴色号）	≤11
灰分/%	≤0.3		

④ 防老剂 BA 用途　用作丁基密封腻子及其他合成橡胶基密封剂抗热氧防老剂和耐热助剂。也用作天然橡胶、合成橡胶混炼胶、密封剂的硫化促进剂。

12.1.2　酮-胺反应生成物防老剂

（1）防老剂 TMQ　别称：低分子量树脂状 2,2,4-三甲基-1,2-二氢化喹啉聚合体；防老剂 RD[10～12]；抗氧剂 RD。

① 防老剂 TMQ 化学结构式

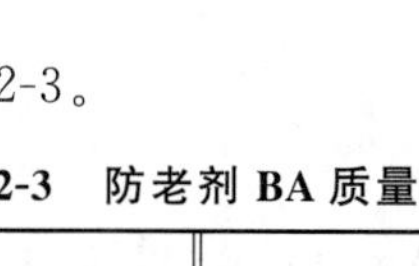

$$\left[\begin{array}{c} CH_3 \\ CH_3 \\ CH_3 \end{array} \right]_n$$

② 防老剂 TMQ 物理化学特性　琥珀色至灰白色树脂状粉末或薄片；不溶于水，溶于苯、氯仿、丙酮及二硫化碳。微溶于石油烃；密度 1.08g/cm³；23℃水溶性 0.1g/100cm³；熔点（软化点）72～94℃；沸点 315℃；无毒。

③ 防老剂 TMQ 质量指标　见表 12-4。

表 12-4　防老剂 TMQ 国家标准规定的品级及质量指标（执行标准：GB/T 8826—2011）[13]

指标名称	优级品	一级品	试验方法
外观	琥珀至浅棕色片状或粒状		目测
软化点/℃	80～100		GB/T 11409—2008 中 3.3
灰分含量/%	≤0.30	≤0.50	GB/T 11409—2008 中 3.4
加热减量/%	≤0.30	≤0.50	GB/T 11409—2008 中 3.7

注：防老剂 TMQ 相当于美国 Vanderbilt 公司的 Agerite 及 Resin D；德国 Bayer 公司的 Antioxidant HS；日本川口株式会社的 Antage RD 等。

④ **防老剂 TMQ 用途**　用作丁腈密封剂、氯丁密封腻子的抗热氧老化防老剂。也是耐热助剂。

（2）**防老剂 AW**　别名：6-乙氧基-2,2,4-三甲基-1,2-二氢化喹啉；乙氧基喹；乙氧基喹啉[14~16]。

① **防老剂 AW 化学结构式**

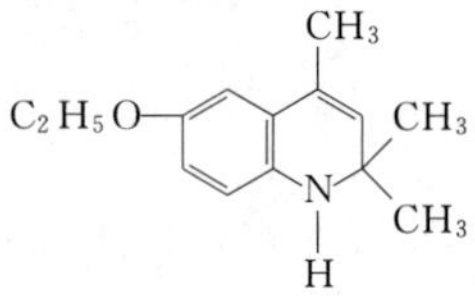

② **防老剂 AW 物理化学特性**　褐色黏稠液体，纯品为浅褐色黏稠液体；能溶于苯、汽油、醚、醇、四氯化碳、丙酮、二氯乙烷，几乎不溶于水（20℃，<0.1g/100 mL）；沸点（11mmHg）169℃，（760mmHg）333.1；折射率 1.569～1.571；闪点 137.8℃；相对密度 1.029～1.031。

③ **防老剂 AW 质量指标**　见表 12-5。

表 12-5　行业标准对防老剂 AW 规定的质量指标（执行标准：HG 3694—2001）[17]

指标名称		参数	指标名称		参数
灼烧残渣含量/%	≤	0.2	乙氧基喹含量(以 $C_{14}H_{19}NO$ 计)/%	≥	95.0
溶液的性状		符合规定	重金属含量(以 Pb 计)/%	≤	0.001
			砷含量(以 As 计)/%	≤	0.0002

外观：黄色至褐色黏稠液体，在光、空气中放置色泽逐渐转深，低温贮存产品易成膏状物，稍有特殊气味

注：指标中重金属含量和砷含量为强制性指标，其余为推荐性指标。

④ **防老剂 AW 用途**　用作合成液体橡胶基密封剂抗臭氧、热氧老化及耐热助剂。

（3）**防老剂 124**[18,19]　别名：2,2,4-三甲基-1,2-二氢化喹啉聚合体。

① **防老剂 124 化学结构式**

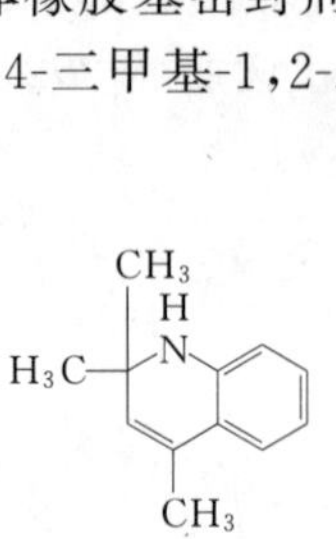

② **防老剂 124 物理化学特性**　高分子量灰白色粉末状，不易喷霜，对硫化作用无影响；溶于丙酮、苯、氯仿、二硫化碳；微溶于石油烃，不溶于水；熔点 114℃；软化点≥74℃；可燃；有污染性但不显著；无毒。

③ **防老剂 124 质量指标**　见表 12-6。

表 12-6 防老剂 124 质量指标

指标名称	参数	指标名称	参数
外观	灰白色粉末	灰分含量/%	≤1.0
熔点/℃	≥114		

④ 防老剂 124 用途　用作密封剂、黏合剂等的耐热助剂及抗热氧老化剂。也适用于天然橡胶和丁苯、丁腈等合成橡胶，用量一般为 0.5～3 份。

(4) 防老剂 BLE[20～22]　别名：丙酮-二苯胺高温缩合物。

① 防老剂 BLE 化学结构式

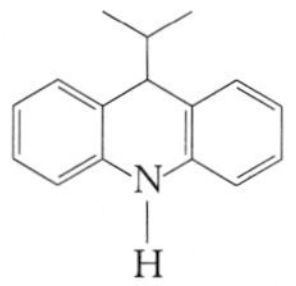

+不稳定结构中间产物

② 防老剂 BLE 物理化学特性　为暗褐色黏稠液体，贮存稳定性较好；易溶于丙酮、苯、氯仿、二硫化碳、乙醇，微溶于汽油，不溶于水；相对密度 1.09；无毒。

③ 防老剂 BLE 质量指标　见表 12-7。

表 12-7 防老剂 BLE 行业及企标规定的质量指标

指标名称	HG/T 2862—1997 指标[23]		某企业[24]	海安县凯旋助剂厂(公司)
	一等品	合格品		
外观	深褐色黏稠体,无结晶析出		暗褐色黏稠液体	深褐色黏稠液体
黏度(30℃)/Pa•s　≤	2.5～5.5	5.1～7.0	1.0～2.5	5.0
密度(20℃)/(g/cm³)	1.08～1.10	1.08～1.12	1.06～1.15	1.08～1.12
灰分/%　≤	0.3	0.3	—	0.3
挥发分/%　≤	0.4	0.4	—	0.4

④ 防老剂 BLE 用途　适用于合成高分子聚合物为基体的密封剂防止热氧老化，用量为 1～1.5 份。可作密封剂等的耐热助剂。也适用于氯丁橡胶、顺丁橡胶、丁腈橡胶、丁苯橡胶、聚乙烯、聚丙烯等制品的防止热氧、屈挠疲劳老化。

12.1.3　二芳基仲胺防老剂

(1) 防老剂 A　别名：N-苯基-α-萘胺；N-1-苯基苯胺，N-(1-萘基) 苯胺；防老剂 PAN[25～27]。

① 防老剂 A 化学结构式

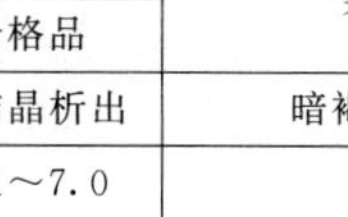

② 防老剂 A 物理化学特性　黄褐色至紫色结晶块状物，纯品为无色片状结晶，暴露于日光和空气中渐变为紫色；能溶于苯、氯仿、乙醇、四氯化碳、丙酮，可溶于汽油，几乎不溶于水，在高聚物（如各类橡胶）中溶解度高达 5%；易燃；分子量 219；相对密度 1.16～1.17；熔点≥52.0℃；折射率 1.569～1.571；闪点 188℃；沸点（258mmHg）335℃；因含有甲萘胺和苯胺而有毒性。

③ 防老剂 A 质量指标　见表 12-8。

表 12-8　防老剂 A 国家标准规定的质量指标（执行标准：GB/T 8827—2006）[28]

指标名称		参数	指标名称		参数
结晶点/℃	≥	53.0	挥发分/%	≤	0.30
灰分/%	≤	0.10	游离胺（以苯胺计）/%	≤	0.20
外观：浅黄棕色或紫色片状					

④ 防老剂 A 用途　用于合成高分子聚合物为基体的密封剂防热氧老化、耐热助剂。也适合于天然胶、合成胶制品的防热氧和屈挠引起的老化。本品可单独使用，也可与其他防老剂并用如防老剂 4010、4010NA、AP、DNP 等。其缺点是有污染和迁移。还可作丁苯胶凝聚抑制剂。

（2）防老剂 D[29~31]　别名：苯基乙萘胺；苯基 β-萘胺；N-苯基乙萘胺；尼奥宗 D；N-苯基-β-萘胺；防老剂丁；防老剂丁（D）。

① 防老剂 D 化学结构式

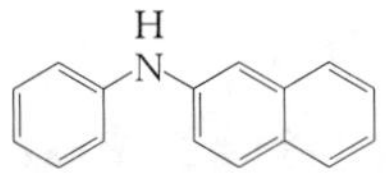

② 防老剂 D 物理化学特性　浅灰色至浅棕色粉末，纯品为白色粉末，暴露于空气中或日光下逐渐转变为灰红色；不溶于汽油和水。溶于乙醇、四氯化碳、苯、丙酮；水溶解性（19℃）＜0.1g/100mL；密度 1.18~1.24g/cm³；熔点 105~108℃；沸点 395~395.5℃。

③ 防老剂 D 产品质量指标　见表 12-9。

表 12-9　防老剂 D 质量指标

指标名称		中石油天然气集团企标(Q/CNPC55—2001)[32]指标			HG2-469-79 指标[33]
		优等	一等	合格	
外观		—	—	—	灰白色至灰红色粉末，允许带黄色
水分含量	≤	—	—	—	0.2
苯胺含量		—	—	—	经定性检验应不呈紫色反应
初熔点/℃	≥	106.0	105.0	105.0	105
灰分/%	≤	0.20	0.20	0.20	0.20
筛余物含量（通过 100 号筛）/%		—	—	—	0.2
过筛率(0.154mm)/%	≥	100.0	99.8	99.5	—
加热减量/%	≤	0.15	0.20	0.30	—

注：防老剂 D 相当于美国 Vanderbilt 公司的 Agerite powder；Du Pont A；德国 Bayer 公司的 PBN；法国 Soc. Prod. 公司的 PBN；意大利 Tecatiui 公司的 OD 等。

④ 防老剂 D 用途　用作丁腈密封剂、氯丁及丁基密封腻子的抗热防老剂。可作耐热助剂。

（3）防老剂 OD(ODPA)[34,35]　别名：辛基化二苯胺。

① 防老剂 OD(ODPA) 化学结构式

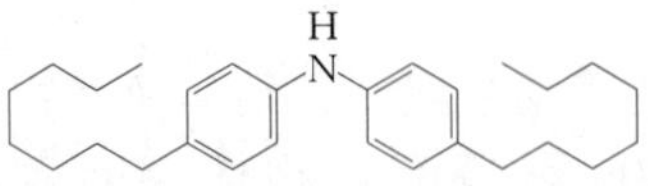

② 防老剂 OD（ODPA）物理化学特性　浅棕色或灰色颗粒；溶于苯、二硫化碳、乙醇、丙酮和汽油，不溶于水；熔点 85~90℃；相对密度 0.98~1.12；无毒，弱污染性。

③ 防老剂 OD（ODPA）质量指标　见表 12-10。

表 12-10　防老剂 OD（ODPA）的质量指标

指标名称	某企业指标[34,35]		华星指标	指标名称	某企业指标[34,35]		华星指标
	一级品	二级品			一级品	二级品	
加热减量/%	≤0.3	≤0.5	≤0.5	熔点/℃	≥85	≥75	≥87
灼烧余量/%	—	—	≤0.3	灰分/%	≤0.5	≤0.5	—
外观	浅白色粉末或颗粒	褐色蜡状或颗粒	浅棕色或近白色粉末或颗粒				

注：华星指标指华星（宿迁）化学有限公司的企业标准。

④ 防老剂 OD（ODPA）用途　用作氯丁及丁腈密封剂的抗热氧老化添加剂。

（4）防老剂 DHePD[36,37]　别名：*N*,*N'*-二-2（5-甲基己基）对苯二胺；*N*,*N'*-双（1，4-二甲基戊基）-对苯二胺；防老剂 4030。

① 防老剂 DHePD 化学结构式

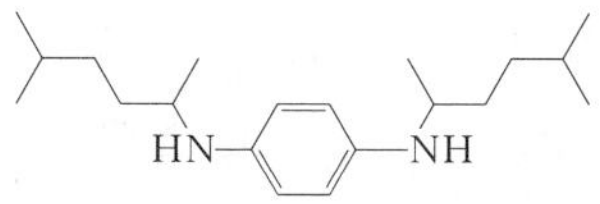

② 防老剂 DHePD 物理化学特性　浅棕色或灰色颗粒；溶于苯、二硫化碳、乙醇、丙酮和汽油，不溶于水；密度 0.928g/cm^3；闪点 203℃；沸点（760mmHg）421℃；折射率 1.527；毒性较小。

③ 防老剂 DHePD 质量指标　见表 12-11。

表 12-11　防老剂 DHePD 质量指标（参照富莱克斯公司产品标准）

指标名称	参数	实测值	指标名称	参数	实测值
含量/%	≥93	94.7	加热减量/%	≤0.5	0.23
灰分/%	≤0.1	0.04			

④ 防老剂 DHePD 用途　用作顺丁、丁苯、异戊、丁腈、丁基密封剂的抗臭氧老化剂。

（5）防老剂 288[38,39]　别称：*N*,*N'*-二异辛基对苯二胺；*N*,*N'*-双（1-甲基戊庚基）对苯二胺。

① 防老剂 288 化学结构式

$$H_3C—(CH_2)_5—\underset{\displaystyle CH_3}{\underset{|}{CH}}—NH—C_6H_4—NH—\underset{\displaystyle CH_3}{\underset{|}{CH}}—(CH_2)_5—CH_3$$

② 防老剂 288 物理化学特性　暗棕色液体；溶于苯、二硫化碳、氯仿、乙醇、丙酮和石油醚，不溶于水；密度 0.912g/cm^3；结晶温度≤25.5℃；折射率（20℃）1.5098；闪点 215℃；沸点 4210℃；黏度≤0.8 Pa·s；无毒。

③ 防老剂 288 产品质量指标　见表 12-12。

表 12-12　防老剂 288 质量指标

指标名称	参数	指标名称	参数
外观	棕红色黏性液体	灰分/%	≤0.3
黏度/mPa·s	≤80		

④ 用途　用作顺丁、丁腈密封剂、氯丁密封腻子的抗臭氧剂。

（6）防老剂 88　别名：*N*,*N'*-二异辛基对苯二胺；*N*,*N'*-双（1-乙基-3-甲基戊基）-1，4-苯二胺；防老剂 DOPD[40]。

① 防老剂 88 化学结构式

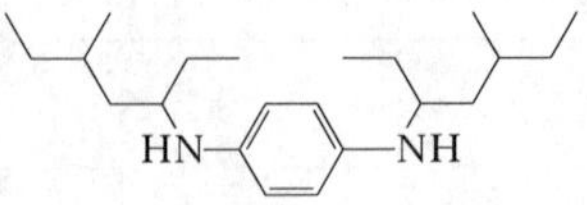

② 防老剂 88 物理化学特性　红褐色液体；密度 0.921g/cm³；可燃，受热分解有毒氮氧化物烟雾，有中等毒性（口服-大鼠 LD_{50}，2400 mg/kg；皮肤-兔子 LD_{50}，1800 mg/kg）；沸点（760mmHg）448.2℃；折射率 1.522；表面张力 33.9dyn/cm；摩尔折射率 110.16cm³；摩尔体积 360.9cm³/mol；蒸发焓 70.66kJ/mol；蒸气压（25℃）3.17×10^{-8} mmHg；闪点 250.1℃。

③ 防老剂 88 产品质量指标　见表 12-13。

表 12-13　防老剂 88 质量指标

指标名称	参数	指标名称	参数
外观	红褐色液体	沸点(760mmHg)/℃	448.2
闪点/℃	250.1	密度/(g/cm³)	0.921

④ 防老剂 88 用途　是高分子材料为基体的密封剂的抗臭氧剂和耐热添加剂。天然与合成橡胶的抗臭氧剂，用量为 1～3 份。

（7）防老剂 688[41~43]　别名：N-仲辛基-N′-苯基对苯二胺；防老剂 OPPD。

① 防老剂 688 化学结构式

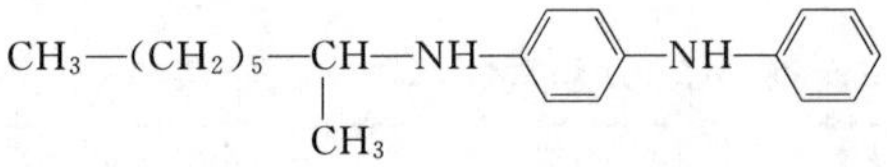

② 防老剂 688 物理化学特性　暗棕褐色黏稠液体，相对密度 1.003，熔点 10℃，沸点 430℃，闪点 185℃，黏度 111.3mPa·s（38℃），毒性较小。在国内几家大的橡胶生产企业使用和到国外权威机构检测不含亚硝基化合物，是新一代绿色环保型橡胶防老剂。

③ 防老剂 688 产品质量指标　见表 12-14。

表 12-14　防老剂 688 质量指标

指标名称	淄恒企标	某企业[44,45]	指标名称	淄恒企标	某企业[44,45]
相对密度/(g/cm³)	—	1.003	沸点/℃	—	430
熔点(凝固点)/℃	—	10	4A 含量/%	≤2.0	—
黏度(25℃±0.1℃)/mPa·s	≥100	—	闪点/℃	—	185
黏度(38℃)/mPa·s	—	111.3	有效成分/%	≥96	—
加热减量(70℃±1℃)/%	≤1		灰分/%	≤0.1	—
外观	暗棕褐色黏稠液体				

注：淄恒企标指淄博市临淄恒立助剂有限公司标准 Q/0305ZHL 007—2010。

④ 防老剂 688 用途　它是目前最优良的密封剂、黏合剂、橡胶等的防老剂和耐热添加剂，用量一般为 0.3%～0.5%。

（8）防老剂 4010[46~48,71,72]　别名：N-环己基-N′-苯基对苯二胺；防老剂 CPPD。

① 防老剂 4010 化学结构式

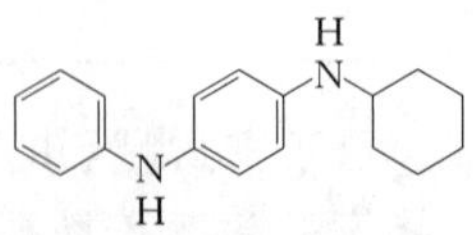

② 防老剂 4010 物理化学特性　纯品系白色粉末，暴露在空气及日光下颜色逐渐变深；溶于丙酮、苯、醋酸乙酯、二氯甲烷、乙醇，微溶于溶剂汽油和庚烷，不溶于水和酸；密度

1.121(g/cm³)；熔点 103～115℃；低毒 （LD$_{50}$，3900mg/kg），对皮肤和眼睛有一定的刺激性。

③ 防老剂 4010 产品质量指标　见表 12-15。

表 12-15　衢州等地企业产防老剂 4010 质量指标 （企标）

指标名称		优等品	一等品	合格品
外观		浅灰色至青灰色粉末		
干品初熔点/℃	≥	113	110	108
灰分/%	≤	0.3	0.3	0.3
加热减量/%	≤	0.4	0.4	0.4
100 目筛余物/%	≤	0.5	0.5	0.5

④ 防老剂 4010 用途　用于丁腈、顺丁、氯丁密封剂、黏合剂、涂料和相应的橡胶，防止臭氧、热氧老化，特别对天然橡胶和丁苯橡胶有效。也是高分子材料的耐热添加剂、硬化剂。也可与防老剂甲、丁或其他通用防老剂并用。一般用量为 0.15～0.9 份，超过 1 份会喷霜。

（9）防老剂 4010NA[49～51,68,69]　别名：N-异丙基-N'-苯基对苯二胺；防老剂 IPPD。

① 防老剂 4010NA 化学结构式

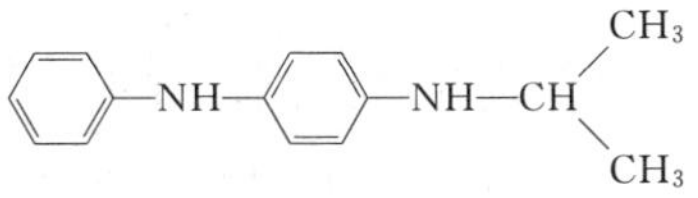

② 防老剂 4010NA 物理化学特性　纯品为白色晶体，在空气中和阳光下易氧化变色为紫灰色片状结晶；溶于汽油、丙酮、苯、乙醇等有机溶剂，难溶于汽油，不溶于水；密度 1.14g/cm³；熔点 80.5℃；微毒，能引起皮肤过敏性反应。

③ 防老剂 4010NA 质量指标　见表 12-16。

表 12-16　防老剂 4010NA 的质量指标

指标名称		GB/T 8828—2003 指标[52]		南京沃欧贸易有限公司指标	
		优等品	一等品	优等品	一等品
纯度（面积归一）/%	≥	95.0	92.0	灰色至紫褐色片状或粒状	灰色至紫褐色片状或粒状
熔点/℃	≥	71.0	70.0	71.0	70.0
加热减量/%	≤	0.5	0.5	0.50	0.50
灰分/%	≤	0.30	0.30	0.30	0.30

④ 防老剂 4010NA 用途　为各类密封剂的高效多能防老剂，在天然胶及其乳胶以及多种合成聚合物中均适用。

（10）防老剂 4020[53～55]　别名：N-（1,3-二甲基丁基)-N'-苯基对苯二胺；防老剂 DMBPPD。

① 防老剂 4020 化学结构式

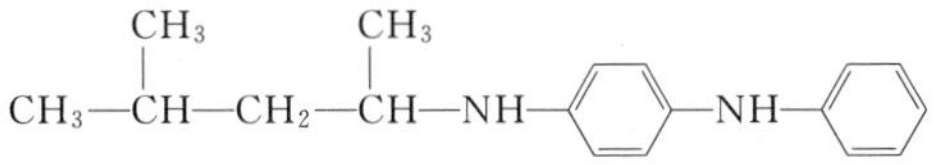

② 防老剂 4020 物理化学特性　灰紫色至紫褐色颗粒状固体，具有挠性和强效抗臭氧及氧化性；溶于苯、丙酮、乙酸乙酯、二氯乙烷和甲苯，微溶于醚，不溶于水；密度 0.986～1.00g/cm³。

③ 防老剂 4020 质量指标　见表 12-17。

表 12-17　防老剂 4020 的质量指标

指标名称		HG/T 3644—1999 指标[56]			湖北成宇制药有限公司指标
		优等品	一等品	合格品	
外观		紫褐色至黑褐色颗粒或片状			灰紫色至紫褐色片状或粒状
纯度/%	≥	—	—		96.0
熔点/℃	≥	—	—		45.0
结晶点/℃	≥	46.0	44.0	44.0	45.5
加热减量/%	≤	0.50	0.50	1.0	0.30
灰分/%	≤	0.30	0.30	0.30	0.15

④ 防老剂 4020 用途　应用于聚顺丁二烯、聚异戊二烯、聚丁二烯-苯乙烯、聚丁二烯-丙烯氰、聚氯化丁基等聚合物为基体的密封剂、黏合剂、涂料及相应的橡胶材料防止臭氧、热氧和光老化。一般用量为 0.5～1.5 份，也可高至 3 份。

(11) 防老剂 H[57～59]　别名：N,N'-二苯基对苯二胺；防老剂 DPPD。

① 防老剂 H 化学结构式

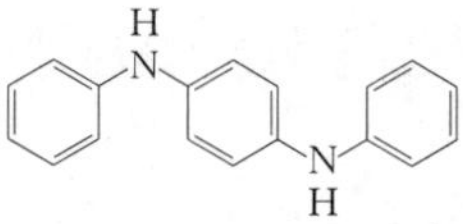

② 防老剂 H 物理化学特性　浅灰色片状结晶，有污染性，易喷霜；溶于丙酮、苯、甲苯、二氯乙烷、二硫化碳和氯仿，微溶于乙醇和汽油，不溶于水；相对密度（水＝1）1.22～1.31；沸点（0.067kPa）220～225℃；相对蒸气密度（空气＝1）9.0；熔点 146～148℃；沸点（1.1kPa）282℃。

③ 防老剂 H 质量指标　见表 12-18。

表 12-18　防老剂 H 质量指标

指标名称	营口天元指标			浙江台州指标		
	精制品	一级品	二级品	精制品	一级品	二级品
外观	灰褐色粉末			灰褐色粉末		
初熔点/℃	≥140.0	≥135.0	≥125.0	≥140.0	≥135.0	≥125.0
灰分/%	≤0.4	≤0.4	≤0.4	≤0.4	≤0.4	≤0.4
加热减量/%	≤0.4	≤0.4	≤0.4	≤0.4	≤0.4	≤0.4
筛余物(100目)/%	≤1.0	≤1.0	≤1.0	≤1.0	≤1.0	≤1.0

④ 防老剂 H 用途　用作密封剂防热氧老化。也用于天然橡胶和合成高分子聚合物防臭氧、光、热老化。因本品污染大、易喷霜，故用量不宜过大。

(12) 防老剂 DNP[61～63]　别名：防老剂 DNPD；N,N'-二（β-萘基）对苯二胺；防老剂 DNPD；N,N'-二（2-萘基）对苯二胺；N,N'-二（萘基）-对苯二胺；橡胶防老剂 DNP；N,N'-二（2-萘基）-1,4-苯二胺；防老剂 White。

① 防老剂 DNP 化学结构式

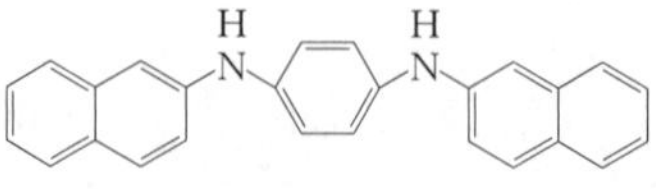

② 防老剂 DNP 物理化学特性　浅灰色粉末，长期曝光存放逐渐变为暗红色；溶于热苯胺和热硝基苯，稍溶于热乙酸，微溶于乙醇、乙醚、苯、丙酮和氯苯。不溶于水、汽油、四氯化碳；密度 1.26g/cm³；熔点 235℃；有毒。

③ 防老剂 DNP 质量指标　见表 12-19。

表 12-19　防老剂 DNP 质量指标 （仅有企标）

指标名称	华星（宿迁）化学有限公司指标	武汉威顺达科技发展有限公司指标	武汉益华成科技发展有限公司指标
外观	灰白色粉末	灰色粉末晶体	浅灰白色粉末
干品初熔点/℃	≥225	≥225	≥225
加热减量/%	≤0.50	≤0.5	≤0.50
灰分/%	≤0.50	≤0.5	≤0.30
β-萘酚含量/%	≤0.30	≤0.30	—
筛余物 10322.56 目（1600 孔/cm²）/%	≤0.50	≤0.3	≤0.50

④ 防老剂 DNP 用途　用作密封剂的防热氧老化。也用作合成高分子聚合物（各类合成橡胶、塑料、树脂等）、天然橡胶制品的抗击热氧老化，抗铜、锰有害金属，用量为 0.2~1份。可单独使用，也可与防老剂 MB、防老剂 DOD、防老剂 R、防老剂 D 并用。

(13) 防老剂 TDPD (3100)[64]　别名：N,N'-二苯基对苯二胺、N,N'-二甲苯基对苯二胺、N-苯基-N'-甲苯基对苯二胺（混合物）；国外俗称：NAILAX。

① 防老剂 TDPD (3100) 化学结构式

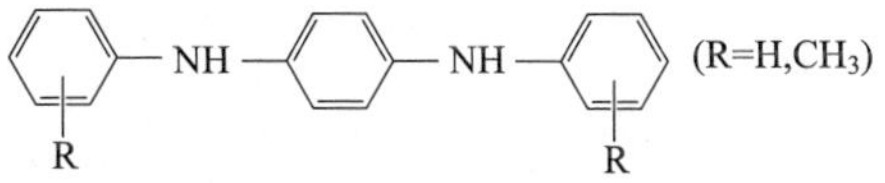

② 防老剂 TDPD (3100) 物理化学特性　它具有防臭氧、长期性能佳的特点，抗屈挠耐龟裂性能与防老剂 4010NA 和 4020 相似。具有最强抗金属毒害性。在橡胶中的溶解度大。其碱性小，对硫化和焦烧基本无影响，喷霜性也低得多。由于两个取代基均为芳基，分子量大，所以挥发性小，氧化速度慢，防护时间长。

③ 防老剂 TDPD (3100) 质量指标　见表 12-20。

表 12-20　防老剂 TDPD (3100) 的质量指标

指标名称	1 号指标[65]	2 号指标	指标名称	1 号指标[65]	2 号指标
初熔点/℃	92.0~98.0	90~100	灰分/%　≤	0.30	0.3
加热减量/%	0.30	0.5	含量/%　≥	90.0	—
外观	棕灰色至黑色片状或颗粒状	棕灰色颗粒			

注：加热减量的试验条件是 65℃，3h；灰分的试验条件是 800℃±25℃；1 号代表 HG 4233—2011；2 号代表江苏产防老剂 TDPD (3100) 企标。

④ 防老剂 TDPD (3100) 用途　用作氯丁密封剂的防臭氧剂。也适用于载重、越野胎及各种子午胎、斜交胎防老化。

(14) 防老剂 KY-405[66]　别名：4,4'-双(α,α'-二甲基苄基) 二苯胺；防老剂 445；防老剂 MC445；Nargard® 445（美国名）。

① 防老剂 KY-405 化学结构式

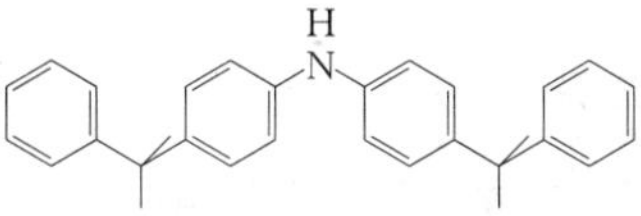

② 防老剂 KY-405 物理化学特性　白色至浅灰色粉末或晶体小颗粒，具有高分子量和低挥发性；易溶于橡胶和丙酮、氯仿、三氯乙烯、甲苯、环己烷、溶剂汽油等，微溶于水和酒精；密度 1.14g/cm³；分子量 405.58；熔点 98~105℃（有资料为：熔点 90~95℃）；热分解温度 280℃（有资料为：热分解温度 272℃）。

③ 防老剂 KY-405 质量指标　见表 12-21。

表 12-21　防老剂 KY-405 质量指标

指标名称	某企业指标[67]	指标名称	某企业指标[67]
外观	白色晶体颗粒	灰分/%	≤0.08
热分解温度 /℃	272	加热减量/%	≤0.1
熔点/℃	≥90	细度(通过 100 目筛)/%	100%

④ 防老剂 KY-405 用途　用于丙烯酸酯橡胶、丙烯酸酯类粘接密封剂及天然橡胶、丁苯橡胶、异戊橡胶、氯丁橡胶、丁基橡胶、聚醚多元醇、聚烯烃、苯乙烯共聚物、热熔胶、润滑油、聚酰胺、聚氨酯等合成聚合物制品防热、光、臭氧老化。与其他类型的抗氧化剂如酚类和亚磷酸酯类配合作用，能起到优异的协同效果。可以代替防老剂 D、MB、RD、264 等，对于氯丁橡胶密封剂、氯丁橡胶制品效果特别显著。一般用量 0.5 份即可替代 1.5 份防老剂 D 或 1.0 份防老剂 MB。一般用量为 1~3 份。

12.1.4　烷基芳基仲胺类防老剂

（1）防老剂 CMA[68,69]　别名：N-环己基-对甲氧基苯胺。
① 防老剂 CMA 化学结构式

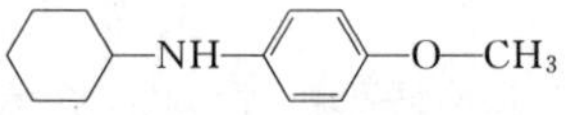

② 防老剂 CMA 物理化学特性　白色结晶粉末。暴露在空气中及阳光照射下不变色；在 75% 热乙醇中溶解度较大。几乎不溶于水。遇酸生成易溶于水的盐；熔点 41~42℃；盐酸盐熔点 220℃。

③ 防老剂 CMA 质量指标　见表 12-22。

表 12-22　防老剂 CMA 质量指标（仅有企标）

指标名称	参数	指标名称	参数
外观	白色结晶粉末	挥发分/%	≤2
加热减量/%	≤1.0	灰分含量/%	≤0.5
凝固点/℃	≥56		

④ 防老剂 CMA 用途　用作合成高分子聚合物为基体的密封剂及天然橡胶制品抗臭氧老化。

（2）防老剂 CEA[70~72]　别名：N-环己基-对-乙氧基苯胺。
① 防老剂 CEA 化学结构式

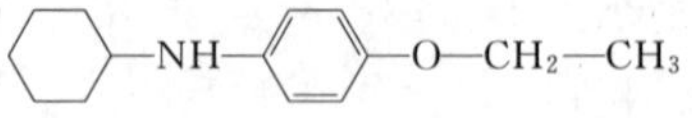

② 防老剂 CEA 物理化学特性　白色结晶粉末；溶于溶剂汽油、乙醇及苯，不溶于水。遇酸生成易溶于水的盐；熔点 58.5~60.5℃。

③ 防老剂 CEA 质量指标　见表 12-23。

表 12-23　防老剂 CEA 质量指标（仅有企标）

指标名称	参数	指标名称	参数
挥发分/%	≤2.0	灰分含量/%	≤0.5
熔点/℃	≥56		

④ 防老剂 CEA 用途　用作密封剂防老剂。也用于天然橡胶、合成高分子材料的浅色工

业制品耐臭氧化、耐热、耐氧、耐屈挠等。

（3）防老剂 DED[73]　别名：N,N'-二苯基乙撑二胺。

① 防老剂 DED 化学结构式

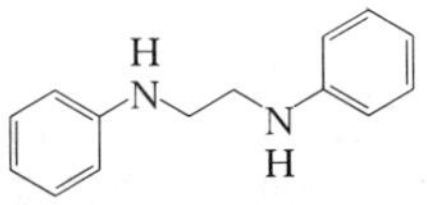

② 防老剂 DED 物理化学特性　分析纯产品为白色结晶，一般工业品为浅棕色颗粒状粉末；易溶于乙醇和乙醚，不溶于水；相对密度（分析纯）1.14，（工业品）1.14～1.21；沸点（1.60kPa）228～230℃；熔点（分析纯）67.5℃，（工业品）≥55℃；基本无毒，有刺激性［最小致死量（大鼠，经口 500 mg/kg）］。

③ 防老剂 DED 质量指标　见表 12-24。

表 12-24　防老剂 DED 质量指标（仅有企标）

指标名称	参数	指标名称	参数
纯度/%	≥98.0	熔点/℃	63.0～68.0
在热甲醇中溶解度	几乎透明		

④ 防老剂 DED 用途　用于合成高分子材料为基体制备的密封剂等材料抗击热氧老化、暴晒龟裂和屈挠龟裂，和其他防老剂一起使用对抗击臭氧老化有协同作用，能抑制铜害和锰害。

（4）防老剂 DTD[74]　别名：N,N'-二邻甲苯基亚乙基二胺；N,N'-二邻甲苯基乙二胺。

① 防老剂 DTD 化学结构式

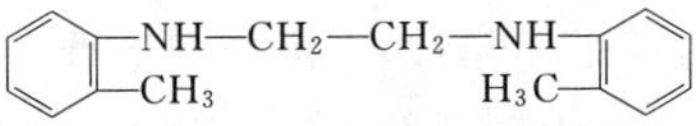

② 防老剂 DTD 物理化学特性　紫褐色颗粒状粉末；分子量 240.34；密度 1.083g/cm³；熔点 70～73℃；沸点（760mmHg）434.2℃；闪点 277.4℃；蒸气压（25℃）9.67×10^{-8}mmHg。

③ 防老剂 DTD 质量指标　见表 12-25。

表 12-25　防老剂 DTD 质量指标

指标名称		参数	指标名称		参数
外观		紫褐色颗粒状粉末	密度/(g/cm³)		1.083
纯度/%	≥	98	熔点/℃	≥	64.4

④ 防老剂 DTD 用途　合成橡胶基密封剂、合成橡胶混炼胶用抗热氧防老剂和耐热助剂。

12.1.5　取代酚类防老剂

（1）防老剂 SP[75～77]　别名：苯乙烯化苯酚。

① 防老剂 SP 聚合度 n 为 3 时的化学结构式

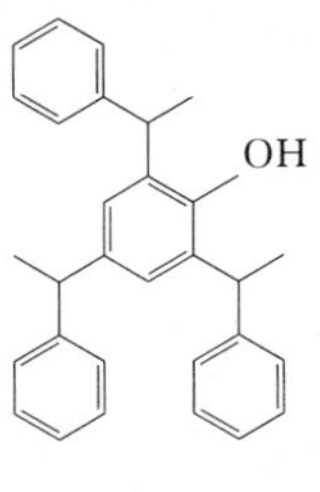

② 防老剂 SP 物理化学特性　浅黄色至琥珀色或无色透明黏稠液体，挥发性低，不变色，不污染，易分散，耐光、耐屈挠、耐热；溶于甲苯、乙醇、丙酮、三氯乙烷等，难溶于溶剂汽油；不溶于水；相对密度（20℃/4℃）1.07～1.09；沸点＞250℃；折射率（n_D^{25}）1.5985～1.6020；闪点（开杯）182℃；低毒，LD_{50} 为 3550mg/kg。

③ 防老剂 SP 质量指标　见表 12-26。

表 12-26　防老剂 SP 的质量指标（仅有企标）

指标名称		一级品	二级品	指标名称	一级品	二级品
透光度/%	≥	70	60	折射率(n_D^{25})	1.5985～1.6020	
灰分/%	≤	0.5	1	密度/(g/cm³)	1.07～1.09	
黏度(30℃)/mPa·s		3.0～5.0	2.0～2.9 (5.1～6.0)	外观	浅黄色至琥珀色或 无色透明黏稠液体	

④ 防老剂 SP 用途　用作密封剂、丁苯橡胶、顺丁橡胶、氯丁橡胶、丁腈橡胶、丁基橡胶、天然橡胶、SBS 等胶黏剂的热氧稳定剂，抗氧化性和耐热性好，污染性小，参考用量 0.5～3.0 份。

（2）防老剂 264[78～80]　别名：抗氧剂 264；抗氧防胶剂 T501；2,6-二叔丁基对甲酚。

① 防老剂 264 化学结构式

$$(CH_3)_3C \underset{CH_3}{\overset{OH}{\bigcirc}} C(CH_3)_3$$

② 防老剂 264 物理化学特性　白色晶体；溶于苯、醇、酮、四氟化碳、醋酸乙酯、汽油等溶剂，不溶于稀烧碱溶液；分子量 220.36；熔点 69～70℃；沸点 257～265℃；闪点 167.7℃。

③ 防老剂 264 质量指标　见表 12-27。

表 12-27　防老剂 264 的质量指标

指标名称		石油化工行业标准 SH0015—1990 指标[81]		某企业指 SY—1706-74 指标[82]		GB/900—80
		一级品	合格品	一级品	二级品	食品级
外观		白色晶体	白色晶体	白色晶体	白色晶体	白色晶体
初熔点/℃		69.0～70.0	68.5～70.0	69	68.5	69～70
水分/%	≤	0.05	0.08	0.06	1	0.1
灰分/%	≤	0.01	0.03	0.01	0.03	0.01
游离甲酚/%	≤	0.015	0.03	0.02	0.04	0.02
砷(As^{3+})/%	≤	—	—	—	—	0.0001
重金属(以 Pb^{2+} 计)/%	≤	—	—	—	—	0.0004

④ 防老剂 264 用途　本品是酚类抗氧剂中用量最大、用途最广的一种广谱型抗氧剂，广泛应用于以高分子材料为基体的密封剂、石油制品，橡胶、塑料的防老化以及食品工业中如饲料、动植物油肥皂等的抗氧化。

12.1.6　硫代双取代酚类防老剂

别名：2,2′-硫代双（4-甲基-6-叔丁基苯酚）。

① 防老剂 2246-S 化学结构式

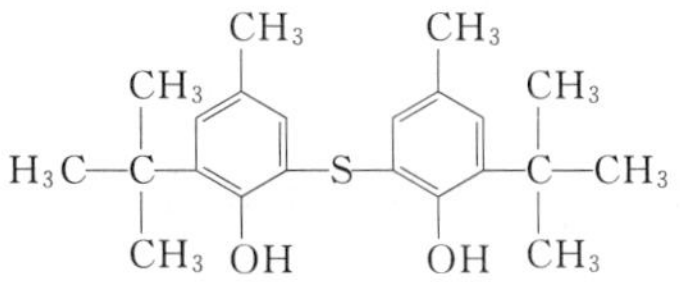

② 防老剂 2246-S 物理化学特性　白色结晶粉末，可燃；易溶于汽油、石油醚、氯仿、苯，稍溶于醇，不溶于水；熔点 82～88℃。

③ 防老剂 2246-S 质量指标　见表 12-28。

表 12-28　防老剂 2246-S 质量指标（仅有企标）

指标名称	22 号指标	11 号指标	指标名称	22 号指标	11 号指标
熔点/℃	79～84	—	加热减量/%	—	≤1.0
干品初熔点/℃	—	139～141	挥发分/%	≤0.5	—
灰分/%	≤0.5	≤0.5	外观	白色粉末	白至黄色结晶粉末

注：22 号指标指某企业 2246-S 的企标；11 号指标代表寿光市产 2246-S 的企标。

④ 防老剂 2246-S 用途　用作密封剂的耐热防老化助剂。也用作合成橡胶（丁腈、丁基）、胶乳和天然胶以及聚丙烯、聚乙烯的抗氧剂。

12.1.7　亚烷基双取代酚及多取代酚类防老剂

防老剂 2246[83,84]　别名：2,2′-亚甲基双-（4-甲基-6-叔丁基苯酚）；抗氧剂 2246。

（1）防老剂 2246 化学结构式

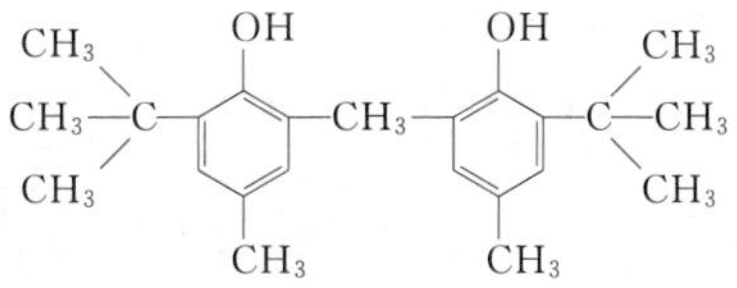

（2）防老剂 2246 物理化学特性　白色或乳白色结晶粉末，稍有酚味。其抗菌效果高于抗氧剂 264。贮存稳定性好，长期存放呈微粉红色，不易挥发，不污染制品，不着色；可溶于乙醇、丙酮、苯、石油醚等有机溶剂，不溶于水；相对密度 1.04～1.08；熔点 120～130℃；低毒性。

（3）防老剂 2246 产品质量指标　见表 12-29。

表 12-29　防老剂 2246 质量指标（仅有企标）

指标名称	石家庄市瑞欧化工有限公司	镇江天茂橡胶助剂有限公司		
	无等级	合格品	一等品	优等品
外观	白色或乳白色结晶粉末	白色结晶粉末	白色结晶粉末	白色结晶粉末
干品初熔点/℃	≥120	120.0	125.0	128.0
加热减量/%	≤0.3	0.50	0.50	0.10
灰分/%	≤0.2	0.50	0.30	0.20
细度(150 目通过)/%	≥99.5			
细度(100 目筛余物)/%　　　　≤	—	0.20	0.20	0.20

（4）防老剂 2246 用途　是顺丁橡胶、丁腈橡胶、氯丁橡胶为基体的密封剂的抗热氧老化的防老剂。也是天然橡胶、乳胶、合成胶的优良防老剂及各种塑料制品抗氧剂，在油品及含脂肪食品中亦是优良的抗氧剂，是应用广泛的白色通用受阻酚类抗氧剂。

12.1.8　多元酚类防老剂

（1）防老剂 DAH　别名：2,5-二叔戊基对苯二酚。

① 防老剂 DAH 化学结构式

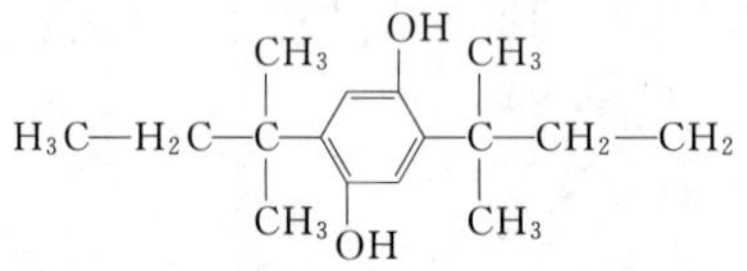

② 防老剂 DAH 物理化学特性　白色或灰白色粉末，无臭、无毒；溶于丙酮、乙醇、乙醚、氯仿、苯，微溶于二氯乙烷，不溶于水；相对密度 1.02～1.08；熔点 179℃。

③ 防老剂 DAH 质量指标　见表 12-30。

表 12-30　防老剂 DAH 质量指标（无 GB、HG、SH 标准）

指标名称	参数	指标名称	参数
含量/%	≥98.0	沸点(760mmHg)/℃	364.8
密度/(g/cm³)	0.99	闪点/℃	162.7

④ 防老剂 DAH 用途　用于合成高分子材料为基体的密封剂的抗氧、抑制光老化作用，与防老剂 DNP 并用效力增加。

（2）防老剂 DBH[85]　别名：对苯二酚二苄醚。

① 防老剂 DBH 化学结构式

② 防老剂 DBH 物理化学特性　白色至土白色粉末，纯品为银白色片晶，易燃；溶于丙酮、苯及氯苯。难溶于乙醇、汽油和水；纯度≥90%；熔点 125℃；低毒。

③ 防老剂 DBH 产品质量指标　见表 12-31。

表 12-31　防老剂 DBH 质量指标（仅有企标）

指标名称	参数	指标名称	参数
外观	白色至土白色粉末	细度(通过 100 目标准筛)/%	≥99
熔点/℃	≥125	灰分/%	≤0.5
水分/%	≤1.0	氯离子(Cl⁻)/%	≤0.03

④ 防老剂 DBH 用途　用于浅色泡沫密封剂及白色橡胶制品的中等能力的防老剂，但不污染、不变色、在长期日光暴晒下也不变色。

12.1.9　其他类型防老剂

（1）防老剂 NAPM[86]　别名：N-4（苯氨基苯基）甲基丙烯酰胺。

① 防老剂 NAPM 化学结构式

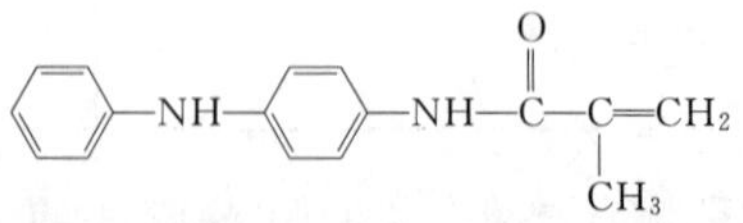

② 防老剂 NAPM 物理化学特性　灰色粉末，具有化学活性，能与橡胶中的不饱和键在引发剂的作用下发生聚合反应；溶于苯和丙酮，不溶于水；熔点 100～106.5℃。

③ 防老剂 NAPM 的质量指标　见表 12-32。

表 12-32　防老剂 NAPM 的质量指标（无 GB、HG、SH 标准）

指标名称	参数	指标名称	参数
外观	灰色粉末	水分/%	≤0.5
熔点/℃	100~106.5	细度/目	<150
灰分/%	≤0.5		

④ 防老剂 NAPM 用途　用作密封剂、有不饱和键橡胶、塑料的化学反应性防老剂。各种性能显著优于 4010、4020 类防老剂，防老剂 NAPM 性能最好[87]。用量和上述防老剂相同。

（2）防老剂 TNP[88~90]　别名：三（壬基化苯基）亚磷酸酯。

① 防老剂 TNP 化学结构式

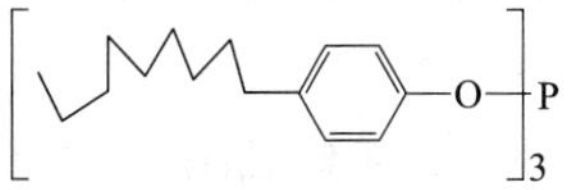

② 防老剂 TNP 物理化学特性　琥珀色黏稠液体，无臭、无味，贮存中性能稳定；可溶于丙酮、乙醇、苯、四氯化碳，不溶于水；密度 0.97~0.99g/cm³；折射率 1.520~1.526；无毒。

③ 防老剂 TNP 质量指标　见表 12-33。

表 12-33　防老剂 TNP 质量指标（国际通用质量指标）[91]

指标名称	参数	指标名称	参数
外观	琥珀色黏稠液体	折射率	1.520~1.526
密度/(g/cm³)	0.97~0.99	黏度/mPa·s	≥42.5
		磷含量/%	3.6~4.3

④ 防老剂 TNP 用途　合成橡胶基密封剂、合成橡胶及天然橡胶以及丁苯橡胶制品、塑料制品的耐热氧老化的非污染性防老剂。与酚类防老剂并用效果更好。

12.2　抗氧剂[1]

本节全部材料均为耐热助剂，分述中不再重复。

（1）抗氧剂 4426[92]　别名：4,4′-亚甲基双（2,6-二叔丁基苯酚）。

① 抗氧剂 4426 化学结构式

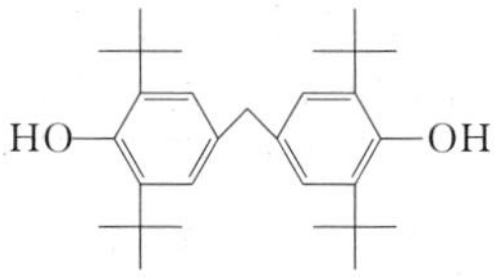

② 抗氧剂 4426 物理化学特性　溶于苯、甲苯，微溶于乙醇，不溶于水，不污染，无毒，挥发性低，抗热氧稳定性好。

③ 抗氧剂 4426 产品质量指标　见表 12-34。

表 12-34　抗氧剂 4426 质量指标（仅有企标）

指标名称	参数	指标名称	参数
外观	白色或微黄色结晶粉末	灰分/%	≤0.1
熔点/℃	149~156	挥发分/%	≤0.5

④ 抗氧剂 4426 用途　用作密封剂、聚乙烯、聚丙烯、聚苯乙烯、ABS 树脂、合成和天

然橡胶、乳胶、各种塑料的抗氧剂，一般用量为 0.5%～2%，塑料制品、石油制品中一般用量为 0.3%～1%。

（2）抗氧剂 1010   别名：四［β-（3,5-二叔丁基-4-羟基苯基）丙酸］季戊四醇酯。

① 抗氧剂 1010 化学结构式

$$\left[HO - \underset{\underset{C(CH_3)_3}{|}}{\overset{\overset{C(CH_3)_3}{|}}{\bigcirc}} - CH_2 - CH_2 - COO - CH_2 \right]_4 C$$

② 抗氧剂 1010 物理化学特性   高分子量受阻酚类抗氧剂。溶于苯、丙酮、氯仿等，微溶于乙醇，不溶于水，抗热水萃取性优异，挥发性低。

③ 抗氧剂 1010 产品质量指标   见表 12-35。

表 12-35   抗氧剂 1010 行业标准规定的质量指标 （执行标准：HG/T 3713—2010）[93]

指标名称		A 型	B 型	指标名称		A 型	B 型
外观		白色粉末或颗粒		主含量/% ≥		94.0	94.0
锡含量/×10⁻⁶		—	2	有效组分/% ≥		98.0	98.0
加热减量/%		≤0.50	≤0.50	溶解性		清澈	清澈
透光率/%	425nm	≥96.0	≥95.0	灰分/% ≤		0.10	0.10
	500nm	≥98.0	≥97.0	熔点/℃		117.5±7.5	

注：锡含量为型式检验。

④ 抗氧剂 1010 用途   用作密封剂、烯烃树脂（如聚乙烯、聚丙烯）、聚氨酯、聚甲醛、ABS 树脂、聚乙烯醇缩乙醛、合成橡胶为基体的橡塑弹性体的抗氧剂。经常与辅助抗氧剂 68、DLTP 并用发挥协同效应，抗氧性能更佳，一般用量为 0.1%～0.5%。

（3）抗氧剂 1076[94]   别名：β-（4-羟基苯基-3，5-二叔丁基）丙酸正十八碳醇酯。

① 抗氧剂 1076 化学结构式

$$HO - \underset{\underset{C(CH_3)_3}{|}}{\overset{\overset{C(CH_3)_3}{|}}{\bigcirc}} - CH_2 - CH_2 - COO - C_{18}H_{37}$$

② 抗氧剂 1076 物理化学特性   无污染，耐热和耐水抽出性好，溶于苯、丙酮、环己烷等，微溶于甲醇，不溶于水。基本无毒。

③ 抗氧剂 1076 质量指标   见表 12-36。

表 12-36   抗氧剂 1076 质量指标 （执行标准：HG/T 3795—2005）[95]

指标名称		参数	指标名称		参数
外观		白色	溶液澄清度		澄清
挥发分/%		≤0.20	含量/%		≥98.0
熔点范围/℃		50.0～55.0	透光率/%	425nm	≥96
灰分/%		≤0.10		500nm	≥98

④ 抗氧剂 1076 用途   用作密封剂、聚乙烯、聚丙烯、聚甲醛、ABS 树脂、聚苯乙烯、聚氯乙烯醇、工程塑料、合成橡胶及石油产品的抗氧剂。与抗氧剂 SONOX 168、DLTP（DLTDP）并用，协同效应显著，可有效抑制聚合物的热降解和氧化降解，一般用量为 0.1%～0.5%。

（4）抗氧剂 1098   别名：N,N′-1,6-亚己基-双［3-（3,5-二叔丁基-4-羟基苯基）丙酰胺］；N,N′-双-［3-（3,5-二叔丁基-4-羟基苯基）丙酰基］己二胺。

① 抗氧剂 1098 化学结构式

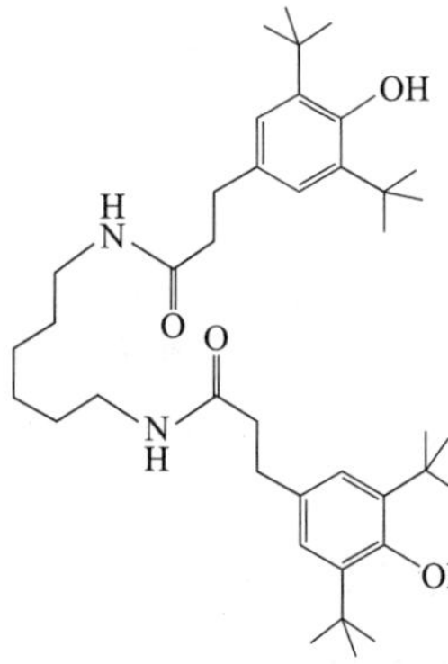

② 抗氧剂 1098 物理化学特性　溶于甲醇和氯仿，微溶于甲苯，几乎不溶于水，挥发性低，不污染、不变色、耐抽出，无毒性。

③ 抗氧剂 1098 产品质量指标　见表 12-37。

表 12-37　抗氧剂 1098 质量指标（仅有企标）

指标名称		参数	指标名称	参数
主含量/%		≥99	外观	白色或类白色结晶固体粉末
灰分/%		≤0.1	溶解性	澄清、透明
透光率/%	425nm	≥96	熔点/℃	155~160
	500nm	≥98	挥发分/%	≤0.3

④ 抗氧剂 1098 用途　主要用于尼龙-6、尼龙-66、聚乙烯、聚丙烯、聚酰胺、聚苯乙烯、ABS 树脂、聚氨酯以及橡胶等聚合物制备的密封剂、混炼胶中，也可与辅助抗氧剂配合使用提高抗氧性能，一般用量为 0.3%~1.0%。

（5）抗氧剂 168　别名：亚磷酸三（2,4-二叔丁基苯基）酯。

① 抗氧剂 168 化学结构式

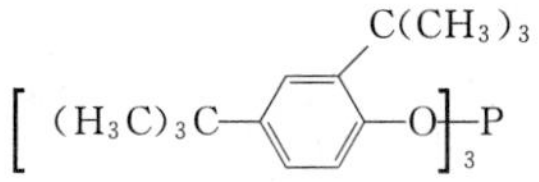

② 抗氧剂 168 物理化学特性　溶于苯、氯仿等，微溶于乙醇、丙酮，不溶于水，与主抗氧剂 1010 及 1076 等并用有极好的协同效应。

③ 抗氧剂 168 质量指标　见表 12-38。

表 12-38　抗氧剂 168 质量指标（执行标准：HG/T 3712—2010）[96]

指标名称			参数	指标名称		参数
加热减量/%		≤	0.30	外观		白色粉末或颗粒
溶解性			清澈	熔点/℃		183.0~187.0
抗水解性能			合格	主含量/%	≥	99.0
酸值/(mgKOH/g)		≤	0.3	2,4-二叔丁基苯酚含量/%	≤	0.20
透光率/%	425nm	≥	98.0			98
	500nm	≥				

④ 抗氧剂 168 用途　与主抗氧剂复配，可广泛用作密封剂、聚乙烯、聚丙烯、聚碳酸酯、聚甲醛、ABS 树脂、PS 树脂、PVC、工程塑料、橡胶等高分子材料及石油产品的抗氧剂，一般用量为 0.1%~1.0%。

（6）抗氧剂 626[97]　别名：双（2,4-二叔丁基苯基）季戊四醇二亚磷酸酯。

① 抗氧剂 626 化学结构式

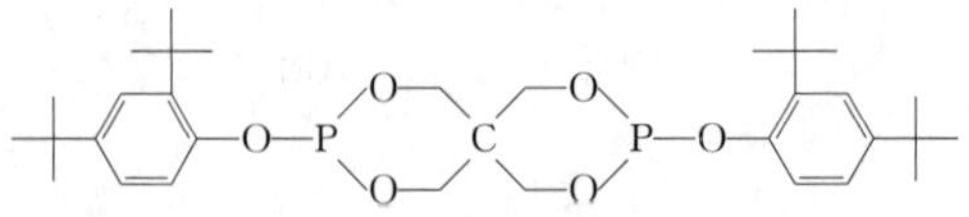

② 抗氧剂 626 物理化学特性　白色结晶粉末或颗粒，耐水解性较差，化学性状稳定，耐热、耐潮湿性差，与大多数聚合物具有很好的相容性。有良好的防止光和热引起的变色作用，同时还具有一定的光稳定作用；溶于甲苯、二氯甲烷等有机溶剂，微溶于醇类，不溶于水；分子量 604；熔程 170～180℃；闪点 168℃；着火点 421℃；堆积密度 0.43g/cm³。

③ 抗氧剂 626 产品质量指标　见表 12-39。

表 12-39　抗氧剂 626 质量指标（企业标准）

指标名称	a指标	b指标	c指标	指标名称	a指标	b指标	c指标
外观	白色结晶粉末或颗粒			闪点/℃	—	168	—
熔点范围/℃	170～180	160～180		d 游离/% ≤	1.0	—	1.0
下限/(kg/m³)	—	0.12	—	堆积密度/(g/cm³)	—	0.43	—
酸值/(mgKOH/g) ≤	1.0		1.0	爆炸性指标/%	—	0.37	—
主含量/%	≥95.0	—		加热减量/% ≤	1.0	—	—
着火点/℃		421		挥发分/% ≤	1.0	—	0.5
溶解性：易溶于甲苯、二氯甲烷等有机溶剂，微溶于醇类，不溶于水							

注：a 代表广州产抗氧剂 626 的企标；b 代表亚宝牌抗氧剂 626 的企标；c 代表沃龙牌抗氧剂 626 的企标；下限指粉尘爆炸浓度的下限；d 游离指游离 2,4-二叔丁基酚。

④ 抗氧剂 626 用途　与抗氧剂 1010 等酚类主抗氧剂复合后用作密封剂、黏合剂、PE、PP、PS、聚酰胺、聚碳酸酯、ABS 等高分子材料的抗氧剂。

（7）抗氧剂 1024　别名：N,N'-双［3-（3，5-二叔丁基-4-羟基苯基）丙酰］肼。

① 抗氧剂 1024 化学结构式

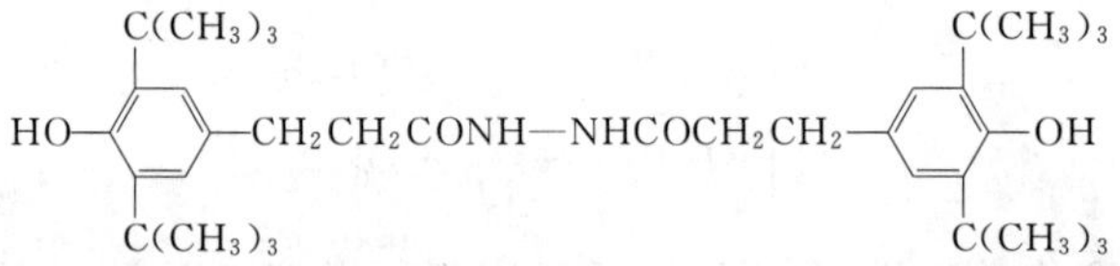

② 抗氧剂 1024 物理化学特性　无毒，无刺激，无污染，具有受阻酚和酰肼的双重结构，溶于甲醇和丙酮，微溶于氯仿和乙酸乙酯，不溶于水，可有效防止聚合物因过渡金属离子（如催化剂残留物）存在所致的自氧化和金属减活的功能。

③ 抗氧剂 1024 产品质量指标　见表 12-40。

表 12-40　抗氧剂 1024 质量指标（仅有企业标准）

指标名称		参数	指标名称	参数
外观		白色或类白色固体粉末	熔点/℃	224～229
主含量/%		≥99	灰分/%	≤0.1
透光率	(425nm)/%	≥96	挥发分/%	≤0.5
	(500nm)/%	≥98	甲醇溶解性	澄清、透明

④ 抗氧剂 1024 用途　用作密封剂、聚乙烯、聚丙烯、聚苯乙烯、聚酰胺、聚酯、酚醛树脂的抗氧化剂。一般用量为 0.1%～0.5%。

（8）抗氧剂 1035　别名：2,2'-硫代双［3-（3，5-二叔丁基-4-羟基苯基）丙酸乙酯］。

① 抗氧剂 1035 化学结构式

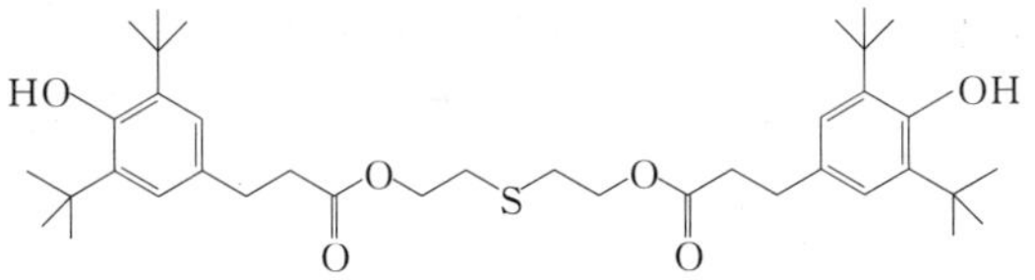

② 抗氧剂 1035 物理化学特性　抗氧剂 1035 是一种含硫多元受阻酚抗氧剂或说是一种硫醚型酚类抗氧剂[98]，为白色结晶粉末、无味、毒性低，不溶于水，易溶于甲醇、乙醇、甲苯、丙酮等有机溶剂，相对密度 1.19，表观相对密度 0.5～0.6。

③ 抗氧剂 1035 质量指标　见表 12-41。

表 12-41　抗氧剂 1035 质量指标（仅有企标）

指标名称		1 号指标		2 号指标	指标名称		1 号指标		2 号指标
		优级	一级				优级	一级	
含量/%	≥	99.0	98.5	98.5	熔点/%		≥63.0		63～67
挥发分/%	≤	0.1	0.3	0.3	灰分/%		≤0.03		
透光率/%	425nm ≥	97	95	95	外观		白色结晶性粉末		
	500nm ≥	99	97	97					

注：1 号指南宫市产 NGKY-1035 企标；2 号指上海产抗氧剂 1035 企标。

④ 抗氧剂 1035 用途　抗氧剂 1035 为性能优良的硫醚型受阻酚类抗氧剂，广泛用作密封剂、各种塑料、橡胶、黏合剂、涂料、ABS、PS、PU、PA 等的抗氧剂。抗氧剂 1035 在化学交联电缆料中取代抗氧剂 1010 可降低配方中抗氧剂和交联剂用量。

(9) 抗氧剂 697　别名：2,2-草酰氨基－双［乙基-3-（3,5－二叔丁基-4-羟基苯基）］丙酸酯；MD-697。

① 抗氧剂 697 化学与结构式

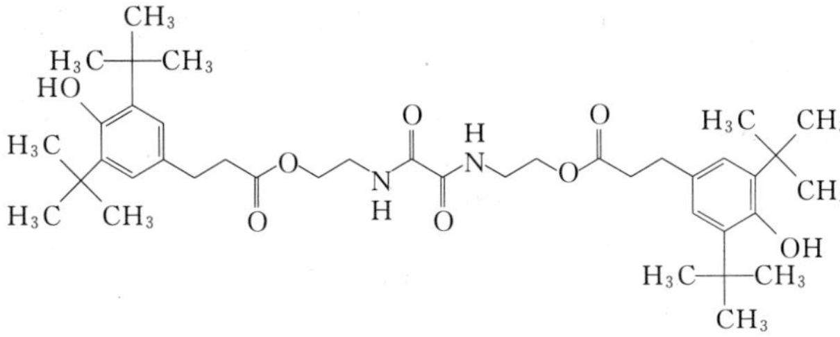

② 抗氧剂 697 物理化学特性　白色流动性粉末，对热稳定。分子结构中同时具有阻碍酚和草酰胺官能团，使本产品具有抗氧化及金属减活剂的双重功能，具有低挥发性，不使制品着色；溶解度：苯乙烯中 5g/100g 溶剂，甲醇中 1.6g/100g 溶剂，乙烷中 0.03g/100g 溶剂，水中 0.01g/100g 溶剂，氯仿中 35g/100g 溶剂，丙酮中 10g/100g 溶剂；熔点 175～177℃；闪点（TOC）260℃；着火点（TOC）273℃。

③ 抗氧剂 697 质量指标　见表 12-42。

表 12-42　南京产抗氧剂 697 质量指标

指标名称	参数	指标名称	参数
外观	白色流动性粉末	挥发分/%	＜0.5
熔点/℃	172～178	灰分/%	＜0.1
含量/%	＞98.0	重金属含量/(mg/kg)	＜100

④ 抗氧剂 697 用途　用作密封剂、黏合剂、聚烯烃类（聚乙烯、聚丙烯、聚苯乙烯等）、聚酯、聚酰胺、聚醋酸乙烯酯、聚氨酯、ABS 树脂、PVC 树脂等高分子材料的抗氧剂和金属减活剂。与硫代二丙酸酯类、亚磷酸酯类、HALS 类和其他阻碍酚类抗氧剂并用产

生良好的协同效应。在国外，本结构抗氧剂已获 FDA 批准应用于聚合物中。

（10）抗氧剂 B215　由抗氧剂 168 与 抗氧剂 1010 复合而成；别名：复合抗氧剂 AT-215。

① 抗氧剂 B215 化学结构式

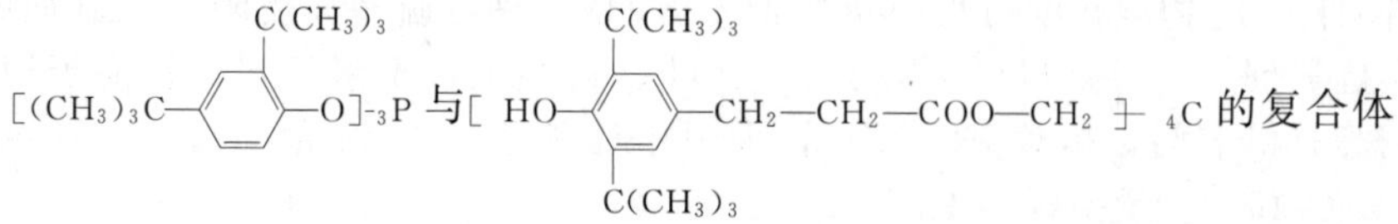

$$[(CH_3)_3C{-}\langle\rangle{-}O]_3P \text{ 与 } [HO{-}\langle\rangle{-}CH_2{-}CH_2{-}COO{-}CH_2]_4C \text{ 的复合体}$$

② 抗氧剂 B215 物理化学特性　抗氧剂 B215 是抗氧剂 1010 与抗氧剂 168 以 1：2 的比例的复配物。本品溶于苯、环己烷、乙酸乙酯等有机溶剂，不溶于水。无毒、不易燃、不腐蚀、贮存稳定性好。

③ 复配抗氧剂 B215 产品质量指标　见表 12-43。

表 12-43　复配抗氧剂 B215 质量指标（仅有企标）

指标名称		参数	指标名称	参数
抗氧剂 MK-168 含量/%		61.7~71.7	外观	白色粉末或结晶颗粒
抗氧剂 MK-1010 含量/%		28.3~38.3	灰分/%	≤0.1
透光度	（425nm）/%	≥97.0	溶解性	清澈、透明
	（500nm）/%	≥98.0	挥发分/%	≤0.5

④ 复配抗氧剂 B215 用途　用作聚硫和改性聚硫密封剂、聚氨酯密封剂、黏合剂、聚烯烃（聚乙烯、聚丙烯）、聚碳酸酯、ABS 树脂和其他石油化工产品、工程塑料、苯乙烯类均聚和共聚物的抗氧剂。一般用量为 0.1%~0.8%。

（11）抗氧剂 B225　由抗氧剂 168 与 抗氧剂 1010 等比例复合而成；别名：复合型抗氧剂 B225。

① 抗氧剂 B225 化学结构式

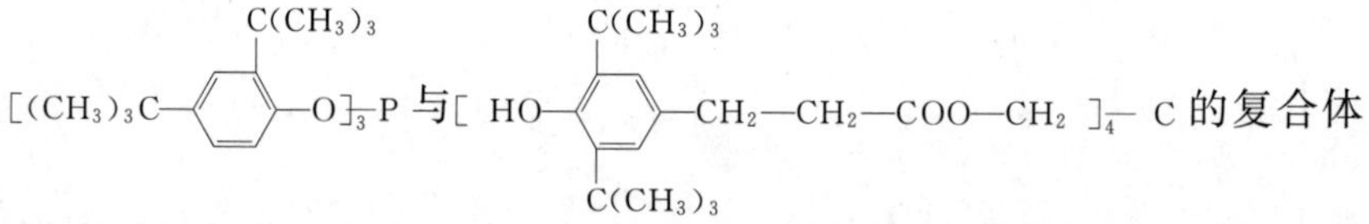

$$[(CH_3)_3C{-}\langle\rangle{-}O]_3P \text{ 与 } [HO{-}\langle\rangle{-}CH_2{-}CH_2{-}COO{-}CH_2]_4C \text{ 的复合体}$$

② 抗氧剂 B225 物理化学特性　抗氧剂 B225 为主抗氧剂 1010 与辅助抗氧剂 168 按 1：1 的比例，经特种工艺调配而成的复配物，溶于苯、环己烷、乙酸乙酯等有机溶剂，不溶于水，无毒、不易燃、不腐蚀、贮存稳定性好。

③ 抗氧剂 B225 质量指标　见表 12-44。

表 12-44　抗氧剂 B225 质量指标（仅有企标）

指标名称		参数	指标名称	参数
外观		白色结晶粉末	抗氧剂 168 含量/%	45.0~55.0
甲苯中溶解性		澄清、透明	挥发分/%	≤0.5
透光率	（425nm）/%	≥96	抗氧剂 1010 含量/%	45.0~55.0
	（500nm）/%	≥97		

注：抗氧剂 1010 含量属非常规检测指标；甲苯中可溶解性为 20mL 甲苯中可溶入 2g 抗氧剂 B225。

④ 抗氧剂 B225 用途　用作密封剂、黏合剂、聚乙烯、聚丙烯、聚碳酸酯、ABS 树脂和其他石油化工产品的抗氧剂。一般用量为 0.1%~0.8%。

（12）抗氧剂 B900（复配型）

① 抗氧剂 B900 化学结构式

$$HO-\text{（苯环）}-CH_2-CH_2-COO-C_{18}H_{37} \quad 与 \quad \left[(H_3C)_3C-\text{（苯环）}-O\right]_3P \text{ 复合体}$$

苯环取代基：$C(CH_3)_3$（上），$C(CH_3)_3$（下）；右侧苯环取代基：$C(CH_3)_3$

② 抗氧剂 B900（复配型）物理化学特性　白色粉末或颗粒，不易燃、不易爆、不腐蚀，贮存稳定性好；主抗氧剂 1076 含量 20%，辅助抗氧剂 168 含量 80%；透光度（425nm）≥97.0%，（500nm）≥97.0%；挥发分≤0.5%；灰分≤0.1%；溶液澄清；无毒。注：透光度指 100mL 甲苯中溶入 10g 抗氧剂 B900（复配型）溶液的透光度。

③ 抗氧剂 B900（复配型）质量指标　见表 12-45。

表 12-45　抗氧剂 B900（复配型）质量指标

指标名称		参数	指标名称	参数
溶解性		澄清、透明	外观	白色结晶粉末
透光率/%	425nm	≥96	抗氧剂 MK-168 含量/%	77.5～82.5
	500nm	≥97	抗氧剂 1076 含量（非常规检测）/%	17.5～22.5

注：抗氧剂 1076 含量属非常规检测指标。

④ 抗氧剂 B900（复配型）用途　用作密封剂、黏合剂、聚乙烯、聚丙烯、聚碳酸酯、尼龙、ABS 树脂、石油化工产品的抗氧剂。一般用量为 0.1% ～ 0.8%。

（13）抗氧剂 DLTP（DLTDP）[99]　别名：硫代二丙酸二月桂酯。

① 抗氧剂 DLTP（DLTDP）化学结构式

$$\left[H_{25}C_{12}-O-\overset{\displaystyle O}{\overset{\displaystyle \|}{C}}-CH_2-CH_2\right]_2 S$$

② 抗氧剂 DLTP（DLTDP）物理化学特性　白色结晶粉末，不污染，不着色，挥发性低，熔点低，热加工损失小；溶解度（25℃）（丙酮中）51.2g/100g 溶剂，（95%乙醇中）0.5g/100g 溶剂；甲苯中溶解度（9℃）39.2 g/100g 溶剂；毒性小。

③ 抗氧剂 DLTP（DLTDP）产品质量指标　见表 12-46。

表 12-46　抗氧剂 DLTP（DLTDP）质量指标（仅有企标）

指标名称		参数	指标名称		参数
透光度(10g/100mL，甲苯) ≥	(425nm)/%	97	挥发分/%	≤	0.5
	(500nm)/%	97	熔点/℃		38.5～41.5
外观：白色粉末或晶状物；溶解性：10g 溶在 100g 溶剂中室温下澄清					

④ 抗氧剂 DLTP（DLTDP）用途　用作密封剂、橡胶、聚丙烯、聚乙烯、ABS、润滑油脂等合成材料的抗氧剂。与酚类主抗氧剂 1076，1010 等并用，产生协同效应，可以大大提高主抗氧剂的抗氧效果，改善制品的加工性能和延长使用寿命。也常用于食品包装等材料中。一般用量为 0.1%～1.0%。

（14）抗氧剂 DSTP（DSTDP）　别名：硫代二丙酸二（十八）酯。

① 抗氧剂 DSTP（DSTDP）化学结构式

$$S\left[-CH_2-CH_2-COOC_{18}H_{37}\right]_2$$

② 抗氧剂 DSTP（DSTDP）物理化学特性　溶于苯、甲苯等，微溶于乙醇，不溶于水。不污染，不着色，挥发性低，热加工损失小，无毒、不易燃、不腐蚀、不刺激、贮存稳定

性好。

③ 抗氧剂 DSTP（DSTDP）质量指标　见表 12-47。

表 12-47　抗氧剂 DSTP（DSTDP）质量指标（执行标准：HG/T 3741—2004）

指标名称		参数	指标名称		参数
外观		白色颗粒或粉末	筛余物(2mm)/%	≤	2.0
熔点/℃		63.5～68.5	色度(铂-钴色号)	≤	60
酸值/(mgKOH/g)	≤	0.05	皂化值/(mgKOH/g)		160～170
灰分/%	≤	0.01			

④ 抗氧剂 DSTP（DSTDP）用途　用作密封剂、聚乙烯、聚丙烯、ABS 树脂的抗氧剂，常与主抗氧剂 1076 及 1010、CA 等并用，有极好的协同效应，一般用量为 0.1%～1.0%。

（15）抗氧剂 BTZ　别名：1,2,3-苯并三氮唑（BTZ），详见第 7 章阻蚀剂。

（16）抗氧剂 TBHQ　别名：叔丁基对苯二酚；叔丁基对苯二酚（TBHQ），详见第 8 章防霉剂。

（17）抗氧剂 DBHQ　别名：2,5-二叔丁基对苯二酚（DBHQ）。

① 抗氧剂 DBHQ 化学结构式

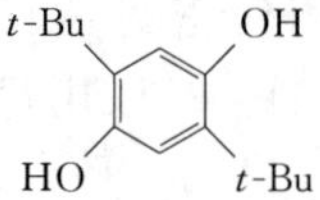

② 抗氧剂 DBHQ 物理化学特性　白色或淡黄色结晶粉末，相对密度 1.09。溶于醇、酮、乙酸乙酯和二硫化碳，微溶于苯、汽油，不溶于水，无毒、无不良气味、无污染性并具有良好的稳定性。

③ 抗氧剂 DBHQ 质量指标　见表 12-48。

表 12-48　抗氧剂 DBHQ 质量指标

指标名称	参数	指标名称	参数
含量/%	≥99.0	重金属含量(以 Pb 计)/(mg/kg)	≤10
熔点/℃	213～217	砷含量（以 As 计)/(mg/kg)	≤5
水分/%	≤0.5		

④ 抗氧剂 DBHQ 用途　用作密封剂、胶黏剂、合成橡胶、胶乳、聚烯烃、聚甲醛等塑料、树脂、不饱和聚酯、油类的抗氧剂。一般用量为 0.1%～2.0%。

（18）抗氧剂 300[100]　别名：4,4'-硫代双（6-叔丁基-3-甲基苯酚）或 4,4'-硫代双（6-叔丁基间甲酚）。

① 抗氧剂 300 化学结构式

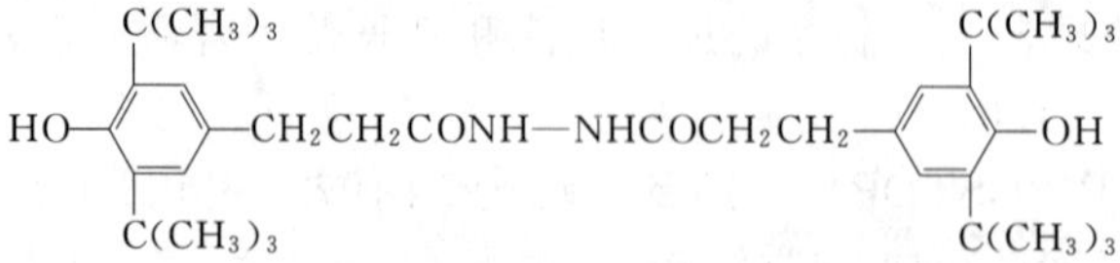

② 抗氧剂 300 物理化学特性　白色粉末，不易燃、不腐蚀、不刺激、贮存稳定性好；溶解度（甲醇中）79%，（正己烷中）0.5%～1%，（乙醚中）0.5%，（四氯化碳中）0.5%，（乙醇中）47%；（丙酮中）20%；（水中）不溶；在 N_2 中热重分析 TGA（质量损失 10%）228℃，（质量损失 5%）214℃；相对密度 1.06～1.12；纯度>96%；熔点 158～

164℃；挥发分<0.5%；灰分<0.1%。

③ 抗氧剂 300 质量指标　见表 12-49。

表 12-49　抗氧剂 300 的质量指标

指标名称	参数	指标名称	参数
外观	白色或浅黄色粉末	水分/%	≤0.10
主含量/%	≥98.5	灰分/%	≤0.05
熔点/℃	161~164		

④ 抗氧剂 300 用途　用作密封剂、黏合剂、松香树脂、石油产品、聚乙烯的抗氧剂。

12.3　紫外光吸收剂

(1) 紫外线吸收剂 UV-531（BP12）　　别名：2-羟基-4-正辛氧基二苯甲酮。

① 紫外线吸收剂 UV-531（BP12）化学结构式

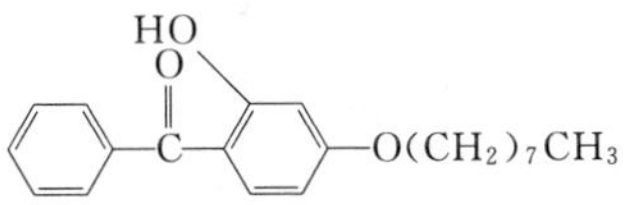

$$\text{HO} \quad \bigcirc \text{—}\overset{\text{O}}{\underset{}{\text{C}}}\text{—}\bigcirc\text{—O(CH}_2)_7\text{CH}_3$$

② 紫外线吸收剂 UV-531（BP12）物理化学特性　淡黄色针状结晶粉末，相溶性好、迁移性小、易于加工；不溶于水，溶于丙酮、苯、乙醇；相对密度（水=1）（25℃）1.16；熔点 48~49℃；紫外线吸收范围 240~340 nm。

③ 紫外线吸收剂 UV-531（BP12）质量指标　见表 12-50。

表 12-50　紫外线吸收剂 UV-531（BP12）质量指标（仅有企标）

指标名称		参数	指标名称		参数
外观		淡黄色针状结晶粉末	含量/%	≥	99
透光率　≥	(450nm)/%	90	灰分/%	≤	0.1
	(500nm)/%	95	熔点/℃		47~49
溶解度(25℃)/(g/100g 溶剂)		丙酮：74；苯：72；甲醇：2；乙醇(95%)：2.6；正庚烷：40；正己烷：40.1			

④ 紫外线吸收剂 UV-531（BP12）用途　广泛用作密封剂、黏合剂、高分子材料如 PE、PVC、PP、PS、PC、有机玻璃、干性酚醛和醇酸清漆类、聚氨酯类、丙烯酸类、环氧类、橡胶制品的紫外光稳定剂。

(2) 紫外线吸收剂 UV-9（BP-3）　　别名：2-羟基-4-甲氧基二苯甲酮。

① 紫外线吸收剂 UV-9（BP-3）化学结构式

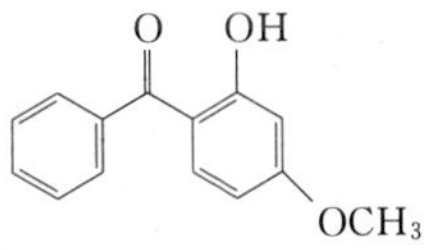

$$\bigcirc\text{—}\overset{\text{O}}{\underset{}{\text{C}}}\text{—}\bigcirc\overset{\text{OH}}{\underset{\text{OCH}_3}{}}$$

② 紫外线吸收剂 UV-9（BP-3）物理化学特性　淡黄色结晶粉末，无致畸作用，对光、热稳定性好。吸收率高，可以同时吸收 UV-A 和 UV-B，是美国 FDA 批准的 I 类防晒剂；易溶于乙醇、丙酮等有机溶剂，不溶于水（20℃，≤0.1 g/100mL）；密度 1.3g/cm³；熔点 62~64℃；闪点 216℃；沸点（5mmHg）150~160℃；无毒。

③ 紫外线吸收剂 UV-9（BP-3）质量指标　见表 12-51。

表 12-51　紫外线吸收剂 UV-9（BP-3）质量指标

指标名称		参数	指标名称		参数
八种溶剂中溶解度（25℃）/%	苯	56.2	外观		淡黄色结晶粉末
	正己烷	4.3	含量/%	≥	99
	乙醇（95%）	5.8	熔点/℃		62～64
	四氯化碳	34.5	灰分/%	≤	0.1
	苯乙烯	51.2	干燥失重/%	≤	0.5
	DOP	18.7			

④ 紫外线吸收剂 UV-9（BP-3）用途　用作密封剂、塑料、树脂、橡胶、PVC 和不饱和聚酯等的防晒剂。

（3）紫外线吸收剂 UV-284（BP-4）　别名：2-羟基-4-甲氧基-5-磺基二苯甲酮；2-羟基-4-甲氧基二苯甲酮-5-磺酸。

① 紫外线吸收剂 UV-284（BP-4）化学结构式

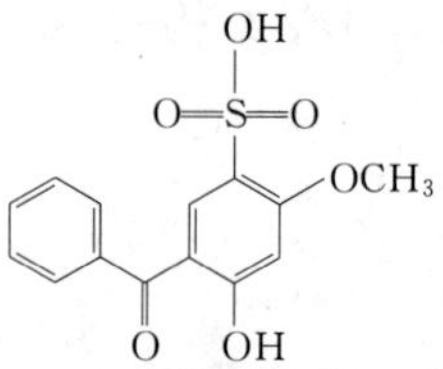

② 紫外线吸收剂 UV-284（BP-4）物理化学特性　紫外线吸收剂 UV-284（BP-4）具有广谱性、吸收效率高、无毒、不易燃、不腐蚀、无致畸性。对光、热稳定性好。能够同时吸收 UV-A 和 UV-B，外观为淡黄色粉末，溶于水，吸湿后形成五分子结晶水合物。

③ 紫外线吸收剂 UV-284 质量指标　见表 12-52。

表 12-52　紫外线吸收剂 UV-284 质量指标

指标名称		01 指标	02 指标	指标名称	01 指标	02 指标
干燥失重/%		≤5.0	≤5	外观	淡黄色粉末	
水溶液浊度/EBC		≤2.0	—	含量/%	≥99.0	≥99
比吸光系数	285nm	≥460	—	熔点/℃	≥170	
	325nm	≥ 20	—	可溶性	易溶于水	
色度（铂-钴色号）		≤2.0	≤4.0	重金属量/(mg/kg)	≤5	—
pH 值		1.2～2.2	1.2～2.2			

注：01 代表某企业 UV-284 企标；02 代表襄阳产 UV-284 企标：Q/XJ.J4—2001。

④ 紫外线吸收剂 UV-284 用途　广谱紫外光吸收剂，用作密封剂、高分子材料制品的防紫外光剂。

（4）紫外线吸收剂 UV-326[101]　别名：2-（2'-羟基-3'-叔丁基-5'-甲基苯基）-5-氯代苯并三唑。

① 紫外线吸收剂 UV-326 化学结构式

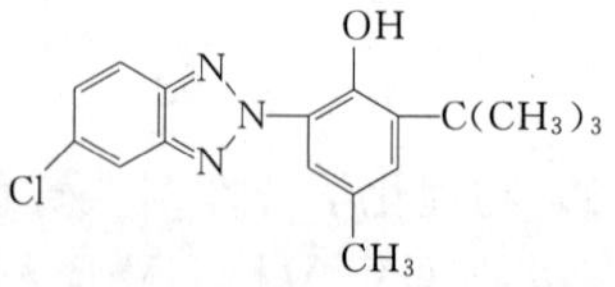

② 紫外线吸收剂 UV-326 物理化学特性　浅黄色结晶粉末，性能稳定、毒性低、紫外线吸收能力强；溶于苯乙烯、苯、甲苯等溶剂和单体，不溶于水；熔点 137～141℃；被吸

收紫外光的波长 270～380nm；无毒（可接触食品）。

③ 紫外线吸收剂 UV-326 质量指标　见表 12-53。

表 12-53　南京产紫外线吸收剂 UV-326 质量指标

指标名称		参数	指标名称	参数
外观		淡黄色结晶粉末	熔点/℃	137～141
透光率/% ≥	460nm	97	挥发分/% ≤	0.5
	500nm	98	纯度/% ≥	99
灰分/% ≤		0.05		

④ 紫外线吸收剂 UV-326 用途　用作密封剂、黏合剂、涂料、橡胶制品、环氧树脂、纤维素树脂、聚氯乙烯、聚苯乙烯、不饱和树脂、聚碳酸酯、聚甲基丙烯酸甲酯、聚乙烯、ABS 树脂的紫外光吸收剂，一般用量为 0.1%～0.5%。

（5）紫外线吸收剂 UV-327　别名：2-（2'-羟基-3',5'-二叔丁基苯基）-5-氯代苯并三唑；2-（3,5-二叔-丁基-2-羟基苯基）-5-氯-2H-苯并三唑；2-（5-氯-2H-苯并三唑-2-基）-4,6-二（1,1-二甲基乙基）苯酚；紫外线吸收剂 327。

① 紫外线吸收剂 UV-327 化学结构式

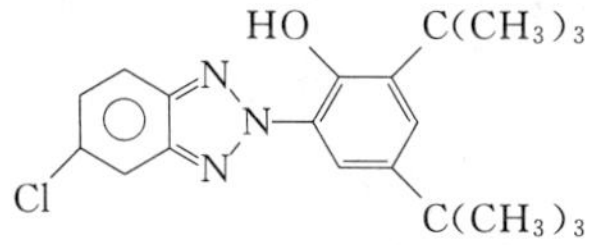

② 紫外线吸收剂 UV-327 物理化学特性　见表 12-54。

表 12-54　紫外线吸收剂 UV-327 物理化学特性

性能名称	参数	性能名称	参数
熔点/℃	137～141	被强烈吸收的波长/nm	300～400
被吸收紫外光波长/nm	270～380	最高吸收峰的波长/nm	353
外观特性：浅黄色结晶粉末，与多种树脂有较好的相容性，对金属离子不敏感，在碱性条件下不变黄，热挥发损失小，本身也有抗氧性，化学稳定性良好，挥发性小，与聚烯烃的相容性好；溶解性：溶于苯乙烯、苯、甲苯等溶剂和单体，不溶于水			

③ 紫外线吸收剂 UV-327 质量指标　见表 12-55。

表 12-55　南京产紫外线吸收剂 UV-327 的质量指标

指标名称		参数	指标名称	参数
外观		淡黄色粉末	熔点/℃	154～158
纯度/% ≥		99.0	灰分/% ≤	0.05
透光率/% ≥	460nm	92	挥发分/% ≤	0.5
	500nm	95		

④ 紫外线吸收剂 UV-327 用途　用作密封剂、黏合剂、涂料、橡胶制品、聚甲醛、聚甲基丙烯酸甲酯、聚氨酯、丙纶纤维等高分子聚合物许多领域制品的紫外线吸收剂。

（6）紫外线吸收剂 UV-328　别名：2-（2'-羟基-3',5'-二特戊基苯基）苯并三唑。

① 紫外线吸收剂 UV-328 化学结构式

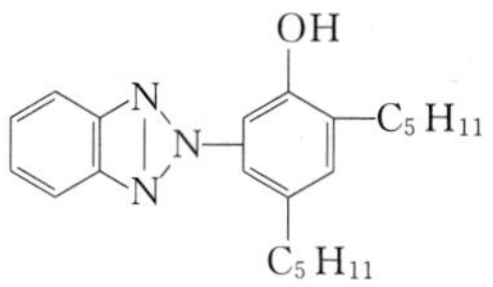

② 紫外线吸收剂 UV-328 物理化学特性　淡黄色粉末，与高聚物的相容性好，挥发性

低，并兼具抗氧性能，不易燃、不腐蚀、贮存稳定性好；溶于苯、甲苯、乙酸乙酯和石油醚，微溶于乙醇和甲醇，不溶于水；密度 1.08g/cm³；沸点（760mmHg）469.1℃；熔点 80～83℃；闪点 237.5℃；无毒。

③ 紫外线吸收剂 UV-328 质量指标　见表 12-56。

表 12-56　紫外线吸收剂 UV-328 质量指标

指标名称		A 指标	B 指标	指标名称		A 指标	B 指标
透光率 /% ≥	460nm	97(440nm)	97	外观		淡黄色粉末	
	500nm	98	98	含量/% ≥		99	
干燥失重/% ≤		0.5	—	熔点/℃ ≥		80～83	81
灰分/% ≤		0.1	0.05	挥发分/% ≤		—	0.5
溶解特性		溶于苯、甲苯、乙酸乙酯和石油醚，微溶于乙醇和甲醇，不溶于水					

注：A 代表南京产 UV-328 企业标准；B 代表南京米兰产 UV-328 企业标准。

④ 紫外线吸收剂 UV-328 用途　用作密封剂、黏合剂和橡胶及橡塑、石油、聚丙烯、聚乙烯、聚氯乙烯、有机玻璃、ABS 树脂制品的紫外线吸收剂。

（7）紫外线吸收剂 UV-329　别名：奥克三唑；2-（2′-羟基-5′-叔辛基苯基）苯并三唑；2-［2-羟基-5-（1,1,3,3-四甲丁基）苯基］苯并三唑。

① 紫外线吸收剂 UV-329 化学结构式

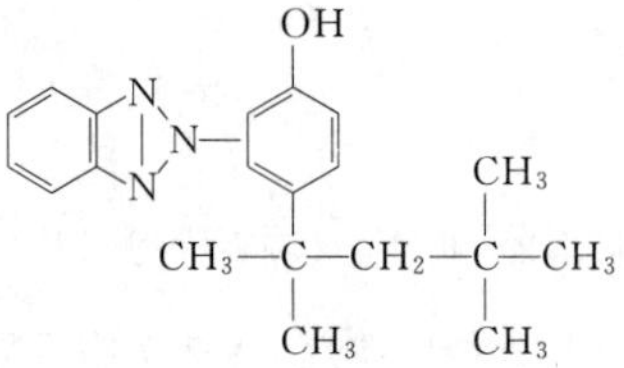

② 紫外线吸收剂 UV-329 物理化学特性　白色粉末；分子量 323.43；熔点 106～108℃；溶剂溶解度（20℃）（水中）<0.01g/100mL 溶剂，（丙酮中）9g/100mL 溶剂，（氯仿中）37g/100mL 溶剂，（苯中）32g/100mL 溶剂，（乙酸乙酯中）15g/100mL 溶剂，（正己烷中）6g/100mL 溶剂，（甲醇中）0.6g/100mL 溶剂，（二氯甲烷中）38g/100mL 溶剂，（环己烷中）15g/100mL 溶剂。

③ 紫外线吸收剂 UV-329 质量指标　见表 12-57。

表 12-57　紫外线吸收剂 UV-329 的质量指标

指标名称		C 指标	D 指标	指标名称	C 指标	D 指标
透光率/%	400nm	≥97	—	外观	白色粉末	
	500nm	≥98	>98	含量/%	≥99	≥99
	440nm	—	>97	灰分/%	≤0.05	<0.1
熔点/℃		101～106		挥发分/%	≤0.5	—

注：C 代表南京米兰产 UV-329 企标；D 代表南京华立明产 UV-329 企标。

④ 紫外线吸收剂 UV-329 用途　用作密封剂、黏合剂、PE、PVC、PP、PS、PC、丙纶纤维、ABS 树脂、环氧树脂、树脂纤维和乙烯-醋酸乙烯酯制品的紫外线吸收剂。建议用量 0.1%～0.5%。

（8）紫外线吸收剂 UV-320　别名：2-（2′-羟基-3′,5′-二叔丁基苯基）-苯并三唑。

① 紫外线吸收剂 UV-320 化学结构式

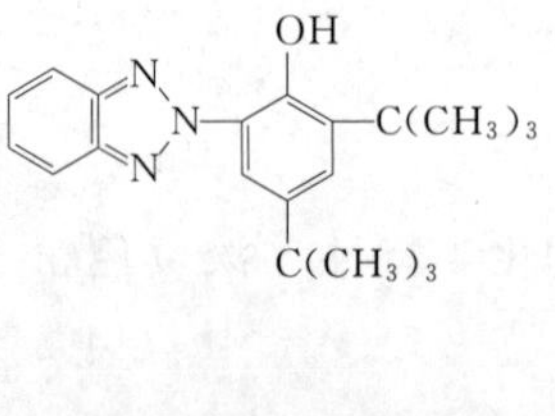

② 紫外线吸收剂 UV-320 物理化学特性　浅黄色粉末；密度 1.1g/cm³；沸点 (760mmHg) 444℃；闪点 222.3℃；熔点 152～154℃；纯度（HPLC）≥99%；挥发分≤ 0.3%；蒸气压（25℃）1.7×10^{-8} mmHg；透光率（460nm）≥98%，（500nm）≥99%；半致死量（LD_{50}）≥2000 mg/kg。

③ 紫外线吸收剂 UV-320 质量指标　见表 12-58。

表 12-58　紫外线吸收剂 UV-320 质量指标

指标名称		E 指标	F 指标	指标名称	E 指标	F 指标
熔点/℃		152～156	101～106	LD_{50}/(mg/kg)	≥2000	—
纯度(HPLC)/%		≥99	—	外观	白色粉末	
透光率/%	440nm	≥97	≥97	含量/%	—	≥99
	500nm	≥98	≥98	灰分/%	—	<0.1

注：E 代表南京米兰产 UV-320 企标；F 代表南京华立明产 UV-320 企标。

④ 紫外线吸收剂 UV-320 用途　适用于嵌缝密封剂、黏合剂、户外涂料、PP、TPE、硬 PVC、POM、PA、PC、PBT/PET、PMMA 等高分子聚合物制品抗击紫外光的破坏。

(9) 紫外线吸收剂 UV-234　别名：2-[2′-羟基-3′,5′双（a,a-二甲基苄基）苯基]苯并三唑。

① 紫外线吸收剂 UV-234 化学结构式

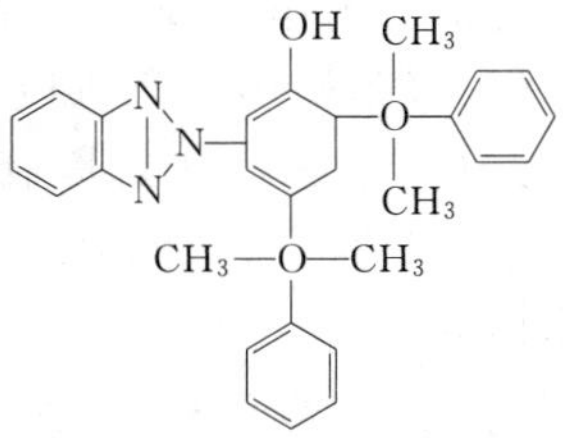

② 紫外线吸收剂 UV-234 物理化学特性　浅黄色粉末，不易燃、不腐蚀、贮存稳定性好；水中溶解性（20℃）<0.04mg/kg；含量（HPLC）≥99%；熔点 137～141℃（另有资料：139～143℃）；挥发物≤0.3%；透光率（460nm）≥98%，（500nm）≥99%；无毒。

③ 紫外线吸收剂 UV-234 质量指标　见表 12-59。

表 12-59　南京产紫外线吸收剂 UV-234 的质量指标

指标名称		参数	指标名称	参数
外观		淡黄色粉末	挥发分/%	≤0.5
熔点/℃		139.5～141	灰分/%	≤0.05
透光率/%	460nm	≥97	纯度/%	≥99
	500nm	≥98		

④ 紫外线吸收剂 UV-234 用途　用作户外嵌缝密封剂（航空、舰船、汽车、建筑物）、涂料、PP、TPE、硬 PVC、POM、PA、PC、PBT/PET、PMMA 等高分子聚合物制品的紫外线吸收剂。

(10) 紫外线吸收剂 UV-P UV-T[102]　别名：2-(2′-羟基-5′-甲基苯基)苯并三唑。

① 紫外线吸收剂 UV-P UV-T 化学结构式

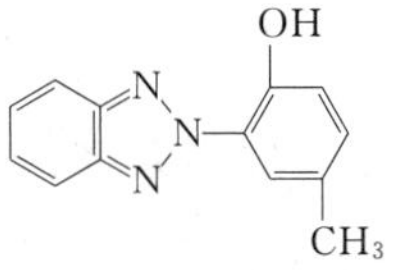

②　紫外线吸收剂 UV-P UV-T 物理化学特性　白色至淡黄色粉末，溶于丙酮、苯、甲苯等有机溶剂，不溶于水、耐油、耐变色、与聚合物相容性良好，UV-P 最大紫外线吸收范围为 270～400nm，无毒、不易燃、不腐蚀、贮存稳定性好。溶解性见表 12-60。

表 12-60　紫外线吸收剂 UV-P UV-T 溶解度（23℃）　单位：g/100mL 溶剂

溶剂名称	溶解度	溶剂名称	溶解度	溶剂名称	溶解度
丙酮	2.5	邻苯二甲酸二辛酯	2.5	醋酸丁酯	3.0
乙醇	0.3	癸二酸二辛酯	2.4	苯	6.9
甲醇	0.2	甲乙醇	3.9	甲苯	6.0
卡必醇	2.6	甲基丙烯酸甲酯	5.0	环己烷	0.7
醋酸乙酯	3.5	苯乙烯	7.2	磷酸三甲苯酯	3.3
水	0	石油溶剂	1.5	溶剂汽油	0.9

③　紫外线吸收剂 UV-P UV-T 质量指标　见表 12-61。

表 12-61　南京产紫外线吸收剂 UV-P UV-T 质量指标

指标名称		参数	指标名称	参数
外观		白色至淡黄色粉末	含量/%	≥99
透光率/%	440nm	＞97	熔点/℃	128～132
	550nm	＞98	灰分/%	＜0.2

④　紫外线吸收剂 UV-P UV-T 用途　用作户外嵌缝密封剂、涂料、合成高分子聚合物如聚酯、环氧醋酸纤维素、聚氯乙烯、聚苯乙烯、有机玻璃、聚丙烯腈树脂加工制品的紫外线吸收剂。用在薄制品中一般用量为 0.1%～0.5%，厚制品中为 0.05%～0.2%。

（11）　紫外线吸收剂 UV-T　别名：2-苯基苯并咪唑-5-磺酸。

①　紫外线吸收剂 UV-T 化学结构式

$$HO_3S-\text{(苯并咪唑环)}-\text{苯基}$$

②　紫外线吸收剂 UV-T 物理化学特性　白色结晶粉末，易溶于水，熔点 418℃。本品在 302nm 紫外波长处吸收系数高达 920～990，其吸收紫外线的能力是普通吸收剂的三倍以上，无毒、无刺激性、不易燃、不腐蚀、贮存稳定性好。

③　紫外线吸收剂 UV-T 质量指标　见表 12-62。

表 12-62　紫外线吸收剂 UV-T 质量指标

指标名称		a 指标	b 指标	c 指标	d 指标
外观		白色或类白色结晶粉末			
气味		—	—	—	无味
含量/%		≥98.0	≥98.0	≥98.0	98.0～100.0
熔点/℃		197.0～200.0	＞300	＞300	≥300
干燥失重/%		—	—	≤1	—
挥发分/%		—	≤1		—
水分/%		≤2.0			≤2.0
吸收系数	302nm	920～980	920～990		920～990
	204nm	1600～1700	—		—

注：a 代表某企业 UV-T 企标；b 代表南京米兰产 UV-T 企标；c 代表南京华立明产 UV-T 企标；d 代表武汉产 UV-T 企标。

④　紫外线吸收剂 UV-T 用途　用作户外嵌缝密封剂、水性涂料的紫外线吸收剂。例如：将本品溶解于 10 份水中，用 NaOH 调至 pH 值 8，加到用于户外的水性涂料中，就会显著

推迟涂层发生龟裂的时间。建议用量 1.5%～6%。

（12）紫外线吸收剂 UV622　　别名：聚丁二酸（4-羟基-2,2,6,6-四甲基-1-哌啶乙醇）酯；光稳定剂 622。

① 紫外线吸收剂 UV622 化学结构式

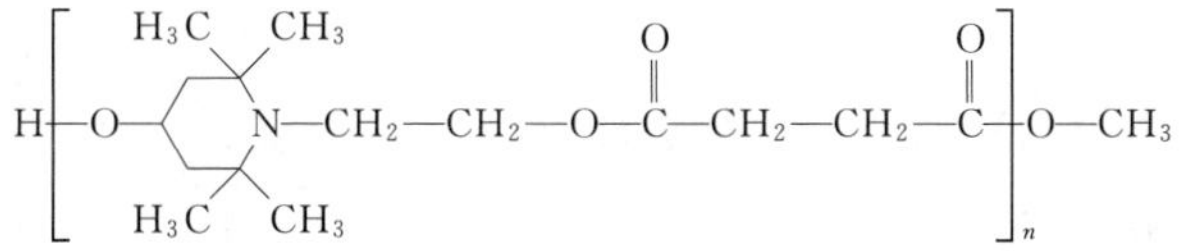

② 紫外线吸收剂 UV622 物理化学特性　属聚合型高分子量受阻胺类；白色或淡黄色颗粒粉末；具有优良的特性：加工热稳定性好、很低的挥发性和耐迁移、耐萃取和水抽提性、耐气体褪色性、与树脂相容性好；熔点 350℃；水溶性（20℃）1.6mg/kg；闪点 220℃。

③ 吸收剂 UV622 质量指标　见表 12-63。

表 12-63　紫外线吸收剂 UV622 质量指标（仅有企标）

指标名称		指标	指标名称	指标
软化点（环球法）/℃		95	分子量 $\overline{M}n$	2500～6000
透光率/%	425nm	≥95	挥发分/%	≤0.5
	500nm	≥97	灰分/%	≤0.1
外观:白色或淡黄色颗粒粉末				

④ 吸收剂 UV622 用途　用作户外嵌缝密封剂、涂料、防水橡塑材料、聚丙烯、聚乙烯、聚苯乙烯、ABS 树脂、聚氨酯、聚甲醛及聚酯弹性体等相关制品的紫外线吸收剂。一般用量 0.3%～0.6%。

（13）紫外线吸收剂 UV770　　别名：光稳定剂 770；癸二酸双 2,2,6,6-四甲基哌啶醇酯。

① 紫外线吸收剂 UV770 化学结构式

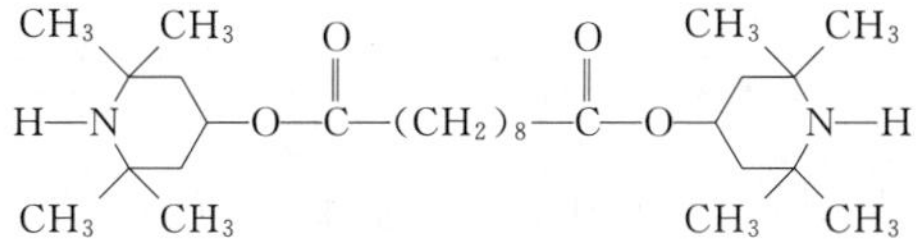

② 紫外线吸收剂 UV770 物理化学特性　无色或微黄色结晶粉末；相对密度（20℃）1.05；溶解性（20℃）（丙酮中）19g/100g 溶剂，（苯中）46g/100g 溶剂，（氯仿中）45g/100g 溶剂，（醋酸乙酯中）24g/100g 溶剂，（己烷中）5g/100g 溶剂，（甲醇中）38g/100g 溶剂，（水中）<0.01g/100g 溶剂；熔点 81～85℃；有效氮含量 5.83%。

③ 紫外线吸收剂 UV770 质量指标　见表 12-64。

表 12-64　紫外线吸收剂 UV770 质量指标（无 GB、HG、SH 等标准）

指标名称			某企业指标	南京指标	天津指标
外观			白色结晶粉末	无色或微黄色结晶粉末	白色或微黄色结晶粉末
含量/%		≥	99	99.0	99
熔点/℃		≥	80～86	81～85	135
灼烧残渣/%		≥	0.2	—	—
干燥失重（即挥发性）/%		≤	0.5	—	—
挥发分/%		≤	—	0.5	0.5
灰分/%		≤	—	—	0.1
透光率/%	≥	425nm	98	98	98
		500nm	99	99	99

④ 紫外线吸收剂 UV770 用途　用作户外嵌缝密封剂、涂料及聚丙烯、高密度聚乙烯、聚氨酯、聚苯乙烯、ABS 树脂等高分子聚合物制品的光稳定剂及紫外线吸收剂。

（14）紫外线吸收剂 UV944　别名：聚-{{6-[(1,1,3,3,-四甲基丁基)-氨基]1,3,5,-三嗪-2;4-二基}[(2,2,6,6-四甲基哌啶基)-亚氨基]-1,6-己烷二基-[(2,2,6,6-四甲基哌啶基)-亚氨基]}。

① 紫外线吸收剂 UV944 化学结构式

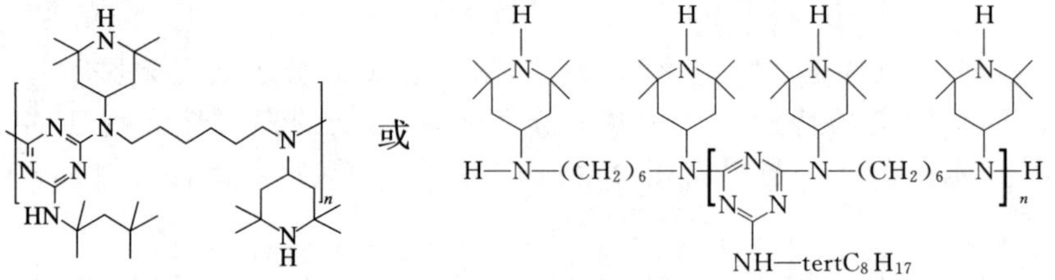

② 紫外线吸收剂 UV944 物理化学特性　属受阻胺类；白色或淡黄色粉末，分子中有多种官能团，有良好的耐热性、耐抽提性、更低的挥发性和迁移性以及良好的树脂相容性；溶于丙酮、苯、氯仿等有机溶剂；相对密度（20℃）1.01；热失重（300℃）1%；有效氮含量 4.6%。

③ 紫外线吸收剂 UV94 质量指标　见表 12-65。

表 12-65　紫外线吸收剂 UV94 质量指标

指标名称		G 指标	H 指标	指标名称	G 指标	H 指标
外观		白色或淡黄色粉末		挥发分/%	≤0.5	≤0.5
分子量		2000～3000	>2000	软化点/℃	≥100	>100
透光率/%	425nm	≥90	—	灰分/%	≤0.5	≤0.5
	500nm	≥95	—			

注：G 代表南京产 UV94 的企标；H 代表青岛产 UV94 的企标；挥发分测试条件是 105℃，2h。

④ 紫外线吸收剂 UV94 用途　用作户外嵌缝密封剂、涂料及低密度聚乙烯薄膜、聚丙烯纤维、聚丙烯胶带、EVA 薄膜、ABS、聚苯乙烯等高分子聚合物制品的紫外线吸收剂。

（15）紫外线吸收剂 UV1130[103]（液体）　别名：CH51-UV-1130（中国型号）。

① 紫外线吸收剂 UV1130 化学结构式

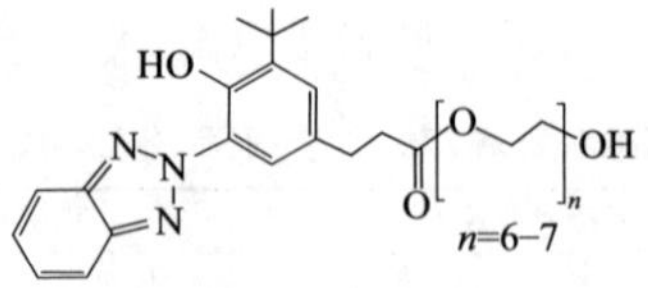

② 紫外线吸收剂 UV1130（液体）物理化学特性　淡黄色黏稠液体，有轻的味道，由三部分混合组成，第 1 部分为：b-[3-(2-H-苯并三唑-2-基)-4-羟基-5-叔丁基苯基]-丙酸聚乙二醇 300 酯；第 2 部分为：双-{b-[3-(2-H-苯并三唑-2-基)-4-羟基-5-叔丁基苯基]-丙酸}-聚乙二醇 300 酯；第 3 部分为：聚乙二醇 300；溶于大部分酮类、酯类、醇类，不溶于水。组成质量比例为：1 组分占 50%～52%，2 组分占 36%～38%，3 组分占 12%；各分成分的分子量为：1 组分约为 637，2 组分约为 975，3 组分约为 300。

③ 紫外线吸收剂 UV-1130 质量指标　见表 12-66。

表 12-66　紫外线吸收剂 UV-1130 质量指标（仅有企标）

指标名称		R 指标	T 指标	指标名称	R 指标	T 指标
熔点/℃		—	47-49	外观	淡黄色粉体	
密度(20℃)/(g/cm³)		1.04		味道	轻微	
25℃溶解度/(g/100mL)	丙酮	>50.2	—	含量/%	—	≥99.5
	乙酸乙酯	>50	—	有效成分/%	99	—
	乙醇	>50.4	—	干燥失重/%	—	≤0.3
	甲乙酮	>50	—	灰分/%	—	≤0.08
	聚乙二醇	>50.6	—	沸点/℃	>250	—
	水	不溶	—	凝固点/℃	<10	—

注：1. R 代表中西产 UV-1130 的企标；

2. T 代表青岛产 UV-1130 的企标；

3. 聚乙二醇的分子量约为 400。

④ 紫外线吸收剂 UV-1130 用途　用作户外嵌缝密封剂、工业用户外涂料（特别适用于水性体系）、汽车涂料、木器漆、塑胶制品的紫外线吸收剂。可作与受阻胺（HALS）共用（如光稳定剂 292 或 123）的协同剂，能显著提高户外嵌缝密封剂、涂层性能，防止其失光、开裂、起泡、脱落和变色。

（16）紫外线吸收剂 UV-571（液体）　别名：2-(2H-苯并三唑-2-基)-6-十二烷基-4-甲基苯酚；2-(2H-苯并三唑-2-基)-6-十二烷基-4-甲酚。

① 紫外线吸收 UV-571 化学结构式

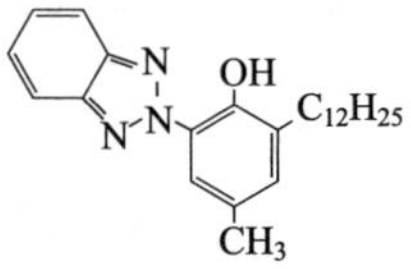

② 紫外线吸收剂 UV-571 物理化学特性　为黄色透明黏稠液体的苯并三唑类紫外线吸收剂，能赋予各种聚合物良好的光稳定性。易溶解在许多溶媒、单体或中间体中，且在水基黏合剂中很容易乳化。

UV-571 具有对多种基材较高的相容性，甚至在高温有低挥发性和较高的吸收与防护效率的特性。最大吸收紫外线范围为 300～400nm。

③ 紫外线吸收剂 UV-571 产品质量指标　见表 12-67。

表 12-67　紫外线吸收剂 UV-571 质量指标

指标名称	某企业指标	K 指标	指标名称	某企业指标	K 指标
含量/%	≥99	≥99	灰分/%	—	≤0.1
挥发分/%	—	≤0.5	沸点/℃	174	—
外观	浅黄色油状液体	棕黄色透明液体			
毒性：毒性低，大白鼠 LD₅₀>2000mg/kg 体重					

注：K 代表常州产 UV-571 的企标。

④ 紫外线吸收剂 UV-571 用途　用作户外嵌缝聚氨酯密封剂、聚氨酯泡沫密封剂、黏合剂、户外涂料、聚氯乙烯、聚氨酯、聚甲基丙烯酸甲酯、不饱和聚合物、聚乙烯醇缩丁醛等制品的紫外线吸收剂。用量按照所用基材和性能要求在 0.2%～5.0% 之间选择。与酚类抗氧剂、辅助剂（亚磷酸盐，硫醚等）、UV 吸收剂和受阻胺光稳定剂（HALS）等联合使用效果更好。

（17）紫外线吸收剂 UV-531（BP12）　别名：2-羟基-4-正辛氧基二苯甲酮。

① 紫外线吸收剂 UV-531（BP12）化学结构式

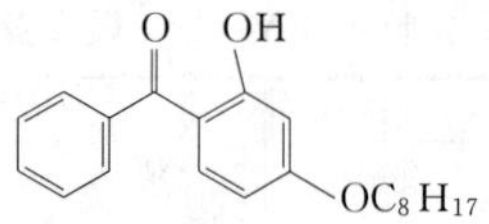

② 紫外线吸收剂 UV-531（BP12）物理化学特性　浅黄色结晶粉末，具有色浅、相容性好、迁移性小、易于加工、不易燃、不腐蚀、贮存稳定性好等特性；不溶于水，溶于丙酮、苯；相对密度（水＝1，25℃）1.16；熔点 48～49℃；紫外线吸收范围 240～340nm；无毒。

③ 紫外线吸收剂 UV-531 质量指标　见表 12-68。

表 12-68　紫外线吸收剂 UV-531 质量指标

指标名称		某企业指标	提供指标	指标名称	某企业指标	提供指标
灰分/%		<0.1	<0.1	外观	淡黄色针状结晶粉	
透光率	(450nm)/%	>90	>90	含量/%	≥99	≥99
	(500nm)/%	>95	>95	熔点/℃	47～49	47～49

指标名称	某企业指标	提供指标
溶解度(25℃)/(g/100g 溶剂)	丙酮:74;苯:72;甲醇:2;乙醇(95%):2.6;正庚烷:40;正己烷:40.1	丙酮:74;苯:72;甲醇:2;乙醇(95%):2.6;正庚烷:40;正己烷:40.1;甲基乙基酮>60;醋酸乙酯>50;DOP>20

④ 紫外线吸收剂 UV-531 用途　广泛用作户外嵌缝聚氨酯密封剂、汽车整修漆、粉末涂料、干性酚醛和醇酸清漆类、黏合剂及聚氨酯、橡胶、PE、PVC、PP、PS、PC、有机玻璃、聚氨酯类、丙烯酸类、环氧类等制品的紫外线吸收剂。

12.4　光稳定剂[104]

（1）光稳定剂 770　别名：癸二酸双 2,2,6,6-四甲基哌啶醇酯。

① 光稳定剂 770 化学结构式

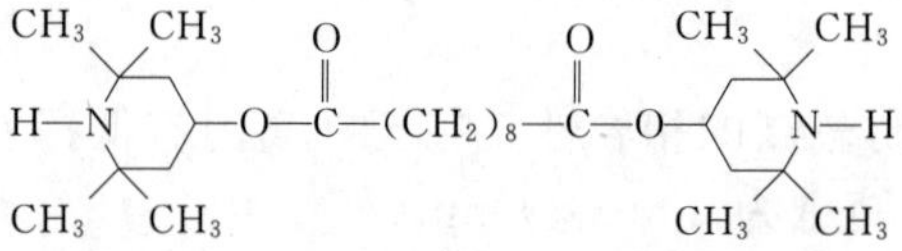

② 光稳定剂 770 物理化学特性　光稳定剂 770 是低分子受阻胺类光稳定剂，为无色或微黄色结晶粉末，有效氮含量 5.83%，熔点 81～85℃。在有机溶剂中的溶解度（g/100g 溶剂，20℃）见表 12-69。

表 12-69　光稳定剂 770 在有机溶剂中的溶解度

溶剂	溶解度/(g/100g 溶剂)	溶剂	溶解度/(g/100g 溶剂)	溶剂	溶解度/(g/100g 溶剂)
丙酮	19	乙酸乙酯	24	二氯甲烷	56
甲苯	—	正己烷	5	乙醇	—
氯仿	45	甲醇	38	水	<0.01

③ 光稳定剂 770 质量指标　见表 12-70。

表 12-70　光稳定剂 770 质量指标

指标名称		第一南京指标	徐州指标	第二南京指标
外观		白色结晶粉末	白色结晶粉末	—
含量/%	≥	99	99.0	99.0
纯度/%	≥	—	99.5	—
分子量	≥	—	480	—

续表

指标名称		第一南京指标	徐州指标	第二南京指标
灰分/%	≤	0.1	0.05	0.1
挥发分(105℃,2h)/%	≤	—	0.5	0.2
干燥失重/%	≤	0.5	0.2	—
熔点/℃		80～86	80～86	81～85
质量损失/% ≤	175℃	—	0.7	—
	200℃	—	1.0	—
透光率(10g/100mL	425nm ≥	97	99	95
甲苯)/%	500nm ≥	97	99	97

④ 光稳定剂 770 用途　用作户外嵌缝密封剂、涂料及聚丙烯、高密度聚乙烯、聚氨酯、聚苯乙烯、ABS 树脂等高分子聚合物的加工制品的光稳定剂。与抗氧剂并用，能提高耐热性，与紫外光吸收剂并用亦有协同作用，能进一步提高光稳定效果。

（2）光稳定剂 622　别名：聚丁二酸(4-羟基-2,2,6,6-四甲基-1-哌啶乙醇)酯。

① 光稳定剂 622 化学结构式

$$H-O-\left[\begin{array}{c} H_3C\ \ CH_3 \\ N-CH_2-CH_2-O-C-CH_2-CH_2-C-O-CH_3 \\ H_3C\ \ CH_3 \end{array}\right]_n$$

② 光稳定剂 622 物理化学特性　属聚合型受阻胺类；白色或淡黄色颗粒粉末，有很好的加工热稳定性、与各种树脂有良好的相容性、耐水抽出性、低挥发性、低迁移性等特性；溶解度（20℃）：己烷<0.01g/100g 溶剂，甲苯 15g/100g 溶剂，丙酮 4g/100g 溶剂，醋酸乙酯 3g/100g 溶剂，氯仿>40g/100g 溶剂，氯甲烷>40g/100g 溶剂，甲醇 0.05g/100g 溶剂，水<0.01g/100g 溶剂；相对密度（20℃）1.18；热失重温度（失重1%）275℃，（失重10%）325℃。

③ 光稳定剂 622 质量指标　见表 12-71。

表 12-71　光稳定剂 622 质量指标

指标名称		J指标	指标名称		S指标	J指标
热失重	275℃	1	外观		白色或淡黄色颗粒粉	
/%	325℃	≤10	熔点/℃		50～70	55～80
溶解度(20℃) /(g/100g 溶剂)	己烷	<0.01	密度(20℃)/(g/cm³)		—	1.18
	甲苯	15	挥发分/%	≤	0.5	—
	丙酮	4	软化点(环球法)/℃		95	—
	醋酸乙酯	3	灰分/%	≤	0.1	—
	氯仿	>40	分子量 $\overline{M}_n$	≥	2500	—
	氯甲烷	>40	澄清度		透明液体	—
	甲醇	0.05	透光率/% ≥	425nm	95.0	—
	水	<0.01		500nm	97.0	—

注：S 代表某企业产光稳定剂 622 企标；J 代表南京产光稳定剂 622 企标。

④ 光稳定剂 622 用途　用作户外嵌缝聚氨酯密封剂、黏合剂、建筑涂料、汽车涂料及橡胶、聚乙烯、聚丙烯、聚苯乙烯、烯烃共聚物、聚酯、软质聚氯乙烯、聚氨酯、聚甲醛和聚酰胺等高分子聚合物相关制品的光稳定剂。在制品加工时直接配合或以母料形式混配，一般用量 0.3%～0.6%。

（3）稳定剂 944　别名：受阻胺光稳定剂 944；聚-{{6-[(1,1,3,3,-四甲基丁基)-氨基]1,3,5,-三嗪-2,4-二基}[(2,2,6,6-四甲基哌啶基)-亚氨基]-1,6-己烷二基-[(2,2,6,6-四甲基哌啶基)-亚氨基]}。

① 光稳定剂 944 化学结构式

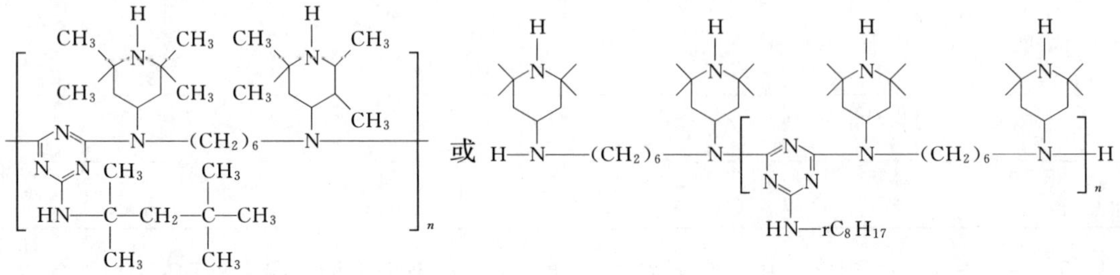

② 光稳定剂 944 物理化学特性　白色或淡黄色颗粒粉末；溶解度（丙酮中）50％，（甲苯中）50％，（氯仿中）30％，（乙酸乙酯中）50％，（正己烷中）41％，（甲醇中）3％，（二氯甲烷中）50％，（乙醇中）0.1％，（水中）<0.01％；相对密度（20℃）1.01；热失重为 1％的温度 300℃；有效氮含量 4.6％。

③ 光稳定剂 944 质量指标　见表 12-72。

表 12-72　光稳定剂 944 质量指标

指标名称		U 指标	P 指标	指标名称		U 指标	P 指标
闪点/℃		>150	—	外观		白色或淡黄色粉	
挥发分/％		≤1	≤0.5	软化点/℃		110～130	≥100
灰分/％		≤0.1	≤0.5	密度(20℃)/(g/cm³)		1.01	—
分子量 $\overline{M}_n$		2000～3000		蒸气压(20℃)/Pa		1.0×10^6	—
透光率/％　≥	425nm	93	90	堆密度/(g/L)		470～510	—
	500nm	95	95				

注：U 代表某企业产光稳定剂 944 的企标；P 代表南京产光稳定剂 944 的企标。

④ 光稳定剂 944 用途　用作户外嵌缝聚氨酯密封剂、建筑涂料、汽车涂料、胶黏剂及橡胶、聚苯醚复合物（PPE），聚甲醛，聚酰胺，聚氨酯，交联聚乙烯、苯乙烯类、软硬PVC 及 PVC 共混物等制品的光稳定剂。特别在聚烯烃塑料（如 PP、PE）制品配方中加入 0.2％，可使制品的热氧老化寿命提高 30 倍以上。[105].

（4）光稳定剂 783　别名：聚{［6-[(1,1,3,3-四甲基丁基)氨基]]-1,3,5-三嗪-2,4-双[(2,2,6,6,-四甲基-哌啶基)亚氨基]-1,6-己二乙基[(2,2,6,6-四甲基-4-哌啶基)亚氨基]}与聚丁二酸(4-羟基-2,2,6,6- 四甲基-1-哌啶乙醇)酯的复合物。

① 光稳定剂 783 化学结构式

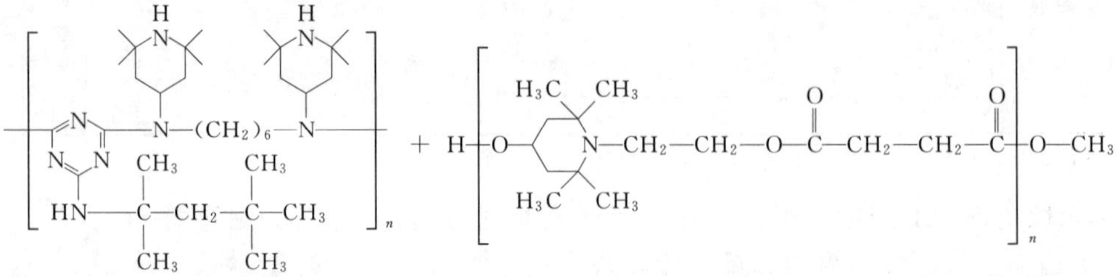

② 光稳定剂 783 物理化学特性　为 50％光稳定剂 944 和 50％光稳定剂 622 的复合物。淡黄色颗粒粉末，具有比目前最优秀的受阻胺光稳定剂更为优越的价格性能比。聚合度 $n\leqslant4$ 时，分子量≤3547 。

③ 光稳定剂 783 质量指标　见表 12-73。

表 12-73　光稳定剂 783 质量指标

指标名称		L 指标	F 指标	指标名称	L 指标	F 指标
外观		白色或淡黄色粉末		熔点/℃	—	55～140
透光率/%	425nm	≥90	≥80	灰分/%	≤0.1	≤0.2
	500nm	≥94	≥85	挥发分/%	≤0.75	—
分子量 $\overline{M}_n$		≥3000				

注：L 代表南京产光稳定剂 783 的企标；F 代表巴斯夫（汽巴）产光稳定剂 783 的企标。

④ 光稳定剂 783 用途　用作户外嵌缝聚氨酯密封剂、建筑涂料、汽车涂料、黏合剂及 ABS 等工程塑料，LDPE 或 LLDPE 农膜体系，聚乙烯、聚丙烯、聚氨酯、聚甲醛、聚酰胺及聚酯弹性体的防光热老化光稳定剂。

（5）光稳定剂 UV-292（液体）　别名：癸二酸双(1,2,2,6,6-五甲基-4-哌啶)酯与 1-(甲基)-8-(1,2,2,6,6-五甲基-4-哌啶)癸二酸酯的混合物。

① 光稳定剂 UV-292[106]化学结构式

② 光稳定剂 UV-292（液体）物理化学特性　淡黄色液体；能溶于甲醇、乙醇、苯、甲苯、己烷等，不溶于水；相对密度（20℃）0.99；分子量 508.8；沸点（26.6Pa）220～222℃。

③ 光稳定剂 UV-292 质量指标　见表 12-74。

表 12-74　光稳定剂 UV-292 质量指标

指标名称		Z 指标	Y 指标	指标名称		Z 指标	Y 指标
色度(Hazen,铂-钴色号) ≤		70	50	纯度[106]/%	≥	96.0	97.0
透明度		—	清澈透明	挥发分/%	≤	0.5	0.5
透光率/% ≥	λ=425nm	95.0	98	灰分/%	≤	—	0.10
	λ=450nm	97.0	—	水分/%	≤	—	0.15
	λ=500nm	98.0	99	外观		无色澄清液体	无色至淡黄色液体

注：纯度 96% 由 (24.0±4)% 的单酯和 (72.0±4)% 的双酯组成；Z 代表盐城产 UV-292 的企标；Y 代表南通产 UV-292 的企标。

④ 光稳定剂 UV-292 用途　用作户外嵌缝密封剂、汽车涂料、油墨、聚氨酯涂料等的光稳定剂。本品与苯并三唑类紫外线吸收剂有协同效应。

参　考　文　献

[1] 焦淑丽. 聚乙烯醇缩丁醛热分解动力学及抗氧剂对其热分解影响的研究 [D]. 南京：南京理工大学，2012.

[2] 吕百龄，张惠丽. 橡胶防老剂的发展趋势. 全国材料助剂技术经济和应用研讨会论文集. 1997.

[3] 全国材料助剂技术经济和应用研讨会论文集. 北京：石油化学工业出版社，1977.

[4] 《橡胶工业手册》编写小组. 橡胶工业手册：第二分册. 北京：化学工业出版社，1981；119.

[5] 《橡胶工业手册》编写小组. 橡胶工业手册：第二分册. 北京：化学工业出版社，1981；120.

[6] 合成材料助剂手册. 北京：石油化学工业出版社，1977；341.

[7] 《橡胶工业手册》编写小组. 橡胶工业手册：第二分册. 北京：化学工业出版社，1981；121.

[8] 《合成材料助剂手册》编写组. 合成材料助剂手册. 北京：石油化学工业出版社，1977；598.

[9] 《中国化工产品大全》编委会．中国化工产品大全：上卷．北京：化学工业出版社，1994：884．

[10] 《橡胶工业手册》编写小组编．橡胶工业手册：第二分册．新一版．北京：化学工业出版社，1981：122．

[11] 《合成材料助剂手册》编写组编．合成材料助剂手册：第一版．北京：石油化学工业出版社，1977：343．

[12] 《中国化工产品大全》编委会．中国化工产品大全：上卷．第一版．北京：化学工业出版社，1994：(De022) 883．

[13] GB/T 8826—2011．

[14] 《橡胶工业手册》编写小组编．橡胶工业手册：第二分册．新一版．北京：化学工业出版社，1981：123．

[15] 《合成材料助剂手册》编写组编．合成材料助剂手册：第一版．北京：石油化学工业出版社，1977：348．

[16] 《中国化工产品大全》编委会．中国化工产品大全：上卷．第一版．北京：化学工业出版社，1994：(De019) 881．

[17] HG 3694—2001．

[18] 《橡胶工业手册》编写小组编．橡胶工业手册：第二分册．新一版．北京：化学工业出版社，1981：124．

[19] 《合成材料助剂手册》编写组编．合成材料助剂手册：第一版．北京：石油化学工业出版社，1977：346．

[20] 《合成材料助剂手册》编写组编．合成材料助剂手册：第一版．北京：石油化学工业出版社，1977：350．

[21] 《橡胶工业手册》编写小组编．橡胶工业手册：第二分册．新一版．北京：化学工业出版社，1981：125．

[22] 《中国化工产品大全》编委会．中国化工产品大全：上卷．第一版．北京：化学工业出版社，1994：(De015) 880．

[23] HG/T 2862—1997．

[24] 《合成材料助剂手册》编写组编．合成材料助剂手册：第一版．北京：石油化学工业出版社，1977：350．

[25] 《橡胶工业手册》编写小组编．橡胶工业手册：第二分册．新一版．北京：化学工业出版社，1981：127．

[26] 《合成材料助剂手册》编写组编．合成材料助剂手册：第一版．北京：石油化学工业出版社，1977：352．

[27] 《中国化工产品大全》编委会．中国化工产品大全：上卷．第一版．北京：化学工业出版社，1994：(De017) 880．

[28] GB/T 8827—2006．

[29] 《合成材料助剂手册》编写组编．合成材料助剂手册：第一版．北京：石油化学工业出版社，1977：354．

[30] 《橡胶工业手册》编写小组编．橡胶工业手册：第二分册．新一版．北京：化学工业出版社，1981：128．

[31] 《中国化工产品大全》编委会．中国化工产品大全：上卷．第一版．北京：化学工业出版社，1994：(De018) 881．

[32] Q/CNPC 55—2001．

[33] HG 2-469—79．

[34] 《橡胶工业手册》编写小组编．橡胶工业手册：第二分册．新一版．北京：化学工业出版社，1981：129．

[35] 《中国化工产品大全》编委会．中国化工产品大全：上卷．第一版．北京：化学工业出版社，1994：(De012) 878．

[36] 《橡胶工业手册》编写小组编．橡胶工业手册：第二分册．新一版．北京：化学工业出版社，1981：129～130．

[37] 《中国化工产品大全》编委会．中国化工产品大全：上卷．第一版．北京：化学工业出版社，1994：(De012) 878．

[38] 《橡胶工业手册》编写小组编．橡胶工业手册：第二分册．新一版．北京：化学工业出版社，1981：133．

[39] 《合成材料助剂手册》编写组编．合成材料助剂手册：第一版．北京：石油化学工业出版社，1977：356．

[40] 《橡胶工业手册》编写小组编．橡胶工业手册：第二分册．新一版．北京：化学工业出版社，1981：134．

[41] 《合成材料助剂手册》编写组编．合成材料助剂手册：第一版．北京：石油化学工业出版社，1977：358．

[42] 《橡胶工业手册》编写小组编．橡胶工业手册：第二分册．新一版．北京：化学工业出版社，1981：138．

[43] 《中国化工产品大全》编委会．中国化工产品大全：上卷．第一版．北京：化学工业出版社，1994：(De011) 878．

[44] 《合成材料助剂手册》编写组编．合成材料助剂手册：第一版．北京：石油化学工业出版社，1977：358．

[45] 《中国化工产品大全》编委会．中国化工产品大全：上卷．第一版．北京：化学工业出版社，1994：(De011) 878．

[46] 《中国化工产品大全》编委会．中国化工产品大全：上卷．第一版．北京：化学工业出版社，1994：(De007) 876．

[47] 《合成材料助剂手册》编写组编．合成材料助剂手册：第一版．北京：石油化学工业出版社，1977：359．

[48] 《橡胶工业手册》编写小组编．橡胶工业手册：第二分册．新一版．北京：化学工业出版社，1981：138．

[49] 《中国化工产品大全》编委会．中国化工产品大全：上卷．第一版．北京：化学工业出版社，1994：(De009) 877．

[50] 《橡胶工业手册》编写小组编．橡胶工业手册：第二分册．新一版．北京：化学工业出版社，1981：136．

[51] 《合成材料助剂手册》编写组编．合成材料助剂手册：第一版．北京：石油化学工业出版社，1977：362．

[52] GB/T 8828—2003．

[53] 《合成材料助剂手册》编写组编．合成材料助剂手册：第一版．北京：石油化学工业出版社，1977：364．

[54] 《橡胶工业手册》编写小组编．橡胶工业手册：第二分册．新一版．北京：化学工业出版社，1981：137．

[55] 《中国化工产品大全》编委会．中国化工产品大全：上卷．第一版．北京：化学工业出版社，1994：(De010) 877．

[56] HG /T 3644—1999．

[57] 《合成材料助剂手册》编写组编．合成材料助剂手册：第一版．北京：石油化学工业出版社，1977：366．

[58] 《橡胶工业手册》编写小组编．橡胶工业手册：第二分册．新一版．北京：化学工业出版社，1981：134．

[59] 《中国化工产品大全》编委会．中国化工产品大全：上卷．第一版．北京：化学工业出版社，1994：(De008) 877．

[60] 《中国化工产品大全》编委会．中国化工产品大全：上卷．第一版．北京：化学工业出版社，1994：(De008) 877．

[61]　《合成材料助剂手册》编写组编.合成材料助剂手册：第一版.北京：石油化学工业出版社，1977：368.
[62]　《橡胶工业手册》编写小组编.橡胶工业手册：第二分册.新一版.北京：化学工业出版社，1981：135.
[63]　《中国化工产品大全》编委会.中国化工产品大全：上卷.第一版.北京：化学工业出版社，1994：（De016）880.
[64]　江苏国立化工科技有限公司产品目录.
[65]　HG 4233—2011 防老剂 DTPD3100.
[66]　《中国化工产品大全》编委会.中国化工产品大全：上卷.第一版.北京：化学工业出版社，1994：（De014）878～879.
[67]　《中国化工产品大全》编委会.中国化工产品大全：上卷.第一版.北京：化学工业出版社，1994：（De014）879.
[68]　《橡胶工业手册》编写小组编.橡胶工业手册：第二分册.新一版.北京：化学工业出版社，1981：140.
[69]　《中国化工产品大全》编委会.中国化工产品大全：上卷.第一版.北京：化学工业出版社，1994：（De002）8.
[70]　《合成材料助剂手册》编写组编.合成材料助剂手册：第一版.北京：石油化学工业出版社，1977：408.
[71]　《橡胶工业手册》编写小组编.橡胶工业手册：第二分册.新一版.北京：化学工业出版社，1981：140～141.
[72]　《中国化工产品大全》编委会.中国化工产品大全：上卷.第一版.北京：化学工业出版社，1994：（De003）875.
[73]　《橡胶工业手册》编写小组编.橡胶工业手册：第二分册.新一版.北京：化学工业出版社，1981：141.
[74]　《橡胶工业手册》编写小组编.橡胶工业手册：第二分册.新一版.北京：化学工业出版社，1981：141～142.
[75]　《合成材料助剂手册》编写组编.合成材料助剂手册：第一版.北京：石油化学工业出版社，1977：373.
[76]　《橡胶工业手册》编写小组编.橡胶工业手册：第二分册.新一版.北京：化学工业出版社，1981：148.
[77]　《中国化工产品大全》编委会.中国化工产品大全：上卷.第一版.北京：化学工业出版社，1994：（De004）875.
[78]　《合成材料助剂手册》编写组编.合成材料助剂手册：第一版.北京：石油化学工业出版社，1977：370.
[79]　《橡胶工业手册》编写小组编.橡胶工业手册：第二分册.新一版.北京：化学工业出版社，1981：144.
[80]　《中国化工产品大全》编委会.中国化工产品大全：上卷.第一版.北京：化学工业出版社，1994：（De001）874.
[81]　SH 0015—1990.
[82]　《中国化工产品大全》编委会.中国化工产品大全：上卷.第一版.北京：化学工业出版社，1994：（De001）874～875.
[83]　《合成材料助剂手册》编写组编.合成材料助剂手册：第一版.北京：石油化学工业出版社，1977：376.
[84]　《橡胶工业手册》编写小组编.橡胶工业手册：第二分册.新一版.北京：化学工业出版社，1981：155.
[85]　张玉屏，吴文通.DBH 防老剂的合成研究.精细化工，1993，10（4）：30-32.
[86]　逯云玲.反应性防老剂 NAPM 的合成及其在 NR 中的应用研究.
[87]　逯云玲.反应性防老剂 NAPM 的合成及其在 NR 中的应用研究［D］.大连：大连理工大学，2007.
[88]　《合成材料助剂手册》编写组编.合成材料助剂手册：第一版.北京：石油化学工业出版社，1977：401.
[89]　《橡胶工业手册》编写小组编.橡胶工业手册：第二分册.新一版.北京：化学工业出版社，1981：168.
[90]　《中国化工产品大全》编委会.中国化工产品大全：上卷.第一版.北京：化学工业出版社，1994：（De005）875～876.
[91]　田青.防老剂 TNP 的合成应用与发展.全国橡胶助剂生产及应用技术交流会论文集.
[92]　《橡胶工业手册》编写小组编.橡胶工业手册：第二分册.新一版.北京：化学工业出版社，1981：156.
[93]　HG/T 3713—2010.
[94]　《合成材料助剂手册》编写组编.合成材料助剂手册：第一版.北京：石油化学工业出版社，1977：26，392.
[95]　HG/T 3795—2005.
[96]　HG/T 3712—2010.
[97]　郭永武.抗氧剂 626 的合成与应用.塑料助剂，2001（3）：21-25.
[98]　郑忻，夏飞，李杰.抗氧剂 SKY-1035 合成工艺及应用.
[99]　《合成材料助剂手册》编写组编.合成材料助剂手册：第一版.北京：石油化学工业出版社，1977：29，397.
[100]　《合成材料助剂手册》编写组编.合成材料助剂手册：第一版.北京：石油化学工业出版社，1977：24，389.
[101]　丁著明.紫外线吸收剂 UV326 的生产和应用.塑料助剂.2004（4）：17-20.
[102]　汪宝和，王保库.2-(2'-羟基-5'-甲基苯基)苯并三唑-N-氧化物的合成.现代化学，2007，27（增刊）163-166.
[103]　安平，李阳，陈立功.紫外线吸收剂 UV-1130 的合成研究.塑料助剂，2012（4）：28-32.
[104]　孙德帅，张中一，江峰.受阻胺类光稳定剂应用研究进展.塑料科技，2007，35（8）：104-107.
[105]　张振广.受阻胺光稳定剂 944 的重视实验研究［D］.石家庄：河北科技大学，2008.
[106]　王树清，高崇，王歆然.催化合成受阻胺光稳定剂 UV-292.塑料助剂，2012（1）：24-27.

第13章

泡沫密封剂发泡剂

13.1 物理性发泡剂

（1）丁烷[1]

① 正丁烷和异丁烷的结构式

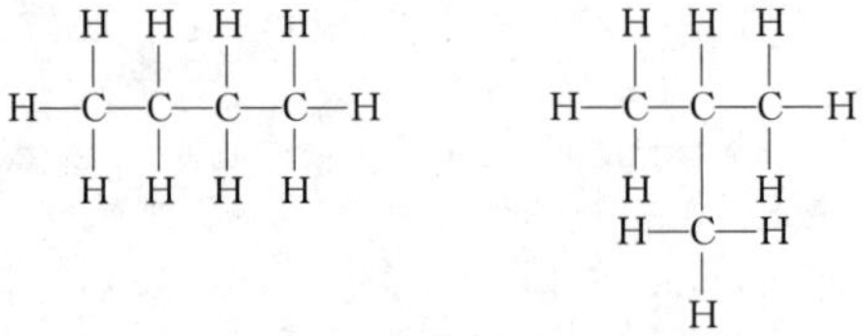

$$CH_3CH_2CH_2CH_3 \qquad CH(CH_3)_3$$

正丁烷　　　　　异丁烷

② 丁烷物理化学特性　丁烷是两种有相同分子式、不同化学结构的烷烃化合物的统称。包括：正丁烷和异丁烷（2-甲基丙烷）。C 原子以 sp3 杂化轨道成键、分子为非极性分子。两种丁烷均为无色可燃性气体；不溶于水，易溶于乙醇、乙醚、氯仿和其他烃；正丁烷熔点 －138.3℃；异丁烷熔点 －160℃；正丁烷沸点 －0.522℃；异丁烷沸点 －12℃；正丁烷临界温度 152.0℃；异丁烷临界温度 134.99℃；正丁烷临界压力 3796.0kPa；异丁烷临界压力 36500.0kPa；正丁烷临界体积 255mL/mol；异丁烷临界体积 263mL/mol；液态密度（0℃，1atm）0.6g/cm³；相对密度（水＝1）0.58；相对密度（空气＝1）2.05；折射率（20℃）1.3326；饱和蒸气压（0℃）106.39kPa；与空气形成爆炸混合物的爆炸极限 19%～84%。

③ 丁烷产品质量指标　见表 13-1。

表 13-1　北京等地 33 家以上的生产单位产工业丁烷质量指标（执行标准：企标）

指标名称	参数		指标名称	参数
硫化氢含量/(mg/m³)	≤10	烃组成	C_3 及 C_3 以下烃含量(体积)/%	≤10
总硫含量/(mg/m³)	≤20		正及异丁烷含量(体积)/%	≤65
游离水	无		C_3 烃含量(体积)/%	≤2

④ 丁烷用途　用作泡沫密封剂和泡沫塑料的发泡剂。

（2）正戊烷　别名：戊烷；戊烷油。

① 正戊烷化学结构式

$$CH_3—CH_2—CH_2—CH_2—CH_3$$

② 正戊烷物理化学特性　无色液体，有微弱的薄荷香味，稳定性好，易燃；微溶于水，溶于乙醇、乙醚、丙酮、苯、氯仿等多数有机溶剂；相对密度（水＝1）0.63；相对密度（空气＝1）2.48；闪点－40℃；熔点－129.8℃；沸点36.1℃；燃烧热3506.1kJ/mol；临界温度196.4℃；蒸气压（18.5℃）53.32kPa；饱和蒸气压（18.5℃）53.32kPa；临界压力3.37MPa；引燃温度260℃；爆炸上限（体积分数）：9.8%；爆炸下限（体积分数）：1.7%。

③ 正戊烷质量指标　见表13-2。

表 13-2　正戊烷发泡剂质量指标

指标名称	国内某厂指标	国外指标	指标名称	国内某厂指标	国外指标
密度(20℃)/(kg/m³)	615～630	620～640	正戊烷＋异戊烷含量/%	≥99	—
硫含量/10^{-6}	≤50	≤30	C_6以上重组分(摩尔)/%	—	≤2
总硫含量/(mg/kg)	≤5	—	C_4及更轻组分含量/%	≤0.5	
正戊烷含量/%	≥95	80～82			
异戊烷含量/%	≥4	20～18	干环戊烷及更重组分含量/%	≤0.5	—

④ 正戊烷用途　可用作泡沫密封剂的物理性发泡剂，分子筛脱蜡工艺的脱附剂，聚苯乙烯的高效发泡剂。本品还有许多其他用途。

（3）己烷　别名：正己烷。

① 己烷五种化学异构体结构式

己烷：$CH_3—CH_2—CH_2—CH_2—CH_2—CH_3$

2-甲基戊烷：$CH_3—CH(CH_3)—(CH_2)_2—CH_3$

3-甲基戊烷：$CH_3—CH_2—CH(CH_3)—CH_2—CH_3$

2,2-二甲基丁烷：$CH_3—C(CH_3)_2—CH_2—CH_3$

2,3-二甲基丁烷：$CH_3—CH(CH_3)—CH(CH_3)_2$

② 己烷物理化学特性　无色液体，有微弱的特殊气味，稳定性好，易燃；不溶于水，溶于乙醇、乙醚等多数有机溶剂；相对密度（水＝1）0.66；相对蒸气密度（空气＝1）2.97；饱和蒸气压（15.8℃）13.33kPa；黏度（25℃，液体）0.307mPa·s；熔点－95.6℃；沸点68.7℃；闪点－25.5℃；引燃温度244℃；燃烧热4159.1kJ/mol；燃烧分解产物：一氧化碳、二氧化碳、水；临界温度234.8℃；临界压力3.09MPa；爆炸上限（体积分数）6.9%；爆炸下限（体积分数）1.2%；禁忌物：强氧化剂。

③ 己烷质量指标　见表13-3。

表 13-3　己烷质量指标（执行标准：GB/T 17602—1998《工业己烷》）

质量指标		参数	质量指标	参数
色度	塞波特色号	≤＋28	密度(20℃)/(kg/m³)	655～681
	铂-钴色号	≤10	气味②	无残留异味
馏程	初馏点/℃	≥63	贝壳松脂丁醇值①	报告
	干点/℃	≤71	溴指数	≤1000
硫含量/(mg/kg)		≤10	苯含量(质量分数)/%	≤0.1
不挥发物/(mg/100mL)		≤1		

① 除作为植物油脂抽提溶剂外，可执行协议指标。

② 有争议时，该方法为仲裁方法。

④ 己烷主要用途　泡沫密封剂和泡沫塑料的物理性发泡剂。也用于有机合成，用作溶剂、化学试剂、涂料稀释剂、聚合反应的介质等。

（4）庚烷

① 庚烷九种异构体的化学结构式：

$$CH_3-CH_2-CH_2-CH_2-CH_2-CH_2-CH_3$$

$$CH_3-\underset{\underset{CH_3}{|}}{CH}-CH_2-CH_2-CH_2-CH_3$$

$$CH_3-CH_2-\underset{\underset{CH_3}{|}}{CH}-CH_2-CH_2-CH_3$$

$$CH_3-CH_2-\underset{\underset{CH_2-CH_3}{|}}{CH}-CH_2-CH_3$$

$$CH_3-\underset{\underset{CH_3}{|}}{\overset{\overset{CH_3}{|}}{C}}-CH_2-CH_2-CH_3 \qquad CH_3-\underset{\underset{CH_3}{|}}{CH}-CH_2-\underset{\underset{H}{|}}{\overset{\overset{CH_3}{|}}{C}}-CH_3$$

$$CH_3-\underset{\underset{H}{|}}{\overset{\overset{CH_3\ CH_3}{|\ \ |}}{C}}-CH-CH_2-CH_3 \qquad CH_3-CH_2-\underset{\underset{CH_3}{|}}{\overset{\overset{CH_3}{|}}{C}}-CH_2-CH_3$$

$$CH_3-\underset{\underset{CH_3}{|}}{\overset{\overset{CH_3\ CH_3}{|\ \ |}}{C}}-CH-CH_3$$

② 庚烷（2,2,3-三甲基丁烷）物理化学特性　为无色可燃液体，具有极高的抗震性，比许多高辛烷值组分好，甚至比异辛烷都好，易燃；不溶于水，溶于乙醇；熔点−24.96℃；沸点81.0℃；空气中爆炸极限浓度（体积）1.0%~6.0%。

③ 工业庚烷质量指标　见表13-4。

表 13-4　江阴市产工业庚烷质量指标（执行标准：五洋化工企标）

指标名称		指标	指标名称	指标
气味		无异味	机械杂质及不挥发物/%	无
馏程	初馏点/℃	≥91	密度(20℃)/(kg/m³)	692~690
	干点/℃	≤99	硫含值/(mg/mg)	≤0.0001
闪点(闭杯)/℃		5	芳烃含量/%	≤0.0003
冰点/℃		≥−30	色度(塞波特色号)	≥+28
水分含量/%		≤0.001	水溶性酸或碱/%	无
溴值/(gBr₂/100g)		≤0.5		

④ 庚烷用途　泡沫密封剂和泡沫塑料的物理性发泡剂。

（5）异庚烷　别名：2-甲基己烷。

① 异庚烷化学结构式

② 异庚烷物理化学特性　纯异庚烷为无色易挥发液体；不溶于水，溶于乙醇、乙醚；相对密度（水=1）0.68；相对蒸气密度（空气=1）3.45；熔点−118.2℃；沸点90.0℃；闪点−18℃；引燃温度280℃；燃烧热4802.4kJ/mol；临界温度257.9℃；临界压力2.76MPa；饱和蒸气压（14.9℃）5.33kPa；与氧化剂接触发生化学反应或引起燃烧，其蒸气与空气可形成爆炸性混合物，受热、遇热源、明火、高速冲击、流动、激荡后可因产生静电火花放电引起燃烧爆炸，爆炸上限（体积分数）6.0%，爆炸下限（体积分数）1.0%；其蒸气比空气重，能在较低处扩散到相当远的地方，遇火源会着火回燃；有刺激和麻醉作用，对环境有危害，对水体、土壤和大气可造成污染。

③ 异庚烷质量指标　见表13-5。

表 13-5　上海产医药级异庚烷质量指标

	指标名称	指标	指标名称	指标
色谱分析	芳烃/(mg/kg)	≤200	色度(铂-钴色号)	≤10
	硫含量/(mg/kg)	≤1	铜片腐蚀试验(50℃,3h)	颜色无变化
	苯/(mg/kg)	≤100	异庚烷纯度/%	85
	水分含量/(mg/kg)	≤50	馏程范围/℃	5
	不挥发物/(mg/100mL)	≤1	馏程/℃	87~92
	溴指数/(mgBr/100mg)	≤1	密度(15.5℃)/(kg/m³)	688~700

④ 异庚烷用途　泡沫密封剂和泡沫塑料的物理性发泡剂。

（6）二氯甲烷　别名：亚甲基二氯；亚甲基氯；氯化次甲基；亚甲基二氯；亚甲基氯；二氯甲烷；二氯亚甲基；氯化亚甲基。

① 二氯甲烷化学结构

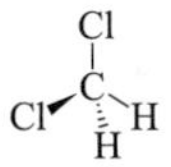

② 二氯甲烷物理化学特性　无色、透明、易挥发的液体，有类似醚的气味和甜味；微溶于水（20℃）；20g/L 或溶于约 50 倍的水；与绝大多数常用的有机溶剂互溶（含乙醚、乙醇、酚、醛、酮、冰醋酸、磷酸三乙酯、甲酰胺、环己胺、乙酰乙酸乙酯、N,N-二甲基甲酰胺、氯仿及四氯化碳）；热解后产生 HCl 和痕量的光气，与水长期加热，生成甲醛和 HCl，与氢氧化钠在高温下反应部分水解生成甲醛；纯二氯甲烷无闪点，甲烷与丙酮或甲醇液体以 10∶1 比例混合时，其混合液具有闪点；不燃烧，与高浓度氧混合后形成爆炸的混合物；沸点 39.8℃；熔点 −95.1℃；爆炸极限（体积）6.2%~15.0%；蒸气压（10℃）30.55kPa；自燃点 640℃；相对密度（20℃/4℃）1.3266；黏度（20℃）0.43mPa·s；折射率（n_D^{20}）为 1.4244；临界温度 237℃；极性 3.4；临界压力 6.0795MPa；吸收波长 245nm。

③ 二氯甲烷质量指标　见表 13-6。

表 13-6　工业二氯甲烷质量指标（执行标准：GB/T 4117—2008）

指标名称	优等品	一等品	合格品
外观	无色澄清,无悬浮物,无机械杂质		
二氯甲烷质量分数/%	≥99.90	≥99.50	≥99.20
色度(铂-钴色号)	≤10	≤10	≤10
水分/%	≤0.010	≤0.020	≤0.030
酸度/%	—	≤0.0004	≤0.0008
蒸发残渣/%	≤0.0005	—	≤0.0010

④ 二氯甲烷用途　用作泡沫密封剂、聚醚型尿烷泡沫塑料、挤压聚砜型泡沫塑料的发泡剂或辅助性发泡剂。也广泛用作溶剂、清洗脱脂及脱模剂。

（7）二氯乙烷　别名：1,2-二氯乙烷；对称二氯乙烷；二氯化乙烯；亚乙基二氯；烯虫乙酯；1,1-二氯乙烷；二氯乙烷；1,2-二氯化乙烯。

① 二氯乙烷化学结构式

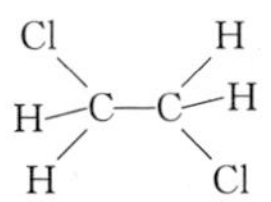

② 二氯乙烷物理化学特性　无色或浅黄色透明液体，有类似氯仿的气味，味甜；溶于多数有机溶剂。在水中沉底，基本不溶（溶于约 120 倍的水），与乙醇、氯仿、乙醚混溶，能溶解油、脂类、润滑脂、石蜡；对水、酸、碱稳定，能缓慢分解变成酸性，颜色变暗，具

有抗氧化性。不腐蚀金属，其蒸气与空气可形成爆炸性混合物；遇高热、明火、强氧化剂有引起燃烧爆炸的危险；相对密度（水＝1）1.26；相对密度（空气＝1）3.35；折射率 1.4167～1.4448；熔点－35.7℃；沸点83.5℃；临界温度261.5℃；饱和蒸气压（10℃）15.33kPa；临界压力5.05MPa；燃烧热1244.8kJ/mol。

③ 二氯乙烷质量指标　见表13-7。

表 13-7　常州、北京、浙江衢县、江苏丹阳等地企业产二氯乙烷质量指标

指标名称	一级品	合格品
外观	透明液体，颜色不深于每100mL含0.03g$K_2Cr_2O_7$的水溶液	
相对密度	1.250～1.256	1.247～1.259
含量/%	≥99.0	≥97.0
水分/%	≤0.08	≤0.12
酸度(以HCl计)/%	≤0.005	≤0.005

④ 二氯乙烷用途　泡沫密封剂、泡沫塑料的发泡剂。也是生产氯乙烯、乙二胺及乙二酸、乙二醇的原料。

(8) 三氯甲烷　别名：氯仿。

① 三氯甲烷化学结构式

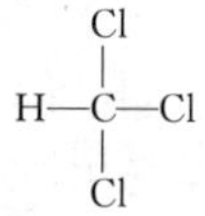

$$H-\overset{\textstyle Cl}{\underset{\textstyle Cl}{C}}-Cl$$

② 三氯甲烷物理化学特性　无色透明液体。有特殊气味，味甜，不燃，易挥发，纯品对光敏感，遇光照会与空气中的氧作用，逐渐分解而生成剧毒的光气（碳酰氯）和氯化氢；能与乙醇、苯、乙醚、石油醚、四氯化碳、二硫化碳和油类等混溶，25℃时1mL溶于200mL水；有毒，LD_{50}（大鼠经口）1194mg/kg，有麻醉性，有致癌可能性；相对密度 1.4840；相对蒸气密度（空气＝1）4.12；饱和蒸气压（0.4℃）13.33kPa；凝固点－63.5℃；沸点61～62℃；折射率1.4476；临界温度263.4℃；临界压力5.47MPa；热分解温度450℃。

③ 工业三氯甲烷产品品种和（或）牌号、质量指标　见表13-8。

表 13-8　工业三氯甲烷质量指标（执行标准：GB/T 4118—2008）

指标名称	优等品	一等品	合格品
外观	清晰、无悬浮物、无机械杂质的透明液体		
色度(Hazen，铂-钴色号)	≤10	≤15	≤25
酸度(以HCl计)/%	≤0.0004	≤0.0006	≤0.0010
水分/%	≤0.010	≤0.020	≤0.030
三氯甲烷/%	≥99.90	≥99.50	≥99.20
四氯化碳/%	≤0.04	≤0.08	≤0.20

④ 三氯甲烷用途　用作泡沫密封剂、泡沫塑料的发泡剂。

(9) 氮气

① 氮气化学结构式　N≡N，结构式中有两个π键和一个σ键。

② 氮气物理化学特性　常况下是一种无色无味的气体，且通常无毒。氮气占大气总量的78.12%（体积分数）；氮气难溶于水，在常温常压下，1体积水中大约只溶解0.02体积的氮气；临界压缩系数0.292；液体密度（－180℃）0.729g/cm³；熔点－210℃；气体密度（标准情况）1.25g/L；临界温度－147.05℃；液体热膨胀系数（－180℃）0.0075311/℃；临界压力3.4MPa；表面张力（－210℃）12.2×10⁻³ N/m；临界体积90.1cm³/mol；气体

密度（101.3kPa，21.1℃）1.160kg/m³；临界密度 0.3109g/cm³；沸点（101.325kPa）
－195.8℃；汽化热（沸点下）202.76（kJ/kg）；气体比热容比（c_p/c_v）1.401；熔化热（熔
点下）25.7kJ/kg；在水中的溶解度（25℃）17.28×10⁻⁶；溶解度参数 9.082$\sqrt{\text{J/cm}^3}$；液体
黏度（－150℃）0.038mPa·s；液体摩尔体积 34.677cm³/mol；气体热导率（25℃）
0.02475W/(m·K)；气体黏度（25℃）175.44×10⁻⁷ Pa·s；液体热导率（－150℃）
0.0646W/(m·K)；氮气是难液化的气体。氮气在极低温下会液化成无色液体，进一步降
低温度时，更会形成白色雪状晶状固体。

③ 氮气产品质量指标　见表 13-9。

表 13-9　工业氮的质量指标（执行标准：GB/T 3864—2008）

指标名称	参数	指标名称	参数
氮气(N₂)纯度(体积分数)/%	≥99.2	游离水/%	
氧含量(O₂)(体积分数)/%	≤0.8		

④ 氮气用途　用作泡沫密封剂的物理性发泡剂，用于合成氨，也是合成纤维（锦纶、
腈纶），合成树脂，合成橡胶等的重要原料。

（10）二氧化碳　别名：碳酸气；碳酸酐；碳酐；干冰。

① 二氧化碳化学结构式

② 二氧化碳物理化学特性　常况下是一种无色无味的气体，没有闪点，不可燃，不助
燃（镁带在二氧化碳内燃烧生成碳与氧化镁，这是唯一的例外）；沸点 －78.5℃；熔点
－56.750℃；密度（0℃，气体状）1.977kg/m³，（－37℃，液体状）1.101kg/m³；液体状
态表面张力约 3.0dyn/cm；临界温度 －31.10℃；临界压力 7.38MPa；CO_2 体积分数约占
0.039% 为正常状态，无毒。体积分数大于 1% 时感到闷气，头昏，心悸，体积分数为 4%～
5% 时感到眩晕，体积分数 6% 以上时，使人神志不清、呼吸逐渐停止以致死亡。

③ 工业液体二氧化碳质量指标　见表 13-10。

表 13-10　工业液体二氧化碳质量指标（执行标准：GB/T 6052—2011）

项　目		指　标		
二氧化碳含量①(体积分数)/10⁻² ≥		99	99.5	99.9
油分		按标准 4.4 检验合格		
一氧化碳、硫化氢、磷化氢及有机还原物②		—	按标准 4.6 检验合格	
气味		无异味		
水分露点/℃ ≤		—	－60	－55
游离水		无	—	—

① 焊接用二氧化碳含量应≥99.5×10⁻²。

② 焊接用二氧化碳应检验该项目；工业用二氧化碳可不检验该项目。

④ 二氧化碳用途　泡沫密封剂、泡沫塑料的发泡剂。气体二氧化碳可用于废水处理、
制碱、制糖工业，并可用于钢铸件的淬火和铅白的制造等。还可用于碳酸饮料的生成、蔬菜
水果的保鲜、灭火器等。

（11）空气

① 成分结构　主要由 78% 的氮气、21% 的氧气、0.94% 的稀有气体，0.03% 的二氧化
碳，0.03% 的其他气体（氦 He、氖 Ne、氩 Ar、氪 Kr、氙 Xe、氡 Rn 以及不久前发现的
Uuo7 种稀有气体）和水蒸气、杂质、杂质气体（一氧化碳、二氧化硫、二氧化氮、臭氧等

组成）的混合物。

② 空气物理化学特性　纯净空气是无色、无臭、无味，含有水分的稳定混合气体；密度/(kg/m³)：（−10℃）1.341，（−5℃）1.316，（0℃）1.293，（5℃）1.269，（10℃）1.247，（15℃）1.225，（20℃）1.204，（25℃）1.184，（30℃）1.164；标准状态下空气中的声速 340m/s；干燥空气的摩尔质量 28.9634g/mol；在标准状态下空气对可见光的折射率 1.00029；分子量 28.966；定压比热 0.240cal/(g·K)；干空气定容比热 0.171cal/(g·K)；干空气的气体常数 287J/(kg·K)；比热容：（等压过程）1.005kJ/(kg·K)，（等体过程）0.718kJ/(kg·K)。

③ 空气质量指标　制备泡沫密封剂及泡沫塑料时，常采用压缩空气为发泡剂，即符合 GB/T 13277.1—2008 规定的压缩空气，其质量要求见表 13-11～表 13-13。

表 13-11　空气的标准状态

空气温度	20℃	空气压力	0.1MPa 绝对压力	相对湿度	0

表 13-12　压缩空气中的固体颗粒等级

等级	最多颗粒数/m³				颗粒尺寸/μm	浓度/(mg/m³)
	颗粒尺寸 d/μm					
	≤0.10	0.10<d≤0.5	0.5<d≤1.0	1.0<d≤5.0		
0	由设备使用者或制造商制定的比等级 1 更高的严格要求					
1	不规定	100	1	0		
2	不规定	100000	1000	10		
3	不规定	不规定	10000	500	不适用	不适用
4	不规定	不规定	不规定	1000		
5	不规定	不规定	不规定	20000		
6	不适用				≤5	≤5
7	不适用				≤40	≤10

注：1. 与固体颗粒等级有关的过滤系数（率）β 是指过滤前颗粒数与过滤后颗粒数之比，它可以表示为 β=1/p，其中 p 是穿透率，表示过滤后与过滤前颗粒浓度之比，颗粒尺寸等级作为下标。如 $\beta_{10}=75$，表示颗粒尺寸在 10μm 以上的颗粒数在过滤前比过滤后高 75 倍。

2. 颗粒浓度是在表 1 状态下的值。

表 13-13　压缩空气的湿度等级、液态水等级、含油等级

压缩空气的湿度等级		压缩空气中的液态水等级		压缩空气中的含油等级	
等级	压力露点/℃	等级	液态水浓度 c_w/(g/m³)	等级	总含油量（液态油、悬浮油、油蒸气）/(mg/m³)
0	由设备使用者或制造商制定的比等级 1 更高的要求	7	c_w≤0.5	0	由设备使用者或制造商制定的比等级 1 更高的要求
1	≤−70	8	0.5≤c_w≤5	1	≤0.01
2	≤−40	9	5<c_w≤10	2	≤0.1
3	≤−20	—	—	3	≤1
4	≤+3	—	—	4	≤5
5	≤+7	—	—		
6	≤+10	—	—		

注：液态水浓度是在表中 1 状态下的值；总含油量是在表中 1 状态下的值。

④ 空气的工业用途　泡沫密封剂及泡沫塑料的发泡剂之一。

（12）乙醚　别名：二乙醚，乙氧基乙烷。

① 乙醚的化学结构式

② 乙醚的物理化学特性　无色透明液体，有特殊刺激气味，带甜味，极易挥发，易燃；溶于低碳醇、苯、氯仿、石油醚和油类，微溶于水；最小点火能 0.33mJ；液体密度（20℃）713.5kg/m³；蒸气密度 2.56kg/m³；相对密度（45℃）2.6；临界温度 193.55℃；汽化热（34.6℃）351.16kJ/kg；临界压力 3637.6kPa；表面张力（20℃）17.0mN/m；临界密度 265kg/m³；热导率（0℃）1298.3×10^5 W/(m·K)；折射率 1.35555；最大爆炸压力 902.2kPa；低毒；比热容：（35℃，101.325kPa）1862.13J/(kg·K)，（35℃，101.325kPa）1724.01J/(kg·K)；熔点－116.3℃；沸点 34.6℃；液体（0℃）2214.82J/(kg·K)；燃点 160℃；燃烧热（25℃）2752.9kJ/mol；爆炸界限 1.85%～36.5%；最大爆炸压力的浓度 4.1%；闪点（闭杯）－45℃；蒸气压（20℃）58.93kPa；比热容比（35℃，101.325kPa）1.08；黏度：（气体，0℃）0.000684Pa·s，（液体，0℃）0.002950Pa·s。

化学反应特性：化学性质比较稳定，很少与除酸之外的试剂反应。在空气的作用下能氧化成过氧化物、醛和乙酸，暴露于光线下能促进其氧化，当乙醚中含有过氧化物时，在蒸发后所分离残留的过氧化物加热到 100℃ 以上时能引起强烈爆炸，这些过氧化物可加 5% 硫酸亚铁水溶液振摇除去。与无水硝酸、浓硫酸和浓硝酸的混合物反应也会发生猛烈爆炸。

③ 乙醚的质量指标　见表 13-14，ACS 级乙醚质量指标见表 13-15。

表 13-14　乙醚的质量指标

指标名称	GB/T 12591—2002 指标		ACS 指标
	分析纯	化学纯	
乙醚含量/%	≥99.0	≥98.5	≥98.0
色度（APHA，铂-钴色号）	≤10	≤20	≤10
密度(20℃)/(g/cm³)	0.713～0.715	0.713～0.717	—
蒸发残渣/%	≤0.001	≤0.001	≤0.001
水分(H₂O)/%	≤0.2	≤0.3	—
酸度(以 H⁺ 计)/(mmol/100g)	≤0.02	≤0.05	≤0.02
甲醇/%	≤0.02	≤0.05	—
乙醇/%	≤0.3	≤0.5	—
羰基化合物(以—C＝O 计)/%	≤0.01	≤0.02	—
羰基化合物(以 HCHO 计)/%	—	—	≤0.001
过氧化物(以 H₂O₂ 计)/%	≤0.00003	≤0.0001	—
易炭化物质/%	合格	合格	—

表 13-15　ACS 级乙醚的质量指标

指标名称	ACS 指标	指标名称	ACS 指标
蒸发残渣/%	≤0.001	含量[(CH₃CH₂)₂O]/%	≥98.0
		色度(APHA，铂-钴色号)	≤10
可滴定酸/(meq/g)	≤0.0002	羰基化合物(以 HCHO 计)/%	≤0.001

④ 乙醚用途　可作泡沫密封剂及泡沫塑料的物理性发泡剂。在有机合成中主要用作溶剂萃取剂和反应介质，医学上作麻醉剂。

（13）乙醇、正丁醇、丙酮、甲苯、溶剂油

五种化学品均可用作泡沫密封剂和泡沫塑料的发泡剂，它们的结构、物化特性、质量指标见第 5 章。

13.2　化学反应性发泡剂

（1）碳酸氢钠　俗名：小苏打；苏打粉；重曹；焙烧苏打；重碱；重碳酸钠；酸式碳

酸钠。

① 碳酸氢钠化学结构式

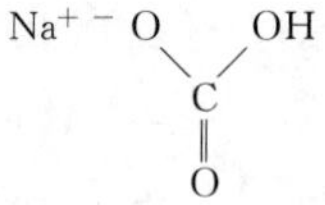

$$Na^+ - O \quad OH$$
$$\underset{\parallel}{C}$$
$$O$$

② 碳酸氢钠物理化学特性　国产碳酸氢钠物理化学特性：纯品为无色单斜晶体，工业品为白色细粉；易溶于水，但比碳酸钠在水中的溶解度小，几乎不溶于乙醇，水溶液呈微碱性；相对密度 2.20；无毒［半数致死量（大鼠，经口）4420mg/kg］；在潮湿空气和热空气中能逐渐失去一部分二氧化碳，300℃左右分解为碳酸钠、水及二氧化碳。

外国产碳酸氢钠物理化学特性：无臭，为乳黄色液体；分解温度 150℃；相对密度 1.27；无毒［半数致死量（大鼠，经口）4420mg/kg］；在 50℃开始反应生成 CO_2、碳酸钠和水，在 270℃完全分解。

③ 碳酸氢钠质量指标　见表 13-16。

表 13-16　焦作市产碳酸氢钠质量指标（执行标准：GB/T 640—1997）

指标名称	分析纯（A R）	化学纯（C P）
含量($NaHCO_3$)/%	≥99.5	≥99.0
澄清度试验	合格	合格
水不溶物/%	≤0.01	≤0.02
氯化物（以 Cl 计）/%	≤0.002	≤0.005
总氮量（以 N 计）/%	≤0.001	≤0.002
硫酸盐(SO_4^{2-})/%	≤0.005	≤0.01
磷酸盐和硅酸盐（以 SiO_2 计）/%	≤0.005	≤0.01
镁（Mg）/%	≤0.003	≤0.005
钾（K）/%	≤0.01	≤0.02
pH 值（50g/L,25℃）	≤8.6	≤8.6
钙（Ca）/%	≤0.007	≤0.01
铁（Fe）/%	≤0.001	≤0.002
重金属（以 Pb 计）/%	≤0.001	≤0.002
还原碘物质（以 I 计）/%	—	—

④ 碳酸氢钠用途　在泡沫密封剂、泡沫橡胶制品中作发泡剂，用量为 5%～15%，使用时需配入 5%～10%的硬脂酸作发泡助剂促进分解。

(2) 碳酸铵

① 碳酸铵化学结构式

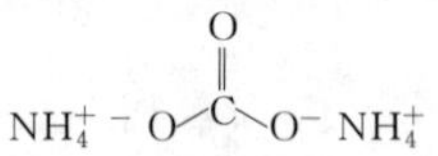

$$NH_4^+ - O \quad O - NH_4^+$$
$$\underset{\parallel}{C}$$
$$O$$

工业品碳酸铵化学结构式：

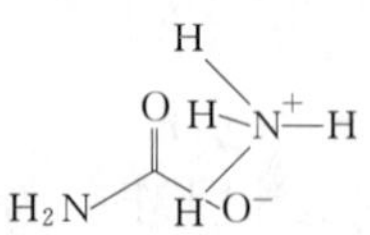

$$\begin{array}{c} H \\ O \quad H - N^+ - H \\ H_2N - \quad \quad H \\ O^- \end{array}$$

② 碳酸铵物理化学特性　　纯品是半透明的白色结晶，工业品是氨基甲酸胺（NH_2 $COONH_4$）、碳酸氢铵（NH_4HCO_3）的混合物。有强烈的氨味。置于空气中会失去氨，变成不透明的粉状物。本品不稳定，有很大的挥发性。有水蒸气存在时分解更快并放出二氧化碳和氨气。在 60℃时完全挥发，遇热水（70℃）也分解，溶于冷水，不溶于浓氨水、乙醇和二硫化碳。露置空气中逐渐变成碳酸氢铵。加热于 580℃时，分解为氨和二氧化碳。

③ 碳酸铵　见表 13-17。

表 13-17　广州长隆化工产碳酸铵质量指标

指标名称	参数	指标名称	参数
氨含量(NH_3)/%	40	灼烧残渣(以硫酸盐计)/%	0.001
澄清度/号	5	氯化物(以 Cl^- 计)/%	0.0001
水不溶物/%	0.001	硫化物(以 SO_4^{2-} 计)/%	0.0005
铁(Fe)/%	0.0005	重金属(以 Pb 计)/%	0.0001
外观：无色半透明结晶或结晶粉末			

④ 碳酸铵用途　为通用无机发泡剂，适合泡沫密封剂发泡。也是无机硫化促进剂，也适合天然橡胶和胶乳的发泡，其他橡胶与其混合较为困难，发泡不易均匀，应特别注意，使用时可直接加入物料中。

（3）碳酸氢铵　别称：碳铵；重碳酸铵；酸式碳酸铵。

① 碳酸氢铵化学结构式

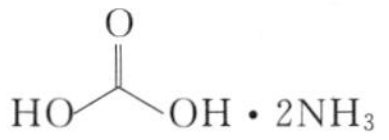

$$HO-\overset{\displaystyle O}{\overset{\displaystyle \|}{C}}-OH \cdot 2NH_3$$

② 碳酸氢铵物理化学特性　碳酸氢铵含氮（N）量 17% 左右。纯品为白色单斜或方斜粉末状结晶体，工业用品略发灰白，并有氨味。碳酸氢铵一般含水量 5%～6%，易潮解，易结块。温度在 20℃ 以下还比较稳定，温度稍高或产品中水分超过一定的标准，碳酸氢铵就会分解为氨气、二氧化碳和水，溶于水、不溶于乙醇。

③ 碳酸氢铵质量指标　见表 13-18。

表 13-18　农业用碳酸氢铵质量指标（执行标准：GB3559—2001）

指标名称	碳酸氢铵			干碳酸氢铵
	优等品	一等品	合格品	
外观	白色或浅色结晶			
氨含量/%	17.2	17.1	16.8	17.5
水分/%	3.0	3.5	5.0	0.5

注：优等品和一等品必须含添加剂

④ 碳酸氢铵用途　与碳酸铵相似，易于操作，是泡沫密封剂、天然橡胶、合成橡胶泡沫制品的发泡剂，可得到均匀微孔细泡。使用时直接加入物料中，对硫化速度无影响，其用量视其氨含量大小而定，一般为 10%～15%。

（4）亚硝酸钠　别名：亚钠。

① 亚硝酸钠化学结构式

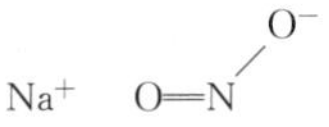

$$Na^+ \quad O=\overset{\displaystyle O^-}{\underset{\displaystyle }{N}}$$

② 亚硝酸钠物理化学特性　白色或淡黄色结晶或粉末；易潮解，暴露于空气中会逐渐变成硝酸钠，有食盐的咸味；属强氧化剂又有还原性，在空气中会逐渐氧化，表面则变为硝酸钠，遇弱酸分解放出棕色二氧化氮气体；与有机物、还原剂接触能引起爆炸或燃烧，并放出有毒的刺激性的氧化氮气体。特别是铵盐，如与硝酸铵、过硫酸铵等在常温下，即能互相作用产生高热，引起可燃物燃烧；分解温度＞320℃，生成分解物：氧气、氧化氮和氧化钠；相对密度 2.17；熔点 271℃；易溶于水和液氨，其水溶液呈碱性，其 pH 约为 9，微溶于乙醇、甲醇、乙醚等有机溶剂；因为亚硝酸钠有毒，含有工业亚硝酸钠盐的食品对人体危害很大，有致癌性。

③ 亚硝酸钠质量指标　见表 13-19。

表 13-19　亚硝酸钠质量指标（执行指标：GB 2367—2006）

指标名称		优等品	一等品	合格品
亚硝酸钠($NaNO_2$)质量分数(以干基计)/%	≥	99.0	98.5	98.0
硝酸钠($NaNO_3$)质量分数(以干基计)/%	≤	0.8	1.0	1.9
氯化物(以 NaCl)质量分数(以干基计)/%	≤	0.10	0.17	—
水不溶物质量分数(以干基计)/%	≤	0.05	0.06	0.10
水分的质量分数(H_2O)/%	≤	1.4	2.0	2.5
松散度(以不结块物的质量分数计)/%	≥	85	85	85

注：松散度指标为添加防结块剂产品控制的项目，在用户要求时进行测定。

④ 亚硝酸钠用途　与氯化铵作用生成氮气和水蒸气作为泡沫密封剂、橡胶泡沫制品的发泡剂。

（5）硼氢化钾　别名：四氢硼钾，钾硼氢，钾氢化硼。

① 硼氢化钾化学结构式

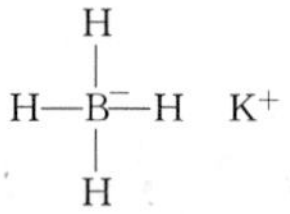

$$\mathrm{H-\overset{\overset{\displaystyle H}{|}}{\underset{\underset{\displaystyle H}{|}}{B}}-H\ \ K^+}$$

② 硼氢化钾物理化学特性　白色疏松粉末或晶体；易溶于水，水溶液加热至1000℃时，完全释放出氢。溶于液氨，微溶于甲醇和乙醇，几乎不溶于乙醚、苯、四氢呋喃、甲醚及其他碳氢化合物；相对密度 1.178；熔点 585℃；分解温度：在真空中，约 500℃ 开始分解；在空气中稳定，不吸湿，遇无机酸分解而放出氢气。

③ 硼氢化钾质量指标　见表 13-20。

表 13-20　硼氢化钾质量指标（执行标准：HG/T 3584—2011）

项　目		指　标
硼氢化钾(KBH_4)/%	≥	97.0
干燥减量/%	≤	0.3

④ 硼氢化钾用途　泡沫密封剂、泡沫橡胶制品的发泡剂。也作醛类、酮类、酰氯类的还原剂。

（6）硼氢化钠　别称：氢硼化钠；硼氢钠；四氢硼钠；四氢硼酸钠；四氢硼化钠。

① 硼氢化钠化学结构式

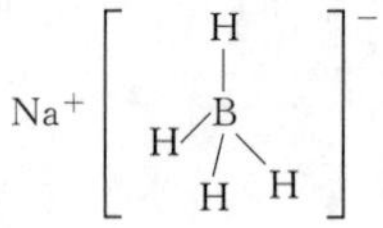

$$\mathrm{Na^+}\left[\mathrm{H-\overset{\overset{\displaystyle H}{|}}{\underset{\underset{\displaystyle H}{|}}{B}}-H}\right]^-$$

② 硼氢化钠物理化学特性　硼氢化钠为白色结晶粉末。溶于水、液氨、胺类。微溶于甲醇、乙醇、四氢呋喃。不溶于乙醚、苯、烃。有吸湿性。在干空气中稳定，在湿空气中分解。加热至 400℃ 也分解。

③ 硼氢化钠质量指标　见表 13-21。

表 13-21　硼氢化钠质量指标

指标名称	参数	指标名称	参数
外观	白色结晶粉末	熔点/℃	>400
硼氢化钠含量/%	≥98	水分/%	≤0.3

④ 硼氢化钠用途　本产品用作泡沫密封剂、泡沫橡胶、泡沫塑料的发泡剂。也作醛类、酮类、酰氯类的还原剂。

（7）过氧化氢　别名：双氧水；二氧化氢。

① 过氧化氢[2]化学结构式

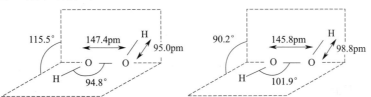

② 过氧化氢物理化学特性　纯的过氧化氢是一种淡蓝色黏稠状液体，水溶液为无色透明液体，具弱酸性的液体，有微弱特殊气味（臭氧气味），它的缔合程度比 H_2O 大，所以它的介电常数和沸点比水高；溶于水、醇、乙醚，不溶于石油醚；过氧化氢系一强氧化剂，能氧化许多无机或有机化合物。当遇到强氧化剂（如钾）时，则表现为还原性；分子量34.016；相对密度（25℃）1.4067；固体密度（凝固点时）1.71g/cm³；熔点－0.41～－0.43℃；沸点150.2℃；纯净的过氧化氢，于任何浓度下都很稳定，如浓度为90%的过氧化氢溶液，分解速度仅为0.0010%/h，但与重金属及其盐类、灰尘、有机物、碱性物接触、光照、受热时，可加速分解，并放出大量的热，如加热到153℃便猛烈地分解为水和氧气。粗糙的表面，能加速其分解而生成水和氧。

③ 过氧化氢质量指标　见表13-22。

表 13-22　过氧化氢质量指标（执行标准：GB 1616—2014《工业过氧化氢》）

项　　目		指　　标					
		27.5%		35%	50%	60%	70%
		优等品	合格品				
过氧化氢(H_2O_2)/%	≥	27.5	27.5	35.0	50.0	60.0	70.0
游离酸(以 H_2SO_4 计)/%	≤	0.040	0.050	0.040	0.040	0.040	0.050
不挥发物/%	≤	0.06	0.10	0.08	0.08	0.06	0.06
稳定度/%	≥	97.0	90.0	97.0	97.0	97.0	97.0
总碳(以 C 计)/%	≤	0.030	0.040	0.025	0.035	0.045	0.050
硝酸盐(以 NO_3 计)/%	≤	0.020	0.020	0.020	0.025	0.028	0.030

④ 过氧化氢用途　可作泡沫密封剂和泡沫塑料的发泡剂。过氧化氢是重要的氧化剂、漂白剂、消毒剂和脱氯剂。

（8）AC 发泡剂　别名：偶氮二甲酰胺；ADC 发泡剂。

① AC 发泡剂化学结构式

$$H-N-C-N=N-C-N-H$$
$$\quad\ \ |\ \ \ \|\qquad\qquad\|\ \ \ |$$
$$\quad\ \ H\ \ O\qquad\qquad O\ \ H$$

② AC 发泡剂物理化学特性　黄色粉末，无臭、不易燃烧；溶于碱，不溶于醇、汽油、苯、吡啶和水；相对密度（d_4^{20}）1.66；分解温度180～210℃；发泡助剂尿素、联二脲、缩二脲、乙醇胺、硬脂酸的铅盐或镉盐对其有活化作用，可明显降低其分解温度，120℃以上就易分解，放出大量氮气和10%～30%的一氧化碳，在密闭容器中易爆炸。室温下贮存很稳定，着火时能自熄；无毒。

③ AC 发泡剂质量指标　见表13-23。

表 13-23　AC 发泡剂质量指标

指标名称	优级品	指标名称	优级品
外观	淡黄色粉末	细度(筛余物,筛孔 38μm)/%	0.2～0.1
发气量/(mL/g)	230～250	细度平均粒径(Dn)/μm	8～10
灰分/%	≤0.05	分解温度/℃	180～210
含量/%	95～97	加热减量/%	0.15～0.25

④ AC 发泡剂用途　用作泡沫密封剂、泡沫塑料（如聚氯乙烯、聚乙烯、聚丙烯、聚苯乙烯、聚酰胺 11、ABS）以及泡沫橡胶（如氯丁、丁腈、天然、丁基、丁苯、聚硅氧烷橡胶）的常压发泡和加压发泡剂。

（9）ABN 发泡剂　别名：偶氮二异丁腈；别名：2,2′-偶氮二异丁腈；2,2′-二偶氮异丁腈；2,2′-偶氮双（2-甲基丙腈）；发泡剂 Vazo。

① 偶氮二异丁腈化学结构式

$$
\underset{\underset{CH_3}{|}}{\overset{\overset{CH_3}{|}}{N{=}C{-}C}}{-}N{=}N{-}\underset{\underset{CH_3}{|}}{\overset{\overset{CH_3}{|}}{C{-}C{=}N}}
$$

② ABN 发泡剂物理化学特性　白色结晶粉末，容易在橡胶中分散，具有不污染、不变色和密度低的特点。有延迟硫化的作用；溶于酮类、醇类、醚类、氯代烃、甲苯和苯胺。不溶于水和丙酮，易溶于单体和增塑剂中，稍溶于石蜡中；纯度大于 98%；密度 $1.11g/cm^3$；发气量 130 mL/g；灰分小于 0.01%；通常的条件下储存稳定性好，分解温度较低，在 80℃和紫外光的照射下就会分解，分解温度 90～115℃（103℃熔融并分解）；氢化偶氮化合物含量小于 1%；真空失重小于 8%；酸度小于 0.1；有毒性。

③ ABN 发泡剂产品质量指标　见表 13-24。

表 13-24　北京化工厂产偶氮二异丁腈质量指标

指标名称	参数	指标名称	参数
外观	白色粉末或结晶粉末	发气量/(mL/g)	≥136
分解温度/℃	85～104	挥发分/%	≤1
甲醇不溶物/%	≤1.1	熔点/℃	≥99

④ ABN 发泡剂用途　常用作泡沫密封剂、PVC、PE、PP、PS、ABS、EVA 等的发泡剂。用量为 0.1%～2%。

（10）DIPA 发泡剂　别名：偶氮二碳酸二异丙酯。

① DIPA 发泡剂化学结构式

$$
\underset{\underset{CH_3}{|}}{CH_3{-}CH}{-}O{-}\underset{\underset{O}{\parallel}}{C}{-}N{=}N{-}\underset{\underset{O}{\parallel}}{C}{-}O{-}\underset{\underset{CH_3}{|}}{CH}{-}CH_3
$$

② DIPA 发泡剂物理化学特性　橙色油状液体，有特殊气味；溶于几乎所有的有机溶剂和增塑剂，不溶于水；凝固点 2.4℃；沸点（0.25mmHg）75.5℃；240℃下还稳定，铅盐、有机锡化合物、镉皂和锌皂等热稳定剂可以有选择性地使其活化，失去稳定而分解，分解温度范围 100～200℃，分解后发气量很高为 200～350mL/g，分解物无色、无毒、不污染、不喷雾、无臭味。

③ DIPA 发泡剂产品质量指标　见表 13-25。

表 13-25　偶氮二碳酸二异丙酯发泡剂质量指标

指标名称	参数	指标名称	参数
外观	橘红色液体	含量/%	≥98
熔点(0.25mmHg)/℃	75		

④ DIPA 发泡剂用途　用作泡沫密封剂、乙烯基树脂（聚乙烯、聚丙烯、聚氯乙烯等）的液体发泡剂。

（11）发泡剂 H　别名：N,N'-二亚硝基五次甲基四胺；或 DPT 或 BN。

① 发泡剂 H 化学结构式

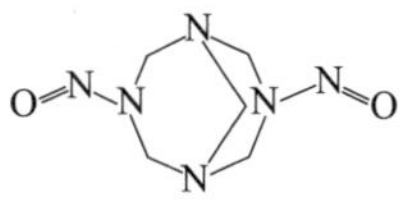

② 发泡剂 H 物理化学特性　淡奶油色结晶粉末，无臭味，但在潮湿状况下有甲醛味，易燃，与酸或酸雾接触可迅速起火燃烧；溶于二甲基甲酰胺、丙酮、甲乙酮，乙酰乙酸乙酯，稍溶于水、乙醇，微溶于氯仿，几乎不溶于乙醚；熔点 207℃；分解温度 200～220℃，在空气中分解温度 190～200℃；适用的分解催化剂：尿素、硬脂酸。

③ 发泡剂 H 质量指标　见表 13-26。

表 13-26　发泡剂 H 质量指标

指标名称	一级品	二级品	指标名称	一级品	二级品
外观	浅黄色粉末		细度(200目通过)/%	100	99.5
水分/%	≤0.2	≤0.2	发气量(标准状态下)/(mL/g)	270～285	270～290
纯度/%	98	98	分解温度/℃	≥205	≥203
灰分/%	≤0.2	≤0.3			

④ 发泡剂 H 用途　用于制造泡沫密封剂、海绵橡胶、塑料。在橡胶中用量为 3～5 份，在聚氯乙烯中为 15 份，密封剂中需探讨用量。

(12) 发泡剂 TSH　别名：对甲苯磺酰肼。

① 发泡剂 TSH 化学结构式

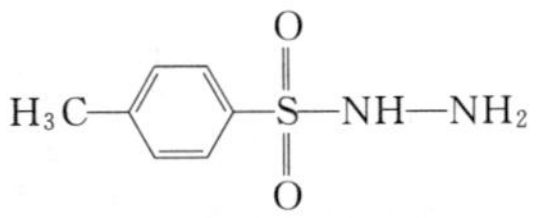

② 发泡剂 TSH 物理化学特性　对甲苯磺酰肼为白色结晶粉末，无毒。密度 1.42g/cm³，本品加热到 105℃ 以上逐渐由熔融转分解，放出氮气，发气量为 120mL/g，在热水中水解产生磺酸，分解出氮气。常温下无吸湿潮解现象，化学性质稳定。本品分解温度较低，宜在 70℃ 以下混炼。

③ 发泡剂 TSH 产品质量指标　见表 13-27。

表 13-27　发泡剂 TSH 质量指标

指标名称	参数	指标名称	参数
外观	白色粉末	细度(平均粒径)/μm	5.5～8.5
分解温度/℃	148～154	纯度/%	≥95
发气量/(mL/g)	123～130	灰分/%	≤0.5
水分/%	≤0.5	pH 值	6.5～7.5

④ 发泡剂 TSH 用途　用作有机硅泡沫密封剂、天然橡胶、丁腈橡胶泡沫制品的发泡剂，可产生细微闭孔结构。本品不可与发泡剂 H 并用，是因这两种发泡剂反应时产生大量热量，使胶料焦烧。也不宜与铅盐并用，以免生成黑色硫化铅沉淀。本品不能使用发泡助剂。

(13) OBSH 发泡剂　别名：4,4′-氧代双本磺酰肼；对,对′-氧代双苯磺酰肼；二磺酰肼二苯醚；OB 发泡剂。

① OBSH 发泡剂化学结构式

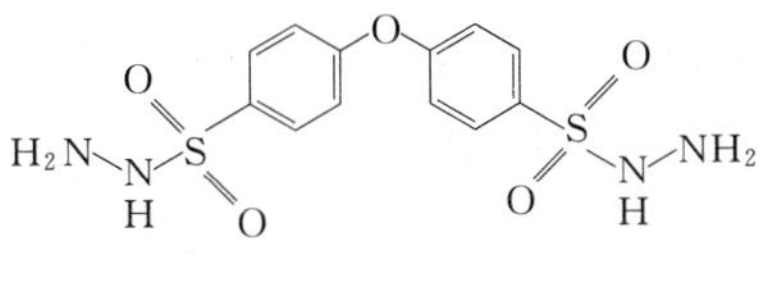

② OBSH 发泡剂物理化学特性　本品为白色至淡黄色结晶或细微粉末，无臭、无毒。在一定温度范围内，会分解释放氮气，并使制品形成细微、优质、均匀的气孔结构，相对毒性小，不污染制品，无着色性，属磺酰类最常用发泡剂。

③ OBSH 发泡剂产品质量指标　见表 13-28。

表 13-28　OBSH 发泡剂质量指标

指标名称	参数	指标名称	参数
外观	白色粉末	发气量(20℃,760mmHg)/(mL/g)	120～130
水分/%	≤0.50	分解温度/℃	140～160
纯度/%	≥98	粒度/目	≤300

④ OBSH 发泡剂用途　用作要求无臭、无味、浅色泡沫密封剂、泡沫橡胶［如天然橡胶、三元乙丙（EPDM）、丁苯（SBR）、氯丁（CR）、氟橡胶（FKM）、丁基（IIR）、丁腈（NBR）］和热塑性产品［如聚氯乙烯（PVC）、聚乙烯（PE）、聚苯乙烯（PS）、丙烯腈-丁二烯-苯乙烯三元共聚（ABS）］的发泡剂。在一定情况下，在固化机制中既可起发泡剂，又可起交联剂的作用；本品属磺酰肼类最常用发泡剂，能与其他发泡剂并用，由于用途广泛，又称为万能发泡剂。

（14）发泡剂 BSH　别名：苯磺酰肼；发乳剂 BSH。

① 发泡剂 BSH 化学结构式

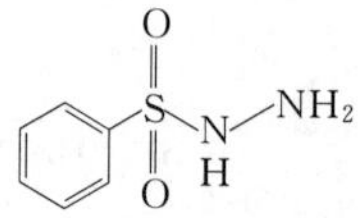

② 发泡剂 BSH 物理化学特性　在 103～104℃分解并放出氮气，无味。相对密度 1.41～1.43，真空失重小于 2%。能溶于无机酸和碱的水溶液，在磺酸中水解。稍溶于有机溶剂，不溶于水，对潮湿的氧化剂敏感。本品和分解物均无毒，操作时不必特殊防护。

③ 发泡剂 BSH 产品质量指标　见表 13-29。

表 13-29　发泡剂 BSH 质量指标

指标名称	参数	指标名称	参数
外观	细微白色至淡黄色结晶粉末	分解温度/℃	≥143
纯度/%	≥90	发气量/(mL/g)	120～130
水分/%	≤0.5	灰分/%	≤0.1
		pH	3.0～7.0

④ 发泡剂 BSH 用途　主要用作泡沫密封剂、泡沫塑料、天然橡胶、各类合成橡胶、环氧树脂、酚醛树脂、聚酯树脂微孔泡沫制品的发泡剂。制备微孔橡胶使用量为 0.25%～0.5%。本品在生胶和塑料中分散性差，为此常加油制成油膏以助分解。

（15）发泡剂 BL-353　别名：N,N'-二甲基-N,N'-二亚硝基对苯二甲酰胺；发泡剂 DNTA。

① 发泡剂 BL-353 化学结构式

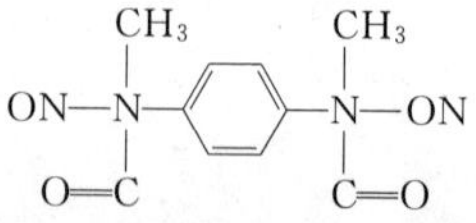

② 发泡剂 BL-353 物理化学特性　黄色粉末，无味，不吸潮；相对密度 1.20；分解温度 80～100℃。发气量 126mL/g。贮存稳定性好。

③ 产品质量指标　见表 13-30。

表 13-30　发泡剂 BL-353 质量指标

指标名称	参数	指标名称	参数
外观	黄色粉末	发气量/(mL/g)	126
分解温度/℃	80～100	密度/(g/cm³)	1.20

④ 发泡剂 BL-353 用途　用作泡沫密封剂、天然、合成橡胶、塑料泡沫制品的低温发泡剂。

(16) 对-甲苯磺酰叠胺

① 对-甲苯磺酰叠胺化学结构式

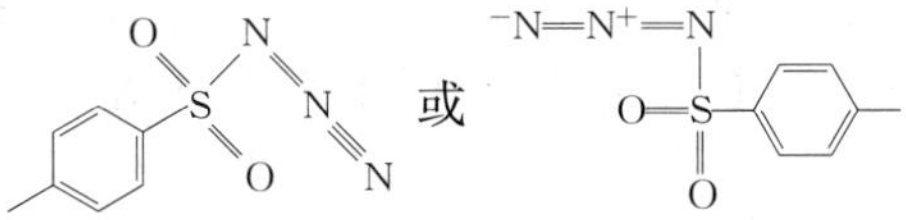

② 对-甲苯磺酰叠胺物理化学特性　纯品为无色或淡黄色液体或无色结晶，能溶解于大多数有机溶剂中，经常在二氯甲烷乙醚或者乙醇中使用，熔点 22℃，闪点（闭杯）26℃，折射率 1.548，水分 0.11%，pH 值 4，170℃恒温下发气量：220mL/g，在常温常压下比较稳定，但在加热的条件下具有潜在的爆炸性；市售品为奶油色膏状物，其中有 80% 的对-甲苯磺酰叠胺，20% 的表面活性剂和填充物，在低于 0℃ 时凝固，凝固后可在 50℃ 水中熔化，不能直接用火烤，170℃恒温下发气量 169mL/g，分解温度 140℃；纯品、市售品均有一定的毒性。

③ 对-甲苯磺酰叠胺质量指标　见表 13-31。

表 13-31　对-甲苯磺酰叠胺质量指标

指标名称	参数	指标名称	参数
熔点/℃	≥22	纯度（HPLC-高效液相色谱法）/%	≥98
外观：无色或淡黄色液体；或无色结晶			

④ 对-甲苯磺酰叠胺用途　用作泡沫密封剂、橡胶、橡塑海绵制品的发泡剂。本品为膏状，在密封剂、橡胶中非常容易混合均匀，得到的泡沫结构微细而均匀。

(17) 发泡剂 K　别名：对甲苯磺酰丙酮腙。

① 发泡剂 K 化学结构式

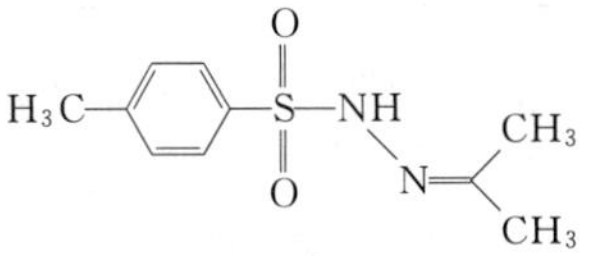

② 发泡剂 K 物理化学特性　本品分解温度 135℃，标准发气量 150mL/g，分解温度比发泡剂 TSH（对甲苯磺酰肼）高 25℃，稳定性好，有取代发泡剂 TSH 的倾向。

③ 发泡剂 K 产品质量指标　见表 13-32。

表 13-32　发泡剂 K 产品质量指标

指标名称	参数	指标名称	参数
外观	白色粉末	粒度（通过 100 目）/%	95
含量/%	≥98	发气量/(mL/g)	140～150,AC 发泡剂的一倍
分解温度/℃	130～140	灰分/%	≤0.5
水分/%	≤0.5		

④ 发泡剂 K 用途　用作各类泡沫密封剂、聚氯乙烯等多种塑料和天然合成橡胶泡沫制品的发泡剂。

13.3 发泡助剂

（1）2-氨基乙醇 别名：2-羟基乙胺；一乙醇胺；单乙醇胺。

① 2-氨基乙醇化学结构式

$$HO—CH_2—CH_2—NH_2$$

② 2-氨基乙醇物理化学特性 在室温下为无色透明的黏稠液体，有极强的吸湿性和氨臭。能吸收酸性气体，加热后又可放出；与水混溶，微溶于苯、乙醚和四氯化碳（25℃时苯中的溶解度为 1.4%，在乙醚中的溶解度为 2.1%，在四氯化碳中的溶解度为 0.2%），与水、甲醇、乙醇、丙酮等混溶；能与无机酸和有机酸生成盐类，与酸酐作用生成酯。其氨基中的氢原子可被酰卤、卤代烷等置换；可燃！遇明火高温有燃烧的危险，对光和氧敏感；相对密度（水=1）1.0180；折射率（20℃）1.4539；相对蒸气密度（空气=1）2.11；黏度（25℃）18.95mPa·s；黏度（90℃）2.3mPa·s；黏度（15℃）30.855mPa·s；临界温度44.1℃；比热容（30℃，定压）：2.78kJ/（kg·K）；熔化热 20.515kJ/mol；蒸发热49.86kJ/mol；蒸气压（60℃）0.80kPa；熔点 10.5℃；闪点（开杯）93℃；沸点（101.3kPa）170.3℃；爆炸下限（体积分数，140℃）3.0%；燃烧热 923.5kJ/mol；爆炸上限（体积分数，60℃）23.5%；自燃温度 408℃；pH 值（25%水溶液）12.1；体膨胀系数（20℃）：0.00077K^{-1}；燃烧热（25℃）924.99kJ/mol；蒸气有毒，空气中最高允许浓度为 0.0003% 或 3×10^{-6}。

③ 2-氨基乙醇质量指标 见表 13-33。

表 13-33 2-氨基乙醇质量指标（执行标准 HG/T 2915—97）

指标名称	Ⅰ型	Ⅱ型	Ⅲ型
外观	透明淡黄色的黏稠液体，无悬浮物		
总胺量(以一乙醇胺计)/%	≥99.0	≥95.0	≥80.0
蒸馏试验(0℃,0.1MPa,168～174℃,馏出的体积)/mL	≥95	≥65	≥45
水分/%	≤1.0	—	—
密度(20℃)/(g/cm³)	1.014～1.019	—	—
色度(Hazen,铂-钴色号)	≤25		

④ 2-氨基乙醇用途 主要用作泡沫密封剂、合成树脂和橡胶发泡的促进剂和硫化剂。也兼作增塑剂。

（2）二乙醇胺 别名：2,2'-二羟基二乙胺；双羟乙基胺；2,2'-亚氨基双乙醇；简称：DEA。

① 二乙醇胺化学结构式

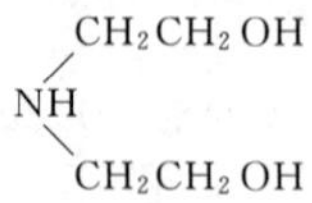

$$
\begin{array}{c}
CH_2CH_2OH \\
NH \\
CH_2CH_2OH
\end{array}
$$

② 二乙醇胺物理化学特性 无色黏性液体或结晶。有碱性，能吸收空气中的二氧化碳和硫化氢等气体。有吸湿性；溶解性：易溶于水、乙醇，微溶于苯和乙醚；闪点 137℃；蒸气压（138℃）0.67kPa；密度 1.097g/cm³；相对密度（空气=1）3.65；凝结点 28℃；闪点（闭杯）137℃；沸点 268.8℃；黏度（30℃）351.9mPa·s；闪点（闭杯）146℃；折射率 1.4776。

③ 二乙醇胺质量指标 见表 13-34。

表 13-34　工业二乙醇胺质量指标（执行指标：HG/T 2916—1977）

指标名称	Ⅰ 型	Ⅱ 型	指标名称	Ⅰ 型	Ⅱ 型
水分/%	≤1.0	—	1,3-乙醇胺含量/%	≤2.5	≤4.0
相对密度（d_{20}^{30}）	1.09～1.095	—	二乙醇胺含量/%	≥98	≥90
外观：在 30℃以上为淡黄色黏稠液体					

④ 二乙醇胺用途　用作泡沫密封剂、泡沫塑料发泡的稳定剂和固化剂。在其他方面也有广泛用途。

（3）N-甲基二乙醇胺　简称：MDEA；别称：甲氨基二乙醇；N,N-双（2-羟乙基）甲胺；N,N-二（β-羟乙基）甲胺；N,N-双（β-羟乙基）甲胺；N,N-二（B-羟乙基）甲胺；N,N-双（2-羟乙基）甲胺。

① N-甲基二乙醇胺化学结构式

$$\text{HO} \diagdown \diagup \overset{\overset{\displaystyle CH_3}{|}}{N} \diagdown \diagup \text{OH}$$

② N-甲基二乙醇胺物理化学特性　无色或微黄色黏性液体，可燃；易溶于水和醇，微溶于醚；沸点 246～248℃；分子量 119.2；闪点 260℃；毒性（LD$_{50}$）4780mg/kg，无毒；凝固点 -21℃；黏度（20℃）101mPa·s；折射率 1.4678；汽化潜热 519.16kJ/kg。

③ 四川省精细化工、江苏省宜兴市中豪等单位产二乙醇胺质量指标　见表 13-35。

表 13-35　二乙醇胺质量指标（执行指标：Q/45090447-X·4—2000）

指标名称	优级	一级	合格品
外观	无色或微黄色黏性液体，无悬浮物		
密度（20℃）/（g/cm³）	1.035～1.045	1.035～1.045	1.035～1.045
MDEA 含量/%	≥99.0	≥97.0	≥95.0
水分/%	≤0.5	≤0.8	≤1.0
溶解性	能与水、醇混溶，微溶于醚		

④ 二乙醇胺用途　用作聚氨酯泡沫密封剂和泡沫塑料发泡稳定剂和固化剂。也广泛应用于其他方面。

（4）二甲基乙醇胺　简称：DMEA；别名：2-二甲氨基乙醇；N,N-二甲氨基乙醇；二甲基-2-羟基乙胺。

① 二甲基乙醇胺化学结构式

$$\text{H}_3\text{C} \diagdown \overset{\overset{\displaystyle CH_3}{|}}{N} \diagdown \diagup \text{OH}$$

② 二甲基乙醇胺物理化学特性　无色至微黄色透明液体，有氨的气味，易燃；能与水、丙酮、乙醚、乙醇和苯混溶；沸点 134.6℃；LD$_{50}$（大鼠，经口）2340mg/kg；燃点 41℃；熔点（凝固点）-59.0℃；闪点（开杯）40.5℃；相对密度（d_{20}^{20}）0.8879；黏度（20℃）3.8mPa·s；折射率（n_D^{20}）1.4300；低毒，对眼睛、皮肤、黏膜和上呼吸道有剧烈刺激作用，可致皮肤灼伤，吸入后可引起喉、支气管的炎症、水肿、痉挛、化学性肺炎、肺水肿等。

③ 二甲基乙醇胺质量指标　见表 13-36。

表 13-36　二甲基乙醇胺质量指标（企标）

指标名称		天津指标	常州指标		日本三菱指标
			一等品	二等品	
外观（常温）		无色至微黄色透明液体	—		—
色泽（Hazen，铂-钴色号）	≤	30	—		20

续表

指标名称		天津指标	常州指标		日本三菱指标
			一等品	二等品	
含量（GC）/%	≥	99.5	99.8	99.5	99.99
伯仲胺含量/%	≤	0.5	0.1	0.2	—
分子式		$C_4H_{11}NO$	—	—	—
分子量		89.14	—	—	—

④ 二甲基乙醇胺用途　用作泡沫密封剂、聚氨酯软质块状泡沫、模塑泡沫和硬质泡沫、阻燃泡沫弹性体等发泡的稳定剂和固化剂；用作水溶性涂料助溶剂，聚氨酯涂料固化剂；也可用作异氰酸基的封闭剂以及其他方面。

（5）N,N-二甲基环己胺　别名：环己基二甲胺；二甲氨基环己烷；二甲基环己胺；二甲基氨苯；二甲基替苯胺。

① N,N-二甲基环己胺化学结构式

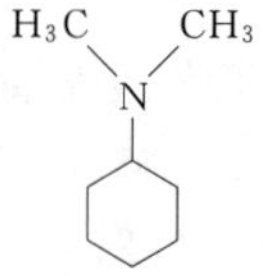

$$\text{H}_3\text{C} \quad \text{CH}_3$$

② N,N-二甲基环己胺物理化学特性　强碱性的清澈无色至淡黄色的液体三级胺。具有胺的独特气味，久储颜色会变深，但却不会影响其化学活性；密度 0.849g/cm³；折射率（n_D^{20}）1.4535；沸点 160℃；水中溶解度（20℃）10g/L；闪点 43℃。

③ 产品质量指标　见表 13-37。

表 13-37　N,N-二甲基环己胺质量指标（上海紫一试剂厂 企标）

指标名称	参数	指标名称	参数
外观	透明液体	相对密度（20℃/20℃）	0.8480～0.8510
红外光谱鉴别	符合	折射率（n_D^{20}）	1.4520～1.4550
纯度（GC）/%	≥98.0	水分/%	<0.25

④ N,N-二甲基环己胺用途　聚氨酯泡沫密封剂及泡沫塑料发泡的稳定剂。也用作染料中间体，用于制香兰素、偶氮染料、三苯基甲烷染料，可作溶剂、稳定剂、分析试剂，也用作催化剂。

（6）三乙胺

① 三乙胺化学结构式

$$\text{HO—CH}_2\text{—CH}_2\text{—N—CH}_2\text{—CH}_2\text{—OH}$$
$$|$$
$$\text{CH}_2\text{—CH}_2\text{—OH}$$

② 三乙胺物理化学特性　无色或淡黄色透明液体，有强烈氨臭，易燃；能溶于乙醇和乙醚。微溶于水，溶液呈碱性；熔点 −114.7℃；相对密度（20℃/4℃）0.7275；闪点 −11℃；沸点 88.8℃；折射率（n_D^{20}）1.4010。

③ 三乙胺质量指标　见表 13-38。

表 13-38　工业三乙胺的质量指标（执行标准：GB/T 23964—2009）

指标名称	优等品	合格品	指标名称	优等品	合格品
乙醇质量含量/%	≤0.1	≤0.2	三乙胺质量含量/%	≥99.5	≥99.2
水质量含量/%	≤0.1	≤0.2	一乙胺质量含量/%	≤0.1	≤0.1
色度（Hazen,铂-钴色号）	≤15	≤30	二乙胺质量含量/%	≤0.1	≤0.2
外观：无机械杂质透明液体					

④ 三乙胺用途　聚氨酯泡沫密封剂、泡沫塑料发泡的稳定剂及固化剂。还用作有机溶剂、有机合成原料；也用作高能燃料、橡胶硫化剂、润湿剂及杀菌剂。

（7）三亚乙基二胺　简称：DABCO；TEDA；别名：1,4-二氮杂二环[2.2.2]辛烷；三乙烯二胺；固胺。

① 三亚乙基二胺化学结构式

② 三亚乙基二胺物理化学特性　白色晶体或为非泛黄性固体胺，微有氨味，暴露在空气中易吸潮并结块，能吸收空气中的 CO_2 并发黄，呈弱碱性，易燃；易溶于水、丙酮、苯及乙醇，能溶解于多元醇类，溶于戊烷、己烷、庚烷等直链烃类；每 100g 液体中具体溶解 TEDA 的能力：61gTEDA/100g 水，65gTEDA/100g 丙酮，77gTEDA/100g 乙醇，7gTEDA/100g 乙醚，26gTEDA/100g 甲乙酮，23gTEDA/100g 二氧六环；在 25℃、100g 水中可溶解 46gTEDA；闪点：闭杯 60℃，开杯 50℃；蒸气压：（21℃）约为 67Pa，（50℃）约为 533Pa，（100℃）约为 7.7kPa；分子量 112.17；沸点 174℃（易升华）；纯品熔点 158～159℃；晶体的相对密度（25℃）1.14；毒性（LD_{50}）2g/kg（有毒，但很小）。

③ 三亚乙基二胺产品质量指标．见表 13-39。

表 13-39　三亚乙基二胺质量指标

指标名称	参数	指标名称	参数
外观	白色片状晶体	20％水溶液色度(铂-钴)/号	≤50
纯度(GC)/%	≥99.5	熔点/℃	158～159
水分/%	≤0.5	闪点/℃	59

④ 三亚乙基二胺用途　用作有机硅泡沫密封剂、聚氨酯泡沫密封剂和聚氨酯泡沫塑料、聚氨酯橡胶、聚氨酯涂料发泡的基本催化剂。在其他方面还有广泛用途。

（8）N-乙基吗啉　别名：乙基对氧氮六环；N-乙基吗啡啉；4-乙基吗啉。

① N-乙基吗啉化学结构式

② N-乙基吗啉物理化学特性　无色透明有腐蚀性易燃液体；溶于水、醇、醚、苯；密度 0.916g/cm³；熔点 -63℃；沸点 139.2℃；闪点 36℃；折射率 1.4410；LD_{50}（大鼠，经口）1780mg/kg；微毒。

③ N-乙基吗啉产品质量指标　见表 13-40。

表 13-40　N-乙基吗啉质量指标

指标名称	参数	指标名称	参数
外观	无色透明液体	相对密度(d_{20}^{20})	0.9130～0.9160
纯度(GC)/%	>99.00	折射率(n_D^{20})	1.4390～1.4420
水分/%	<0.3		

④ N-乙基吗啉用途　用作聚氨酯泡沫密封剂和泡沫塑料发泡的催化剂，也常用作油类和树脂类的溶剂、作有机合成的中间体等。

（9）氨水　别称：阿摩尼亚水；氢氧化铵。

① 氨水化学结构式

② 氨水物理化学特性　无色透明且具有刺激性气味，易挥发；溶于水，乙醇；含氨量 $28\%\sim29\%$；比热容（10%的氨水）4.3×10^3 J/kg·℃；工业氨水含氨量 $25\%\sim28\%$；20%浓度凝固点约为 $-35℃$（氨水凝固点与氨水浓度有关）；密度 0.9g/cm³；最浓氨水含氨量 35.28%；饱和蒸气压（20℃）1.59kPa；最浓氨水密度 0.88g/cm³。氨水的毒性：有毒，对眼、鼻、皮肤有刺激性和腐蚀性，能使人窒息，空气中最高容许浓度 30mg/m³。爆炸上限（体积分数）：25.0%；爆炸下限（体积分数）：16.0%。

③ 氨水质量指标　见表 13-41。

表 13-41　氨水的质量指标

指标名称	优等品	一等品	指标名称	优等品	一等品
残渣含量/(g/L)	$\leqslant$0.3		色度(Hazen，铂-钴号)	$\leqslant$80	
			NH_3的质量分数/%	$\geqslant$25	$\geqslant$20
外观：无色透明或微带黄色液体					

④ 氨水用途　聚氨酯泡沫密封剂、泡沫塑料发泡的稳定剂。

（10）尿素　别名：脲；碳酰胺；碳酰二胺。

① 尿素化学结构式

$$H-N-\overset{\displaystyle O}{\overset{\|}{C}}-N-H$$

② 尿素物理化学特性　无色棱柱状结晶或白色结晶性粉末；几乎无臭，味咸凉；在水、乙醇或沸乙醇中易溶，在乙醚或氯仿中不溶；放置较久后，渐渐发生微弱的氨臭；强热时分解成氨和二氧化碳；熔点 132～135℃；分子量 60.06；密度 1.335g/cm³；水中溶解度（20℃）1080，显中性。

③ 尿素质量指标　见表 13-42。

表 13-42　工业用尿素的质量指标（执行标准：GB 2440—2001）

指标名称	一等品	合格品	指标名称	一等品	合格品
外观	白色颗粒或结晶		水中不溶物含量/%	$\leqslant$0.01	$\leqslant$0.04
铁(Fe)含量/%	$\leqslant$0.0005	$\leqslant$0.001	总含氮质量/%	$\geqslant$46.3	$\geqslant$46.3
含 NH_3 质量/%	$\leqslant$0.015	$\leqslant$0.030	缩二脲含量/%	$\leqslant-0.5$	$\leqslant$1.00
水分/%	$\leqslant$0.50	$\leqslant$1.00	粒度(ϕ0.8~2.5mm)/%	$\geqslant$90	

④ 尿素用途　用作聚氨酯泡沫密封剂和泡沫塑料发泡的稳定剂。也作动物饲料、炸药。

（11）甘油　别名：丙三醇。

① 甘油化学结构式

$$HO\diagup\diagdown OH$$
$$OH$$

② 甘油物理化学特性　无色澄明黏稠液体，无臭、无毒，有甜味；能与水、乙醇任意混溶，1 份本品能溶于 11 份乙酸乙酯中以及约 500 份乙醚中，不溶于苯、氯仿、四氯化碳、二硫化碳、石油醚和油类；能从空气中吸收潮气，也能吸收硫化氢、氰化氢和二氧化硫，对石蕊呈中性；长期放在 0℃的低温处，能形成熔点为 17.8℃、有光泽的斜方晶体；遇强氧化剂如三氧化铬、氯酸钾、高锰酸钾能引起燃烧和爆炸；相对密度 1.26362；毒性 LD_{50}（大鼠，经口）>20mL/kg；熔点 17.8℃；折射率 1.4746；沸点 290.0（分解）℃；闪点（开杯）176℃。

③ 甘油质量指标　见表 13-43。

表 13-43　甘油质量指标

指标名称		特优品	优等品	一等品	二等品
色度(Hazen,铂-钴号)	≤	20	20	30	70
含量/%	≥	99.5	98.5	98.0	95.0
密度(20℃)/(g/cm³)	≥	1.2598	1.2572	1.2559	1.2481
氯化物含量(以 Cl 计)/%	≤	0.001	0.001	0.01	—
硫酸化灰分/%	≤	0.01	0.01	0.01	0.01
酸度或碱度/(mmol/100g)	≤	0.064	0.064	0.1	0.3
皂化当量/(mmol/100g)	≤	0.64	0.64	1.0	3.0
重金属含量(以 Pb 计)/(mg/kg)	≤	5	5	5	—
砷含量(以 As 计)/(mg/kg)	≤	2	2	2	—

④ 甘油用途　用作聚氨酯泡沫密封剂和泡沫塑料发泡的稳定剂和固化剂。在医药、化妆品、军事工业及其他方面也有广泛用途。

(12) 氧化锌　别名：C.I. 颜料白 4；锌氧粉；锌白；锌白粉；锌华；亚铅华；预分散 ZnO-80；母胶粒 ZnO-80；药胶 ZnO-80；活性剂 ZnO；中国白；锌白银；活性氧化锌；一氧化锌；氧化锌掺杂银；锌白银（色料名）；纳米氧化锌；水锌矿；氧化锌脱硫剂 T304；氧化锌脱硫剂 T303；金属氧化物 ZnO。

① 氧化锌化学结构式

O═Zn

② 氧化锌物理化学特性　白色六方晶系结晶或纳米粉末，无味、质细腻；溶于酸、氢氧化钠、氯化铵，不溶于水、乙醇和氨水；熔点 1975℃；水中溶解度（29℃）1.6mg/L；密度 5.6g/cm³；折射率 2.008～2.029。

③ 氧化锌质量指标　目前国内生产氧化锌的品牌主要是：大连金石牌、白石牌、芭蕉牌、龙达牌、金旗牌、镁锌牌、海化金钟等，质量指标见表 13-44 和表 13-45。

表 13-44　各牌号氧化锌质量指标（GB/T 3185—1993）　　单位：%

指标名称	间接法	指标名称	间接法
氧化锌(ZnO)	≥99.7	盐酸不溶物	≤0.006
氧化铅(PbO)	≤0.037	灼烧减量	≤0.2
氧化锰(MnO)	≤0.0001	水溶物	≤0.1
氧化铜(CuO)	≤0.0002	105℃挥发物	≤0.3

表 13-45　芭蕉氧化锌质量指标（GB/T 3185—1993）

指标名称		BA01-05(Ⅰ型)			BA01-05(Ⅱ型)		
		优级品	一级品	合格品	优级品	一级品	合格品
氧化锌(以干品计)/%	≥	99.70	99.50	99.40	99.70	99.50	99.40
金属物(以 Zn 计)/%	≤	无	无	0.008	无	无	0.008
氧化铅(以 Pb 计)/%	≤	0.037	0.05	0.14	—	—	—
锰的氧化物(Mn 计)	≤	0.0001	0.0001	0.0003	—	—	—
氧化铜(Cu 计)/%	≤	0.0002	0.0004	0.0007	—	—	—
盐酸不溶物/%	≤	0.006	0.008	0.05	—	—	—
灼烧减量/%	≤	0.2	0.2	0.2	—	—	—
筛余物(45μm 网眼)/%	≤	0.1	0.15	0.2	0.1	0.15	0.2
水溶物/%	≤	0.1	0.1	0.5	0.3	0.4	0.5
105℃挥发物/%	≤	0.3	0.4	0.5	0.3	0.4	0.5
吸油量(与标准样比)/%	≤	—	—	—	14	14	14
颜色(与标准样比)		—	—	—	近似	—	—
消色力(与标准样比)/%	≥	—	—	—	100	95	90

④ 氧化锌用途　氧化锌就是一种常用的 EVA 泡沫密封剂发泡的促发泡剂。可降低发泡剂的分解温度，有利于泡沫的成长。还用于橡胶或电缆工业作补强剂和活性剂，也作白色胶的着色剂和填充剂，在氯丁橡胶中用作硫化剂，有机合成催化剂、脱硫剂。

（13）氧化铅　别称：密陀僧、铅黄。

① 氧化铅化学结构式

$$O \!=\! Pb$$

② 氧化铅[3] 物理化学特性　小片状结晶，遇光易变色；不溶于水，不溶于乙醇，溶于丙酮、硝酸、乙酸、热碱液、氯化铵；有两种变体：红色四方晶体和黄色正交晶体；空气中能逐渐吸收二氧化碳；常态下稳定，加热到 $300 \sim 450℃$ 时变为四氧化三铅，温度再高时变为一氧化铅；与甘油发生硬化反应；分子量 2223；沸点 1470℃；密度 $9.53g/cm^3$；熔点 885℃；有毒。

③ 氧化铅质量指标　见表 13-46。

表 13-46　氧化铅质量指标　　　　　　　　　　　　　　单位：%

指标名称		对其他工业指标		对玻璃工业指标
		一级品	二级品	工业用
一氧化铅（以 PbO 计）	≥	99.3	99	99
含金属铅（以 Pb 计）	≤	0.1	0.2	0.2
过氧化铅（以 PbO_2 计）	≤	0.05	0.1	0.1
硝酸不溶物	≤	0.1	0.2	0.2
水分	≤	0.2	0.2	0.2
三氧化二铁（以 Fe_2O_3 计）	≤	—	—	0.005
氧化铜（以 CuO 计）	≤	—	—	0.002
细度（180 目筛余物）	≤	—	—	0.5

④ 氧化铅用途　用于 PVC 发泡密封剂发泡的稳定剂、涂料的催干剂、冶金的助熔剂、塑料的稳定剂、橡胶制品的防辐射剂。还用于颜料、玻璃、陶釉、搪瓷、石油和显像管等工业。

（14）硬脂酸锌　别名：十八酸锌；十八酸锌盐；硬脂酸锌（轻质）；硬脂酸锌盐；脂蜡酸锌。

① 硬脂酸锌化学结构式

$$\left[CH_3(CH_2)_{15}-C\underset{O}{\overset{O}{\|}}-O \right]_2 Zn$$

② 硬脂酸锌物理化学特性[4]　白色易吸湿的细微粉末，有好闻气味，有吸湿性，可燃，在有机溶剂中加热溶解后遇冷成为胶状物；不溶于水、乙醇、乙醚，溶于热的乙醇、苯、甲苯、松节油等有机溶剂，溶于酸；遇到强酸分解成硬脂酸和相应的盐；在干燥的条件下有火险性；密度 $1.095g/cm^3$；自燃点 900℃；熔点 130℃。

③ 硬脂酸锌质量指标　见表 13-47。

表 13-47　硬脂酸锌质量指标（标准：HG/T 3667—2012）

指标名称		Ⅰ 型硬脂酸锌		Ⅱ 型硬脂酸锌	
		指标	试验方法	指标	试验方法
外观		白色粉末	本标准 5.2.1	白色粉末	同 Ⅰ 型
锌含量/%		10.3～11.3	本标准 5.2.2	10.3～11.3	同 Ⅰ 型
游离酸（以硬脂酸计）/%	≤	0.8	本标准 5.2.3	—	—
加热减量/%	≤	1.0	本标准 5.2.4	—	—

指标名称	Ⅰ型硬脂酸锌		Ⅱ型硬脂酸锌	
	指标	试验方法	指标	试验方法
熔点/℃	120+5	本标准 5.2.5	—	—
细度(0.075mm 筛通过)/% ≥	99.0	本标准 5.2.6	—	—
细度/μm ≥	—	—	45	GB/T 6753.1—2007
分散性/级 ≥	—	—	8	GB/T 6753.3—1986 中 2,3,5
附着力/级 ≤	—	—	2	GB/T 9286—1998
助沉性/级 ≥	—	—	3	本标准 5.3.7
透明性/级 ≥	—	—	2	本标准 5.3.8
消泡性/级 ≥	—	—	3	本标准 5.3.9

④ 硬脂酸锌用途　PVC 泡沫密封剂的稳定剂。润滑剂及润滑脂的组分，也作促进剂和增稠剂。

(15) 硫酸铝钾[5]　别名：十二水硫酸铝钾；白矾；硫酸铝钾；钾明矾；明矾；纤钾明矾。

① 硫酸铝钾化学结构式

② 硫酸铝钾物理化学特性　无色透明成立方八面结晶或单斜立方结晶，无气味，微甜而有涩味、有收敛性；易溶于甘油，能溶于水，不溶于醇和丙酮；在干燥空气中风化失去结晶水，在潮湿空气中熔化淌水；水溶液呈酸性反应，水解后有氢氧化铝胶状物沉淀；60～65℃硫酸干燥时失去 9 分子水，在 200℃时十二个结晶水完全失去，更高温度分解出三氧化硫；分子量 474.38；相对密度 1.757；熔点 92.5℃。

③ 硫酸铝钾质量指标　见表 13-48 和表 13-49。

表 13-48　工业硫酸铝钾质量指标（执行标准：HG 2565—94）

指标名称	特优品	优等品	一等品
外观	无色透明、半透明块状、粒状或晶状粉末		
硫酸铝钾[AlK(SO₄)₂·12H₂O]含量(干基计)/% ≥	99.2	98.6	97.6
铁含量(Fe)(干基计)/% ≤	0.01	0.01	0.05
重金属(以 Pt 计)含量/% ≤	0.002	0.002	0.005
砷(As)含量/% ≤	0.0002	0.0005	0.001
水不溶物含量/% ≤	0.2	0.4	0.6
水分/% ≤	1.0	1.5	2.0

表 13-49　高等级硫酸铝钾质量指标

指标名称	分析纯（AR）	化学纯（CP）
外观	白色颗粒或结晶	
硫酸铝钾[AlK(SO₄)₂]含量/%	≥99.5	≥99
pH 值(50g/L 溶液,25℃)	3.0～3.5	3.0～3.5
铁(Fe)/%	≤0.001	≤0.002
澄清度试验	合格	合格
水不溶物/%	≤0.005	≤0.01
氯化物(Cl)/%	≤0.0005	≤0.004
铵盐(NH₄⁺)/%	≤0.005	≤0.01
砷(As)/%	≤0.00005	≤0.0001
钠(Na)/%	≤0.02	≤0.05
重金属(以 Pb 计)/%	≤0.0005	≤0.002

④ 硫酸铝钾用途　泡沫密封剂发泡助剂，净化浊水的助沉剂，在其他方面还有广阔用途。

（16）月桂酸　别名：十二酸。

① 月桂酸[6]化学结构式

$$CH_2—CH_2—CH_2—CH_2—CH_2—CH_3$$
$$CH_2—CH_2—CH_2—CH_2—CH_2—C—OH$$
$$O$$

② 月桂酸物理化学特性　无色针状晶体，微有月桂油香味；不溶于水，可溶于甲醇、乙醚、氯仿等有机溶剂，微溶于丙酮和石油醚；闪点＞110℃；熔点44℃；沸点：（常压）299℃，（133Pa）131℃；各温度点折射率：（82℃）1.4183，（50℃）1.4304，（45℃）1.4323，（25℃）1.430450；晶相标准燃烧热（焓）－7377.48kJ·mol^{-1}；液相标准生成热（焓）－738.1（kJ·mol^{-1}）；气相标准生成热（焓）－641.95kJ·mol^{-1}；相对密度（25℃/4℃）：0.86755；液相标准燃烧热（焓）－7414.0kJ·mol^{-1}；气相标准燃烧热－7510.11kJ·mol^{-1}；饱和蒸气压（121℃）：0.133kPa；密度（50℃）：0.868～0.883g/cm^3；晶相标准生成热（焓）－774.58kJ·mol^{-1}；毒性：对眼睛、皮肤、黏膜和上呼吸道有刺激作用。大量经口引起胃肠不适，大鼠经口LD$_{50}$：12gm/kg，小鼠静脉LC$_{50}$：131mg/kg。

③ 月桂酸质量指标　见表13-50。

表 13-50　月桂酸质量指标

指标名称	分析纯（AR）	化学纯（CP）
含量/%	≥98	≥97
熔点范围/℃	42.0～46.0(2)	40.0～48.0(2)
灼烧残渣（以硫酸盐计）/%	≤0.03	≤0.05
乙醇溶解度试验	合格	合格

④ 月桂酸用途　用作聚氨酯泡沫密封剂和泡沫塑料发泡的稳定剂和固化剂；在有机合成、食品、化妆品、表面活性剂及洗涤剂制造诸多方面都有广阔的用途。

13.4　泡沫稳定剂

（1）发泡灵　别名：聚硅氧烷-聚烷氧基共聚物。

① 发泡灵化学结构式

$$CH_3$$
$$CH_3CH_2—O(-Si-O)_x—(CH_2—CH_2—O)_y—(CH_2—CH_2—CH_2—O)_z—(CH_2)_3—CH_3$$
$$CH_3$$

② 发泡灵物理化学特性　黄色或棕黄色油状黏稠透明液体，无腐蚀、不污染环境；溶于水、醇、芳香烃、酒精、丙酮等，称为水溶性硅油；酸值＜0.2mgKOH/g；相对密度（25℃/25℃）：1.04～1.08；黏度（50℃）：0.15～0.5Pa·s；无毒。

③ 发泡灵质量指标　见表13-51。

表 13-51　发泡灵的质量指标

指标名称	参数	指标名称	参数
外观	浅黄色透明液体	折射率（25℃）	1.440～1.450
黏度（25℃）/mPa·s	300～3000	水溶性	溶解
密度（25℃）/（g/cm³）	1.01～1.03		

④ 发泡灵用途　泡沫密封剂和泡沫塑料一步法发泡的发泡，参考用量1%。

（2）AK8830 和 AK8882　简称：聚硅氧烷-聚醚共聚物[7]。

① AK8830 和 AK8882 化学结构式

m、n 分别代表分子中二甲基硅氧烷和甲基聚醚硅氧烷链节的平均数目。R 为 C_1～C_4 的烷烃或 H。x、y 分别代表聚醚分子中环氧乙烷和环氧丙烷链节的平均数目。

② AK8830 和 AK8882 物理化学特性　AK8830 和 AK8882 两个牌号的聚硅氧烷-聚醚共聚物是在聚硅氧烷链段长度、聚醚链段的长度、聚醚链段中亲水链节乙氧基（EO）和憎水链节异丙氧基（PO）的比例、含量、聚硅氧烷链段与聚醚链段的比例上有所不同，他们有低的热导率和低的密度，见表13-52。在发泡体系中，两者均有良好的乳化和成核能力，在重力场中可有长达37d乳化稳定性。AK8830 和 AK8882 可使发泡剂环戊烷与聚醚组合物料［聚醚多元醇100份，泡沫稳定剂 AK8830 或 AK8882 2份，发泡剂（环戊烷9.1份加异戊烷3.9份），PMDI（聚二苯基甲烷二异氰酸酯）为144.4份］相容性明显加强，其例证是乳化液透明，对比实验的国外产品 GW-1、GW-2 代替 AK8830 * 和 AK8882 后，乳化液不透明。

表 13-52　泡沫稳定剂 AK8830 和 AK8882 的发泡体的热导率和芯体密度

牌号	2AK8830	AK8882	GW-2
热导率/[W/(m·K)]	0.0190	0.0192	0.0192
	0.0194	0.0195	0.0196
	0.0195	0.0198	0.0199
芯体密度/(kg/m³)	32.20	32.40	32.44

③ AK8830 和 GW-1 质量指标　见表13-53。

表 13-53　南京研发 AK8830 和国外产品 GW-1 的质量指标

指标名称	AK8830	GW-1
自由发泡密度/(kg/m³)	≤24.4	25.0
最小填充密度/(kg/m³)	≤30.79	31.27
流动指数/(cm/g)	≥1.262	1.251
乳化稳定性(4000r/min 转速进行半径为 10cm 的离心实验)	稳定	稳定
过填充 15% 时整体密度/(kg/m³)	≤35.58	35.76
相对 32kg/m³ 的芯密度时的压缩强度/kPa	≥126.8	126.4
过填充 15%，15℃时热导率/[mW/(m·K)]	≤20.910	20.878
过填充 20% 时离模膨胀(4min 脱模)	≤1.68	1.76
组合聚醚与环/异戊烷相溶性(13 质量份,25℃)	透明	不透明

注：流动性指数＝泡沫上升高度(cm)/物料质量(g)。

④ AK8830、AK8882、GW-1 用途　用作聚氨酯泡沫密封剂发泡的均泡剂。完全可以满足低热导率、低密度、硬质聚氨酯板材及其他泡沫制品的生产，起均泡作用。

（3）二甲基硅油　别名：甲基硅油；聚硅氧烷；二甲聚硅氧烷；硅油；有机硅油；俗称：平滑剂。

① 二甲基硅油化学结构式

$$CH_3-\underset{\underset{CH_3}{|}}{\overset{\overset{CH_3}{|}}{Si}}-O-\left[\underset{\underset{CH_3}{|}}{\overset{\overset{CH_3}{|}}{Si}}-O\right]_n\underset{\underset{CH_3}{|}}{\overset{\overset{CH_3}{|}}{Si}}-CH_3$$

② 二甲基硅油物理化学特性　无味无毒，具有生理惰性、良好的化学稳定性、电绝缘性和耐候性，黏度范围广，凝固点低，闪点高，疏水性能好，并具有很高的抗剪能力。可在50～180℃内长期使用。

③ 二甲基硅油质量指标　见表13-54。

表13-54　牌号201-系列二甲基硅油质量指标（执行指标：HG/T 2366—92）（一）

指标名称	201-10	201-20	201-50	201-100
外观无色透明	无色透明			
运动黏度(25℃)/(mm²/s)	10±2	20±2	50±5	100±8
折射率(25℃)	1.390～1.400	1.395～1.405	1.400～1.410	1.400～1.410
闪点(开杯)/℃	155	232	260	288
相对密度(25℃)	0.930～0.940	0.950～0.960	0.955～0.965	0.965～0.975
凝固点/℃	−65	−60	−55	−55
介电常数(25℃)	2.60～2.80			
介质损耗角正切值(25℃)	$\leqslant 1.0\times10^4$			
体积电阻率(25℃)/Ω·m	$\geqslant 1.0\times10^4$			
介电强度/(kV/mm)	$\geqslant 1$			
指标名称	201-350	201-500	201-800	201-1000
外观无色透明	无色透明			
运动黏度(25℃)/(mm²/s)	350±18	500±18	800±40	1000±50
折射率(25℃)	1.400～1.410	1.400～1.410	1.400～1.410	1.400～1.410
闪点(开杯)/℃	300	300	300	300
相对密度(25℃)	0.965～0.975	0.965～0.975	0.965～0.975	0.965～0.975
凝固点/℃	−50	−50	−50	−50
介电常数(25℃)	2.60～2.80			
介质损耗角正切值(25℃)	$\leqslant 1.0\times10^4$			
体积电阻率(25℃)/Ω·cm	$\geqslant 1.0\times10^4$			
介电强度/(kV/mm)	$\geqslant 1$			

④ 二甲基硅油用途　用作聚氨酯泡沫密封剂和泡沫塑料发泡的稳定剂和均泡剂。可在50～180℃内长期使用。另外，在机械业、电器电子业、纤维、皮革业、医药、食品、化工等诸多方面具有广阔的用途。

（4）硅油 L-580　别称：硅油；整泡剂；软泡硅油。

① 硅油 L-580 分子式与结构式　它是聚醚改性聚硅氧烷，具体分子式与结构式不详，但与发泡灵类似。

② 硅油 L-580 物理化学特性　淡黄至琥珀色透明液体，有聚醚气味；可溶于水、醇芳香烃等，能以水溶液形式单独用于织物或加入树脂整理工作液中；沸点150℃；熔点<0℃；闪点（闭杯，ASTM D 93）：97℃；蒸气密度：比空气重；相对密度（水＝1）（25℃）：1.0300；蒸气压（20℃）<133.0Pa；蒸发比率<醋酸丁酯；水解稳定性：不会水解。

③ 硅油 L-580 质量指标　见表13-55。

表 13-55　硅油 L-580 质量指标

指标名称	参数	指标名称	参数
密度/(g/cm³)	1.02±0.02	最小储存期(10~25℃)/月数	12
pH(4%)	6.0±1.0	黏度/mPa·s	1000±250
外观:无色到浅黄色黏性透明液体			

④ 硅油 L-580 用途　主要应用于高回弹聚氨酯软质泡沫密封剂和泡沫塑料发泡的匀泡剂、乳化剂。建议用量 0.5%~0.8%（相对聚醚的比例）。还用作防静电柔软整理剂。

参 考 文 献

[1]　田长栓，马艳霞.关于我国液化石油气（LPG）安全技术的应用分析.沧州市燃气总公司，2009.

[2]　化学工业出版社组织编写.中国化工产品大全：上卷.北京：化学工业出版社，1994：354（Bc440）.

[3]　化学工业出版社组织编写.中国化工产品大全：上卷.北京：化学工业出版社，1994.377（Bc474）.

[4]　化学工业出版社组织编写.中国化工产品大全：上卷.北京：化学工业出版社，1994.550（Da234）.

[5]　化学工业出版社组织编写.中国化工产品大全：上卷.北京：化学工业出版社，1994.326（Bc389）.

[6]　化学工业出版社组织编写.中国化工产品大全：上卷.北京：化学工业出版社，1994.522（Da165）.

[7]　金一，庄新玲，李丰富.低热导率低密度硬质聚氨酯泡沫塑料用泡沫稳定剂.化学推进剂与高分子材料，2009，7（2）：48-51.

第14章

密封剂硫化剂

14.1 氧化性硫化剂

（1）活性二氧化锰

① 活性二氧化锰化学结构式

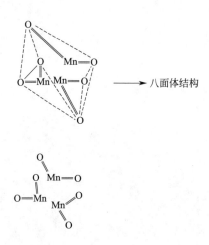

$\longrightarrow$ 八面体结构

② 活性二氧化锰物理化学特性　化学合成的活性二氧化锰为深棕色到黑色的无定形粉末，直接从软锰矿提取的活性二氧化锰为黑色斜方晶体粉末，具有 γ 型晶体结构、比表面积大、吸液性能好、放电活性等高的优点；电解法制取活性二氧化锰为深棕色到黑色的无定形粉末；活性二氧化锰难溶于水、弱酸、弱碱、硝酸、冷硫酸；活性二氧化锰为两性氧化物：遇还原剂时，表现为氧化性，如将二氧化锰放到氢气流中加热至 1400K 得到一氧化锰；将二氧化锰放在氨气流中加热，得到棕黑色的三氧化二锰；将二氧化锰跟浓盐酸反应，则得到一氯化锰、氯气和水。遇强氧化剂时，还表现为还原性，如将二氧化锰、碳酸钾和硝酸钾或氯酸钾混合熔融，可得到暗绿色熔体，将熔体溶于水冷却可得六价锰的化合物锰酸钾；在酸性介质中是一种强氧化剂，有很强的助燃性；分解温度 535℃；熔融温度 390℃；相对密度（水＝1）：5.026。

③ 活性二氧化锰质量指标　见表 14-1。

表 14-1　湖南青冲锰业产活性二氧化锰质量指标

指标名称		C 型	P 型	指标名称	C 型	P 型
颗粒度	通过 200 目/%	≥90	≥90	二氧化锰/%	≥75	≥78
	不通过 100 目/%	≤3	≤3	水分/%	≤3	≤3
开路电压/V		≥1.7	≥1.7	铁/%	≤6	≤4
放电时间 (终止电压 0.90V)	2Ω 连放/s	≥170	≥180	水萃取 pH 值	5～7	5～7
	3.9Ω 连放/s	≥400	≥430	堆实密度/(g/cm³)	≥1.8	≥1.8

备注:电性能为 R20S 电池,每 100g 锰碳混合干粉加内电液 42～46mL

④ 活性二氧化锰用途　用作聚硫密封剂、聚硫代醚密封剂、巯基聚氨酯密封剂的室温主硫化剂。在其他方面还有广阔用途。

(2) 二氧化铅

① 二氧化铅化学结构式

② 二氧化铅物理化学特性　深棕色粉末。加热时放出氧,并形成四氧化三铅,在高温时形成一氧化铅,有强氧化性;不溶于水、醇,溶于乙酸、氢氧化钠水溶液,溶于含有过氧化氢、草酸或其他还原剂的稀硝酸中,溶于热的苛性钠溶液;溶于盐酸放出氯,溶于碘化碱溶液而游离碘,与有机物摩擦或撞击能引起燃烧;密度 9.38g/cm³;熔点 (分解):290℃;有毒,损害造血、神经、消化及肾脏 LD_{50} (腹腔-豚鼠):220mg/kg。

③ 二氧化铅产品质量指标　见表 14-2。

表 14-2　二氧化铅产品质量指标

指标名称	参数	指标名称	参数
二氧化铅含量(PbO_2)/%	≥95.0	锰含量(Mn)/%	≤0.0005
硫化氢不沉淀物(以硫酸盐计)/%	≤1.0	总氮量(N)/%	≤0.02
碳酸盐(CO_3^{2-})/%	≤0.06	氯化物(Cl)/%	≤0.02
铜含量(Cu)/%	≤0.005	硫酸盐(SO_4^{2-})/%	≤0.1
澄清度试验/号	≤6	硝酸不溶物/%	≤0.3

④ 二氧化铅用途　用作聚硫密封剂室温硫化剂;制造黑色滤光玻璃、着色玻璃和蓄电池需用二氧化铅。

(3) 过氧化钙

① 过氧化钙[1,2]化学结构式

$$^-O\!-\!O^-$$
$$Ca^{++}$$

② 过氧化钙物理化学特性[3]　白色结晶粉末,无臭无味,有潮解性;微溶于水。不溶于乙醇、乙醚、丙酮;在潮湿空气中能分解释放出具有强氧化性的初生态氧原子 [O]。与稀酸反应生成过氧化氢。溶于水即生成过氧化氢;分解温度:(初始分解) 375℃,(完全分解) 400～425℃;分解物:O_2 和 CaO;pH 值 12 (10% 水浆液);熔点 275℃;密度 2.92g/cm³;折射率 1.895。

③ 过氧化钙质量指标　见表 14-3。

表 14-3　上虞洁华化工有限公司过氧化钙质量指标

指标名称	参数	指标名称		参数
活性氧/%	≥16	外观		白色或淡黄色粉末
过氧化钙含量/%	≥75	pH 值		约 12
重金属(铅等)/%	≤0.001	水分/%		≤1.5
堆积密度/(g/cm³)	500~700	颗粒分布	过 100 目/%	≥99
			过 200 目/%	≥50

④ 过氧化钙用途　用作聚硫密封剂的硫化剂。也用作杀菌剂、防腐剂、抗发酵剂、种子消毒剂、油类漂白剂、水质改良剂、食品、果蔬保鲜剂。(用量为总量的 1%~5%)

(4) 异丙苯过氧化氢　别名：过氧化氢异丙苯；氢过氧化枯烯；枯基过氧化氢；枯烯基过氧化氢；氢过氧化异丙苯；过氧化氢异丙苯；过氧化羟基异丙苯；过氧化羟基茴香素；异丙苯基过氧化氢；简称：CHP 或 CHPO。

① CHP 化学结构式

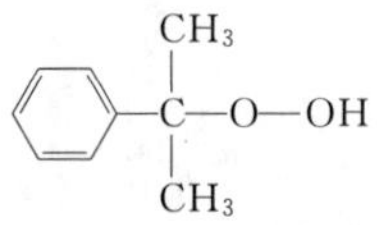

② CHP 物理化学特性　白色结晶体，可燃；溶于乙醇、丙酮、异丙苯等；分子量 152.19；相对密度 1.040；熔点 52~55℃；半衰期 ($t_{1/2}$)：(195℃) 0.1h，(165℃) 1.0h，(145℃) 10h；分解温度 75℃；活性氧含量 10.51%；活化能 132.56kJ/mol；闪点 61℃；有毒。

③ CHP 产品质量指标　见表 14-4。

表 14-4　异丙苯过氧化氢 (CHP) 产品质量指标

性能名称	标准指标	K-80 指标
外观	白色晶体	无色透明液体
密度/(g/cm³)	1.01~1.04	1.060
异丙苯过氧化氢含量/%	≥90	80~85
黏度(20℃)/mPa·s		10.4
pH 值		4
活性氧含量/%	10.51(典型值)	≥8.4
溶解性	CHP 溶解在乙醇、丙酮、异丙苯混合溶剂或氯苯溶剂中	

④ CHP 用途　用作改性丙烯酸酯胶黏剂 (SGA) 固化的引发剂，参考用量 4%。储存的最高温度为 40℃。

(5) 叔丁基过氧化氢　别名：过氧化叔丁基；1,1-二甲基乙基-过氧化氢；第三丁基过氧化氢；过氧化氢特丁基；特丁基过氧化氢；过氧化氢第三丁基；过氧化氢叔丁基；过氧化氢叔丁基 (含量≤80%，带有氢过氧化二叔丁基和 (或) A 型稀释剂)；过氧化叔丁醇简称：TBHP。

① TBHP 化学结构式

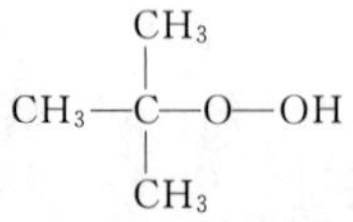

② TBHP 物理化学特性　叔丁基过氧化氢是有机过氧化物的一个重要分支，是一种烷基氢有机过氧化物，为挥发性、微黄色透明液体；易溶于醇、醚等多数有机溶剂和氢氧化钠水溶液，微溶于水，在水中溶解度为 12%；分子量 90.12；熔点 -8℃；折射率 1.4007；失

氧温度 95～100℃；相对密度（20℃/4℃）：0.896；爆炸温度 250℃；稳定温度＜75℃；沸点：（2.66kPa）35℃，（3.06kPa）40℃；酸碱性：呈弱酸性；毒性：LD_{50}（大鼠经口）为 410mg/kg，LD_{50}（大鼠吸入 4h）为 1840mg/m³，LD_{50}（大鼠经皮）为 790mg/kg，吸入、口服或以皮肤吸收后，对眼睛、皮肤、黏膜及上呼吸道、喉、支气管引起炎症、水肿、痉挛及化学性肺炎、肺水肿、灼烧感、咳嗽、喘息、气短、头痛、恶心及呕吐等。

③ TBHP 产品质量指标　见表 14-5。

表 14-5　TBHP 产品质量指标

性能名称		参数	性能名称	参数
外观		淡黄色有刺激性气味的透明液体	理论活性氧含量/%	17.75
水分含量/%		15～30	活化能/(kJ/mol)	186.01
异丙苯过氧化氢含量/%		≥70.0	闪点/℃	26.7
铁（Fe）含量/%		≤0.0003	酮含量/%	≤0.18
相对密度(20℃/4℃)		0.92	其他氧化物含量/%	≤1.0
色度(铂-钴)/号		≤60	其他有机物含量/%	≤0.4
半衰期	(264℃)/min	1	沸点/℃	111
	(207℃)/h	0.1	二叔丁基过氧化物/%	≤0.08
	(185℃)/h	1	叔丁醇/%	≤0.5
	(164～172℃)/h	10	凝固点/℃	−3
	(120℃)/h	12		

④ TBHP 用途　用作自由基反应型粘接密封剂（胶）和快固丙烯酸酯结构胶的引发剂。也用作聚合反应（丙烯酸乳液聚合单体后消除）的引发剂以及用作聚合反应的催化剂。在取代基反应中用作过氧化基团的引入剂。在不饱和聚酯的中温和高温固化中用作交联剂。其他方面还有广泛用途。

（6）过氧乙酸叔丁酯　别名：过乙酸特丁酯；过（氧）乙酸三级丁酯；过氧化乙酸叔丁酯；过氧化乙酸叔丁酯（50%矿物油溶液）；过氧化乙酸叔丁酯溶液；简称：TBPA。

① TBPA 化学结构式

$$H_3C-\overset{\displaystyle O}{\overset{\displaystyle \|}{C}}-O-O-\overset{\displaystyle CH_3}{\underset{\displaystyle CH_3}{\overset{\displaystyle |}{\underset{\displaystyle |}{C}}}}-CH_3$$

② TBPA 物理化学特性　液体状，易燃，振动或迅速加热会引起爆炸；通常使用状态为 50% 的溶液（溶剂油中）；纯度 ≥98.5%；分子量 132.18；密度（25℃）0.828g/cm³；折射率（n_D^{20}）1.4120；闪点 37℃；熔点 −20℃；沸点（200Pa）27℃；分解温度 159℃；自加速分解温度（SADT）70℃；报警温度 65℃；贮存温度＜30℃；理论活性氧量 12.11%；活化能 E：149.36kJ/mol；半衰期：（159℃）1min，（102℃）10h。

③ TBPA 产品质量指标　见表 14-6。

表 14-6　兰州产 TBPA 产品质量指标

性能名称		参数	性能名称	参数
外观		无色透明液体	溶解性	溶于苯、异十二烷、矿物油；不溶于水
有效含量/%	第一种	75	相对密度(20℃)	0.923
	第二种	50	折射率(20℃)	0.1035
有效活性氧/%	第一种	8.96	游离酸/%	≤0.5
	第二种	5.93		

④ 用途　用作自由基反应型丙烯酸酯基厌氧粘接密封剂的引发剂和高分子聚合物生产

过程中的添加剂。

(7) 过氧化苯甲酸叔丁酯　别名：过氧化叔丁基苯甲酸酯；引发剂 C；过苯甲酸特丁酯；过苯甲酸叔丁酯；引发剂 CP-02；引发剂 CP-01；叔丁基过苯甲酸酯；过氧化苯甲酸叔丁；过氧化苯甲酸特丁酯；过氧化苯甲酸叔丁酯；叔丁基过氧化苯甲酸酯；简称：引发剂 C；GYHB；CP-02；TBPB；VAROX TBPB。

① 引发剂 C 化学结构式

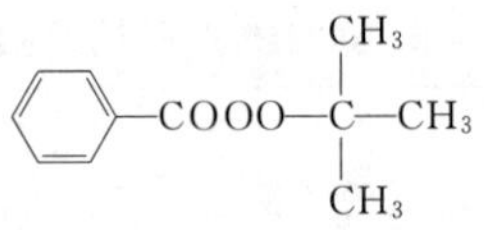

② 引发剂 C 物理化学特性　无色至微黄色液体，可燃。略有芳香气味；溶于乙醇、乙醚、丙酮、醋酸乙酯，不溶于水；遇水分解，室温下稳定，对撞击不敏感，对钢和铝无腐蚀；分子量 194.23；闪点 19℃；凝固点 8℃；沸点 112℃（分解）；密度（20℃）1.04g/cm³；半衰期（166℃）1min；蒸气压力（50℃）44Pa；折射率 1.495～1.499；活性氧含量 >8.07%；开始分解温度约 60℃；半衰期（105℃）10h；建议贮存温度 <25℃；毒性：LD_{50} 为 4160mg/kg，属无毒。

③ 引发剂 C（过氧化苯甲酸叔丁酯）产品质量指标　见表 14-7。

表 14-7　过氧化苯甲酸叔丁酯产品质量指标

性能名称		参数	性能名称	参数
外观		无色至微黄色透明液体	理论活性氧含量/%	8.24
过氧化苯甲酸叔丁酯含量/%		≥98.0	活化能/(kJ/mol)	145.28
相对密度(25℃/4℃)		1.036～1.045	自催化温度/℃	64
熔点/℃		8	沸点/℃	124
半衰期分解温度/℃	1min	166	闪点/℃	107～110
	10h	105	储存温度/℃	<30

④ 引发剂 C（过氧化苯甲酸叔丁酯）用途　用作乙烯、丙烯、苯乙烯、醋酸乙烯、邻苯二甲酸二烯丙酯、丙烯酸酯类自由基反应型粘接密封剂等聚合的引发剂和聚酯树脂的加热成型的固化引发剂，也可作聚酯、硅橡胶的交联剂。

(8) 过氧化(二)苯甲酰　别名：过氧化苯甲酰。

① 化学结构式

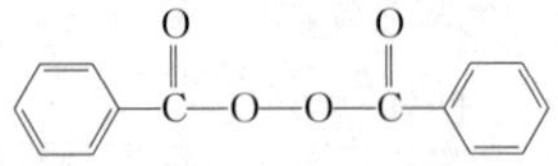

② 物理化学特性　外观白色或淡黄色，微有苦杏仁气味；极微溶于水，微溶于甲醇、异丙醇，稍溶于乙醇，溶于乙醚、丙酮、氯仿、苯、乙酸乙酯；是一种强氧化剂，极不稳定，当撞击、受热、摩擦时能爆炸。加入硫酸时发生燃烧。干燥状态下非常易燃（燃烧产物为水、一氧化碳、二氧化碳），遇热、摩擦、震动或杂质污染均能引起爆炸性分解。急剧加热时可发生爆炸。与强碱、强酸、还原剂、硫化物、聚合用助催化剂和促进剂如二甲基苯胺等胺类或金属环烷酸盐接触会剧烈反应；分子量 242.23；熔点 103℃（分解）；相对密度（水=1）：1.33；有毒，误服者用水漱口，给饮蛋清或牛奶，吸入者应迅速脱离现场至空气新鲜处。保持呼吸道通畅。如呼吸困难，给输氧。如呼吸停止，立即进行人工呼吸并就医。

③ 产品质量指标　见表 14-8。

表 14-8　过氧化（二）苯甲酰级别及质量指标

指标名称		HG/T 2717—95 指标		上海某厂 Q/(HG)SJ 421—91 指标			
		一等品	合格品	AR	CP	75%品	USP 级品
外观		白色粉末或颗粒		—		白色颗粒	—
含量（干品计）/%	≥	98.2	96.0	99.0	98.0	74～77	65.0～82.0
水分/%	≤	27±2		30～40		—	
总氯含量/%	≤	0.3		—			
其中氯离子含量/%	≤	0.25	0.25	—	—	—	—
铁（Fe）含量/%	≤	—	—	—	—	0.0003	—
熔点范围/℃		—	—	102.0～06.0		—	—
苯溶解试验（干品）		—	—	合格		—	—
游离酸及碱		—	—	合格		—	—
磷酸盐（PO$_4^{3-}$）/%	≤	—	—	0.5		—	—

④ 过氧化苯甲酰用途　用作自由基反应型粘接密封剂、合成树脂的引发剂。面粉、油脂、蜡的漂白防腐剂，化妆品助剂，橡胶硫化剂。

（9）过氧化二特丁烷　别名：引发剂 A；硫化剂 DTBP；过氧化二特丁基醚；过氧化二叔丁基；过氧化二特丁基；过氧化二特丁酯；二-T-丁基过氧化物；过氧化二叔丁酯；过氧化二第三丁基；过氧化二叔丁烷；简称：DTBP。

① 引发剂 A 化学结构式

② 引发剂 A 物理化学特性　无色或浅黄色透明液体，有强氧化性，易燃，在常温下稳定；不溶于水，能溶于苯、石油醚、甲苯等有机溶剂中；分子量 146.23；熔点－40℃；闪点（开杯）65℃；折射率 1.3890；相对密度（20℃/4℃）0.794；沸点：（常压）111℃，（37.8kPa）80℃，（26.2kPa）70℃。

③ 引发剂 A 质量指标　见表 14-9。

表 14-9　引发剂 A 企业质量指标

指标名称	新泰企标	上海、衢州企标	指标名称	新泰企标	上海、衢州企标
外观	无色或淡黄透明液体		有效氧含量/%	≥10.72	
含量/%	≥98.5	≥98.5	理论活性氧含量/%	—	10.94
TBHP 含量/%	≤0.5	—	折射率（n_D^{20}）	1.385～1.395	1.388～1.390
密度/(g/cm^3)	0.79～0.8	—	相对密度(20℃/4℃)	—	0.79～0.80
熔点/℃	—	－40	闪点/℃	—	12
活化能/(kJ/mol)	—	146.95	半衰(10h)/℃	—	126
沸点/℃	—	111	半衰(1min)/℃	—	193

注：半衰指半衰期分解温度。

④ 引发剂 A 产品用途　用作自由基反应型粘接密封剂、高压聚乙烯聚合用高温引发剂（2%的白油溶液），聚苯乙烯聚合引发剂，硅橡胶和不饱和聚酯交联剂，乙烯、乙烯共聚物的引发剂，分子量调节剂。特别适宜 PEX 地暖管的交联。

（10）过氧化二异丙苯　别称：二枯基过氧化物；二枯茗过氧；简称：DCP。

① 过氧化二异丙苯化学结构式

② 过氧化二异丙苯物理化学特性　无色或白色颗粒晶体；溶于苯、异丙苯、乙醚，微

溶于冷乙醇，不溶于水；分子量 270.36 ；活性氧含量：（纯度 100％）5.92％，（纯度 95％）5.62％。

③ 过氧化二异丙苯质量指标　见表 14-10。

表 14-10　过氧化二异丙苯产品质量指标

指标名称	参数	指标名称	参数
外观	无色或白色颗粒晶体	熔点/℃	≥38.5
纯度（DCP 含量）/％	≥99	失重/％	40.5

④ 过氧化二异丙苯用途　用作自由基反应型丙烯酸酯类粘接密封剂的引发剂、交联剂。聚硫密封剂、巯端基改型聚氨酯、巯端基液体丁腈密封剂的硫化剂。也广泛用作天然胶、合成胶、聚乙烯树脂等高分子材料最优良的引发剂、硫化剂。

（11）重铬酸钾

详见本书第 1 章阻蚀剂，重铬酸盐类。

14.2　环氧基封端低聚物类

环氧基封端低聚物包含双环氧基及其 2 个以上环氧基的固体、液体环氧化合物，详见第 6 章，环氧树脂。

14.3　多元醇类

包括二元醇及其以上的羟端基化合物。详见第 1 章，端异氰酸基液体聚氨酯密封剂预聚体的原料表。

14.4　异氰酸根封端低聚物

包括双异氰酸酯及其以上的酯化合物。详见第 1 章，端异氰酸基液体聚氨酯密封剂预聚体的原料表。

14.5　含氢硅氧烷低聚物

（1）1,1,3,3-四甲基二硅氧烷　别称：四甲基二氢二硅氧烷。

① 四甲基二氢二硅氧烷化学结构式

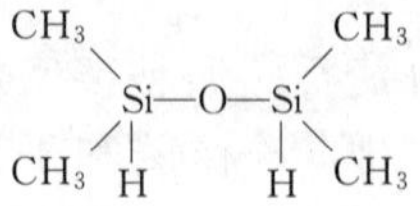

② 四甲基二氢二硅氧烷物理化学特性　无色透明液体，分子结构中含有活泼氢原子，可通过硅氢加成反应与带有不饱和键的其他有机物加成；可溶于芳香烃/石油烃类等多种有机溶剂，不溶于水；分子量 134.33；蒸气压（20℃）15kPa；密度（25℃）0.76g/cm³；闪点－26℃；沸点 71℃；自燃点 240℃；在空气中爆炸下限 0.8％（体积分数），在空气中爆炸上限 62.9％（体积分数）；无毒，LD_{50} 为 3g/kg。

③ 四甲基二氢二硅氧烷质量指标　美国迈图、日本信越、嘉兴联合化学有限公司等单位产四甲基二氢二硅氧烷质量指标见表 14-11。

表 14-11　四甲基二氢二硅氧烷质量指标

指标名称	参数	指标名称	参数
外观	无色透明液体,易挥发	折射率	1.3714
纯度/%	≥98.0(内控≥98.5)	沸点/℃	69~71

④ 四甲基二氢二硅氧烷用途　本品作为有机硅聚合物的氢封头剂、还原剂,有机硅密封剂的加成型硫化剂。

（2）202 低含氢硅油

① 202 低含氢硅油化学结构式

$$CH_3-\underset{\underset{CH_3}{|}}{\overset{\overset{CH_3}{|}}{Si}}-O-\left[\underset{\underset{CH_3}{|}}{\overset{\overset{CH_3}{|}}{Si}}-O\right]_m\left[\underset{\underset{H}{|}}{\overset{\overset{CH_3}{|}}{Si}}-O\right]_n\underset{\underset{CH_3}{|}}{\overset{\overset{CH_3}{|}}{Si}}-CH_3$$

② 202 低含氢硅油物理化学特性　本品无色透明,有氢活性基团,在催化剂的作用下,可与双键、羟基等基团反应。

③ 202 低含氢硅油质量指标　202 低含氢硅油质量指标见表 14-12。

表 14-12　202 低含氢硅油产品的性能质量指标

指标名称		参数	指标名称	参数
含氢量/%	低	0.18	黏度(25℃)/(mm²/s)	80~120
	中	0.36	密度(25℃)/(g/cm³)	0.98~1.10
	高	0.75~0.8	折射率(25℃)	1.390~1.410

④ 202 低含氢硅油用途　用作加成型有机硅密封剂的硫化剂。也是匀泡剂、消泡剂等产品的基本合成原料。

（3）聚甲基氢硅氧烷　别名:聚甲基氢硅氧烷或含氢硅油。

① 聚甲基氢硅氧烷化学结构式

$$CH_3-\underset{\underset{CH_3}{|}}{\overset{\overset{CH_3}{|}}{Si}}-O-\left[\underset{\underset{H}{|}}{\overset{\overset{CH_3}{|}}{Si}}-O\right]_n\underset{\underset{CH_3}{|}}{\overset{\overset{CH_3}{|}}{Si}}-CH_3$$

$n=0~35$

② 聚甲基氢硅氧烷物理化学特性　无色透明液体;溶于大多数有机溶剂,不溶于水;不能做卤烃溶媒,因为有催化剂或受热时会发生卤化氢交换反应;密度（25℃）1.006g/cm³;折射率（20℃）1.398。

③ 聚甲基氢硅氧烷产品质量指标　见表 14-13。

表 14-13　聚甲基氢硅氧烷产品质量指标

指标名称	参数	指标名称	参数
外观	无色透明液体	挥发分/%	1.00~4.00
分子量	1700~3200	含氢量/%	≥1.58
黏度(25℃)/mPa·s	15.00~40.00		

④ 聚甲基氢硅氧烷用途　用作有机硅密封剂的硫化剂。也可作为玻璃、陶瓷、纸张、皮革、金属、水泥、大理石的防水剂;与甲基羟基硅油乳液共用,能防水又可保持织物的透气性并能提高织物的撕裂强度、摩擦强度和防污性等。

（4）聚乙基氢硅氧烷　俄罗斯简称:гкж 低聚体;别名:乙基含氢聚硅氧烷液体;乙基含氢硅油。

① 聚乙基氢硅氧烷化学结构式

$$C_2H_5-\underset{\underset{C_2H_5}{|}}{\overset{\overset{C_2H_5}{|}}{Si}}-O-\left[\underset{\underset{H}{|}}{\overset{\overset{C_2H_5}{|}}{Si}}-O\right]_n\underset{\underset{C_2H_5}{|}}{\overset{\overset{C_2H_5}{|}}{Si}}-C_2H_5$$

② 聚乙基氢硅氧烷物理化学特性　无色至淡黄色透明液体，俄罗斯是由正硅酸乙酯与其水解聚合体（聚合度 n 为 3～12）的混合物制成，遇水易水解并自聚成大分子的晶体物质。聚乙基氢硅氧烷具有低的黏温系数、挥发性、表面张力、压缩率。具有耐高低温性能和电绝缘性能。因含有活泼氢，在金属盐类的催化下可与双键、羟基等基团反应交联成膜，故有良好的憎水和防潮性能，在氯铂酸的存在下，极易与烯类化合物发生加成反应。闪点约200℃，pH 值：6～7；本产品无毒无味，是匀泡剂、消泡剂、水溶性硅油等产品的基本原料。

③ 聚乙基氢硅氧烷质量指标　见表 14-14。

表 14-14　聚乙基氢硅氧烷质量指标

指标名称	武汉指标	石家庄低含氢硅油 Q/XHC—1998 指标		济南高含氢量硅油指标
	821 号	202 号（低含氢）		202 号（高含氢）
外观	无色透明油状液体			
运动黏度(25℃)/(mm²/s)	5～50	100～150		5～300
运动黏度(40℃)/(mm²/s)	—	—		30
含氢量/%	≥0.1	A 级	0.118～0.125	0.1～1.6
		B 级	0.175～0.185	
密度(25℃)/(g/cm³)	—	0.98～1.10		0.975
折射率(25℃)		1.390～1.410		—

④ 聚乙基氢硅氧烷用途　聚硫密封剂、有机硅密封剂通用粘接底涂的主要成分。有机硅密封剂的硫化剂。

14.6　含氢硅氮烷低聚物

（1）环聚甲基氢基硅氮烷

① 环聚甲基氢基硅氮烷化学结构式

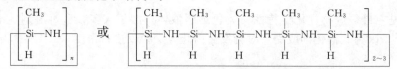

② 环聚甲基氢基硅氮烷物理化学特性　无色至浅黄色油状液体，也可为乳黄色油状液体，有氨气味。聚合度：俄罗斯为 10～15；中科院化学所为 3～12。分子量（俄罗斯）为590.9～886.35。溶解性：在常温下可与聚硅氧烷低聚物发生交联反应，放出氨气和氢气并能从交联为弹性体的聚合物内部逸出，不会造成硫化了的有机硅弹性体降解。

③ 环聚甲基氢基硅氮烷产品质量指标　见表 14-15；

表 14-15　中国科学院化学研究所研制的牌号为 KH-HL 环聚甲基氢基硅氮烷质量指标

指标名称	参数	指标名称	参数
外观	无色油状液体	N 含量/%	≥16
聚合度 n	3～12	折射率(20℃)	≥1.45

④ KH-HL 环聚甲基氢基硅氮烷用途　用作氟硅密封剂的硫化剂。

（2）六甲基二硅氮烷　简称：HMDS；别称：1,1,1,3,3,3-六甲基二硅氮烷。

① HMDS 化学结构式

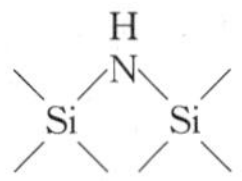

$$\text{H} - \text{N}(\text{Si})(\text{Si})$$

② HMDS 物理化学特性　无色透明液体；密度（25℃）0.774g/cm³；熔点−78℃；沸点125℃；折射率（20℃）1.4069～1.4089；闪点27℃；遇水起反应。

③ HMDS 产品质量指标　浙江鼎元化工有限公司产 HMDS 质量指标见表 14-16。

表 14-16　HMDS 质量指标

指标名称	参数	指标名称	参数
外观	无色透明液体	三甲基硅醇含量/%	≤0.3
含量/%	≥99.0	Cl⁻含量/(mg/kg)	≤50
六甲基二硅氧烷含量/%	≤0.5		

④ HMDS 用途　用作加成型有机硅密封剂的硫化剂，也用作硅藻土、白炭黑、钛等粉末的表面处理。半导体工业中光致刻蚀剂的黏结助剂。可用于乙烯基硅橡胶中以提高抗撕强度，还可用作白炭黑憎水处理剂及抗生素羟基保护剂。

14.7　光引发剂[4,6]

（1）光引发剂 1173　别名：2-羟基-甲基苯基丙烷-1-酮[5]；2-羟基-2-甲基-1-苯基-1-丙酮。

① 光引发剂 1173 化学结构式

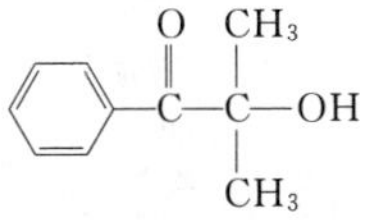

$$\text{(苯环)} - \overset{\overset{\text{O}}{\|}}{\text{C}} - \overset{\overset{\text{CH}_3}{|}}{\underset{\underset{\text{CH}_3}{|}}{\text{C}}} - \text{OH}$$

② 光引发剂 1173 物理化学特性　无色至淡黄色透明液体，非常容易共混；溶于单体，不溶于水；沸点105～115℃；分子量164.2；含量≥99%；沸点（0.1mmHg）80～81℃；挥发物≤0.2%；吸收波长：244nm，278nm，322nm。

③ 光引发剂 1173 质量指标　见表 14-17。

表 14-17　光引发剂 1173 质量指标

指标名称		参数	指标名称	参数
外观		无色至淡黄色透明液体	含量/%	≥99
熔点/℃		4	干燥失重/%	≤0.1
透光率（10g 引发剂/100mL 苯）/%	425nm	≥99	灰分/%	≤0.1
	500nm	≥99	—	—

④ 光引发剂 1173 用途　作光固化体系中的光引发剂，用作光敏低聚物制品的光固化剂如环氧丙烯酸涂料、丙烯酸酯密封剂和 UV 固化型油墨。

（2）光引发剂 184　简称：HCPK；别名：1-羟基-环己基-苯基甲酮。

① 光引发剂 184 化学结构式

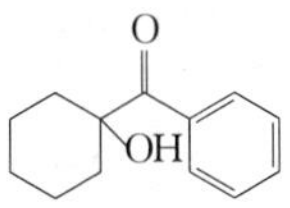

$$\text{(环己基)} - \overset{\overset{\text{O}}{\|}}{\underset{\underset{\text{OH}}{|}}{\text{C}}} - \text{(苯环)}$$

② 光引发剂 184 物理化学特性　白色粉末；熔点48～49℃[7]；易溶于有机溶剂和单体；具有很高的光引发活性、优良的热稳定性及不产生黄变性。

③ 光引发剂 184 质量指标　见表 14-18。

表 14-18　光引发剂 184 质量指标

指标名称		参数	指标名称	参数
外观		白色粉末	灰分/%	≤0.1
熔点/℃		47～50	挥发分/%	≤0.2
透光率/%	425nm	≥99	含量/%	≥99
	500nm	≥99		

国外牌号有 Irgacure 184（瑞士）。

④ 光引发剂 184 用途　主要用于引发丙烯酸酯和甲基丙烯酸酯等体系的密封剂、黏合剂、涂料的快速固化。

（3）光引发剂 907　别名：2-甲基-2-(4-吗啉基)-1-[4-(甲硫基)苯基]-1-丙酮。

① 光引发剂 907 化学结构式

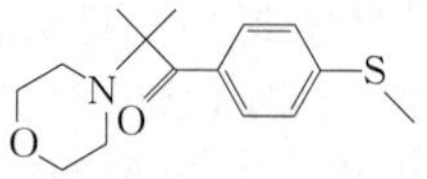

② 光引发剂 907 物理化学特性　淡黄色固体粉末；分子量 279.40；熔点 70～75℃；灰度 0.1%；易溶于有机溶剂和单体；具有很强的紫外光吸收能力；挥发分≤0.25%；透光率：（波长 425nm）≥40.0%，（波长 500nm）≥65.0%；具有很强的紫外光吸收能力。

③ 光引发剂 907 质量指标　见表 14-19。

表 14-19　光引发剂 907 质量指标

指标名称		参数	指标名称		参数
外观		白色结晶粉末	含量/%	≥	99.5
熔点/℃		72～75	挥发分/%	≤	0.2
透光率/%	425nm	40.0	灰分/%	≤	0.1
≥	500nm	65.0			

④ 光引发剂 907 用途　可作为具有光敏结构的聚合物光固化剂如含有丙烯酸酯的改性物为基体的密封剂、黏合剂、橡胶制品、涂料等。还可作为 PCB 抗蚀剂，阻焊油墨、胶版油墨、丝网油墨、柔性油墨、喷墨油墨的光引发剂。本品应密封储存于密闭、干燥、阴暗处，避免阳光照射。

（4）光引发剂 819　别名：苯基双(2,4,6-三甲基苯甲酰基)氧化膦。

① 光引发剂 819 化学结构式

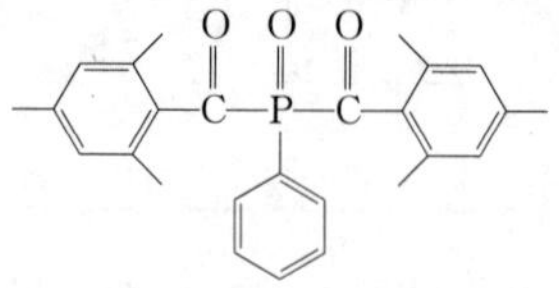

② 光引发剂 819 物理化学特性　黄色粉末；密度 1.19g/cm³；熔点 127～131℃；沸点≥168℃。

③ 质量指标　见表 14-20。

表 14-20　光引发剂 819 质量指标

指标名称	参数	指标名称	参数
外观	淡黄色结晶粉末	含量/%	≥99
熔点/℃	131～135	挥发分/%	≤0.2
灰分/%	≤0.1		

④ 光引发剂 819 用途　本品适用于紫外光固化厌氧密封剂、清漆和色漆体系，如用于

木器、纸张、金属、塑料、光纤以及印刷油墨和预浸渍体系等。本品应密封储存于密闭、干燥、阴暗处，避免阳光照射。

（5）光引发剂 369　别名：2-苯基苄-2-二甲基胺-1-(4-吗啉苄苯基)丁酮。

① 光引发剂 369 化学结构式

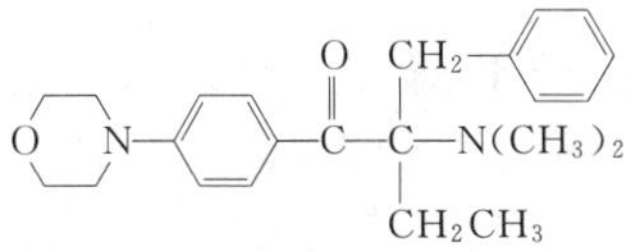

② 光引发剂 369 物理化学特性　浅黄色粉末状晶体；感光度范围高，高 UV 吸收性的高效 UV 紫外光引发剂。

③ 光引发剂 369 质量指标　见表 14-21。

表 14-21　光引发剂 369 质量指标

指标名称	参数	指标名称	参数
外观	淡黄色粉末状晶体	密度(200℃)/(g/cm³)	1.18
熔点/℃	116～119	含量/%	≥99
吸收波长/nm	325～335	挥发分/%	≤0.2
吸收波长最大峰值/nm	440	灰分/%	≤0.1
甲苯不溶物	清亮透明,无甲苯不溶物		

④ 光引发剂 369 用途　适用于 UV 紫外光引发的丙烯酸类密封剂的固化。也可与适当的共引发剂如 184 或 651、907、ITX 复配，已用于 UV 固化油墨和涂料中。

（6）光引发剂 TP　别名：2,4,6-三甲基苯甲酰基-二苯基氧化膦。

① 光引发剂 TPO 化学结构式

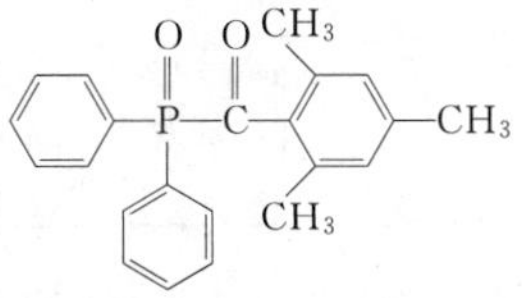

② 光引发剂 TPO 物理化学特性　淡黄色结晶粉末；分子量为 348.4；吸收波长为 273～370nm；光固化速率快。

③ 光引发剂 TPO 质量指标　见表 14-22。

表 14-22　光引发剂 TPO 质量指标

指标名称	参数	指标名称	参数
外观	淡黄色固体	挥发分/%	≤0.2
熔点/℃	91～94	灰分/%	≤0.1
含量/%	≥99	酸值/(mgKOH/g)	≥4

④ 光引发剂 TPO 用途　TPO 主要用于不饱和苯乙烯聚酯和丙烯酸类密封剂的 UV 固化，其紫外光谱位于长波区，能将白色涂料和以钛白粉（TiO_2）为颜料的厚涂层完全固化。

（7）光引发剂 BP　别名：二苯甲酮。

① 光引发剂 BP 化学结构式

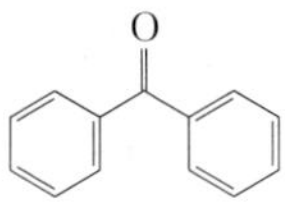

② 光引发剂 BP 物理化学特性　白色片状结晶，有玫瑰香味；不溶于水，能溶于乙醇、醚和氯仿；挥发分约 0.2%；灰分约 0.1%。

③ 光引发剂 BP 质量指标　见表 14-23。

表 14-23　光引发剂 BP 质量指标（执行标准：Q/320221NA18—92）

指标名称	参数	指标名称	参数
外观	白色片状结晶,微有玫瑰香味	沸点/℃	170
熔点/℃	47	含量/%	≥99.6
相对密度	1.095～1.099		

④ 光引发剂 BP 用途　BP 适用于丙烯酸类密封剂的光固化，也用作 UV-印刷油墨，一般与其他引发剂共同添加。建议加量为 2%～5%。本品应密封储存于密闭、干燥的容器中，置于阴暗处，避免阳光照射。

（8）光引发剂 BDK　简称：DMPA；别名：安息香双甲醚。

① 光引发剂 BDK 化学结构式

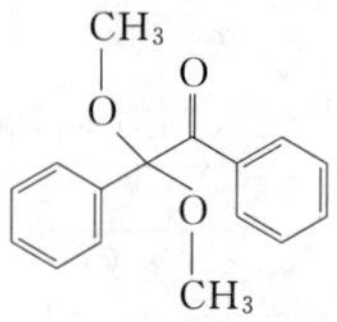

② 光引发剂 BDK 物理化学特性　白色到淡黄色粉末；溶于丙酮、乙酸乙酯、热甲醇、异丙醇，不溶于水，遇酸易分解，在碱性环境中稳定；熔点 64～67℃；沸点 169℃（7mmHg）；纯度≥99%；干燥失重≤0.5%；灰分≤0.1%；吸收波长 205～253nm；对光敏感。

③ 光引发剂 BDK 质量指标　见表 14-24。

表 14-24　光引发剂 BDK 质量指标

指标名称		参数	指标名称	参数
外观		白色晶体或粉末	熔点/℃	64～67
纯度(GC)/%　≥		99.5	挥发分/%	0.5
透光率/%　≥	425nm	95.0	水分/%	0.50
	50nm	96.0	灼烧残渣/%	0.10
	500nm	98.0	—	

④ 光引发剂 BDK 用途　BDK 广泛用于各种紫外线固化体系密封剂、PCB 油墨等 UV 油墨体系、清漆体系。建议添加量为 2%～5%。

14.8　低分子聚酰胺[8]

（1）低分子聚酰胺化学结构式

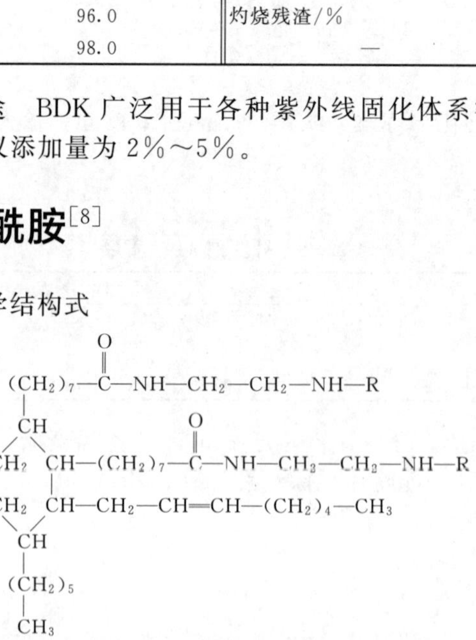

（2）低分子聚酰胺物理化学特性　由于参与反应原料的性质、反应组分的配比和反应条件的不同，低分子聚酰胺的性质差别很大。分子量 800～70000，例如有熔点为 190℃ 的胺值很低的固态树脂，也有胺值为 300mgHOK/g 的液态树脂。胺值是其活性的表征值，胺值高的活性大，与环氧树脂反应速度快，但使用期短；胺值低的则相反。分子中有各种极性基团，如一级、二级氨基，在室温下就能与环氧基加成，常温下反应 7d 后还剩余大量环氧基团未起反应。在 60℃以上时，除一级、二级氨基继续与环氧基加成外，同时还发生酰氨基和羟基的交换反应，提高温度可使反应趋于完全。低分子聚酰胺树脂挥发性小，毒性低。

（3）低分子聚酰胺质量指标　见表 14-25～表 14-27。

表 14-25　江苏镇江企标规定的低分子聚酰胺质量指标

指标名称	型号:115-70	型号:650	型号:V115
外观	棕黄色透明液体		
胺值/(mgKOH/g)	1601±10	220±20	240±10
黏度(40℃)/mPa·s	800～1800	15000～40000	50000～70000
固含量/%	70±1	98±2	98±2
活泼氢量/当量	280	195	196
参考配比 100 份 E44	—	60～100	60～100
指标名称	型号:250	型号:300	型号:V125
外观	棕黄色透明液体		
胺值/(mgKOH/g)	250±10	305±15	340±10
黏度(40℃)/mPa·s	15000～40000	8000～20000	8000～20000
固含量/%	98±2	98±2	98±2
活泼氢量/当量	109	105	102
参考配比 100 份 E44	60～80	60～100	50～80
指标名称	型号:V140	型号:651	型号:600
外观	棕黄色透明液体		
胺值/(mgKOH/g)	375±10	420±20	600±20
黏度(40℃)/mPa·s	2000～10000	2000～10000	800～2000
固含量/%	98±2	98±2	98±2
活泼氢量/当量	95	93	62
参考配比 100 份 E44	40～60	40～100	30～40
指标名称	型号:3650	型号:3155	型号:3651
外观	红棕色透明液体		
胺值/(mgKOH/g)	210±10	310±10	410±10
黏度(40℃)/mPa·s	10000～20000	10000～15000	2000～10000
固含量/%	96±2	96±2	96±2
活泼氢量/当量	192	105	95
参考配比 100 份 E44			

表 14-26　北京、南京等地企业企标规定的低分子聚酰胺[①]型号及质量指标

指标名称	200D 聚酰胺	300D 聚酰胺
胺值/(mgKOH/g)	200±20	300±20
黏度(40℃)/mPa·s	8000～14000	1000～1500
色度(铁-钴色号)	≤13	≤13
工艺性能及力学性能名称	数据范围	
胶化时间(100g、25℃)/min	50～60	30～40
参考配比(与 100gE-51)	80～100	60～70
剪切强度/MPa	10～12	12～13
弯曲强度/MPa	80～90	100～110
弯曲模量/MPa	1800～2700	3100～3300
拉伸强度/MPa	50～55	60～70
拉伸模量/MPa	2400～2500	2500～3100
拉断伸长率/%	2.91～4.51	3.5～5.0
压缩强度/MPa	79～81	90～95
热变形温度/℃	50	54
玻璃化温度 T_g/℃	—	57

续表

指标名称	400D 聚酰胺	400G 聚酰胺
胺值/(mgKOH/g)	380±20	380±20
黏度(40℃)/mPa·s	300～－800	300～－800
色度(铁-钴色号)	≤10	≤10
工艺性能及力学性能名称	数据范围	
胶化时间(100g,25℃)/min	30～40	30～40
参考配比(与100gE-51)	40～50	40～50
剪切强度/MPa	12～13	12～13
弯曲强度/MPa	90～120	80～100
弯曲模量/MPa	2600～3800	2700-3100
拉伸强度/MPa	55～75	50～70
拉伸模量/MPa	2500～3200	2800～4000
拉断伸长率/%	2.4～4.0	1.7～2.3
压缩强度/MPa	85～105	90～110
热变形温度/℃	68	60
玻璃化温度(T_g)/℃	70	—

① 是以桐油及本所自主研制的多元胺为主要原料制备而成，2003 年正式被科技部批准为国家级重点新产品。

表 14-27　淄博市企业企标规定的低分子聚酰胺树脂型号及质量指标

指标名称	型号:300 号	型号:651 号	型号:650 号
外观	浅黄色黏稠液体	棕红色黏稠液体	淡黄色透明液体
胺值/(mgKOH/g)	300±20	400±20	220±20
黏度(40℃)/mPa·s	800～20000	200～3000	12000～25000
参考配比(与100gE-44)	30～60	30～60	60～120

（4）低分子聚酰胺树脂用途　聚硫和改性聚硫密封剂常用环氧树脂作增黏剂，低分子聚酰胺树脂用作环氧成分的固化剂，在密封剂、胶黏剂配方中常用的有 300、600 和 650 等低分子聚酰胺树脂。为了加速反应，可加入促进剂 2,4,6-三(N,N-二甲氨基甲基)苯酚(DMP-30)，加入量为 1%～3%。与双酚 A 环氧树脂的配比一般为（40∶60）～（60∶40），在此范围内，可获得较好的粘接强度、热稳定性和耐热性等，总之在配比上要求不是太严格的。

参 考 文 献

[1] 化学工业出版社.中国化工产品大全:上卷.北京:化学工业出版社,1994：354.

[2] 葛飞,李权,刘海宁,等.过氧化钙的制备与应用研究进展.无机盐工业,2010,42(2):1-4.

[3] 白云起.制备过氧化钙稳定剂及性能研究[D].哈尔滨:黑龙江大学,2008.

[4] 吕九琢,徐亚贤,袁光,等.紫外线固化涂料用光敏引发剂的研究进展.石油化工高等学校学报,2001,14(2):44-49.

[5] 康莲薇,刘世虹,韩勤业.光敏引发剂 2-羟基-2-甲基-1-苯基丙酮的合成研究.河北化工,2006,29(8):25-27.

[6] 邱德梅.可聚合及高分子光引发剂的合成及应用[D].南京:南京林业大学,2009.

[7] 丁成荣,陈林青,王友昌,束虎钦.1-羟基环己基苯基甲酮合成新工艺研究.浙江工业大学学报,2009,37(3):263-267.

[8] 陈尔凡等.低分子量聚酰胺的合成.辽宁化工,1991,(4):28-30.

第15章

密封剂促进剂

15.1 胍类促进剂

15.1.1 硫化促进剂 DPG

（1）硫化促进剂 DPG　别称：二苯胍，促进剂 D；化学结构式

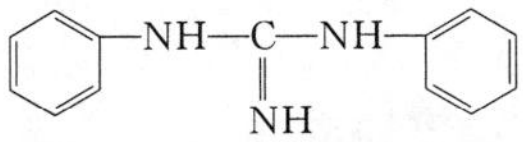

$$\text{苯环}-NH-\underset{\underset{NH}{|}}{C}-NH-\text{苯环}$$

（2）硫化促进剂 DPG 物理化学特性　白色或淡灰色粉末；味苦但无毒；与皮肤接触时有刺激性；相对密度 1.13～1.19；熔点不低于 144℃；溶于苯、甲苯、氯仿、乙醇、丙酮、丁酮、乙酸乙酯，不溶于汽油和水。

（3）硫化促进剂质量指标　见表 15-1。

表 15-1　硫化促进剂 DPG 的质量指标

指标名称	HG/T 2342—2010 指标	国内企业企标	
		一等品	合格品
外观	白色或淡灰色粉末或颗粒		
初熔点/℃	≥144.0	≥145	≥144
加热减量(质量分数)/%	≤0.3	≤0.20	≤0.39
灰分(质量分数)/%	≤0.5	≤0.30	≤0.40
筛余物(质量分数)/%	≤0.1	—	—
纯度(质量分数,HPLC)/%	≥97.0	≥99.0	≥98.0
盐酸不溶物/%	—	≤0.04	≤0.04

注：筛余物不适用于粒状产品；纯度数据为用户要求检验项目。

国外二苯胍牌号有 Pennac DPG（美国）、Vulkacit D（德国）、Soxinol D，DO（日本）。

（4）硫化促进剂 DPG 用途　天然橡胶、合成橡胶、聚硫密封剂的硫化促进剂。

15.1.2 秋兰姆及其衍生物类

（1）促进剂 TMTD　别名：二硫化四甲基秋兰姆。

① 促进剂 TMTD 化学结构式

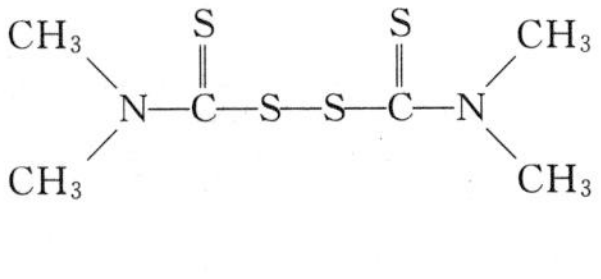

$$\underset{CH_3}{\overset{CH_3}{}}N-\underset{\underset{S}{\|}}{C}-S-S-\underset{\underset{S}{\|}}{C}-N\underset{CH_3}{\overset{CH_3}{}}$$

② 促进剂 TMTD 物理化学特性　白色粉末；能溶于苯、丙酮、氯仿、二硫化碳，微溶于乙醇、乙醚、四氯化碳，不溶于水、汽油或稀碱；相对密度 1.29（20℃）；与水共热生成二甲胺和二硫化碳，对呼吸道与皮肤有刺激作用。

③ 促进剂 TMTD 质量指标　见表 15-2。

表 15-2　促进剂 TMTD 质量指标

指标名称	一级品	合格品	指标名称	一级品	合格品
外观	白色粉末		加热减量/%	≤0.40	≤0.50
初熔点/℃	≥142.0	≥140.0	筛余物(240目)/%	≤0.50	
灰分/%	≤0.30	≤0.40			

④ 促进剂 TMTD 用途　液体聚硫密封剂、改性聚硫及巯端基聚氨酯密封剂的室温硫化促进剂。也是橡胶工业中用作超速硫化促进剂，常与噻唑类促进剂并用，也可与其他促进剂并用，作为连续硫化胶料的促进剂。因在 100℃ 以上即缓缓分解析出游离硫，故可作硫化剂。

（2）促进剂 TMTM　别称：一硫化四甲基秋兰姆。

① 促进剂 TMTM 化学结构式

$$\begin{array}{c} H_3C \\ H_3C \end{array} N - C \overset{S}{} - S - C \overset{S}{} - N \begin{array}{c} CH_3 \\ CH_3 \end{array}$$

② 促进剂 TMTM 物理化学特性　黄色粉末；相对密度 1.37~1.40；无毒，无味；溶于苯、丙酮、二氯乙烷、二硫化碳、甲苯、氯，微溶于乙醇和乙醚，不溶于汽油和水；贮存稳定。

③ 促进剂 TMTM 质量指标　见表 15-3。

表 15-3　促进剂 TMTM 质量指标

指标名称	一级品	合格品	指标名称	一级品	合格品
外观	黄色粉末		加热减量/%　≤	≤0.30	≤0.50
初熔点/℃　≥	≥104.0	≥100.0	筛余物(240目)/%	≤0.50	
灰分/%	≤0.30	≤0.50			

④ 促进剂 TMTM 用途　用作液体聚硫密封剂、改性聚硫及改性巯端基聚氨酯密封剂的室温硫化促进剂。也作为促进剂，主要用于天然橡胶和合成橡胶。

（3）橡胶促进剂 DPTT　别称：四硫化双戊撑秋兰姆；四硫化二次甲基秋兰姆；四(六)硫化双五亚甲基秋兰姆。

① 橡胶促进剂 DPTT 化学结构式

$$\left\langle \right\rangle N - C \overset{S}{} - S - S - S - C \overset{S}{} - N \left\langle \right\rangle$$

② 橡胶促进剂 DPTT 物理化学特性　淡黄色粉末，无味、无毒；溶于氯仿、苯、丙酮、二硫化碳，微溶于汽油和四氯化碳，不溶于水、稀碱。

③ 橡胶促进剂 DPTT 质量指标　见表 15-4。

表 15-4　橡胶促进剂 DPTT 的企标规定的质量指标

指标名称	参数	指标名称	参数
外观	灰黄色粉末	加热减量/%　≤	0.5
熔点/℃　≥	105	筛余物(100目筛)/%　≤	0.1
灰分/%　≤	0.5		

④ 橡胶促进剂 DPTT 用途　用作氯磺化聚乙烯橡胶密封粘接剂、天然橡胶、丁苯橡胶、

丁腈橡胶、氯丁橡胶制品的促进剂、硫化剂；也可用作乳胶。

15.2　噻唑类促进剂[1]

（1）促进剂 M

① 促进剂 M（MBT）　别称：2-巯基苯并噻唑；化学结构式

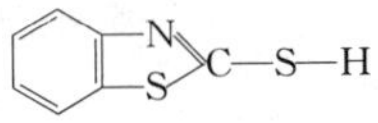

$$\text{（结构式）}\quad N\!\!-\!\!C\!-\!S\!-\!H$$

② 促进剂 M（MBT）物理化学特性　淡黄色或灰白色粉末，微臭，有苦味，无毒；相对密度 1.42～1.52；熔点 170℃以上；易溶于乙酸乙酯、丙酮、氢氧化钠及碳酸钠的稀溶液中，溶于乙醇，不易溶于苯，不溶于水和汽油；贮存稳定，呈粉尘时，爆炸下限为 21g/m³。

③ 促进剂 M（MBT）质量指标　见表 15-5。

表 15-5　促进剂 M（MBT）质量指标（产品标准：GB/T 11407—2003）

指标名称		优级品	一级品	合格品
外观（目测）		淡黄色粉末		
促进剂 M（质量分数）/%		≥99.5	≥99.0	≥98.0
初熔点/℃		≥173.0	≥171.0	≥170.0
加热减量（75～80℃，2h）/%		≤0.30	≤0.40	≤0.50
灰分/%		≤0.30	≤0.30	≤0.30
筛余物/%	240 目	≤0.50	≤0.50	—
	100 目	—	—	≤0.10

注：国外牌号有 Amizen M（日本）、Royal MBT（美国）、Eveite M（意大利）。

④ 促进剂 M（MBT）用途　液体聚硫密封剂、改性聚硫及巯端基聚氨酯密封剂的室温硫化促进剂。也是天然胶与合成胶的促进剂。

（2）硫化促进剂 DM（MBTS）

① 硫化促进剂 DM（MBTS）　别称：2-硫化二苯并噻唑；化学结构式

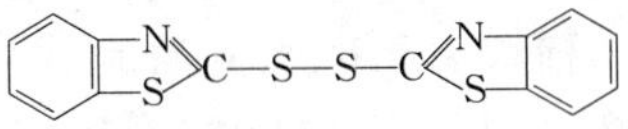

$$\text{（结构式）}\quad N\!\!-\!\!C\!-\!S\!-\!S\!-\!C\!-\!N$$

② 硫化促进剂 DM（MBTS）物理化学特性　白色粉末，微有苦味，无毒，相对密度 1.45～1.54，熔点：160℃以上，可溶于氯仿，部分溶于苯和乙醇、四氯化碳，不溶于汽油、水和乙酸乙酯。贮存稳定。

③ 硫化促进剂 DM（MBTS）质量指标　GB/T 11408—2003 规定的硫化促进剂 DM（MBTS）产品的级别及质量指标见表 15-6。

表 15-6　硫化促进剂 DM（MBTS）产品的级别及质量指标

指标名称	优级品	一级品	合格品
外观	白色或浅黄色粉末、粒状		
初熔点/℃	≥170.0	≥166.0	≥162.0
加热减量（质量分数）/%	≤0.30	≤0.40	≤0.50
灰分（质量分数）/%	≤0.30	≤0.50	≤0.70
筛余物（质量分数）/%	≤0.0	≤0.1	≤0.1

注：筛余物不适用于粒状产品。

④ 硫化促进剂 DM（MBTS）用途　用作液体聚硫密封剂、改性聚硫及巯端基聚氨酯密封剂的室温硫化促进剂。也是天然胶与合成胶用的促进剂。

（3）促进剂 MZ（ZMBT）

① 促进剂 MZ（ZMBT）　别称：2-巯基苯并噻唑锌盐；化学结构式

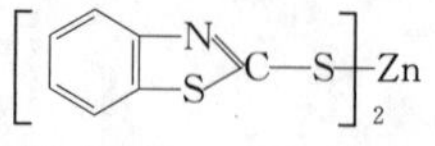

$$\left[\begin{array}{c}\text{苯并噻唑} \text{N} \\ \text{S} \end{array} C-S\right]_2 Zn$$

② 促进剂 MZ（ZMBT）物理化学特性　淡黄色粉末，微有苦味，无毒；相对密度 1.70（25℃）；分解温度 300℃；可溶于氯仿、丙酮、部分溶于苯和乙醇、四氯化碳，不溶于汽油、水和乙酸乙酯；贮存稳定，遇强酸或强碱溶液即分解。

③ 促进剂 MZ（ZMBT）质量指标　郑州制造促进剂 MZ（ZMBT）产品质量指标见表 15-7。

表 15-7　促进剂 MZ（ZMBT）产品质量指标

指标名称	一级品	合格品	指标名称	一级品	合格品
外观	淡黄色粉末		筛余物	≤0.10	≤0.20
初熔点/℃	≥200.0	≥200.0	加热减量/%	≤0.30	≤0.50
锌含量/%	15.5～17.5	15.0～18.0			

④ 促进剂 MZ（ZMBT）产品用途　用作液体聚硫密封剂、改性聚硫及改性巯端基聚氨酯密封剂的室温硫化促进剂。也适用于 NR、IR、BR、SBR、NBR、EPDM 和乳胶作促进剂。

15.3　次磺酰胺类促进剂

（1）硫化促进剂 CZ（CBS）

① 硫化促进剂 CZ（CBS）　别称：N-环己基-2-苯并噻唑次磺酰胺；化学结构式

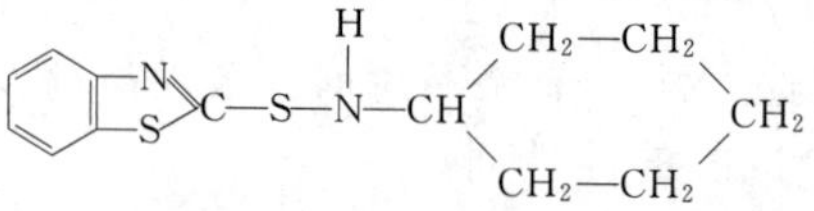

② 硫化促进剂 CZ（CBS）物理化学特性　淡黄色粉末，稍有气味，无毒；相对密度 1.31～1.34；熔点 96℃ 以上；易溶于苯、甲苯、氯仿、二硫化碳、二氯甲烷、丙酮、乙酸乙酯，不易溶于乙醇，不溶于水和稀酸、稀碱和汽油。

③ 硫化促进剂 CZ（CBS）质量指标　HG 2096—2006 规定的硫化促进剂 CBS 产品的质量指标见表 15-8。

表 15-8　硫化促进剂 CBS 产品的质量指标

指标名称	优级品	一级品	合格品
外观	灰白色、浅黄色粉末或颗粒		
初熔点/℃	≥99.0	≥98.0	≥97.0
加热减量(质量分数)/%	≤0.20	≤0.30	≤0.40
灰分(质量分数)/%	≤0.20	≤0.30	≤0.70
筛余物(质量分数)/%	≤0.00	≤0.05	≤0.10
甲醇不溶物(质量分数)/%	≤0.50	≤0.50	≤0.80
纯度(质量分数)/%	≥97.0	≥97.0	≥95.0
游离胺(质量分数)/%	≤0.50		

注：纯度、游离胺根据用户要求检验。

④ 硫化促进剂 CZ（CBS）产品用途　用作液体聚硫密封剂、改性聚硫及改性巯端基聚氨酯密封剂的室温硫化促进剂。常与 TMTD 或其他碱性促进剂配合作第二促进剂用于制造轮胎、胶管、胶鞋、电缆等工业橡胶制品。

（2）硫化促进剂 NOBS

① 硫化促进剂 NOBS（MBS）　别称：*N*-氧二亚乙基-2-苯并噻唑次磺酰胺；NOBS（MBS）；化学结构式

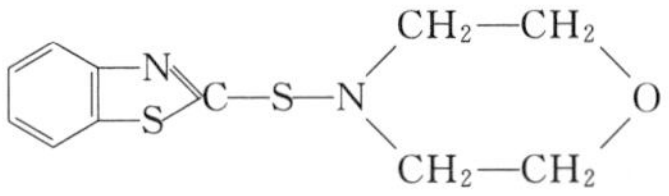

② 硫化促进剂 NOBS（MBS）物理化学特性　浅黄色颗粒，无毒，微有氨味；熔点 78℃以上；相对密度 1.34～1.40；溶于苯、丙酮、氯仿，不溶于水和稀酸、稀碱；受热 60℃以上逐渐分解。

③ 硫化促进剂 NOBS（MBS）质量指标　见表 15-9。

表 15-9　GB/T 8829—2006 规定硫化促进剂 NOBS 的质量指标

指标名称	优级品	一级品	合格品
外观	淡黄色或橙黄色颗粒		
初熔点/℃	≥81.0	≥80.0	≥78.0
加热减量（质量分数）/%	≤0.40	≤0.50	≤0.50
灰分（质量分数）/%	≤0.20	≤0.30	≤0.40
甲醇不溶物（质量分数）/%	≤0.50	≤0.50	≤0.80
纯度（质量分数）/%	≥97.0	≥97.0	—
游离胺（质量分数）/%	≤0.50		

注：纯度、游离胺根据用户要求检验。

④ 硫化促进剂 NOBS（MBS）产品用途　用作液体聚硫密封剂、改性聚硫及巯端基聚氨酯密封剂的室温硫化促进剂。也适用于天然胶和合成胶作硫化促进剂。

（3）硫化促进剂 NS

① 硫化促进剂 NS（TBBS）　别称：*N*-叔丁基-2-苯并噻唑次磺酰胺；化学结构式

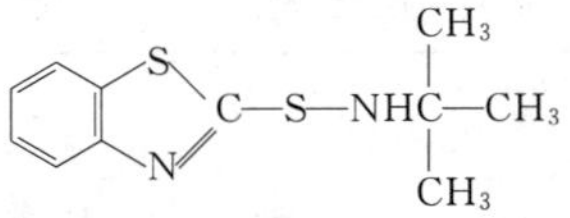

② 硫化促进剂 NS（TBBS）物理化学特性　工业级 NS 为浅黄色或黄褐色颗粒；密度 1.26～1.32g/cm³；溶于苯、氯仿、二硫化碳、甲醇、乙醇、丙醇，难溶于汽油，不溶于水、稀酸、稀碱。

③ 硫化促进剂 NS（TBBS）质量指标　见表 15-10。

表 15-10　硫化促进剂 NS（TBBS）质量指标

指标名称		HG/T 2744—96 指标		
		优级品	一级品	合格品
外观（目测）		奶白色颗粒	奶白色颗粒	奶白色颗粒
初熔点/℃		≥106.0	≥104.0	≥103.0
加热减量/%		≤0.30	≤0.40	≤0.50
灰分/%		≤0.30	≤0.40	≤0.50
筛余物/%	240 目	≤0.50	≤0.50	—
	100 目	—	—	≤0.10
甲醇不溶物/%		1.00	1.50	1.50

④ 硫化促进剂 NS（TBBS）产品用途　用作液体聚硫密封剂、改性聚硫及改性巯端基聚氨酯密封剂的室温硫化促进剂，也是天然胶、顺丁胶、异戊胶、丁苯胶与再生胶的后效性促进剂，尤其适用于含碱性较高的油炉法炭黑胶料。因低毒高效，是 NOBS 的理想替代品。具有优异的综合性能，被称为标准促进剂。

15.4　二硫代氨基甲酸盐类化合物

二硫代氨基甲酸盐类的化学结构通式：

$$\left[\begin{array}{c} R \\ | \\ N-C-S \\ | \quad \| \\ R_1 \quad S \end{array} \right]_n M$$

式中，R 及 R_1 可相同，例如可同为：甲基、乙基、丁基、苄基。R 及 R_1 可共同构成一个链，该链的两端均与氮原子（N）相连，例如可是五亚甲基。R 及 R_1 也可是完全不同的基团，例如可分别是环己基与乙基、甲基与五亚甲基、苯基与乙基。M 可是三价铁原子（Fe）、铋原子（Bi）、二价镉（Cd）、铅（Pb）、锌（Zn）、铜（Cu）等原子，一价钠（Na）、钾原子（K），还可是非金属四价硒（Se）原子和四价碲（Te）原子，也可是有机基团，例如二硝基苯基、二甲氨基甲基、2-苯并噻唑基、二甲氨基、二乙氨基、二丁氨基、N-五亚甲基氨基、N-环己基乙氨基、二甲基环己基氨基、甲基哌啶基。n 与 M 的化合价等值。

（1）促进剂 PZ（ZDMC）

① 促进剂 PZ（ZDMC）　别称：二甲基二硫代氨基甲酸锌；化学结构式

$$\begin{array}{ccccccc} CH_3 & & S & & S & & CH_3 \\ \backslash & \| & & & \| & & / \\ N-C-S-Zn-S-C-N & & & & & \\ / & & & & & \backslash \\ CH_3 & & & & & & CH_3 \end{array}$$

② 促进剂 PZ（ZDMC）物理化学特性　白色粉末，无味、无毒；相对密度 1.66；溶于稀碱、二硫化碳、苯、丙酮和二氯甲烷，微溶于氯仿，难溶于乙醇、四氯化碳、醋酸乙酯。

③ PZ（ZDMC）产品质量指标　见表 15-11。

表 15-11　促进剂 PZ（ZDMC）产品质量指标

指标名称		郑州企标 Q/QRC(3).03-97		濮阳企业指标		
		一级品	合格品	粉料	加油粉料	颗粒
外观（目测）		白色粉末				
初熔点/℃ ≥		240.0	240.0	240.0	240.0	240.0
加热减量/% ≤		0.30	0.40	0.30	0.40	0.30
锌含量/%		20.0～22.0	21.5～22.5	20.0～22.0	20.0～22.0	20.0～22.0
筛余物/% ≤	240 目	0.50	—	0.10	0.10	—
	100 目	—	0.10	0.50	0.50	—
添加剂/%					0.0～2.0	—
粒径/mm						2.50

④ PZ（ZDMC）用途　用作液体聚硫密封剂、改性聚硫及改性巯端基聚氨酯密封剂的室温硫化促进剂，并可提高密封剂的耐热性。也用作天然胶、丁基胶、丁腈胶、三元乙丙胶的超速促进剂以及乳胶用一般促进剂，本品可用作噻唑类次磺酰胺类促进剂的活化剂，即为第二促进剂。与 DM 并用时，随 DM 用量增加，抗焦烧性能也增加。在美国，ZDMC 已得到 FDA 批准。

（2）促进剂 BZ（ZDBC）

① 促进剂 BZ（ZDBC）　别称：二丁基二硫代氨基甲酸锌化学结构式

$$\begin{array}{ccccccc} C_4H_9 & & & S & & & C_4H_9 \\ \backslash & \| & & & & \| & / \\ N-C-S-Zn-S-C-N & & & & & \\ / & \| & & & & \| & \backslash \\ H_9C_4 & S & & & & S & C_4H_9 \end{array}$$

② 促进剂 BZ（ZDBC）物理化学特性　白色粉末（颗粒）；密度为 1.24g/cm^3；溶于二硫化碳、苯、氯仿、乙醇，不溶于水和稀碱，贮存稳定。

③ 促进剂 BZ（ZDBC）产品质量指标　郑州制造促进剂 BZ（ZDBC）产品企业质量指标见表 15-12。

表 15-12　促进剂 BZ（ZDBC）产品质量指标

指标名称	粉料状态	加油粉料状态	颗粒状态
外观（目测）	白色粉末（颗粒）		
初熔点/℃	≥104.0	≥104.0	≥104.0
加热减量/%	≤0.30	≤0.40	≤0.30
锌含量/%	13.0～15.0	13.0～15.0	13.0～15.0
筛余物（150μm）/%	≤0.10	≤0.10	—
筛余物（63μm）/%	≤0.50	≤0.50	—
水溶性锌盐/%	≤0.01	≤0.01	≤0.01
添加剂/%	—	0.0～2.0	—
粒径/mm	—	—	1.50

④ 促进剂 BZ（ZDBC）用途　用作液体聚硫密封剂、改性聚硫及改性巯端基聚氨酯密封剂的室温硫化促进剂，并可提高密封剂的耐热性。也作天然胶、合成胶及乳胶用超促进剂。

（3）促进剂 EZ（ZDEC）　别称：二乙基二硫代氨基甲酸锌。

① 促进剂 EZ（ZDEC）化学结构式

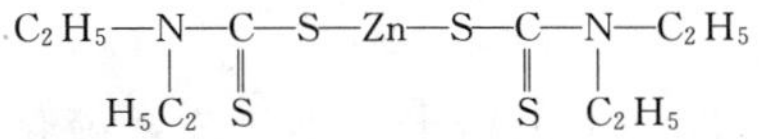

$$C_2H_5-N-C-S-Zn-S-C-N-C_2H_5$$

② 促进剂 EZ（ZDEC）物理化学特性　白色粉末；相对密度为 1.41；溶于 1% 氢氧化钠、二硫化碳、苯、氯仿、微溶于醇，不溶于汽油。

③ 促进剂 EZ（ZDEC）产品质量指标　郑州制造 EZ（ZDEC）产品质量指标见表 15-13。

表 15-13　促进剂 EZ（ZDEC）产品质量指标（产品标准：企标）

指标名称		优级品	一级品	合格品
外观（目测）		白色粉末	白色粉末	白色粉末
初熔点/℃	≥	174.0	174.0	172.0
加热减量/%	≤	0.30	0.40	0.50
灰分（ZnO）/%		17～19	17～19	17～20
筛余物/% ≤	240 目	0.50	—	—
	100 目	—	0.10	0.10
水溶性锌盐/%	≤	0.01	—	—

④ 促进剂 EZ（ZDEC）用途　用作液体聚硫密封剂、改性聚硫及改性巯端基聚氨酯密封剂的室温硫化促进剂，并可提高密封剂的耐热性。也用作天然橡胶、各种合成橡胶、胶乳的超速促进剂，在干胶乳料中为 0.5～1 份。

（4）促进剂 DBZ　别称：二苄基二硫代氨基甲酸锌；药胶 ZBEC-70；母胶粒 ZBEC-70；橡胶促进剂 ZBEC；二苄基二硫基氨基甲酸锌；N,N-二苄基二硫代氨基甲酸锌盐；二(N,N-二苄基二硫代氨基甲酸)锌盐。

① 促进剂 DBZ 化学结构式

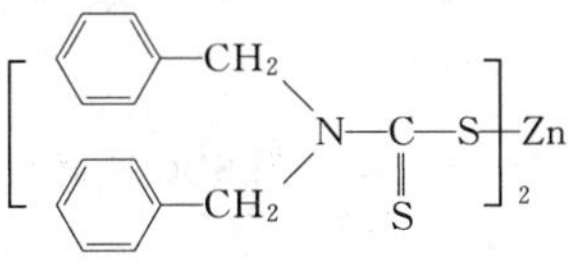

② 促进剂 DBZ 物理化学特性　白色至乳白色粉末（颗粒）；密度为 1.42g/cm³；溶于乙醇、苯和氯仿，不溶于水。贮存稳定。

③ 促进剂 DBZ 质量指标　见表 15-14。

表 15-14　促进剂 DBZ 各型别质量指标

指标名称		粉料	加油粉料	颗粒
外观（目测）		白色粉末（颗粒）		
初熔点/℃	≥	180.0	180.0	180.0
加热减量/%	≤	0.30	0.40	0.30
锌含量/%		10.4～12.0	10.2～11.8	10.2～11.8
筛余物（150μm）/%	≤	0.10	0.10	—
筛余物（63μm）/%	≤	0.50	0.50	—
油含量/%		—	0.0～2.0	—
粒径/mm		—	—	1.5～2.5

④ 促进剂 DBZ 用途　用作巯端基聚氨酯密封剂的速效硫化促进剂兼耐热剂。也用作 NR、SBR、IIR、EPDM、天然乳胶剂合成乳胶的主/副促进剂。在氨基甲酸锌盐类促进剂中促进剂 DBZ 具有最好的防焦烧性能，在乳胶配合料中具有极好的防止预硫化功能。

（5）促进剂 ZPD　别称：N-五亚甲基二硫代氨基甲酸锌。

① 促进剂 ZPD 化学结构式

$$\left[\begin{array}{c} CH_2\text{---}CH_2 \\ CH_2 \qquad\qquad N\text{---}C\text{---}S \\ CH_2\text{---}CH_2 \qquad\quad S \end{array}\right]_2 Zn$$

② 促进剂 ZPD 物理化学特性　白色粉末，不污染，硫化胶无臭、无味、无毒；溶于二氯甲烷，微溶于汽油、苯、四氯化碳、丙酮，不溶于乙醇和水；相对密度 1.55～1.60；熔点 223～235℃；贮存稳定。

③ 促进剂 ZPD 质量指标　见表 15-15。

表 15-15　促进剂 ZPD 的产品质量指标

指标名称	参数	指标名称	参数
外观	白色至黄白色粉末	熔点/℃	≥220
相对密度	1.60		

④ 促进剂 ZPD 用途　用作巯端基聚氨酯密封剂的速效硫化促进剂兼耐热剂。也可用作天然橡胶、丁苯橡胶基胶乳用超速促进剂。

（6）促进剂 SDC　别称：二乙基二硫代氨基甲酸钠。

① 促进剂 SDC 化学结构式

$$\begin{array}{c} S \\ \| \\ NaS\text{---}C\text{---}N \overset{CH_3}{\underset{CH_3}{\diagdown}} \qquad \cdot 3H_2O \end{array}$$

② 促进剂 SDC 物理化学特性　白色至无色结晶片状粉末，有吸湿性；极易溶于水，溶于乙醇、甲醇或丙酮，不或微溶于乙醚或苯及氯仿；水溶液呈碱性，并缓慢分解；熔点 94～98.5℃（也有报道熔点 90～95℃[2]）；相对密度 1.3～1.37；不宜受高温作用，也不宜存放在铁质容器中；毒性：LD_{50}（大鼠经口）1500mg/kg。

③ 促进剂 SDC 质量指标　见表 15-16。

表 15-16　促进剂 SDC 质量指标

指标名称		参数	指标名称	参数
含量/%	≥	99.0	对铜适用性试验	合格
灼烧残渣（以硫酸盐计）/%		30.5～32.5	水溶解试验	合格

④ 促进剂 SDC 用途　用作聚硫密封剂及巯端基聚氨酯密封剂的速效硫化促进剂兼耐热剂。也作天然橡胶、丁苯橡胶、丁腈橡胶、氯丁橡胶胶乳的促进剂。

（7）促进剂 PX　别称：N-乙基-N-苯基二硫代氨基甲酸锌。

① 促进剂 PX 化学结构式

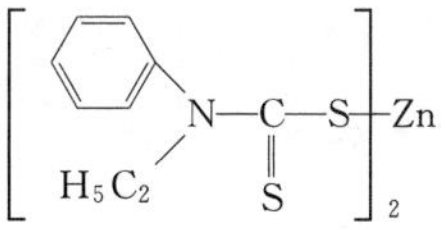

② 促进剂 PX 物理化学特性　白色或浅黄色粉末，无臭、无味、无毒；熔点 205℃；密度 1.50g/cm³；易溶于热氯仿、二氯甲烷，溶于热苯，难溶于四氯化碳和丙酮，不溶于乙醇、乙酸乙酯和水，微溶于汽油苯、热乙醇，在橡胶的溶解度约 0.25%。

③ 促进剂 PX 质量指标　见表 15-17。

表 15-17　促进剂 PX 质量指标（天津第一化工厂企标）

指标名称	参数	指标名称	参数
灰分/%	17～19	外观	白色或灰白色粉末
加热减量/%	≤0.5	熔点/℃	≥195
		水溶性锌盐/%	≤0.01

④ 促进剂 PX 用途　用作聚硫密封剂、巯端基聚氨酯密封剂的速效硫化促进剂兼耐热剂。也是一种操作较安全的超速促进剂，尤其适用于胶乳硫化。

（8）促进剂 CED　别称：二乙基二硫代氨基甲酸镉。

① 促进剂 CED 化学结构式

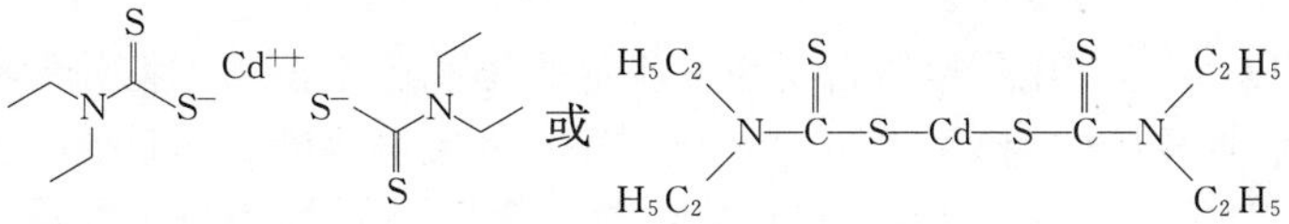

② 促进剂 CED 物理化学特性　白色或浅黄色粉末；溶于氯仿、二硫化碳、苯，不溶于水和汽油；无吸湿性；密度 1.39g/cm³。

③ 促进剂 CED 质量指标　见表 15-18。

表 15-18　促进剂 CED 质量指标（技术标准 Q/ZYCH·7—1998）

指标名称	参数	指标名称	参数
外观	白色或浅黄色粉末	加热减量(40～50℃,2h)/%	≤33.0
初熔点/℃	68～76	灰分(ZnO)/%	≤0.3
		筛余物(150μm)/%	无

④ 促进剂 CED 用途　用作聚硫密封剂、巯端基聚氨酯密封剂的速效硫化促进剂兼耐热剂。

（9）二甲基二硫代氨基甲酸硒

① 二甲基二硫代氨基甲酸硒化学结构式

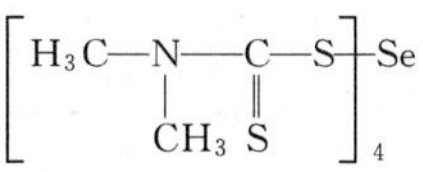

② 二甲基二硫代氨基甲酸硒物理化学特性　黄橙色粉末；溶于氯仿、二硫化碳、苯，不溶于水和汽油。

③ 二甲基二硫代氨基甲酸硒质量指标　见表 15-19。

表 15-19   二甲基二硫代氨基甲酸硒质量指标

指标名称	参数	指标名称	参数
相对密度	1.55～1.61	密度/(g/cm³)	1.58
熔点/℃	140～172		

④ 二甲基二硫代氨基甲酸硒用途   用作聚硫密封剂、巯端基聚氨酯密封剂的速效硫化促进剂兼耐热剂。可作天然橡胶、丁苯橡胶、丁腈橡胶、三元乙丙橡胶及氯磺化聚乙烯橡胶的促进剂和硫化剂。

(10) 促进剂 TDEC   别称：二乙基二硫代氨基甲酸碲。

① 促进剂 TDEC 化学结构式

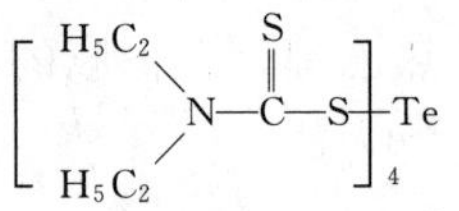

$$\left[\begin{matrix} H_5C_2 \\ \\ H_5C_2 \end{matrix} N - C - S \right]_4 \!\!- Te$$

② 促进剂 TDEC 物理化学特性   橙黄色粉末，稍有气味，无毒；溶于氯仿、苯和二硫化碳，微溶于酒精和汽油，不溶于水；相对密度 1.44～1.48；熔点 108～118℃。

③ 促进剂 TDEC 各品种质量指标   河南及上海成锦产促进剂 TDEC 各品种质量指标见表 15-20。

表 15-20   促进剂 TDEC 各品种质量指标

指标名称		粉料	加油粉料	指标名称		粉料	加油粉料
初熔点/℃	≥	105.0		筛余物(150μm)/%	≤	0.10	0.10
加热减量/%	≤	0.50		筛余物(63μm)/%	≤	0.50	0.50
碲含量/%		16.5～19.0		外观(目测)		黄色粉末	
添加剂/%		—	1.0～2.0				

④ 促进剂 TDEC 用途   用作聚硫密封剂、巯端基聚氨酯密封剂的速效硫化促进剂兼耐热剂。也用作天然橡胶和合成橡胶的超速硫化主或副促进剂，一般与噻唑、次磺酰胺类促进剂并用。

(11) 促进剂 TTFe   别称：二甲基二硫代氨基甲酸铁；福美特；N,N-二甲基二硫代氨基甲酸铁；二甲氨基荒酸铁。

① 促进剂 TTFe 化学结构式

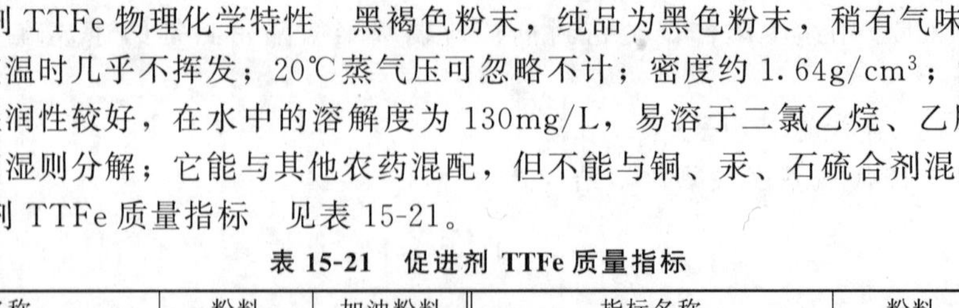

② 促进剂 TTFe 物理化学特性   黑褐色粉末，纯品为黑色粉末，稍有气味；在 180℃ 以上分解，于室温时几乎不挥发；20℃ 蒸气压可忽略不计；密度约 1.64g/cm³；室温时微溶于水，在水中湿润性较好，在水中的溶解度为 130mg/L，易溶于二氯乙烷、乙腈、氯仿和吡啶；遇热、潮湿则分解；它能与其他农药混配，但不能与铜、汞、石硫合剂混配。

③ 促进剂 TTFe 质量指标   见表 15-21。

表 15-21   促进剂 TTFe 质量指标

指标名称	粉料	加油粉料	指标名称		粉料	加油粉料
添加剂/%		0.0～2.0	外观(目测)		黑褐色粉末	
灰分/%		22.0	加热减量/%	≤	0.50	
初熔点/℃	≥240		筛余物(150μm)/%	≤	0.10	
			筛余物(63μm)/%	≤	0.50	

④ 促进剂 TTFe 用途　用作聚硫密封剂、巯端基聚氨酯密封剂的速效硫化促进剂兼耐热剂。也用于 NR、IR、BR、SBR、NBR 和 EPDM 的超速促进剂。农业上用作杀虫剂。

(12) N,N-二乙基二硫代氨基甲酸-2-苯并噻唑　别称：二乙基二硫代氨基甲酸-2-苯并噻唑酯。

① N,N-二乙基二硫代氨基甲酸-2-苯并噻唑化学结构式

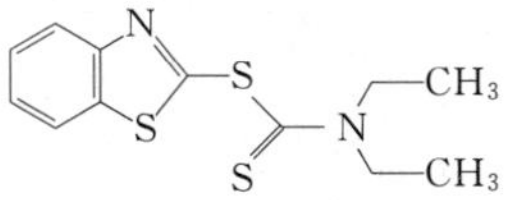

$$\text{（化学结构式）}$$

② N,N-二乙基二硫代氨基甲酸-2-苯并噻唑物理化学特性　浅黄色至棕黄色粉末；能溶于醇、酮等有机溶剂，难溶于水；相对密度 1.27；熔点 69～71℃。

③ N,N-二乙基二硫代氨基甲酸-2-苯并噻唑质量指标　见表 15-22。

表 15-22　N,N-二乙基二硫代氨基甲酸-2-苯并噻唑质量指标

指标名称	参数	指标名称		参数
相对密度	1.27	纯度/%	≥	97.0
熔点/℃	69～71			

溶解性：能溶于醇、酮等有机溶剂，难溶于水；外观：浅黄色至棕黄色粉末

④ N,N-二乙基二硫代氨基甲酸-2-苯并噻唑用途　用作聚硫密封剂、巯端基聚氨酯密封剂的速效硫化促进剂兼耐热剂。天然橡胶、丁苯橡胶、丁腈橡胶的第一促进剂。

(13) 促进剂 TP　别称：二丁基二硫代氨基甲酸钠。

① 促进剂 TP 化学结构式

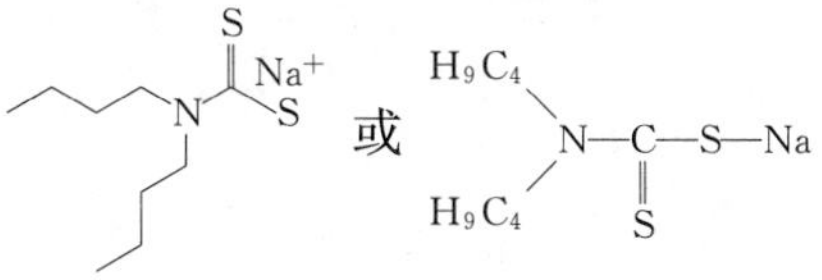

$$\text{（化学结构式）} \quad 或 \quad \text{（化学结构式）}$$

② 促进剂 TP 物理化学特性　工业品为橙黄色至橙红色黏性透明液体；能与水混溶；分子量 227.37；相对密度 1.075～1.09，20℃时为 1.09～1.14。

③ 促进剂 TP 质量指标　见表 15-23。

表 15-23　促进剂 TP 质量指标

指标名称		参数	指标名称	参数
灼烧残渣(硫酸盐计)/%		30.5～32.5	pH 值	8～10
含量/%	≥	40～42	游离 NaOH/%	0.05～0.5

外观：橙黄色至橙红色透明液体

④ 促进剂 TP 用途　用作聚硫密封剂及巯端基聚氨酯密封剂的速效硫化促进剂兼耐热剂。也作天然橡胶、丁苯橡胶、丁腈橡胶、氯丁橡胶胶乳的硫化促进剂。可与秋兰姆、噻唑、胍类及二硫代类促进剂配合使用。

(14) 其他二硫代氨基甲酸盐类化合物促进剂　二硫代氨基甲酸盐类化合物已有 33 种以上，除前述的 13 种外，还有 20 种，由于很少使用，其理化性能及产品牌号、质量指标从略。现列出他们的名称、化学结构式于表 15-24，供参考。

表 15-24　二十种很少用的二硫代氨基甲酸盐类化合物

名　称	化学结构式
二甲基五亚甲基二硫代氨基甲酸锌	$\left[\begin{array}{c}CH_3\\ CH_2-CH\\ H_3C-CH_2 \quad N-C-S\\ CH_2-CH_2 \quad\quad S\end{array}\right]_2 Zn$
二乙基二硫代氨基甲酸二乙铵	$\left[\begin{array}{c}H_5C_2\\ N-C-S\\ H_5C_2 \quad S\end{array}\right]^- \left[\begin{array}{c}C_2H_5\\ H_2N\\ C_2H_5\end{array}\right]^+$
二甲基二硫代氨基甲酸二甲铵	$\left[\begin{array}{c}H_3C\\ N-C-S\\ H_3C \quad S\end{array}\right]^- \left[\begin{array}{c}CH_3\\ H_2N\\ CH_3\end{array}\right]^+$
二硫代氨基甲酸二丁铵	$\left[\begin{array}{c}H_9C_4\\ N-C-S\\ H_9C_4 \quad S\end{array}\right]^- \left[\begin{array}{c}C_4H_9\\ H_2N\\ C_4H_9\end{array}\right]^+$
五亚甲基二硫代氨基甲酸 N-五亚甲基铵	$\left[\begin{array}{c}CH_2-CH_2\\ H_2C \quad\quad N-C-S\\ CH_2-CH_2 \quad S\end{array}\right]^- \left[\begin{array}{c}CH_2-CH_2\\ H_2N \quad\quad CH_2\\ C_4H_9-CH_2\end{array}\right]^+$
环己基乙基二硫代 N-环己基乙基铵	$\left[\begin{array}{c}\bigcirc H\\ N-C-S\\ H_5C_2 \quad S\end{array}\right]^- \left[\begin{array}{c}\bigcirc H\\ H_2N\\ C_2H_5\end{array}\right]^+$
二丁基二硫代氨基甲酸二甲基环己基铵	$\left[\begin{array}{c}H_9C_4\\ N-C-S\\ H_9C_4 \quad S\end{array}\right]^- \left[\begin{array}{c}CH_3\\ HN \quad\bigcirc H\\ CH_3\end{array}\right]^+$
甲基五亚甲基二硫代氨基甲酸甲基哌啶	$\begin{array}{c}CH_2-CH_2 \quad\quad CH_2-CH_2\\ CH_2-CH_2-CH \quad CH_2-CH_2-CH_2\\ N-C-S-N\\ H_3C \quad S \quad CH_3\end{array}$
二甲基二硫代氨基甲酸钠	$\begin{array}{c}H_3C\\ N-C-S-Na\\ H_3C \quad S\end{array}$
五亚甲基二硫代氨基甲酸钠	$\begin{array}{c}CH_2-CH_2\\ CH_2 \quad\quad N-C-S-Na\\ CH_2-CH_2 \quad S\end{array}$
五亚甲基二硫代氨基甲酸锌	$\left[\begin{array}{c}CH_2-CH_2\\ CH_2 \quad\quad N-C-S\\ CH_2-CH_2 \quad S\end{array}\right]_2 Zn$

续表

名　称	化学结构式
甲基苯基二硫代氨基甲酸锌	$\left[\begin{array}{c}\text{C}_6\text{H}_5\\ \text{N}-\text{C}-\text{S}-\\ \text{H}_3\text{C}\quad\ \ \text{S}\end{array}\right]_2\text{Zn}$
五亚甲基二硫代氨基甲酸镉	$\left[\begin{array}{c}\text{CH}_2-\text{CH}_2\\ \text{CH}_2\qquad\ \text{N}-\text{C}-\text{S}-\\ \text{CH}_2-\text{CH}_2\quad\ \ \text{S}\end{array}\right]_2\text{Cd}$
五亚甲基二硫代氨基甲酸铅	$\left[\begin{array}{c}\text{CH}_2-\text{CH}_2\\ \text{CH}_2\qquad\ \text{N}-\text{C}-\text{S}-\\ \text{CH}_2-\text{CH}_2\quad\ \ \text{S}\end{array}\right]_2\text{Pb}$
二甲基二硫代氨基甲酸铅	$\left[\begin{array}{c}\text{H}_3\text{C}\\ \text{N}-\text{C}-\text{S}-\\ \text{H}_3\text{C}\quad\ \ \text{S}\end{array}\right]_2\text{Pb}$
二甲基二硫代氨基甲酸铋	$\left[\begin{array}{c}\text{H}_3\text{C}\\ \text{N}-\text{C}-\text{S}-\\ \text{H}_3\text{C}\quad\ \ \text{S}\end{array}\right]_3\text{Bi}$
二乙基二硫代氨基甲酸硒	$\left[\begin{array}{c}\text{H}_5\text{C}_2\\ \text{N}-\text{C}-\text{S}-\\ \text{H}_5\text{C}_2\quad\ \ \text{S}\end{array}\right]_4\text{Se}$
二甲基二硫代氨基甲酸 2,4-二硝基苯酯	$\begin{array}{c}\text{H}_3\text{C}\\ \text{N}-\text{C}-\text{S}-\text{C}_6\text{H}_3(\text{NO}_2)_2\\ \text{H}_3\text{C}\quad\ \ \text{S}\end{array}$
二甲基二硫代氨基甲酸二甲基氨基甲酯	$\begin{array}{c}\text{H}_3\text{C}\qquad\ \text{S}\qquad\qquad\quad\ \text{CH}_3\\ \text{N}-\text{C}-\text{S}-\text{CH}_2-\text{N}\\ \text{H}_3\text{C}\qquad\qquad\qquad\qquad\text{CH}_3\end{array}$
N,N-二乙基氨基甲酸-2-苯并噻唑（促进剂 E）	$\begin{array}{c}\text{C}_2\text{H}_5\qquad\text{S}\\ \text{N}-\text{C}-\text{S}-\text{(苯并噻唑基)}\\ \text{C}_2\text{H}_5\end{array}$

15.5　胺类促进剂

（1）多乙烯多胺　别名：1,2-二氯乙烷与氨的聚合物；多乙撑多胺；聚亚乙基聚胺；聚乙二胺。

① 多乙烯多胺化学结构式

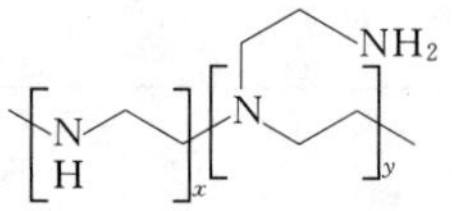

② 多乙烯多胺物理化学特性　黄色或橙红色透明黏稠液体，有氨气味；能与水、醇和醚混溶；极易吸收空气中的水分与二氧化碳，与酸生成相应的盐，呈强碱性；低温时会凝固；有腐蚀性；密度（25℃）：$1.08g/cm^3$；闪点 >110℃；沸点250℃；折射率（n_D^{20}）：1.5290；蒸气压（20℃）：9mmHg（1mmHg＝133.322Pa）；贮存温度0～5℃。

③ 多乙烯多胺产品质量指标　见表15-25。

表15-25　沪 Q/HG 15-1036—82（86）规定的多乙烯多胺产品的质量指标

指标名称		参数	指标名称	参数
灼烧残渣/%	≤	0.20	相对密度（d_4^{20}）	1.000～1.040
馏程	(1333.22Pa)>75℃　≥	1.0	总氮量(N)/%　　　　≥	30～34
/%	(1333.22Pa)>200℃　≥	55.0	氯化物(Cl)/%　　　　≤	0.20
外观：浅黄至橘黄色液体				

注：多乙烯多胺的馏程是在1333.22Pa真空下进行蒸馏，温升至75℃的整个过程收集的馏出量≥1%，继续升温，收集从75℃至200℃的馏出量≥55.0%。

④ 多乙烯多胺用途　用作密封剂硫化剂的催化剂和环氧树脂固化剂。

（2）四乙烯五胺　别名：四亚乙基五胺；三缩四乙二胺；简称：TEPA。

① 四乙烯五胺化学结构式

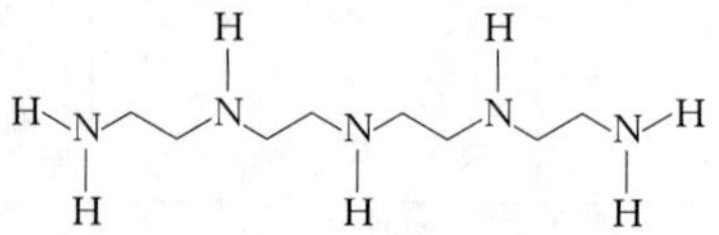

② 四乙烯五胺物理化学特性　黄色或橙红色稍带黏稠性的液体，可燃，易分解；溶于水和乙醇、大多数有机溶剂，不溶于苯和乙醚；有吸湿性，露置空气中易吸收水分和二氧化碳并呈强碱性；闪点164℃；熔点－30℃；沸点340.3℃；折射率1.5042；分子量189.30；相对密度（水＝1）：0.99；相对密度（空气＝1）：6.53；饱和蒸气压（20℃）：$<0.0013kPa$；毒性 LD_{50}（大鼠，经口）：3990mg/kg（低毒）。

③ 四乙烯五胺质量指标　见表15-26。

表15-26　湖北产四乙烯五胺质量指标

指标名称		参数	指标名称		参数
总氮含量/%	≥	33.0	馏程160～210℃含量(体积)/%	≥	85
灼烧残渣/%	≤	0.10	氯化物含量(1.3kPa)/%	≤	0.10
密度(20℃)/(g/cm³)		0.99～1.01	四乙烯五胺含量(质量分数)/%	≥	99.0
外观与性状:黄色或橙红色黏稠液体;溶解性:易溶于水和乙醇,不溶于苯和乙醚					

注：灼烧残渣以硫酸盐计。

④ 四乙烯五胺用途　用于环氧作增黏剂的密封剂的助硫化剂，用作环氧树脂的固化剂。每100份标准树脂用11～15份四乙烯五胺。

（3）TED　别名：1,4-二氮杂二环[2.2.2]辛烷；三乙烯二胺或固胺。

① TED 化学结构式

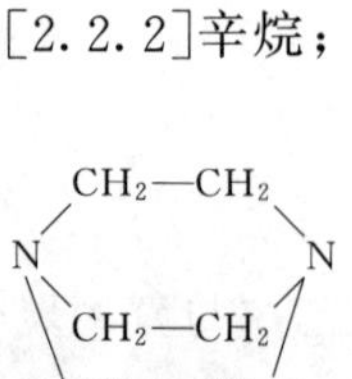

② TED 物理化学特性　是一种非泛黄性固体胺，无水三乙烯二胺为可燃性结晶；易溶

于水、苯及乙醇，溶于戊烷、己烷、庚烷等直链烃类，能溶于多元醇；极易潮解；室温时易升华；熔点 158℃；沸点 174℃；闪点（开杯）：50℃；能吸收空气中的 CO_2 并发黄，呈弱碱性。

③ TED 产品质量指标　见表 15-27。

表 15-27　TED 产品质量指标

指标名称	参数	指标名称	参数
含量/%	≥99.0	外观	白色片状固体
水分含量/%	≤0.5	20% 水溶液色度(铂-钴色号)	≤50
熔点/℃	158～159	闪点/℃	59

④ TED 用途　用作有机硅密封剂、聚氨酯密封剂、聚氨酯涂料等的室温硫化、固化及催化剂，可用作含环氧基成分的密封剂的助硫化剂。也是生产聚氨酯泡沫的基本催化剂。在农业、电镀业、有机合成方面都有大的用途。

（4）DMP-30　别称：2,4,6-三(二甲氨基甲基)苯酚。

① DMP-30 化学结构式

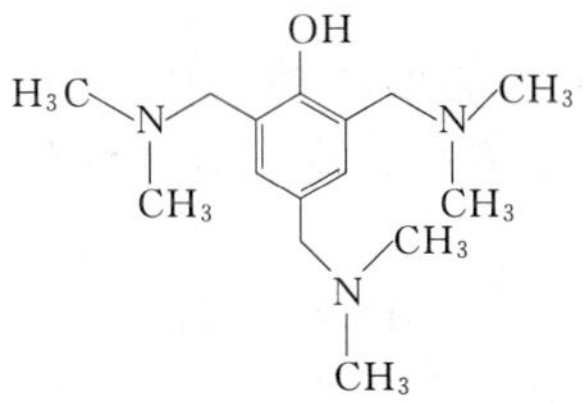

② DMP-30 物理化学特性　无色或淡黄色透明液体，可燃，具有氨臭；不溶于冷水，微溶于热水，溶于醇、苯、丙酮；闪点 110℃；纯度（换算为胺）大于 96%；沸点：（常压）约 250℃，（0.133kPa）130～135℃；黏度（25℃）：约 200mPa·s；水分（卡尔-费歇法）小于 0.10%；相对密度（d_4^{20}）：0.972～0.978；折射率（n_D^{20}）：1.5162；色调（卡迪纳尔法）2～7。

③ DMP-30 质量指标　见表 15-28。

表 15-28　DMP-30 质量指标

指标名称	参数	指标名称	参数
纯度(GC)/%	≥80.0	红外光谱鉴别	符合红外光谱
折射率(n_D^{19})	1.5160～1.5190	纯度(高氯酸滴定)/%	94.0～106.0
外观	无色到黄色黏性液体	相对密度(d_{20}^{20})	0.9750～0.9800

④ DMP-30 的用途　可用作热固化环氧树脂密封剂、环氧树脂增黏的密封剂的固化剂，也是异氰酸酯三聚反应的催化剂。

（5）三乙醇胺　别称：氨基三乙醇；2,2′,2″-次氮基三乙醇；2,2′,2″-三羟基三乙胺；三(2-羟乙基)胺。

① 三乙醇胺化学结构式

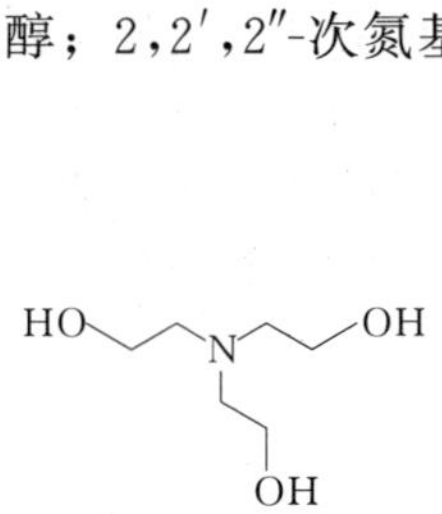

② 三乙醇胺物理化学特性　室温下为无色透明黏稠液体，有氨臭，可燃，在空气中时颜色渐渐变深；混溶于水、乙醇和丙酮，微溶于乙醚，在非极性溶剂中几乎不溶解，25℃时在苯中溶解 4.2%（质量分数），四氯化碳中溶解 0.4%（质量分数），庚烷中溶解 0.1%

（质量分数）以下；有强吸湿性；能吸收二氧化碳及硫化氢等酸性气体；与无机盐或有机酸反应生成酯；对铜、铝及其合金有较大腐蚀性，对钢、铁等材料不腐蚀；其碱性比氨弱，具有叔胺和醇的性质，与有机酸反应低温时生成盐，高温时生成酯，与多种金属生成 2～4 个配位体的螯合物，用次氯酸氧化时生成胺氧化物，用高碘酸氧化分解成氨和甲醛，与硫酸作用生成吗啉代乙醇，三乙醇胺在低温时能吸收酸性气体，高温时则放出；低毒性，有刺激性。

③ 三乙醇胺质量指标　见表 15-29。

表 15-29　HG/T 3268—2002 规定的工业用三乙醇胺质量指标

指标名称		Ⅰ型指标	Ⅱ型指标
三乙醇胺的含量(质量分数)/%	≥	99.0	75.0
一乙醇胺含量(质量分数)/%	≤	0.50	由供需双方协商确定
二乙醇胺含量(质量分数)/%	≤	0.50	由供需双方协商确定
水分(质量分数)/%	≤	0.20	由供需双方协商确定
色度(Hazen,铂-钴色号)	≤	50	80
密度(20℃)/(g/cm³)		1.122～1.127	—

④ 三乙醇胺的用途　用作环氧树脂密封剂、环氧树脂增黏的密封剂的硫化剂，参考用量 12～15 份（质量分数）。也可用于天然橡胶、合成橡胶的硫化活化剂，丁腈橡胶聚合催化剂。在许多方面还有众多的用途。

（6）N,N-二甲氨基苯　别名：二甲基替苯胺；3,5-二甲基苯胺。

① N,N-二甲氨基苯化学结构式

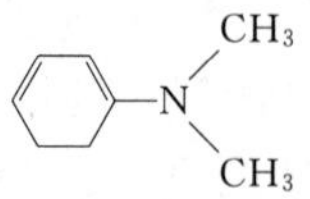

② N,N-二甲氨基苯物理化学特性　淡黄色至浅褐色油状液体，有特殊气味，能与蒸气一同挥发；不溶于水，溶于乙醇、乙醚、氯仿、苯和酸溶液；分子量 121.18；相对密度（d_4^{20}）0.9557；熔点 2.45℃；闪点 62.8℃；沸点 194℃；自燃点 317℃；折射率（n_D^{20}）1.5582；剧毒，能使人呼吸短促而致死，车间内气体最高容许浓度为 5mg/m³。

③ N,N-二甲氨基苯质量指标　见表 15-30。

表 15-30　行业标准 HG 2-375—83 规定 N,N-二甲氨基苯质量指标

指标名称	一级品	二级品	指标名称	一级品	二级品
N-甲基苯胺含量/%	≤0.5	≤0.7	水分含量/%	≤0.1	≤0.2
凝固点(干品)/℃	≥2.0	≥1.8	苯胺含量/%		≤符合本标准规定
含量/%	≥99.0	≥98.5	外观		淡黄色至黄色油状液体

④ N,N-二甲氨基苯用途　用作自由基反应型粘接密封剂的促进剂，因具有还原性，与氧化剂（如过氧化物）组成"氧化-还原体系"可用作自由基反应型粘接密封剂自由基固化反应的引发剂。也是制备染料、橡胶促进剂、炸药的原料。

（7）N,N-二乙氨基苯　别名：二乙基替苯胺。

① N,N-二乙氨基苯化学结构式

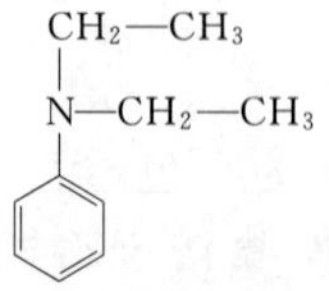

② N,N-二乙氨基苯物理化学特性　淡黄色油状液体，有特殊气味，可燃，能与蒸气一

同挥发；微溶于水，溶于乙醇、乙醚、氯仿、苯和有机溶剂；分子量 121.18；密度 0.93507g/cm³；熔点−38.8℃；闪点 85℃；沸点 216.27℃；自燃点 317℃；折射率（n_D^{20}）: 1.5409；有剧毒，比 N,N-二甲氨基苯毒性低一些，仍能使人呼吸短促而致死。

③ N,N-二乙氨基苯质量指标 见表 15-31。

表 15-31 N,N-二乙氨基苯质量指标

指标名称	参数	指标名称	参数
外观	淡黄色油状液体	N-乙基苯胺含量/%	≤0.5
凝固点/℃	≥−34.5	水分含量/%	≤0.1

④ N,N-二乙氨基苯用途 用作自由基反应型粘接密封剂的促进剂，因具有还原性，与氧化剂（如过氧化物）组成"氧化-还原体系"可成为自由基反应型粘接密封剂自由基固化反应的引发剂；制备染料的中间体。

(8) 苄基二甲胺 别名：N,N-二甲基苄胺；N-苄基二甲胺；简称：BDMA。

① 苄基二甲胺化学结构式

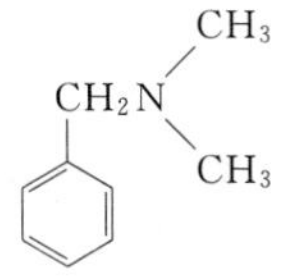

$$CH_2-N\begin{matrix}CH_3\\CH_3\end{matrix}$$

② 苄基二甲胺物理化学特性 无色至微黄色透明液体，易燃；溶于乙醇、乙醚，溶于热水，微溶于冷水；暴露于空气中会吸收二氧化碳变成碳酸盐，应避光保存；分子量 135.20；纯度≥98 或≥99%；密度（25℃）：0.897g/cm³；凝固点−75℃；闪点（TCC）：54℃；沸程：（常压）178～184℃，（1.6kPa）70～72℃；黏度（25℃）：90mPa·s；折射率（25℃）：1.5011；蒸气压（20℃）：200Pa；水分≤0.05%；有毒，比苯胺毒性大，对皮肤和黏膜有强烈的刺激性和腐蚀作用，致敏性也很强。

③ 盐城市西湖产苄基二甲胺质量指标 见表 15-32。

表 15-32 苄基二甲胺质量指标（执行标准：Q/320922YXH001—2008）

指标名称	参数	指标名称	参数
折射率	1.495～1.503	苄基二甲胺含量/%	≥99
相对密度	0.896～0.901	沸程(馏出 95%)/℃	178～181
水分/%	≤0.1	灼烧残渣/%	≤0.1

④ 苄基二甲胺用途 用作自由基反应型粘接密封剂的促进剂，因具有还原性，与氧化剂（如过氧化物）组成"氧化-还原体系"可成为自由基反应型粘接密封剂自由基固化反应的引发剂。苄基二甲胺是聚氨酯硬泡、软泡及胶黏剂涂料的催化剂，也是环氧树脂固化剂，也用作环氧酸酐体系的固化促进剂（用量为环氧树脂的 0.5%～1%）。

(9) N,N-二甲基氨基-对位-甲苯 别名：对二甲氨基甲苯。

① N,N-二甲基氨基-对位-甲苯化学结构式

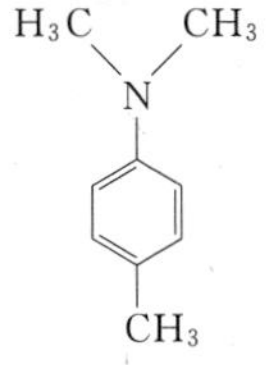

$$H_3C\begin{matrix}\\N\\\end{matrix}CH_3$$

② N,N-二甲基氨基-对位-甲苯物理化学特性 浅黄色油状液体；密度（25℃）：0.937g/cm³；蒸气密度（与空气比）>1；熔点 25℃；沸点 211℃；闪点 83.3℃；折射率

(n_D^{20}) 1.546。

③ N,N-二甲基氨基-对位-甲苯质量指标　见表 15-33。

表 15-33　N,N-二甲基氨基-对位-甲苯产品质量指标

指标名称	参数	指标名称	参数
外观	浅黄色油状液体	熔点/℃	130.31
含量/%	≥99.5	沸点/℃	211.5～212.5

④ N,N-二甲基氨基-对位-甲苯用途　用作自由基反应型粘接密封剂的促进剂，因具有还原性，与氧化剂（如过氧化物）组成"氧化-还原体系"，可成为自由基反应型粘接密封剂自由基固化反应的引发剂。

（10）N,N-二甲基邻甲苯胺　别名：N,N'-二甲基-邻甲苯胺；2-甲基-N,N-二甲基苯胺；2-二甲氨基甲苯。

① N,N-二甲基邻甲苯胺化学结构式

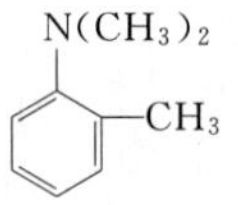

② N,N-二甲基邻甲苯胺物理化学特性　浅黄色油状液体；分子量 135；密度（25℃）：0.929g/cm³；闪点 63℃；沸点：（常压）185.3℃，（18mmHg）76℃；折射率（n_D^{20}）1.525；须密封保存。

③ N,N-二甲基邻甲苯胺质量指标　见表 15-34。

表 15-34　N,N-二甲基邻甲苯胺产品质量指标

指标名称	参数	指标名称	参数
外观	浅黄色油状液体	沸点(18mmHg)/℃	76
闪点/℃	62.7	密度(25℃)/(g/cm³)	0.929
含量/%	≥99	折射率(n_D^{20})	1.524～1.526

④ N,N-二甲基邻甲苯胺用途　用作自由基反应型粘接密封剂的促进剂，因具有还原性，与氧化剂（如过氧化物）组成"氧化-还原体系"可成为自由基反应型粘接密封剂自由基固化反应的引发剂。还用于有机合成。

（11）N,N-二乙基乙胺　别名：三乙基胺；三乙胺，99＋%；三乙胺，纯，99%；三乙胺≥99.5%；三乙胺，特纯，99.7%；LEDA HPLC 三乙胺。

① 三乙胺化学结构式

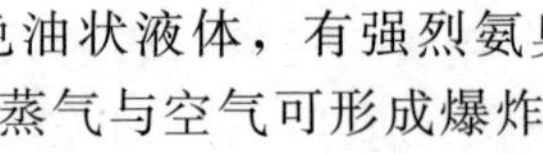

$$H_3C-CH_2-N-CH_2-CH_3$$
$$|$$
$$CH_2-CH_3$$

② 三乙胺物理化学特性　无色油状液体，有强烈氨臭，一级易燃液体；微溶于水，溶于乙醇、乙醚等多数有机溶剂；其蒸气与空气可形成爆炸性混合物，遇明火、高热能引起燃烧爆炸。与氧化剂能发生强烈反应。其蒸气比空气重，能在较低处扩散到相当远的地方，遇火源会着火回燃。具有腐蚀性；分子量 101；相对密度（水＝1）0.726；相对蒸气密度（空气＝1）3.48；熔点 −114.8℃；闪点＜0℃；沸点 89.5℃；引燃温度 249℃；临界温度 259℃；临界压力 3.04MPa；燃烧热 4333.8kJ/mol；折射率 1.4010；黏度（30℃）0.32mPa·s；饱和蒸气压（20℃）8.80kPa；辛醇/水分配系数的对数值 1.45；爆炸上限（体积分数）：8.0；爆炸下限（体积分数）：1.2；须密封保存。有毒，对皮肤和黏膜有刺激性，LD_{50} 460mg/kg。空气中最高容许浓度 30mg/m³。

③ 三乙胺质量指标　见表 15-35。

表 15-35　三乙胺质量指标

指标名称	江都指标	济南指标	指标名称	江都指标	济南指标
水含量/%	—	≤0.10	三乙胺含量/%	—	≥99.5
沸点/℃	89.7	—	一乙胺含量/%	—	≤0.10
熔点/℃	−115.3	—	二乙胺含量/%	—	≤0.10
色度	无色	—	相对密度 d_{20}^{20}	0.729	—
乙醇含量/%	—	≤0.10	折射率 n_D^{20}	1.40032	—

④ 三乙胺用途　用作自由基反应型粘接密封剂的促进剂，三乙胺有强的还原性，与氧化剂组成氧化-还原体系，在自由基反应体系中起引发作用。工业上主要用作溶剂、固化剂、催化剂、阻聚剂、防腐剂及合成染料等。

(12) 1,2,3,4-四氢喹啉

① 1,2,3,4-四氢喹啉化学结构式

② 1,2,3.4-四氢喹啉物理化学特性　淡黄色或无色液体；水溶性（20℃）＜1g/L；密度1.061g/cm³；分子量133.19；熔点15～17℃；闪点100℃；沸点249℃；折射率1.593～1.595。

③ 杭州产 1,2,3,4-四氢喹啉质量指标　见表 15-36。

表 15-36　1,2,3,4-四氢喹啉企业质量指标

指标名称	参数	指标名称	参数
含量/%	≥99	外观	无色或淡黄色液体
密度/(g/cm³)	1.061	分子量	133.19
熔点/℃	15～17	闪点/℃	100
沸点/℃	249		

④ 1,2,3,4-四氢喹啉用途　用作自由基反应型粘接密封剂的促进剂，具有碱性和还原性，可与氧化剂组成氧化-还原体系，在自由基反应体系中用作引发剂。

(13) 乙酰苯肼　别名：乙酰肼化苯；乙酰苯基联氨；N-乙酰苯肼。

① 乙酰苯肼化学结构式

$$CH_3-C(O)-NHNH-\bigcirc$$

② 乙酰苯肼物理化学特性　为白色或淡黄色片状结晶；微溶于乙醚、冷水；溶于热水、乙醇和苯；分子量150.18；熔点128～132℃；对眼睛、皮肤、黏膜和上呼吸道有刺激作用。

③ 乙酰苯肼质量指标　见表 15-37。

表 15-37　工业级乙酰苯肼质量指标

指标名称	参数	指标名称	参数
外观	淡黄色针状结晶	熔点范围/℃	129～132
含量/%	≥99	干燥失重/%	≤0.5

④ 乙酰苯肼产品用途　用作自由基反应型粘接密封剂的促进剂，医药、农药、厌氧胶中间体。

(14) 邻磺酰苯甲酰亚胺　别名：糖精；沙卡林；2,3-二羟基-1,2-苯并异噻唑基-3-酮-1,1-二氧化物；2-磺基苯甲酸亚胺。

① 邻磺酰苯甲酰亚胺化学结构式

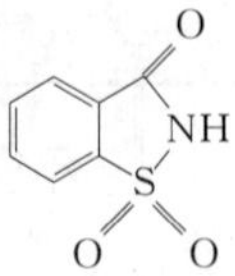

（结构图）

② 邻磺酰苯甲酰亚胺物理化学特性　白色单斜结晶，真空升华的产品为针状结晶，无臭或稍有香气，味极甜，比蔗糖甜 500 倍，后味微苦；遇碱或加热其水溶液可分解；微溶于氯仿和乙醚，各类溶剂溶解 1g 邻磺酰苯甲酰亚胺所需的量：290mL 冷水，25mL 沸水，31mL 乙醇，12mL 丙酮，50mL 甘油；饱和水溶液 pH 值（0.25%）：2.0；最大吸收波长（0.1mol/L 氢氧化钠溶液）：267.3（摩尔吸光系数 $\varepsilon=1570L/(mol\cdot cm)$）nm；熔点 226～228（分解）℃；纯度≥98%；密度 0.828g/cm³；分子量 183.18。

③ 邻磺酰苯甲酰亚胺（糖精）质量指标　见表 15-38。

表 15-38　邻磺酰苯甲酰亚胺质量指标　　　　　单位：%

指标名称	参数	指标名称	参数
糖精的质量分数	≥99.0	砷盐(以 As 计)	≤2×10⁻⁶
重金属(以 Pb 计)	≤10×10⁻⁶	干燥失重	≤0.003
碱度	≤15	铵盐	≤25×10⁻⁶

④ 邻磺酰苯甲酰亚胺（糖精）用途　用作厌氧胶的固化促进剂和不饱和聚酯树脂的助促进剂；还用于配制复合型氧化还原引发剂，例如叔丁基过氧化氢/正丁胺/糖精。

15.6　硫脲类促进剂

（1）1,1,3,3-四甲基硫脲　别名：四甲基硫脲；1,1,3,3-四甲基-2-硫脲；1,1,3,3-四甲基硫脲，98%。

① 四甲基硫脲化学结构式

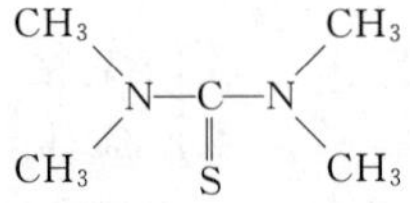

（结构图）

② 四甲基硫脲物理化学特性　白色或灰白色结晶针状，无臭、无味，有毒；溶于甲基丙烯酸甲酯、丙酮、二硫化碳、甲苯、氯仿、微溶于乙醇、乙醚，不溶于汽油和水；分子量 132.23；熔点 78℃；沸点 245℃。

③ 四甲基硫脲质量指标　见表 15-39。

表 15-39　四甲基硫脲质量指标

指标名称	参数	指标名称	参数
外观	灰白色至白色结晶体	水分/%	≤0.75
含量/%	98	灰分/%	≤0.75

④ 四甲基硫脲用途　主要用于自由基反应型丙烯酸酯密封剂的促进剂。

（2）亚乙基硫脲　别名：亚乙环硫脲；四氢咪唑-2-硫酮；1,2-亚乙基硫脲；亚乙基硫脲；橡胶硫化促进剂 ETU；1,2-亚乙基硫脲；乙烯硫脲；促进剂 NA-22。

① 促进剂 NA-22 化学结构式

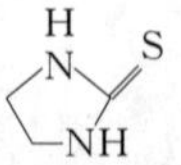

（结构图）

② 促进剂 NA-22 物理化学特性　白色针状或粒状或柱状结晶粉末，味苦，中等毒性；溶于乙醇、甲醇、乙二醇和吡啶，微溶于水，不溶于丙酮、乙醚、氯仿甲苯和汽油；可燃，粉尘

与空气能形成爆炸性混合物；分子量 102.15；相对密度 1.42～1.43；熔点 203～204℃。

③ 促进剂 NA-22 质量指标　见表 15-40。

表 15-40　促进剂 NA-22 质量指标（执行标准：HG/T 2343—2012）

项　目		指标	试验方法
外观		白色粉末	目测
初熔点/℃	≥	195.0	GB/T 11409—2008 中的 3.1
灰分的质量分数/%	≤	0.30	GB/T 11409—2008 中的 3.7
加热减量的质量分数/%	≤	0.30	GB/T 11409—2008 中的 3.4
筛余物的质量分数/% `	150μm　≤	0.10	GB/T 11409—2008 中的 3.5.2
	63μm　≤	0.50	
纯度[①]的质量分数(HPLC)/%	≥	97.0	HG/T 2343—2012 中的 4.7

① 纯度为根据用户要求的检测项目。

④ 促进剂 NA-22 用途　用作丙烯酸类自由基反应型粘接密封剂、聚硫橡胶的促进剂。各种类型氯丁橡胶、氯磺化聚乙烯橡胶、氯醚橡胶、丙烯酸酯橡胶用促进剂。适用于金属氧化物为硫化剂体系的催化，尤以氧化镁、氧化锌作硫化剂效果更好。在一般制品中的用量为 0.25～1.5 份。也用作环氧胶黏剂双氰胺固化剂的促进剂，参考用量 8 份。

（3）三甲基硫脲　别名：三甲基-2-硫脲。

① 三甲基硫脲化学结构式

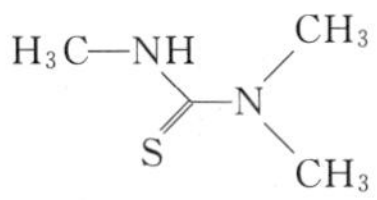

$$H_3C-NH \quad \overset{\displaystyle CH_3}{\underset{\displaystyle CH_3}{\underset{\displaystyle S}{\Vert}{N}}}$$

② 三甲基硫脲物理化学特性　浅黄色结晶性粉末，无味；易溶于水、苯和氯仿，溶于甲苯，不溶于石油醚；分子量 118.201；相对密度 1.20～1.26；熔点 126～127℃（有资料为 68～76℃[3]）。

③ 三甲基硫脲产品质量指标　AR 级三甲基硫脲含量≥98%。

④ 三甲基硫脲用途　用作自由基反应型丙烯酸类粘接密封剂的固化反应促进剂。

（4）苯基硫脲　别名：N-苯基硫脲；苯基硫代碳酰胺；苯硫代碳酰二胺；1-苯基-2-硫脲；1-苯基-2-硫脲（$C_7H_8N_2S$）；苯硫脲；苯-2-硫脲。

① 苯基硫脲化学结构式

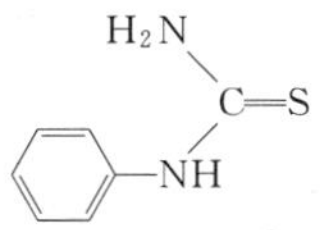

② 苯基硫脲物理化学特性　白色针状结晶，微具苦味；易溶于乙醇，能溶于 400 份冷水，17 份热水中；分子量 152.22；密度 1.3g/cm³；熔点 145～150℃；剧毒，半数致死量（大鼠，经口）3mg/kg；伤害皮肤、眼睛、呼吸道。

③ 苯基硫脲质量指标　见表 15-41。

表 15-41　苯基硫脲质量指标

指标名称	参数	指标名称	参数
外观	类白色至米黄色结晶粉末	纯度/%	≥98.0
红外光谱鉴别	应和对照标准匹配	熔点/℃	150～155

④ 苯基硫脲用途　用作自由基反应型丙烯酸酯类粘接密封剂固化体系的促进剂。

15.7　金属有机化合物类促进剂

（1）环烷酸钴[3]

① 环烷酸钴化学结构式

$$\left[\underset{\text{(CH}_2)_n}{\bigcirc} - C \overset{O}{\underset{O}{\parallel}} - O \right]_2 Co$$

② 环烷酸钴物理化学特性　固体环烷酸钴是棕褐色无定形粉末或紫色固体，易燃；不溶于水，溶于乙醇、乙醚、苯、甲苯、松节油、松香水、汽油等；其化学结构组成不定，没有固定的分子量。液体环烷酸钴为紫红色黏稠体，易燃，易溶于焦油系、石油系及芳烃溶剂中，几乎不溶于水。

③ 环烷酸钴产品质量指标　见表 15-42 和表 15-43。

表 15-42　固体环烷酸钴的质量指标 （执行标准 HG/T 4115—2009）

指标名称		参数	指标名称		参数
外观		蓝紫色粒状	软化点/℃		80～100
钴含量（质量分数）/%		10±0.5	庚烷不溶物（质量分数）/%	≤	2.00
环烷酸钴含量（质量分数）/%	≥	80.0	密度/(g/cm³)		1.14±0.05
酸值（以 KOH 计）/(mgKOH/g)		190～245	红外光谱（参比标准图谱）		可比
加热减量（质量分数）/%	≤	1.5	—		—

表 15-43　液体环烷酸钴产品的质量指标

项目	指标				项目	指标			
	甲	乙				甲	乙		
	421-1	8%	4%	3%		421-1	8%	4%	3%
外观	紫红色的黏稠液体				水萃取试验	—	—	合格	合格
钴含量/%	7.75～8.25	≥8.0	≥4.0	≥3.0	冰点试验	—	—	合格	合格
油溶性试验	无明显不溶物析出	合格	合格	合格	催干性试验	—	合格	—	—
亚麻仁油溶解试验	—	合格	合格	合格					

注：指标甲为沪 Q/HG 14-473—82，由上海长风化工厂起草；指标乙为津 Q/HG 2-1468—84、津 Q/HG 2-954—84，由天津红旗化工厂起草。甲的主要成分是环烷酸钴；乙的主要成分是环烷酸钴和脂肪酸钴的混合物。

④ 环烷酸钴用途　用作自由基反应型丙烯酸酯类粘接密封剂固化体系的促进剂、各类气干型涂料制造；不饱和聚酯树脂固化的催化剂。

（2）醋酸钴[4]　别名：乙酸钴；乙酸亚钴；醋酸钴（Ⅱ）。

① 醋酸钴化学结构式

$$\underset{O^-}{\overset{O}{\parallel}}C-Co^{++}-O-\overset{O}{\underset{}{\parallel}}$$

② 醋酸钴物理化学特性　红紫色结晶或结晶性粉末，易潮解；易溶于水（15℃时在100g 乙醇中的溶解度为 1.49g）、乙醇、稀酸、吡啶，难溶于醋酸酐，不溶于丙酮和苯；分子量 249.08；相对密度（水＝1）：1.705；熔点（含结晶水）：140℃（失去结晶水）；熔点（不含结晶水）：298℃。

③ 醋酸钴质量指标　工业醋酸钴质量指标见表 15-44。

表 15-44　工业醋酸钴质量指标 （执行标准：HG/T 2032—1999）

指标名称		优等品	一等品	合格品
外观		紫红色结晶		
乙酸钴[以 Co(CH₃COO)·4H₂O 计]含量/%		99.3	98.0	97.0
水不溶物含量/%	≤	0.02		
硫酸盐（以 SO₄²⁻ 计）含量/%	≤	0.01		
氯化物（以 Cl⁻ 计）含量/%	≤	0.02	0.005	
硝酸盐（以 NO₃⁻ 计）含量/%	≤	0.05	0.08	

续表

指标名称		优等品	一等品	合格品
铁(Fe)含量/%	≤	\multicolumn{3}{c}{0.001}		
铜(Cu)含量/%	≤	0.001	0.005	0.01
镍(Ni)含量/%	≤	0.08	0.10	
碱金属及碱土金属含量/%	≤	0.30	0.40	0.5

④ 醋酸钴用途　醋酸钴主要用作自由基反应型粘接密封剂固化体系的促进剂、隐现墨水、涂料催干剂、饲料添加剂、泡沫稳定剂、合成纤维、陶瓷、色料、油料、阳极电镀等。

（3）异辛酸铜　别称：2-乙基己酸铜；2-乙基辛酸化铜。

① 异辛酸铜化学结构式

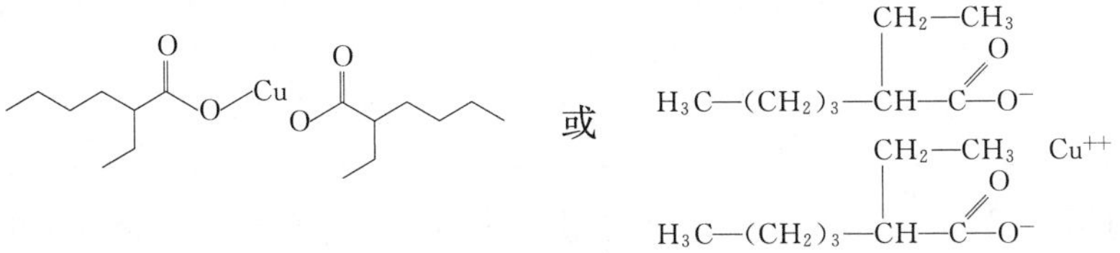

② 异辛酸铜物理化学特性　异辛酸铜为深绿色均匀液体至黏稠液体；分子量：349.96。

③ 东莞产异辛酸铜企标质量指标　见表 15-45。

表 15-45　异辛酸铜质量指标

指标名称	CU-5 指标	CU-8 指标
外观	深绿色均匀液体	深绿色黏稠液体
铜含量/%	5 ± 0.2	8 ± 0.2
溶解性	1:9 用 200 号溶剂油稀释无析出物	1:9 用 200 号溶剂油稀释无析出物

④ 异辛酸铜用途　用作自由基反应型丙烯酸酯基粘接密封剂固化系统的促进剂。也用于电缆漆、船舶漆、硝基漆、防霉、防腐剂；在不饱和树脂中高温时和苯乙烯混合时的良好阻聚剂，常温稳定性优良，但添加引发剂时起促进作用（根据量而定）。

（4）异辛酸钠　别称：2-乙基己酸钠；2-乙基辛酸化钠。

① 异辛酸钠化学结构式

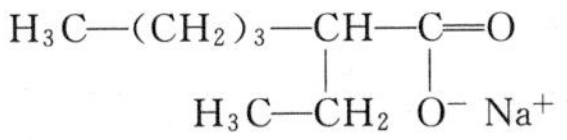

② 异辛酸钠物理化学特性　白色或类白色粉末，无毒；分子量 166.19；熔点＞300℃；浊度：在 10% 水溶液中透明或略带乳白色。

③ 湖北、安徽产异辛酸钠产品质量指标　见表 15-46。

表 15-46　异辛酸钠产品质量指标

指标名称	参数	指标名称	参数
pH 值	7.0～9.5	水分/%	≤2
外观	白色或类白色粉末	含量/%	≥98

④ 异辛酸钠用途　用作自由基反应体系密封剂的促进剂，涂料中主要用于电缆漆、船舶漆、硝基漆的催干剂，聚合物的稳定剂、交联剂。

（5）乙酰丙酮钒　别名：三乙酰丙酮钒；三（24 戊二酸 OO）钒；乙酰丙酮钒，≥99.0%；简称：V(AA)3。

① 乙酰丙酮钒化学结构式

$$\left[\begin{array}{c} \underset{H_3C}{\overset{O}{\parallel}} \quad \overset{O^-}{\underset{CH_3}{\parallel}} \end{array} \right]_3 V^{3+}$$

② 乙酰丙酮钒物理化学特性　蓝色晶体或棕色粉末状结晶；几乎不溶于水，溶于甲醇（6.4g/100cm³）、乙醇、醚、氯仿、丙酮、苯（0.9g/100mL）；密度 1.4g/cm³。

③ 乙酰丙酮钒产品质量指标　见表 15-47。

表 15-47　乙酰丙酮钒产品质量指标

指标名称	广州市缘创化工有限公司代理销售的产品指标	武汉福德化工有限公司、扬州市兴业助剂有限公司等单位产品指标
外观性状	蓝色晶体	棕色粉末状结晶,对空气敏感
纯度/%	≥99.0	≥99.0
钒含量/%	19.00～19.21	14.4～14.6
熔点/℃	243～259	181～184

④ 乙酰丙酮钒用途　用作自由基有机合成催化剂及自由基反应密封剂的硫化促进剂。

（6）T-9 辛酸亚锡

① T-9 化学结构式

$$Sn^{2+} \left[\begin{array}{c} \underset{^-O}{\overset{O}{\parallel}} \overset{CH_2(CH_2)_2CH_3}{\underset{CH_3}{|}} \end{array} \right]_2$$

② T-9 物理化学特性　白色或黄色膏状物；不溶于水，溶于石油醚、多元醇；总锡乳油约 23%；辛酸亚锡含量（以亚锡计）约 22%；相对密度（水＝1）：1.251；凝固点 -20℃；闪点＞110℃；折射率 1.492；黏度（25℃）≤380mPa·s；空气中最高容许浓度 0.1mg/m³；化学性质极不稳定，极易被氧化；具有强烈的神经毒性。

③ T-9 产品品种和（或）牌号、质量指标　见表 15-48。

表 15-48　T-9 产品质量指标

指标名称	参数	指标名称	参数
色度(Hazne,铂-钴)/号	≤6	亚锡含量/%	≥27.25
总锡的质量分数/%	≥28.0		
外观:淡黄色透明液体或黄褐色膏状物			

国外牌号有 Kosmos 29（德国）、Nuocure（美国）。

④ T-9 用途　用作聚氨酯、有机硅泡沫密封剂发泡的催化剂。

（7）DBTDL[5]　别称：二月桂酸二正丁基锡；牌号：T-12；简称：DBTDL。

① DBTDL 化学结构式

$$CH_3(CH_2)_9CH_2 \underset{O}{\overset{O}{\parallel}} O - \underset{\underset{H_3C}{\underset{|}{}}}{\overset{\overset{CH_3}{\underset{|}{}}}{Sn}} - \underset{O}{\overset{O}{\parallel}} CH_2(CH_2)_9CH_3$$

② DBTDL 物理化学特性　黄色透明液体，易燃，对金属有一定的腐蚀性，有毒；溶于丙酮、甲苯，不溶于水；分子量 631.56；相对密度 1.066；凝固点 8～16℃；沸点不低于 200℃；闪点（开杯）：226.8℃；黏度（25℃）：45.3mPa·s；折射率 1.468～1.470；空气中最高容许浓度 0.1mg/m³。

③ DBTDL 质量指标　见表 15-49。

表 15-49　DBTDL 产品质量指标

指标名称	参数	指标名称	参数
色度(碘比色)/号	<35	相对密度(ρ24℃)	1.025~1.065
水分/%	≤0.4	外观	浅黄色透明液体
锡含量/%	18~19		

国外牌号有 Dabco T-12（美国），Kosmos 19（德国），TN-12。由氧化二正丁基锡与月桂酸在 60℃ 左右缩合制得。

④ DBTDL 产品用途　用作聚氨酯合成及室温硫化硅橡胶密封剂的催化剂。

（8）DOTL　别称：二月桂酸二正辛基锡；二辛基二月桂酸锡；二辛基十二烷酸锡；二辛基双[(1-氧代十二烷基)氧]锡；DOTDL。

① DOTL 分子式与化学结构式

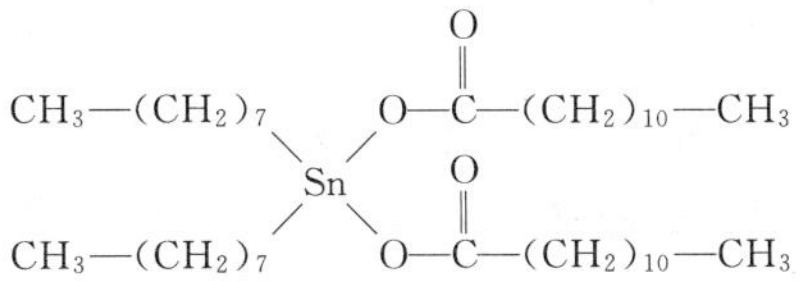

② DOTL 物理化学特性　浅黄色透明液体；密度 0.998g/cm³；熔点 17~18℃；闪点 70℃。

③ DOTL 产品质量指标　见表 15-50。

表 15-50　DOTL 产品性能

指标名称	参数	指标名称	参数
外观	浅黄色透明液体	水分/%	≤0.4
锡含量/%	15.2~16.8		

④ DOTL 用途　聚乙烯、聚氯乙烯等塑料的热稳定剂，聚氨酯合成的催化剂，有机硅密封剂的室温硫化催化剂。

（9）CT-E229 环保催化剂

① CT-E229 环保催化剂成分未公开，化学结构式尚属未知。

② CT-E229 物理化学特性　CT-E229 环保型催化剂，不含欧盟限制的重金属、多溴化合物以及多种有机锡。

③ CT-E229 质量指标尚未公布。

④ CT-E229 用途　用作聚硅氧烷密封剂及聚氨酯密封剂的硫化剂、聚氨酯胶黏剂催化剂、聚氨酯、丙烯酸涂料的催干剂。

15.8　酮类化合物促进剂

（1）乙酰丙酮　别名：二乙酰基甲烷，2,4-戊二酮间戊二酮；2,4-戊烷二酮。

① 乙酰丙酮化学结构式

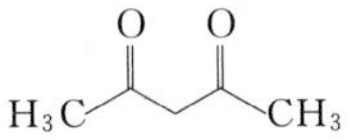

② 乙酰丙酮物理化学特性　常温下为无色或微黄易流动的透明液体，有酯的气味，易燃。工业品冷却时凝成有光泽的晶体，具有不愉快臭味；微溶于水并形成共沸物，能与乙醇、乙醚、氯仿、丙酮、苯、冰醋酸相溶；受光作用时，转化成褐色液体，并且生成树脂；易被水分解为乙酸和丙酮；分子量100.11；相对密度（20℃）：0.970~0.975；相对蒸气密

度（空气＝1）：3.45；熔点－23℃；闪点：（开杯）40.4℃，（闭杯）34℃；沸点：（常压）140.5℃，（94.5kPa）139℃；自燃点340℃；折射率1.4494；饱和蒸气压（20℃）：0.93kPa；燃烧热2574.5kJ/mol；爆炸上限11.4%（体积分数）；爆炸下限1.7%（体积分数）。

③ 乙酰丙酮产品质量指标　见表15-51。

表 15-51　乙酰丙酮产品企业企标质量指标

指标名称	参数	指标名称	参数
外观	无色透明液体	酸度（乙酸计）/%	≤0.15
含量/%	≥99.5	水分/%	≤0.1
贮存	宜贮存于阴凉通风处	蒸发残渣/%	≤0.002

④ 乙酰丙酮产品用途　用作自由基固化体系的密封剂、黏合剂、涂料、橡胶交联反应中的促进剂。有机合成，色层分析用试剂，过渡金属螯合剂。比色法测定铁和氟，在二硫化碳存在时测定铊。

（2）苯甲酰丙酮　别名：1-苯基-1,3-丁二酮；1-苯基丁二酮-[1,3]，α-乙酰苯乙酮；1-苯甲酰丙酮；乙酰苯甲酰甲烷；α-乙酰苯乙酮；苯甲醯丙酮；苄醯丙酮；Ω-乙醯苯乙酮。

① 苯甲酰丙酮化学结构式

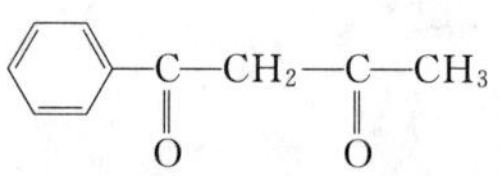

② 苯甲酰丙酮物理化学特性　无色结晶，有持久的刺激性气味，可燃；不溶于热水，微溶于冷水，易溶于乙醇、乙醚和浓碱溶液；分子量162；密度1.090g/cm³；熔点61℃；沸点261～262℃；折射率1.56775；毒性：（经口，大鼠）：LD_{50}＞500mg/kg；（注射，大鼠）LD_{50}：600mg/kg。

③ 苯甲酰丙酮产品质量指标　见表15-52。

表 15-52　苯甲酰丙酮产品质量指标

指标名称	成都分析纯指标	上海指标	指标名称	成都分析纯指标	上海指标
醇溶解试验	—	合格	纯度/%	＞98.0	≥98.0
贮存	—	密封保存	熔点/℃	57～60	55～58

外观：成都分析纯指标为无色结晶；上海指标为黄色结晶薄片或结晶粉末

④ 苯甲酰丙酮用途　用作自由基固化型密封剂、黏合剂、涂料、橡胶交联反应体系中的促进剂，也是优良的螯合剂。

15.9　硫化合物类促进剂

（1）正十二烷基硫醇　别名：1-巯基代十二烷；十二硫醇；月桂硫醇；1-十二硫醇。

① 正十二烷基硫醇化学结构式

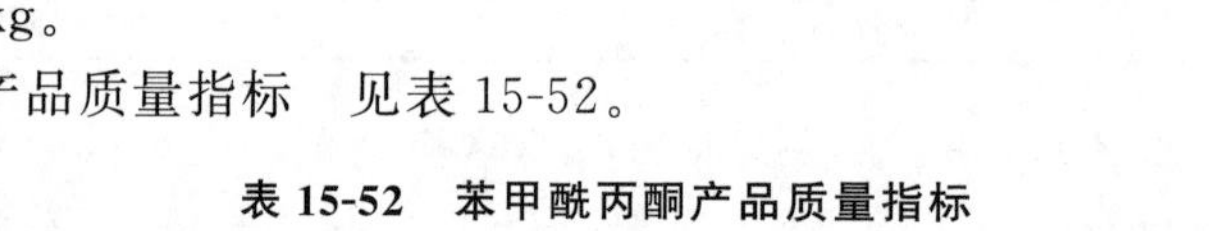

② 正十二烷基硫醇物理化学特性　无色、水白色或淡黄色液体，略有气味，有毒；溶于甲醇、乙醚、丙酮、苯、乙酸乙酯，不溶于水；分子量202.40；熔点－7℃；闪点87℃；沸点：（常压）266～283℃，（5.19kPa）65～169℃，（2kPa）142～145℃；相对密度（水＝1）0.8450；相对密度（空气＝1）：7.0；蒸气压（142℃）2.00kPa；折射率1.4589。

③ 正十二烷基硫醇产品质量指标　见表 15-53。

表 15-53　正十二烷基硫醇产品质量指标

指标名称	美·雪·菲利普斯企标	南京企标	指标名称	美·雪·菲利普斯企标	南京企标
外观	清澈液体	无色或淡黄色液体	C-12 同分异构体/%	≤1.50	—
硫醇硫含量/%	≥15.6	—	酸度(DIN 53402)/%	≤0.2	—
蒸馏(5%)/℃	≥269.0	—			
蒸馏(95%)/℃	≤273.0	—	色度(Hazen,铂-钴色号)	≤0.4	—
纯度/%	≥98.5	≥99			

④ 正十二烷基硫醇产品用途　主要用作自由基反应体系密封剂、黏合剂、涂料、橡胶交联的促进剂以及合成橡胶、合成纤维、合成树脂、丙烯酸乳液聚合物的自由基聚合中分子量的调节剂，紫外线吸收剂。

(2) 叔十二烷基硫醇[6]　别名：叔十二烷醇；叔十二硫醇；十二基硫醇；特十二硫醇；叔十二碳硫醇；叔十二烷硫醇；叔十二硫醇（混合物）；叔十二烷基硫醇（异构体混合物）。

① 叔十二烷基硫醇化学结构式　美国雪佛龙菲利普斯（CHEVRONPHILLIPS）产叔十二烷基硫醇化学结构式

$$HS-\overset{\underset{CH_3}{|}}{\underset{|}{C}}\overset{\underset{CH_3}{|}}{\underset{|}{C}}\overset{\underset{CH_3}{|}}{\underset{|}{C}}\overset{\underset{CH_3}{|}}{\underset{|}{C}}-CH \quad 或 \quad HS-[(CH_3)_2]_3-C(CH_3)_2H$$

上海、鳄鱼试剂、常州、郑州、广州等地企业确定的叔十二烷基硫醇结构式：

$$HS(CH_2)_9C(CH_3)_2H$$

② 叔十二烷基硫醇物理化学特性　清澈无色透明油状液体，有恶臭气味；20℃时溶于乙醇、乙醚、丙酮、苯、汽油、酯类等有机溶剂，难溶于水；分子量202.4；密度（20℃）：0.8602g/cm³；熔点−7～−7.5℃；闪点129℃；沸点：（常压）200～235℃，（5199.5Pa）165～166℃；黏度5.3mPa·s；爆炸范围0.7%～9.1%（体积分数）；毒性：对眼睛和皮肤有刺激作用。对水生生物极毒，可能导致对水生环境的长期不良影响。

③ 叔十二烷基硫醇质量指标　见表 15-54。

表 15-54　叔十二烷基硫醇质量指标

指标名称	广州指标	美国指标	嘉定指标
外观		透明油状液体	
密度/(g/cm³)	—	—	0.841～0.844
折射率	—	—	1.457～1.459
灼烧残渣/%	—	—	≤0.05
铜、锰含量/×10⁻⁸	≤5	—	—
硫醇硫含量/%	≥15.6	≤15.6～16.0	—
蒸馏(5%)/℃	—	≥227.0	—
蒸馏(95%)/℃	—	≤251.0	—
纯度/%	≥95	≥98.5	≥98.0
酸度(DIN53402)/%	—	≤0.2	—
色度(Hazen,铂-钴色号)	—	≤0.4	—

④ 叔十二烷基硫醇用途　用作自由基反应型黏结密封剂、黏合剂、涂料聚合时的链交

换剂，也用作润滑油的添加剂。

15.10　磷化物类促进剂[7]

三苯基膦　别称：三苯膦，三苯（基）磷；膦化三苯基；三酚苯酯；三苯基膦，flake；三苯基膦，99＋％；三苯基膦，powder；简写：PPh3；在老的文献里也叫三芳基膦。

① 三苯基膦化学结构式

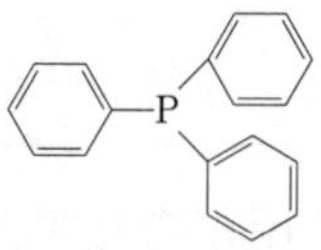

② 三苯基膦物理化学特性　在低于室温时为无色至淡黄色单斜结晶，高于室温时为无色至淡黄色透明油状液体，有刺激性气味，可燃；易溶于醇、苯和三氯甲烷；微溶于酯；几乎不溶于水；分子量 262.30；熔点 80.5℃；闪点（开杯）180℃；沸点（91kPa）：377℃；分子构型为三角锥状；毒性：有毒，对眼、上呼吸道、黏膜和皮肤有刺激性，有神经毒效应。

③ 三苯基膦质量指标　见表 15-55。

表 15-55　三苯基膦质量指标

指标名称		衢州指标	江苏指标	指标名称	衢州指标	江苏指标
外观		白色结晶	白色松散粉末状	三苯基氧膦含量/%	≤0.3	≤1.0
三苯基膦含量/%	≥	≥99.7	≥99.0	4%四氯化碳溶液透光率/%	—	≥75
熔点/℃		78.5～81.5	78.5～81.5	干燥失重/%	<0.5	<0.5
硫(S)/(mg/kg)		<5	<10	镁(Mg)/(mg/kg)	<5	<5
氯(Cl)/(mg/kg)		<15	<25	铁(Fe)/(mg/kg)	<10	<10
钠(Na)/(mg/kg)		<5	<5	灰分/(mg/kg)	<100	<100

④ 三苯基膦产品用途　用作自由基反应型粘接密封剂固化反应体系的促进剂、热稳定剂、光稳定剂、抗氧剂、阻燃剂、抗静电剂。

15.11　其他类促进剂

二茂铁[8]　别名：环戊二烯铁，双环戊二烯基铁，二环戊二烯基合铁。
① 二茂铁化学结构式

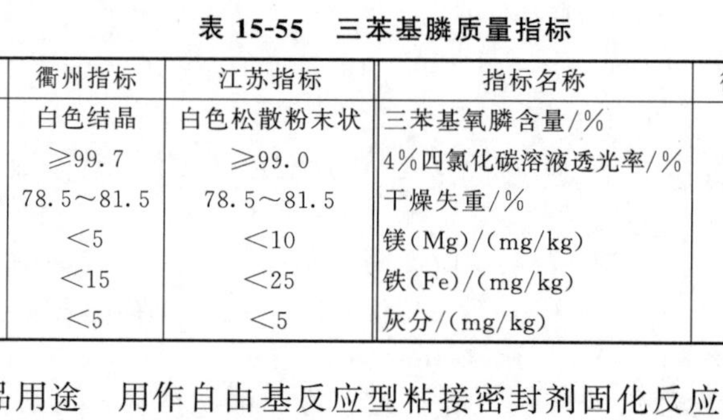

② 二茂铁物理化学特性
a. 二茂铁物理特性　它是有机过渡金属化合物，常温下为橙色晶型固体或橙黄色粉末；溶于稀硝酸、浓硫酸、苯、乙醚、石油醚、汽油、柴油和四氢呋喃；不溶于水、10％氢氧化钠和热的浓盐酸。在沸水、10％沸碱液和浓盐酸沸液中既不溶解也不分解；有类似樟脑的气

味。具有强烈吸收紫外线的作用；其分子呈现极性，有抗磁性，偶极矩为零；升华温度不低于 100℃；熔点 172.5～173℃；沸点 249℃；稳定不分解温度 400～470℃。

b. 二茂铁化学特性　类似芳香族化合物。二茂铁的环能进行亲电取代反应，例如汞化、烷基化、酰基化等反应。它可被氧化，铁原子氧化态的升高，使茂环（Cp）的电子流向金属，阻碍了环的亲电取代反应。二茂铁能抗氢化，不与顺丁烯二酸酐发生反应。二茂铁与正丁基锂反应，可生成单锂二茂铁和双锂二茂铁。茂环在二茂铁分子中能相互影响，在一个环上的致钝，使另一环也有不同程度的致钝，其程度比在苯环上要轻一些。二茂铁不适于催化加氢，也不作为双烯体发生 Diels-Alder 反应，但它可发生傅-克酰基化及烷基化反应。

③ 二茂铁产品质量指标　见表 15-56。

表 15-56　二茂铁产品质量指标

指标名称	成都分析纯指标	辽阳等地企业指标	指标名称	成都分析纯指标	辽阳等地企业指标
二茂铁的质量分数/%	≥99	≥98.0	甲苯不溶物/%	—	≤0.5
游离铁/×10^{-8}	—	≤200	沸点/℃	115±1	—
熔点/℃	—	172～174	不挥发物/%	≤0.002	—

④ 二茂铁用途　二茂铁与叔胺类促进剂并用才能使厌氧胶密封粘接剂兼有快的固化速率和稳定贮存期。其在农业、医药、航天、节能、环保等行业具有广泛的应用。

参 考 文 献

[1] 殷旭光，舒学军，王理，孙青，陈茹冰，王波. 噻唑类硫化促进剂合成进展. 应用化学. 2011, 40 (5)：892～896.
[2] 《橡胶工业手册》编写小组编. 橡胶工业手册：第二分册. 北京：化学工业出版社, 1981: 36.
[3] 王玉梅，颜英. 环烷酸钴的制备. 辽宁化工. 2002, 31 (10)：435, 436, 455.
[4] 曹善文. 醋酸钴合成新工艺研究及应用. 中国石油和化工标准与质量. 2013, (7)：21～22.
[5] 《中国化工产品大全》编委会. 中国化工产品大全：上卷. 北京：化学工业出版社, 1994: 909 (Df015).
[6] 韩大维，薛丽梅，李嘉琦，王菲，王镜石. 叔十二碳硫醇的合成及应用. 化学工程师. 1996, (5)：31～34.
[7] 王成科. 磷化物的开发与用途. 沈阳化工. 1980, (2)：61～67.
[8] 黎桂辉，刘学军，程红彬. 二茂铁及其衍生物的合成与应用研究进展. 化学研究. 2010, 21 (4)：108～112.

第16章

着色剂

16.1 黑色着色剂

16.1.1 氧化铁黑

(1) 氧化铁黑化学结构式

$$O=FeO=Fe \cdot O-Fe:O$$

(2) 氧化铁黑物理化学特性 为黑色或黑红色粉末，是氧化亚铁（一氧化一铁）和三氧化二铁的加成物；相对密度5.18；熔点1594℃；不溶于水和醇，溶于浓酸和热强酸；具有磁性、饱和的蓝墨光黑色；着色力强，遮盖力很高；耐光性、耐大气性、耐碱性好；耐热可至100℃，但高温下可被氧化变成红色氧化铁，如在200～300℃灼烧，形成γ型三氧化二铁；无水渗性；无油渗性。

(3) 氧化铁黑规格及质量指标 见表16-1和表16-2。

表16-1 氧化铁黑规格及质量指标

指标名称	HG/T 2250—1991规定指标		石家庄神彩企标规定指标	
	一级品	二级品	指标	指标检验结果
铁含量[以Fe_3O_4含量(105℃烘干)表示]/% ≥	95.0	90.0	90	95
105℃挥发物/% ≤	1.0	2	—	—
水溶物/% ≤	0.5	1.0	0.5	0.4
筛余物(45μm筛孔)/% ≤	—	—	0.5	0.3
筛余物(325目)/% ≤	0.3(320目)	1.0(320目)	0.5	0.3
水萃取液碱度/mL ≤	20	20	—	—
水悬浮液pH值	5～8	5～8	5.0～8.0	7.0
吸油量/(mL/100g)	15～25	15～25	15～25	20
总钙量(以CaO表示)/% ≤	0.3	0.3	—	—
颜色(与标准样比)	近似～微	稍	—	—
相对着色力(与标准样比)/% ≥	100	90	100±5	99
有机着色物的存在	阴性	阴性	—	—
水分/% ≤	—	—	1.0	0.8

注："颜色"、"相对着色力"的标准样品由十堰市氧化铁黄颜料厂提供。"颜色相"在色相相同时，试样比标准样品鲜艳，色差为"稍"级，可作为一级品。

表 16-2　天津氧化铁黑质量指标

指标名称	级别		
	320 目	360 目	400 目
外观	黑色粉末	黑色粉末	黑色粉末
四氧化三铁含量/%	≥96	≥96	≥96
筛余物/%	≤0.5	≤1.0	≤2.0
水溶物/%	≤0.8	≤0.8	≤0.8
水悬浮液 pH 值	6~8.5	6~8.2	6~8
水分/%	≤0.7	≤0.7	≤0.7
吸油量/%	10~20	10~25	10~25
遮盖力/(g/m²)	≤20	≤25	≤25

（4）氧化铁黑用途　广泛应用于密封剂、橡胶、塑料、建材、彩色水泥砖、防锈涂料、油墨等领域着色。也用作制造磁钢、碱性电池阴极板、钢铁探伤等诸多方面。

16.1.2　色素炭黑着色剂

（1）色素炭黑　别名：墨灰，乌烟，烟黑；着色剂化学结构详见第 2 章。

（2）各类密封剂（室温硫化型、不干性密封腻子类）着色用炭黑物理化学特性　为黑和灰黑色细粒粉末；不溶于水、酸、碱及有机溶剂；相对密度 1.8~2.1；粒径：（高色素，接触法 HCC，炉法 HCF）9~17nm，（中色素，接触法 MCC，炉法 MCF）18~25nm，（普通色素，接触法 RCC，炉法 RCF）26~37nm；黑度：（高色素，接触法 HCC，炉法 HCF）反射率不大于 25，（中色素，接触法 MCC，炉法 MCF）反射率为 26~35，（普通色素，接触法 RCC，炉法 RCF）反射率不小于 36；具有很高的吸油量；化学性能稳定；具有极高的遮盖力、着色力、耐光性和惰性。

（3）密封剂用色素炭黑质量指标　见表 16-3。

表 16-3　国家标准 GB/T 7044—2003 规定的色素炭黑品种及其质量指标

色素炭黑品种	黑度,反射率/%	着色力/%	DBP 吸收值/(g/mL)	加热减量/%	挥发分/%	灰分/%	流动性（35℃）/mm	pH 值	比表面积/(m²/g)
C111	≤20	≥109	≤1.80	≤6.0	≥3.0	≤0.50	≥18	2.0~6.0	200~600
C121	≤25	≥109	≤1.80	≤8.0	≥8.0	≤0.50	≥28	2.0~6.0	200~600
C311	≤32	≥109	≤1.30	≤5.0	≥3.0	≤0.20	≥16	2.0~6.0	150~400
C321	≤32	≥109	≤1.20	≤6.0	≥4.0	≤0.20	≥22	2.0~6.0	150~400
C611	≤44	≥106	≤1.20	≤4.0	≥3.0	≤0.20	≥23	2.0~6.0	80~200
F111	≤25	≥100	≤1.10	≤4.0	≥0.5	≤1.00	≥18	5.0~9.0	200~600
F121	≤25	≥100	≤1.10	≤8.0	≥2.0	≤1.00	≥26	2.0~6.0	400~600
F311	≤30	≥100	≤1.05	≤5.0	≥0.5	≤1.00	≥18	5.0~9.0	150~300
F315	≤30	≥100	≤0.80	≤5.0	≥0.5	≤1.00	≥20	5.0~9.0	150~300
F615	≤40	≥90	≤0.80	≤3.0	≥0.5	≤1.00	≥20	5.0~9.0	80~200
F625	≤45	≥90	≤0.80	≤5.0	≥1.0	≤1.00	≥22	3.0~6.0	80~200

（4）色素炭黑用途　用作汽车、建筑、船舶、集装箱、防水、热熔、中空玻璃、中性防霉聚硅氧烷、酸性聚硅氧烷、聚氨酯、中空玻璃等密封剂、铜密封胶以及色素炭黑中空玻璃丁基腻子和密封胶条着色填料。

16.2　白色着色剂

白粉（二氧化钛）、立德粉（主成分为锌钡白即硫化锌）、碳酸钙粉、氧化镁、氧化锌等为主要白色着色剂。其结构及详细介绍见本书第 2 章。

16.3　颜料型有机红色着色剂

16.3.1　大红粉

（1）大红粉　别名：808，5203 大红粉，222K 红粉，3132 大红粉；化学结构式：

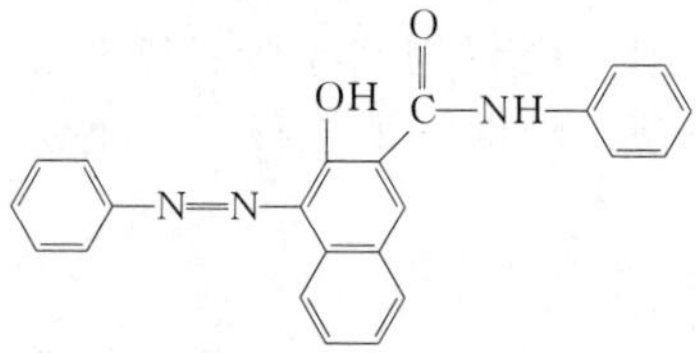

（2）红粉物理化学特性　艳红色粉末，色光鲜艳。着色力和遮盖性强，耐晒性、耐酸性、耐碱性优异。

（3）大红粉的质量指标　见表 16-4。

表 16-4　大红粉的质量指标

指标名称		参数	指标名称		参数
颜色（与标准样比）		近似～微	耐水性/级	≥	4
相对着色力（与标准样比）/%	≥	100	耐酸性/级	≥	4
105℃挥发物/%	≤	1.0	耐油性/级	≥	3
水溶物/%	≤	1.0	耐光性/级	≥	6
吸油量/（g/100g）		30～40	耐热性/℃	≥	120
筛余物（400μm 筛孔）/%	≤	5	—		—

（4）大红粉用途　用作低粘接力密封剂的红色标志性着色及配色以及户外建筑彩色密封剂的着色与配色。

16.3.2　橡胶大红 LC

（1）橡胶大红 LC　别名：5302 橡胶大红 LC；金光红 C；油黑大红；色淀淡红 C；1306 金光红 C；3110 金光红 C；3-羟基萘基-偶氮-(4-氯-5-甲基-2-苯磺酸)钡；橡胶大红 LC 化学结构式：

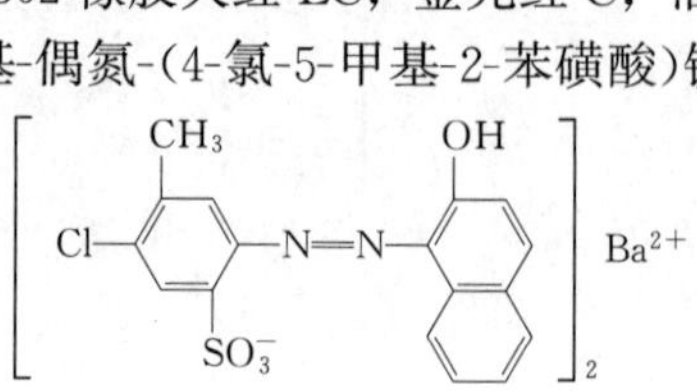

（2）橡胶大红 LC 物理化学特性　红色粉末；分子量 888.98；微溶于 10％热氢氧化钠（为黄色）、水和乙醇中，遇浓硫酸为樱桃红色，稀释后呈红棕色沉淀，遇浓氢氧化钠液呈砖红色沉淀，遇氢氧化钾液呈深棕光红色，其水溶液遇盐酸呈红色沉淀，不溶于丙酮和苯中；色光：该颜料比颜料红 57∶1 更显黄色，称为暖红，具有高的着色力及鲜艳度，对酸、碱敏感。良好耐溶剂性与耐热稳定性（200℃/10min）；在 HDPE 中耐热 260℃/5min，缺点是分子中金属与基墨碱剂作用而使稳定性降低。

（3）橡胶大红 LC 质量指标　见表 16-5。

表 16-5　济南企业企标规定的橡胶大红 LC 企标质量指标

指标名称	参数	指标名称	参数
pH 值	6.0～7.0	耐水性/级	≥4
相对密度	1.65～2.11	耐油性/级	≥4
吸油量/(mL/100g)	30～55	耐酸性/级	≥5
耐光性/级	≥6	耐碱性/级	≥5
耐热性/℃	≥130		

（4）橡胶大红 LC 用途　用于低粘接力密封剂红色标志性着色。也用于橡胶、塑料、印墨、水性柔版墨着色，还可用于食品、化妆品与医药着色。

16.3.3　颜料红 48∶1

（1）颜料红 48∶1　别名：耐晒大红 BBN，3118 耐晒大红 BBN，3133 永固红 2BN，耐晒大红 BBN-P，4-[(4-氯-5-甲基-2-磺苯基)偶氮]-3-羟基-2-萘甲酸钡盐；化学结构式：

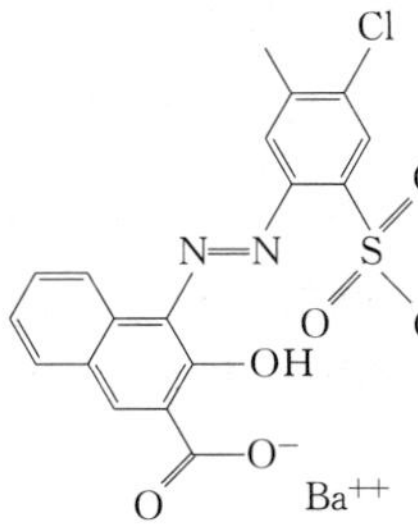

（2）颜料红 48∶1 物理化学特性　黄光红色粉末，分子量 556.13，不溶于水和乙醇，遇浓硫酸为紫红色，稀释后为蓝光红色沉淀，遇浓硝酸为棕光红色。着色力强，耐晒性和耐热性良好，耐碱性较差。

（3）颜料红 48∶1 质量指标　见表 16-6。

表 16-6　颜料红 48∶1 质量指标

指标名称	参数	指标名称	参数
外观	黄光红色粉末	耐晒性/级	≥5
色光	与标准品近似	耐热性/℃	≥180
着色力/分	为标准品的 100±5	耐酸性/级	≥5
水分含量/%	≤4.5	耐碱性/级	≥3
吸油量/g	50±5	耐迁移性/级	≥5
细度(通过 80 目筛后残余物含量)/%	≤5	水渗性/级	≥4
水溶物含量/%	≤3.5	油渗性/级	4～5

（4）颜料红 48∶1 用途　低粘接力密封剂红色标志性着色以及户外建筑彩色密封剂着色与配色，也用于油墨、塑料、橡胶、涂料和文教用品的着色。

16.3.4　耐晒艳红 BBC

（1）耐晒艳红 BBC　别名：永固红 F5R，永固红 F5R，耐晒艳红 BBC，3120 耐晒艳红 BBC，3134 永固红 2BC，永固红 2BP，颜料红 48∶2；4-[(5-氯-4-甲基-2-磺酰苯基)偶氮]-3-羟基-2-萘甲酸钙；化学结构式：

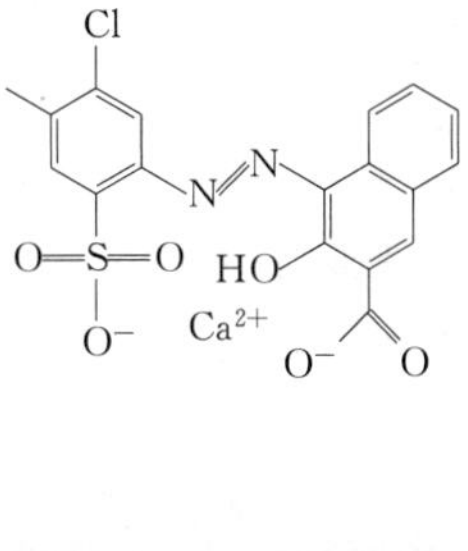

（2）耐晒艳红 BBC 物理化学特性　单偶氮蓝光红色粉末，23-酸钙盐色淀类颜料；分子量 458.89；着色力强，耐晒性和耐热性良好；不溶于水和乙醇，遇浓硝酸为棕红色，遇氢氧化钠为红色，遇浓硫酸为紫红色，稀释后呈蓝光红色沉淀，对酯、酮、脂肪烃和芳香烃类有机溶剂有良好的耐溶解性；但耐皂化、耐酸和耐碱牢度较弱。耐消毒处理方面比 P.R.48：1 弱，但耐晒牢度比 P.R.48：1 高。

（3）耐晒艳红 BBC 产品质量指标　见表 16-7。

表 16-7　耐晒艳红 BBC 质量指标

指标名称	参数	指标名称	参数
外观	紫红色粉末	耐晒性/级	6～7
色光	与标准品近似	耐热性/℃	≥180
着色力/分	为标准品的 100±5	耐酸性/级	2～3
水分含量/%	≤4.5	耐碱性/级	2～3
吸油量/(g/100g)	≤60	水渗性/级	4～5
细度（通过 80 目筛后残余物含量）/%	≤5	石蜡渗性/级	≥5
水溶物含量/%	≤3.5		—

（4）耐晒艳红 BBC 用途　主要用于接触汽油、航空煤油的低粘接力红色标志性密封剂着色以及户外建筑彩色密封剂、油墨、塑料、橡胶、涂料和文教用品的着色。

16.3.5　立索尔深红

（1）立索尔深红　别名：3114 立索尔深红，206 立索尔深红，颜料红 49：2；2-(2-羟基-1-萘偶氮)-1-萘磺酸钙；化学结构式：

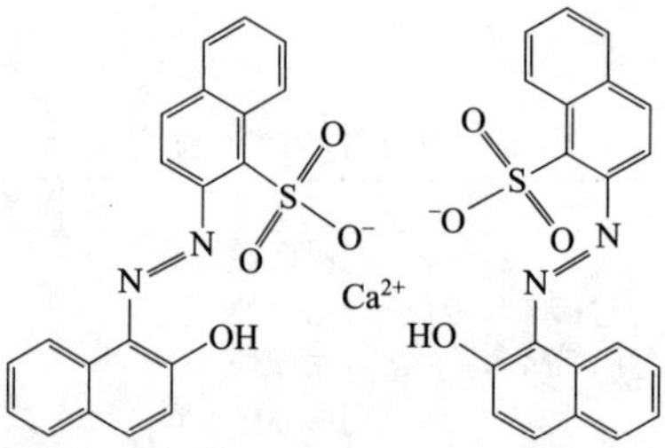

（2）立索尔深红物理化学特性　立索尔深红为红色粉末，分子量 794.86；色泽比立索尔大红较深，耐渗化性较好。

（3）立索尔深红质量指标　见表 16-8。

表 16-8　立索尔深红质量指标

指标名称	参数	指标名称	参数
外观	红色粉末	耐晒性/级	≥4
色光	与标准品近似	耐热性/℃	≥130
着色力/分	为标准品的 100±5	耐酸性/级	≥4
水分含量/%	≤4.5	耐碱性/级	≥4
挥发物含量/%	≤2	水渗性/级	≥4
细度（通过 80 目筛后残余物含量）/%	≤5	油渗性/级	≥4
水溶物含量/%	≤3.5	吸油量/(g/100g)	≤55

（4）立索尔深红用途　用于低粘接力密封剂红色标志性着色以及户外建筑彩色密封剂、塑料、橡胶、涂料、油墨、水彩、油彩、纸张和皮革等着色与配色。

16.3.6 甲苯胺红

（1）甲苯胺红 别名：571 甲苯胺红；1207 甲苯胺红；入漆朱；3138 甲苯胺红大红；化学结构式：

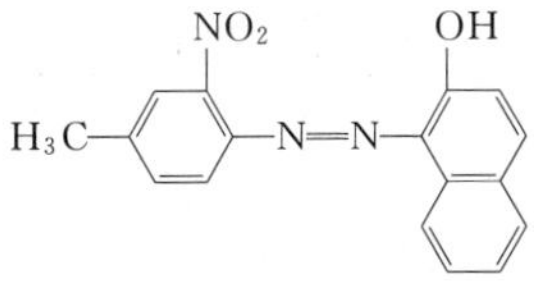

（2）甲苯胺红物理化学特性 甲苯胺红为鲜艳的红色粉末，粉质细腻；微溶于乙醇、丙酮和苯中，在浓硫酸中为深红紫色，稀释后呈橙色沉淀，在浓硝酸中为暗砾红色，在稀氢氧化钠中不变色；着色力与遮盖力都很高；耐热性好；耐酸性强；熔点 258℃。

（3）甲苯胺红质量指标 见表 16-9。

表 16-9 HG/T 3003—1983（97）（代替 GB 3678—83）规定的甲苯胺红质量指标[①]

指标名称	级 别		指标名称	级 别	
	一般型	易分散型[②]		一般型	易分散型[②]
外观	红色粉末	—	筛余物[⑤]/%	≤5	≤5
着色力[③]/分	近似~微	近似~微	水溶物含量/%	≤1	≤1.5
色光[④]	95~105	95~105	耐光性[①]/级	≥6	≥6
水分含量/%	≤1	≤1.5	耐热性[①]/℃	≥120	≥120
吸油量/(g/100g)	35~50	35~50			

①表中耐光性、耐热性为保证指标，其余项目为每批产品出厂必检指标。
②易分散型：同条件研磨至细度为 20μm 时所需时间应不大于普通型的 70%。
③④着色力和色光的值均与标准品相比而来。
⑤通过 40 目筛的筛余物。

（4）甲苯胺红用途 适用于低粘接力密封剂红色标志性着色。也用于塑料、涂料、橡胶、水彩、油彩、工艺美术和化妆品的着色。

16.3.7 醇溶性猩红 CG

（1）醇溶性猩红 CG 别名：醇溶耐晒大红 CG；醇溶性耐晒猩红 CG；3904 醇溶性耐晒猩红 CG；化学结构式：

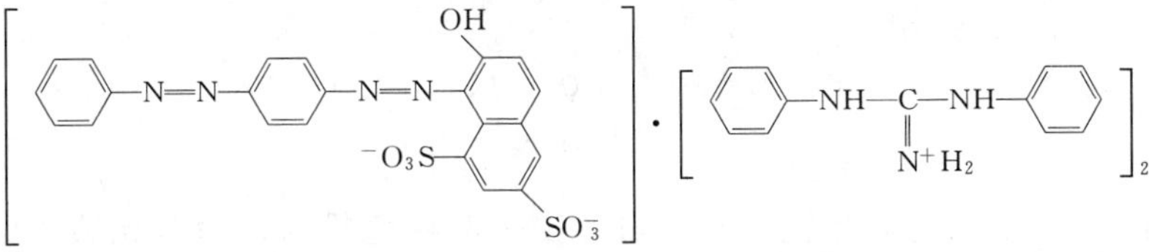

（2）醇溶性猩红 CG 物理化学特性 为鲜红色粉末，色泽鲜艳，在乙醇中溶解度一般，溶于丙酮和丁酮。

（3）醇溶性猩红 CG 质量指标 见表 16-10。

表 16-10 醇溶性猩红 CG 质量指标

指标名称	参 数	指标名称	参 数
外观	猩红色粉末	耐光性/级	3~4
色光	与标准品近似	耐热性/℃	160
着色力/分	为标准品的 100±5	耐酸性/级	4
95%乙醇中的溶解度/(g/L)	19	耐碱性/级	1

（4）醇溶性猩红 CG 用途　用于丁腈橡胶基表面保护密封剂（涂料型）及粘接底涂、透明漆、有机玻璃、聚氯乙烯、铝箔等的着色。

16.3.8　醇溶性耐晒火红 B

（1）醇溶性耐晒火红 B　别名：耐晒醇溶火红 B；3901 醇溶耐晒火红 B；401 醇溶耐晒火红 B；化学结构式：

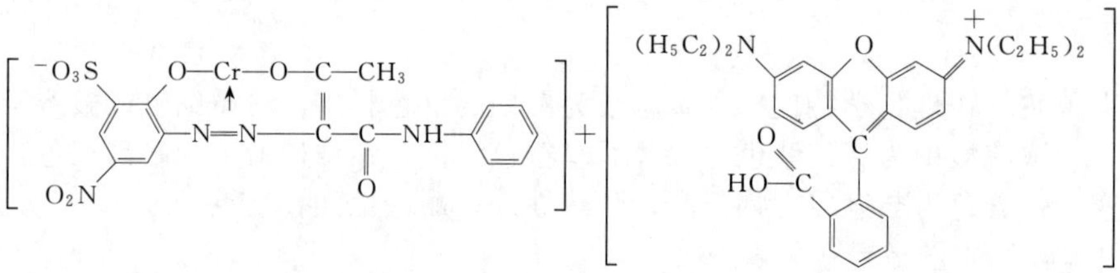

（2）醇溶性耐晒火红 B 物理化学特性　红色至红褐色粉末，色泽鲜艳；在乙醇中溶解度较高，溶液透明；耐热耐光性较好。

（3）醇溶性耐晒火红 B 质量指标　见表 16-11。

表 16-11　醇溶性耐晒火红 B 质量指标

指标名称	参　数	指标名称	参　数
外观	红色至红褐色粉末	耐光性/级	6～7
色光	与标准品近似	耐热性/℃	180
着色力/分	为标准品的 100±5	耐酸性/级	4
95%乙醇中的溶解度/(g/L)	50	耐碱性/级	1
95%乙醇中的不溶物/%	1.0	—	—

（4）醇溶性耐晒火红 B 用途　密封剂的无水乙醇基粘接底涂、透明漆、赛璐珞、化妆品、铝箔等的着色。

16.3.9　透明红 EG

（1）透明红 EG　别名：油溶红 135；透明塑料红 301；油溶红 EG；化学结构式：

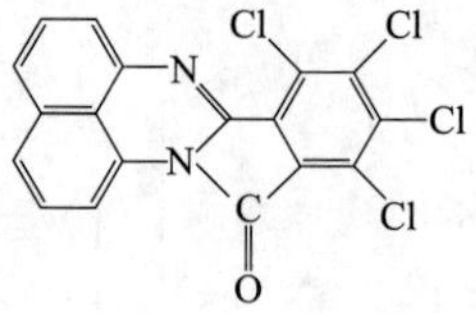

（2）透明红 EG 物理化学特性　透明红 EG 是鲜红色粉末，为黄光透明红色油溶性染料；不溶于水，溶于乙醇、丙酮、氯仿等有机溶剂；有很好的耐热性、耐光性及耐迁移性，着色力高。

（3）透明红 EG 产品质量指标　见表 16-12。

表 16-12　透明红 EG 质量指标

指标名称	参　数	指标名称	参　数
外观	鲜红色粉末	耐热性/℃	≥300
色光	与标准品近似	耐迁移/级	4～5
着色力/分	为标准品的 100±3	耐候性/级	6～7
耐光性/级	6～8	—	—

（4）透明红 EG 用途　用于低粘接力密封剂红色标志性着色，丁腈橡胶基表面保护密封剂（涂料型）着色，无水乙醇基粘接底涂着色。也用于聚苯乙烯、ABS 树脂、聚甲基丙烯酸甲酯、树脂、醋酸纤维、硬质聚氯乙烯等塑料的着色以及涤纶纤维的原浆着色。

16.3.10　颜料红 5

（1）颜料红 5　别名：坚牢洋红 FB；3107 永固桃红 FB；N-（5-氯-2，4-二甲氧基苯基）-4-[[5-[（二乙基氨基）磺酰基]-2-甲氧基苯基]偶氮]-3-羟基-2-萘甲酰胺；化学结构式：

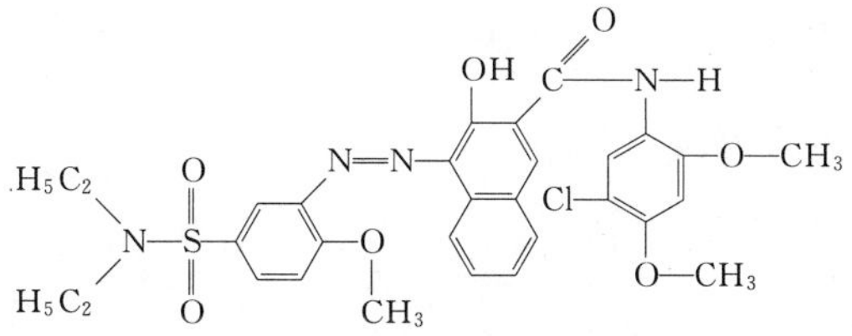

（2）颜料红 5 物理化学特性　颜料红 5 是色光鲜艳的橙红色粉末；不溶于水，易溶于乙醇，微溶于丙酮；分子量 627.1；熔点为 306℃；耐晒性和耐热性良好；密度：1.34g/cm³。

（3）产品质量指标　见表 16-13。

表 16-13　颜料红 5 质量指标

指标名称	参标指标	企标指标	指标名称	参标指标	企标指标
外观	艳红粉末	橙红色粉末	平均粒径/μm	—	≤0.1
色光	与标准品近似	艳蓝光红	粒子状态	—	片状
着色力/分	为标准品的 100±5	—	水溶物含量/%	≤1.5	—
遮盖力	—	半透明	相对密度	—	1.40~1.44
水分含量/%	≤2	—	堆积密度/(g/cm³)	—	11.6~12.0
吸油量/(g/100g)	40~50	45~71	耐碱性/级	4~5	—
熔点/℃	—	306	水渗性/级	5	—
比表面积/(m²/g)	—	43~48	乙醇渗性/级	4	—
pH 值	—	5.5~8.0	石蜡渗性/级	5	—
耐晒性/级	6~7	—	油渗性/级	4	—
耐热性/℃	130~140	—	耐酸性/级	5	—

注：参标指"爱化学"的注册商提供的。

（4）颜料红 5 用途　主要用于户外建筑密封剂着色，密封剂的无水乙醇基粘接底涂着色，也用于涂料、油墨、涂料印花浆、日用橡胶、乳胶、塑料和纸张等制品的着色。

16.3.11　橡胶枣红 BF

（1）橡胶枣红 BF　别称：橡胶颜料枣红 BF；化学结构式：

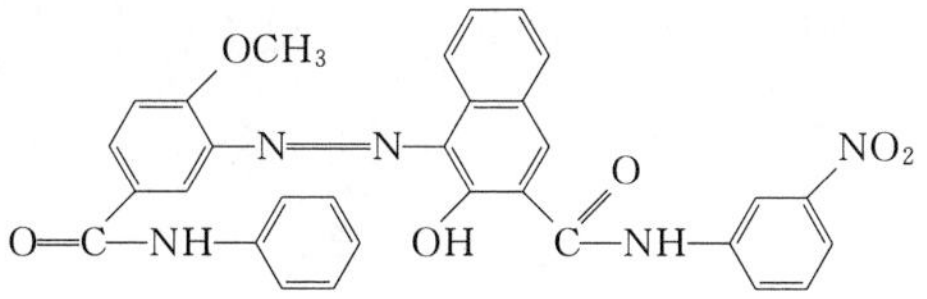

（2）橡胶枣红 BF 物理化学特性　橡胶枣红 BF 为紫红色粉末，色泽鲜艳；分子量 561；不溶于水，溶于乙醇，耐晒、耐热、耐硫化、耐迁徙性良好。

（3）橡胶枣红 BF 质量指标　见表 16-14。

表 16-14　橡胶枣红 BF 质量指标

指标名称	参　数	指标名称	参　数
外观	紫红色粉末	耐晒性/级	5～6
色光	与标准品近似	耐热性/℃	150
着色力/分	为标准品的 100±5		

（4）橡胶枣红 BF 用途　用于户外建筑彩色密封剂着色，密封剂无水乙醇基粘接底涂着色以及橡胶、涂料、油墨着色。

16.3.12　大分子红 BR

（1）大分子红 BR 化学结构式

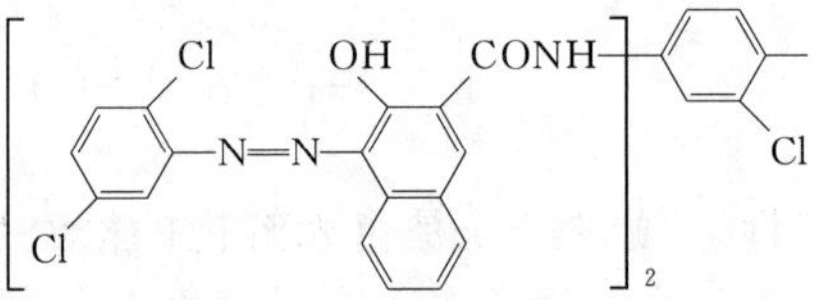

（2）大分子红 BR 物理化学特性　红色粉末；分子量 843.5；色泽鲜艳、着色力强，耐晒、耐热、耐溶剂性优异。

（3）大分子红 BR 质量指标　见表 16-15。

表 16-15　大分子红 BR 质量指标

指标名称	参　数	指标名称	参　数
外观	红色粉末	水溶物含量/%	≤1.0
色光	与标准品近似	耐晒性/级	7～8
着色力/分	为标准品的 100±5	细度（通过 80 目筛后残余物含量）/%	≤5
105℃挥发物含量/%	≤1.5	耐碱性/级	5
耐热性/℃	180	耐迁徙性/级	5
耐酸性/级	5		

（4）大分子红 BR 用途　用于户外建筑密封剂着色以及塑料、橡胶、涂料、油墨、合成纤维原液着色。

16.3.13　永固桃红 FBB

（1）永固桃红 FBB 化学结构式

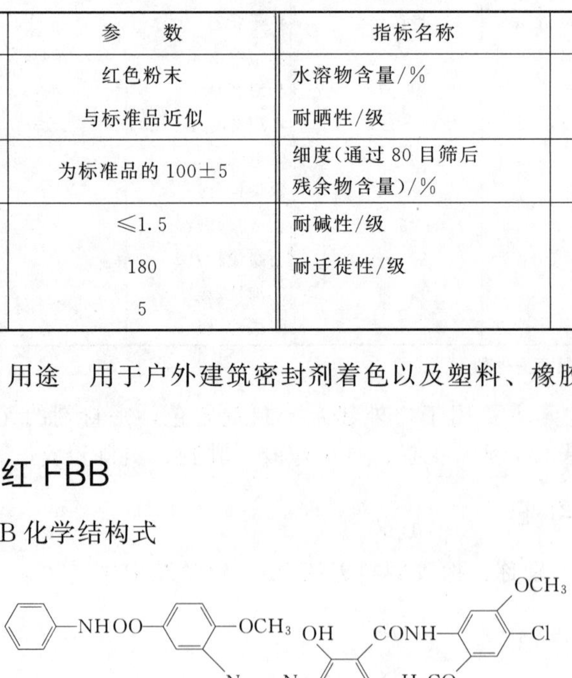

（2）永固桃红 FBB 物理化学特性　永固桃红 FBB 为洋红色粉末；分子量 610.5；色泽鲜艳，耐热、耐酸碱性能良好。

（3）永固桃红 FBB 质量指标　见表 16-16。

表 16-16　永固桃红 FBB 质量指标

指标名称	参数	指标名称	参数
外观	洋红色粉末	耐晒性/级	5
色光	与标准品近似	耐热性/℃	≥180
着色力/分	为标准品的 100±5	耐酸性/级	5
水分含量/%	≤1.5	耐碱性/级	4～5
细度(通过 80 目筛后残余物含量)/%	≤5	吸油量/(g/100g)	45±5

（4）永固桃红 FBB 用途　用于低粘接力密封剂红色标志性着色，也用于橡胶、塑料、涂料印花、油墨着色。

16.3.14　酞菁红

（1）酞菁红别名：喹吖啶酮红；大分子红 Q3B；化学结构式

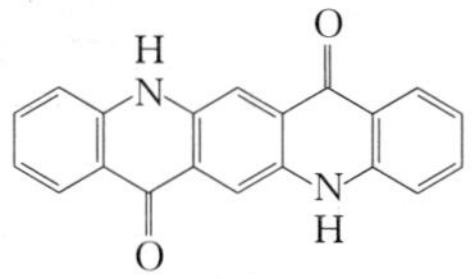

（2）酞菁红物理化学特性　酞菁红为红色粉末，色泽鲜艳；分子量 312.33；熔点 394℃；耐晒性和耐候性能优良，耐有机溶剂性和耐热性良好（如与聚四氟乙烯混合，经 430℃高温挤压不变色）；在各种塑料中不迁移；各项牢度优异，高度稀释仍不降低其牢度。

（3）酞菁红产品质量指标　见表 16-17。

表 16-17　酞菁红质量指标（参考性）

指标名称	参数	指标名称	参数
外观	红色粉末	耐晒性/级	7～8
色光	与标准品近似	耐热性/℃	400
着色力/分	为标准品的 100±5	耐酸性/级	5
水含量/%	≤1.5	耐碱性/级	4～5
吸油量/%	50±5	水渗性/级	5
水溶物含量/%	≤1.5	乙醇渗性/级	5
105℃挥发物含量/%	≤1.5	油渗性/级	5
增塑剂渗性(DOP)/级	5		

（4）酞菁红用途　用于密封剂、塑料、涂料、涂料印花色浆、树脂、油墨、橡胶和有机玻璃以及合成纤维的原浆着色。

16.4　颜料型无机各色着色剂

16.4.1　三氧化二铁[1,2]

（1）三氧化二铁　别名：颜料红 101；透明铁红；透明氧化铁红；氧化铁铁红粉；铁丹；氧化铁红；结构式：

$$\begin{aligned} Fe^{3+} & \quad O^{2-} \\ & \quad O^{2-} \\ Fe^{3+} & \quad O^{2-} \end{aligned}$$

（2）三氧化二铁物理化学特性　氧化铁（Fe_2O_3）[1]即三氧化二铁，棕红（红）色；熔点为 1565℃（分解）；相对密度为 5.24；在自然界以赤铁矿形式存在，具有两性，与酸作用生成 Fe^{3+} 盐，三氧化二铁不溶于水，也不与水起作用；可和酸发生反应：$Fe_2O_3 + 6HCl = 2FeCl_3 + 3H_2O$；三氧化二铁形成三种类型晶胞体，分别是：$\alpha\text{-}Fe_2O_3$、$\beta\text{-}Fe_2O_3$ 和 $\gamma\text{-}Fe_2O_3$。$\alpha\text{-}Fe_2O_3$，没有磁性；用四氧化三铁经过特殊处理后会形成 γ 型晶胞结构，具有磁性，但并不稳定，易变为 α 型，$\alpha\text{-}Fe_2O_3$ 在铁的氧化物中是最常见的，简称氧化铁，俗称赤铁矿，它属六方晶系，其晶格常数分别为 $a = 0.5043nm$，$b = 1.375nm$。$\alpha\text{-}Fe_2O_3$ 具有半导体特性，其禁带宽度为 2.1eV，在可见光区有很强的吸收力，这一特点使其在光催化、光致变色、气敏传感器中有良好的应用价值；其毒性极小，又具有优良的防腐蚀性，为它的应用开阔了天地。

（3）三氧化二铁品种及质量指标　GB/T 1863—2008 规定的氧化铁颜料的质量指标见表 16-18。

表 16-18　氧化铁颜料的质量指标

指标名称		品种							
		红				黄			
总铁量（以 Fe_2O_3 表示）/%		A	B	C	D	A	B	C	D
		95	70	50	40	83	70	50	40
105℃挥发物/%	V1 型	≤1				≤1			
	V2 型	>1,≤1.5				—			
	V3 型	>1.5,≤2.5				>1.0,≤2.5			
水溶物/%	Ⅰ型	≤0.3				≤0.5			
	Ⅱ型	>0.3,≤1				>0.5,≤1			
	Ⅲ型	4～5				4～5			
水溶性氯化物和硫酸盐（以 Cl^- 和 SO_4^{2-} 表示）/%	Ⅰ型	≤0.1				—			
筛余物（45μm 筛）/%	1 型	≤0.01				≤0.01			
	2 型	>0.01,≤0.1				>0.01,≤1			
	3 型	>0.1,≤1				>0.1,≤1			
水萃取液酸碱度/mL		≤20				≤20			
铬酸铅的试验		不存在				不存在			
总钙量（以 CaO 表示，在 105℃干燥后测量）/%	a 类	≤0.3				≤0.3			
	b 和 c 类	≤5				≤5			
	d 类	商定				商定			
有机着色物的试验		不存在				不存在			
水悬浮液 pH 值		商定				商定			
吸油量/(g/100g)		商定				商定			
总钙量（以 CaO 表示）/%	a 类	≤0.3				≤0.3			
	b 和 c 类	≤5				≤5			
	d 类	商定				商定			
颜色		商定				商定			
相对着色力/%		商定				商定			

指标名称		品种				
		棕			黑	
总铁量（以 Fe_2O_3 表示）/%		A	B	C	A	B
		87	70	30	95	70
105℃挥发物/%	V1 型	≤1				
	V2 型	—				
	V3 型	>1.0,≤2.5				

续表

指标名称		品种				
		棕			黑	
		A	B	C	A	B
总铁量(以 Fe$_2$O$_3$ 表示)/%		87	70	30	95	70
水溶物/%	Ⅰ 型	≤0.3			≤0.5	
	Ⅱ 型	>0.3,≤1			>0.5,≤1	
	Ⅲ 型	4~5				
水溶性氯化物和硫酸盐 (以 Cl$^-$ 和 SO$_4^{2-}$ 表示)/%	Ⅰ 型	≤0.1			—	
筛余物(45μm 筛)/%	1 型	≤0.01				
	2 型	>0.01,≤0.1				
	3 型	>0.1,≤1				
水萃取液酸碱度/mL		≤20				
铬酸铅的试验		不存在				
总钙量(以 CaO 表示, 在 105℃干燥后测量)/%	a 类	≤0.3				
	b 和 c 类	≤5				
	d 类	商定				
有机着色物的试验		不存在				
水悬浮液 pH 值		商定				
吸油量/(g/100g)		商定				
总钙量(以 CaO 表示)/%	a 类	≤0.3				
	b 和 c 类	≤5				
	d 类	商定				
颜色		商定				
相对着色力/%		商定				

注:按铁含量分类为 A,B,C,D;按水溶物含量、水溶性氯化物、硫酸盐总含量分为Ⅰ,Ⅱ,Ⅲ三个型别;按筛余物分为 1 型,2 型,3 型;按 105℃挥发物分为 V1 型,V2 型,V3 型三个类型;按来源分为 a,b,c,d 四类,详见 GB/T 1863—2008。

淄博产三氧化二铁(α-Fe$_2$O$_3$)的质量指标 见表 16-19。

表 16-19 淄博产三氧化二铁(α-Fe$_2$O$_3$)的质量指标

指标名称	参　数	指标名称	参　数
外观	红色粉末	水分/%	≤1.0
Fe$_2$O$_3$ 含量/%	75	水溶液/%	≤1.5
颜色(与标准样比)	近似~微	水悬浮液 pH 值	5~7
筛余物(45μm 筛孔)/%	≤0.2	吸油量/(g/100g)	13~20

(4)三氧化二铁用途　主要用于密封剂、橡胶、涂料、化学纤维、造革工业、绘画着色。并有补强防老化作用,还有防护有机物被紫外光降解的特点,并能提高耐热性[3]。也是半导体材料和磁性材料的原材料。

16.4.2 钼铬酸铅颜料

(1)钼铬酸铅　别名:钼铬红,钼红,钼橙,颜料红 104;化学结构式:

$$\left[\begin{array}{c} O \\ \| \\ {}^-O-Cr-O^- \\ \| \\ O \end{array} \right]_l Pb^{+2} \cdot \left[\begin{array}{c} O \\ \| \\ {}^-O-Mo-O^- \\ \| \\ O \end{array} \right]_m Pb^{+2} \cdot \left[\begin{array}{c} O \\ \| \\ {}^-O-S-O^- \\ \| \\ O \end{array} \right]_n Pb^{+2}$$

(2)钼铬酸铅物理、化学特性　浅橙色至红色粉末,较钼(铬)红鲜艳;近似组成为 PbCrO$_4$ 占 69%~80%,PbSO$_4$ 占 9%~15%,PbMoO$_4$ 占 3%~7%,呈四方晶型;相对密度 5.3～6.0；折射率 2.3；吸油量 15～20g/100g；粒度 0.1～1.0μm；有较好的抗渗色性和分散性；遮盖力和亮度极好；耐酸碱性差；根据制得钼铬酸铅路线，调整原料配比，控制反应温度和时间，可获得不同色调的产品。

（3）钼铬酸铅颜料质量指标　GB/T 3184—2008 规定的钼铬酸铅颜料产品品种及质量指标　见表 16-20。

表 16-20　钼铬酸铅颜料质量指标

指标名称	参　数	指标名称	参　数
颜色[①]	协商确定	水溶物(冷萃取法)/%	≤1
冲淡色[①]	协商确定	105℃挥发物/%	≤2
相对着色力[①]/%	协商确定	水萃取液酸碱度/mL	≤20
吸油量[②]/%	≤15	水悬浮液的 pH 值	4～8
耐光性/级	≥商定的颜料	筛余物(45μm 筛)/%	≤0.3
总铅量[③]/%	≤3	易分散程度	≥商定的颜料

①项目均按协商确定采用仪器测或目测法检验，但仲裁用仪器法。
②吸油量的定义是：(测定的吸油量值与商定的吸油量值之差)/商定吸油量值。
③总铅量的定义是：(测定的 Pb 值与商定的 Pb 值之差)/商定的 Pb 值。

（4）钼铬酸铅颜料用途　用作密封剂、黏合剂、橡胶、塑料制品、纸、油性合成树脂涂料、印刷油墨的着色剂以及水彩和油彩的颜料。

16.5　颜料型有机、无机黄色着色剂

16.5.1　耐晒黄 G

（1）耐晒黄 G　别名：颜料黄 G；1001 汉沙黄 G；1125 耐晒黄 G；化学结构式：

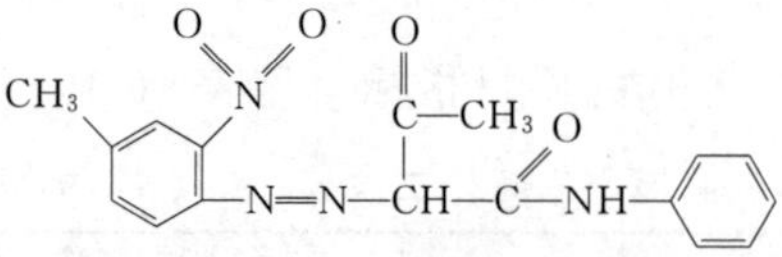

（2）耐晒黄 G 物理化学特性　为淡黄色细腻粉状，色泽鲜艳；微溶于乙醇、丙酮和苯，在浓硫酸中为金黄色，稀释后呈黄色沉淀，在浓硝酸及稀氢氧化钠溶液中色泽不变，在浓盐酸中为红色溶液；分子量 340.34；熔点 255℃；对一般酸碱有抵抗力，不受硫化氢作用的影响，着色力高，耐晒及耐热性能颇好。

（3）耐晒黄 G 质量指标　见表 16-21。

表 16-21　耐晒黄 G 质量指标（执行标准：HG/T 2659—1995）

指标名称	参　数	指标名称	参　数
颜色	与标准品近似～微差	105℃挥发物/%	≤2
着色力/分	≥标准品的 100	筛余物(400μm 筛孔)/%	≤5
水溶物/%	≤1.5	吸油量/(g/100g)	25～35
耐光性/级	≥7	耐碱性/级	≥4
耐水性/级	5	耐油性/级	≥4
耐酸性/级	5		

（4）耐晒黄 G 用途　主要用于户外建筑彩色密封剂着色，也用于涂料印花、耐光油墨、印铁油墨着色，也用于橡胶制品、彩色颜料，蜡笔、铅笔等的着色，还用于黏胶原液的着色。

16.5.2　联苯胺黄 G

（1）联苯胺黄　别名：联苯胺黄；颜料永固黄；颜料黄 12；1138；1003 联苯胺黄；化学结构式：

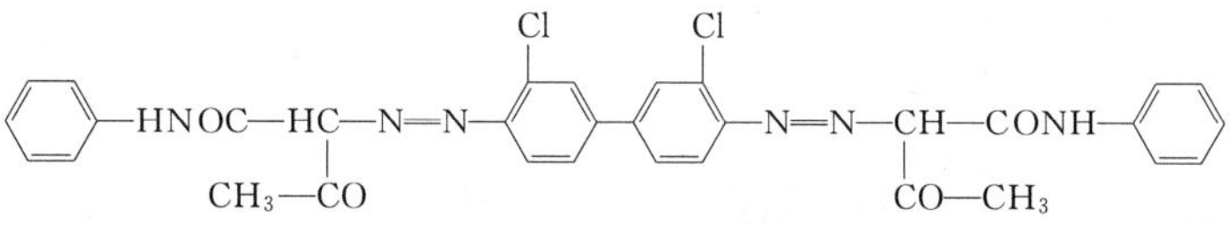

（2）联苯胺黄物理化学特性　为黄色粉末；22℃时在水中的溶解度不大于 0.1 g/100 mL，溶在浓硫酸中为红光色，稀释后呈棕光红色，溶在浓硝酸中为棕光黄色；分子量 629.49；在 150℃加热 20min 微变绿；密度 1.24～1.53g/cm³；熔点：312～320℃；耐晒性和透明性亦较好。

（3）联苯胺黄产品质量指标　见表 16-22。

表 16-22　联苯胺黄 G 质量指标（执行指标：HG 3005—1997）

指标名称	参　　数	指标名称	参　　数
颜色	与标准品近似～微差	水溶物/%	≤2
着色力/分	≥标准品的 95～105	吸油量/(g/100g)	≤55
105℃挥发物/%	≤2	筛余物(300μm 筛孔)/%	≤5
流动度/mm	17～23	耐碱性/级	4～5
耐光性/级	3～4	耐油性/级	≥5
耐水性/级	≥5	耐乙醇性/级	4～5
耐酸性/级	≥5	耐石蜡性/级	4～5

（4）联苯胺黄用途　用于密封剂、油墨、涂料、橡胶、塑料、涂料印花浆、文教用品的着色。

16.5.3　氧化铁黄

（1）氧化铁黄　别称：铁黄；化学结构式：

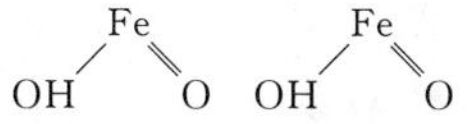

（2）氧化铁黄物理化学特性　由柠檬黄至褐色的粉末，粉粒细腻，是晶体的氧化铁水合物；不溶于水、醇，溶于酸；相对密度 2.44～3.60；熔点 350～400℃；由于生产方法和操作条件的不同，水合程度不同，晶体结构和物理性质有很大差别；着色力、遮盖力、耐光性、耐酸性、耐碱性、耐热性均佳；150℃以上分解出结晶水，转变成红色；吸入粉尘会引起尘肺，空气中最高容许浓度 5mg/m²。

（3）氧化铁黄产品规格及质量指标　见表 16-23。

表 16-23　氧化铁黄质量指标

指标名称	执行标准:HG/T 2249—91		执行标准:③ 企标	
	一等品	合格品	指标要求	检验结果
铁含量(以 105℃干燥的 Fe₂O₃计)/%	≥86	≥80	≥85	≥86
105℃挥发物/%	≤1.0	≤1.5	—	—
筛余物(320 目)/%	—	—	≤0.9	≤0.5
筛余物(45μm 筛孔)/%	≤0.4	≤1	—	—

续表

指标名称	执行标准：HG/T 2249—91		执行标准：③企标	
	一等品	合格品	指标要求	检验结果
水溶物（盐）/%	≤0.5	≤1.0	≤0.5	≤0.3
水萃取液酸碱度/mL	≤20	≤60	—	—
水分/%	—	—	≤1.0	≤0.5
吸油量/(g/100g)	25～35	25～35	25～35	32
铬酸铅	阴性	阴性	—	—
总钙量（以 CaO 表示）/%	≤0.3	≤0.3	—	—
颜色①·②（与标准品比）	近似～微	稍	—	—
着色力/分	—	—	100±5	99
相对着色力①（与标准品比）/%	≥100	≥90	—	—
水悬浮液 pH 值	3.5～7	3～7	4.0～7.0	4.6
有机物的存在	阴性	阴性	—	—

①"颜色"、"相对着色力"的标准样品提供单位：湖南省坪塘氧化铁颜料厂。

②"颜色"项在色相相同时，试样比标准样品鲜艳，色差为"稍"级，可作为一级。

③石家庄某颜料厂。

（4）氧化铁黄用途　用作户外建筑彩色密封剂的着色剂。也用于涂料、橡胶、油墨、油彩、彩绘、人造大理石及水磨石着色。

16.5.4　锌铬黄

（1）锌铬黄　别名：颜料黄36；铬酸锌；铬黄；锌黄；化学结构式：

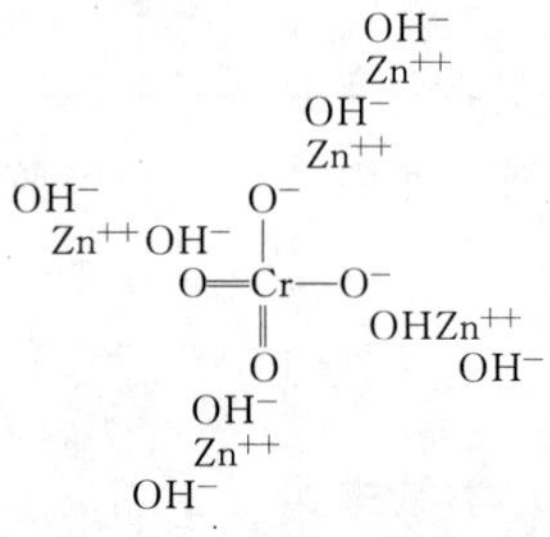

$$OH^-$$
$$Zn^{++}$$
$$OH^-$$
$$Zn^{++}$$

（2）锌铬黄物理化学特性　淡黄色或中黄色粉末，有的锌铬黄呈柠檬黄色棱晶，无毒；不溶于冷水、丙酮，遇热水则分解，在酸或碱、液氨中能完全溶解；耐光性较铅铬黄好，但遮盖力和着色力稍低；具有阳极保护钝化作用，也具有阴极阻蚀剂作用，是一种重要的防锈颜料；根据组成变化，有一系列组成物，成分变动于 $4ZnO \cdot CrO_3 \cdot 3H_2O$ ～ $4ZnO \cdot 4CrO_3 \cdot K_2O \cdot 3H_2O$ 之间，有的产品含铅，分子式为 $PbCrO_4$（中铬黄）、$PbCrO_4 + PbSO_4$（淡铬黄）、$PbCrO_4 \cdot PbO$（桔铬黄或叫铬橙，是碱式铬酸铅）；密度 $3.40g/cm^3$；与硫酸锌和铬酸钾水溶液混合则生成碱式铬酸锌（$2ZnO \cdot CrO_3 \cdot 2H_2O$）；工业品有 $K_2O \cdot 4CrO_3 \cdot 4ZnO \cdot 3H_2O$ 和 $ZnCrO_4 \cdot 4Zn(OH)_2$（主成分）。前者含钾，而且水溶性成分较后者大；该产品成分和化学结构没有一个准确的内容。

（3）锌铬黄产品质量指标　见表 16-24。

表 16-24　天津产锌黄质量指标

指标名称	参　数	指标名称	参　数
色光	近似标准	水分/%	≤1.0
三氧化铬含量/%	17～19	吸油量 /%	≤40
氧化锌含量/%	67.5～72	筛余物（200目）/%	≤3
水溶性氯化物含量/%	≤0.1		

（4）锌铬黄用途 主要用于户外建筑彩色密封剂着色，也用于涂料工业制造防锈底漆，对金属表面的防腐蚀性能良好。由于锌铬黄无毒，可用于制造影视剧表演用化妆颜料。也用于密封剂的阻蚀剂。

16.6 颜料型有机、无机蓝色着色剂

16.6.1 酞菁蓝 B[4]

（1）酞菁蓝 B 别名：铜酞菁；海利勤蓝 B；颜料蓝；花青蓝宫；蒙纳斯蓝 B；352 酞菁蓝 B；4402 酞菁蓝；酞菁蓝 PHBN；化学结构式：

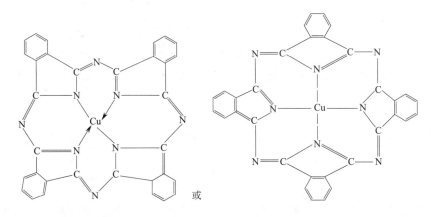

（2）酞菁蓝 B 物理化学特性 红光深蓝色粉末，色泽鲜艳；不溶于大多数溶剂和水，溶于浓硫酸变为橄榄色溶液，稀释后呈蓝色沉淀；具有高的结晶性和稳定性；着色力强，为普鲁士蓝的数倍；分子量为 575.5；耐热性很高，在加热到 500℃ 时，也不发生升华和化学变化；耐磨性及透明性良好；具有优异的牢度；酞菁蓝分 a 型和 b 型，b 型缺乏蓝绿色调的着色力，商品颜料必须将 b 型处理为 a 型。

（3）酞菁蓝 B 产品质量指标 见表 16-25。

表 16-25 GB/T 3674—1993 规定的酞菁蓝 B 的质量指标

指标名称	参 数	指标名称	参 数
外观	红光深蓝色粉末	颜色(与标准样比)	近似～微
相对着色力(标准样比)/%	≥100	105℃挥发物/%	≤2.0
吸油量/(g/100g)	35～45	水溶物/%	≤1.5
筛余物(180μm 筛孔)/%	≤5.0	耐油性/级	5
耐水性/级	5	耐石蜡性/级	5
耐酸性/级	5	耐碱性/级	5

（4）酞菁蓝 B 用途 耐高温蓝色密封剂着色以及涂料、橡胶、塑料、印铁油墨、涂料印花、油彩颜料等着色。还用于有机半导体、感光性树脂的增感剂等领域。

16.6.2 酞菁蓝 BS

（1）酞菁蓝 BS 别名：4303 稳定型酞菁蓝 BS；4303 颜料酞菁蓝 BS；4353 稳定型酞菁蓝；6003 稳定型酞菁蓝 BS；4303 大分子蓝 BS；化学结构式：

$$[CuPc]—Cl$$

（2）酞菁蓝 BS 物理化学特性　酞菁蓝 BS 为艳蓝色粉末，色泽鲜艳，分子量为 611.0，着色力强，不溶于水、乙醇和有机溶剂；各项牢度优异；在非极性溶剂中不产生结晶增大。

（3）酞菁蓝 BS 产品质量指标　见表 16-26。

表 16-26　酞菁蓝 BS 企标质量指标

指标名称	参　数	指标名称	参　数
外观	艳蓝色粉末	耐晒性/级	7～8
色光	与标准品近似	耐热性/℃	200
相对着色力/%	≥标准品的 100±5	耐酸性/级	5
水分含量/%	≤1.5	耐碱性/级	5
吸油量/%	35±5	水渗性/级	5
细度（通过 80 目筛后残余物含量）/%	≤5	乙醇渗性/级	5
水溶物/%	≤1.5	石蜡渗性/级	5
挥发物含量/%	≤2	油渗性/级	5

（4）酞菁蓝 BS 用途　主要用于密封剂、涂料、塑料、橡胶、油墨、文教用品的着色。

16.6.3　酞菁蓝 FGX

（1）酞菁蓝 FGX　别名：4354 酞菁蓝 BG；稳定型酞菁蓝；β-型酞菁蓝；4302 酞菁蓝 FBG；酞菁蓝 FGS；化学结构式：

$$[CuPc] \beta\text{-稳定型}$$

（2）酞菁蓝 FGX 物理化学特性　酞菁蓝 FGX 为深蓝色粉末，色泽鲜艳；着色力强，具有优异的耐晒性、耐热性、耐化学品性和耐渗化性。

（3）酞菁蓝 FGX 质量指标　见表 16-27。

表 16-27　安徽池州泰阳颜料有限公司企标规定酞菁蓝 FGX 质量指标

指标名称	参　数	指标名称	参　数
色光（与标准比）	近似～微	相对着色力/%	100±2
耐溶剂性/% ≥	98	水　分/% ≤	1.0
pH 值	6.8～7.2	水溶盐/% ≤	1.0
325 目筛余物（湿法）/(μg/g)≤	200	吸油量/% ≤	35～45

（4）酞菁蓝 FGX 用途　主要用于户外建筑彩色密封剂、涂料、塑料、橡胶、油墨、用品的着色。

16.6.4　铁蓝

（1）铁蓝　别名：普鲁士蓝；柏林蓝；贡蓝；亚铁氰化铁；中国蓝；滕氏蓝；密罗里蓝；华蓝；化学结构式：

亚铁氰化钾化学结构式：

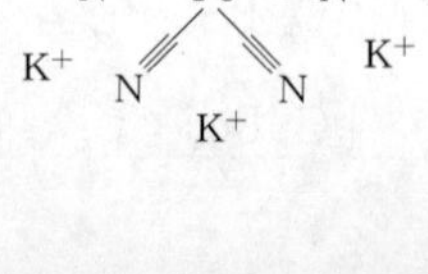

亚铁氰化钠化学结构式：

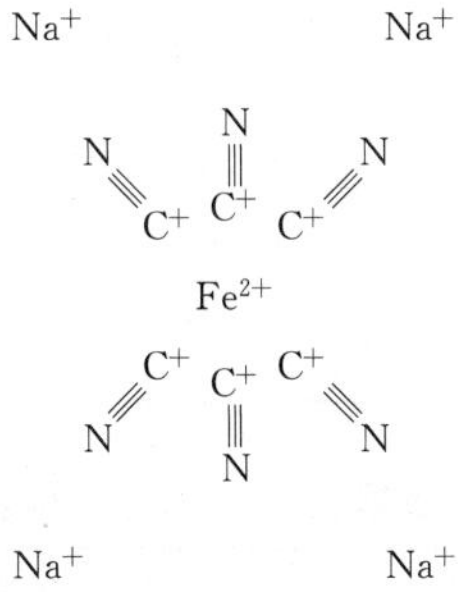

亚铁氰化铁化学结构式：

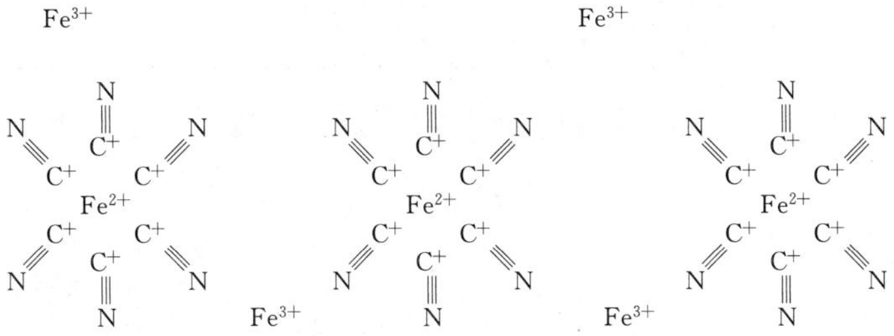

亚铁氰化铵化学结构式：

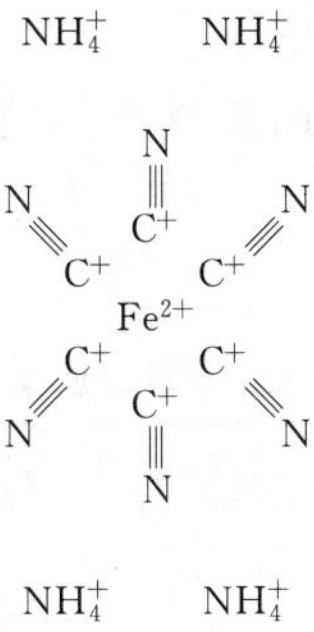

（2）铁蓝的物理化学特性　深蓝色粉末，粉质较坚硬，不易研磨；相对密度1.8；不溶于水、乙醇和醚，溶于酸碱；色光可在暗蓝至亮蓝之间，色泽鲜艳，着色力强，扩散性强，吸油量大，遮盖力略差；能耐晒、耐稀酸，但遇浓硫酸煮沸则分解；耐碱性弱，即使是稀碱也能使其分解，不能与碱性颜料共用；加热至170~180℃时开始失去结晶水，加热至200~220℃时会燃烧放出氢氰酸；成分中除有能改进颜料性能的少量附加物外，不允许含有填充料。

（3）铁蓝质量指标　铁蓝质量指标见表16-28~表16-30。

表16-28　型号 LA09-01 、LA09-02、LA09-03 的铁蓝产品质量指标

指标名称		参　　数	指标名称		参　　数
颜色		接近商定样品	60℃挥发分/%	≤	2~6
冲淡后颜色		接近商定样品	水溶物分/%	≤	1
相对着色力/%		接近商定样品	水萃取液酸度/mL	≤	20
吸油量/%	≤	商定值的110	易分散程度/μm	≤	20

表 16-29   亚铁氰化铁——石家庄企标质量指标

指标名称		参　数	检验结果
颜色(与标准样比)		近似~稍有偏差	近似
筛余物(200目)/%	≤	1.0	0.5
水分/%	≤	1.0	0.6
吸油量/(mL/100g)		15~30	20
水溶物/%	≤	1.0	0.5
相对着色力/%		100±5	99

表 16-30   铁蓝产品质量指标 (执行标准：ISO 2495—1995)

指标名称	参　数	指标名称	参　数
吸油量/%	≤双方商定值的10%	60℃挥发分/%	≤4.0
水萃取液 pH 值(100g 颜料)	≤5.5	热萃取法水可溶物/%	≤2.0
颜色	应接近商定样品	易分散程度	≥商定样品
冲淡后颜色	应接近商定样品	着色力/分	接近商定样品

（4）铁蓝用途　用于密封剂、涂料、塑料、橡胶、绘画、蜡笔、油墨等的着色。亚铁氢化铵用于防止植物变色病。

16.6.5　群青[5]

（1）群青　别名：云青；洋蓝；石头青；铝磺化硅酸钠；分子式：

$$Na_6 Al_4 Si_6 S_4 O_{20}$$

（2）群青物理化学特性　群青是由硫黄、黏土、石英、碳等混合烧制成的，色泽鲜艳的无机蓝色粉末颜料；不溶于水；能消除白色物质内黄色色光；耐碱、耐热、耐光，遇酸分解褪色。

（3）群青质量指标　见表 16-31。

表 16-31   群青质量指标

指标名称	东莞(型号:H1052)企标	国际标准 ISO 788—74		参考标准		
				一级品	二级品	三级品
耐高温性/℃	300~330		—	—	—	—
耐酸性 /级	1		—	—	—	—
筛余物(63μm)(水法)/%	—		0.5	—	—	—
筛余物(105℃)/%	0.190		—	—	—	—
细度(300 目筛余物)/%	—		—	≤0.1	≤0.5	≤0.5
相对密度(23℃)	—		2.23~2.40	—	—	—
相对着色力/%	—		与标准样品对照	为标准样品的 100±5		
挥发物(105℃)/%	—		≤1	—	—	—
水分含量/%	—		—	≤1	≤1	≤1
可溶性有机着色物	—		阴性	—	—	—
水溶性盐/%	—		—	≤0.3	≤1.3	≤1.6
色光	—		—	符合标准色差		
变色范围(140℃)	—		—	染色牢度应符合退色样卡的三级色差		
pH 值	—		—	6.5~7.5		
耐候性/级	8		—	—	—	—
耐碱性/级	2		—	—	—	—
游离硫含量/%	0.05	A 型	≤0.5	≤0.15	≤0.3	≤0.45
		B 型	≤0.1			

续表

指标名称	东莞(型号:H1052)企标	国际标准 ISO 788—74	参考标准		
			一级品	二级品	三级品
耐迁移性/级	5	—	—	—	—
吸油量/%或(mL/100g)	30～45	商定样品的±10%, 一般为:30～40	—	—	—
环保标准	符合 HORS 标准	—	—	—	—

（4）群青用途　用于户外建筑彩色密封剂、涂料、橡胶、油墨、油布、彩绘着色和造纸及建筑外墙刷蓝漆。

16.7　颜料型有机绿色着色剂

（1）酞菁绿 G　别名：5319 酞菁绿 G；多氯代酞菁铜；化学结构式：

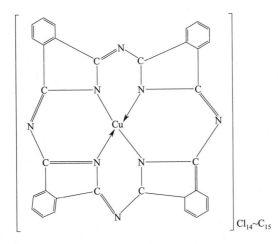

$Cl_{14}～C_{15}$

（2）酞菁绿 G 物理化学特性　酞菁绿 G 是酞菁蓝颜料系列的氯代铜酞菁不脱色颜料，为深绿色粉末；不溶于水及一般的有机溶剂中，在浓硫酸中为橄榄绿色，稀释后呈绿色沉淀；分子量 1029～1127；它是由氯化的酞菁蓝作为氯化钠和氯化铝的熔体，在升高的温度下．被引入到其中，其中大部分的氢原子被氯取代；具有高耐候性和稳定性；着色力高、色泽鲜艳、各项牢固度性能优异等优点；酞菁绿的分子是高度稳定的，它们耐碱、酸、溶剂、热和紫外线辐射。

（3）酞菁绿 G 质量指标　见表 16-32。

表 16-32　GB 3673—1995 规定的酞菁绿 G 的质量指标

指标名称	参数	指标名称	参数
外观	深绿色粉末	耐热性/℃	≥180
颜色(与标准样比)	近似～微	耐水性/级	5
相对着色力(与标准样比)/%	≥100	耐油性/级	5
105℃挥发物/%	≤2.5	耐酸性/级	5
水溶物/%	≤1.5	耐石蜡性/级	5
吸油量/(g/100g)	32～42	耐光性/级	7
筛余物(180μm 筛孔)/%	≤5.0	耐碱性/级	4～5

（4）酞菁绿 G 用途　用作污水处理工厂污水池标志性蓝色嵌缝密封剂的着色。也用于

塑料、橡胶、油墨、涂料及涂料印花、文教用品等的着色。

参 考 文 献

[1]　张小丽．氧化铁纳米材料的特性及研究现状．技术与教育．2011，25（2）：6～10.
[2]　谷建民．水热法合成单晶三氧化二铁分级结构及光催化性质的研究．长春：东北师范大学硕士学位论文，2010.
[3]　武卫莉，刘伟．提高硅橡胶硫化胶耐热性能的研究．橡胶工业．2001，48（8）：471～474.
[4]　张建新，张舜，吕彤，杨林燕．酞菁蓝颜料的合成改进与性能研究．涂料工业．2014，44（2）：39～42.
[5]　李长洁．群青颜料表面化学修饰及应用性能研究．上海：东华大学硕士学位论文（纺织化学与染整工程），2011.

第17章

耐热助剂

17.1 稀土氧化物[1~3]

17.1.1 氧化铈[4]

（1）氧化铈　别名：二氧化铈；三氧化二铈；化学结构式：

$$O\!=\!Ce\!=\!O$$

（2）氧化铈物理化学特性　氧化铈常见有三氧化二铈（Ce_2O_3）和二氧化铈变体，在三氧化二铈与二氧化铈之间存在相当多的氧化物相，但均不稳定。

① 三氧化二铈　具有稀土倍半氧化物的六方结构，熔点 2210℃，沸点 3730℃，对空气敏感。

② 二氧化铈　是最重要的具有代表性的铈的氧化物，具有萤石结构，纯品为白色重质粉末或立方体结晶，不纯品为浅黄色甚至粉红色至红棕色（因含有微量镧、镨等）；不溶于水，难溶于硫酸、硝酸；熔点 2600℃。

③ 二氧化铈的变体　在低温、低压下二氧化铈形成缺氧物相，例如 Ce_nO_{2n-2}（$n=4$，6，7，9，10，11），通常呈蓝色，具体有如下五种：

a. Ce_6O_{11} 是在 CeO_2 晶胞结构基础上短缺 0.5/6 的氧的产物，为蓝色固体。

b. Ce_7O_{12} 是在 CeO_2 晶胞结构基础上短缺 1/7 的氧的产物，为蓝黑色固体，熔点 1000℃（分解）。

c. Ce_9O_{16} 是在 CeO_2 晶胞结构基础上短缺 1/9 的氧的产物，为暗蓝色固体，熔点为 625℃（分解）。

d. $Ce_{10}O_{18}$ 是在 CeO_2 晶胞结构基础上短缺 1/10 的氧的产物，为暗蓝色固体，熔点575~595℃（分解）。

e. $Ce_{11}O_{20}$ 是在 CeO_2 晶胞结构基础上短缺 1/11 的氧的产物，为暗蓝色固体，熔点435℃（分解），有毒，LD_{50}（大鼠，经口）约 1g/kg，应密封保存，相对密度7.3。

（3）氧化铈质量指标　见表 17-1~表 17-3。

（4）氧化铈用途　密封剂的耐热助剂和赋予特殊性能需要等。高效催化剂，精密抛光，化工助剂，电子陶瓷，结构陶瓷，紫外线吸收剂，电池材料。

表 17-1　国家标准 GB/T 4155—2012 规定的氧化铈牌号及质量指标[4]　（一）　单位：%

指标名称		021050	021045	021040A	021040B	021035	021030	021025	021020
$CeO_2/TREO$ ≥		99.999	99.995	99.99	99.99	99.95	99.9	99.5	99.0
稀土杂质/TREO ≤	La_2O_3	0.00015	0.001	0.002	0.002	0.015	合量：0.1	合量：0.5	合量：1
	Pr_6O_{11}	0.0001	0.001	0.002	0.002	0.015			
	Nd_2O_3	0.0001	0.0005	0.001	0.001	0.005			
	Sm_2O_3	0.0001	0.0005	0.001	0.001	0.005			
	Y_2O_3	0.0001	0.001	0.002	0.002	0.005			
	Eu_2O_3	0.00005	合量：0.001	合量：0.002	合量：0.002	合量：0.005			
	Gd_2O_3	0.00005							
	Tb_4O_7	0.00005							
	Dy_2O_3	0.00005							
	Ho_2O_3	0.00005							
	Er_2O_3	0.00005							
	Tm_2O_3	0.00005							
	Yb_2O_3	0.00005							
	Lu_2O_3	0.00005							

注：TREO 指稀土化合物总量，以下同。

表 17-2　国家标准 GB/T 4155—2012 规定的氧化铈牌号及质量指标（二）　单位：%

指标名称		021050	021045	021040A	021040B	021035	021030	021025	021020
$CeO_2/TREO$ ≥		99.999	99.995	99.99	99.99	99.95	99.9	99.5	99.0
非稀土杂质/TREO ≤	Fe_2O_3	0.0003	0.0005	0.001	0.001	0.005	0.005	0.02	0.04
	CaO	0.001	0.001	0.005	0.01	0.02	0.03	0.5	0.5
	SiO_2	0.002	0.003	0.005	0.01	0.03	0.03	0.03	—
	Cl^-	0.01	0.01	0.01	0.05	0.05	0.05	0.1	0.2
	SO_4^{2-}	—	—	—	—	0.08	0.1	—	—
灼烧减量 ≤		1.0	1.0	1.0	1.0	1.0	1.0	1.0	1.0

表 17-3　某企业企标规定的二氧化铈的级别及质量指标

指标名称	水合物含量 99.95% 的产品		水合物含量 99.99% 的产品	水合物含量 99.5% 的产品
	粒径<50nm	粒径<100nm	—	球形 20nm
外观	纳米粉末	纳米粉末	黄到棕褐色粉末	纳米粉末
X 射线衍射分析	符合标准	符合标准	符合标准	符合标准
纯度①（水合物含量）/%	≥99.95	≥99.95	≥99.99	≥99.5
粒径/nm	<50	<100		<20
比表面积/(m²/g)	30			
密度(25℃)/(g/cm³)	7.13			
体积密度/(g/cm³)	0.53			
总痕迹量金属杂质②/(mg/kg)	≤500	≤500		≤5000
ICP 检验③	—	—	确认符合研磨粉成分	—
灼烧损失/%	—	—	<1	—
痕量稀土杂质/(mg/kg)	—	—	≤200	—

①基于 ICP 的微量金属杂质。

②通过 ICP 原子发射。

③ICP 即 "inductively coupled plasma" 的简称，可译为 "电感耦合等离子体"，它是一种光谱检验方法，广泛用于稀土、建筑材料等许多方面作元素定量分析。

17.1.2　氧化镧[5]

（1）氧化镧　别名：氧化镧（Ⅲ）；化学结构式：

$$O\!\!=\!\!La \qquad La\!\!=\!\!O$$
$$O$$

（2）氧化镧物理化学特性　白色无定形粉末；微溶于水，易溶于酸而生成相应的盐类；分子量 325.84；密度 6.51g/cm³；熔点 2217℃；沸点 4200℃；露置空气中易吸收二氧化碳和水，逐渐变成碳酸镧；灼烧的氧化镧与水化合放出大量的热。

（3）氧化镧牌号及质量指标　见表 17-4 和表 17-5。

表 17-4　国标 GB/T 4154—2015 规定的六种牌号氧化镧的质量指标[5]

<table>
<tr><td colspan="3" rowspan="2">产品牌号</td><td>字符牌号</td><td>La₂O₃-5N5</td><td>La₂O₃-5N</td><td>La₂O₃-4N5</td><td>La₂O₃-4N</td><td>La₂O₃-3N</td><td>La₂O₃-2N5</td><td>La₂O₃-2N</td></tr>
<tr><td>对应原数字牌号</td><td>011055</td><td>011050</td><td>011045</td><td>011040</td><td>011030</td><td>011025</td><td>011020</td></tr>
<tr><td rowspan="24">化学成分
（质量分数）/%</td><td colspan="2">REO ≥</td><td>99.0</td><td>99.0</td><td>99.0</td><td>99.0</td><td>99.0</td><td>99.0</td><td>99.0</td></tr>
<tr><td colspan="2">La₂O₃/REO ≥</td><td>99.9995</td><td>99.999</td><td>99.995</td><td>99.99</td><td>99.9</td><td>99.5</td><td>99.0</td></tr>
<tr><td colspan="2">La₂O₃</td><td>余量</td><td>余量</td><td>余量</td><td>余量</td><td>余量</td><td>余量</td><td>余量</td></tr>
<tr><td rowspan="21">杂质含量/≤</td><td rowspan="14">稀土杂质</td><td>CeO₂</td><td>0.00005</td><td>0.00015</td><td>0.0005</td><td>0.0015</td><td rowspan="5">合量 0.1</td><td rowspan="5">合量 0.5</td><td rowspan="5">合量 1.0</td></tr>
<tr><td>Pr₆O₁₁</td><td>0.00005</td><td>0.0001</td><td>0.0005</td><td>0.0015</td></tr>
<tr><td>Nd₂O₃</td><td>0.00005</td><td>0.0001</td><td>0.0005</td><td>0.0010</td></tr>
<tr><td>Sm₂O₃</td><td>0.00005</td><td>0.0001</td><td>0.0005</td><td>0.0010</td></tr>
<tr><td>Y₂O₃</td><td>0.0003</td><td>0.0010</td><td>0.0010</td><td>0.0010</td></tr>
<tr><td>Eu₂O₃</td><td>0.00003</td><td>0.00005</td><td rowspan="9">其余合量
0.0020</td><td rowspan="9">其余合量
0.0040</td><td rowspan="9">—</td><td rowspan="9">—</td><td rowspan="9">—</td></tr>
<tr><td>Gd₂O₃</td><td>0.00003</td><td>0.00005</td></tr>
<tr><td>Tb₄O₇</td><td>0.00003</td><td>0.00005</td></tr>
<tr><td>Dy₂O₃</td><td>0.00003</td><td>0.00005</td></tr>
<tr><td>HO₂O₃</td><td>0.00003</td><td>0.00005</td></tr>
<tr><td>Er₂O₃</td><td>0.00003</td><td>0.00005</td></tr>
<tr><td>Tm₂O₃</td><td>0.00003</td><td>0.00005</td></tr>
<tr><td>Yb₂O₃</td><td>0.00003</td><td>0.00005</td></tr>
<tr><td>Lu₂O₃</td><td>0.00003</td><td>0.00005</td></tr>
<tr><td rowspan="7">非稀土杂质</td><td>Fe₂O₃</td><td>0.0001</td><td>0.0002</td><td>0.0003</td><td>0.0005</td><td>0.0005</td><td>0.0005</td><td>0.0010</td></tr>
<tr><td>SiO₂</td><td>0.0010</td><td>0.0030</td><td>0.0050</td><td>0.010</td><td>0.010</td><td>0.050</td><td>0.050</td></tr>
<tr><td>CaO</td><td>0.0005</td><td>0.0010</td><td>0.0050</td><td>0.050</td><td>0.050</td><td>0.050</td><td>0.20</td></tr>
<tr><td>CuO</td><td>0.0001</td><td>0.0002</td><td>0.0002</td><td>—</td><td>—</td><td>—</td><td>—</td></tr>
<tr><td>NiO</td><td>0.0001</td><td>0.0002</td><td>0.0002</td><td>—</td><td>—</td><td>—</td><td>—</td></tr>
<tr><td>PbO</td><td>0.0002</td><td>0.0005</td><td>0.0015</td><td>0.010</td><td>0.050</td><td>0.10</td><td>0.10</td></tr>
<tr><td>Cl⁻</td><td>0.0050</td><td>0.01</td><td>0.02</td><td>0.03</td><td>0.03</td><td>0.05</td><td>0.20</td></tr>
<tr><td></td><td>Na₂O</td><td>0.0005</td><td>0.0005</td><td>0.0010</td><td>0.0010</td><td>0.05</td><td>0.05</td><td>0.10</td></tr>
<tr><td></td><td>SO₄²⁻</td><td>—</td><td>—</td><td>—</td><td>—</td><td>0.050</td><td>0.15</td><td></td></tr>
<tr><td colspan="3">灼减和水分（质量分数）/%
≤</td><td>1.0</td><td>1.0</td><td>1.0</td><td>1.0</td><td>2.0</td><td>3.0</td><td>4.0</td></tr>
</table>

注：表内所有化学成分检测均为去除水分后灼减前测定。

表 17-5　淄博企业产 La₂O₃-1A 等五种牌号氧化镧企标规定的质量指标　　　　单位：%

<table>
<tr><td colspan="2" rowspan="2">指标名称</td><td colspan="5">指标</td></tr>
<tr><td>La₂O₃-1A</td><td>La₂O₃-1B</td><td>La₂O₃-2</td><td>La₂O₃-3</td><td>La₂O₃-4</td></tr>
<tr><td colspan="2">La₂O₃/TREO ≥</td><td>99.99</td><td>99.99</td><td>99.95</td><td>99.9</td><td>99.5</td></tr>
<tr><td rowspan="5">稀土杂质/TREO
≤</td><td>CeO₂</td><td>0.002</td><td>0.003</td><td>0.01</td><td rowspan="5">合量：0.1</td><td rowspan="5">合量：0.5</td></tr>
<tr><td>Pr6₁₁</td><td>0.002</td><td>0.003</td><td>0.01</td></tr>
<tr><td>Nd₂O₃</td><td>0.001</td><td>0.002</td><td>0.005</td></tr>
<tr><td>Sm₂O₃</td><td>0.001</td><td>0.001</td><td>0.005</td></tr>
<tr><td>Y₂O₃</td><td>0.0005</td><td>0.001</td><td>0.005</td></tr>
</table>

续表

指标名称		指标				
		La$_2$O$_3$-1A	La$_2$O$_3$-1B	La$_2$O$_3$-2	La$_2$O$_3$-3	La$_2$O$_3$-4
非稀土杂质/TREO ≤	Fe$_2$O$_3$	0.0005	0.005	0.005	0.01	0.01
	SiO$_2$	0.005	0.006	0.01	0.01	0.01
	CaO	0.005	0.01	0.015	0.05	0.01
	CuO	0.0005	0.0005	—	—	—
	NiO	0.001	0.001	—	—	—
	PbO$_2$	0.001	0.001	—	—	—

（4）氧化镧用途　用作密封剂、橡胶、塑料、涂料的耐热助剂和赋予特殊性能需要的填料等。还用于制造精密光学玻璃、高折射光学纤维板，适合做摄影机、照相机、显微镜镜头和高级光学仪器棱镜等。

17.1.3　氧化镨[6]

（1）氧化镨　别名：十一氧化六镨；化学结构式：

$$O=Pr\diagdown^{O}_{O}Pr\diagup^{O}_{O}Pr\diagdown^{O}_{O}Pr\diagup^{O}_{O}Pr\diagdown^{O}_{O}Pr=O$$

（2）氧化镨物理化学特性　氧化镨有多种变体，其中最稳定为 Pr$_6$O$_{11}$，黑色三斜结构，为黑色粉末；不溶于水，能溶于酸生成三价盐类；密度 6.88 g/cm^3；熔点 2042℃；沸点 3760℃；导电性良好；其余变体为体心立方 PrO$_{1.65}$，斜方 PrO$_{1.714}$，单斜 PrO$_{1.800}$，都为黑色。

（3）氧化镨牌号及质量指标　见表 17-6～表 17-8。

表 17-6　国家标准 GB/T 5239—2015 规定的氧化镨质量指标[6]

产品牌号			字符牌号	Nd$_2$O$_3$-4N5	Nd$_2$O$_3$-4N	Nd$_2$O$_3$-3N5	Nd$_2$O$_3$-3N	Nd$_2$O$_3$-2N5	Nd$_2$O$_3$-2N
			对应原数字牌号	041045	041040	041035	041030	041025	041020
化学成分（质量分数）/%		REO ≥		99.0	99.0	99.0	99.0	99.0	99.0
		Nd$_2$O$_3$/REO ≥		99.995	99.99	99.95	99.9	99.5	99.0
		Nd$_2$O$_3$ ≥		余量	余量	余量	余量	余量	余量
	杂质含量 ≤	稀土杂质	La$_2$O$_3$	0.0005	0.001	0.003	0.005	0.02	0.10
			CeO$_2$	0.0005	0.001	0.005	0.01	0.05	0.10
			Pr$_6$O$_{11}$	0.002	0.003	0.03	0.05	0.30	0.50
			Sm$_2$O$_3$	0.001	0.003	0.01	0.02	0.03	0.03
			其他稀土杂质	单一杂质量为 0.0001，合量为 0.001	合量为 0.002	合量为 0.002	合量为 0.015	合量为 0.10	合量为 0.27
		非稀土杂质	Fe$_2$O$_3$	0.0005	0.0010	0.0050	0.0100	0.0100	0.010
			SiO$_2$	0.0050	0.0050	0.010	0.010	0.010	0.020
			CaO	0.0010	0.0050	0.010	0.020	0.030	0.050
			Na$_2$O	0.0050	0.010	0.040	0.040	0.040	0.040
			Al$_2$O$_3$	0.02	0.030	0.030	0.030	0.030	0.050
			Cl$^-$	0.010	0.010	0.020	0.020	0.020	0.050
			SO$_4^{2-}$	0.020	0.020	0.020	0.030	0.050	0.050
			其他显量非稀土杂质总和	0.005	0.010	0.010	0.020	0.030	0.050
（水分＋灼减）合量（质量分数）/% ≤				1.0					

注1：其他稀土杂质指表中未列出的除 Pm、Sc 以外的稀土元素。
　2：表内所有化学成分检测均为去除水分后灼减前测定。

表 17-7　淄博企业产氧化镨产品企标规定的质量指标　　　　单位:%

指标名称		各牌号指标		
		$Pr_6O_{11}2N$	$Pr_6O_{11}3N$	$Pr_6O_{11}4N$
Pr_6O_{11}/TREO		99.00	99.90	99.99
非稀土杂质/TREO ≤	Fe_2O_3	0.010	0.005	0.002
	SiO_2	0.010	0.005	0.002
	CaO	0.030	0.020	0.010
	SO_4^{2-}	0.050	0.030	0.030
	Cl^-	0.050	0.030	0.030
	Na_2O	0.010	0.005	0.005
	PbO	0.005	0.002	0.002

表 17-8　济宁中凯产氧化镨企标规定的质量指标　　　　单位:%

指标名称		2N Pr_6O_{11}	3N Pr_6O_{11}	4N Pr_6O_{11}
外观及特性		黑褐色粉末,溶于酸不溶于水和醇		
Pr_6O_{11}/TREO		99.00	99.90	99.99
非稀土杂质/TREO ≤	Fe_2O_3	0.010	0.005	0.002
	SiO_2	0.010	0.005	0.002
	CaO	0.030	0.020	0.010
	SO_4^{2-}	0.050	0.030	0.030
	Cl^-	0.050	0.030	0.030
	Na_2O	0.010	0.005	0.005
	PbO	0.005	0.002	0.002

(4)氧化镨用途　用作密封剂、橡胶、涂料耐热添加剂和赋予特殊性能需要的填料。陶瓷釉、镨黄颜料和稀土永磁合金的原料。

17.1.4　氧化钕[7,8]

(1)氧化钕　别名:三氧化二钕;化学结构式:

(2)氧化钕物理化学特性　浅蓝至淡紫色粉末,易受潮;易溶于无机酸,水中溶解度:0.00019g/(100mL 水)(20℃)和 0.003g/(100mL 水)(75℃);相对密度 7.24;熔点约 1900℃;在空气中加热能部分生成钕的高价氧化物;对紫外线有优异的吸收能力。

(3)氧化钕牌号及质量指标　见表 17-9 和表 17-10。

表 17-9　国家标准 GB/T 5240—2015 规定的氧化钕的质量指标[7]

产品牌号			字符牌号	Pr_6O_{11}-4N	Pr_6O_{11}-3N5	Pr_6O_{11}-3N	Pr_6O_{11}-2N5	Pr_6O_{11}-2N
			对应原数字牌号	031040	031035	031030	031025	031020
化学成分(质量分数)/%		REO ≥		99.0	99.0	99.0	99.0	99.0
		Pr_6O_{11}/REO ≥		99.99	99.95	99.9	99.5	99.0
		Pr_6O_{11}		余量	余量	余量	余量	余量
	杂质含量≤	稀土杂质	La_2O_3	0.001	0.002	0.010	0.05	0.1
			CeO_2	0.002	0.010	0.030	0.05	0.1
			Nd_2O_3	0.004	0.030	0.040	0.35	0.5
			Sm_2O_3	0.001	0.005	0.010	0.03	0.3
			Y_2O_3	0.001	0.002	0.005	0.01	
			其他稀土杂质总和	0.001	0.001	0.005	0.01	

续表

产品牌号			字符牌号	Pr₆O₁₁-4N	Pr₆O₁₁-3N5	Pr₆O₁₁-3N	Pr₆O₁₁-2N5	Pr₆O₁₁-2N
			对应原数字牌号	031040	031035	031030	031025	031020
化学成分(质量分数)/%	杂质含量≤	非稀土杂质	Fe_2O_3	0.0005	0.002	0.005	0.010	0.010
			SiO_2	0.005	0.010	0.010	0.030	0.030
			CaO	0.005	0.010	0.030	0.040	0.050
			Na_2O	0.010	0.020	0.030	0.040	0.040
			Al_2O_3	0.010	0.010	0.010	0.050	0.050
			Cl^-	0.0050	0.015	0.030	0.030	0.050
			SO_4^{2-}	0.020	0.020	0.030	0.040	0.050
			其他显量非稀土杂质总和	0.010	0.010	0.010	0.020	0.030
灼减和水分(质量分数)/% ≤				1.0	1.0	1.0	1.0	1.0

注：1. 表内所有化学成分检测均为去除水分后灼减前测定。

2. 其他稀土杂质是指表中没有列出除 Pm、Sc 以外其他所有稀土元素。

表 17-10　淄博企业产氧化钕企标规定的质量指标　　　　单位:%

指标名称			各牌号指标	
			Nd_2O_3-1	Nd_2O_3-2
Nd_2O_3/TREO ≥			99.9	99
稀土杂质/TREO ≤		La_2O_3	0.01	0.03
		CeO_2	0.01	0.03
		Pr_6O_{11}	0.04	0.4
		Sm_2O_3	0.02	0.05
		Y_2O_3	0.01	0.1
非稀土杂质 TREO ≤		Fe_2O_3	0.01	0.01
		SiO_2	0.01	0.01
		CaO	0.01	0.01
灼烧减量(1000℃,1h,质量分数) ≤			1.0	1.0

（4）氧化钕用途　密封剂、橡胶、塑料的防紫外光及耐热助剂和赋予特殊性能需要的填料。也用于磁性钕铁硼合金的原料、薄型材料的焊接和切削。在医疗上，掺纳米氧化钕的纳米氧化钇铝石榴石激光器代替手术刀用于摘除手术或消毒创伤口。纳米氧化钕也用于玻璃和陶瓷材料的着色。

17.1.5　氧化钐[9]

（1）氧化钐　别名：三氧化二钐；化学结构式：

$$O^{2-} \quad O^{2-} \quad O^{2-}$$
$$Sm^{3+} \quad Sm^{3+}$$

（2）氧化钐物理化学特性　淡黄色粉末，在空气中吸收二氧化碳和水而潮解，不溶于水，易溶于无机酸；有体心立方或单斜两种晶系。稀土氧化物化学性质相似，氧化钐也不例外，但其磁矩却和其他氧化物不同。密度：8.347g/cm³。熔点：2262℃。

（3）氧化钐产品牌号及质量指标　见表 17-11 和表 17-12。

表 17-11　国家标准 GB/T 2969—2008 规定的氧化钐的质量指标　　　　单位:%

指标名称	各牌号指标			
	061040	061030	061025	061020
外观	产品为略带淡黄色的粉末,应清洁,无可见夹杂物			

续表

指标名称		各牌号指标			
		061040	061030	061025	061020
Sm$_2$O$_3$/TREO/% ≥		99.99	99.9	99.5	99
稀土杂质 /TREO ≤	Pr$_6$O$_{11}$	0.0025	0.1	0.5	1
	Nd$_2$O$_3$	0.0035	0.1	0.5	1
	Eu$_2$O$_3$	0.0010	0.1	0.5	1
	Gd$_2$O$_3$	0.0010	0.1	0.5	1
	Y$_2$O$_3$	0.0010	0.1	0.5	1
	其他稀土杂质	0.0010	0.1	0.5	1
非稀土杂质 /TREO ≤	Fe$_2$O$_3$	0.0005	0.001	0.001	0.005
	SiO$_2$	0.005	0.005	0.01	0.05
	CaO	0.005	0.01	0.05	0.05
	Al$_2$O$_3$	0.01	0.02	0.03	0.04
	Cl$^-$	0.01	0.01	0.02	0.03
灼烧减量（质量分数） ≤		1.0	1.0	1.0	1.0

表 17-12　淄博企业产氧化钐企标规定的指标　　　　　单位：%

指标名称		各牌号指标			
		Sm$_2$O$_3$-1	Sm$_2$O$_3$-2	Sm$_2$O$_3$-3	Sm$_2$O$_3$-4
Sm$_2$O$_3$/TREO ≥		99.9	99.5	99.0	96.0
Pr$_6$O$_{11}$＋Nd$_2$O$_3$＋Eu$_2$O$_3$＋Gd$_2$O$_3$＋ Y$_2$O$_3$/TREO ≤		0.1	0.5	1.0	4.0
非稀土杂质/TREO ≤	Fe$_2$O$_3$	0.001	0.005	0.01	0.05
	SiO$_2$	0.005	0.01	0.01	0.05
	CaO	0.05	0.05	0.10	0.10
	Cr	0.01	0.02	0.03	0.05

（4）氧化钐用途　可作密封剂、涂料、塑料抗紫外线和提高耐热性助剂以及赋予特殊性能需要的填料。还主要用于制作金属钐、钐钴系永磁材料、电子器件和陶瓷电容器、高矫顽力和高磁能积的钐钴合金等。

17.1.6　氧化铕 [10,11]

（1）氧化铕　别名：三氧化二铕；铕氧；氧化铕（Ⅲ）；化学结构式：

$$O^{2-}$$
$$O^{2-} \quad Eu^{3+} \quad O^{2-}$$
$$Eu^{3+}$$

（2）氧化铕物理化学特性　带淡红色的白色粉末。相对密度 7.42；熔点 2002℃；不溶于水，溶于酸；能吸收空气中二氧化碳和水。氧化铕粒子中心粒径（d_{50}）为 2.5～6.0μm。

（3）产品牌号及质量指标　见表 17-13 和表 17-14。

表 17-13　国家标准 GB/T 3504—2015 规定的氧化铕的产品牌号及质量指标

产品牌号		字符牌号	Eu$_2$O$_3$-5N	Eu$_2$O$_3$-4N
		对应原数字牌号	071050	071040
化学成分 （质量分数）/%	REO ≥		99.0	99.0
	Eu$_2$O$_3$/REO ≥		99.999	99.99
	Eu$_2$O$_3$		余量	余量

续表

产品牌号			Eu₂O₃-5N	Eu₂O₃-4N
		字符牌号	Eu$_2$O$_3$-5N	Eu$_2$O$_3$-4N
		对应原数字牌号	071050	071040
化学成分 (质量分数)/%	杂质含量 ≤	稀土杂质	La$_2$O$_3$ 0.00005	0.0003
			CeO$_2$ 0.00005	0.0005
			Pr$_6$O$_{11}$ 0.00005	0.001
			Nd$_2$O$_3$ 0.00005	0.001
			Sm$_2$O$_3$ 0.0002	0.001
			Gd$_2$O$_3$ 0.0002	0.001
			Tb$_4$O$_7$ 0.00005	
			Dy$_2$O$_3$ 0.00005	
			Ho$_2$O$_3$ 0.00005	
			Er$_2$O$_3$ 0.00005	含量小于 0.005
			Tm$_2$O$_3$ 0.00005	
			Yb$_2$O$_3$ 0.00005	
			Lu$_2$O$_3$ 0.00005	
			Y$_2$O$_3$ 0.0001	
		非稀土杂质	Fe$_2$O$_3$ 0.0005	0.0007
			CaO 0.0008	0.001
			CuO 0.0001	0.0005
			NiO 0.0001	0.0005
			PbO 0.0003	0.0005
			SiO$_2$ 0.005	0.005
			ZnO 0.0005	0.0005
			Cl$^-$ 0.01	0.01
灼减和水分(质量分数)/%		≤	1.0	1.0

注：表内所有化学成分检测均为去除水分后灼减前测定。

表 17-14   淄博企业产氧化铕企标规定的质量指标   单位：%

指标名称	指标	指标名称	指标
外观	白色粉末	总杂质及挥发物 ≤	1.0
TREO ≥	99	Eu$_2$O$_3$/TREO	99～99.999

（4）氧化铕用途　高分子材料基密封剂的耐热助剂和赋予特殊性能需要的填料。也用作荧光粉激活剂，汞灯荧光粉原料，但价格过于昂贵，为稀土氧化物之最。

17.1.7　氧化钆[12]

（1）氧化钆　别名：三氧化二钆；化学结构式：

（2）氧化钆物理化学特性　白色无味无定形粉末；不溶于水，溶于酸生成对应的盐；密度 7.407g/cm³；熔点（2330±20）℃（有资料说是 2420℃）；露置于空气中时，易吸收空气中的水和二氧化碳而变质；能与氨作用，生成钆的水合物沉淀。

（3）氧化钆产品牌号及质量指标　见表 17-15 和表 17-16。

表 17-15   国家标准 GB/T 2526—2008 规定的氧化钆质量指标   单位：%

指标名称	各牌号指标			
	081050	081040	081035	081030
外　观	产品为白色粉末，纯度越高色越白，应清洁，无可见夹杂物			

续表

指标名称		各牌号指标			
		081050	081040	081035	081030
Gd_2O_3/TREO　　　　　$\geqslant$		99.999	99.99	99.95	99.9
稀土杂质/TREO　　$\leqslant$	La_2O_3	0.0001	0.0040	0.05	0.1
	CeO_2	0.00005	0.0040	0.05	0.1
	Pr_6O_{11}	0.00005	0.0040	0.05	0.1
	Nd_2O_3	0.0001	0.0040	0.05	0.1
	Ho_2O_3	0.00005	0.0040	0.05	0.1
	Er_2O_3	0.00005	0.0040	0.05	0.1
	Tm_2O_3	0.00005	0.0040	0.05	0.1
	Yb_2O_3	0.00005	0.0040	0.05	0.1
	Lu_2O_3	0.00005	0.0040	0.05	0.1
	Sm_2O_3	0.00005	0.0010	0.05	0.1
	Eu_2O_3	0.0001	0.0015	0.05	0.1
	Tb_4O_7	0.0001	0.0015	0.05	0.1
	Dy_2O_3	0.0001	0.0010	0.05	0.1
	Y_2O_3	0.0001	0.0010	0.05	0.1
非稀土杂质/TREO　$\leqslant$	Fe_2O_3	0.0002	0.0005	0.002	0.003
	SiO_2	0.003	0.005	0.05	0.006
	CaO	0.0005	0.003	0.005	0.005
	CuO	0.0002	0.0005	0.001	—
	PbO	0.0003	0.001	0.001	—
	NiO	0.0005	0.001	0.001	—
	Al_2O_3	0.001	0.01	0.03	0.04
	Cl^-	0.01	0.02	0.03	0.05
灼烧减量(质量分数)/%　$\leqslant$		1.0	1.0	1.0	1.0

表 17-16　淄博企业产氧化钆产品企标规定的质量指标　　　　　单位:%

指标名称		各牌号指标			
		Gd_2O_3-O4A	Gd_2O_3-O4B	Gd_2O_3-2	Gd_2O_3-3
Gd_2O_3/TREO　　　　　$\geqslant$		99.99	99.95	99.9	99.5
稀土杂质/TREO　　$\leqslant$	Sm_2O_3	0.003	0.05	0.1	0.5
	Eu_2O_3	0.002	0.05	0.1	0.5
	Tb_4O_7	0.003	0.05	0.1	0.5
	Dy_2O_7	0.001	0.05	0.1	0.5
	Y_2O_3	0.001	0.05	0.1	0.5
非稀土杂质/TREO　$\leqslant$	Fe_2O_3	0.0005	0.001	0.002	0.005
	SiO_2	0.002	0.005	0.006	0.01
	CaO	0.002	0.005	0.006	0.01
	NiO	0.001	0.001	—	—
	PbO	0.001	0.001	—	—
	CuO	0.005	0.001	—	—
灼烧减量(质量分数)/%　$\leqslant$		1	1	1	1

(4) 氧化钆用途　可用作密封剂、橡胶、塑料、涂料的耐热助剂和赋予特殊性能需要的填料。也用于荧光材料、单晶材料、光学玻璃、磁泡、电子工业等。

17.1.8 氧化铽

（1）氧化铽化学结构式

三氧化二铽：

七氧化四铽：

（2）氧化铽物理化学特性　有工业价值的主要是七氧化四铽，其外观：黑褐色粉末；熔点：2340℃；密度（25℃）：7.3g/cm³；不溶于水和乙醇，溶于酸。元素含量：O15％、Tb85％。

（3）氧化铽产品牌号及质量指标　见表17-17和表17-18。

表 17-17　国家标准 GB/T 12144—2009 规定的氧化铽质量指标　　　　单位：%

指标名称		各牌号指标					
		091050	091045	091040	091035	091030	091025
外观		产品为棕色粉末,应清洁,无可见夹杂物					
Tb_4O_7/TREO　　　　　≥		99.999	99.995	99.99	99.95	99.9	99.5
稀土杂质/TREO　　≤	La_2O_3	0.00005	合量:0.001	合量:0.002	—	—	—
	CeO_2	0.00005			—	—	—
	Pr_6O_{11}	0.00005			—	—	—
	Nd_2O_3	0.00005			—	—	—
	Sm_2O_3	0.00005			—	—	—
	Er_2O_3	0.00005			—	—	—
	Tm_2O_3	0.00005			—	—	—
	Yb_2O_3	0.00005			—	—	—
	Lu_2O_3	0.00005			—	—	—
	Eu_2O_3	0.00005	0.001	0.002	合量:0.05	合量:0.1	合量:0.5
	Gd_2O_3	0.0001	0.001	0.002			
	Dy_2O_7	0.0002	0.001	0.002			
	Ho_2O_3	0.00005	0.0005	0.001			
	Y_2O_3	0.00005	0.0005	0.001			
非稀土杂质/TREO　　≤	Fe_2O_3	0.0003	0.0003	0.0005	0.002	0.003	0.005
	CaO	0.001	0.001	0.002	0.005	0.005	0.01
	SiO_2	0.003	0.003	0.003	0.01	0.01	0.02
	Cl^-	0.01	0.01	0.02	0.04	—	—
灼烧减量(质量分数)/%　　≤		1.0	1.0	1.0	1.0	1.0	1.0
中心粒径值/μm(D[V50])		3~6			—	—	—

注：Tb_4O_7/TREO 等于百分之百（100％）减去表中规定的稀土杂质含量的百分数。

表 17-18　淄博及济宁市两地企业产氧化铽企标规定的牌号及质量指标　　　　单位：%

指标名称		各牌号指标		
		Tb_4O_7-4N	Tb_4O_7-4.5N	Tb_4O_7-5N
Tb_4O_7/TTREO　　　　　≥		99.99	99.995	99.999

续表

指标名称		各牌号指标		
		Tb_4O_7-4N	Tb_4O_7-4.5N	Tb_4O_7-5N
Fe_2O_3/TREO	≤	0.001	0.008	0.0005
SiO_2/TREO	≤	0.002	0.001	0.0005
CaO/TREO	≤	0.005	0.001	0.001
Cl^-/TREO	≤	0.005	0.002	0.001
Na_2O/TREO	≤	0.005	0.002	0.001
PbO/TREO	≤	0.002	0.001	0.001

(4) 氧化铽用途　用作密封剂、橡胶、塑料、涂料的耐热助剂和赋予特殊性能需要的填料,也用作荧光材料激活剂和石榴石的掺入剂和制造磁性材料。但价格较为昂贵,稀土氧化物中居第二 (17000 元/kg)。

17.1.9　氧化镝[13]

(1) 氧化镝　别名:三氧化二镝;化学结构式:

$$\underset{O}{Dy} \diagdown \underset{O}{} \diagup \underset{O}{Dy}$$

(2) 氧化镝物理化学特性　白色粉末;不溶于水,溶于酸和乙醇;分子量 373.00;微有吸湿性,在空气中能吸收水分和二氧化碳;磁性比氧化铁高出许多倍;相对密度 (d_4^{27}) 7.81;熔点 (2340±10)℃;沸点 3900℃;必须密封干燥保存。

(3) 氧化镝质量指标　见表 17-19 和表 17-20。

表 17-19　国家标准 GB/T 13558—2008 规定的氧化镝质量指标　　　　单位:%

指标名称			各牌号指标				
			101040	101035	101030	101025	101020
外观			产品为白色粉末,颜色随纯度不同略有变化,应清洁,无可见夹杂物				
Dy_2O_3/TREO		≥	99.99	99.95	99.9	99.5	99.0
稀土杂质/TREO	Gd_2O_3	≤	0.001	合量:0.05	合量:0.1	合量:0.5	合量:1.0
	Tb_4O_7		0.003				
	Ho_2O_3		0.002				
	Er_2O_3		0.001				
	Y_2O_3		0.002				
	其他稀土杂质		0.001				
非稀土杂质/TREO	Fe_2O_3	≤	0.0005	0.001	0.002	0.003	0.005
	SiO_2		0.005	0.005	0.01	0.02	0.03
	CaO		0.005	0.005	0.01	0.02	0.03
	Al_2O_3		0.01	0.02	0.03	0.04	0.05
	Cl^-		0.01	0.02	0.02	0.04	0.05
灼烧减量(质量分数)		≤	1.0	1.0	1.0	1.0	1.0

表 17-20　山东淄博企业产氧化镝企标规定的质量指标　　　　单位:%

指标名称		各牌号指标		
		Dy_2O_3-2.5N	Dy_2O_3-3.0N	Dy_2O_3-4.0N
Dy_2O_3/TREO	≥	99.50	99.90	99.99
Fe_2O_3/TREO	≤	0.001	0.0008	0.0005
SiO_2/TREO	≤	0.010	0.005	0.001

续表

指标名称		各牌号指标		
		Dy_2O_3-2.5N	Dy_2O_3-3.0N	Dy_2O_3-4.0N
CaO/TREO	≤	0.007	0.005	0.001
SO_4^{2-}/TREO	≤	0.050	0.030	0.015
Cl^-/TREO	≤	0.050	0.020	0.010
Na_2O/TREO	≤	0.005	0.002	0.001
PbO/TREO	≤	0.002	0.001	0.001

(4) 氧化镝用途　密封剂、橡胶、塑料、涂料的耐热添加剂和赋予特殊性能需要的填料，但价格昂贵。原子能工业中用作核反应堆的控制棒。钕铁硼磁性材料添加剂，在这种磁体中添加 $2\%\sim3\%$ 左右的镝，可提高其矫顽力。还用于金属卤素灯、磁光记忆材料、钇铁或钇铝石榴石，在原子能工业中用作核反应堆的控制棒。

17.1.10　氧化镥[14]

(1) 氧化镥　别名：氧化镥（Ⅲ）；化学结构式：

$$\text{O}=\text{Lu}-\text{O}-\text{Lu}=\text{O}$$

(2) 氧化镥物理化学特性　白色粉末，元素含量：(O) 12.1%、(Lu) 87.9%；分子量 397.932；密度 9.42g/cm³；熔点 2467℃（资料还说为 2510℃）；沸点：3980℃。不溶于水，溶于无机酸。在空气中易吸收二氧化碳和水分。

(3) 氧化镥产品牌号及质量指标　见表 17-21 和表 17-22。

表 17-21　行业标准 XB/T 204—2006 规定的氧化镥质量指标　　　　单位:%

指标名称			各牌号指标				
			151040	151035	151030	151025	151020
外观			产品为白色粉末，纯度越高颜色越白，必须清洁，无可见夹杂物				
Lu_2O_3/TREO		≥	99.99	99.95	99.9	99.5	99
稀土杂质/TREO	≤	Dy_2O_3	0.0005	合量:0.005	合量:0.1	合量:0.5	合量:1
		Ho_2O_3	0.0005				
		Er_2O_3	0.0010				
		Tm_2O_3	0.0020				
		Yb_2O_3	0.0050				
		Y_2O_3	0.0010				
非稀土杂质/TREO	≤	Fe_2O_3	0.0005	0.0010	0.010	0.050	0.070
		SiO_2	0.0050	0.0050	0.010	0.030	0.030
		CaO	0.0050	0.020	0.050	0.080	0.10
		Cl^-	0.020	0.030	0.030	0.050	0.050
灼烧减量（质量分数）		≤	1.0	1.0	1.0	1.0	1.0

表 17-22　内蒙古、甘肃两地企业产氧化镥企标规定的质量指标　　　　单位:%

指标名称		指标			
		高纯级		普通级	
		Lu_2O_3-04	Lu_2O_3-1	Lu_2O_3-2	Lu_2O_3-4
Lu_2O_3/TREO	≥	99.99	99.95	99.9	99.0

続表

指标名称		指标			
		高纯级		普通级	
		Lu_2O_3-04	Lu_2O_3-1	Lu_2O_3-2	Lu_2O_3-4
稀土杂质/TREO ≥	Dy_2O_3	合量:0.01	合量:0.05	合量:0.1	1.0
	Ho_2O_3				1.0
	Er_2O_3				1.0
	Tm_2O_3				1.0
	Yb_2O_3				1.0
	Y_2O_3				1.0
非稀土杂质/TREO ≤	Fe_2O_3	0.0010	0.0020	0.0020	0.0050
	SiO_2	0.0050	0.0050	0.0100	0.0200
	CaO	0.0100	0.0200	0.0300	0.0500
	Cl^-	0.0200	0.0200	0.0300	0.0500

（4）氧化镥用途　用于密封剂、橡胶、塑料、涂料耐热助剂和赋予特殊性能需要的填料。还用于激光材料、发光材料、电子材料等。

17.1.11　氧化钬

（1）氧化钬　别名：三氧化二钬；化学结构式：

（2）氧化钬物理化学特性　浅黄色结晶粉末，等轴晶系氧化锰型结构；不溶于水，溶于酸；分子量 377.88；密度 8.36 g/cm³；熔点 2367℃；露置空气中易吸收二氧化碳和水。

（3）氧化钬质量指标　见表 17-23 和表 17-24。

表 17-23　氧化钬行业标准 XB/T 201—2006 规定的质量指标

指标名称		各牌号指标				
		111040	111035	111030	111025	111020
外观		产品为淡黄色粉末，必须清洁，无可见夹杂物				
Ho_2O_3/TREO　≥		99.99	99.95	99.9	99.5	99
稀土杂质/TREO ≤	Tb_4O_7	0.001	合量:0.005	合量:0.1	合量:0.5	合量:1
	Dy_2O_3	0.002				
	Er_2O_3	0.003				
	Tm_2O_3	0.001				
	Y_2O_3	0.003				
非稀土杂质/TREO ≤	Fe_2O_3	0.0005	0.001	0.005	0.01	0.05
	SiO_2	0.003	0.005	0.01	0.05	0.05
	CaO	0.005	0.01	0.02	0.05	0.1
	Cl^-	0.02	0.03	0.05	0.05	0.08
灼烧减量（质量分数）/% ≤		1.0	1.0	1.0	1.0	1.0

表 17-24　淄博企业产氧化钬企标规定的质量指标

指标名称	指标		
	高纯级	普通级	
（Ho_2O_3/TREO）/% ≥	99.99	99.95	99.9
颗粒度/μm	0.8~1.5	1.5~2.5	4.0~6.0

（4）氧化钬用途　用作密封剂、橡胶、塑料、涂料的耐热助剂和特殊性能的添加剂（电磁）。也可用作钇铁或钇铝石榴石的添加剂及制取金属钬并可用于光学材料（制造新型光源镝钬灯）、永磁材料、光纤激光、光纤放大、光纤传感等。该产品比较贵，2015 年为 3500 元/kg。

17.1.12　氧化铒[15]

（1）氧化铒　别名：氧化铒（Ⅲ）；化学结构式：

（2）氧化铒物理化学特性　粉红色粉末；不溶于水，溶于酸；分子量 382.54；密度 8.64 g/cm^3；熔点：2378℃；沸点 3000℃；颗粒度 0.8~1.5μm，1.5~2.5μm，4.0~6.0μm。

（3）氧化铒牌号及质量指标　见表 17-25 和表 17-26。

表 17-25　国家标准 GB/T 15678—2010 规定的氧化铒牌号及质量指标　　单位：%

指标名称			指标				
			121040	121035	121030	121025	121020
Er_2O_3/TREO		≥	99.99	99.95	99.9	99.5	99
稀土杂质/TREO	Dy_2O_3	≤	0.0005	合量：0.05	合量：0.10	合量：0.5	合量：1.0
	Ho_2O_3		0.0015				
	Tm_2O_3		0.002				
	Yb_2O_3		0.002				
	Lu_2O_3		0.001				
	Y_2O_3		0.002				
	其他合量		0.001				
非稀土杂质/TREO	Fe_2O_3	≤	0.0005	0.001	0.001	0.002	0.005
	SiO_2		0.003	0.005	0.005	0.01	0.02
	CaO		0.001	0.005	0.01	0.02	0.02
	CuO		0.001	0.001	—	—	—
	PbO		0.001	0.001	—	—	—
	NiO		0.001	0.001	—	—	—
	Cl^-		0.02	0.02	0.03	0.03	0.05
灼烧减量（质量分数）			1.0	1.0	1.0	1.0	1.0

表 17-26　淄博企业产氧化铒企标质量指标　　单位：%

指标名称		Er_2O_3　2.5N	Er_2O_3　3.0N	Er_2O_3　3.5N
Er_2O_3/TREO	≥	99.50	99.90	99.95
Fe_2O_3/TREO	≤	0.002	0.001	0.0005
SiO_2/TREO	≤	0.005	0.003	0.0001
CaO/TREO	≤	0.010	0.005	0.002
SO_4^{2-}/TREO	≤	0.050	0.030	0.010
Cl^-/TREO	≤	0.050	0.030	0.010
Na_2O/TREO	≤	0.005	0.005	0.002
PbO/TREO	≤	0.005	0.002	0.001

（4）氧化铒用途　用于密封剂、橡胶、塑料、涂料的耐热助剂以及赋予它们特殊性能的填料，还用作磁性材料和核反应堆的控制材料以及荧光粉的添加剂，特种发光玻璃的着色剂

原料，还具有对低能 γ 射线比铅更高的防护能力。该产品价格略贵，2015 年为 1200 元/kg。

17.1.13 氧化钇[16,17]

（1）氧化钇化学结构式

$$ O \diagdown Y \diagdown O \diagdown Y \diagdown O $$

（2）氧化钇物理化学特性　白色略带黄色粉末；不溶于水和碱，溶于酸；分子量 225.81；密度 5.01 g/cm³；熔点 2410℃；沸点 4300 ℃；露置空气中易吸收二氧化碳和水。

（3）氧化钇产品牌号及质量指标　见表 17-27。

表 17-27　国家标准 GB/T 3503—2006 规定的氧化钇产品牌号及质量指标　　单位：%

指标名称		各牌号指标						
		171050	171045	171040	171030A	171030B	171030C	171020
外观		产品为棕白色粉末,应清洁,无可见夹杂物						
Y₂O₃/TREO ≥		99.999	99.995	99.99	99.9	99.9	99.9	99.0
稀土杂质/TREO ≤	La₂O₃	0.0002	0.0005	0.0010	—	0.02	合量:0.1	合量:1.0
	CeO₂	0.0002	0.0005	0.0005	0.0005	—		
	Pr₆O₁₁	0.0001	0.0005	0.0010	0.0005	0.001		
	Nd₂O₃	0.0001	0.0005	0.0010	0.0005	0.001		
	Sm₂O₃	0.0001	0.0005	0.0010	0.003	0.001		
	Eu₂O₃	0.0001	0.0003	0.0010	—	—		
	Gd₂O₃	0.0001	0.0005	0.0010	—	0.01		
	Tb₄O₇	0.0001	0.0005	0.0010	—	0.001		
	Dy₂O₃	0.0001	0.0005	0.0010	—	—		
	Ho₂O₃	0.0001	0.0005	0.0010	—	—		
	Er₂O₃	0.00005	0.0005	0.0010	—	—		
	Tm₂O₃	0.00005	0.0003	0.0005	—	—		
	Yb₂O₃	0.00005	0.0005	0.0010	—	—		
	Lu₂O₃	0.00005	0.0005	0.0010	—	—		
非稀土杂质 ≤	Fe₂O₃	0.00005	0.0005	0.0007	0.0005	0.001	0.002	0.005
	CaO	0.00005	0.0010	0.0010	—	—	0.002	0.005
	CuO	0.00005	0.0006	0.0006	0.0002	0.0005	0.001	—
	NiO	0.00005	0.0005	0.0010	0.0002	0.0005	0.001	—
	PbO	0.00005	0.0005	0.0010	0.0005	0.0005	0.001	—
	SiO₂	0.0020	0.003	0.0050	—	—	0.005	0.01
	Cl⁻	0.01	0.02	0.002	0.003	0.003	0.003	0.005
灼烧减量(质量分数) ≤		1.0	1.0	1.0	1.0	1.0	1.0	1.5

注：17103A 为光学玻璃用；17103B 为人造宝石用；17103C 为普通型。

＊ 可根据用户规格要求进行产品生产和包装。

（4）氧化钇用途　可作密封剂、橡胶、塑料、涂料的耐热助剂和赋予特殊性能用填料；还用作制造微波用磁性材料和军工用重要材料（单晶；钇铁石榴石、钇铝石榴石等复合氧化物）及其他广泛的用途。

17.1.14 氧化铥[18]

（1）氧化铥　别名：三氧化二铥；化学结构式：

$$ O \diagup O \diagdown O $$
$$ Tm \qquad Tm $$

（2）氧化铥物理化学特性　白色略带微绿色立方晶系晶体粉末；不溶于水和冷酸，溶于热硫酸；分子量385.86；密度8.6～9.32g/cm³；熔点2392℃；加热后变为光泽的红色，长时间加热可变为黄白色。

（3）氧化铥质量指标　见表17-28和表17-29。

表 17-28　氧化铥行业标准 XB/T 202—2010 规定的质量指标　　单位：%

指标名称		各牌号指标				
		131040	131035	131030	131025	131020
外观		产品为白色略带绿色粉末，应清洁，无可见夹杂物				
Tm_2O_3/TREO　≥		99.99	99.95	99.9	99.5	99.0
稀土杂质/TREO　≤	Dy_2O_3	0.0005	合量:0.05	合量:0.1	合量:0.5	合量:1.0
	Ho_2O_3	0.0005				
	Er_2O_3	0.0005				
	$Yb_2O_3+Lu_2O_3$	0.007				
	Y_2O_3	0.0005				
	其他含量	0.001				
非稀土杂质/TREO　≤	Fe_2O_3	0.0005	0.0020	0.010	0.050	0.070
	SiO_2	0.0050	0.0050	0.010	0.050	0.050
	CaO	0.005	0.010	0.030	0.050	0.050
	Cl^-	0.020	0.030	0.050	0.050	0.050
灼烧减量（质量分数）　≤		1.0	1.0	1.0	1.0	1.0

表 17-29　赣州市企业产氧化铥企标规定的级别及质量指标

指标名称		指标						
		高纯级			普通级			
(Tm_2O_3/TREO)/%≥		99.999	99.995	99.99	99.95	99.9	99.5	99
颗粒度	nm	—	—	—	<100	—	—	—
	μm	—	—	—	—	0.1～1.2	4～6	8～15
	根据用户的要求，提供特殊规格产品							

（4）氧化铥用途[18]　提高密封剂、橡胶、塑料、涂料耐热性及获取特殊物化性能的添加剂。另外在医学领域（X光机射线源、血液辐照仪、肿瘤诊断和治疗）、在原子能反应堆控制等许多方面有极大的用途。

17.1.15　氧化镱[19]

（1）氧化镱　别名：三氧化二镱；化学结构式：

（2）氧化镱物理化学特性　白色略带微绿色粉末；不溶于水和冷酸，溶于稀酸；分子量394.08；密度9.17 g/cm³；熔点2372℃；沸点4070℃。

（3）氧化镱的牌号和质量指标　见表17-30和表17-31。

表 17-30　行业标准 XB/T 203—2006 规定的氧化镱的质量指标　　单位：%

指标名称	各牌号指标				
	141040	141035	141030	141025	141020
外观	产品为白色粉末，纯度越高颜色越白，必须清洁，无可见夹杂物				
Yb_2O_3/TREO　≥	99.99	99.95	99.9	99.5	99

续表

指标名称		各牌号指标				
		141040	141035	141030	141025	141020
稀土杂质/TREO ≤	Dy_2O_3	0.0005	合量:0.005	合量:0.1	合量:0.5	合量:1
	Ho_2O_3	0.0005				
	Er_2O_3	0.0005				
	$Tm_2O_3+Lu_2O_3$	0.0080				
	Y_2O_3	0.0005				
非稀土杂质/TREO ≤	Fe_2O_3	0.0005	0.0010	0.010	0.050	0.070
	SiO_2	0.0050	0.0050	0.010	0.050	0.050
	CaO	0.010	0.020	0.050	0.080	0.10
	Cl^-	0.020	0.030	0.030	0.050	0.050
灼烧减量(质量分数) ≤		1.0	1.0	1.0	1.0	1.0

表 17-31 淄博企业产氧化镱企标质量指标

单位:%

指标名称		参 数	指标名称		参 数
纯度(Yb_2O_3/TREO) ≥		99.95	非稀土杂质/TREO ≤	Fe_2O_3	0.0020
				SiO_2	0.005
稀土杂质/TREO ≤	Y_2O_3	0.0005		CaO	0.01
	Er_2O_3	0.0010		L.O.I	1
	Tm_2O_3	0.0010		Cl^-	0.05
	Lu_2O_3	0.045			

（4）氧化镱用途 用于电子工业及提高密封剂、橡胶、塑料、涂料等非金属材料的耐热性能以及赋予它们特殊性能填料。

17.2 三氧化二铁[20]

详见 16 章 16.4 节。

17.3 氢氧化铁

（1）氢氧化铁 别名：三氢氧化铁；水合氧化铁；化学结构式：

$$\begin{array}{c} HO \\ \quad \backslash \\ \quad Fe{-}OH \\ \quad / \\ HO \end{array}$$

（2）氢氧化铁物理化学特性 Fe（OH）$_3$是一种棕色或红褐色粉末或深棕色絮状沉淀，至少有两种结晶变体：α-FeO（OH）（针铁矿）和 γ-FeO（OH）（纤铁矿），铁的正常生锈产生的是 γ-变体；不溶于水、乙醚和乙醇，溶于酸，在酸中的溶解度随制成时间的长短而定，新制的易溶于无机酸和有机酸，若放置时间长，则难溶解，亦可溶于热浓碱；分子量 106.87；密度 3.4~3.9g/cm^3；具有两性，但其碱性强于酸性；次氯酸钠等极强的氧化剂在碱性介质中，能将新制的氢氧化铁氧化成＋Ⅵ氧化态的高铁酸钠（Na$_2$FeO$_4$）；氢氧化铁加热时逐渐分解成氧化铁和水，低于 500℃时完全脱水生成氧化铁；氢氧化铁在加热烘干时易分解，但温度不高时不完全分解，也就是逐渐失水，氢氧化铁没有一个明确的失水分解温度。

(3) 氢氧化铁产品质量指标　见表 17-32。

表 17-32　氢氧化铁的企标质量指标

指标名称	指标	检验结果	指标名称	指标	检验结果
水分/% ≤	2.0	0.6	Fe_2O_3 含量/% ≥	83	86
吸油量/(g/100g)	25～35	32	水溶物/% ≤	0.5	0.3
pH 值	4～7	4.6	颜色(与标准样比)	近似～微	微
着色力/%	100±5	99	筛余物(325 目)/% ≤	1.0	0.4

(4) 氢氧化铁用途　氢氧化铁可用作有机硅密封剂的着色添加剂和耐热添加剂。可用来制颜料、药物,也可用作砷的解毒药。

17.4　氧化铜[21]

(1) 氧化铜化学结构式

$$Cu{=}O$$

(2) 氧化铜物理化学特性　氧化铜（CuO）是一种铜的黑色至棕黑色无定形或结晶型氧化物粉末,商品尚有粒状、线状等,稍有吸湿性;不溶于水和乙醇,溶于稀酸、氯化铵及氰化钾溶液,氨溶液中缓慢溶解;略显两性;分子量 79.54;密度 6.3～6.9 g/cm³;熔点 1026℃（分解）。

(3) 氧化铜质量指标　见表 17-33。

表 17-33　国标 GB/T 26046—2010 规定的氧化铜粉质量指标[19]

指标名称			指标		
			CuO990	CuO985	CuO980
外观			黑色粉末,纯净无凝块,无肉眼可见夹杂物		
细度	200 目(74μm)筛余物	≤	1	—	—
	100 目(150μm)筛余物	≤	—	1	1
化学成分 /%	氧化铜(CuO)	≥	99.0	98.5	98.0
	盐酸不溶物	≤	0.05	0.10	0.15
	氯化物(Cl)	≤	0.005	0.010	0.015
	硫化物(以 SO_4^{2-} 计)	≤	0.01	0.05	0.1
	铁(Fe)	≤	0.01	0.04	0.1
	总氮量(N)	≤	0.005	—	—
	水溶物	≤	0.01	0.05	0.1

(4) 氧化铜用途　有机硅密封剂、橡胶等材料耐热添加剂。[20]在玻璃、瓷器着色、制造染料、人造宝石等许多方面有广阔用途。

17.5　三氧化二铬

(1) 三氧化二铬　别名：氧化铬；氧化铬绿；化学结构式：

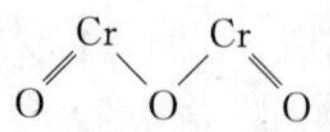

(2) 三氧化二铬物理化学特性　浅绿至深绿色细小六方结晶粉末,无臭味,灼热时变棕色,冷后仍变为绿色;微溶于酸类和碱类,几乎不溶于水、乙醇和丙酮。可溶于热的碱金属

溴酸盐溶液中如溴酸钾溶液中；结晶体极硬，极稳定，在红热下通入氢气亦无变化，与酸碱一般不反应；有磁性；相对密度 5.22；熔点约 2435℃；沸点 4000℃；与许多二价金属的氧化物一起加热至高温能生成尖晶石型化合物，具有 α-Al$_2$O$_3$ 结构；经过灼烧的 Cr$_2$O$_3$，晶型致密，类似于刚玉，不溶于酸，但可用熔融法使它变为可溶性的盐；3 价铬对鼻、喉、皮肤无损害，6 价铬刺激鼻、喉、皮肤、眼睛。

（3）三氧化二铬产品类别、级别及质量指标　见表 17-34。

表 17-34　行业标准 HG/T 2775—2010 规定工业三氧化二铬类别、级别及质量指标

指标名称		指标					
		Ⅰ类			Ⅱ类		
		优等品	一等品	合格品	优等品	一等品	合格品
外观		翠绿色或暗绿色粉末					
三氧化二铬含量(以 Cr$_2$O$_3$ 计)/% ≥		99.0	99.0	98.0	99.0	99.0	98.0
水溶性铬(以 Cr 计)/% ≤		0.005	0.03	0.03	0.005	0.03	0.03
水分/% ≤		0.15	0.15	0.3	0.15	0.15	0.3
水溶物/% ≤		0.1	0.3	0.4	0.2	0.3	0.5
pH 值(100g/L 悬浮液)		6~8	5~8	5~8	—	—	—
吸油量/(g/100g)		15~25			≤20	≤25	≤25
筛余物≤	0.045mm 试验筛/%	0.1	0.2	0.3	0.2	0.2	—
	0.075mm 试验筛/%	—	—	—	—	—	0.5
色光		用户协商			—		
相对着色力		用户协商			—		

（4）用途　用于有机硅密封剂的耐热添加剂、冶炼金属铬和碳化铬。在搪瓷、陶瓷、人造革、建筑材料、有机化学合成、耐晒涂料、研磨材料、绿色抛光膏和印刷纸币的专用油墨中均有很大用途。

17.6　抗氧剂及抗热氧化防老剂

详见第 12 章。

参 考 文 献

[1]　程广予. 稀土助力高分子材料耐热性提高的探讨. 科技致富向导. 2011, (30): 215-216.
[2]　陈宇等. 高分子材料功能助剂的应用现状和发展趋势. 塑料助剂. 2004, (1): 7-8.
[3]　张树明. 稀土氧化物提高甲基乙烯基硅橡胶耐热性的研究 [D]. 上海: 上海交通大学, 2008.
[4]　付梅. 氧化铈在天然橡胶中的应用研究 [D]. 包头: 内蒙古科技大学, 2009.
[5]　邹图德. 新型纳米氧化镧的制备、表征及应用 [D]. 南昌: 南昌大学, 2007.
[6]　林河成. 氧化镨产品的生产发展及其应用. 四川稀土. 2006, (4): 30-32.
[7]　廖静, 韩陈, 任爽, 王晓娟, 宗俊. 纳米氧化钕的制备及其性能研究, 无机盐工业. 2009, 41 (1): 17-19.
[8]　林河成. 氧化钕的生产及应用. 稀有金属快报. 2003, (5): 5-8.
[9]　郭涛等. 铕氧化钐填充 PP 加工流变行为的研究. 塑料工业. 31 (9): 32-34.
[10]　李红山等. 氧化铕/高密度聚乙烯复合物热性能研究. 胶体与聚合物. 2014, 32 (2): 55-57, 61.
[11]　王福等. 氧化石墨烯/氧化铕复合材料粉体的光催化性能研究. 粉末冶金工业. 2016, 26 (2): 8-11.
[12]　王士智等. 大颗粒氧化钆的制备及物理性能研究. 稀土. 2014, 35 (2): 63-67.
[13]　李建风等. 氧化镝-聚苯胺复合涂料制备及防腐性能研究. 化工新型材料. 2011, 39 (6): 53-54, 58.
[14]　郝良振. 掺钕氧化镥激光晶体生长及其性能研究 [D]. 济南: 山东大学, 2012.
[15]　李江苏等. 氧化铒/环氧树脂辐射防护材料的制备及性能研究. 化工新型材料. 2010, 38 (5): 48-52.
[16]　尹开忠. 纳米氧化钇的合成及其复合材料的热反射性能研究 [D]. 上海: 上海师范大学, 2010.

［17］ 宋金玲等．水热法制备 Y_2O_3：Eu^{3+} 微米棒及其荧光性能表征．过程工程学报．2010，10（5）：950-955.

［18］ 李义久等．高纯氧化铥的分离制备研究．无机盐工业．2000，32（2）：4-6.

［19］ 俞洁．化学镀法制备银氧化镱触点材料的研究［D］．北京：国防科学技术大学，2006.

［20］ 郑雅杰等．氧化铁的制备方法及应用．粉末冶金材料科学与工程．2007，12（4）：197-201.

［21］ 缪应纯等．纳米氧化铜制备与应用研究进展．化工科技市场．2007，30（4）：26-30.

第18章

密封剂指导性示范配方

18.1 聚硫橡胶基密封剂

18.1.1 双组分室温硫化聚硫中空玻璃密封剂

（1）甲组分-乙组分配方 见表18-1。

表 18-1 甲组分-乙组分配方（密封剂的全组分）

	组分名称	质量份	作用与性质
甲组分	LP-23，巯端基液体聚硫橡胶 $\overline{M}=2500$，交联剂含量2%（摩尔分数）	100	密封剂的基体成分，形成三维弹性骨架，是体系的连续相
	轻质碳酸钙	100	密封剂的补强、填充成分，也是降低经济成本的成分，分散相
	硬脂酸	1.0	密封剂基膏的稳定成分，起降低硫化速率的作用，分散相
	邻苯二甲酸丁苄酯	50	密封剂甲组分的黏度调节和提高低温性能的增塑稀释成分，分散相
	偶联剂KH-550	1~2	添加式黏合剂，是活性分散相
乙组分	化学合成二氧化锰	2.78	密封剂的硫化（交联）成分，分散相
	轻质碳酸钙	8.0	填充、黏度调节、配平成分，分散相
	炭黑	1.0	着色剂，分散相
	硬脂酸	0.22	密封剂基膏的稳定成分，分散相
	邻苯二甲酸丁苄酯或邻苯二甲酸二丁酯	13.0	二氧化锰成膏剂并作黏度调节剂，是硫化体系的连续相
	促进剂（例如二苯胍）	0.5（可调）	硫化系统的催化剂，分散相

（2）说明

① 双组分室温硫化聚硫中空玻璃密封剂应用比例：甲组分∶乙组分＝10∶1（质量份）。

② 把握的主要性能：两个组分的黏度、活性期、不粘期、硬度、粘接力（对铝合金和无机玻璃）。

③ 用途：中空玻璃夹层周边嵌入密封剂。

18.1.2 XM-15 聚硫密封剂[1,2]

（1）XM-15 聚硫密封剂配方 见表18-2。

表 18-2　三组分 XM-15 聚硫密封胶配方

组分名称		质量份	作用与性质
甲组分 （基膏）	JLY124 巯端基液体聚硫橡胶；$\overline{M}=4000$，交联剂含量 2%（摩尔分数）	77	密封剂的基体成分，形成三维弹性骨架，是体系的连续相
	油基半补强炭黑	23	密封剂的补强，分散相
	E-20 环氧树脂	5	增黏剂，助硫化剂，分散相
乙组分 （硫化膏）	9 号 硫化膏　化学合成二氧化锰	100	硫化剂，分散相
	硬脂酸	0.42	密封剂基膏的稳定成分，起降低硫化速率的作用，分散相
	邻苯二甲酸二丁酯	76	密封剂基膏的黏度调节和提高低温性能的增塑稀释成分，分散相
丙组分 （促进剂）	二苯胍	0.1~0.4	添加式黏合剂，是活性分散相

注：必要时可用乙酸乙酯将密封剂稀释为 30%~50% 的胶液进行刷涂使用。

（2）说明

① 三组分室温硫化 XM-15 聚硫密封剂应用比例：甲组分∶乙组分∶丙组分＝100∶10∶（0.1~0.4）（质量份）。

② 主要性能：甲组分的黏度，密封剂的活性期、不粘期、硬度、粘接力（对铝合金和钢）。

③ 用途：飞机整体油箱结构密封。无溶剂时可进行刮涂、注射密封，溶剂稀释后进行刷涂密封。

18.1.3　聚硫阻蚀密封剂

（1）聚硫阻蚀密封剂配方　见表 18-3。

表 18-3　聚硫阻蚀密封剂配方

组分名称		用量/质量份	作用与性质
甲组分	基础料　液体聚硫橡胶（LP）	100	密封剂的骨架材料，体系中为连续相
	补强炭黑（半补强类）	20~40	提高硫化后的密封剂的力学性能，为分散相
	低分子环氧化合物（缩水甘油醚类环氧树脂）	0.5~3.0	提高密封剂硫化后对被密封件表面的粘接力，为活性分散相
	阻蚀剂　苯并噻唑	2.41（约为基础料的 2%）	阻止密封剂本身以及环境因素（湿气、高温、SO_2 等腐蚀性气体）对被密封的金属腐蚀，为分散相
	钼酸盐	2.41（约为基础料的 2%）	
乙组分	硫化系统　氧化铅、二氧化锰等	100	液体聚硫橡胶分子的交联剂，为分散相
	丁苄酯、二丁酯、氯化石蜡等	80~100	成膏剂，可调节硫化系统的黏度及密封剂的工艺黏度
	促进剂（D、Bz、TMTD 等）	0.5~5	加速密封剂硫化速率并提高密封剂耐热性

（2）说明

① 聚硫阻蚀密封剂应用比例：甲组分∶乙组分＝10∶1（质量份）。

② 主要性能：甲组分的黏度，均匀性，液体的渗析性，再度搅拌均匀性的恢复能力；乙组分的均匀性，密封剂的活性期、不粘期、硬度、粘接力（对铝合金和钢）、对划伤金属表面防锈蚀能力。

③ 用途：车辆、船舶结构防腐蚀密封。

18.2 改性聚硫密封剂

18.2.1 双组分室温硫化改性聚硫中空玻璃密封剂

（1）改性聚硫（Permepol P3，国产 HMX-300）中空玻璃密封剂甲组分-乙组分配方见表 18-4。

表 18-4 甲组分-乙组分配方（密封剂的全组分）

	组分名称	质量份	作用与性质
甲组分	巯端基改性液体聚硫橡胶	100	密封剂的基体成分,形成三维弹性骨架,是体系的连续相
	活性轻质碳酸钙	100	密封剂的补强、填充成分,也是降低经济成本的成分,分散相
	油酸	1.5	密封剂基膏的稳定成分,分散相
	邻苯二甲酸丁苄酯	50	密封剂基膏的黏度调节和提高低温性能的增塑稀释成分,分散相
	偶联剂 KH-560	1.5	添加式黏合剂,是活性分散相
乙组分	活性二氧化锰	100	密封剂的硫化(交联)成分,是体系的分散相
	炭黑	5	着色剂,分散相
	轻质碳酸钙	80	填充、黏度调节、配平成分,分散相
	油酸		密封剂基膏的稳定成分,分散相
	邻苯二甲酸丁苄酯或邻苯二甲酸二丁酯	62.5	二氧化锰成膏剂并作黏度调节剂,是硫化体系的连续相
	促进剂(例如二苯胍和 Bz)	3	硫化系统的催化剂和耐热剂,分散相

（2）说明

① 双组分室温硫化改性聚硫中空玻璃密封剂应用比例：甲组分：乙组分＝10：1（质量比）。

② 主要性能：两个组分的黏度、均匀性、液体渗析性、活性期、不粘期、硬度、粘接力（对铝合金和无机玻璃）。

③ 用途：绝热玻璃（中空玻璃）结构关键密封物料。

18.2.2 改性聚硫（即聚硫聚氨酯）防水密封剂

（1）改性聚硫防水密封剂配方 见表 18-5。

表 18-5 改性聚硫自流平型防水密封剂配方

	组分名称	质量份	作用与性质
甲组分	HMX-518 胶	225	密封剂的基体成分,形成弹性体的柔性骨架,体系的连续相
	邻苯二甲酸二丁酯	130.5	降低黏度,提高流动性和低温性能(溶剂,增塑),分散相
	酚醛树脂 K-18	6.79	添加式黏合剂,分散相
	活性重钙 PD90	135.66	补强剂和填充剂(提高力学性能,降低成本),分散相
	油酸	0.5	阻止基体成分交联,起稳定作用,分散相
	钛白粉	1.5	白色着色剂,分散相
	抗氧剂	0.9	防止硫化后的弹性体发生热氧老化,分散相

续表

组分名称		质量份	作用与性质
乙组分	二氧化锰	34	硫化剂,分散相
	氯化石蜡	125	可增加粘接力、降低黏度、提高流动性和低温性能的增塑性稀料,分散相
	促进剂 D	4	硫化体系的催化剂,分散相
	活性重钙 PD90	100	补强剂,填充剂(降低成本),分散相
	邻苯二甲酸二丁酯	125	降低黏度、提高低温性能的增塑性稀料,硫化体系的连续相
	炭黑	36	补强剂,黑色着色剂,分散相
	促进剂 Bz		硫化体系的催化剂,耐热剂,分散相

（2）说明

① 两个组分的使用比例为甲组分：乙组分＝2：1（质量比）。

② 主要性能：两个组分的黏度、活性期、流平性、对水泥面的粘接力、弹性恢复性、硬度、耐水浸泡粘接稳定性。

③ 用途：输水明渠水平水泥板块接缝密封。

18.2.3　改性聚硫非下垂型防水密封剂

（1）改性聚硫非下垂型防水密封剂配方　见表 18-6。

表 18-6　改性聚硫非下垂型防水密封剂配方

组分名称		质量份	作用与性质
甲组分	HMX-518 胶	133	密封剂的基体成分,形成弹性体的柔性骨架,体系的连续相
	邻苯二甲酸二丁酯	81.2	降低黏度,提高低温性能(溶剂,增塑),分散相
	硬脂酸钙	4.2	触变剂,使密封剂产生抗流变抗下垂能力,分散相
	酚醛树脂 K-18	4.2	添加式黏合剂,分散相
	活性重钙 PD90	228.76	补强剂和填充剂(提高力学性能,降低成本),分散相
	钛白粉	1.0	白色着色剂,分散相
	抗氧剂	0.55	防止硫化后的弹性体发生热氧老化,分散相
乙组分	二氧化锰	105	硫化剂,体系的分散相
	氯化石蜡	79	可增加粘接力、降低黏度、提高低温性能的增塑性稀料,分散相
	促进剂 D	7	硫化体系的催化剂,分散相
	活性重钙 PD90	15	补强剂,填充剂(降低成本),体系的分散相
	邻苯二甲酸二丁酯	89	成膏剂,硫化剂中为连续相
	炭黑	30	补强剂,黑色着色剂,分散相
	促进剂 Bz	4.9	硫化体系的催化剂,耐热剂,分散相

（2）说明

① 两个组分的使用比例为甲组分：乙组分＝2：1（质量比）。

② 主要性能：两个组分的黏度、活性期、触变性、对水泥面的粘接力、弹性恢复性、硬度、耐水浸泡粘接稳定性。

③ 用途：输水明渠倾斜水泥板块接缝密封。

18.2.4　单组分改性聚硫密封剂

（1）单组分改性聚硫密封剂　配方见表 18-7。

表 18-7　单组分改性聚硫密封剂配方

组分名称	规格	配量(质量份)	作用与性质
液体改性聚硫橡胶	HMX-300,河北省保定市徐水区恒星防腐材料厂产	90	密封剂的基体成分,形成弹性体的柔性骨架,体系的连续相
二氧化钛	金红石型	12	耐热剂
碳酸钙	轻质	190	补强、填充,经济配料
二氧化硅	沉淀法,通化市白雪牌	20	触变剂
炭黑	油基半补强炭黑	11	着色、补强
邻苯二甲酸二丁酯	工业一级品	103	黏度调节剂
锌剂	河北省保定市徐水区恒星防腐材料厂产	9.0	助硫化剂
复合促进剂	河北省保定市徐水区恒星防腐材料厂产	7.0	催化剂、耐热剂
三氧化二铁粉	上海 γ 型	15	耐热剂

注：48h 后 3.5mm 厚胶层硫化透。不粘期：6h；硫化期：7d；拉伸强度：(2.0±0.2) MPa；拉断伸长率：160%；邵尔 A 硬度：45～48；扯离强度：0.8MPa；剥离强度：2.0kN/m。

（2）说明

① 主要性能：活性期、触变性（刮涂性和堆切性）、对水泥面的粘接力、弹性恢复性、硬度、耐水浸泡粘接稳定性。

② 用途：车辆、住宅建筑结构密封。

18.3　聚硫代醚密封剂

（1）双组分室温硫化聚硫代醚密封剂　配方　见表 18-8。

表 18-8　双组分室温硫化聚硫代醚密封剂框架配方

组分名称		配量(质量份)	作用与性质
甲组分	液体聚硫代醚聚合物	100	密封剂的基体成分,形成弹性体的柔性骨架,体系的连续相
	碳酸钙	30	补强剂,分散相
	硬脂酸铝	1.5	触变剂,分散相
	硅烷偶联剂	1.5	粘接剂,分散相
乙组分	二氧化锰	3.73①	硫化剂,分散相
	二丁酯	6	降低黏度、提高低温性能的增塑性稀料,硫化体系的连续相
	半补强炭黑	4	补强剂,着色剂,分散相
	促进剂(二苯胍、二硫代氨基甲酸盐)	0.1～0.5	硫化体系的催化剂,耐热剂,分散相

①二氧化锰用量 $W = A86.94 \times 75.1/3500 = 2 \times 86.94 \times 75.1/3500 = 3.73$ (g)。

（2）说明

① 两组分的使用比例为甲组分：乙组分＝10：1（质量比）。

② 主要性能：两组分的黏度,活性期,触变性,对铝合金、水泥面的粘接力,弹性恢复性,硬度,拉伸力学性能,耐油（汽油、航空煤油、柴油）耐水浸泡粘接稳定性,耐 180℃高温老化性能。

③ 用途：车辆及船舶金属、复合材料整体结构燃料箱结构密封,输水明渠水泥板块接缝密封。

18.4 有机硅类密封剂

18.4.1 缩合型脱甲醇单组分有机硅密封剂

（1）缩合型脱甲醇单组分有机硅密封剂配方　见表18-9。

表18-9　缩合型脱甲醇单组分有机硅密封剂配方（无水的全组分密封剂）

组分名称	质量份	作用与性质
端羟基聚二甲基硅氧烷液体橡胶	100	密封剂的基体成分,形成弹性体的柔性骨架,体系的连续相
$(CH_3O)_3Si^-$封端聚二甲基硅氧烷	15	密封剂的硫化成分,分散相
D_4处理的气相白炭黑	20	密封剂的补强成分,分散相
甲基三甲氧基硅烷	2~8	密封剂的硫化成分,分散相
钛络合物	0.93	催化剂,分散相
乙腈($CH_3-C\equiv N$)	1	亲水成分,硫化催化剂,分散相

（2）说明

① 主要性能：对被粘体（金属材料，如不锈钢、铝合金等；非金属材料，如聚氯乙烯、酚醛树脂、各类橡胶弹性体；其他材料）的粘接力、力学性能、耐热性、耐寒性、电气性能。

② 用途：机械装置空气系统结构密封；汽车结构防水、防尘密封；建筑门窗密封。室内厨房、卫生间防气体渗漏、防水渗漏。

18.4.2 缩合型室温硫化双组分有机硅密封剂

（1）缩合型室温硫化双组分有机硅密封剂配方　见表18-10。

表18-10　缩合型室温硫化双组分有机硅密封剂配方

组分名称			作用与性质	灌注型（质量份）		刮涂型（质量份）	
密封剂基膏	端羟基聚二甲基硅氧烷液体橡胶(25℃,2500~3500mPa·s)		密封剂形成弹性体的柔性骨架,体系的连续相	50	50	100	100
	$(C_6H_5)_2Si(C_2H_5O)_2$(二苯基二乙氧基硅烷)		增黏剂,助硫化剂,分散相	2.5	2.5	15	15
	气相白炭黑		补强剂,触变剂,分散相	20	20	20	10
	二氧化钛		着色剂,分散相	20	20	20	—
	惰性填料(可为石英粉、碳酸钙、氧化铁、云母粉、硅藻土、氧化锌等)		耐热助剂,分散相	—	—	50~100	100~200
硫化体系	低毒常速硫化	正硅酸乙酯	硫化剂,分散相	3~5	—	3~5	—
		有机锡(二月桂酸二丁基锡、二月桂酸二辛基锡)　比例为1:1	催化剂,分散相				
		邻苯二甲酸二甲酯	提高耐水解性,分散相				
	快速硫化	正硅酸乙酯	硫化剂,分散相	—	3~5	—	3~5
		有机羧酸亚锡(如辛酸亚锡等)	催化剂,分散相				

（2）说明

① 两个组分的使用比例：根据具体配方的活性期来确定。

② 主要性能：密封剂的工艺性能（各组分的黏度、活性期、不粘期、硫化期、流淌性），对被粘体（金属材料，如不锈钢、铝合金等；非金属材料，如聚氯乙烯、酚醛树脂、各类橡胶弹性体；其他材料）的粘接力，拉伸力学性能，耐热性，耐寒性，电气性能等。

③ 用途：机械装置空气系统承受高温的结构密封；汽车结构防水、防尘、高温密封；建筑门窗密封。室内厨房、卫生间防气体渗漏、防水渗漏密封。

18.4.3　加成型透明有机硅密封剂

（1）加成型透明有机硅密封剂的配方　见表 18-11。

表 18-11　加成型透明有机硅密封剂的配方

	组分名称	规格	用量/质量份	作用与性质
第一组分	乙烯基封端聚二甲基硅氧烷或 α,ω-双（甲基二烯丙基硅基）聚二甲基硅氧烷	黏度:25℃, 5000mPa·s	100	密封剂的骨架材料或称基体成分,是系统的连续相
	硅树脂或 MQ 树脂	—	适量	透明有机补强剂,分散相
	含氢硅油	—	3～5	硫化剂或称交联剂,活性分散相
第二组分	乙烯基封端聚二甲基硅氧烷或 α,ω-双（甲基二烯丙基硅基）聚二甲基硅氧烷	黏度:25℃, 5000mPa·s	100	密封剂的骨架材料或称基体成分,是系统的连续相
	硅树脂或 MQ 树脂	—	适量	透明有机补强剂,分散相
	乙烯基硅氧烷铂络合物	—	0.2～0.4	催化剂,分散相

（2）说明

① 两个组分的比例：第一组分：第二组分＝10：1。

② 要把握的性能：两个组分的黏度，活性期，不粘期，力学性能（拉伸力学性能、硬度、对被粘体的粘接力），腐蚀性，耐潮湿性，耐热性，耐霉性。

③ 用途：仪器仪表电路灌封。

18.4.4　加成型不透明有机硅密封剂

（1）加成型不透明有机硅密封剂配方　见表 18-12。

表 18-12　加成型不透明有机硅密封剂的配方

	组分名称	规格	用量/质量份	作用与性质
第一组分	乙烯基封端聚二甲基硅氧烷或 α,ω-双（甲基二烯丙基硅基）聚二甲基硅氧烷	黏度:25℃, 5000mPa·s	100	密封剂的骨架材料,体系中为连续相
	不引起铂络合物中毒的填料①	—	50～150	补强作用、降低成本、黏度调节,分散相
	含氢硅油	—	3～5	硫化剂或称交联剂,活性分散相
第二组分	乙烯基封端聚二甲基硅氧烷或 α,ω-双（甲基二烯丙基硅基）聚二甲基硅氧烷	黏度:25℃, 5000mPa·s	100	密封剂的骨架材料,体系中为连续相
	不引起铂络合物中毒的填料①	—	50～150	补强作用、降低成本、黏度调节,分散相
	乙烯基硅氧烷铂络合物	—	0.2～0.4	硫化反应的催化剂,分散相

①在强酸和强碱的氛围中，含 N、P、S 的填料易使铂催化剂中毒而减小催化效果或失效，如以硫化锌为主的立德粉（即锌钡白）与碳酸钙并用时，铂催化剂易失效。

（2）说明

① 两组分的使用比例：10：1。

② 主要性能：两个组分的黏度，活性期，不粘期，力学性能（拉伸力学性能，硬度，对被粘体的粘接力），对金属的腐蚀性，耐潮湿性，耐热性，耐霉性。

③ 用途：仪器仪表夹层（贴合面）密封。

18.4.5 有机硅导电密封剂

（1）有机硅导电密封剂配方　见表 18-13。

表 18-13　有机硅导电密封剂配方

组分名称		规格	质量份	作用与性质
基础料	端羟基液体有机硅橡胶	黏度：25℃，10～15Pa·s	100	密封剂的骨架材料，体系中为连续相
	二氧化硅	A-200	10～20	补强剂，为分散相
	镀银玻璃微珠	体积电阻率：0.1～0.01Ω·cm	≥100	低密度导电填料，填充量要以硫化后弹性体的电阻率达到指标要求为准，为分散相
硫化系统	正硅酸乙酯	化学纯	按端羟基液体有机硅橡胶羟基含量计算量的120%投料	室温硫化剂
	二月桂酸二丁基锡	化学纯	与硫化剂同质量份	催化剂
调节	硅油	工业级	根据黏度要求	黏度调节剂

（2）说明

① 主要性能：两个组分的黏度，活性期，不粘期，力学性能（拉伸力学性能，硬度，对被粘体的粘接力），电气性能（体积电阻率及稳定性），对金属的腐蚀性，耐潮湿性，耐热性，耐霉性。

② 用途：机械装置、车辆、船舶机载仪器仪表密封。

18.4.6 有机硅泡沫密封剂

（1）有机硅泡沫密封剂　配方见表 18-14。

表 18-14　有机硅泡沫密封剂配方

组分名称		规格	质量份	作用与性质
基础料	端羟基-芳烷基甲基硅氧烷-二甲基硅氧烷共聚物（两部分聚合度和为 200～400）	二甲基硅氧烷占92%～94%；分子量15685～31371	100	密封剂的骨架材料，体系中为连续相
	氧化锌	纯度：99.5%；细度：0.01mm	50～70	补强剂，为分散相
发泡-硫化系统	甲基封端-甲基氢基聚硅氧烷（聚合度 $n=15\sim20$）	活泼氢含量：1.5%～1.8%；水抽出液 pH 值：6～7	2.0～4.0	发泡剂，为分散相
	二乙基胺甲基三乙氧基硅烷	化学纯	0.100	硫化剂，为分散相
	磷酸-钛酸四丁酯反应物-甲基-氨基硅基化合物共聚物	不挥发分：77%～89%；氮含量：17%～21%；硅含量：27%；钛含量：1.2%；	1.0～3.0	催化-粘接剂
调节	硅油	工业级	根据黏度要求	黏度调节剂

（2）说明

① 三组分的使用比例要根据环境温、湿度灵活调整。

② 主要性能：混后的黏度，发泡速率，活性期，不粘期，泡沫的类型和弹性，对金属的粘接性，腐蚀性，耐潮湿性，耐热性，耐霉性。

③ 用途：机械装置、船舶、车辆仪器仪表的保温抗震密封。

18.4.7 双组分室温硫化改性硅中空玻璃密封剂

（1）双组分室温硫化改性硅中空玻璃密封剂 配方见表 18-15。

表 18-15 甲组分-乙组分配方（密封剂的全组分）

组分名称		规格	用量/质量份	作用与性质
甲组分	烷氧基改性硅液体橡胶	牌号：S423（保定市徐水区恒星防腐材料厂）	100	密封剂的集体成分，形成三维弹性骨架，是体系的连续相
	偶联剂 YDH171	工业级	3.75	添加式黏合剂，分散相
	重质碳酸钙粉	D4T 型	575.0	密封剂的补强、填充成分，是降低经济成本的成分，分散相
	碳酸钙粉	活性轻质	25.0	密封剂的补强、填充成分，是降低经济成本的成分，分散相
	硬脂酸钙	工业级	4.5	密封剂的触变剂，是分散相
	硬脂酸	工业级	12.5	密封剂基膏的稳定成分，分散相
	邻苯二甲酸二丁酯	工业一级	182.5	密封剂基膏的黏度调节和提高低温性能的增塑稀释成分，分散相
	偶联剂 KH-560	工业级	3.0	添加式黏合剂，分散相
	甲醇	工业一级	4.0	干燥剂，分散相
乙组分	S 固化剂	保定市徐水区恒星防腐材料厂	100	密封剂的硫化（交联）成分，分散相
	水	蒸馏级	5~6	密封剂的硫化促进剂，分散相
	20%热塑性酚醛树脂的邻苯二甲酸二丁酯溶液	K-18 型（徐水区恒星防腐材料厂提供）	197.1	密封剂的增黏剂，分散相
	二月桂酸二丁基锡	化学纯	8~9	密封剂的硫化促进剂，分散相
	沉淀法 SiO_2	—	29.9	填充、黏度调节、产生触变性、配平成分，分散相
	邻苯二甲酸丁苄酯或邻苯二甲酸二丁酯或邻苯二甲酸二辛酯	工业一级	11.0	黏度调节剂，硫化体系中为连续相
	炭黑	N330	104.1	着色剂，分散相

（2）说明

① 双组分室温硫化改性硅中空玻璃密封剂应用比例：甲组分∶乙组分＝10∶1（质量比）。

② 主要性能：两个组分的黏度、活性期、不粘期、硬度、粘接力（对铝合金和无机玻璃）。

③ 用途：建筑门窗中空玻璃密封。

18.4.8 单组分室温硫化改性硅密封剂

（1）单组分室温硫化改性硅密封剂 配方见表 18-16。

表 18-16 单组分室温硫化改性硅密封剂配方

组分名称	规格	用量/质量份	作用与性质
烷氧基改性硅液体橡胶	牌号：S423（生产厂：河北省保定市徐水区恒星防腐材料厂）	100	密封剂的基体成分，形成三维弹性骨架，是体系的连续相
炭黑	油基半补强炭黑，除水	24.6	补强剂、着色剂、填充成分，也是降低经济成本的成分，分散相
碳酸钙	活性，表面经处理过，除水	433.6	密封剂的补强、填充成分，是降低经济成本的成分，分散相

续表

组分名称	规格	用量/质量份	作用与性质
硬脂酸钙	天津,工业级,除水	10.9	密封剂的触变剂,是分散相
硬脂酸	工业级,除水	1.5	密封剂基膏的稳定成分,分散相
邻苯二甲酸丁苄酯	工业一级,除水	147.3	密封剂基膏的黏度调节和提高低温性能的增塑稀释成分,分散相
偶联剂 KH-560		4.6	添加式黏合剂,分散相
甲苯	无水	1.5	干燥剂,分散相
S-1 固化剂	徐水恒星防腐材料厂	10	密封剂的硫化(交联)成分,分散相
热塑性酚醛树脂	K-18 型	4.7	密封剂的增黏剂,分散相
二月桂酸二丁基锡	除水	0.8~0.9	密封剂的硫化促进剂,分散相

（2）说明

① 主要性能：固化速率（特别注意深层的固化），对被粘体的粘接强度，耐潮湿性能。

② 用途：机械结构表面密封（飞机、汽车、船舶等）。

18.4.9　氟硅密封剂

（1）氟硅密封剂　配方见表 18-17。

表 18-17　氟硅密封剂配方

	组分名称	规格	用量/质量份	作用与性质
基础料	端羟基液体有机氟硅橡胶	FE2811	100	密封剂的骨架材料,体系中为连续相
	二氧化钛	金红石型	100	补强剂,着色,为分散相
催化-硫化系统	二乙基二甲酸庚酯基锡		1.0~2.0	催化剂
	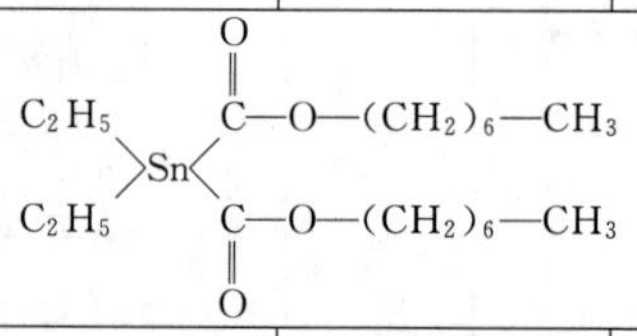			
	甲氧基封端-甲基甲氧基硅氧烷-二甲氧基硅氧烷共聚物	甲基甲氧基硅氧烷:二甲氧基硅氧烷=1:(5~15)	2.00~2.50	硫化剂
调节	氟硅油	工业级	根据黏度要求	黏度调节剂

（2）说明

① 双组分氟硅密封剂应用比例：根据对活性期的要求确定"基础料"与"催化-硫化系统"的比例，一般为 10:1（质量份）。

② 主要性能：两个组分的黏度、活性期、不粘期、硬度、粘接力（对铝合金和钢材），耐喷气燃料性能，耐高温老化性能。

③ 用途：金属、复合材料整体燃料箱结构密封。

18.5　全氟醚密封剂

（1）单组分硫化型二偕胺肟与二腈组合全氟醚密封剂质量指标见表 18-18。

表 18-18　单组分硫化型二偕胺肟与二腈组合全氟醚密封剂质量指标

指标名称	NASA-Ames 技术指标	指标典型值	指标名称	NASA-Ames 技术指标	指标典型值
邵尔 A 型硬度	—	40~45	密度/(g/cm³) ≤	1.90	1.42

续表

指标名称	NASA-Ames 技术指标	指标典型值	指标名称	NASA-Ames 技术指标	指标典型值
拉断伸长率[②]/% ≥	180	246	不挥发分/% ≥	98	99.76
拉伸强度[②]/MPa ≥	2.1	3.0	剥离强度/(kN/m) ≥	0.88	1.01
低温柔软性/℃	−54±1	−54	剪切强度[①]/MPa ≥	1.4	1.65

指标名称	NASA-Ames 研究中心技术指标	指标典型值
对 Ti-6Al-4V 合金 应力腐蚀性	无	无
耐受 JRF 燃料质 量变化/%	±0.2	0.07
耐受 JRF 燃料体 积变化[③]/%	±10	−6.04
耐热失重(300℃× 16h)/% ≤	15	8

①在 JP-4,JRF 燃料中于 60℃下浸泡 7d 后测试剪切强度。

②在 JP-4,JRF 燃料中于 60℃下浸泡 14d 后测试拉伸强度和拉断伸长率。

③在 JRF 燃料中浸泡(49℃×25d+71℃×60h+82℃×6h)后测试全氟醚密封剂质量变化和体积变化。

（2）全氟醚沟槽注射密封剂质量指标　见表 18-19。

表 18-19　全氟醚沟槽注射密封剂质量指标

指标名称	参　数	指标名称	参　数
密度/(g/cm³) ≤	1.90	粘接性(内聚破坏)/% ≥	99
不挥发分/% ≥	99	质量变化[①]/%	±0.3
低温柔软性/℃	−54	体积变化[①]/%	±10
压力破坏/kPa ≥	55		

①在耐受 JRF 燃料中浸泡(49℃×25d+71℃×60h+82℃×6h)后测试全氟醚沟槽注射密封剂的质量变化和体积变化。

18.6　聚氨酯密封剂

（1）单组分聚氨酯密封剂配方　见表 18-20。

表 18-20　单组分聚氨酯密封剂配方

组分名称			组分质量/g	组分的物质 的量/mol	官能团的物质 质的量/mol	作用与性质
50℃常压 聚合反应 预聚体产 物,体系的 连续相	70℃,0.1MPa 真空度,脱水 1~ 2h 产物	聚醚二元醇 (TDB-2000)$\overline{M}_n$ =2000	200	200/2000 =0.1	HO—:0.1 ×2=0.2	预聚体的主体部分 之一
		三羟甲基丙烷 $\overline{M}$=134	0.134	0.134/134 =0.001	HO—:0.001 ×3=0.003	预聚体的主体部分之 三,使预聚体形成立体 网络的交联中心
		磷酸,85% M_p =97.97	0.3~0.5	0.3/M_p~ 0.5/M_p	HO—: 0.003~0.005	防爆聚剂
	甲苯二异氰酸酯(TDI),$\overline{M}$=174		35.32	35.32/174 =0.203	0.203×2 =0.406	预聚体的主体部分 之二
110℃脱水	活性碳酸钙		100	—	—	补强剂,分散相

注：OCN—/HO—物质的量比为 2.0,预聚体分子的平均官能度物质的量为 2.03。

（2）说明

① 主要性能：活性期,不粘期,力学性能（拉伸力学性能,硬度,对被粘体的粘接力）,对金属的腐蚀性。

② 用途：建筑接缝密封。

18.7 不干性密封剂

不干性密封剂或称不硫化型密封剂或称密封腻子。

18.7.1 聚丁二烯密封腻子

（1）聚丁二烯密封腻子配方　见表 18-21。

表 18-21　不硫化型聚丁二烯密封腻子配方

组分名称	用量/质量份	作用与性质
低分子量顺丁二烯橡胶	100	骨架成分,连续相
邻苯二甲酸二丁酯	5	调节柔软性,分散相
孔雀绿(三氧化二铬)	5	着色剂,分散相
防老剂丁	3~5	防止腻子表面发硬,裂纹,保持柔软,分散相
石棉绒	100~150	填料,产生挺立性和强度,分散相

（2）说明

① 主要性能：柔软度，高低温性能，耐水性，对铝合金的腐蚀性。

② 用途：机械装置结构缝内密封。

18.7.2 氯化丁基橡胶腻子

（1）氯化丁基橡胶腻子配方　见表 18-22。

表 18-22　氯化丁基橡胶腻子配方

组分名称	用量/质量份	作用与性质
氯化丁基橡胶 [ML(1+8)100℃=71~80]	200	腻子的基体骨架成分,连续相
滑石粉,2 级,325 目	800	可产生良好塑性的填料,分散相
陶土,2 级,325 目	600	可产生并可有良好调整塑性的填料,分散相
机油,50 号	340	橡胶软化剂,分散相
硬脂酸	2	防止橡胶粘辊的操作剂,分散相
石油树脂	8	粘接剂,分散相
邻苯二甲酸二丁酯	20	增塑剂,分散相

（2）说明

① 主要性能：柔软度，高低温性能，耐水性，对铝合金的腐蚀性。

② 用途：箱体结构密封（如集装箱等）。

18.7.3 丁基橡胶腻子

（1）丁基橡胶腻子配方　见表 18-23。

表 18-23　丁基橡胶弹性密封腻子配方

组分名称	用量/质量份	作用与性质	
丁基橡胶(异戊二烯与异丁烯共聚物)	100	互穿成分, 组成连续相	腻子的基体骨架成分
聚异丁烯 LM-MS	10		腻子的基体骨架成分
聚丁烯(异丁烯与正丁烯共聚物)	150		腻子的基体骨架成分
蒎烯酚醛树脂	17.5	增黏剂,分散相	
豆油	7.5	稀释剂,分散相	

续表

组分名称	用量/质量份	作用与性质
环烷油	27.5	稀释剂,分散相
硬脂酸	2.5	分散剂,稳定剂,分散相
钴催化剂	0.25	低交联反应的催化剂,分散相

（2）说明

① 主要性能：柔软度，高低温性能，耐水性，对铝合金的腐蚀性，对玻璃的粘接性。

② 用途：中空玻璃内道密封。

18.7.4　聚硫橡胶腻子

（1）聚硫橡胶腻子配方　见表 18-24。

表 18-24　不干性聚硫橡胶腻子配方

组分名称	用量/质量份	作用与性质
聚硫橡胶 F	100	柔性骨架成分
石棉绒	20	防止冷流,产生挺立性
碳酸钙粉	76	补强剂,均化剂
防老剂 AT-215	5	防止聚硫分子被氧化,保持腻子柔软性

注：可用于飞机座舱结构填充密封以及飞机整体油箱沟槽结构注射密封。

（2）说明

① 主要性能：柔软度，高低温性能，耐水性，对铝合金的腐蚀性。

② 用途：飞机座舱、整体油箱舱密封。

18.7.5　氟硅腻子

（1）氟硅腻子配方　见表 18-25。

表 18-25　低密度氟硅橡胶腻子配方

组分名称	用量/质量份	作用与性质
液体氟硅橡胶	100	柔性骨架成分
空心玻璃微珠	适量	补强填料,降低密度
粉煤灰空心微珠	适量	补强填料,降低密度
氟硅油	适量	调节柔软性

（2）说明

① 主要性能：柔软度，高低温性能，耐水性，对铝合金的腐蚀性。

② 用途：机械装置整体结构油箱舱密封；汽车发动机高温区结构粘接与密封。

18.7.6　氯化丁基-低分子顺丁聚合物复合腻子

（1）氯化丁基-低分子顺丁聚合物复合腻子配方　见表 18-26。

表 18-26　氯化丁基-低分子顺丁聚合物复合腻子配方

组分名称	用量/质量份	作用与性质
氯化丁基橡胶	100	柔性骨架成分
低分子顺丁橡胶	100	柔性骨架成分兼降低黏度作用
碳酸钙粉	40～80	填充剂,经济成分

续表

组分名称	用量/质量份	作用与性质
101 树脂	20～30	
石油树脂	20±2	复合增黏剂
氢化松香	15	
防老剂丁	2	防止聚合物分子被氧化,确保腻子的柔软性

注:可用作复合材料成形时的密封袋的密封粘接剂,可称"黏胶带"。也可用作汽车、船舶、机械装置结构填充密封。

(2)说明

① 主要性能:柔软度,高低温性能,耐水性,对铝合金的腐蚀性。

② 用途:集装箱、车辆结构密封。

18.7.7　阻燃型不硫化型有机硅密封腻子

(1)阻燃型不硫化型有机硅密封腻子配方　见表 18-27。

表 18-27　阻燃型不硫化型有机硅密封腻子配方

组分名称	用量/质量份	作用与性质
乙烯基封端聚二甲基硅氧烷或 α,ω-双(甲基二烯丙基硅基)聚二甲基硅氧烷	100	骨架成分,连续相
沉淀法二氧化硅	150～250	填料,稠化剂,补强剂,分散相
十溴二苯醚	30	阻燃剂,分散相

(2)说明

① 主要性能:柔软度,高低温性能,耐水性,对铝合金的腐蚀性。

② 用途:高温机械装置密封。

18.8　自由基反应的粘接密封剂

18.8.1　天下一家商贸(天津)有限公司推荐的双组分丙烯酸酯粘接密封剂

(1)双组分丙烯酸酯粘接密封剂配方　见表 18-28。

表 18-28　双组分丙烯酸酯粘接密封剂配方

组分名称		用量/质量份	作用与性质	硫化方法及性能
甲组分	氯磺化聚乙烯(含碳26%,含硫14%)	35	单体,增韧剂	
	二氧化钛	5～6	填料,着色剂	
	甲基丙烯酸	10	次单体,活性稀释剂,改性剂	
	异丙苯过氧化氢	5	引发剂	可室温硫化,剪切强度为10MPa,可粘接金属、陶瓷、塑料
乙组分	808 活化剂(丁醛+正丁胺)	0.5	促进剂	
	甲基丙烯酸甲酯	54	次单体,活性稀释剂,改性剂	
	二甲基丙烯酸乙二酯	1	单体,固化剂	
	2,6-二叔丁基-4-甲基苯酚	0.15	稳定剂	

(2)说明

① 双组分丙烯酸酯粘接密封剂应用比例:甲组分:乙组分=1:1(质量份)。

② 主要性能:活性期,不粘期,力学性能(对被粘体的粘接力),对金属的腐蚀性。

③ 用途：金属零件粘接密封。塑料件粘接密封。陶瓷件粘接密封。

18.8.2　双组分丙烯酸酯粘接密封剂

（1）双组分丙烯酸酯粘接密封剂配方　见表 18-29。

表 18-29　双组分丙烯酸酯粘接密封剂配方

组分名称		用量/质量份	作用与性质	硫化方法及性能
甲组分	丁腈橡胶	33	单体,增韧剂	在两块钢试样表面分别涂 0.25mm 厚的甲组分和 0.0125mm 厚的乙组分,对合后 60~75s 即固化,剪切强度为 20.3MPa,可粘接带有油的表面
甲组分	过氧化苯甲酰	5	引发剂	
乙组分	二甲基苯胺	0.2	促进剂	
乙组分	甲基丙烯酸甲酯	34	次单体,活性稀释剂,改性剂	
乙组分	对苯酚	0.5	稳定剂	

（2）说明

① 双组分丙烯酸酯粘接密封剂应用比例：甲组分：乙组分＝1∶1（质量份）。

② 主要性能：活性期,不粘期,力学性能（对被粘体的粘接力）,对金属的腐蚀性。

③ 用途：金属零件粘接密封。塑料件粘接密封。陶瓷件粘接密封。

18.8.3　建筑结构用白色丙烯酸酯厌氧密封剂

（1）建筑结构用白色丙烯酸酯厌氧密封剂配方　见表 18-30。

表 18-30　建筑结构用白色丙烯酸酯厌氧密封剂配方

组分名称	规　　格	用量/质量份	作用与性质
丙烯酸胶乳	固含量 50%	40~60	单体,柔性骨架成分
二丁酯	工业一级	8~12	黏度调节剂
轻质碳酸钙	轻质活性	40~60	补强填料
十二烷基硫酸钠	工业一级	1.5~2.5	阴离子型乳化剂,降低表面张力,起乳化、分散、增溶作用
氯化钙	工业一级	1~3	防冻剂
二氧化钛	工业一级	2~3	着色剂
水	纯净级	适量	胶乳稀释剂

（2）说明

① 主要性能：活性期,不粘期,对被粘体的粘接力,对金属的腐蚀性。

② 用途：汽车及发动机连接件锁固与密封。

18.8.4　聚丙烯酸酯弹性厌氧密封剂

（1）聚丙烯酸酯弹性厌氧密封剂配方（一）　见表 18-31[3]。

表 18-31　聚丙烯酸酯弹性厌氧密封剂配方（一）

组分名称	用量/质量份	作用与性质
丙烯酸丁酯与丙烯腈共聚橡胶	100	单体,柔性骨架成分
过氧化苯甲酰	1.5	引发剂,激发自由基并使链增长和固化反应进行到完成阶段
氧化锌	8~12	过氧化物引发剂的促进剂
氧化镁	8~12	属碱性氧化物,可加速硫化速率
二氧化硅	40~60	最佳补强剂,耐热剂

注：过氧化物-氧化锌硫化系统,不能使用硫黄。

说明如下。

① 主要性能：活性期，不粘期，对被粘体的粘接力，对金属的腐蚀性。

② 用途：汽车及发动机连接件锁固与密封。

（2）聚丙烯酸酯弹性厌氧密封剂配方（二）   见表18-32[3]。

表 18-32   聚丙烯酸酯弹性厌氧密封剂配方（二）

组分名称	用量/质量份	作用与性质
丙烯酸酯丁酯与丙烯腈共聚物	100	单体，基体柔性骨架成分
三乙烯四胺	1.5	脂肪族仲伯胺引发剂（硫化剂）
硫黄	1	脂肪族仲伯胺引发剂的促进剂
高耐磨炭黑（偏碱性）	20～30	补强剂
快压出炉黑（偏碱性）	20～30	补强剂
硬脂酸	1	稳定剂，防止硫化速率过快

注：脂肪族多胺，不能使用芳胺；硫黄硫化系统，不能使用氧化锌，属非氧化固化体系。

说明如下。

① 主要性能：活性期，不粘期，对被粘体的粘接力，对金属的腐蚀性。

② 用途：汽车及发动机连接件锁固与密封。

18.8.5   快速固化厌氧粘接密封剂

（1）快速固化厌氧粘接密封剂配方   见表18-33。

表 18-33   快速固化厌氧粘接密封剂配方

组分名称	用量/质量份	作用与性质
309 丙烯酸聚酯	100	单体，柔性骨架成分
丙烯酸	2	次单体，活性稀释剂，改性剂
聚硫橡胶	0.2	增韧剂、硫化剂
气相二氧化硅	0.5	补强填料，耐热剂
异丙苯过氧化氢	5	引发剂，激发自由基并使链增长和固化反应进行到完成阶段
促进剂 M（2-巯基苯并噻唑）	2	含活泼氢和叔氮（胺）促进剂
二茂铁	0.25	氧化-还原引发剂的促进剂
三乙胺	2	还原剂，与氧化剂异丙苯过氧化氢组成氧化-还原复合引发剂
糖精（简称：SA，即邻苯甲酰磺酰亚胺）	0.3	助促进剂，帮助二茂铁、促进剂 M 有更有效地发挥促进剂的作用
二氯甲烷-丙酮	100	复合溶剂，调节密封剂黏度，使其有良好的施工工艺性
该配方性能		此配方为快速固化型厌氧胶。309 号丙烯酸聚酯为甲基丙烯酸、邻苯二甲酸酐、二缩三乙二醇的缩聚产物。使用温度范围为－40～100℃。固化条件为隔绝空气下，室温，10～60min。24h 可达最高强度。室温固化 10min、30min、1h、24h 剪切强度分别为 6.5MPa、8.5MPa、10.3MPa 和 14.1MPa

（2）说明

① 主要性能：活性期，不粘期，对被粘体的粘接力，对金属的腐蚀性。

② 用途：汽车及发动机连接件锁固与密封。

18.8.6   丙烯酸双酯厌氧粘接密封剂

（1）丙烯酸双酯厌氧粘接密封剂配方   见表18-34。

表 18-34　丙烯酸双酯厌氧粘接密封剂配方

组分名称	用量/质量份	作用与性质
甲基丙烯酸羟丙酯	30	次单体,基体柔性骨架成分
甲基丙烯酸羟丙酯 TDI 加成物	40	单体,基体柔性骨架成分
甲基丙烯酸羟丙酯改性聚氨酯	30	单体,基体柔性骨架成分
甲基丙烯酸	2	次单体,活性稀释剂,改性剂
二甲基苯胺	0.5	叔胺促进剂
三乙胺	1	硫化剂
糖精(简称:SA,即邻苯甲酰磺酰亚胺)	0.5	助促进剂
对苯醌	0.04	稳定剂
过氧化异丙苯	4	激发自由基并使链增长和固化反应进行到完成阶段
促进剂 M(2-巯基苯并噻唑)	2~3	含活泼氢和叔氮(胺)促进剂
配方性能		此配方为聚氨酯改性丙烯酸酯型厌氧胶。有较高的机械强度及良好的柔韧性、耐介质性和胶液贮存稳定性。能在较短时间内固化。还可以进行油面和水面的胶接,强度仅下降 10%~30%。 室温固化 10min、30min、1h、8h、24h、3d,剪切强度分别为 12.2MPa、16.7MPa、22.3MPa、25MPa、29.6MPa 和 31.6MPa

(2) 说明

① 主要性能:活性期,不粘期,对被粘体的粘接力,对金属的腐蚀性。

② 用途:汽车及发动机连接件锁固与密封。

18.8.7　含芳香基环氧丙烯酸双酯粘接密封剂

(1) 含芳香基环氧丙烯酸双酯粘接密封剂配方　见表 18-35。

表 18-35　含芳香基环氧丙烯酸双酯厌氧粘接密封剂配方

组分名称	用量/质量份	作用与性质
双酚 A 环氧树脂	100	单体,构成基体成分双官能中间链段 A 的单体之一
丙烯酸丁酯	50	次单体,活性稀释剂,与基体成分中间链段 A 的双官能基反应形成环氧丙烯酸双酯,成为厌氧粘接密封剂的单体
甲基丙烯酸	45	次单体,活性稀释剂,与基体成分中间链段 A 的双官能基反应形成环氧丙烯酸双酯,成为厌氧粘接密封剂的单体
三乙胺	1	叔胺促进剂
对苯二酚	0.1	稳定剂
二甲基苯胺	1.5	叔胺促进剂
对苯醌	0.05	稳定剂
过氧化异丙苯	5	引发剂,激发自由基并使链增长和固化反应进行到完成阶段
促进剂 M(2-巯基苯并噻唑)	2~3	含活泼氢和叔氮(胺)促进剂
该配方性能		此配方为环氧树脂改性丙烯酸酯厌氧胶。耐热、耐介质性优良。使用温度范围为 -30~150℃。 允许间隙 0.3mm 左右,能在油面、水面、锈面使用。但固化速率较慢。固化 1h、2h、24h,破坏扭矩分别为 15N·m、17N·m 和 26N·m

(2) 说明

① 主要性能:活性期,不粘期,对被粘体的粘接力,对金属的腐蚀性。

② 用途:汽车及发动机连接件锁固与密封。

18.8.8　无芳环环氧丙烯酸双酯粘接密封剂

(1) 无芳环环氧丙烯酸双酯粘接密封剂配方　见表 18-36。

表 18-36　双组分无芳环环氧丙烯酸双酯粘接密封剂配方

组分名称		用量/质量份	作用与性质
甲组分	丙烯酸、癸二酸-环氧丙烯酸酯	100	单体,基体材料,与改性剂组成三维高分子链
	丙烯酸	10	次单体,基体材料的改性剂兼活性稀释剂
	313 号聚酯树脂	30	基体材料的改性剂
	甲基丙烯酸甲酯	10	次单体,活性稀释剂、基体材料的改性剂
	过氧化苯甲酰	3	引发剂,激发自由基并使链增长和固化反应进行到完成阶段
乙组分	偶联剂(南大-42)	2	增强粘接密封剂的黏结能力
	甲基丙烯酸甲酯	27	次单体,基体材料兼活性稀释剂
	N,N-二甲基对甲苯胺	2	叔胺促进剂
配方性能			此配方为环氧树脂和不饱和聚酯改性丙烯酸酯胶黏剂。有优良的柔韧性和抗冲击性。10min 可达到完全固化,2min 时剪切强度达 4.8MPa,拉伸强度为 24MPa

（2）说明

① 双组分丙烯酸粘接密封剂使用比例：甲组分：乙组分＝5：1（质量份）。

② 主要性能：活性期,不粘期,力学性能（对被粘体的粘接力）,对金属的腐蚀性。

③ 用途：金属零件粘接密封；塑料件粘接密封；陶瓷件粘接密封。

18.8.9　加温固化厌氧汽车车身钣金结构件的粘接密封剂

（1）配方　见表 18-37。

表 18-37　加温固化的厌氧汽车钣金结构件用粘接密封剂配方

组分名称	用量/质量份	作用与性质
PVC 糊状树脂	100	密封剂的基体成分
DOP(邻苯二甲酸二辛酯)	60	PVC 糊状树脂的稀释剂,降低黏度,确保密封剂有良好的施工工艺性和调节固化后的硬度
TMPTMA(三羟甲基丙烷三甲基丙烯酸酯)	5～30	单体,与 PVC 通过自由基反应可接枝共聚进而交联固化,并产生耐热、耐候、抗冲、抗湿等性能
稳定剂(如对苯醌、对苯二酚等)	2～4	常温下防止基体成分发生交联,确保贮存安全
有机过氧化物(如过氧化苯甲酰、异丙苯过氧化氢等)	0.03～0.6	引发剂,在高温下产生自由基并引起单体 TMPTMA 与 PVC 反应,导致固化

（2）说明

① 主要性能：活性期,不粘期,力学性能（对被粘体的粘接力、硬度）,耐水性,对金属的腐蚀性。

② 用途：汽车车身高韧性密封剂。

18.8.10　耐高温厌氧粘接密封剂

（1）配方　见表 18-38。

表 18-38　耐高温厌氧粘接密封剂配方[4]

组分名称		用量/质量份	主成分总质量 W_1/g	作用与性质
形成主链的主成分(总量 W_1)	氧化双酚 A 二甲基丙烯酸酯(BPA$_2$EODPT)	3.1	6.6	单体,形成高分子三维网络的基体材料
	环氧丙烯酸酯(EA)	1.0		
	TMPTMA(三羟甲基丙烷三甲基丙烯酸酯)	2.5		

续表

组分名称	用量/质量份	作用与性质
N,N-4,4-二苯甲烷双马来酰亚胺(BMI)	0.396	耐热改性剂
气相二氧化硅	0.264	
异丙苯过氧化氢(CHP)	0.231	引发剂,激发自由基并使链增长和固化反应进行到完成阶段
N,N-二乙基对甲苯氨(DPT)	0.0264	促进剂
糖精(简称:SA,即邻苯甲酰磺酰亚胺)	0.132	助促进剂
对苯醌(BQ)	0.00462	复合稳定剂
乙二胺四乙酸四钠(EDTA 四钠)	0.00264	
对苯二酚(HQ)	0.00726	
配方总量	7.6639229	

（2）说明

① 主要性能：活性期，不粘期，力学性能（对被粘体的粘接力、硬度），耐高温性能，耐水性，对金属的腐蚀性。

② 用途：汽车发动机缸体粘接与密封；连接件锁固与密封。

18.8.11 复合型氧化还原型引发剂引发的室温固化型厌氧粘接密封剂

（1）配方 见表 18-39。

表 18-39 复合型氧化还原型引发剂引发的室温固化型厌氧粘接密封剂配方[5]

组分名称	配方一/份	配方二/份	组分的作用
双甲基丙烯酸二缩三乙二醇酯	60.0	60.0	单体,固化后形成高分子主链
E-44 环氧甲基丙烯酸双酯	40.0	40.0	单体,固化后形成高分子主链
叔丁基过氧化氢	2.0	2.0	氧化剂
2,5-二甲基 2,5-(二叔丁基过氧化)己烷	—	3.0	氧化剂
二环亚己基二过氧化物	2.0	—	氧化剂
1-乙酰-2-苯肼	0.5	0.5	还原剂,与氧化剂组成复合型引发剂引发自由基反应,使单体交联固化
三正丁胺	0.1	0.1	还原剂,与氧化剂组成复合型引发剂引发自由基反应,使单体交联固化
糖精(简称:SA,即邻苯甲酰磺酰亚胺)	适量	适量	促进剂
对苯醌或其他	适量	适量	稳定剂

（2）说明

① 主要性能：活性期，不粘期，力学性能（对被粘体的粘接力、硬度），耐水性，对金属的腐蚀性。

② 用途：汽车发动机连接件锁固与密封。

18.8.12 UV 厌氧粘接密封剂

（1）采用双引发体系及双固化体系［UV（紫外光）和厌氧固化］的厌氧粘接密封剂配方 见表 18-40[6]。

表 18-40 聚氨酯-丙烯酸酯 （PUA） 为基体的 UV 厌氧粘接密封剂配方

组分名称	配量(质量分数)/%	组分的作用
聚氨酯/丙烯酸酯(PUA)	65	基体成分,形成高分子三维网络结构
甲基丙烯酸-β-羟乙酯(HEMA)	20	活性稀释剂
异丙苯过氧化氢(CHP)	2	双引发剂之一

续表

组分名称	配量(质量分数)/%	组分的作用
二苯甲酮(BP)与叔胺联合	3.0	光引发剂(双引发剂之一)
对苯二酚	0.06	稳定剂
N,N'-二甲基苯胺	0.8	促进剂
糖精	0.8	助促进剂
其他助剂	适量	如补强剂、增黏剂等

制备的聚氨酯丙烯酸酯基厌氧粘接密封剂，测试性能见表 18-41[6]。

表 18-41　UV 聚氨酯丙烯酸酯基厌氧粘接密封剂主要性能

性能名称	实测值	性能名称	实测值
光固化定位时间/s	8	贮存稳定性/年	>1
室温完全固化时间/h	16	耐热性	合格
剪切强度/MPa	>5	—	—

(2) 说明

① 主要性能：活性期，不粘期，光固化定位时间，力学性能（对被粘体的粘接力、硬度），耐水性，耐热性，对金属的腐蚀性。

② 用途：飞机、汽车发动机连接件锁固与密封；金属件、塑料件、陶瓷件的粘接密封。

参 考 文 献

[1] 沈春林．化学建材配方手册．北京：化学工业出版社，1999：574．

[2] 马长福．实用粘接技术 460 问．1992：88．

[3] 《橡胶工业手册》编委会．橡胶工业手册：第一分册．北京：化学工业出版社，1989：374．

[4] 彭小琴，陈亮，陈炳耀，等．耐高温厌氧胶的研制及其贮存稳定性研究．化工进展，2012，31（9）：2058-2063．

[5] 杨颖泰，刘伟塘，陈锡来．厌氧胶用复合型氧化还原引发剂．粘接，2003，24（1）：15-17．

[6] 段雪蕾，李会录，张亚光，等．UV 厌氧胶的制备及其影响因素研究．中国胶粘剂，2012，21（2）：39-42．

《密封剂原材料手册》编审委员会主任委员张德恒简介

张德恒，1936年出生，河南新乡市人。1964年毕业于北京化工学院有机化工系合成橡胶专业，1964年参加中国人民解放军总字九二七部队，从事军事科学研究，曾任专业组长。1983年奉调前往郑州市中原区政府工作，时任科委主任，改革开放后，响应党和政府号召，弃职组建民营企业，经过艰苦奋斗创建了光彩夺目的郑州市中原应用技术研究所并任所长，在他的带领下发展为今天的郑州中原应用技术研究开发有限公司并担任董事长兼任总经理，无论是人才，还是设备的先进程度以及创新成就和经济效益与社会效益都是同行业的排头兵，为国家作出了巨大贡献。先后获得了全国科学大会成果奖、国家科学技术进步三等奖、三机部科技成果二等奖、国防工办重大技术改进成果协作三等奖、重大技术改进成果三等奖、郑州市科学技术进步一等奖和二等奖等等。被国家授予高级工程师职称和中原区优秀共产党员、科技带头人、先进个人、先进工作者等称号。2003年荣获郑州市创业企业家称号。首批享受国务院政府特殊津贴的专家，郑州市劳模，郑州市九届、十届人大代表和五届、六届党代表。原国家经贸委硅酮结构胶专家组副组长、担任三个国家级行业协会的副理事长。

作者简介

曹寿德，1936年出生，河北保定人，1937年日军侵占家乡，被迫随父母逃难至陕西省宝鸡市，在那里接受了大学前的教育，1956年毕业于宝鸡中学，同年考入西北工学院一系一专业1104班，学习军事工业，1962年毕业于西北工业大学二系航空非金属材料及工艺专业，1962年参加中国人民解放军总字九二七部队，从事国防建设，历任技术员、工程师、高级工程师、自然科学研究员。1976年加入中国共产党。作为专业带头人从事国防科研50年。参加过多部航空科技图书的编写，并多次获得国家、航空部、化工部及地方科技发明和科技进步奖励。由于对国家有突出贡献，成为享受国务院政府特殊津贴的专家。